Physik

Mechanik und Wärmelehre

Horst Hänsel / Werner Neumann

Physik

Mechanik und Wärmelehre

Mit Übungsaufgaben
von Reiner Wedell · Peter Gehrmann · Axel Mertens · Roland Stolle

Mit 289 Abbildungen und 27 Tabellen

Spektrum Akademischer Verlag Heidelberg · Berlin · Oxford

Das **Titelbild** zeigt die Computersimulation eines umströmten Zylinders
(© IBM Deutschland GmbH/Stuttgart)

Bildnachweis:
Die Porträts stellten zur Verfügung: Archenholdsternwarte Berlin; Universität Leipzig, Karl-Sudhoff-Institut; Jürgen Hamel; Horst Hänsel; Werner Neumann

Die Deutsche Bibliothek – CIP-Einheitsaufnahme

Hänsel, Horst:
Physik : Mechanik und Wärmelehre / Horst Hänsel ; Werner Neumann. –
mit Übungsaufgaben / von Reiner Wedell . . .
Heidelberg ; Berlin ; Oxford : Spektrum, Akad. Verl., 1993
ISBN 3-86025-046-9
NE: Neumann, Werner:

Lektorat: Peter Ackermann
Produktion: Erdmute Wendland
Umschlaggestaltung: Karin Kern

Satz: Hagedornsatz, Berlin
Druck und Verarbeitung: Color-Druck, Leimen

Spektrum Akademischer Verlag Heidelberg · Berlin · Oxford

EIN VERLAG DER SPEKTRUM FACHVERLAGE GMBH

Gedruckt auf umweltfreundlichem Papier

Vorwort

Der erste Band unserer Darstellung der Physik beinhaltet die Gebiete Mechanik, Phänomenologische Thermodynamik, Molekularkinetik und Statistik sowie Schwingungen und Wellen. In der mit diesem Band begonnenen Einführung in die Physik wird das nach Meinung der Verfasser notwendige physikalische Grundwissen des Physikers sowohl über die Makro- als auch die Mikrophysik zusammengestellt. Eine subjektive Prägung der Stoffauswahl ist dabei nicht ganz zu vermeiden. Erklärte Zielvorstellungen sind die Einheitlichkeit und logische Faßlichkeit der Darstellung.

Für die weiteren Bände ist folgende Gliederung vorgesehen:

- Bd. II Elektrizitätslehre, Wellen- und Strahlenoptik, Raum und Zeit
- Bd. III Grenzen der klassischen Denkmodelle, Atome, Atomkerne und Elementarteilchen
- Bd. IV Moleküle und Festkörper.

Die Basis für das Gesamtwerk bildet unser siebenteiliges Buch „Physik, eine Darstellung der Grundlagen", erschienen 1972–1978 in der Studienbücherei des Deutschen Verlages der Wissenschaften zu Berlin.

Ausgangspunkt der Überlegungen zu den einzelnen Themenkomplexen ist das physikalische Experiment, d. h. die Einführung eines neuen Gebietes erfolgt stets induktiv. Besonderer Wert wird auf die Einheitlichkeit der Darstellung und ihre Konzentration auf die für die Entwicklung der Physik und für ihr Verständnis besonders wichtigen experimentellen Erkenntnisse und verallgemeinernden Gedankengänge gelegt. Bei der Stoffauswahl wurde prinzipiell den physikalischen Inhalten, die zum Verständnis für das Gesamtgebäude der Physik wichtig sind, der Vorzug gegenüber jenen gegeben, die unter applikativen Gesichtspunkten besondere Bedeutung haben. Für die zuletzt genannten Belange ist ohnehin das Studium spezialisierter Lehrbücher unerläßlich. Ebenso ist es im Rahmen einer Einführung natürlich nicht möglich, moderne Entwicklungsrichtungen fest in das Lehrbuchkonzept einzubinden. Diese Tendenzen können nur durch Ausblicke erfaßt werden. Die Erläuterung des Axiomensystems für die jeweilige physikalische Theorie und die Zusammenfassung wichtiger experimenteller Ergebnisse mit physikalisch-theoretischen Methoden sollen dem Leser den Übergang zum Studium der theoretischen Physik erleichtern. Wir glauben auch, daß auf diese Weise die Systematik der Darstellung an Klarheit gewinnt. Die für dieses Vorgehen erforderliche Mathematik ist neben weitergehenden mathematisch-physikalischen Überlegungen im Anhang zu finden.

Der eingeschlagene Weg zur Einführung in die Physik ist natürlich nicht ohne Kompromisse zwischen einer allgemeingültigen, exakten und einer nur das Grundsätzliche betonenden einfacheren Darstellung möglich. Wir halten Kompromisse zugunsten der Faßlichkeit für berechtigt, wenn erfahrungsgemäß auftretende größere Verständnisschwierigkeiten auf diese Weise umgangen werden können.

Große Aufmerksamkeit haben wir auf eine exakte physikalische Begriffsbildung gerichtet und uns deshalb bemüht, die Definition der physikalischen Größen und die Charakterisierung der verwendeten Denkmodelle einschließlich ihrer Grenzen möglichst klar herauszuarbeiten. Wichtige Erkenntnisse und Gesetzmäßigkeiten werden als Sätze formuliert. Um dem Leser die Unterscheidung zwischen Definitionen und Sätzen zu erleichtern, werden sie durch eine voneinander verschiedene Farbgebung hervorgehoben. Ihre Numerierung erfolgt nicht im Text wie die der Gleichungen, sondern auf der Marginale, wodurch ihr Auffinden erleichtert werden soll. Im einzelnen bedeutet z.B. (2.3) die dritte Gleichung im Kapitel 2, (D 2.3) die dritte Definition im Kapitel 2, (S 2.3) den dritten Satz im Kapitel 2 und (A 2.3) die dritte Gleichung im Anhang A.2. Skalare physikalische Größen sind kursiv, vektorielle halbfett kursiv und tensorielle halbfett gerade gesetzt.

Manchmal bilden Gruppen von Gleichungen inhaltlich eine Einheit. In solchen Fällen wird für sie alle dieselbe Gleichungsnummer gewählt, aber ein kleiner arabischer Buchstabe hinzugefügt. In gleicher Weise wird verfahren, wenn eine Aussage im gewählten Gedankengang noch nicht in der endgültigen Weise formuliert werden kann. So wird die Sekunde zunächst durch (D 2.1a) usw. definiert, ehe mit (D 2.1) die heute gültige Definition folgt.

Wir haben versucht, die Zweckmäßigkeit der physikalischen Begriffsbildungen, Modellvorstellungen und Theorieansätze deutlich zu machen, um auch auf diese Weise die Sicht auf physikalische Problemstellungen zu lenken. Die Herleitung sämtlicher Gleichungen sollte ohne große Schwierigkeiten nachvollziehbar sein. Dazu dienen die ausführlichen Hinweise auf bereits besprochene Zusammenhänge oder auf den Anhang. Der fortgeschrittenere Leser möge uns diese Ausführlichkeit verzeihen.

Die letzten zwei Abschnitte beinhalten die Begriffe und Gesetzmäßigkeiten der Schwingungen und Wellen in so allgemeiner Form, daß die beiden Abschnitte trotz der in diesem Band notwendigen Beschränkung auf mechanische Anwendungen und Beispiele in sich abgeschlossen sind. Die Behandlung der elektrischen Schwingungen und der Wellenoptik erfolgt unmittelbar daran anknüpfend in Band II.

Etwas ausführlicher wurde auf die historische Entwicklung der Basiseinheiten Sekunde und Meter eingegangen. Es schien uns sinnvoll, die Festlegung von Maßeinheiten und Standards an Beispielen zu illustrieren, da die Bedeutung dieser Problematik für die weitere Entwicklung der Physik häufig unterschätzt wird.

Unsere Darstellung der Physik ist gedacht sowohl für die Grundausbildung des zukünftigen Diplom-Physikers und Physiklehrers als auch für Studierende mit dem Nebenfach Physik oder der Ingenieurwissenschaften.

Möge sie diesem Interessentenkreis eine Hilfe während des Studiums und vielleicht auch hin und wieder in ihrer späteren Praxis sein.

Für jedes Kapitel hat Herr Dr. Wedell einige Aufgaben ausgewählt und die im Anhang zu findenden Lösungen angegeben. Wir danken ihm und seinen Mitarbeitern für ihre bereitwillige Anpassung an unser Konzept. Den Großteil der Physiker-Porträts verdanken wir Herrn Dr. Wolfgang Kretschmar. Für die Hilfe und Sorgfalt beim zeitaufwendigen Korrekturlesen danken wir Frau Maria Hänsel und Frau Karla Neumann, und für viele anregende Diskussionen und die angenehme Zusammenarbeit Herrn Dr. Peter Ackermann als Verlagslektor.

Horst Hänsel
Werner Neumann

Inhalt

1 Zur Begriffsbildung und Arbeitsweise der Physik

1.1 Physik zwischen Philosophie und Technik

Galileo Galilei
(1564–1642)

Die Physik ist die Grundlagenwissenschaft von der unbelebten Natur. Sie ist eine Erfahrungswissenschaft und gründet sich auf die Beobachtung der dem Naturgeschehen innewohnenden objektiven Gesetzmäßigkeiten. Bis ins 16. Jahrhundert war die physikalische Forschung fast ausschließlich eine reine Naturbeobachtung. Erst dann trat immer mehr die bewußte Wechselwirkung mit der Natur, d.h. das mit einer bestimmten Fragestellung an die Natur geplante Experiment, in den Vordergrund der physikalischen Forschung. Anstoß zu dieser Entwicklung gab Galilei mit seinen wohldurchdachten Pendel- und Fallversuchen.

Aufgabe der Physik ist es aber nicht nur, den gesetzmäßigen Ablauf von Naturvorgängen zu erkennen und zu beschreiben, sondern vor allem auch aus den erkannten grundlegenden Gesetzmäßigkeiten Aussagen über den Ablauf bzw. die Vergangenheit physikalischer Vorgänge zu gewinnen. Für die physikalische Forschung werden daher theoretisch-physikalische Schlußfolgerungen immer bedeutungsvoller. So wurde zum Beispiel die Existenz der elektromagnetischen Welle, des Masse-Energie-Äquivalenzprinzips, der Zeitdilatation und des Welle-Teilchen-Dualismus von Mikroobjekten vor der experimentellen Entdeckung dieser Erscheinungen auf Grund theoretisch-physikalischer Untersuchungen geschlußfolgert. Außer dem gezielten Experiment wird so die Mathematik immer mehr zum wesentlichen Instrument physikalischer Forschung.

Die Physik ist auch von unmittelbarer Bedeutung für die anderen Naturwissenschaften. Einerseits untersucht sie die fundamentalsten Erscheinungs- und Bewegungsformen der Materie, andererseits entwickelte sie fundamentale Arbeitsmethoden (wie z.B. das gezielte und geplante Experiment, die Formulierung von Gesetzmäßigkeiten mittels mathematischer Strukturen, den gezielten Einsatz von mathematischen Methoden zum Auffinden neuer Erkenntnisse), ohne deren Anwendung heute wesentliche Fortschritte auch in den anderen Naturwissenschaften undenkbar geworden sind. Die Grenze zwischen Physik und Chemie verschwimmt, der Einfluß der Physik und ihrer Arbeitsmethoden auf die Wissenschaften der belebten Natur, wie zum Beispiel Biologie und Medizin, wird größer. Diese Entwicklung spiegelt sehr eindrucksvoll die ständig wachsende Bedeutung solcher Grenzwissenschaften wie physikalische Chemie, Biophysik, Biochemie u.a. wider.

Bis ins 19. Jahrhundert wurde die physikalische Forschung nur der reinen wissenschaftlichen Erkenntnis wegen getrieben. Der planvolle Einsatz physikalischer Erkenntnisse in der Technik und die im 19. Jahrhundert

James Clerk Maxwell (1831–1879)

stürmisch einsetzende technische Entwicklung ergänzten die physikalische Grundlagenforschung durch eine zielgerichtete physikalische Zweckforschung. Beide Gebiete – sowohl die physikalische Grundlagen- als auch die Zweckforschung – sind seit der Jahrhundertwende im ständigen Wachstum begriffen. Wesentliche Gebiete der heutigen physikalischen Grundlagenforschung sind u.a. die Physik der Elementarteilchen, die allgemeine Relativitätstheorie und Kosmologie, bedeutende Gebiete der Zweckforschung die Festkörperphysik, die Physik des Hoch- und Höchstvakuums, Fragen der Kernfusion, die Optik u.a.m. Eine eindeutige Abgrenzung von Grundlagen- und Zweckforschung ist kaum möglich. Auch werden im Verlauf der weiteren wissenschaftlichen und technischen Entwicklung viele heute noch zu den physikalischen Grundlagen zählende Erkenntnisse ihrer zielbewußten Anwendung in der Technik zum Nutzen des Menschen zugeführt werden. Die Anwendungen physikalischer Gesetzmäßigkeiten in der Produktion werden vielfältiger, die Überführungszeiten physikalischer Erkenntnisse zur technischen Nutzung kürzer.

Der Einfluß der Physik auf die Entwicklung der Technik und der Technologie wächst ständig. Die Automation ganzer Betriebe, die Entwicklung der Datenverarbeitung, der Kommunikationstechnik, Kerntechnik, Medizintechnik, Umwelttechnik usw. sind ohne eine zielgerichtete physikalische Forschung und damit auch ohne eine moderne physikalische Bildung undenkbar.

Insbesondere im Falle der Kerntechnik hat die Anwendung naturwissenschaftlicher Erkenntnisse bereits eine so große Bedeutung erlangt, daß die gesamte menschliche Gesellschaft sich mit diesen Fragen auseinandersetzen muß. Außer den einzelnen Staaten und der gesamten Gesellschaft trägt aber auch jeder einzelne Forscher eine hohe moralische Verantwortung dafür, daß die Anwendung naturwissenschaftlicher Erkenntnisse humanen Zielen dient. Nicht zufällig haben sich Persönlichkeiten, die Entscheidendes zur Weiterentwicklung der Physik und anderer Wissenschaften beigetragen haben, intensiv und öffentlich mit diesen Problemen befaßt.

Albert Einstein (1879–1955), Nobelpreis 1921

Neben der Bedeutung der Physik für die Technik und damit letztendlich auch für die Ökonomie wirken sich physikalische Erkenntnisse auch in den weltanschaulichen Bereichen aus. Galilei u.a. widerlegten die Auffassung, die Erde und damit der Mensch stehe im Mittelpunkt der Welt, Maxwell zerstörte durch seine Theorie und ihre Schlußfolgerungen die Idee, das gesamte Naturgeschehen sei mechanisch interpretierbar, Einstein präzisierte durch seine spezielle Relativitätstheorie unsere Auffassungen von Raum und Zeit, die Ergebnisse der Quantentheorie und Chaos-Forschung führten zum Überdenken und zur Neufassung solcher Begriffe wie zum Beispiel der Kausalität. Die wissenschaftliche Klärung erkenntnistheoretischer Probleme der Naturwissenschaften ist daher nicht allein Aufgabe der Philosophie, sondern auch der Physik.

1.2 Physikalische Systeme, Meßvorgang, physikalische Größe, Größenart

Unsere gesamte physikalische Erkenntnis gründet sich auf die zielgerichtete Beobachtung der außerhalb unseres Bewußtseins existierenden objektiven Realität. Auf Grund der ungeheuren Vielfalt der Naturerscheinungen ist ein Experimentieren nur möglich, wenn man sich auf den für die Zielstellung des Experimentes wesentlichen Teilbereich des Naturgeschehens beschränkt und diesen Teilbereich von den anderen Naturgeschehen (zumindest gedanklich) isoliert, d.h. seine Wechselwirkungen mit den anderen Bereichen des Naturgeschehens unter einer vorgegebenen Grenze hält. Einen derartigen Teilbereich des Naturgeschehens bezeichnet man als *physikalisches System.* Je nach Problemstellung repräsentieren die physikalischen Systeme einen sehr unterschiedlichen Teilbereich des Naturgeschehens. So werden in dieser Darstellung je nach der behandelten Problematik das gesamte Planetensystem, die Erde, ein fester Körper, ein Atom, die Elektronenhülle des Atoms, ein einzelnes Elektron, der Atomkern usw. als physikalisches System aufgefaßt.

physikalisches System

Kann ein physikalisches System mit keinem anderen physikalischen System in Wechselwirkung treten, dann heißt dieses System ein *abgeschlossenes physikalisches System.*

abgeschlossenes physikalisches System

Im Prinzip läßt sich jedes physikalische System in ein abgeschlossenes System überführen, indem man ein nicht abgeschlossenes physikalisches System um die mit ihm wechselwirkenden Systeme vermehrt. Für viele Probleme ist ein derartiges Vorgehen jedoch nicht zweckmäßig.

Der *Meßvorgang* oder kurz die *Messung* verläuft so, daß ein physikalisches System (das *Meßobjekt*) mit einem zweiten physikalischen System (der *Meßapparatur*) unter bestimmten Bedingungen (der Vorschrift über die Anwendung der Meßapparatur) in Wechselwirkung gebracht wird. Die Meßapparatur kann zum Beispiel durch die Sinnesorgane des Experimentators gegeben sein. Gleichermaßen ist für sie – wie zum Beispiel bei einem unbemannten Satelliten – auch ein selbstregistrierendes physikalisches System denkbar.

Messung
Meßobjekt
Meßapparatur

Aufgabe des Physikers ist es aber nicht nur, bestimmte Beobachtungen vorzunehmen und ihre Ergebnisse zu registrieren, sondern die das Meßresultat bedingenden Gesetzmäßigkeiten, d.h. den Zusammenhang von *Ursache* und *Wirkung*, aufzuspüren und geeignet zu formulieren. Die hierfür verwendeten Begriffe bezeichnet man als *physikalische Größen.* Unser gesamtes physikalisches Erfahrungsgut beruht auf der Messung physikalischer Größen. Physikalische Größen haben quantitativen Charakter, sie sind eindeutig durch *Maßeinheit* und *Maßzahl* gegeben.

Eine physikalische Größe u wird durch die Maßzahl $\{u\}$ und die Maßeinheit $[u]$ in der Form

$$u = \{u\}\,[u]$$

angegeben.

(D 1.1)
physikalische Größe
Maßeinheit und Maßzahl

Unter der Voraussetzung, daß die Störung des Meßobjektes durch die Meßapparatur prinzipiell beliebig klein gehalten werden kann, wird eine physikalische Größe eindeutig festgelegt durch
a) das Meßobjekt,
b) die Meßapparatur,
c) die Vorschrift über die Anwendung der Meßapparatur,
d) die Maßeinheit der Größe.

Die Maßzahl $\{u\}$ kann ein Skalar, eine Vektorkoordinate oder eine Tensorkomponente sein. Wir sprechen dann von einer skalaren, vektoriellen (bei Beachtung aller Vektorkomponenten) oder tensoriellen (bei Beachtung aller Tensorkomponenten) physikalischen Größe.

Größen gleicher Größenart

Alle Größen, die sich lediglich in der Wahl des Meßobjektes unterscheiden, sind Größen gleicher *Größenart*. So sind zum Beispiel die „Entfernung Erde–Mond", „der Durchmesser unseres Planeten" und „die Wellenlänge einer elektromagnetischen Welle" physikalische Größen der Größenart „Länge".

Grundgrößenarten

Alle Größenarten können mit Hilfe weniger *Grundgrößenarten* definiert werden. Diese Grundgrößenarten sind sowohl in bezug auf ihre Anzahl als auch in bezug auf ihre Art beliebig wählbar, soweit sie nur unabhängig voneinander sind, d.h., soweit keine Grundgrößenart durch eine andere definierbar ist bzw. ihre Definitionen sich nicht widersprechen.

Die heutige Festlegung der Grundgrößenarten ist sowohl durch ihre Zweckmäßigkeit gegeben als auch historisch bedingt. Als Grundgrößenarten finden in dieser Darstellung die Länge, die Zeit, die Masse, die Temperatur, die Objektmenge und in Bd. II die Ladung und die Lichtstärke Verwendung. Prinzipiell könnte zum Beispiel auf die Grundgrößenart Ladung verzichtet werden. Die Ladung wird dann zur abgeleiteten Größenart. Dieser Weg wird zum Teil heute noch beschritten (vgl. Maßsysteme, Bd. II).

Wegen der prinzipiell freien Wählbarkeit der Grundgrößenarten ist ein Streit über die Richtigkeit des einen oder des anderen Weges müßig. Der Vorteil der hier gewählten Grundgrößenarten Zeit, Länge, Masse, Objektmenge, Ladung und Lichtstärke liegt u.a. darin, daß sie innerhalb noch später festzulegender Grenzen additiven Charakter besitzen.

abgeleitete Größenarten

Alle anderen Größenarten sind mit Hilfe der Grundgrößenarten definierbar. Man bezeichnet sie daher als *abgeleitete Größenarten.*

Basiseinheiten

Zu einem Einheiten- oder Maßsystem gelangt man durch Definition bestimmter *Basiseinheiten* für die Grundgrößenarten. Dies kann durch ein bestimmtes körperliches Normal (z.B. Einheit „Kilogramm" für die Masse (D 2.7)) oder durch ein genau definiertes Grundmeßverfahren (z.B. Einheit „Sekunde" für die Zeit (D 2.1)) erfolgen. Die Maßeinheit einer abgeleiteten Größenart ergibt sich aus den Maßeinheiten der Grundgrößenarten analog der Definition dieser abgeleiteten Größenart aus den Grundgrößenarten.

Vielfach ist bei der festgelegten Maßeinheit $[u]$ für die gemessene Größe u die Maßzahl $\{u\}$ sehr groß oder klein gegenüber Eins. Am zweckmäßigsten erfolgt dann ihre Angabe in Form von Zehnerpotenzen. Für sie haben sich bestimmte Vorsilben zur Maßeinheit und ihnen entsprechende abkürzende Buchstabensymbole eingebürgert. Tabelle 1.1 gibt einen Überblick über diese Vorsilben und die zugehörigen Buchstabensymbole.

Tabelle 1.1

Faktor, mit dem die Einheit multipliziert wird	Vorsatzsilbe	Abkürzung
10^{15}	Exa	E
10^{12}	Tera	T
10^{9}	Giga	G
10^{6}	Mega	M
10^{3}	Kilo	k
10^{2}	Hekto	h
10^{1}	Deka	da
10^{-1}	Dezi	d
10^{-2}	Zenti	c
10^{-3}	Milli	m
10^{-6}	Mikro	μ
10^{-9}	Nano	n
10^{-12}	Pico	p
10^{-15}	Femto	f
10^{-18}	Atto	a

1.3 Größengleichung, Zahlenwertgleichung

Eine zu messende physikalische Größe u spiegelt einen objektiven Sachverhalt wider, sie ist deshalb unabhängig von der gewählten Maßeinheit $[u]$. In ihrer Darstellung entsprechend (D 1.1) ist dagegen ihre Maßzahl $\{u\}$ von der gewählten Maßeinheit abhängig. Eine Veränderung der Maßeinheit hat die gleichzeitige Veränderung der Maßzahl zur Folge. Es ist daher zweckmäßig, physikalische Gesetzmäßigkeiten zwischen n Größen u_i ($i = 1, 2, \ldots, n$) nicht durch Beziehungen zwischen ihren Maßzahlen $\{u_i\}$, sondern durch Beziehungen zwischen den Größen u_i selbst zu formulieren. Eine derartige Darstellung wird als *Größengleichung* bezeichnet. Größengleichungen gelten unabhängig von den gewählten Maßeinheiten $[u_i]$ für die Größen u_i. Für die meisten Probleme stellt dies einen wesentlichen Vorteil bei ihrer Formulierung dar. Falls nicht ausdrücklich anders vermerkt, sind alle Beziehungen in dieser Darstellung Größengleichungen.

Größengleichungen

Selbstverständlich können auch die physikalischen Zusammenhänge zwischen den n Größen u_i durch Beziehungen zwischen ihren zugehörigen Maßzahlen $\{u_i\}$ formuliert werden. Derartige Darstellungen bezeichnet man als *Zahlenwertgleichungen*. Eine Zahlenwertgleichung gilt im Gegensatz zur Größengleichung nur für die gewählten Maßeinheiten $[u_i]$

Zahlenwertgleichungen

der Größen u_i; eine Formulierung einer physikalischen Gesetzmäßigkeit in einer Zahlenwertgleichung ohne gleichzeitige Angabe der gewählten Maßeinheiten ist daher sinnlos.

Leider ist es vielfach üblich, die Klammersymbole $\{\ \}$ an den Maßzahlen $\{u_i\}$ der Größen u_i in einer Zahlenwertgleichung wegzulassen. Zahlenwert- und Größengleichungen sind dann äußerlich nicht mehr unterscheidbar. Da dies sehr leicht zu Verwechslungen führen kann, schließen wir uns diesem Weg nur dann an, wenn derartige Verwechslungen ausgeschlossen sind.

1.4 Experiment und Erkenntnisfindung

Experiment als Grundlage der physikalischen Erkenntnis

Unser gesamtes physikalisches Wissen gründet sich auf die zielgerichtete Beobachtung der Natur. Das Experiment ist Grundlage für die physikalische Erkenntnis. Es muß stets mit äußerster Umsicht und in Verbindung mit einer bestimmten Zielstellung durchgeführt werden. Messen muß gelernt sein. Ein paar einfache Beispiele sollen dies zeigen:

Bei oberflächlicher Betrachtung der Abb. 1.1 kommt man leicht zu dem Schluß, daß es sich bei ihr um die Darstellung eines Systems von Spiralen mit gleichen Mittelpunktskoordinaten handelt. Der kritische Beobachter sieht diese Aussage zunächst nur als Hypothese an und versucht, ihre Richtigkeit durch ein Experiment zu zeigen, hier zum Beispiel durch Fortschreiten auf einer der als Spiralen angenommenen Kurven. Im Widerspruch zu seiner Annahme erkennt er dann, daß er beim Fortschreiten auf irgendeiner der „Spiralen" wieder zum Ausgangspunkt zurückkommt, seine Hypothese damit falsch sein muß. Eine weitere Vermessung der dargestellten geometrischen Gebilde läßt diese ihn dann als ein System von konzentrischen Kreisen erkennen. Gleichfalls überzeugt man sich durch eine Messung leicht, daß im Gegensatz zum ersten optischen Eindruck die beiden Strecken in Abb. 1.2 gleiche Länge besitzen, die Geraden in Abb. 1.3 ein System von parallelen Geraden bilden und die beiden Trapeze in Abb. 1.4 kongruent sind.

Abb. 1.1 Optische Täuschung

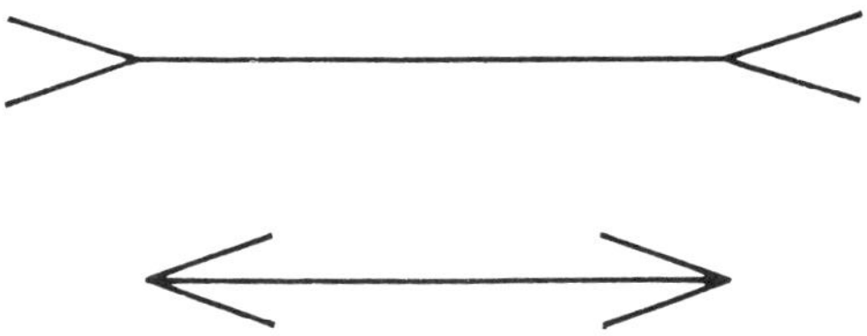

Abb. 1.2 Optische Täuschung

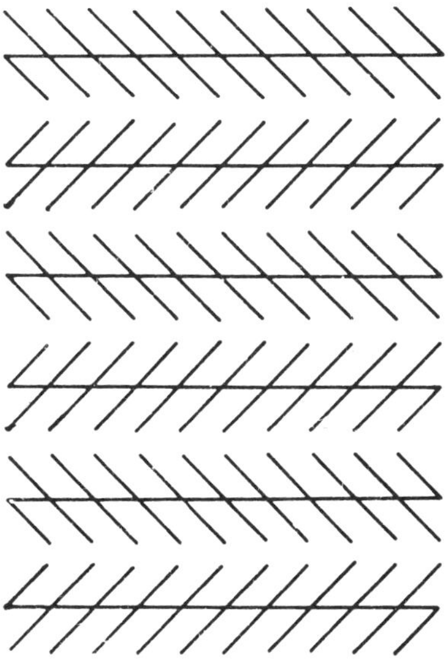

Abb. 1.3 Optische Täuschung

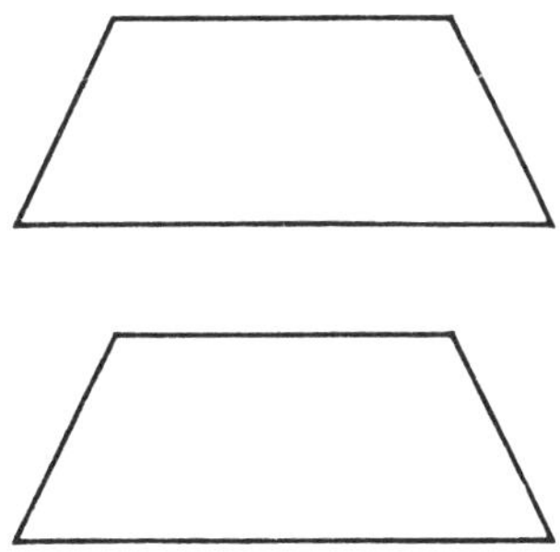

Abb. 1.4 Optische Täuschung

Vorstehende Beispiele zeigen, daß man die Richtigkeit einer experimentell gezogenen Schlußfolgerung in jeder Phase der Durchführung und Auswertung des Experimentes äußerst kritisch überprüfen muß, um Fehlschlüsse soweit wie möglich auszuschließen. Mit besonderer Skepsis muß deswegen auch die Übernahme von Begriffen des täglichen Lebens in das physikalische Begriffssystem angesehen werden, wie zum Beispiel die Begriffe Raum und Zeit, die nicht auf Grund eines kritischen physikalischen Denkens in das physikalische Begriffssystem übernommen worden sind, sondern auf Grund einer jahrhundertelang entwickelten Anschauung über Raum und Zeit in einem kleinen Teilbereich des Raum-Zeit-Geschehens (siehe Bd. II).

Die Erkenntnisgewinnung in der Physik erfolgt so, daß man durch planmäßig angelegte Experimente versucht, in einem bestimmten Teilbereich gültige physikalische Gesetzmäßigkeiten aufzufinden. Diese werden dann verallgemeinert, und man gelangt so zu experimentellen Erfahrungssätzen. Der weitere Schritt ist nun der, daß man von diesen Erfahrungssätzen bestimmte als gegeben hinnimmt, d.h. auf die weitere Frage nach dem warum ihrer Gültigkeit bewußt verzichtet. Man gelangt so zu einem physi-

Axiom
Axiomensystem

kalischen *Axiomensystem*. Dieses stellt man als experimentelle, theoretisch nicht erklärbare Erfahrung über die Gesetzmäßigkeiten der Natur an die Spitze einer physikalischen Theorie. Aufgabe der theoretischen Physik ist es dann, aus diesem Axiomensystem auf deduktivem Wege die experimentelle Erfahrung in diesem Teilbereich der Physik theoretisch zu bestätigen und neue Erkenntnisse des Gebietes theoretisch vorherzusagen. Kriterium, ob ein physikalisches Axiomensystem sinnvoll ist oder nicht, ist einzig die Übereinstimmung der aus ihm gefolgerten Gesetzmäßigkeiten mit der experimentellen Erfahrung. Solange *alle* Schlußfolgerungen aus einem Axiomensystem in Übereinstimmung mit der experimentellen Erfahrung stehen, solange kann dieses als geeignet für den betrachteten Teilbereich der Physik angesehen werden. Ein einmal aufgestelltes Axiomensystem besitzt keine ewige Gültigkeit. Neue experimentelle Erkenntnisse können seinen Gültigkeitsbereich sowohl einengen als auch erweitern bzw. seine Nützlichkeit vollkommen in Frage stellen. So zeigte zunächst die Anwendung der Bohrschen Postulate auf das Wasserstoffatom eine gute Übereinstimmung der theoretischen Schlußfolgerungen mit den Experimenten. Je tiefer man jedoch in diese Problematik eindrang, um so deutlicher wurden Diskrepanzen zwischen Theorie und Experiment erkennbar. Die Bohrsche Axiomatik mußte daher verworfen werden. Heute wissen wir weswegen. Der von Bohr auf das Atominnere übertragene Bahnbegriff der Mechanik verliert dort wegen der Heisenbergschen Unschärferelation seinen Sinn.

Welche experimentellen Erfahrungstatsachen man als Axiome auffaßt, ist im Prinzip gleich. Ihre Wahl muß nur so erfolgen, daß durch sie ein möglichst großer Teilbereich der physikalischen Vorgänge erfaßt wird und daß die Axiome weder einander widersprechen noch auseinander herleitbar sind.

Axiome im vorstehenden Sinn sind: Die Newtonschen Axiome (S 3.5), (S 3.7), (S 3.8), die Hauptsätze der Thermodynamik (S 7.1), (S 7.2), (S 7.10), die Maxwellschen Gleichungen, die Konstanz der Vakuumlichtgeschwindigkeit, die Proportionalität von träger und schwerer Masse (Bd. II), die Bohrschen Postulate, die Schrödinger-Gleichung und die Vertauschungsrelationen (Bd. III).

1.5 Makrophysik und Mikrophysik

Bis in unser Jahrhundert hinein war man allgemein der Auffassung, daß alle in einem physikalischen System denkbaren physikalischen Größen prinzipiell mit beliebiger Genauigkeit gleichzeitig meßbar sind und eine denkbare, durch den Meßvorgang verursachte Veränderung des Meßobjektes oder eine Störung seines Zustandes prinzipiell unter jede gewünschte Schranke gedrückt werden können. Zwei unmittelbar aufeinander folgende Messungen beeinflussen sich dann nicht und führen, wenn es sich um identische Meßvorgänge handelt, zum gleichen Ergebnis. Den Teilbereich der Physik, in dem man vorstehende plausible Annahmen ohne

Bedenken anwenden kann, d.h. anwenden kann, ohne mit der Erfahrung in Widerspruch zu kommen, bezeichnet man als *Makrophysik*. Makrophysik

Die physikalische Forschung unseres Jahrhunderts zeigte jedoch (vgl. Bd. III), daß diese für den unkritischen Beobachter so einleuchtenden Voraussetzungen der Makrophysik für viele Bereiche der modernen Physik nicht haltbar sind. Der Teilbereich der Physik, in dem nicht alle in einem physikalischen System definierten physikalischen Größen prinzipiell mit beliebiger Genauigkeit gleichzeitig meßbar sind und die bei ihrer Messung auftretenden Störungen prinzipiell nicht unter jede gewünschte Schranke gedrückt werden können, heißt *Mikrophysik*. Die Voraussetzung in (D 1.1) zur Festlegung der physikalischen Größe ist damit verletzt, und man spricht dann von zu messenden *Observablen* statt von Größen (Näheres s. Bd. III). Mikrophysik Observable

Bei den Erscheinungen der Makrophysik müssen gegenüber der Mikrophysik also über die Messungen von Größen zusätzliche Annahmen gemacht werden. Die Makrophysik ist somit ein – wenn auch wichtiger – Sonderfall der Mikrophysik.

Die im Bereich der Mikrophysik auftretenden Störungen sind prinzipieller Natur. Sie haben nichts mit den sogenannten *Meß- oder Beobachtungsfehlern* zu tun, die bei der praktischen Durchführung einer Messung auch in der Makrophysik als Folge der immer vorhandenen Unzulänglichkeiten der apparativen Möglichkeiten, der Unvollkommenheit der menschlichen Sinnesorgane usw. unvermeidlich sind. Auf die Problematik dieser Meßfehler wird im Rahmen dieser Darstellung nicht eingegangen. Es wird hierzu auf die entsprechende Spezialliteratur verwiesen. Meßfehler (Beobachtungsfehler)

1.6 Klassisches Kausalitätsprinzip

Wie schon mehrfach betont, ist die Aufgabe der Physik nicht nur, bestimmte Naturvorgänge festzustellen, sondern vor allem, die ihnen zugrundeliegenden allgemeinen Gesetzmäßigkeiten, d.h. den Zusammenhang zwischen Ursache und Wirkung, zu erkennen und geeignet zu formulieren. Als geeignete „Sprache" zur Formulierung der gegenseitigen Bedingtheit von Ereignissen hat sich die Mathematik erwiesen. Sie wird damit zur wichtigen Hilfswissenschaft der Physik. Im Bereich der Makrophysik gilt die Erfahrung:

> Sind für einen bestimmten Zeitpunkt sämtliche Größen eines physikalischen Systems bekannt, so läßt sich auf Grund der Naturgesetze prinzipiell (wenn auch meist nur gedanklich) Zukunft und Vergangenheit dieses Systems errechnen (klassisches Kausalitätsprinzip).

(S 1.1) klassisches Kausalitätsprinzip

Alle Naturvorgänge, die dem klassischen Kausalitätsprinzip gehorchen, heißen streng determiniert. Über die Grenzen einer streng determinierten Naturbetrachtung auch im Bereich der Makrophysik denkt man erst seit wenigen Jahrzehnten intensiver nach (s. Abschnitt 3.5). streng determinierte Naturvorgänge

1.7 Denkmodelle

Die mathematische Beschreibung physikalischer Systeme ist meist viel zu kompliziert, um in allgemeiner Form durchführbar zu sein. Für die Lösbarkeit von Problemen ist man daher auf Idealisierungen der in dem betrachteten physikalischen System existierenden Objekte angewiesen. Diese Idealisierungen überführen das objektiv vorhandene physikalische System in ein *Denkmodell*. Aus der Schulphysik sind u.a. die Denkmodelle Massenpunkt, Lichtstrahl und Feld bekannt.

Denkmodell

Durch die Einführung eines Denkmodells verzichtet man bewußt auf die Beschreibung des realen Naturvorgangs zugunsten einer einfacheren, aber dafür nur noch annähernden Beschreibung der Realität. Denkmodelle sind deshalb nur innerhalb des Bereiches anwendbar, in welchem die Abstraktion von der Wirklichkeit keinen allzu großen Fehler verursacht. Je mehr Idealisierungen man für ein Denkmodell einführt, um so einfacher wird wohl die mathematische Beschreibung, um so größer wird aber auch die Abweichung des Denkmodells von der Realität. Die Kriterien zur Wahl eines Denkmodells sind somit einerseits eine möglichst einfache mathematische Beschreibung des physikalischen Problems mit Hilfe des gewählten Denkmodells, andererseits die für die Problemstellung noch vertretbare Abweichung des Denkmodells von der Wirklichkeit. Ein Denkmodell ist solange eine brauchbare Vereinfachung der realen Wirklichkeit, solange die mit diesem Modell gezogenen Folgerungen innerhalb der erwarteten Genauigkeit mit dem wirklichen Naturgeschehen übereinstimmen.

Es muß bei der Anwendung eines Denkmodells stets beachtet werden, daß dieses eine Idealisierung des wirklichen Naturvorganges ist, man daher niemals in den Fehler verfallen darf, es als getreues Ebenbild der Wirklichkeit zu betrachten. Wert und Grenzen eines Denkmodells können durch neue Erkenntnisse der physikalischen Wissenschaft verändert werden, denn genauere experimentelle Kenntnisse können den Anwendungsbereich eines Modells erheblich einengen oder erweitern bzw. seine Zweckmäßigkeit überhaupt in Frage stellen.

2 Grundgrößenarten der Mechanik

Die in diesem Band behandelten physikalischen Gesetzmäßigkeiten der Mechanik bezeichnen wir zusammenfassend als das Gebiet der *nichtrelativistischen klassischen Mechanik*. Dieser Teilbereich der Physik beruht auf der grundlegenden, von unserer alltäglichen Erfahrung scheinbar bestätigten Annahme, daß der Zeitablauf von Vorgängen in einem physikalischen System von seinem Bewegungszustand unabhängig ist. Im Bd. II wird jedoch gezeigt, daß diese zunächst plausible Annahme nur für solche Geschwindigkeiten annähernd Gültigkeit besitzt, die klein gegenüber der Vakuumlichtgeschwindigkeit $c \approx 300000$ km/s sind. Da man Makroobjekte nicht auf derartig hohe Geschwindigkeiten beschleunigen kann, wird ein wesentlicher Teil der mechanischen Vorgänge durch die Gesetze der nichtrelativistischen Mechanik beschrieben.

nichtrelativistische klassische Mechanik

Die Mechanik steht nicht darum an der Spitze unserer Betrachtungen, weil sie etwa besonders einfach zu verstehen ist, sondern vielmehr darum, weil die in ihr dargelegten physikalischen Gesetzmäßigkeiten, die physikalischen Größen zu ihrer Beschreibung usw. die Grundlage für viele andere Gebiete der Physik bilden.

2.1 Grundgrößenart Zeit

2.1.1 Messung von Zeiten, Basiseinheit Sekunde

Als eine Grundgrößenart findet die *Zeit* Verwendung. Der Begriff des zeitlichen Ablaufes ist aus dem täglichen Leben bekannt. Für physikalische Überlegungen jedoch muß der Zeitbegriff exakter geprägt werden, d.h., er muß so eingeführt werden, daß er entsprechend (D 1.1) alle Merkmale einer physikalischen Größe besitzt.

Für Apparaturen zur Zeitmessung nutzt man periodisch wiederkehrende physikalische Vorgänge (*Uhren*). Die Meßvorschrift besagt, daß die Anzahl der periodisch wiederkehrenden Ereignisse zwischen Anfang und Ende des zu bestimmenden zeitlichen Geschehens auszuzählen ist. Legt man jetzt noch durch irgendein zeitliches Geschehen eine Zeitnorm fest, so ist auch die Maßeinheit gegeben und damit nach (D 1.1) der so eingeführte Zeitbegriff eine physikalische Größe. Da zur Definition der Größenart Zeit keine andere physikalische Größenart benutzt wurde, ist die Zeit eine Grundgrößenart.

Uhren

Grundgrößenart Zeit

wahrer und mittlerer Sonnentag

Die Maßeinheit der Zeit ist die Sekunde. Ihre erste Festlegung erfolgte astronomisch durch die Beobachtung der Erddrehung gegenüber der Sonnenstellung. Als ein *wahrer Sonnentag* wird die Zeitdauer zwischen zwei aufeinanderfolgenden Durchgängen der Sonne durch das Fadenkreuz eines feststehenden Fernrohres festgelegt. Da die Erde die Sonne auf einer Ellipse mit veränderlicher Geschwindigkeit umläuft (vgl. S 3.11), sind die so bestimmten Tageslängen unterschiedlich. Man definiert daher einen *„mittleren Sonnentag“* als Mittelwert aller wahren Sonnentage während eines Jahres. Beachtet man nun noch die seit ältesten Zeiten übliche Aufteilung des Jahres in Tage, Stunden, Minuten und Sekunden,

(D 2.1a) Umrechnung verschiedener Zeiteinheiten

1 Minute = 1 min = 60 Sekunden = 60 s
1 Stunde = 1 h = 60 min
1 Tag = 1 d = 24 h,

dann folgt:

(D 2.1b) 1 s als Teil des mittleren Sonnentages

Die Basiseinheit 1 Sekunde (1 s) ist der 86400ste Teil des mittleren Sonnentages.

Bei dieser ab 1893 auch in Deutschland gültigen Sekundendefinition (D 2.1b) wird stillschweigend eine konstante Erdrotation vorausgesetzt. Durch die immer größere Vervollkommnung der Uhren (Übergang von den Pendeluhren zu den Quarzuhren) konnte 1936 die Zeitstabilisierung der Uhren so weit verbessert werden, daß ihre täglichen Gangungenauigkeiten kleiner wurden als die Ungenauigkeit, die bei der astronomischen Bestimmung der Länge eines Tages auftritt. Man fand jahreszeitlich bedingte Schwankungen im Gang dieser Uhren. Hieraus mußte man den Schluß ziehen, daß obige Voraussetzung einer konstanten Rotationsgeschwindigkeit der Erde unzutreffend ist, da gleiche jahreszeitlich bedingte Gangschwankungen für alle Uhren unwahrscheinlich sind. Als Ursachen für die nicht konstante Erddrehung werden meteorologische und geophysikalische Einflüsse auf die Erdrotation angesehen. Diese Schwankungen führen bei der Sekundenbestimmung zu einer Unsicherheit von etwa $\pm 10^{-8}$ s. Weiter wurde einige Jahre später durch Vergleich der Erdrotation mit den Umläufen von Planeten sowie des Mondes erkannt, daß durch Gezeitenkopplung die Rotation der Erde ständig abnimmt (relativ um etwa $2 \cdot 10^{-10}$ pro Jahr). Damit ist die Festlegung der Sekunde durch (D 2.1b) relativ um etwa $\pm 10^{-7}$ unsicher. Die auf der Erddrehung beruhende Sekundendefinition wurde deshalb 1956 aufgegeben und durch eine neue auf den Umlauf der Erde um die Sonne bezogene Zeiteinheit, die sogenannte *Ephemeridensekunde,* ersetzt.

Ephemeridensekunde tropisches Jahr

Die Ephemeridensekunde wird auf das sogenannte *tropische Jahr* bezogen. Hierunter versteht man das Zeitintervall zwischen zwei aufeinanderfolgenden Durchgängen der Sonne durch den Frühlingspunkt des Himmelsäquators. Die Dauer L eines tropischen Jahres wird astronomisch gemessen, indem man durch Winkelangaben die Länge der Sonnenbahn längs des Himmelsäquators vom Frühlingspunkt aus festlegt. Aus den jahrhundertelangen astronomischen Beobachtungen der Planeten- und Mondbewegungen konnten Tabellenwerke entwickelt werden, die die tägliche Stellung dieser Himmelskörper, ihre sogenannten *Ephemeriden*, vorauszuberechnen gestatten. Die Änderung $\mathrm{d}L$ der mittleren Länge L der Sonnenbahn pro hierfür benötigter Zeit $\mathrm{d}t$, d.h. $\mathrm{d}L/\mathrm{d}t$, erweist sich als geringfügig zeitlich veränderlich. Man bezieht deswegen die Ephemeridensekunde auf den astronomischen Zeitpunkt 0. Januar 1900, 12.00 Uhr Ephemeridenzeit (in üblicher Ausdrucksweise: 31. Dezember 1899, 12 Uhr). Mit dieser Festlegung erhält man aus den astronomischen Messungen für das gewählte tropische Jahr

Ephemeriden

$$\left\{\frac{\mathrm{d}L}{\mathrm{d}t}\right\} = 0{,}04106863897444,$$

wenn L in Bogensekunden und t in Ephemeridensekunden gemessen wird. Da nun die mittlere Dauer t_a eines tropischen Jahres der Zeit für einen $360^\circ = 1296000''$-Umlauf entspricht, folgt

$$t_a = \frac{1296000}{\left\{\frac{\mathrm{d}L}{\mathrm{d}t}\right\}} \text{ Ephemeridensekunden}$$

$$= 31556925{,}9747 \text{ Ephemeridensekunden.}$$

Damit hat das mittlere tropische Jahr eine Dauer von 365 d 5 h 48 min 46 s. Dies führt zur Sekundendefinition:

Die Basiseinheit 1 Sekunde (1 s) ist der Bruchteil $\frac{1}{31\,556\,925{,}9747}$ des tropischen Jahres für den 0. Januar 1900, 12 Uhr Ephemeridenzeit.

(D 2.1c)
1 s als Ephemeridensekunde

Die durch (D 2.1c) festgelegte Zeiteinheit ist frei von meteorologischen und geophysikalischen Einflüssen und besitzt eine Genauigkeit von 10^{-9} s. Sie hat aber den Nachteil, daß die aus dem aktuellen t_a astronomisch bestimmbare Sekunde von der durch (D 2.1b) festgelegten auf Grund der sich ständig verlangsamenden Erdrotation immer mehr abweicht, etwa 1 s pro Jahr. Außerdem verlangt die moderne, sich ständig weiterentwickelnde Meßtechnik die Messung immer kleinerer Zeitintervalle. Dies erfordert die Einführung immer genauerer Zeitetalons. Quarzuhren erwiesen sich hierfür als ungeeignet, da eine gleichbleibende Struktur der für sie benötigten Quarzkristalle über längere Zeiten nicht garantiert werden kann. Man versucht daher Energieübergänge von Atomen (Bd. III) zur Festlegung der Zeiteinheit zu verwenden. Diese „*Atomzeit*" beruht auf der grundlegenden Lehre der Quantentheorie, daß die mit den Energieübergängen in Atomen verbundenen Frequenzen (D 2.2) Konstanten darstellen. Sie bietet somit den Vorteil, zu verschiedenen Zeiten an jedem beliebigen Ort schnell reproduziert werden zu können. Entsprechende experimentelle Vergleiche zwischen den Frequenzen energetischer Übergänge des Cäsiumisotopes 133 und der Ephemeridensekunde (D 2.1c) führten dann auf der 13. Gene-

Atomzeit

ralkonferenz für Maß und Gewicht 1967 zu der neuen Festlegung:

(D 2.1)
1 s, festgelegt durch einen atomaren Energieübergang

Die Basiseinheit 1 Sekunde (1 s) ist die Dauer von 9192631770 Perioden der Strahlung, die dem Übergang zwischen den beiden Hyperfeinstrukturniveaus des Grundzustandes des Atoms Cäsium 133 entspricht.

Die durch (D 2.1) festgelegte Zeiteinheit besitzt eine Genauigkeit von 10^{-14} s. Die Verwendung von Lasern bzw. die Ausnutzung des Mößbauer-Effektes (Bd. III) läßt durchaus die Möglichkeit erhoffen, Atomzeitstandards herzustellen, die in der Genauigkeit den Cäsiumstandard weit übertreffen.

2.1.2 Frequenz, Kreisfrequenz, Periodendauer

In der Physik hat man es vielfach mit gleichmäßig wiederkehrenden Ereignissen zu tun. Ihre Beschreibung erfolgt zweckmäßigerweise mit Hilfe der durch (D 2.2) festgelegten Größen.

(D 2.2)
Frequenz ν
Kreisfrequenz ω
Periodendauer T

Wiederholt sich in der Zeit t ein physikalischer Vorgang periodisch n-mal, so heißt

$$\nu = \frac{n}{t}$$

die Frequenz,

$$\omega = 2\pi\nu$$

die Kreisfrequenz,

$$T = \frac{1}{\nu} = \frac{2\pi}{\omega}$$

die Periodendauer dieses periodischen Vorganges.

Mögliche Maßeinheiten: $[\nu] = [\omega] = \mathrm{s}^{-1}$, $[T] = \mathrm{s}$. Für s^{-1} hat man die Bezeichnung Hertz eingeführt:

(D 2.3)
Maßeinheit Hertz

$1\ \text{Hertz} = 1\ \text{Hz} = 1\ \mathrm{s}^{-1}$.

Die Maßeinheit Hertz darf aber nur für Frequenzen und nicht für Kreisfrequenzen Anwendung finden.

Als „mögliche Maßeinheiten" werden hier und im folgenden von den gebräuchlichen Maßeinheiten zur diskutierten Größe einige ausgewählt.

SI-Einheiten

Im allgemeinen sind das *SI-Einheiten*. Dabei ist SI das in allen Sprachen übliche Symbol für „Systeme International d'Unites", das 1960 aus dem von der X. Generalkonferenz für Maß und Gewicht im Jahre 1954 beschlossenen „Praktischen Einheitensystem" hervorgegangen ist. In Sonderfällen werden aber auch solche Maßeinheiten als möglich mitgeteilt, die nur in Teilbereichen der Physik oder Technik gebräuchlich sind oder solche, die nach der SI-Festlegung zwar möglichst zu vermeiden, aber trotzdem noch häufig zu finden sind.

Heinrich Hertz
(1857–1894)

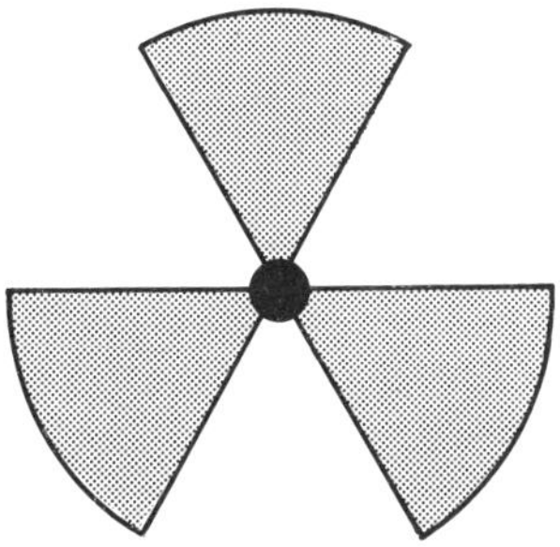

Abb. 2.1 Sektorscheibe

Die Messung einer sehr kurzen Periodendauer ist häufig wesentlich einfacher als die Bestimmung einer sehr kurzen Zeit. Will man zum Beispiel die Frequenz eines rasch rotierenden Maschinenteiles bestimmen, so setzt man auf dessen Drehachse eine Sektorscheibe ähnlich der von Abb. 2.1 fest auf und beleuchtet diese mit Lichtblitzen bekannter, aber variabler Frequenz (*stroboskopische Beleuchtung*). Stimmt die Frequenz der rotierenden Scheibe mit der der Lichtblitze überein, so wird die rotierende Sektorscheibe immer wieder in der gleichen Stellung beleuchtet, und sie erscheint daher für einen Beobachter als ruhend. Weichen die Frequenzen dagegen etwas voneinander ab, so beobachtet man eine relativ langsam rotierende Scheibe. Mit dem Vorzeichenwechsel der Frequenzdifferenz ist ein Wechsel im beobachteten Drehsinn der rotierenden Scheibe verbunden (*stroboskopischer Effekt*). Analoges Verhalten bekommt man in der Nähe aller der Stellen, bei denen das Verhältnis von Frequenz der Lichtblitze zur Frequenz der rotierenden Sektorscheibe eine beliebige ganze Zahl ist.

stroboskopische Beleuchtung

stroboskopischer Effekt

2.2 Grundgrößenart Länge

2.2.1 Messung von Längen, Basiseinheit Meter

Alle Körper besitzen in einer bestimmten Raumrichtung eine charakteristische Länge. Die Bestimmung einer solchen Länge erfolgt durch Anlegen eines Vergleichskörpers (Meßstabes). Führt man für absolute Längenangaben noch eine Normallänge ein, zum Beispiel einen Normstab, so besitzt der so eingeführte Begriff *Länge* alle nach (D 1.1) erforderlichen Merkmale einer physikalischen Größe. Das Meßobjekt ist der zu vermessende Körper, die Meßapparatur bildet der anzulegende Meßstab, die

Meßvorschrift über die Anwendung der Meßapparatur ist durch die Vorschrift über das Anlegen und Ablesen des Stabes gegeben, und die Maßeinheit wird durch irgendeine Normallänge festgelegt. Da zur Definition der Größenart Länge keine anderen Größen benötigt werden, ist die Größenart Länge eine Grundgrößenart.

Grundgrößenart Länge

Bis ins 19. Jahrhundert waren in Deutschland für Längenmessungen die verschiedenartigsten Maßeinheiten gebräuchlich (z.B. Elle, Fuß, Meile). 1872 wurde dann auch in Deutschland das Meter als verbindliche Längenmaßeinheit gesetzlich eingeführt (in Frankreich schon 1840).

Die erste Festlegung der Einheit Meter (abgeleitet vom griechischen Wort metron: Maß, Versmaß) schloß an die Vermessung des Erdmeridianabschnittes zwischen Dünkirchen und Barcelona an. Auf der Basis dieser Messungen wurde 1791 die erste Meterdefinition begründet:

(D 2.4a)
1 m als Bruchteil der Länge eines Erdmeridians

Die Basiseinheit 1 Meter (1 m) ist der vierzigmillionste Teil der Länge des durch die Pariser Sternwarte gehenden Erdmeridians.

Sekundenpendel

Diese Definition schloß sich an eine Definition von HUYGENS an. Er versuchte als Längennormal die Länge des *Sekundenpendels* (siehe Abschnitt 9.1.2.2) einzuführen. Dieser Vorschlag setzte sich aber nicht durch, weil die Schwingungsdauer eines Pendels von der Erdbeschleunigung und damit von der geographischen Breite des Versuchsortes (vgl. Abschnitt 3.7.3) abhängig ist. Das durch (D 2.4a) festgelegte Längennormal weicht von dem von HUYGENS vorgeschlagenen um weniger als 1% ab.

1875 wurde in Paris die Meterkonvention abgeschlossen, der heute ca. fünfzig Staaten angehören. Da sich für die Praxis (D 2.4a) als nicht sehr geeignet erwies, wurde 1889 das Meter durch einen Normalstab (Etalon) neu festgelegt:

(D 2.4b)
1 m, festgelegt durch das Urmeter

Die Basiseinheit 1 Meter (1 m) ist gegeben durch den Abstand zwischen zwei Marken auf einem im Bureau International des Poids et Mesures in Sèvres bei Paris aufbewahrten Stab bei der Gleichgewichtstemperatur zwischen Eis und luftgesättigtem Wasser unter dem Druck einer physikalischen Atmosphäre.

Diese Definition war bis 1960 gültig.

Urmeter

Der in (D 2.4b) benutzte Stab wird als *Urmeter* bezeichnet. Er besteht aus einer Platin-Iridium-Legierung (90% Platin, 10% Iridium) und besitzt die aus Abb. 2.2 ersichtliche Form. Der Querschnitt des Urmeters wurde derart gewählt, daß Verbiegungen des Stabes weitgehend ausgeschlossen sind. In der diesbezüglich günstigsten Ebene sind die der Basiseinheit entsprechenden Strichmarken angebracht.

Vom Urmeter wurden möglichst genaue Kopien angefertigt und an die wichtigsten Industriestaaten, die sich der Meterkonvention angeschlossen haben, verteilt.

Die Meterdefinition (D 2.4b) sollte ursprünglich mit (D 2.4a) identisch sein. Es zeigte sich jedoch, daß die (D 2.4a) zugrundegelegte Vermessung

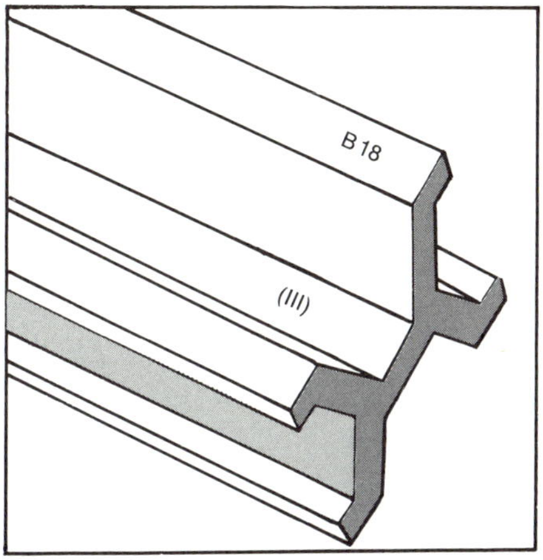

Abb. 2.2 Urmeter

Christian Huygens (1629–1695)

des Erdmeridians fehlerhaft war, so daß das Urmeter um $8{,}56 \cdot 10^{-4}$ m kürzer ausfiel als die durch (D 2.4a) festgelegte Metereinheit.

Auch die Festlegung des Meters durch (D 2.4b) hat ihre Nachteile. Sie ist an ein nur einmal auf der Welt vorhandenes Etalon gebunden und ist somit nicht, wie zum Beispiel eine Naturkonstante, an jeder Stelle der Erde beliebig reproduzierbar. Hinzu kommt, daß ein etwaiger Verlust des Urmeters die Meterkonvention empfindlich treffen müßte. Weiterhin ist nicht sicher, ob das Meternormal wirklich zeitlich unveränderlich ist. Zum Beispiel könnten etwaige Gefügeveränderungen des Stabmaterials seine Länge und damit die festgelegte Einheit verändern. Auch besitzen die Striche auf dem Meternormal eine begrenzte Qualität, weshalb sich von ihm die Einheit auf Vergleichsobjekte höchstens mit einer Genauigkeit von $\pm 10^{-7}$ m übertragen läßt. Die seit den zwanziger Jahren rasche Entwicklung der interferometrischen Längenvergleichsmethoden führte dazu, daß sich Längen bald interferometrisch genauer miteinander vergleichen ließen als mit dem Meternormal. Aus diesen Gründen versuchte man das Meternormal genauer an Naturkonstanten anzuschließen. Als eine hierfür geeignete Länge erwies sich die Wellenlänge des von einem strahlenden Atom (Gas) ausgesandten Lichtes (siehe Bd. III). Eine derartige Anschlußmessung des Meters an die Wellenlänge des roten Cadmiumlichtes wurde 1895 von Michelson interferometrisch (siehe Bd. II) durchgeführt. Seine Untersuchungen führten 1927 zu folgender Defintion:

Albert Abraham Michelson (1852–1931) Nobelpreis 1907

Die Basiseinheit 1 Meter (1 m) ist gegeben durch 1 553 164,13 Wellenlängen des roten Cadmiumlichtes bei einer Temperatur von 15 °C, einem Luftdruck von 760 Torr, in trockener Luft mit einem CO_2-Gehalt von 0,03%.

(D 2.4c)
1 m als Vielfaches der Wellenlänge des roten Cadmiumlichtes

Die Vermessung des Meters mit der roten Cadmiumlinie ist wegen deren Hyperfeinstruktur (siehe Bd. III) sehr problematisch. Günstiger ist deshalb die Verwendung einer Spektrallinie mit nicht so ausgeprägter Hyperfeinstruktur, wie zum Beispiel der orangen Linie des Kryptonisotops ^{86}Kr. Nachdem durch die modernen Verfahren der Isotopentrennung genügend ^{86}Kr zur Füllung von Kryptonlampen bereitgestellt werden konnte, wurden die Michelsonschen Anschlußmessungen mit ^{86}Kr wiederholt. Auf Grund dieser Untersuchungen wurde auf der XI. Generalkonferenz für Maß und Gewicht 1960 beschlossen:

(D 2.4d)
1 m als Vielfaches einer bestimmten Wellenlänge des Kryptonlichtes

Die Basiseinheit 1 Meter (1 m) ist gleich 1650763,73 Vakuum-Wellenlängen der Strahlung, die dem Übergang zwischen den Niveaus $2p_{10}$ und $5d_5$ des Atoms Krypton 86 entspricht.

Damit ist die Basiseinheit Meter wie die Basiseinheit Sekunde durch einen überall reproduzierbaren Energieübergang von Atomen festgelegt. Während sich jedoch für die Sekunde eine Unsicherheit von $\pm 4 \cdot 10^{-14}$ s ergibt, liegt sie bei der Meterdefinition (D 2.4d) etwa bei $\pm 4 \cdot 10^{-9}$ m. Für die wesentlich größere Unsicherheit der Meterfestlegung sind optische Gründe maßgebend. Die Strahlengänge in Interferometern sind stets seitlich begrenzt, damit tritt immer Beugung auf. Ferner sind ebene Wellen ein experimentell nicht zu erreichender Idealfall der Optik. Die Meßgröße Frequenz unterliegt dagegen auf Grund ihrer Meßvorschrift diesen grundsätzlichen Beschränkungen nicht. Daher lag der Gedanke nahe, auch die Definition des Meters an eine derartige Meßvorschrift anzuschließen. Grundlage hierfür bildet der im selben Jahr der Festlegung von (D 2.4d) entdeckte Laser-Effekt und die daran anschließende stürmische Entwicklung der Laser-Physik (s. Bd. III). Sie gestattet aus Strahlungsübergängen unabhängig voneinander die Wellenlänge λ_i und die Frequenz ν_i des emittierten Lichtes zu bestimmen und damit aus $c = \lambda_i \nu_i$ die Vakuumlichtgeschwindigkeit c zu ermitteln. Die erste Bestimmung von c nach dieser Methode gelang 1972 mit einer Genauigkeit von ± 100 m/s, 1973 schon mit $\pm 1{,}2$ m/s und einem Wert von

$$c = 299\,792\,458 \text{ m/s}. \tag{2.1}$$

Mit diesem Wert für c wurde 1983 das Meter von der XVIII. Generalkonferenz für die Meterdefinition neu festgelegt:

(D 2.4)
1 m, festgelegt durch die Ausbreitungsgeschwindigkeit des Lichtes

Die Basiseinheit 1 Meter (1 m) ist die Länge der Strecke, die das Licht im Vakuum während der Zeit $\frac{1}{299\,792\,458}$ s durchläuft.

Damit ist das Meter auf die Naturkonstante Vakuumlichtgeschwindigkeit zurückgeführt, deren Wert zugleich durch die Meterdefinition festgelegt ist. Man hätte natürlich den Wert von c statt durch (2.1) auch z.B. durch $3 \cdot 10^8$ m/s festlegen können. Damit wäre aber die durch (D 2.4) festgelegte Einheit 1 m um etwa 0,7 mm kleiner als die durch die Definitionen (D 2.4a) bis (D 2.4d) gegebene und der kontinuierliche Anschluß der Meterdefinition (D 2.4) an die vorhergehenden nicht mehr gewährleistet.

Strecken, Wege, Radien, Ortsvektoren, Bahnkurven, Wellenlängen usw. sind Größen der Größenart Länge. Ihre Längenangaben erfolgen mit den in Tabelle 1 gegebenen Vorsilben. In der Spektroskopie und Astronomie sind zusätzlich noch folgende Spezialeinheiten gebräuchlich:

1 Ångström = 1 Å = $1 \cdot 10^{-10}$ m
1 X-Einheit = 1 XE = $1 \cdot 10^{-13}$ m
1 Astronomische Einheit = 1 AE = $1{,}49600 \cdot 10^{11}$ m
1 Parsec = 1 pc = $3{,}08572 \cdot 10^{16}$ m.

(D 2.5)
Maßeinheiten Ångström, X-Einheit, Astronomische Einheit, Parsec

Die Möglichkeit von Längenmessungen sichert die Bestimmung von Flächen- und Rauminhalten. Mögliche Maßeinheiten: Fläche $[A] = \mathrm{m}^2$, Volumen $[V] = \mathrm{m}^3$.

ANDERS JENS ÅNGSTRÖM (1814–1874)

2.2.2 Ebener und räumlicher Winkel

Die Bestimmung von Winkeln beruht auf Längenmessungen. Wir definieren (Abb. 2.3 und 2.4):

Schließen zwei vom Mittelpunkt eines Kreises vom Radius r ausgehende Strahlen auf dem Umfang des Kreises den Bogen b ein, so heißt

$$\alpha = \frac{b}{r}$$

ebener Winkel.

(D 2.6a)
ebener Winkel α

Schließt eine vom Mittelpunkt einer Kugel vom Radius r ausgehende Strahlenschar auf der Kugeloberfläche die Fläche A ein, so heißt

$$\Omega = \frac{A}{r^2}$$

räumlicher Winkel.

(D 2.6b)
räumlicher Winkel Ω

Als Einheit für den ebenen und den räumlichen Winkel wird die Zahl 1 gewählt. Sie heißt für den ebenen Winkel Radiant, für den räumlichen

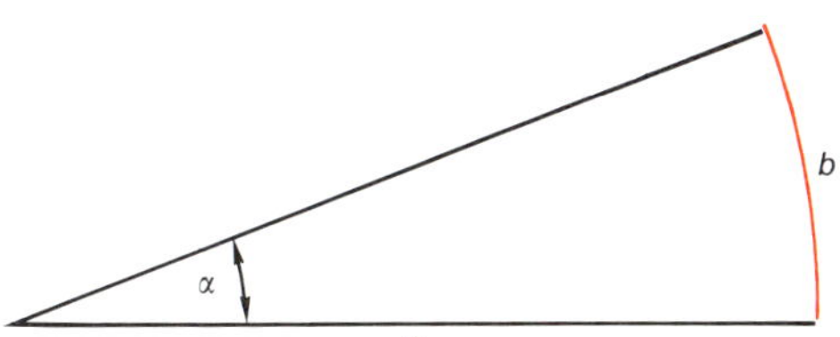

Abb. 2.3 Ebener Winkel

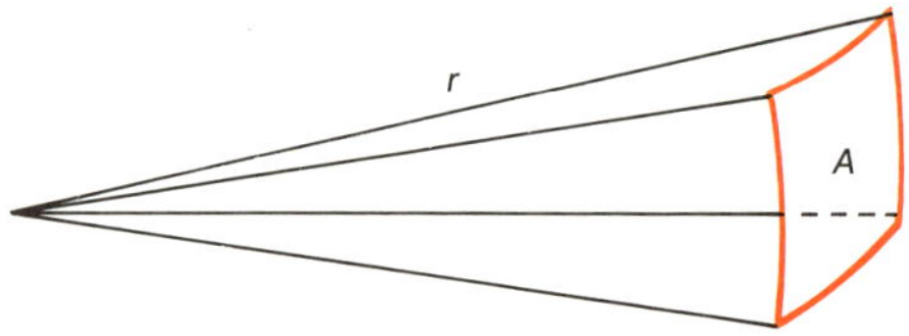

Abb. 2.4 Räumlicher Winkel

Winkel Steradiant. Radiant und Steradiant sind festgelegt durch:

(D 2.6c) Maßeinheit Radiant

$$1 \text{ Radiant} = 1 \text{ rad} = \frac{b = 1\,\text{m}}{r = 1\,\text{m}} = 1\,,$$

(D 2.6d) Maßeinheit Steradiant

$$1 \text{ Steradiant} = 1 \text{ sr} = \frac{A = 1\,\text{m}^2}{r^2 = 1\,\text{m}^2} = 1\,.$$

Abb. 2.5 zeigt den räumlichen Winkel $\Omega = 1$ sr.

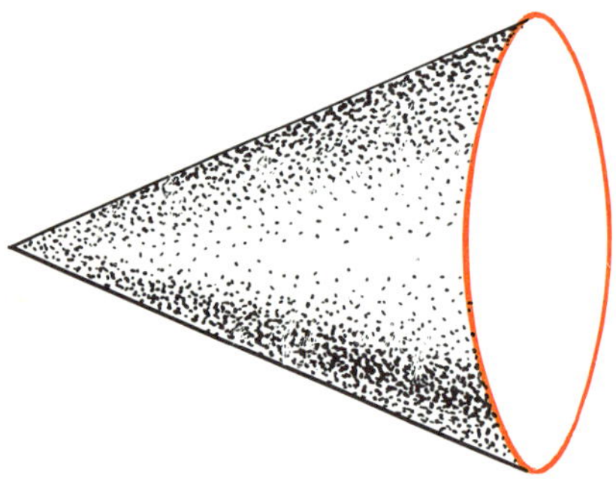

Abb. 2.5 Kegel, dessen Mantel den Raumwinkel $\Omega = 1\,\text{sr}$ einschließt

Die von einem Punkt aus zu allen Punkten einer unendlichen Ebene gezogene Strahlenschar bildet einen räumlichen Winkel von $\Omega = 2\pi$ sr, die von einem Punkt aus zu allen Punkten des Raumes gezogene Strahlenschar einen räumlichen Winkel von $\Omega = 4\pi$ sr.

Als Einheit für den ebenen Winkel ist ferner noch das Grad gebräuchlich. Es ist festgelegt durch:

(D 2.6e) Maßeinheit Grad

$$1 \text{ Grad} = 1^\circ = \frac{\dfrac{\text{Kreisumfang}}{360}}{\text{Radius}} \text{ rad} = \frac{\pi}{180} \text{ rad} \approx 0{,}017453 \text{ rad.}$$

Das Grad wird unterteilt in 60 Bogenminuten (60′), die Bogenminuten wiederum in 60 Bogensekunden (60″), das heißt,

(D 2.6f) Maßeinheit Bogensekunde

$$1^\circ = 60 \text{ Bogenminuten} = 60' = 3600 \text{ Bogensekunden} = 3600''.$$

Aus (D 2.6e) und (D 2.6f) folgt

Umrechnung von Radiant in Grad

$$1 \text{ rad} = 57^\circ\, 17'\, 44{,}8''. \qquad (2.2)$$

Durch Winkelmessungen werden auch solche Längenbestimmungen durchführbar, für die wegen der Größe der zu vermessenden Strecke obige Meßvorschrift (Anlegen eines Meßstabes) versagt. Derartige Aufgabenstellungen liegen bei der Bestimmung der Entfernung Erde–Sonne, der Höhe von Berggipfeln usw. vor.

Man geht im Prinzip wie folgt vor:

Die Entfernung des Punktes P_2 von P_1 (Abb. 2.6) sei durch Anlegen eines Meßstabes nicht zu ermitteln. Man sucht sich einen weiteren Punkt P_3, dessen Entfernung $\overline{P_1 P_3}$ von P_1 durch Anlegen eines Meßstabes bestimmbar bzw. schon bekannt ist. Von den Punkten P_1 und P_3 aus visiert man jetzt den Punkt P_2 an und bestimmt dadurch die Winkel α_1 und α_2. Mit Hilfe der gemessenen Größen $\overline{P_1 P_3}$, α_1 und α_2 ist dann die gesuchte Entfernung berechenbar.

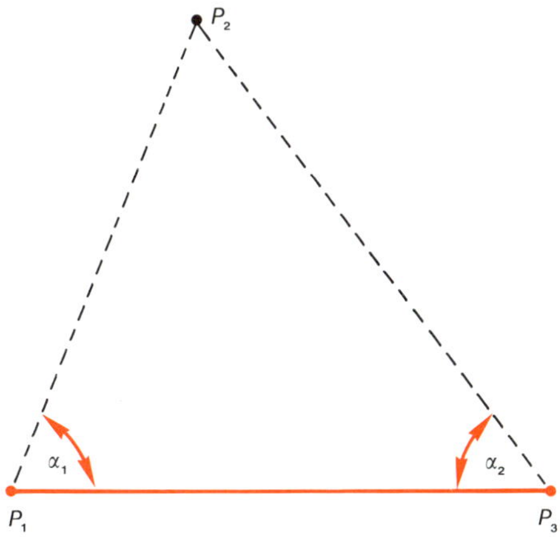

Abb. 2.6 Trigonometrische Längenmessung

Vorstehendes Verfahren der *trigonometrischen Längenmessung* ist nicht so problemlos, wie es einem unkritischen Beobachter erscheint. Die trigonometrische Berechnung der unbekannten Länge setzt

trigonometrische Längenmessung

a) die uneingeschränkte Gültigkeit der euklidischen Geometrie für beliebige Abmessungen

EUKLID um 365 bis um 300 v.u.Z.

voraus und nimmt stillschweigend an, daß

b) der Verlauf des vom Punkt P_2 nach den Punkten P_1 und P_3 gelangenden Lichtes identisch ist mit den von P_2 nach P_1 und P_3 entsprechend den Gesetzen der euklidischen Geometrie gezogenen Geraden.

Für kleine Abmessungen (z.B. Entfernungen auf unserer Erde) widersprechen vorstehende Annahmen nicht unseren Erfahrungen, bei astronomischen Entfernungen dagegen ist ihre Gültigkeit nicht mehr uneingeschränkt voraussetzbar (vgl. Bd. II).

2.3 Raum und Zeit in der nichtrelativistischen Mechanik

Es sei durch drei Größen der Größenart Länge ein dreidimensionaler Euklidischer Raum aufgespannt. Legt man in diesen ein rechtshändiges kartesisches Koordinatensystem, so kann die Lage eines Punktes $P(x, y, z)$ in diesem Raum bezüglich des Koordinatenursprungspunktes des gewählten Koordinatensystems durch den Ortsvektor ((A 9.5) und Abb. 2.7)

Ortsvektor $\boldsymbol{s}$

$$\boldsymbol{s} = x\boldsymbol{i} + y\boldsymbol{j} + z\boldsymbol{k} \tag{2.3}$$

beschrieben werden. Hierbei bedeuten x, y, z die Ortskoordinaten, $\boldsymbol{i}$, $\boldsymbol{j}$, $\boldsymbol{k}$ die Einheitsvektoren in Richtung der positiven x-, y-, z-Achse des Koordinatensystems (vgl. A. 9). Es gilt nach (A 11.4) und (A 12.4)

$$\boldsymbol{i}^2 = \boldsymbol{j}^2 = \boldsymbol{k}^2 = 1\,, \tag{2.3a}$$

$$\boldsymbol{i} \times \boldsymbol{j} = \boldsymbol{k}\,. \tag{2.3b}$$

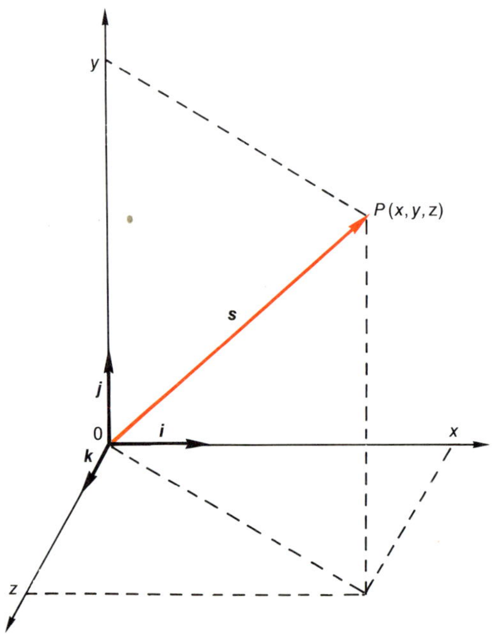

Abb. 2.7 Ortsvektor in einem kartesischen Koordinatensystem

Nach (2.3) können drei voneinander unabhängige Ortskoordinaten zur Beschreibung des räumlichen Geschehens in der Makrophysik dienen. Wir werden im weiteren zeigen, daß man zu einer mit der Erfahrung übereinstimmenden Beschreibung des Raum-Zeit-Geschehens kommt, wenn man die Zeit als vierte, von den räumlichen Koordinaten *unabhängige*

Koordinate betrachtet. Voraussetzung hierfür ist jedoch, daß die Relativgeschwindigkeit zwischen den betrachteten Systemen (Inertialsystemen, s. Bd. II) sehr klein gegenüber der Vakuumlichtgeschwindigkeit (d.h. $\ll 3 \cdot 10^8\ \mathrm{ms}^{-1}$) ist. Soweit diese Voraussetzung erfüllt ist, spricht man vom *nichtrelativistischen Fall.* Da der Wert der Lichtgeschwindigkeit sehr groß ist, läßt sich ein erheblicher Teil der physikalischen Probleme nichtrelativistisch beschreiben.

nichtrelativistische Physik

Im Bereich der nichtrelativistischen Physik kann somit eine vom gewählten räumlichen Bezugssystem unabhängige Zeit (*absolute Zeit*) angenommen werden.

absolute Zeit

2.4 Grundgrößenart Masse, Basiseinheit Kilogramm

Als weitere Grundgrößenart wird die physikalische Größenart Masse verwendet. Der Begriff der Masse ist durch ihre Schwerewirkung (ihr Gewicht) geläufig. Für physikalische Überlegungen muß der Massebegriff exakter gefaßt werden.

Meßvorrichtungen zur Massenbestimmung sind Hebelwaagen (Abschnitt 5.3.1). Die Meßvorschrift ist folgendermaßen festgelegt: Durch den Ausschlag einer Hebelwaage wird bestimmt, um wieviel eine gegebene Masse größer bzw. kleiner ist als eine vorgegebene Vergleichsmasse. Legt man noch eine Maßeinheit fest, zum Beispiel durch ein körperliches Normal, so besitzt der so eingeführte Begriff Masse alle nach (D 1.1) für eine physikalische Größe erforderlichen Kennzeichen. Da zur Definition der Größenart Masse keine andere Größenart benutzt wurde, ist die Masse eine Grundgrößenart.

Grundgrößenart Masse

Die Basiseinheit für die Masse ist das Kilogramm. Die Festlegung dieser Einheit durch ein körperliches Normal erfolgte 1891 auf der 3. Generalkonferenz der Internationalen Meterkonvention:

Die Basiseinheit 1 Kilogramm (1 kg) wird festgelegt durch die Masse eines im Bureau International des Poids et Mesures in Sèvres bei Paris aufbewahrten Platin-Iridium-Zylinders.

(D 2.7)
Basiseinheit 1 kg

Es ist erstaunlich, daß die Basiseinheit Kilogramm sich als körperliches Normal bisher behauptet hat.

Die Masse des in (D 2.7) verwendeten Internationalen Kilogrammprototyps sollte ursprünglich gleich der Masse eines Kubikdezimeters Wasser bei seiner größten Dichte (bei 4 °C) sein. Genauere Messungen zeigten jedoch, daß der Kilogrammprototyp der Masse von $1{,}000028\ \mathrm{dm}^3$ Wasser bei einer Temperatur von 4 °C entspricht.

Vereinigt man zwei Massen zu einer Gesamtmasse, so ergibt sich die resultierende Masse als Summe der Einzelmassen. Massen besitzen also – im Gegensatz z.B. zur Größe Temperatur – additiven Charakter.

Alle bisherigen Experimente der Makrophysik bestätigen die Gültigkeit des folgenden Erfahrungssatzes:

(S 2.1)
Massenerhaltungssatz

In einem abgeschlossenen makrophysikalischen System bleibt die Summe der Massen seiner Teilsysteme konstant (Massenerhaltungssatz).

Auch in der Mikrophysik bleibt vorstehender Satz in einer verallgemeinerten Form erhalten (siehe Bd. III).

3 Der Massenpunkt

3.1 Denkmodell Massenpunkt

Die physikalischen Systeme sind meist so kompliziert, daß sie in allgemeiner Form nicht behandelt werden können. Um trotzdem eine Beschreibung geben zu können, muß man Idealisierungen vornehmen, d.h. bewußt auf die Darstellung des realen Naturvorganges zugunsten eines Denkmodells verzichten.

Zur Beschreibung der Bewegung eines Körpers im Raum hat sich vielfach das Denkmodell Massenpunkt bewährt:

> Ein Massenpunkt ist ein Körper endlicher Masse, dessen Masse man sich in einem Punkt konzentriert denkt.

(D 3.1)
Denkmodell Massenpunkt

Diese Abstraktion kann z.B. dann zur Vereinfachung des vorliegenden Bewegungsproblems angewendet werden, wenn alle Teile des Körpers die gleiche oder fast die gleiche Bewegung ausführen bzw. wenn die Körperabmessungen klein sind im Vergleich zur Länge und zum Krümmungsradius der Bahnkurve. Ob ein Körper als Massenpunkt behandelt werden darf oder nicht, hängt also von der speziellen Problemstellung ab. So können zum Beispiel unter gewissen Voraussetzungen durch Einführung des Massenmittelpunktes (vgl. (S 4.2)) sogar Sonne und Erde als Massenpunkt behandelt werden.

Entsprechend (D 3.1) ist die Lage des Massenpunktes durch drei voneinander unabhängige Ortskoordinaten beschreibbar.

3.2 Arten der Bewegung

Für die weiteren Überlegungen werden in einem festen Körper (z.B. der Erde, einem Stein oder einem Stück Eisen) n beliebige Körperpunkte P_i ($i = 1, 2, \ldots, n$) ausgewählt, deren gegenseitiger Abstand voneinander sich nicht verändern soll. In bezug auf irgendein vorgegebenes kartesisches Koordinatensystem seien diese Punkte darstellbar durch $P_i = P_i(x_i, y_i, z_i)$. Verändern die Punkte P_i mit der Zeit ihre Lage in bezug auf das gewählte System, so bezeichnet man diesen Vorgang als Bewegung des Körpers in bezug auf das gewählte Koordinatensystem.

> Eine Veränderung der Koordinaten abstandsgleich bleibender Punkte P_i eines Körpers mit der Zeit heißt Bewegung des Körpers in bezug auf das gewählte Bezugssystem.

(D 3.2)
Bewegung eines Körpers

Vielfach ist es nützlich, eine Bewegung als Translationsbewegung mit überlagerter Rotationsbewegung aufzufassen. Hierzu führen wir ein:

(D 3.3)
Translations-
bewegung
Rotationsbewegung

Erfolgt die Bewegung des Körpers derart, daß in bezug auf das gewählte Bezugssystem sämtliche Körperpunkte P_i

a) gleiche Bahnkurven im gleichen Richtungssinn durchlaufen, dann heißt die Bewegung Translationsbewegung,
b) sich auf Kreisbögen mit Mittelpunkten auf einer Geraden (Rotationsachse) bewegen, dann heißt die Bewegung Rotations- oder Drehbewegung.

Abb. 3.1 veranschaulicht eine Translationsbewegung, Abb. 3.2 eine Rotationsbewegung.

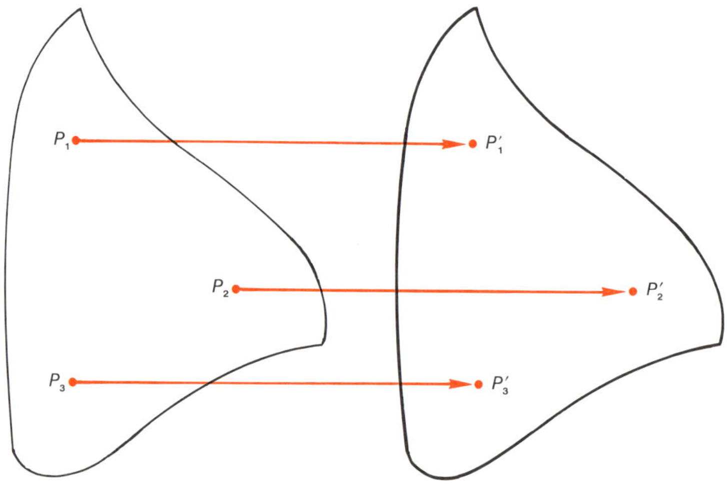

Abb. 3.1 Beispiel für eine Translationsbewegung

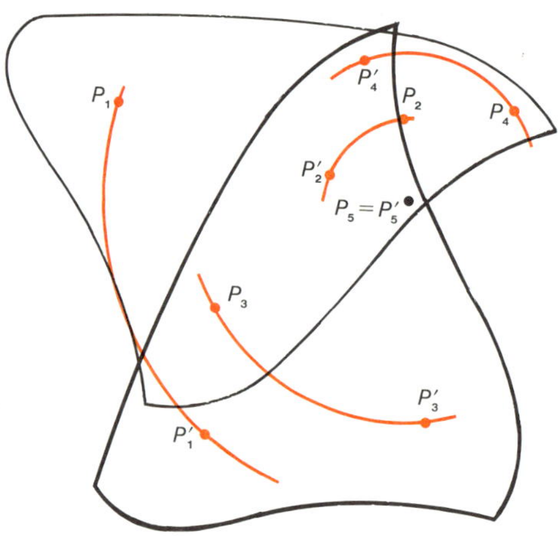

Abb. 3.2
Beispiel für eine Rotationsbewegung

Bewegungsart hängt vom Bezugspunkt des Beoachters ab

Nach (D 3.2) und (D 3.3) ist es nur sinnvoll, von einer Bewegung in bezug auf ein gewähltes Bezugssystem zu sprechen. Auch die Art der Bewegung hängt vom gewählten Bezugssystem ab. Zwei Beispiele mögen dies erläutern:

a) Beobachter 1 sitze in einem fahrenden Zug, Beobachter 2 am Bahndamm. In bezug auf ein mit dem Zug fest verbundenes Koordinatensystem ruht der Beobachter 1, d.h., er führt in bezug auf dieses System überhaupt keine Bewegung aus, während sich der Beobachter 2 in bezug auf dieses System bewegt. Der Beobachter 2 dagegen sieht in seinem mit dem Bahndamm fest verbundenen Koordinatensystem eine Bewegung des Beobachters 1, während er selbst in bezug auf dieses System ruht.
b) Ein mit einem fahrenden Fahrzeug mitbewegter Beobachter sieht (in seinem mit dem Fahrzeug fest verbundenen Bezugssystem) die Bewegung der Räder als reine Rotationsbewegung, jeder Punkt des Rades außerhalb der Drehachse beschreibt damit einen Kreis (Abb. 3.3a). Ein

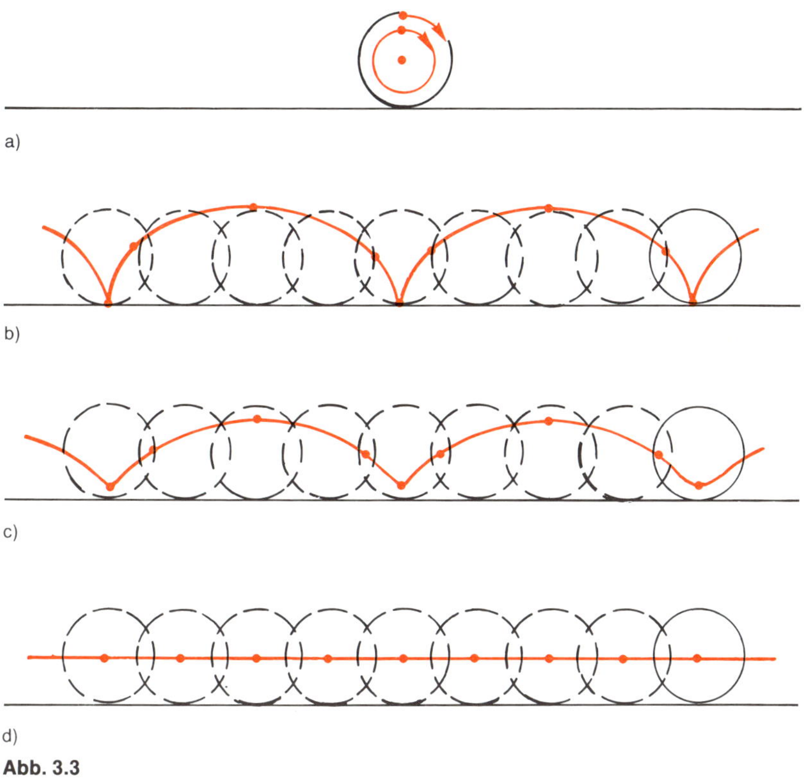

Abb. 3.3
Bahnkurven von Punkten auf dem Rad eines Fahrzeuges
a) vom Beobachter im Fahrzeug aus gesehen
b) bis d) vom Beobachter am Straßenrand aus gesehen
b) Punkt auf Radrand
c) Punkt zwischen Drehachse und Radrand
d) Drehpunkt

Beobachter am Straßenrand dagegen (in seinem zur Straße festen Koordinatensystem) sieht dieselbe Bewegung als Rotationsbewegung mit überlagerter Translation. Ein Punkt auf dem Radrand bewegt sich für ihn auf einer gewöhnlichen Zykloide (Abb. 3.3b), alle anderen Punkte des Rades (ausgenommen die Drehachse) auf einer verkürzten Zykloide (Abb. 3.3c); die Drehachse führt eine Translationsbewegung aus (Abb. 3.3d).

Superpositionsprinzip der Bewegungen

Führt ein Körper gleichzeitig mehrere Bewegungen aus – im Beispiel b) eine Translations- und eine Rotationsbewegung –, dann überlagern sich diese Bewegungen, ohne sich gegenseitig zu stören (*Superpositionsprinzip der Bewegungen*), solange Raum und Zeit unabhängig voneinander sind.

Für die Beschreibung von Bewegungen ist die Umkehrung dieser Aussage wichtig:

(S 3.1) Darstellbarkeit der allgemeinen Bewegung

Die allgemeine Bewegung eines Körpers setzt sich aus einer Überlagerung von Rotations- und Translationsbewegungen zusammen.

Im allgemeinen wird sich eine nach (D 3.3) als Rotation zu bezeichnende Bewegung auch als Überlagerung einer Translationsbewegung und einer Rotation um eine andere Achse darstellen lassen (Abb. 3.4).

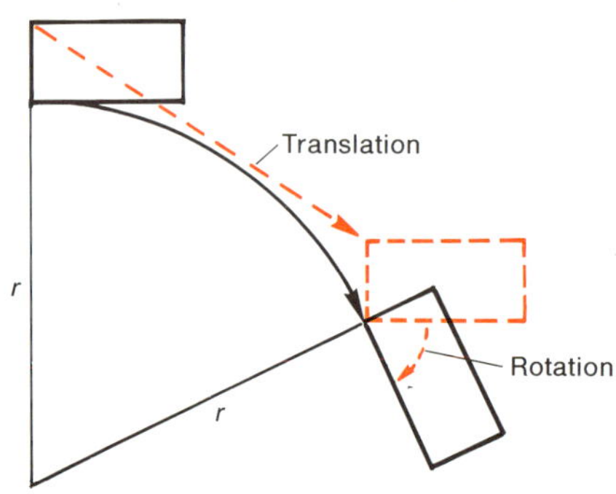

Abb. 3.4
Kreisbewegung als Überlagerung einer Translations- und einer Rotationsbewegung

Für energetische Überlegungen haben solche Rotationen eine besondere Bedeutung, bei denen der Massenmittelpunkt (siehe D 4.1) seine Lage nicht verändert, d. h. auf der Rotationsachse liegt.

3.3 Bewegung des Massenpunktes

3.3.1 Geschwindigkeit, Winkelgeschwindigkeit

Ein Massenpunkt m kann nur um eine außerhalb liegende Achse rotieren, denn die Festlegung einer Rotationsachse für einen einzelnen mathematischen Punkt und damit eine Eigenrotation des Massenpunktes ist nicht möglich. Eine Bewegung der in Abb. 3.4 gezeigten Art kann für einen Massenpunkt nach (D 3.3) sowohl als Translations- als auch als Rotationsbewegung um eine außerhalb des Massenpunktes liegende Achse aufgefaßt werden.

Die Anzahl der unabhängigen Koordinaten, durch die die Lage und damit auch die Bewegung eines Körpers eindeutig beschrieben werden kann, bezeichnet man als Anzahl seiner *mechanischen Freiheitsgrade*. Ein frei beweglicher Massenpunkt besitzt demnach drei Freiheitsgrade, die drei Freiheitsgrade der Translation.

mechanischer Freiheitsgrad

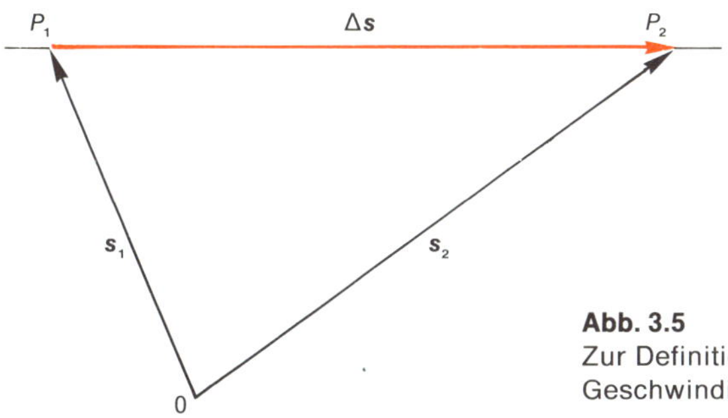

Abb. 3.5
Zur Definition der durchschnittlichen Geschwindigkeit

Ein Massenpunkt m bewege sich längs einer Geraden. Er befinde sich zur Zeit t_1 im Punkte P_1, zu einer späteren Zeit $t_2 > t_1$ im Punkte P_2 (Abb. 3.5). Die Lagen der Punkte P_1 und P_2 im verwendeten Bezugssystem werden durch die Ortsvektoren $\boldsymbol{s}_1$ und $\boldsymbol{s}_2$ beschrieben. Man bezeichnet den Quotienten aus zurückgelegtem Weg $\Delta \boldsymbol{s} = \boldsymbol{s}_2 - \boldsymbol{s}_1$ und hierzu benötigter Zeit $\Delta t = t_2 - t_1$ als durchschnittliche Geschwindigkeit $\boldsymbol{v}_\mathrm{d}$ des Massenpunktes:

$$\boldsymbol{v}_\mathrm{d} = \frac{\Delta \boldsymbol{s}}{\Delta t}.$$

Für die meisten physikalischen Überlegungen ist die Kenntnis einer durchschnittlichen Geschwindigkeit von geringem Wert. Man benötigt vielmehr die Geschwindigkeit des Massenpunktes zu einem bestimmten Zeitpunkt t_1. Diesem Wert nähert man sich um so mehr an, je kleiner man das Zeitintervall Δt wählt. Man definiert (vgl. A. 10):

Der Grenzwert

$$\boldsymbol{v} = \lim_{\Delta t \to 0} \frac{\Delta \boldsymbol{s}}{\Delta t} = \frac{\mathrm{d}\boldsymbol{s}}{\mathrm{d}t}$$

heißt Geschwindigkeit.

(D 3.4)
Geschwindigkeit $\boldsymbol{v}$

Mögliche Maßeinheiten: $[v] = \mathrm{m\,s^{-1}}$ *oder* $[v] = \mathrm{km\,h^{-1}}$.

Für (D 3.4) wurde bisher eine geradlinige Bewegung vorausgesetzt. Man überzeugt sich leicht anhand von Abb. 3.6, daß (D 3.4) auch für die Bewegung des Massenpunktes auf beliebigen Raumkurven sinnvoll bleibt. Die Bewegung, d.h. die zeitlich veränderliche Lage oder Bahnkurve eines Massenpunktes im Euklidischen Raum, kann durch die Koordinaten des Massenpunktes als Funktion der Zeit (vgl. A. 10)

$$x(t)\,,\ y(t)\,,\ z(t)$$

oder mit Hilfe des Ortsvektors (2.3) in Parameterdarstellung

$$\boldsymbol{s} = x(t)\,\boldsymbol{i} + y(t)\,\boldsymbol{j} + z(t)\,\boldsymbol{k} = \boldsymbol{s}(t)$$

beschrieben werden. Da für $\Delta\boldsymbol{s} \to \boldsymbol{0}$ die Richtung von $\Delta\boldsymbol{s}$ mit der Richtung der Tangente an dem betreffenden Punkt der Bahnkurve übereinstimmt, folgt unter Beachtung von A.10 und A.2:

(S 3.2) Richtung der Geschwindigkeit

Die Richtung der Geschwindigkeit $\boldsymbol{v}$ ist identisch mit der Richtung der Bahntangente $\boldsymbol{t}^0$:

$$\boldsymbol{v} = \frac{\mathrm{d}s}{\mathrm{d}t}\,\boldsymbol{t}^0\,.$$

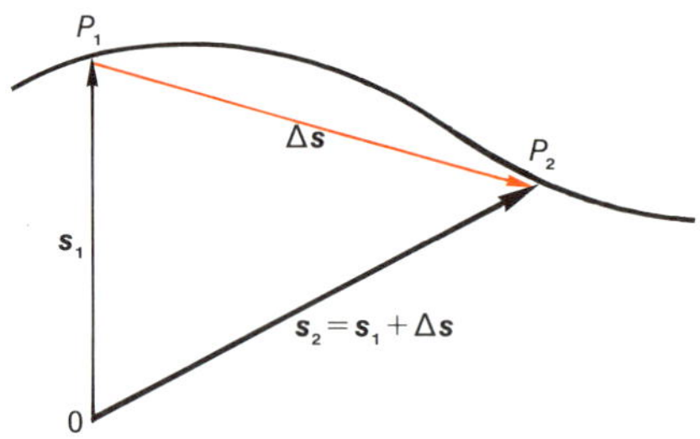

Abb. 3.6
Zur Definition der Geschwindigkeit für Bewegungen auf beliebiger Bahn

Ein Zug bewege sich in bezug auf den Bahndamm mit der Geschwindigkeit $\boldsymbol{v}_2$. Im Zug bewege sich ein Fahrgast mit der Geschwindigkeit $\boldsymbol{v}_1$. Ein Beobachter am Bahndamm mißt dann erfahrungsgemäß in seinem mit dem Bahndamm fest verbundenen Koordinatensystem als Geschwindigkeit des Fahrgastes $\boldsymbol{v} = \boldsymbol{v}_1 + \boldsymbol{v}_2$. Diese Tatsache erweist sich bei allen derartigen Experimenten als richtig. Sie ergibt sich aus der bei der Unabhängigkeit von Raum und Zeit störungsfreien Überlagerung gleichzeitig ablaufender Bewegungsvorgänge bzw. aus dem Vektorcharakter von $\boldsymbol{s}$.

(S 3.3) nichtrelativistisches Additionstheorem der Geschwindigkeiten

Bewegt sich ein Massenpunkt im Bezugssystem 1 mit der Geschwindigkeit $\boldsymbol{v}_1$, und bewegt sich dieses Bezugssystem gegenüber dem System 2 mit der Geschwindigkeit $\boldsymbol{v}_2$ (v_1 und v_2 klein gegenüber der Vakuumlichtgeschwindigkeit), so mißt ein im System 2 ruhender Beobachter für die Geschwindigkeit $\boldsymbol{v}$ des Massenpunktes

$$\boldsymbol{v} = \boldsymbol{v}_1 + \boldsymbol{v}_2$$

(nichtrelativistisches Additionstheorem der Geschwindigkeiten).

Für (S 3.3) wird vielfach kurz geschrieben: Geschwindigkeiten werden vektoriell addiert (vgl. Abb. 3.7).

Man beachte, daß (S 3.3) nur für Geschwindigkeiten gilt, die klein gegenüber der Vakuumlichtgeschwindigkeit sind. Auf Grund der enormen Größe der Vakuumlichtgeschwindigkeit bedeutet dies nur eine geringe Einschränkung des Gültigkeitsbereiches von (S 3.3). Wird dagegen ein Mikroobjekt, z. B. ein Elektron, auf eine Geschwindigkeit nahe der Vakuumlichtgeschwindigkeit beschleunigt, dann versagt das Additionsgesetz (S 3.3), und es muß durch eine allgemeinere Beziehung, das relativistische Additionstheorem der Geschwindigkeiten, ersetzt werden (siehe Bd. II).

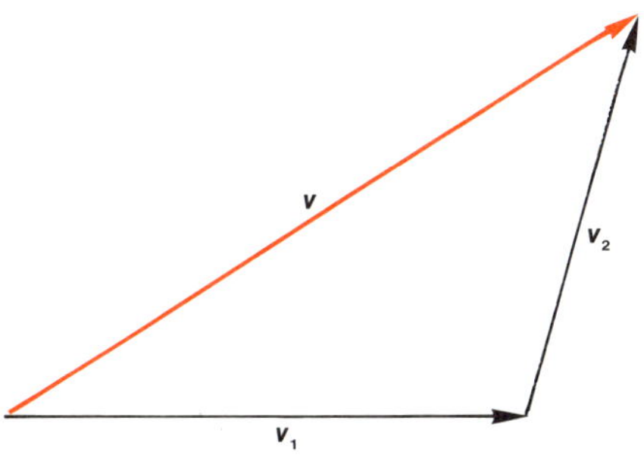

Abb. 3.7
Vektorielle Addition der Geschwindigkeiten

Eine weitere, zur Beschreibung von Kreisbewegungen und Rotationen geeignete physikalische Größe ist die Winkelgeschwindigkeit. Zu ihrer Definition betrachten wir die Bewegung eines Massenpunktes m auf einer kreisförmigen Bahn vom Radius r. Die durch diese Bahn festgelegte Ebene wählen wir als x, y-Ebene eines kartesischen Koordinatensystems, dessen Ursprungspunkt mit dem Mittelpunkt der Kreisbewegung zusammenfalle. Die Bahnkurve des Massenpunktes ist dann nach (2.3) und Abb. 3.8

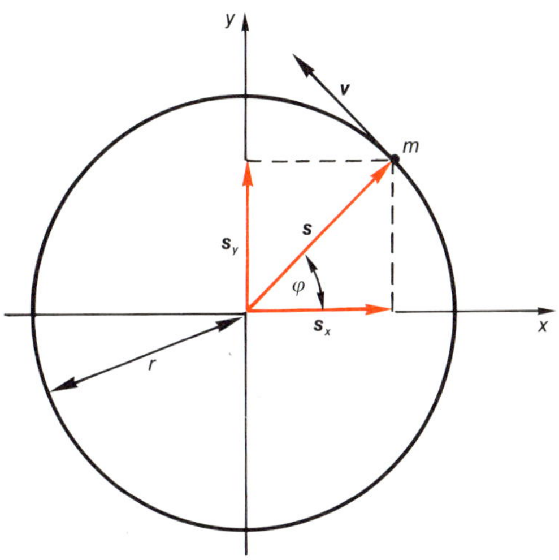

Abb. 3.8
Parameterdarstellung des Ortsvektors zur Beschreibung einer Kreisbahn

darstellbar durch den Ortsvektor

$$s(t) = r(i \cos \varphi(t) + j \sin \varphi(t)). \tag{3.1}$$

Nach (A 11.6), (A 11.4) und (A 1.2) folgt aus (3.1) in Übereinstimmung mit Abb. 3.8

$$|s(t)| = r. \tag{3.1a}$$

Für die vom Massenpunkt auf seiner kreisförmigen Bahn in der Zeit Δt zurückgelegt Bogenlänge Δb gilt nach (D 2.6a) (vgl. Abb. 3.9)

$$\Delta b = r \Delta \varphi \tag{3.2}$$

und somit nach (D 3.4) für den Betrag seiner Geschwindigkeit

$$v = r \lim_{\Delta t \to 0} \frac{\Delta \varphi}{\Delta t}. \tag{3.3a}$$

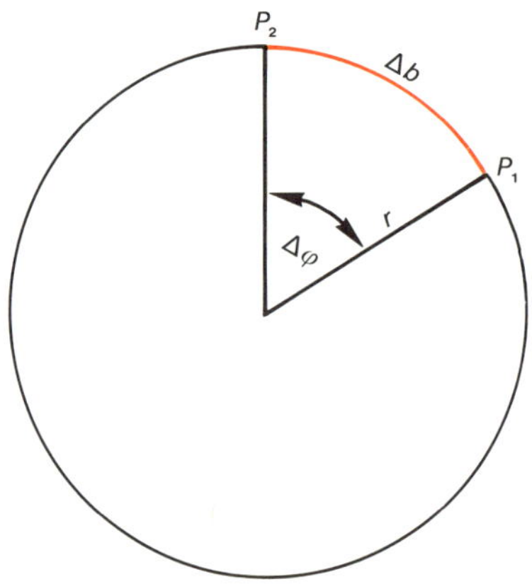

Abb. 3.9
Zur Berechnung der Bogenlänge einer Kreisbahn

Dies legt unter Berücksichtigung von (A 12.1), (A 12.1a) und (A 12.1b) die Definition nahe:

(D 3.5) Winkelgeschwindigkeit ω

Der Vektor

$$\omega = \lim_{\Delta t \to 0} \frac{\Delta \varphi}{\Delta t} \omega^0 = \frac{d\varphi}{dt} \omega^0$$

heißt Winkelgeschwindigkeit ω. Die Richtung von ω^0 ist so festgelegt, daß ω auf der durch die Bahn bestimmten Ebene senkrecht steht und mit der Richtung des Bahnumlaufes eine Rechtsschraube bildet:

$$\omega^0 = s^0 \times v^0.$$

Mögliche Maßeinheit: $[\omega] = s^{-1}$. Die Maßeinheit Hertz darf für Winkelgeschwindigkeiten nicht angewendet werden.

Mit (D 3.5) ergibt sich aus (3.3a)

$$v = r\omega\,; \tag{3.3}$$

$r\omega$ wird oft als Betrag der *Bahngeschwindigkeit* bezeichnet.

Bahngeschwindigkeit

Unter Beachtung von (S 3.2), (3.1), (3.1a), A. 12 und der in (D 3.5) festgelegten Vorschrift über die Richtung von $\boldsymbol{\omega}$ folgt die allgemeingültige Beziehung

$$\boldsymbol{v} = \boldsymbol{\omega} \times \boldsymbol{s} \tag{3.4}$$

Zusammenhang von Bahn- und Winkelgeschwindigkeit

(vgl. Abb. 3.10).

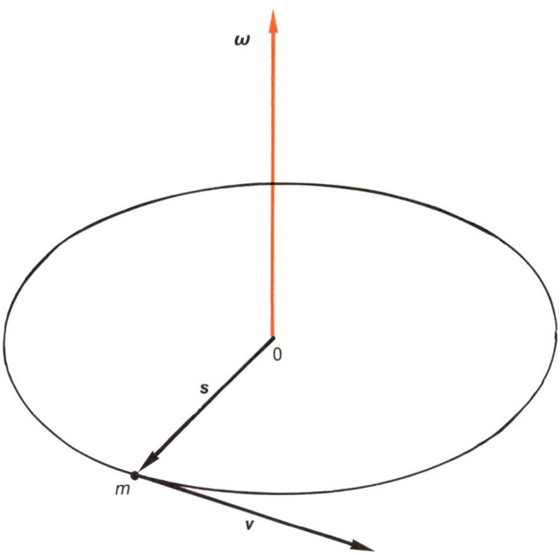

Abb. 3.10 Zur Festlegung der Richtung des Vektors der Winkelgeschwindigkeit

3.3.2 Beschleunigung, Winkelbeschleunigung

Ein Massenpunkt m habe im Punkte P_1 zur Zeit t_1 die Geschwindigkeit $\boldsymbol{v}_1$, zu einer späteren Zeit $t_2 > t_1$ im Punkte P_2 die Geschwindigkeit $\boldsymbol{v}_2$ (Abb. 3.11). Man bezeichnet den Quotienten aus Geschwindigkeitsänderung $\Delta\boldsymbol{v} = \boldsymbol{v}_2 - \boldsymbol{v}_1$ und benötigter Zeit $\Delta t = t_2 - t_1$ als die durchschnittliche Beschleunigung $\boldsymbol{a}_\mathrm{d}$ des Massenpunktes:

$$\boldsymbol{a}_\mathrm{d} = \frac{\Delta\boldsymbol{v}}{\Delta t}\,.$$

Die Beschleunigung des Massenpunktes zu einem bestimmten Zeitpunkt erhält man analog zum Begriff der momentanen Geschwindigkeit im vorhergehenden Abschnitt.

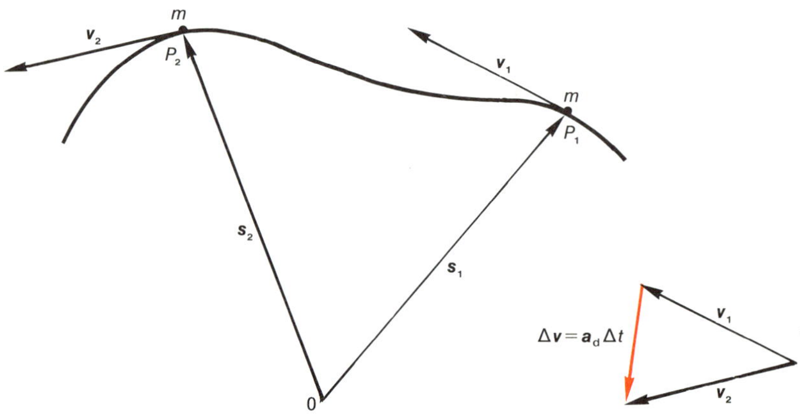

Abb. 3.11 Zur Definition der Beschleunigung

(D 3.6)
Beschleunigung $\boldsymbol{a}$

Der Grenzwert

$$\boldsymbol{a} = \lim_{\Delta t \to 0} \frac{\Delta \boldsymbol{v}}{\Delta t} = \frac{\mathrm{d}\boldsymbol{v}}{\mathrm{d}t} = \frac{\mathrm{d}^2 \boldsymbol{s}}{\mathrm{d}t^2}$$

heißt Beschleunigung.

Mögliche Maßeinheit: $[a] = \mathrm{ms}^{-2}$.

Die Beschleunigung besitzt im allgemeinen eine Komponente $\boldsymbol{a}_\mathrm{t}$ in Richtung der Bahntangente und eine Komponente $\boldsymbol{a}_\mathrm{n}$ in Richtung der Bahnnormalen. Eine Komponente senkrecht zu der von Tangente und Normale aufgespannten Ebene (Richtung der Binormalen) tritt nicht auf.

Ausgehend von (S 3.2), (A 14.6) und (D 3.6) können beide Komponenten berechnet werden:

$$\boldsymbol{v} = \frac{\mathrm{d}s}{\mathrm{d}t} \boldsymbol{t}^0 = v \boldsymbol{t}^0$$

$$\boldsymbol{a} = \frac{\mathrm{d}\boldsymbol{v}}{\mathrm{d}t} = \frac{\mathrm{d}v}{\mathrm{d}t} \boldsymbol{t}^0 + v \frac{\mathrm{d}\boldsymbol{t}^0}{\mathrm{d}t}. \tag{3.5}$$

Ist $\mathrm{d}\boldsymbol{t}^0/\mathrm{d}t = \boldsymbol{0}$, so sind $\boldsymbol{a}$ und $\boldsymbol{v}$ gleich oder entgegengesetzt gerichtet, es handelt sich um eine geradlinig beschleunigte Bewegung, und es tritt nur eine Komponente von $\boldsymbol{a}$ auf, die *Tangentialbeschleunigung*.

Tangentialbeschleunigung $\boldsymbol{a}_\mathrm{t}$

$$\boldsymbol{a}_\mathrm{t} = \frac{\mathrm{d}v}{\mathrm{d}t} \boldsymbol{t}^0 = \frac{\mathrm{d}^2 s}{\mathrm{d}t^2} \boldsymbol{t}^0.$$

Die Richtungsänderung von $\boldsymbol{v}$ wird durch den zweiten Summanden in (3.5) beschrieben. Der Betrag eines Einheitsvektors ist zeitlich konstant. Die zeitliche Änderung von $\boldsymbol{t}^0$ kann daher nur durch eine Richtungsänderung (Drehung) erfolgen. Aus Abb. 3.12 ist abzulesen, daß

$$|\Delta \boldsymbol{t}^0| \approx \Delta\varphi |\boldsymbol{t}^0| = \Delta\varphi$$

bzw.

$$\frac{|\Delta \boldsymbol{t}^0|}{\Delta t} \approx \frac{\Delta \varphi}{\Delta t}$$

gilt. Der Betrag des Differentialquotienten $\mathrm{d}\boldsymbol{t}^0/\mathrm{d}t$ ist damit durch $\mathrm{d}\varphi/\mathrm{d}t$ gegeben, für seine Richtung folgt aus $\lim\limits_{\Delta t \to 0} \frac{\Delta \boldsymbol{t}^0}{\Delta t}$ (siehe Abb. 3.12) die Richtung des Normaleneinheitsvektors $\boldsymbol{n}^0$. Mit (D 3.5) und (D 3.6) erhält man für die *Normalbeschleunigung*

Normalbeschleunigung $\boldsymbol{a}_\mathrm{n}$

$$\boldsymbol{a}_\mathrm{n} = v\,\frac{\mathrm{d}\boldsymbol{t}^0}{\mathrm{d}t} = v\,\omega\,\boldsymbol{n}^0 .$$

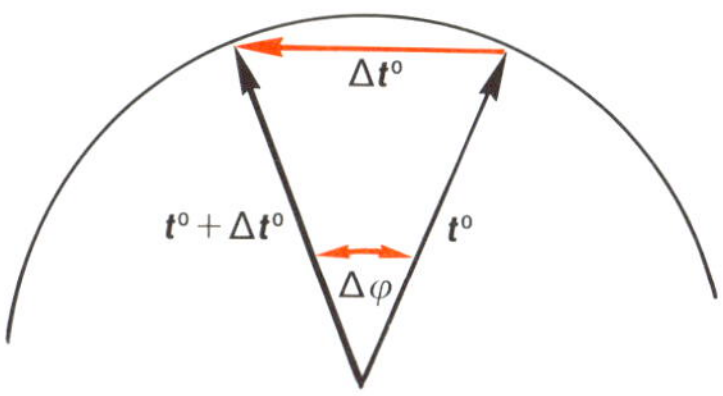

Abb. 3.12 Geometrische Darstellung der Differentiation eines Einheitsvektors

Unter Benutzung des Krümmungsradius r im betrachteten Bahnpunkt erhält man mit (3,3)

$$\boldsymbol{a}_\mathrm{n} = v\,\omega\,\boldsymbol{n}^0 = \frac{v^2}{r}\,\boldsymbol{n}^0 = r\,\omega^2\,\boldsymbol{n}^0 .$$

(S 3.4)
Zerlegung von $\boldsymbol{a}$ in Tangential- und Normalbeschleunigung

Die Beschleunigung $\boldsymbol{a}$ ist zerlegbar in eine Tangential- und eine Normalkomponente (Abb. 3.13)

$$\boldsymbol{a} = \boldsymbol{a}_\mathrm{t} + \boldsymbol{a}_\mathrm{n}$$

mit

$$\boldsymbol{a}_\mathrm{t} = \frac{\mathrm{d}v}{\mathrm{d}t}\,\boldsymbol{t}^0 = \frac{\mathrm{d}^2 s}{\mathrm{d}t^2}\,\boldsymbol{t}^0$$

(Tangentialbeschleunigung)

und

$$\boldsymbol{a}_\mathrm{n} = \frac{v^2}{r}\,\boldsymbol{n}^0 = r\,\omega^2\,\boldsymbol{n}^0$$

(Normalbeschleunigung),

wobei r der Krümmungsradius der Bahnkurve im betrachteten Bahnpunkt ist.

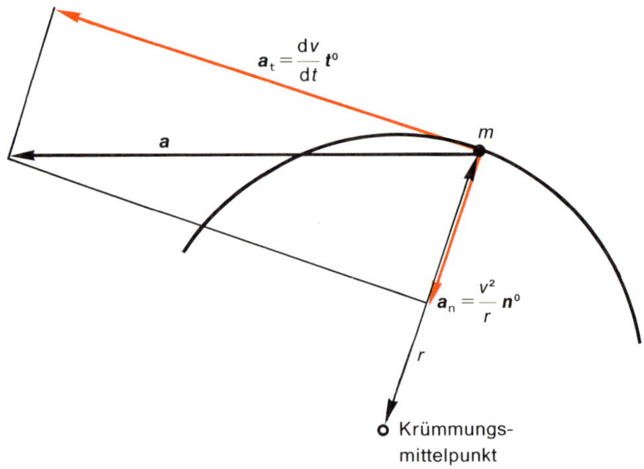

Abb. 3.13
Zerlegung der Beschleunigung in Normal- und Tangentialbeschleunigung

Analog (D 3.6) führt man die Größe Winkelbeschleunigung ein:

(D 3.7) Winkelbeschleunigung ω

Der Grenzwert

$$\dot{\omega} = \lim_{\Delta t \to 0} \frac{\Delta \omega}{\Delta t} = \frac{d\omega}{dt}$$

heißt Winkelbeschleunigung.

Mögliche Maßeinheit: $[\dot{\omega}] = s^{-2}$.

Aus (3.4) folgt durch zeitliche Differentiation unter Beachtung von (D 3.6), (D 3.7), (D 3.4) und (A 14.7)

$$\boldsymbol{a} = \frac{d}{dt}(\boldsymbol{\omega} \times \boldsymbol{s}) = \dot{\boldsymbol{\omega}} \times \boldsymbol{s} + \boldsymbol{\omega} \times \boldsymbol{v} . \tag{3.6}$$

Diese Beziehung wird gelegentlich bei Umformungen benötigt.

3.4 Newtonsche Axiomatik

3.4.1 Kraft, träge Masse, Impuls, 1. Newtonsches Axiom

Um auf einen Körper verändernd einzuwirken, ihn zum Beispiel zu beschleunigen oder zu verformen, bedarf es erfahrungsgemäß der Wechselwirkung dieses physikalischen Systems mit einem anderen physikalischen System. Die hierfür maßgebende Wechselwirkungsgröße bezeichnet man als *Kraft* ***F***.

Kraft $\boldsymbol{F}$

In den Abschnitten 3.2 und 3.3 wurde die Bewegung von Körpern beschrieben, ohne auf diese Wechselwirkungen, d.h. ohne auf die sie bewegenden Kräfte einzugehen. Diese kinematische Betrachtungsweise wird nun verlassen und nach dem Zusammenhang zwischen den im Abschnitt 3.3 eingeführten, die Bewegung beschreibenden Größen und der verursachenden Kraft gefragt.

Die im folgenden behandelte, von NEWTON begründete Beschreibungsweise der mechanischen Bewegungen benutzt die Größe Kraft, ohne auf die Ursachen des Auftretens von Kräften einzugehen, die sehr unterschiedlicher Natur sein können. Im Abschnitt 3.7 wird die Gravitation als eine Ursache erkannt. Häufig sind Kräfte elektrischer oder magnetischer Herkunft. Sie können auch als Materialeigenschaften auftreten, und sind dann mit der Struktur der Materie verknüpft. Man unterscheidet also zwischen verschiedenen Ursachen, durch die Kräfte bewirkt werden, im Grunde werden aber die Ursachen als Eigenschaften der wechselwirkenden physikalischen Systeme nicht weiter erklärt. Obwohl der Kraftbegriff durch den allgemeinen Sprachgebrauch Anschaulichkeit besitzt, ist dieser für die übliche makrophysikalische Betrachtungsweise grundlegende Begriff wegen der unterschiedlichen Erscheinungsformen schwierig zu definieren. Ein Maß für die Kraft ist deshalb nur aus ihrer Wirkung herleitbar.

ISAAC NEWTON (1643–1727)

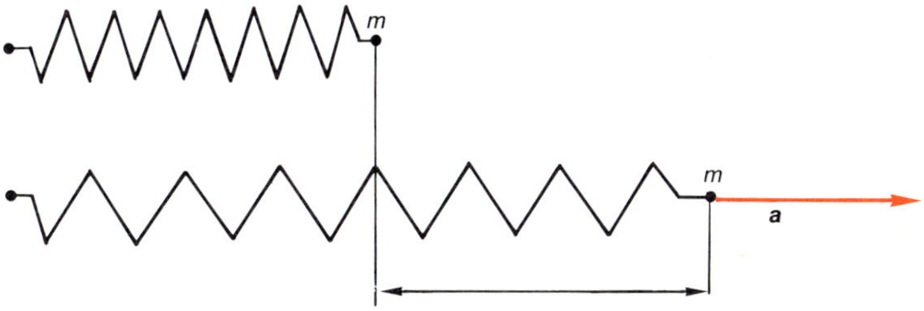

Abb. 3.14 Beschleunigung einer Masse durch Entspannen einer Schraubenfeder

Wir betrachten zunächst die Beschleunigung eines als Massenpunkt aufgefaßten Körpers zum Beispiel durch Entspannen einer zusammengedrückten Schraubenfeder (Abb. 3.14). Durch diese Vorschrift ist für den betrachteten Spezialfall die Wechselwirkungsgröße Kraft nach (D 1.1) eindeutig als physikalische Größe eingeführt. Das Meßobjekt ist die Wechselwirkung zwischen Feder und Massenpunkt, die Meßapparatur bilden die ruhende gespannte Feder und der sie berührende ebenfalls ruhende Massenpunkt, die Vorschrift über die Anwendung der Meßapparatur besteht im plötzlichen Entspannen der Feder (z.B. durch Durchbrennen eines Haltefadens) bei gleichzeitiger Messung der hierdurch bewirkten Beschleunigung des Massenpunktes. Die Kraft der Normfeder (Maßeinheit der Kraft) wird durch die Beschleunigung einer Normmasse festgelegt.

Nach der experimentellen Erfahrung besteht zwischen der von der Feder ausgeübten Kraft $\boldsymbol{F}$ und der dem Körper erteilten Beschleunigung $\boldsymbol{a}$ Proportionalität:

Beschleunigung als Maß für die Kraft

$$\boldsymbol{F} \sim \boldsymbol{a}. \qquad (3.7a)$$

Eine Wechselwirkung wird dann als Kraft bezeichnet, wenn sie in der Lage ist, einem Körper eine Beschleunigung zu erteilen. Für alle Kräfte bestätigt sich (für den hier angenommenen nichtrelativistischen Fall) experimentell die angeführte Proportionalität zu $\boldsymbol{a}$.

Zur Zurückführung der Kraft auf schon bekannte Größen benötigen wir noch Kenntnis über das Wesen der Proportionalitätskonstanten in (3.7a). Wir betrachten hierzu die Beschleunigungen $\boldsymbol{a}_k$ von n Massenpunkten m_k ($k=1, 2, \ldots, n$) durch die gleiche Kraft $\boldsymbol{F}$, d.h. ihre Beschleunigung durch dieselbe Feder mit stets gleicher Federspannung. Entsprechend (3.7a) gilt mit den Proportionalitätskonstanten C_k

$$\boldsymbol{F}=C_k\,\boldsymbol{a}_k \quad (k=1, 2, \ldots, n). \tag{3.7b}$$

Eliminiert man aus $\boldsymbol{F}=C_1\,\boldsymbol{a}_1$ und jeweils einer anderen ($k \neq 1$) der Gleichungen (3,7b) die Kraft $\boldsymbol{F}$, so folgt

$$\frac{C_k}{C_1}=\frac{a_1}{a_k} \quad (k=2, 3, \ldots, n). \tag{3.7c}$$

Die Verhältnisse C_k/C_1 ($k=2, 3, \ldots, n$) sind damit durch Beschleunigungsmessungen experimentell bestimmbar.

Wir wählen jetzt in unserem Experiment eine andere Feder, aber wiederum die gleichen Massen. Die Kraftwirkung dieser Feder sei $\boldsymbol{F}'$, die mit ihr erzielten Beschleunigungen der Massenpunkte $\boldsymbol{a}'_k$ und die zugehörigen Proportionalitätskonstanten C'_k. Wir erhalten analog zu (3.7c)

$$\frac{C'_k}{C'_1}=\frac{a'_1}{a'_k} \quad (k=2, 3, \ldots, n). \tag{3.7d}$$

Das Experiment zeigt nun, daß für *jede beliebige Wahl von* $\boldsymbol{F}$ und $\boldsymbol{F}'$

$$\frac{a'_1}{a'_k}=\frac{a_1}{a_k} \tag{3.7e}$$

gilt. Damit folgt aus (3.7c) und (3.7d)

$$\frac{C'_k}{C'_1}=\frac{C_k}{C_1}. \tag{3.7f}$$

Die Verhältnisse der Proportionalitätskonstanten sind unabhängig von der wirkenden Kraft und damit charakteristische Konstanten der Massenpunkte. Um die Bedeutung der Proportionalitätskonstanten C_k zu erkennen, betrachten wir zwei Massenpunkte m_1 und m_2. Wir beschleunigen sie durch dieselbe Kraft $\boldsymbol{F}$ einmal getrennt und einmal gemeinsam. Man findet entsprechend (3.7b) im ersten Teil des Experimentes

$$\boldsymbol{F}=C_1\,\boldsymbol{a}_1,$$

$$\boldsymbol{F}=C_2\,\boldsymbol{a}_2,$$

im zweiten Teil für die gemeinsame Beschleunigung $\boldsymbol{a}$ beider Massenpunkte mit C als Proportionalitätskonstante

$$\boldsymbol{F}=C\,\boldsymbol{a}.$$

Durch Vergleich der gemessenen Beschleunigungen $\boldsymbol{a}$, $\boldsymbol{a}_1$ und $\boldsymbol{a}_2$ erhält man

$$C = C_1 + C_2;$$

die Konstanten C_k besitzen damit die Eigenschaft der Additivität.

Die Additivität ist aber eine fundamentale Eigenschaft der in Abschnitt 2.4 eingeführten Grundgröße Masse, von der wir bereits eine andere Grundeigenschaft kennen: An jedem Ort der Erde stellt man mit einer Hebelwaage das gleiche Massenverhältnis zweier Massen fest. Die Konstante C und die Masse m sind also durch zwei gemeinsame Eigenschaften charakterisiert. Deshalb wird statt (3.7b) formuliert

$$\boldsymbol{F} = m_t \boldsymbol{a}. \tag{3,7g}$$

Andererseits ist die Masse m in Abschnitt 2.4 durch ihre Schwerewirkung definiert worden (schwere Masse), während C das Beharrungsvermögen bzw. die Trägheit eines Körpers gegenüber Bewegungsänderungen ausdrückt. Diesen Sachverhalt deutet der Index t an. m_t bezeichnet man als *träge Masse* eines Körpers im Gegensatz zu seiner *schweren Masse*.

träge und schwere Masse

Im Abschnitt 3.7.2 wird der experimentelle Beweis der fundamentalen Gesetzmäßigkeit beschrieben, daß zwischen träger und schwerer Masse nicht weiter unterschieden werden muß. Der Index t bei m wird daher im weiteren weggelassen, falls nicht die Eigenschaft der Trägheit der Masse besonders betont werden soll. Wir schreiben statt (3.7g)

$$\boldsymbol{F} = m\boldsymbol{a}. \tag{3.7}$$

(3.7) läßt sich in einer noch allgemeineren Formulierung mit Hilfe des Begriffes Impuls ausdrücken. Zu seiner Einführung beachten wir, daß bei vielen physikalischen Vorgängen – z.B. Stoßvorgängen – die Zeitdauer Δt der Einwirkung der Kraft $\boldsymbol{F}$ sehr kurz ist. Der eigentliche Vorgang der Beschleunigung ist dann kaum noch beobachtbar. Das Produkt aus wirkender Kraft $\boldsymbol{F}$ und Zeitdauer Δt ihrer Einwirkung bezeichnet man für derartige Vorgänge als *Kraftstoß*. Für ihn folgt nach (3.7) und (D 3.6)

Kraftstoß

$$\int_{t_1}^{t_2=t_1+\Delta t} \boldsymbol{F}\,\mathrm{d}t = m \int_{t_1}^{t_2=t_1+\Delta t} \boldsymbol{a}\,\mathrm{d}t = m \int_{t_1}^{t_2=t_1+\Delta t} \frac{\mathrm{d}\boldsymbol{v}}{\mathrm{d}t}\,\mathrm{d}t = m(\boldsymbol{v}_2 - \boldsymbol{v}_1), \tag{3.8a}$$

wobei $\boldsymbol{v}_1$ bzw. $\boldsymbol{v}_2$ die Geschwindigkeit des Massenpunktes zur Zeit t_1 bzw. t_2 bedeutet.

Für die weiteren Überlegungen erweist sich die Einführung des Begriffs Impuls als zweckmäßig.

Die Größe

$$\boldsymbol{p} = m\boldsymbol{v}$$

heißt Impuls des Massenpunktes.

(D 3.8)
Impuls $\boldsymbol{p}$

Mögliche Maßeinheit: $[p] = \mathrm{kg\ m\ s^{-1}}$.

Nach (3.8a) und (D 3.8) ist der Kraftstoß gleich der Impulsänderung des Massenpunktes. Wählt man in (3.8a) $\boldsymbol{v}_1 = \boldsymbol{0}$ und $\boldsymbol{v}_2 = \boldsymbol{v}$, so folgt

$$\int_{t_1}^{t_2 = t_1 + \Delta t} \boldsymbol{F}\, \mathrm{d}t = m\boldsymbol{v}. \tag{3.8b}$$

Der Impuls $m\boldsymbol{v}$ des Massenpunktes ist gleich dem Kraftstoß, der den ruhenden Massenpunkt auf die Geschwindigkeit $\boldsymbol{v}$ bringt.

Differentiation von (3.8b) ergibt

$$\boldsymbol{F} = \frac{\mathrm{d}\boldsymbol{p}}{\mathrm{d}t}. \tag{3.9}$$

Gleichung (3.9) ist das auf einen einzelnen Massenpunkt angewandte erste Axiom des auf NEWTON (1687) zurückgehenden Axiomensystems der Mechanik. Es gilt der Erfahrungssatz:

(S 3.5) 1. Newtonsches Axiom

Die auf ein physikalisches System wirkende Kraft $\boldsymbol{F}$ ist gleich der zeitlichen Änderung seines Impulses:

$$\boldsymbol{F} = \frac{\mathrm{d}}{\mathrm{d}t}\boldsymbol{p} = \frac{\mathrm{d}}{\mathrm{d}t}(m\boldsymbol{v})$$

(1. Newtonsches Axiom).

Ist die betrachtete Masse zeitlich konstant ($m = \mathrm{const}$), so folgt aus (S 3.5) mit (D 3.6) wieder (3.7)

$$\boldsymbol{F} = m\boldsymbol{a}.$$

Grundgesetz der Mechanik

Beziehung (3.7) wird als *Grundgesetz der Mechanik* bezeichnet. Diese Beziehung ist hier allerdings selbst kein Axiom mehr, sondern eine Folgerung aus dem 1. Newtonschen Axiom für eine zeitlich konstante Masse.

Bei der Anwendung des Grundgesetzes der Mechanik ist stets zu prüfen, ob die Voraussetzung $m = \mathrm{const}$ erfüllt ist. Nach Band II ist hierfür eine notwendige Bedingung, daß die Geschwindigkeit v des Massenpunktes sehr klein gegenüber der Vakuumlichtgeschwindigkeit c ist.

Setzt man in (S 3.5) $\boldsymbol{F} = \boldsymbol{0}$, so folgt

$$\frac{\mathrm{d}}{\mathrm{d}t}(m\boldsymbol{v}) = \boldsymbol{0}$$

und durch Integration

$$m\boldsymbol{v} = \mathbf{const}. \tag{3.10}$$

(S 3.6) Galileisches Trägheitsgesetz (für einen Massenpunkt)

Ein Massenpunkt verharrt im Zustand der Ruhe oder der gleichförmig geradlinigen Bewegung, solange keine Kräfte auf ihn einwirken (Galileisches Trägheitsgesetz (1632)).

Von der Gültigkeit des Galileischen Trägheitsgesetzes kann man sich leicht durch folgende Experimente überzeugen:

Zum experimentellen Nachweis des Galileischen Trägheitsgesetzes

a) Eine Eisenkugel großer Masse (z.B. 5 kg) wird an einem dünnen Faden aufgehängt. Ein weiterer Faden aus gleichem Material wird an der tiefsten Stelle der Kugel befestigt (Abb. 3.15). Zieht man ruckartig an diesem Faden, so reißt er infolge der großen Trägheit der Eisenkugel. Zieht man an ihm dagegen sehr langsam, so wird der obere Faden außer durch das Gewicht der Kugel auch noch durch die angreifende Zugkraft gespannt. Da der andere Faden dagegen nur durch die Zugkraft gespannt wird, muß der obere bei einer bestimmten Belastung reißen.

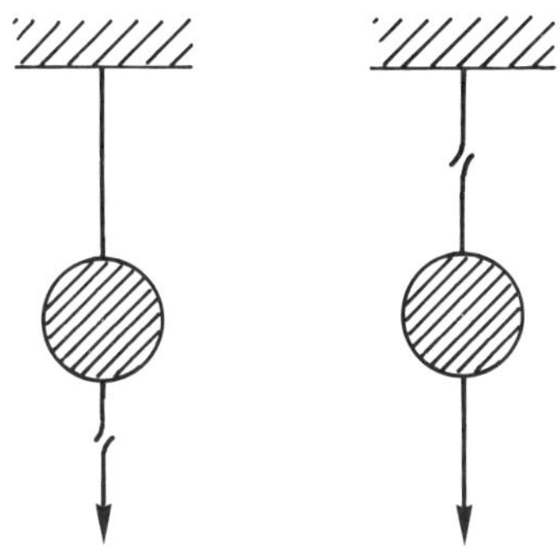

Abb. 3.15
Versuch zur Demonstration des Galileischen Trägheitsgesetzes

b) Stellt man einen kleinen Wagen derart auf einen größeren, daß die Radachsen zueinander parallel und die Wechselwirkungen (Reibungskräfte) zwischen ihnen möglichst klein sind, so kann man den unteren Wagen in Fahrtrichtung hin und her bewegen, ohne daß der obere seine Lage verändert (Abb. 3.16a). Bewegen sich dagegen beide Wagen geradlinig gleichförmig und wird dann der untere plötzlich gestoppt, dann behält der obere seine Geschwindigkeit bei (Abb. 3.16b).

c) Das Trägheitsgesetz kann auch sehr gut durch die Bewegung eines Körpers auf einem Luftkissen demonstriert werden (Luftkissenbahn). Das Luftkissen dient dazu, die stets zwischen dem sich bewegenden Körper und seiner festen Unterlage wirkenden Reibungskräfte so weit wie möglich auszuschalten, um dadurch die für die Gültigkeit des Trägheitsgesetzes notwendige Voraussetzung $\boldsymbol{F} = \boldsymbol{0}$ zu realisieren.

Das Galileische Trägheitsgesetz (S 3.6) wird bisweilen auch als Newtonsches Axiom bezeichnet. Diese Ausdrucksweise ist nicht exakt, da sich (3.10) – wie vorstehend gezeigt – als Folgerung aus einem anderen Newtonschen Axiom ergibt. Eine Erweiterung des Newtonschen Axiomensystems durch (3.10) würde daher die Forderung der Unabhängigkeit der einzelnen Axiome verletzen.

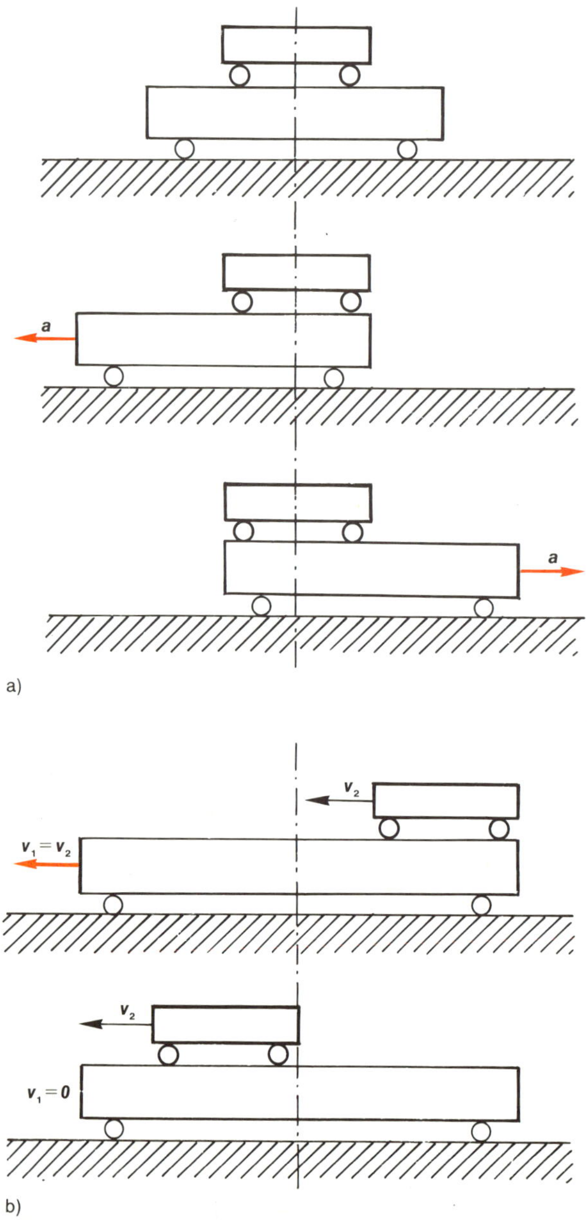

Abb. 3.16
Versuch zur Demonstration des Galileischen Trägheitsgesetzes
a) Beschleunigung des unteren Wagens aus der Ruhe,
b) Abbremsen des unteren Wagens nach gleichförmiger Bewegung beider Wagen

Nach dem Galileischen Trägheitsgesetz sind der Zustand der Ruhe und der der geradlinig gleichförmigen Bewegung mechanisch gleichwertig. In Band II wird die hieraus folgende Problematik näher untersucht.

3.4.2 Wirkung und Gegenwirkung, 2. Newtonsches Axiom

Im vorstehenden Abschnitt wurde gezeigt, daß die Kraft eine Wechselwirkungsgröße ist, daß man daher nur von Kräften zwischen physikalischen Systemen sprechen kann. Es hat somit nur Sinn, von Kraftwirkungen zwischen zwei oder mehreren Massenpunkten zu sprechen; für einen einzigen, von seiner physikalischen Umwelt vollkommen isolierten Massenpunkt verliert dagegen der Kraftbegriff jegliche Bedeutung. Auf Grund dieses Wechselwirkungscharakters der Kraft übt nicht nur ein physikalisches System *a* auf ein physikalisches System *b* eine Kraft aus, sondern immer auch das System *b* auf *a*. Es gilt der Erfahrungssatz:

Übt ein physikalisches System *a* auf ein physikalisches System *b* die Kraft $\boldsymbol{F}_{ab}$ aus, dann übt auch das System *b* eine Kraft $\boldsymbol{F}_{ba}$ auf *a* aus, wobei gilt

$$\boldsymbol{F}_{ab} = -\boldsymbol{F}_{ba}$$

(2. Newtonsches Axiom).

(S 3.7)
2. Newtonsches Axiom
(actio gleich reactio)

Die vorstehende Erfahrungstatsache wird vielfach kurz als Gesetz von „Kraft gleich Gegenkraft“ oder „actio gleich reactio“ bezeichnet.

Einige Beispiele sollen (S 3.7) erläutern:

Experimentelle Belege für das 2. Newtonsche Axiom

Drückt ein Körper mit einer bestimmten Kraft auf seine Unterlage, so drückt auch mit einer gleich großen, aber entgegengesetzt gerichteten Kraft diese Unterlage auf den Körper (vgl. Abb. 3.17).

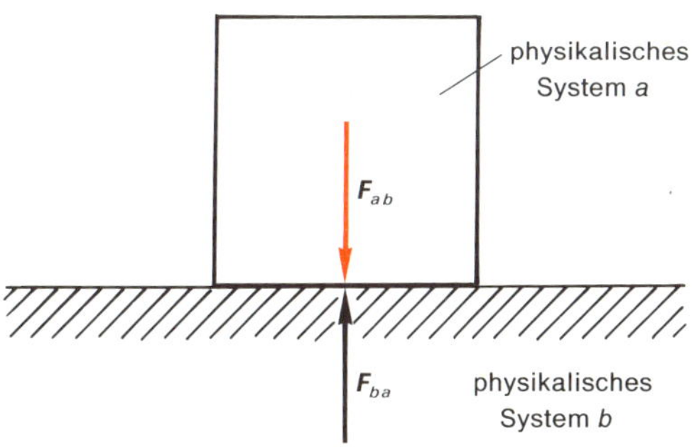

Abb. 3.17
Zum 2. Newtonschen Axiom

Beim Abfeuern eines Gewehres wird eine bestimmte Kraft vom Gewehr auf das Geschoß übertragen. Eine gleich große, aber entgegengesetzte Kraft übt das Geschoß auf das Gewehr aus. Diese Kraftwirkung ist als sogenannter Rückstoß des Gewehrs beobachtbar.

Zerfällt eine Atomkern durch γ-Emission, so erfährt er durch die Emission des Photons ebenfalls einen Rückstoß. Dieser Prozeß hat u.a. große Bedeutung für den Mößbauer-Effekt (vgl. Bd. III).

Wirkungsweise einer Rakete

Auf dem gleichen Prinzip beruht die Wirkungsweise einer Rakete. Die Verbrennungsgase werden mit einer bestimmten Kraft von der Rakete ausgeschleudert. Eine gleich große, aber entgegengesetzt gerichtete Kraft treibt die Rakete vorwärts.

Zwei Wagen haben einen bestimmten Abstand voneinander. Auf dem einen befinde sich ein Magnet, auf dem anderen ein Stück Weicheisen. Durch die Kraftwirkung des Magneten ziehen sich beide Wagen an. Läßt man sie zum gleichen Zeitpunkt los, so rollen sie aufeinander zu und treffen sich (gleiche Masse von Wagen und Magnet bzw. Weicheisenstück vorausgesetzt) in der Mitte des Weges. Ist bei diesem Experiment die Massengleichheit nicht gegeben, so verhalten sich nach (3.7) die den Wagen erteilten Beschleunigungen umgekehrt wie ihre Massen (Abb. 3.18).

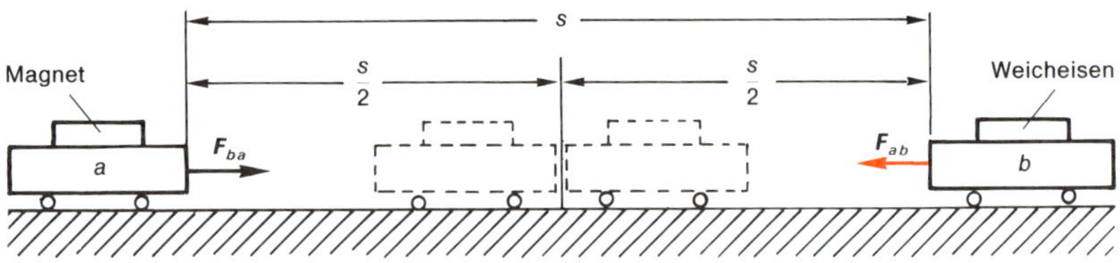

Abb. 3.18 Versuch zum 2. Newtonschen Axiom

3.4.3 Zusammensetzung und Zerlegung von Kräften, 3. Newtonsches Axiom

An einem Massenpunkt m greifen mehrere Kräfte $\boldsymbol{F}_k$ $(k = 1, 2, \ldots, n)$ an. Für die Überlagerung dieser Kräfte folgt die Erfahrung:

(S 3.8) 3. Newtonsches Axiom

Wirken auf einen Massenpunkt gleichzeitig n Kräfte $\boldsymbol{F}_k$ $(k = 1, 2, \ldots, n)$, so wirkt jede dieser Kräfte auf den Massenpunkt so, als ob die übrigen nicht vorhanden wären. Die Gesamtkraft $\boldsymbol{F}$ ergibt sich durch vektorielle Addition der Einzelkräfte

$$\boldsymbol{F} = \sum_{k=1}^{n} \boldsymbol{F}_k$$

(3. Newtonsches Axiom).

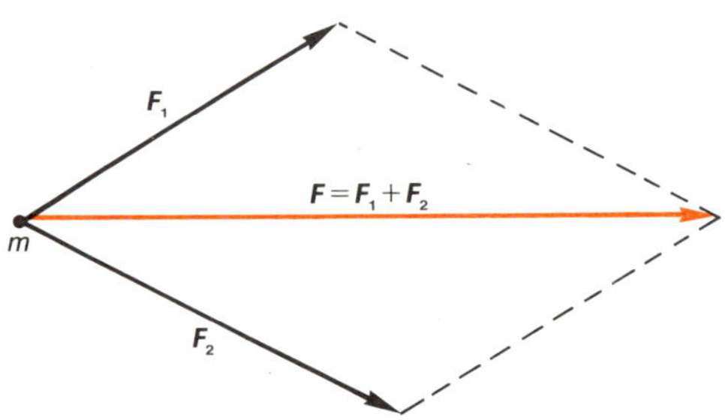

Abb. 3.19 Vektoraddition von Kräften

Die Kraft $\boldsymbol{F}$ in (S 3.8) wird vielfach als resultierende Kraft oder kurz als *Resultierende* der am Massenpunkt angreifenden Kräfte bezeichnet (Abb. 3.19; A. 9). resultierende Kraft

Entsprechend (S 3.8) kann eine vorgegebene Kraft $\boldsymbol{F}$ auch in Komponenten in bezug auf vorgegebene Richtungen zerlegt werden. Wir betrachten zwei wichtige Fälle: Zerlegung von Kräften

a) Zerlegung einer Kraft in bezug auf die Achsen eines kartesischen Koordinatensystems
Nach (S 3.8) und (A 9.5) gilt (Abb. 3.20)

$$\begin{aligned}\boldsymbol{F} &= \boldsymbol{F}_x + \boldsymbol{F}_y + \boldsymbol{F}_z \\ &= F_x \boldsymbol{i} + F_y \boldsymbol{j} + F_z \boldsymbol{k}\,. \end{aligned} \tag{3.11}$$

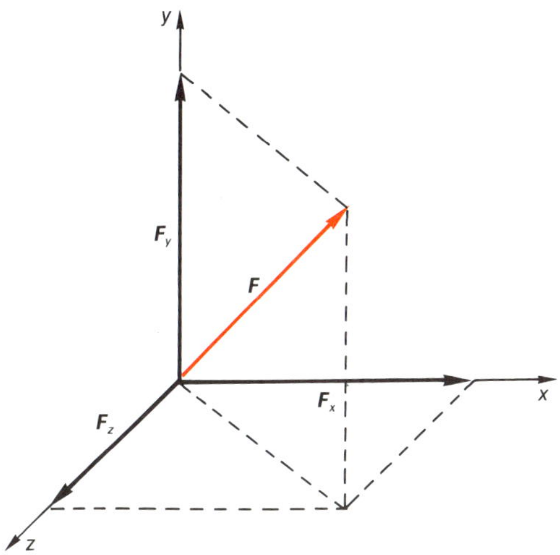

Abb. 3.20
Zerlegung der Kraft $\boldsymbol{F}$ in Komponenten bezüglich der Achsenrichtungen eines kartesischen Koordinatensystems

b) Zerlegung einer Kraft in bezug auf die Tangentialrichtung $\boldsymbol{t}^0$ und die Normalenrichtung $\boldsymbol{n}^0$
Nach (3.7), (S 3.4) und (S 3.8) folgt

$$\boldsymbol{F} = \boldsymbol{F}_\mathrm{t} + \boldsymbol{F}_\mathrm{n} \tag{3.12}$$

mit

$$\boldsymbol{F}_\mathrm{t} = m\,\frac{\mathrm{d}v}{\mathrm{d}t}\,\boldsymbol{t}^0 \tag{3.12a}$$

Tangentialkraft $\boldsymbol{F}_\mathrm{t}$

(*Tangentialkraft*)

und

$$\boldsymbol{F}_\mathrm{n} = m\,\frac{v^2}{r}\,\boldsymbol{n}^0 = m r \omega^2 \boldsymbol{n}^0 \tag{3.12b}$$

(*Normal- oder Zentripetalkraft*). Normalkraft $\boldsymbol{F}_\mathrm{n}$

Mit (S 3.8) läßt sich (S 3.6) präzisieren (Abb. 3.21):

(S 3.9)
Galileisches Trägheitsgesetz (allgemeine Form)

Ist die Summe aller an einem Massenpunkt angreifenden Kräfte gleich Null, d.h., gilt

$$\boldsymbol{F} = \sum_{k=1}^{n} \boldsymbol{F}_k = \boldsymbol{0},$$

so befindet sich der Massenpunkt im Gleichgewicht, d.h. im Zustand der Ruhe oder gleichförmigen Bewegung.

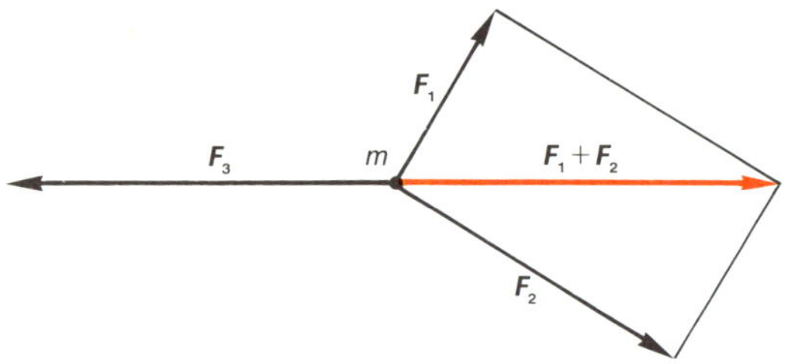

Abb. 3.21 Gleichgewicht der an einem Massenpunkt angreifenden Kräfte

statische Messung der Kraft

Eine Anwendung von (S 3.9) ist die statische Messung der Kraft. Sie kann zum Beispiel mit einem Federdynamometer erfolgen (Abb. 3.22). Die Wirkungsweise dieses Gerätes beruht auf der Tatsache, daß beim Ausziehen einer Feder eine dieser Ausdehnung entgegenwirkende Kraft auftritt (rücktreibende Kraft). Greift jetzt die zu messende Kraft an der Feder an, so wird sie diese soweit spannen, bis rücktreibende Kraft und zu messende Kraft sich das Gleichgewicht halten. Ist die rücktreibende Kraft der Feder als Funktion ihrer Ausdehnung bekannt, so kennt man auch die Größe der zu messenden Kraft.

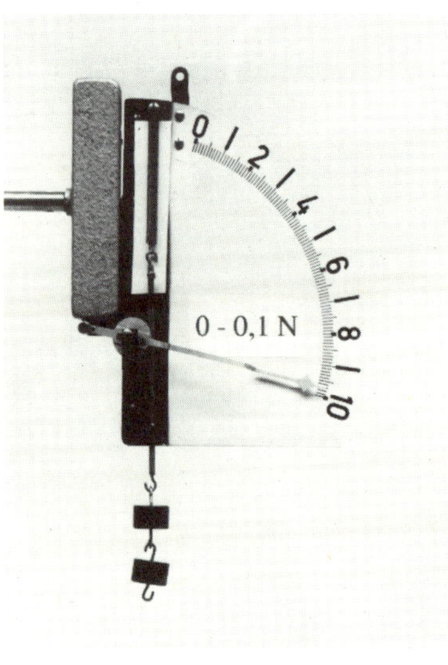

Abb. 3.22 Federdynamometer

Die drei Newtonschen Axiome (S 3.5), (S 3.7) und (S 3.8) bilden das Axiomensystem der nichtrelativistischen Mechanik. Aus ihnen können prinzipiell auf deduktivem Wege alle experimentellen Befunde dieses Teilbereiches der Physik theoretisch begründet bzw. vorausgesagt werden. Bisher ist kein Fall bekannt, für den diese theoretischen Schlußfolgerungen den experimentellen Befunden widersprechen. In Bd. II wird dieses Axiomensystem auf den relativistischen Fall erweitert.

Bedeutung der Newtonschen Axiome

Die Newtonschen Axiome 2 und 3 sind zeitunabhängig. Das 1. ist dagegen wohl zeitabhängig, aber gegenüber *Zeitspiegelungen* $(t \rightarrow -t)$ invariant. Damit ist die Newtonsche Axiomatik vollkommen symmetrisch zum Ablauf der Zeit, d.h. nach ihr können die Ereignisfolgen sowohl in die Zukunft (zunehmende Werte von t) als auch in die Vergangenheit (abnehmende Werte von t) ablaufen. Dies widerspricht unserer Erfahrung, da viele physikalische Ereignisse im Gegensatz zu dieser *Zeitsymmetrie* gerade eine Zeitasymmetrie aufweisen. Ein vom Dach stürzender Dachziegel entspricht unserer Erfahrung. Filmt man dieses Ereignis und läßt den Film rückwärts laufen, so bemerken wir sofort den Widerspruch zur Erfahrung, denn eine derartige Ereignisfolge widerspricht ihr. Bei der Behandlung der irreversiblen Prozesse werden wir auf diese Problematik näher eingehen.

Zum Ablauf der Zeit
Zeitspiegelung
Zeitsymmetrie

3.5 Zur Lösung mechanischer Bewegungsprobleme, chaotische Bewegungen

Eine wesentliche Aufgabe der Mechanik ist die Lösung von Bewegungsproblemen. Die Grundlage hierzu bildet das Grundgesetz der Mechanik (3.7) in der Form (siehe (D 3.6))

$$\boldsymbol{F} = m \frac{\mathrm{d}^2 \boldsymbol{s}}{\mathrm{d}t^2}. \tag{3.13}$$

Kennt man die Bahnkurve $\boldsymbol{s}(t)$, dann kann mit (3.13) durch zweifache Differentiation von $\boldsymbol{s}(t)$ für alle Zeitpunkte t die Kraft $\boldsymbol{F}(t)$ berechnet werden, die den Massenpunkt auf seine Bahn zwingt. So konnte z.B. aus den Kepler-Ellipsen auf die Gravitationskraft geschlossen werden (s. Abschnitt 3.7.2).

Meist liegt jedoch das umgekehrte Problem vor. Bekannt ist $\boldsymbol{F}(t)$ und gesucht wird die Bahnkurve $\boldsymbol{s}(t)$, die der Massenpunkt unter Wirkung dieser Kraft durchläuft. Gleichung (3.13) führt dann zu einer gewöhnlichen Differentialgleichung 2. Ordnung (vgl. A. 17) zur Bestimmung von $\boldsymbol{s}(t)$. Falls für sie eine analytische Lösung existiert, so besitzt diese zwei voneinander unabhängige Konstanten C_i. Diese sind bestimmbar, wenn zu einem bestimmten Zeitpunkt t_0 der Ort $\boldsymbol{s}(t_0) = \boldsymbol{s}_0$ und die Geschwindigkeit $\boldsymbol{v}(t_0) = \boldsymbol{v}_0$ des Massenpunktes bekannt sind. Man spricht daher von der Lösung eines *Anfangswertproblems*, weil mit dem Anfangszustand $\boldsymbol{s}_0$, $\boldsymbol{v}_0$ prinzipiell $\boldsymbol{s}(t)$ für einen beliebig späteren (oder früheren) Zeitpunkt t berechenbar ist.

Anfangswertproblem
Anfangszustand

Die Lösung des Anfangswertproblems beruht physikalisch auf der gleichzeitigen, beliebig genauen Kenntnis und damit Meßbarkeit des Anfangszustandes $\boldsymbol{s}_0$, $\boldsymbol{v}_0$. In der Makrophysik ist diese Messung prinzipiell möglich, es existieren keine einschränkenden physikalischen Bedingungen. In der Mikrophysik dagegen ist auf Grund der Heisenbergschen Unschärferelation diese Voraussetzung nicht mehr gegeben, demzufolge für ein Mikroobjekt der Bahnbegriff nicht brauchbar (s. Bd. III).

Die Lösung des Anfangswertproblems soll an zwei einfachen Beispielen verdeutlicht werden:

a) geradlinige gleichförmige Bewegung (Abb. 3.23):

geradlinig gleichförmige Bewegung

Die dazu notwendige Bedingung ist $\boldsymbol{F}=\boldsymbol{0}$. Aus (3.13) folgt dann unter Beachtung von A. 17 mit den Anfangsbedingungen $\boldsymbol{v}(t_0)=\boldsymbol{v}_0$ und $\boldsymbol{s}(t_0)=\boldsymbol{s}_0$ für $t_0=0$

$$\boldsymbol{s}=\boldsymbol{v}_0 t+\boldsymbol{s}_0 . \qquad (3.14\text{a})$$

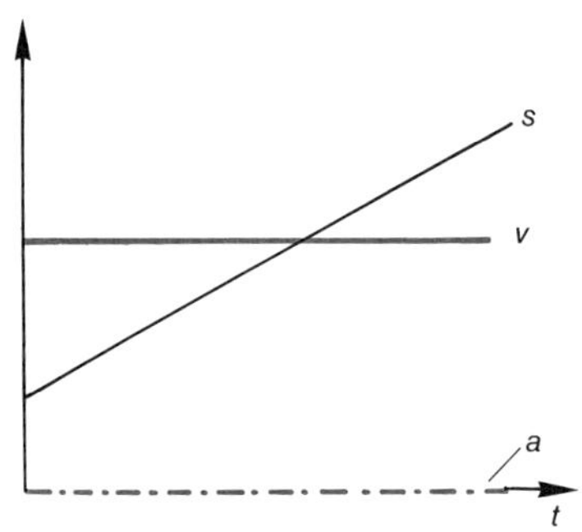

Abb. 3.23
Geradlinige gleichförmige Bewegung

b) geradlinige gleichmäßig beschleunigte Bewegung (Abb. 3.24):

Sie erfolgt bei örtlicher und zeitlicher Konstanz der einwirkenden Kraft und damit nach (3.13) auch konstanter Beschleunigung $\boldsymbol{a}=\boldsymbol{a}_0$.

geradlinig gleichmäßig beschleunigte Bewegung

Mit $\boldsymbol{v}(t_0)=\boldsymbol{v}_0$ und $\boldsymbol{s}(t_0)=\boldsymbol{s}_0$ für $t_0=0$ folgt unter Beachtung von A. 17 aus

$$\frac{\mathrm{d}^2\boldsymbol{s}}{\mathrm{d}t^2}=\boldsymbol{a}_0$$

für die Geschwindigkeit

$$\frac{\mathrm{d}\boldsymbol{s}}{\mathrm{d}t}=\boldsymbol{v}=\boldsymbol{a}_0 t+\boldsymbol{v}_0$$

und für den durchlaufenen Weg

$$\boldsymbol{s}=\frac{\boldsymbol{a}_0}{2}t^2+\boldsymbol{v}_0 t+\boldsymbol{s}_0 . \qquad (3.14\text{b})$$

Wesentlich komplizierter wird die Lösung der Bewegungsdifferentialgleichung (3.13), wenn die Kraft weder zeitlich noch räumlich konstant ist, zum Beispiel beim Start einer Rakete, oder auch, wenn die Kraft zwar unabhängig vom Ort ist, sich aber zeitlich verändert (z. B. beim Anfahren oder Abbremsen eines Fahrzeuges).

Eine weitere einfache Bewegungsklasse stellen noch Bewegungen auf einer Kreisbahn mit konstantem Betrag der Geschwindigkeit dar. Hierfür wurden schon im Abschnitt 3.3.1 geeignete Größen zur Beschreibung eingeführt.

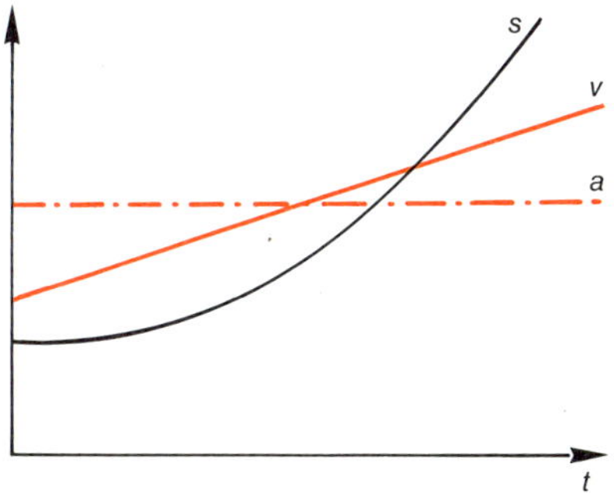

Abb. 3.24
Geradlinige gleichmäßig beschleunigte Bewegung

Die Lösung mechanischer Aufgabenstellungen ist praktisch nur mit Hilfe eines Modells (z. B. Modell Massenpunkt, starrer oder deformierbarer Körper) ausführbar. Auch dann ist meist eine exakte mathematische Lösung mit Hilfe bekannter oder tabellierter Funktionen unmöglich. In diesem Fall war man früher zur Lösung des Problems ausschließlich auf die Annahme weiterer physikalischer oder mathematischer Näherungen angewiesen. Da die Folgen dieser Näherungen meist nicht genau abgeschätzt werden konnten, waren die Lösungen immer mit einer gewissen Unsicherheit belastet. Heutzutage gestatten Computer numerische Lösungen, die vielfach in ihrer Aussagekraft den analytischen Lösungen ebenbürtig sind. Man konnte dadurch sogar zu neuen physikalischen Erkenntnissen gelangen, z. B. zum Nachweis der Existenz von *chaotischen Bewegungen*. Ein Beispiel soll dies näher erläutern. Ein mathematisches Pendel liege in Ruhe in der x-z-Ebene eines kartesischen Koordinatensystems. Es werde zu kleinen Ausschlägen sowohl in x- als auch in y-Richtung angestoßen. Die Projektion der Bewegung des Pendelkörpers auf die x-y-Ebene ergibt eine Ellipse, deren Form von den Anfangsbedingungen abhängig ist und die praktisch immer wieder, d. h. periodisch durchlaufen wird (vgl. Abb. 9.14). Wenn die Anfangsbedingungen ein wenig geändert werden, so ändert sich auch die Form der Ellipse, allerdings ebenfalls nur wenig. Weitaus komplizierter verläuft die Bewegung, wenn der auf die Pendelmasse wirkenden Schwerkraft weitere Kräfte überlagert werden. Das kann z. B. durch Ersetzen des Pendelkörpers durch einen Ferromagneten geeigneter Form und die Anordnung weiterer Magneten in der Umgebung des Pendels geschehen. Die Projektion der Bewegung des Pendelkörpers auf die x-y-Ebene ergibt dann im allgemeinen keine Ellipse mehr, sondern eine weitaus kompliziertere Kurve. Da dann die Bewegung im allgemeinen Fall auch keine erkennbare Periodizität mehr aufweist, ist eine Vorhersage

chaotische Bewegungen

über den Bahnverlauf nur soweit möglich, wie man ihn von Zeitpunkt zu Zeitpunkt berechnet. Überraschend ist nun aber, daß schon kleinste Änderungen der Anfangsbedingungen zu drastischen Änderungen des Bewegungsablaufes führen können. Da sich die Anfangsbedingungen experimentell stets nur mit einer bestimmten Genauigkeit verwirklichen lassen, ist dann für ausreichend fortgeschrittene Zeiten keine fundierte Ausssage zum Bewegungsablauf mehr möglich. Hintereinander stets unter gleichen Bedingungen durchgeführte Experimente können dann zu prinzipiell anderen Ergebnissen führen. Man spricht dann von einer chaotischen Bewegung oder vom *deterministischen Chaos*. Turbulente Strömungen in Flüssigkeiten und Gasen (z. B. der Ablauf meteorologischer Prozesse) sind hierfür Beispiele. Auf die Probleme bei der Vorhersagbarkeit von Bewegungsabläufen hat schon 1889 POINCARE im Zusammenhang mit dem Drei-Körper-Problem der Himmelsmechanik hingewiesen, er sah das aber mehr als eine mathematische Unzulänglichkeit an. Wenn die Begrenzung der Vorhersagbarkeit jedoch prinzipieller Natur ist, so sind auch für makrophysikalische Systeme Zweifel am klassischen Kausalitätsprinzip (S 1.1), d.h. an der strengen Determiniertheit angebracht. Das Kausalitätsprinzip bleibt uneingeschränkt gültig für solche Systeme, für die eine exakte mathematische Lösung des Bewegungsproblems angegeben werden kann, z.B. für das im Abschnitt 3.7.2 behandelte Zwei-Körper-System Sonne-Planet und die Anwendungen des Gravitationsgesetzes im Abschnitt 3.7.5. Die umfangreichen Untersuchungen der letzten Jahrzehnte deuten aber darauf hin, daß die strenge Determiniertheit auch für die klassische Mechanik nur für vergleichsweise einfache Systeme gegeben ist.

deterministisches Chaos

HENRI POINCARE (1854–1912)

3.6 Das Prinzip von d'Alembert

Rein formal läßt sich (3.7) umformen zu

$$\boldsymbol{F} + (-m\boldsymbol{a}) = \boldsymbol{0}.$$

Bezeichnet man die am Massenpunkt angreifende Kraft $\boldsymbol{F}$ als eingeprägte Kraft und faßt die Größe $-m\boldsymbol{a}$ als eine durch die Trägheit des Körpers bedingte Gegenkraft zur eingeprägten Kraft, als sogenannte d'Alembert-Kraft auf, so läßt sich nach D'ALEMBERT (1743) obige Beziehung unter Beachtung von (S 3.9) wie folgt formulieren:

(S 3.10) Prinzip von d'Alembert

Bei einem Bewegungsvorgang halten sich in jedem Punkt der Bahn eingeprägte Kraft $\boldsymbol{F}$ und d'Alembert-Kraft $(-m\boldsymbol{a})$ das Gleichgewicht:

$$\boldsymbol{F} + (-m\boldsymbol{a}) = \boldsymbol{0}$$

eingeprägte Kraft ($\boldsymbol{F}$), d'Alembert-Kraft ($-m\boldsymbol{a}$)

(Prinzip von D'ALEMBERT).

Das Prinzip von D'ALEMBERT führt Bewegungsvorgänge auf Gleichgewichtsprobleme zurück. Da sich statische Vorgänge im allgemeinen wesentlich einfacher erfassen lassen als Bewegungsvorgänge, vereinfacht die Anwendung des Prinzips von D'ALEMBERT die Behandlung vieler Bewegungsvorgänge.

JEAN LE ROND D'ALEMBERT (1717–1783)

Als Beispiel wollen wir den Umlauf eines Massenpunktes auf kreisförmiger Bahn mit konstantem Betrag der Geschwindigkeit betrachten. Der Vorgang kann nach dem Prinzip von D'ALEMBERT auch als Gleichgewichtsproblem angesehen werden. Mit der Normalkraft

$$\boldsymbol{F}_{\mathrm{n}} = m r \omega^2 \boldsymbol{n}^0 = m \frac{v^2}{r} \boldsymbol{n}^0 \tag{3.12b}$$

folgt aus dem Prinzip von d'Alembert (vgl. Abb. 3.25)

$$m r \omega^2 \boldsymbol{n}^0 + (-m \boldsymbol{a}) = \boldsymbol{0} . \tag{3.15a}$$

↗ eingeprägte Kraft (Normalkraft F_{n}) ↖ d'Alembert-Kraft

eingeprägte Kraft, d'Alembert-Kraft

und für die d'Alembert-Kraft nach (3.15a) und (3.3)

$$^{z}\boldsymbol{F} = (-m \boldsymbol{a}) = -m r \omega^2 \boldsymbol{n}^0 = -m \frac{v^2}{r} \boldsymbol{n}^0 . \tag{3.15}$$

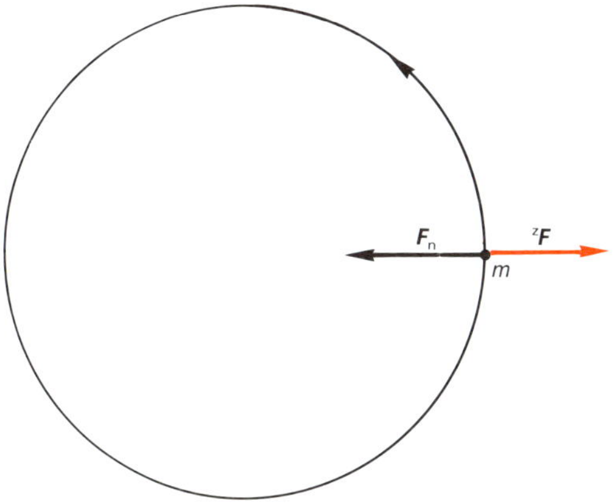

Abb. 3.25
Anwendung des d'Alembertschen Prinzips auf einen sich mit konstanter Geschwindigkeit auf einer Kreisbahn bewegenden Massenpunkt

Ein Massenpunkt m befinde sich an einer Schnur (Masse der Schnur gegenüber der Masse m vernachlässigbar) und werde auf einer kreisförmigen Bahn herumgeschleudert (Abb. 3.26). Durch die Schnur wird auf ihn eine Normalkraft ausgeübt, die ihn auf die Kreisbahn zwingt. Die nach (S 3.7) auftretende Gegenkraft zur Normalkraft greift an der Hand an und ist zu spüren. Betrachtet man diesen Vorgang nach dem d'Alembertschen Prinzip, so greift die mit der Gegenkraft nach Betrag und Richtung übereinstimmende d'Alembert-Kraft (3.15) am Massepunkt an.

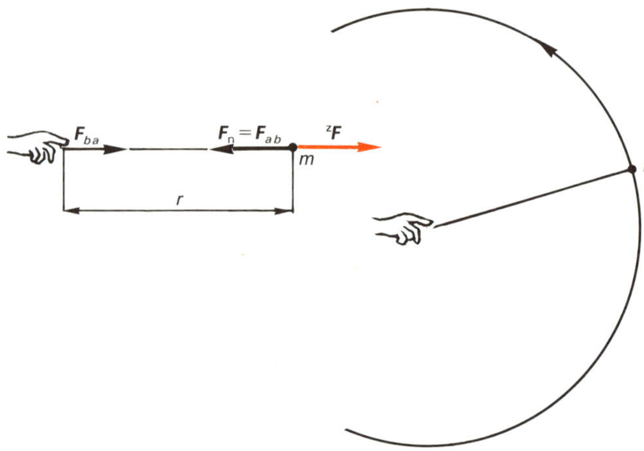

Abb. 3.26
Zur Unterscheidung zwischen Gegenkraft $\boldsymbol{F}_{ba}$, Normalkraft $\boldsymbol{F}_n$ und Zentrifugalkraft $^z\boldsymbol{F}$

Trägheitskraft
Zentrifugalkraft $^z\boldsymbol{F}$

In einem rotierenden Koordinatensystem, in dem der Massenpunkt ruht, greift $^z\boldsymbol{F}$ statt als fiktive d'Alembert-Kraft als meßbare *Trägheitskraft* am Massenpunkt an (s. Bd. II). Man nennt $^z\boldsymbol{F}$ dann *Zentrifugalkraft*. Trägheitskräfte sind aus dem täglichen Leben bekannt. So verspürt beim Beschleunigen eines Fahrzeuges der Fahrgast eine Kraft entgegengesetzt der Fahrtrichtung, beim Abbremsen dagegen in Fahrtrichtung.

Trägheitskräfte treten nur in beschleunigten Bezugssystemen auf. Sie verschwinden mit der sie hervorrufenden Beschleunigung. So werden zum Beispiel die Teilchen von einer rotierenden Schleifscheibe stets tangential abgesprüht (Abb. 3.27), da beim Ablösen mit der Beschleunigung auch die Zentrifugalkraft verschwindet.

Zentrifugalkräfte können sehr groß sein. Zum Beispiel wird eine rasch rotierende Fahrradkette so starr, daß sie wie ein Rad rollen kann und selbst kleine Hindernisse mühelos zu überspringen vermag.

Abb. 3.27
Tangentiales Absprühen von Teilchen von einer rotierenden Schleifscheibe

Anwendung findet die Zentrifugalkraft u.a. in den Zentrifugen zur Trennung von Stoffgemischen. Zentrifugen bestehen aus rasch rotierenden Gefäßen. Da nach (3.15) die Zentrifugalkraft proportional der Masse der Teilchen ist, sammeln sich die schwereren Teilchen des Stoffgemisches an der äußeren Gefäßwandung, die leichteren in der Nähe der Rotationsachse an (Abb. 3.28). Für die Isotopentrennung (vgl. Bd. III) wurden Ultrazentrifugen folgender Daten entwickelt: Durchmesser 0,1 m, Winkelgeschwindigkeit $\omega = 5 \cdot 10^3\ \text{s}^{-1}$ und ${}^z a = r\omega^2 = 2{,}5 \cdot 10^6\ \text{ms}^{-2}$.

Zentrifugen zur Trennung von Stoffgemischen

Ultrazentrifugen zur Isotopentrennung

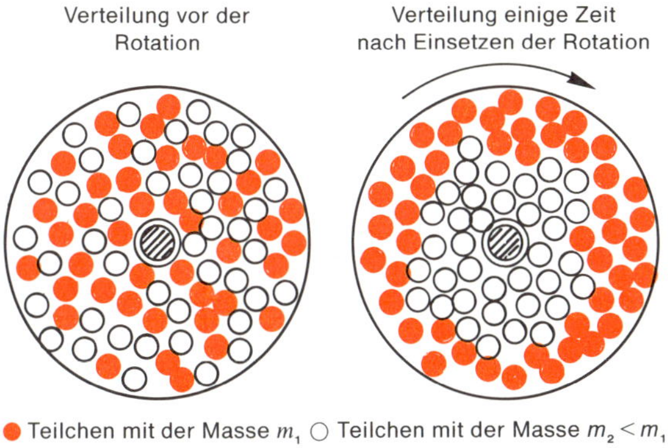

Abb. 3.28 Wirkungsweise einer Zentrifuge

Eine ausführliche Behandlung der Trägheitskräfte erfolgt in Bd. II.

3.7 Gravitation

3.7.1 Keplersche Gesetze

Aus den Ergebnissen der astronomischen Beobachtungen der Planetenbewegungen, insbesondere aus dem sehr genauen und umfangreichen Beobachtungsmaterial von Tycho de Brahe fand Kepler (1609–1618) folgende Gesetzmäßigkeiten:

(S 3.11) Keplersche Gesetze

1. Die Bahnen der Planeten um die Sonne sind Ellipsen. Die Sonne befindet sich in einem Brennpunkt der Ellipsen (Abb. 3.29).
2. Der von der Sonne zu einem Planeten gezogene Ortsvektor überstreicht in gleichen Zeiten gleiche Flächen (Flächensatz, Abb. 3.29).
3. Die Quadrate der Umlaufzeiten T zweier beliebiger Planeten verhalten sich wie die 3. Potenzen der großen Halbachsen a der

Tycho de Brahe (1546–1601)

Ellipsen:

$$\frac{T_1^2}{T_2^2} = \frac{a_1^3}{a_2^3}.$$

(Keplersche Gesetze.)

Den sonnennächsten Punkt des Planeten auf seiner elliptischen Bahn bezeichnet man als Perihel, den sonnenfernsten als Aphel.

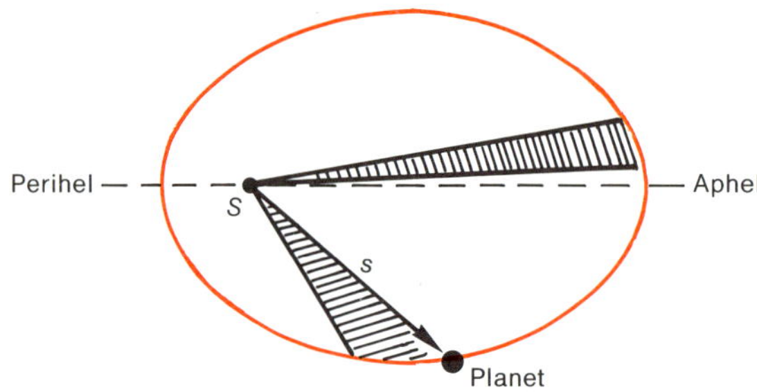

Abb. 3.29
Zur Planetenbewegung

3.7.2 Träge und schwere Masse, Gravitationsgesetz

Gravitation (Massenanziehung)

Da nach dem ersten Keplerschen Gesetz die Planeten auf geschlossenen Bahnen die Sonne umlaufen, müssen ständig Kräfte zwischen der Sonne einerseits und den Planeten andererseits und gegebenenfalls auch zwischen den Planeten wirken. Da es sich hier nur um die gegenseitige Anziehung von Massen handeln kann, spricht man von *Gravitation* oder *Massenanziehung*.

Die Gesetzmäßigkeiten der Gravitation wurden erstmalig von Newton (1686) erkannt. Zu ihrer Herleitung denken wir uns die Gesamtmasse der Sonne und der Planeten in ihren Mittelpunkten vereinigt, setzen also Sonne und Planeten als Massenpunkte voraus. Die Berechtigung zu diesem Vorgehen werden wir bei der Einführung des Massenmittelpunktes (vgl. (S 4.2)) nachweisen. Ferner nähern wir die Planetenbahnen durch Kreisbahnen an. Die geringe numerische *Exzentrizität*

Exzentrizität

$$\sqrt{1-\frac{b^2}{a^2}} \quad (a \text{ große}, b \text{ kleine Achse})$$

der Bahnellipsen (z. B. Exzentrizität für die Erdbahn 0,01675, siehe Tabelle 3.1 b) gestattet diese Vereinfachung.

Herleitung des Gravitationsgesetzes aus den Keplerschen Gesetzen

Wir betrachten zwei Planeten der Massen m_{P_1} und m_{P_2} mit kreisförmigen Bahnen vom Radius r_1 bzw. r_2 um die Sonne. Nach dem Prinzip von d'Alembert (S 3.10) müssen in jedem Bahnpunkt die von der Sonne auf die Planeten ausgeübten Kräfte F_1 und F_2 mit ihren jeweiligen d'Alembert-Kräften im Gleichgewicht stehen (Abb. 3.30). Da die Umlaufgeschwindigkeiten der Planeten auf einer kreisförmigen Bahn nach dem 2. Keplerschen

Gesetz konstant sind, sind diese Trägheitskräfte die aus (3.15) bekannten Zentrifugalkräfte. Daher folgt für die Kräfte F_1 und F_2, die die Planeten auf ihre Umlaufbahn zwingen,

$$F_1 = m_{\mathrm{P}_1} r_1 \omega_1{}^2 ,$$
$$F_2 = m_{\mathrm{P}_2} r_2 \omega_2{}^2 .$$

Beachtet man (D 2.2), so folgt

$$\frac{F_1}{F_2} = \frac{m_{\mathrm{P}_1} r_1 \omega_1{}^2}{m_{\mathrm{P}_2} r_2 \omega_2{}^2} = \frac{m_{\mathrm{P}_1} T_2{}^2 r_1}{m_{\mathrm{P}_2} T_1{}^2 r_2} .$$

JOHANNES KEPLER (1571-1630)

Beachtet man noch das 3. Keplersche Gesetz (S 3.11), dann ergibt sich (mit $a = r$, wegen der vereinfachend angenommenen kreisförmigen Bahnen)

$$\frac{F_1}{F_2} = \frac{\dfrac{m_{\mathrm{P}_1}}{r_1{}^2}}{\dfrac{m_{\mathrm{P}_2}}{r_2{}^2}} .$$

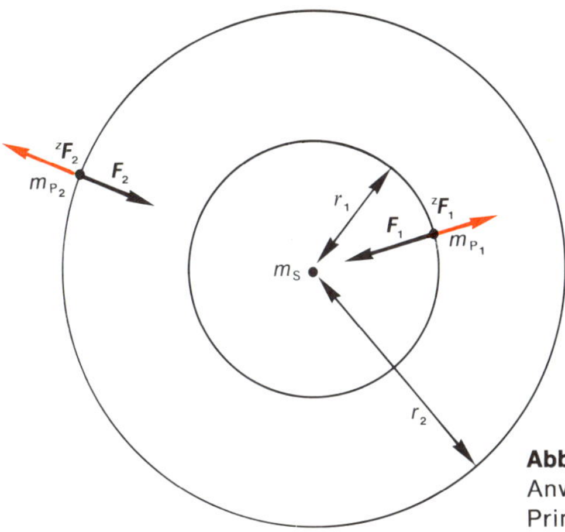

Abb. 3.30
Anwendung des d'Alembertschen Prinzips auf die Planetenbewegung

Diese Beziehung bleibt auch gültig, wenn vorstehende Überlegungen statt mit Kreisbahnen mit Ellipsenbahnen durchgeführt werden. r bedeutet dann die zeitlich veränderliche Entfernung des Planeten von der Sonne (siehe Abb. 3.29).

Obige Beziehung muß für jede mögliche Kombination von zwei Planeten gelten. Für die von der Sonne auf einen Planeten der Masse m_{P} im Abstand r ausgeübte Kraft folgt somit

$$F \sim \frac{m_{\mathrm{P}}}{r^2} .$$

Tabelle 3.1 a
Astronomische Daten von Erde, Sonne und Mond

Erde	
Große Halbachse	$a_E = 6{,}378$ Mm
kleine Halbachse	$b_E = 6{,}357$ Mm
Kugelradius	$r_E = 6{,}370$ Mm
Abplattung	$(a_E - b_E)/a_E = 1/297$
Masse	$m_E = 5{,}974 \cdot 10^{24}$ kg
mittlere Dichte	$\bar{\varrho}_E = 5{,}55$ g cm^{-3}

Sonne	
Radius	$r_{So} = 0{,}6953$ Gm $= 108{,}7\, r_E$
Masse	$m_{So} = 1{,}983 \cdot 10^{30}$ kg $= 3{,}3195 \cdot 10^5\, m_E$
mittlere Dichte	$\bar{\varrho}_{So} = 1{,}4$ g cm^{-3}

Mond	
Kugelradius	$r_M = 1{,}738$ Mm $= 0{,}273\, r_E$
Abplattung	≈ 0
Masse	$m_M = 7{,}468 \cdot 10^{22}$ kg $= 0{,}0125\, m_E$
mittlere Dichte	$\bar{\varrho}_M = 3{,}3$ g cm^{-3}
mittlere Entfernung von der Erde	$r = 0{,}3844$ Gm
Exzentrizität	$\varepsilon = 0{,}055$
Umlaufzeit	$T_M = 27{,}322$ d

Tabelle 3.1 b
Astronomische Daten der Planeten

Planet	**Mittlere Entfernung von der Sonne**	**Exzentrizität**	**Umlaufzeit**
Merkur	57,9 Gm $= 0{,}3871\, r_{ES}$	0,206	88,0 d
Venus	108,1 Gm $= 0{,}7233\, r_{ES}$	0,007	225,7 d
Erde	149,5 Gm $= r_{ES}$	0,01675	365,256 d
Mars	227,8 Gm $= 1{,}524\, r_{ES}$	0,093	1,88 a
Jupiter	777,7 Gm $= 5{,}203\, r_{ES}$	0,048	11,86 a
Saturn	1,422 Tm $= 9{,}555\, r_{ES}$	0,056	29,46 a
Uranus	2,869 Tm $= 19{,}22\, r_{ES}$	0,046	84,02 a
Neptun	4,496 Tm $= 30{,}11\, r_{ES}$	0,009	164,8 a
Pluto	5,908 Tm $= 39{,}52\, r_{ES}$	0,249	247,7 a

Nach dem Gesetz actio = reactio (S 3.7) ziehen die Planeten mit dem gleichen Betrag der Kraft auch die Sonne an. Das gesuchte Kraftgesetz bekommt damit die Form (m_{So} Masse der Sonne)

$$F \sim \frac{m_{\mathrm{So}} m_{\mathrm{P}}}{r^2}.$$

NEWTON erkannte weiter, daß diese Beziehung auf alle Massen verallgemeinert werden kann, man also sagen kann:
Zwei Massen m_{s_1} und m_{s_2} im Abstand r ziehen sich an mit der Kraft:

$$F \sim \frac{m_{s_1} m_{s_2}}{r^2}. \tag{3.16}$$

Die Massenanziehung (3.16) ist auch die Ursache für das Gewicht aller Körper auf unserer Erde. Damit charakterisiert die Masse m_s in (3.16) die Schwere der Körper. Sie wird daher als *schwere Masse* bezeichnet. Im Gegensatz dazu charakterisiert die Masse im Grundgesetz der Mechanik die Trägheit eines Körpers, ist dort also als *träge Masse* m_t aufzufassen.

schwere Masse m_s
träge Masse m_t

Den Zusammenhang zwischen träger Masse m_t und schwerer Masse m_s untersuchte erstmalig GALILEI, indem er die Periodendauer gleichlanger mathematischer Pendel verglich, deren Pendelkörper aus verschiedenen Materialien bestanden. Die gefundenen Periodendauern erwiesen sich als gleich, und GALILEI folgerte daraus die Proportionalität von schwerer und träger Masse. Diese Messungen wurden später von NEWTON und BESSEL wiederholt und ihre Ergebnisse mit wesentlich größerer Genauigkeit (maximaler relativer Fehler 10^{-5}) bestätigt. Mit Hilfe einer Torsionswaage gelang es EÖTVÖS (1890) den relativen Fehler dieses Experimentes auf $5 \cdot 10^{-8}$ zu senken. 1909 verbesserte EÖTVÖS die Meßgenauigkeit seiner Versuchsanordnung auf 10^{-9}, und 1965 gelang eine Verbesserung auf 10^{-11}.

zum Nachweis von $m_t \sim m_s$

Zur Erklärung des Eötvösschen Versuchsaufbaus betrachten wir einen Massenpunkt m auf der Erdoberfläche. Infolge der Eigendrehung der Erde

Masse in m_E	**mittlere Dichte in g cm^{-3}**	**Äquatordurchmesser in Mm**	**Entdeckungsjahr**
0,04	3,8	4,77	
0,81	4,86	12,42	
1,00	5,55	12,756	
0,11	3,96	6,78	
317	1,34	144,6	
95	0,71	120	
14,7	1,27	50	
17,2	2,22	44,6	1846
0,18	unbekannt	5,8	1930

FRIEDRICH WILHELM BESSEL (1784–1846)

Versuch von Eötvös

greift an ihm außer der Schwerkraft $\boldsymbol{F}$ noch die Zentrifugalkraft ${}^{z}\boldsymbol{F}$ an. Die Schwerkraft $\boldsymbol{F}$ ist nach (3.16) seiner schweren Masse, die Zentrifugalkraft ${}^{z}\boldsymbol{F}$ nach (3.15) seiner trägen Masse proportional. Nach Abb. 3.31 und (3.15) wirkt auf den Massenpunkt bei der geographischen Breite ϑ die Zentrifugalkraft

$$ {}^{z}\boldsymbol{F} = {}^{z}\boldsymbol{F}_{v} + {}^{z}\boldsymbol{F}_{h} \tag{3.17} $$

mit

$$ |{}^{z}\boldsymbol{F}_{v}| = m_{t}\,\omega^{2} r_{E} \cos^{2}\vartheta\,, \tag{3.17a} $$

$$ |{}^{z}\boldsymbol{F}_{h}| = m_{t}\,\omega^{2} r_{E} \cos\vartheta \sin\vartheta\,. \tag{3.17b} $$

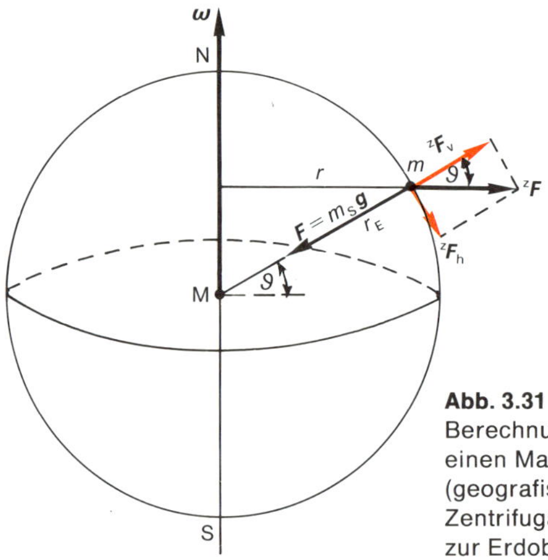

Abb. 3.31
Berechnung der Komponenten der auf einen Massenpunkt auf der Erdoberfläche (geografische Breite ϑ) wirkenden Zentrifugalkraft vertikal und horizontal zur Erdoberfläche

Die Vertikalkomponente ${}^{z}\boldsymbol{F}_{v}$ verkleinert die Wirkung der Schwerkraft, die Horizontalkomponente ${}^{z}\boldsymbol{F}_{h}$ ruft eine Kraftwirkung am Massenpunkt parallel zur Erdoberfläche und senkrecht zur Ost-West-Richtung hervor. Ersetzt man die gekrümmte Oberfläche der Erde in unmittelbarer Nähe des Massenpunktes durch die Tangentialebene an diesen Punkt der Erde, so erhält man die in Abb. 3.32 dargestellten Verhältnisse. Nach (3.17) und (3.16) ist die Abweichung α der Richtung der resultierenden Kraft $\boldsymbol{F}_{r}$ von der Richtung der Vertikalen (Richtung von $\boldsymbol{F}$) in erster Näherung (${}^{z}F_{v} \ll F$) gegeben durch $\tan\alpha \sim m_{t}/m_{s}$, d.h., wenn Proportionalität beider Massen besteht, ist sie unabhängig vom Stoff. Eötvös hängte nun zwei Massen m_1 und m_2 aus verschiedener Substanz, aber gleicher schwerer Masse (Abschnitt 2.4) an einen Waagebalken und richtete diesen in Ost-West-Richtung aus. Auf beide Massenpunkte wirken die in Abb. 3.32 dargestellten Kräfte. Die Kraft $\boldsymbol{F} - {}^{z}\boldsymbol{F}_{v}$ spannt den Aufhängefaden des Waagebalkens, die Kraft ${}^{z}\boldsymbol{F}_{h}$ dagegen versucht den Waagebalken zu drehen. Dieser Drehung wirkt die Verdrillung des Fadens entgegen, so daß sich eine bestimmte Gleichgewichtslage einstellt. Die Messung erfolgt nun so, daß man

Roland von Eötvös (1848–1919)

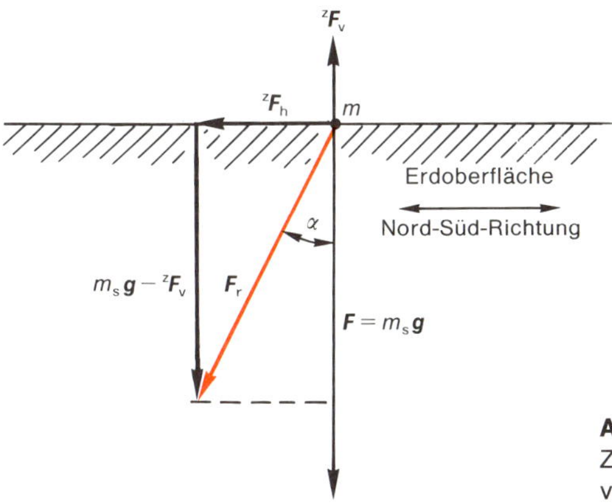

Abb. 3.32
Zur Erläuterung des Versuches von Eötvös

den Waagebalken zuerst in Stellung 1 bringt (vgl. Abb. 3.33a) und dann die Massen m_1 und m_2 durch Drehung der Versuchsapparatur um 180° vertauscht (vgl. Abb. 3.33b). Gilt – wie in Abb. 3.33 angenommen – keine Proportionalität von schwerer und träger Masse, so müssen bei gleicher schwerer Masse von m_1 und m_2 die als Folge ihrer trägen Massen auftretenden Kräfte ${}^zF_{h_1}$ und ${}^zF_{h_2}$ ungleich sein und in den beiden unterschiedlichen Stellungen der Apparatur entgegengesetzte Drehungen hervorrufen. Das Experiment zeigt ein derartiges Verhalten nicht, woraus die Proportionalität von träger und schwerer Masse gefolgert werden muß. Es gilt also der Erfahrungssatz:

Träge Masse und schwere Masse der Körper sind einander proportional **(S 3.12)** $m_t \sim m_s$

$m_t \sim m_s$.

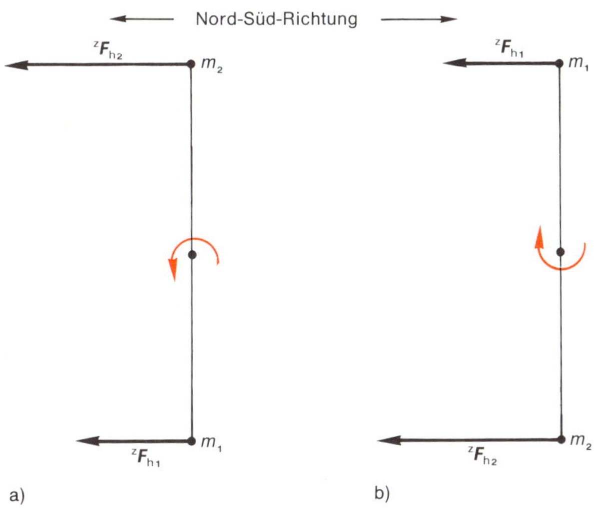

Abb. 3.33 Zur Erläuterung des Versuches von Eötvös

Durch entsprechende Wahl der Maßeinheit für m_t läßt sich nach (S 3.12) die Gleichheit von träger und schwerer Masse erreichen:

$m_t = m_s = m$
durch Wahl der Maßeinheit

$$m_t = m_s = m. \tag{3.18}$$

Mit dem Eötvösschen Versuch ist der experimentelle Beweis für die in Abschnitt 3.4.1 benutzte Aussage erbracht, daß zwischen m_s und m_t nicht unterschieden werden muß. Gleichung (3.18) bietet in Verbindung mit (3.7) die Möglichkeit, als Maßeinheit für die Kraft $[F] = \text{kg ms}^{-2}$ zu wählen. Dies führt zur Festlegung der speziellen Maßeinheit Newton:

(D 3.9)
Maßeinheit Newton N

$$1\ \text{Newton} = 1\ \text{N} = 1\ \text{kg} \cdot 1\ \text{m} \cdot 1\ \text{s}^{-2}.$$

Gravitationskonstante γ

Beachtet man (3.18) und bezeichnet die durch die Festlegung (3.18) ebenfalls festgelegte Konstante in (3.16) mit γ (*Gravitationskonstante*), dann folgt aus (3.16) die Erfahrung:

(S 3.13)
Gravitationsgesetz

Ist $\boldsymbol{r}$ der von einem Massenpunkt m_1 zu einem Massenpunkt m_2 führende Ortsvektor, dann wirkt die Masse m_1 auf die Masse m_2 mit der Kraft

$$\boldsymbol{F} = -\gamma \frac{m_1 m_2}{r^2} \boldsymbol{r}^0$$

(Gravitationsgesetz).

Experimentelle Bestimmung der Gravitationskonstanten γ

Die Gravitationskonstante γ muß experimentell bestimmt werden. Ein sehr genaues Verfahren zu ihrer Bestimmung wurde von Cavendish (1798) entwickelt. Die verwendete Versuchsanordnung zeigt schematisch Abb. 3.34. An einem dünnen Faden (Fa) hängt ein Waagebalken (W), an dessen Ende zwei sehr kleine Massen m gleicher Größe befestigt sind. An dem Faden ist ein Spiegel (Sp) angebracht. Er wird durch eine Lichtquelle beleuchtet; der reflektierte Strahl (Lichtanzeiger (Li)) zeigt die Lage des Waagebalkens an. Zwei weitere gleich große Massen M ($M \gg m$) werden in die Nähe der kleinen Massen gebracht (Stellung 1) und danach um fast

Henry Cavendish (1731–1810)

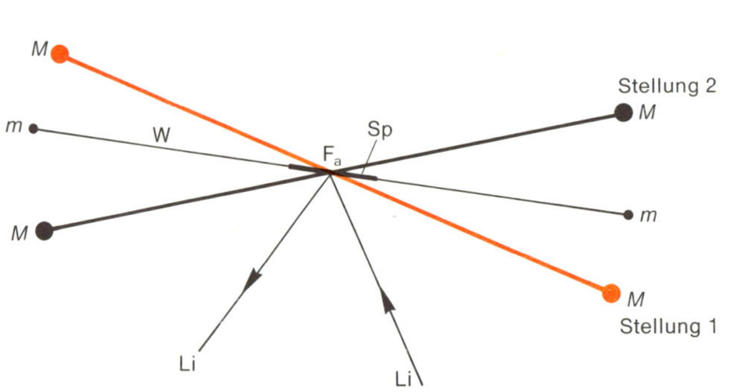

Abb. 3.34
Experimentelle Bestimmung der Gravitationskonstanten nach Cavendish. Der Faden ist senkrecht zur Papierebene gespannt

180° (Drehachse gleich Fadenachse) in die Stellung 2 gedreht. Aus den zugehörigen Stellungen des Lichtzeigers läßt sich die Verdrillung des Fadens bestimmen und aus ihr die Gravitationskraft F ermitteln. Setzt man F, die Massen m, M und ihren Abstand in (S 3.13) ein, so erhält man γ. Präzisionsmessungen ergaben

$$\gamma = (6{,}6720 \pm 0{,}0041) \cdot 10^{-11}\ \mathrm{m^3\,kg^{-1}\,s^{-2}}\,. \qquad (3.19)$$

Zahlenwert der Gravitationskonstanten γ

3.7.3 Gewicht, Erdbeschleunigung

Für die Betrachtung der Massenanziehung der Erde erweist sich nachfolgende Definition als zweckmäßig:

> Die durch die Massenanziehung der Erde auf einen Körper in Erdnähe wirkende Kraft heißt Gewicht des Körpers.

(D 3.10)
Gewicht $\boldsymbol{G}$ eines Körpers

Wir betrachten einen Massenpunkt m in der Höhe h über der Erdoberfläche. Auf ihn wirkt nach (S 3.13) die Schwerkraft

$$\boldsymbol{F} = \boldsymbol{G}_\mathrm{h} = -\gamma \frac{m m_\mathrm{E}}{(r_\mathrm{E}+h)^2}\,\boldsymbol{r}^0 \qquad (3.20)$$

(m_E Erdmasse, r_E Erdradius). Nach (D 3.10) ist die Schwerkraft (3.20) zugleich auch das Gewicht $\boldsymbol{G}_\mathrm{h}$ des Körpers. Unterliegt dieser Massenpunkt nur der Schwerkraft, so erfährt er durch sie eine Beschleunigung in Richtung zum Erdmittelpunkt. Diese Beschleunigung heißt *Erd-* oder *Fallbeschleunigung*, die Bewegung des Massenpunktes *freier Fall*. Nach (3.7) und (3.18) besteht zwischen dem Gewicht $\boldsymbol{G}_\mathrm{h}$ des Massenpunktes m und der Erdbeschleunigung die Beziehung

Erdbeschleunigung (Fallbeschleunigung) $\boldsymbol{g}$
freier Fall

$$\boldsymbol{G}_\mathrm{h} = m\boldsymbol{g}_\mathrm{h}\,. \qquad (3.21)$$

Aus (3.20) und (3.21) folgt für die Erdbeschleunigung

$$\boldsymbol{g}_\mathrm{h} = -\gamma \frac{m_\mathrm{E}}{(r_\mathrm{E}+h)^2}\,\boldsymbol{r}^0\,, \qquad (3.22)$$

sie ist also (sofern man die Erde als Massenpunkt betrachten kann und die Erdrotation außer Betracht läßt!) für alle Körper mit gleichem Abstand vom Erdmittelpunkt konstant. Diese Gesetzmäßigkeit wurde schon 1590 von Galilei experimentell gefunden.

> Der Betrag der Erdbeschleunigung ist für alle Körper im gleichen Abstand r vom Erdmittelpunkt gleich und kann in unmittelbarer Nähe der Erdoberfläche ($h \ll r_\mathrm{E}$) als von r unabhängige Konstante betrachtet werden.

(S 3.14)
$\boldsymbol{g}$ ist am gleichen Ort für alle Körper gleich

Die in (S 3.14) zum Ausdruck kommende Unabhängigkeit der Erdbeschleunigung von der Masse des Körpers läßt sich nur im Vakuum beobachten, weil sonst zusätzlich zur Schwerkraft noch die Wechselwirkungen zwischen dem fallenden Körper und der ihn umgebenden Atmosphäre (die sogenannten Reibungskräfte) berücksichtigt werden müssen. Diese Reibungskräfte sind erfahrungsgemäß stark von dem jeweiligen Körper abhängig. So fallen zum Beispiel bei normalem Luftdruck ein Stück Watte und eine Bleikugel von gleicher Masse auf Grund der sehr unterschiedlichen Reibungskräfte keineswegs gleich schnell. Läßt man sie jedoch in einer evakuierten Röhre fallen, so findet man (S 3.14) bestätigt.

Die Erdbeschleunigung g ist aus (3.22) für die Höhe h über der Erdoberfläche berechenbar. Die hierzu benötigte Erdmasse kann zum Beispiel folgendermaßen auf bekannte astronomische Konstanten zurückgeführt werden:

Berechnung der Erdmasse

Man betrachtet den Umlauf des Mondes um die Erde als kreisförmige Bahn. Periodendauer T_M und Radius r_{EM} der Mondbahn sind aus astronomischen Beobachtungen bekannt (vgl. Tabelle 3.1a). Aus (S 3.13), (3.7), (3.18), (S 3.4) und (D 2.2) folgt unter Beachtung des zweiten Keplerschen Gesetzes (konstante Mondumlaufgeschwindigkeit)

$$F = m_M r_{EM} \omega_M{}^2 = m_M r_{EM} \frac{4\pi^2}{T_M{}^2} = \gamma \frac{m_E m_M}{r_{EM}^2}$$

und daraus für die gesuchte Erdmasse

$$m_E = \frac{4\pi^2 r_{EM}^3}{T_M{}^2 \gamma} = 5{,}97 \cdot 10^{24}\,\text{kg}. \tag{3.23}$$

Aus (3.22) und (3.23) folgt für die Erdbeschleunigung

$$g_h = \frac{4\pi^2 r_{EM}^3}{(r_E + h)^2\, T_M{}^2}. \tag{3.24}$$

Einsetzen der astronomisch bekannten Werte (vgl. Tabelle 3.1a) $r_E = 6{,}37$ Mm, $r_{EM} = 0{,}385$ Gm und $T_M = 27{,}322$ d in (3.24) ergibt für den Wert der Erdbeschleunigung an der Erdoberfläche ($h = 0$) $g \approx 10\ \text{ms}^{-2}$.

Vorstehende theoretische Bestimmung der Erdbeschleunigung ist unbefriedigend, da

a) die Herleitung von (3.24) auf der Näherung der kreisförmigen Mondbahn beruht

und

b) die Erde nur näherungsweise als Massenpunkt aufgefaßt werden kann (sie besitzt keine ideale Kugelgestalt, sie besitzt keine homogene Massenverteilung und zeigt eine Eigenrotation).

Die Erdbeschleunigung für einen Ort der Erde wird daher stets experimentell bestimmt. Präzisionsbestimmungen ergaben 1906 für Potsdam den Wert $g = (9{,}81274 \pm 0{,}00003)\ \text{ms}^{-2}$ (gemessen im Pendelsaal des Geodätischen Institutes Potsdam), eine Neubestimmung 1969 den Wert $g = (9{,}812601 \pm 0{,}000003)\ \text{ms}^{-2}$.

Erdbeschleunigung ist von der geographischen Breite abhängig

Auf Grund der Eigenrotation und der Abplattung der Erde zeigen die experimentell bestimmten Werte für g nicht nur eine Abhängigkeit von der Höhe des Versuchsortes über Meeresniveau, sondern auch von seiner geographischen Breite. Wegen der Eigenrotation der Erde muß nach Abb. 3.31 von der Schwerkraft die von ϑ abhängige Komponente $^{z}\boldsymbol{F}_{v}$ der Zentrifugalkraft abgezogen werden (vgl. (3.17)). Man legt daher einen mittleren Wert der Erdbeschleunigung als sogenannten *Normalwert* g_n der *Erdbeschleunigung* fest:

$g_n = 9{,}806\,65\ \mathrm{ms}^{-2}$ heißt Normalwert der Erdbeschleunigung.

(D 3.11)
Normalwert g_n der Erdbeschleunigung

g_n stimmt praktisch mit dem Wert für g für eine geographische Breite von 45° und Meeresniveau überein.

Gewichte werden mitunter nicht in der Maßeinheit Newton, sondern in der SI-fremden Maßeinheit Kilopond angegeben:

1 Kilopond ist das Gewicht eines Kilogrammstückes bei normaler Erdbeschleunigung:

1 Kilopond = 1 kp = $g_n \cdot 1$ kg.

(D 3.12)
Maßeinheit Kilopond (kp)

Nach (D 3.9), (D 3.12) und (D 3.11) gilt zwischen den Maßeinheiten Newton und Kilopond die Umrechnungsbeziehung

$$1\ \mathrm{kp} = 9{,}806\,65\ \mathrm{N}. \qquad (3.25)$$

Umrechnung von kp in N

3.7.4 Feldbegriff, Gravitationsfeld

Betrachtet man einen Massenpunkt ($m = m_1$) in einem Raum, in dem sich gleichzeitig eine andere Masse ($m = m_2$) befindet, so unterliegt der Massenpunkt m_1 in jedem Punkt des Raumes einer von Ort zu Ort unterschiedlichen Gravitationseinwirkung der Masse m_2. Zur Beschreibung nicht nur dieses Sachverhaltes ist das Denkmodell Feld von Nutzen:

Wird jedem Punkt eines Raumes ein bestimmter Wert einer physikalischen Größe zugeordnet, so ist durch diese Zuordnung ein Feld der betreffenden Größe definiert.

(D 3.13)
Denkmodell Feld

Man spricht je nachdem, ob es sich um skalare oder vektorielle Größen handelt, von *Skalarfeldern* oder *Vektorfeldern*.

Skalarfelder
Vektorfelder

Physikalische Felder können zeitlich konstant oder zeitlich veränderlich sein.

Es könnte nun für das Gravitationsproblem die Gravitationskraft als Feldgröße eingeführt werden. Jedem Raumpunkt wäre dann die in ihm auf m_1 wirkende Gravitationskraft zuzuordnen. Dieses Kraftfeld ist aber nicht geeignet, die für die Masse m_2 spezifische Gravitationswirkung zu beschreiben, da die Gravitationskraft auch von der Masse m_1 abhängt. Diesem Zweck entspricht hingegen nach (S 3.13) der Quotient

$$\frac{\boldsymbol{F}}{m_1} = -\gamma\,\frac{m_2}{r^2}\,\boldsymbol{r}^0,$$

die von der Gravitationskraft verursachte Beschleunigung. Das durch Zuordnung eines Vektors $\boldsymbol{F}/m_1$ zu jedem Punkt eines Raumes definierte Feld heißt daher *Gravitations-* oder *Schwerefeld* der Masse m_2. Die Schwerebeschleunigung als Feldgröße oder Feldstärke des Gravitationsfeldes ist unabhängig von allen Eigenschaften des Körpers, auf den sie einwirkt.

Schwerebeschleunigung als Feldgröße des Gravitationsfeldes

Die Feldgröße des Gravitationsfeldes der Erde ist die Erdbeschleunigung (Erdfeldstärke). Prinzipiell läßt sich die Erdfeldstärke experimentell gewinnen, indem man in jedem Raumpunkt die auf die Probemasse m_1 wirkende Schwerkraft mißt und den erhaltenen Wert durch m_1 dividiert.

Da es für jeden Ort der Erde nur einen Wert der Erdbeschleunigung gibt, folgt aus (3.21):

(S 3.15) Gewicht und Masse

An jedem Ort der Erde verhalten sich die Gewichte der Körper wie ihre Massen,

$$\frac{G_1}{G_2} = \frac{m_1}{m_2}.$$

Auf Grund von (S 3.15) können zum Beispiel mit einer Hebelwaage absolute Massenbestimmungen durchgeführt werden, wenn geeignete geeichte Vergleichsmassen zur Verfügung stehen.

Massenbestimmung mittels Hebelwaage

3.7.5 Anwendungen des Gravitationsgesetzes

a) Fallgesetze

Der freie Fall ist in Erdnähe ($h \ll r_E$) nach (3.22) eine gleichmäßig beschleunigte Bewegung. Nach (3.14b) muß somit die Fallstrecke quadratisch von der Fallzeit abhängig sein. Mit Hilfe der sogenannten Fallschnur kann man sich hiervon leicht überzeugen. Bei ihr werden an einer Schnur Eisenkugeln derart angebracht, daß die Kugelabstände von unten gemessen sich wie 1:4:9:16:25 usw. verhalten (Abb. 3.35). Läßt man diese Schnur fallen, so treffen, da die Fallstrecke quadratisch von der Zeit abhängt, die Kugeln mit gleichem zeitlichen Abstand auf die Erdoberfläche auf.

Wir betrachten einen Massenpunkt m, welcher zu einer bestimmten Zeit im Punkt P auf bzw. über der Erdoberfläche die Geschwindigkeit $\boldsymbol{v}_0$ besitzt und nur der Wirkung der Schwerkraft unterliegt. Gesucht wird sein Bahnverlauf $\boldsymbol{s} = \boldsymbol{s}(t)$. Zur Lösung dieses Problems wählen wir ein mit der Erde fest verbundenes zweidimensionales Koordinatensystem, dessen x-Achse parallel zur Erdoberfläche liegt, dessen positive z-Achse senkrecht auf der Erdoberfläche steht und vom Erdinneren wegweist und dessen x, z-Ebene den Vektor $\boldsymbol{v}_0$ enthält (Abb. 3.36). Ferner wählen wir die Zeitzählung so, daß

Herleitung der Fallgesetze

$$\text{zur Zeit } t=0 \begin{cases} \boldsymbol{s} = \boldsymbol{s}_0 = x_0 \boldsymbol{i} + z_0 \boldsymbol{k} \\ \boldsymbol{v} = \boldsymbol{v}_0 = v_{0x} \boldsymbol{i} + v_{0z} \boldsymbol{k} \end{cases} \tag{3.26}$$

gilt.

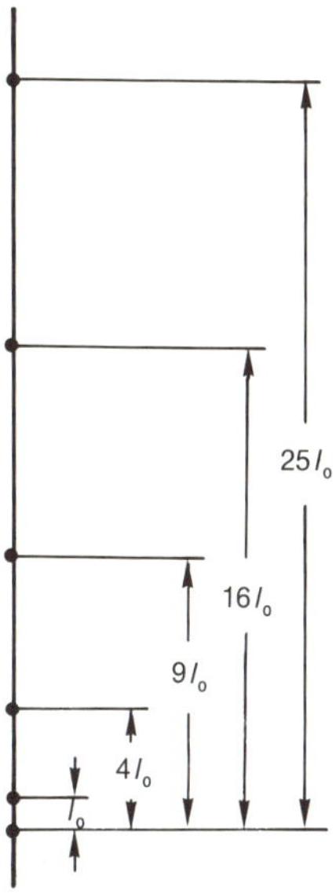

Abb. 3.35 Fallschnur

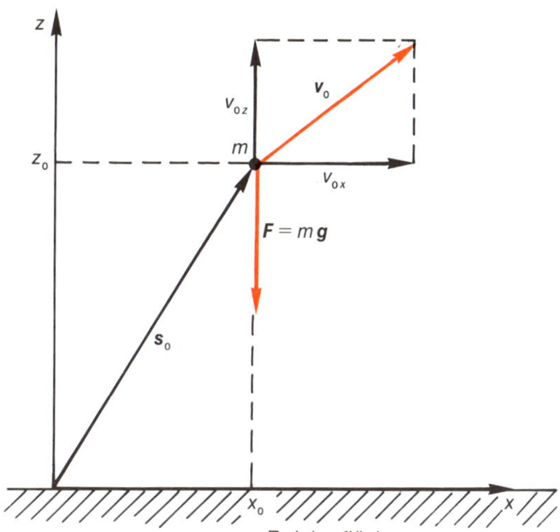

Abb. 3.36
Zur Herleitung
der Fallgesetze

Nach (3.11), (3.7), (D 3.6) und (3.21) wirkt auf den Massenpunkt die Kraft

$$\boldsymbol{F} = \boldsymbol{F}_x + \boldsymbol{F}_z \tag{3.27}$$

mit

$$\boldsymbol{F}_x = \boldsymbol{0}, \tag{3.27a}$$

$$\boldsymbol{F}_z = m \frac{d^2 z}{dt^2} \boldsymbol{k} = -m g \boldsymbol{k}. \tag{3.27b}$$

Die Bewegung des Massenpunktes erfolgt in Richtung $\boldsymbol{i}$ gleichförmig, in Richtung $\boldsymbol{k}$ gleichmäßig beschleunigt (Abschnitt 3.5). Entsprechend (3.14a) und (3.14b) erhält man als Lösung der Bewegungsdifferentialgleichungen

$$\boldsymbol{v} = \boldsymbol{v}_x + \boldsymbol{v}_z \tag{3.28}$$

mit

$$\boldsymbol{v}_x = v_{0x}\boldsymbol{i}, \tag{3.28a}$$

$$\boldsymbol{v}_z = (-gt + v_{0z})\,\boldsymbol{k} \tag{3.28b}$$

und

$$\boldsymbol{s} = \boldsymbol{s}_x + \boldsymbol{s}_z \tag{3.29}$$

mit

$$\boldsymbol{s}_x = x\boldsymbol{i} = (v_{0x}t + x_0)\,\boldsymbol{i}, \tag{3.29a}$$

$$\boldsymbol{s}_z = z\boldsymbol{k} = \left(-\frac{g}{2}t^2 + v_{0z}t + z_0\right)\boldsymbol{k}\,. \tag{3.29b}$$

Die Bahnkurve des Massenpunktes erhält man durch Elimination der Zeit t aus (3.29a) und (3.29b). Es ergibt sich

$$\left(x - \frac{v_{0x}v_{0z}}{g} - x_0\right)^2 = -\frac{2v_{0x}^2}{g}\left(z - \frac{v_{0z}^2}{2g} - z_0\right). \tag{3.30}$$

Wurfparabel

Die Bahn ist eine Parabel (*Wurfparabel*; siehe Abb. 3.37).

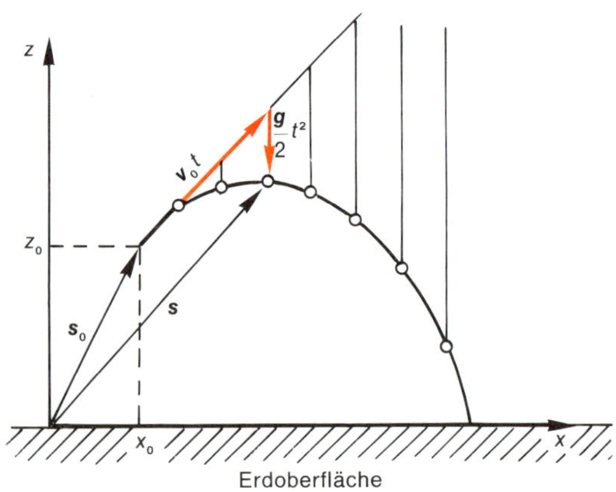

Abb. 3.37 Wurfparabel

Wir betrachten die Sonderfälle:

α) Der Massenpunkt werde von einem Punkt der Erdoberfläche mit der Geschwindigkeit $\boldsymbol{v}_0$ senkrecht nach oben geworfen, d.h., es gilt $z_0 = 0$, $v_{0z} > 0$ und $v_{0x} = 0$. Seine maximale Wurfhöhe erreicht er beim Nulldurchgang von v_z, nach (3.28b) also nach der Zeit

$$t_{\max} = \frac{v_{0z}}{g}\,. \qquad (3.30a)$$

Für die maximale Wurfhöhe h ergibt sich aus (3.30a) und (3.29b)

$$z_{\max} = h = \frac{v_{0z}^2}{2g} \qquad (3.30b)$$

maximale Wurfhöhe h

β) Der Massenpunkt fällt aus der Höhe $z_0 = h$ mit der Anfangsgeschwindigkeit $\boldsymbol{v}_0 = \boldsymbol{0}$ zur Erde. Nach (3.29b) beträgt die Fallzeit t_f bis zum Aufschlag auf die Erde

$$t_f = \sqrt{\frac{2h}{g}}\,. \qquad (3.30c)$$

Fallzeit t_f

b) Masse der Erde

Aus (3.22) folgt für einen Punkt der Erdoberfläche ($h = 0$)

$$m_E = \frac{g_n r_E{}^2}{\gamma}\,. \qquad (3.31a)$$

Bestimmung der Masse der Erde

Einsetzen der Konstanten γ (3.19), des Erdradius $r_E = 6{,}370$ Mm (vgl. Tabelle 3.1a) und des Normalwertes der Erdbeschleunigung g_n (D 3.11) ergibt für die gesuchte Erdmasse $m_E = 5{,}97 \cdot 10^{24}$ kg.

c) 1. kosmische Geschwindigkeit

Die rapide Entwicklung der Raumfahrt brachte eine glänzende Bestätigung und Anwendung der Newtonschen Mechanik.

Ein Satellit der Masse m und der Geschwindigkeit v_h bewege sich auf kreisförmiger Bahn mit dem Radius $r = r_E + h$ um die Erde. Nach dem d'Alembertschen Prinzip (S 3.10) kann diese Bewegung als Gleichgewichtsproblem zwischen Gravitationskraft (3.20) und d'Alembert-Kraft (3.15) aufgefaßt werden. Es ist

Berechnung der 1. kosmischen Geschwindigkeit

$$-\gamma \frac{m m_E}{(r_E + h)^2}\,\boldsymbol{r}^0 + \left(+ m \frac{v_h{}^2}{r_E + h} \right) \boldsymbol{r}^0 = \boldsymbol{0}. \qquad (3.31b)$$

Die Erdanziehungskraft wird in jedem Punkt der Bahn durch die Zentrifugalkraft kompensiert. Man bezeichnet diesen Zustand des Satelliten als den Zustand der Schwerelosigkeit, ein Gefühl „oben" und „unten" ist für den Astronauten nicht mehr gegeben.

Zustand der Schwerelosigkeit

Unter Beachtung von (3.22) folgt aus (3.31b)

$$v_h = \sqrt{g_h (r_E + h)}\,. \qquad (3.31c)$$

Beachtet man weiter, daß nach (3.22) zwischen dem Normalwert g_n der Erdbeschleunigung und der Erdbeschleunigung g_h in der Höhe h über der

Erdoberfläche

$$\frac{g_h}{g_n}=\frac{r_E{}^2}{(r_E+h)^2}$$

gilt, so folgt für die Geschwindigkeit v_h eines Satelliten in der Höhe h

$$v_h=\sqrt{\frac{g_n r_E{}^2}{r_E+h}}\,. \tag{3.31d}$$

Für die Geschwindigkeit v_0 eines Satelliten auf kreisförmiger Bahn in unmittelbarer Nähe der Erdoberfläche ergibt sich aus (3.31d) mit den entsprechenden Werten für g_n und r_E

$$v_0=\sqrt{g_n r_E}=7{,}91\ \mathrm{km\,s^{-1}}\,. \tag{3.31f}$$

1. kosmische Geschwindigkeit

Mit dieser Geschwindigkeit $v_0=7{,}91\ \mathrm{km\,s^{-1}}$ muß ein Satellit mindestens in den Weltraum geschossen werden, damit er eine Erdumlaufbahn erreichen kann. Man bezeichnet sie als *1. kosmische Geschwindigkeit.*

Aus (3.31d) könnte der Schluß gezogen werden, daß es für die Anfangsgeschwindigkeit v_0 eines Satelliten um so günstiger wäre, je höher seine Bahn über der Erdoberfläche gewählt wird. Dies ist ein Trugschluß, da (3.31d) nur die notwendige Geschwindigkeit des Satelliten für die Kreisbahn in der Höhe h gibt, der Satellit aber entsprechend den Fallgesetzen beim Aufsteigen zu dieser Bahn seine Anfangsgeschwindigkeit verringert. So benötigt wohl nach (3.31d) ein Satellit für eine Kreisbahn in 500 km Höhe über der Erdoberfläche nur noch eine Kreisbahngeschwindigkeit von 7,6 $\mathrm{km\,s^{-1}}$, damit er aber diese Geschwindigkeit in 500 km Höhe erreicht, muß man ihn von der Erde mit einer Geschwindigkeit von ca. 9 $\mathrm{km\,s^{-1}}$ abschießen.

d) 2. kosmische Geschwindigkeit

Berechnung der 2. kosmischen Geschwindigkeit

Ein Satellit soll den Schwerebereich der Erde verlassen. Die hierzu notwendige Geschwindigkeit v_0 an der Erdoberfläche bezeichnet man als *2. kosmische Geschwindigkeit.* Nach (S 3.13), (3.7), (D 3.6) und (3.31a) wirkt auf einen Satelliten der Masse m im Abstand r vom Erdmittelpunkt die Kraft (Abb. 3.38)

$$\boldsymbol{F}=m\frac{\mathrm{d}v}{\mathrm{d}t}\boldsymbol{r}^0=-\gamma\frac{m m_E}{r^2}\boldsymbol{r}^0=-\frac{m g_n r_E^2}{r^2}\boldsymbol{r}^0\,.$$

Damit gilt

$$\frac{\mathrm{d}v}{dt}=-\frac{g_n r_E{}^2}{r^2}$$

oder, unter Beachtung von $\mathrm{d}r=v\,\mathrm{d}t$, ((D 3.4), A. 17)

$$v\,\mathrm{d}v=-\frac{g_n r_E{}^2}{r^2}\mathrm{d}r\,.$$

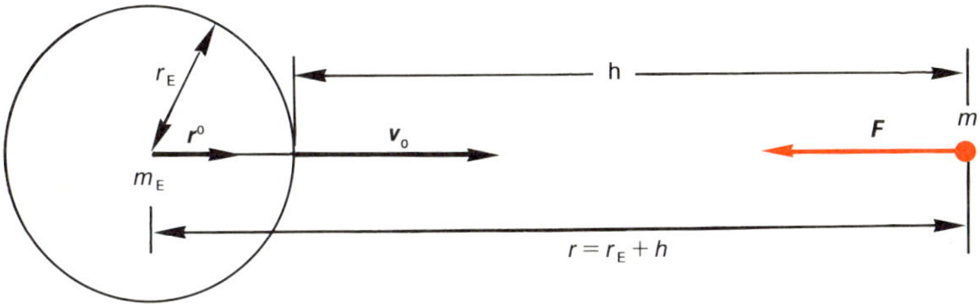

Abb. 3.38 Zur Berechnung der 2. kosmischen Geschwindigkeit

Integration dieses Ausdruckes von $r=r_E$ bis zu einem beliebigen Abstand r ergibt, wenn v_0 die Geschwindigkeit des Satelliten an der Erdoberfläche, v seine Geschwindigkeit im Abstand r vom Erdmittelpunkt bedeutet,

$$\int_{v_0}^{v} v\,\mathrm{d}v = -g_n r_E{}^2 \int_{r_E}^{r} \frac{\mathrm{d}r}{r^2}$$

oder

$$v^2 = v_0{}^2 + 2 g_n r_E{}^2 \left(\frac{1}{r} - \frac{1}{r_E}\right).$$

Die Geschwindigkeit v_∞ des Massenpunktes beim Verlassen des Schwerebereiches der Erde ($r \to \infty$) beträgt somit

$$v_\infty{}^2 = v_0{}^2 - 2 g_n r_E\,.$$

Wählen wir für sie den Wert $v_\infty = 0$ (Mindestforderung zum Verlassen des Schwerebereiches der Erde), so folgt für die hierfür notwendige Anfangsgeschwindigkeit des Satelliten an der Erdoberfläche

$$v_0 = \sqrt{2 g_n r_E} = 11{,}2\ \mathrm{km\,s^{-1}}\,. \qquad (3.32)$$

2. kosmische Geschwindigkeit

Mit dieser Geschwindigkeit muß ein Satellit mindestens in den Weltraum geschossen werden, wenn er das Gravitationsfeld der Erde verlassen soll.

3.8 Arbeit und Energie

3.8.1 Arbeit und Leistung

Ein wichtiger Hilfsbegriff der Mechanik ist die Größe Arbeit. Zum besseren Verständnis der allgemeinen Definition dieser Größe betrachten wir zunächst nachfolgende Spezialfälle:

a) Ein Massenpunkt m werde durch die konstante Kraft $\boldsymbol{F}$ vom Punkt P_1 zum Punkt P_2 längs einer Geraden um die Strecke $\boldsymbol{s}=\boldsymbol{s}_2-\boldsymbol{s}_1$ verschoben. Die Richtung seiner Verschiebung $\boldsymbol{s}$ stimme mit der Richtung der konstanten Kraft $\boldsymbol{F}$ überein (Abb. 3.39). Man bezeichnet die Größe

$$W_A = F s$$

als die von der Kraft bei dieser Verschiebung verrichtete Arbeit. Wird noch beachtet, daß nach Voraussetzung $\boldsymbol{F}$ und $\boldsymbol{s}$ parallel zueinander sind, und weiter (A 11.1) berücksichtigt, so kann für $W_A = F s$ auch

(D 3.14a)
Arbeit W_A
(Spezialfall)

$$W_A = F s = \boldsymbol{F} \cdot \boldsymbol{s}$$

geschrieben werden.

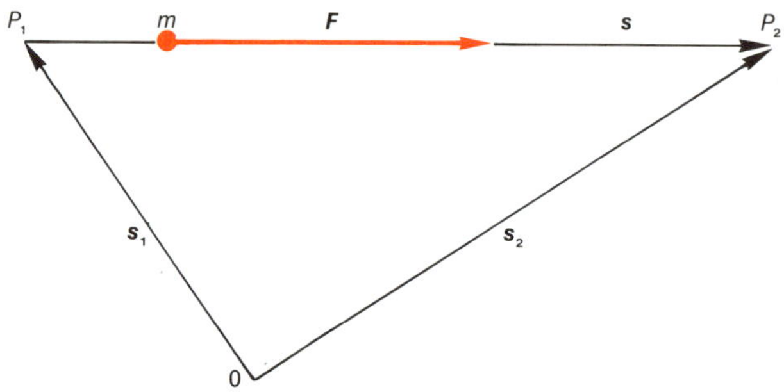

Abb. 3.39
Zur Definition der Größe Arbeit
Sonderfall a: $\boldsymbol{F}$ konstant, Verschiebung des Massenpunktes m erfolgt auf einer zu $\boldsymbol{F}$ parallelen Geraden

b) Der Massenpunkt m werde wiederum durch die konstante Kraft $\boldsymbol{F}$ um die geradlinige Wegstrecke $\boldsymbol{s} = \boldsymbol{s}_2 - \boldsymbol{s}_1$ von P_1 nach P_2 verschoben. $\boldsymbol{F}$ und $\boldsymbol{s}$ seien bei dieser Bewegung des Massenpunktes nicht mehr gleichgerichtet. Wir können diesen Fall sofort auf Fall a) zurückführen, indem wir berücksichtigen, daß nur die zu $\boldsymbol{s}$ parallele Komponente $\boldsymbol{F}_s$ von $\boldsymbol{F}$ die Verschiebung des Massenpunktes von $\boldsymbol{F}$ bewirkt (Abb. 3.40). Wir bekommen somit nach (D 3.14a) und (A 11.1) für die von der Kraft $\boldsymbol{F}$ bei dieser Bewegung verrichtete Arbeit

(D 3.14b)
Arbeit W_A
(Spezialfall)

$$W_A = F_s s = F s \cos(\boldsymbol{F}, \boldsymbol{s}) = \boldsymbol{F} \cdot \boldsymbol{s}.$$

c) Der Massenpunkt wird wiederum durch die Kraft $\boldsymbol{F}$ um die geradlinige Wegstrecke $\boldsymbol{s}$ von P_1 nach P_2 verschoben. Die Richtung der Kraft sei konstant, aber nicht ihr Betrag. Um diesen Fall auf b) zurückführen zu können, zerlegen wir die geradlinige Strecke $\boldsymbol{s}$ in n Teilstücke $\Delta \boldsymbol{s}_k$ $(k = 1, 2, \ldots, n)$ und nehmen für jedes Teilstück den Betrag der Kraft als konstant an (Abb. 3.41). Für die von der Kraft $\boldsymbol{F}$ verrichtete Arbeit ergibt sich dann nach (D 3.14b) näherungsweise

$$W_A \approx \sum_{k=1}^{n} F_{sk} \Delta s_k = \sum_{k=1}^{n} \boldsymbol{F}_k \cdot \Delta \boldsymbol{s}_k .$$

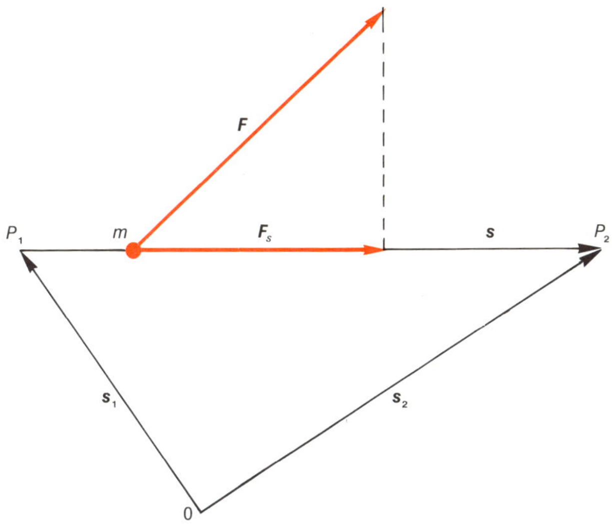

Abb.3.40
Zur Definition der Größe Arbeit
Sonderfall b: ***F*** konstant, Verschiebung des Massenpunktes *m* erfolgt auf einer gegen ***F*** geneigten Geraden

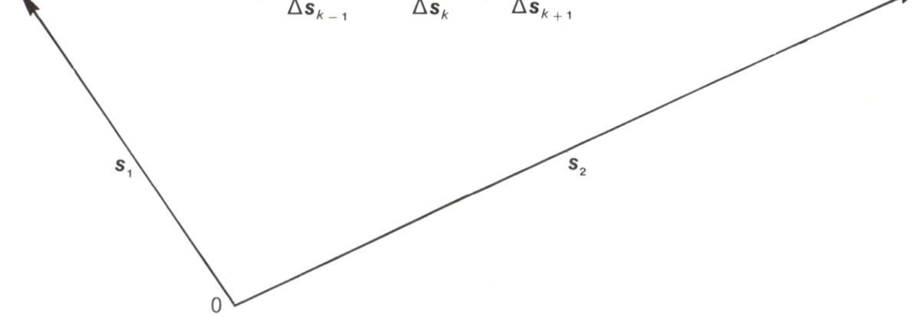

Abb. 3.41
Zur Definition der Größe Arbeit
Sonderfall c: Richtung von ***F*** konstant, Betrag jedoch ortsabhängig, Verschiebung des Massenpunktes *m* erfolgt auf einer gegen ***F*** geneigten Geraden

Vorstehende Näherung wird um so besser, je größer die Anzahl der Teilungen $\Delta \boldsymbol{s}_k$ der Strecke gewählt wird. Durch Grenzübergang (Übergang von der Summe zum bestimmten Integral, vgl. A. 15) erhalten wir

(D 3.14c)
Arbeit W_A
(Spezialfall)

$$W_A = \int_{P_1}^{P_2} F_s \, ds = \int_{P_1}^{P_2} \boldsymbol{F} \cdot d\boldsymbol{s} .$$

Nach diesen Vorbereitungen betrachten wir den allgemeinen Fall, daß ein Massenpunkt m durch die Kraft $\boldsymbol{F}$ auf der Raumkurve $\boldsymbol{s}$ von P_1 nach P_2 verschoben wird. Um auch für diese Bewegung ein Maß für die verrichtete Arbeit zu gewinnen, denken wir uns die Raumkurve durch geradlinige Teilstücke angenähert und in jedem dieser Teilbereiche die auf den Massenpunkt wirkende Kraft durch einen mittleren Wert $\boldsymbol{F}_k$ der Kraft ersetzt (Abb. 3.42). Für die auf dem k-ten Teilstück von der Kraft $\boldsymbol{F}_k$ verrichtete Arbeit ΔW_{Ak} gilt dann nach (D 3.14b)

$$\Delta W_{Ak} = F_{sk} \Delta s_k = \boldsymbol{F}_k \cdot \Delta \boldsymbol{s}_k$$

und somit für die Gesamtarbeit W_A näherungsweise

$$W_A \approx \sum_{k=1}^{n} \Delta W_{Ak} = \sum_{k=1}^{n} F_{sk} \Delta s_k = \sum_{k=1}^{n} \boldsymbol{F}_k \cdot \Delta \boldsymbol{s}_k .$$

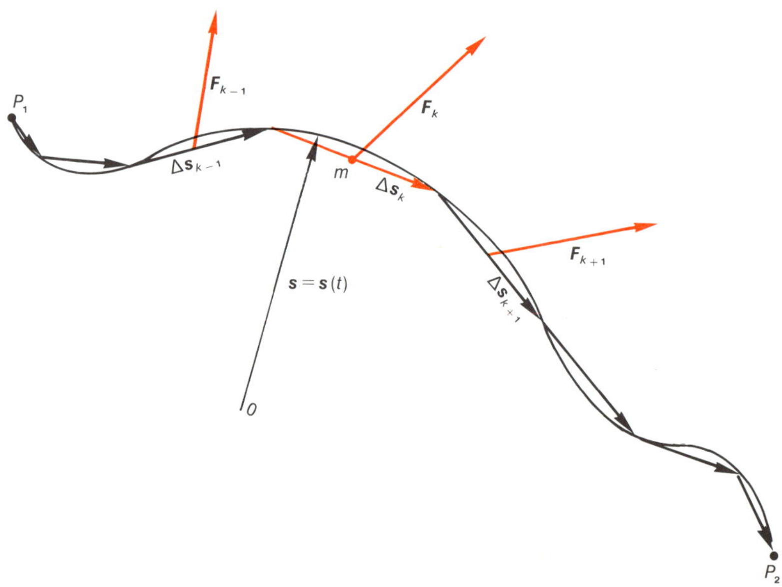

Abb. 3.42 Zur Definition der Größe Arbeit im allgemeinen Fall

JAMES PRESCOTT JOULE
(1818–1889)

Vorstehende Näherung ist wiederum um so besser, je kleiner die Teilstrecken $\Delta \boldsymbol{s}_k$, d.h. je größer die Anzahl der Unterteilungen der Raumkurve $\boldsymbol{s}$ gewählt wird. Der Grenzübergang $\Delta \boldsymbol{s}_k \rightarrow 0$ erfordert die Integration der Kraft $\boldsymbol{F}(\boldsymbol{s})$ längs der Raumkurve $\boldsymbol{s}$, d.h. die Berechnung eines

Linienintegrales (vgl. A. 15). Damit folgt allgemein:

Wird der Massenpunkt m unter Wirkung der Kraft $\boldsymbol{F}$ auf der Raumkurve $\boldsymbol{s}$ vom Punkt P_1 zum Punkt P_2 verschoben, so heißt

$$W_A = \int_{P_1, \boldsymbol{s}}^{P_2} F_s \mathrm{d}s = \int_{P_1, \boldsymbol{s}}^{P_2} \boldsymbol{F} \cdot \mathrm{d}\boldsymbol{s}$$

die bei dieser Verschiebung von der Kraft $\boldsymbol{F}$ verrichtete Arbeit.

(D 3.14)
Arbeit W_A

Mögliche Maßeinheiten für die Größe Arbeit sind:

1 Newtonmeter = 1 Nm = 1 N · 1 m = 1 Wattsekunde
= 1 Ws = 1 Joule = 1 J.

(D 3.15)
Newtonmeter (Nm)
Wattsekunde (Ws)
Joule (J)

Wir betrachten zwei Beispiele:

Ein Massenpunkt m werde durch die Kraft $\boldsymbol{F}$ reibungsfrei auf einer schiefen Ebene vom Punkt P_1 zum Punkt P_2 verschoben (Abb. 3.43). Da ihre Komponente $\boldsymbol{F}_s$ die hangabwärts gerichtete Komponente der Schwerkraft kompensiert, gilt für den Betrag der in Wegrichtung weisenden Komponente $\boldsymbol{F}_s$ von $\boldsymbol{F}$

$$F_s = mg \cos \alpha$$

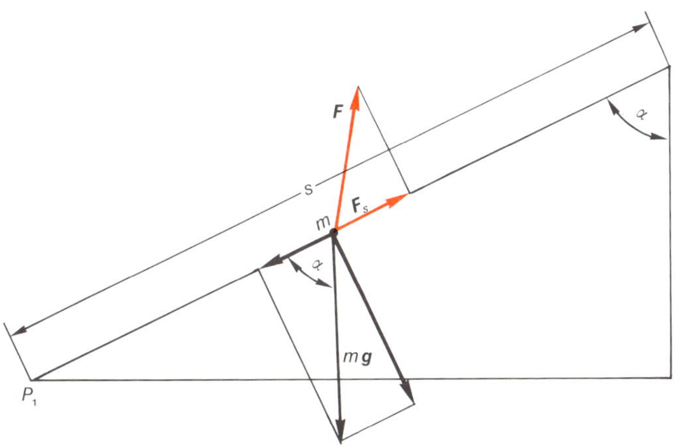

Abb. 3.43
Zur Berechnung der Arbeit beim Verschieben eines Massenpunktes auf der schiefen Ebene

JAMES WATT
(1736–1819)

und somit nach (D 3.14b) für die von der Kraft verrichtete Arbeit

Hubarbeit

$$W_{\mathrm{A}} = F_s s = mgs \cos\alpha = mg\,h\,. \tag{3.33a}$$

Sie ist außer von der Masse nur noch von der Hubhöhe h abhängig, also unabhängig davon, auf welchem Wege der Massenpunkt um die Höhe h gehoben wurde. (3.33a) wird auch als Hubarbeit bezeichnet.

Eine Feder werde durch die Kraft $\boldsymbol{F}$ um die Strecke x gedehnt. Erfahrungsgemäß ist für eine nicht allzu starke Dehnung der Feder die hierfür benötigte Kraft proportional der Federdehnung (vgl. Abschnitt 6.1.1). Wählen wir die Ausdehnungsrichtung der Feder als positive x-Richtung eines eindimensionalen Koordinatensystems (Abb. 3.44), dann gilt für die zur Dehnung der Feder erforderliche Kraft

$$\boldsymbol{F} = D x \boldsymbol{i}\,. \tag{3.34a}$$

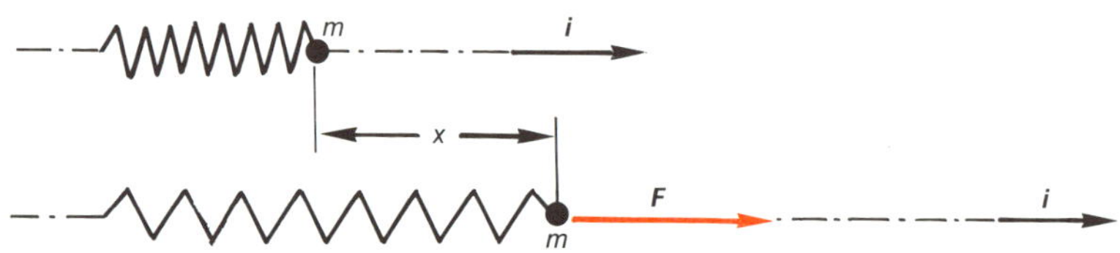

Abb. 3.44 Zur Berechnung der Arbeit bei Dehnung einer Feder

Federkonstante D

D wird als *Feder- oder Direktionskonstante* bezeichnet. Für die bei der Dehnung der Feder um die Strecke x verrichtete Arbeit ergibt sich nach (D 3.14c) mit (3.34a)

Arbeit bei der Dehnung einer Feder

$$W_{\mathrm{A}} = \int\limits_{\substack{P_1 \\ s}}^{P_2} \boldsymbol{F} \cdot \mathrm{d}\boldsymbol{s} = \int\limits_{x=0}^{x} D x\,\mathrm{d}x = \frac{D}{2}\,x^2\,. \tag{3.34b}$$

Vielfach interessiert nicht die verrichtete Arbeit, sondern die verrichtete Arbeit pro Zeit, die sogenannte Leistung.

(D 3.16)
Leistung P

Die Größe

$$P = \frac{\mathrm{d}\,W_{\mathrm{A}}}{\mathrm{d}t}$$

heißt Leistung.

Mögliche Maßeinheiten: $[P] = \mathrm{N\,m\,s^{-1}}$ und W.

3.8.2 Konservative Kräfte, potentielle und kinetische Energie

Im vorstehenden Abschnitt wurde gezeigt, daß für bestimmte Kräfte (z. B. die Gravitationskraft) der Wert des Arbeitsintegrales (D 3.14) unabhängig vom Weg ist, also nur von den Endpunkten P_1 und P_2 des Integrationsintervalles auf der Raumkurve s abhängt. Derartige Kräfte werden unter der Bezeichnung konservative Kräfte zusammengefaßt. Unter Beachtung der in A. 15 hergeleiteten mathematischen Zusammenhänge wird definiert:

Kräfte, deren Arbeitsintegral unabhängig vom Weg ist, d.h. Kräfte, für die auf einem beliebig geschlossenen Weg

$$\oint \boldsymbol{F} \cdot \mathrm{d}\boldsymbol{s} = 0$$

bzw.

$$\operatorname{rot} \boldsymbol{F} = \boldsymbol{0}$$

gilt, heißen konservative Kräfte. Physikalische Systeme, in denen nur konservative Kräfte wirken, heißen konservative Systeme.

(D 3.17)
konservative Kraft
konservative Systeme

Wie in Abschnitt 3.9 gezeigt wird, bleibt für Bewegungsvorgänge in konservativen Systemen die mechanische Gesamtenergie erhalten.

Die Gravitationskraft und die zum Spannen einer Feder notwendige Kraft sind konservativ, wovon man sich leicht durch die Berechnung von rot $\boldsymbol{F}$ überzeugt. Reibungskräfte sind keine konservativen Kräfte, da bei Vorliegen von Reibung das Arbeitsintegral stets vom Weg abhängig ist.

Für konservative Kräfte ist also die Arbeit ein Maß für eine Veränderung des Energiezustandes des Systems als Resultat einer erfolgten Bewegung, wobei der konkrete Weg ohne Einfluß auf dieses Resultat ist. Die physikalische Begriffsbildung knüpft damit an den Begriffsinhalt der Umgangssprache an.

Wegen der Unabhängigkeit des Arbeitsintegrales W_A für konservative Kräfte vom konkreten Weg zwischen den festgelegten Punkten P_1 und P_2 ist W_A durch die Differenz der Werte einer Ortsfunktion in diesen Punkten gegeben. Man erhält somit unter Berücksichtigung von A. 15 folgende Aussagen:

Für eine konservative Kraft ist der Wert des Arbeitsintegrals nur eine Funktion von Anfangs- und Endpunkt der Bewegung:

$$W_A = \int_{P_1,\, s}^{P_2} \boldsymbol{F} \cdot \mathrm{d}\boldsymbol{s} = W_p(P_1) - W_p(P_2) = W_{p_1} - W_{p_2}.$$

Damit besteht zwischen der konservativen Kraft $\boldsymbol{F}$ und der Ortsfunktion W_p (potentielle Energie) die Beziehung

$$\boldsymbol{F} = -\operatorname{grad} W_p.$$

(S 3.16)
Das Arbeitsintegral ist für konservative Kräfte unabhängig vom Weg,
Zuordnung zwischen konservativem Kraftfeld und Potentialfeld

Um die physikalische Bedeutung der potentiellen Energie W_p zu erkennen, betrachten wir einen um die Höhe h gehobenen Massenpunkt bzw. eine gespannte Feder. Läßt man den Massenpunkt aus der Höhe h fallen bzw. entspannt man die Feder, dann kann man die zum Heben des Massenpunktes bzw. zum Dehnen der Feder aufgewandte Arbeit wiedergewinnen. In Abschnitt 3.4.1 wurde zum Beispiel das Entspannen einer Feder zum Beschleunigen eines Massenpunktes verwendet. Durch Anheben des Massenpunktes bzw. durch das Dehnen der Feder hat der Massenpunkt bzw. die Feder eine bestimmte Arbeitsfähigkeit erhalten. Eine derartige Arbeitsfähigkeit wird als Energie des Körpers, in diesem Fall als Energie der Lage oder als *potentielle Energie* W_p bezeichnet.

potentielle Energie W_p

Wir können damit sagen: Durch das Heben des Massenpunktes m um die Höhe h wird seine potentielle Energie um

$$W_p = m g h \tag{3.33}$$

vermehrt. Beim Dehnen einer Feder um die Strecke x wird ihre potentielle Energie um

$$W_p = \frac{D}{2} x^2 \tag{3.34}$$

vergrößert.

Mögliche Maßeinheiten: $[W_p] = \mathrm{J}$ bzw. Ws.

Durch (S 3.16) ist die potentielle Energie W_p nur bis auf eine additive Konstante festgelegt. Da physikalisch nur Differenzen der potentiellen Energie von Interesse sind, ist der Wert dieser unbekannten Konstanten belanglos. Vielfach wird sie so gewählt, daß die potentielle Energie im Unendlichen verschwindet. In (3.33) und (3.34) wurde sie dagegen so bestimmt, daß die potentielle Energie beim Ausgangspunkt der Bewegung (vor dem Heben des Massenpunktes bzw. vor dem Spannen der Feder) den Wert Null hat.

Auch durch eine Geschwindigkeit erhält ein Massenpunkt eine Arbeitsfähigkeit. Zur Beschreibung dieses Sachverhaltes erweist sich die Größe kinetische Energie als zweckmäßig:

(D 3.18) kinetische Energie W_k

Besitzt der Massenpunkt der Masse m die Geschwindigkeit v, so heißt

$$W_k = \frac{m}{2} v^2$$

seine kinetische Energie.

Mögliche Maßeinheiten: $[W_k] = \mathrm{J}$ bzw. Ws.

Definition (D 3.18) gilt nur im Bereich der nichtrelativistischen Physik. Ihre relativistische Erweiterung erfährt sie in Bd. II.

Mit Hilfe von (D 3.18) läßt sich (D 3.14) unter Beachtung von (A 2.7),

(A 4.5), (3.7), (D 3.6) und (D 3.4) wie folgt umformen:

$$W_A = \int_{P_1}^{P_2} \boldsymbol{F} \cdot \mathrm{d}\boldsymbol{s} = \int_{t_1}^{t_2} \boldsymbol{F} \cdot \frac{\mathrm{d}\boldsymbol{s}}{\mathrm{d}t}\,\mathrm{d}t = \int_{t_1}^{t_2} m \frac{\mathrm{d}^2\boldsymbol{s}}{\mathrm{d}t^2} \cdot \frac{\mathrm{d}\boldsymbol{s}}{\mathrm{d}t}\,\mathrm{d}t$$

$$= \frac{m}{2} \int_{t_1}^{t_2} \frac{\mathrm{d}}{\mathrm{d}t}\left(\frac{\mathrm{d}s}{\mathrm{d}t}\right)^2 \mathrm{d}t = \frac{m}{2} \int_{v_2}^{v_1} \mathrm{d}v^2 = \frac{m}{2}(v_2^2 - v_1^2).$$

Die von einer Kraft am Massenpunkt verrichtete Arbeit ist gleich der Differenz der kinetischen Energien des Massenpunktes am End- und am Anfangspunkt der betrachteten Bewegung:

$$W_A = W_{k_2} - W_{k_1} = \frac{m}{2}(v_2^2 - v_1^2).$$

(S 3.17)
$W_A = W_{k_2} - W_{k_1}$

3.9 Erhaltungssatz der Energie

In konservativen Systemen gilt nach (S 3.16) und (S 3.17) für jeden Zeitpunkt der Bewegung

$$W_{p_1} - W_{p_2} = W_{k_2} - W_{k_1}$$

oder

$$W_{k_2} + W_{p_2} = W_{k_1} + W_{p_1} = \text{const.}$$

In konservativen Systemen bleibt die Gesamtenergie

$$W = W_k + W_p$$

konstant (Energieerhaltungssatz der Mechanik).

(S 3.18)
Energieerhaltungssatz der Mechanik

Eine dauernde Umwandlung von potentieller Energie in kinetische und umgekehrt findet zum Beispiel bei der Pendelbewegung statt (Abb. 3.45). In den Umkehrpunkten des Pendels ist seine kinetische Energie Null, die potentielle Energie erreicht dort nach (3.33) ihr Maximum. Beim Nulldurchgang dagegen erreicht die kinetische Energie ihr Maximum, die potentielle ihr Minimum. Wir wollen zeigen, daß bei dieser Bewegung der Energieerhaltungssatz tatsächlich erfüllt ist. In den Umkehrpunkten des Pendels ($z = h$, $v = 0$) gilt nach (3.33), (D 3.18) und (S 3.18)

Pendelbewegung als Beispiel für den Energieerhaltungssatz

$$W = W_p = mgh\,, \quad W_k = 0\,. \tag{3.35a}$$

Für den festen, aber beliebigen Punkt P (Abb. 3.45) folgt nach (3.33) für die potentielle Energie

$$W_p = mgz\,, \tag{3.35b}$$

nach (3.30b) für die Geschwindigkeit des Pendelkörpers

$$v = \sqrt{2g(h-z)} \tag{3.35c}$$

und mit diesem Wert nach (D 3.18) für seine kinetische Energie

$$W_k = \frac{m}{2} v^2 = mg(h-z). \tag{3.35d}$$

Einsetzen von (3.35b) und (3.35d) in (S 3.18) ergibt in Übereinstimmung mit (3.35a)

$$W = mg(h-z) + mg\,z = mg\,h. \tag{3.35}$$

Die spezielle Lage z des Punktes P fällt heraus. Somit gilt (3.35) in Übereinstimmung mit (S 3.18) für jede beliebige Lage des Pendels. Daß das Pendel im scheinbaren Widerspruch zu (3.35) nach einer bestimmten Zeit zur Ruhe kommt, hat seine Ursache darin, daß Reibungskräfte nicht gänzlich ausgeschaltet werden können, somit die Voraussetzung des Energieerhaltungssatzes der Mechanik (konservative Kräfte) nicht streng erfüllt ist.

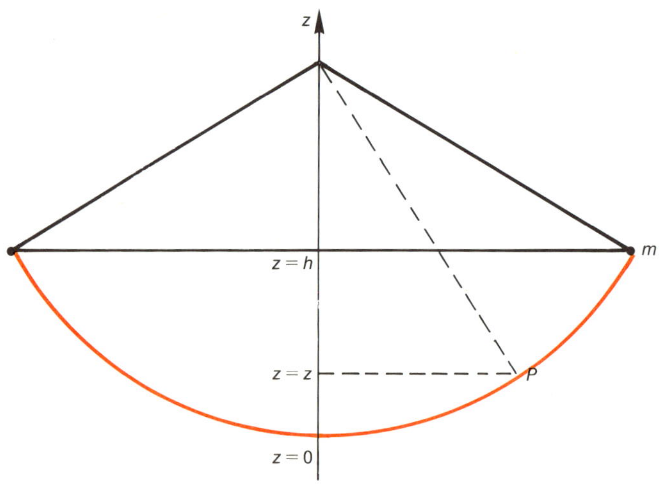

Abb. 3.45 Kinetische und potentielle Energie bei der Pendelbewegung

Verkürzt man während des Pendelvorganges die Pendellänge, so liegt entsprechend (3.35) der Umkehrpunkt des Pendels weiter bei der Höhe h. Reicht die verkürzte Fadenlänge zum Erreichen dieses Punktes nicht mehr aus, so muß sich das Pendel in seinem höchsten Punkt ($z < h$) überschlagen, da es nach (3.35) in diesem Punkt noch eine endliche kinetische Energie besitzt (Abb. 3.46).

Schleifenfahrt als Beispiel für den Energieerhaltungssatz

Als Anwendung des Energieerhaltungssatzes betrachten wir die sogenannte Schleifenfahrt. Bei ihr unterliegt ein Massenpunkt m (z.B. eine

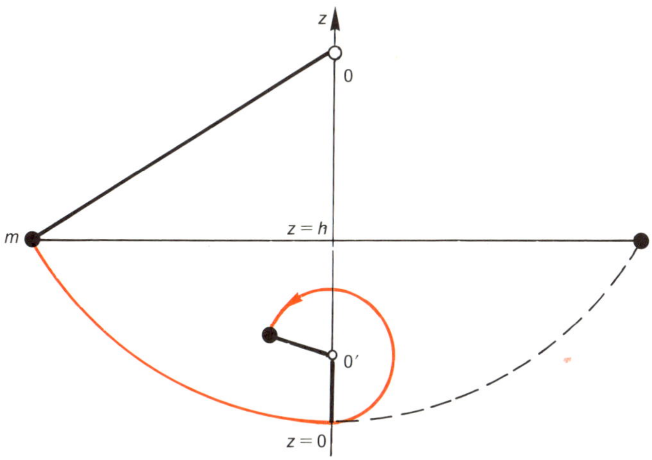

Abb. 3.46
Pendelbewegung bei gleichzeitiger Verkürzung des Pendelfadens (während der Bewegung der Pendelmasse nach $z = 0$ wandert der Aufhängepunkt 0 nach 0′)

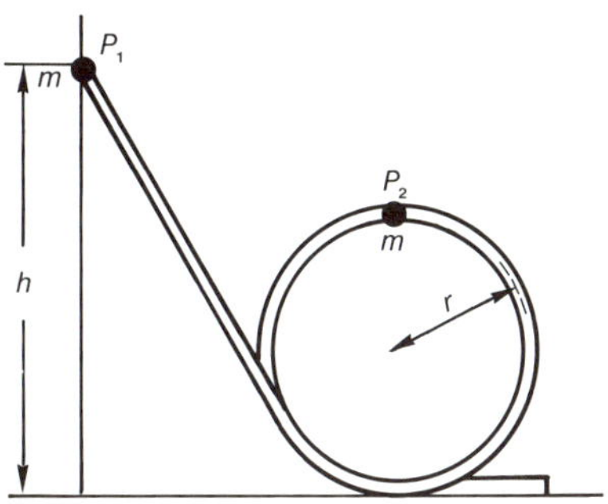

Abb. 3.47 Schleifenfahrt

Kugel) nur der Schwerkraft (reibungsfreie Bewegung) und durchläuft unter ihrer Wirkung die in Abb. 3.47 dargestellte schleifenförmige Bahn. Die Geschwindigkeit des Massenpunktes im Anfangspunkt P_1 der Bewegung sei $v_1 = 0$. Aus welcher Höhe h, bezogen auf den tiefsten Punkt seiner Bahnkurve, muß der Massenpunkt mindestens seine Bewegung beginnen, damit der vorgegebene Bahnverlauf möglich ist? Hierfür müssen wir fordern, daß die im Punkt P_2 auf den Massenpunkt wirkende Zentrifugalkraft größer ist als die Schwerkraft, daß nach (3.15) und (3.21) also

$$\frac{mv^2}{r} > mg \tag{3.36a}$$

erfüllt ist. Nach (3.33) und (D 3.18) gilt weiter (Abb. 3.47)

für Punkt P_1: $\quad W_{p_1} = mgh\,; \quad W_{k_1} = 0\,;$

für Punkt P_2: $\quad W_{p_2} = 2mgr\,; \quad W_{k_2} = \frac{m}{2}v^2$

und damit nach dem Energieerhaltungssatz (S 3.18) (reibungsfreie Bewegung ist vorausgesetzt!)

$$m g h = 2 m g r + \frac{m}{2} v^2$$

oder

$$\frac{m v^2}{r} = \frac{2 g m}{r} (h - 2r) . \tag{3.36b}$$

Aus (3.36a) und (3.36b) folgt

$$\frac{2g}{r} (h - 2r) > g$$

und damit für die gesuchte Höhe h

$$h > \frac{5}{2} r . \tag{3.36}$$

h ist unabhängig von der Masse des Körpers, wovon man sich im Experiment leicht überzeugt.

3.10 Aufgaben

3.1
Ein Kraftstoß wirkt $t = 0{,}01$ s lang mit konstanter Stärke von $F = 20$ N auf ein ruhendes Fadenpendel, dessen punktförmige Masse von $m = 6$ kg an einem masselosen Faden der Länge $l = 1$ m hängt.
Berechnen Sie die Anfangsgeschwindigkeit, die kinetische Energie und den Winkelausschlag des Pendels.

3.2
Wie groß muß der Bremsweg eines mit einer Geschwindigkeit $v = 120$ km/h auf der Autobahn fahrenden Pkw sein, damit bei einer mittleren Bremsverzögerung von $5\,\mathrm{ms}^{-2}$ das Fahrzeug maximal mit einer Endgeschwindigkeit von 20 km/h auf ein Hindernis auffährt?

3.3
Auf einem Drahtbügel, der mit der konstanten Winkelgeschwindigkeit ω rotiert, kann eine durchbohrte Kugel reibungsfrei gleiten (siehe Abb.).

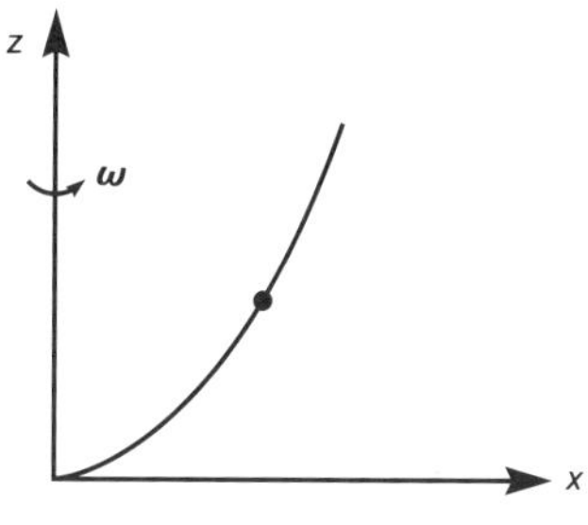

In welcher Weise $z(x)$ muß der Draht gebogen sein, damit die als punktförmig anzunehmende Kugel an jeder Stelle des Drahtes im Gleichgewicht ist?

3.4
Ein künstlicher Erdsatellit der Masse $m = 1000$ kg befinde sich auf einer Kreisbahn im Abstand $r_1 = 10^4$ km vom Erdmittelpunkt. Er soll auf eine höhere Kreisbahn mit dem Radius $r_2 = 5{,}5 \cdot 10^4$ km geschossen werden.
Welche Arbeit muß das Raketentriebwerk verrichten?

3.5
Eine Signalrakete, die unter einem Winkel von 45° gegen die Horizontale abgeschossen wird, leuchtet 6 s nach dem Start auf.
Wie groß muß ihre Anfangsgeschwindigkeit v_0 sein, damit sie im höchsten Punkt ihrer Bahn aufleuchtet?

3.6
Ein Massenpunkt gleitet reibungsfrei im Schwerefeld der Erde auf einer Kugel vom Radius $R = 1{,}5$ m herab (siehe Abb.). Die Bewegung beginnt im höchsten Punkt der Kugel (Anfangsgeschwindigkeit $v_0 = 0$ m/s).

a) Unter welchem Winkel φ hebt sich der Massenpunkt von der Kugeloberfläche ab?
b) In welchem Abstand x_{max} vom Auflagepunkt der Kugel trifft der Massenpunkt auf der horizontalen Unterlage auf?

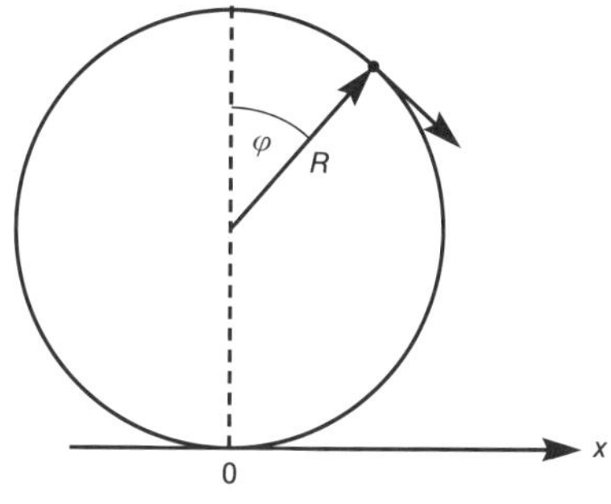

3.7

Ein Massenpunkt m ist in einem Lift an einem masselosen, nicht dehnbaren Faden der Länge l aufgehängt. Der Massenpunkt bewegt sich auf einer Kreisbahn um die vertikale Achse, wobei der Faden stets den konstanten Winkel φ mit der Vertikalen bilden soll (siehe Abb.).

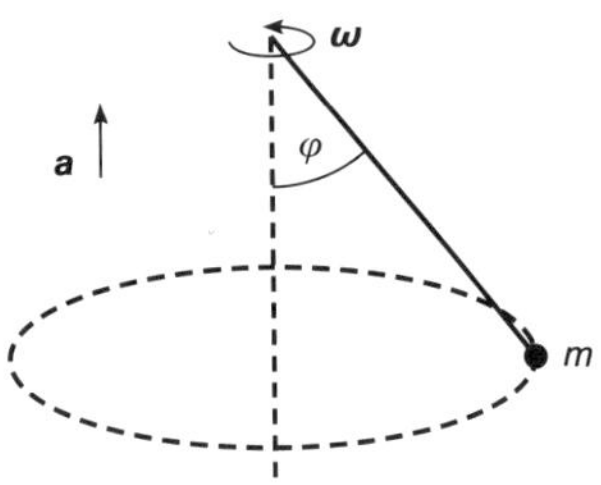

Mit welcher Kreisfrequenz ω muß der Massenpunkt rotieren, wenn sich der Lift mit konstanter Beschleunigung $\boldsymbol{a}$ nach oben bewegt?

4 Systeme von Massenpunkten

Die Überlegungen des vorherigen Kapitels 3 beziehen sich ausschließlich auf einen einzelnen Massenpunkt. So wurde auch bei Betrachtung der KEPLERschen Gesetze davon ausgegangen, daß die Sonne als zweiter Massenpunkt ruht. Im folgenden sollen nun Überlegungen zur Erweiterung der Mechanik für einen Massenpunkt auf ein System von Massenpunkten erfolgen. Das Problem liegt dabei in der Tatsache, daß im allgemeinen Fall jeder Massenpunkt mit jedem anderen in Wechselwirkung steht. Daraus ergeben sich für die allgemeine Lösung des Bewegungsproblems, wie schon in Abschnitt 3.5 umrissen, prinzipielle Schwierigkeiten. Um die grundlegenden Aussagen der NEWTONschen Axiomatik auch auf Systeme von Massenpunkten anwenden zu können, sind zweckmäßig neue Begriffe einzuführen. Die mathematische Bewältigung der Mechanik von Systemen von Massenpunkten macht auch die Anwendung anderer als der bisher besprochenen Methoden notwendig.

4.1 Innere und äußere Kräfte, Massenmittelpunkt, Impulserhaltungssatz

Wir betrachten ein physikalisches System aus n Massenpunkten der Massen m_k ($k = 1, 2, \ldots, n$). Auf den k-ten Massenpunkt wirke die Kraft

$$\boldsymbol{F}_k = {}^{\ddot{a}}\boldsymbol{F}_k + \sum_{\substack{i=1 \\ (i \neq k)}}^{n} {}^{i}\boldsymbol{F}_{ik}. \tag{4.1a}$$

In (4.1a) bedeutet $\sum_{\substack{i=1 \\ (i \neq k)}}^{n} {}^{i}\boldsymbol{F}_{ik}$ die Summe der Kräfte der übrigen Massenpunkte des Systems auf den k-ten Massenpunkt (*innere Kräfte* ${}^{i}\boldsymbol{F}_{ik}$). Demzufolge ist in dieser Summe nur über den unteren Index i zu summieren. ${}^{\ddot{a}}\boldsymbol{F}_k$ ist dagegen die Resultierende aller der Kraftwirkungen auf den k-ten Massenpunkt, deren Ursprung außerhalb des betrachteten Systems liegt (*äußere* Kräfte). Für die Gesamtkraft $\boldsymbol{F}$ folgt nach (4.1a) unter Beachtung von (S 3.8) und (3.7)

innere Kräfte ${}^{i}\boldsymbol{F}$ und äußere Kräfte ${}^{\ddot{a}}\boldsymbol{F}$ in einem System von Massenpunkten

$$\boldsymbol{F} = \sum_{k=1}^{n} \boldsymbol{F}_k = \sum_{k=1}^{n} m_k \boldsymbol{a}_k = \sum_{k=1}^{n} {}^{\ddot{a}}\boldsymbol{F}_k + \sum_{k=1}^{n} \sum_{\substack{i=1 \\ (i \neq k)}}^{n} {}^{i}\boldsymbol{F}_{ik}. \tag{4.1b}$$

Beachtet man noch, daß nach dem 2. NEWTONschen Axiom (S 3.7) $\boldsymbol{F}_{ik} = -\boldsymbol{F}_{ki}$ gilt, dann folgt:

(S 4.1)
Die Summe über alle inneren Kräfte eines Systems von Massenpunkten ist gleich Null

Die Summe über alle inneren Kräfte eines Systems von Massenpunkten ist gleich Null

$$\sum_{k=1}^{n} \sum_{\substack{i=1 \\ (i \neq k)}}^{n} {}^{\mathrm{i}}\boldsymbol{F}_{ik} = \boldsymbol{0}.$$

(4.1 b) lautet unter Beachtung von (S 4.1)

$$^{\ddot{a}}\boldsymbol{F} = \sum_{k=1}^{n} {}^{\ddot{a}}\boldsymbol{F}_k = \sum_{k=1}^{n} m_k \boldsymbol{a}_k . \qquad (4.1\,\mathrm{c})$$

Entsprechend (2.3) ist die Lage des k-ten Massenpunktes durch den Ortsvektor $\boldsymbol{s}_k$ festgelegt.

Die Beschreibung der Translationsbewegung des betrachteten Systems von Massenpunkten wird nun wesentlich vereinfacht durch die Einführung des Massenmittelpunktes:

(D 4.1)
Massenmittelpunkt (Schwerpunkt) $\boldsymbol{s}_{\mathrm{S}}$

Der durch den Vektor

$$\boldsymbol{s}_{\mathrm{S}} = \frac{\sum_{k=1}^{n} m_k \boldsymbol{s}_k}{\sum_{k=1}^{n} m_k}$$

festgelegte Ort heißt Massenmittelpunkt (oder Schwerpunkt) des Systems von n Massenpunkten der Massen m_k $(k = 1, 2, \ldots, n)$ und der Ortsvektoren $\boldsymbol{s}_k$ $(k = 1, 2, \ldots, n)$.

Vielfach wirkt auf ein System von Massenpunkten ausschließlich die Schwerkraft. Deshalb wird statt Massenmittelpunkt oft auch die Bezeichnung Schwerpunkt gebraucht.

Mit Hilfe des Massenmittelpunktes $\boldsymbol{s}_{\mathrm{S}}$ erhält man aus (4.1 c) unter Beachtung von (D 3.6) folgende Aussage:

(S 4.2)
Massenmittelpunktsatz

Der Massenmittelpunkt (oder Schwerpunkt) $\boldsymbol{s}_{\mathrm{S}}$ eines Systems von Massenpunkten bewegt sich so, als ob in ihm die gesamte Masse des Systems vereinigt wäre und die Resultierende aller äußeren Kräfte auf ihn wirke:

$$\sum_{k=1}^{n} m_k \frac{\mathrm{d}^2 \boldsymbol{s}_{\mathrm{S}}}{\mathrm{d}t^2} = {}^{\ddot{a}}\boldsymbol{F}.$$

Beispiele für die Ermittlung von Massenmittelpunkten werden in Abschnitt 5.2 gegeben.

Wir werden im weiteren die äußeren Kräfte nur noch dann mit einem Index versehen, wenn besonders hervorgehoben werden soll, daß es sich um eine äußere Kraft handelt. Innere Kräfte werden dagegen stets durch den Index i gekennzeichnet.

In Übereinstimmung mit Abschnitt 1.2 können wir schreiben:

Wirken in einem physikalischen System nur innere Kräfte, so heißt dieses System ein abgeschlossenes mechanisches System.

(D 4.2) abgeschlossenes mechanisches System

Wir betrachten ein abgeschlossenes mechanisches System. Für dieses gilt nach Voraussetzung $^{ä}\boldsymbol{F} = \boldsymbol{0}$, ferner nach (S 4.2) und (D 3.6)

$$\frac{d^2 \boldsymbol{s}_S}{dt^2} = \boldsymbol{a}_S = \boldsymbol{0}$$

und somit unter Beachtung von (3.14a):

Der Massenmittelpunkt (Schwerpunkt) eines abgeschlossenen mechanischen Systems befindet sich in Ruhe oder bewegt sich geradlinig gleichförmig (Erhaltungssatz des Massenmittelpunktes).

(S 4.3) Erhaltungssatz des Massenmittelpunktes

(S 4.3) läßt sich experimentell zum Beispiel durch ein auf einem Wagen schwingendes Pendel bestätigen. Das Pendel mit möglichst großer Masse des Pendelkörpers wird hierzu so auf einen Wagen montiert, daß die Richtung der Pendelausschläge mit der möglichen Fahrtrichtung des Wagens übereinstimmt. Der Wagen selbst steht horizontal; die Richtung der am Wagen angreifenden Schwerkraft und die mögliche Bewegungsrichtung des Wagens stehen damit senkrecht aufeinander. Die Schwerkraft kann somit nach (D 3.14) am Wagen keine Arbeit verrichten, ihn also nicht bewegen. Die Reibungskräfte zwischen Wagen und Auflagefläche des Wagens werden so gering wie möglich gehalten ($^{ä}\boldsymbol{F} \approx \boldsymbol{0}$). Schwingt jetzt das Pendel nach rechts (links), so muß der Wagen nach links (rechts) rollen (Abb. 4.1), weil nach (S 4.3) der Massenmittelpunkt des Systems Wagen–Pendel bei der Pendelbewegung seine Lage nicht verändern kann.

Nach (S 4.2) kann der Massenmittelpunkt eines Systems von Massenpunkten nur durch äußere Kräfte beschleunigt werden. Beim Fehlen einer resultierenden äußeren Kraft können sich die Massenpunkte eines ruhenden Systems nur so in ihrer Lage verändern, daß die Lage des Massenmittelpunktes entsprechend (S 4.3) unverändert bleibt. Wir betrachten hierzu ein weiteres Beispiel:

Bei der Planentenbewegung erfolgt der Umlauf der Erde nicht wie in (S 3.11) angenommen um die ruhende Sonne, sondern Erde und Sonne bewegen sich um ihren ruhenden Massenmittelpunkt. Auf Grund des großen Massenunterschiedes von Erde und Sonne ($m_{S_o} = 3{,}32 \cdot 10^5\, m_E$, siehe Tabelle 3.1a) fällt der Massenmittelpunkt des Systems Erde–Sonne fast mit der Lage des Sonnenmittelpunktes zusammen (Abweichung nur 451 km), so daß die Annahme einer ruhenden Sonne für viele Fälle eine brauchbare Näherung darstellt. Für manche Probleme dagegen kann auf die Berücksichtigung der Mitbewegung der Sonne nicht verzichtet werden. Wir

Lage des Massenmittelpunktes des Systems Erde–Sonne

wollen die hierdurch bedingten Abweichungen gegenüber den Überlegungen in Abschnitt 3.7 betrachten. Für den Massenmittelpunkt des Systems Erde–Sonne gilt nach (D 4.1) bei Beachtung von Abb. 4.2

$$\boldsymbol{s}_{\mathrm{S}} = \frac{m_{\mathrm{E}} \boldsymbol{s}_{\mathrm{E}} + m_{\mathrm{So}} \boldsymbol{s}_{\mathrm{So}}}{m_{\mathrm{E}} + m_{\mathrm{So}}} = \frac{\dfrac{m_{\mathrm{E}}}{m_{\mathrm{So}}} \boldsymbol{s}_{\mathrm{E}} + \boldsymbol{s}_{\mathrm{So}}}{1 + \dfrac{m_{\mathrm{E}}}{m_{\mathrm{So}}}}$$

oder

$$\left(\frac{m_{\mathrm{E}}}{m_{\mathrm{So}}} + 1\right) \boldsymbol{s}_{\mathrm{S}} = \left(\frac{m_{\mathrm{E}}}{m_{\mathrm{So}}} + 1\right) (\boldsymbol{s}_{\mathrm{E}} + \boldsymbol{r}_{\mathrm{ES}}) = \frac{m_{\mathrm{E}}}{m_{\mathrm{So}}} \boldsymbol{s}_{\mathrm{E}} + \boldsymbol{s}_{\mathrm{E}} + \boldsymbol{r}_{\mathrm{ES}} - \boldsymbol{r}_{\mathrm{So}\mathrm{S}} .$$

Somit folgt für den von der Erde zum Massenmittelpunkt gerichteten Vektor

$$\boldsymbol{r}_{\mathrm{ES}} = \left(1 + \frac{m_{\mathrm{E}}}{m_{\mathrm{So}}}\right)^{-1} (\boldsymbol{r}_{\mathrm{ES}} - \boldsymbol{r}_{\mathrm{So}\mathrm{S}}) .$$

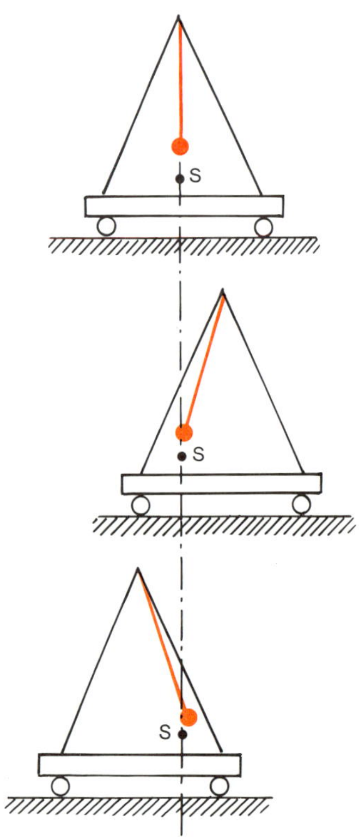

Abb. 4.1
Demonstrationsversuch zum Erhaltungssatz des Massenmittelpunktes

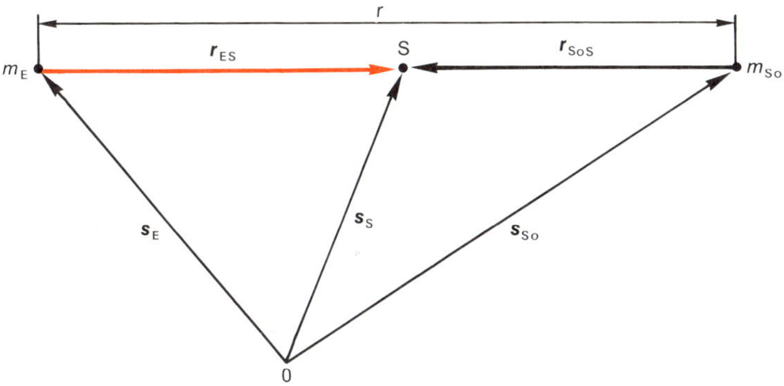

Abb. 4.2 Zur Berechnung des Massenmittelpunktes des Systems Erde–Sonne

Für die auf die Erde infolge ihres Umlaufes um den Massenmittelpunkt wirkende Zentrifugalkraft ergibt sich aus (3.15) und obigem Ausdruck

$$ {}^{z}\boldsymbol{F} = m_E r_{ES} \omega^2 = \frac{m_E}{1 + \frac{m_E}{m_{So}}} r \omega^2 . $$

Für die weiteren Überlegungen erweist sich die Einführung der Größe „reduzierte Masse" als nützlich:

$$ m_r = \frac{m_1 m_2}{m_1 + m_2} $$

heißt reduzierte Masse der Massen m_1 und m_2.

(D 4.3)
reduzierte Masse m_r

Bildet man entsprechend (D 4.3) die reduzierte Masse von Erde und Sonne, so ergibt sich

$$ m_r = \frac{m_E}{1 + \frac{m_E}{m_{So}}} $$

und somit für die Zentrifugalkraft

$$ {}^{z}\boldsymbol{F} = m_r r \omega^2 . $$

Diese Beziehung stimmt mit der entsprechenden Gleichung in Abschnitt 3.7.2 überein, jedoch tritt hier statt der Masse der umlaufenden Erde die reduzierte Masse von Erde und Sonne auf. Hieraus folgt:

Ersetzt man in den Gleichungen für den Umlauf der Erde um die als ruhend vorausgesetzte Sonne die Masse der umlaufenden Erde durch die reduzierte Masse von Erde und Sonne, so gelten die Gleichungen für den Umlauf der Erde um den Massenmittelpunkt des Systems Erde–Sonne.

(S 4.4)
Planetenbewegung mit reduzierter Masse

Die Form des 1. und des 2. KEPLERschen Gesetzes (vgl. (S 3.11)) bleibt damit erhalten. Man muß in ihnen nur statt mit der Masse des umlaufenden Planeten mit der reduzierten Masse von Planet und Sonne rechnen. Dagegen gilt das in (S 3.11) formulierte 3. KEPLERsche Gesetz nur näherungsweise. In seine exakte Formulierung gehen wegen der Mitbewegung der Sonne neben der Sonnenmasse m_{So} auch die Massen m_{p_1} und m_{p_2} der beiden umlaufenden Planeten ein:

$$\frac{a_1^{\,3}}{a_2^{\,3}} = \frac{T_1^{\,2}}{T_2^{\,2}} \frac{m_{So} + m_{p_1}}{m_{So} + m_{p_2}} .$$

Da sowohl $m_{p_1} \ll m_{So}$ als auch $m_{p_2} \ll m_{So}$ gilt, bewirkt

das zusätzliche Glied $\dfrac{m_{SO} + m_{p_1}}{m_{So} + m_{p_2}}$ nur eine äußerst geringfügige Korrektur

von (S 3.11).

Vorstehende Überlegungen zur reduzierten Masse haben ferner Bedeutung für die Atomphysik zur Deutung der Abhängigkeit der Rydberg-Konstanten von der Kernmasse (vgl. Bd. III).

Wichtig sind auch nähere Überlegungen über die Impulse eines Systems von Massenpunkten unter Voraussetzung der Abgeschlossenheit des Systems. Für ein abgeschlossenes mechanisches System gilt nach (4.1c)

$$\sum_{k=1}^{n} m_k \boldsymbol{a}_k = \boldsymbol{0}$$

oder nach Integration unter Beachtung von (D 3.6) und (D 3.8):

(S 4.5) Impulserhaltungssatz

In einem abgeschlossenen physikalischen System bleibt die Summe der in ihm erhaltenen Impulse konstant:

$$\sum_{k=1}^{n} \boldsymbol{p}_k = \sum_{k=1}^{n} m_k \boldsymbol{v}_k = \boldsymbol{const} \quad \text{für} \quad {}^{\text{a}}\boldsymbol{F} = \boldsymbol{0}$$

(Impulserhaltungssatz).

Wirkungsweise einer Rakete

Die Wirkungsweise einer Rakete ist sofort aus (S 4.5) erklärbar. Vor dem Start ist die Summe der Impulse aus Rakete und Treibmittel gleich Null. Beim Startvorgang werden die Verbrennungsgase mit großem Impuls aus dem Raketenkörper herausgeschleudert. Da Raketenkörper plus Treibmittel ein abgeschlossenes mechanisches System bilden, muß die Rakete beim Herausschleudern des Treibmittels einen Impuls in entgegengesetzter Richtung zum Impuls der Verbrennungsgase erhalten.

Weiter sind für die Behandlung eines Systems von Massenpunkten die Größen Drehmoment (D 5.3) und Drehimpuls (D 5.4) und der Erhaltungssatz des Drehimpulses (S 5.11) wichtig. Aus methodischen Gründen erfolgt die Behandlung dieser Problematik in Zusammenhang mit dem starren Körper. Diese Definitionen und der Drehimpulserhaltungssatz gelten aber nicht nur für den starren Körper, sondern für ein beliebiges System von Massenpunkten.

4.2 Lagrange-Funktion, Lagrangesche Gleichungen 2. Art

Die Beschreibung von Bewegungsvorgängen wird komplizierter, wenn statt eines Massenpunktes ein System von Massenpunkten betrachtet wird, wobei zusätzlich die möglichen Bewegungen der Massenpunkte durch *Nebenbedingungen* eingeschränkt sein können. So können sich z.B. die Kugeln beim Billardspiel nur auf der Fläche des Tisches bewegen. Die Formulierung dieses Sachverhaltes erfordert demzufolge Nebenbedingungen für die möglichen Ortskoordinaten der Kugeln.

Einschränkung der mechanischen Freiheitsgrade durch Nebenbedingungen

Die Suche nach geeigneten mathematischen Methoden für diese Problemstellungen führte zur Entwicklung des Lagrangeschen und des Hamiltonschen Formalismus. Weil dabei Betrachtungsweisen sichtbar werden, die in der Physik über die Mechanik hinaus Anwendung finden, wird hier das Grundgerüst dieser Formalismen skizziert, ohne aber im einzelnen auf die Theorie und ihre tiefere Auslotung einzugehen. Es geht in diesem Abschnitt also nicht um neue physikalische Phänomene, sondern um Ansätze zu einer theoretischen Beschreibung der Mehrteilchenproblematik.

JOSEPH-LOUIS LAGRANGE (1736–1812)

Die Überlegungen des vorstehenden Kapitels werden dazu zunächst auf ein System von n Massenpunkten m_k $(k=1, 2, \dots, n)$ erweitert. Die Lage aller dieser Massenpunkte sei durch $3n$ kartesische Ortskoordinaten bestimmt. Übersichtshalber werden sie alle mit x bezeichnet und durchnumeriert: x_i $(i=1, 2, \dots, 3n)$. Bewegen sich die Massenpunkte m_k unabhängig voneinander und ist ihr Bewegungsspielraum nicht eingeschränkt, d.h. unterliegt ihre Bewegung keinen Nebenbedingungen, dann beträgt die Anzahl f ihrer mechanischen Freiheitsgrade $f=3n$. Meist bestehen allerdings zwischen den $3n$ Ortskoordinaten der n Massenpunkte Nebenbedingungen der Form

$$f_l(x_1, x_2, \dots, x_{3n})=0 \quad (l=1, 2, \dots, p). \tag{4.2}$$

Analytische Formulierung skleronomer holonomer Nebenbedingungen

Die angenommenen Nebenbedingungen (4.2) hängen weder explizit von der Zeit (*skleronome Nebenbedingungen*) noch explizit von den Geschwindigkeitskoordinaten (*holonome Nebenbedingungen*) ab. Die hier vorausgesetzten skleronomen holonomen Nebenbedingungen sind damit der einfachste Fall von denkbaren Nebenbedingungen. Eine Erweiterung dieser Voraussetzung erfolgt in Abschnitt 4.4.

skleronome Nebenbedingungen

holonome Nebenbedingungen

Durch jede der p Nebenbedingungsgleichungen wird die Anzahl der Freiheitsgrade um eins erniedrigt, d.h., das System besitzt statt $3n$ nur noch $f=3n-p$ Freiheitsgrade. Es sind demnach nur noch f Ortskoordinaten voneinander unabhängig, was die Lösung des Bewegungsproblems erheblich erschwert. Es soll deswegen eine dem 1. Newtonschen Axiom äquivalente, aber für vorstehend genannte Problematik geeignetere mathematische Darstellung der Mechanik entwickelt werden.

Freiheitsgrade f eines Systems von n Massenpunkten bei Existenz von p Nebenbedingungen

Als Vorüberlegung dazu betrachten wir zunächst nur einen Massenpunkt $(n=1)$, dessen Bewegungsmöglichkeiten durch keinerlei Nebenbedingungen eingeschränkt werden ($p=0$, $f=3$). Weiter setzten wir ein konservatives Kraftfeld voraus, d.h. ein Kraftfeld, welches entsprechend $\boldsymbol{F}=-\operatorname{grad} W_{\mathrm{p}}$ auch durch die potentielle Energie W_{p} beschrieben werden kann. Die Erweiterung nachstehender Überlegungen auf nichtkonservative Kraftfelder erfolgt in Abschn. 4.4. Nach

$\boldsymbol{F}=-\operatorname{grad} W_{\mathrm{p}}$ ((S 3.16)), $\boldsymbol{F}=\frac{\mathrm{d}\boldsymbol{p}}{\mathrm{d}t}$ ((S 3.5)), $\boldsymbol{p}=m\boldsymbol{v}$ ((D 3.8)), $\boldsymbol{a}=\frac{\mathrm{d}^2\boldsymbol{s}}{\mathrm{d}t^2}$ ((D 3.6)), (A 9.5), (A 12.3), $W_{\mathrm{k}}=\frac{m}{2}v^2$ ((D 3.18)) und (A 11.5) gilt

$$\frac{\partial W_{\mathrm{p}}}{\partial x}=-F_x=-m\frac{d^2x}{\mathrm{d}t^2},$$

$$\frac{\mathrm{d}}{\mathrm{d}t}\frac{\partial W_{\mathrm{k}}}{\partial v_x}=\frac{\mathrm{d}}{\mathrm{d}t}m\,v_x=m\frac{\mathrm{d}^2x}{\mathrm{d}t^2}$$

oder

$$\frac{\mathrm{d}}{\mathrm{d}t}\frac{\partial W_{\mathrm{k}}}{\partial v_x}+\frac{\partial W_{\mathrm{p}}}{\partial x}=0\,. \tag{4.3a}$$

Wird noch beachtet, daß nach Abschnitt 3.8.2 die potentielle Energie nur eine Funktion des Ortes, die kinetische Energie entsprechend (D 3.18) nur eine Funktion der Geschwindigkeit ist, dann kann für (4.3a) auch

$$\frac{\mathrm{d}}{\mathrm{d}t}\frac{\partial(W_{\mathrm{k}}-W_{\mathrm{p}})}{\partial v_x}-\frac{\partial(W_{\mathrm{k}}-W_{\mathrm{p}})}{\partial x}=0 \tag{4.3}$$

geschrieben werden. Analoge Gleichungen ergeben sich für die beiden anderen Koordinaten y und z.

Lagrange-Funktion eines Massenpunktes

Definieren wir jetzt als *Lagrange-Funktion* L des Massenpunktes

$$L=W_{\mathrm{k}}(v_x(t),v_y(t),v_z(t))-W_{\mathrm{p}}(x(t),y(t),z(t))\,, \tag{4.4}$$

dann erhalten wir statt (4.3) die *Lagrangesche* Gleichung

$$\frac{\mathrm{d}}{\mathrm{d}t}\frac{\partial L}{\partial v_x}-\frac{\partial L}{\partial x}=0 \tag{4.5a}$$

und analog

$$\frac{\mathrm{d}}{\mathrm{d}t}\frac{\partial L}{\partial v_y}-\frac{\partial L}{\partial y}=0, \tag{4.5b}$$

$$\frac{\mathrm{d}}{\mathrm{d}t}\frac{\partial L}{\partial v_z}-\frac{\partial L}{\partial z}=0. \tag{4.5c}$$

Diese Gleichungen stellen für den freien Massenpunkt bei Vorliegen eines konservativen Kraftfeldes eine zu

$$\boldsymbol{F}=m\frac{\mathrm{d}^2\boldsymbol{s}}{\mathrm{d}t^2}$$

vollkommen gleichwertige Formulierung der Mechanik dar, die zur Berechnung von $\boldsymbol{s}(t)$ herangezogen werden kann.

Nach (4.4), $W_k = \frac{m}{2} v^2$ ((D 3.18)), $\boldsymbol{p} = m\boldsymbol{v}$ ((D 3.8)) und (A 9.5) ist der Impuls des freien Massenpunktes mit Hilfe der Lagrange-Funktion darstellbar durch

$$\boldsymbol{p} = \frac{\partial L}{\partial v_x}\boldsymbol{i} + \frac{\partial L}{\partial v_y}\boldsymbol{j} + \frac{\partial L}{\partial v_z}\boldsymbol{k}. \tag{4.6}$$

Der Lagrangesche Formalismus soll jetzt auf Systeme von Massenpunkten erweitert werden. Existieren keine die Anzahl der Freiheitsgrade reduzierenden Nebenbedingungen, so gilt (4.5) für jeden Massenpunkt einzeln:

$$\frac{\mathrm{d}}{\mathrm{d}t}\frac{\partial L}{\partial v_{x_i}} - \frac{\partial L}{\partial x_i} = 0 \quad (i = 1, 2, \dots, 3n;\ p = 0). \tag{4.7}$$

Aus (4.7) lassen sich die Orts- und Geschwindigkeitskoordinaten der Massenpunkte errechnen. Die Zweckmäßigkeit der Lagrangeschen Gleichungen zeigt sich allerdings erst dann, wenn Nebenbedingungen der Form (4.2) zu berücksichtigen sind. Um auch in diesem Fall das System durch voneinander unabhängige Lagrangesche Gleichungen beschreiben zu können, führen wir einen Satz von $3n - p = f$ dem System angepaßten und voneinander unabhängigen *verallgemeinerten Ortskoordinaten* q_j $(j = 1, 2, \dots, f)$ durch die Transformation

verallgemeinerte Ortskoordinaten q_j

$$x_i = x_i(q_1, q_2, \dots, q_f) \quad (i = 1, 2, \dots, 3n) \tag{4.8}$$

ein. Eine allgemeingültige Transformationsvorschrift zum Auffinden der f verallgemeinerten Ortskoordinaten gibt es nicht. Das entsprechende Vorgehen hängt stets von der speziellen Aufgabenstellung ab. Auch sind die q_j im allgemeinen nicht mehr Größen der Größenart Länge. Zum Beispiel können einige von ihnen Strecken, andere dagegen Winkel sein.

Mit den verallgemeinerten Ortskoordinaten wird analog zur Geschwindigkeitsdefinition (D 3.4) und in Erweiterung von (4.4) und (4.6) eingeführt:

In einem System von Massenpunkten mit f Freiheitsgraden und den verallgemeinerten Ortskoordinaten q_j $(j = 1, 2, \dots, f)$ heißen

$$\dot{q}_j = \frac{\mathrm{d}q_j}{\mathrm{d}t} \quad (j = 1, 2, \dots, f)$$

verallgemeinerte Geschwindigkeitskoordinaten,

$$L(q_j, \dot{q}_j, t) = W_k(\dot{q}_1(t), \dot{q}_2(t), \dots, \dot{q}_f(t)) - W_p(q_1(t), q_2(t), \dots, q_f(t))$$

(D 4.4)
verallgemeinerte Geschwindigkeitskoordinate $\dot{q}_j$
verallgemeinerte Impulskoordinate p_j
Lagrange-Funktion L

die Langrange-Funktion des Systems,

$$p_j = \frac{\partial L}{\partial \dot{q}_j} \quad (j = 1, 2, \dots, f)$$

verallgemeinerte Impulskoordinaten.

Die Lagrangeschen Gleichungen (4.7) gelten unabhängig von den gewählten Koordinaten unter der Voraussetzung, daß auch die Koordinaten unabhängig voneinander sind. Bei Vorliegen von Nebenbedingungen werden zur Erfüllung dieser Voraussetzung die verallgemeinerten Ortskoordinaten eingeführt. Somit können die zu (4.7) führenden Überlegungen auch auf Systeme von Massenpunkten angewendet werden, wenn Nebenbedingungen zu berücksichtigen sind. Die Lagrangeschen Gleichungen müssen nur unter Verwendung der q_j formuliert werden:

(S 4.6)
Lagrangesche Gleichungen 2. Art

In einem System von Massenpunkten mit f Freiheitsgraden und der Lagrange-Funktion L ist die Zeitabhängigkeit der verallgemeinerten Orts- und Geschwindigkeitskoordinaten $q_j(t)$ und $\dot{q}_j(t)$ $(j = 1, 2, \dots, f)$ berechenbar aus den f Differentialgleichungen

$$\frac{\mathrm{d}}{\mathrm{d}t}\frac{\partial L}{\partial \dot{q}_j} - \frac{\partial L}{\partial q_j} = 0 \quad (j = 1, 2 \dots, f)$$

(Lagrangesche Gleichungen 2. Art).

Der Fall des freien Massenpunktes ((4.5a) bis (4.5c)) ist in (S 4.6) als Sonderfall $f = 3$, $q_1 = x$, $q_2 = y$, $q_3 = z$ enthalten.

Beispiel für die Lagrangeschen Gleichungen 2. Art

Als Beispiel zu den Lagrangeschen Gleichungen betrachten wir das mathematische Pendel (vgl. Abschn. 9.1.2.2). Sein Pendelkörper bewege sich in der x, y-Ebene. Dann gelten für seine Ortskoordinaten die Nebenbedingungen (vgl. Abb. 4.3)

$$z = 0, \quad x^2 + y^2 = l^2. \tag{4.9}$$

Die Anzahl der Freiheitsgrade des mathematischen Pendels beträgt demnach $f = 3 - 2 = 1$. Als verallgemeinerte Ortskoordinate wählen wir den

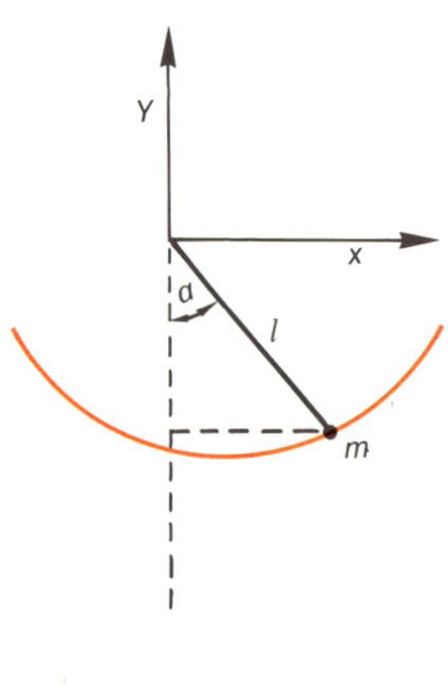

Abb. 4.3
Zur Berechnung der Bewegungsgleichung des mathematischen Pendels

Ausschlagswinkel $q_j = q = \alpha$. Nach Abb. 4.3 folgt mit

$$W_p = mgh \text{ (3.33)}, \quad W_k = \frac{m}{2} v^2 \text{ (D 3.18)}, \quad \omega = \frac{d\alpha}{dt} \text{ (D 3.5)}$$

und $v = l\omega$ (3.3)

$$W_p = -mgl\cos\alpha,$$

$$W_k = \frac{m}{2} v^2 = \frac{m}{2} l^2 \dot{\alpha}^2$$

und somit nach (D 4.4) für die Lagrange-Funktion

$$L = \frac{m}{2} l^2 \dot{\alpha}^2 + mgl\cos\alpha. \tag{4.10}$$

Durch Einsetzen von L in die Lagrangesche Gleichung 2. Art (S 4.6) erhält man

$$\frac{d}{dt} \frac{\partial\left(\frac{m}{2} l^2 \dot{\alpha}^2 + mgl\cos\alpha\right)}{\partial\dot{\alpha}} - \frac{\partial\left(\frac{m}{2} l^2 \dot{\alpha}^2 + mgl\cos\alpha\right)}{\partial\alpha} = 0,$$

woraus sich mit (A 2.9), (A 2.11), (A 2.3), (A 2.4) in Übereinstimmung mit (9.7e)

$$\frac{d^2\alpha}{dt^2} + \frac{g}{l}\sin\alpha = 0$$

als Schwingungsdifferentialgleichung des Pendels ergibt.

Das gewählte einfache Beispiel soll nur die Anwendung des Lagrangeschen Formalismus demonstrieren. Die mathematischen Vorteile dieser Methode gegenüber anderen werden erst bei schwierigeren Problemen sichtbar.

4.3 Hamiltonsche Gleichungen

Auf dem in Abschnitt 4.2 skizzierten Lagrange-Formalismus baut der Hamilton-Formalismus auf, der sich in der Physik in außerordentlichem Maße bewährt hat. Zur Herleitung der Hamiltonschen Bewegungsdifferentialgleichungen definieren wir:

$$H = \sum_{j=1}^{f} \dot{q}_j p_j - L(q_j, \dot{q}_j, t)$$

heißt Hamilton-Funktion eines Systems von Massenpunkten mit f Freiheitsgraden und den verallgemeinerten Orts- und Impulskoordinaten q_j und p_j ($j = 1, 2, \ldots, f$).

(D 4.5) Hamilton-Funktion H

Unter Beachtung der Definition (D 4.4) der verallgemeinerten Impulskoordinaten p_j erhält man

$$\frac{\partial H}{\partial \dot{q}_j} = p_j - \frac{\partial L}{\partial p_j} = 0 \quad (j = 1, 2, \ldots, f);$$

d.h., die Hamilton-Funktion ist nicht explizit von den verallgemeinerten Geschwindigkeitskoordinaten abhängig:

Hamilton-Funktion hängt nicht explizit von den $\dot{q}_j$ ab

$$H(q_j, p_j, t) = \sum_{j=1}^{f} \dot{q}_j p_j - L(q_j, \dot{q}_j, t). \tag{4.11}$$

Die Behandlung eines Bewegungsproblems mit dem Hamiltonschen statt mit dem Lagrangeschen Formalismus läuft demnach auf die Verwendung der q_j, p_j und t anstelle der q_j, $\dot{q}_j$ und t als unabhängige Veränderliche hinaus.

William Rowan Hamilton (1805–1865)

Bei Vorliegen eines konservativen Kraftfeldes entspricht die Hamilton-Funktion H der Gesamtenergie $W = W_k + W_p$ des Systems. Man erkennt dies wie folgt: Die kinetische Energie (vgl. (D 3.18))

$$W_k = \frac{m}{2} v^2$$

ist eine homogene quadratische Funktion der verallgemeinerten Geschwindigkeitskoordinaten $\dot{q}_j$, d.h., mit dem Eulerschen Satz (A 35.2a) für homogene Funktionen gilt

$$\sum_{j=1}^{f} \frac{\partial W_k}{\partial \dot{q}_j} \dot{q}_j = 2 W_k. \tag{4.12a}$$

Da weiter aus (D 4.4)

$$p_j = \frac{\partial L}{\partial \dot{q}_j} = \frac{\partial W_k}{\partial \dot{q}_j}$$

und damit für (4.12a)

$$\sum_{j=1}^{f} p_j \dot{q}_j = 2 W_k \tag{4.12b}$$

folgt, ergibt sich aus (4.11) und (D 4.4)

$$H = 2W_k - L = 2W_k - W_k + W_p = W_k + W_p = W.$$

(S 4.7) Hamilton-Funktion für konservative Kraftfelder

Bei Vorliegen nur konservativer Kraftfelder entspricht die Hamilton-Funktion der Gesamtenergie

$$H = W_k + W_p = W.$$

Bildet man von H entsprechend (A 2.22) das vollständige Differential, so folgt für den linken Teil der Gleichung (4.11)

$$\mathrm{d}H = \sum_{j=1}^{f} \frac{\partial H}{\partial q_j} \mathrm{d}q_j + \sum_{j=1}^{f} \frac{\partial H}{\partial p_j} \mathrm{d}p_j + \frac{\partial H}{\partial t} \mathrm{d}t \tag{4.13a}$$

und für den rechten mit (D 4.4)

$$\mathrm{d}H = \sum_{j=1}^{f} \dot{q}_j \,\mathrm{d}p_j + \sum_{j=1}^{f} p_j \,\mathrm{d}\dot{q}_j - \sum_{j=1}^{f} \frac{\partial L}{\partial q_j} \mathrm{d}q_j - \sum_{j=1}^{f} \frac{\partial L}{\partial \dot{q}_j} \mathrm{d}\dot{q}_j - \frac{\partial L}{\partial t} \mathrm{d}t$$

$$= \sum_{j=1}^{f} \dot{q}_j \,\mathrm{d}p_j - \sum_{j=1}^{f} \frac{\partial L}{\partial q_j} \mathrm{d}q_j - \frac{\partial L}{\partial t} \mathrm{d}t$$

$$= \sum_{j=1}^{f} \dot{q}_j \,\mathrm{d}p_j - \sum_{j=1}^{f} \dot{p}_j \,\mathrm{d}q_j - \frac{\partial L}{\partial t} \mathrm{d}t\,. \tag{4.13b}$$

Durch Koeffizientenvergleich ergibt sich:

(S 4.8) Hamiltonsche Bewegungsgleichungen

> In einem System von Massenpunkten mit f Freiheitsgraden und der Hamilton-Funktion $H(q_j, p_j, t)$ ist die Zeitabhängigkeit der verallgemeinerten Geschwindigkeits- und Impulskoordinaten $\dot{q}_j(t)$ und $p_j(t)$ berechenbar aus den $2f$ Differentialgleichungen
>
> $$\dot{q}_j = \frac{\partial H}{\partial p_j}; \quad \dot{p}_j = -\frac{\partial H}{\partial q_j} \quad (j = 1, 2, \ldots, f)$$
>
> (Hamiltonsche Gleichungen).

Die Hamiltonschen Gleichungen sind ein System von $2f$ gewöhnlichen Differentialgleichungen 1. Ordnung, die Lagrangeschen Gleichungen ein System von f gewöhnlichen Differentialgleichungen 2. Ordnung. Beide sind damit mathematisch formal gleichwertig. Der große Vorteil der Hamiltonschen Gleichungen gegenüber den Lagrangeschen Gleichungen 2. Art liegt aber darin, daß, wenn die Hamilton-Funktion von einer bestimmten Ortskoordinate nicht explizit abhängig ist (*zyklische Koordinate*) und die zugehörige Impulskoordinate dadurch eine Konstante wird, sich das Differentialgleichungssystem (S 4.8) damit um zwei Gleichungen vermindert (statt $2f$ sind nur noch $2f-2$ Differentialgleichungen zu lösen). Durch geschickte Wahl der verallgemeinerten Ortskoordinaten kann damit die Lösung der gestellten Aufgabe häufig wesentlich vereinfacht werden, denn pro zyklische Koordinate vermindert sich die Anzahl der zu lösenden Differentialgleichungen um zwei.

zyklische Koordinate

Als Beispiel werde wieder das mathematische Pendel betrachtet. Mit der Lagrange-Funktion (4.10) erhält man mit (D 4.4) als verallgemeinerte Impulskoordinate $p_j = p$

Beispiel für die Hamiltonschen Gleichungen

$$p = \frac{\partial L}{\partial \dot{\alpha}} = m l^2 \dot{\alpha}$$

und damit aus (D 4.5) für die Hamilton-Funktion

$$H = \dot{q}\,p - L = \frac{m}{2}\, l^2 \dot{\alpha}^2 - m g l \cos\alpha\,.$$

Mit ihr ergeben sich aus (S 4.8) die Hamiltonschen Gleichungen

$$\dot{q} = \dot{\alpha} = \frac{\partial H}{\partial p} = \frac{\partial H}{\partial (m l^2 \dot{\alpha})} = \frac{\partial H}{m l^2 \partial \dot{\alpha}} = \dot{\alpha} = \frac{p}{m l^2}$$

$$\dot{p} = -\frac{\partial H}{\partial \alpha} = -m g l \sin\alpha ,$$

aus denen folgt z.B. durch zeitliche Differentiaton der ersten Gleichung und Einsetzen von $\dot{p}$ in die zweite wiederum

$$\frac{\mathrm{d}^2\alpha}{\mathrm{d}t^2} + \frac{g}{l}\sin\alpha = 0 .$$

4.4 Hamiltonsches Prinzip

Der mechanische Bewegungsablauf wurde bisher ausschließlich durch Differentialgleichungen beschrieben, z.B. durch die Hamiltonschen oder die Lagrangeschen Gleichungen 2. Art. Der Sachverhalt kann in eine ebenso übersichtliche wie sinnfällige, für die Physik sich als sehr produktiv erweisende Form gebracht werden, wenn man ihn statt durch Differentialgleichungen durch ein Integralprinzip beschreibt.

Zu seiner Herleitung werde zunächst wieder die Bewegung eines freien Massenpunktes unter Wirkung eines konservativen Kraftfeldes betrachtet. Die Bahn dieses Massenpunktes werde durch den Ortsvektor $\boldsymbol{s}(t)$ beschrieben. Der Anfangspunkt der Bewegung sei $\boldsymbol{s}(t_0)$, der Endpunkt $\boldsymbol{s}(t_\mathrm{E})$. Nach Hamilton wird zwischen diesen Punkten vom Massenpunkt stets die Bahn durchlaufen, für die gilt:

$$I = \int_{t_0}^{t_\mathrm{E}} L \,\mathrm{d}t = \text{Extremwert}. \tag{4.14}$$

Zum Beweis dieser Aussage nehmen wir an, daß $\boldsymbol{s}(t)$ die Parameterdarstellung der Bahnkurve ist, die (4.14) erfüllt. Wir vergleichen nun den Wert des Integrales I mit den Werten $I + \delta I$, die man für beliebige infinitesimal benachbarte Bahnen (*virtuelle Bahnen*)

virtuelle Bahnen

$$\boldsymbol{s}^*(t) = \boldsymbol{s}(t) + \delta\boldsymbol{s}(t) \tag{4.15}$$

erhält (vgl. Abb. 4.4), die für die Zeitpunkte t_0 und t_E mit der Bahn $\boldsymbol{s}(t)$ übereinstimmen:

$$\boldsymbol{s}^*(t_0) = \boldsymbol{s}(t_0), \quad \boldsymbol{s}^*(t_\mathrm{E}) = \boldsymbol{s}(t_\mathrm{E}) \tag{4.16a}$$

$$\delta\boldsymbol{s}(t_0) = \delta\boldsymbol{s}(t_\mathrm{E}) = \boldsymbol{0} . \tag{4.16b}$$

virtuelle Verschiebungen (Verrückungen)

Die $\delta\boldsymbol{s}$ bezeichnet man als *virtuelle (gedachte) Verschiebungen* oder Verrückungen. Zum Vergleich werden also alle die Bahnen herangezogen, die mit der wirklich durchlaufenen den gleichen Anfangs- und den gleichen Endpunkt haben. Es läßt sich zeigen (vgl. A. 22), daß die notwendigen Bedingungen, unter denen das Integral I einen Extremwert annimmt, gerade die Lagrangeschen Gleichungen 2. Art sind, womit der Beweis erbracht ist.

Dieses Ergebnis kann wieder leicht auf ein System von Massenpunkten mit f Freiheitsgraden erweitert werden. Die Lagrange-Funktion ist dann in Abhängigkeit von den verallgemeinerten Orts- und Geschwindigkeitskoordinaten q_j und $\dot{q}_j$ darzustellen, und statt $3n$ erhält man f voneinander unabhängige Lagrangesche Gleichungen. Somit können wir formulieren:

(S 4.9) Hamiltonsches Prinzip

Der Bewegungsablauf eines Systems von Massenpunkten mit der Lagrange-Funktion L erfolgt im konservativen Kraftfeld zwischen dem Anfangszustand $t = t_0$ und dem Endzustand $t = t_E$ stets so, daß

$$\int_{t_0}^{t_E} L(q_j, \dot{q}_j, t)\,\mathrm{d}t = \text{Extremwert}$$

gilt (Hamiltonsches Prinzip).

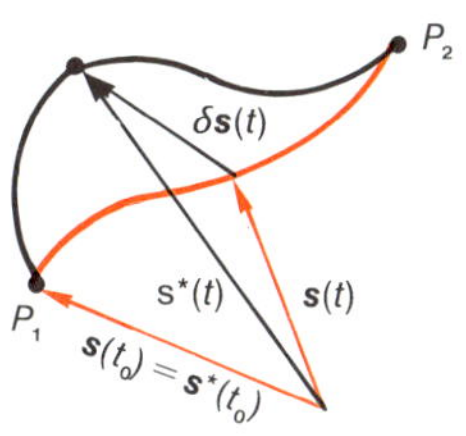

Abb. 4.4
Reelle (——) und virtuelle (——) Bahn des Massenpunktes

Mit (S 4.9) können die vorstehenden Überlegungen auch auf solche Fälle erweitert werden, in denen die Kräfte nicht konservativ sind, also kein Potential besitzen (wie z. B. die Lorentz-Kraft), und in denen die Transformationsbeziehungen (4.8) zum Auffinden der verallgemeinerten Ortskoordinaten und die Nebenbedingungsgleichungen (4.2) explizit von der Zeit abhängig sein können. Eine Zerlegung von L in einen kinetischen und einen potentiellen Anteil ist dann nicht mehr möglich. Als Lagrange-Funktion dieses Systems sehen wir in Verallgemeinerung von (D 4.4) dann $L = L(q_j, \dot{q}_j, t)$ mit der Forderung an, daß L dem Hamiltonschen Prinzip (S 4.9) genügt. Da die Lagrangeschen Gleichungen 2. Art die hierfür notwendigen Bedingungen darstellen, ist L damit auch Lösung von (S 4.6). Eine allgemeine Bildungsvorschrift für L kann nicht mehr gegeben werden. Das Auffinden von L hängt von der speziellen Aufgabenstellung ab.

4.5 Aufgaben

4.1
In einem Boot der Masse $m_1 = 80\,\text{kg}$ befindet sich ein Mensch mit der Masse $m_2 = 50\,\text{kg}$. Das Boot hat eine Länge von $l_1 = 3\,\text{m}$.
Um welche Strecke l_2 verschiebt sich das Boot im Wasser, wenn der Mensch vom Heck zum Bug geht?
Die Reibung zwischen Boot und Wasser soll vernachlässigt werden; das Gesamtsystem Boot/Mensch wird als kräftefrei angesehen!

4.2
Ein Keil mit dem Neigungswinkel α und der Masse m_1 ist auf einer absolut glatten Fläche horizontal gelagert. Auf dem Keil befinde sich am obersten Ende ein Massenpunkt m_2, der sich reibungsfrei unter dem Einfluß der Erdanziehungskraft in Bewegung setzt.

a) Berechnen Sie für die Gesamtbewegung (solange die Masse m_2 sich auf dem Keil befindet) die Lagrange-Funktion! *Hinweis:* Wählen Sie als verallgemeinerte Koordinaten die Lage des Keils q_1 relativ zu einem ruhenden Bezugssystem und die Lage q_2 des Massenpunktes m_2 relativ zu seiner höchsten Position (siehe Abb.).

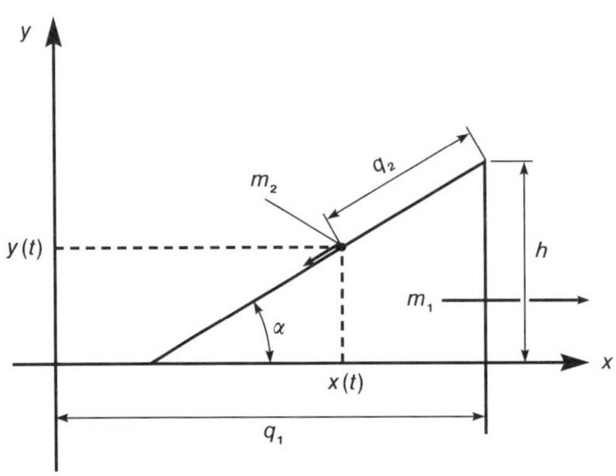

b) Berechnen Sie die Beschleunigung $\mathrm{d}^2q_1/\mathrm{d}t^2$ des Keils und die Beschleunigung $\mathrm{d}^2q_2/\mathrm{d}t^2$ des Massenpunktes m_2 relativ zum Keil aus den Lagrangeschen Gleichungen!

4.3
Ein als punktförmig angesehenes Gebilde bewege sich auf einem zu einer Ellipse gebogenen Draht im Schwerefeld der Erde ($\boldsymbol{G} = m\boldsymbol{g}$). Bestimmen Sie die verallgemeinerten Koordinaten und geben Sie die Lagrange-Funktion an (siehe Abb.)! Verwenden Sie zur Berechnung der verallgemeinerten Koordinaten die Parameterdarstellung der Ellipse:

$$r(\varphi) = a\,(1 - e^2)\,/\,(1 + e\cos\varphi)\,.$$

Wie vereinfachen sich die Ausdrücke, wenn die Ellipse zu einem Kreis wird ($e = 0$)?

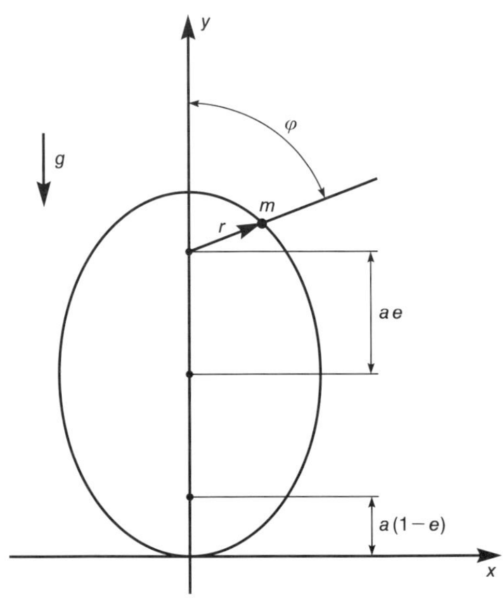

4.4

Auf einer gekrümmten glatten Fläche soll sich ein Massenpunkt m im Gravitationsfeld der Erde reibungsfrei bewegen können (siehe Abb.). Die Krümmung der Fläche soll durch die symmetrische glatte Funktion $y = f(x)$ gegeben sein, die von der z-Koordinate unabhängig sein soll. Stellen Sie die Lagrange-Funktion für diese Bewegung auf und berechnen Sie daraus die Hamilton-Funktion gemäß (4.11)!

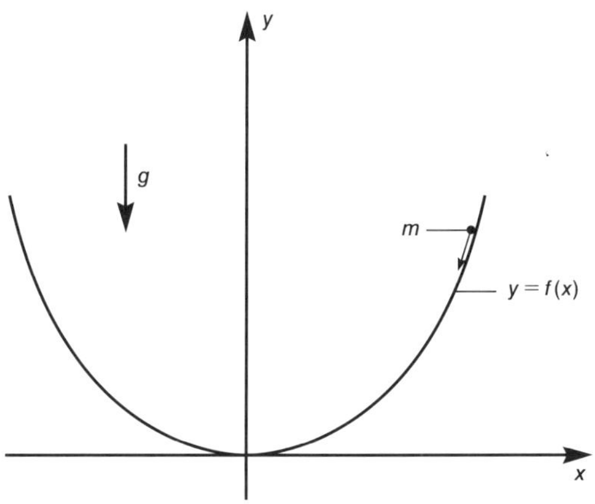

5 Der starre Körper

5.1 Zum Aufbau der Körper aus Atomen

DEMOKRITOS (um 460 bis 370 v.u.Z.)

Das Wort *Atom* stammt von dem griechischen Wort „atomos", das Unteilbare. Schon die griechischen Philosophen DEMOKRIT und LEUKIPP erahnten den heutigen Atombegriff, als sie um 400 v. u. Z. schrieben:

> „Die Materie besteht aus kleinsten unteilbaren Teilchen, den Atomen, die ewig, ungeworden, unzerstörbar sind und sich in ständiger Eigenbewegung befinden."

Die wissenschaftliche Begründung für den Aufbau aller Körper aus kleinsten, durch chemische Methoden nicht mehr teilbaren Bausteinen, den *Atomen*, gaben zuerst DALTON und PROUST, indem sie aus chemischen Überlegungen auf die Existenz von Atomen schlossen. Sie gaben damit erstmalig einen experimentellen Beweis für die Richtigkeit der Hypothese von der Existenz der Atome. DALTON fand (1803):

(S 5.1a) 1. Daltonsches Gesetz

> Zwei Elemente vereinigen sich in ein und derselben Verbindung stets im gleichen Massenverhältnis.
> (1. Daltonsches Gesetz)

Beispiele für Satz (S 5.1a) sind u.a. die Verbindungen von Wasserstoff (H) mit Chlor (Cl) zu Chlorwasserstoff (HCl) bzw. von Wasserstoff mit Sauerstoff (O) zu Wasser (H_2O). Man findet stets unabhängig von der Größe der Ausgangsmassen für das Verhältnis der umgesetzten Massen

JOSEPHE-LOUIS PROUST (1754–1826)

Tabelle 5.1
Mögliche Verbindungen von Sauerstoff und Stickstoff (Werte gerundet)

Mögliche Verbindung	Name der Verbindung	Experimentell gefundenes Massenverhältnis $m_O : m_N$
$O_2 + 2\,N_2 \rightarrow 2\,N_2O$	Distickstoffoxid	16 : 28 = x
$O_2 + N_2 \rightarrow 2\,NO$	Stickstoffoxid	16 : 14 = 2x
$3\,O_2 + 2\,N_2 \rightarrow 2\,N_2O_3$	Distickstofftrioxid	48 : 28 = 3x
$2\,O_2 + N_2 \rightarrow 2\,NO_2$	Stickstoffdioxid	32 : 14 = 4x
$5\,O_2 + 2\,N_2 \rightarrow 2\,N_2O_5$	Distickstoffpentoxid	80 : 28 = 5x

m_{Cl} und m_H von Chlor und Wasserstoff zu Chlorwasserstoff

LEUKIPPOS aus Milet (um 500–440 v.u.Z.)

$$m_{Cl}:m_H = 35{,}45:1{,}01$$

bzw. für das Verhältnis der umgesetzten Massen m_O und m_H von Sauerstoff und Wasserstoff zu Wasser

$$m_O:m_H = 16{,}00:2{,}02.$$

Auch für den Fall, daß zwei Elemente verschiedenartige Verbindungen eingehen können, fand DALTON eine Gesetzmäßigkeit:

> Bilden zwei Elemente verschiedenartige Verbindungen miteinander, so lassen sich die Quotienten aus ihren Massen als ganzzahlige Vielfache eines kleinsten Massenverhältnisses darstellen. (2. Daltonsches Gesetz)

(S 5.1b)
2. Daltonsches Gesetz

In Tabelle 5.1 sind als Beispiel für (S 5.1b) die möglichen Verbindungen aus Sauerstoff (O) und Stickstoff (N) wiedergegeben.

Bei der Annahme eines homogen aufgebauten Körpers, d.h. eines in beliebig kleine Bezirke unterteilbaren Körpers, sind die Daltonschen Gesetze unerklärbar. Nimmt man dagegen den Aufbau des Körpers aus einer endlichen Anzahl von nicht weiter teilbaren Atomen an, so ergeben sie sich zwanglos. Es vereinigen sich dann stets eine bestimmte Anzahl von Atomen der einen Art (des einen Elementes) mit einer bestimmten Anzahl von Atomen einer anderen Atomart zu einem neuen Baustein, dem *Molekül*. Weitere Belege für die Existenz der Atome bzw. Moleküle gibt die in Abschnitt 8 behandelte Molekularkinetik.

JOHN DALTON (1766–1844)

Atom

Molekül

Die Erfahrung zeigt:

> Jeder physikalische Körper ist aus einer endlichen Anzahl von Atomen aufgebaut. Seine Atome sind durch chemische Methoden nicht teilbar.

(S 5.2)
Jeder Stoff ist aus Atomen aufgebaut

In Band III wird gezeigt, daß ein Atom durch physikalische Methoden teilbar ist. Diese Teile zeigen dann aber ganz andere Eigenschaften als das ursprüngliche Atom.

5.2 Denkmodell starrer Körper

Aus dem vorstehenden Abschnitt ist ersichtlich, daß jeder physikalische Körper (ob fest, flüssig oder gasförmig) aus einer endlichen Anzahl von Atomen besteht. In Abschnitt 8.5 wird gezeigt, daß der Durchmesser der Atome in der Größenordnung von 10^{-10} m liegt. Für viele Problemstellungen kann man daher die Atome eines festen Körpers als Massenpunkte ansehen und sich den Körper aus einer endlichen Anzahl von Massenpunkten aufgebaut denken, die durch Kräfte in bestimmten Gleichgewichtslagen gehalten werden.

Im weiteren werden nur Fälle betrachtet, für die vorstehende Annahmen zulässig sind. Damit werden z. B. alle Leitungsphänomene des Festkörpers, die Erscheinungen der elektrolytischen Dissoziation usw. und auch die Frage nach der Natur der den Körper zusammenhaltenden Kräfte vorerst aus den Betrachtungen ausgeschlossen. Diese Probleme werden im Zusammenhang im Band IV behandelt.

Unter Beachtung der genannten Annahmen wird definiert:

(D 5.1) Denkmodell starrer Körper

Ein System von Massenpunkten heißt starrer Körper, wenn die gegenseitigen Lagebeziehungen der Massenpunkte bei Einwirkung von äußeren Kräften unverändert bleiben.
(Denkmodell starrer Körper)

Im Denkmodell starrer Körper wird von Deformationen des Körpers infolge äußerer Kraftwirkungen abgesehen. Derartige Probleme werden im Zusammenhang im Abschnitt 6 behandelt. Auch ist es für die weiteren Überlegungen belanglos, welche Struktur die gegenseitigen Lagebeziehungen der Atome besitzen.
Die Verteilung der Massenpunkte kann mit folgendem Begriff erfaßt werden:

(D 5.2a) mittlere Dichte ϱ_m

Befindet sich im Volumenelement ΔV die Masse Δm, so heißt

$$\varrho_{\mathrm{m}} = \frac{\Delta m}{\Delta V}$$

mittlere Dichte.

ΔV muß hierbei so groß gewählt werden, daß sich eine Vielzahl von Atomen mit der Gesamtmasse Δm in diesem Volumenelement befindet.

mittlere Dichte der Erde

Berechnet man zum Beispiel nach (D 5.2a) mit den in Tabelle 3.1 angegebenen Werten für Erdmasse und Erdradius die mittlere Dichte der Erde, so folgt $\varrho_{\mathrm{mE}} = 5{,}6 \text{ g cm}^{-3}$. Dichtemessungen der Erdrinde ergaben dagegen nur den durchschnittlichen Wert $2{,}5 \text{ g cm}^{-3}$. Infolgedessen muß der Erdkern aus schwereren Elementen als die Erdrinde aufgebaut sein. Das unterstreicht die Zweckmäßigkeit einer Erweiterung des Dichtebegriffes. Hierzu wird beachtet, daß die Anzahl der sich in einem Volumenelement ΔV befindenden Atome riesig groß ist (s. (S 8.3)), man daher meist eine kontinuierliche Massenverteilung $m = m(x, y, z)$ annehmen, d.h. den Körper als Kontinuum auffassen kann. (D 5.2a) läßt sich dann erweitern:

(D 5.2) Dichte ϱ

$$\varrho = \lim_{\Delta V \to 0} \frac{\Delta m}{\Delta V}$$

heißt Dichte im Körperpunkt $\Delta V \to 0$.

Mögliche Maßeinheiten: $[\varrho] = \text{kg m}^{-3}$ bzw. g cm^{-3}.

Durch (D 5.2) wird jedem Raumpunkt ein bestimmter Dichtewert zugeordnet. Nach der Definition (D 3.13) kann damit ϱ auch als Dichtefeld bezeichnet werden.

Tabelle 5.2
Dichte einiger Stoffe bei 18 °C und 10^5 Pa

Stoff	**Dichte in g cm^{-3}**
Wasserstoff	0,0000899
Sauerstoff	0,0014289
Luft	0,0012928
Jodwasserstoff	0,0057890
Äthyläther	0,716
Äthylalkohol	0,789
Tetrachlorkohlenstoff	1,594
Quecksilber	13,549
Lithium	0,534
Eisen	7,86
Blei	11,34
Osmium	22,48

Aus Tabelle 5.2 sind die Werte der Dichte für einige Stoffe ersichtlich.

Gilt $\varrho = \varrho_0 = \text{const}$ für alle Körperpunkte, so nennt man den Körper *homogen*, sonst *inhomogen*.

homogener, inhomogener Körper

Sind das Dichtefeld und die Form des Körpers bekannt, dann läßt sich nach (D 5.2) und A. 7 seine Masse aus

$$m = \int_V \varrho \, \mathrm{d}V \tag{5.1}$$

errechnen.

Nach (S 4.2) kann bezüglich der Translationsbewegung jeder starre Körper als Massenpunkt aufgefaßt werden, indem man sich den starren Körper durch seinen Massenmittelpunkt ersetzt und die Resultierende der äußeren Kräfte an ihm angreifend denkt. Diese Tatsache berechtigte zum Beispiel dazu, bei der Behandlung der Keplerschen Gesetze auch so ausgedehnte Körper wie Sonne und Planeten als Massenpunkte zu behandeln.

Unter Voraussetzung einer kontinuierlichen Massenverteilung kann der Massenmittelpunkt nach (D 4.1) und (5.1) aus

$$s_S = \frac{\int_V s \varrho \, \mathrm{d}V}{\int_V \varrho \, \mathrm{d}V} \tag{5.2}$$

Berechnung des Massenmittelpunktes s_S bei kontinuierlicher Massenverteilung

errechnet werden.

Setzt man voraus, daß die Dichte der Sonne und der Planeten nur von der Entfernung vom Mittelpunkt der als kugelförmig angenommenen Körper abhängt, so fällt nach (5.2) der Massenmittelpunkt mit dem geometrischen Mittelpunkt dieser Körper zusammen, d.h. bezüglich einer

Translationsbewegung können Sonne und Planeten durch Massenpunkte in ihrem Mittelpunkt ersetzt werden.

experimentelle Bestimmung des Massenmittelpunktes

In vielen Fällen ist eine Berechnung der Koordinaten des Massenmittelpunktes nach (5.2) viel zu kompliziert bzw. infolge nicht bekannten Dichtefeldes und analytisch nicht erfaßbarer Form des Körpers überhaupt nicht durchführbar. Der Massenmittelpunkt muß dann experimentell bestimmt werden. Abbildung 5.1 zeigt ein derartiges Verfahren für eine homogene Platte konstanter Dicke, aber komplizierten Umrisses. Nach (S 4.2) muß die Angriffslinie der Schwerkraft (die Linie, auf der der Kraftvektor liegt) durch den Massenmittelpunkt gehen. Der Körper wird daher nacheinander an verschiedenen, nicht auf ein und derselben Angriffslinie der Schwerkraft liegenden Punkten aufgehängt und die jeweils zugehörige Angriffslinie der Schwerkraft ermittelt. Der gemeinsame Schnittpunkt dieser Linien ergibt die Lage des Massenmittelpunktes.

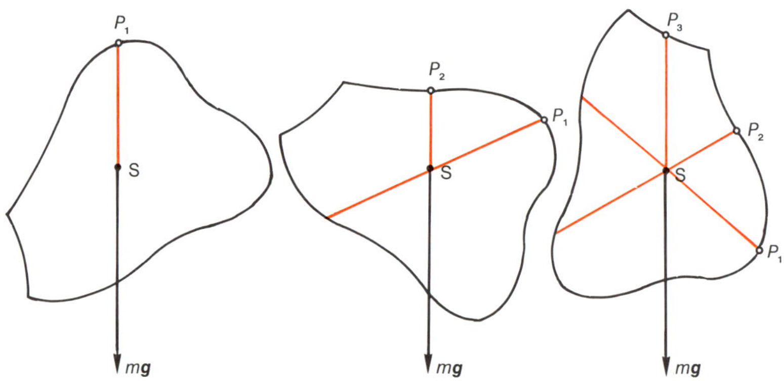

Abb. 5.1
Zur experimentellen Ermittlung des Massenmittelpunktes S
P_1, P_2 und P_3 sind mögliche Aufhängepunkte des Körpers. Die farbigen Geraden stellen die zugehörigen Angriffslinien der Schwerkraft dar. Die Angriffslinien schneiden sich im Massenmittelpunkt

5.3 Statik des starren Körpers

5.3.1 Drehmoment, Gleichgewichtsbedingungen für den starren Körper, Kräftepaar

Die an einem starren Körper angreifenden Kräfte können Translations- und Rotationsbewegungen hervorrufen. Wird der Körper in einem Punkt festgehalten. so reduziert sich seine Bewegungsmöglichkeit auf Rotationsbewegungen (Drehungen) um diesen Punkt. Wir wählen diesen Punkt als Koordinatenursprungspunkt 0. In einem anderen Punkt P_k des Körpers greife die Kraft $\boldsymbol{F}_k$ an. Der vom Koordinatenursprungspunkt zu diesem Punkt gezogene Vektor wird entsprechend (2.3) mit $\boldsymbol{s}_k$ bezeichnet (vgl.

Abb. 5.2). Zur Beschreibung der möglichen Drehung erweist sich die Einführung der Größe Drehmoment als vorteilhaft:

(D 5.3)
Drehmoment $\boldsymbol{M}$

Die Größe

$$\boldsymbol{M} = \sum_{k=1}^{n} \boldsymbol{s}_k \times \boldsymbol{F}_k$$

heißt Drehmoment der Kräfte $\boldsymbol{F}_k$ ($k = 1, 2, \ldots, n$) in bezug auf den Punkt 0 ($\boldsymbol{s}_k$ Vektor vom Punkt 0 zum Angriffspunkt der Kraft $\boldsymbol{F}_k$).

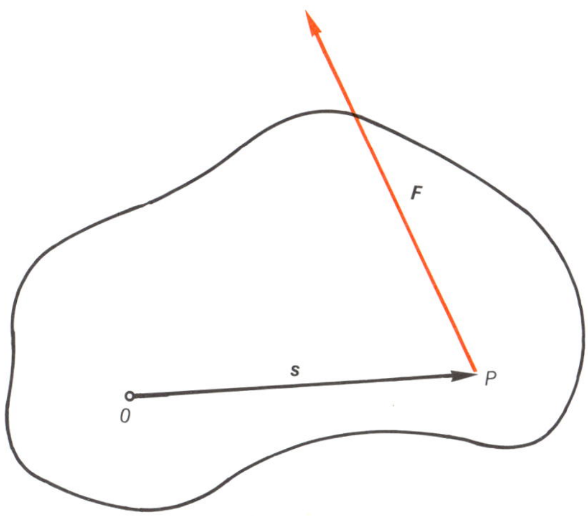

Abb. 5.2 Zur Definition des Drehmomentes

Mögliche Maßeinheit: $[M] = \text{Nm}$. Obwohl Arbeit und Drehmoment verschiedene Größenarten sind, können sie in der gleichen Maßeinheit angegeben werden.

Die Definition der Größe Drehmoment (D 5.3) gilt nicht nur für den starren Körper, sondern für ein beliebiges System von Massenpunkten.

Es ist manchmal gar nicht so einfach, die für die Anwendung von (D 5.3) erforderlichen Größen sofort zu erkennen. Ein bekanntes Beispiel soll dies erläutern. Auf eine Garnrolle sei ein Faden aufgewickelt. Hält man diesen Faden unter einem relativ großen Winkel gegenüber der horizontalen Auflagefläche der Rolle (die absolute Größe des Winkels hängt bei gegebenem inneren und äußeren Radius der Rolle von der Dicke und Menge des aufgewickelten Garnes ab) und zieht man an ihm (Abb. 5.3a), dann rollt die Rolle vom ziehenden Beobachter weg. Hält man dagegen den Faden sehr flach (kleiner Winkel gegenüber der Auflagefläche der Rolle), so rollt die Garnrolle auf den ziehenden Beobachter zu (Abb. 5.3b). Dieses zuerst merkwürdig anmutende Verhalten der Rolle erklärt sich sofort, wenn die für beide Fälle unterschiedlichen Angriffspunkte und Richtungen der die Drehung bewirkenden Kraft beachtet werden (vgl. Abb. 5.3a mit Abb. 5.3b).

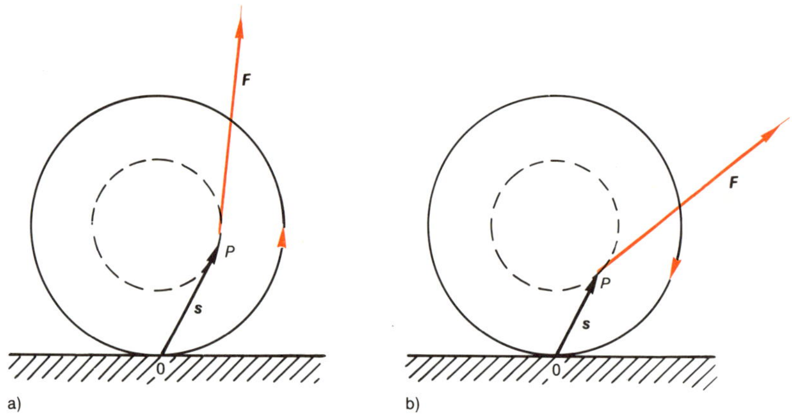

Abb. 5.3
Mögliche Drehrichtungen beim Ziehen am Faden einer Garnrolle
a) ***M*** zeigt aus der Papierebene heraus. Die Drehung der Rolle erfolgt entgegen dem Uhrzeigersinn
b) ***M*** zeigt in die Papierebene hinein. Die Drehung der Rolle erfolgt im Uhrzeigersinn

Zum Drehmoment können die im System wirkenden inneren Kräfte nicht beitragen. Dies läßt sich wie folgt nachweisen: Nach (4.1a) wirkt auf den k-ten Massenpunkt die Kraft

$$\boldsymbol{F}_k = {}^{\text{ä}}\boldsymbol{F}_k + \sum_{\substack{i=1 \\ (i \neq k)}}^{n} {}^{\text{i}}\boldsymbol{F}_{ik} \,.$$

Mit (D 5.3) folgt für das Drehmoment $\boldsymbol{M}$ der resultierenden Kraft $\boldsymbol{F} = \sum_{k=1}^{n} \boldsymbol{F}_k$

$$\boldsymbol{M} = {}^{\text{ä}}\boldsymbol{M} + {}^{\text{i}}\boldsymbol{M} \tag{5.3}$$

mit

$${}^{\text{ä}}\boldsymbol{M} = \sum_{k=1}^{n} \boldsymbol{s}_k \times {}^{\text{ä}}\boldsymbol{F}_k \tag{5.3a}$$

(Summe der Drehmomente der äußeren Kräfte),

$${}^{\text{i}}\boldsymbol{M} = \sum_{k=1}^{n} \sum_{\substack{i=1 \\ (i \neq k)}}^{n} \boldsymbol{s}_k \times {}^{\text{i}}\boldsymbol{F}_{ik} \tag{5.3b}$$

(Summe der Drehmomente der inneren Kräfte).

Unter Beachtung des 2. Newtonschen Axioms ($\boldsymbol{F}_{ki} = -\boldsymbol{F}_{ik}$) (S 3.7) gilt für die in der Doppelsumme (5.3b) jeweils paarweise auftretenden Glieder

$$(\boldsymbol{s}_k \times \boldsymbol{F}_{ik}) + (\boldsymbol{s}_i \times \boldsymbol{F}_{ki}) = (\boldsymbol{s}_k - \boldsymbol{s}_i) \times \boldsymbol{F}_{ik}$$

und, wenn man noch die Parallelität von $s_k - s_i$ zu $\boldsymbol{F}_{ik}$ ((Abb. 5.4) und (A 12.3)) berücksichtigt,

$$(s_k \times \boldsymbol{F}_{ik}) + (s_i \times \boldsymbol{F}_{ki}) = \boldsymbol{0}.$$

Die Summe über alle inneren Drehmomente eines Systems von Massenpunkten ist gleich Null:

$$\sum_{k=1}^{n} \sum_{\substack{i=1 \\ (i \neq k)}}^{n} s_k \times {}^{\mathrm{i}}\boldsymbol{F}_{ik} = \boldsymbol{0}.$$

(S 5.3)
Inneres Drehmoment eines Systems von Massenpunkten

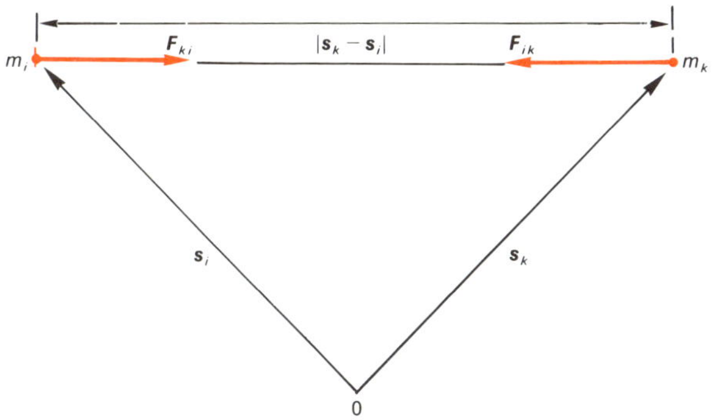

Abb. 5.4 Innere Drehmomente eines Systems von Massenpunkten

Unter der Wirkung des resultierenden Drehmomentes der äußeren Kräfte rotiert ein starrer Körper so lange mit nicht verschwindender Winkelbeschleunigung, bis dieses Drehmoment verschwindet.

Unter Beachtung von (S 3.9) folgt:

Ein starrer Körper befindet sich dann und nur dann im Gleichgewicht, wenn die Summe der an ihm angreifenden äußeren Kräfte und die Summe der Drehmomente dieser Kräfte verschwinden:

$${}^{\mathrm{ä}}\boldsymbol{F} = \sum_{k=1}^{n} {}^{\mathrm{ä}}\boldsymbol{F}_k = \boldsymbol{0}$$

(Summe der äußeren Kräfte gleich Null),

$${}^{\mathrm{ä}}\boldsymbol{M} = \sum_{k=1}^{n} {}^{\mathrm{ä}}\boldsymbol{M}_k = \boldsymbol{0}$$

(Summe der äußeren Drehmomente gleich Null).

(S 5.4)
Gleichgewichtsbedingung für den starren Körper

Wir werden im weiteren das äußere Drehmoment nur noch dann mit einem besonderen Index versehen, wenn besonders darauf hingewiesen werden soll, daß es sich um ein äußeres Drehmoment handelt. Innere Momente werden dagegen stets durch den oberen Index „i" gekennzeichnet. Wir betrachten einige Beispiele.

a) *Gleichgewicht am Hebel*

Hebel

An einer Stange, die im Punkt 0, dem Koordinatenursprungspunkt, unterstützt ist, greifen in den Punkten P_1 und P_2 die äußeren Kräfte $\boldsymbol{F}_1$ und $\boldsymbol{F}_2$ an (*Hebel*, Abb. 5.5a). Die Kräfte liegen in einer Ebene, das Eigengewicht der Stange sei gegenüber diesen Kräften vernachlässigbar. Die Kräfte bedingen nach (D 5.3) die Drehmomente $\boldsymbol{M}_1 = \boldsymbol{s}_1 \times \boldsymbol{F}_1$ und $\boldsymbol{M}_2 = \boldsymbol{s}_2 \times \boldsymbol{F}_2$. Nach (S 5.4) befindet sich das betrachtete System im Gleichgewicht, wenn gilt

$$\boldsymbol{F} = -(\boldsymbol{F}_1 + \boldsymbol{F}_2)\,,$$

$$\boldsymbol{M}_1 + \boldsymbol{M}_2 = (\boldsymbol{s}_1 \times \boldsymbol{F}_1) + (\boldsymbol{s}_2 \times \boldsymbol{F}_2) = \boldsymbol{0}\,.$$

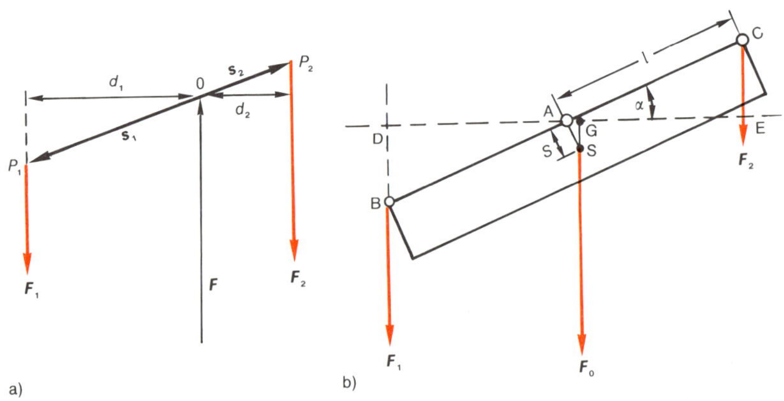

Abb. 5.5
a) Gleichgewicht am Hebel
b) Gleichgewicht an der Hebelwaage

Da die resultierende Kraft $\boldsymbol{F}_1 + \boldsymbol{F}_2$ durch die Kraft $\boldsymbol{F}$ der Unterlage kompensiert wird und $\boldsymbol{s}_1 \downarrow\uparrow \boldsymbol{s}_2$ sowie $\boldsymbol{F}_1 \uparrow\uparrow \boldsymbol{F}_2$ ist, herrscht dann Gleichgewicht am Hebel, wenn die Bedingung

Gleichgewichtsbedingung für den Hebel

$$\frac{F_1}{F_2} = \frac{d_2}{d_1} \tag{5.4}$$

erfüllt ist.

b) *Hebelwaage*

Hebelwaage

Aus Abb. 5.5b ist das Prinzip einer Hebelwaage mit symmetrischem Waagebalken ersichtlich. Der Waagebalken mit der Eigenmasse m_0 ist im Punkt A drehbar gelagert (Drehachse senkrecht zur Papierebene), sein Massenmittelpunkt ist S, sein Eigengewicht $F_0 = m_0 g$. Er sei mit der Masse $m_1 = m + \Delta m$ im Punkt B und mit der Masse $m_2 = m$ im Punkt C belastet, die Gewichte $\boldsymbol{F}_1 = m_1 \boldsymbol{g}$ und $\boldsymbol{F}_2 = m_2 \boldsymbol{g}$ wirken in den drehbaren Lagerungen der Waageschalen senkrecht nach unten. Entsprechend (S 5.4) befindet sich der Waagebalken im Gleichgewicht, wenn die Summe der von den Kräften bezüglich des Aufhängepunktes A hervorgerufenen Drehmomente (D 5.3)

$$M_0 = F_0 \overline{\mathrm{AG}} = F_0 s \sin\alpha ,$$

$$M_1 = -F_1 \overline{\mathrm{AD}} = -F_1 l \cos\alpha ,$$

$$M_2 = F_2 \overline{\mathrm{AE}} = F_2 l \cos\alpha$$

verschwindet:

$$\begin{aligned} M_0 + M_1 + M_2 &= F_0 s \sin\alpha + (F_2 - F_1)\, l \cos\alpha \\ &= m_0 g s \sin\alpha - \Delta m g l \cos\alpha = 0 . \end{aligned}$$

Bei Gleichheit der Massen m_1 und m_2 ist $\alpha = 0$. Ist eine der Massen m_1 oder m_2 eine bekannte Vergleichsmasse (Wägesatz), so ist durch die Gleichgewichtsbestimmung die andere meßbar.

Der Quotient

Empfindlichkeit der Hebelwaage

$$\frac{\tan\alpha}{\Delta m} = \frac{l}{m_0 s}$$

wird als Empfindlichkeit der Waage bezeichnet. Größere Empfindlichkeit bedeutet demnach größeren Neigungswinkel bei gleichbleibender Massendifferenz Δm.

Moderne Präzisionswaagen gestatten eine Massenbestimmung bis zu einer Genauigkeit von 10^{-9} kg.

c) Kräftepaar

An einem ruhenden starren Körper greifen zwei parallele, gleichgroße, aber entgegengesetzt gerichtete Kräfte vom Betrage F mit nicht zusammenfallenden Angriffslinien an (Abb. 5.6a). Derartige Kräfteanordnungen bezeichnet man als *Kräftepaar*. Da nach (S 3.8) für das Kräftepaar die resultierende äußere Kraft verschwindet, verbleibt nach (S 4.3) der Massenmittelpunkt des Körpers in Ruhe. Das Kräftepaar kann somit nur eine Drehung des Körpers um seinen Massenmittelpunkt bewirken.

Kräftepaar

Kräfte sind längs ihrer Angriffslinien verschiebbar. Deshalb können die Angriffspunkte P_1 und P_2 der beiden Kräfte längs ihrer Angriffslinien so weit verschoben werden, bis der Verbindungsvektor der beiden Punkte senkrecht auf den Angriffslinien der Kräfte steht (Abb. 5.6b). Für den Betrag des Drehmomentes in bezug auf den Massenmittelpunkt (oder in bezug auf irgendeinen anderen Punkt) gilt nach (D 5.3) und (A 12.1c) mit $|\boldsymbol{F}_1| = |\boldsymbol{F}_2| = F$ (Abb. 5.6b):

$$\begin{aligned} |\boldsymbol{M}| &= |\boldsymbol{F}_1 \times \boldsymbol{s}_1| + |\boldsymbol{F}_2 \times \boldsymbol{s}_2| \\ &= F_1 s_1 \sin\alpha_1 + F_2 s_2 \sin\alpha_2 \\ &= F_1 s_1 \sin(90^\circ - \alpha_1{}^*) + F_2 s_2 \sin(90^\circ - \alpha_2{}^*) \\ &= F_1 s_1 \cos\alpha_1{}^* + F_2 s_2 \cos\alpha_2{}^* \\ &= F s . \end{aligned}$$

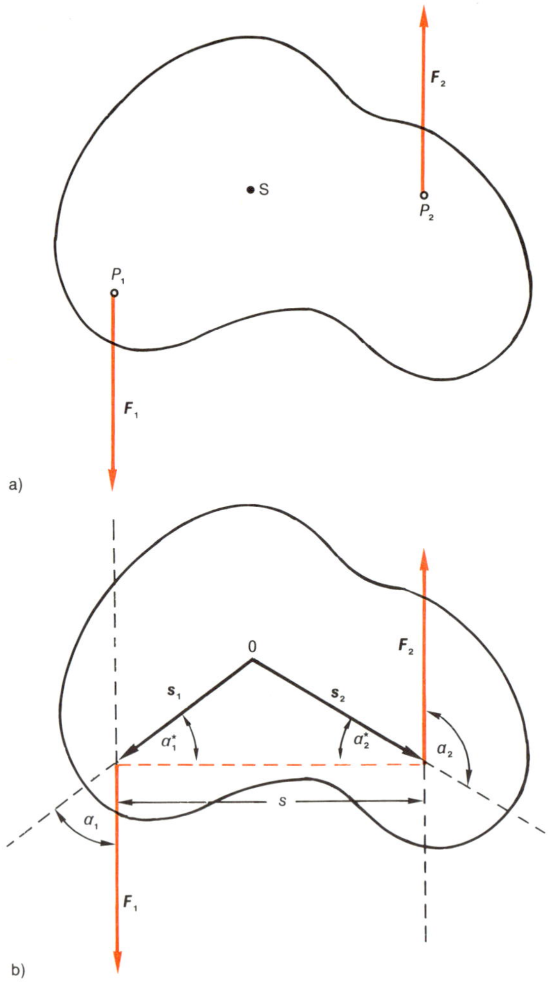

Abb. 5.6
a) Kräftepaar
b) Zur Bestimmung des Drehmomentes eines Kräftepaares

(S 5.5) Kräftepaar bewirkt nur eine Drehung des starren Körpers

Ein Kräftepaar bewirkt nur eine Drehung des Körpers um seinen Massenmittelpunkt. Der Betrag des auftretenden Drehmomentes ist

$$M = sF$$

(s Abstand der Angriffslinien der Kräfte, F Betrag der angreifenden Kräfte).

Als Beispiel sei eine Magnetnadel (Kompaßnadel) im erdmagnetischen Feld betrachtet. Da das auf die Nadel wirkende erdmagnetische Feld über die Länge der Nadel als homogen angesehen werden kann, wirkt auf die Nadel lediglich ein Kräftepaar. Durch dieses wird sie in Richtung der Horizontalkomponente des erdmagnetischen Feldes gedreht, die Lage ihres Massenmittelpunktes bleibt dagegen unverändert.

5.3.2 Stabiles, labiles und indifferentes Gleichgewicht

Auf eine homogene Kugel wirke nur die Schwerkraft. Liegt die Kugel auf einer ebenen Platte, deren Flächeneinheitsvektor A^0 parallel zur Angriffslinie der Schwerkraft gerichtet ist, dann befindet sich die Kugel in jedem Punkt P auf der Platte im Gleichgewicht (Abb. 5.7a). Man bezeichnet dieses Gleichgewicht als *indifferentes* Gleichgewicht. Nach (3.33) besitzt die Kugel im indifferenten Gleichgewicht in jedem Punkt den gleichen Wert der potentiellen Energie.

Liegt die Kugel dagegen in einer Mulde (Abb. 5.7b) und verschiebt man sie aus dem tiefsten Punkt P der Mulde in irgendeinen anderen Punkt P_1 der Mulde und läßt sie los, dann wird sie durch die an ihr angreifende Schwerkraft in die ursprüngliche Lage P zurückgetrieben. Sie befindet sich also nur im tiefsten Punkt P der Mulde im Gleichgewicht. In allen anderen Punkten treten Kräfte auf, die die Kugel in die ursprüngliche Gleichgewichtslage zurückbringen. Man bezeichnet daher diese Gleichgewichtslage als *stabiles* Gleichgewicht. Nach (3.33) zeichnet sich das stabile Gleichgewicht durch ein Minimum der potentiellen Energie aus.

Liegt die Kugel auf einer konvexen Oberfläche (Abb. 5.7c), so befindet sie sich nur in dem Punkt P im Gleichgewicht, in dem der Flächeneinheitsvektor der konvexen Fläche mit der Angriffsfläche der Schwerkraft übereinstimmt. Entfernt man die Kugel aus dieser Gleichgewichtslage, so wird sie durch die wirkende Schwerkraft immer weiter von ihr entfernt. Man bezeichnet diese Gleichgewichtslage daher als *labiles* Gleichgewicht. Nach (3.33) besitzt die Kugel im labilen Gleichgewicht ein Maximum der potentiellen Energie.

Zusammenfassend kann man definieren:

(D 5.4)
labiles, stabiles und indifferentes Gleichgewicht

Ist die mit der Verrückung eines Körpers aus seiner Gleichgewichtslage verbundene Veränderung $d\,W_p$ seiner potentiellen Energie

$$\left.\begin{array}{l} \mathrm{d}W_p > 0 \\ \mathrm{d}W_p = 0 \\ \mathrm{d}W_p < 0 \end{array}\right\}, \quad \begin{array}{l} \text{dann heißt} \\ \text{das} \\ \text{Gleichgewicht} \end{array} \left\{\begin{array}{l} \text{stabil} \\ \text{indifferent} \\ \text{labil.} \end{array}\right.$$

Entfernt man einen starren Körper aus seiner Gleichgewichtslage, dann wirken im allgemeinen wegen der damit verbundenen Veränderung seiner potentiellen Energie Kräfte auf ihn. Sie können ihn in die Gleichgewichtslage zurücktreiben, brauchen es jedoch nicht zu tun. Entsprechend des

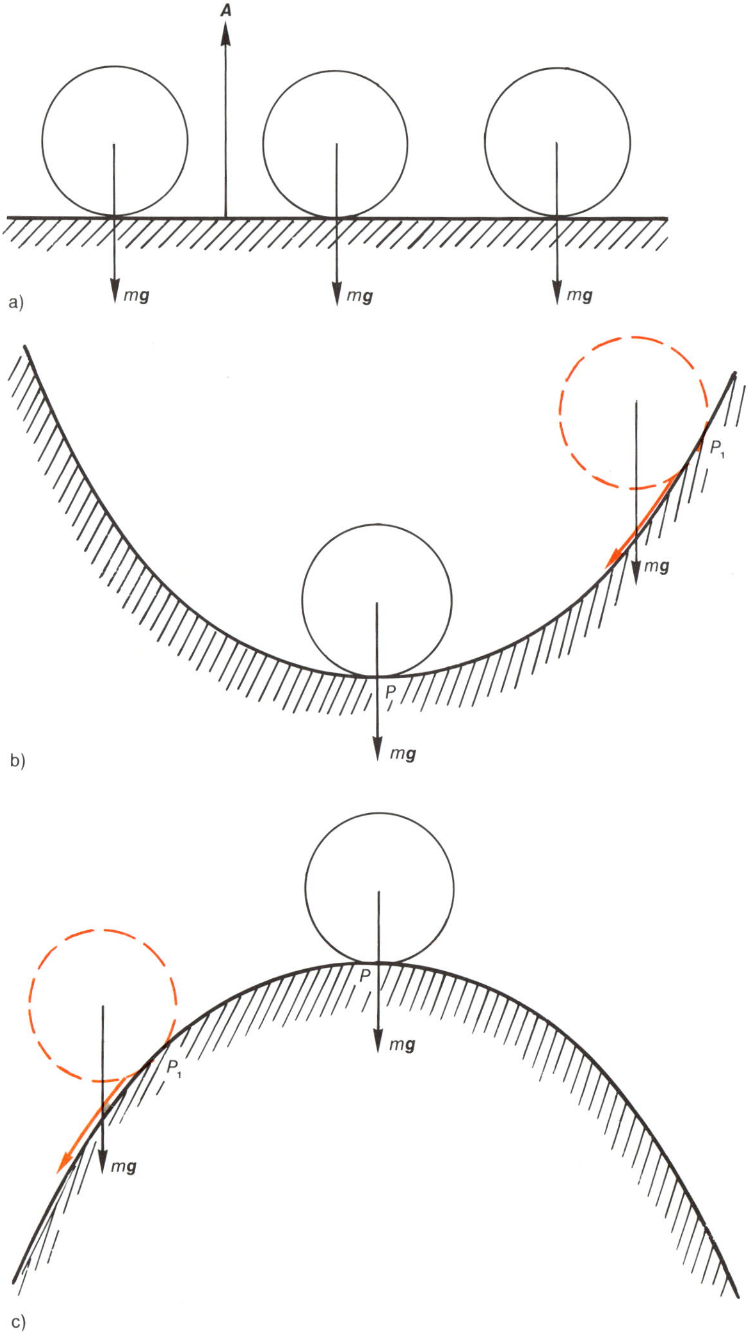

Abb. 5.7
Mögliche Gleichgewichtslagen einer Kugel
a) indifferentes Gleichgewicht
b) stabiles Gleichgewicht
c) labiles Gleichgewicht

Vorzeichens von $\mathrm{d}W_p$ in (D 5.4) gilt:

Wird ein starrer Körper aus seiner Gleichgewichtslage entfernt, dann treiben ihn die durch diese Verschiebung auftretenden Kräfte beim stabilen Gleichgewicht in die Gleichgewichtslage zurück, beim labilen Gleichgewicht von der Gleichgewichtslage weiter fort. Befindet sich der Körper im indifferenten Gleichgewicht, dann wirken auf ihn trotz dieser Verschiebung keine zusätzlichen Kräfte.

(S 5.6)
Bewegung eines starren Körpers in der Nähe von Gleichgewichtslagen

5.4 Bewegung des starren Körpers

5.4.1 Drehimpuls, Trägheitstensor

Zahl der Freiheitsgrade eines starren Körpers

Da die Translationsbewegung eines starren Körpers auf die Bewegung eines Massenpunktes zurückgeführt werden kann (Abschnitt 5.2), ist im folgenden nur noch die Rotation zu behandeln. Insgesamt besitzt der starre Körper 6 mechanische Freiheitsgrade. Hält man einen Punkt P_1 des starren Körpers fest, so fallen damit die drei Freiheitsgrade der Translation weg. Ein zweiter Punkt P_2 kann sich dann aber noch auf der Oberfläche einer Kugel mit dem Mittelpunkt P_1 bewegen, und ein dritter, zu P_1 und P_2 nicht kollinearer Punkt auf dem Umfang eines Kreises senkrecht zur Geraden durch P_1 und P_2 und mit dem Mittelpunkt auf ihr. Da die Bewegung auf einer Fläche durch zwei voneinander unabhängige Koordinaten, auf einem Kreis durch eine unabhängige Koordinate beschrieben wird, kommen zu den drei mechanischen Freiheitsgraden der Translation also noch drei der Rotation hinzu.

Im folgenden werden geeignete Größen zur Beschreibung der Rotation eines starren Körpers eingeführt, der aus n Massenpunkten der Massen m_k ($k = 1, 2, \ldots, n$) aufgebaut sei. Der Vektor vom Koordinatenursprungspunkt zum k-ten Massenpunkt werde wieder mit $\boldsymbol{s}_k$ bezeichnet. Die Geschwindigkeit des k-ten Massenpunktes sei $\boldsymbol{v}_k$. Eine wichtige Hilfsgröße zur Beschreibung von Systemen von Massenpunkten ist die Größe Drehimpuls:

Die Größe

$$\boldsymbol{L} = \sum_{k=1}^{n} m_k (\boldsymbol{s}_k \times \boldsymbol{v}_k) = \sum_{k=1}^{n} \boldsymbol{s}_k \times \boldsymbol{p}_k$$

heißt Drehimpuls (m_k Masse des k-ten Massenpunktes, $\boldsymbol{v}_k$ Geschwindigkeit des k-ten Massenpunktes, $\boldsymbol{s}_k$ Ortsvektor zum k-ten Massenpunkt).

(D 5.5)
Drehimpuls $\boldsymbol{L}$ eines beliebigen Systems von Massenpunkten

Mögliche Maßeinheit: $[L] = \mathrm{Nms}$.

Definition (D 5.5) gilt nicht nur für den starren Körper, sondern für ein beliebiges System von Massenpunkten. Durch zeitliche Differentiation von

(D 5.5) folgt unter Beachtung von $\boldsymbol{v} = \mathrm{d}\boldsymbol{s}/\mathrm{d}t$ ((D 3.4)), (A 14.7), $\boldsymbol{a} = \mathrm{d}^2\boldsymbol{s}/\mathrm{d}t^2$ ((D 3.6)), $\boldsymbol{F} = m\boldsymbol{a}$ ((3.7)) und $\boldsymbol{M} = \sum_{k=1}^{n} \boldsymbol{s}_k \times \boldsymbol{F}_k$ ((D 5.3))

$$\frac{\mathrm{d}\boldsymbol{L}}{\mathrm{d}t} = \sum_{k=1}^{n} m_k \left(\frac{\mathrm{d}\boldsymbol{s}_k}{\mathrm{d}t} \times \boldsymbol{v}_k\right) + \sum_{k=1}^{n} m_k \left(\boldsymbol{s}_k \times \frac{\mathrm{d}\boldsymbol{v}_k}{\mathrm{d}t}\right)$$

$$= \sum_{k=1}^{n} (\boldsymbol{s}_k \times m_k \boldsymbol{a}_k) = \sum_{k=1}^{n} (\boldsymbol{s}_k \times \boldsymbol{F}_k) = \boldsymbol{M}.$$

Es gilt also:

(S 5.7)

$\frac{\mathrm{d}\boldsymbol{L}}{\mathrm{d}t} = \boldsymbol{M}$

Die zeitliche Änderung des Drehimpulses ist gleich dem resultierenden Drehmoment der am physikalischen System angreifenden äußeren Kräfte:

$$\frac{\mathrm{d}\boldsymbol{L}}{\mathrm{d}t} = \boldsymbol{M}.$$

Der Vergleich von (S 5.7) mit (S 3.5) zeigt, daß in den Beziehungen der Translationsbewegung beim Übergang zur Rotationsbewegung der Impuls durch den Drehimpuls und die Kraft durch das Drehmoment zu ersetzen sind (vgl. Tabelle 5.3).

Diese Analogiebetrachtungen werden nun weitergeführt mit dem Ziel, auch für die Masse eine entsprechende Größe zu finden. In der Zeit Δt werden als Folge der Rotation eines starren Körpers alle Körperpunkte um den gleichen Winkel $\Delta\varphi$ um die Rotationsachse gedreht (vgl. (D 3.3)). Damit besitzen nach (D 3.5) alle Körperpunkte die gleiche Winkelgeschwindigkeit $\boldsymbol{\omega}$. Unter Beachtung von (3.4) und (A 14.4) kann daher statt (D 5.5) für den Drehimpuls auch

$$\boldsymbol{L} = \sum_{k=1}^{n} m_k (\boldsymbol{s}_k \times (\boldsymbol{\omega} \times \boldsymbol{s}_k))$$

$$= \sum_{k=1}^{n} m_k \boldsymbol{s}_k{}^2 \boldsymbol{\omega} - \sum_{k=1}^{n} m_k (\boldsymbol{s}_k \cdot \boldsymbol{\omega})\, \boldsymbol{s}_k$$

und nach (2.3), (A 11.5), (A 9.5) und (A 9.7) für seine Koordinaten

$$L_x = \sum_{k=1}^{n} m_k (x_k{}^2 + y_k{}^2 + z_k{}^2)\, \omega_x - \sum_{k=1}^{n} m_k (x_k \omega_x + y_k \omega_y + z_k \omega_z)\, x_k,$$

$$L_y = \sum_{k=1}^{n} m_k (x_k{}^2 + y_k{}^2 + z_k{}^2)\, \omega_y - \sum_{k=1}^{n} m_k (x_k \omega_x + y_k \omega_y + z_k \omega_z)\, y_k,$$

$$L_z = \sum_{k=1}^{n} m_k (x_k{}^2 + y_k{}^2 + z_k{}^2)\, \omega_z - \sum_{k=1}^{n} m_k (x_k \omega_x + y_k \omega_y + z_k \omega_z)\, z_k$$

oder

$$L_x = \sum_{k=1}^{n} m_k(y_k^2 + z_k^2)\,\omega_x - \sum_{k=1}^{n} m_k x_k y_k \omega_y - \sum_{k=1}^{n} m_k z_k x_k \omega_z,$$
$$L_y = -\sum_{k=1}^{n} m_k x_k y_k \omega_x + \sum_{k=1}^{n} m_k(x_k^2 + z_k^2)\,\omega_y - \sum_{k=1}^{n} m_k y_k z_k \omega_z, \quad (5.5a)$$
$$L_z = -\sum_{k=1}^{n} m_k z_k x_k \omega_x - \sum_{k=1}^{n} m_k y_k z_k \omega_y + \sum_{k=1}^{n} m_k(y_k^2 + x_k^2)\,\omega_z$$

geschrieben werden.

Der Drehimpuls $\boldsymbol{L}$ ist eine lineare Vektorfunktion der Winkelgeschwindigkeit $\boldsymbol{\omega}$. Nach den Beziehungen (A 16.1a), (A 16.2) und (A 16.1) ist es für eine übersichtliche Schreibweise von (5.5a) günstig, die physikalische Größe Trägheitstensor einzuführen:

(D 5.6)
Trägheitstensor Θ

Die Größe

$$\Theta = \begin{pmatrix} \Theta_{xx} & \Theta_{xy} & \Theta_{xz} \\ \Theta_{yx} & \Theta_{yy} & \Theta_{yz} \\ \Theta_{zx} & \Theta_{zy} & \Theta_{zz} \end{pmatrix}$$

mit den Tensorkomponenten

$$\Theta_{xx} = \sum_{k=1}^{n} m_k(y_k^2 + z_k^2) \quad \text{bzw.} \quad \int (y^2 + z^2)\,\mathrm{d}m,$$
$$\Theta_{yy} = \sum_{k=1}^{n} m_k(z_k^2 + x_k^2) \quad \text{bzw.} \quad \int (z^2 + x^2)\,\mathrm{d}m,$$
$$\Theta_{zz} = \sum_{k=1}^{n} m_k(x_k^2 + y_k^2) \quad \text{bzw.} \quad \int (x^2 + y^2)\,\mathrm{d}m,$$
$$\Theta_{xy} = \Theta_{yx} = -\sum_{k=1}^{n} m_k x_k y_k \quad \text{bzw.} \quad -\int x\,y\,\mathrm{d}m,$$
$$\Theta_{yz} = \Theta_{zy} = -\sum_{k=1}^{n} m_k y_k z_k \quad \text{bzw.} \quad -\int y\,z\,\mathrm{d}m,$$
$$\Theta_{zx} = \Theta_{xz} = -\sum_{k=1}^{n} m_k z_k x_k \quad \text{bzw.} \quad -\int z\,x\,\mathrm{d}m$$

heißt Trägheitstensor des starren Körpers.

Bei Drehung des Koordinatensystems transformieren sich die Komponenten des Trägheitstensors entsprechend (A 16.4), die Größen Θ_{xx}, Θ_{xy} usw. können also als Komponenten eines Tensors aufgefaßt werden. Nach (D 5.6) genügen die Tensorkomponenten der Bedingung (A 16.5b); der Trägheitstensor ist ein symmetrischer Tensor 2. Stufe.

Mögliche Maßeinheit für die Komponenten des Trägheitstensors: $[\Theta] = \mathrm{kg\,m^2}$.

Setzt man die Komponenten des Trägheitstensors in (5.5a) ein, so folgt:

$$L_x = \Theta_{xx}\omega_x + \Theta_{xy}\omega_y + \Theta_{xz}\omega_z$$
$$L_y = \Theta_{yx}\omega_x + \Theta_{yy}\omega_y + \Theta_{yz}\omega_z \qquad (5.5)$$
$$L_z = \Theta_{zx}\omega_x + \Theta_{zy}\omega_y + \Theta_{zz}\omega_z$$

Ein Vergleich von (5.5) und (D 5.6) mit (A 16.1a) und (A 16.2) zeigt, daß nach (A 16.1) der Drehimpuls für den Spezialfall des starren Körpers auch wie folgt eingeführt werden kann:

(D 5.5a)
Drehimpuls $\boldsymbol{L}$ des starren Körpers

Die Größe

$$\boldsymbol{L} = \Theta\boldsymbol{\omega}$$

heißt Drehimpuls des starren Körpers.

Aus der Analogie von (D 5.5a) und (S 5.7) mit (D 3.8) und (S 3.5) folgt, daß beim Übergang von der Translations- zur Rotationsbewegung in den Gleichungen der Translationsbewegung der Impuls durch den Drehimpuls, die Masse durch den Trägheitstensor und die Bahngeschwindigkeit durch die Winkelgeschwindigkeit zu ersetzen sind (vgl. Tab. 5.3).

Während nach (D 3.8) Impuls und Bahngeschwindigkeit stets gleichgerichtet sind, gilt dies im allgemeinen nach (D 5.5a) und A. 16 für Drehimpuls und Winkelgeschwindigkeit nur noch in Richtung der Hauptachsen (Näheres siehe Abschnitt 5.4.4).

5.4.2 Rotation um feste Achsen

5.4.2.1 Beschreibung von Lage, Geschwindigkeit und Beschleunigung eines rotierenden Körpers, Arbeitsaufwand bei der Drehung

feste Achse

Man spricht von der Drehung eines starren Körpers um eine *feste Achse*, wenn die Rotationsachse im Körper festliegt und außerhalb des Körpers in einer Lagerung gehalten wird. In der Zeit Δt werden infolge der Drehung des Körpers alle Körperpunkte um den *gleichen* Winkel gedreht (Abb. 5.8). Nach (D 3.5) und (D 3.7) besitzen somit alle Körperpunkte *gleiche* Winkelgeschwindigkeit $\boldsymbol{\omega}$ und *gleiche* Winkelbeschleunigung $\dot{\boldsymbol{\omega}}$. Man bezeichnet daher φ als Drehwinkel des rotierenden Körpers, $\boldsymbol{\omega}$ als seine Winkelgeschwindigkeit und $\dot{\boldsymbol{\omega}}$ als seine Winkelbeschleunigung. Diese drei physikalischen Größen sind geeignet, Lage, Geschwindigkeit und Beschleunigung eines rotierenden Körpers zu beschreiben.

Beschreibung der Rotation eines starren Körpers durch Drehwinkel φ, Winkelgeschwindigkeit $\boldsymbol{\omega}$, Winkelbeschleunigung $\dot{\boldsymbol{\omega}}$

Der Vektorcharakter der Winkelgeschwindigkeit folgt aus dem Vektorcharakter von $\boldsymbol{v}$. Rotiert ein Körper mit den Winkelgeschwindigkeiten $\boldsymbol{\omega}_1$ und $\boldsymbol{\omega}_2$ um zwei sich schneidende Rotationsachsen (Abb. 5.9), so besitzt nach (3.4) ein bestimmter Körperpunkt P die Geschwindigkeiten

$$\boldsymbol{v}_1 = \boldsymbol{\omega}_1 \times \boldsymbol{s},$$

$$\boldsymbol{v}_2 = \boldsymbol{\omega}_2 \times \boldsymbol{s},$$

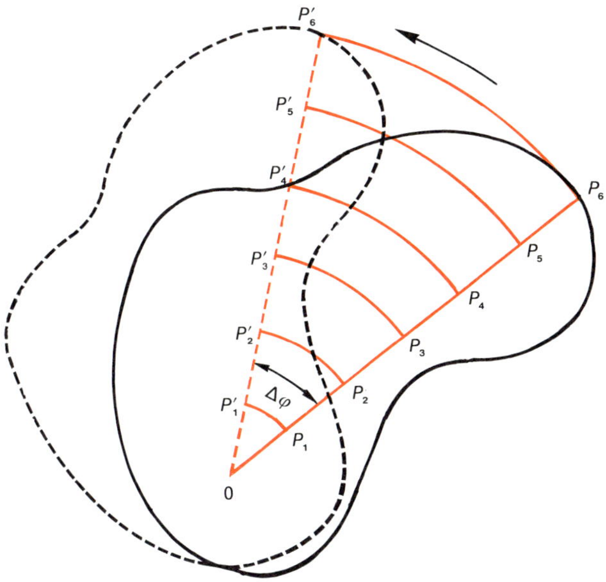

Abb. 5.8
Drehung eines starren Körpers (Drehachse senkrecht zur Papierebene). Alle Punkte des Körpers werden in der gleichen Zeit um den gleichen Winkel gedreht

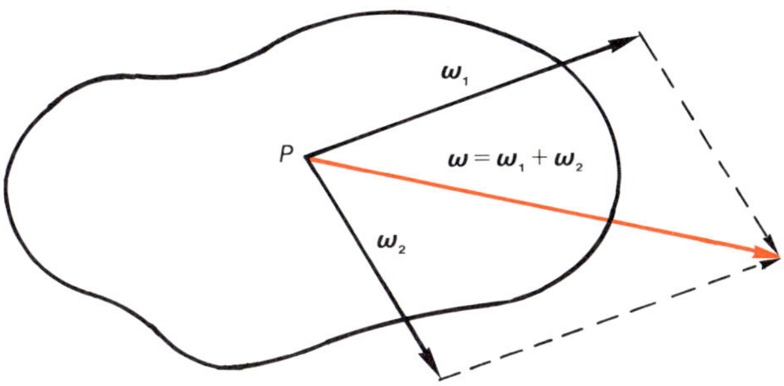

Abb. 5.9 Vektorielle Addition von Winkelgeschwindigkeiten

die sich nach (S 3.3) und (A 14.2) zur Gesamtgeschwindigkeit

$$\begin{aligned} \boldsymbol{v} &= (\boldsymbol{\omega}_1 \times \boldsymbol{s}) + (\boldsymbol{\omega}_2 \times \boldsymbol{s}) = (\boldsymbol{\omega}_2 \times \boldsymbol{s}) + (\boldsymbol{\omega}_1 \times \boldsymbol{s}) \\ &= (\boldsymbol{\omega}_1 + \boldsymbol{\omega}_2) \times \boldsymbol{s} = (\boldsymbol{\omega}_2 + \boldsymbol{\omega}_1) \times \boldsymbol{s} \end{aligned} \tag{5.6a}$$

zusammensetzen. Ein Vergleich von (5.6a) mit (S 3.3) zeigt, daß Winkelgeschwindigkeiten sich wie Vektoren addieren (vgl. (A 9.1a))

$$\boldsymbol{\omega} = \boldsymbol{\omega}_1 + \boldsymbol{\omega}_2 = \boldsymbol{\omega}_2 + \boldsymbol{\omega}_1 \,. \tag{5.6}$$

Wird (5.6) unter Beachtung von (D 3.5) mit dt multipliziert, so erkennt man, daß diese Aussage auch für unendlich kleine *Drehungen* Gültigkeit behält, d.h. für Drehungen des Körpers um infinitesimal kleine Winkel $d\varphi$. Wie man sich leicht anhand von Abb. 5.10 überzeugt, gilt diese Aussage für endliche Drehungen dagegen nicht mehr. Wird z.B. mit dem abgebildeten Quadrat jeweils eine Drehung um 90° um die x- und z-Achse ausgeführt, so ist das Resultat von der Reihenfolge der Drehungen abhängig. Wollte man analog $\boldsymbol{\omega} = \boldsymbol{\omega}_1 + \boldsymbol{\omega}_2$ einen „resultierenden Drehwinkel-Vektor" bilden und die entsprechende Bewegung ausführen, so erhielte man wiederum eine andere Endlage. Für endliche Drehwinkel gelten also die Gesetze der Vektoraddition nicht, endliche Drehungen sind nicht durch Vektoren darstellbar.

endliche Drehungen sind nicht durch Vektoren darstellbar

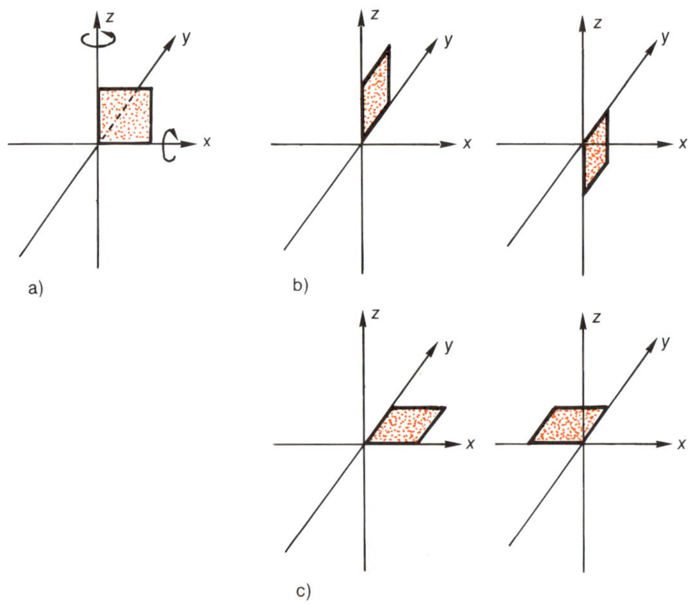

Abb. 5.10
Endliche Drehungen besitzen keinen Vektorcharakter, denn die Reihenfolge zweier nacheinander durchgeführten endlichen Drehungen ist nicht vertauschbar.
a) Ausgangslage
b) Drehung um 90° in den in a) angegebenen Richtungen (Pfeile) erst um die z-, dann um die x-Achse
c) Drehung um 90° in den in a) angegebenen Richtungen (Pfeile) erst um die x-, dann um die z-Achse

Winkelgeschwindigkeit ist ein axialer Vektor

Nach (D 3.5) ist die Winkelgeschwindigkeit ein axialer Vektor (vgl. A. 12), denn geht man von einem rechts- zu einem linkshändigen Koordinatensystem über, d.h. ersetzt man die Rechtsschraubenrichtung durch die Linksschraubenrichtung, so ändern die Komponenten des Vektors $\boldsymbol{\omega}$ bei dieser Transformation ihr Vorzeichen nicht.

Es werde nun die bei der Drehung verrichtete Arbeit berechnet. Der von einem Punkt des starren Körpers bei der Drehung um $d\varphi$ zurückgelegte Weg ds, die Geschwindigkeit v und Beschleunigung a dieses Körperpunktes hängen vom Abstand r dieses Punktes von der Rotationsachse ab, denn nach (3.2), (3.3a), (D 3.6) und (D 3.7) gilt

$$ds = r\,d\varphi\,,$$

$$v = r\omega\,,$$

$$a = r\dot{\omega}\,.$$

Im Abstand r von der Drehachse greife am Körper die Kraft $\boldsymbol{F}$ an. Sie bewirkt durch ihr Drehmoment eine Drehung des Körpers um den Winkel $d\varphi$. Nach (D 3.14), (3.2), (3.1a), (D 5.3), (A 11.1) und (A 12.1c) gilt für die hierbei von der Kraft verrichtete Arbeit (Abb. 5.11).

$$\begin{aligned} dW_A &= \boldsymbol{F}\cdot d\boldsymbol{s} \\ &= F\,ds\cos(90^\circ-\alpha) \\ &= Fr\,d\varphi\sin\alpha \\ &= M_\omega\,d\varphi = \boldsymbol{M}\cdot\boldsymbol{\omega}^0\,d\varphi\,. \end{aligned}$$

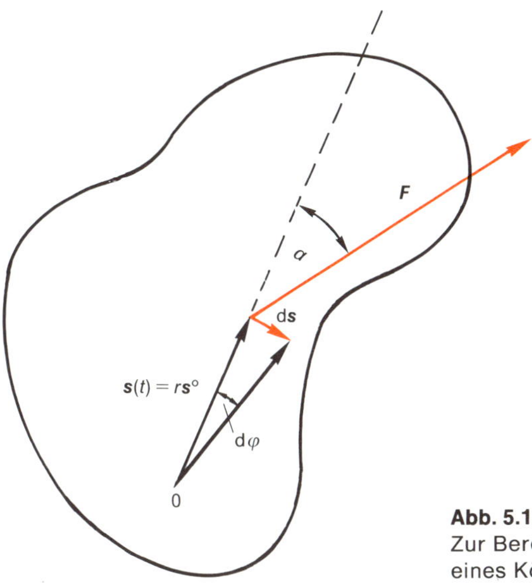

Abb. 5.11
Zur Berechnung der bei der Drehung eines Körpers verrichteten Arbeit

(S 5.8)
Bei der Drehung eines starren Körpers verrichtete Arbeit

Wird ein starrer Körper durch ein Drehmoment vom Betrage M um den Winkel $\varphi = \varphi_2 - \varphi_1$ um eine Achse in der Richtung $\boldsymbol{\omega}^0$ gedreht, so wird hierbei von der das Drehmoment bewirkenden Kraft die Arbeit

$$W_A = \int_{\varphi_1}^{\varphi_2} M_\omega\,d\varphi = \int_{\varphi_1}^{\varphi_2} \boldsymbol{M}\cdot\boldsymbol{\omega}^0\,d\varphi$$

verrichtet.

5.4.2.2 Trägheitsmoment, Satz von STEINER

Nach (5.5) ist der Drehimpuls eines starren Körpers eine lineare Vektorfunktion der Winkelgeschwindigkeit, wobei dieser Zusammenhang ganz allgemein und ohne Bezug auf eine bestimmte Lage der Drehachse durch den Trägheitstensor beschrieben wird. Es sollen nun die durch den Trägheitstensor charakterisierten Eigenschaften des starren Körpers bei Drehung um eine bestimmte, durch die Winkelgeschwindigkeit $\boldsymbol{\omega}$ festgelegte Achse ermittelt werden (Abb. 5.12). Der Abstand des Massenpunktes m_k $(k=1, 2, \ldots, n)$ von der Rotationsachse sei r_k $(k=1, 2, \ldots, n)$, seine Geschwindigkeit betrage v_k $(k=1, 2, \ldots, n)$. Infolge seiner Bewegung besitzt der k-te Massenpunkt des rotierenden starren Körpers nach (D 3.18) und (3.3) die kinetische Energie

$$W_{\mathrm{R}k} = \frac{m_k}{2} v_k^2 = \frac{1}{2} m_k r_k^2 \omega^2 ,$$

woraus sich die *Rotationsenergie* des rotierenden starren Körpers zu

Rotationsenergie des starren Körpers

$$W_{\mathrm{R}} = \frac{1}{2} \sum_{k=1}^{n} m_k v_k^2 = \frac{1}{2} \omega^2 \sum_{k=1}^{n} m_k r_k^2 \tag{5.7a}$$

ergibt. Betrachtet man entsprechend Abschnitt 5.2 den starren Körper als Kontinuum, dann geht bei Beachtung von (5.1) Beziehung (5.7a) über in

$$W_{\mathrm{R}} = \frac{1}{2} \omega^2 \int_V \varrho r^2 \,\mathrm{d}V . \tag{5.7b}$$

Für spätere Überlegungen (z. B. Abschn. 5.4.4) wird (5.7a) noch in eine andere Form gebracht. Mit (3.4) folgt aus (5.7a)

$$W_{\mathrm{R}} = \frac{1}{2} \sum_{k=1}^{n} m_k v_k^2 = \frac{1}{2} \sum_{k=1}^{n} m_k \boldsymbol{v}_k \cdot (\boldsymbol{\omega} \times \boldsymbol{s}_k)$$

und nach zyklischer Vertauschung von $\boldsymbol{v}_k$, $\boldsymbol{\omega}$ und $\boldsymbol{s}_k$ nach (A 14.3)

$$W_{\mathrm{R}} = \frac{1}{2} \sum_{k=1}^{n} m_k \boldsymbol{\omega} \cdot (\boldsymbol{s}_k \times \boldsymbol{v}_k) = \frac{1}{2} \boldsymbol{\omega} \cdot \sum_{k=1}^{n} m_k (\boldsymbol{s}_k \times \boldsymbol{v}_k) . \tag{5.7c}$$

Berücksichtigung von (D 5.5) und danach (D 5.5a) liefert

$$W_{\mathrm{R}} = \frac{1}{2} \boldsymbol{\omega} \cdot \boldsymbol{L} = \frac{1}{2} \boldsymbol{\omega} \cdot \Theta \boldsymbol{\omega} = \frac{\omega^2}{2} \boldsymbol{\omega}^0 \cdot \Theta \boldsymbol{\omega}^0 = \frac{\omega^2}{2} \Theta_\omega . \tag{5.7d}$$

Um zu zeigen, daß die Größe $\Theta_\omega = \boldsymbol{\omega}^0 \cdot \Theta \boldsymbol{\omega}^0$ ein Skalar ist und um gleichzeitig ihre physikalische Bedeutung zu erkennen, wird (3.4) in (5.7c) eingesetzt und anschließend (A 14.4) angewandt:

$$W_{\mathrm{R}} = \frac{1}{2} \boldsymbol{\omega} \cdot \sum_{k=1}^{n} m_k \boldsymbol{s}_k \times (\boldsymbol{\omega} \times \boldsymbol{s}_k) = \frac{1}{2} \boldsymbol{\omega} \cdot \sum_{k=1}^{n} m_k \{ s_k^2 \boldsymbol{\omega} - (\boldsymbol{s}_k \cdot \boldsymbol{\omega}) \boldsymbol{s}_k \} . \tag{5.7e}$$

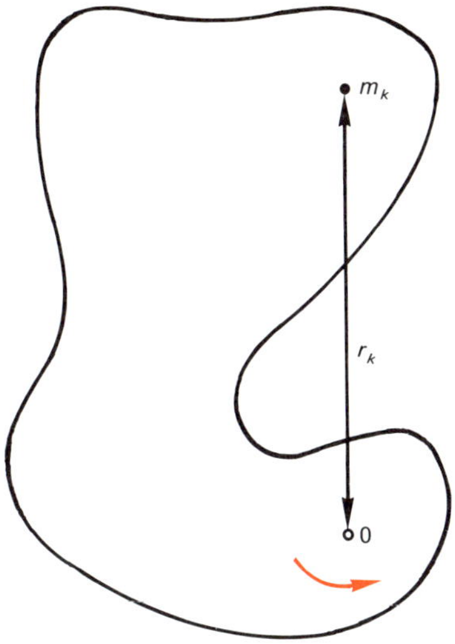

Abb. 5.12
Zur Definition des Trägheitsmomentes (Rotationsachse senkrecht zur Papierebene)

Gleichsetzen von (5.7d) und (5.7e) und Division durch $\frac{1}{2}\,\omega^2$ ergibt

$$\Theta_\omega = \boldsymbol{\omega}^0 \cdot \sum_{k=1}^{n} m_k \{\boldsymbol{s}_k{}^2 \boldsymbol{\omega}^0 - (\boldsymbol{s}_k \cdot \boldsymbol{\omega}^0)\, \boldsymbol{s}_k\} = \sum_{k=1}^{n} m_k \{\boldsymbol{s}_k{}^2 - (\boldsymbol{s}_k \cdot \boldsymbol{\omega}^0)^2\}\,. \quad (5.7\text{f})$$

Führt man in (5.7f) den Abstand r_k des Massenpunktes m_k von der Rotationsachse ein und wählt als Koordinatenursprungspunkt einen Punkt auf der Rotationsachse (Abb. 5.13), dann folgt

$$\Theta_\omega = \sum_{k=1}^{n} m_k r_k{}^2\,.$$

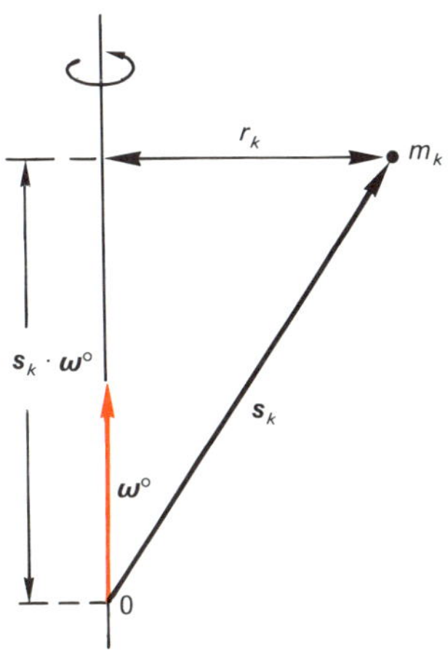

Abb. 5.13 Zur Definition des Trägheitsmomentes

(D 5.7)
Trägheitsmoment Θ_ω in bezug auf eine Rotationsachse in Richtung $\boldsymbol{\omega}^0$

Die Größe

$$\Theta_\omega = \boldsymbol{\omega}^0 \cdot \boldsymbol{\Theta} \boldsymbol{\omega}^0 = \sum_{k=1}^{n} m_k r_k^2 \quad \text{bzw.} \quad \int_V \varrho r^2 \, dV$$

heißt Trägheitsmoment des starren Körpers in bezug auf die Rotationsachse in Richtung $\boldsymbol{\omega}^0$.
r_k ist der Abstand des Massenpunktes m_k von der Rotationsachse, r der Abstand des Integrationspunktes von der Rotationsachse.

Mögliche Maßeinheit: $[\Theta_\omega] = \text{kg m}^2$.

Aus (5.7d) ist ersichtlich:

(S 5.9)
Rotationsenergie W_R

Rotiert ein starrer Körper mit der Winkelgeschwindigkeit $\boldsymbol{\omega}$ und beträgt sein Trägheitsmoment in bezug auf die durch $\boldsymbol{\omega}$ festgelegte Drehachse Θ_ω, so besitzt der rotierende Körper die Rotationsenergie

$$W_R = \frac{1}{2} \boldsymbol{\omega} \cdot \boldsymbol{L} = \frac{\Theta_\omega}{2} \omega^2.$$

Ein Vergleich von (S 5.9) mit (D 3.18) zeigt, daß man (S 5.9) aus (D 3.18) formal dadurch gewinnen kann, daß man in (D 3.18) beim Übergang zur Rotationsbewegung die Bahngeschwindigkeit $\boldsymbol{v}$ durch die Winkelgeschwindigkeit $\boldsymbol{\omega}$ und die Masse m durch das Trägheitsmoment Θ_ω in bezug auf die vorliegende Rotationsachse ersetzt.

Trägheitsmoment ist keine körpereigene Konstante

Nach (D 5.7) bezieht sich die Größe Trägheitsmoment auf eine bestimmte Rotationsachse, sie ist also keine körpereigene Konstante. Hingegen lassen sich mit Hilfe des Trägheitstensors alle Rotationsbewegungen um solche Achsen beschreiben, die sich in einem vorgegebenen Punkt schneiden. Sieht man von einer möglichen Schwerpunktbewegung ab, so werden die Bewegungseigenschaften des starren Körpers vollständig durch den Trägheitstensor bezüglich des Schwerpunktes erfaßt.

Trägheitsmomente können mit Hilfe von (D 5.7) rechnerisch ermittelt werden. Notwendige Voraussetzung hierfür ist die Kenntnis der Form und Massenverteilung des starren Körpers. Vielfach ist diese Voraussetzung nicht gegeben. Aber selbst dann, wenn sie erfüllt ist, ist in vielen Fällen die rechnerische Ermittlung von Trägheitsmomenten viel zu kompliziert. Daher wird meist der experimentellen Bestimmung von Trägheitsmomenten der Vorzug gegeben. Ein entsprechendes experimentelles Verfahren wird in Abschnitt 9.1.2.3 beschrieben.

Zur Bestimmung von Trägheitsmomenten kann nachfolgender Satz von Nutzen sein:

(S 5.10)
Satz von Steiner

Das Trägheitsmoment Θ_A eines starren Körpers in bezug auf eine Achse A ist gleich dem Trägheitsmoment Θ_S des Körpers in bezug auf eine zu A parallele Achse durch seinen Massenmittelpunkt plus dem Produkt aus Masse m des Körpers und Quadrat des Abstandes a beider Achsen

$$\Theta_A = \Theta_S + m a^2 .$$

(Satz von STEINER)

Der Beweis für (S 5.10) erfolgt anhand von Abb. 5.14. Es seien A und S die Punkte, in denen zwei parallele Achsen die Papierebene senkrecht durchstoßen. Die x-Achse eines Koordinatensystems sei so gelegt, daß die Punkte A und S auf ihr liegen, der Koordinatenursprungspunkt liege im Massenmittelpunkt, d.h., $x_S = 0$. Bezeichnet man mit r_k den Abstand des k-ten Massenpunktes m_k von der Achse A, mit ϱ_k den Abstand dieses Massenpunktes von der Achse S, so gilt nach (D 5.7), (2,3), (D 4.1) mit $\sum_{k=1}^{n} m_k = m$ und dem gewählten Koordinatenursprungspunkt ($x_S = 0$)

Herleitung des Satzes von STEINER

$$\Theta_A = \sum_{k=1}^{n} r_k^2 m_k , \tag{5.8a}$$

$$\Theta_S = \sum_{k=1}^{n} \varrho_k^2 m_k , \tag{5.8b}$$

$$x_S = \frac{\sum_{k=1}^{n} x_k m_k}{m} = 0 . \tag{5.8c}$$

Ferner gilt nach dem Kosinussatz

$$r_k^2 = a^2 + \varrho_k^2 - 2 a \varrho_k \cos \delta = a^2 + \varrho_k^2 - 2 a x_k . \tag{5.8d}$$

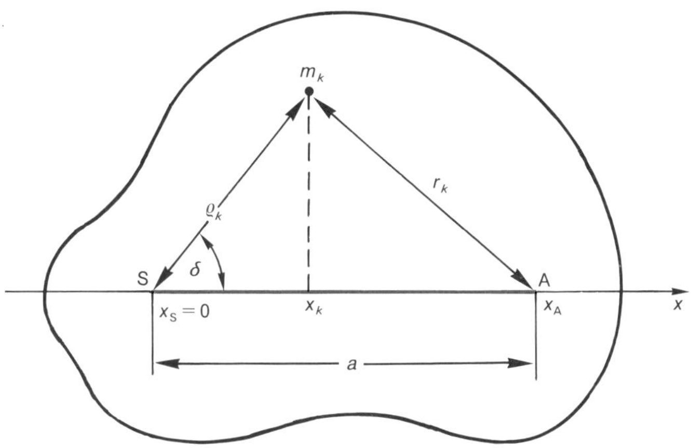

Abb. 5.14
Zur Herleitung des Steinerschen Satzes. Zwei parallele Drehachsen durchstoßen in den Punkten S und A die Papierebene

Einsetzen von (5.8d) in (5.8a) ergibt

$$\Theta_A = \sum_{k=1}^{n} r_k^2 m_k = a^2 \sum_{k=1}^{n} m_k + \sum_{k=1}^{n} \varrho_k^2 m_k - 2a \sum_{k=1}^{n} x_k m_k,$$

woraus unter Beachtung von $\sum_{k=1}^{n} m_k = m$, (5.8b) und (5.8c) sofort (S 5.10) folgt.

Als Anwendung von (S 5.10) soll das Trägheitsmoment eines Reifensegmentes (d.h. eines Teils einer Kreisumfangslinie, der homogen mit der Masse m belegt ist) in bezug auf eine Rotationsachse durch 0 (Abb. 5.15) senkrecht zur Reifenebene berechnet werden. Die Berechnung dieses Trägheitsmomentes durch unmittelbare Anwendung der Beziehung (D 5.7) ist kompliziert. Wir benutzen deshalb den Steinerschen Satz. Denkt man sich eine Rotationsachse parallel zu 0 durch den Mittelpunkt M des Kreises gelegt, so ist das Trägheitsmoment Θ_M in bezug auf diese Achse nach (D 5.7) und $\sum_{k=1}^{n} m_k = m$ gegeben durch

$$\Theta_M = \sum_{k=1}^{n} r_0^2 m_k = r_0^2 \sum_{k=1}^{n} m_k = r_0^2 m. \tag{5.9a}$$

Aus Symmetriegründen liegt nach (D 4.1) der Massenmittelpunkt des Segmentes auf der Verbindungslinie von M und 0. Sein Abstand von 0 sei s. Dann folgt nach (S 5.10) und (5.9a) für das Trägheitsmoment Θ_S in bezug auf eine parallel zu 0 durch den Massenmittelpunkt S gehende Rotationsachse

$$\Theta_S = \Theta_M - m(r_0 - s)^2 = 2m r_0 s - m s^2. \tag{5.9b}$$

Durch nochmalige Anwendung des Satzes von Steiner ergibt sich aus (5.9) das gesuchte Trägheitsmoment Θ_0 zu

$$\Theta_0 = \Theta_S + m s^2 = 2m r_0 s. \tag{5.9}$$

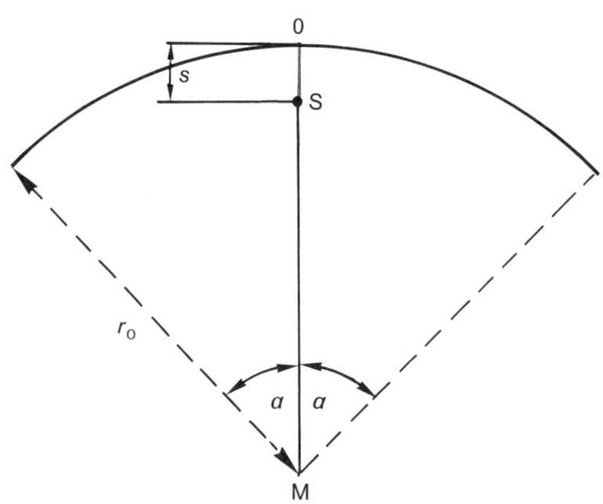

Abb. 5.15
Zur Berechnung des Trägheitsmomentes eines Reifensegmentes (Rotationsachse senkrecht zur Papierebene)

5.4.2.3 Bewegungsgleichung für den um eine feste Achse rotierenden Körper

An dem um eine feste Achse drehbaren starren Körper greife die Kraft $\boldsymbol{F}$ an und rufe am Körper das Drehmoment $\boldsymbol{M}$ hervor. Nach (S 5.8) wird von der Kraft bei der Drehung des Körpers um den Winkel $\mathrm{d}\varphi$ die Arbeit

$$\mathrm{d}W_\mathrm{A} = M_\omega \,\mathrm{d}\varphi \tag{5.10a}$$

verrichtet. Nach (S 5.9) und (D 3.7) entspricht dieser Arbeit ein Zuwachs zur Rotationsenergie von

$$\mathrm{d}W_\mathrm{R} = \mathrm{d}\left(\frac{\Theta_\omega}{2}\,\omega^2\right) = \frac{\mathrm{d}}{\mathrm{d}t}\left(\frac{\Theta_\omega}{2}\,\omega^2\right)\mathrm{d}t = \Theta_\omega\,\omega\,\dot{\omega}\,\mathrm{d}t\,. \tag{5.10b}$$

Mit (D 3.5) folgt aus (5.10a) und (5.10b)

$$M_\omega = \Theta_\omega \dot{\omega}$$

oder

$$\boldsymbol{M}_\omega = \Theta_\omega \dot{\boldsymbol{\omega}}\,. \tag{5.10}$$

Bewegungsgleichung für den rotierenden starren Körper

Beziehung (5.10) hat für den um eine feste Achse rotierenden Körper die gleiche Bedeutung wie das Newtonsche Grundgesetz (3.7) für die Translationsbewegung. Sie wird daher oft als Bewegungsgleichung des rotierenden starren Körpers bezeichnet.

Ein Vergleich von (3.7) mit (5.10) zeigt, daß sich die Bewegungsgleichung für den um eine feste Achse rotierenden starren Körper formal aus der Bewegungsgleichung der Translationsbewegung eines Massenpunktes dadurch gewinnen läßt, daß man in (3.7) die Kraft durch das Drehmoment, die Masse durch das Trägheitsmoment und die Beschleunigung durch die Winkelbeschleunigung ersetzt (Tab. 5.3).

Bei Voraussetzung fester Drehachsen gilt nach (5.10) und (S 5.7)

$$\frac{\mathrm{d}\boldsymbol{L}_\omega}{\mathrm{d}t} = \Theta_\omega \dot{\boldsymbol{\omega}}$$

oder mit (D 3.7) nach zeitlicher Integration

$$\boldsymbol{L}_\omega = \Theta_\omega \boldsymbol{\omega}\,. \tag{5.11}$$

Drehimpuls $\boldsymbol{L}_\omega$ für einen mit $\boldsymbol{\omega}$ um eine feste Achse rotierenden starren Körper

Ist die Voraussetzung fester Achsen nicht mehr erfüllt, dann verliert (5.11) seine Gültigkeit und ist durch die allgemeinere Beziehung (D 5.5a) zu ersetzen. Vielfach wird der Drehimpuls nur in Verbindung mit dieser Beziehung und damit ausschließlich mit Kreis- und Rotationsbewegungen gesehen. Es kommt aber auch dem sich auf einer Geraden bewegenden Massenpunkt ein Drehimpuls zu, falls der gewählte Koordinatenursprungspunkt nicht auf dieser Geraden liegt (s. (D 5.5)).

Als Beispiel zu (5.10) betrachten wir zwei zylinderförmige Körper von gleichem Radius, gleicher Masse, aber unterschiedlichem Trägheitsmoment (z.B. einen Vollzylinder aus Holz und einen Hohlzylinder aus Metall mit gleichem Radius und gleicher Masse (Abb. 5.16a)) und lassen sie nur infolge ihrer Eigengewichte eine schiefe Ebene herabrollen (Abb. 5.16b).

Da auf beide Körper auf Grund ihrer gleichen Masse und ihres gleichen Radius dasselbe Drehmoment wirkt, muß bei diesem Bewegungsvorgang der Körper mit dem kleineren Trägheitsmoment (Vollzylinder aus Holz) dem mit dem größeren Trägheitsmoment vorauseilen, da er nach (5.10) eine größere Winkelbeschleunigung besitzt. Die notwendige Voraussetzung zur Anwendung von (5.10) (feste Achse) ist erfüllt, da der Bewegungsvorgang als Überlagerung einer Rotationsbewegung um eine feste Achse mit einer translatorischen Parallelverschiebung dieser Achse aufgefaßt werden kann.

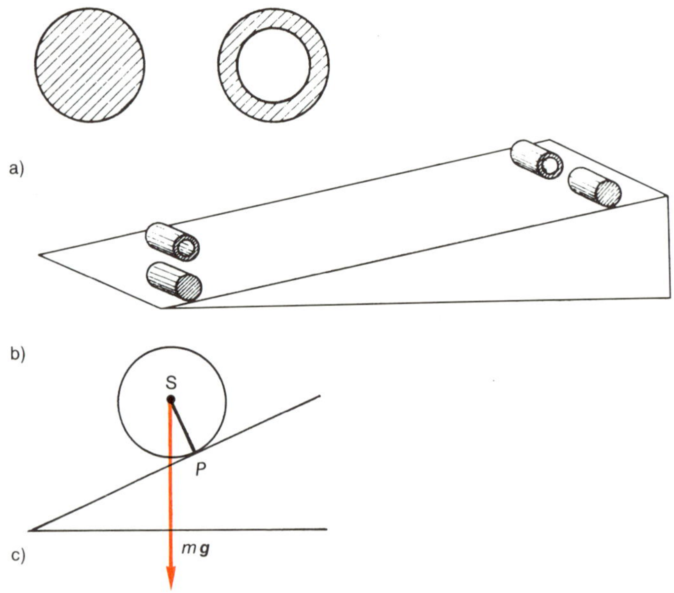

Abb. 5.16
Beim Herabrollen zweier Zylinder mit der gleichen Masse, aber mit unterschiedlichen Trägheitsmomenten (a) auf einer schiefen Ebene eilt der Zylinder mit dem kleineren Trägheitsmoment voraus (b), da auf beide Zylinder auf Grund ihrer gleichen Masse das gleiche Drehmoment wirkt (c)

Sonderfälle von (5.10) sind:

gleichförmige Rotationsbewegung

a) $$\dot{\omega} = 0 \tag{5.12a}$$

(gleichförmige Rotationsbewegung).

Damit folgt durch Integration von (D 3.5) und (D 3.7)

$$\omega = \omega_0 = \mathbf{const}, \tag{5.12b}$$

$$\varphi = \omega_0 t + \varphi_0 . \tag{5.12c}$$

Die Winkelgeschwindigkeit ist konstant, der Drehwinkel hängt linear von der Zeit ab.

b) $\dot{\omega} = \dot{\omega}_0 = \mathbf{const}$ (5.13a)

(gleichmäßig beschleunigte Rotationsbewegung).

gleichmäßig beschleunigte Rotationsbewegung

Mit (5.13a) folgt durch Integration von (D 3.5) und (D 3.7)

$$\omega = \dot{\omega}_0 t + \omega_0 \qquad (5.13b)$$

$$\varphi = \frac{\dot{\omega}_0}{2} t^2 + \omega_0 t + \varphi_0 . \qquad (5.13c)$$

Die Winkelgeschwindigkeit hängt linear, der Drehwinkel quadratisch von der Zeit ab.

5.4.3 Erhaltungssatz des Drehimpulses

Wirkt auf ein System von Massenpunkten kein resultierendes äußeres Drehmoment, so gilt nach (S 5.7)

$$\frac{\mathrm{d}\boldsymbol{L}}{\mathrm{d}t} = \boldsymbol{0} .$$

Durch zeitliche Integration folgt $\boldsymbol{L} = \mathbf{const}$, d.h.:

Ist die Summe der äußeren Drehmomente auf ein physikalisches System gleich Null, so bleibt sein Drehimpuls erhalten:

$\boldsymbol{L} = \mathbf{const}$ für ${}^{\ddot{a}}\boldsymbol{M} = \boldsymbol{0}$

(Drehimpulserhaltungssatz).

(S 5.11) Drehimpulserhaltungssatz

Experimentell läßt sich die Gültigkeit von (S 5.11) leicht zeigen: Die Felge eines Fahrradrades wird mit Blei verstärkt und erhält dadurch entsprechend (5.11) und (D 5.7) bei gegebener Winkelgeschwindigkeit einen großen Drehimpuls. Eine Versuchsperson setzt sich auf einen Drehschemel und richtet das ruhende Rad derart aus, daß die Rotationsachse des Rades parallel zu der des Drehschemels (Abb. 5.17) steht. Versetzt die Versuchsperson das Rad in Rotation, so beginnt sie sich selbst in entgegengesetzter Richtung zu drehen, da das auf das Rad ausgeübte Drehmoment aus dem System stammt und somit nach (S 5.11) die Drehimpulskomponente des Systems parallel zur Schemelachse (hier $\boldsymbol{L} = \boldsymbol{0}$) unverändert bleiben muß (Abb. 5.17a). Dreht die Versuchsperson nun die Rotationsachse des Rades um 90°, so ruht sie wieder, da jetzt der Drehimpuls des Rades senkrecht zur Drehachse des Schemels steht, daher keine Komponente des Drehimpulses in Richtung der Rotationsachse des Schemels vorliegt (Abb. 5.17b). Dreht man das Rad um weitere 90° (Abb. 5.17c), dann dreht sich die Versuchsperson entgegengesetzt zu den in Abb. 5.17a dargestellten Verhältnissen. Ganz anders verläuft das Experiment, wenn das Rad von außen in Rotation versetzt wird (Abb. 5.18). Entsprechend der Voraussetzung zu (S 5.11) verbleibt die Versuchsperson in Ruhe, da der Dreh-

Beispiele für den Drehimpulserhaltungssatz

impuls von einem Drehmoment außerhalb des Systems hervorgerufen wird (Abb. 5.18a). Dreht jetzt die Versuchsperson die Rotationsachse um 90°, so beginnt sie sich selbst in der ursprünglichen Rotationsrichtung des Rades zu drehen, da nach (S 5.11) die Drehimpulskomponente des Systems parallel zur Schemelachse erhalten bleiben muß (Abb. 5.18b). Wird das Rad

Abb. 5.17
Versuch zum Drehimpulserhaltungssatz. Die auf dem Drehschemel sitzende Person versetzt das Rad selbst in Rotation

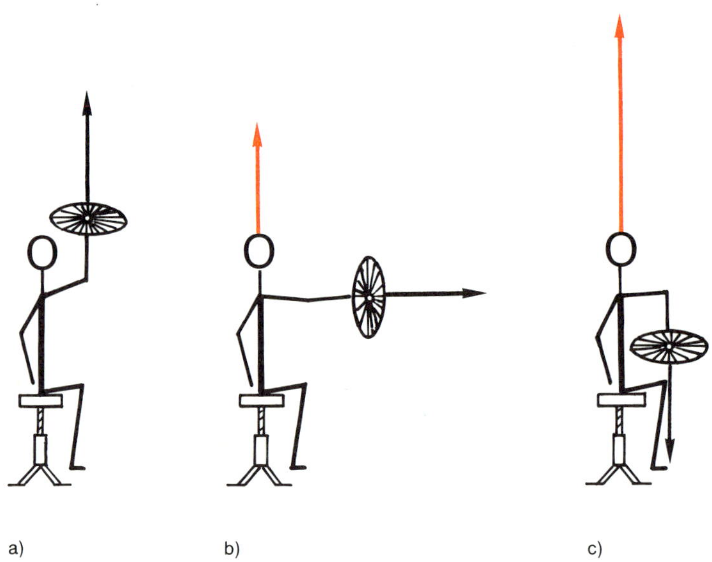

Abb. 5.18
Versuch zum Drehimpulserhaltungssatz. Das Rad wird von einer Person außerhalb des Systems in Rotation versetzt

um weitere 90° gedreht, so muß aus gleichem Grund sich die Versuchsperson mit doppelter Winkelgeschwindigkeit wie in Abb. 5.18b drehen (Abb. 5.15c).

Flächensatz als Spezialfall des Drehimpulserhaltungssatzes

Auch der in (S 3.11) behandelte Flächensatz ist ein Spezialfall des Drehimpulserhaltungssatzes. Der vom Planeten zur Sonne gerichtete Kraftvektor ist antiparallel zum Vektor $\boldsymbol{s}$ von der Sonne zum Planeten (Abb. 5.19), woraus nach (D 5.3) $\boldsymbol{M} = \boldsymbol{0}$ und somit nach (S 5.11) $\boldsymbol{L} = \mathbf{const}$ folgt. Damit gilt nach (D 5.5) und (D 3.4).

$$\boldsymbol{s} \times \frac{\mathrm{d}\boldsymbol{s}}{\mathrm{d}t} = \mathbf{const.}$$

Nach (A 12.1c) ergibt $|\boldsymbol{s} \times \mathrm{d}\boldsymbol{s}|$ den doppelten Wert des in der Zeit $\mathrm{d}t$ vom Radiusvektor überstrichenen Flächenstückes (Abb. 5.19), d.h., die in gleichen Zeiten vom Ortsvektor überstrichene Fläche ist konstant (Flächensatz).

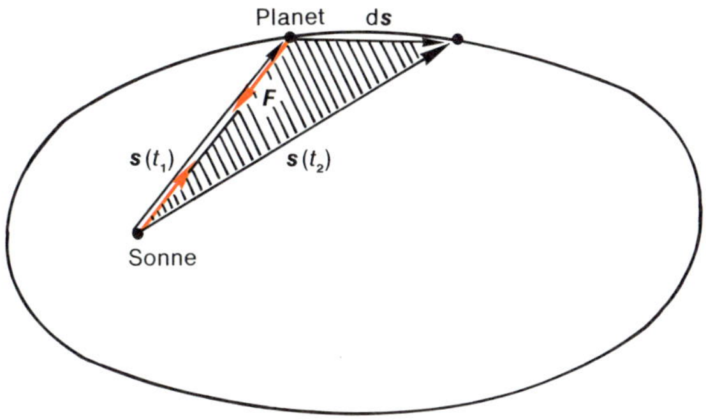

Abb. 5.19 Zur Herleitung des Flächensatzes

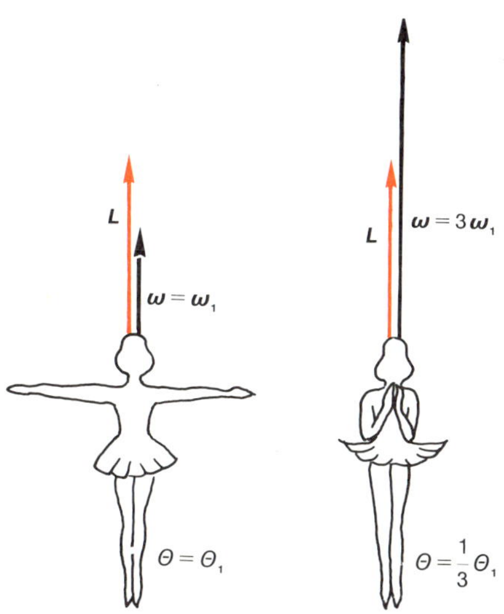

Abb. 5.20
Die Pirouette. Durch Anziehen der Arme wird das Trägheitsmoment verkleinert und damit die Winkelgeschwindigkeit vergrößert

Aus der Konstanz von $\boldsymbol{L}$ folgt für das Zweikörpersystem Planet–Sonne wegen $\boldsymbol{L} = \boldsymbol{\Theta}\,\boldsymbol{\omega}$ auch die Konstanz von $\boldsymbol{\omega}^0$, weshalb die Planetenbewegung eine ebene Bewegung ist.

Pirouette

Die vom Eiskunstlauf bekannte Pirouette stellt ebenfalls eine Anwendung des Drehimpulserhaltungssatzes dar. Die Eiskunstläuferin beginnt ihre Drehung mit seitlich ausgestreckten Armen (Abb. 5.20). Durch plötzliches Anziehen der Arme verkleinert sie nach (D 5.7) ihr Trägheitsmoment und vergrößert somit, da ihr Drehimpuls bei dieser Bewegung nach (S 5.11) konstant bleibt, nach (5.11) ihre Winkelgeschwindigkeit.

Ursachen für die Schwankungen der Erdrotation

Auch die im Abschnitt 2.1.1 erwähnten Schwankungen der Erdrotation haben ihre Ursachen in einer Veränderung des Trägheitsmomentes der Erde infolge von Massenverlagerungen (z. B. Schneeschmelze im Frühjahr in weiten Gebieten Asiens).

In Tabelle 5.3 sind einige wichtige Beziehungen der Translations- und Rotationsbewegung gegenübergestellt.

Tabelle 5.3
Gegenüberstellung einiger wichtiger Beziehungen von Translation und Rotation

Translation	**Rotation**
Ortsvektor $\boldsymbol{s} = \boldsymbol{s}(t)$ (2.3)	Rotationswinkel $\varphi = \varphi(t)$ Darstellung endlicher Drehungen durch Vektoren nicht möglich. (Abschn. 5.4.2.1.)
Geschwindigkeit $\boldsymbol{v} = \frac{\mathrm{d}\boldsymbol{s}}{\mathrm{d}t}$ (D 3.4)	Winkelgeschwindigkeit $\boldsymbol{\omega} = \frac{\mathrm{d}\varphi}{\mathrm{d}t}\boldsymbol{\omega}^0$ (D 3.5)
Beschleunigung $\boldsymbol{a} = \frac{\mathrm{d}\boldsymbol{v}}{\mathrm{d}t}$ (D 3.6)	Winkelbeschleunigung $\dot{\boldsymbol{\omega}} = \frac{\mathrm{d}\boldsymbol{\omega}}{\mathrm{d}t}$ (D 3.7)
Masse m (D 2.7)	Trägheitstensor $\boldsymbol{\Theta}$ (D 5.6) Sonderfall fester Rotationsachse: Trägheitsmoment Θ_ω (D 5.7)
Impuls $\boldsymbol{p} = m\,\boldsymbol{v}$ (D 3.8)	Drehimpuls $\boldsymbol{L} = \boldsymbol{\Theta}\,\boldsymbol{\omega}$ (D 5.5 a) Sonderfall fester Rotationsachse: $\boldsymbol{L}_\omega = \Theta_\omega\,\boldsymbol{\omega}$ (5.11)

Translation	**Rotation**
Kraft $F = \frac{\mathrm{d}\boldsymbol{p}}{\mathrm{d}t}$ (S 3.5) Sonderfall konstanter Masse $\boldsymbol{F} = m\,\boldsymbol{a}$ (3.7)	Drehmoment $\boldsymbol{M} = \frac{\mathrm{d}\boldsymbol{L}}{\mathrm{d}t}$ (S 5.7) Sonderfall fester Rotationsachse $\boldsymbol{M}_\omega = \Theta_\omega\,\boldsymbol{\omega}$ (5.10)
Impulserhaltungssatz $^{\mathrm{ä}}\boldsymbol{F} = \boldsymbol{0} \qquad \boldsymbol{p} = \mathbf{const}$ (S 3.23)	Drehimpulserhaltungssatz $^{\mathrm{ä}}\boldsymbol{M} = \boldsymbol{0} \qquad \boldsymbol{L} = \mathbf{const}$ (S 5.11)
Translationsenergie $W_\mathrm{k} = \frac{1}{2}\boldsymbol{p}\cdot\boldsymbol{v} = \frac{m}{2}\boldsymbol{v}^2$ (D 3.18)	Rotationsenergie $W_\mathrm{R} = \frac{1}{2}\boldsymbol{L}\cdot\boldsymbol{\omega} = \frac{\Theta_\omega}{2}\omega^2$ (S 5.9)
Arbeit bei einer Translations-bewegung $W_\mathrm{A} = \int\limits_{\substack{P_1\\ \boldsymbol{s}}}^{P_2} \boldsymbol{F}\cdot\mathrm{d}\boldsymbol{s} = \int\limits_{\substack{P_1\\ \boldsymbol{s}}}^{P_2} F_s\,\mathrm{d}s$ (D 3.14)	Arbeit bei einer Rotations-bewegung $W_\mathrm{A} = \int\limits_{\varphi_1}^{\varphi_2} \boldsymbol{M}\cdot\boldsymbol{\omega}^0\,\mathrm{d}\varphi = \int\limits_{\varphi_1}^{\varphi_2} M_\omega\,\mathrm{d}\varphi$ (S 5.8)
gleichförmig geradlinige Bewegung $\boldsymbol{a} = \boldsymbol{0}$ $\boldsymbol{v} = \boldsymbol{v}_0 = \mathbf{const}$ $\boldsymbol{s} = \boldsymbol{v}_0 t + \boldsymbol{s}_0$ (3.14 a)	gleichförmige Rotationsbewegung um eine feste Achse $\dot{\boldsymbol{\omega}} = \boldsymbol{0}$ $\boldsymbol{\omega} = \boldsymbol{\omega}_0 = \mathbf{const}$ $\varphi = \omega_0 t + \varphi_0$ (5.12)
gleichförmig beschleunigte Bewegung $\boldsymbol{a} = \boldsymbol{a}_0 = \mathbf{const}$ $\boldsymbol{v} = \boldsymbol{a}_0 t + \boldsymbol{v}_0$ $s = \frac{\boldsymbol{a}_0}{2}t^2 + \boldsymbol{v}_0 t + \boldsymbol{s}_0$ (3.14 b)	gleichförmig beschleunigte Rotations-bewegung um eine feste Achse $\dot{\boldsymbol{\omega}} = \dot{\boldsymbol{\omega}}_0 = \mathbf{const}$ $\boldsymbol{\omega} = \dot{\boldsymbol{\omega}}_0 t + \boldsymbol{\omega}_0$ $\varphi = \frac{\dot{\omega}_0}{2}t^2 + \omega_0 t + \varphi_0$ (5.13)

5.4.4 Rotation um freie Achsen

Bei den in Abschnitt 5.4.2 betrachteten Rotationsbewegungen handelte es sich um Drehungen um *feste* Achsen, d.h. um Achsen, die

a) im Körper festliegen, feste Achse
b) außerhalb des Körpers durch Lager oder ähnliche Vorrichtungen in einer bestimmten Richtung gehalten werden.

Voraussetzung b) wird jetzt fallengelassen, und es werden Rotationsbewegungen betrachtet, deren Drehachse im Körper wohl noch festliegt, aber außerhalb des Körpers weder durch Lager noch andere Vorrichtungen zur Beibehaltung einer bestimmten Richtung gezwungen wird. Die rotierende Diskusscheibe, die Drehbewegung bei Ausführung eines Saltos bzw. einer Pirouette usw. stellen derartige Rotationsbewegungen dar. Sie erfolgen um bevorzugte Körperachsen, deren Lage im folgenden berechnet werden soll.

Dazu denke man sich durch den Massenmittelpunkt eines starren Körpers Drehachsen beliebiger Richtung $\boldsymbol{\omega}^0$ gelegt und bestimme das zu jeder dieser Richtung gehörige Trägheitsmoment Θ_ω. Mit diesen beiden Größen (Richtungen der Drehachse $\boldsymbol{\omega}^0$ und zugehöriges Trägheitsmoment Θ_ω) werden zu jeder möglichen Drehachsenrichtung $\boldsymbol{\omega}^0$ die vom Massenmittelpunkt des Körpers als Koordinatenursprungspunkt ausgehenden Vektoren

$$\boldsymbol{u} = u_x \boldsymbol{i} + u_y \boldsymbol{j} + u_z \boldsymbol{k} = \Theta_\omega^{-\frac{1}{2}} \boldsymbol{\omega}^0 \tag{5.14}$$

konstruiert.

Mit dem so festgelegten Vektor $\boldsymbol{u}$ folgt aus (5.7d)

$$\boldsymbol{u} \cdot \Theta \boldsymbol{u} = \frac{\boldsymbol{\omega}^0 \cdot \Theta \boldsymbol{\omega}^0}{\Theta_\omega} = 1 \tag{5.15a}$$

und nach (A 16.6a)

$$\Theta_{xx} u_x^2 + \Theta_{yy} u_y^2 + \Theta_{zz} u_z^2 + 2\Theta_{xy} u_x u_y$$

$$+ 2\Theta_{yz} u_y u_z + 2\Theta_{zx} u_z u_x = 1\,. \tag{5.15b}$$

Gleichung (5.15b) stellt im $\boldsymbol{u}$-Raum eine Fläche 2. Grades dar, auf der die Spitzen der Vektoren $\boldsymbol{u}$ liegen (A. 16).

Da nach (D 5.7) für jede mögliche Richtung $\boldsymbol{\omega}^0$ das zugehörige Trägheitsmoment $\Theta_\omega \neq 0$ ist, ist nach (5.14) der Betrag des Vektors $\boldsymbol{u}$ stets endlich ($|\boldsymbol{u}| < \infty$). Die Fläche (5.15b) besitzt daher nur Punkte im Endlichen; d.h. sie stellt ein Ellipsoid dar.

Entsprechend (A 16.6) genügt (5.15b) im Hauptachsensystem $\hat{x}$, $\hat{y}$, $\hat{z}$ der Darstellung

$$\Theta_{\hat{x}\hat{x}} u_{\hat{x}}^2 + \Theta_{\hat{y}\hat{y}} u_{\hat{y}}^2 + \Theta_{\hat{z}\hat{z}} u_{\hat{z}}^2 = 1\,. \tag{5.15}$$

Trägheitsellipsoid
Hauptträgheitsachsen
Hauptträgheitsmomente

Das durch die Vorschrift (5.14) festgelegte Ellipsoid (5.15b) bzw. (5.15) heißt *Trägheitsellipsoid* des starren Körpers, seine Hauptachsen *Hauptträgheitsachsen*, die zu den Hauptachsen ($\boldsymbol{\omega}^0$ in Richtung der Hauptachsen) gehörigen Trägheitsmomente $\Theta_{\hat{x}\hat{x}}$, $\Theta_{\hat{y}\hat{y}}$ und $\Theta_{\hat{z}\hat{z}}$ *Hauptträgheitsmomente.* Entsprechend (A 16.6d) gehört zur größten (kleinsten) Hauptträgheitsachse das kleinste (größte) Hauptträgheitsmoment.

Die zu einer vorgegebenen Richtung $\boldsymbol{\omega}^0$ der Drehachse gehörige Drehimpulsrichtung $\boldsymbol{L}^0$ läßt sich nach der in A.16 gegebenen Konstruktion finden (Abb. A 16.1).

Allgemein besitzt ein Körper drei aufeinander senkrecht stehende ungleiche Hauptachsen (Abb. 5.21a). Seine Hauptträgheitsmomente sind ungleich ($\Theta_{\hat{x}\hat{x}} \neq \Theta_{\hat{y}\hat{y}} \neq \Theta_{\hat{z}\hat{z}}$); Winkelgeschwindigkeit $\boldsymbol{\omega}$ und Drehimpuls $\boldsymbol{L}$ sind nur in Richtung der drei Hauptträgheitsachsen einander parallel (vgl. Abb. 5.21a). Dieser Fall liegt zum Beispiel beim Trägheitsellipsoid einer Zigarrenkiste vor (vgl. Abb. 5.22).

Bei Vorliegen bestimmter Symmetrieeigenschaften des Körpers kann das Trägheitsellipsoid zu einem Rotationsellipsoid (zwei Hauptträgheitsmomente sind gleich) oder zu einer Kugel (alle drei Hauptträgheitsmomente sind gleich) entarten (siehe Abb. 5.21b und 5.21c). So besitzt ein rotationssymmetrischer homogener Körper ein Rotationsellipsoid als Trägheitsellipsoid. Seine geometrische Symmetrieachse ist zugleich die ausgezeichnete Hauptachse seines Trägheitsellipsoids. In der Ebene, die den Massenmittelpunkt enthält und senkrecht zu dieser Achse liegt, ist jede mögliche Richtung zugleich Hauptachsenrichtung (siehe Abb. 5.21b). Liegt die Rotationsachse in dieser Ebene, so sind stets Winkelgeschwindigkeit $\boldsymbol{\omega}$ und Drehimpuls $\boldsymbol{L}$ gleichgerichtet (Abb. 5.21b).

Für den homogenen kugelförmigen Körper artet das Trägheitsellipsoid zur Kugel aus. Jede Achse durch den Massenmittelpunkt ist Hauptachse, für alle Richtungen $\boldsymbol{\omega}^0$ sind Winkelgeschwindigkeit $\boldsymbol{\omega}$ und Drehimpuls $\boldsymbol{L}$ gleichgerichtet (Abb. 5.21c).

Der starre Körper rotiere um eine seiner Hauptträgheitsachsen. Es sind dann $\boldsymbol{L}$ und $\boldsymbol{\omega}$ gleichgerichtet (Abb. 5.21a), und nach (S 5.7) kann ein re-

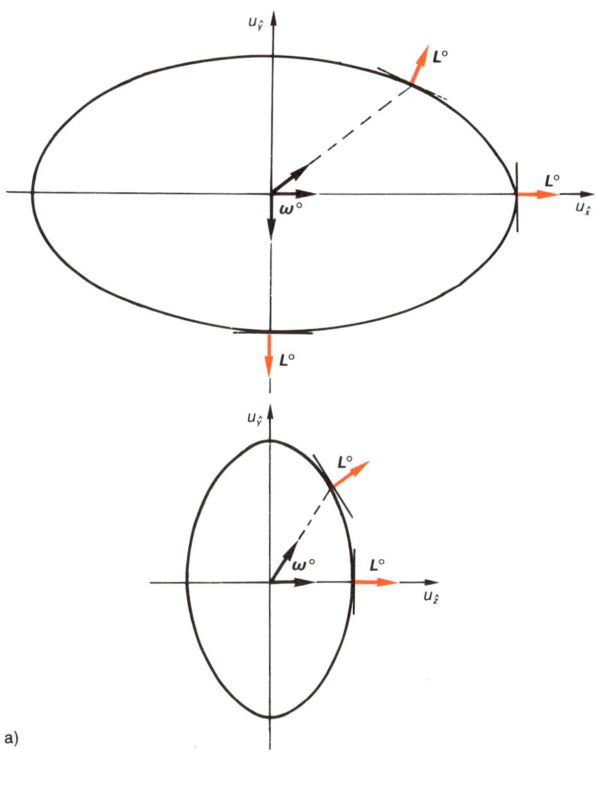

Abb. 5.21a)

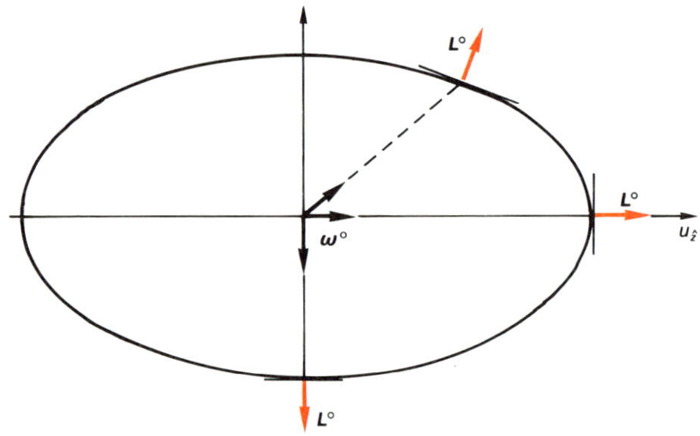

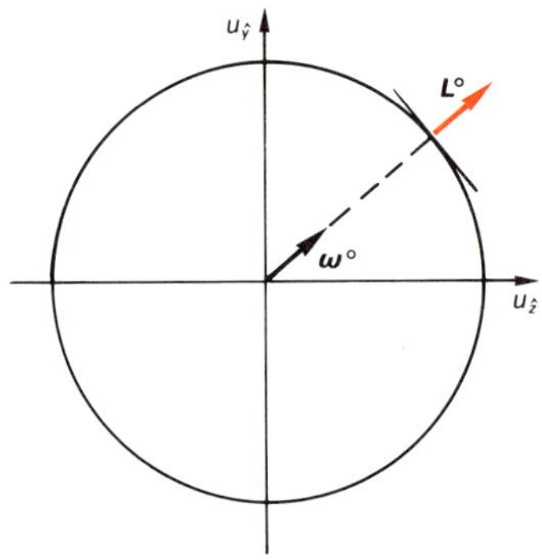

b)

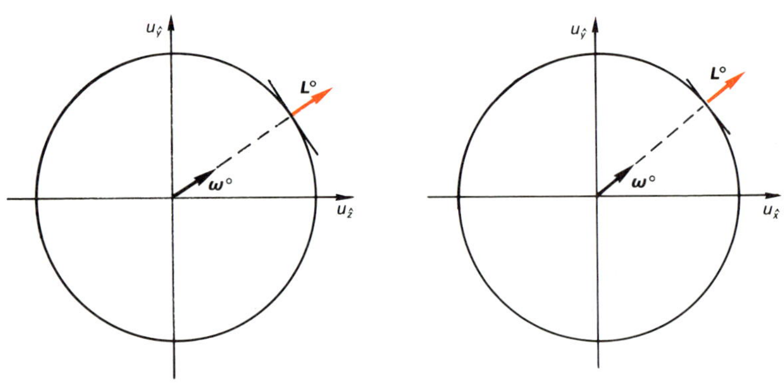

c)

Abb. 5.21
Konstruktion der zur Richtung $\boldsymbol{\omega}^0$ der Drehachse gehörigen Richtung $\boldsymbol{L}^0$ des Drehimpulses mit Hilfe des Trägheitsellipsoids
a) $\Theta_{\hat x\hat x} \neq \Theta_{\hat y\hat y} \neq \Theta_{\hat z\hat z}$
b) $\Theta_{\hat x\hat x} \neq \Theta_{\hat y\hat y} = \Theta_{\hat z\hat z}$
c) $\Theta_{\hat x\hat x} = \Theta_{\hat y\hat y} = \Theta_{\hat z\hat z}$

sultierendes Drehmoment (bei Veränderung des Betrages von ω) nur in Richtung von ω auftreten. Da ein derart gerichtetes Drehmoment die Lage ω^0 der Rotationsachse nicht zu verändern vermag, befindet sich der starre Körper bei Rotation um eine seiner Hauptträgheitsachsen bezüglich der Lage der Rotationsachse im Gleichgewicht (vgl. auch Abschnitt 5.3.2). Entfernt man die Rotationsachse aus dieser Gleichgewichtslage, dann greifen an dieser körperfesten Achse und damit am rotierenden Körper Kräfte an. Rotiert der Körper um eine Achse nahe der kleinsten oder größten Hauptträgheitsachse, so schwankt unter Wirkung dieser Kräfte seine Rotationsachse in einem kleinen Bereich um die Hauptträgheitsachse (vgl. A. 23, stabiles Gleichgewicht). Rotiert der Körper dagegen um eine Achse beliebig nahe der mittleren Hauptträgheitsachse, so wird die Rotationsachse durch die auf sie einwirkenden Kräfte immer mehr aus ihrer Gleichgewichtslage entfernt (vgl. A. 23, labiles Gleichgewicht).

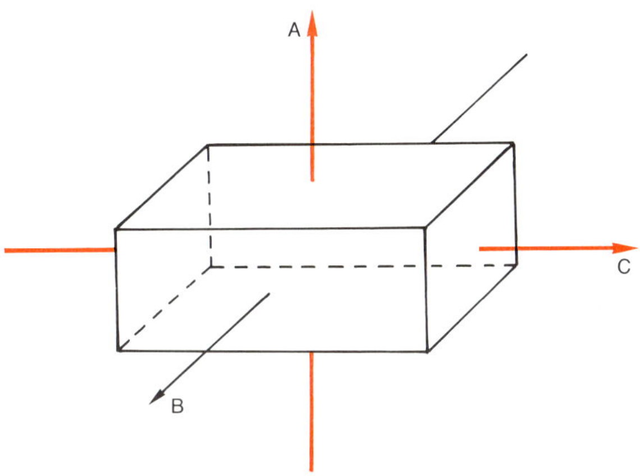

Abb. 5.22
Freie Achsen einer Zigarrenkiste. Die Rotation um die kleinste (A) und die größte (C) Hauptträgheitsachse ist stabil, die Rotation um die mittlere (B) labil

Zusammenfassend kann man sagen:

> Die Rotation eines starren Körpers um eine seiner Hauptträgheitsachsen erfolgt kräftefrei. Bei Rotation um die größte oder kleinste Hauptträgheitsachse ist die Achslage stabil, bei Rotation um die mittlere labil. Die Rotation um die kleinste Hauptträgheitsachse ist stabiler als dieRotation um die größte.

(S 5.12)
Gleichgewicht bei Rotation um freie Achsen

Da nach (S 5.12) die Rotation eines starren Körpers um seine Hauptträgheitsachsen kräftefrei erfolgt, nennt man diese Achsen *freie Achsen* des Körpers.

freie Achsen

Rotierende Teile von Maschinen (Rotoren von Elektromotoren, PKW-Räder, Schwungräder usw.) drehen sich um eine freie Achse. Die Beanspru-

Auswuchten von Rädern

chung ihrer Lager wird dadurch so gering wie möglich gehalten. Kleine Abweichungen der Rotationsachse von der freien Achse werden durch das sogenannte Auswuchten beseitigt.

Die Gültigkeit von (S 5.12) läßt sich leicht mit einer rotierenden Zigarrenkiste zeigen. Rotiert sie um ihre größte oder kleinste Hauptträgheitsachse (vgl. Abb. 5.22), so behält die Drehachse ihre Richtung bei. Dagegen bekommt man bei Drehung um die mittlere Hauptträgheitsachse keine stabile Achslage, die Zigarrenkiste beginnt zu trudeln.

Pirouette und Salto erfolgen um eine stabile Achslage

Die Eiskunstläuferin dreht sich bei der Pirouette um ihre größte Hauptträgheitsachse, der Turmspringer beim Salto um seine kleinste, d.h., die Rotationen erfolgen um eine stabile Achslage.

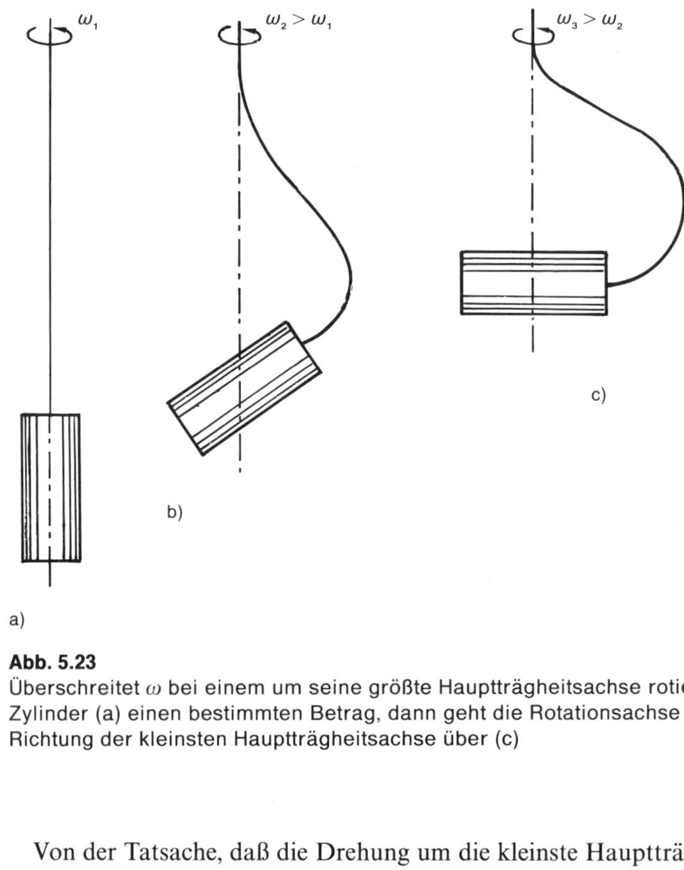

Abb. 5.23
Überschreitet ω bei einem um seine größte Hauptträgheitsachse rotierenden Zylinder (a) einen bestimmten Betrag, dann geht die Rotationsachse in die Richtung der kleinsten Hauptträgheitsachse über (c)

Von der Tatsache, daß die Drehung um die kleinste Hauptträgheitsachse stabiler ist als um die größte, überzeugt man sich leicht, indem man einen zylindrischen Stab bzw. eine Scheibe in Rotation um die größte Hauptträgheitsachse versetzt. Überschreitet der Betrag der Winkelgeschwindigkeit einen bestimmten Wert, dann geht die Rotationsachse in die stabilere Achslage über (siehe Abb. 5.23).

5.4.5 Kreiselbewegungen

In diesem Abschnitt wird auch noch die Voraussetzung der festen Lage der Drehachse im starren Körper fallengelassen. Rotationsbewegungen, bei denen sowohl die äußere Halterung der Drehachse als auch die Festlegung einer bestimmten Achsenrichtung im starren Körper fehlt, heißen *Kreiselbewegungen.*

Kreiselbewegungen

Wir betrachten im weiteren die Kreiselbewegung eines homogenen rotationssymmetrischen Körpers. Derartige Körper nennt man *symmetrische Kreisel,* ihre geometrisch ausgezeichnete Achse *Figurenachse.*

symmetrischer Kreisel

Die Bewegung des symmetrischen Kreisels wird durch folgende, im allgemeinen nicht zusammenfallende Achsen beschrieben:

Figurenachse
momentane Drehachse
Drehimpulsachse

Figurenachse	(geometrisch ausgezeichnete Symmetrieachse des Körpers),
momentane Drehachse	(Richtung der Winkelgeschwindigkeit),
Drehimpulsachse	(Richtung des Drehimpulses).

Während die Figurenachse aus der Symmetrie des Kreisels sofort erkennbar ist, ist das Auffinden von momentaner Drehachse und Drehimpulsachse schwieriger. Sie lassen sich zum Beispiel dadurch sichtbar machen, daß man an dem Kreisel entsprechend Abb. 5.24 ein schachbrettartiges Muster bzw. konzentrische Kreise mit der Figurenachse als Mittelpunkt anbringt. Da nach $v = r\omega$ ((3.3)) die Geschwindigkeit der einzelnen Punkte des Schachbrettmusters mit dem Abstand dieser Punkte von der Drehachse zunimmt, verschwimmt das Schachbrettmuster bei der Rotation des Kreisels wegen der Trägheit des menschlichen Auges mit wachsendem Abstand von der Kreiselachse immer mehr. Nur am Durchstoßungspunkt der momentanen Drehachse durch die Ebene des Schachbrettmusters und in seiner unmittelbaren Umgebung ist es deutlich wahrnehmbar. Verwendet man das Muster mit den konzentrischen Kreisen, so um-

Auffinden von Figurenachse, momentaner Drehachse und Drehimpulsachse

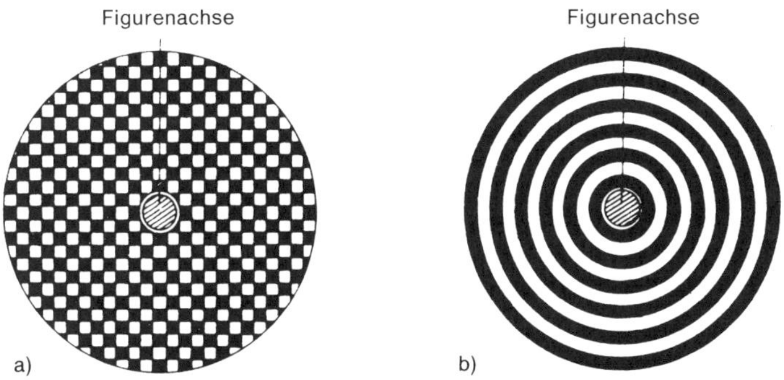

Abb. 5.24
Zur experimentellen Bestimmung der Lagen von $\boldsymbol{\omega}$ und $\boldsymbol{L}$ beim Kreisel
a) Bestimmung der Lage von $\boldsymbol{\omega}$
b) Bestimmung der Lage von $\boldsymbol{L}$

geben diese bei der Rotation des Kreisels nicht mehr den Durchstoßungspunkt der Figurenachse durch die Ebene des Musters, sondern es zeigen sich verschwommene Kreise mit dem Durchstoßungspunkt der Drehimpulsachse als Mittelpunkt.

Figuren-, Drehimpuls- und momentane Drehachse liegen in einer Ebene

Das Trägheitsellipsoid des symmetrischen Kreisels ist ein Rotationsellipsoid. Daher müssen entsprechend der in Abschnitt 5.4.4 und A. 16 besprochenen Vorschrift zum Auffinden des Drehimpulses bei vorgegebener Lage der Drehachse und bekanntem Trägheitsellipsoid die Drehimpulsachse, die Figurenachse und die momentane Drehachse in einer Ebene liegen (Abb. 5.25a).

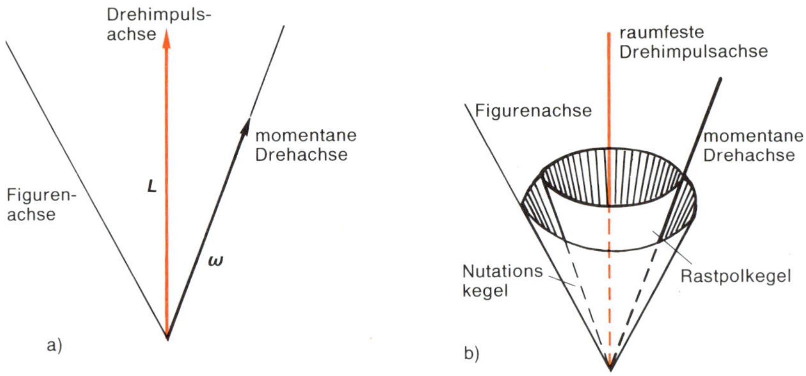

Abb. 5.25
Zur Nutationsbewegung des kräftefreien Kreisels
a) Figurenachse, momentane Drehachse und raumfeste Drehimpulsachse liegen zu jeder Zeit in einer Ebene
b) Rastpol- und Nutationskegel

Wir betrachten folgende zwei Fälle:

kräftefreier Kreisel

a) $\boldsymbol{M} = \boldsymbol{0}$ (kräftefreier Kreisel)

Da nach Voraussetzung für den kräftefreien Kreisel die Summe der äußeren Drehmomente verschwindet, bleibt nach (S 5.11) die *Drehimpulsachse* des Kreisels *raumfest*. Eine Bewegung der Figurenachse und der momentanen Drehachse kann daher nur um diese raumfeste Achse erfolgen. Da ferner bei dieser Bewegung Figurenachse, Drehimpulsachse und momentane Drehachse stets in einer Ebene liegen müssen, erhalten wir die mögliche Bewegung durch Rotation der Abb. 5.25a um die raumfeste Drehimpulsachse. Der Umlauf der momentanen Drehachse und der Figurenachse um die raumfeste Drehimpulsachse erfolgt auf Kegelmänteln (siehe Abb. 5.25b). Der von der momentanen Drehachse beschriebene Kegel heißt *Rastpolkegel*, der von der Figurenachse beschriebene *Nutationskegel*, die Bewegung der Figurenachse um die raumfeste Drehimpulsachse *Nutationsbewegung*.

Rastpolkegel
Nutationskegel
Nutationsbewegung

Einen kräftefreien Kreisel stellt zum Beispiel ein im Massenmittelpunkt unterstützter symmetrischer Kreisel dar, falls außer der Schwerkraft keine anderen Kräfte auf ihn einwirken (Abb. 5.26).

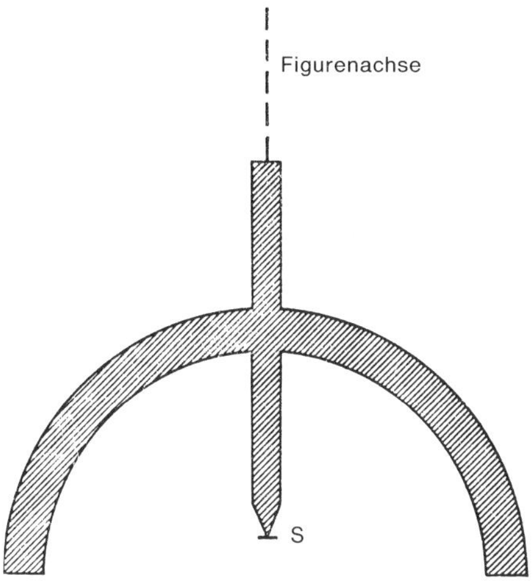

Abb. 5.26
Kräftefreier Kreisel (schematisch)

b) $\boldsymbol{M} \neq \boldsymbol{0}$ (schwerer Kreisel)

schwerer Kreisel

Ein schwerer Kreisel liegt zum Beispiel vor, wenn wir einen Kreisel nicht in seinem Massenmittelpunkt unterstützen. Die Schwerkraft bedingt dann ein endliches äußeres Drehmoment $\boldsymbol{M}$. Nach $\frac{\mathrm{d}\boldsymbol{L}}{\mathrm{d}t} = \boldsymbol{M}$ (S 5.7) sind die Richtung dieses Drehmomentes $\boldsymbol{M}$ und die der Drehimpulsänderung $\mathrm{d}\boldsymbol{L}$ gleich. Die Drehimpulsachse wird also unter der Wirkung der äußeren Kraft nicht kippen, sondern dieser Kraftwirkung senkrecht ausweichen (Abb. 5.27a), denn nach $\boldsymbol{M} = \boldsymbol{s} \times \boldsymbol{F}$ ((D 5.3)) ist $\boldsymbol{M} \perp \boldsymbol{F}$. Dadurch umläuft die Drehimpulsachse ebenfalls einen Kegelmantel. Diese Bewegung heißt *Präzessionsbewegung*, der entstehende Kegel *Präzessionskegel*. Der Umlauf der momentanen Drehachse und der Figurenachse um die jetzt nicht mehr raumfeste Drehimpulsachse erfolgt wie beim kräftefreien Kreisel. Die Bewegungen dieser Achsen werden damit sehr verwickelt. Zur Demonstration der Präzessionsbewegung werden daher meist Kreisel benutzt, bei denen durch ihre Konstruktion Drehimpulsachse, Figurenachse und momentane Drehachse zusammenfallen (Abb. 5.27b). Die Bewegung der Figurenachse ist dann zugleich die Präzessionsbewegung der Drehimpulsachse.

Präzessionsbewegung
Präzessionskegel

Unter der Bedingung des Zusammenfallens der genannten drei Achsen soll die Präzessionsfreqzenz ω_p berechnet werden (s. hierzu Abb. 5.27b). Der Abstandsvektor $\boldsymbol{s}$ zwischen Auflagepunkt des Kreisels und Angriffspunkt der Schwerkraft liegt in der Richtung von Figurenachse und von $\boldsymbol{L}$. Wegen $\boldsymbol{M} \perp \boldsymbol{s}$ bzw. $\boldsymbol{M} \perp \boldsymbol{L}$ folgt somit $\mathrm{d}\boldsymbol{L} \perp \boldsymbol{L}$, weshalb $|\boldsymbol{L}|$ konstant bleibt.

Ist $d\varphi_p$ der Winkel zwischen $\boldsymbol{L}$ und $\boldsymbol{L}+d\boldsymbol{L}$, so ist die Präzessionsfrequenz

$$\omega_p = \frac{d\varphi_p}{dt},$$

und mit $d\varphi_p \cdot \boldsymbol{L} = d\boldsymbol{L}$, $\boldsymbol{M} = \frac{d\boldsymbol{L}}{dt}$ ((S 5.7)) und $\boldsymbol{L} = \Theta_\omega \boldsymbol{\omega}$ ((5.11)) folgt

$$\omega_p = \frac{dL}{dt} \cdot \frac{1}{L} = \frac{M}{L} = \frac{M}{\Theta_\omega \omega}. \tag{5.16}$$

Der schwere Kreisel ist durch drei Winkelgeschwindigkeiten zu beschreiben, nämlich durch seine Winkelgeschwindigkeit um die Figurenachse, durch die Winkelgeschwindigkeit der Figurenachse beim Umlauf auf dem Nutationskegel und durch die Winkelgeschwindigkeit der Drehimpulsachse beim Umlauf auf dem Präzessionskegel.

Präzessionsbewegung der Erde

Eine Präzessionsbewegung vollführt zum Beispiel auch unsere Erde. Sie ist gut beobachtbar, da auch bei der Erde der in Abb. 5.27b dargestellte Sonderfall vorliegt. Figurenachse der Erde, momentane Drehachse der Erde (Nord–Süd-Richtung) und Drehimpulsachse fallen praktisch zusam-

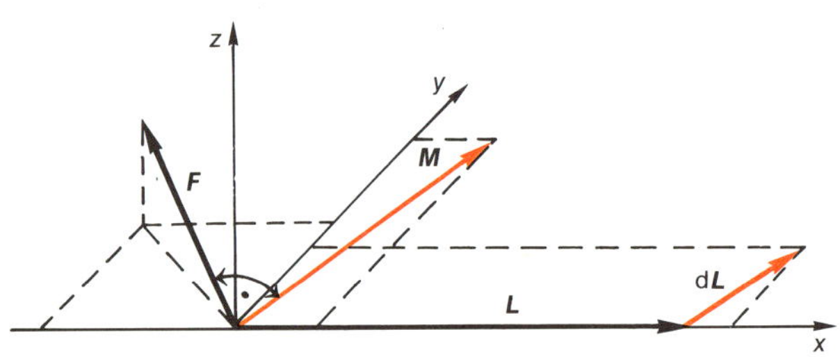

a)

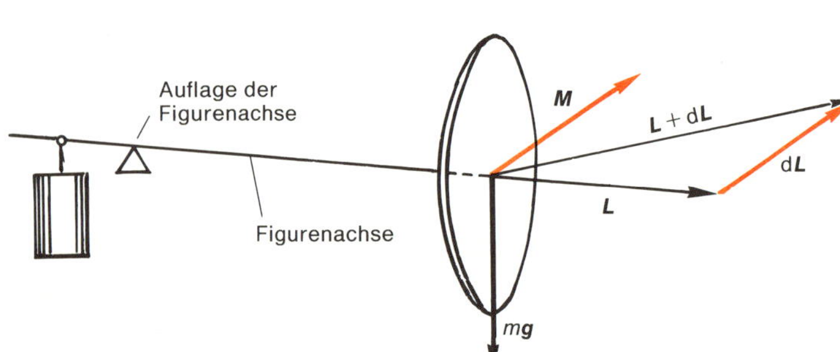

b)

Abb. 5.27
Die Drehimpulsachse des schweren Kreisels weicht der wirkenden Kraft ***F*** senkrecht aus
a) $d\boldsymbol{L}$ steht senkrecht auf ***F***
b) schwerer Kreisel (schematisch)

men, denn der Abstand der Durchstoßungspunkte dieser Achsen durch die Erdoberfläche beträgt weniger als 10 Meter. Weiter besitzt die Erde nur annähernd Kugelgestalt, ihr Durchmesser ist in Richtung der Figurenachse um ca. 1/300 kleiner als der Durchmesser des Erdäquators. Wir können uns somit die Gestalt unserer Erde als ideale Kugel mit einem Wulst um den Äquator vorstellen. Infolge dieses Wulstes üben die Gravitationskräfte von Sonne und Mond auf den Erdkreisel ein Drehmoment aus. Dieses bedingt eine Präzessionsbewegung der Drehimpulsachse (Nord–Süd-Richtung) der Erde. Der Öffnungswinkel des Präzessionskegels beträgt 46° 54′. Er wird in 25 730 Jahren einmal umlaufen.

5.5 Aufgaben

5.1

Berechnen Sie die Massenmittelpunktkoordinaten x_s und y_s für einen homogenen dünnen Draht, der in der Form eines Viertelkreises mit dem Radius r gebogen ist!

Annahme: Dichte ϱ und Drahtquerschnitt A sind konstant.

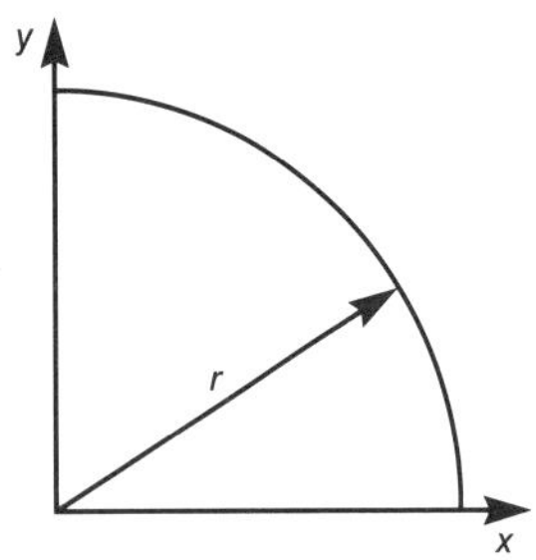

5.2

Berechnen Sie die Koordinaten des Massenmittelpunktes für den in der Abbildung gezeigten Rotationskörper bezüglich der x-Achse!

Annahme: Dichte $\varrho = \text{const.}$

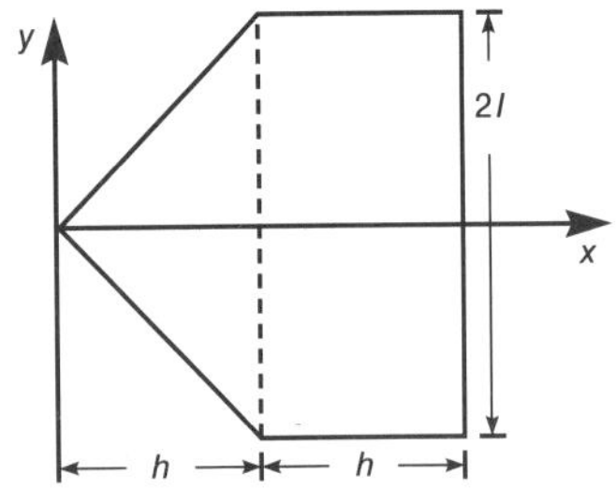

5.3

Eine Garnrolle ist gleichmäßig mit einer Lage einer dünnen Schnur bewickelt (Rollendurchmesser d_0, Wickeldurchmesser der Schnur $0{,}5\,d_0$).

Die Garnrolle ruht auf einer horizontalen Unterlage.

a) Unter welchem Winkel α_0 gegen die Horizontale kann man mit einer Kraft $\boldsymbol{F}$ am Ende der Schnur ziehen, damit die Garnrolle über die Unterlage gleitet, aber keine Rollbewegung ausführt?

b) Wie bewegt sich die Garnrolle, wenn man mit der gleichen Kraft unter einem Winkel $\alpha > \alpha_0$ bzw. $\alpha < \alpha_0$ am Schnurende zieht?

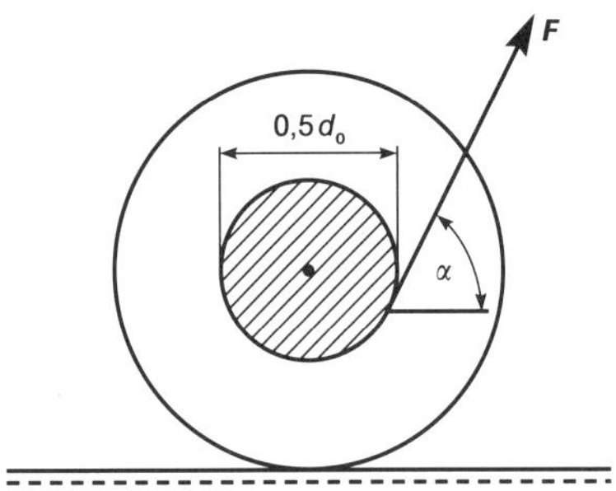

5.4

Ein rechteckiger Blechwinkel liegt auf einer horizontalen Tischplatte (in der Abbildung die Zeichenebene). Der Winkel soll unter der Wirkung einer Kraft ohne Rotationsbewegung gleiten.

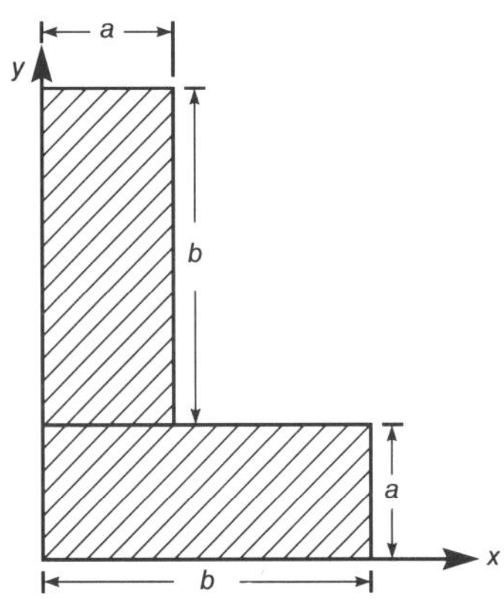

a) Welche allgemeine Gesetzmäßigkeit muß erfüllt sein?

b) Berechnen Sie in einem x-y-Koordinatensystem den Angriffspunkt der Kraft!
$a = 0{,}05\,\mathrm{m}$
$b = 0{,}15\,\mathrm{m}$

5.5
Der abgebildete flächenförmige Körper mit dem Gewicht $\boldsymbol{G}$ ist in A und B gelenkig gelagert. Die Kraft $\boldsymbol{F}_\mathrm{A}$ im Punkt A und die Gewichtskraft $\boldsymbol{G}$ sind zur Seite a parallel.
Wie groß muß die Seilkraft $\boldsymbol{F}_\mathrm{S}$ sein, damit sich der Körper im dargestellten Gleichgewichtszustand befindet?

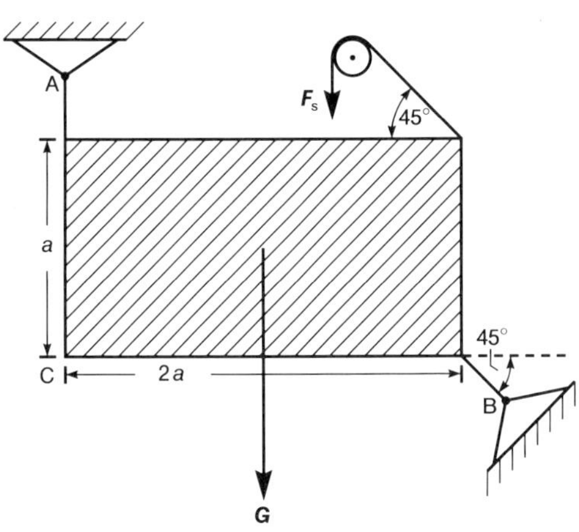

5.6
Man berechne das Trägheitsmoment eines dünnen homogenen Stabes der Länge l mit konstantem Querschnitt (Fläche A) in bezug auf die (siehe Abb.)

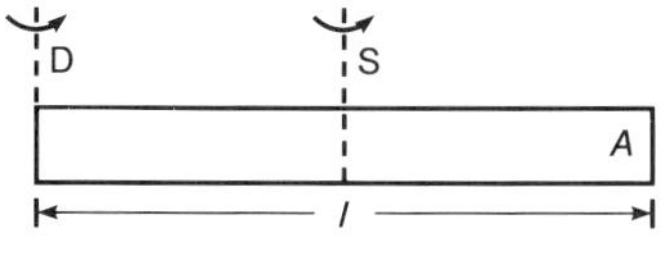

a) durch den Massenmittelpunkt gelegte und senkrecht zur Stabachse verlaufende Drehachse A.
b) durch ein Stabende gelegte Drehachse D.
Die Drehachsen seien parallel zueinander!

5.7
Wie groß ist das Trägheitsmoment eines homogenen konzentrischen Hohlzylinders (Außenradius r_a, Innenradius r_i, Höhe h, Dichte ϱ) bezüglich der Zylinderachse?
Wie groß ist das Trägheitsmoment für einen Massivzylinder?

5.8
Zwei Vollkugeln (Radien $r_1 = r_2 = 5\,\mathrm{cm}$, Massen $m_1 = m_2 = 1\,\mathrm{kg}$) sind an den Enden eines dünnen Stabes befestigt, dessen Masse im Vergleich zur Masse der Kugeln vernachlässigbar ist. Der Abstand der Kugelmittelpunkte ist $l = 0{,}5\,\mathrm{m}$.
a) Wie groß ist das Trägheitsmoment Θ einer Vollkugel bezüglich einer Achse durch den Massenmittelpunkt (Radius r, Dichte ϱ)?
b) Wie groß ist das Trägheitsmoment Θ_1 bezüglich der Mittelsenkrechten des Systems, in dem die Kugeln als Massenpunkte aufgefaßt werden?
c) Wie groß ist das Trägheitsmoment Θ_2 bezüglich der Mittelsenkrechten des Systems, in dem die Trägheitsmomente der Kugeln beachtet werden?
d) Welcher Wert ergibt sich für den relativen Fehler $(\Theta_2 - \Theta_1)/\Theta_1$?

5.9
Ein gerader Hohlzylinder mit dem inneren Radius r_1, dem äußeren Radius r_2, der Höhe h sowie der Dichte ϱ, rollt auf einer schiefen Ebene mit dem Neigungswinkel φ herab.
a) Wie groß ist die Winkelbeschleunigung?
b) Welche Beschleunigung erfährt der Massenmittelpunkt?

5.10

Zwei Körper mit den Massen m_1 und $m_2 = 2\,m_1$ sind durch einen Faden verbunden, der über eine Rolle (Radius R) mit der Masse $m_R = m_1$ läuft, die als homogene Kreisscheibe angenommen werden kann (siehe Abb.).

a) Wie groß sind die Kräfte $\boldsymbol{F}_1$ und $\boldsymbol{F}_2$ während der beschleunigten Bewegung?

b) Wie groß ist die Beschleunigung $\boldsymbol{a}$ der Massen?

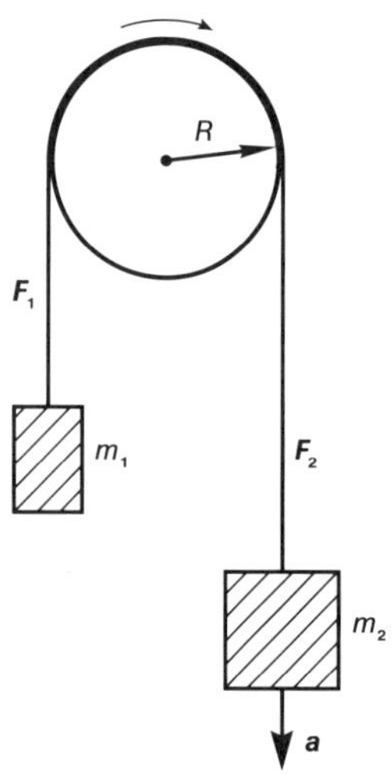

5.11

Ein ruhender dünner Stab der Länge $l = 0{,}4\,\text{m}$ und der Masse $m = 1\,\text{kg}$ ist um eine horizontale Achse durch die Stabmitte drehbar gelagert. Das Ende des Stabes wird von einem Geschoß der Masse $m_1 = 0{,}01\,\text{kg}$ und der Geschwindigkeit $v_1 = 200\,\text{ms}^{-1}$ getroffen, das sich senkrecht zur Achse A und zur Stange bewegt.

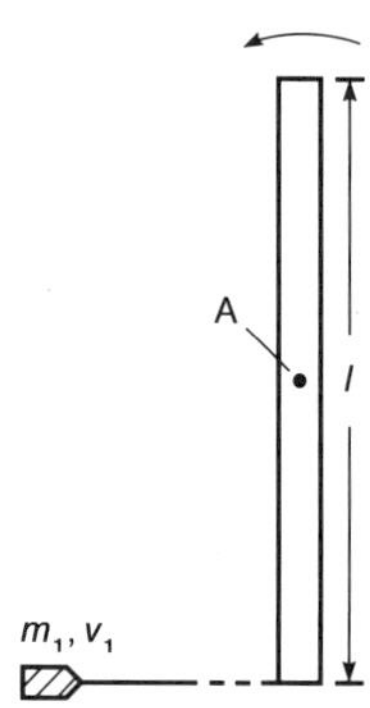

Das Geschoß kann als Massenpunkt aufgefaßt werden.

Wie groß ist die Winkelgeschwindigkeit ω, mit der sich der Stab dreht, wenn das Geschoß in ihm stecken bleibt?

5.12

Ein symmetrischer Kreisel dreht sich mit der konstanten Winkelgeschwindigkeit $\omega_{\text{F}} = 600\,\text{s}^{-1}$ um seine Figurenachse, die um $\alpha = 30°$ gegen die Vertikale geneigt ist. Die Spitze des Kreisels bleibt auf der Unterlage unverändert. Der Abstand des Massenmittelpunkts von der Kreiselspitze beträgt $r = 30\,\text{cm}$, das Trägheitsmoment des Kreisels um die Figurenachse ist $\Theta_{\text{F}} = 0{,}01\,\text{kg} \cdot \text{m}^2$ und die Kreiselmasse sei $m = 1\,\text{kg}$.

Wie groß ist die Präzessionsfrequenz des Kreisels?

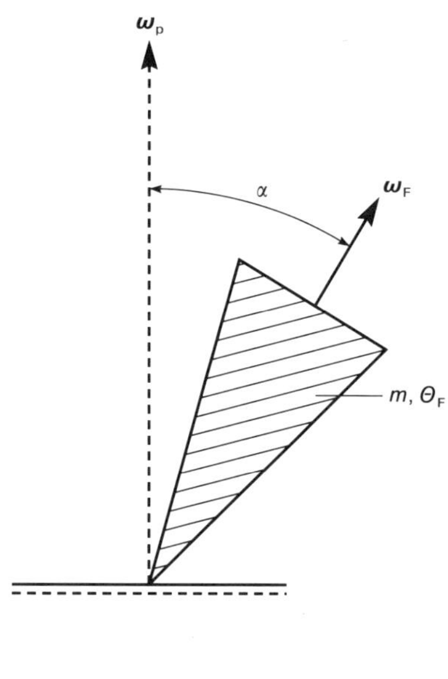

6 Der deformierbare Körper

6.1 Spannungs-Dehnungs-Diagramm

Für einen starren Körper ist charakteristisch, daß die gegenseitigen Lagebeziehungen seiner Atome bei Einwirkung von Kräften unverändert bleiben (D 5.1). Das Denkmodell starrer Körper ist aber nur bei genügend kleinen einwirkenden Kräften anwendbar. Größere Kräfte verändern die gegenseitigen Lagebeziehungen seiner atomaren Bausteine und deformieren dadurch den Körper. Bei nicht zu großen Krafteinwirkungen zeigen alle festen Körper *Gestaltselastizität*, d.h., beim Verschwinden der einwirkenden Kräfte nimmt der feste Körper wieder seine ursprüngliche Gestalt an. Die maximale Stärke der einwirkenden Kraft, bis zu der Gestaltselastizität zu erwarten ist, hängt u.a. von der Form und dem atomaren Aufbau des festen Körpers ab.

Gestaltselastizität

Im weiteren werden die elastischen Eigenschaften fester Körper näher untersucht und geeignete Größen zu deren phänomenologischen Beschreibung eingeführt. Dazu dient ein isotroper Körper (*Isotropie* bedeutet Unabhängigkeit der betrachteten physikalischen Größe von der im Körper gewählten Richtung) von der Form eines Kreiszylinders mit der Länge l_n und dem Querschnitt A. Die eine Stirnfläche des Zylinders werde festgehalten, an der anderen greife eine Kraft $\boldsymbol{F}$ in beliebiger Richtung an. $\boldsymbol{F}$ zerlegt man zweckmäßig in eine Komponente $\boldsymbol{F}_n$ in Richtung der Flächennormalen $\boldsymbol{A}^0$ der festgehaltenen Fläche und eine Komponente $\boldsymbol{F}_t$ tangential zu ihr (Abb. 6.1). $\boldsymbol{F}_n$ bewirkt eine Veränderung der Länge l_n des Zylinders um $\Delta l_{n,n}$ und des Durchmessers l_t um $\Delta l_{t,n}$ ($\Delta l > 0$ bei Vergrößerung ; $\Delta l < 0$ bei Verkleinerung, (Abb. 6.2a)). $\boldsymbol{F}_t$ verursacht eine Neigung der Zylinderachse um den Winkel α, dabei verändern sich l_n um $\Delta l_{n,t}$, l_t um $\Delta l_{t,t}$ (Abb. 6.2b).

Isotropie

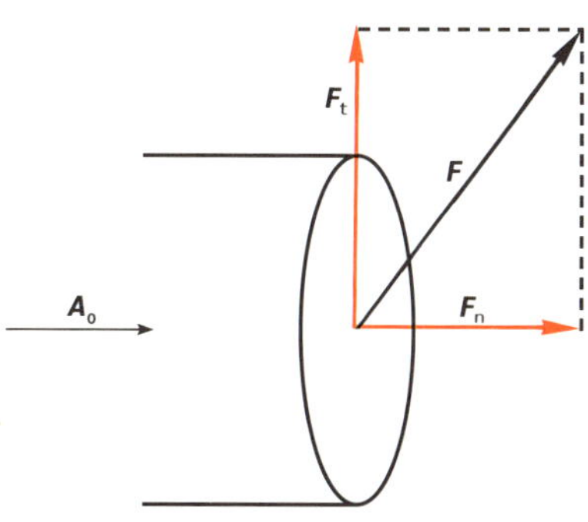

Abb. 6.1
Zur Definition von Normal- und Tangentialspannung eines festen Körpers

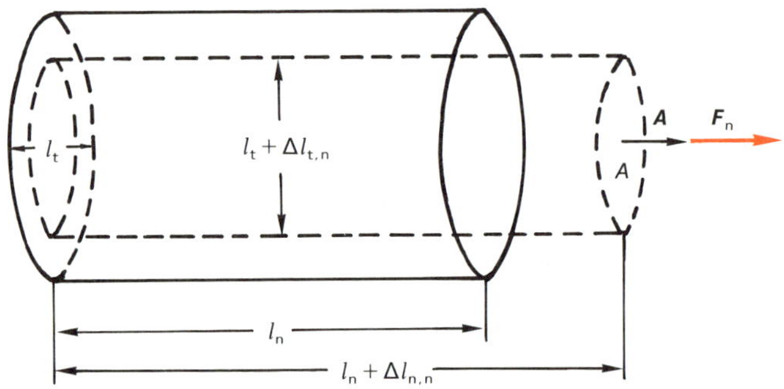

Abb. 6.2a
Verformung eines zylindrischen isotropen Festkörpers bei Einwirkung einer Normalspannung

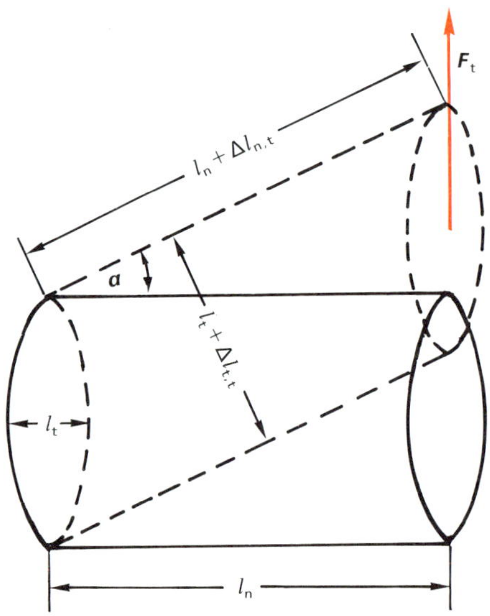

Abb. 6.2b
Verformung eines zylindrischen isotropen Festkörpers bei Einwirkung einer Tangentialspannung

Spannung

Bei der Beschreibung der Deformation eines Festkörpers ist zu beachten, daß die Deformation nicht nur von der Kraft abhängt, sondern auch von der Größe der Fläche, auf die die Kraft einwirkt. Dieser Sachverhalt wird durch Verwendung des Begriffes *Spannung* berücksichtigt. Die Deformation selbst wird durch die relative Längenänderung oder Dehnung $\Delta l/l$ einer oder mehrerer Strecken l im Körper gemessen.

(D 6.1)
Normalspannung σ_n,
Tangentialspannung σ_t,
Normaldehnung ε_n,
Poissonsche Zahl μ

Für einen isotropen Festkörper ist durch den Quotienten

$$\sigma_n = \frac{F_n}{A}$$

die Größe Normalspannung, durch den Quotienten

$$\sigma_t = \frac{F_t}{A}$$

die Größe Tangential- oder Schubspannung definiert.

$$\varepsilon_n = \frac{\Delta l_{n,n}}{l_n}$$

heißt seine Normaldehnung,

$$\mu = -\frac{\dfrac{\Delta l_{t,n}}{l_t}}{\dfrac{\Delta l_{n,n}}{l_n}}$$

seine Poissonsche Zahl.

Simeon Denis Poisson (1787–1840)

Mögliche Maßeinheit: $[\sigma] = \mathrm{N\,mm^{-2}}$. Die Größen Dehnung und Poissonsche Zahl werden durch reine Zahlen angegeben.

Die Deformation eines isotropen Körpers durch eine Tangentialkraft wird häufig auch durch die Größe des *Scherungswinkels* α (Abb. 6.2b) beschrieben.

Mißt man für einen isotropen festen Körper die Dehnung ε als Funktion der sie hervorrufenden Spannung σ, so erhält man das in Abbildung 6.3 dargestellte *Spannungs-Dehnungs-Diagramm*. Zwischen den Punkten P_0 und P_1 besteht in sehr guter Näherung Proportionalität von Dehnung und Spannung, mit verschwindender Spannung verschwindet auch die Dehnung wieder (s. auch unten, mechanische Hysteresis), der Körper zeigt die Eigenschaft der *Elastizität*. Steigert man die Spannung weiter, so bleibt bis zum Punkt P_2 im Spannungs-Dehnungs-Diagramm wohl die Eigenschaft der Elastizität erhalten, die Dehnung wächst aber schneller als die Spannung, die Eigenschaft der Proportionalität zwischen beiden Größen geht verloren. Der Punkt P_1 im Spannungs-Dehnungs-Diagramm heißt *Proportionalitätsgrenze*, der Punkt P_2 *Elastizitätsgrenze*. Oberhalb der Elastizitätsgrenze geht die Eigenschaft der Elastizität verloren, d.h., auch bei

Spannungs-Dehnungs-Diagramm

Elastizität

Proportionalitätsgrenze

Elastizitätsgrenze

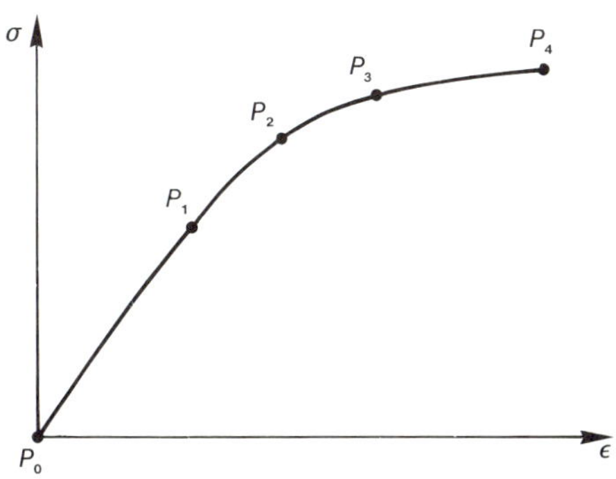

Abb. 6.3
Spannungs-Dehnungs-Diagramm (schematisch)

wieder gegen Null gehender Spannung bleibt eine endliche Dehnung des Körpers erhalten. Der zu einer gegebenen Spannung gehörige Endzustand der Dehnung stellt sich bis zum Punkt P_3 im Spannungs-Dehnungs-Diagramm praktisch schlagartig ein. Man bezeichnet den Bereich zwischen P_2 und P_3 im Spannungs-Dehnungs-Diagramm als *Plastizitätsbereich.* Steigert man die Spannung noch weiter, so setzt ab Punkt P_3 das sogenannte *Fließen* des Materials ein. Der Körper nimmt in diesem Bereich nicht mehr schlagartig seinen Endzustand ein, sondern erreicht ihn bei gleichbleibender Spannung erst nach einer längeren Zeit. Am Punkt P_4 zerreißt der Körper. Durch Kerben des Körpers kann wegen der dadurch bedingten inneren Spannungen diese Zerreißgrenze zu kleineren Werten der Spannung verschoben werden.

Plastizitätsbereich

Fließen

Zerreißgrenze

Das Spannungs-Dehnungs-Diagramm kann infolge starker Gefügeveränderungen im Körper einen komplizierteren Verlauf aufweisen, als in Abbildung 6.3 dargestellt. Die charakeristischen Bereiche des Diagramms bleiben jedoch erhalten.

Vorstehend diskutiertes Spannungs-Dehnungs-Diagramm stellt eine Idealisierung des wirklichen Sachverhaltes dar. Selbst wenn man die Spannung so klein wählt, daß die Elastizitätsgrenze nicht überschritten wird, bleibt doch bei wieder verschwindender Spannung eine kleine Dehnung des Körpers zurück, die man nur durch eine entgegengesetzt gerichtete Spannung beseitigen kann. Dies führt zur *mechanischen Hysteresis.* Die Kurve P_0P in Abbildung 6.4 wird nur bei der *ersten* Belastung durchlaufen (*jungfräuliche Kurve*), bei allen späteren Belastungen bleibt bei der Spannung Null eine endliche Dehnung zurück. Man kommt zu der in Abbildung 6.4 dargestellten mechanischen *Hysteresiskurve.* Für die aufzuwendende Arbeit W_A beim einmaligen Umlaufen der Hysteresiskurve folgt nach (D 3.14), (D 6.1) mit dem Volumen $V = Al$ des Körpers

mechanische Hysteresis

jungfräuliche Kurve

Hysteresiskurve

$$W_A = \oint \boldsymbol{F} \cdot \mathrm{d}\boldsymbol{s} = \oint F_n \, \mathrm{d}l = \oint A l \sigma \, \mathrm{d}\varepsilon = V \oint \sigma \, \mathrm{d}\varepsilon \qquad (6.1\text{a})$$

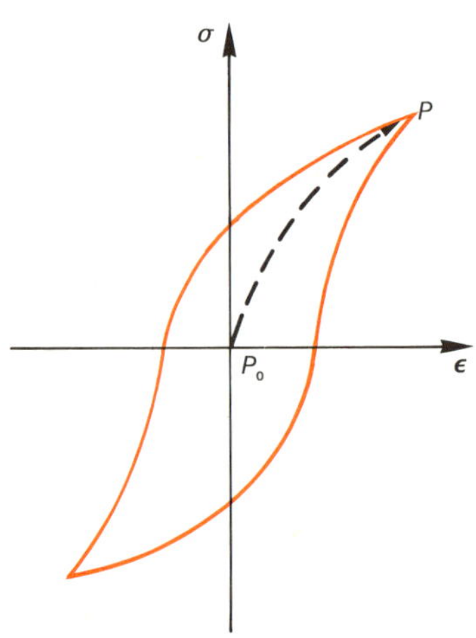

Abb. 6.4 Hysteresiskurve

bzw. für die Energiedichte w (Energie pro Volumen)

$$w = \frac{W_A}{V} = \oint \sigma \, d\varepsilon . \qquad (6.1)$$

Nach (6.1) ist der Inhalt der von der Hysteresiskurve umschlossenen Fläche gleich der aufzuwendenden Energiedichte, also ein Maß für die benötigte Arbeit beim einmaligen Umlaufen der Hysteresiskurve. Analoge Verhältnisse liegen bei der magnetischen Hysteresis vor (siehe Bd. IV).

6.1.1 Hookesches Gesetz

ROBERT HOOKE (1635–1703)

Unterhalb der Proportionalitätsgrenze besteht im Spannungs-Dehnungs-Diagramm Proportionalität zwischen der Dehnung ε und der sie hervorrufenden Spannung σ. Für nicht zu große Winkel bestätigt das Experiment auch eine Proportionalität zwischen dem Scherungswinkel α (Abb. 6.2b) und der die Neigung bewirkenden Spannung σ_t. Diese Erfahrung läßt sich wie folgt formulieren:

(S 6.1) Hookesches Gesetz

> Das elastische Verhalten im Proportionalitätsbereich des Spannungs-Dehnungs-Diagramms ist für einen isotropen Festkörper mit den Materialkonstanten E (Elastizitätsmodul) und Φ (Torsions- oder Schubmodul) eindeutig ausdrückbar durch
>
> $\sigma_n = E\varepsilon_n$
>
> und
>
> $\sigma_t = \Phi\alpha$
>
> (Hookesches Gesetz).

Die Proportionalitätsfaktoren E und Φ sind Materialkonstanten. Mögliche Maßeinheit: $[E] = [\Phi] = \mathrm{N\,m^{-2}}$. In Tabelle 6.1 auf der folgenden Seite sind die Werte sind die Werte von E und Φ für verschiedene Substanzen gegeben.

Bei einem hinsichtlich seiner elastischen Eigenschaften anisotropen Körper sind zur Beschreibung des durch Einwirkung einer Kraft hervorgerufenen Dehnungs- und Spannungszustandes infolge der Richtungsabhängigkeit mehr Meßdaten als im isotropen Fall notwendig. Dehnungs- und Spannungszustand können dann eindeutig durch je einen symmetrischen Tensor 2. Stufe – den *Dehnungs- bzw. Spannungstensor* – und im Gültigkeitsbereich des Hookeschen Gesetzes das elastische Verhalten des Körpers analog (S 6.1) durch einen symmetrischen Tensor 4. Stufe – den *Elastizitätstensor* – charakterisiert werden. Die Anzahl der unabhängigen Komponenten des Elastizitätstensors wird durch das Kristallsystem (siehe Bd. IV) bestimmt. Nur das trikline Kristallsystem erlegt ihr keine Beschränkungen auf, dort existieren 21 verschiedene Elastizitätskonstanten.

Dehnungstensor, Spannungstensor

Elastizitätstensor

Das monokline Kristallsystem besitzt 13, das kubische schließlich nur noch 3 und ein isotroper Körper 2 voneinander und von Null verschiedene Tensorkomponenten.

Als isotrop kann ein polykristalliner Körper angesehen werden. Die Elastizitätstheorie zeigt, daß die 3 definierten elastischen Konstanten E, Φ und μ durch die Beziehung

Elastisches Verhalten des isotropen Körpers wird durch zwei Konstanten beschrieben

$$\frac{E}{2\Phi} = 1 + \mu \tag{6.2}$$

verknüpft sind, somit schon zwei der drei eingeführten Konstanten zur eindeutigen Bestimmung des elastischen Verhaltens eines isotropen Körpers ausreichen.

Tabelle 6.1
Elastizitätsmodul E und Torsionsmodul Φ für einige Stoffe

Stoff	$E \cdot 10^{-11}/\text{N m}^{-2}$	$\Phi \cdot 10^{-11}/\text{N m}^{-2}$
Aluminium	0,73	0,26
Wolfram	3,55	1,33
Schmiedeeisen	2,13	0,81
Nickel	1,99	0,78
Kupfer	1,25	0,45
Silber	0,79	0,29
Gold	0,80	0,28
Blei	0,17	0,08
Quarzglas	0,61	0,29
Kautschuk	$\approx 10^{-5}$	–

Das Hookesche Gesetz (S 6.1) ist auch für den anisotropen Körper von Bedeutung. Schneidet man aus einem gegebenen anisotropen Material einen Zylinder ($l_n \gg l_t$) heraus, so kann sein elastisches Verhalten in der gewählten Richtung (Zylinderachse) analog zu (S 6.1) beschrieben werden. Die gemessene Proportionalitätskonstante ist eindeutig durch die gewählte Richtung und eine bestimmte Anzahl von Komponenten des Elastizitätstensors ausdrückbar. Die Durchführung derartiger Messungen für eine notwendige Anzahl von Richtungen im anisotropen Körper ermöglicht daher die Bestimmung des Elastizitätstensors (s. auch Abschnitt 10.1.2.2.1).

Zur Abschätzung quantitativer Zusammenhänge zwischen E, Φ und μ wird ein zylindrischer isotroper Körper der Länge l und vom Durchmesser d betrachtet. Er werde durch eine Spannung in der Normalenrichtung um Δl gedehnt. Damit ist eine gleichzeitige Verringerung seines Durchmessers um Δd ($\Delta d < 0$, *Querkontraktion*) verbunden. Für die Volumenände-

Querkontraktion

rung ΔV des Körpers folgt

$$\Delta V = \frac{\pi}{4}(d + \Delta d)^2 (l + \Delta l) - \frac{\pi}{4} d^2 l$$

$$= \frac{\pi}{4}(d^2 + 2d\Delta d + (\Delta d)^2)(l + \Delta l) - \frac{\pi}{4} d^2 l$$

oder, wenn noch alle Terme vernachlässigt werden, die Produkte der kleinen Größen Δl und Δd enthalten,

$$\Delta V = \frac{\pi}{4} d^2 \Delta l + \frac{\pi}{2} l d \Delta d .$$

Mit dem Volumen des unbelasteten Körpers $V = \frac{\pi}{4} d^2 l$ ergibt sich weiter

$$\frac{\Delta V}{V} = \frac{\Delta V}{\frac{\pi}{4} d^2 l} = \frac{\Delta l}{l} + 2\frac{\Delta d}{d} = \frac{\Delta l}{l}\left[1 + 2\frac{\frac{\Delta d}{d}}{\frac{\Delta l}{l}}\right]$$

und mit (D 6.1)

$$\frac{\Delta V}{V} = \frac{\Delta l}{l}(1 - 2\mu) .$$

Da die Streckung eines Körpers immer mit einer Vergrößerung seines Volumens verbunden ist ($\Delta V > 0$), kann die Poissonsche Zahl μ nur Werte im Intervall

$$0 < \mu < \frac{1}{2} \qquad (6.3a)$$

Mögliche Werte für μ und Φ sind begrenzt

annehmen. Nach (6.2) und (6.3a) sind damit für den Torsionsmodul nur Werte im Bereich

$$\frac{E}{3} < \Phi < \frac{E}{2} \qquad (6.3b)$$

möglich.

6.2 Elastische und unelastische Stöße

Zwei relativ zueinander bewegte Körper der Massen m_1 und m_2 prallen zu einem bestimmten Zeitpunkt aufeinander. Eine derartige physikalische Wechselwirkung zwischen zwei (oder mehreren) Körpern nennt man *Stoß*. Sie führt zu Kraftwirkungen auf die Stoßpartner. Wird vorerst angenom-

Stoß

men, daß die Wechselwirkungskräfte so klein sind, daß die durch sie an den Körpern hervorgerufenen Verformungen im Elastizitätsbereich liegen, die Körper also nach dem Stoß wieder ihre ursprüngliche Gestalt annehmen, und von mechanischen Hysteresis- und anderen Energieverlusten abgesehen, so gilt der Energieerhaltungssatz der klassischen Mechanik (S 3.18) exakt.

(D 6.2)
elastischer Stoß
unelastischer Stoß

Gilt bei einem Stoßprozeß der mechanische Energieerhaltungssatz, so heißt der Stoß elastisch, sonst unelastisch.

Elastische Stoßprozesse haben besonders Bedeutung für die Mikrophysik

Stoßprozesse der Makrophysik erfüllen die Voraussetzung eines elastischen Stoßes nur in Näherung, da mechanische Energieverluste nie ganz vermieden werden können. Zwischen Mikroobjekten ist dagegen unter bestimmten Bedingungen der exakt elastische Stoß möglich. Daher besitzen nachstehende Überlegungen besonders Bedeutung für Stoßprozese im atomaren Bereich (vgl. Abschnitt 8.3.1, Bd. III und IV).

Wir wollen die mit einem elastischen Stoß verbundenen Geschwindigkeitsänderungen der Stoßpartner berechnen. Da es nach (S 3.6) nur auf die Relativgeschwindigkeit der beiden Stoßpartner ankommt, kann ohne Einschränkung der allgemeinen Gültigkeit der Überlegungen die Geschwindigkeit des gestoßenen Körpers vor dem Stoß Null gesetzt werden. Die Geschwindigkeit des stoßenden Körpers der Masse m_1 vor dem Stoß sei $\boldsymbol{v}_1$, nach dem Stoß $\boldsymbol{v}_1{}^*$, die Geschwindigkeit des gestoßenen Körpers der Masse m_2 nach dem Stoß entsprechend $\boldsymbol{v}_2{}^*$.

Die beim Stoß wirkenden Kräfte sind unbekannt. Trotzdem ist die gestellte Aufgabe lösbar, da die Stoßpartner ein abgeschlossenes physikalisches System bilden, außer dem Energieerhaltungssatz der klassischen Mechanik nach (S 4.5) noch der Impulserhaltungssatz gilt und damit die notwendige Anzahl von Gleichungen zur Lösung des Problems zur Verfügung steht. Wird noch beachtet, daß beim Stoßvorgang die potentielle Energie der Partner unverändert bleibt, dann gelten nach (D 6.2), dem Energieerhaltungssatz (S 3.18), dem Impulserhaltungssatz (S 4.5) und unter Berücksichtigung der oben eingeführten Bezeichnungen für den elastischen Stoß die Beziehungen

Für den elastischen Stoß gelten Energie- und Impulserhaltungssatz

$$\frac{m_1}{2}\,v_1{}^2 = \frac{m_1}{2}\,v_1{}^{*2} + \frac{m_2}{2}\,v_2{}^{*2} \tag{6.4a}$$

(Energieerhaltungssatz)

und

$$m_1\,\boldsymbol{v}_1 = m_1\,\boldsymbol{v}_1{}^* + m_2\,\boldsymbol{v}_2{}^*\,. \tag{6.4b}$$

(Impulserhaltungssatz)

Drei Vektoren $\boldsymbol{A}_i$ (i = 1, 2, 3), für die mit $c_i \neq 0$ $(i = 1, 2, 3)$

$$\sum_{i=1}^{3} c_i \boldsymbol{A}_i = \boldsymbol{0}$$

gilt, liegen in einer Ebene. Diesem Fall entspricht (6.4b). Wir legen in die durch (6.4b) festgelegte Ebene derart ein zweidimensionales rechtwinkliges kartesisches Koordinatensystem, daß der Nullpunkt des Systems mit den Angriffspunkten der Vektoren $m_1 \boldsymbol{v}_1$ und $m_2 \boldsymbol{v}_2{}^*$ übereinstimmt und die x-Richtung des Systems die Richtung des Vektors $\boldsymbol{v}_1$, d.h. die Geschwindigkeitsrichtung des stoßenden Partners, besitzt (Abb. 6.5), und suchen den geometrischen Ort $P(x, y)$ der möglichen Endpunkte des Impulsvektors $m_2 \boldsymbol{v}_2{}^*$ des gestoßenen Körpers nach dem Stoß. Aus Abb. 6.5 folgt für die Koordinaten des gesuchten Punktes nach dem Satz von PYTHAGORAS

PYTHAGORAS von Samos (um 580 bis 496 v.u.Z.)

$$x^2 + y^2 = m_2{}^2 v_2{}^{*2} \tag{6.5a}$$

$$(m_1 v_1 - x)^2 + y^2 = m_1{}^2 v_1{}^{*2}. \tag{6.5b}$$

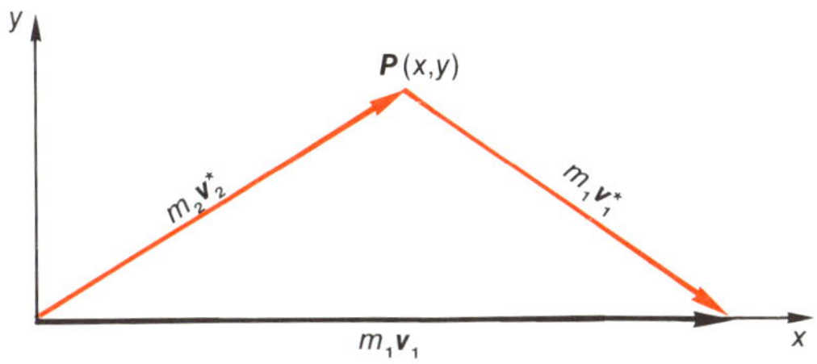

Abb. 6.5 Impulserhaltungssatz beim elastischen Stoß zweier Körper

Einsetzen von (6.5) in den Energieerhaltungssatz (6.4a) ergibt

$$m_1 v_1{}^2 = \frac{1}{m_1}\left[(m_1 v_1 - x)^2 + y^2\right] + \frac{1}{m_2}(x^2 + y^2),$$

woraus nach einigen elementaren Umformungen

$$x^2 + y^2 - 2x \frac{m_1 m_2}{m_1 + m_2} v_1 = 0$$

folgt. Nach dieser Beziehung liegt – wovon man sich durch eine weitere elementare Umformung sofort überzeugt – der Endpunkt des Vektors $m_2 \boldsymbol{v}_2{}^*$ auf dem Kreis

$$(x - x_{\mathrm{m}})^2 + (y - y_{\mathrm{m}})^2 = R^2 \tag{6.6}$$

mit den Mittelpunktskoordinaten

$$x_{\mathrm{m}} = \frac{m_1 m_2}{m_1 + m_2} v_1; \qquad y_{\mathrm{m}} = 0 \tag{6.6a}$$

und dem Radius

$$R = x_{\mathrm{m}} = \frac{m_1 m_2}{m_1 + m_2} v_1. \tag{6.6b}$$

Wir untersuchen drei wichtige Sonderfälle:

a) Die Masse des stoßenden Körpers ist gleich der des gestoßenen.

Elastischer Stoß im Fall $m_1 = m_2$

Nach Voraussetzung gilt $m_1 = m_2 = m$. Die Spitze des Impulsvektors des gestoßenen Körpers liegt nach den Gleichungen (6.6a), (6.6b) auf einem

Kreis (Abb. 6.6a) mit den Mittelpunktskoordinaten

$$x_{\mathrm{m}} = \frac{m}{2} v_1 ; \qquad y_{\mathrm{m}} = 0$$

und dem Radius

$$R = x_{\mathrm{m}} = \frac{m}{2} v_1 .$$

THALES von Milet (6. Jahrh. v. u. Z.)

stoßender und gestoßener Partner fliegen senkrecht auseinander

zentraler elastischer Stoß im Fall $m_1 = m_2$ Geschwindigkeitsaustausch der Stoßpartner

Damit bilden nach dem Satz von THALES die Vektoren $m\boldsymbol{v}_1{}^*$ und $m\boldsymbol{v}_2{}^*$ für $\boldsymbol{v}_1{}^* \neq \boldsymbol{0}$ einen rechten Winkel, d.h., gestoßener und stoßender Körper fliegen rechtwinklig auseinander (Abb. 6.6a). Der Impulsbetrag des stoßenden Körpers nach dem Stoß liegt im Intervall $0 \leqq m v_1{}^* \leqq m v_1$, die zugehörigen Impulswerte des gestoßenen Körpers im Intervall $0 \leqq m v_2{}^* \leqq m v_1$. Erfolgt vollständiger Geschwindigkeitsaustausch der beiden Stoßpartner ($\boldsymbol{v}_1{}^* = \boldsymbol{0}$, $\boldsymbol{v}_2{}^* = \boldsymbol{v}_1$), dann spricht man vom *zentralen Stoß*. Der Geschwindigkeitsaustausch beim zentralen Stoß läßt sich leicht experimentell zeigen, indem man mehrere Stahlkugeln wie in Abbildung 6.7a dargestellt aufhängt. Stößt die Kugel 1 auf Kugel 2, so überträgt sie ihren Impuls auf Kugel 2 usw. (siehe Abb. 6.7b). Die letzte Kugel (Kugel 8) fliegt mit der ursprünglichen Geschwindigkeit von Kugel 1 fort, während diese und alle anderen in Ruhe verbleiben (Abb. 6.7c).

Elastischer Stoß im Fall $m_1 \ll m_2$ Impuls des stoßenden Partners (m_1) kann nach dem Stoß alle Richtungen annehmen, sein Betrag bleibt praktisch erhalten

b) Die Masse des stoßenden Körpers ist sehr klein gegenüber der Masse des gestoßenen.

Nach Voraussetzung gilt $m_1 \ll m_2$. Die Spitze des Impulsvektors des gestoßenen Körpers liegt nach den Gleichungen (6.6a) und (6.6b) auf einem Kreis (Abb. 6.6b) mit den Mittelpunktskoordinaten

$$x_{\mathrm{m}} \approx m_1 v_1 ; \qquad y_{\mathrm{m}} = 0$$

und dem Radius

$$R = x_{\mathrm{m}} \approx m_1 v_1 .$$

Der Impuls des stoßenden Körpers kann nach dem Stoß alle Richtungen besitzen, sein Betrag bleibt praktisch erhalten. Maximal kann auf den gestoßenen Körper der Impuls $2 m_1 v_1$ übertragen werden (zentraler Stoß). Da für diesen Sonderfall $\boldsymbol{v}_1 = -\boldsymbol{v}_1{}^*$ gilt (Abb. 6.6b), folgt für die Geschwindigkeit des gestoßenen Körpers

$$\boldsymbol{v}_2{}^* \approx 2 \frac{m_1}{m_2} \boldsymbol{v}_1$$

und mit (6.4a) für die auf ihn übertragene Energie

$$W_{\mathrm{k},2} = \frac{m_2}{2} v_2{}^{*2} = 4 \frac{m_1}{m_2} \frac{1}{2} m_1 v_1{}^2 = 4 \frac{m_1}{m_2} W_{\mathrm{k},1} , \tag{6.7a}$$

wobei $W_{\mathrm{k},1}$ die kinetische Energie des stoßenden Partners vor dem Stoß bedeutet. Die Energieübertragung wird um so kleiner, je größer der

Massenunterschied der Stoßpartner ist. Läßt man zum Beispiel eine kleine Stahlkugel auf eine Stahlplatte fallen, so springt diese entsprechend vorstehender Überlegung fast bis zu ihrer Ausgangshöhe zurück. Derartige Stoßprozesse spielen u.a. eine bedeutende Rolle in der kinetischen Gastheorie (s. Abschnitt 8.3.1) und in der Atomphysik (s. z.B. Versuch von FRANCK und HERTZ, Bd. III).

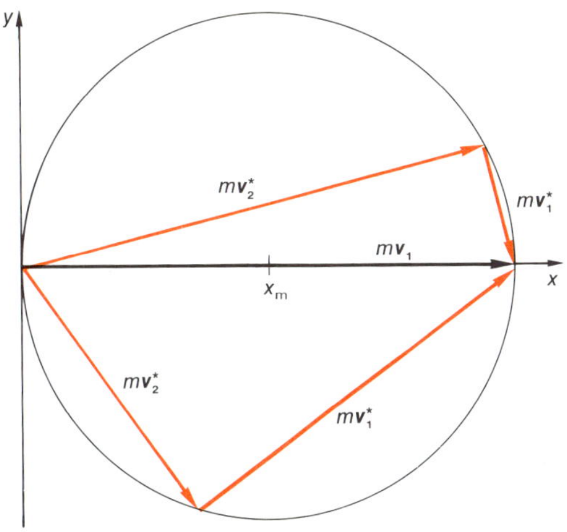

Abb. 6.6a
Elastischer Stoß im Fall $m = m_1 = m_2$. Gestoßener und stoßender Körper fliegen rechtwinklig auseinander. Beim zentralen Stoß ($\boldsymbol{v}_1{}^* = \boldsymbol{0}$) erfolgt Geschwindigkeitsaustausch

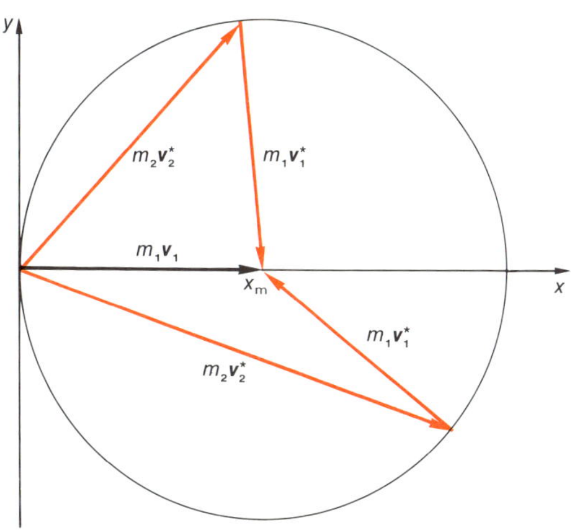

Abb. 6.6b
$m_1 \ll m_2$. Der Impuls des stoßenden Körpers kann nach dem Stoß alle Richtungen besitzen, sein Betrag bleibt praktisch erhalten. Beim zentralen Stoß ($\boldsymbol{v}_1{}^* \downarrow\uparrow \boldsymbol{v}_2{}^*$) wird auf den gestoßenen Körper der Impuls $2m_1\boldsymbol{v}_1$ übertragen

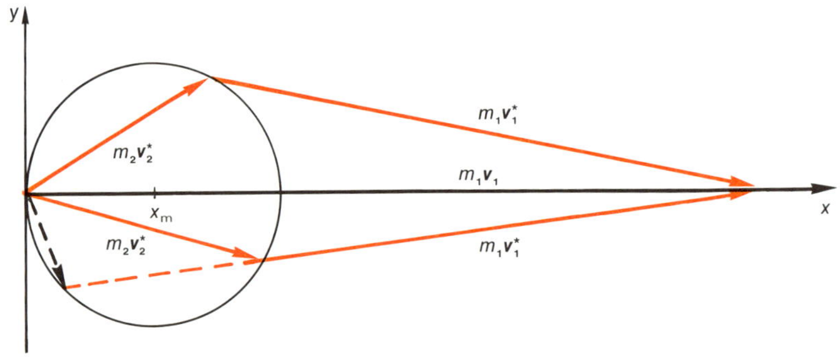

Abb. 6.6c
$m_1 \gg m_2$. Der stoßende Körper behält praktisch seine Geschwindigkeitsrichtung und seinen Impuls bei

c) Die Masse des stoßenden Körpers ist sehr groß gegenüber der Masse des gestoßenen.

Elastischer Stoß im Fall $m_1 \gg m_2$ stoßender Körper behält praktisch seinen Impuls bei

Nach Voraussetzung gilt $m_1 \gg m_2$. Die Spitze des Impulsvektors des gestoßenen Körpers liegt nach den Gleichungen (6.6a) und (6.6b) auf einem Kreis (Abb. 6.6c) mit den Mittelpunktskoordinaten

$$x_m \approx m_2 v_1 ; \qquad y_m = 0$$

und dem Radius

$$R = x_m \approx m_2 v_1 .$$

Der stoßende Körper behält praktisch seine Geschwindigkeitsrichtung und seinen Impuls bei. (Man beachte, daß in Abbildung 6.6c die Größenverhältnisse nicht richtig wiedergegeben werden können.) Die maximale Impulsübertragung beträgt (s. Abb. 6.6c) $m_2 v_2{}^* = 2R = 2 m_2 v_1$, die maximale Geschwindigkeit des gestoßenen Körpers

$$\boldsymbol{v}_2{}^* = 2 \boldsymbol{v}_1 ,$$

woraus sich als maximal mögliche Energieübertragung auf den gestoßenen Körper

$$W_{k,2} = \frac{m_2}{2} v_2{}^{*2} = 4 \frac{m_2}{2} v_1{}^2 = 4 \frac{m_2}{m_1} W_{k,1} \tag{6.7b}$$

ergibt. Die Energieübertragung wird um so kleiner, je größer der Massenunterunschied der beiden Stoßpartner ist.

unelastischer Stoß

Für den unelastischen Stoß verliert (6.4a) nach (D 6.2) ihre Gültigkeit. Bei Voraussetzung des vollkommenen unelastischen Stoßes (z. B. Zusammenstoß zweier Federbetten) gewinnt man die zur Lösung des Problems notwendige zweite Gleichung aus der experimentellen Tatsache, daß gestoßener und stoßender Körper nach dem Stoß mit gleicher Geschwindigkeit weiterfliegen:

$$\boldsymbol{v}_1{}^* = \boldsymbol{v}_2{}^* . \tag{6.4c}$$

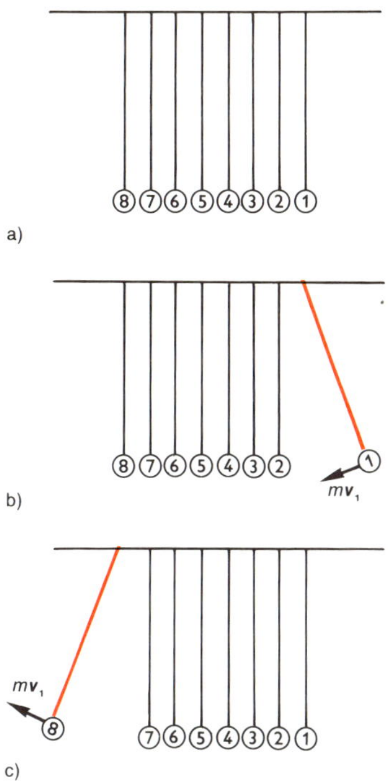

Abb. 6.7
Zum Nachweis des Geschwindigkeitsaustausches beim zentralen Stoß von Körpern gleicher Masse

Aus (6.4c) folgt dann für die Geschwindigkeit des gestoßenen Körpers mit (6.4b)

$$v_2{}^* = \frac{m_1}{m_1 + m_2} v_1 . \qquad (6.8)$$

Hängt man einen Sandsack bekannter Masse m_2 freibeweglich an eine Schnur, schießt in ihn eine Pistolenkugel bekannter Masse m_1, aber unbekannter Geschwindigkeit v_1 und mißt die Auslenkgeschwindigkeit $v_2{}^*$ des Pendels bei Einschuß der Kugel, dann kann sofort mit (6.8) die unbekannte Geschwindigkeit der Pistolenkugel ermittelt werden (*ballistisches Pendel*), wenn die Kugel im Sandsack stecken bleibt. ballistisches Pendel

6.3 Hydro- und Aerostatik

6.3.1 Fester, flüssiger und gasförmiger Aggregatzustand

Die drei Zustände eines Stoffes fest, flüssig und gasförmig bezeichnet man als seine *Aggregatzustände*. Im festen Aggregatzustand besitzen die atomaren Bausteine des Körpers zueinander eindeutige Lagebeziehungen (eindeutige Gleichgewichtslagen im Körper). Zur Veränderung dieser Lagebeziehungen (Gleichgewichtslagen), d.h. zur Verformung des Körpers, Aggregatzustand bedarf es der Einwirkung von Kräften. Bei der Einwirkung nicht allzu großer Kräfte zeigen feste Körper *Gestaltselastizität* (vgl. Abschnitt 6.1).

Gestaltselastizität

Vergleicht man für einen Stoff die Dichten im festen und flüssigen Aggregatzustand, so findet man größenordnungsmäßig gleiche Werte. So hat z.B. flüssiger Wasserstoff bei einer Temperatur von $-252{,}6\,^{\circ}\mathrm{C}$ die Dichte $\varrho_{\mathrm{fl}} = 0{,}071\ \mathrm{g\,cm^{-3}}$, für festen Wasserstoff bei einer Temperatur von $-259{,}2\,^{\circ}\mathrm{C}$ gilt $\varrho_{\mathrm{f}} = 0{,}087\ \mathrm{g\,cm^{-3}}$. Dieses experimentelle Ergebnis ist nur durch die Annahme erklärbar, daß größenordnungsmäßig die Anzahl der atomaren Bausteine pro Volumen für den festen und flüssigen Aggregatzustand übereinstimmt. Da jeder Flüssigkeit vorgegebenen Volumens ohne besondere Krafteinwirkungen jede gewünschte Gestalt gegeben werden kann (von Einflüssen durch Grenzflächenspannungen werde abgesehen), muß man weiter folgern, daß die atomaren Bausteine der Flüssigkeit nicht – wie beim festen Körper – nur gegenseitig genau bestimmte Lagebeziehungen (Gleichgewichtslagen) einnehmen können, sondern beliebig gegeneinander verschiebbar sind. Nach (D 3.14) und (A 11.1) verrichtet die Kraft $\boldsymbol{F}$ am Massenpunkt so lange Arbeit, bis die möglichen Verschiebungen des Massenpunktes senkrecht zur Kraft stehen. Ist obiges Denkmodell über den Aufbau einer Flüssigkeit richtig, dann muß die auf eine Flüssigkeitsoberfläche wirkende Kraft so lange Verschiebungen an den Flüssigkeitsatomen hervorrufen, bis die Flüssigkeitsoberfläche senkrecht zur einwirkenden Kraft steht.

(S 6.2)
Flüssigkeitsoberfläche bildet sich stets senkrecht zur resultierenden Kraft aus

Die Oberfläche einer Flüssigkeit steht stets senkrecht zur Resultierenden der auf diese Flüssigkeitsoberfläche wirkenden Kräfte.

Das Experiment bestätigt (S 6.2) und somit auch die dazu führende Annahme über den Aufbau einer Flüssigkeit. Zwei Beispiele werden im folgenden betrachtet:

Die Oberflächen der Ozeane folgen der Erdkrümmung, da in jedem Punkt der Flächeneinheitsvektor der Wasseroberfläche der Richtung der wirkenden Schwerkraft entgegengesetzt gerichtet sein muß.

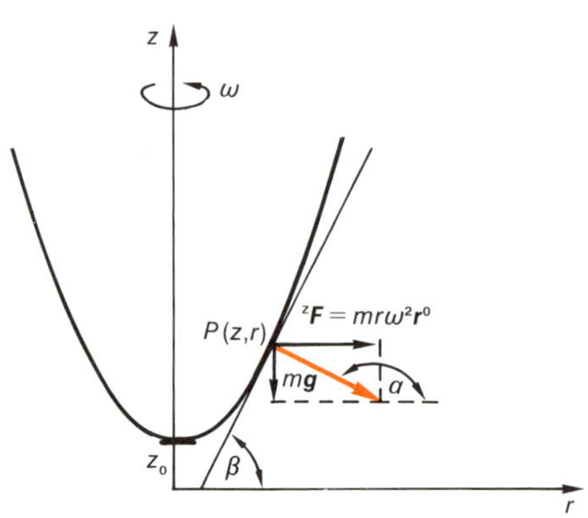

Abb. 6.8
Zur Berechnung der Gestalt der Oberfläche einer Flüssigkeit in einem rotierenden Gefäß

In einem Glas befinde sich eine Flüssigkeit. Ruht das Glas in bezug auf die Erde und wirken außer der Schwerkraft keine weiteren Kräfte auf diese Flüssigkeit, so ist ihre Oberfläche eben (von Erscheinungen durch Grenzflächenspannungen [siehe Abschnitt 6.3.4] werde abgesehen). Versetzt man das Glas (die Flüssigkeit) in Rotation, dann verändert die Flüssigkeitsoberfläche ihre Gestalt, da jetzt auf jedes Flüssigkeitsmolekül noch zusätzlich die Zentrifugalkraft (s. Abschnitt 3.6) wirkt. Die Rotationsachse des Glases (der Flüssigkeit) sei parallel zur Erdbeschleunigung $\boldsymbol{g}$. Wir legen durch sie die z-Achse eines zweidimensionalen kartesischen Koordinatensystems, die positive z-Richtung weise vom Erdmittelpunkt weg (Abb. 6.8). Die auf ein Flüssigkeitsmolekül im Abstand r von der Rotationsachse wirkende resultierende Kraft ergibt sich durch vektorielle Addition von Schwer- und Zentrifugalkraft. Diese resultierende Kraft bildet mit der Horizontalen (r-Achse) den Winkel $180° - \alpha$ (Abb. 6.8), wobei

$$\tan(180° - \alpha) = -\tan\alpha = \frac{g}{r\omega^2}\,. \tag{6.9a}$$

Ist $z = f(r)$ der Funktionsverlauf des Oberflächenprofils in der r, z-Ebene, so folgt nach der Differentialrechnung (vgl. A. 2) für die Tangente an diese Kurve im Punkt $P(z, r)$

$$\tan\beta = \frac{\mathrm{d}z}{\mathrm{d}r}\,. \tag{6.9b}$$

Nach (S 6.2) muß diese Tangentenrichtung senkrecht auf der resultierenden Kraft $\boldsymbol{F}$ stehen. Somit gilt unter Beachtung von A. 1

$$\tan\beta = \tan(\alpha - 90°) = -\cot\alpha = -\frac{1}{\tan\alpha}\,. \tag{6.9c}$$

Damit genügt nach (6.9a), (6.9b) und (6.9c) der gesuchte Funktionsverlauf $z = f(r)$ der Diffenrentialgleichung

$$\frac{\mathrm{d}r}{\mathrm{d}z} = \frac{g}{r\omega^2}\,. \tag{6.9d}$$

Trennung der Variablen ergibt (vgl. A. 17)

$$\mathrm{d}z = \frac{\omega^2}{g}\,r\,\mathrm{d}r\,,$$

woraus sich durch Integration für die Gestalt der Flüssigkeitsoberfläche das Rotationsparaboloid

$$z = \frac{\omega^2}{2g}r^2 + z_0 \tag{6.9}$$

ergibt. Diese Oberflächengestalt wird vom Experiment bestätigt.

Zur Veränderung der Packungsdichte der Flüssigkeitsatome bzw. -moleküle, d.h. zur Veränderung des Volumens einer Flüssigkeit, bedarf es erheblicher Kräfte. Flüssigkeiten zeigen *Volumenelastizität*. Volumenelastizität

Vergleicht man für einen bestimmten Stoff die Dichten im flüssigen und gasförmigen Aggregatzustand, so findet man größenordnungsmäßige Unterschiede. So hat bei einer Temperatur von $-249{,}89\,°C$ flüssiger Wasserstoff die Dichte $\varrho_{\mathrm{fl}} = 0{,}0674\ \mathrm{g\,cm^{-3}}$, gasförmiger $\varrho_{\mathrm{g}} = 0{,}00264\ \mathrm{g\,cm^{-3}}$. Die Dichte eines Stoffes im gasförmigen Aggregatzustand ist erheblich kleiner als im flüssigen. Aus diesem experimentellen Befund muß man schließen, daß die Wechselwirkungskräfte zwischen den atomaren Bausteinen eines Gases um Größenordnungen kleiner sind als die zwischen den Bausteinen einer Flüssigkeit oder eines festen Körpers. Auf Grund dieser geringeren Wechselwirkungskräfte nimmt ein Gas jedes ihm zur Verfügung stehende Volumen ein und ist wesentlich leichter zusammendrückbar als eine Flüssigkeit.

6.3.2 Druck, Kompressionsmodul

Auf die Oberfläche eines Körpers in einem beliebigen Aggregatzustand wirke die Kraft $\boldsymbol{F}$. (Als Beispiel ist in Abbildung 6.9 eine Flüssigkeit gewählt.) Dadurch hervorgerufene physikalische Vorgänge lassen sich vorteilhaft durch die physikalische Größe Druck beschreiben:

(D 6.3)
Druck p

Wirkt auf eine Grenzfläche $\boldsymbol{A}$ eines Körpers entgegengesetzt zu ihrer äußeren Flächennormalen $\boldsymbol{A}^0$ die Kraft $\boldsymbol{F}$, so heißt die Größe

$$p = \frac{F}{A}$$

der auf die Grenzfläche wirkende Druck.

Mögliche Maßeinheit: $[p] = \mathrm{N\,m^{-2}}$.

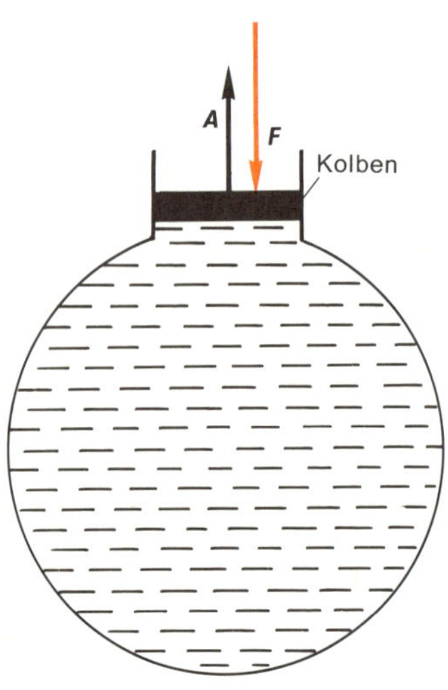

Abb. 6.9 Zur Definition des Druckes

Für die SI-Einheit $\mathrm{N\,m^{-2}}$ wurde der Name Pascal gewählt. Ältere Einheiten sind Bar und Technische Atmosphäre:

(D 6.4) Maßeinheiten Pascal (Pa), Technische Atmosphäre (at), Bar (bar)

1 Pascal $= 1\ \mathrm{Pa} = 1\ \mathrm{N\,m^{-2}} = 10^{-5}\ \mathrm{Bar} = 10^{-5}\ \mathrm{bar}$,
1 Technische Atmosphäre $= 1\ \mathrm{at} = 1\ \mathrm{kp\,cm^{-2}}$.

Nach (D 6.4) und (3.25) gilt die Umrechnungsbeziehung

$$1\ \mathrm{at} = 0{,}980665\ \mathrm{bar} = 9{,}80665 \cdot 10^4\ \mathrm{Pa}. \tag{6.10a}$$

Umrechnungsbeziehung zwischen Pa, at und bar

Die durch den Druck Δp verursachte Verringerung des Volumens V eines Körpers um ΔV ($\Delta V < 0$) nennt man *Kompression*. Quantitativ erfaßt man die Kompression durch Angabe der Materialkonstanten *Kompressionsmodul*:

(D 6.5) Kompressionsmodul K

Die Größe

$$K = -\frac{1}{V}\frac{\Delta V}{\Delta p}$$

heißt Kompressionsmodul.

Da für eine Kompression $\Delta V < 0$ gilt, ist K eine positive Größe. Mögliche Maßeinheit: $[K] = \mathrm{Pa}^{-1}$.

Die Kompressionsmodule der Flüssigkeiten sind äußerst gering. Zum Beispiel findet man für Wasser den Wert $K = 4{,}9\ \mathrm{Pa}^{-1}$. Daher können Flüssigkeiten für viele Fälle als vollkommen inkompressibel angesehen werden.

(S 6.3) für Flüssigkeiten gilt $K \approx 0$

Flüssigkeiten sind praktisch inkompressibel.

Für einen starren Körper ist definitionsgemäß $K = 0$.

6.3.2.1 Druckverteilung und Schweredruck in inkompressiblen Flüssigkeiten

Eine Folge von (S 6.3) ist der Satz von der *allseitigen Gleichheit des Druckes in einer Flüssigkeit*, d.h. die Tatsache, daß bei kleinen Flüssigkeitsvolumina (dann kann der Schweredruck der Flüssigkeit (s.u.) vernachlässigt werden) im Innern der Flüssigkeit und an jeder Stelle der Gefäßwandung der gleich Druck herrscht.

Blaise Pascal (1623–1662)

Zur Herleitung der Gesetzmäßigkeit von der allseitigen Gleichheit des Druckes betrachten wir das in Abbildung 6.10 dargestellte physikalische System. Durch die äußere Kraft $\boldsymbol{F}_1$ werde der Kolben K_1 vom Querschnitt A_1 um die Strecke s_1 verschoben. Diese Verschiebung verlaufe derartig langsam, daß die Flüssigkeitsatome wohl verschoben werden, aber bei dieser Verschiebung keine zusätzliche Bewegungsenergie aufnehmen (*reversibler Vorgang*, vgl. Abschnitt 7.4.1). Für die bei diesem Vorgang von der äußeren Kraft am System verrichteten Arbeit erhält man mit (D 3.14a),

(D 6.3) und dem verschobenen Flüssigkeitsvolumen $V_1 = A_1 s_1$

$$W_{A,r,1} = F_1 s_1 = p_1 A_1 s_1 = p_1 V_1 . \qquad (6.11)$$

Das Vorzeichen von (6.11) wurde so gewählt, daß $W_{A,r} > 0$ für die *am* System bzw. $W_{A,r} < 0$ für die *vom* System verrichtete Arbeit ist. Unter der Wirkung des Kolbendruckes p_1 werde ein zweiter Kolben K_2 nach außen verschoben, d.h., das System verrichtet Arbeit ($W_{A,r,2} < 0$). Für diese Arbeit gilt entsprechend (6.11)

$$W_{A,r,2} = -p_2 V_2 . \qquad (6.11a)$$

Da nach dem Energieerhaltungssatz der Mechanik (S 3.18) die am System verrichtete Arbeit gleich der vom System verrichteten sein muß und ferner auf Grund der Inkompressibilität der Flüssigkeit (S 6.3) $V_1 = V_2$ gilt, folgt aus (6.11) und (6.11a), daß $p_1 = p_2$ ist. Da die Lage des zweiten Kolbens vollkommen willkürlich gewählt war, gilt $p_1 = p_2$ – wie oben behauptet – für jeden Ort in der Flüssigkeit.

(S 6.4)
Gesetz von der allseitigen Gleichheit des Druckes

Bei vernachlässigbarem Schweredruck herrscht an jedem Ort in einer Flüssigkeit (in einem Gas) der gleiche Druck
(Gesetz von der allseitigen Gleichheit des Druckes).

Für ein Gas erfolgt der Beweis in Abschnitt 8.3.

hydraulische Presse

Eine wichtige technische Anwendung findet (S 6.4) in der hydraulischen Presse. Ihr prinzipieller Aufbau entspricht der in Abbildung 6.10 dargestellten Anordnung. Der Querschnitt A_1 des Kolbens K_1 wird wesentlich kleiner als der von K_2 ($A_1 \ll A_2$) gewählt. Weiter besteht nach (D 6.3) und (S 6.4) zwischen den an beiden Kolben angreifenden Kräften F_1 und F_2 die Beziehung

$$F_2 = \frac{A_2}{A_1} F_1 . \qquad (6.12)$$

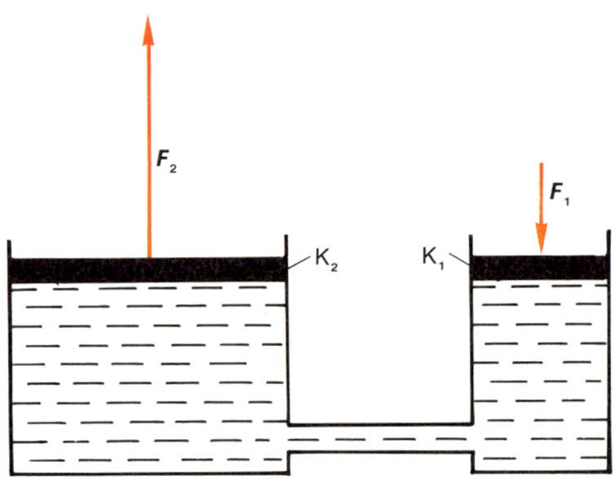

Abb. 6.10
Zum Nachweis der allseitigen Gleichheit des Druckes – Prinzip der hydraulischen Presse

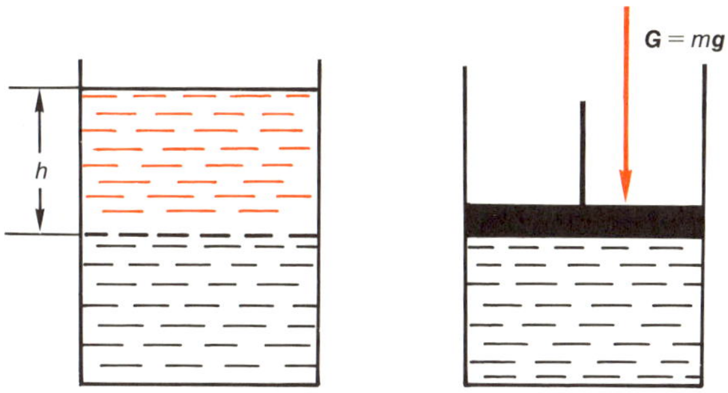

Abb. 6.11 Zum Schweredruck einer Flüssigkeit

Da nach Konstruktion der Presse $\frac{A_2}{A_1} \gg 1$ gilt, ist nach (6.12) die Kraft F_2, mit der am Kolben K_2 ein Gegenstand gepreßt werden kann, wesentlich größer als die Kraft F_1, mit der man hierzu den Kolben K_1 in die Flüssigkeit drücken muß.

Auf eine Flüssigkeit wirkt nicht nur der von außen ausgeübte Druck. Befindet sich zum Beispiel eine Flüssigkeit in einem zylindrischen Gefäß vom Querschnitt A, dann wirkt auf eine Ebene parallel zur Flüssigkeitsoberfläche im Abstand h die über dieser Ebene lastende Flüssigkeitsschicht durch ihr Eigengewicht wie ein Kolben der Kraft G (vgl. Abb. 6.11). Der hierdurch in dieser Ebene auf die Flüssigkeit ausgeübte Druck, der *Schweredruck* p_{sch}, ergibt sich nach (D 6.3), (3.21) und (5.1) zu

$$p_{sch} = \frac{G}{A} = \frac{mg}{A} = \frac{\varrho g V}{A} = \frac{\varrho g A h}{A} = \varrho g h .$$

Man beachte, daß in die Herleitung vorstehender Beziehung die Inkompressibilität der Flüssigkeiten (S 6.3) mit eingegangen ist, also angenommen wird, daß die über der Ebene h lastende Flüssigkeitsmenge nur einen Druck ausübt, aber nicht die unteren Flüssigkeitsschichten komprimiert.

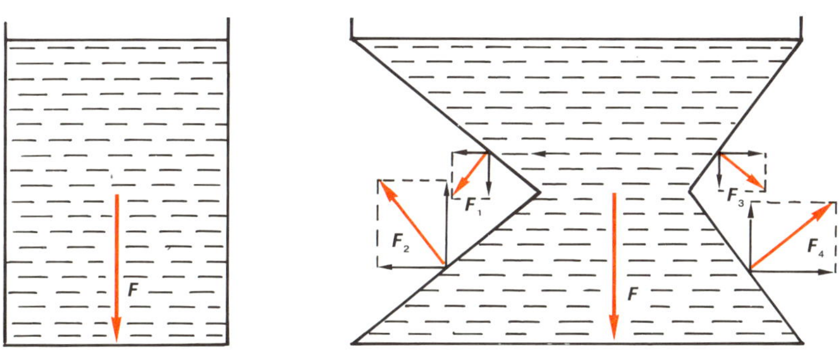

Abb. 6.12 Zum hydrostatischen Paradoxon

Die für den Schweredruck hergeleitete Beziehung bleibt auch für eine beliebige Gestalt des Gefäßes erhalten. Damit ist der Schweredruck einer Flüssigkeit nur von der Höhe der Flüssigkeitssäule abhängig, aber unabhängig von ihrer Gestalt. Diese auf den ersten Blick merkwürdige Tatsache wird als *hydrostatisches Paradoxon* bezeichnet. Sie erklärt sich wie folgt: Bei Berücksichtigung des Schweredruckes gilt (S 6.4) nur noch in jeder horizontalen Flüssigkeitsschicht. Der in der jeweiligen Flüssigkeitsschicht herrschende Druck entspricht dem Schweredruck. Damit gilt zum Beispiel in Abb. 6.12 für die auf die Einheit der Gefäßwandung wirkenden Kräfte $F_1 = F_3$ und $F_2 = F_4$, und somit ist die auf die Einheit der Bodenfläche wirkende Kraft $\boldsymbol{F}$ die gleiche wie bei dem danebenstehenden zylindrischen Gefäß.

hydrostatisches Paradoxon

(S 6.5a) Schweredruck in einer Flüssigkeit

Der Schweredruck einer Flüssigkeit ist außer von der Dichte der Flüssigkeit und der am betrachteten Ort vorliegenden Erdbeschleunigung nur von der Höhe der Flüssigkeitssäule abhängig. Er beträgt für eine vollständig inkompressible Flüssigkeit

$$p_{sch} = \varrho g h .$$

Der Schweredruck kann mit einer Anordnung entsprechend Abbildung 6.13 nachgewiesen werden: der Flüssigkeitsspiegel erreicht in allen Röhren die gleiche Höhe. Wird auf die Flüssigkeit zusätzlich ein Druck ausgeübt, so steigt der Flüssigkeitsspiegel wegen der allseitigen Gleichheit des Drukkes in allen Röhren um den gleichen Betrag.

Nach (S 6.5a) erzeugt eine Wassersäule der Höhe $h = 10$ m und der Dichte $\varrho = 1$ g cm^{-3} exakt den Schweredruck $p_{sch} = 1$ at, im Ozean herrscht in 5000 m Tiefe ein Schweredruck von annähernd 500 at $= 4{,}90 \cdot 10^7$ Pa.

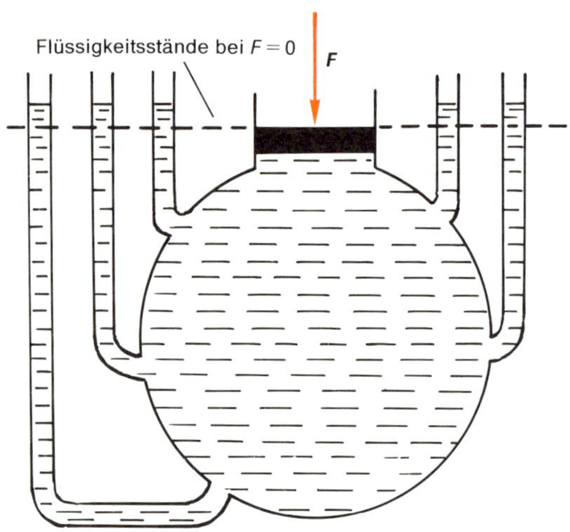

Abb. 6.13 Zum Nachweis des Schweredruckes einer Flüssigkeit

Mit Hilfe des Schweredruckes einer Quecksilbersäule ist die SI-fremde Maßeinheit Torr definiert:

> Die Maßeinheit 1 Torr entspricht dem Schweredruck einer Quecksilbersäule der Höhe $h = 1$ mm beim Normalwert der Erdbeschleunigung und einer Temperatur von 0 °C ($\varrho_{Hg} = 13{,}5951$ g cm^{-3}). Ein Druck von 760 Torr heißt eine physikalische Atmosphäre (atm).
> 760 Torr = 1 Physikalische Atmosphäre = 1 atm.

(D 6.6)
Maßeinheiten Torr und Physikalische Atmosphäre (atm)

Zwischen den Druckeinheiten Torr, Technische Atmosphäre, Physikalische Atmosphäre und Pascal bestehen nach (S 6.5a), (D 6.6), (D 3.11), (D 3.9), (3.25), (D 6.4) und (6.10a) die Umrechnungsbeziehungen

$$1 \text{ Torr} = 13{,}5951 \text{ g cm}^{-3} \cdot 9{,}80665 \text{ ms}^{-2} \cdot 0{,}1 \text{ cm}$$

oder

$$1 \text{ Torr} = 1{,}35951 \cdot 10^{-3} \text{ at} = 1{,}333\,224 \cdot 10^{2} \text{ Pa} \quad (6.10b)$$

$$1 \text{ atm} = 760 \text{ Torr} = 1{,}03323 \text{ at} = 1{,}01325 \cdot 10^{5} \text{ Pa}. \quad (6.10c)$$

Umrechnungsbeziehungen zwischen Pa, Torr, at, atm

Auf der Wirkung des Schweredruckes beruhen die *kommunizierenden Röhren.* In den beiden Schenkeln eines U-Rohres befinden sich zwei verschiedene, nicht miteinander mischbare Flüssigkeiten der Dichten ϱ_1 und ϱ_2. Die Steighöhen dieser Flüssigkeiten in den Schenkeln betragen h_1 und h_2. In der Ebene A halten sich die Eigengewichte der beiden Flüssigkeitssäulen das Gleichgewicht (Abb. 6.14). Für sie gilt nach (S 5.4) und (D 6.3)

kommunizierende Röhren

$$G_1 = p_{sch,1} A = G_2 = p_{sch,2} A$$

oder mit (S 6.5a)

$$\frac{h_1}{h_2} = \frac{\varrho_2}{\varrho_1} . \quad (6.13)$$

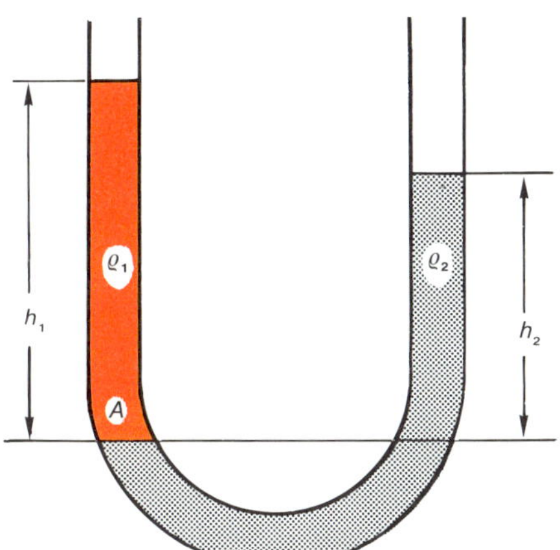

Abb. 6.14 Kommunizierende Röhren

EVANGELISTA TORRICELLI (1608–1647)

Die Dichten beider Flüssigkeiten verhalten sich umgekehrt wie die Steighöhen der Flüssigkeitssäulen. Werden die Steighöhen h_1 und h_2 gemessen und ist die Dichte (z.B. ϱ_1) einer Flüssigkeit bekannt, so kann die Dichte der anderen nach (6.13) bestimmt werden.

6.3.2.2 Schweredruck in Gasen

Für den Schweredruck der Gase ist (S 6.5a) nicht anwendbar, da Gase nicht, wie zur Herleitung von (S 6.5a) vorausgesetzt, inkompressibel sind. Zur Ableitung einer analogen Beziehung für Gase legen wir die positive z-Achse eines Koordinatensystems in Richtung maximaler Abnahme der Gasdichte und machen die plausible Annahme, daß in jeder Gasschicht die Dichte des Gases dem dort herrschenden Druck proportional ist. Zwischen den Druck- und Dichtewerten p_0 und ϱ_0 beim Wert $z=0$ und den Werten p und ϱ bei einem festen, aber beliebigen Wert z gilt dann die Beziehung

$$\frac{\varrho}{\varrho_0}=\frac{p}{p_0}. \tag{6.14a}$$

Bei der Vergrößerung von z um $\mathrm{d}z$ nimmt nach (S 6.5a) und (6.14a) der Druck um

$$\mathrm{d}p=-\varrho g\,\mathrm{d}z=-\frac{\varrho_0 g}{p_0}p\,\mathrm{d}z \tag{6.14b}$$

ab. Trennung der Veränderlichen (vgl. A 17) ergibt

$$\frac{\mathrm{d}p}{p}=-\frac{\varrho_0 g}{p_0}\mathrm{d}z,$$

woraus durch Integration

$$p=C\mathrm{e}^{-\frac{\varrho_0 g}{p_0}z}$$

folgt. Da für $z=0$ nach Voraussetzung $p=p_0$ ist, folgt $C=p_{\mathrm{sch},0}$.

(S 6.5b)
barometrische Höhenformel

In der Höhe h übt ein Gas den Schweredruck

$$p_{\mathrm{sch,h}}=p_{\mathrm{sch},0}\,\mathrm{e}^{-\frac{\varrho_0 g}{p_{\mathrm{sch},0}}h}$$

aus (ϱ_0 Dichte des Gases für $h=0$).
(Barometrische Höhenformel)

Die Existenz der Lufthülle der Erde wurde anhand ihres Schweredruckes 1643 gleichzeitig, aber unabhängig von TORRICELLI und OTTO VON GUERICKE nachgewiesen. TORRICELLI tauchte ein Rohr vollständig in eine mit Quecksilber gefüllte Wanne (Abb. 6.15a), verschloß es oben und zog es dann wieder aus dem Quecksilber heraus. Da der Schweredruck der Lufthülle bei Meeresniveau annähernd 760 Torr beträgt, steigt das Quecksilber im Rohr bis zu einer Höhe von 760 mm über den Quecksilberspiegel an (Abb. 6.15b). (Wird im Versuch Wasser statt Quecksilber verwendet, beträgt die Steighöhe ca. 10 m.) Durch Beobachtung der Höhenschwankungen der Quecksilbersäule kann die tägliche Schwankung des Luftdruckes beobachtet werden. O. v. GUERICKE verwendete zum Nachweis des Schweredruckes der Lufthülle zwei kupferne Halbkugeln von 42 cm Durchmesser (Abb. 6.16). Er setzte diese mit ihren Dichtungsflächen zusammen und entfernte aus dem Inneren mittels einer eigens dafür von ihm entwickelten Luftpumpe die Luft. Der Schweredruck der Lufthülle preßt beide Kugelhälften so stark aufeinander, daß zu ihrer Trennung 16 Pferde benötigt wurden (bzw. nach dem 2. Newtonschen Axiom $\boldsymbol{F}_{ab} = -\boldsymbol{F}_{ba}$ (S 3.7) bei Befestigung einer der Halbkugeln an einer Wand 8 Pferde).

Magdeburger Halbkugeln

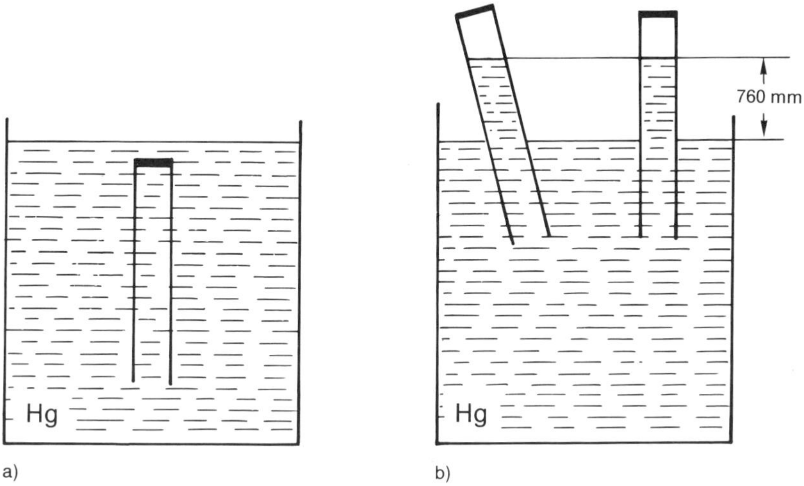

Abb. 6.15 Zum Nachweis der Lufthülle der Erde durch TORRICELLI

OTTO VON GUERICKE (1602–1686)

Abb. 6.16 Zum Nachweis der Lufthülle der Erde durch V. GUERICKE

Für die Abhängigkeit des Schweredruckes $p_{\mathrm{sch,L},h}$ der Lufthülle der Erde von der Höhe h über der Erdoberfläche erhält man nach (S 6.5b), wenn dort $h = 0$ auf Meeresniveau bezogen wird und die entsprechenden Zahlenwerte für die Konstanten ϱ_0, $p_{\mathrm{sch,0}}$ und g ($\varrho_{0,\mathrm{L}} = 0{,}001\,293\ \mathrm{g\,cm^{-3}}$ für eine Temperatur von 0 °C, $p_0 = 1013{,}25$ h Pa (Mittelwert für Meeresniveau), $g = g_n$ (siehe (D 3.11)) eingesetzt werden,

Schweredruck der Lufthülle der Erde

$$p_{\mathrm{sch,L},h} = 1013{,}25\,\mathrm{e}^{-0{,}125\,h/\mathrm{km}}\ [\mathrm{h\ Pa}]\,. \qquad (6.15)$$

Für eine Höhe von $h = 5$ km ergibt sich nach (6.15) $p_{sch,L,5\,000} \approx 500$ h Pa, also angenähert die Hälfte des Luftdruckes für Meeeresniveau. Man beachte ferner, daß nach (S 6.5b) der Luftdruck exponentiell mit der Höhe abnimmt, eine obere Grenze für die Lufthülle unserer Erde somit nicht angebbar ist.

Abb. 6.17 Behnsches Flammenrohr

Nach (S 6.5b) nimmt der Schweredruck eines Gases um so schneller mit der Höhe ab, je größer seine Dichte ϱ_0 ist. Diese Tatsache kann leicht mit dem Behnschen Flammenrohr (Abb. 6.17) nachgewiesen werden. Ein Glasrohr mit Brenndüsen an seinen Enden ist im Massenmittelpunkt um eine zur Rohrachse senkrechte Achse schwenkbar. Leitet man in dieses Rohr stark gedrosselt Propangas und stellt man die beiden Brenndüsen auf unterschiedliche Höhe ein, so brennt bei geeigneter Drosselung des Gases die tiefere Flamme sehr intensiv, die obere dagegen nur sehr schwach (Abb. 6.17). Wählt man die tiefere Brenndüse als Bezugspunkt, so läßt sich dieses Verhalten leicht mit (S 6.5b) erklären. Die Dichte von Propangas ϱ_P ist größer als die der Luft ϱ_L ($\varrho_P > \varrho_L$). Somit nimmt nach (S 6.5b) der Schweredruck von Propangas schneller mit der Höhe ab als der der Luft. Der Druckunterschied zwischen Propangas und Luft ist damit an der höher gelegenen Stelle kleiner als an der tiefer gelegenen. Nimmt man für dieses Experiment statt Propangas Leuchtgas, so kehren sich die Verhältnisse genau um, da die Dichte von Leuchtgas kleiner als die der Luft ist.

Zugwirkung von Schornsteinen

Auch die Zugwirkung von Schornsteinen beruht auf der durch (S 6.5b) gegebenen Druckverteilung. Außendruck p_1 und Innendruck p_2 sind an der tiefsten Stelle des Schornsteines gleich (Abb. 6.18). Die Dichte der er-

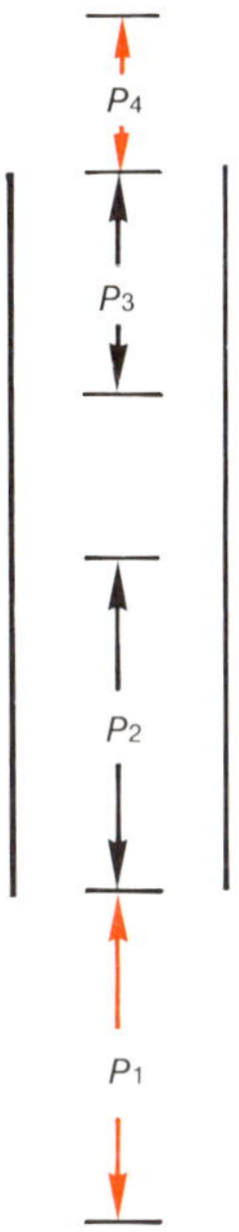

Abb. 6.18 Zugwirkung eines Schornsteines

wärmten Gase im Innern des Schornsteines ist kleiner als die Dichte der den Schornstein umgebenden Luft. Die Druckabnahme im Schornstein ist nach (S 6.5b) daher mit der Höhe kleiner als die Druckabnahme der äußeren Luft, wodurch sich an der obersten Stelle des Schornsteines zwischen der umgebenden Luft und den Schornsteingasen eine endliche Druckdifferenz einstellt. Sie wird nach (S 6.5b) bei vorgegebenen Dichten der Gase um so größer, je höher der Schornstein ist.

6.3.3 Auftrieb

Ein quaderförmiger Körper befinde sich in einer Flüssigkeit oder in einem Gas der Dichte ϱ (Abb. 6.19). Wegen des Schweredruckes der Flüssigkeit wirkt auf die Oberseite des Körpers die Kraft $\boldsymbol{F}_1$, auf seine Unterseite die zu $\boldsymbol{F}_1$ entgegengesetzt gerichtete Kraft $\boldsymbol{F}_2$. Nach (D 6.3), (S 6.5a) und wegen der endlichen Ausdehnung des Körpers sind die beiden Kräfte ihrem Betrag nach ungleich: $|\boldsymbol{F}_1| \neq |\boldsymbol{F}_2|$. Die dadurch resultierende Kraft ${}^{\mathrm{A}}\boldsymbol{F} = \boldsymbol{F}_1 + \boldsymbol{F}_2$ wird als Auftriebskraft (oder kurz als *Auftrieb*) des Körpers bezeichnet. Die Kräfte auf die Seitenflächen des Körpers kompensieren sich ($\boldsymbol{F}_3 = -\boldsymbol{F}_4$). Auftrieb

Für den Betrag der Auftriebskraft folgt aus (D 6.3), (S 6.5a), (5.1) und (3.21)

$$\begin{aligned} {}^{\mathrm{A}}F &= (p_{\mathrm{sch},2} - p_{\mathrm{sch},1})A = \varrho g (h_2 - h_1) A \\ &= \varrho g V = m g = G . \end{aligned}$$

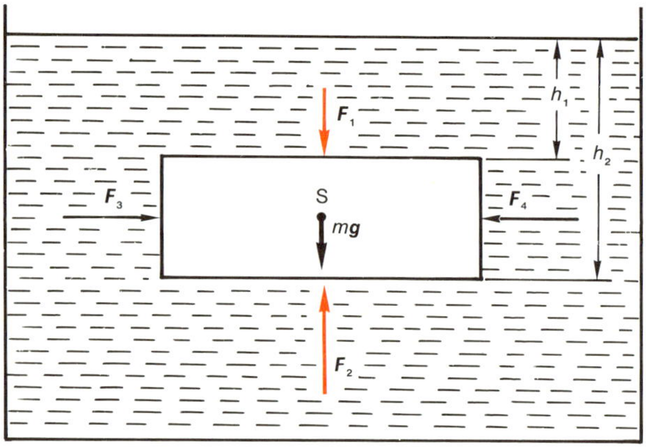

Abb. 6.19 Auftrieb in einer Flüssigkeit

Es gilt also:

(S 6.6) Archimedisches Prinzip

> Jeder Körper erfährt in einer Flüssigkeit (in einem Gas) eine Auftriebskraft. Der Betrag dieser Auftriebskraft ist gleich dem Gewicht der vom Körper verdrängten Flüssigkeit (Gasmenge). (Archimedisches Prinzip)

Außer der Auftriebskraft greift am Körper noch die Schwerkraft an. Je nachdem, ob die Auftriebskraft im Vergleich zum Gewicht des Körpers

Steigen, Schweben, Schwimmen, Sinken

größer / gleich / kleiner } ist, spricht man vom { Steigen / Schweben; Schwimmen / Sinken

des Körpers in der Flüssigkeit (im Gas).

Wir betrachten einen schwimmenden Körper. Für seine stabile Schwimmlage ist die gegenseitige Lage der Massenmittelpunkte von verdrängter Flüssigkeit und des Körpers ausschlaggebend, denn die Schwerkraft greift am Massenmittelpunkt des Körpers, die Auftriebskraft dagegen am Massenmittelpunkt der verdrängten Flüssigkeitsmenge an. Damit kann durch die unterschiedlichen Angriffspunkte von Auftriebs- und Schwerkraft am Körper ein Drehmoment auftreten. Ist dieses gleich Null, so befindet er sich nach (S 5.4) im Gleichgewicht (Abb. 6.20). Drehen wir den Körper aus seiner Gleichgewichtslage heraus, so tritt an ihm im allgemeinen ein Drehmoment auf. Je nachdem, ob dieses ihn in die Ausgangslage zurückdreht bzw. ihn noch weiter aus dieser entfernt, ist die Gleichgewichtslage stabil oder labil. Der Schnittpunkt der Verbindungslinie der Massenmittelpunkte S_K des Körpers und S_F der verdrängten Flüssigkeit in der Gleichgewichtslage mit der Angriffslinie der Auftriebskraft nach Verdrehen des Körpers heißt *Metazentrum M* des schwimmenden Körpers. Liegt das Metazentrum oberhalb des Massenmittelpunktes des schwimmenden Körpers, dann tritt ein Drehmoment auf, welches den Körper in die Ausgangs-

stabile, labile und indifferente Gleichgewichtslage eines schwimmenden Körpers

Metazentrum

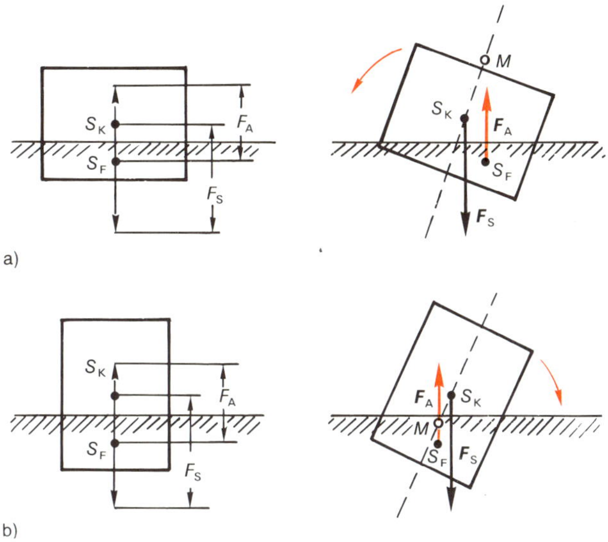

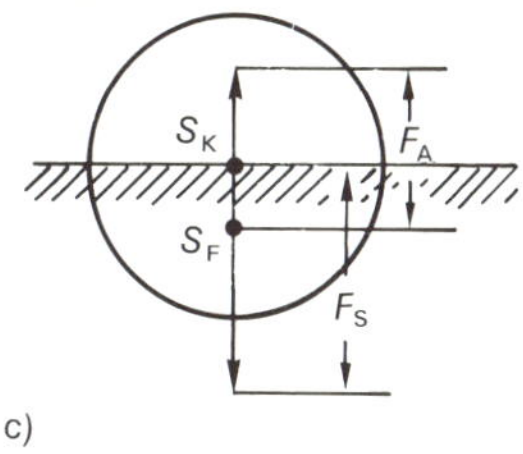

Abb. 6.20
a) stabile Schwimmlage
b) labile Schwimmlage
c) indifferente Schwimmlage

ARCHIMEDES
(287–212 v. u. Z.)

lage zurückdreht. Die Gleichgewichtslage ist stabil (Abb. 6.20a). Im umgekehrten Fall (Metazentrum unterhalb des Massenmittelpunktes) ist sie labil (Abb. 6.20b). Fällt in jeder Schwimmlage das Metazentrum mit dem Massenmittelpunkt des schwimmenden Körpers zusammen, dann ist die Gleichgewichtslage indifferent (Abb. 6.20c).

In der Lufthülle der Erde erfahren Körper ebenfalls einen Auftrieb. Er muß z. B. bei Präzisionswägungen berücksichtigt werden. Angewendet wird er u. a. beim Heißluftballon.

6.3.4 Oberflächenspannung und Kapillarität

6.3.4.1 Spezifische Oberflächenenergie einer Flüssigkeit, Oberflächenspannung

Nach Abschnitt 8.3.2 besteht eine Flüssigkeit aus einer riesigen Anzahl (vgl. (S 8.3)) von Molekülen bzw. Atomen, die durch Wechselwirkungskräfte zusammengehalten werden. Da erfahrungsgemäß die Wechselwirkungskräfte zwischen den Molekülen der Flüssigkeit und den Molekülen des über der Flüssigkeit liegenden Gases wesentlich kleiner sind als die Kräfte zwischen den einzelnen Flüssigkeitsmolekülen, erfährt ein Molekül in der Oberfläche einer Flüssigkeit eine resultierende Kraftwirkung in Richtung zur Flüssigkeit hin (Abb. 6.21). Um ein Flüssigkeitsmolekül an die Oberfläche zu bringen, bedarf es daher einer Arbeit. Flüssigkeitsmoleküle in der Oberfläche einer Flüssigkeit besitzen damit eine größere potentielle Energie als die Moleküle im Innern der Flüssigkeit. Da nach (S 5.6) stabiles Gleichgewicht beim Minimum der potentiellen Energie vorliegt, folgt:

(S 6.7)
Flüssigkeitsoberflächen sind Minimalflächen

Bei Abwesenheit äußerer Kräfte sind Flüssigkeitsoberflächen Minimalflächen.

Entsprechend (S 6.7) besitzen kleine Quecksilbertropfen Kugelgestalt. (Bei großen Quecksilbertropfen kann sich diese Gestalt infolge ihres Eigengewichtes nur annähernd einstellen.) Bringt man viele Quecksilbertropfen unterschiedlicher Größe zusammen, so vereinigen sich diese zu einem großen Tropfen (Abb. 6.22), da dessen Oberfläche wesentlich kleiner ist als die Summe der Oberflächen der einzelnen Tröpfchen.

spezifische Oberflächenenergie w

Eine Vergrößerung der Flüssigkeitsoberfläche A um ΔA erfordert nach (S 6.7) einen Arbeitsaufwand von ΔW_A. Man nennt $w = \frac{\Delta W_A}{\Delta A}$ *spezifische Oberflächenenergie* der Flüssigkeitsoberfläche.

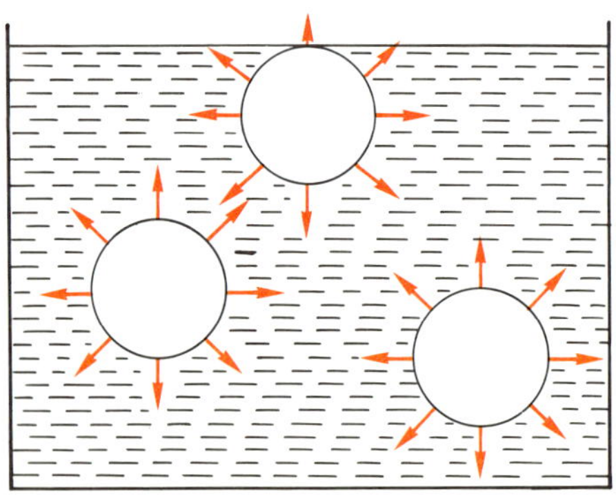

Abb. 6.21 Zur Entstehung der Oberflächenspannung in Flüssigkeiten

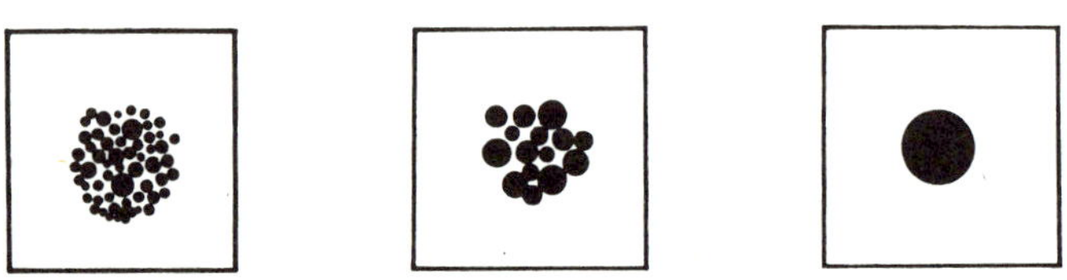

Abb. 6.22
Die Oberfläche sich berührender kleiner Quecksilberkugeln verkleinert sich durch den Zusammenschluß zu größeren Kugeln

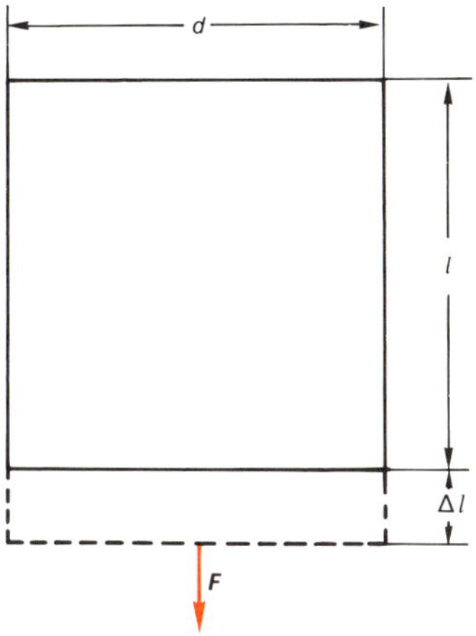

Abb. 6.23
Zur Berechnung der Oberflächenspannung einer Flüssigkeitslamelle

Zur Einführung der häufig benutzten Größe Oberflächenspannung dient eine Flüssigkeitsoberfläche rechteckiger Gestalt (Abb. 6.23). (Ein derartiges Flüssigkeitsprofil erhält man zum Beispiel durch „Spannen" einer Flüssigkeit über einen Drahtbügel rechteckiger Gestalt.) Die Gesamtoberfläche der Flüssigkeit betrage $A = 2ld$ (der Faktor 2 rührt daher, daß die Flüssigkeit zwei Oberflächen der Größe $l \cdot d$ besitzt). Durch die Kraft $\boldsymbol{F}$ werde die Flüssigkeitsoberfläche um $\Delta A = 2d\,\Delta l$ vergrößert (Abb. 6.23). Nach (D 3.14a) benötigt man hierzu die Arbeit

$$\Delta W_A = w\Delta A = w2d\,\Delta l = F\,\Delta l.$$

Damit folgt für die zum Vergrößern der Oberfläche notwendige Kraft

$$F = 2dw, \qquad (6.16a)$$

für die dazu erforderliche spezifische Oberflächenenergie

$$w = \frac{F}{2d}. \qquad (6.16b)$$

In Analogie zu (D 6.1) wird die vektorielle Größe

$$\boldsymbol{\sigma} = \frac{\boldsymbol{F}}{2d} \qquad (6.16)$$

vielfach als *Oberflächenspannung* bezeichnet.

Oberflächenspannung σ

Legt man zum Beispiel eine Stecknadel sehr vorsichtig auf eine Wasseroberfläche, so bleibt sie infolge der sehr großen Oberflächenspannung des Wassers auf dieser liegen.

Als weiteres Beispiel wird eine Flüssigkeitsblase vom Radius r betrachtet. (Man beachte, daß auch sie wiederum zwei Oberflächen – die innere und die äußere – besitzt.) Eine Vergrößerung des Radius der Blase um $\mathrm{d}r$ ergibt eine Vergrößerung ihrer Oberfläche um $\mathrm{d}A = 16\pi r\,\mathrm{d}r$ und ihres Volumens um $\mathrm{d}V = 4\pi r^2\,\mathrm{d}r$. Zur Volumenvergrößerung muß nach (6.11) die Arbeit

$$\mathrm{d}W_A = p\,\mathrm{d}V = p\,4\pi r^2\,\mathrm{d}r \tag{6.17a}$$

aufgewendet werden, während die Vergößerung der Oberfläche nach (6.16b) und (6.16) eine Arbeit von

$$\mathrm{d}W_A = w\,\mathrm{d}A = \sigma\,\mathrm{d}A = \sigma\,16\pi r\,\mathrm{d}r \tag{6.17b}$$

erfordert. Da der Arbeitsaufwand in beiden Fällen der gleiche ist, folgt aus (6.17a) und (6.17b) für den in einer Flüssigkeitsblase auf Grund der Oberflächenspannung nach innen gerichteten Druck

Druck in einer Flüssigkeitsblase

$$p = \frac{4\sigma}{r}\,. \tag{6.17}$$

Bringt man zwei Flüssigkeitsblasen (Seifenblasen) verschiedener Radien miteinander in Verbindung, so bläst nach (6.17) die kleinere die größere auf (Abb. 6.24).

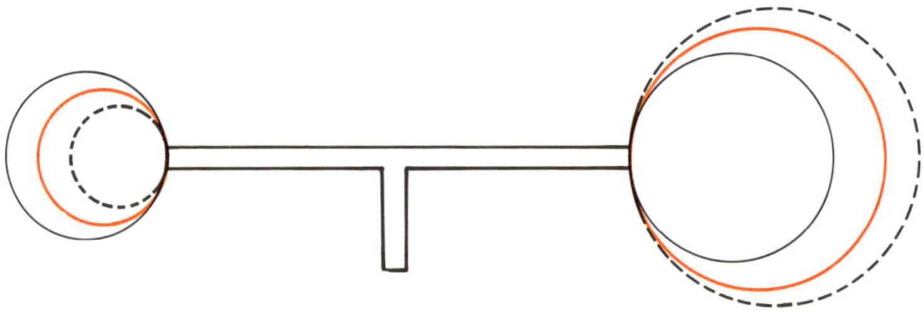

Abb. 6.24 Demonstrationsversuch zur Oberflächenspannung

Im allgemeinen werden Flüssigkeiten nicht nur von einem Gas (ihrem Dampf) begrenzt, sondern auch von festen Körpern. Auch in diesen Grenzflächen existieren Oberflächenspannungen. Diese werden meist als *Grenzflächenspannungen* bezeichnet, während man von Oberflächenspannungen nur dann spricht, wenn – wie bisher angenommen – die Flüssigkeit an ihren eigenen Dampf grenzt. Grenzflächenspannungen haben ihre Ursache in den Wechselwirkungen zwischen den atomaren Bausteinen des festen Körpers und den atomaren Bausteinen der Flüssigkeit bzw. des Gases.

Grenzflächenspannung

Eine Flüssigkeit befinde sich in einem Gefäß von beliebiger Gestalt und beliebigem Material. In ihrer Oberfläche (Grenzgebiet Flüssigkeit–Dampf bzw. Gas) existiert die Oberflächenspannung $\sigma_{\mathrm{Fl,D}}$. Der Vektor $\boldsymbol{\sigma}_{\mathrm{Fl,D}}$ liegt stets tangential zur Grenzfläche. In der Grenzfläche Wand–Dampf sei die Grenzflächenspannung $\boldsymbol{\sigma}_{\mathrm{W,D}}$, in der Grenzfläche Wand–Flüssigkeit die Grenzflächenspannung $\boldsymbol{\sigma}_{\mathrm{W,Fl}}$. Ein Flüssigkeitsmolekül befindet sich nach (S 5.4) dann im Gleichgewicht, wenn sich die Summe aller darauf einwirkenden Kräfte, d.h. die Summe aller Grenzflächenspannungen zu Null ergibt. Damit ist für den Gleichgewichtsfall zu fordern (vgl. Abb. 6.25)

$$\sigma_{\mathrm{W,D}} - \sigma_{\mathrm{W,Fl}} = \sigma_{\mathrm{Fl,D}} \cos\alpha\,. \tag{6.18}$$

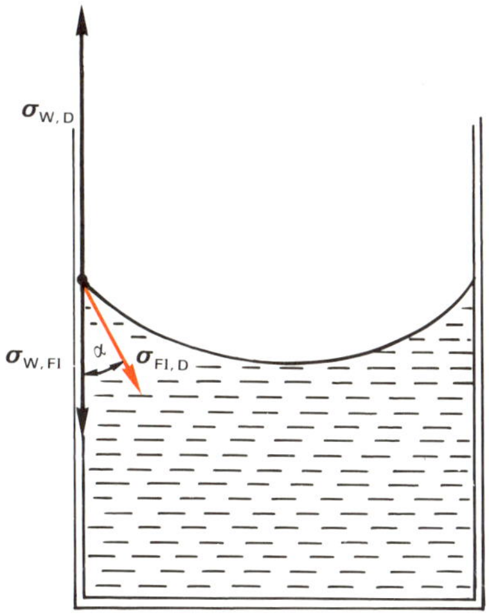

Abb. 6.25
Zur Herleitung des Kapillaritätsgesetzes

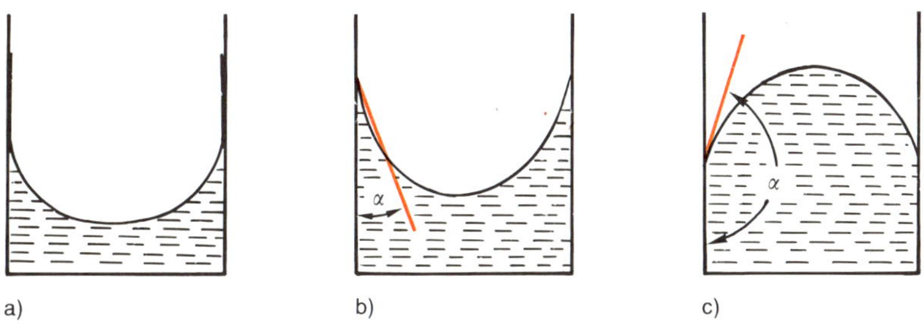

Abb. 6.26 Mögliche Fälle bei der Benetzung durch Flüssigkeiten:
a) vollkommen benetzende Flüssigkeit
b) benetzende Flüssigkeit, Flüssigkeitsoberfläche ist konkav gewölbt
c) nicht benetzende Flüssigkeit, Flüssigkeitsoberfläche ist konvex gewölbt

Gleichung (6.18) wird oft als *Kapillaritätsgesetz* (vgl. Abschnitt 6.3.4.2) bezeichnet.

Kapillaritätsgesetz

Wir betrachten die Fälle

a) $\sigma_{W,D} - \sigma_{W,Fl} > \sigma_{Fl,D}$
Gleichung (6.18) ist für reelle Winkel α nicht erfüllbar. Physikalisch bedeutet dies, daß ein Gleichgewicht nicht möglich ist. Die Grenzflächenspannung $\sigma_{W,D}$ überwiegt, die Flüssigkeit „kriecht" die Wand empor, die Wand wird (bei Vernachlässigung der Schwerkraft) *vollkommen* von der Flüssigkeit benetzt ($\alpha = 0$, siehe Abb. 6.26a). Dieses Verhalten zeigen zum Beispiel Wasser und gewisse Öle in Glasgefäßen.

vollkommen benetzende Flüssigkeit

b) $0 < \sigma_{W,D} - \sigma_{W,Fl} < \sigma_{Fl,D}$
Die Gleichung (6.18) ist für Werte von α im Intervall $0 < \alpha < 90°$ erfüllbar. Die Flüssigkeit benetzt die Wand, ihre Oberfläche ist konkav gewölbt (Abb. 6.26b).

benetzende Flüssigkeit

c) $\sigma_{W,D} - \sigma_{W,Fl} < 0$

nicht benetzende Flüssigkeit

Gleichung (6.18) ist für Werte von α im Intervall $90° < \alpha < 180°$ erfüllbar. Die Flüssigkeit benetzt die Wand nicht, ihre Oberfläche ist konvex gewölbt (Abb. 6.26c). Typischer Vertreter für dieses Verhalten ist Quecksilber ($\alpha = 138°$) in Glasgefäßen.

6.3.4.2 Kapillarität

Kapillarwirkung

Ein Rohr sehr kleiner lichter Weite heißt *Kapillare*. Taucht man die Kapillare in eine Flüssigkeit, so beobachtet man je nach Art der Flüssigkeit ein Steigen bzw. Sinken der Flüssigkeit in der Kapillare gegenüber dem äußeren Niveau (siehe Abb. 6.27). Dieser Effekt ist bei gleicher Flüssigkeit um so stärker ausgeprägt, je kleiner die lichte Weite der Kapillare ist. Auch diese Erscheinung ist eine unmittelbare Folge der Oberflächen- und Grenzflächenspannungen. Ihre Deutung erfolgt anhand von Abbildung 6.28. Die Gestalt der Flüssigkeitsoberfläche kann in erster Näherung als kugelförmig vorausgesetzt werden. Zwischen dem Radius r der Kapillare und dem Krümmungsradius r_{Fl} der kugelförmigen Flüssigkeitsoberfläche besteht nach Abbildung 6.28 die Beziehung

$$r = r_{Fl} \cos\alpha . \qquad (6.19a)$$

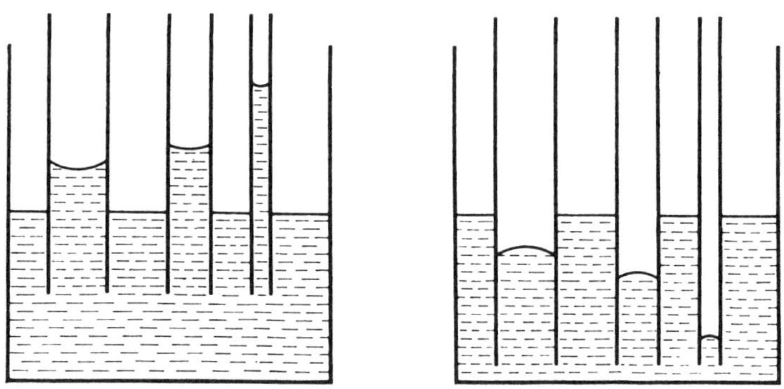

a) b)

Abb. 6.27
Veränderung der Flüssigkeitshöhe in einer Kapillare in Abhängigkeit vom Innendurchmesser (schematisch) für
a) Wasser
b) Quecksilber

Nach (6.17) und (6.19) existiert zum Krümmungsmittelpunkt hin der Druck

$$p = \frac{2\sigma}{r_{Fl}} = \frac{2\sigma\cos\alpha}{r}, \qquad (6.19b)$$

wenn man beachtet, daß hier im Gegensatz zur Herleitung von (6.17) nur eine Flüssigkeitsoberfläche vorliegt, der Druckwert von (6.17) daher für unseren Fall durch 2 zu dividieren ist. Nach (S 6.5a) entspricht der Steighöhe h der Flüssigkeit in der Kapillare ein Schweredruck von

$$p_{sch} = \varrho g h . \tag{6.19c}$$

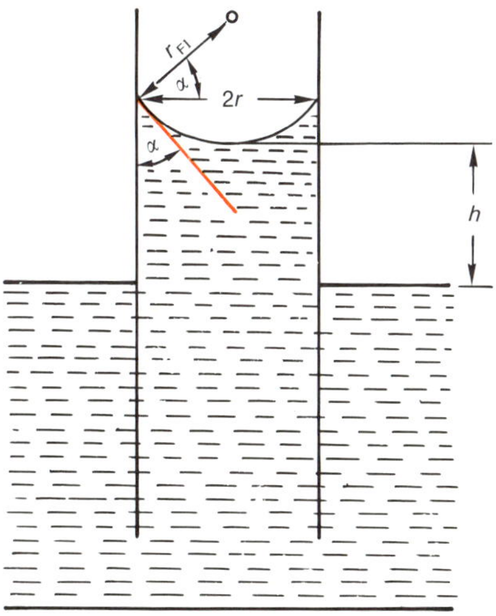

Abb. 6.28
Zur Deutung der Kapillarität

Im Gleichgewicht müssen beide Drücke p und p_{sch} gleich sein. Somit folgt aus (6.19b) und (6.19c) für die Steighöhe h der Flüssigkeit in der Kapillare

Steighöhe einer Flüssigkeit in einer Kapillare

$$h = \frac{2\sigma \cos\alpha}{r \varrho g} . \tag{6.19}$$

Liegt α im Intervall $0 < \alpha < 90°$, so kommt es in der Kapillare zu einer kapillaren Erhebung (Abb. 6.27a), liegt α im Intervall $90° < \alpha < 180°$, so kommt es zu einer kapillaren Depression (Abb. 6.27b). Für eine vollkommen benetzende Flüssigkeit (z.B. Wasser) gilt $\alpha = 0°$, und (6.19) geht über in

$$h = \frac{2\sigma}{r \varrho g} . \tag{6.19d}$$

6.4 Innere Reibung von Flüssigkeiten und Gasen

Die Relativbewegung zwischen beliebigen Körpern und Flüssigkeiten bzw. Gasen erfordert erfahrungsgemäß auch bei Ausschaltung äußerer Kräfte die Überwindung bewegungshindernder Kräfte, die durch die Flüssigkeiten und Gase selbst verursacht werden. Als Ausgangspunkt für die Beschreibung diene der in Abbildung 6.29 dargestellte Versuch. Aus einem mit einer zähen Flüssigkeit gefüllten Gefäß wird parallel zu den langen Seitenwänden eine ebene Platte mit der Geschwindigkeit $\boldsymbol{v}_p$ herausgezogen und mit ihr in der Nähe der Platte ein Teil der Flüssigkeit. Offenbar bleibt an der Plattenoberfläche eine Flüssigkeitsschicht haften. Ebenso haftet aber auch eine Flüssigkeitsschicht an den Gefäßwänden. Die Ursache dieser Grenzschichteffekte ist die Wechselwirkung zwischen den Molekülen der beiden Oberflächen; sie spielte schon in Abschnitt 6.3.4.1 eine Rolle. Das Versuchsergebnis legt es nahe anzunehmen, daß sich die Flüssigkeitsschicht unmittelbar an der Platte ebenfalls mit der Geschwindigkeit $\boldsymbol{v}_p$ bewegt, für die Flüssigkeitsschicht an den Wänden dagegen wie für das Gefäß selbst $\boldsymbol{v} = \boldsymbol{0}$ gilt. Die Geschwindigkeit der Flüssigkeitsschichten dazwischen nimmt von der Platte aus gesehen stetig ab. Demzufolge müssen auch die einzelnen Moleküle in der Flüssigkeit in Wechselwirkung miteinander stehen. Die durch sie bewirkte Bewegungshinderung bezeichnet man als *innere Reibung, Viskosität* oder *Zähigkeit* der Flüssigkeit bzw. des Gases.

innere Reibung (Viskosität, Zähigkeit)

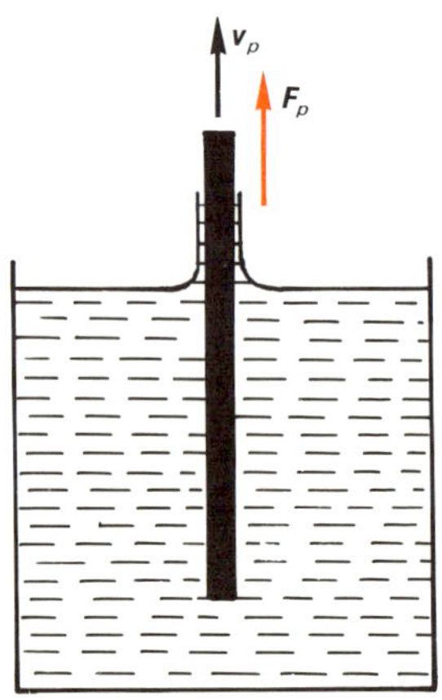

Abb. 6.29
Zur inneren Reibung von Flüssigkeiten und Gasen

Die Art der zur inneren Reibung führenden Wechselwirkung ist bei Flüssigkeitsmolekülen eine andere als bei Gasmolekülen. Die innere Reibung der Flüssigkeiten wird wie die Oberflächenspannung (Abschnitt 6.3.4) durch die zwischenmolekularen Kräfte verursacht. Die innere Reibung der Gase dagegen ist eine Folge der Eigenbewegung der Gasmoleküle (siehe Abschnitt 8.3.8.2.1). Für die phänomenologische Beschreibung der inneren Reibung ist dieser Unterschied ohne Bedeutung, sie ist für Flüssigkeiten und Gase in gleicher Weise durchführbar.

Zur Festlegung einer Stoffkonstante für die Eigenschaft innere Reibung kann man von einem auf dem beschriebenen Versuch basierenden Modell ausgehen. Das Medium zwischen Platte und Gefäßwand wird in n parallele Schichten unterteilt und die Geschwindigkeit der Teilchen in jeder dieser Schichten als konstant angenommen (Abb. 6.30), für die Randschichten insbesondere $\boldsymbol{v}_1 = \boldsymbol{v}_p$ und $\boldsymbol{v}_n = \boldsymbol{0}$. Die zwischen den Schichten i und $i+1$ wirkende Reibungskraft ${}^{R}\boldsymbol{F}_i$ ist erfahrungsgemäß proportional zur Geschwindigkeitsdifferenz $\Delta \boldsymbol{v}_i = \boldsymbol{v}_{i+1} - \boldsymbol{v}_i$ und zur Größe A der Grenzfläche zwischen den Schichten sowie umgekehrt proportional zur mittleren Entfernung $\Delta z_i = z_{i+1} - z_i$ der beiden Schichten

$$ {}^{R}\boldsymbol{F}_i = -\eta A \frac{\Delta \boldsymbol{v}_i}{\Delta z_i} . \qquad (6.20a)$$

Nach vollzogenem Grenzübergang $n \to \infty$ erhält man

$$ {}^{R}\boldsymbol{F} = -\eta A \frac{\mathrm{d}\boldsymbol{v}}{\mathrm{d}z} . \qquad (6.20)$$

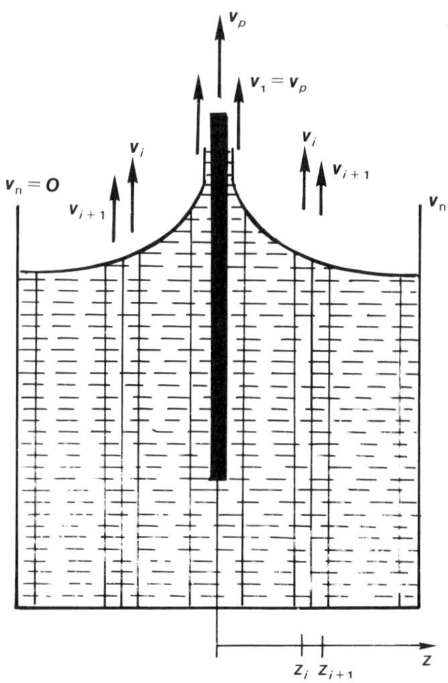

Abb. 6.30 Zum Ansatz für die Reibungskraft ${}^{R}\boldsymbol{F}$

Zur experimentellen Nachprüfung der Beziehung (6.20) ist der in Abbildung 6.30 skizzierte Versuch aus meßtechnischen Gründen wenig geeignet. Da (6.20) jedoch als Grundlage für die Lösung spezieller Strömungsprobleme in Flüssigkeiten und Gasen dient, die innerhalb gewisser Grenzen experimentell sehr gut bestätigt wurden (z. B. Hagen-Poiseuillesches Gesetz, siehe Abschnitt 6.5.3), ist die Brauchbarkeit des Ansatzes (6.20) und damit auch der darin auftretenden, die Materialeigenschaften charakterisierenden Proportionalitätskonstanten η erwiesen.

Tabelle 6.2
Dynamische Viskosität einiger Stoffe

Stoff	**η in cP**	**Temperatur in °C**
Wasser	1,7887	0
	1,0046	20
	0,5497	50
	0,3794	75
	0,2821	100
Quecksilber	1,855	− 20
	1,685	0
	1,407	50
	1,240	100
Glyzerin	12100	0
	3950	10
	15	20
	6	30
Olivenöl	81	20
	56	30
	19	60
Diäthyläther	0,240	20
Helium (flüssig)	0,0031	−268,9

Gase bei einem Druck von 0,1 M Pa

Stoff	**η in 10^{-5} cP**	**Temperatur in °C**
Neon	3138	20
Sauerstoff	2033	20
Methan	1080	20
Wasserstoff	884	20
Propan	808	20
Wasserdampf	1240	100
Wasserdampf	2020	300
Wasserdampf	2770	500

(D 6.7)
dynamische
Viskosität η

Die in dem Ansatz

$$^{R}\boldsymbol{F} = -\eta A \frac{\mathrm{d}\boldsymbol{v}}{\mathrm{d}z}$$

für die Reibungskraft verwendete materialspezifische Proportionalitätskonstante η heißt dynamische Viskosität.

Mögliche Maßeinheit: $[\eta] = \mathrm{N\,s\,m^{-2}} = \mathrm{kg\,m^{-1}\,s^{-1}}$.

Häufig wird für η auch die Maßeinheit Poise verwendet:

$$1\ \text{Poise} = 1\ \text{P} = 1 \cdot 10^{-1}\ \text{Nsm}^{-2}.$$

(D 6.8)
Maßeinheit Poise (P)

Die dynamische Viskosität ist eine stark temperaturabhängige Materialkonstante (siehe Tabelle 6.2). Vielfach liegt eine exponentielle Temperaturabhängigkeit vor. Für Gase ist unter bestimmten Voraussetzungen (mittlere freie Weglänge klein gegenüber den Gefäßabmessungen, siehe Abschnitt 8.3.8.2.1) die dynamische Viskosität unabhängig vom Druck.

JEAN LOUIS MARIE POISEUILLE (1799–1869)

6.5 Hydro- und Aerodynamik

6.5.1 Bahnlinien und Stromlinien, Modellvorstellungen von Strömungen

Jede geordnete Bewegung von Flüssigkeits- oder Gasmolekülen wird als *Strömung* bezeichnet. Zur Beschreibung von Flüssigkeitsströmungen geht man vom Modell der inkompressiblen Flüssigkeit aus (s. (S 6.3)). Dann muß in jedem Volumenelement der Flüssigkeitsströmung die Anzahl der Flüssigkeitsmoleküle zeitlich konstant bleiben, d.h., in irgendein Volumenelement der Flüssigkeitsströmung kann ein neues Flüssigkeitsmolekül nur dann gelangen, wenn es ein anderes aus diesem Volumenelement verdrängt.

Strömung

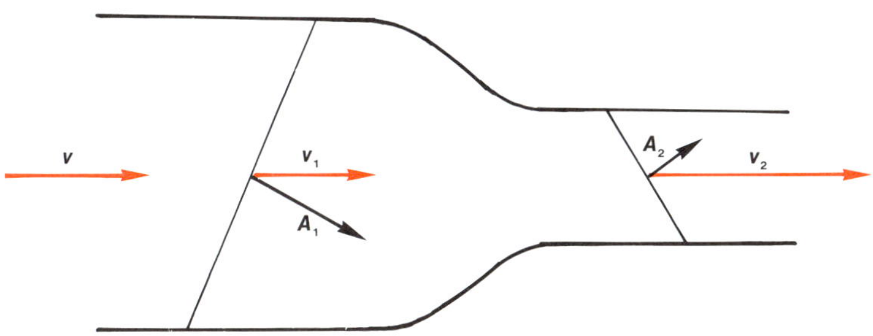

Abb. 6.31
Strömung einer inkompressiblen Flüssigkeit durch ein Rohr unterschiedlichen Querschnittes

Wir betrachten eine Flüssigkeitsströmung unterschiedlichen Querschnittes (Abb. 6.31). Das pro Zeiteinheit durch die Fläche A_1 mit der Strömungsgeschwindigkeit v_1 hindurchfließende Flüssigkeitsvolumen beträgt $A_1 \cdot v_1$, entsprechend das pro Zeiteinheit durch die Fläche A_2 fließende Flüssigkeitsvolumen $A_2 \cdot v_2$. Auf Grund der Inkompressibilität der Flüssigkeiten müssen die beiden pro Zeiteinheit durch die Flächen A_1 und A_2 hindurchströmenden Flüssigkeitsvolumina gleich sein, d.h., es muß gelten

$$A_1 \cdot v_1 = A_2 \cdot v_2 \tag{6.21}$$

oder, wenn noch $\boldsymbol{A}_1 \uparrow\uparrow \boldsymbol{v}_1$ und $\boldsymbol{A}_2 \uparrow\uparrow \boldsymbol{v}_2$ (die Flächen stehen senkrecht zu den Geschwindigkeitsvektoren der durch sie hindurchströmenden Flüssigkeit) vorausgesetzt wird,

Zusammenhang zwischen Geschwindigkeit und Querschnitt für ein inkompressibles strömendes Medium

$$\frac{v_1}{v_2} = \frac{A_2}{A_1}. \tag{6.21a}$$

Eine Querschnittsverengung (Taille) einer Flüssigkeitsströmung ist daher stets mit einer Vergrößerung der Strömungsgeschwindigkeit verbunden.

Im Gegensatz zu Flüssigkeiten sind Gase kompressibel. Wenn man jedoch voraussetzen kann, daß die Strömungsgeschwindigkeit wesentlich unter der Schallgeschwindigkeit liegt, treten praktisch keine deformierenden Kräfte auf (vgl. Abschnitt 10). Dann sind vorstehende Überlegungen auch auf Gasströmungen anwendbar. Mit dieser Einschränkung gelten die folgenden Überlegungen dieses Abschnittes sowohl für Flüssigkeiten als auch für Gase.

Bahnlinie

Stromlinie

stationäre Strömung

Die Bahnkurve, die ein Strömungsteilchen in einer Strömung durchläuft, bezeichnet man als seine *Bahnlinie* (Abb. 6.32). Die Bahnlinien vermitteln ein Bild von den Aufenthaltsorten der Strömungsteilchen *zu verschiedenen Zeiten*. Gibt man dagegen *zu einer bestimmten Zeit* für jedes Teilchen den Geschwindigkeitseinheitsvektor an seinem augenblicklichen Standort an, so erhält man die *Stromlinien* (Abb. 6.33). In einer zeitlich veränderlichen Strömung sind Bahn- und Stromlinien verschieden, in einer zeitlich unveränderlichen (*stationäre Strömung*) dagegen gleich.

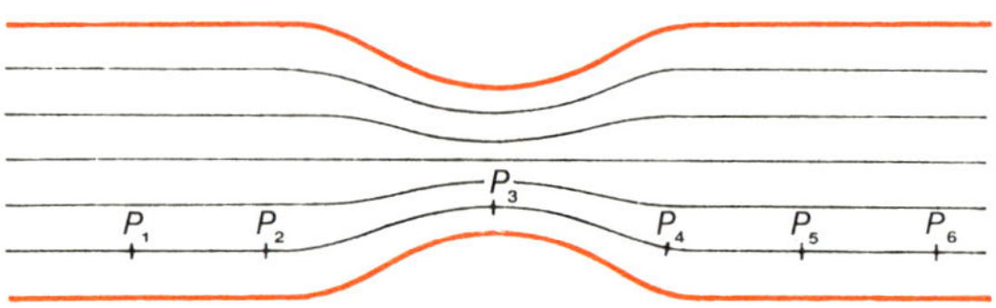

Abb. 6.32
Bahnlinien einer Strömung. Zu verschiedenen Zeiten t_i befindet sich das Strömungsteilchen an den verschiedenen Orten P_i

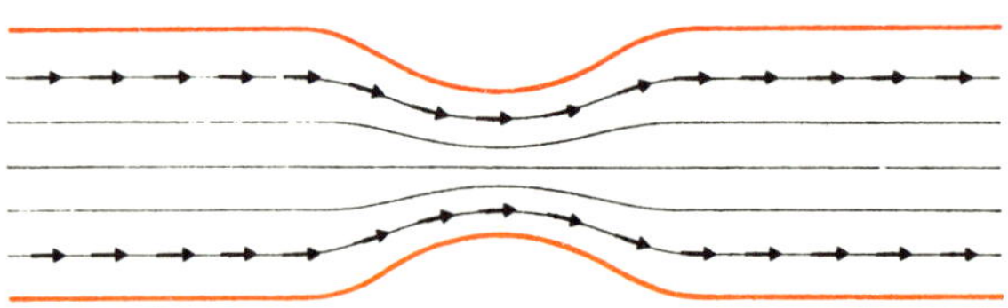

Abb. 6.33 Stromlinien einer Strömung

Darstellungsmöglichkeiten von Bahn- und Stromlinien

Die Bahnlinien von Flüssigkeitsströmungen können durch Einstreuen kleiner Körper (z. B. Aluminiumpulver) in die Strömung sichtbar gemacht werden (Abb. 6.34). Im stationären Fall entsprechen die Stromlinien diesen Bahnlinien, im nichtstationären Fall gewinnt man die Stromlinien aus Momentaufnahmen.

Bahnlinien einer unbehinderten laminaren Flüssigkeitsströmung

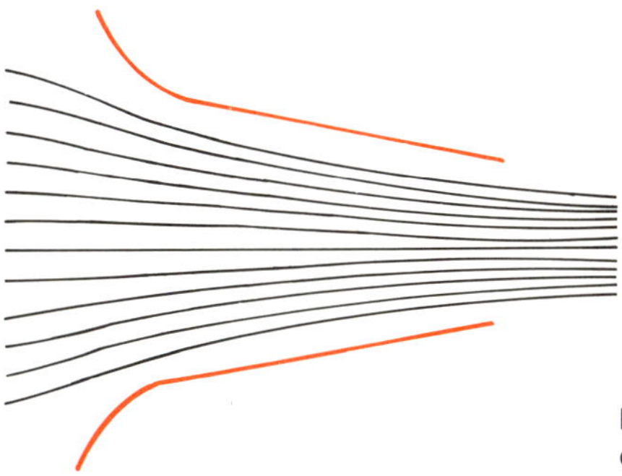

Laminare Flüssigkeitsströmung durch eine trichterförmige Verengung

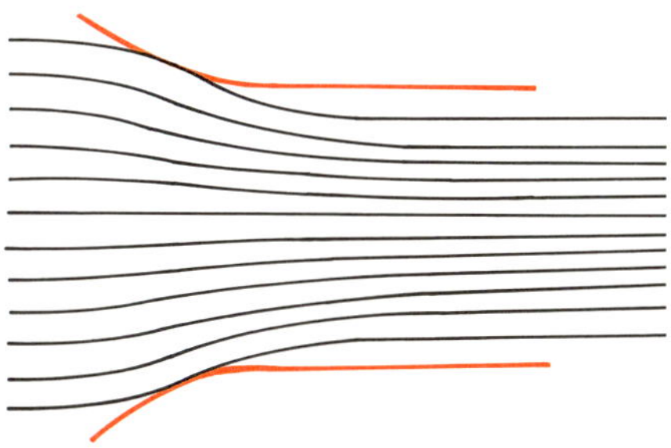

Laminare Flüssigkeitsströmung durch eine Rohrverengung

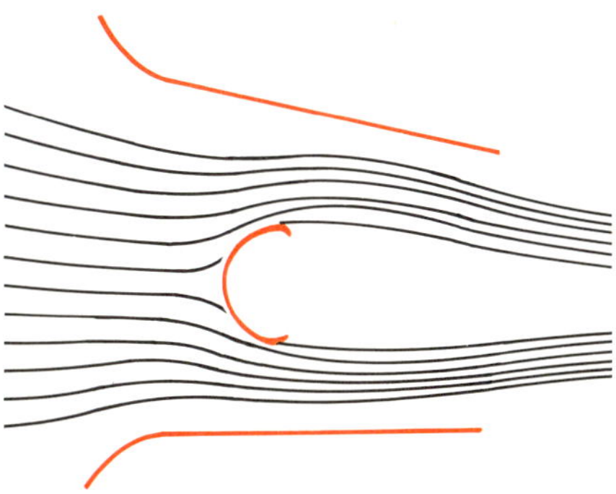

Laminare Flüssigkeitsströmung um ein Hindernis

Abb. 6.34
Zur experimentellen Darstellung der Bahnlinien einer Flüssigkeitsströmung

Nach (6.21a) entspricht eine Verringerung des Abstandes der Stromlinien einer Vergößerung der Strömungsgeschwindigkeit. Legt man daher senkrecht zu den Stromlinien eine Fläche, so ist die Anzahl der die Flächeneinheit durchsetzenden Stromlinien eine Maßzahl für den Betrag der Geschwindigkeit der Strömung am Ort der Fläche.

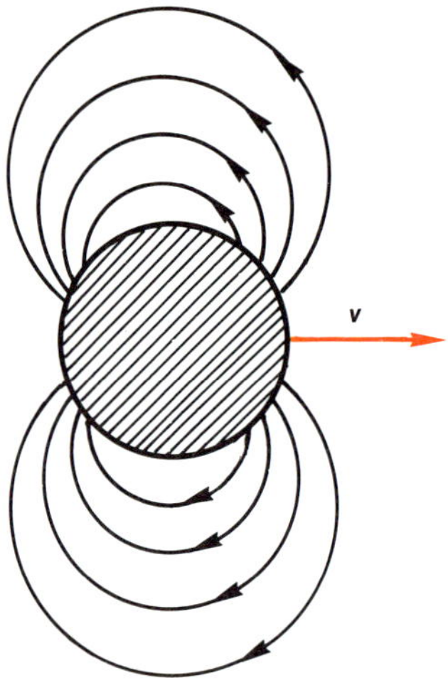

Abb. 6.35 Ausweichströmung (schematisch)

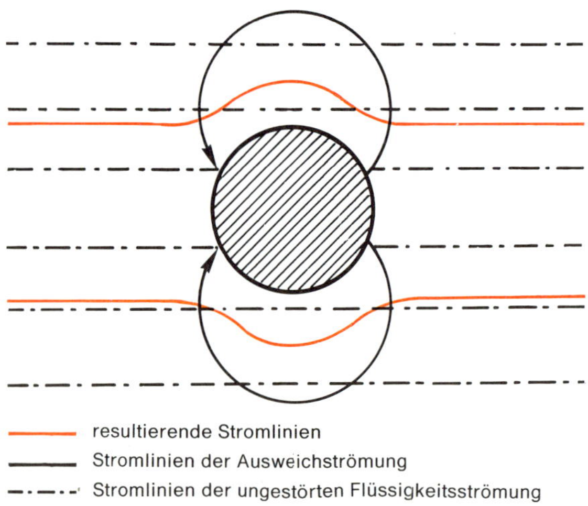

Abb. 6.36
Konstruktion der Stromlinien einer umströmten Kugel durch Überlagerung der Stromlinien der ungestörten Strömung mit den Stromlinien der Ausweichströmung

Ausweichströmung

Bewegt sich ein Körper durch eine ruhende Flüssigkeit, so tritt auf Grund der Inkompressibilität der Flüssigkeiten als Folge dieser Bewegung eine *Ausweichströmung* der Flüssigkeit auf (Abb. 6.35). Mit der obigen Einschränkung gilt das auch für Gase. Ausweichströmungen findet man ferner beim Umströmen von Hindernissen. Nur entzieht sich hier die Ausweichströmung der unmittelbaren Beobachtung, da ihr stets die eigentliche Strömung überlagert ist. Man findet daher für diesen Fall die Stromlinien durch Überlagerung der Stromlinien der ungestörten Strömung mit den Stromlinien der Ausweichströmung. Abbildung 6.36 zeigt eine derartige Konstruktion für die Umströmung der Kugel.

Für die quantitative Behandlung von Strömungen werden folgende Denkmodelle eingeführt:

Ideale Strömung:
: Sowohl innere Reibung als auch Grenzschichteffekte werden vernachlässigt.

Laminare (schlichte) Strömung:
: Grenzschichteffekte werden vernachlässigt.

Reale Strömung:
: Das Strömungsverhalten wird sowohl durch die innere Reibung als auch durch die Grenzschichteffekte bestimmt.

(D 6.9)
ideale Strömung
laminare (schlichte) Strömung
reale Strömung

Die vorstehend genannten drei Strömungsarten werden nachfolgend diskutiert.

6.5.2 Ideale Strömungen, Bernoullische Gleichung

Nach (D 6.9) gilt für ideale Strömungen $\eta = 0$, d.h., sie sind frei von Reibungskräften. Weiter werden die Grenzschichteffekte vernachlässigt.

Herleitung der Bernoullischen Gleichung

In idealen Strömungen gilt daher der Energieerhaltungssatz der Mechanik (S 3.18), woraus wiederum die Gültigkeit der Bernoullischen Gleichung folgt. Zu ihrer Herleitung wird von einem strömenden Medium ausgegangen, auf das keine äußeren Kräfte einwirken. Es besitze an einer bestimmten Stelle den Querschnitt A_1, die Strömungsgeschwindigkeit v_1 und den *statischen Druck* p_1. Eine Verengung des Querschnittes der Strömung auf A_2 führt nach (6.21a) zur Erhöhung der Strömungsgeschwindigkeit auf v_2 und, da die hierfür notwendige Energie vom strömenden Medium aufgebracht werden muß, nach (6.11) zur Verringerung des statischen Druckes auf p_2 (Abb. 6.37). Nach (S 3.17) erfordert die Erhöhung der Geschwindig-

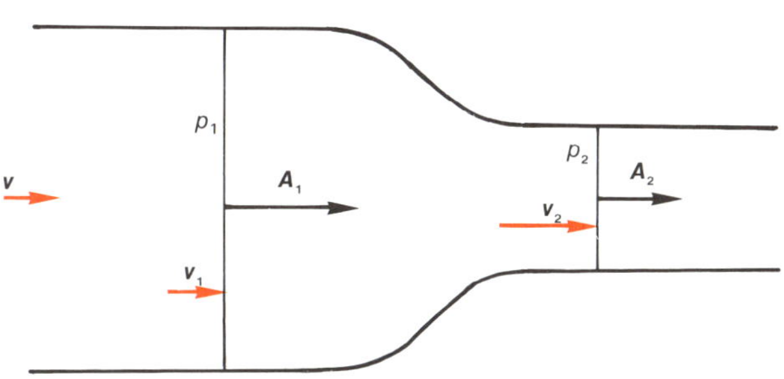

Abb. 6.37 Zur Herleitung der Bernoullischen Gleichung

DANIEL BERNOULLI (1700–1782)

keit des strömenden Mediums der Masse m und des Volumens V von v_1 auf v_2 die Arbeit

$$W_A = \frac{1}{2} m(v_2^2 - v_1^2). \qquad (6.22a)$$

Auf Grund der Gültigkeit des mechanischen Energieerhaltungssatzes kann mit Hilfe des statischen Druckes nach (6.11) für diese Arbeit auch

$$W_A = (p_1 - p_2) V \qquad (6.22b)$$

geschrieben werden. Unter Beachtung von (D 5.2) folgt aus (6.22a) und (6.22b)

$$p_1 + \frac{1}{2} \varrho v_1^2 = p_2 + \frac{1}{2} \varrho v_2^2 = p_0 = \text{const}.$$

(S 6.8) Bernoullische Gleichung

An jedem Ort einer idealen Strömung ist beim Fehlen äußerer Kräfte die Summe aus statischem Druck p und Staudruck $\frac{1}{2} \varrho v^2$ gleich dem konstanten Gesamtdruck p_0:

$$p + \frac{1}{2} \varrho v^2 = p_0 = \text{const}.$$

↖ statischer Druck ↖ Staudruck ↖ Gesamtdruck

(Bernoullische Gleichung)

Sonden zur Messung des statischen Druckes, des Staudruckes und des Gesamtdruckes

Die Messung der einzelnen Drücke in (S 6.8) erfolgt mit den in Abbildung 6.38 dargestellten Drucksonden. Ihr Durchmesser ist klein gegenüber dem Querschnitt der Strömung. Bei der Messung steht die Mantellinie der Sonden parallel zu den Stromlinien.

Die Anwendungen der Bernoullischen Gleichung sind sehr vielseitig.

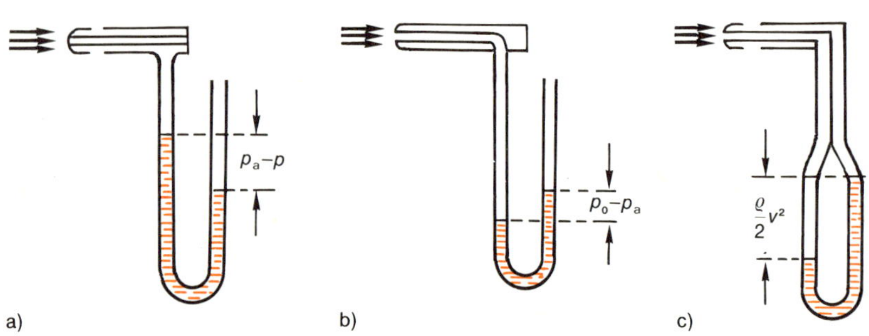

Abb. 6.38
Meßsonden zur Bestimmung des statischen Druckes (a), des Gesamtdruckes (b) und des Staudruckes (c). In a) und b) ist p_a der auf den offenen Manometerschenkel wirkende Außendruck

Einige Beispiele seien hier betrachtet:

Nach (S 6.8) ist der statische Druck in einem ruhenden Medium größer als in einem strömenden. Diese Gesetzmäßigkeit findet u.a. ihre Anwendung im Bunsen-Brenner und bei der Wasserstrahlpumpe (Abb. 6.39). Der statische Druck im strömenden Medium ist kleiner als der Außendruck. Die Luft wird in das Medium hineingesaugt. Dadurch wird der zur Verbrennung des Gases notwendige Sauerstoff zugeführt (Abb. 6.39a) bzw. der Rezipient evakuiert (Abb. 6.39b).

Wirkungsweise von Bunsen-Brenner und Wasserstrahlpumpe

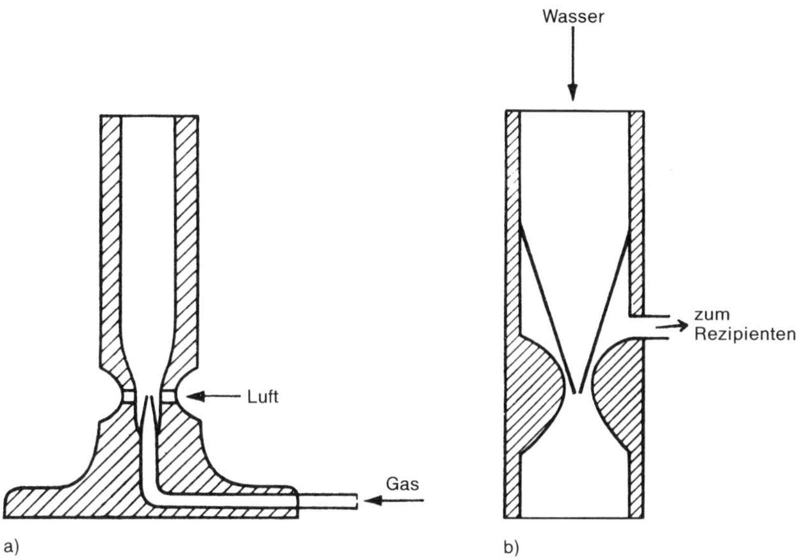

Robert Wilhelm Bunsen (1811–1899)

Abb. 6.39 Prinzip des Bunsenbrenners (a) und der Wasserstrahlpumpe (b)

In einem starken, schräg zur Erdoberfläche gerichteten Luftstrom kann ein Ball schweben. Dieser Effekt wird sofort aus dem Stromlinienbild verständlich (Abb. 6.40). Oberhalb des Balles werden die Stromlinien stark zusammengedrängt. Nach (S 6.8) ist dort der statische Druck am kleinsten, der Ball erfährt in dieser Richtung eine Kraftwirkung. Bei nicht allzu großer Ballmasse kann diese das Eigengewicht des Balles kompensieren. Der Ball schwebt im Luftstrom.

Am Ende eines Rohres (Abb. 6.41) sei eine Platte befestigt. Bläst man durch dieses Rohr einen Luftstrom gegen eine zweite bewegliche Platte, so wird diese nicht – wie bei oberflächlicher Betrachtung vermutet – von der ersten weggeblasen, sondern im Gegenteil stark an diese herangesaugt (*aero-* bzw. *hydrodynamisches Paradoxon*). Auch diese Erscheinung ist sofort aus der Bernoullischen Gleichung (S 6.8) erklärbar. Am unteren Ende des Rohres hat das ausströmende Gas eine größere Geschwindigkeit als an der Berandung der Platten. Damit ist der statische Druck zwischen den Platten kleiner als der Außendruck. Infolge des äußeren Überdruckes wird die bewegliche Platte an die feste gepreßt.

hydrodynamisches Paradoxon

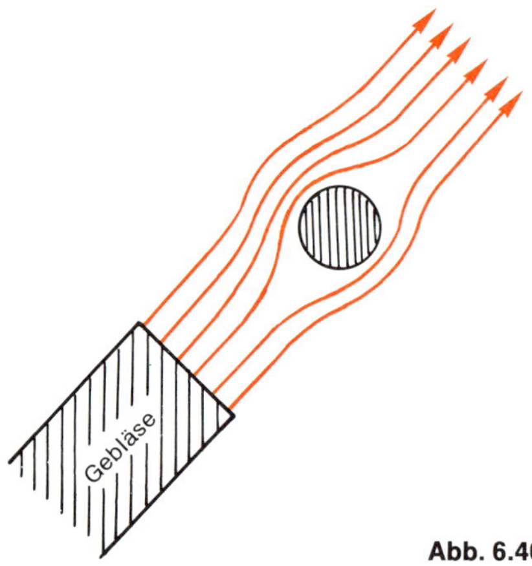

Abb. 6.40 In einem Luftstrom schwebender Ball

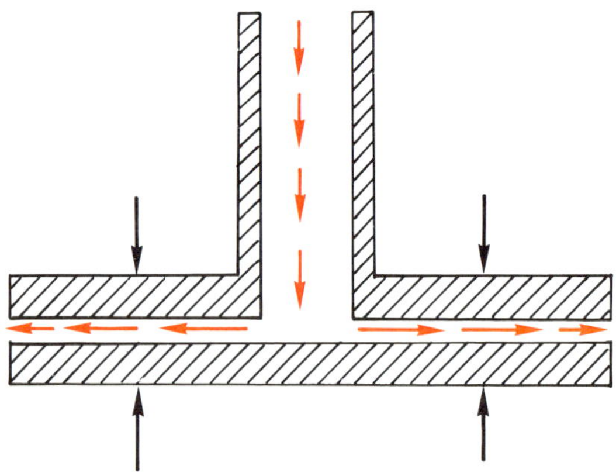

Abb. 6.41 Zur Erklärung des hydrodynamischen Paradoxons

Aus einem Gefäß ströme eine Flüssigkeit bzw. ein Gas. Der Druck auf die Oberfläche betrage p_1, der Druck an der Ausströmöffnung p_2 (Abb. 6.42). Die Ausströmgeschwindigkeit sei v. Nach der Bernoullischen Gleichung (S 6.8) gilt

$$p_1 + 0 = p_2 + \frac{\varrho}{2} v_2{}^2$$

oder, für die Ausströmungsgeschwindigkeit,

$$v_2 = v = \sqrt{\frac{2(p_1 - p_2)}{\varrho}} . \qquad (6.23)$$

Beachtet man noch, daß die Ausströmzeit umgekehrt proportional zur Ausströmgeschwindigkeit ist, dann verhalten sich die Ausströmzeiten zweier Gase gleichen Volumens bei gleichem Überdruck aus derselben

Ausströmungs-geschwindigkeit

kleinen Öffnung wie die Wurzeln ihrer Dichten

$$\frac{t_1}{t_2} = \sqrt{\frac{\varrho_1}{\varrho_2}} . \qquad (6.23a)$$

Kennt man die Dichte des einen Gases, dann läßt sich nach (6.23a) durch Messung der Ausströmzeiten die Dichte des anderen ermitteln (*Bunsensches Effusiometer*).

Effusiometer

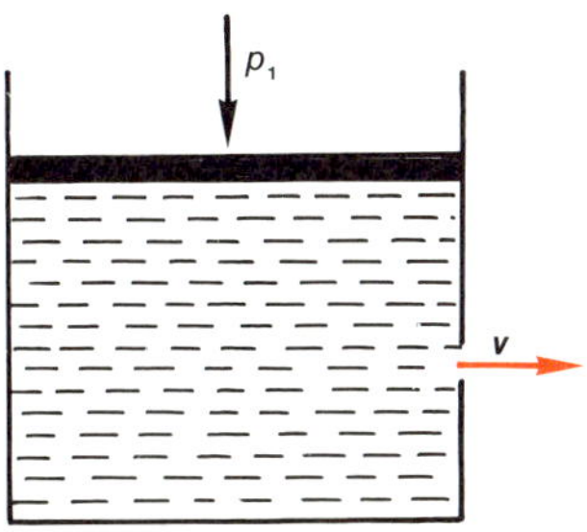

Abb. 6.42
Zur Berechnung der Ausströmungsgeschwindigkeit einer Flüssigkeit bzw. eines Gases

Entspricht in (6.23) die Druckdifferenz dem Schweredruck der Flüssigkeit, so folgt nach (S 6.5a) für die Ausströmgeschwindigkeit

$$v = \sqrt{2gh} ,$$

d.h. derselbe Wert der Geschwindigkeit, den nach (3.30b) das frei aus der Höhe der Flüssigkeitsoberfläche fallende Flüssigkeitsteilchen besitzt.

6.5.3 Laminare Strömungen

Zwei wichtige Fälle laminarer Strömungen sind die Strömungen durch ein Rohr und um eine Kugel.

a) Ein Medium durchströme mit kleiner Geschwindigkeit ein Rohr vom inneren Radius R. Strömungsrichtung sei die positive z-Richtung. Wegen $\eta \neq 0$ tritt im Gegensatz zur idealen Strömung längs der Rohrachse ein Druckgefälle auf. Erfahrungsgemäß ist dieses linear von z abhängig (Abb. 6.43a).
An dem Verhalten der Strömung wird nichts verändert, wenn in ihrer Mitte die Flüssigkeit durch einen Zylinder mit dem Radius r und der Länge l ersetzt wird und dieser Zylinder die Geschwindigkeit $v(r)$ der an ihn grenzenden Flüssigkeitsschicht besitzt (Abb. 6.43b).
Infolge des Druckgefälles in der Strömung wirken auf die Deckflächen des Zylinders Kräfte, deren Resultierende sich nach (D 6.3) zu

$$\boldsymbol{F} = r^2 \pi (p_1 - p_2) \boldsymbol{k} \qquad (6.24a)$$

ergibt. Auf die Mantelfläche des Zylinders wirkt dagegen nach (6.20) die Reibungskraft

$$^{\mathrm{R}}\boldsymbol{F} = -2\pi r l \eta \frac{\mathrm{d}v}{\mathrm{d}r} \boldsymbol{k} . \tag{6.24b}$$

Für die stationäre Strömung gilt $\boldsymbol{F} = {}^{\mathrm{R}}\boldsymbol{F}$, woraus nach (6.24a) und (6.24b)

$$2l\eta \frac{\mathrm{d}v}{\mathrm{d}r} + r(p_1 - p_2) = 0$$

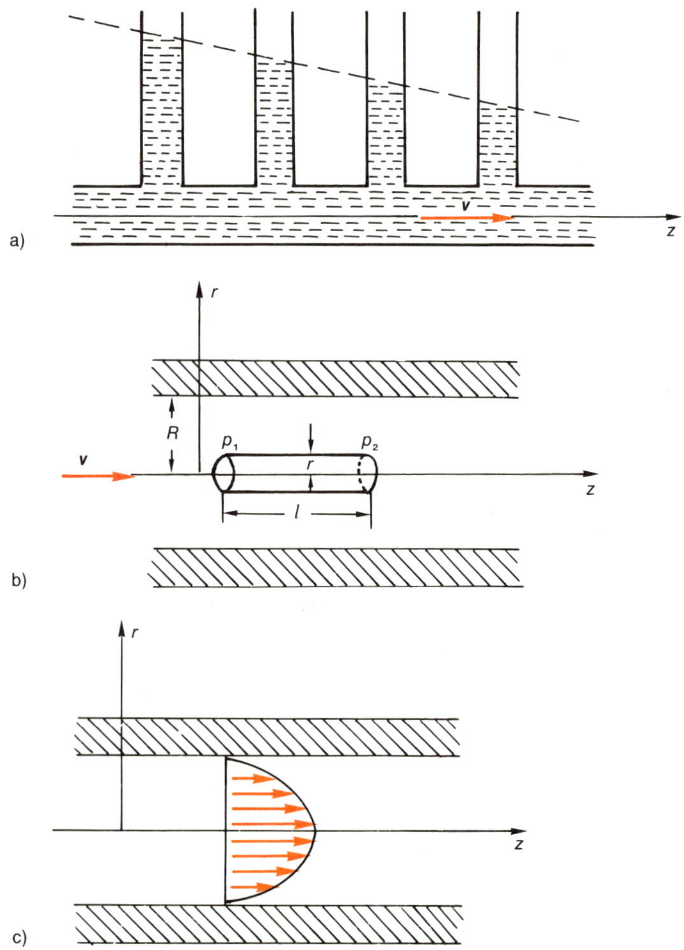

Abb. 6.43 Laminare Strömung
a) Lineares Druckgefälle
b) Zur Herleitung des Hagen-Poiseuilleschen Gesetzes
c) Parabolisches Geschwindigkeitsgefälle

folgt. Trennung der Variablen (vgl. A. 17) ergibt

$$\mathrm{d}v = -\frac{p_1 - p_2}{2l\eta}\, r\,\mathrm{d}r$$

und anschließende Integration

$$v = -\frac{p_1 - p_2}{4l\eta}\, r^2 + C. \tag{6.24c}$$

Die Konstante C bestimmt sich aus der Tatsache, daß eine Schicht des strömenden Mediums an der Rohrwandung haftet (vgl. Abschnitt 6.4), d. h., daß $v(R) = 0$ gilt, zu

$$C = \frac{p_1 - p_2}{4l\eta} R^2.$$

Für die Geschwindigkeit im Abstand r von der Rohrachse folgt damit

$$v = \frac{p_1 - p_2}{4l\eta}(R^2 - r^2). \tag{6.24d}$$

Beachtet man noch die Vektordifferentialoperation Gradient (A. 13), dann lassen sich vorstehende Gesetzmäßigkeiten zusammenfassen:

Die laminare Rohrströmung besitzt senkrecht zur Strömungsrichtung ein parabolisches Geschwindigkeitsgefälle

$$\boldsymbol{v} = \frac{R^2 - r^2}{4\eta}\,\mathrm{grad}\, p.$$

(S 6.9) Parabolisches Geschwindigkeitsgefälle der laminaren Rohrströmung

Nach (S 6.9) fließt durch einen Hohlzylinder mit den Radien r und $r + \mathrm{d}r$ in der Zeit t das Flüssigkeitsvolumen

$$\mathrm{d}V = 2\pi r v t\,\mathrm{d}r = \frac{\pi(R^2 - r^2)}{2\eta}\,|\mathrm{grad}\, p|\, t r\,\mathrm{d}r,$$

woraus durch Integration über den Rohrradius ($0 \leqq r \leqq R$) für die Stromstärke I im Rohr, d. h. für das Verhältnis des durch das Rohr hindurchgeflossenen Flüssigkeitsvolumens V zur hierzu benötigten Zeit t, die Beziehung

$$I = \frac{V}{t} = \frac{\pi R^4\,|\mathrm{grad}\, p|}{8\eta} \tag{6.25}$$

Hagen-Poiseuillesches Gesetz

folgt. (6.25) wird als *Hagen-Poiseuillesches Gesetz* bezeichnet.

Ersetzt man aus meßtechnischen Gründen das Rohr durch eine Kapillare, dann kann bei bekanntem Radius R und bekannter Länge l der Kapillaren mit Hilfe von Gleichung (6.25) durch Messung des in der Zeit t bei bekanntem Druckgefälle grad p durch das Rohr hindurchfließenden Flüssigkeits- oder Gasvolumens V die dynamische Viskosität η der Flüssigkeit bzw. des Gases bestimmt werden (*Kapillarviskosimeter*).

Gotthilf Hagen (1797–1884)

Kapillarviskosimeter

b) Bewegt sich eine Kugel vom Radius r mit kleiner Geschwindigkeit durch eine Flüssigkeit oder ein Gas mit nicht verschwindender dynamischer Viskosität, so entsteht als Folge dieser Bewegung eine laminare Ausweichströmung. Für die auf die Kugel wirkende Reibungskraft fand STOKES

$$^{R}\boldsymbol{F} = -6\pi\eta r \boldsymbol{v}. \tag{6.26}$$

Stokessches Gesetz

(6.26) wird *Stokessches Gesetz* genannt.

GEORG GABRIEL STOKES (1819–1903)

Bewegt sich die Kugel infolge der Schwerkraft $m\boldsymbol{g}$ durch eine Flüssigkeit oder ein Gas, so sind neben der Schwerkraft die ihrer Bewegung entgegengesetzt gerichtete Reibungskraft $^{R}\boldsymbol{F}$ und die Auftriebskraft $^{A}\boldsymbol{F}$ (S 6.6) zu berücksichtigen. Da nach (6.26) die Reibungskraft der Geschwindigkeit der fallenden Kugel proportional ist, wird nach (S 3.9) die Kugel nur so lange beschleunigt fallen, bis sich Schwer-, Reibungs- und Auftriebskraft das Gleichgewicht halten. Dieser Zustand wird um so schneller erreicht, je kleiner die Kugelmasse und je größer die dynamische Viskosität der Flüssigkeit bzw. des Gases ist. Betrachtet man diesen Gleichgewichtsfall, dann folgt mit (3.21) und (6.26) bei Vernachlässigung der Auftriebskraft

$$mg = 6\pi\eta v r. \tag{6.26a}$$

Fallrohrviskosimeter

Mißt man die gleichförmige Geschwindigkeit der fallenden Kugel, dann ist aus (6.26a) mit den bekannten Daten Kugelmasse m, Kugelradius r und Erdbeschleunigung g die dynamische Viskosität η der Flüssigkeit oder des Gases errechenbar (*Fallrohrviskosimeter*).

Die Überlegungen dieses Abschnittes gelten nur für kleine Geschwindigkeiten. Ein Kriterium, welche Geschwindigkeit für ein gegebenes Strömungsproblem in diesem Sinne als klein angesehen werden kann, wird in (S 6.11) gegeben.

6.5.4 Reale Strömungen, Turbulenz, Reynoldssche Zahl

Abbildung 6.44a zeigt die Stromlinien einer idealen Strömung um eine Kugel (einen Zylinder) und um eine ebene Platte bei Abwesenheit äußerer Kräfte. Die Druckverteilung um die umströmten Körper erhält man aus der Bernoullischen Gleichung (S 6.8) und daraus mit (D 6.3) die auf die Körper wirkenden Kräfte. Wie man aus der Symmetrie der Stromlinien erkennt (Abb. 6.44a), ist die resultierende Kraftwirkung auf die umströmten Körper gleich Null. Es tritt lediglich bei der umströmten ebenen Platte ein Kräftepaar auf, welches die Platte senkrecht zur Strömungsrichtung dreht (S 5.5). Danach ist die Strömung auch in diesem Fall symmetrisch. Es läßt sich zeigen, daß diese Tatsache für jeden Körper in einer idealen Flüssigkeitsströmung zutrifft. Ein Körper in einer idealen Flüssigkeitsströmung unterliegt keinerlei resultierender Kraftwirkung, seine Umströmung erfolgt ohne jeglichen Arbeitsaufwand, der umströmte Körper setzt der

Umströmung keinen Widerstand entgegen. Derartige Strömungen heißen *Potentialströmungen.*

Potentialströmungen

Die Potentialströmung steht meist im krassen Widerspruch zur experimentellen Erfahrung, da jeder umströmte Körper dem strömenden Medium einen Widerstand entgegensetzt, die Umströmung des Körpers somit stets einen Arbeitsaufwand erfordert. Dieser Widerspruch zwischen Theorie und Experiment erklärt sich daraus, daß stets eine Flüssigkeits- oder Gasschicht am umströmten Körper haftet, das Denkmodell der idealen Strömung damit auch für kleine Geschwindigkeiten und kleine Viskositäten nicht für alle Bereiche einer Strömung Anwendung finden kann. Es kann nur dort mit Erfolg verwendet werden, wo für den physikalischen Vorgang diese Grenzschichterscheinungen von untergeordneter Bedeutung sind. Wir werden im weiteren sehen, daß es durch geeignete Formgebung des umströmten Körpers gelingt, angenähert Potentialströmungen zu erreichen (siehe Abb. 6.46). Wir betrachten die Umströmung eines Zylinders (Abb. 6.44a). Bei der Potentialströmung nimmt die Strömungsgeschwindigkeit vom Punkt P_1 (Verdichtung der Stromlinien drückt nach (6.21a) eine Vergrößerung der Strömungsgeschwindigkeit aus) bis zur Mittelebene P_2 hin zu, um dann wieder auf den ursprünglichen Wert abzunehmen (Punkt P_3 in Abb. 6.44a). Dieser Vorgang ist modellmäßig mit dem reibungsfreien Durchlaufen eines Massenpunktes durch eine Potentialmulde zu vergleichen (s. Abb. 6.45a). Dem Gewinn an kinetischer Energie entspricht nach

Potentialströmungen lassen sich nur näherungsweise verwirklichen

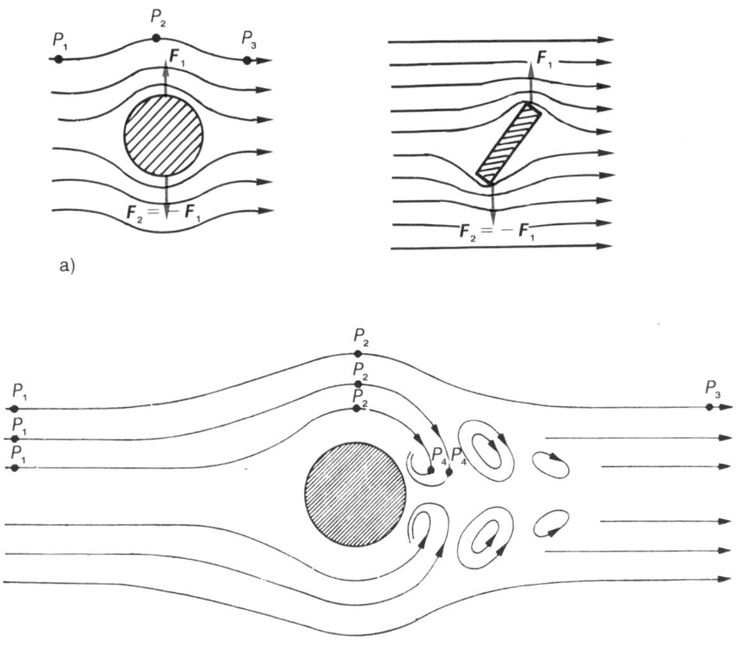

Abb. 6.44 Umströmung von Hindernissen
a) Potentialströmung um Kugel (Zylinder) und Ebene
b) reale Strömung um einen Zylinder (schematisch)

(S 3.18) eine Abnahme an potentieller Energie. Nach Durchlaufen des Minimums P_2 verläuft der Vorgang in umgekehrter Richtung, so daß der Massenpunkt am Ort P_3 wieder die gleiche Geschwindigkeit wie in P_1 besitzt. Beim Auftreten von Reibungskräften ist dagegen die Geschwindigkeit im Punkt P_3 stets kleiner als im Punkt P_1. Unterhalb einer bestimmten, durch die Reibungskräfte festgelegten Mindestgeschwindigkeit im Punkt P_1 kann der Massenpunkt den Ort P_3 überhaupt nicht mehr erreichen. Er fällt nach Erlangen einer bestimmten Steighöhe (Punkt P_4 in Abb. 6.45b) zum Punkt P_2 zurück. Analoge Verhältnisse liegen bei der Umströmung des Körpers vor. Bei der Potentialströmung erreichen die Strömungsteilchen in der Mittelebene (Abb. 6.44a, Punkt P_2) ihre Maximalgeschwindigkeit. $\boldsymbol{v}$ nimmt dann wieder ab und erreicht im Punkt P_3 den gleichen Wert wie in P_1. In einer realen Strömung erfolgt dagegen durch die Haftung eine Strömungsschicht am umströmten Körper eine Abbremsung benachbarter Teilchen. Hierdurch können sie – analog zum obigen mechanischen Modell – zur Umkehr gezwungen werden. Es bilden sich hinter dem umströmten Körper *Wirbel.* Diese Wirbel werden durch die nachfolgende Strömung mitgerissen. Es kommt, wie in Abb. 6.44b schematisch dargestellt, hinter dem umströmten Körper zur Ausbildung einer *Wirbelstraße*.

Wirbel
Wirbelstraße

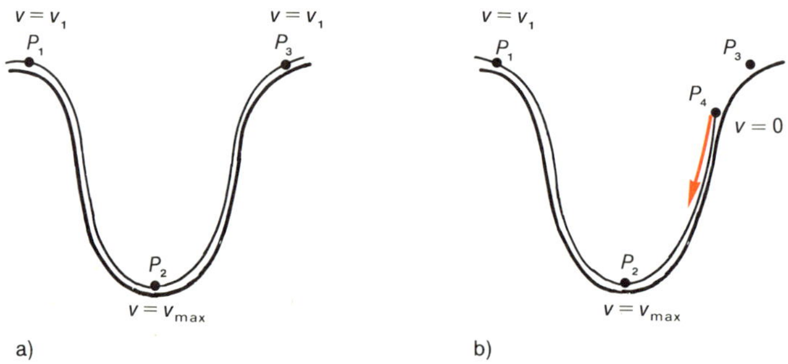

Abb. 6.45 Durchlauf eines Massenpunktes durch eine Potentialmulde
a) reibungsfrei
b) mit Reibung

Die Bildung der Wirbel und der Wirbelstraße erfordert Energie, die Umströmung des Körpers erfolgt unter Verrichtung von Arbeit. Die Asymmetrie der Stromlinien (Abb. 6.44b) bedingt eine Asymmetrie in der Druckverteilung um den Körper. Sie macht sich im *Strömungswiderstand* F_W des umströmten Körpers bemerkbar.

Strömungswiderstand

Für viele praktische Fälle (z.B. bei Schiffen, Kraftfahrzeugen, Zügen usw.) ist man bemüht, die Wirbelbildung und somit den Strömungswiderstand so klein wie möglich zu halten. Dies gelingt durch geeignete Formgebung der umströmten Körper (*Stromlinienform*). Die Wirbelbildung wird um so geringer, je spitzer der umströmte Körper nach hinten ausläuft (Abb. 6.46). Für den Strömungswiderstand eines umströmten Körpers ist

Stromlinienform

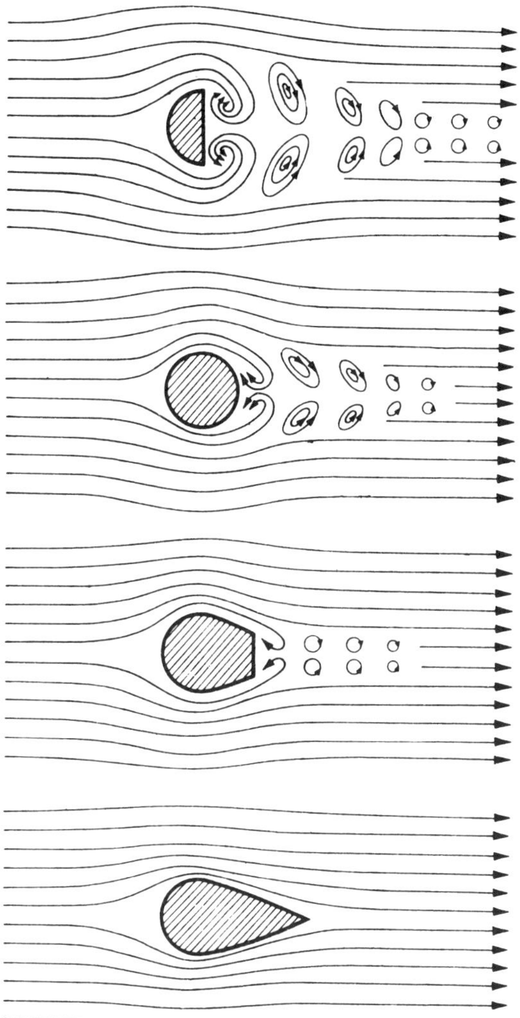

Abb. 6.46 Wirbelbildung in Abhängigkeit von der Form des umströmten Körpers

daher die Formgebung seiner Rückseite wesentlicher als die Formgebung seiner Vorderseite.

Stört man bei einer Strömung die Symmetrie der Stromlinien, dann muß nach vorstehenden Überlegungen diese Störung eine Veränderung der Druckverhältnisse um den umströmten Körper zur Folge haben, d.h. zu einer resultierenden Kraftwirkung auf den umströmten Körper führen. Man kann dies leicht an einem rotierenden, umströmten Zylinder zeigen. Die Rotation des Zylinders bedingt in seiner Umgebung eine zusätzliche Geschwindigkeit der Strömungsteilchen. Der Stromlinienverlauf ergibt sich näherungsweise durch Überlagerung der Potentialströmung des umströmten ruhenden Zylinders mit dem Wirbel des rotierenden Zylinders (Abb.

6.47). Durch die Zusammendrängung der Stromlinien oberhalb des Zylinders tritt am Zylinder senkrecht zur Strömungsrichtung eine Querkraft auf. Durch sie erfährt der rotierende Zylinder einen als Magnus-Effekt bezeichneten dynamisch hervorgerufenen Auftrieb.

Magnus-Effekt

HEINRICH GUSTAV MAGNUS (1802–1870)

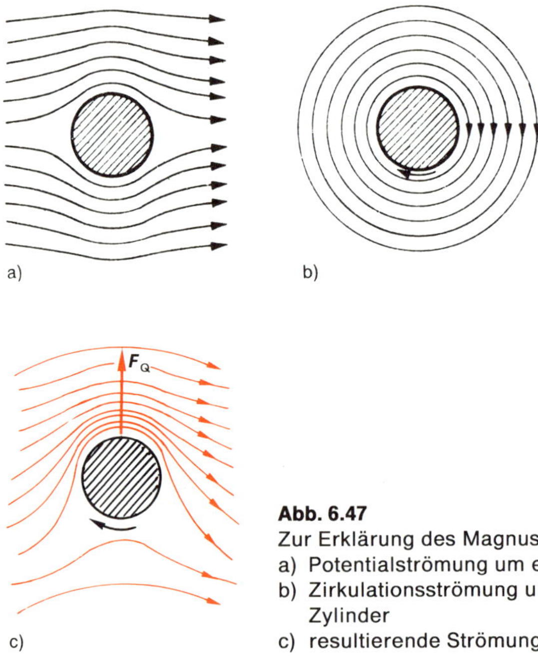

Abb. 6.47
Zur Erklärung des Magnus-Effektes
a) Potentialströmung um einen Zylinder
b) Zirkulationsströmung um einen rotierenden Zylinder
c) resultierende Strömung

Analog erklärt sich der Auftrieb des Tragflügels. Als Ausweichströmung bildet sich eine Zirkulationsströmung um den Tragflügel, die sich der Potentialströmung des ruhenden Tragflügels überlagert (Abb. 6.48a, b). Es kommt als Folge der Asymmetrie der Stromlinien zur Ausbildung der Querkraft $\boldsymbol{F}_{\mathrm{Q}}$. Die nicht zu vermeidende Wirbelbildung an der Rückseite und an den Enden des Flügels führt zur Strömungswiderstandskraft $\boldsymbol{F}_{\mathrm{W}}$. Beide Kräfte überlagern sich zur resultierenden Kraft $\boldsymbol{F}$ (Abb. 6.48c).

Auftrieb eines Tragflügels

Steigert man bei einer laminaren Rohrströmung die Strömungsgeschwindigkeit, so kommt es von einem bestimmen Geschwindigkeitswert an infolge der inneren Reibung zu einer Durchmischung des strömenden Mediums (Abb. 6.49); das parabolische Geschwindigkeitsgefälle (siehe S 6.9) geht verloren. Die gleiche Erscheinung beobachtet man bei allen anderen laminaren Strömungen. Diesen Vorgang bezeichnet man als *Turbulenz*. Die Turbulenz ist charakterisiert durch das Auftreten von unregelmäßigen Wirbeln. Durch sie sucht die Strömung die Geschwindigkeitsunterschiede zwischen den einzelnen Strömungsschichten auszugleichen. Die Turbulenz ist eine chaotische Bewegung (s. Abschnitt 3.5).

Turbulenz

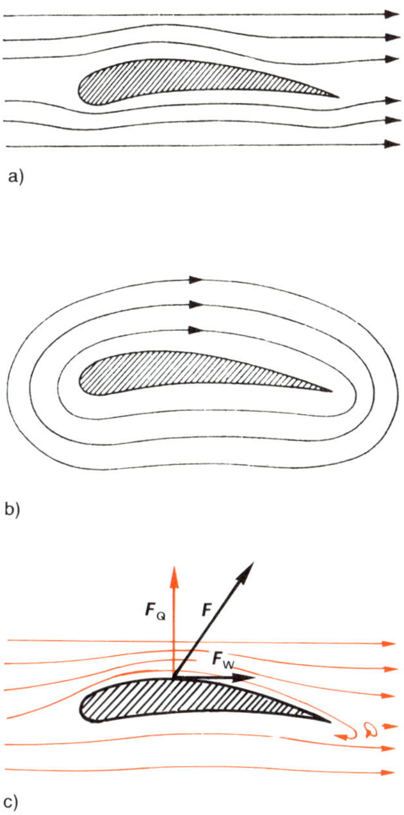

Abb. 6.48
Auftrieb am Tragflügel
Ausbildung der Querkraft $\boldsymbol{F}_Q$ und der Strömungswiderstandskraft $\boldsymbol{F}_W$ am Tragflügel
a) Potentialströmung am Tragflügel
b) Zirkulationsströmung am Tragflügel
c) resultierende Strömung

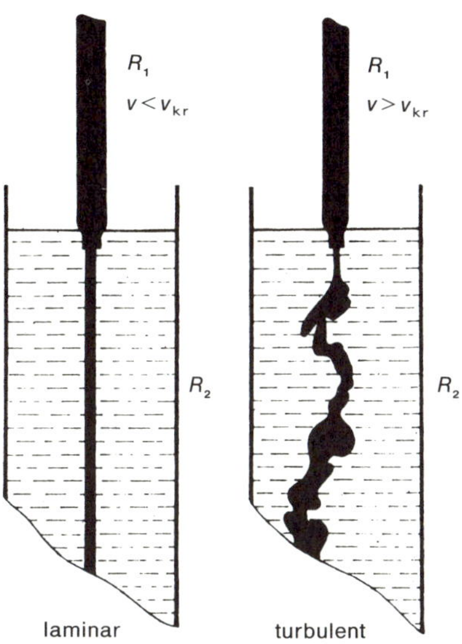

Abb. 6.49
Durch das Rohr R_1 strömt eine Flüssigkeit in die Flüssigkeit im Rohr R_2. Bleibt die Strömungsgeschwindigkeit unterhalb der Geschwindigkeit v_{kr}, so ist die Strömung laminar, sonst turbulent

Um ein Kriterium für das Einsetzen der Turbulenz zu finden, wird eine laminare Rohrströmung betrachtet. Nach (6.24d) gilt für ihre Geschwindigkeit

$$v = \frac{p_1 - p_2}{4 l \eta} (R^2 - r^2)$$

oder mit (6.23)

$$\frac{\varrho v}{8 l \eta} (R^2 - r^2) = 1 . \qquad (6.27)$$

(D 6.10)
Reynoldssche Zahl *Re*

Die Zahl

$$Re = \frac{\varrho v L}{\eta}$$

heißt Reynoldssche Zahl der Strömung. Dabei ist L eine Größe der Größenart Länge, die die Geometrie des Strömungssystems beschreibt.

Aus (6.27) und (D 6.10) folgt:

(S 6.10)
Ähnlichkeitsgesetz der Hydro(Aero-)-Dynamik

Eine proportionale Veränderung aller Längen eines Strömungssystems, eine Veränderung von Dichte und dynamischer Viskosität des strömenden Mediums und eine proportionale Veränderung der Strömungsgeschwindigkeit in sich entsprechenden Punkten des Systems lassen den Gesamtströmungszustand unverändert, solange bei dieser Transformation die Reynoldssche Zahl

$$Re = \frac{\varrho v L}{\eta}$$

des Strömungssystems unverändert bleibt.
(Ähnlichkeitsgesetz der Hydro(Aero-)-Dynamik)

OSBORNE REYNOLDS (1842–1912)

Wird in einer laminaren Strömung nur die Strömungsgeschwindigkeit vergrößert ($\varrho = \text{const}$, $L = \text{const}$, $\eta = \text{const}$), so führt dies nach (D 6.10) zu einer der Geschwindigkeitsveränderung proportionalen Vergrößerung der Reynoldsschen Zahl. Da jede laminare Strömung oberhalb einer bestimmten Strömungsgeschwindigkeit in die Turbulenz übergeht, entspricht nach (D 6.10) diesem Übergang ein ganz bestimmter Wert der Reynoldsschen Zahl. Dieser Wert wird als *kritische Reynoldssche Zahl* Re_{kr} bezeichnet.

kritische Reynoldssche Zahl

(S 6.11)
Übergang einer laminaren in eine turbulente Strömung

Für jedes Strömungssystem existiert eine kritische Reynoldssche Zahl Re_{kr}, bei der die laminare Strömung in die turbulente übergeht. Daher gilt:

turbulente Strömung, wenn $Re > Re_{kr}$,

laminare Strömung, wenn $Re < Re_{kr}$.

Die kritische Reynoldssche Zahl muß experimentell bestimmt werden. Vielfach ist der Originalströmungsvorgang wegen seiner Größe (z. B. Umströmung eins Schiffskörpers) für eine derartige Messung ungeeignet. Entsprechend (S 6.10) fertigt man dann ein ähnliches Modell (alle Längen um den gleichen Faktor verkürzt bzw. vergrößert) des interessierenden Strömungsvorganges an. Bedeuten ϱ die Dichte, η die dynamische Viskosität, v die Strömungsgeschwindigkeit und L irgendeine Länge (z. B. in obigem Beispiel die Länge des Schiffes) und ϱ_M, η_M, v_M und L_M die entsprechenden Werte im Modell, so findet man bei der Vermessung des Modells den gleichen Wert der kritischen Reynoldsschen Zahl wie im Originalvorgang, wenn diese Größen die Bedingung

zur Anwendung des Ähnlichkeitsgesetzes der Hydro-Dynamik

$$\frac{\varrho v L}{\eta} = \frac{\varrho_M v_M L_M}{\eta_M}$$

erfüllen. Mit $L = R$ für eine beliebige Rohrströmung findet man als kritische Reynoldssche Zahl dieser Strömung den Wert $Re_{kr} = 1160$. Strömungen in Wasserleitungen besitzen allgemein eine Reynoldssche Zahl $Re_{kr} > 1160$, sie sind nach (S 6.11) turbulent.

Der Strömungswiderstand F_W auf Fahr- und Flugzeuge wird durch den Widerstandsbeiwert (c_W-*Wert*)

c_W-Wert

$$c_W = \frac{2F_W}{\varrho v A} \qquad (6.28)$$

erfaßt (ϱ Dichte des strömenden Mediums, v Anströmgeschwindigkeit, A Bezugsfläche). Bei stumpfen Körpern ist A die Stirnfläche senkrecht zur Anströmgeschwindigkeit, bei Tragflügeln die Projektion der Flügelfläche auf die Anströmebene. Der c_W-Wert ist außer von der Körperform von der Reynoldsschen Zahl, der Art der Turbulenz der Strömung und der Oberflächenrauhigkeit des Fahrzeuges abhängig. Bei Automobilen konnten c_W-Werte von 0,28 erreicht werden.

6.6 Aufgaben

6.1
Ein an seinem oberen Ende eingespannter und senkrecht hängender Draht (Länge l, Querschnitt A, Elastizitätsmodul E, Dichte ϱ) dehnt sich durch sein Eigengewicht um die Längendifferenz Δl.

a) Bestimmen Sie die Größe Δl als Funktion der Drahtlänge!
b) Bei welcher Länge l_{max} zerreißt ein Stahldraht unter der Wirkung seines Eigengewichts?
$\varrho = 7{,}8 \cdot 10^3$ kg/m^3 und die Zerreißspannung $\sigma_z = 0{,}32$ GPa

6.2
Ein Kegelstumpf (Ausgangsmaße $r_o = 1$ cm, $h_o = 5$ cm) aus elastischem Material mit dem Elastizitätsmodul $E = 1{,}56\ 10^8$ N/m^2 wird durch das Gewicht einer Masse $m = 10^3$ kg zusammengedrückt (siehe Abb.).

a) Berechnen Sie ohne Berücksichtigung des Eigengewichtes des Kegelstumpfes die Höhenänderung Δh.
b) Wie ändert sich die Formel für die Höhenänderung Δh, wenn die Wirkung des Eigengewichtes bei einer Dichte ϱ berücksichtigt wird?

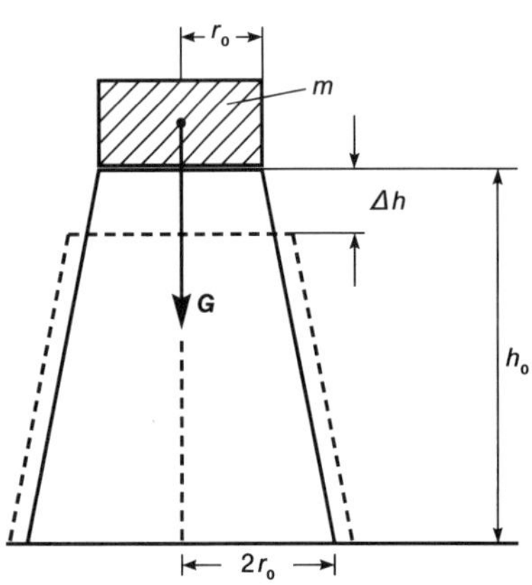

6.3
Ein Körper der Masse m_1, der sich geradlinig mit einer Geschwindigkeit von $v_1 = 28{,}3$ m/s bewegt, stößt mit einem ruhenden Körper der Masse m_2 zusammen, wobei 25% seiner Energie in Wärme umgewandelt werden. Beide Körper bewegen sich nach dem Stoß jeweils unter einem Winkel von 45° zu der ursprünglichen Bewegungsrichtung von m_1 auseinander (siehe Abb.).

a) Ermitteln Sie das Massenverhältnis m_1/m_2!
b) Welche Geschwindigkeit haben beide Körper nach dem Stoß im Laborsystem?

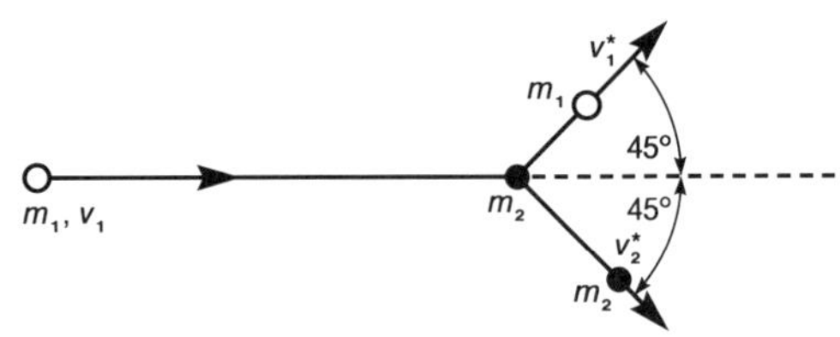

6.4
Zwei elastische Kugeln, deren Massen $m_1 = 100$ g und $m_2 = 300$ g betragen, sind an Fäden so aufgehängt, daß der Abstand von der Aufhängung zur Kugelmitte jeweils $l = 50$ cm beträgt. Die erste Kugel wird aus der Gleichgewichtslage um einen Winkel von 90° ausgelenkt und dann losgelassen. Auf welche Höhe wird die zweite Kugel nach dem Stoß angehoben?

6.5
Zeigen Sie, daß in den Obergeschossen eines Hauses die Druckdifferenz in der Wasserleitung geringer, in der Gasleitung dagegen bei Verwendung von Stadtgas höher ist als im Erdgeschoß! *Hinweis:* Zur Vereinfachung der Rechnung kann die barometrische Höhenformel in eine Reihe bis zur 1. Ordnung entwickelt werden.

6.6
Ein vertikal im Wasser fest verankertes Rohr, dessen oberes Ende $a = 5$ cm über die Wasserfläche hinausragt, soll mit Öl der Dichte $\varrho = 9 \cdot 10^2$ kg/m^3 gefüllt werden. Welche Gesamtlänge l muß das Rohr (*Bemerkung:* die Rohrwandung soll vernachlässigt werden) haben, damit es vollständig mit dem Öl gefüllt werden kann?

6.7
In eine Salzlösung der Dichte $\varrho = 1{,}02 \cdot 10^3$ kg/m^3 werden zwei Kapillaren mit den Radien $r_1 = 1$ mm und $r_2 = 2$ mm getaucht. Welche Oberflächenspannung hat die Lösung, wenn sich zwischen den Kapillaren – vollständige Benetzung vorausgesetzt – eine Höhendifferenz von $\Delta h = 10$ mm einstellt?

6.8
In der Wandung eines Rohres mit dem Radius $R = 2$ cm, durch das eine Flüssigkeit mit der dynamischen Viskosität η fließt, ist eine Meßfläche mit einer Fläche von $A = 10$ cm^2 angebracht. Bei laminarer Strömung und einer angenommenen Geschwindigkeitsverteilung von $v(r) = v_0\ (R^2 - r^2)/R^2$ wird an der Meßfläche eine Kraft $F = 10^{-2}$ N registriert, Welche dynamische Viskosität hat die Flüssigkeit, wenn $v_0 = 2$ m/s beträgt?

6.9
Auf zwei miteinander verbundenen, horizontal angeordneten Rohren mit den Radien $r_1 = 2$ cm und $r_2 = 4$ cm sind Steigrohre angebracht (siehe Abb.). Durch die Rohre wird Wasser gepumpt, so daß sich an den Steigrohren eine Höhendifferenz $\Delta h = 10$ cm einstellt. Bestimmen Sie die Wassermenge Q, die pro Minute durch die Rohre gepumpt wird!

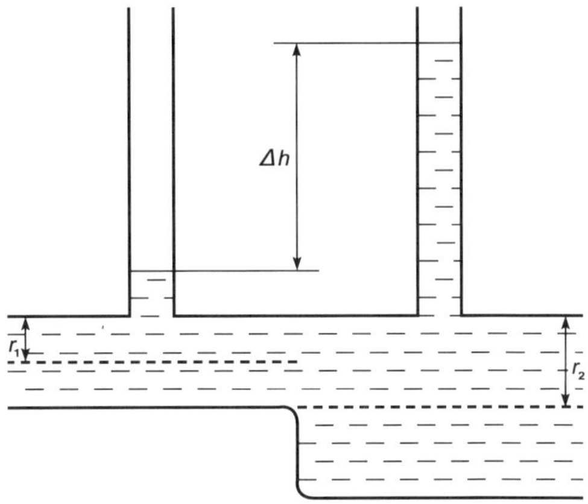

6.10
In ein Gefäß, das im Boden eine Auslauföffnung mit dem Querschnitt $A_1 = 10$ cm^2 hat, wird Wasser mit der konstanten Zuflußmenge $Q_1 = 4{,}43$ l/s eingeleitet. Welche Höhe h erreicht der Wasserspiegel im stationären Zustand?

6.11
In einem Sektglas steigen Kohlensäurebläschen mit der konstanten Geschwindigkeit $v_0 = 10$ cm/s aufwärts. Welchen Durchmesser haben die Bläschen, wenn die dynamische Viskosität des Sektes $\eta = 1{,}96 \cdot 10^{-3}$ Pa · s beträgt und seine Dichte der des Wassers entsprechen soll? (*Bemerkung:* Eine Volumenänderung der Bläschen durch die Druckänderung beim Aufsteigen soll vernachlässigt werden.)

7 Thermodynamische Systeme

In den Kapiteln 2 bis 6 wurden Größen eingeführt, mit denen ein physikalisches System (vgl. Abschnitt 1.2) vom Standpunkt der Mechanik aus vollständig beschrieben werden kann. In der *Wärmelehre* oder *Thermodynamik* wird zusätzlich der Einfluß der Temperatur auf physikalische Systeme berücksichtigt. Es werden Betrachtungen über Erscheinungen in einem System sowie über Veränderungen des Systems oder seines Zustandes angestellt, die auf dem Austausch von Wärme und Arbeit innerhalb des Systems oder mit anderen Systemen beruhen. Man nennt physikalische Systeme, für die derartige Betrachtungen angestellt werden, auch *thermodynamische Systeme*.

thermodynamische Systeme

offene und abgeschlossene, stofflich oder energetisch abgeschlossene Systeme

Ein thermodynamisches System nennt man abgeschlossen, wenn es weder Energie noch Stoff mit anderen Systemen austauschen kann. Ein *offenes thermodynamisches System* dagegen kann sowohl Energie als auch Stoff austauschen. Ein *stofflich abgeschlossenes thermodynamisches System* tauscht keinen Stoff, ein *energetisch abgeschlossenes thermodynamisches System* keine Energie aus.

In den ersten Abschnitten dieses Kapitels wird vorausgesetzt, daß das jeweils betrachtete System unter makroskopischen Gesichtspunkten stofflich gleichartig beschaffen ist. Man nennt es dann ein *homogenes thermodynamisches System*. Für die Vielfalt der physikalischen und insbesondere auch chemischen Erscheinungen sind aber gerade auch inhomogene thermodynamische Systeme von großem Interesse. Grundlegende Gedanken dazu sind im Abschnitt 7.5 skizziert. Dort wird auch der Inhalt des Begriffes „homogenes thermodynamisches System" exakter formuliert.

homogene Systeme

In diesem Kapitel werden die Erscheinungen der Thermodynamik ausschließlich durch makroskopische Größen beschrieben. Dabei ist es zum Beispiel für die Untersuchung eines Gases vollkommen ausreichend zu wissen, daß ein Gas bestimmter Temperatur ein vorgegebenes Volumen einnimmt, eine Masse besitzt und auf seine Gefäßwandung einen Druck ausübt. Die innere Struktur des Gases, das heißt sein Aufbau aus Atomen bzw. Molekülen und die Wechselwirkung dieser Bausteine miteinander, ist für diese Beschreibungsweise ohne Interesse. Diese rein phänomenologische Betrachtungsweise der thermodynamischen Erscheinungen, d.h. die Beschreibung der physikalischen Gesetze ausschließlich mit Hilfe makrophysikalischer Größen, bezeichnet man als *phänomenologische Thermodynamik*. In Kapitel 8 werden dann die Gesetzmäßigkeiten der phänomenologischen Thermodynamik ihre mikrophysikalische Begründung erfahren.

phänomenologische Thermodynamik

7.1 Grundgröße Temperatur, Celsius-Temperatur

Grundgrößenart Temperatur

Der Mensch kann durch seine Sinnesorgane „Wärme" und „Kälte" empfinden und verbindet mit diesen Empfindungen den Begriff der *Temperatur*, indem er sagt, der wärmere Körper befindet sich im Vergleich zum kälteren in einem Zustand höherer Temperatur. Mit Hilfe der Sinnesorgane ist die Entscheidung, ob ein vorgegebener Körper A wärmer oder kälter als ein Körper B ist, ob also dem Körper A eine höhere oder niedrigere Temperatur als dem Körper B zugeordnet werden muß, nur innerhalb bestimmter Grenzen möglich. Bei größeren Temperaturdifferenzen zur Zimmertemperatur gelingt dagegen diese Entscheidung nicht mehr. So führt zum Beispiel die Berührung der Haut mit flüssigem Stickstoff ($\vartheta = -196\,°C$) zum gleichen Wärmeempfinden auf der Haut wie eine Berührung mit siedendem Wasser ($\vartheta = 100\,°C$). Gleichfalls sind die menschlichen Sinnesorgane für Absolutbestimmungen der Temperatur ungeeignet. Man kann sich leicht davon überzeugen, indem man die eine Hand in warmes, die andere in kaltes Wasser eintaucht und danach beide Hände in ein Wasserbad mittlerer Temperatur bringt. Trotz der gleichen Temperatur im Wasserbad ist das Wärmeempfinden in beiden Händen unterschiedlich. Für die Hand, die zuerst in das kältere Wasser getaucht war, erscheint dieses Wasserbad warm, für die andere Hand dagegen kalt. Der auf unseren Sinnesorganen beruhende Temperaturbegriff ist somit für physikalische Untersuchungen ungeeignet.

Die experimentelle Erfahrung zeigt nun, daß zwei oder mehrere Körper unterschiedlicher Temperatur, die in ihrer Gesamtheit vollkommen von ihrer Umwelt isoliert sind und somit nur untereinander in Wechselwirkung treten können, die also ein abgeschlossenes System (vgl. Abschnitt 1.2) bilden, nach hinreichend langer Zeit ihre Temperaturunterschiede ausgleichen. Man spricht dann vom *thermodynamischen Gleichgewicht* zwischen diesen Körpern.

(S 7.1) thermodynamisches Gleichgewicht

> In jedem abgeschlossenen physikalischen System befinden sich nach hinreichend langer Zeit seine sich selbst überlassenen Teilsysteme im thermodynamischen Gleichgewicht. Die Teilsysteme gleichen ihre Temperaturunterschiede im Laufe der Zeit aus.

Temperaturmessung Thermometer

Auf dem Vergleich zweier Systeme im thermodynamischen Gleichgewicht beruht jede Temperaturmessung. Hierzu wird das auszumessende System mit einem Vergleichssystem (*Thermometer*) von vernachlässigbarer Wärmekapazität (vgl. Abschnitt 7.2.1) und bestimmbarer Temperatur in thermische Wechselwirkung gebracht, das thermodynamische Gleichgewicht abgewartet und die Gleichgewichtstemperatur des Vergleichssystems bestimmt. Nach (S 7.1) entspricht sie der Temperatur des auszumessenden Systems.

Führt man für die Temperaturmessung noch eine Maßeinheit ein, wozu die Festlegung mindestens eines bestimmten absoluten Temperaturwertes und einer Temperaturskala erforderlich ist, dann besitzt der so eingeführte Begriff Temperatur alle nach (D 1.1) erforderlichen Merkmale einer physikalischen Größe. Das Meßobjekt ist das thermodynamische System, dessen Temperatur bestimmt werden soll, die Meßapparatur bildet das thermodynamische Vergleichssystem (Thermometer), die Meßvorschrift ist durch die Vorschrift zur Erlangung des thermodynamischen Gleichgewichtes beider Systeme gegeben, und die Maßeinheit wird durch eine bestimmte Vorschrift festgelegt. Da zur Definition der Größenart Temperatur keine anderen Größenarten benötigt werden, ist die Größenart Temperatur eine Grundgrößenart.

ANDREAS CELSIUS (1701 – 1744)

Zur Temperaturmessung können im Prinzip alle physikalischen Vorgänge ausgenutzt werden, die in irgendeiner Form monoton von der Größe Temperatur abhängig sind. Vor allem finden Anwendung:

Die Veränderung des Volumens fester und flüssiger Körper mit der Temperatur (Abschnitt 7.3.1) (*Flüssigkeitsthermometer*), die Veränderung des Druckes eines Gases konstanten Volumens mit der Temperatur (Abschnitt 7.3.2) (*Gasthermometer*), die Veränderung des elektrischen Widerstandes (vgl. Bd. II) mit der Temperatur (*Widerstandsthermometer*) und die Veränderung der Thermospannung (Bd. II) mit der Temperatur (*Thermoelemente*).

Normdruck

Zur Festlegung der Celsius-Temperatur (°C) wird von zwei Fundamentaltemperaturen (Fixpunkten) ausgegangen: dem Gefrierpunkt des Wassers und dem Siedepunkt des Wassers beim *Normdruck* $p_N = 1{,}01325 \cdot 10^5$ Pa. Ihnen werden die Werte 0 °C und 100 °C zugeordnet. Die Temperaturdifferenz von einem Grad der Celsiusskala ist der hundertste Teil der Temperaturdifferenz zwischen diesen beiden Fixpunkten.

Den praktischen Hintergrund für die Festlegung des an dieser Stelle eingeführten Normdruckes p_N bildet der nach (6.15) zeitlich gemittelte atmosphärische Druck in Meeresspiegelhöhe.

(D 7.1a) Celsius-Temperatur ϑ

Die Fixpunkte der Celsius-Temperatur ϑ sind der Gefrier- und der Siedepunkt des Wassers beim Normdruck p_N. Dem Gefrierpunkt wird die Temperatur $\vartheta = 0$ °C (Grad Celsius), dem Siedepunkt die Temperatur $\vartheta = 100$ °C zugeordnet. Der Temperaturunterschied dieser beiden Fundamentaltemperaturen beträgt 100 Grad (grd).

Flüssigkeits-, Gasthermometer

Beim Flüssigkeitsthermometer (Gasthermometer) versucht man die Celsiusskala zu realisieren, indem man unter Voraussetzung einer linearen Volumenänderung (Druckänderung) der Flüssigkeit (des Gases bei konstantem Volumen) mit der Temperatur die Volumendifferenz ΔV (Druckdifferenz Δp des Gases) zwischen den beiden Fixpunkten durch 100 dividiert. Der Volumenänderung $\frac{\Delta V}{100}$ $\left(\text{der Druckänderung } \frac{\Delta p}{100}\right)$ wird dann die Temperaturdifferenz 1 grd zugeordnet und die Temperaturskala über die beiden Fixpunkte hinaus extrapoliert. Temperaturen unter der Fundamentaltemperatur 0 °C erhalten negative Maßzahlen.

Die untere Meßgrenze eines Flüssigkeitsthermometers bzw. Gasthermometers wird durch den Erstarrungspunkt bzw. Verflüssigungspunkt, die obere Meßgrenze beim Flüssigkeitsthermometer durch den Siedepunkt der verwendeten Flüssigkeit bestimmt. Bei Verwendung von Quecksilber als

Thermometerfüllsubstanz erfaßt man im allgemeinen das Temperaturintervall zwischen $-39\,^\circ C$ und $300\,^\circ C$. Da der Siedepunkt einer Flüssigkeit durch Druckerhöhung zu höheren Temperaturwerten verschoben wird (Abschnitt 7.5.2.3), läßt sich durch eine zusätzliche Stickstoffüllung hohen Druckes ($p \approx 100$ at) der Anwendungsbereich eines Quecksilberthermometers bis zu Temperaturen von ca. $800\,^\circ C$ erweitern. Für Temperaturen unter $-39\,^\circ C$ eignen sich als Thermometerfüllung Alkohol (brauchbar bis ca. $-100\,^\circ C$) und Pentan (brauchbar bis ca. $-200\,^\circ C$). Eine Erweiterung des Meßbereiches zu noch tieferen Werten der Temperatur ist durch die Verwendung von Gasen mit niedrigem Siedepunkt möglich (Gasthermometer, siehe Abschnitt 7.3.2.2.1). Verwendung finden hierfür meist Wasserstoff (Siedepunkt für den Normdruck bei $\vartheta_{Sp} = -253\,^\circ C$) und Helium (Siedepunkt für den Normdruck bei $\vartheta_{Sp} = -269\,^\circ C$).

Leider gilt für keine Flüssigkeit und kein Gas die Voraussetzung der Linearität der Volumenänderung bzw. Druckänderung der Thermometersubstanz mit der Temperatur streng (vgl. 7.3.1 und 7.3.2). Somit sind alle Skaleneinteilungen der Flüssigkeits- und Gasthermometer abhängig von der Füllsubstanz des Thermometers. Abbildung 7.1 verdeutlicht dies für Alkohol- und Quecksilberthermometer. Es ist daher notwendig, nach anderen Möglichkeiten zur Festlegung der Temperaturskala zu suchen. In Abschnitt 7.4.3.3 wird ein Verfahren zur Festlegung der Temperaturskala unabhängig von der Thermometersubstanz angegeben.

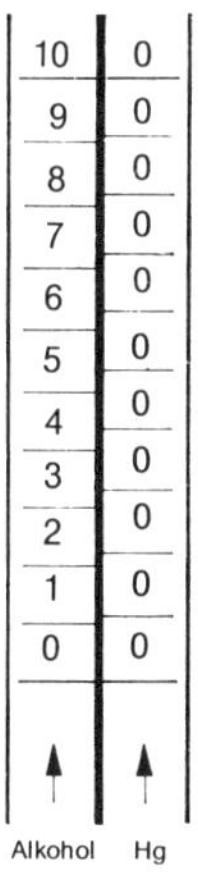

Abb. 7.1
Die unterschiedlichen Celsius-Temperaturskalen eines Alkohol- und Quecksilberthermometers

Grad Fahrenheit (°F)
Gabriel Daniel Fahrenheit (1686 – 1736)

In den anglo-amerikanischen Ländern ist statt der Celsiusskala die Fahrenheitskala gebräuchlich. Diese Skala beruht genau wie die Celsiusskala auf den beiden Fixpunkten Siede- und Schmelzpunkt des Wassers bei $p = p_N$. Nur wird in ihr dem Schmelzpunkt die Temperatur $32\,^\circ F$ (Grad Fahrenheit) und dem Siedepunkt die Temperatur $212\,^\circ F$ zugeordnet. Der Temperaturunterschied beider Punkte beträgt dann $180\,^\circ F$.

7.2 Wärmemenge und Energie

7.2.1 Spezifische Wärmekapazität, Wärmemenge, Maßeinheit Kalorie

Mischt man zwei verschiedene Flüssigkeiten der Massen m_1 und m_2 und der Temperaturen ϑ_1 und ϑ_2, so ergibt sich die Mischungstemperatur ϑ_M *nicht* etwa durch einfache Mittelwertbildung entsprechend

$$\vartheta_M = \frac{m_1 \vartheta_1 + m_2 \vartheta_2}{m_1 + m_2},$$

sondern sie muß entsprechend der experimentellen Erfahrung unter Berücksichtigung der Stoffkonstanten c_1 und c_2 aus der Beziehung

$$c_1 m_1 \vartheta_1 + c_2 m_2 \vartheta_2 = (m_1 c_1 + m_2 c_2)\, \vartheta_M$$

oder

$$m_1 c_1 (\vartheta_1 - \vartheta_M) + m_2 c_2 (\vartheta_2 - \vartheta_M) = 0$$

errechnet werden. Da ihre Gültigkeit nicht auf zwei Körper beschränkt ist, erhält man mit $\Delta \vartheta_i = \vartheta_i - \vartheta_M$

$$\sum_i m_i c_i \Delta \vartheta_i = 0. \tag{7.1a}$$

Die in (7.1a) eingeführten Stoffkonstanten c_i $(i = 1, 2, \ldots, n)$ heißen *spezifische Wärmekapazitäten* der Stoffe. Durch (7.1a) sind die spezifischen Wärmekapazitäten nur bis auf einen multiplikativen Faktor festgelegt, d. h., die spezifische Wärmekapazität *eines* Stoffes bleibt frei wählbar. Wird daher für irgendeinen Stoff der Wert der spezifischen Wärmekapazität durch eine bestimmte Vorschrift festgelegt, so sind nach (7.1a) auch die spezifischen Wärmekapazitäten aller anderen Stoffe eindeutig bestimmt.

(D 7.2)
spezifische Wärmekapazität c
Wärmemenge Q

Die Stoffkonstanten c_i in der Beziehung

$$\sum_i m_i c_i \Delta \vartheta_i = 0$$

heißen spezifische Wärmekapazitäten, die Größe

$$Q = m c \Delta \vartheta$$

wird die dem Körper (von dem Körper) bei der Temperaturänderung $\Delta \vartheta > 0 (\Delta \vartheta < 0)$ zugeführte (abgegebene) Wärmemenge genannt.

Aus der Definition der Größe Wärmemenge geht hervor, daß die einem Körper zuzuführende Wärmemenge um so größer sein muß, je größer eine gewünschte Temperaturerhöhung ist: die Wärmemenge beschreibt also die Veränderung des Wärmegehaltes eines Körpers. Sie enthält aber keine Aussage über den Absolutwert des Wärmegehaltes des Körpers. Die Unterschiedlichkeit der Wärmemengen, die verschiedenen Körpern zur Realisierung der gleichen Temperaturänderung zugeführt werden müssen, bringt die Größe *mc* zum Ausdruck. Sie ist ein Maß für die Speicherfähigkeit eines durch *m* und *c* charakterisierten Körpers bezüglich *Q* und wird deshalb auch *Wärmekapazität* des Körpers genannt analog zur oben eingeführten spezifischen Wärmekapazität *c* eines Materials. Man bezeichnet allgemein den Quotienten aus einer thermodynamischen Größe und der zuzuordnenden Masse als die dieser Größe entsprechende (material-) *spezifische Größe*.

Wärmekapazität

spezifische Größe

Bis zur Mitte des 19. Jahrhunderts wurde die Wärmemenge als Grundgrößenart angesehen und für sie die spezielle Maßeinheit *Kilokalorie* eingeführt:

1 Kilokalorie (kcal) ist diejenige Wärmemenge, die man benötigt, um die Temperatur von 1 kg Wasser von $\vartheta_1 = 14{,}5\,°C$ auf $\vartheta_2 = 15{,}5\,°C$ zu erhöhen.

(D 7.3)
Kilocalorie (kcal)

Mit der Definition der Maßeinheit Kilokalorie ist nach (D 7.2) auch die spezifische Wärmekapazität des Wassers im Temperaturintervall $14{,}5\,°C \leqq \vartheta \leqq 15{,}5\,°C$ zu $c_{H_2O} = 1{,}000 \cdots \text{kcal kg}^{-1}\,\text{grd}^{-1}$ festgelegt. Nach (7.1a) werden durch diese Festlegung die Werte der Stoffkonstanten spezifische Wärmekapazität eindeutig.

Tabelle 7.1
Spezifische Wärmekapazität einiger Stoffe

Stoff	$\frac{c_p}{\text{cal g}^{-1}\,\text{grd}^{-1}}$	$\frac{\vartheta}{°C}$
Lithium	0,8160	20
Aluminium	0,2129	20
Schwefel (rhombisch)	0,1717	20
Silicium	0,1710	20
Graphit	0,169	20
Diamant	0,113	20
Eisen	0,1077	20
Zink	0,0938	20
Germanium	0,0722	0
Blei	0,0301	20
Wismut	0,0295	20
Wasser	1,000	14
Diäthyläther	0,554	20
Brom	0,107	25
Quecksilber	0,0334	20
Stickstoff (N_2)	0,248	25
Sauerstoff (O_2)	0,219	25
Chlor (Cl_2)	0,113	0

Mit (D 7.2) kann der Inhalt von (7.1a) präzise formuliert werden:

Werden einem physikalischen System weder Wärmemengen von anderen Systemen zugeführt noch von ihm Wärmemengen an andere Systeme abgeführt (thermisch abgeschlossenes System), dann ist für Wärmeübergänge im System die Summe der beteiligten Wärmemengen gleich Null:

$$\sum_i Q_i = 0\,. \qquad (7.1\text{b})$$

Messung der spezifischen Wärmekapazität

Spezifische Wärmekapazitäten lassen sich experimentell ermitteln, indem ein Stoff bekannter Ausgangstemperatur ϑ_1, bekannter Masse m_1 und bekannter spezifischer Wärmekapazität c_1 mit einem anderen bekannter Ausgangstemperatur ϑ_2, bekannter Masse m_2, aber unbekannter spezifischer Wärmekapazität gemischt wird. Nach Messung der Mischungstemperatur kann dann nach (7.1a) unter Beachtung der Wärmekapazität des verwendeten Gefäßes (Kalorimeters) die unbekannte spezifische Wärmekapazität c_2 errechnet werden.

Aus der vorstehenden Tabelle 7.1 sind die spezifischen Wärmekapazitäten einiger Stoffe zu ersehen.

7.2.2 Wärmemenge als Form der Energie

Bei mechanischen Bewegungsvorgängen stellt man fest, daß sich durch die auftretenden Reibungskräfte die kinetische Energie des bewegten Körpers und damit die mechanische Gesamtenergie verringert. Ein Teil der Energie wird in Wärme umgesetzt. Nur bei Abwesenheit derartiger Kräfte ist der mechanische Energieerhaltungssatz (S 3.18) gültig.

Robert Mayer (1814 – 1878)

Robert Mayer erkannte als erster (1842), daß die Wärmemenge eine Form der Energie ist und der mechanische Energieerhaltungssatz ganz wesentlich erweitert werden kann, wenn man sich nicht nur auf die Betrachtung der mechanischen Energie beschränkt.

(S 7.2) Erhaltungssatz der Energie

Die Wärmemenge ist eine Form der Energie. Energie kann weder vernichtet noch geschaffen, sondern stets nur von einer Energieform in eine andere umgewandelt werden.

Gleichung (7.1b) ist ein Sonderfall des Erfahrungssatzes (S 7.2). Sie ist unter der Voraussetzung gültig, daß thermische Energie dem System weder zu- noch von ihm abgeführt wird. Weiter sind im System Umwandlungen von einer Energieform in eine andere ausgeschlossen. Somit muß sich die Summe der Energieänderungen zwischen seinen Teilsystemen, d. h. hier die Summe der Übergänge von Wärmemengen zwischen den Teilsystemen, zu Null ergeben.

Nach (S 7.2) muß eine Umrechnungsbeziehung zwischen der Maßzahl von mechanischer Energie, gemessen in J, und der Maßzahl der Wärmemenge, gemessen in kcal, existieren. Sie wurde 1843 von Joule experimentell bestimmt. Abbildung 7.2 zeigt den verwendeten Versuchsaufbau. Durch

Versuch von Joule zur Bestimmung des mechanischen Wärmeäquivalentes

die Bewegung des Gewichtes G wird dem Rührer R eine bekannte mechanische Arbeit zugeführt. Das Rühren der Flüssigkeit geschieht so langsam, daß ein Übergang von mechanischer Energie in gerichtete Bewegungsenergie der Flüssigkeitsmoleküle ausgeschlossen werden kann. Die der Flüssigkeit zugeführte mechanische Energie wird damit in der Flüssigkeit ausschließlich in Wärmeenergie umgesetzt. Temperaturmessung am Anfang und Ende des Versuches gestattet nach (D 7.2) bei bekannter Masse und spezifischer Wärmekapazität der Flüssigkeit die Errechnung der übertragenen Wärmemenge. Aus Präzisionsmessungen folgt

Umrechnung von kcal in J (mechanisches Wärmeäquivalent)

$$1\ \text{kcal} = 4{,}1868 \cdot 10^3\ \text{J}\,. \tag{7.2}$$

Die Beziehung (7.2) wird oft als *mechanisches Wärmeäquivalent* bezeichnet.

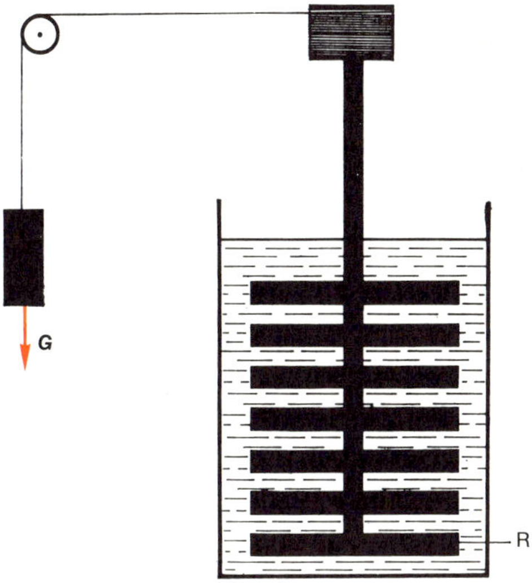

Abb. 7.2
Versuch von Joule zur Bestimmung des mechanischen Wärmeäquivalentes (schematisch)

Auf Grund vorstehender Überlegungen wird die Wärmemenge Q nicht als Grundgrößenart angesehen. Die im Energieerhaltungssatz (S 7.2) zum Ausdruck kommende Erfahrung und ihre als mechanisches Wärmeäquivalent bezeichnete quantitative Fassung machen es überflüssig, für die Wärmemenge die besondere Maßeinheit Kalorie einzuführen. Die Kalorie als *SI*-fremde Maßeinheit ist deshalb keine gesetzliche Maßeinheit mehr.

Man muß sich vor einer Fehlinterpretation des Versuches von Joule hüten, die das Versuchsergebnis in unzulässiger Weise auch auf die Energieumwandlung in umgekehrter Richtung erweitert. Der Versuch von Joule beweist nur die Möglichkeit der vollständigen Umwandlung von mechanischer Energie in Wärmeenergie, sagt aber nichts darüber aus, ob auch die Umkehrung gilt. Dieser Frage wird in Abschnitt 7.4.3 nachgegangen und dabei gezeigt, daß die Umwandlung einer Wärmemenge in andere Energieformen nur eingeschränkt möglich ist. Deshalb wird die Größe Wärmemenge oder Wärmeenergie in der Formulierung des Energieerhaltungssatzes (S 7.2) nicht mit dem Begriff Energie identifiziert, sondern als Energieform bezeichnet. Sie weist gegenüber anderen Energieformen neben Gemeinsamkeiten auch grundsätzliche Unterschiede auf.

7.3 Zustandsänderungen fester, flüssiger und gasförmiger Körper

7.3.1 Wärmeausdehnung von festen und flüssigen Körpern

Erfahrungsgemäß verändert ein fester Körper seine Länge mit der Temperatur. Sie nimmt bis auf wenige Ausnahmen (z.B. Gummi) mit der Temperatur zu. Die Längenänderung $\Delta l_\vartheta = l_\vartheta - l_0$ (l_0 Länge des Körpers bei der Temperatur $\vartheta = 0\,°\mathrm{C}$, l_ϑ Länge bei der Temperatur ϑ) kann nach steigenden Potenzen der Temperatur ϑ entwickelt werden. Auf Grund experimenteller Erfahrungen wird die Entwicklung meist nach dem Glied 2. oder 3. Ordnung abgebrochen. Mit den über größere Bereiche von der Temperatur unabhängigen Materialkonstanten α_1 und α_2 folgt dann für die Längenänderung des Körpers

$$\Delta l_\vartheta = l_\vartheta - l_0 = l_0\,\alpha_1\,\vartheta + l_0\alpha_2\,\vartheta^2$$

oder

$$l_\vartheta = l_0\,(1 + \alpha_1\,\vartheta + \alpha_2\,\vartheta^2)\,. \tag{7.3}$$

linearer thermischer Längenausdehnungskoeffizient α_1

Die Materialkonstante α_1 wird als *linearer thermischer Längenausdehnungskoeffizient* bezeichnet. In (7.3) sind α_1 und α_2 in den Maßeinheiten $[\alpha_1] = °\mathrm{C}^{-1}$ und $[\alpha_2] = °\mathrm{C}^{-2}$ einzusetzen. Der lineare thermische Längenausdehnungskoeffizient α_1 besitzt für die meisten festen Körper einen Wert in der Größenordnung von $10^{-5}\,°\mathrm{C}^{-1}$ (siehe Tabelle 7.2) und ist stets wesentlich größer als α_2.

In anisotropen Körpern sind die Konstanten α_1 und α_2 richtungsabhängig.

In der Praxis wird häufig

$$l_\vartheta = l_0\,(1 + \alpha\,\vartheta) \tag{7.3a}$$

statt (7.3) benutzt. Um bei einer derartigen Darstellung die Abweichungen von der Linearität erfassen zu können, wird dann aber α nicht mehr als temperaturunabhängige Größe wie α_1 angesehen, sondern in Übereinstimmung mit (7.3) als temperaturabhängige Größe $\alpha(\vartheta) = \alpha_1 + \alpha_2\,\vartheta$ gewählt, oder es wird für ein bestimmtes Temperaturintervall ein entsprechender mittlerer Wert $\bar{\alpha}$ eingesetzt.

Analog zur Längenänderung läßt sich auch die Volumenänderung von festen Körpern und Flüssigkeiten behandeln. Bis auf wenige Ausnahmen

Tabelle 7.2
Längenausdehnungskoeffizienten für einige feste Stoffe

Stoff	$\frac{\alpha \cdot 10^6}{°C^{-1}}$	Temperaturbereich
Phosphor (weiß)	125	0 °C bis 40 °C
Kalium	83	0 °C bis 95 °C
Blei	29	0 °C bis 100 °C
Kupfer	16	0 °C bis 100 °C
Nickel	13	0 °C bis 100 °C
Eisen	12	0 °C bis 100 °C
Wolfram	4,43	20 °C
Wolfram	5,17	1000 °C
Diamant	1,95	100 °C
Silicium	2,53	25 °C
Quarzglas [1]	0,51	0 °C bis 100 °C

[1] Zwischen 0 °C und 500 °C gilt die Interpolationsformel
$l = l_0\,(0{,}395 \cdot 10^{-6} + 1{,}282 \cdot 10^{-9}\{\vartheta\} - 1{,}689 \cdot 10^{-12}\{\vartheta^2\})$

Tabelle 7.3
Volumenausdehnungskoeffizienten für einige feste und flüssige Stoffe

Stoff	$\frac{\gamma \cdot 10^3}{°C^{-1}}$	Temperaturbereich
Äthylalkohol	+ 1,10	0 °C bis 30 °C
Cäsium	+ 0,291	0 °C bis 23 °C
Diäthyläther	+ 1,62	0 °C bis 30 °C
Glyzerin	+ 0,49	13 °C bis 30 °C
Jod	+ 0,264	10 °C bis 40 °C
Paraffinöl	+ 0,76	16 °C
Phosphor	+ 0,372	0 °C bis 44 °C
Quecksilber	+ 0,182	0 °C bis 20 °C
Tetrachlorkohlenstoff	+ 1,22	0 °C bis 30 °C
Wasser	− 0,07	0 °C
	+ 0,088	10 °C
	+ 0,207	20 °C
	+ 0,752	100 °C
Zink	+ 0,083	0 °C

(Gummi oder Wasser in einem bestimmten Temperaturintervall, s. u.) nimmt das Volumen mit der Temperatur zu. Die Entwicklung der Volumenänderung $\Delta V_\vartheta = V_\vartheta - V_0$ (V_0 Volumen bei 0 °C, V_ϑ bei der Temperatur ϑ) nach steigenden Potenzen der Temperatur ϑ bis zur zweiten Ordnung liefert mit den Materialkonstanten γ_1 und γ_2

$$\Delta V_\vartheta = V_\vartheta - V_0 = V_0 \gamma_1 \vartheta + V_0 \gamma_2 \vartheta^2$$

oder

$$V_\vartheta = V_0 (1 + \gamma_1 \vartheta + \gamma_2 \vartheta^2). \tag{7.4}$$

linearer thermischer Volumenausdehnungskoeffizient γ_1

Die Materialkonstante γ_1 wird als *linearer thermischer Volumenausdehnungskoeffizient* bezeichnet. In (7.4) sind γ_1 und γ_2 in den Maßeinheiten $[\gamma_1] = °C^{-1}$ und $[\gamma_2] = °C^{-2}$ einzusetzen.

Auch bei der Volumenausdehnung rechnet man analog zu (7.3a) meist mit

$$V_\vartheta = V_0 (1 + \gamma \vartheta) \tag{7.4a}$$

statt mit (7.4) und beschreibt die Temperaturabhängigkeit von γ durch $\gamma(\vartheta) = \gamma_1 + \gamma_2 \vartheta$ bzw. gibt für ein bestimmtes Temperaturintervall einen entsprechenden mittleren Wert $\bar{\gamma}$ an. Aus Tabelle 7.3 sind einige Werte ersichtlich.

Einfach läßt sich der Zusammenhang zwischen $\bar{\alpha}$ und $\bar{\gamma}$ für einen quaderförmigen isotropen festen Körper abschätzen. Die Kantenlängen des Quaders bei 0 °C seien l_{i0} ($i = 1, 2, 3$). Nach (7.3a) ergibt sich das Volumen V_ϑ des Quaders bei der Temperatur ϑ zu

$$V_\vartheta = l_{1\vartheta} l_{2\vartheta} l_{3\vartheta} = l_{10} l_{20} l_{30} (1 + \bar{\alpha} \vartheta)^3 = V_0 (1 + \bar{\alpha} \vartheta)^3$$

oder, wenn noch $\bar{\alpha} \vartheta \ll 1$ beachtet wird, mit (A 3.5) zu

$$V_\vartheta = V_0 (1 + 3 \bar{\alpha} \vartheta). \tag{7.4b}$$

Vergleich von (7.4b) mit (7.4a) ergibt

$$\bar{\gamma} = 3 \bar{\alpha}. \tag{7.4c}$$

Der thermische Volumenausdehnungskoeffizient beträgt näherungsweise das Dreifache des thermischen Längenausdehnungskoeffizienten.

Da die Masse eine temperaturunabhängige Größe ist, ergibt sich nach (D 5.2) und (7.4) bzw. (7.4a) für die Veränderung der Dichte des Stoffes mit der Temperatur

$$\varrho_\vartheta = \frac{\varrho_0}{1 + \gamma_1 \vartheta + \gamma_2 \vartheta^2} \tag{7.5}$$

bzw.

$$\varrho_\vartheta = \frac{\varrho_0}{1 + \gamma \vartheta}. \tag{7.5a}$$

Anomalie des Wassers

Ein stark abweichendes Verhalten vom Normalfall zeigt Wasser. Seine Dichte besitzt bei 4 °C ein Maximum (Abb. 7.3). Nach (7.5a) hat damit Wasser für Temperaturen unter 4 °C einen negativen, für Temperaturen über 4 °C einen positiven thermischen Volumenausdehnungskoeffizienten (*Anomalie des Wassers*). Damit hat Eis eine geringere Dichte als Wasser von 4 °C. Demzufolge gefrieren Gewässer stets von oben nach unten und nicht von unten nach oben zu, eine Tatsache, die u.a. große Bedeutung für das Klima unserer Erde besitzt.

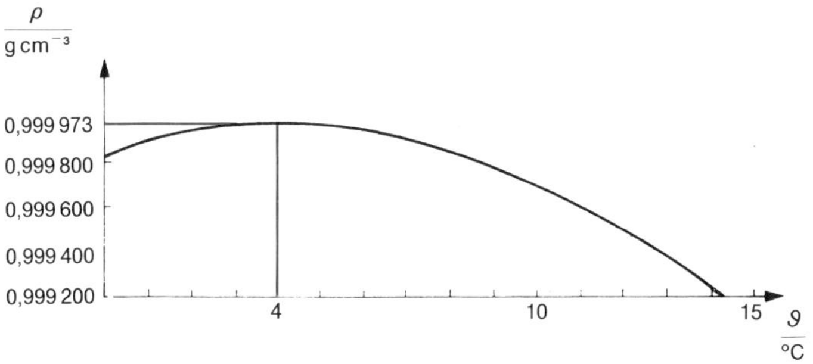

Abb. 7.3
Dichte des Wassers als Funktion der Temperatur. Bei $\vartheta = 4\,°C$ tritt ein Dichtemaximum auf

JOSEPH GAY-LUSSAC
(1778 – 1850)

7.3.2 Zustandsänderungen von Gasen

7.3.2.1 Gay-Lussacsches Gesetz, absolute Temperatur

Ein Gas besitze bei der Temperatur $\vartheta = 0\,°C$ das Volumen V_0, seine Temperatur werde bei konstant gehaltenem Druck verändert (*isobare Zustandsänderung*). Isobare Zustandsänderungen erhält man zum Beispiel, wenn die Größe des Gasvolumens durch einen beweglichen Kolben bestimmt wird, auf den ein konstanter Druck (z.B. der äußere Luftdruck) wirkt. Die Erwärmung eines Gases führt zur Druckerhöhung. Diese Druckerhöhung bewirkt so lange eine Volumenvergrößerung (Verschiebung des Kolbens gegen den konstanten Außendruck), bis Innen- und konstanter Außendruck sich angeglichen haben.

isobare Zustandsänderungen

Analog zu (7.4a) findet man für das Volumen V_ϑ des Gases bei der Temperatur ϑ

Gay-Lussacsches Gesetz

$$V_\vartheta = V_0\,(1 + \gamma\,\vartheta) \quad (\text{für } p = \text{const}). \tag{7.6}$$

Gleichung (7.6) heißt Gay-Lussacsches Gesetz (1802), die Größe γ *isobarer thermischer Volumenausdehnungskoeffizient* des Gases. Genaue experimentelle Untersuchungen zeigen, daß der isobare thermische Volumenausdehnungskoeffizient für alle Gase annähernd den gleichen Wert besitzt (Tab. 7.4), wenn bei Temperaturen gemessen wird, die genügend weit über der jeweiligen Verflüssigungstemperatur liegen. Als Mittelwert von γ kann mit guter Näherung

Volumenausdehnungskoeffizient für Gase weit oberhalb ihrer Verflüssigungstemperatur

$$\gamma = \frac{1}{273{,}15\,°C} \tag{7.6a}$$

gesetzt werden. Einsetzen von (7.6a) in (7.6) ergibt

$$V_\vartheta = V_0\,\frac{273{,}15\,°C + \vartheta}{273{,}15\,°C} \quad (p = \text{const}). \tag{7.6b}$$

Für die weiteren Überlegungen erweist es sich als günstig, die Celsius-Temperatur ϑ durch die Temperatur T (häufig als absolute Temperatur bezeichnet) zu ersetzen.

(D 7.1 b)
(absolute) Temperatur T
absoluter Nullpunkt der Temperatur
Maßeinheit Kelvin (K)

$$T = (\{\vartheta\} + 273{,}15)\ \mathrm{K}$$

heißt Temperatur des thermodynamischen Systems. Die Maßeinheit der Temperatur ist das Kelvin (K).
Die Temperatur

$$T = 0\ \mathrm{K}$$

heißt absoluter Nullpunkt der Temperatur.

Nach (D 7.1 b) gilt zwischen den Maßzahlen der Celsius-Temperatur ϑ und der Temperatur T die Umrechnungsbeziehung

Umrechnung °C in K

$$\{T\} = \{\vartheta\} + 273{,}15\,. \tag{7.7}$$

Aus (7.7) folgt für die Maßzahl der Temperaturdifferenz $T_1 - T_2$ bzw. der ihr *entsprechenden* Celsius-Temperaturdifferenz $\vartheta_1 - \vartheta_2$

Grad (grd) als Maßeinheit für Temperaturdifferenzen

$$\{T_1 - T_2\} = \{\vartheta_1 - \vartheta_2\}\,. \tag{7.7a}$$

Wegen der Gleichheit der Maßzahlen können Temperaturdifferenzen statt in K oder °C auch in *Grad* (grd) angegeben werden (vgl. (D 7.1 a)).

Wird in (7.6 b) die Temperatur nicht in °C, sondern in K gemessen, so geht diese Beziehung mit (D 7.1 b) über in

$$V_T = V_{273,15} \frac{T}{273{,}15\ \mathrm{K}}\,. \tag{7.6c}$$

Nach (7.6 c) und (D 7.1 b) verschwindet beim absoluten Nullpunkt das Volumen V_T des Gases und nimmt für Temperaturen $T < 0$ K sogar negative Werte an. Da negative Volumina physikalisch unsinnig sind, schließt man:

(S 7.3)
Es gibt nur Temperaturen $T > 0$ K

Die kleinste physikalisch mögliche Temperatur ist der absolute Nullpunkt.

Vorstehender Schluß über die Existenz eines absoluten Nullpunktes der Temperatur ist anfechtbar, da jedes Gas sich bei einer genügend tiefen Temperatur verflüssigt, die Extrapolation der Gleichung (7.6 c) auf beliebig kleine Werte von $T (T \to 0)$ daher nicht zulässig ist. Trotz dieser nicht ganz einwandfreien Schlußweise ist ihr Ergebnis – Existenz eines absoluten Nullpunktes der Temperatur – zutreffend. Die molekularkinetische Begründung hierfür wird in Abschnitt 8.3.5 gegeben.

7.3.2.2 Boyle-Mariottesches Gesetz

Wir betrachten den Zusammenhang zwischen Gasdruck p und Gasvolumen V bei konstanter Temperatur (*isotherme Zustandsänderung*). Wird die Temperatur so gewählt, daß sie weit oberhalb der Verflüssigungstemperatur T_{Sp} des betrachteten Gases liegt, dann gilt nach der experimentellen Erfahrung für den Zusammenhang von Gasdruck und Volumen bei isothermer Zustandsänderung das Boyle-Mariottesche Gesetz

isotherme Zustandsänderungen

Boyle-Mariottesches Gesetz

$$pV = \text{const} \quad (T = \text{const}). \tag{7.8}$$

ROBERT BOYLE (1627–1691)
EDMÉ MARIOTTE (1620–1684)

Das *Boyle-Mariottesche Gesetz* wird entsprechend der Voraussetzung ($T \gg T_{\mathrm{Sp}}$) bei Zimmertemperatur ($T = 300$ K) u. a. gut erfüllt von Helium ($T_{\mathrm{Sp}} = 4{,}2$ K), Neon ($T_{\mathrm{Sp}} = 27{,}1$ K), Wasserstoff ($T_{\mathrm{Sp}} = 20{,}4$ K), Stickstoff ($T_{\mathrm{Sp}} = 77{,}2$ K) und Luft ($T_{\mathrm{Sp}} = 80$ K); schlecht dagegen von Kohlendioxid (Sublimationstemperatur beträgt 194,3 K). Die angegebenen stoffcharakteristischen Temperaturen gelten alle für den Normdruck $p_{\mathrm{N}} = 1{,}01325 \cdot 10^5$ Pa.

Verändert man bei konstantem Volumen (*isochore Zustandsänderung*) die Temperatur eines Gases, so folgt erfahrungsgemäß für seinen Druck p_ϑ bei der Temperatur ϑ

isochore Zustandsänderungen

$$p_\vartheta = p_0 (1 + \beta \vartheta), \tag{7.9a}$$

wobei p_0 sein Druck bei 0 °C ist.

Die Größe β heißt *isochorer Spannungskoeffizient* des Gases. Besitzt das Gas bei der Temperatur $\vartheta = 0$ °C den Druck p_0, so gilt nach (7.8) bei der beliebigen Temperatur ϑ

isochorer Spannungskoeffizient

$$p_\vartheta V_\vartheta = p_0 V_\vartheta(p_0)$$

oder mit (7.6)

$$p_\vartheta V_\vartheta = p_0 V_0 (1 + \gamma \vartheta).$$

Tabelle 7.4
Isobarer Volumenausdehnungskoeffizient γ und isochorer Spannungskoeffizient β einiger Gase. Die Messungen erfolgten bei Zimmertemperatur

Stoff	$\dfrac{\beta \cdot 10^3}{°\mathrm{C}^{-1}}$	$\dfrac{\gamma \cdot 10^3}{°\mathrm{C}^{-1}}$
Luft	3,67	3,67
Sauerstoff	3,67	3,68
Stickstoff	3,67	3,68
Wasserstoff	3,68	3,66
Kohlenmonoxid	3,67	3,67
Kohlendioxid	3,73	3,71
Chlor	3,81	3,83
Schwefeldioxid	3,85	3,90

Verhindert man jetzt die Ausdehnung des Gases ($V_\vartheta = V_0$), so folgt

$$p_\vartheta = p_0(1 + \gamma\vartheta). \tag{7.9}$$

Vergleich von (7.9) mit (7.9a) ergibt

$$\beta = \gamma. \tag{7.9b}$$

Der isochore Spannungskoeffizient ist gleich dem isobaren Volumenausdehnungskoeffizienten. Vom Experiment wird diese Aussage bestätigt (Tabelle 7.4).

Die Gleichungen (7.9) und (7.9a) werden ebenfalls als Gay-Lussacsches Gesetz bezeichnet.

7.3.2.2.1 Gasthermometer

Gasthermometer zur Realisierung der Celsiusskala

Der Zusammenhang (7.9) und die Tatsache, daß für Gase bei genügend hohen Temperaturen (7.6a) gilt, werden zur Realisierung der Celsiusskala benutzt (*Gasthermometer*). Beim Gasthermometer wird ein konstantes Gasvolumen mit dem System ins thermodynamische Gleichgewicht gebracht, dessen Temperatur man bestimmen will. Dieses konstante Gasvolumen V_ϑ wird bei dem in Abbildung 7.4 dargestellten Gasthermometer dadurch erreicht, daß der Meniskus der Quecksilbersäule durch das bewegliche U-Rohr (Schlauch) immer auf die gleiche Marke M eingestellt wird. Der äußere Luftdruck betrage $p_ä$, der Gasdruck p_ϑ bei der Temperatur ϑ. Die Höhe h_ϑ der Quecksilbersäule über der Marke M gibt uns die Druckdifferenz

$$\{h_\vartheta\} = \{p_\vartheta\} - \{p_ä\}.$$

Die hier skizzierte betont einfache Meßanordnung basiert auf einer Druckmessung mittels Hg-Manometer, welche mit beachtlicher Genauigkeit durchführbar ist. Der Übersichtlichkeit wegen wird ausnahmsweise die

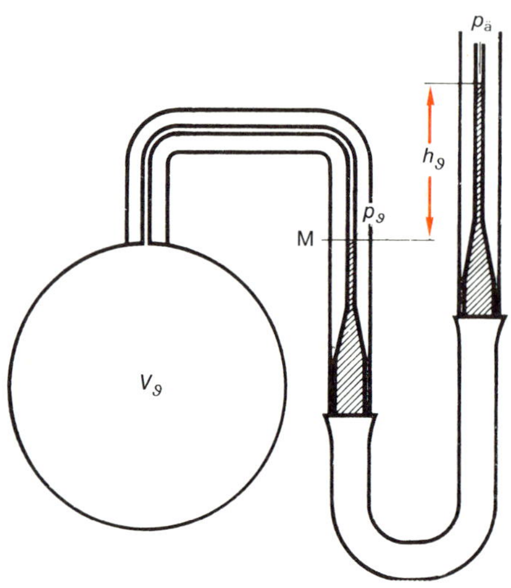

Abb. 7.4 Gasthermometer

dieser Art der Messung angepaßte Einheit Torr verwendet. In den Zahlenwertgleichungen sind also p in Torr und h in mm anzugeben.

Als Bezugstemperatur wird entsprechend (D 7.1a) die Temperatur 0 °C gewählt. Die zu dieser Temperatur gehörige Höhe der Quecksilbersäule sei h_0. Für die Temperatur des Gases gilt mit (7.9) und (7.6a)

$$\{p_\vartheta\} = \{p_{ä}\} + \{h_\vartheta\} = (\{p_{ä}\} + \{h_0\})\left(1 + \frac{\{\vartheta\}}{273{,}15}\right)$$

oder

$$\{\vartheta\} = \frac{(\{h_\vartheta\} - \{h_0\})\,273{,}15}{\{p_{ä}\} + \{h_0\}}.$$

Durch Messung von h_ϑ, h_0 und $p_{ä}$ läßt sich die Temperatur ϑ ermitteln.

Gasthermometer sind über einen sehr großen Temperaturbereich einsetzbar. Ihre Bedeutung liegt vor allem darin, daß sie eine genaue Bestimmung der Temperatur (und nicht nur von Temperaturdifferenzen) ermöglichen, da der isochore Spannungskoeffizient für einige Gase selbst bei tiefen Temperaturen noch temperaturunabhängig ist. Mit Helium können zum Beispiel Messungen bis herab zu 5 K ausgeführt werden. Gasthermometer dienen wegen dieser Vorteile insbesondere zur Eichung anderer Thermometerarten. Temperaturdifferenzen sind besonders genau mit dem pyroelektrischen Effekt (siehe Bd. IV) meßbar. Auf diese Weise konnten Temperaturdifferenzen bis zu 10^{-8} grd nachgewiesen werden.

7.3.3 Zustandsgleichungen

7.3.3.1 Relative Isotopenmasse, relative Atommasse, relative Molekülmasse

Jeder Körper ist aus einer endlichen Anzahl von Atomen aufgebaut (S 5.2). Zur Charakterisierung bestimmter Eigenschaften der Stoffe ist die Kenntnis der Masse eines Atoms wichtig. Für die Behandlung thermodynamischer Probleme reicht es aus und ist es zweckmäßig, die Atommassen auf eine Vergleichsmasse zu beziehen. Da in sehr vielen chemischen Verbindungen das Element Kohlenstoff enthalten ist, zum Beispiel in allen organischen Verbindungen, erweist sich das Kohlenstoffisotop mit der größten natürlichen Häufigkeit, das Isotop ^{12}C, als die Atomsorte, auf die man zweckmäßig die Massen aller anderen Atomsorten beziehen kann.

(D 7.4) relative Isotopenmasse $A_r\,(^iX)$

Die Größe

$$A_r\,(^iX) = \frac{12\,m_a\,(^iX)}{m_a\,(^{12}C)}$$

heißt relative Isotopenmasse des Isotops ^iX der Masse $m_a\,(^iX)$.

Durch (D 7.4) wird dem Kohlenstoffisotop ^{12}C die relative Isotopenmasse 12 zugeordnet.

Isotop

Der Begriff Isotop wird in Band III eingehend erläutert. Es wird dort gezeigt, daß die natürlichen chemischen Elemente aus Atomen mit praktisch gleichem chemischen Verhalten, aber mit unterschiedlicher Masse bestehen können. Diese Atomsorten eines Elementes mit unterschiedlichen Massen bezeichnet man als Isotope. Da das Isotopengemisch, aus dem ein natürlich vorkommendes chemisches Element besteht, eine bestimmte Zusammensetzung aufweist, kann jedem Atom des Elementes X im Mittel die Masse $m_a(X)$ zugeordnet werden. Entsprechend ist $m_m(Y)$ die mittlere Masse eines Moleküls der chemischen Verbindung Y. Für viele physikalische und chemische Untersuchungen ist die Verwendung der relativen Atommasse bzw. der relativen Molekülmasse ausreichend:

(D 7.4a)
relative Atommasse A_r
relative Molekülmasse M_r

Die Größe

$$A_r(X) = \frac{12 m_a(X)}{m_a(^{12}C)}$$

heißt relative Atommasse des Elementes X, die Größe

$$M_r(Y) = \frac{12 m_m(Y)}{m_a(^{12}C)}$$

relative Molekülmasse der Verbindung Y.

Ursprünglich wurden die relativen Atommassen auf das leichteste Isotop, das Wasserstoffisotop ^1H bezogen, dem definitionsgemäß die relative Isotopenmasse 1 zugeordnet war. In der so festgelegten Skala ergeben sich die relativen Atommassen von Sauerstoff und Kohlenstoff angenähert zu 16 und 12. Später wurde aus chemisch-praktischen Gründen das Bezugsisotop ^1H zuerst durch das Sauerstoffisotop ^{16}O und dann 1961 durch das Kohlenstoffisotop ^{12}C ersetzt. Um die Abweichungen dieser Skalen von der ursprünglichen Skala so klein wie möglich zu halten, wird dem Bezugsisotop ^{16}O bzw. ^{12}C der Wert 16 bzw. 12 zugeordnet.

Die relativen Atommassen der chemischen Elemente sind in Tabelle 7.5 zusammengestellt.

Tabelle 7.5
Relative Atommassen

Element	Symbol	Relative Atommasse
Aktinium	Ac	227,0278
Aluminium	Al	26,9815
Amerizium	Am	243,0614
Antimon	Sb	121,75
Argon	Ar	39,948
Arsen	As	74,9216
Astat	At	209,9871
Barium	Ba	137,327

Tabelle 7.5 (Fortsetzung)

Element	Symbol	Relative Atommasse
Berkelium	Bk	247,0703
Beryllium	Be	9,0122
Blei	Pb	207,19
Bor	B	10,811
Brom	Br	79,904
Cassiopeium	Cp	
(früher für Lutetium)	(Lu)	
Chlor	Cl	35,4527
Chrom	Cr	51,9961
Curium	Cm	247,0703
Dysprosium	Dy	162,50
Einsteinium	Es	252,0829
Eisen	Fe	55,847
Erbium	Er	167,26
Europium	Eu	151,965
Fermium	Fm	257,0951
Fluor	F	18,9984
Franzium	Fr	223,0197
Gadolinium	Gd	157,25
Gallium	Ga	69,723
Germanium	Ge	72,59
Gold	Au	196,9665
Hafnium	Hf	178,49
Helium	He	4,0026
Holmium	Ho	164,9303
Indium	In	114,82
Iridium	Ir	192,2
Iod	I	126,9044
Kadmium	Cd	112,411
Kalifornium	Cf	251,0769
Kalium	K	39,0983
Kalzium	Ca	40,078
Kobalt	Co	58,9332
Kohlenstoff	C	12,01115
Krypton	Kr	83,80
Kupfer	Cu	63,546
Lanthan	La	138,91
Lawrencium	Lw	260,1053
Lithium	Li	6,941
Lutetium	Lu	174,967
Magnesium	Mg	24,305
Mangan	Mn	54,9380
Mendelevium	Md	258,0986
Molybdän	Mo	95,94

Tabelle 7.5 (Fortsetzung)

Element	Symbol	Relative Atommasse
Natrium	Na	22,9898
Neodym	Nd	144,24
Neon	Ne	20,1797
Neptunium	Np	237,0482
Nickel	Ni	58,70
Niob	Nb	92,906
Nobelium	No	259,1009
Osmium	Os	190,2
Palladium	Pd	106,42
Phosphor	P	30,9738
Platin	Pt	195,09
Plutonium	Pu	244,0642
Polonium	Po	208,9824
Praseodym	Pr	140,9077
Promethium	Pm	146,9151
Protaktinium	Pa	231,0350
Quecksilber	Hg	200,59
Radium	Ra	226,0254
Radon	Rn	222,0176
Rhenium	Re	186,207
Rhodium	Rh	102,9055
Rubidium	Rb	85,4678
Ruthenium	Ru	101,07
Samarium	Sm	150,35
Sauerstoff	O	15,9994
Schwefel	S	32,064
Selen	Se	78,96
Silber	Ag	107,8682
Silicium	Si	28,0855
Skandium	Sc	44,9559
Stickstoff	N	14,0067
Strontium	Sr	87,62
Tantal	Ta	180,9479
Technetium	Tc	98,9063
Tellur	Te	127,60
Terbium	Tb	158,9253
Thallium	Tl	204,3833
Thorium	Th	232,0381
Thulium	Tm	168,934
Titan	Ti	47,90
Unnilquadium (früher Kurtschatowium)	Unq	(261)
Uran	U	238,0289

Tabelle 7.5 (Fortsetzung)

Element	Symbol	Relative Atommasse
Vanadium	V	50,9415
Wasserstoff	H	1,00794
Wismut	Bi	208,4804
Wolfram	W	183,85
Xenon	Xe	131,30
Ytterbium	Yb	173,04
Yttrium	Y	88,905
Zäsium	Cs	132,905
Zer	Ce	140,115
Zink	Zn	65,39
Zinn	Sn	118,710
Zirkonium	Zr	91,22

Der eingeklammerte Wert ist noch unsicher.

Für die weiteren Betrachtungen erweist es sich als zweckmäßig, eine neu einzuführende Größe *Objektmenge* zur Verfügung zu haben, mit der die Anzahl gleichartiger Objekte – Atome oder Moleküle – in einem System erfaßt werden kann. Die atomistische Struktur der Materie hat zur Folge, daß als Elementarakt einer chemischen Reaktion eine Wechselwirkung zwischen einzelnen Atomen oder Molekülen abläuft, chemische Umsetzungen also stets auf eine bestimmte Anzahl von Objekten bezogen werden müssen. Diese Tatsache spiegelt sich in den Daltonschen Gesetzen (S 5.1) wider. Es ist deshalb vor allem das Bedürfnis der Chemiker, mit abzählbaren Vergleichsmengen rechnen zu können. Grundgrößenart Objektmenge

Da die Festlegung der Größe Objektmenge unabhängig von der Definition anderer Größen ist, wird sie als Grundgrößenart betrachtet. Als zugehörige Basiseinheit wird das Mol eingeführt:

1 *Mol* (mol) ist die Objektmenge, die aus ebensovielen Objekten besteht, wie in 0,012 kg des Kohlenstoffisotops ^{12}C Atome enthalten sind. **(D 7.5)** Basiseinheit *Mol* (mol)

Es ist unter anderem für die anschließenden Überlegungen zu den Zustandsgleichungen der Gase zweckmäßig, die Bezeichnung m_{mol} für die Masse pro Mol einer Substanz einzuführen. Besitzt eine bestimmte Menge eines Stoffes die Masse m, so gibt der Quotient m/m_{mol} die Objektmenge in der Einheit mol an. Nach (D 7.5) beträgt die Masse pro *Mol* Kohlenstoff ^{12}C

$$m_{mol}(^{12}C) = 0{,}012\,\frac{kg}{mol} = A_r(^{12}C)\,\frac{1\,g}{mol}\,.$$

Allgemein definiert man:

(D 7.6a)
Molmasse m_{mol}

Die Größen

$$m_{\text{mol}} = A_r \text{ g mol}^{-1} \quad \text{bzw.} \quad m_{\text{mol}} = M_r \text{ g mol}^{-1}$$

heißen objektmengenbezogene (molare) Massen oder Molmassen der betreffenden Substanz.

7.3.3.2 Zustandsgleichung des idealen Gases, Partialdruck, Daltonsches Gesetz

Zustand eines thermodynamischen Systems

Wenn alle Teilsysteme eines abgeschlossenen thermodynamischen Systems bei den gegebenen Bedingungen untereinander im thermodynamischen Gleichgewicht sind, dann sagt man, daß sich dieses System in einem bestimmten Zustand befindet. Von Zuständen von Systemen und Objekten wird in der Physik aber auch in anderen Zusammenhängen gesprochen. Der Begriff Zustand ist aus der Umgangssprache übernommen und wird auch nicht streng definiert. Ein Zustand wird charakterisiert durch jeweils eine Gruppe von Eigenschaften oder Größen des physikalischen Systems, die infolge ihres funktionellen Zusammenhanges untereinander eben diesen Zustand festlegen. Die vorangegangenen Betrachtungen in diesem Abschnitt 7.3 zeigen, daß der thermodynamische Zustand eines Gases durch die äußeren Parameter Druck und Volumen und die Temperatur bestimmt ist. Wegen der Beziehungen zwischen diesen drei Größen wird der thermodynamische Zustand schon durch zwei von ihnen festgelegt.

(D 7.7)
Zustandsgleichung
Zustandsfläche

Jede Beziehung zwischen den Variablen Druck p, Temperatur T und Volumen V der Form

$$f(p, T, V) = 0$$

heißt Zustandsgleichung des betrachteten physikalischen Systems, die durch $f(p, T, V)$ im rechtwinkligen p, T, V-Koordinatensystem gegebene Fläche Zustandsfläche.

Der Zustand andersartiger thermodynamischer Systeme oder von Systemen in anderer Umgebung kann aber auch durch weitere physikalische Größen mitbestimmt werden. Zum Beispiel sind für Mehrkomponentensysteme die chemischen Potentiale (siehe Abschn. 7.5.1) von Bedeutung, oder es werden in Gasen und Flüssigkeiten durch das Gravitationsfeld der Umgebung Dichtegradienten hervorgerufen. Wesentlich ist, daß der Zustand des thermodynamischen Gleichgewichtes eines abgeschlossenen Systems (vgl. (S 7.1)), wenn er einmal erreicht ist, von dem System von allein nicht wieder verlassen wird. Damit sind die zur Beschreibung des Gleichgewichtszustandes erforderlichen Größen zeitlich konstant.

Nach dem Boyle-Mariotteschen Gesetz (7.8) gilt für ein Gas bei irgendeinem festen Druck p_0 und einer Temperatur T weit über seiner Verflüssigungstemperatur

$$pV = p_0 V_T(p_0)$$

und somit nach dem Gay-Lussacschen Gesetz (7.6c)

$$pV = \frac{p_0 V_{273,15}(p_0)}{273{,}15\,\mathrm{K}} T. \tag{7.10a}$$

Weiter gilt nach der experimentellen Erfahrung unter der obigen Voraussetzung genügend hoher Temperaturen, daß alle Gase bei gleicher Temperatur und gleichem Druck den gleichen Quotienten aus relativer Molekülmasse und Dichte besitzen. Diese Aussage ist an Hand von Tabellendaten leicht nachzuprüfen und stellt eine mögliche Formulierung des Gesetzes von AVOGADRO dar. Sie erfährt im Abschnitt 8.3.2 ihre logische Begründung.

AMADEO AVOGADRO CONTI DE QUAREGNA (1776 – 1856)

Für n Gase der Massen m_i, der Dichten ϱ_i, der Volumina V_i und der relativen Molekülmassen M_{ri} ($i = 1, 2, \ldots, n$) gilt also bei gleichem Druck und gleicher Temperatur

$$\frac{M_{r1}}{\varrho_1} = \frac{M_{r2}}{\varrho_2} = \ldots = \frac{M_{rn}}{\varrho_n} \tag{7.11a}$$

oder mit $\varrho = m/V$ ((D 4.2))

$$\frac{M_{r1} V_1}{m_1} = \frac{M_{r2} V_2}{m_2} = \ldots = \frac{M_{rn} V_n}{m_n}. \tag{7.11b}$$

Ausgehend von $m = \varrho V$ definiert man analog zur Molmasse (D 7.6a):

(D 7.6b)
Molvolumen V_{mol}

Die Größe

$$V_{\mathrm{mol}} = \frac{m_{\mathrm{mol}}}{m} V$$

heißt objektmengenbezogenes (molares) Volumen oder Molvolumen des Gases der Masse m, des Volumens V und der relativen Atommasse A_r bzw. Molekülmasse M_r.

Ersetzt man in (D 7.6b) m_{mol} nach (D 7.6a), so ergibt der Vergleich mit (7.11b) $V_{\mathrm{mol}\,1} = V_{\mathrm{mol}\,2} = \ldots = V_{\mathrm{mol}\,n}$. Damit kann das *Avogadrosche Gesetz* auch in der folgenden Weise formuliert werden: Bei gleicher Temperatur und gleichem Druck besitzen alle Gase das gleiche Molvolumen. Experimentell ergibt sich für alle Gase mit ausreichend niedriger Verflüssigungstemperatur im sogenannten *Normzustand,* d.h. bei der Temperatur $T_N = 273{,}15$ K bzw. $\vartheta = 0\,°\mathrm{C}$ und Normdruck p_N das *Molvolumen* zu

Normzustand

$$V_{\mathrm{mol,N}} = 2{,}241\,383 \cdot 10^{-2}\,\mathrm{m^3 mol^{-1}}$$
$$\text{bei } T = T_N,\ p = p_N. \tag{7.11}$$

Molvolumen im Normzustand

$V_{\mathrm{mol,N}}$ ist also das Molvolumen in dem durch T_N und p_N festgelegten Normzustand.

Unter Verwendung der Größen Molmasse und Molvolumen kann die Zustandsgleichung (7.10a) in eine sehr einfache Form überführt werden. Wählt man dort $p_0 = p_N$, so kann $V_{273,15}(p_0)$ bei Anwendung von (D 7.7b) durch $V_{273,15}(p_N) = m\,V_{mol,N}/m_{mol}$ ersetzt werden:

$$pV = \frac{p_N\, m\, V_{mol,N}}{T_N\, m_{mol}}\, T. \qquad (7.10b)$$

Dies führt zu der Festlegung:

(D 7.8) Gaskonstante R

Die Größe

$$R = p_N \frac{V_{mol,N}}{T_N} = 8{,}31441 \frac{\mathrm{J}}{\mathrm{mol \cdot K}}$$

heißt Gaskonstante.

Mit (D 7.8) wird aus (7.10b)

$$pV = \frac{m}{m_{mol}} R\,T. \qquad (7.10)$$

(D 7.9) ideales Gas

Ein Gas, für das die Zustandsgleichung $pV = \frac{m}{m_{mol}} R\,T$ gilt, bezeichnet man als ideales Gas.

Zustandsgleichung des idealen Gases

Gleichung (7.10) heißt demzufolge *Zustandsgleichung des idealen Gases.*

Zur Herleitung der Zustandsgleichung idealer Gase wurden die Gesetze von Boyle-Mariotte, von Gay-Lussac und von Avogadro verwendet. Diese drei Gesetze gelten daher ebenfalls nur für ideale Gase exakt. Ihre atomphysikalische Erklärung erfolgt im Abschnitt 8.3.3.

Ersetzt man in der Zustandsgleichung (7.10) die Molmasse nach (D 7.6a) durch M_r, so folgt

$$pV = m R^* T,$$

wobei R^* eine gegenüber R veränderte Maßzahl und Maßeinheit besitzt:

$$R^* = \frac{8314{,}41}{M_r} \frac{\mathrm{J}}{\mathrm{kg \cdot K}}.$$

Mitunter begegnet man der Zustandsgleichung idealer Gase auch in dieser Form.

Mit (D 7.9) läßt sich das Avogadrosche Gesetz exakt formulieren:

(S 7.4) Avogadrosches Gesetz

Bei gleicher Temperatur und gleichem Druck besitzen alle idealen Gase das gleiche Molvolumen.

Man bezeichnet die Schnittlinien der Zustandsfläche mit den Ebenen

Isotherme, Isobare, Isochore

T = const (isotherme Zustandsänderung) als Isothermen,
p = const (isobare Zustandsänderung) als Isobaren,
V = const (isochore Zustandsänderung) als Isochoren.

Nach (7.10) ist die Zustandsfläche des idealen Gases ein hyperbolisches Paraboloid. Damit sind

die Isothermen	($pV = \text{const}$)	Hyperbeln im p, V-Diagramm (Abb. 7.5a),
die Isobaren	$\left(\frac{V}{T} = \text{const}\right)$	Geraden im V, T-Diagramm (Abb. 7.5b),
die Isochoren	$\left(\frac{p}{T} = \text{const}\right)$	Geraden im p, T-Diagramm (Abb. 7.5c).

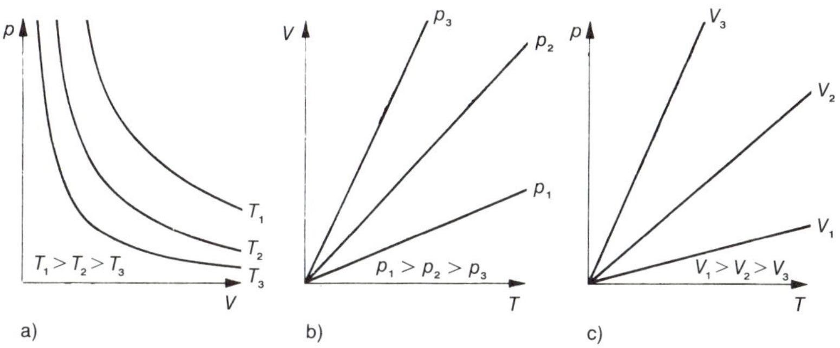

Abb. 7.5
a) Isothermen des idealen Gases
b) Isobaren des idealen Gases
c) Isoschoren des idealen Gases

Die Zustandsgleichung des idealen Gases bleibt auch für ein Gemisch nicht miteinander chemisch reagierender Gase gültig. Man definiert:

(D 7.10) Partialdruck p_i

In einem Gasgemisch der Temperatur T und des Volumens V von n nicht miteinander chemisch reagierenden Gasen der Massen m_i und der relativen Molekülmassen M_{ri} ($i = 1, 2, \dots n$) heißt

$$p_i = \frac{m_i}{m_{\text{mol},i}} R \frac{T}{V}$$

der Partialdruck des i-ten Gases (i-ten Mischungsbestandteiles).

Erfahrungsgemäß gilt:

(S 7.5) Daltonsches Gesetz der Partialdrücke

In einem Gasgemisch von n nicht miteinander chemisch reagierenden Gasen stellt sich der Partialdruck jedes Mischungsbestandteiles des Gasgemisches unabhängig von den anderen Mischungsbestandteilen ein. Der Gesamtdruck des Gasgemisches ergibt sich als Summe aller Partialdrücke

$$p=\sum_{i=1}^{n} p_i=\frac{RT}{V}\sum_{i=1}^{n}\frac{m_i}{m_{\text{mol},i}}$$

(Daltonsches Gesetz der Partialdrücke).

Die atomphysikalische Begründung von (S 7.5) wird ebenfalls im Abschnitt 8.3.3 gegeben, eine Anwendung von (S 7.5) wird im Abschnitt 7.5.2.3 beschrieben.

7.3.3.2.1 Bestimmung der relativen Atom- und Molekülmassen

Führt man in die Zustandsgleichung idealer Gase (7.10) entsprechend (D 5.2) die Gasdichte ϱ ein, so geht sie über in

$$p=\frac{\varrho R T}{m_{\text{mol}}}.$$

Bestimmt man bei bekanntem Druck und bekannter Temperatur die Gasdichte ϱ, so ist nach obiger Beziehung unter Verwendung des Wertes für R die Molmasse m_{mol} und damit nach (D 7.6a) A_r bzw. M_r zu berechnen.

7.3.3.3 Eine Zustandsgleichung für reale Gase

Ein Gas läßt sich nicht für alle Temperaturen mit der Zustandsgleichung (7.10) des idealen Gases beschreiben. Zum Beispiel verflüssigen sich bei vorgegebenem Volumen und vorgegebenem Druck alle Gase unterhalb einer bestimmten Temperatur, ein physikalischer Vorgang, den die Zustandsgleichung (7.10) überhaupt nicht wiederzugeben vermag. Auch kann man aus der mathematischen Form der idealen Zustandsgleichung erkennen, daß sie nicht für alle Temperaturen das Verhalten der Gase in Übereinstimmung mit der Erfahrung zu beschreiben erlaubt. Wählt man zum Beispiel bei einem endlichen Druck ($p \neq 0$) die Temperatur $T=0\,\text{K}$, so folgt aus (7.10) zwangsläufig $V=0$. Dies ist ein krasser Widerspruch zur Wirklichkeit, denn alle Gase sind nach unserer Erfahrung aus Atomen oder Molekülen mit einem von Null verschiedenen Volumen aufgebaut, ein Verschwinden des Gasvolumens bei $T=0\,\text{K}$ ist deshalb unmöglich.

JOHANNES DIDERICK VAN DER WAALS (1837–1923), Nobelpreis 1910

Eine zweckmäßige Zustandsgleichung für reale Gase wurde von VAN DER WAALS entwickelt. Er erkannte, daß die wesentlichen Eigenschaften realer Gase durch Einführung von zwei Korrekturgliedern in die Zustandsgleichung des idealen Gases beschrieben werden können. Mit den beiden für das betrachtete Gas charakteristischen Konstanten $a>0$ und $b>0$ gewann VAN DER WAALS aus (7.10) die Beziehung

van der Waalssche Zustandsgleichung

$$\left(p+\frac{am^2}{V^2}\right)(V-mb)=\frac{m}{m_{\text{mol}}}RT. \qquad (7.12)$$

Gleichung (7.12) wird als *van der Waalssche Zustandsgleichung* des realen Gases bezeichnet. Die Konstanten a und b müssen für jedes Gas experimentell bestimmt werden. Hierzu wird für mehrere konstante Temperaturen die Abhängigkeit des Gasdruckes vom Gasvolumen ermittelt und dann durch Wahl der Konstanten a und b die theoretischen Isothermen mit den experimentellen in Übereinstimmung gebracht.

Ein Vergleich von (7.12) mit (7.10) zeigt, daß die Zustandsgleichung des realen Gases für $a \rightarrow 0$ und $b \rightarrow 0$ in die des idealen Gases übergeht, die Zustandsgleichung des idealen Gases somit einen Sonderfall der van der Waalsschen Gleichung darstellt.

Die Einführung der Konstanten b berücksichtigt das Eigenvolumen der Gasatome (-moleküle). Die Einführung der Konstanten b beseitigt damit den oben angeführten Widerspruch zwischen den Folgerungen aus der Zustandsgleichung des idealen Gases und der experimentellen Erfahrung. Die Kenntnis der Konstanten b gestattet daher Rückschlüsse auf die Größe der Gasatome (-moleküle), eine Frage, deren Klärung zusammen mit der atomphysikalischen Deutung der Konstanten a (a berücksichtigt den Einfluß der Wechselwirkungskräfte zwischen den Gasatomen auf den Gasdruck) im Abschnitt 8.3.4 gegeben wird.

Abbildung 7.6 zeigt die Isothermen der van der Waalsschen Gleichung. Der Vergleich dieser Darstellung mit Abbildung 7.5a zeigt, daß für abnehmende Temperaturen der Verlauf der Isothermen des realen Gases immer mehr von dem der Isothermen des idealen Gases (Hyperbeln) abweicht. Für alle Temperaturen $T < T_{Kr}$ durchlaufen die Isothermen ein Maximum und Minimum, d. h., es gibt für jede Isotherme einen Bereich, in welchem eine Verringerung des Gasvolumens ein Absinken des Gasdruckes zur Folge hätte. Dies ist ein Widerspruch zur experimentellen Erfahrung, da (wenn man von Instabilitäten absieht, Abschnitt 7.5.2.3) eine Volumenverringerung bei konstant gehaltener Temperatur stets mit einer Druckerhöhung verbunden ist. Eine eingehende Überprüfung der van der Waalsschen Zustandsgleichung durch das Experiment zeigt, daß dieser Ast der Isothermen in Wirklichkeit gar nicht durchlaufen wird, sondern in Punkt P_1 (Abb. 7.6a) die Verflüssigung des Gases beginnt. Bis zur Verflüssigung des gesamten Gases verläuft dann die Isotherme parallel zur V-Achse. Dem Endpunkt der Verflüssigung entspricht der Schnittpunkt P_2 der waagerechten Geraden mit der betrachteten Isotherme. Eine weitere Volumenverringerung führt dann wegen der praktischen Inkompressibilität der Flüssigkeiten (S 6.3) zu einem raschen Druckanstieg. Die Gerade $\overline{P_1P_2}$ ist hierbei so zu legen, daß die beiden von ihr und der Isothermen begrenzten Flächen den gleichen Flächeninhalt besitzen (siehe hierzu auch Abschnitt 7.4.3). Denkt man sich diese Konstruktion für alle Isothermen $T < T_{Kr}$ durchgeführt, dann ergeben die zugehörigen Punkte P_1 und P_2 die in Abbildung 7.6b das schraffierte Gebiet begrenzende Kurve. Sie grenzt den Bereich ab, innerhalb dessen eine Verflüssigung des Gases möglich ist.

Verflüssigungsgebiet eines realen Gases

kritische Temperatur T_{Kr}

Für jedes Gas gibt es eine kritische Temperatur T_{Kr}, oberhalb der auch bei noch so großen Drücken eine Verflüssigung des Gases unmöglich ist.

(S 7.6)
Verflüssigung von Gasen

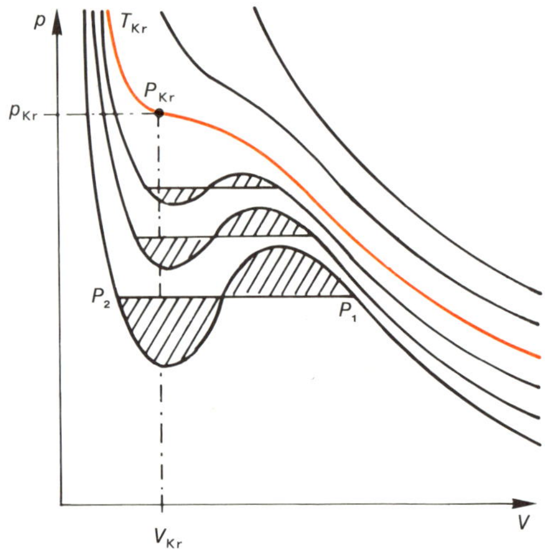

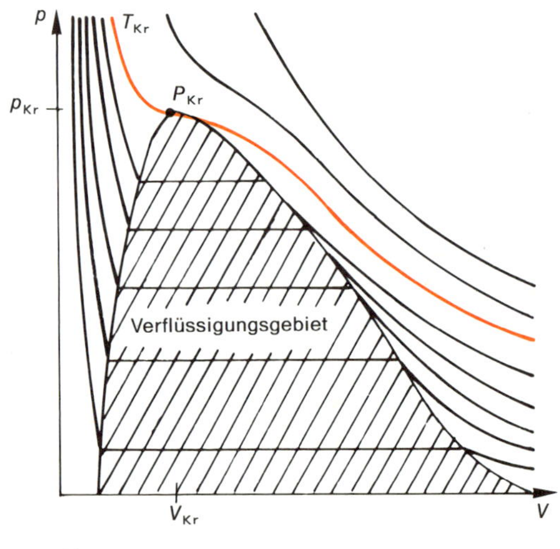

Abb. 7.6
a) Isothermen der van der Waals-Gleichung
(—— wirklicher Verlauf im Verflüssigungsgebiet)
b) Verflüssigungsgebiet

Der Wert der kritischen Temperatur kann für einige Gase aus Tabelle 7.6 entnommen werden.

Jede Anlage zur Gasverflüssigung muß zuerst das zu verflüssigende Gas auf Temperaturen unterhalb der kritischen Temperatur abkühlen. Erst dann kann z. B. durch eine Druckerhöhung die Verflüssigung des Gases erfolgen. Ein hierzu geeignetes technisches Verfahren wird in Abschnitt 7.4.2.3 besprochen.

Tabelle 7.6
Kritische Temperatur, kritischer Druck und kritische Dichte einiger Gase

Stoff	$\frac{\vartheta_{Kr}}{°C}$	$\frac{p_{Kr}}{MPa}$	$\frac{\varrho_{Kr}}{g\,cm^{-3}}$
Helium (He)	−267,95	0,245	0,6945
Wasserstoff (H_2)	−239,9	1,39	0,0301
Neon (Ne)	−228,75	2,84	0,4835
Stickstoff (N_2)	−146,9	3,62	0,311
Sauerstoff (O_2)	−118,32	5,44	0,430
Fluor (F_2)	−129	5,96	0,63
Argon (Ar)	−122,44	5,20	0,531
Krypton (Kr)	− 63,75	5,88	0,908
Xenon (Xe)	16,59	6,31	1,105
Chlor (Cl_2)	144	8,23	0,567
Kohlendioxid (CO_2)	31,0	7,88	0,468
Propan (C_3H_8)	96,8	4,42	0,224

Für Temperaturen $T > T_{Kr}$ nähert sich der Verlauf der Isothermen der van der Waalsschen Zustandsgleichung immer mehr dem der Isothermen der Zustandsgleichung des idealen Gases an. Damit kann jedes Gas weit oberhalb seiner kritischen Temperatur näherungsweise mit der Zustandsgleichung des idealen Gases beschrieben werden. Nach den Werten der Tabelle 7.6 erfüllen bei Zimmertemperatur u. a. Helium, Wasserstoff, Stickstoff und Sauerstoff diese Bedingung gut, Kohlendioxid dagegen schlecht. Auf diese Tatsache wurde schon im Zusammenhang mit den Zustandsänderungen hingewiesen.

Nach Abbildung 7.6b zeichnet sich die kritische Isotherme der van der Waalsschen Zustandsgleichung dadurch aus, daß in ihr die beiden Punkte P_1 und P_2 zusammenfallen, sie also in diesem Punkt einen Wendepunkt mit horizontaler Wendetangente besitzen muß. Den zu diesem Wendepunkt gehörenden Druckwert p_{Kr} nennt man den *kritischen Druck* des Gases, das nach (7.12) zu den Werten p_{Kr} und T_{Kr} zugehörige Volumen das *kritische Volumen* des Gases. Die drei Werte T_{Kr}, p_{Kr} und V_{Kr} heißen *kritische Daten* des Gases. In Tabelle 7.6 sind für einige Gase die Werte von T_{Kr}, p_{Kr} und $\varrho_{Kr} = m/V_{Kr}$ (kritische Dichte) zusammengestellt.

kritischer Druck p_{Kr}
kritisches Volumen V_{Kr}

Da die kritischen Daten durch den Wendepunkt der kritischen Isothermen mit horizontaler Wendetangente festgelegt sind, lassen sie sich mit Hilfe von (7.12) leicht durch die charakteristischen Konstanten a und b des Gases und die Gaskonstante ausdrücken. Entsprechende Rechnung (siehe A. 24.) ergibt

$$T_{Kr} = \frac{8\,a\,m_{mol}}{27\,R\,b}; \quad p_{Kr} = \frac{a}{27\,b^2}; \quad V_{Kr} = 3\,m\,b. \tag{7.13}$$

Bei Kenntnis der Konstanten a und b sind nach (7.13) auch die kritischen Daten des Gases bekannt.

7.4 Axiomatik der phänomenologischen Thermodynamik

Das in diesem Kapitel entwickelte Axiomensystem der phänomenologischen Thermodynamik hat für die Wärmelehre die gleiche Bedeutung wie die Newtonschen Axiome für die Mechanik. Die in Abschnitt 1.4 dargelegte Auffassung über die Zweckmäßigkeit eines Axiomensystems, seine Einordnung in das Begriffssystem der Physik und seine kritische Wertung gilt auch hier vollinhaltlich.

7.4.1 Zustandsgrößen, Zustandsfunktionen, reversible Prozesse

(D 7.11) Zustandsgröße

Physikalische Größen, die den Zustand eines thermodynamischen Systems unabhängig von seiner Vorgeschichte eindeutig beschreiben, heißen Zustandsgrößen.

Zustandsgrößen sind u.a. die Größen Druck, Temperatur und Volumen. Zum Beispiel ist die Aussage, das System besitzt zur Zeit $t=t_1$ die Temperatur $\vartheta=22\,^\circ\mathrm{C}$, unabhängig davon, ob zu einer früheren Zeit $t<t_1$ die Temperatur des Systems $\vartheta=0\,^\circ\mathrm{C}$ oder $\vartheta=100\,^\circ\mathrm{C}$ betrug. Dagegen ist die Angabe, dem System mußten soundsoviel Joule zugeführt werden, um die Temperatur von $22\,^\circ\mathrm{C}$ zu erreichen, sowohl vom Ausgangszustand des Systems als auch von der Art des Weges vom Ausgangs- zum Endzustand abhängig. Gleiches gilt für die vom System bzw. an ihm verrichtete Arbeit. Damit sind die Größen Wärmemenge und Arbeit allgemein keine Zustandsgrößen.

Zustandsfunktion

Vielfach besteht zwischen Zustandsgrößen (z.B. wie vorstehend zwischen Druck, Temperatur und Volumen eines Gases) ein funktioneller Zusammenhang. Man spricht dann auch von *Zustandsfunktionen*. Nach (D 7.11) und A. 15 gilt dann:

(S 7.7) zu jeder Zustandsfunktion existiert ein vollständiges Differential

Zu jeder Zustandsfunktion χ existiert ein totales Differential $\mathrm{d}\chi$. Das über $\mathrm{d}\chi$ zwischen zwei Zuständen des Systems erstreckte Linienintegral ist unabhängig vom Weg.

Im Gegensatz zu den vollständigen Differentialen von Zustandsfunktionen $\mathrm{d}\chi$ werden die Differentiale von allen anderen Funktionen ψ im weiteren mit $\delta\psi$ bezeichnet. Durch diese Schreibweise soll zum Ausdruck gebracht werden, daß die Größe $\delta\psi$ kein vollständiges Differential der Größe ψ ist.

Ist zum Beispiel der Druck p eines thermodynamischen Systems als Funktion von Volumen V und Temperatur T gegeben und bildet man von dieser Zustandsfunktion $p=f(T, V)$ entsprechend (A 2.22) das vollständige Differential, so erweist sich die Schreibweise

$$\mathrm{d}p=\left(\frac{\partial p}{\partial T}\right)_V \mathrm{d}T+\left(\frac{\partial p}{\partial V}\right)_T \mathrm{d}V$$

als zweckmäßig. In ihr wird – im Gegensatz zu der sonst üblichen Symbolik – durch Indizes zusätzlich angegeben, welche thermodynamische Größe bei partieller Differentiation als Konstante anzusehen ist.

In Abschnitt 6.3.2.1 wurde die bei der Kompression einer Flüssigkeit verrichtete Arbeit berechnet. Zur Herleitung von (6.11) und (6.11a) muß die Zustandsänderung so langsam verlaufen, daß bei der Kompression die Flüssigkeitsmoleküle wohl verschoben werden, aber bei dieser Lageveränderung keine zusätzliche Energieaufnahme (z. B. in Form von Strömungsenergie) erfolgt. Diese Überlegungen können auf die Expansion oder Kompression von Gasen übertragen werden. Der langsame Ablauf der Zustandsänderung wird erreicht, wenn zum Beispiel bei der Ausdehnung des Gases äußerer und innerer Gasdruck sich nur unendlich wenig voneinander unterscheiden. Im idealen Grenzfall kann man sich den Ablauf der Zustandsänderung als unendlich langsam vorstellen. Man spricht dann von einer quasistatischen Zustandsänderung des thermodynamischen Systems. Diese stellt eine Aufeinanderfolge von Gleichgewichtszuständen dar und ist deshalb auch durch ihre Umkehrbarkeit charakterisiert. Genauer formuliert heißt das: Man kann diese Zustandsänderung rückgängig machen, ohne daß dabei in der Umgebung des Systems Veränderungen zurückbleiben. Derartige Zustandsänderungen oder Prozesse heißen auch reversibel. Wird ein System nach einem irreversiblen Prozeß in den Ausgangszustand zurückgebracht, bleiben in der Umgebung Veränderungen bestehen. Im Realfall bewirken Erscheinungen wie z. B. die Reibung immer eine mehr oder weniger ausgeprägte Veränderung in der Umgebung. Reversible Prozesse sind deshalb ein Idealfall. Ebenso kann ein realer Prozeß nicht unendlich langsam, d. h. nicht quasistatisch verlaufen.

Kann ein thermodynamisches System nach einer Zustandsänderung wieder in den Ausgangszustand gebracht werden, ohne daß in der Umgebung des Systems Veränderungen zurückbleiben, so heißt die Zustandsänderung reversibel, sonst irreversibel.

(D 7.12)
reversible und irreversible Zustandsänderungen

Die vom System verrichtete Arbeit erreicht bei einer reversiblen Zustandsänderung ihr Maximum (vgl. (7.32e)), weil solche Prozesse wie Turbulenz, Reibung, Strömung usw. ausgeschlossen werden können. Bei der irreversiblen Ausdehnung eines Gases dagegen geht von der verrichteten Arbeit stets ein Teil durch die Veränderung der Strömungsverhältnisse, durch Reibungskräfte usw. für die praktische Ausnutzung der Volumenarbeit verloren.

7.4.2 1. Hauptsatz

Alle bisherigen thermodynamischen Untersuchungen zeigten, daß man die thermodynamischen Eigenschaften physikalischer Systeme in voller Übereinstimmung mit der experimentellen Erfahrung beschreiben kann, wenn man nachfolgendes Axiomensystem (die Axiome 1, 2 und 3) zugrunde legt.

Man bezeichnet den Teilbereich der Physik, der mit nachstehendem Axiomensystem in vollkommener Übereinstimmung mit der experimentellen Erfahrung beschrieben werden kann, als das Gebiet der phänomenologischen Thermodynamik.

Das Axiom 1 der phänomenologischen Thermodynamik ist mit (S 7.1) identisch. Es liefert die Voraussetzung für die Messung der Temperatur und wird auch als *0. Hauptsatz der Thermodynamik* bezeichnet.

0. Hauptsatz der Thermodynamik

Axiom 2 der phänomenologischen Thermodynamik entspricht inhaltlich (S 7.2) und wird 1. Hauptsatz der Thermodynamik genannt:

(S 7.2a)
1. Hauptsatz der Thermodynamik
perpetuum mobile erster Art

Die Konstruktion einer Maschine, die Arbeit periodisch verrichtet, ohne hierfür einen äquivalenten Energiebetrag aus einer äußeren Quelle zu schöpfen (*perpetuum mobile erster Art*), ist unmöglich (1. Hauptsatz der Thermodynamik).

innere Energie U

Die Energie eines thermodynamischen Systems wird durch die Zustandsgröße *innere Energie* U beschrieben. Wäre die Größe innere Energie keine Zustandsgröße, so ließen sich leicht Systeme in Widerspruch zu (S 7.2a) konstruieren. Wir nehmen an, U sei keine Zustandsgröße. Wir wählen Anfangszustand P_1 und Endzustand P_2 des thermodynamischen Systems und betrachten zwei verschiedene Wege a und b zwischen diesen Zuständen. Entsprechend unserer Voraussetzung (U ist keine Zustandsgröße) gilt nach (S 7.2a) $U_{12}(a) \neq U_{12}(b)$. Wir nehmen $U_{12}(a) > U_{12}(b)$ an und bringen das System auf dem Weg a von P_1 nach P_2 und auf dem Weg b zurück zum Ausgangspunkt P_1. Obwohl dann das System wieder im Ausgangszustand vorliegt, es also in keiner Weise thermodynamisch verändert wurde, ergibt sich im Widerspruch zu (S 7.2a) eine um $U_{12}(a) - U_{12}(b) > 0$ veränderte innere Energie des Systems. Die Voraussetzung, daß U keine Zustandsgröße sei, erweist sich damit als falsch.

Nach (S 7.2a) kann eine Veränderung der inneren Energie eines thermodynamischen Systems durch Zu- oder Abfuhr einer Wärmemenge erfolgen und auch, indem es eine Arbeit verrichtet oder an ihm eine Arbeit verrichtet wird:

$$\mathrm{d}U = \delta Q + \delta W_\mathrm{A}.$$

Diese Beziehung wird oft als mathematische Formulierung des 1. Hauptsatzes der Thermodynamik bezeichnet. Sie gilt aber in dieser Form nur für den Spezialfall abgeschlossener Phasen (Abschnitt 7.5.1).

reversible Volumenarbeit

Verrichtet ein thermodynamisches System unter Wirkung des äußeren Druckes p durch eine reversible Volumenänderung um $\mathrm{d}V$ Arbeit (*reversible Volumenarbeit*), so gilt für diesen Spezialfall nach (6.11a)

$$\delta W_\mathrm{A} = \mathrm{d}W_\mathrm{A} = -p\,\mathrm{d}V \tag{7.14}$$

und

$$\delta Q = \mathrm{d}U + p\,\mathrm{d}V.$$

Die dem System zugeführte Wärmemenge dient teils zur Vergrößerung seiner inneren Energie und teils zur Verrichtung einer reversiblen Volumenarbeit.

Für abgeschlossene Phasen läßt sich der 1. Hauptsatz der Thermodynamik formulieren durch

$$\mathrm{d}U = \delta Q + \delta W_{\mathrm{A}}.$$

Ist die Arbeit δW_{A} ausschließlich eine reversible Volumenarbeit

$$(\delta W_{\mathrm{A}} = \mathrm{d}W_{\mathrm{A}} = -p\,\mathrm{d}V),$$

dann geht diese Beziehung über in

$$\delta Q = \mathrm{d}U + p\,\mathrm{d}V.$$

(S 7.2b) mathematische Formulierung des 1. Hauptsatzes für abgeschlossene Phasen

7.4.2.1 Spezifische Wärmekapazität bei konstantem Druck und konstantem Volumen

Entsprechend (D 7.2) werden die Größen spezifische Wärmekapazität bei konstantem Druck (c_p) und bei konstantem Volumen (c_V) eingeführt durch

$$c_p = \frac{1}{m}\left(\frac{\delta Q}{\mathrm{d}T}\right)_p \qquad (7.15\text{a})$$

spezifische Wärmekapazitäten c_p und c_V bei konstantem Druck bzw. bei konstantem Volumen

und

$$c_V = \frac{1}{m}\left(\frac{\delta Q}{\mathrm{d}T}\right)_V. \qquad (7.15\text{b})$$

Da jede Temperaturänderung eines festen, flüssigen oder gasförmigen Körpers mit einer Veränderung seines Volumens verbunden ist (vgl. Abschnitt 7.3), dient die einem physikalischen System bei konstantem Druck zugeführte Wärmemenge einerseits zur Temperaturerhöhung des Systems, andererseits zur Verrichtung einer Volumenarbeit. Erfolgt die Wärmezufuhr dagegen bei konstantgehaltenem Volumen, dann entfällt die zusätzliche Volumenarbeit. Daher gilt stets

$$c_p > c_V. \qquad (7.16\text{a})$$

$c_p > c_V$

Eine allgemeine Beziehung zwischen c_p und c_V kann mit Hilfe der inneren Energie des Systems als Funktion der Temperatur und des Volumens hergeleitet werden. Mit (A 2.22) gilt

$$\frac{\mathrm{d}U}{\mathrm{d}T} = \left(\frac{\partial U}{\partial T}\right)_V + \left(\frac{\partial U}{\partial V}\right)_T \frac{\mathrm{d}V}{\mathrm{d}T}$$

oder bei Voraussetzung eines konstanten Volumens ($\mathrm{d}V = 0$)

$$\left(\frac{\mathrm{d}U}{\mathrm{d}T}\right)_V = \left(\frac{\partial U}{\partial T}\right)_V.$$

Nach (7.15b) und (S 7.2b) folgt somit für die spezifische Wärmekapazität c_V des Systems bei konstantem Volumen

$$c_V = \frac{1}{m}\left(\frac{\mathrm{d}U}{\mathrm{d}T}\right)_V = \frac{1}{m}\left(\frac{\partial U}{\partial T}\right)_V. \qquad (7.17\text{a})$$

Anwendung des 1. Hauptsatzes der Wärmelehre in der Form (S 7.2b) ergibt mit

$$\mathrm{d}U = \left(\frac{\partial U}{\partial T}\right)_V \mathrm{d}T + \left(\frac{\partial U}{\partial V}\right)_T \mathrm{d}V$$

und (7.17a)

$$\begin{aligned}\delta Q &= \mathrm{d}U + p\,\mathrm{d}V \\ &= m c_V\,\mathrm{d}T + \left[\left(\frac{\partial U}{\partial V}\right)_T + p\right]\mathrm{d}V.\end{aligned} \qquad (7.17\mathrm{b})$$

Für $\mathrm{d}V$ folgt mit (A 2.22) aus der Zustandsgleichung $V = V(p, T)$

$$dV = \left(\frac{\partial V}{\partial p}\right)_T \mathrm{d}p + \left(\frac{\partial V}{\partial T}\right)_p \mathrm{d}T$$

oder unter Voraussetzung konstanten Druckes ($\mathrm{d}p = 0$)

$$\mathrm{d}V = \left(\frac{\partial V}{\partial T}\right)_p \mathrm{d}T. \qquad (7.17\mathrm{c})$$

Aus (7.15a) erhält man mit (7.17b) und (7.17c) für den gesuchten Zusammenhang zwischen c_p und c_V

$c_p - c_V$

$$c_p - c_V = \frac{1}{m}\left[\left(\frac{\partial U}{\partial V}\right)_T + p\right]\left(\frac{\partial V}{\partial T}\right)_p. \qquad (7.16)$$

Die Volumenänderung eines festen oder flüssigen Körpers mit der Temperatur ist äußerst gering (vgl. Abschnitt 7.3.1 und Tab. 7.3). Daher kann in den meisten Fällen für sie

$$\left(\frac{\partial V}{\partial T}\right)_p = 0$$

für feste und flüssige Stoffe gilt $c_p \approx c_V$

gesetzt werden. Somit gilt nach (7.16) für *feste und flüssige Stoffe*:

$$c_p = c_V = c. \qquad (7.16\mathrm{b})$$

Auf die Unterscheidung von c_p und c_V kann beim festen und flüssigen Körper in allgemeinen verzichtet werden.

Für ein ideales Gas ist der erste Summand in (7.16) gleich Null. Das bestätigt folgender von GAY-LUSSAC durchgeführter Versuch. Ein Gas der Temperatur $T \gg T_{\mathrm{Kr}}$ befinde sich in einem zunächst geschlossenen Gefäß. Nach Öffnen eines Hahnes strömt es in ein vorher evakuiertes zweites Gefäß. Dabei verrichtet es keine Arbeit, denn der Druck im zweiten Gefäß ist Null. Somit gilt nach dem ersten Hauptsatz $\delta Q = \mathrm{d}U$. Man stellt nun fest, daß der Druckausgleich im Prinzip ohne Temperaturveränderung erfolgt. Während des Druckausgleichs kühlt sich wohl das eine Gefäß ab und erwärmt sich das andere. Wartet man jedoch den Temperaturausgleich beider Systeme ab, dann stimmt die Gleichgewichtstemperatur wieder mit der Ausgangstemperatur überein. Somit ist nach (D 7.2) $Q = \mathrm{const}$, und es folgt aus $\delta Q = \mathrm{d}U$ auch $\mathrm{d}U = 0$.

Die innere Energie eines idealen Gases ist unabhängig von seinem Volumen

$$\left(\frac{\partial U}{\partial V}\right)_T = 0 .$$

(S 7.8)
Abhängigkeit $U(V)$ für ideale Gase

Weiter folgt aus (7.10)

$$\left(\frac{\partial V}{\partial T}\right)_p = \frac{mR}{m_{\text{mol}}\, p}$$

und damit aus (7.16) bei Beachtung von (S 7.8) für *ideale Gase*

$$c_p - c_V = \frac{1}{m_{\text{mol}}} \cdot R . \qquad (7.16c)$$

$c_p - c_V$ für ideale Gase

Da vielen thermodynamischen Rechnungen insbesondere auf dem Gebiet der Chemie gleiche Teilchenzahlen für die verschiedenen Substanzen zugrunde gelegt werden, ist die Einführung von molaren Wärmekapazitäten zweckmäßig. Die molaren Wärmekapazitäten beziehen sich auf die Stoffmenge 1 Mol und sind durch

$$c_{\text{mol, p}} = m_{\text{mol}}\, c_p \quad \text{bzw.} \quad c_{\text{mol}, V} = m_{\text{mol}}\, c_V$$

festgelegt. Aus (7.16c) folgt damit

$$c_{\text{mol}, p} - c_{\text{mol}, V} = R .$$

Die Beziehung (7.16c) wird durch Messungen an idealen Gasen sehr gut bestätigt. Für Helium liefert das Experiment bei Zimmertemperatur

$$c_p = 4{,}993 \text{ cal K}^{-1} \text{ mol}^{-1}$$

$$c_V = 3{,}008 \text{ cal K}^{-1} \text{ mol}^{-1} .$$

Setzt man diese Werte unter Beachtung von (D 7.8) in (7.16c) ein, so folgt

$$1{,}985 \text{ cal K}^{-1} \text{ mol}^{-1} = 8{,}3144 \text{ J K}^{-1} \text{ mol}^{-1}$$

oder

$$1 \text{ cal} = 4{,}189 \text{ J} .$$

Innerhalb der Meßgenauigkeit stimmt dieser Wert mit dem von (7.2) überein. An Hand einer derartigen Überlegung wurde das mechanische Wärmeäquivalent erstmalig von Robert Mayer bestimmt.

Wie in A. 25 hergeleitet, ergibt sich für *reale Gase* statt (7.16c)

$$c_p - c_V \approx \frac{R}{m_{\text{mol}}} \left(1 + \frac{2m\, m_{\text{mol}}\, a}{VRT}\right) . \qquad (7.16d)$$

$c_p - c_V$ für reale Gase

7.4.2.2 Adiabatische Zustandsänderungen

(D 7.13)
adiabatische Zustandsänderung

Eine reversible Zustandsänderung eines thermodynamischen Systems, die ohne Wärmeaustausch mit anderen Systemen erfolgt, heißt adiabatische Zustandsänderung.

Nach dem ersten Hauptsatz (S 7.2 b) und (D 7.13) genügt die adiabatische Zustandsänderung der Differentialgleichung

$$\mathrm{d}U + p\,\mathrm{d}V = 0 \tag{7.18a}$$

oder bei Beachtung von (7.17a)

$$m c_V \,\mathrm{d}T + p\,\mathrm{d}V = 0\,. \tag{7.18b}$$

Für ideale Gase folgt nach Elimination von p mit Hilfe der Zustandsgleichung (7.10) und bei Beachtung von A. 17

$$\frac{m_{\mathrm{mol}} c_V}{RT}\,\mathrm{d}T + \frac{\mathrm{d}V}{V} = 0$$

und mit (7.16c)

$$\frac{c_V\,\mathrm{d}T}{(c_p - c_V)\,T} + \frac{\mathrm{d}V}{V} = 0\,.$$

Wird jetzt noch die Abkürzung

$$\varkappa = \frac{c_p}{c_V} \tag{7.19}$$

eingeführt, dann erhält man für die adiabatische Zustandsänderung des idealen Gases die Differentialgleichung

$$\frac{\mathrm{d}T}{(\varkappa - 1)\,T} + \frac{\mathrm{d}V}{V} = 0\,. \tag{7.20}$$

Nach der experimentellen Erfahrung ist das Verhältnis der spezifischen Wärmekapazitäten bei konstantem Druck und konstantem Volumen für Gase über weite Temperaturbereiche konstant (siehe Abschn. 8.3.6.1). Die Größe $\varkappa$ kann daher bei der Integration von (7.20) als Konstante betrachtet werden. Nach (A 4.13) erhält man so

$$\ln T + (\varkappa - 1) \ln V = \mathrm{const}$$

oder mit anderer Bedeutung der Konstanten

adiabatische Zustandsgleichung in 3 Darstellungsweisen

$$T V^{\varkappa - 1} = \mathrm{const.} \tag{7.21a}$$

Nach der Zustandsgleichung (7.10) des idealen Gases gilt $pV \sim T$ und somit nach (7.21 a)

$$T V^{\varkappa - 1} \sim p V V^{\varkappa - 1}$$

oder

$$p V^{\varkappa} = \mathrm{const.} \tag{7.21b}$$

Aus $pV \sim T$ ergibt sich ferner

$$V^{\varkappa-1} \sim \frac{T^{\varkappa-1}}{p^{\varkappa-1}}$$

und somit nach (7.21a)

$$\frac{T^{\varkappa}}{p^{\varkappa-1}} = \text{const.} \tag{7.21c}$$

Die Kurvenschar $pV^{\varkappa} = \text{const}$ im p-V-Diagramm bezeichnet man als *Adiabaten* des idealen Gases (Abb. 7.7). Die Isothermen des idealen Gases sind die Hyperbeln $pV = \text{const}$ (vgl. Abb. 7.5a). Da nach (7.16a) $c_p > c_V$ und daher $\frac{c_p}{c_V} = \varkappa > 1$ gilt, verlaufen im p-V-Diagramm die Adiabaten des idealen Gases stets steiler als die Isothermen.

Adiabaten

p-V-Diagramm der Adiabaten

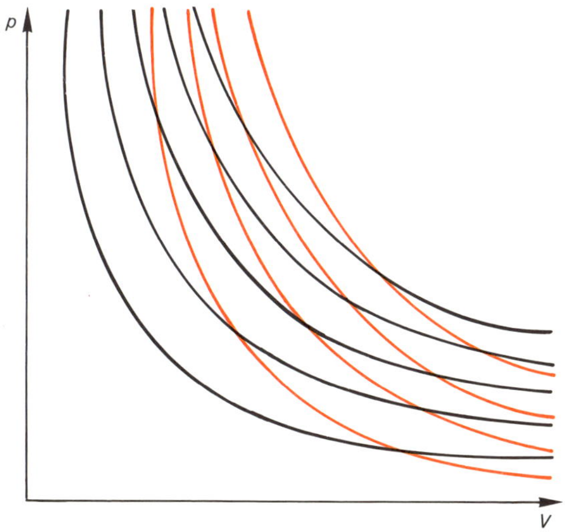

Abb. 7.7 Adiabaten (——) und Isothermen (——) des idealen Gases

Isotherme Zustandsänderungen setzen den idealen Wärmekontakt mit der Umgebung voraus, adiabatische Zustandsänderungen dagegen die ideale Wärmeisolierung von der Umgebung. Daher sind isotherme und adiabatische Zustandsänderungen theoretische Sonderfälle, die sich experimentell nur bis zu einem gewissen Grade verwirklichen lassen.

Ist in der Darstellung

$$pV^n = \text{const} \tag{7.22}$$

$n = 1$, so liegt eine isotherme Zustandsänderung vor; das System steht im idealen Wärmekontakt mit der Umgebung. Wird $n = \varkappa$ gewählt, so polytrope Zustandsänderungen

stellt (7.22) die Adiabaten dar; das System ist ideal gut wärmeisoliert. Für die experimentell möglichen Zustandsänderungen gilt $1 < n < \varkappa$. Derartige Zustandsänderungen bezeichnet man als *polytrope Zustandsänderungen* des idealen Gases.

7.4.2.3 Joule-Thomson-Effekt, Verflüssigung von Gasen

Joule-Thomson-Effekt

Eine wesentliche Genauigkeitssteigerung des Gay-Lussacschen Überströmungsversuches (vgl. Abschnitt 7.4.2.1) erreichten JOULE und THOMSON durch eine stationäre Meßmethode. Mit Hilfe eines Wattepfropfens (oder Ventils) wird ein stationärer Gasstrom zwischen einem höheren und einem niederen Druck und damit ein stationäres Temperaturfeld im Gasstrom aufrechterhalten (siehe Abb. 7.8). Bei einer derartigen gedrosselten Entspannung eines realen Gases beobachtet man verschiedene Gastemperaturen vor und hinter der Drosselstelle. Dieser Temperatureffekt wird als *Joule-Thomson-Effekt* bezeichnet.

WILLIAM THOMSON, Lord Kelvin (1824–1907)

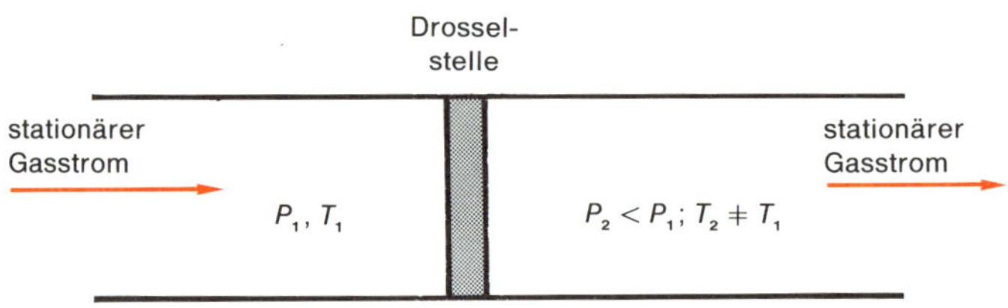

Abb. 7.8 Zum Joule-Thomson-Effekt

Die theoretische Betrachtung dieses Vorganges zeigt (s. A. 26), daß die mit der Druckänderung $\mathrm{d}p$ verbundene Temperaturänderung $\mathrm{d}T$ gegeben ist durch (s. A 26.5)

$$\left(\frac{\mathrm{d}T}{\mathrm{d}p}\right)_{\text{J.-Th.}} = \frac{\dfrac{2a\,m_{\text{mol}}}{RT} - b}{c}\,.$$

Bei festgelegtem Vorzeichen von $\mathrm{d}p$ wird das von $\mathrm{d}T$ durch den Zähler des rechten Terms der Gleichung bestimmt. Für $\mathrm{d}p < 0$, wie es dem experimentellen Ablauf entspricht, erreicht man demzufolge nur dann eine Abkühlung ($\mathrm{d}T < 0$), wenn

$$b < \frac{2a\,m_{\text{mol}}}{RT}\,,$$

d.h., wenn für die Gastemperatur T vor der Drosselstelle

Inversionstemperatur T_{inv}

$$T < \frac{2a\,m_{\text{mol}}}{Rb} = T_{\text{inv}}$$

gilt.

Für $T > T_{inv}$ dagegen erfolgt beim Joule-Thomson-Effekt eine Erwärmung. T_{inv} wird deswegen als Inversionstemperatur bezeichnet. Für ein ideales Gas ($a = b = 0$) ist stets $dT = 0$, der Joule-Thomson-Effekt tritt nicht auf.

Für Luft, Sauerstoff (O_2), Stickstoff (N_2) und Kohlendioxid (CO_2) ist die Inversionstemperatur größer als die Zimmertemperatur, für Wasserstoff (H_2) und Helium (He) wesentlich kleiner ($T_{inv} = 193$ K für H_2 und $T_{inv} = 38$ K für He).

Bei der gedrosselten Entspannung erwärmt sich ein reales Gas, wenn seine Temperatur über seiner Inversionstemperatur liegt, und es kühlt sich ab, wenn seine Temperatur unter der Inversionstemperatur liegt (Joule-Thomson-Effekt).

(S 7.9)
Joule-Thomson-Effekt

Tabelle 7.7 zeigt für einige technisch wichtige Gase die Temperaturveränderung ΔT bei 0 °C und einer Druckerniedrigung von $\Delta p = 0{,}1$ MPa.

Tabelle 7.7
Temperaturveränderung beim Joule-Thomson-Effekt für eine Druckerniedrigung von 0,1 MPa und die Ausgangstemperatur von 0 °C

Stoff	$\frac{\Delta T}{K}$
Argon	− 0,429
Helium	+ 0,061
Kohlenmonoxid	− 0,291
Kohlendioxid	− 1,237
Stickstoff	− 0,264
Wasserstoff	+ 0,247
Xenon	− 2,17

Verflüssigung von Luft nach dem Verfahren von Linde

Linde baute 1895 durch Ausnutzung des Joule-Thomson-Effektes die erste technisch brauchbare Luftverflüssigungsanlage (siehe Abb. 7.9). Sie arbeitet nach dem Gegenstromprinzip. Durch den Kompressor K wird die Luft auf 50–20 MPa komprimiert und durch die Leitung 1 zum Drosselventil D gedrückt. Dort entspannt sie sich auf ca. 0,1 MPa. Nach Tabelle 7.7 wird hierdurch eine Abkühlung um 20 bis 40 grd erreicht. Die abgekühlte Luft wird durch die Leitung 2 vom Kompressor angesaugt. Auf ihrem Weg zum Kompressor kühlt sie die komprimierte Luft in der Leitung 1 ab. Durch diesen fortwährenden Abkühlungskreislauf erreicht man schließlich die Verflüssigungstemperatur der Luft ($T_{Sp} \approx 83$ K für $p = p_N$).

Verflüssigung von Wasserstoff

Will man nach dem gleichen Prinzip Wasserstoff verflüssigen, so muß man ihn erst mit flüssiger Luft unter die Inversionstemperatur vorkühlen.

CARL VON LINDE (1842–1934)

Flüssiger Wasserstoff ist eine farblose Flüssigkeit, die unter Normdruck bei 20,2 K siedet. Pumpt man den Wasserstoff über der Flüssigkeit ab, so verdampft ständig Wasserstoff. Die hierzu notwendige Verdampfungswärme (siehe Abschnitt 7.5.2.2) wird dem flüssigen Wasserstoff entzogen. Er kühlt sich weiter ab und geht bei 14 K in festen Wasserstoff über.

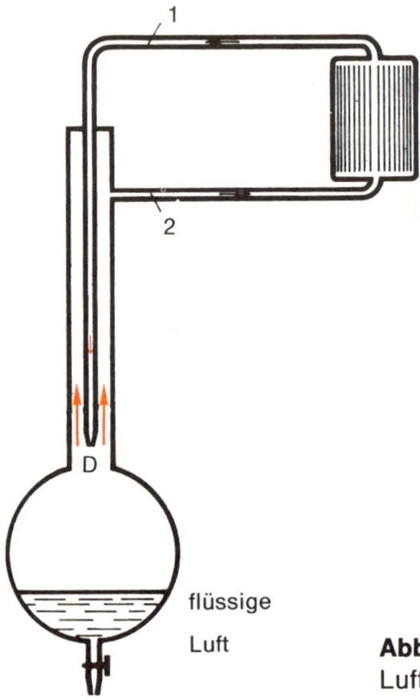

Abb. 7.9
Luftverflüssigungsanlage nach LINDE (schematisch)

Verflüssigung von Helium

Auch die Verflüssigung des Heliums erfolgt mit dem Linde-Verfahren. Mit flüssigem Wasserstoff wird das Helium auf eine Temperatur unterhalb der Inversionstemperatur des Heliums ($T_{inv} = 38$ K) abgekühlt und dann mit dem Linde-Verfahren verflüssigt. Flüssiges Helium ist ebenfalls farblos, es siedet unter Normdruck bei 4,2 K. Durch Abpumpen des Heliumdampfes erreicht man eine weitere Temperaturabsenkung bis zu $T = 0{,}84$ K.

Noch tiefere Temperaturen lassen sich durch weiteres Abpumpen des Heliums nicht erreichen. So würde ein Temperaturgleichgewicht von 0,1 K eine Erniedrigung des Dampfdruckes über dem flüssigen Helium auf den unvorstellbar kleinen Wert von 10^{-30} Pa erfordern. Zur Erzeugung von noch niedrigeren Temperaturen als 0,8 K wird die adiabatische Entmagnetisierung (vgl. Bd. IV) spezieller Substanzen genutzt. Die bisher niedrigste Temperatur von 10^{-6} K erreichte man durch Ausnutzen der Kernspinentmagnetisierung.

7.4.3 2. Hauptsatz

Es ist eine Vielzahl thermodynamischer Erscheinungen denkbar, die zwar dem Erhaltungssatz der Energie (S 7.2a) genügen, aber erfahrungsgemäß in der Natur nicht vorkommen. Fällt z.B. ein Stein aus großer Höhe zur Erde, so erfährt er durch die Reibung mit der Lufthülle eine erhebliche Erwärmung, seine mechanische Energie wird zum größten Teil in Wärmeenergie verwandelt. Die Umkehrung dieses Prozesses (plötzliche Abkühlung des Steines und Verwandlung der hierdurch freiwerdenden Energie in kinetische Energie) wird nicht beobachtet, obwohl dieser Vorgang nach (S 7.2a) denkar wäre. Weiterhin könnte ein Schiff seine Antriebsenergie dadurch gewinnen, indem es dem Meer den entsprechenden Energiebetrag entzieht. Das Schiff kühlt das Meer in seiner Umgebung ab und fährt mit der durch die Abkühlung gewonnenen Energie. Derartige Prozesse sind mit dem Erhaltungssatz der Energie vereinbar, widersprechen aber unserer Erfahrung.

Wir erhalten so als 3. Axiom:

> Die Konstruktion einer periodisch arbeitenden Maschine, die weiter nichts bewirkt als die Erzeugung mechanischer Arbeit und Abkühlung eines Wärmespeichers (*perpetuum mobile zweiter Art*), ist unmöglich.
> (2. Hauptsatz der Thermodynamik.)

(S 7.10)
2. Hauptsatz der Thermodynamik
perpetuum mobile 2. Art

Der 2. Hauptsatz legt die mögliche Richtung des Ablaufs eines thermodynamischen Vorganges fest. Eine Maschine in Widerspruch zu (S 7.10) könnte zwar keine Energie neu schaffen, ihre praktische Bedeutung käme aber der des perpetuum mobile 1. Art nahe. Zum Beispiel könnte dann durch eine Temperaturabsenkung unserer Weltmeere um nur 1 °C eine ungeheure Energiereserve erschlossen werden.

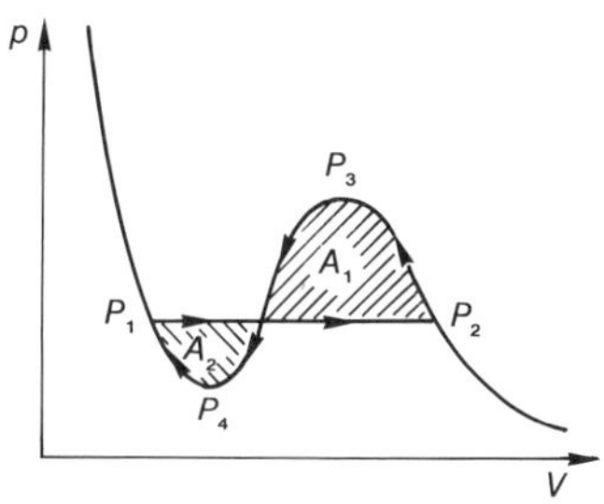

Abb. 7.10 Zur Herleitung der Maxwellschen Geraden

Maxwellsche Gerade

In Abb. 7.6a wurde die Gerade (Maxwellsche Gerade) so gelegt, daß die von ihr abgeschnittenen Flächenstücke inhaltsgleich werden. Der Beweis wird meist mit dem in Abb. 7.10 dargestellten Kreisprozeß $P_1 \rightarrow P_2$ (Gerade) $\rightarrow P_3 \rightarrow P_4 \rightarrow P_1$ (van der Waals-Kurve) geführt. Nach (7.14) gilt für die beim einmaligen Umfahren dieser Kurve verrichtete Volumenarbeit

$$W_A = -\oint p\,\mathrm{d}V. \qquad (7.14\mathrm{a})$$

Wird die Gerade so gelegt, daß $\oint p\,\mathrm{d}V > 0$ gilt, dann würde vom System Wärmeenergie bei konstanter Temperatur aufgenommen und dafür Arbeit verrichtet. Das perpetuum mobile 2. Art wäre im Widerspruch zu (S 7.10) geschaffen. Wäre $\oint p\,\mathrm{d}V < 0$, dann führt der umgekehrte Umlaufsinn zum gleichen Widerspruch. Damit kann nur $\oint p\,\mathrm{d}V = 0$ gelten, die Flächenstücke A_1 und A_2 besitzen gleichen Inhalt. Vorstehender Beweis setzt die Möglichkeit eines stetigen Überganges $P_3 \to P_4 \to P_1$ voraus. Wegen der auf diesem Kurvenzug auftretenden Instabilitäten ist diese Voraussetzung anfechtbar. Eine schärfere Begründung der Maxwellschen Geraden wird daher in A. 29 gegeben.

7.4.3.1 Kreisprozesse

Erfahrungsgemäß kann jede mechanische Arbeit W_A vollkommen in Wärmeenergie umgewandelt werden. Dies bestätigen u.a. alle Reibungsexperimente. Die Umkehrung gilt nicht. Es kann stets nur ein gewisser Anteil einer gegebenen Wärmemenge zur Verrichtung mechanischer Arbeit ausgenutzt werden. Maschinen zur Umwandlung von Wärmeenergie heißen *Wärmekraftmaschinen*. Als Wirkungsgrad dieser Maschinen wird eingeführt:

Wärmekraftmaschinen

(D 7.14) thermodynamischer Wirkungsgrad η

Das Verhältnis der von einer Wärmekraftmaschine unter Wirkung einer Wärmemenge Q verrichteten Arbeit W_A ($W_A < 0$) zu der dieser Maschine zugeführten Wärmemenge Q ($Q > 0$) heißt thermodynamischer Wirkungsgrad η der Wärmekraftmaschine:

$$\eta = -\frac{W_A}{Q}.$$

Die Beantwortung der Frage, wieviel von einer vorgegebenen Wärmemenge maximal von der Wärmekraftmaschine in mechanische Arbeit verwandelt werden kann, gab CARNOT mit einem eigens dazu erdachten Kreisprozeß. Der Carnotsche Kreisprozeß besitzt den maximal möglichen thermodynamischen Wirkungsgrad (siehe (S 7.11)), er ist ein idealer Prozeß und demzufolge technisch nicht realisierbar.

Carnot-Prozeß

Im weiteren wird die Möglichkeit von idealen isothermen und adiabatischen Prozessen vorausgesetzt, eine Annahme, die unsere Wärmekraftmaschinen (z.B. Verbrennungsmotoren) nicht einmal angenähert erfüllen. Selbst wenn wir die technischen Prozesse reversibel gestalten könnten, so würde dies nichts nützen, weil sie dann unendlich langsam verlaufen müßten (vgl. (D 7.12)).

SADI CARNOT (1796–1832)

Zwei Wärmebehälter der Temperaturen T_1 und T_2 ($T_1 > T_2$) seien so groß gewählt, daß die ihnen zugeführten bzw. die von ihnen abgeführten Wärmemengen ihre Temperaturen unverändert lassen, ideale isotherme Zustandsänderungen somit möglich werden. Nun wird ein stofflich abgeschlossenes System, das aus einer beliebigen Substanz (z.B. einem idealen Gas) mit dem Volumen V_1 und dem Druck p_1 besteht (Abb. 7.11), in einen unendlich guten Wärmekontakt mit dem Wärmebehälter der Temperatur T_1 (Punkt P_1 in Abb. 7.11) gebracht und isotherm reversibel bis zum Volumen V_2 (Punkt P_2) ausgedehnt. In P_2 wird die Substanz von ihrer Umwelt thermisch isoliert und weiter bis zum Punkt P_3 reversibel ausgedehnt (adiabatischer Vorgang, siehe (D 7.13)). Punkt P_3 ist dadurch gegeben, daß sich in ihm die durch P_2 gehende Adiabate mit der Isothermen der Temperatur T_2 schneidet. Im Punkt P_3 wird die Substanz in unendlich guten Wärmekontakt mit dem Wärmebehälter der Temperatur T_2 gebracht und isotherm reversibel auf das Volumen V_4 komprimiert. Der Punkt P_4 ist so festgelegt, daß sich in ihm die durch den Punkt P_1 gehende Adiabate mit der Isothermen der Temperatur T_2 schneidet. Im Punkt P_4 wird die Substanz wieder von der Umwelt thermisch isoliert und auf das Ausgangsvolumen V_1 adiabatisch komprimiert (Punkt P_1). Sie liegt wieder in ihrem ursprünglichen Zustand vor.

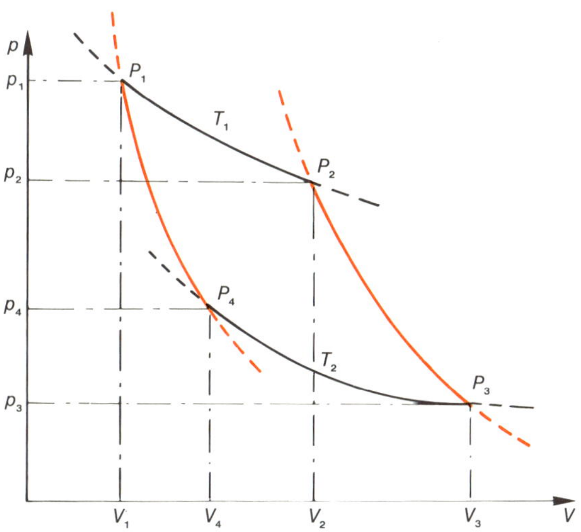

Abb. 7.11 Carnotscher Kreisprozeß

Einen thermodynamischen Prozeß, in dessen Ablauf das System auf irgendeinem Wege zum Ausgangszustand zurückkehrt, bezeichnet man als *Kreisprozeß*, den soeben beschriebenen Kreisprozeß als *Carnotschen Kreisprozeß*. Kreisprozeß

Nach dem ersten Hauptsatz der Thermodynamik (S 7.2a) erfordert die isotherme Ausdehnung der Arbeitssubstanz der Carnot-Maschine vom Volumen V_1 auf das Volumen $V_2 > V_1$ die Zufuhr der Wärmeenergie $Q_1 > 0$, die dem Wärmebehälter der Temperatur T_1 entzogen wird. Dagegen wird bei der isothermen Kompression der Arbeitssubstanz vom Volumen V_3 auf das Volumen $V_4 < V_3$ dem Wärmebehälter der Temperatur T_2 die Wärmemenge $Q_2 < 0$ zugeführt. Auf den adiabatischen Teilstücken des Kreisprozesses gilt $Q = 0$. Nach (S 7.2b) folgt daher für die gesamte bei einem derartigen Kreisprozeß von der Maschine verrichtete Arbeit

$$W_A = -(Q_1 + Q_2),$$

Wirkungsgrad der Carnot-Maschine

womit sich nach (D 7.14) für den Wirkungsgrad der Carnot-Maschine

$$\eta = 1 + \frac{Q_2}{Q_1} \tag{7.23a}$$

ergibt.

Wir wollen jetzt den Wirkungsgrad einer Carnot-Maschine mit einem idealen Gas als Arbeitssubstanz berechnen und dann die so gewonnenen Ergebnisse auf eine Carnot-Maschine mit beliebiger Arbeitssubstanz übertragen.

Carnot-Prozeß mit einem idealen Gas

Für die isotherme Zustandsänderung $P_1 \to P_2$ gilt nach (7.14), (A 4.13) und der Zustandsgleichung (7.10) des idealen Gases

$$-W_{A,12} = \int_{V_1}^{V_2} p\,\mathrm{d}V = \frac{m}{m_{\mathrm{mol}}} R T_1 \int_{V_1}^{V_2} \frac{\mathrm{d}V}{V} = \frac{m}{m_{\mathrm{mol}}} R T_1 \ln \frac{V_2}{V_1}. \tag{7.24a}$$

Analog folgt für die isotherme Zustandsänderung $P_3 \to P_4$

$$-W_{A,34} = \frac{m}{m_{\mathrm{mol}}} R T_2 \ln \frac{V_4}{V_3}. \tag{7.24b}$$

Da die adiabatischen Teilstücke des Prozesses keinen Beitrag zur gesamten vom Kreisprozeß verrichteten Arbeit liefern, ergibt sich nach (7.24a) und (7.24b) die gesamte verrichtete Arbeit zu

$$-W_A = -W_{A,12} - W_{A,34} = \frac{m}{m_{\mathrm{mol}}} R T_1 \ln \frac{V_2}{V_1} + \frac{m}{m_{\mathrm{mol}}} R T_2 \ln \frac{V_4}{V_3}. \tag{7.24c}$$

Nach (7.21a) gilt unter Beachtung, daß in den Zuständen P_1 und P_2 die Temperatur T_1, in den Zuständen P_3 und P_4 die Temperatur T_2 herrscht,

$$\frac{V_3}{V_2} = \left(\frac{T_1}{T_2}\right)^{\frac{1}{\varkappa - 1}} = \frac{V_4}{V_1}. \tag{7.24d}$$

(7.24c) geht somit über in

$$W_A = \frac{m}{m_{\mathrm{mol}}} R (T_2 - T_1) \ln \frac{V_2}{V_1}. \tag{7.24}$$

Da $T_1 > T_2$ und $V_2 > V_1$ gilt, ist nach (7.24) $W_A < 0$; vom System wird Arbeit verrichtet.

Nach (7.24a) gilt $W_{A,12} < 0$ (da $T_1 > 0$, $V_2 > V_1$), das Gas verrichtet beim Übergang vom Zustand P_1 in den Zustand P_2 Arbeit. Nach (S 7.2a) muß hierfür vom Wärmebehälter mit $T = T_1$ dem System ein entsprechender Energiebetrag in Form der Wärmemenge Q_1 zugeführt werden. Nach (7.24a) folgt für sie

$$Q_1 = \frac{m}{m_{\mathrm{mol}}} R T_1 \ln \frac{V_2}{V_1}. \tag{7.25a}$$

Für den thermodynamischen Wirkungsgrad der Carnot-Maschine folgt nach (D 7.14), (7.24) und (7.25a)

$$\eta = 1 - \frac{T_2}{T_1}. \qquad (7.23)$$

Nach (7.24b) wird beim Übergang $P_3 \rightarrow P_4$ am Gas Arbeit verrichtet ($V_4 < V_3$). Sie muß vollständig dem Wärmebehälter mit $T = T_2$ in Form der Wärmemenge Q_2 zugeführt werden. Für sie ergibt sich nach (7.24b) und (7.24d)

$$Q_2 = \frac{m}{m_{\text{mol}}} R T_2 \ln \frac{V_4}{V_3} = \frac{m}{m_{\text{mol}}} R T_2 \ln \frac{V_1}{V_2} \qquad (7.25\text{b})$$

und somit nach (7.24a), (D 7.14) und (7.25a) in Übereinstimmung mit (7.23a) und (7.23)

$$Q_2 = -Q_1 \frac{T_2}{T_1} = -Q_1(1-\eta). \qquad (7.25\text{c})$$

Läßt man den Kreisprozeß mit umgekehrtem Richtungssinn laufen, so erhält man statt einer Wärmekraftmaschine eine *Wärmepumpe*. Durch Verrichtung äußerer Arbeit wird vom Wärmebehälter mit $T = T_2$ die Wärmemenge $Q_1 < 0$ in den Wärmebehälter mit $T = T_1$ gepumpt. Hierzu muß nach (D 7.14) und (7.25c) am Gas die Arbeit

Wärmepumpe

$$W_{\text{A}} = -\eta Q_1 = \frac{\eta Q_2}{1-\eta} \qquad (7.26)$$

verrichtet werden. Eine weit verbreitete Wärmepumpe ist z.B. der Kühlschrank.

Vorstehende Überlegungen sollen jetzt auf eine Carnot-Maschine mit beliebiger Arbeitssubstanz erweitert werden. Ihr Wirkungsgrad sei μ. Prinzipiell könnte nun μ größer oder kleiner als der Wirkungsgrad $\eta = 1 - \frac{T_2}{T_1}$ der Carnot-Maschine mit einem idealen Gas als Arbeitssubstanz oder ihm gleich sein. Um zu entscheiden, welcher von diesen Fällen wirklich vorliegt, wollen wir $\mu > \eta$ voraussetzen. Die Carnot-Maschine mit beliebiger Arbeitssubstanz und dem Wirkungsgrad $\mu > \eta$ arbeite ebenfalls zwischen dem Wärmebehälter der Temperatur T_1 und dem der Temperatur T_2 ($T_1 > T_2$). Nach (7.23a) gilt zwischen der dem Behälter mit $T = T_1$ entnommenen Wärmemenge Q_1 und der dem Behälter mit $T = T_2$ zugeführten Wärmemenge Q_2

Carnot-Prozeß mit beliebiger Arbeitssubstanz

$$Q_2 = Q_1(\mu - 1). \qquad (7.27\text{a})$$

Wird jetzt die dem Behälter mit $T = T_2$ zugeführte Wärmemenge Q_2 durch einen rückwärts laufenden Carnot-Prozeß mit einem idealen Gas als Arbeitssubstanz (Wärmepumpe) wieder in den Behälter mit $T = T_1$ zurückgebracht, so muß nach den Gleichungen (7.26) und (7.27a) hierzu dem

System die Arbeit

$$W_A = \frac{\eta Q_2}{1-\eta} = \frac{\mu - 1}{1-\eta} \eta Q_1 \tag{7.27b}$$

zugeführt werden. Für die gesamte vom System verrichtete Arbeit $W_{A,g}$ folgt nach (D 7.14) und (7.27b)

$$W_{A,g} = -Q_1 \mu - \frac{\mu - 1}{1-\eta} \eta Q_1 = -\frac{\mu - \eta}{1-\eta} Q_1 < 0, \tag{7.27}$$

da $Q_1 > 0$ (Wärmemenge wird dem System zugeführt), $\mu > \eta$ nach Voraussetzung und $\eta < 1$ nach (7.23) gilt. Damit ist eine periodisch arbeitende Maschine gewonnen, die weiter nichts tut, als einem Wärmebehälter eine Wärmemenge zu entziehen und mit dieser eine mechanische Arbeit zu verrichten. Das perpetuum mobile 2. Art wäre geschaffen. Da der 2. Hauptsatz der Thermodynamik das verbietet, muß die Voraussetzung $\mu > \eta$ falsch sein. Die Annahme $\mu < \eta$ führt zum gleichen Widerspruch. Der Beweis gelingt durch eine analoge Betrachtung. Hierzu braucht dann nur die mit einem idealen Gas arbeitende Carnot-Maschine als Wärmekraftmaschine und die mit einer beliebigen Arbeitssubstanz arbeitende als Wärmepumpe betrieben zu werden.

Da nach vorstehenden Überlegungen die Fälle $\mu \gtrless \eta$ auszuschließen sind, gilt (7.23) für einen Carnotschen Kreisprozeß mit beliebiger Arbeitssubstanz.

Es folgt:

(S 7.11) Wirkungsgrad der Carnot-Maschine

Der Wirkungsgrad

$$\eta = 1 - \frac{T_2}{T_1}$$

der Carnot-Maschine ist der maximal mögliche thermodynamische Wirkungsgrad einer zwischen den Temperaturen T_1 und T_2 ($T_1 > T_2$) arbeitenden Wärmekraftmaschine.

Nach (S 7.11) beträgt für eine zwischen den Temperaturen $T_2 = 300$ K (Zimmertemperatur) und $T_1 = 600$ K arbeitende Dampfturbine der maximal mögliche thermodynamische Wirkungsgad 50%. Da alle technischen Wärmekraftmaschinen weder reversibel noch ideal isotherm, noch unter absoluter Wärmeisolierung zu arbeiten vermögen, besitzen sie stets einen kleineren Wirkungsgrad als den der Carnot-Maschine.

beliebige reversible Kreisprozesse

Wir wollen vorstehende Überlegungen auf einen beliebigen reversiblen Kreisprozeß mit beliebiger Substanz erweitern. Für die spätere Übertragung nachfolgender Beziehungen auf irreversible Prozesse werden die reversibel zugeführten Wärmemengen durch den zusätzlichen Index „rev" gekennzeichnet. (7.25c) schreibt sich dann

$$\frac{Q_{\text{rev},1}}{T_1} + \frac{Q_{\text{rev},2}}{T_2} = 0. \tag{7.28a}$$

Es werde zunächst ein reversibler Kreisprozeß betrachtet, der aus beliebigen isothermen und adiabatischen Vorgängen zwischen n Wärmebehältern der Temperaturen T_i $(i=1, 2, \ldots, n)$ bestehe. Durch Zwischenschaltung von adiabatischen Vorgängen kann dieser Kreisprozeß zu einer Summe nacheinander zu durchlaufender Carnot-Prozesse ergänzt werden. So läßt sich der in Abbildung 7.12 dargestellte Kreisprozeß durch die Summe von drei Carnot-Prozessen darstellen. Da die zugeschaltenen adiabatischen Prozesse jeweils mit umgekehrtem Richtungssinn durchlaufen werden, trägt die Summe dieser zugeschalteten adiabatischen Prozesse zur Gesamtarbeit nichts bei.

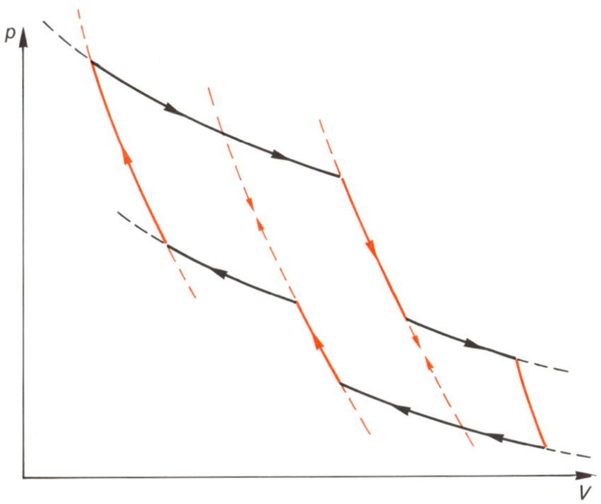

Abb. 7.12
Zur Behandlung solcher reversibler Kreisprozesse, die sich aus beliebig vielen isothermen und adiabatischen Vorgängen zusammensetzen

Da für jeden Carnot-Prozeß (7.28a) gilt, folgt für den Gesamtprozeß

$$\sum_{i=1}^{n} \frac{Q_{\mathrm{rev},i}}{T_i} = 0 . \tag{7.28b}$$

Nun werden die Betrachtungen auf einen beliebigen reversiblen Kreisprozeß erweitert. Sein p-V-Diagramm entspreche Abbildung 7.13. Wir denken uns das p-V-Diagramm mit einem dichten Netz von Adiabaten und Isothermen überzogen und den Verlauf des Kreisprozesses im p-V-Diagramm durch die in Abbildung 7.14 zackenförmig dargestellten isothermen und adiabatischen Zustandsänderungen angenähert. Nähern wir diesen zickzackförmigen Weg immer mehr dem gegebenen an (Anzahl der Zacken $\to \infty$, Höhe der Zacken $\to 0$), dann geht im Grenzfall die Summe (7.28b) in das Integral

$$\oint \frac{\delta Q_{\mathrm{rev}}}{T} = 0$$

über (vgl. A. 15).

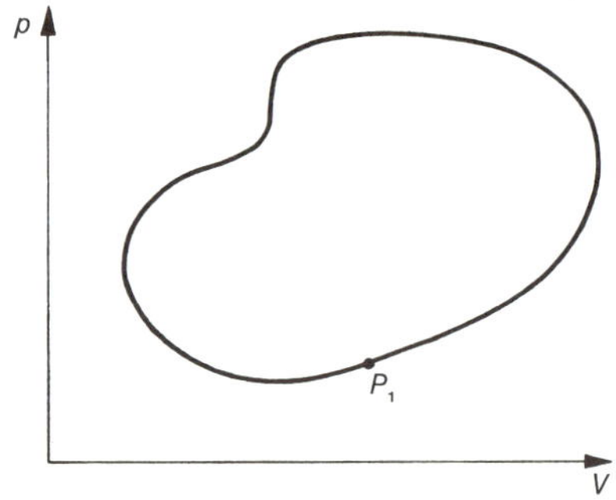

Abb. 7.13
Beliebiger reversibler Kreisprozeß

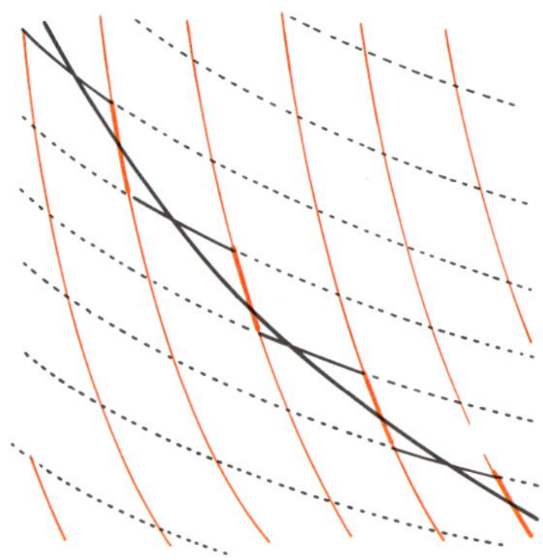

Abb. 7.14
Zur Behandlung beliebiger reversibler Kreisprozesse
(----- Isothermen,
—— Adiabaten,
—— Teilstück des Kreisprozesses)

(S 7.12a)
beliebige reversible Kreisprozesse

Für einen beliebigen reversiblen Kreisprozeß gilt mit der bei der jeweiligen Temperatur T reversibel ausgetauschten Wärmemenge δQ_{rev}

$$\oint \frac{\delta Q_{\mathrm{rev}}}{T} = 0 .$$

7.4.3.2 Entropie

Nach (S 7.12a) gilt für den reversiblen Kreisprozeß $\oint \frac{\delta Q_{\mathrm{rev}}}{T} = 0$. Nach A. 15 muß somit der Integrand $\mathrm{d}S = \frac{\delta Q}{T}$ ein vollständiges Differential einer Zustandsfunktion S sein.

(D 7.15)
Entropie S

Die Zustandsfunktion

$$S(P) = \int_{P_1}^{P} \frac{\delta Q_{\mathrm{rev}}}{T} + S(P_1)$$

heißt Entropie des thermodynamischen Systems im Zustand P.

Mögliche Maßeinheit: $[S] = \mathrm{JK}^{-1}$.

Die Definition (D 7.15) legt die Größe Entropie nur bis auf eine additive Konstante fest, ihr Absolutwert bleibt unbestimmt. In viele Überlegungen gehen nur Entropiedifferenzen ein, der Absolutwert von S wird nicht benötigt. Es gibt aber auch Probleme, für deren Lösung der Absolutwert der Entropie notwendig ist. Aus thermodynamischen Überlegungen folgerte NERNST:

(S 7.13)
Nernstscher Satz

> Am absoluten Nullpunkt besitzt die Entropie für alle im thermodynamischen Gleichgewicht befindlichen Systeme unabhängig von den anderen Zustandsgrößen und unabhängig vom Phasenzustand der Systeme den Wert Null (Nernstscher Satz).

WALTER NERNST
(1864–1941)
Nobelpreis 1920

(S 7.13) wird vielfach als 3. Hauptsatz der Wärmelehre bezeichnet. Er ist jedoch mit quantenmechanischen Methoden zu begründen und somit im strengen Sinne kein Axiom. Durch die in (S 7.13) gegebene zahlenmäßige Festlegung der Zustandsgröße Entropie wird diese für manche praktischen Probleme erst richtig verwertbar.

Bei einem beliebigen Kreisprozeß können Wärmemengen zum Teil irreversibel ausgetauscht werden. Sie werden mit dem Index „irr" bezeichnet. Nehmen wir zunächst an, daß bei einer Carnot-Maschine zusätzlich irreversible Wärmeübergänge auftreten. Das ist zum Beispiel der Fall, wenn die Temperaturen der beiden Wärmebehälter, mit denen das dem Kreisprozeß unterworfene Gas während der isothermen Teilabschnitte im Wärmekontakt steht, sich von der Gastemperatur unterscheiden. Dieser Temperaturunterschied tritt auf, weil in der Realität kein ideal guter Wärmekontakt existiert. Die isothermen Teilprozesse laufen damit nicht mehr quasistatisch ab. Trotzdem soll sich der Kreisprozeß nach wie vor aus zwei isothermen und zwei adiabatischen Abschnitten zusammensetzen.

Für den thermodynamischen Wirkungsgrad η_{irr} einer derartigen Wärmekraftmaschine ergibt sich nach (7.23a)

$$\eta_{\text{irr}} = 1 + \frac{Q_{\text{irr},2}}{Q_{\text{irr},1}},$$

während aus (S 7.11)

$$\eta_{\text{irr}} < 1 - \frac{T_2}{T_1}$$

folgt. Bei zusätzlichen irreversiblen Prozessen gilt daher statt (7.28a)

$$\frac{Q_{\text{irr},1}}{T_1} + \frac{Q_{\text{irr},2}}{T_2} < 0. \tag{7.28c}$$

Verallgemeinerung von (7.28c) auf beliebige Kreisprozesse mit irreversiblen Bestandteilen analog zu der in Abb. 7.14 skizzierten Weise ergibt:

(S 7.12b)
Kreisprozesse mit irreversiblen Teilstücken

> Für einen beliebigen Kreisprozeß mit irreversiblen Teilstücken gilt
> $$\oint \frac{\delta Q_{\text{irr}}}{T} < 0.$$

Wir betrachten nun einen nicht geschlossenen irreversiblen Prozeß zwischen den Zuständen P_1 und P_2. Kehrt man durch einen reversiblen Prozeß vom Zustand P_2 zum Ausgangszustand P_1 zurück, so ist dieses Problem auf (S 7.12b) zurückgeführt (Abb. 7.15). Nach (S 7.12b) erhalten wir

$$\int_{P_1}^{P_2} \frac{\delta Q_{\mathrm{irr}}}{T} + \int_{P_2}^{P_1} \frac{\delta Q_{\mathrm{rev}}}{T} < 0$$

oder bei Beachtung von (D 7.15)

$$S(P_2) - S(P_1) - \int_{P_1}^{P_2} \frac{\delta Q_{\mathrm{irr}}}{T} > 0 . \tag{7.29}$$

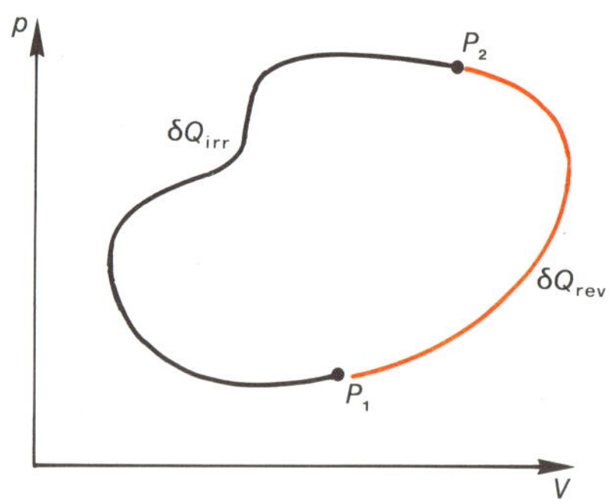

Abb. 7.15
Kreisprozeß, der aus einem reversiblen und einem irreversiblen Teilprozeß besteht

Nach (7.29) stellt der Wert $S(P_2) - S(P_1) - \int_{P_1}^{P_2} \frac{\delta Q_{\mathrm{irr}}}{T}$ ein Kriterium für das Ausmaß der Irreversibilität des Prozesses $\int_{P_1}^{P_2} \frac{\delta Q_{\mathrm{irr}}}{T}$ dar.

Für ein abgeschlossenes thermodynamisches System ($\delta Q_{\mathrm{irr}} = 0$) folgt aus (7.29):

(S 7.14)
Entropieänderung bei Zustandsänderungen
isentropische Zustandsänderungen

In jedem abgeschlossenen thermodynamischen System verlaufen die Zustandsänderungen so, daß

$S(P_2) \geqq S(P_1)$

ist, wobei $S(P_1)$ die Entropie des Anfangszustandes, $S(P_2)$ die Entropie des Endzustandes bedeuten.
In einem sich selbst überlassenen, d.h. abgeschlossenen thermodynamischen System finden so lange Zustandsänderungen statt, bis die Entropie des Systems ihren Maximalwert, d.h. das thermo

dynamische System seinen Gleichgewichtszustand erreicht hat. Reversible Zustandsänderungen verlaufen bei konstanter Entropie (isentropische Zustandsänderungen)

Durch den Satz (S 7.14) wird die Richtung der von selbst ablaufenden thermodynamischen Prozesse festgelegt, denn ein Vorgang, für den $\Delta S = S(P_2) - S(P_1) < 0$ gilt, kann nach (S 7.14) in einem abgeschlossenen System nicht ablaufen.

Als Beispiel soll die Diffusion von Gasen betrachtet werden. Es sei ein Gefäß gegeben, in dem sich k nicht miteinander chemisch reagierende ideale Gase bei gleichem Druck p und gleicher Temperatur befinden. Die Masse des i-ten Gases betrage m_i. Die Gase seien zunächst durch Zwischenwände voneinander getrennt. Entfernt man letztere, so vermischen sich die Gase erfahrungsgemäß. Man bezeichnet diesen Vorgang als *Diffusion* (vgl. Abschn. 8.3.8.2.3). Die Diffusion ist also ein von selbst ablaufender physikalischer Vorgang. Deshalb muß nach (S 7.14) die Entropie während des Diffusionsvorganges anwachsen. Nach A. 27 ergibt sich für den auftretenden Entropiezuwachs bei der Diffusion

$$\Delta S = \sum_{i=1}^{k} m_i \ln \frac{p}{p_i} > 0$$

(p_i Partialdruck des i-ten Gases im Gemisch).

Umgekehrt ist eine Entmischung der Gase nur durch Arbeitsaufwand möglich. Einen Sonderfall bildet die reversible Entmischung, die ohne Entropieänderung und somit ohne Arbeitsaufwand erfolgt (vgl. A. 27). Praktisch ist dieser Sonderfall aber nicht anwendbar, da er als reversibler Vorgang eine unendlich lange Zeitdauer erfordert.

Als weiteres Beispiel wird in A. 28 der mit dem Temperaturausgleich verbundene Entropiezuwachs betrachtet.

7.4.3.3 Thermodynamische Temperaturskala

Die experimentelle Festlegung der Celsius-Temperatur ist von der Thermometersubstanz des benutzten Flüssigkeits- bzw. Gasthermometers abhängig (vgl. Abschnitt 7.1 und Abschnitt 7.3.1). Nach (D 7.1b) gilt dies auch für die bisherige Definition des Kelvin. Diese Unzulänglichkeit bei der Festlegung der Temperaturskala kann beseitigt werden. Dazu wird von einem reversiblen Kreisprozeß zwischen den Temperaturen T_1 und T_2 ausgegangen. Bedeuten wiederum $Q_{\mathrm{rev},1}$ und $Q_{\mathrm{rev},2}$ die zugeführten und abgeführten Wärmemengen, dann gilt nach (7.28b) und (S 7.11) unabhängig von der Substanz, mit der der Kreisprozeß durchgeführt wird,

$$\frac{T_1}{T_2} = -\frac{Q_{\mathrm{rev},1}}{Q_{\mathrm{rev},2}}. \qquad (7.28\mathrm{d})$$

Legt man in (7.28d) durch irgendeine Vorschrift die Temperatur T_1 fest, führt zwischen dieser und der zu bestimmenden Temperatur T_2 einen reversiblen Kreisprozeß durch und mißt die hierbei dem System zugeführten bzw. von ihm abgeführten Wärmemengen $Q_{rev,1}$ und $Q_{rev,2}$, so ist nach Beziehung (7.28d) durch die bekannten Größen T_1, $Q_{rev,1}$ und $Q_{rev,2}$ die Temperatur T_2 unabhängig von der Thermometersubstanz festgelegt. Die so gewonnene Temperaturskala heißt *thermodynamische Temperaturskala*. Wird noch beachtet, daß in der bisher verwendeten Temperaturskala der Tripelpunkt des Wassers bei $\vartheta = 0{,}007\,°C$ liegt (vgl. Abschnitt 7.5.2.1), so kann im Anschluß an (D 7.1a) geschrieben werden:

thermodynamische Temperaturskala

(D 7.1)
Basiseinheit
1 Kelvin (1 K)

1 Kelvin ist der 273,16te Teil der (thermodynamischen) Temperatur des Tripelpunktes von Wasser.

Die Festlegung der Temperaturskala durch (D 7.1) ist unabhängig von der Thermometersubstanz. Für nicht allzu tiefe Temperaturen stimmt sie praktisch mit den Werten des Helium-Gasthermometers überein.

Realisierung der thermodynamischen Temperaturskala

Weil die Anwendung des Gasthermometers zur Bestimmung der thermodynamischen Temperaturen sehr aufwendig ist, wurde nach Einführung der Internationalen Temperaturskala von 1968 daran gearbeitet, für eine

Tabelle 7.8
Temperaturfixpunkte der Internationalen Temperatur-Skala ITS-90. Die bei den Erstarrungs- bzw. Schmelzpunkten angegebenen Temperaturen beziehen sich auf den Normdruck $p_N = 101{,}325$ kPa .

Gleichgewichtszustand	T_{90} in K	ϑ_{90} in °C
Dampfdruck des Heliums	3 bis 5	−270,15 bis −268,15
Tripelpunkt des Gleichgewichtswasserstoffs	13,8033	−259,3467
Dampfdruck (32,9 kPa) des Wasserstoffs	≈ 17	−256,15
Dampfdruck (102,2 kPa) des Wasserstoffs	20,3	−252,85
Tripelpunkt des Neons	24,5561	−248,5939
Tripelpunkt des Sauerstoffs	54,3584	−218,7916
Tripelpunkt des Argons	83,8058	−189,3442
Tripelpunkt des Quecksilbers	234,3156	− 38,8344
Tripelpunkt des Wassers	273,16	0,01
Schmelzpunkt des Galliums	302,9146	29,7646
Erstarrungspunkt des Indiums	429,7485	156,5985
Erstarrungspunkt des Zinns	505,078	231,928
Erstarrungspunkt des Zinks	692,677	419,527
Erstarrungspunkt des Aluminiums	933,473	660,323
Erstarrungspunkt des Silbers	1234,93	961,78
Erstarrungspunkt des Goldes	1337,33	1064,18
Erstarrungspunkt des Kupfers	1357,77	1084,62

praktische Temperaturskala neben dem Tripelpunkt des Wassers in einem großen Temperaturbereich weitere Fixpunkte zu markieren. Die Internationale Temperaturskala von 1990 (ITS-90) stützt sich auf 17 Fixpunkte (s. Tab. 7.8), die gut reproduzierbaren thermodynamischen Gleichgewichtszuständen entsprechen. Die ihnen zugeordneten Temperaturen sind Mittelwerte der in verschiedenen metrologischen Staatsinstituten bestimmten thermodynamischen Temperaturen im jeweiligen Zustand.

Die ITS-90 ist die gegenwärtig bestmögliche Annäherung an die thermodynamische Temperaturskala. Die Darstellung der Fixpunkte ist mit Ausnahme des Tripelpunktes von Wasser mit beträchtlichem Aufwand verbunden. Zur Realisierung der ITS-90 zwischen den Fixpunkten sind Normalgeräte einschließlich der Interpolationsformeln vorgegeben. Zwischen 0,65 K und 5 K finden He-Dampfdruckthermometer Anwendung. Dabei wird der Dampfdruck gemessen und die Temperatur aus der in der ITS-90 ebenfalls vorgegebenen Dampfdruckgleichung berechnet. Für den Temperaturbereich 3,0000 K bis 24,5561 K werden spezielle Gasthermometer eingesetzt, von 13,8033 K bis 1234,9300 K Platin-Widerstandsthermometer. In den Überschneidungsbereichen bei tiefen Temperaturen unterscheiden sich die durch die verschiedenen Geräte angezeigten Temperaturen um maximal 0,2 mK. Die Unsicherheit des Widerstandsthermometers beträgt bei 933 K etwa 5 mK und bei 1235 K etwa 10 mK. Oberhalb des Silberfixpunktes werden auf der Grundlage der Planckschen Strahlungsformel (siehe Band III) Spektralpyrometer eingesetzt, deren Unsicherheit bei 1337 K etwa 10 mK und bei 2600 K etwa 2 K beträgt. Die nach den Vorschriften der ITS-90 gemessenen Temperaturen werden durch den Index 90 gekennzeichnet, das heißt T_{90} bzw. ϑ_{90}.

7.4.4 Unerreichbarkeit des absoluten Nullpunktes

Es soll noch die Frage erörtert werden, ob es durch irgendeine experimentelle Vorrichtung gelingt, ein thermodynamisches System auf die Temperatur des absoluten Nullpunktes zu bringen. Der einfachste Weg, es entsprechend (S 7.1) mit einem System $T = 0$ K ins thermodynamische Gleichgewicht zu bringen, entfällt, da wir ein derartiges thermodynamisches System nicht kennen. Somit bleibt nur der Weg, ein thermodynamisches System, welches sich nicht im Zustand des Maximums der Entropie befindet, thermisch zu isolieren und dann sich selbst zu überlassen. Entsprechend (S 7.14) verlaufen in diesem System so lange Zustandsänderungen, bis sich der Maximalwert der Entropie eingestellt hat. Die für diese Zustandsänderungen notwendige Arbeit muß vom System verrichtet werden. Nach (S 7.2) kann dies nur dadurch geschehen, daß dem System ein entsprechendes Äquivalent an Wärmeenergie entzogen wird. Es kühlt sich ab. Experimentell wird zur Abkühlung unter anderem die adiabatische Entmagnetisierung ausgenutzt (siehe Bd. IV).

In einem abgeschlossenen System verursache die Veränderung der Größe x eine Temperaturänderung. Wir betrachten die Entropie des Systems als Funktion von x und $T(S=S(T, x))$. Nach (A 2.22) und (S 7.14) folgt

$$\mathrm{d}S=\left(\frac{\partial S}{\partial T}\right)_x \mathrm{d}T+\left(\frac{\partial S}{\partial x}\right)_T \mathrm{d}x \geqq 0$$

(das Gleichheitszeichen gilt für den reversiblen Prozeß) oder

$$\frac{\mathrm{d}T}{\mathrm{d}x} \geqq -\frac{\left(\frac{\partial S}{\partial x}\right)_T}{\left(\frac{\partial S}{\partial T}\right)_x} . \tag{7.30}$$

Nach (S 7.13) gilt $\lim\limits_{T \to 0} S \to 0$ unabhängig vom Wert der Größe x, d.h. auch $\lim\limits_{T \to 0} \left(\frac{\partial S}{\partial x}\right)_T = 0$. Nach (7.30) wird bei Annäherung an $T=0$ K somit die mit einer Veränderung der Größe x zu erzielende Temperaturänderung immer kleiner, d.h., man kann sich experimentell dem absoluten Nullpunkt nur asymptotisch nähern.

(S 7.15) Der absolute Nullpunkt ist unerreichbar

Es gibt kein Experiment, mit dem ein thermodynamisches System auf die Temperatur $T=0$ K gebracht werden kann.
Man kann sich dem absoluten Nullpunkt nur asymptotisch nähern.

7.4.5 Allgemeine Gleichgewichtsbedingung, thermodynamische Potentiale

Nach (S 7.14) verlaufen in einem abgeschlossenen thermodynamischen System irreversible Zustandsänderungen stets so, daß $\mathrm{d}S > 0$ gilt. Dagegen gilt nach (D 7.15) in einem nicht abgeschlossenen System bei reversibler Wärmezufuhr $\mathrm{d}S = \frac{\delta Q_{\text{rev}}}{T}$. Aus diesen Beziehungen soll jetzt eine allgemeine Bedingung für die mit reversiblen und irreversiblen Zustandsänderungen verbundene Entropieänderung in nicht abgeschlossenen Systemen gefolgert werden. Die durch eine infinitesimale (reversible oder irreversible) Zustandsänderung des nicht abgeschlossenen Systems bedingte Entropieänderung des Systems sei $\mathrm{d}S$, $\mathrm{d}S_{\ddot{a}}$ die zugehörige Entropieänderung des äußeren Systems, das diese infinitesimale Zustandsänderung hervorruft. Nach Abschnitt 1.2 läßt sich nun jedes physikalische System in ein abgeschlossenes System überführen, indem man ein nicht abgeschlossenes System um die mit ihm wechselwirkenden Systeme vermehrt. Denken wir uns das nicht abgeschlossene System durch die Einbeziehung aller äußeren Wärmebehälter in ein abgeschlossenes System überführt, so kann (S 7.14) auf dieses Gesamtsystem Anwendung finden. Es folgt für die Entropieänderung $\mathrm{d}S_g$ des Gesamtsystems

$$\mathrm{d}S_g = \mathrm{d}S + \mathrm{d}S_ä \geqq 0 \tag{7.31a}$$

(> gilt für eine irreversible Zustandsänderung)

(= gilt für eine reversible Zustandsänderung).

Die in das Gesamtsystem einbezogene Umgebung kann stets so umfassend gewählt und die Systemgrenzen zwischen den Teilsystemen können gedanklich so günstig festgelegt werden, daß irreversible Prozesse ausschließlich innerhalb der Teilsysteme ablaufen. Somit kann (D 7.15) für den betrachteten Wärmeübergang zwischen den Teilsystemen Anwendung finden. Beachtet man noch, daß die dem nicht abgeschlossenen System reversibel zugeführte Wärmemenge δQ_{rev} dem äußeren System entzogen werden muß, d.h. in ihm eine Veränderung der Wärmemenge um $\delta Q_{ä,rev} = -\delta Q_{rev}$ erfolgt, so ergibt sich nach (D 7.15) als Entropieänderung des äußeren Systems

$$\mathrm{d}S_ä = \frac{\delta Q_{ä,rev}}{T} = -\frac{\delta Q_{rev}}{T} \tag{7.31b}$$

und somit nach (7.31a) für die Entropieänderung des Gesamtsystems

$$\mathrm{d}S_g = \mathrm{d}S - \frac{\delta Q_{rev}}{T} \geqq 0. \tag{7.31c}$$

Bei Beachtung des ersten Hauptsatzes (S 7.2b) geht (7.31c) über in

$$dS - \frac{\mathrm{d}U + p\,\mathrm{d}V}{T} \geqq 0 \tag{7.31}$$

(> gilt für eine irreversible Zustandsänderung)
(= gilt für eine reversible Zustandsänderung).

Gleichung (7.31) macht eine Aussage darüber, ob ein thermodynamischer Übergang zwischen zwei sich um $\mathrm{d}S$, $\mathrm{d}U$ und $\mathrm{d}V$ unterscheidenden Zuständen bei gegebenem p und T erfolgen kann oder nicht. Die Aussage von (S 7.14) ist in (7.31) als Sonderfall $\mathrm{d}U = \mathrm{d}V = 0$ (d.h. nach (S 7.2b) $\mathrm{d}Q = 0$) enthalten.

Zur Erfassung von thermodynamischen Gleichgewichtszuständen erweist sich die Einführung weiterer Zustandsfunktionen als nützlich:

(D 7.16)
Enthalpie H
freie Energie F
freie Enthalpie G

Die Zustandsfunktion

$$H = U + pV$$

heißt Enthalpie,
die Zustandsfunktion

$$F = U - TS$$

freie Energie

Josiah Willard Gibbs (1839–1903)

und die Zustandsfunktion

$$G = H - TS = F + pV = U + pV - TS$$

freie Enthalpie oder Gibbssches Potential des thermodynamischen Systems.

Mögliche Maßeinheit: $[H] = [F] = [G] = \mathrm{J}$.

Bilden wir entsprechend (A 2.22) und (A 2.5) die totalen Differentiale der Zustandsfunktionen (D 7.16)

$$\mathrm{d}H = \mathrm{d}U + V\mathrm{d}p + p\mathrm{d}V,$$

$$\mathrm{d}F = \mathrm{d}U - T\mathrm{d}S - S\mathrm{d}T,$$

$$\mathrm{d}G = \mathrm{d}U + p\mathrm{d}V + V\mathrm{d}p - T\mathrm{d}S - S\mathrm{d}T,$$

so folgen mit (7.31) bzw. aus (7.31) die Beziehungen

thermodynamische Relationen

$$\mathrm{d}U \leqq T\mathrm{d}S - p\mathrm{d}V, \tag{7.32a}$$

$$\mathrm{d}H \leqq T\mathrm{d}S + V\mathrm{d}p, \tag{7.32b}$$

$$\mathrm{d}F \leqq -S\mathrm{d}T - p\mathrm{d}V, \tag{7.32c}$$

$$\mathrm{d}G \leqq -S\mathrm{d}T + V\mathrm{d}p. \tag{7.32d}$$

In ihnen gilt wieder das Gleichheitszeichen für reversible, das Ungleichheitszeichen für irreversible Zustandsänderungen.

Verlaufen die Zustandsänderungen isentrop ($S = \mathrm{const}$) isochor ($V = \mathrm{const}$), so befindet sich nach (7.32a) das thermodynamische System beim Minimum der inneren Energie im Gleichgewicht, verlaufen die Zustandsänderungen isentrop ($S = \mathrm{const}$) isobar ($p = \mathrm{const}$), dann ergibt sich nach (7.32b) das Gleichgewicht beim Minimum der Enthalpie. In derartigen Systemen können nur so lange Zustandsänderungen ablaufen, bis das Minimum der inneren Energie bzw. das Minimum der Enthalpie erreicht ist. Vorstehende Extremalbedingungen haben für die Praxis keine allzu große Bedeutung.

Von größter Wichtigkeit sind dagegen die analogen Folgerungen für die freie Energie und die freie Enthalpie. Nach (7.32c) und (7.32d) gilt:

(S 7.16) Gleichgewichtsbedingungen für isotherm-isochore und isotherm-isobare Zustandsänderungen

Verlaufen in einem thermodynamischen System die Zustandsänderungen isotherm ($T = \mathrm{const}$) isochor ($V = \mathrm{const}$), so befindet sich das System beim Minimum der freien Energie im Gleichgewicht, verlaufen sie isotherm ($T = \mathrm{const}$) isobar ($p = \mathrm{const}$), dann liegt das Gleichgewicht beim Minimum der freien Enthalpie vor.

Für eine isotherme Zustandsänderung gilt nach (7.32c)

$$p\mathrm{d}V \leqq -\mathrm{d}F. \tag{7.32e}$$

Bedeutung der freien Energie

Vom System kann bei einer isothermen Zustandsänderung höchstens soviel Arbeit verrichtet werden, wie der Abnahme der freien Energie bei dieser

Zustandsänderung entspricht. Die freie Energie ist damit der Energieanteil eines thermodynamischen Systems, der maximal in Arbeit verwandelt werden kann. Bei Gültigkeit des Gleichheitszeichens in (7.32e) erreicht dieser Anteil sein Maximum, d. h. für reversible Zustandsänderungen.

Nach vorstehenden Überlegungen besitzen zur Formulierung der Gleichgewichtsbedingungen eines thermodynamischen Systems die Zustandsfunktionen U, H, F und G die gleiche Bedeutung wie die potentielle Energie (mechanisches Potential) für das Gleichgewicht des mechanischen Systems (vgl. (S 5.6)). Ferner kann aus der potentiellen Energie durch Gradientenbildung, d. h. nach (A 13.3) durch Differentiation, die wirkende Kraft gewonnen werden (vgl. (S 3.16)). In Analogie hierzu können durch entsprechende Differentiationen der Zustandsfunktionen U, H, F und G die Zustandsgrößen des entsprechenden thermodynamischen Systems gewonnen werden. Für reversible Prozesse folgen zum Beispiel aus (7.32a) bis (7.32d) sofort die Beziehungen

thermodynamische Potentiale

$$\left(\frac{\partial U(S, V)}{\partial V}\right)_S = -p, \quad \left(\frac{\partial U(S, V)}{\partial S}\right)_V = T, \tag{7.33a}$$

$$\left(\frac{\partial H(S, p)}{\partial p}\right)_S = V, \quad \left(\frac{\partial H(S, p)}{\partial S}\right)_p = T, \tag{7.33b}$$

$$\left(\frac{\partial F(T, V)}{\partial V}\right)_T = -p, \quad \left(\frac{\partial F(T, V)}{\partial T}\right)_V = -S, \tag{7.33c}$$

$$\left(\frac{\partial G(T, p)}{\partial p}\right)_T = V, \quad \left(\frac{\partial G(T, p)}{\partial T}\right)_p = -S. \tag{7.33d}$$

U, H, F und G werden daher vielfach auch als *thermodynamische Potentiale* bezeichnet.

7.5 Thermodynamik einiger Systeme mit mehreren Phasen oder Komponenten

Die Arbeitsweise der in diesem Kapitel umrissenen Thermodynamik beruht auf der Beschreibung der Eigenschaften thermodynamischer Systeme in Gleichgewichtszuständen. Im Gegensatz zur Thermodynamik irreversibler Prozesse ist es nicht möglich, mit der Gleichgewichtsthermodynamik den zeitlichen Ablauf eines Vorganges zu erfassen. Sie kann einen Vorgang nur durch die Gleichgewichtszustände an seinem Anfang und Ende oder, sofern es sich um reversible Vorgänge handelt, durch eine Folge von zu durchlaufenden Gleichgewichtszuständen darstellen. Das thermodynamische Gleichgewicht wird durch Zustandsgleichungen fixiert, seine Eigenschaften werden dabei durch eine bestimmte Anzahl von Zustandsfunktionen vollständig erfaßt. Einige zur Beschreibung thermodynamischer

Sachverhalte geeignete Zustandsfunktionen wurden in den vorhergehenden Abschnitten eingeführt. Für bestimmte praktische Belange – insbesondere für die physikalische Chemie – sind aber auch noch andere gebräuchlich, da sie eine einfache Beschreibung bestimmter Probleme erlauben. Es ist daher notwendig zu entscheiden, wieviel Zustandsgrößen zur eindeutigen Beschreibung eines thermodynamischen Systems notwendig sind oder, anders ausgedrückt, wieviel *thermodynamische Freiheitsgrade* es besitzt. Die dazu ausgewählten Zustandsgrößen sind notwendig voneinander unabhängig. Sehr übersichtlich liegen diesbezüglich die Verhältnisse bei einem Gas. Die Zustandsgleichung enthält die Zustandsfunktionen p, V und T. Zwei von ihnen sind als unabhängige Veränderliche aufzufassen. Die Anzahl der Freiheitsgrade beträgt demnach 2. Durch einen Punkt im dreidimensionalen p-V-T-Raum ist damit der Zustand des Gases eindeutig festgelegt. Diese einfachen Verhältnisse ergeben sich dann, wenn es sich um einen in jeder Beziehung homogen zusammengesetzten Körper handelt. Exakter wird das mit Hilfe der Begriffe Phase und Komponente zum Ausdruck gebracht.

thermodynamische Freiheitsgrade

(D 7.17)
Phase eines thermodynamischen Systems

Physikalische Kontinua von gleicher makroskopischer physikalischer Beschaffenheit heißen unabhängig von Form und Menge Körper gleicher Phase.

Der Begriff Phase kann für den betrachteten Stoff mit dem Begriff Aggregatzustand identisch sein, er braucht es aber nicht. So sind für feste und flüssige Substanzen mehrere unterschiedliche Phasen denkbar. Zum Beispiel wird in Band IV gezeigt, daß fester Schwefel in zwei voneinander verschiedenen regelmäßigen Anordnungen von Schwefelatomen (der rhombischen oder der monoklinen Modifikation) aufgebaut sein kann. Jede dieser Modifikationen ist nach (D 7.17) als eine besondere Phase des festen Schwefels anzusehen. Ein Gemisch aus rhombischen und monoklinem Schwefel besteht somit aus zwei Phasen. Für Flüssigkeiten wird ein entsprechendes Beispiel im Abschnitt 7.5.3 behandelt.

Homogenität der gasförmigen Phase

Da sich erfahrungsgemäß alle Gase so mischen, daß die Mischung makroskopisch homogen erscheint, gibt es nur eine gasförmige Phase, die Begriffe gasförmige Phase und gasförmiger Aggregatzustand sind damit identisch.

Komponente eines thermodynamischen Systems

Unter der Anzahl der *Komponenten* eines thermodynamischen Systems versteht man die Gesamtzahl seiner unabhängigen Molekülarten, d.h. die Anzahl der im System vorhandenen Molekülarten vermindert um die Anzahl der zwischen ihnen bestehenden Nebenbedingungen. Wasser besteht aus der Molekülart H_2O. Da keine zusätzlichen einschränkenden Beziehungen bestehen, ist Wasser ein einkomponentiges System, welches jedoch aus mehreren Phasen (Eis, Wasser und Wasserdampf) bestehen kann.

7.5.1 Gibbssche Phasenregel

Eine Beziehung zwischen der Anzahl N_P der Phasen eines Systems, der Anzahl N_K seiner Komponenten und der Anzahl f seiner thermodynamischen Freiheitsgrade wurde von Gibbs gefunden (1878). Zur Herleitung der Gibbsschen Phasenregel muß der von uns bisher nur für abgeschlossene Phasen formulierte 1. Hauptsatz (S 7.2b) so erweitert werden, daß er auch für offene Phasen gilt. Zwischen offenen Phasen ist im Gegensatz zu abgeschlossenen Phasen ein Massenaustausch möglich. Die zusätzliche Änderung der inneren Energie der l-ten Phase durch eine Massenänderung ihrer i-ten Komponente ergibt sich nach (A 2.22) zu (der erste Index gibt die Phase, der zweite die Komponente an)

offene Phase

$$\mathrm{d}U_{li}=\left(\frac{\partial U_l}{\partial m_{li}}\right)_{S_l,V,m_{lj}\neq m_{li}}\mathrm{d}m_{li}.$$

Bei Beachtung von (S 7.2b) erhält man für die l-te Phase insgesamt

$$\mathrm{d}U_l=\delta Q_l-p\,\mathrm{d}V+\sum_{i=1}^{N_K}\mathrm{d}U_{li}$$

oder bei Voraussetzung reversibler Prozesse nach (D 7.15)

$$\mathrm{d}U_l=T\,dS_l-p\,\mathrm{d}V+\sum_{i=1}^{N_K}\left(\frac{\partial U_l}{\partial m_{li}}\right)_{S_l,V,m_{lj}\neq m_{li}}\mathrm{d}m_{li}. \tag{7.34}$$

Führt man die Anzahl der Mole n_{li} der i-ten Komponente in der l-ten Phase entsprechend (D 7.6a) ein durch

$$n_{li}=\frac{m_{li}}{m_{\mathrm{mol},li}} \tag{7.35}$$

und definiert:

$$\left(\frac{\partial U_l}{\partial n_{li}}\right)_{S_l,V,m_{lj}\neq m_{li}}=\mu_{li}$$

heißt chemisches Potential der i-ten Komponente in der l-ten Phase,

(D 7.18)
chemisches
Potential μ

dann schreibt sich (7.32d) mit (7.34)

$$\mathrm{d}G_l=-S_l\mathrm{d}T+V_l\mathrm{d}p+\sum_{i=1}^{N_K}\mu_{li}\mathrm{d}n_{li}. \tag{7.36a}$$

Für die l-te Phase eines isothermen isobaren Systems ($T=\mathrm{const}$, $p=\mathrm{const}$) folgt mit (S 7.16) die Gleichgewichtsbedingung

$$\mathrm{d}G_l=\sum_{i=1}^{N_K}\mu_{li}\mathrm{d}n_{li}=0, \tag{7.36b}$$

entsprechend für die r-te Phase des Systems

$$\mathrm{d}G_r=\sum_{i=1}^{N_K}\mu_{ri}\mathrm{d}n_{ri}=0. \tag{7.36c}$$

Erfolgt ein Übergang der i-ten Komponente von der Phase l zur Phase r, so gilt auf Grund des Massenerhaltungssatzes (S 2.1)

$$\mathrm{d}n_{ri} = -\mathrm{d}n_{li}, \tag{7.36d}$$

womit für (7.36c) auch

$$\sum_{i=1}^{N_K} \mu_{ri}\,\mathrm{d}n_{li} = 0 \tag{7.36e}$$

geschrieben werden kann. Da dies für beliebige $\mathrm{d}n_{li}$ gelten muß, folgen aus dem Vergleich von (7.36b) und (7.36e) für beliebige l und r die Gleichungen

$$\mu_{li} = \mu_{ri} \quad (i = 1, 2, \ldots N_K, \quad l \text{ und } r \text{ beliebige Phasen}). \tag{7.36}$$

Für ein System von N_K Komponenten ($i = 1, 2, \ldots, N_K$) und N_P Phasen ($k = 1, 2, l, \ldots r, \ldots N_P$) nehmen die Gleichgewichtsbedingungen (7.36) die Form

$$\begin{aligned}
&\mu_{11} = \mu_{21} = \mu_{31} = \cdots\cdots = \mu_{N_P1},\\
&\mu_{12} = \mu_{22} = \mu_{32} = \cdots\cdots = \mu_{N_P2},\\
&\mu_{13} = \mu_{23} = \mu_{33} = \cdots\cdots = \mu_{N_P3},\\
&\vdots\\
&\mu_{1N_K} = \mu_{2N_K} = \mu_{3N_K} = \ldots\ldots = \mu_{N_PN_K}
\end{aligned} \tag{7.36f}$$

an. Da in vorstehendem Gleichungssystem die μ_{N_Pi} ($i = 1, 2 \ldots, N_K$) frei wählbar sind, stellt (7.36f) ein System von $N_K(N_P - 1)$ unabhängigen Gleichungen dar.

Nach (7.36a) hängt bei Vorliegen von N_K Komponenten die l-te Phase von den beiden Zustandsgrößen Druck und Temperatur und von den Massenverhältnissen (7.35) der Komponenten ab, d.h. von $2 + N_K - 1$ Variablen. Alle N_P Phasen werden daher durch $2 + N_P\,(N_K - 1)$ Variable festgelegt, zu deren Bestimmung die $N_K\,(N_P - 1)$ Gleichungen (7.36f) dienen. Da ein Gleichungssystem nur dann eindeutig lösbar ist, wenn die Anzahl der Gleichungen mit der Anzahl der voneinander unabhängigen Variablen übereinstimmt, erhält man für vorstehendes Problem als Anzahl weiterer Variabler (Freiheitsgrade)

$$f = 2 + N_p(N_K - 1) - N_K(N_P - 1) = N_k + 2 - N_p$$

Zusammenfassend folgt:

(S 7.17)
Gibbssche Phasenregel

Die Anzahl f der Freiheitsgrade eines thermodynamischen Systems ergibt sich zu

$$f = N_K + 2 - N_P$$

(N_K Anzahl der Komponenten des Systems, N_P Anzahl seiner Phasen)

(Gibbssche Phasenregel).

7.5.2 Einkomponentensysteme

7.5.2.1 *p*-*T*-Diagramm

In diesem Abschnitt werden Einkomponenten-Mehrphasensysteme betrachtet. Die Anzahl der im System möglichen Phasen sei $N_P = 3$ (z. B. der feste, flüssige und gasförmige Aggregatzustand). Das thermodynamische Verhalten des Systems werde durch die Größen Druck, Temperatur und Volumen beschrieben. Die Anzahl f der Freiheitsgrade ergibt sich nach (S 7.17) bei Beachtung der Voraussetzung $N_k = 1$ (Einkomponentensystem)

$$f = 3 - N_p. \tag{7.37}$$

Wir wählen

a) $N_p = 1$

Entsprechend der Wahl $N_p = 1$ liegt das betreffende System im flüssigen *oder* festen *oder* gasförmigen Aggregatzustand vor. Nach (7.37) ist die Anzahl der Freiheitsgrade $f = 2$. Es können zum Beispiel Druck p und Temperatur T des Systems unabhängig voneinander gewählt werden, das zugehörige Volumen wird dann durch die Zustandsgleichung festgelegt. Die Abbildungen 7.16a und 7.16b zeigen das p-T-Diagramm der van der Waalsschen Gleichung für Wasser und Kohlendioxid. Man erkennt, daß man Druck und Temperatur über weite Bereiche unabhängig voneinander verändern kann, ohne dabei das Gebiet des betrachteten Aggregatzustandes verlassen zu müssen.

b) $N_P = 2$

Nach Voraussetzung ($N_P = 2$) können entweder fester und flüssiger oder fester und gasförmiger oder flüssiger und gasförmiger Aggregatzustand gleichzeitig existieren. Die Anzahl der Freiheitsgrade eines derartigen Systems ist nach (7.37) $f = 1$. Es kann nur noch eine Größe unabhängig gewählt werden, die anderen sind durch diese Wahl festgelegt. Die Abbildungen 7.16a und 7.16b bestätigen vorstehende Aussage. Es gibt einen Kurvenast, in dem gleichzeitig fester und flüssiger Aggregatzustand existieren (*Schmelzdruckkurve*), einen Kurvenast, in dem gleichzeitig flüssiger und gasförmiger Aggregatzustand existieren (*Dampfdruckkurve*) und einen Kurvenast, in dem gleichzeitig fester und gasförmiger Aggregatzustand existieren (*Sublimationsdruckkurve*).

Schmelzdruckkurve
Dampfdruckkurve
Sublimationsdruckkurve

c) $N_P = 3$

Nach Voraussetzung ($N_P = 3$) existieren gasförmiger, flüssiger und fester Aggregatzustand gleichzeitig. Nach (7.37) ist die Anzahl der Freiheitsgrade des Systems $f = 0$, d. h., es existiert in der Zustandsfläche des Systems nur ein einziger Punkt, der sogenannte *Tripelpunkt*, für den gleichzeitige Koexistenz von festem, flüssigem und gasförmigem Aggregatzustand gilt. Aus Abbildung 7.16a und 7.16b können die Werte für Druck p_{Tr} und Temperatur T_{Tr} im Tripelpunkt des Wassers bzw.

Tripelpunkt

Kohlendioxids entnommen werden:

Wasser:
$\vartheta_{Tr} = 0{,}0074\,°C \qquad p_{Tr} = 6{,}133 \cdot 10^2$ Pa

Kohlendioxid:
$\vartheta_{Tr} = -56{,}2\,°C \qquad p_{Tr} = 5{,}013 \cdot 10^5$ Pa

Das zugehörige Volumen V_{Tr} ist damit aus der Zustandsgleichung berechenbar.

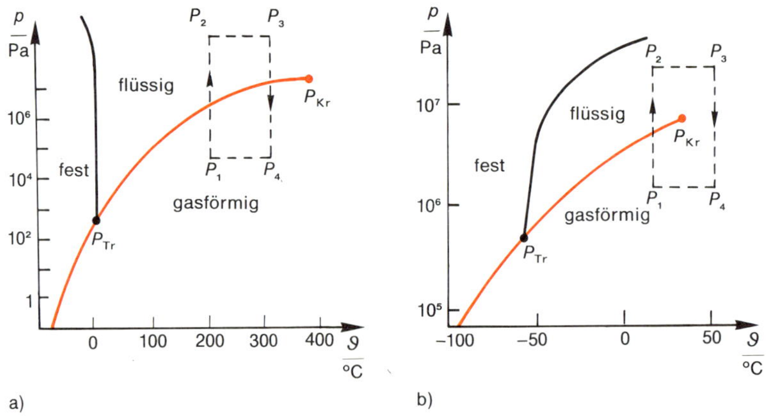

Abb. 7.16
a) p-T-Diagramm für H_2O
b) p-T-Diagramm für CO_2

Im Tripelpunkt beginnen Dampf-, Schmelz- und Sublimationsdruckkurve (vgl. Abb. 7.16a und 7.16b). Entsprechend (S 7.6) endet die Dampfdruckkurve am kritischen Punkt, für die Schmelzdruckkurve läßt sich dagegen kein Endpunkt angeben. Für Druckwerte $p < p_{Tr}$ liegen Wasser und Kohlendioxid nur noch im festen oder gasförmigen Aggregatzustand vor. Festes Wasser bzw. festes Kohlendioxid kann bei einem Druck $p < p_{Tr}$ durch Temperaturerhöhung nicht mehr verflüssigt werden. Es geht bei einem bestimmten Druck und einer bestimmten Temperatur sofort in den gasförmigen Aggregatzustand über, es *sublimiert*. Beim Normdruck p_N kann nach Abbildung 7.16b flüssiges Kohlendioxid nicht existieren. Will man flüssiges Kohlendioxid erhalten, so muß man einen Druck größer als $p_{Tr} = 5{,}013 \cdot 10^5$ Pa wählen. Diese Verhältnisse findet man u.a. in einer Kohlensäuredruckflasche. In ihr liegt flüssiges Kohlendioxid im Gleichgewicht mit seinem Dampf vor.

Sublimation

Beim Vorliegen von mehr als drei Phasen und mehr als einer Komponente komplizieren sich vorstehende Überlegungen erheblich. Gilt zum Beispiel $N_p = 4$ und $N_K = 2$, dann können nach (S 7.17) alle vier Phasen in einem Punkt des vierdimensionalen Raumes gleichzeitig existieren (Qua-

Quadrupelpunkt

drupelpunkt). Wir wollen im Rahmen dieser Darstellung auf die damit verbundene Problematik nicht weiter eingehen.

Wie schon erwähnt, endet die Dampfdruckkurve am kritischen Punkt. Dies führt zu der merkwürdigen Tatsache, daß wir bei Einhaltung gewisser Bedingungen unterhalb des kritischen Punktes einen unstetigen Übergang vom flüssigen in den gasförmigen Aggregatzustand bzw. umgekehrt finden, oberhalb des kritischen Punktes dagegen einen stetigen. Zur Erläuterung dieses Sachverhaltes betrachten wir die Zustandsänderungen $P_1 \rightarrow P_2 \rightarrow P_3 \rightarrow P_4 \rightarrow P_1$ in den Abbildungen 7.16a und 7.16b. In Abbildung 7.16a ist die Zustandsänderung $P_1 \rightarrow P_2$ beim Durchschreiten der Dampfdruckkurve mit der Verflüssigung des Gases verbunden, der Übergang $P_3 \rightarrow P_4$ beim abermaligen Durchschreiten der Dampfdruckkurve mit dem Verdampfen der Flüssigkeit. In Abbildung 7.16b kondensiert das Gas beim Übergang $P_1 \rightarrow P_2$ ebenfalls, dagegen entspricht dem Übergang $P_3 \rightarrow P_4$ ein stetiger Übergang des flüssigen in den gasförmigen Aggregatzustand. Bei n-maligem Durchlaufen des Kurvenzuges $P_1 \rightarrow P_2 \rightarrow P_3 \rightarrow P_4 \rightarrow P_1$ beobachtet man n-malige Kondensation, ohne ein Verdampfen eindeutig feststellen zu können. Umfährt man den kritischen Punkt in umgekehrter Richtung, dann geht die Flüssigkeit beim Durchschreiten der Dampfdruckkurve siedend (d. h. unstetig) in den gasförmigen Aggregatzustand über, aber stetig in den flüssigen Aggregatzustand zurück. Es gibt demnach Werte für Druck und Temperatur, für die keine eindeutige Aussage getroffen werden kann, ob ein Gas oder eine Flüssigkeit vorliegt. Beim Überschreiten der Dampfdruckkurve dagegen kann stets entschieden werden, ob der Übergang vom flüssigen zum gasförmigen Aggregatzustand erfolgt oder umgekehrt. Vorstehende Betrachtungen lassen sich leicht im Experiment mit CO_2 bestätigen. CO_2 hat den kritischen Punkt bei $\vartheta_{kr} \approx 31\,°C$ und $p_{kr} \approx 7{,}9 \cdot 10^6$ Pa. Wählt man zunächst eine Temperatur von 20 °C beim Normdruck p_N, so liegt CO_2 im gasförmigen Aggregatzustand vor (Punkt P_1 in Abb. 7.16b). Erhöht man jetzt die Temperatur auf 35 °C (Übergang $P_1 \rightarrow P_4$) komprimiert das Gas auf $p = 8 \cdot 10^6$ Pa (Übergang $P_4 \rightarrow P_3$), kühlt danach wieder auf 20 °C ab (Übergang $P_3 \rightarrow P_2$) und verringert den Druck auf P_N (Übergang $P_2 \rightarrow P_1$), so beobachtet man einen Siedevorgang des CO_2, ohne vorher einen Verflüssigungsvorgang bemerkt zu haben.

7.5.2.2 Latente Wärmemengen

Geht eine bestimmte Stoffmenge von der Phase i in die Phase k über, bedarf es erfahrungsgemäß einer Wärmemenge Q_{ik}. Gilt $Q_{ik} > 0$, so muß entsprechend der Vorzeichenfestsetzung der Wärmemenge (D 7.2) diese Wärmemenge dem System zugeführt werden; gilt $Q_{ik} < 0$, so wird sie vom System abgeführt. Die erforderliche Wärmemenge für den umgekehrten Vorgang (Übergang der Phase k in die Phase i) sei Q_{ki}. Nach dem Energieerhaltungssatz (S 7.2) müssen die Absolutwerte beider Wärmemengen gleich sein.

(S 7.18)
Phasenumwandlungswärmemengen

> Erfordert die Überführung einer bestimmten Stoffmenge von der Phase i in die Phase k die Wärmemenge Q_{ik} und umgekehrt von der Phase k in die Phase i eine Wärmemenge Q_{ki}, so gilt
>
> $$Q_{ki} = -Q_{ki}.$$

latente Wärmemengen

Muß dem System beim Übergang einer Stoffmenge von der Phase i zur Phase k die Wärmemenge Q_{ik} zugeführt werden, so wird nach (S 7.18) diese Wärmemenge beim Übergang von der Phase k zur Phase i wieder frei. Man bezeichnet daher die mit Phasenübergängen verbundenen Wärmemengen als *latente* (gespeicherte) *Wärmemengen.*

(D 7.19)
spezifische Phasenumwandlungswärmemenge λ_{ik}

> Die Größe
>
> $$\lambda_{ik} = \frac{Q_{ik}}{m}$$
>
> heißt spezifische Phasenumwandlungswärmemenge beim Übergang des Systems von der i-ten in die k-te Phase.

spezifische Schmelzwärme $\lambda_{\mathrm{F,Fl}}$
spezifische Verdampfungswärme $\lambda_{\mathrm{Fl,D}}$
spezifische Sublimationswärme $\lambda_{\mathrm{F,D}}$

Mögliche Maßeinheit: $[\lambda_{ik}] = \mathrm{J\ kg^{-1}}$.

Bekannte spezifische Phasenumwandlungswärmemengen sind u. a. die *spezifische Schmelzwärme* $\lambda_{\mathrm{F,Fl}}$, die *spezifische Verdampfungswärme* $\lambda_{\mathrm{Fl,D}}$ und die *spezifische Sublimationswärme* $\lambda_{\mathrm{F,D}}$ (siehe Tab. 7.9).

Von der Existenz der Verdampfungswärme kann man sich experimentell leicht überzeugen. Verdampft man bei Zimmertemperatur eine Flüssigkeit von hohem Dampfdruck (z. B. Äthyläther: $5{,}87 \cdot 10^4$ Pa bei $\vartheta = 20\,°\mathrm{C}$), so führt dies zu einer merklichen Abkühlung der Umgebung, da die hierfür notwendige Verdampfungswärme der Umgebung entzogen wird. Dieser Effekt wird z. B. in der Medizin zur lokalen Anästhesie genutzt, Das in Abb. 7.17 dargestellte Gefäß sei evakuiert, die obere Kugel mit Wasser

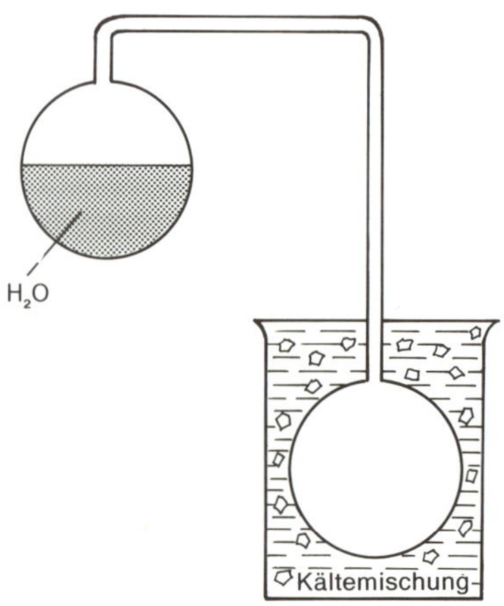

Abb. 7.17
Zur Demonstration der Existenz der Verdampfungswärme

Tabelle 7.9
Spezifische Schmelz- und Verdampfungswärme sowie Schmelz- und Siedetemperatur einiger Stoffe

Stoff	**Schmelztemperatur ϑ** °C	$\lambda_{F,Fl}$ Jg^{-1}	**Siedetemperatur ϑ** °C	$\lambda_{Fl,D}$ Jg^{-1}
Aluminium	659,2	396	2497	10802
Blei	327,3	24,7	1752	862
Eisen	1537	268	2735	6322
Silicium	1410	1419	2350	13900
Wismut	271	49,8	1560	825
Wolfram	3380	192	5930	4019
Zink	419	102	907	2629
Brom (Br_2)	−7,3	136	58,8	385
Benzol	5,5	127	80,1	394
Diäthyläther	−116,3	98,4	34,6	373
Quecksilber	−38,87	11,7	356,6	285
Tetrachlorkohlenstoff	−22,8	17,6	76,8	193
Wasser	0,00	333	100,0	2257
Ammoniak (NH_3)	−77,7	334	−33,4	1369
Chlor (Cl_2)	−103	377	−33,9	473
Kohlendioxid (CO_2)	−56,6	181	−78,5[1])	348[2])
Methan (CH_4)	−182,6	58,6	−161,4	511
Sauerstoff (O_2)	−218,8	13,8	−183,0	214
Stickstoff (N_2)	−210,0	26,0	−195,8	197
Wasserstoff (H_2)	−259,2	58,6	−252,8	452

[1]) Tripelpunkt.
[2]) Gemessen beim Tripelpunkt.

gefüllt, die untere werde auf einer Temperatur $\vartheta < 0\,^\circ C$ gehalten. Aus der oberen Kugel verdampft dauernd Wasser, das sich in Form von festem Wasser (Eis) in der unteren Kugel niederschlägt. Die zum Verdampfen der oberen Flüssigkeit notwendige Wärmemenge wird der Flüssigkeit entzogen. Dies führt zu ihrer fortwährenden Abkühlung; sie erstarrt nach einer gewissen Zeit zu Eis.

7.5.2.3 Dampfdruck- und Schmelzdruckkurve

An der Oberfläche einer Flüssigkeit steht stets die flüssige Phase mit der gasförmigen Phase (*gesättigter Dampf*) im Gleichgewicht. Der Druck p des gesättigten Dampfes (*Dampfdruck der Flüssigkeit* oder Sättigungsdruck) wird durch die *Dampfdruckkurve* des betreffenden Stoffes bestimmt.

Nach (7.36) ist die Dampfdruckkurve durch die Bedingung

$$\mu_D(T, p) = \mu_{Fl}(T, p) \tag{7.38}$$

festgelegt. Gehen wir von einem Punkt p, T dieser Kurve zu dem infinitesimal benachbarten Zustand $T + dT$, $p + dp$ über, so folgt aus (7.38) bei Beachtung von (7.36a)

$$-S_D dT + V_D dp = -S_{Fl} dT + V_{Fl} dp$$

oder

$$\frac{dp}{dT} = \frac{S_D - S_{Fl}}{V_D - V_{Fl}}. \tag{7.39a}$$

Beachtet man weiter, daß dieser Übergang reversibel erfolgt, also mit der Definitionsgleichung (D 7.15) der Entropie, mit der Definition (D 7.19) der spezifischen Phasenumwandlungswärmemenge und m als Masse der verdampften Substanz

$$S_D - S_{Fl} = \frac{Q_{Fl,D}}{T} = \frac{m\lambda_{Fl,D}}{T} \tag{7.39b}$$

geschrieben werden kann, so folgt für die Abhängigkeit des Dampfdruckes p von der Temperatur T die Differentialgleichung

Clausius-Clapeyronsche Gleichung für die Dampfdruckkurve

$$\frac{dp}{dT} = \frac{m\lambda_{Fl,D}}{T(V_D - V_{Fl})}. \tag{7.40a}$$

In (7.40a) bedeuten V_D das Volumen des Dampfes, V_{Fl} das Volumen der verdampften Flüssigkeit der Masse m. Die Beziehung (7.40a) wird als *Clausius-Clapeyronsche Gleichung* bezeichnet. Ihre Herleitung mit Hilfe eines Kreisprozesses erfolgt in A. 29.

Da stets $V_D \gg V_{Fl}$ gilt, wächst nach (7.40a) der Dampfdruck monoton mit der Temperatur. Für viele Fälle ist die Annahme einer rein exponentiellen Abhängigkeit des Dampfdruckes von der Temperatur (siehe A. 30) eine brauchbare Näherungslösung von (7.40a). Abbildung 7.18 gibt die Dampfdruckkurve des Wassers wieder, in Tabelle 7.10 sind die Dampfdrücke einiger Flüssigkeiten zusammengestellt.

Rudolf Julius Emanuel Clausius (1822 – 1888)

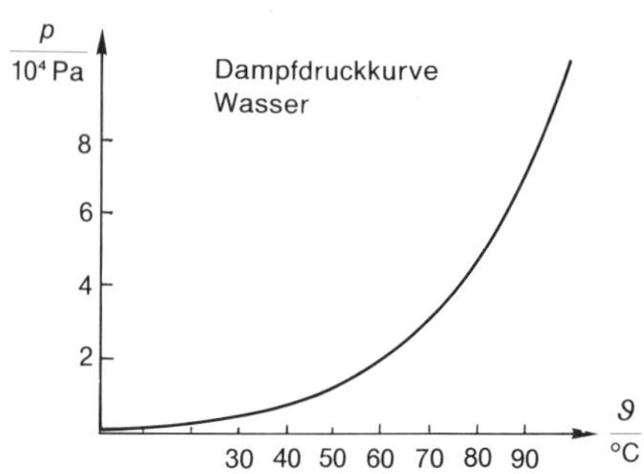

Abb. 7.18 Dampfdruckkurve von Wasser

Steht der Dampf mit seiner flüssigen Phase im Gleichgewicht, so spricht man vom gesättigten Dampf, sonst vom *ungesättigten Dampf*. Je geringer seine Dichte wird, um so mehr nähern sich seine Eigenschaften denen des idealen Gases.

gesättigter Dampf
ungesättigter Dampf

Verwendet man zur Evakuierung eines Gefäßes eine Wasserstrahlpumpe (siehe Kap. 6), so kann wegen des Dampfdruckes der benutzten Flüssigkeit der Druck im Rezipienten höchstens bis zu diesem Dampfdruck vermindert werden. Bei Verwendung von Wasser entspricht dies bei Zimmertemperatur einem Enddruck von ca. 2670 Pa (vgl. Abb. 7.18). Aus diesem Grunde arbeiten Vakuumdiffusionspumpen mit Treibmitteln möglichst geringen Dampfdruckes, z. B. mit Quecksilber oder Silikonölen (vgl. Tab. 7.10). Da der Dampfdruck des Treibmittels im Rezipienten exponentiell mit der Temperatur abnimmt, läßt sich dieser durch „Ausfrieren" mittels geeigneter Kühlfallen weiter verringern.

Nach der barometrischen Höhenformel (S 6.5b) beträgt der Luftdruck in einer Höhe von 20 km ca. 6670 Pa. Nach Abbildung 7.18 ist der Partialdruck des Wasserdampfes in der menschlichen Lunge (Körpertemperatur 37 °C) ebenfalls ca. 6670 Pa. Nach dem Daltonschen Gesetz (7.5) müssen daher in dieser Höhe die Partialdrücke aller anderen Gase in der menschlichen Lunge den Wert Null annehmen. Der Mensch ist nicht mehr in der Lage zu atmen.

Wird der Dampfdruck der Flüssigkeit gleich dem auf ihr lastenden Außendruck, so beginnt sie zu *sieden*. Die Flüssigkeit geht unter heftiger

Siedeprozeß

Tabelle 7.10
Dampfdrücke einiger Flüssigkeiten

Stoff	p / Pa	ϑ / °C
Aceton	9330	0
Äthylalkohol	5330	18
Brom	8800	0
Chloroform	19460	18
Diäthyläther	24000	0
Quecksilber	$27 \cdot 10^{-3}$	0
Quecksilber	$17 \cdot 10^{-2}$	20
Schwefelkohlenstoff	16930	0
Silikonöle	10^{-7} bis 10^{-6}	25
	um 10^{-3}	80
	um 1	150
Tetrachlorkohlenstoff	4400	0
Wasser	610,6	0
Wasser	2337	20

Benoit Paul Emile Clapeyron
(1799 – 1864)

Blasenbildung in den gasförmigen Aggregatzustand über. Bei gegebenem Außendruck kann die Siedetemperatur der Flüssigkeit der Dampfdruckkurve entnommen werden. Auf Grund des monotonen Anwachsens des Dampfdruckes mit der Temperatur führt eine Verringerung des auf der Flüssigkeitsoberfläche lastenden Druckes stets zu einer Verkleinerung der Siedetemperatur. Füllt man zum Beispiel einen Erlenmeyer-Kolben zur Hälfte mit Wasser, erhitzt dieses bis zum Sieden, nimmt die Flamme weg und verschließt den Kolben, so sinkt die Temperatur, das Sieden des Wassers hört auf. Dreht man jetzt den Kolben um 180° und vermindert den Druck über der Wasseroberfläche durch Übergießen des Kolbens mit kaltem Wasser, so beginnt trotz der damit verbundenen weiteren Temperaturverminderung der Siedevorgang von neuem.

physikalischer Mechanismus eines Geysirs

Auf der exponentiellen und damit sehr starken Temperaturabhängigkeit des Dampfdruckes einer Flüssigkeit beruht auch der physikalische Mechanismus der *Geysire,* die z. B. in Island und Kamtschatka vorkommen. Geysire sind intermittierende, durch heißes Tiefenstandswasser gespeiste Springquellen, die ihr Wasser in meist regelmäßigen Abständen ausstoßen. Zum Verständnis ihrer Wirkungsweise betrachten wir das in Abb. 7.19 dargestellte Experiment. Ein mit Wasser gefüllter Glaskolben K wird mit einem etwa 2 m langen Rohr R abgeschlossen, das in ein Vorratsgefäß G mit möglichst großem Durchmesser mündet. Glaskolben, Rohr und Gefäß werden mit Wasser gefüllt. Mit einem Bunsenbrenner wird das Wasser im

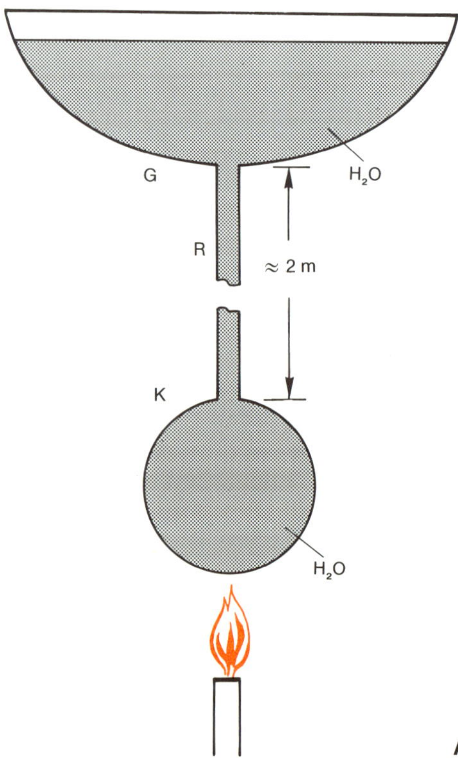

Abb. 7.19 Geysir im Modellversuch

Kolben erhitzt, während die Temperatur des im Gefäß und im Rohr befindlichen Wassers durch Einfüllen von Eis möglichst niedrig gehalten wird. Erreicht die Temperatur im Kolben die Siedetemperatur, so bildet sich Dampf. Nun ist die Siedetemperatur des Wassers im Kolben höher als die beim äußeren Luftdruck, weil auf dem Wasser des Kolbens zusätzlich der Schweredruck des Wassers im Rohr lastet. Hat sich im Rohr genügend Dampf gebildet, drängt er das Wasser aus diesem heraus. Dadurch sinkt der Druck über dem Wasser im Kolben auf den äußeren Luftdruck, was einen heftigen Verdampfungsprozeß des Kolbenwassers bedingt. Ein Dampf-Wasser-Gemisch wird aus dem Rohr springbrunnenartig herausgeschleudert, die Wassertemperatur im Kolben sinkt, die Dampfbildung läßt nach, Wasser fließt aus dem Vorratsgefäß in das Rohr zurück, der Druck steigt, der Siedeprozeß endet, der Vorgang beginnt von neuem und wiederholt sich periodisch.

Die Oberfläche eines festen Körpers steht stets mit der flüssigen oder der gasförmigen Phase im Gleichgewicht. Der Druck p in der flüssigen Phase bzw. in der gasförmigen ist durch die *Schmelzdruck-* bzw. *Sublimationsdruckkurve* gegeben. Für die Abhängigkeit des Schmelzdruckes p von der Temperatur gilt analog zu (7.40a) die Clausius-Clapeyronsche Gleichung

Clausius-Clapeyronsche Gleichung für die Schmelzdruckkurve

$$\frac{\mathrm{d}p}{\mathrm{d}T}=\frac{m\lambda_{\mathrm{F,Fl}}}{T\,(V_{\mathrm{Fl}}-V_{\mathrm{F}})}. \qquad (7.40\mathrm{b})$$

In (7.40b) bedeuten V_{Fl} das Volumen der Flüssigkeit, V_{F} das Volumen des geschmolzenen Teils des festen Körpers der Masse m. Normalerweise gilt $V_{\mathrm{Fl}} > V_{\mathrm{F}}$. Eine Erhöhung des Druckes über der Schmelze führt dann zu einer Erhöhung der Schmelztemperatur (siehe z. B. die Schmelzdruckkurve in Abbildung 7.16b). Für Wasser gilt dagegen $V_{\mathrm{Fl}} < V_{\mathrm{F}}$ (Abschnitt 7.3.1 und Abb. 7.16a), die Schmelztemperatur sinkt mit wachsendem Druck. Man findet bei einer Erhöhung des Schmelzdruckes um 1 atm eine Erniedrigung des Schmelzpunktes des Wassers um 0,0075 grd (*Regelation des Eises*). Befestigt man um einen Eisblock eine Drahtschlinge möglichst geringen Querschnittes und belastet diese, so wird sie durch den Eisblock hindurchgezogen, ohne ihn in zwei Teile zu zerschneiden. Nach (D 6.3), $p = F/A$, finden wir wegen der Kleinheit der Fläche A am Ort der Drahtschlinge eine erhebliche lokale Druckerhöhung. Das Eis schmilzt, die Schlinge gleitet weiter nach unten, die lokale Druckerhöhung verschwindet, das Wasser gefriert wieder. Die Schlinge gleitet so durch den Eisblock hindurch. Die Regelation des Eises erklärt auch das Wandern der Gletscher. Auf Grund des hohen Druckes der Eismassen auf die unteren Schichten des Gletschers schmilzt das Eis des Gletschers lokal und ermöglicht so sein Wandern.

Regelation des Eises

Wandern der Gletscher

Zum Übergang der flüssigen in die feste Phase bedarf es bestimmter Kristallisationskeime. Verhindert man ihre Bildung, so kann man zum Teil die Schmelztemperatur erheblich unterschreiten, ohne daß der Übergang zur festen Phase erfolgt. Diese Erscheinung heißt *Unterkühlung* der Flüssigkeit. Staubfreies Wasser läßt sich zum Beispiel bis zu einer Temperatur von $-10\,^{\circ}\mathrm{C}$ unterkühlen. Bringt man in die unterkühlte Flüssigkeit Kri-

Unterkühlung einer Flüssigkeit

stallisationskeime, so erstarrt sie momentan. Dies läßt sich zum Beispiel mit Natriumthiosulfat sehr eindrucksvoll demonstrieren.

Auch der Phasenübergang dampfförmig – flüssig läßt sich durch Ausschalten von Kondensationskernen bzw. Kernen zur Dampfblasenbildung in beiden Richtungen behindern. Man kann so gesättigte Dämpfe unterkühlen (*Kondensationsverzug*) bzw. Flüssigkeiten überhitzen (*Siedeverzug*). Das Einbringen von Kondensationskernen bzw. Kernen zur Dampfblasenbildung beendet den Kondensations- bzw. Siedeverzug. Kondensations- und Siedeverzug haben große Bedeutung für die Kernphysik (Nebelkammer, Blasenkammer, s. Bd. III).

Kondensationsverzug
Siedeverzug

Auch die Bildung von Kondensstreifen hinter hochfliegenden Flugzeugen wird durch die Aufhebung des Kondensationsverzuges durch die von den Triebwerken ausgestoßenen Staubpartikel in der sonst staubfreien, aber unterkühlten Dampfatmosphäre verursacht.

7.5.3 Osmotischer Druck als Beispiel eines Mehrkomponentensystems

Wir betrachten die beiden flüssigen Phasen reines Lösungsmittel (z. B. Wasser) und Lösung (z. B. in Wasser gelöster Zucker), die durch eine halbdurchlässige Wand so voneinander getrennt sind (siehe Abb. 7.20), daß das reine Lösungsmittel die halbdurchlässige Wand ungehindert passieren kann, die gelöste Substanz dagegen nicht. Als derartige halbdurchlässige Wände wirken bestimmte pflanzliche und tierische Zellmembranen. Zum Beispiel eine Schweinsblase oder eine Schicht von Ferrozyankupfer sind für Wasser fast durchlässig, für viele im Wasser lösliche Substanzen dagegen nicht. Wird der der Lösung zur Verfügung stehende Raum durch ein Steigrohr (Abb. 7.20) abgeschlossen, so beobachtet man in diesem Rohr ein Steigen der Flüssigkeit, d. h. eine Druckzunahme in der Lösung. Diese Druckzunahme heißt *osmotischer Druck* π der Lösung.

osmotischer
Druck π

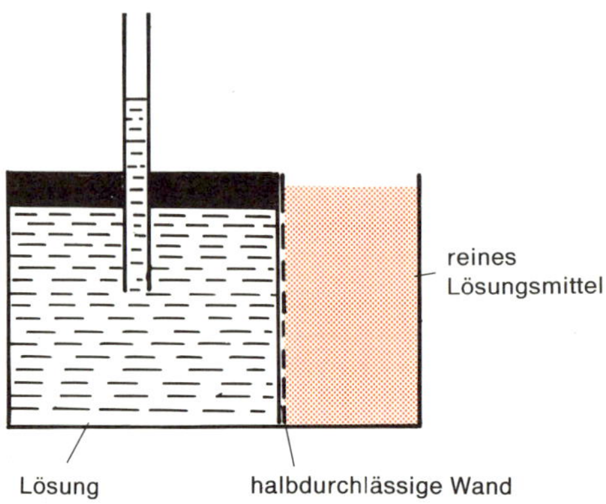

Abb. 7.20 Zum Nachweis des osmotischen Druckes einer Lösung

Das Auftreten des osmotischen Druckes kann leicht thermodynamisch erklärt werden. Man geht dabei vom Gleichgewicht zwischen den beiden Phasen Lösung und Lösungsmittel in der erwähnten Anordnung aus. Zunächst soll die Existenz der halbdurchlässigen Wand in Form von Nebenbedingungen quantitativ formuliert werden. Dazu dienen die Massenverhältnisse (7.35), wobei im folgenden der erste Index wieder die Phase (L – Lösung, LM – Lösungsmittel), der zweite die Komponente (S – gelöste Substanz, LM – Lösungsmittel) angibt. In der Phase Lösungsmittel befindet sich keine gelöste Substanz ($n_{\mathrm{LM,S}}=0$), die Masse der gelösten Substanz in der Phase Lösung bleibt konstant ($n_{\mathrm{L,S}}=\mathrm{const.}$), d. h.,

$$\delta n_{\mathrm{LM,S}}=\delta n_{\mathrm{L,S}}=0. \qquad (7.41\mathrm{a})$$

Die Konstanz der Masse des Lösungsmittels im System führt zu

$$\delta n_{\mathrm{L,LM}}+\delta n_{\mathrm{LM,LM}}=0. \qquad (7.41\mathrm{b})$$

Aus (7.36b) und (7.36c) folgt mit (7.41a)

$$\mathrm{d}G=\mu_{\mathrm{L,LM}}\,\delta n_{\mathrm{L,LM}}+\mu_{\mathrm{LM,LM}}\,\delta n_{\mathrm{LM,LM}}=0$$

und bei Beachtung von (7.41b)

$$\mu_{\mathrm{L,LM}}\left(p_{\mathrm{L}},T,\frac{n_{\mathrm{L,S}}}{n_{\mathrm{L,LM}}}\right)=\mu_{\mathrm{LM,LM}}\,(p_{\mathrm{LM}},T). \qquad (7.42)$$

$\mu_{\mathrm{LM,LM}}$ ist wegen $n_{\mathrm{LM,S}}=0$ im Gegensatz zu $\mu_{\mathrm{L,LM}}$ nur von p_{LM} und T abhängig. Die Aufrechterhaltung eines thermodynamischen Gleichgewichtes erfordert also, daß $p_{\mathrm{L}}\neq p_{\mathrm{LM}}$ ist, d. h., es muß ein osmotischer Druck $\pi=p_{\mathrm{L}}-p_{\mathrm{LM}}$ auftreten. (7.42) stellt die Zustandsgleichung für das vorliegende Problem dar. Eine quantitative Berechnung des osmotischen Drukkes ist daraus aber nicht ohne weiteres möglich, weil die chemischen Potentiale nicht bekannt sind. Man kommt daher ohne entsprechendes experimentelles Material nicht aus (siehe A. 31.).

Setzt man eine geringe Konzentration der Lösung voraus (Masse m_{S} der gelösten Substanz sehr klein gegenüber der Masse des Lösungsmittels m_{LM} ($m_{\mathrm{S}}\ll m_{\mathrm{LM}}$)), dann findet man experimentell für den osmotischen Druck π nachfolgende Gesetzmäßigkeiten:

a) Für konstante Temperaturen gilt analog (7.8) zwischen osmotischem Druck π und Volumen V_{L} der Lösung

$$\pi V_{\mathrm{L}}=\mathrm{const}\quad(T=\mathrm{const}). \qquad (7.43\mathrm{a})$$

b) Bei konstantem Volumen V_{L} der Lösung folgt analog (7.9) für die Temperaturabhängigkeit $\pi_{\vartheta}=f(\vartheta)$ des osmotischen Druckes

$$\pi_{\vartheta}=\pi_0(1+\gamma\vartheta)\quad(V=\mathrm{const}), \qquad (7.43\mathrm{b})$$

wobei γ dem Wert von γ in (7.9) entspricht.

c) Alle Lösungen besitzen analog (S 7.4) bei gleicher Temperatur und gleichem osmotischem Druck den gleichen Quotienten aus relativer Molekülmasse und Dichte.

Da (7.8), (7.9) und (S 7.4) die Ausgangsbeziehungen zur Herleitung der idealen Gasgleichung darstellen, können die Überlegungen von Abschnitt 7.3.3.2 sofort auf den osmotischen Druck übertragen werden. Man findet

van't Hoffsches Gesetz

$$\pi V_L = \frac{m_S}{m_{mol,S}} RT \tag{7.43}$$

(*van't Hoffsches Gesetz*).

Eine thermodynamische Herleitung von (7.43) ist in A. 31. gegeben.

Obwohl sich der osmotische Druck zumeist der unmittelbaren Beobachtung entzieht, kann er beträchtliche Werte annehmen (siehe Tabelle 7.11). Viele biologische Prozesse (z. B. das Wandern der Pflanzensäfte entgegen der Schwerkraft) beruhen auf seiner Wirkung. In der Medizin verwendet man als Blutersatzflüssigkeit eine physiologische Kochsalzlösung. Sie muß in ihrer Konzentration genau auf den osmotischen Druck des menschlichen Blutes (ca. $7{,}8 \cdot 10^5$ Pa) eingestellt werden. Ist ihr osmotischer Druck zu hoch, so führt dies zum Schrumpfen der roten Blutkörperchen, ist er zu niedrig, zu ihrem Aufquellen. Auch das Platzen von reifen Kirschen bei Regen ist eine unmittelbare Folge des osmotischen Druckes des Systems reines Lösungsmittel (Regenwasser) und Lösung (in Wasser gelöster Fruchtzucker im Innern der Kirsche), da die Haut der Kirsche als halbdurchlässige Zellmembran wirkt.

Jakobus Hendrikus van't Hoff (1852–1911), Nobelpreis 1901

Tabelle 7.11
Osmotischer Druck einer Rohrzuckerlösung

In 1 kg Wasser gelöste Stoffmenge mol	π 10^5 Pa
0,1	2,495
0,2	4,785
0,3	7,179
0,4	9,567
0,5	12,053
0,6	14,572
0,7	17,110
0,8	19,734
0,9	22,411
1,0	25,154

7.6 Aufgaben

7.1
Ein Stahlband wird bei 300 °C auf ein Wagenrad getrieben. Welche tangentiale Kraft wird bei 20 °C auf das Band ausgeübt, wenn sein Querschnitt $A = 2\,\text{cm}^2$, der Elastizitätsmodul $E = 2{,}06 \cdot 10^{11}\,\text{N/m}^2$ und der Längenausdehnungskoeffizient $\bar{\alpha} = 1{,}2 \cdot 10^{-5}\,{}^\circ\text{C}^{-1}$ betragen?

7.2
Ein ideales Gas befindet sich in zwei Ballons mit gleichen Volumina, die durch einen undurchlässigen, beweglichen Kolben voneinander getrennt sind, wie in der Abb. dargestellt. Die Ballons befinden sich auf den unterschiedlichen Temperaturen T_1 und $T_2 = T_1 + \Delta T$. Im Ausgangszustand sind $V_1 = V_2$ und $p_1 = p_2$.
Danach werden die Ballons so erwärmt, daß die Temperaturdifferenz ΔT erhalten bleibt.
Zeigen Sie rechnerisch, in welche Richtung sich der Kolben bewegen muß!

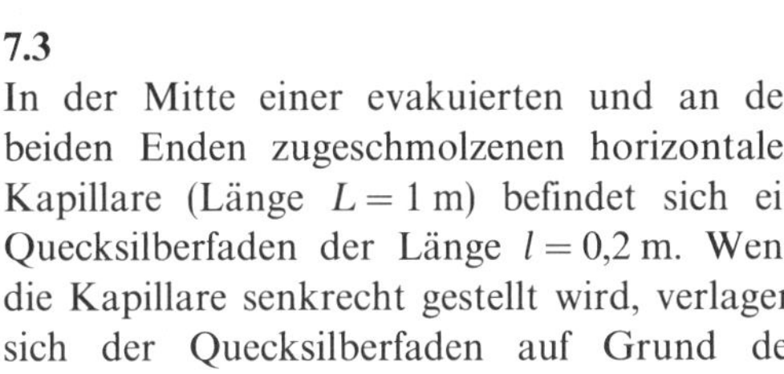

7.3
In der Mitte einer evakuierten und an den beiden Enden zugeschmolzenen horizontalen Kapillare (Länge $L = 1\,\text{m}$) befindet sich ein Quecksilberfaden der Länge $l = 0{,}2\,\text{m}$. Wenn die Kapillare senkrecht gestellt wird, verlagert sich der Quecksilberfaden auf Grund der Schwerkraft um $\Delta l = 0{,}1\,\text{m}$. Bis zu welchem Druck wurde die Kapillare evakuiert ($\varrho_{\text{Hg}} = 13{,}6 \cdot 10^3\,\text{kg/m}^3$)?

7.4
In welcher Tiefe unter der Wasseroberfläche eines Sees hat die Dichte eines Luftbläschens 1% der Wasserdichte erreicht?
Die Temperatur des Luftbläschens betrage 4 °C, der Außendruck über dem Wasser sei $p_\text{N} = 1{,}01 \cdot 10^5\,\text{N/m}^2$. Die Luftdichte unter Normbedingungen ist $\varrho_\text{N} = 1{,}293\,\text{kg/m}^3$.

7.5
Nebeneinander in gleichem Abstand sind drei Zylinder angeordnet (s. Abb.), die mit einem idealen Gas gefüllt und deren Kolben starr miteinander verbunden sind. Das Volumen und die Grundfläche der Zylinder sind gleich groß, und alle befinden sich beim Außendruck p_a auf der gleichen Temperatur T_1. Wird der mittlere Zylinder Z_2 auf die Temperatur T_2 erwärmt, die Temperatur in den beiden äußeren Zylindern Z_1 und Z_3 jedoch konstant gehalten, so heben sich die Kolben gemeinsam, und das Volumen vergrößert sich. Das Eigengewicht der Kolben kann vernachlässigt werden.

a) Wie groß ist die Volumenvergrößerung in einem Zylinder?
b) Wie groß ist der Druck p_2 im Zylinder Z_2 nach der Erwärmung?

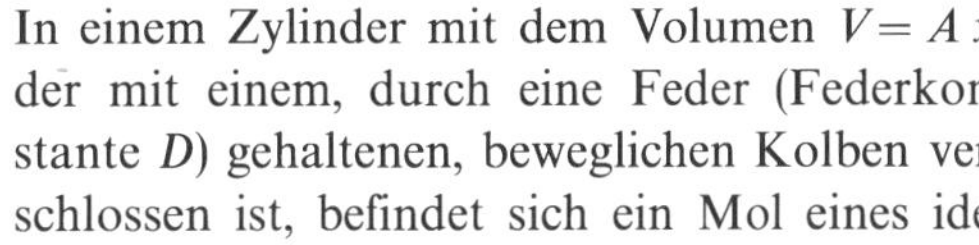

7.6
In einem Zylinder mit dem Volumen $V = A\,x$, der mit einem, durch eine Feder (Federkonstante D) gehaltenen, beweglichen Kolben verschlossen ist, befindet sich ein Mol eines idealen Gases ($\varkappa = 5/3$) (s. Abb.).

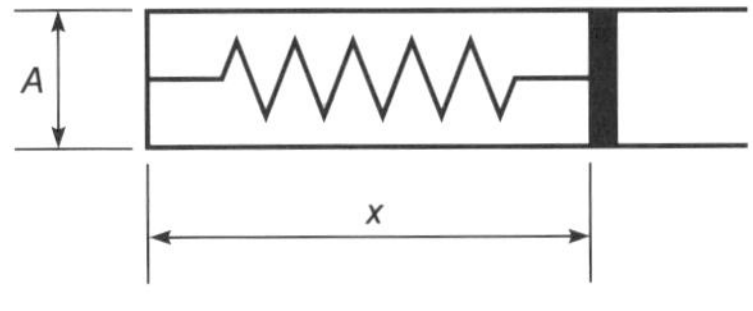

(*Bemerkung:* Der Luftdruck und das Volumen der Feder seien vernachlässigbar.)

a) Welche Temperatur hat das Gas in Abhängigkeit von der Ausdehnung x der Feder?
b) Welche Wärmemenge muß dem Gas zugeführt werden, um die Feder auf $2x$ auszudehnen? (*Bemerkung:* Die Wärmekapazität von Zylinder und Feder seien vernachlässigbar.)

7.7

10 l Luft ($\varkappa = 1{,}4$) werden auf ein Volumen von 2 l komprimiert. Ist es energetisch vorteilhafter, die Luft adiabatisch oder isotherm zu komprimieren?

7.8

Ein Zylinder ist auf einer Seite durch einen beweglichen Kolben abgeschlossen und hat in der Mitte eine feste Trennwand (s. Abb.). In der Trennwand befindet sich ein Ventil V, das erst öffnet, wenn der Druck p_2 in Kammer 2 gerade gleich dem Druck p_1 in Kammer 1 ist. Die äußeren Wände, die Trennwand und der Kolben sind wärmeundurchlässig. Am Anfang sind die Volumina der Kammern gleich groß und enthalten in Kammer 1 3 mol Heliumgas und in Kammer 2 0,5 mol Heliumgas ($\varkappa = 5/3$) mit der gleichen Temperatur $\vartheta = 0\,°\mathrm{C}$. Der Kolben wird reversibel in Richtung der Trennwand verschoben, bis sich das Ventil V gerade öffnet.

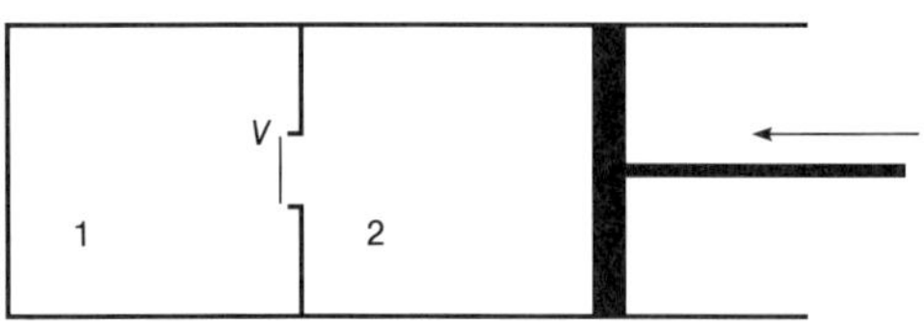

a) Welche Temperatur stellt sich in Kammer 2 unmittelbar vor dem Öffnen des Ventils ein?
b) Welche Temperatur stellt sich nach dem Öffnen des Ventils und der Durchmischung der Gase ein?

7.9

Einem Mol eines idealen Gases ($\varkappa = 5/3$) wird im Ausgangszustand mit der Temperatur $\vartheta_1 = 27\,°\mathrm{C}$ die Wärmemenge von $Q = 8{,}31$ Wh zugeführt. Die Erwärmung erfolgt bei konstantem Druck p_1.

a) Wie groß ist die Endtemperatur T_2?
b) Wie groß ist die vom Gas verrichtete Arbeit?
c) Wie groß ist das Verhältnis der Volumina V_2/V_1?
d) Wie groß ist die Änderung der inneren Energie?

7.10

Eine ideale Carnotsche Wärmekraftmaschine nimmt in einem Zyklus die Wärmemenge $Q_1 = 2400$ J von einem Wärmereservoir der Temperatur $T_1 = 400$ K auf. Der Kühler hat die Temperatur $T_2 = 300$ K.

a) Wie groß ist der Wirkungsgrad der Maschine?
b) Wie groß ist die in einem Zyklus von der Maschine verrichtete Arbeit?
c) Welche Wärmemenge wird in einem Zyklus an den Kühler abgegeben?

7.11

Eine Wärmekraftmaschine arbeitet mit einem idealen Gas ($\varkappa = 1{,}4$) nach folgendem Kreisprozeß:

1. reversible adiabatische Expansion vom Zustand A (T_1, p_1, V_1) zum Zustand B (T_2, p_2, V_2).
2. isotherme Kompression vom Zustand B zum Zustand C (T_2, p_3, V_1).
3. isochore Erwärmung vom Zustand C zum Zustand A.

Gegeben sind die Druckverhältnisse:

$$p_1 = 3p_3 \qquad p_1 = 3^{7/2}p_2 \qquad p_3 = 3^{5/2}p_2$$

a) Geben Sie die allgemeinen Ausdrücke für die umgesetzten Wärmemengen und Arbeitsbeträge als Funktion der Temperatur T_2 und der angegebenen Druckverhältnisse an!
b) Berechnen Sie den maximalen Wirkungsgrad des Prozesses!

7.12
In zwei Räumen mit gleichem Volumen, die voneinander durch eine wärmeisolierende Wand getrennt sind, befinden sich jeweils unterschiedliche ideale Gase ($\varkappa_1 = 1{,}4$; $m_1 = 1\,\text{mol} \cdot m_{\text{mol},1}$ und $\varkappa_2 = 1{,}4$; $m_2 = 1\,\text{mol} \cdot m_{\text{mol},2}$). Die Temperaturen in beiden Räumen betragen T_1 und $T_2 = 3\,T_1$. Nach Entfernen der Trennwand durchmischen sich die Gase.
Berechnen Sie die Entropieänderung des Gesamtsystems!

7.13
In einem Gefäß vernachlässigbarer Wärmekapazität ist in einem Volumen $V = 60\,\text{l}$ ein ideales Gas ($\varkappa = 4/3$) unter einem Druck von 10^6 Pa eingeschlossen.

a) Welche Wärmemenge muß dem Gas zugeführt werden, damit sich bei konstantem Druck das Volumen verdoppelt?
b) Um welchen Wert ändert sich dabei die innere Energie?
c) Welche Arbeit wird dabei nach außen abgegeben?
d) Wie groß ist die Entropieänderung pro Mol?

7.14
Die Entropieänderung beim Schmelzen von 1 kmol Eis beträgt 22,2 kJ/K. Berechnen Sie unter Benutzung der Gleichung von Clausius-Clapeyron, um wieviel sich die Schmelztemperatur des Eises ändert, wenn der äußere Druck um $1 \cdot 10^5$ Pa erhöht wird!

(Molvolumina: $V_{\text{mol,fl}} = 1{,}8 \cdot 10^{-2}\,\text{m}^3/\text{kmol}$, $V_{\text{mol,f}} = 2 \cdot 10^{-2}\,\text{m}^3/\text{kmol}$)

7.15
30 g Wasserdampf von 100 °C und 30 g Eis von 0 °C werden in ein Kalorimetergefäß gebracht. Die Wärmekapazität des Gefäßes wird vernachlässigt.

($c_\text{w} = 4{,}2 \cdot 10^3\,\text{J/kg} \cdot \text{K}$, $\lambda_{\text{F,Fl}} = 3{,}35 \cdot 10^5\,\text{J/kg}$, $\lambda_{\text{Fl,D}} = 2{,}26 \cdot 10^6\,\text{J/kg}$)

a) Welche Wärmemenge wird benötigt, um das gesamte Eis in Wasser von 100 °C zu verwandeln?
b) Welche Temperatur stellt sich im Gleichgewicht im Kalorimetergefäß ein, und welche der Komponenten liegt dann mit welcher Masse vor?
c) Wie groß ist die Entropieänderung zwischen dem Ausgangs- und dem Gleichgewichtszustand?

8 Molekularkinetik und Statistik

Im Kapitel 7 wurden die thermodynamischen Erscheinungen ausschließlich phänomenologisch durch makroskopische Größen beschrieben. Als Grundlage für alle diese Erscheinungen erwiesen sich die 3 Hauptsätze der Thermodynamik, die demzufolge als Axiomensystem dieses Teilbereiches der Physik anzusehen sind.

LUDWIG EDUARD BOLTZMANN (1844–1906)

Für die genannte Betrachtungsweise ist die *mikrophysikalische Struktur* der Stoffe bedeutungslos, und man faßt demzufolge die Stoffe als *Kontinua* auf. Es ist jedoch zu erwarten, daß die Berücksichtigung ihrer atomistischen Struktur (vgl. die Abschnitte 5.1 und 7.3.3.1) ein tieferes Verständnis bestimmter Zusammenhänge der Thermodynamik ermöglicht. Das ist allerdings nicht so zu verstehen, daß die Thermodynamik damit insgesamt auf ein höheres Niveau gehoben würde. Die unter anderem gerade in der Formulierung der Hauptsätze zum Ausdruck kommende, den Systemaspekt betonende Spezifik der thermodynamischen Betrachtungsweise stellt eine der tragenden Stützen der Physik dar und bleibt in ihrer grundlegenden Bedeutung von den in diesem Kapitel folgenden Überlegungen unbeeinflußt. In der von CLAUSIUS (1857), MAXWELL (1860) und BOLTZMANN (1877) begründeten und entwickelten *molekularkinetischen Theorie der Wärme* werden die Erscheinungen auf die Existenz und die mit den Mitteln der Mechanik beschriebenen Bewegungen der Atome und Moleküle der Stoffe oder Körper zurückgeführt. Die große Anzahl der Atome und Moleküle macht es aber unmöglich, so wie in den Abschnitten 3 und 4 jedes Objekt einzeln zu beschreiben. Als praktikabel erweisen sich nur noch *statistische Methoden*. Dabei zeigt es sich dann in der Quantenphysik (Band III), daß die Einführung einer statistischen Betrachtungsweise für die Mikrophysik darüber hinaus sogar von prinzipieller Notwendigkeit ist.

8.1 Wärmebewegung

Die molekularkinetische Theorie der Wärme erklärt die thermodynamischen Sachverhalte mit Hilfe mechanischer Begriffe. Sie liefert u.a. fundierte Aussagen über die Größe von Atomen (vgl. Abschnitt 8.5) und stellt damit ein erstes Vordringen der Physik in atomare Dimensionen dar. Die Erfolge der Molekularkinetik bei der Erklärung physikalischer Erscheinungen ließen sie zu einer wesentlichen Stütze für die Richtigkeit der Vorstellung von der atomistischen Struktur der Stoffe werden.

Nach dem allgemeinen Energieerhaltungssatz (S 7.2) ist Wärme eine Form der Energie. Er sagt aber nichts über die Natur dieser speziellen Energieform aus. Diese Lücke schließt die molekularkinetische Theorie der Wärme, indem sie davon ausgeht, daß die stoffliche Materie aus Atomen und Molekülen besteht, die sich ununterbrochen bewegen. Die Bewegung der atomaren Bausteine eines Körpers trug zunächst hypothetischen Charakter. Man bezeichnet sie als *Wärmebewegung*.

Wärmebewegung

Von der Bewegung von Gas- und Flüssigkeitsmolekülen kann man sich überzeugen, indem man zum Beispiel möglichst kleine Rußteilchen oder Öltröpfchen in ein Gas bzw. kleine Tuscheteilchen in eine Flüssigkeit bringt und die schwebenden Teilchen im Mikroskop betrachtet. Wenn dafür gesorgt ist, daß Konvektionsströmungen weitgehend ausgeschaltet sind, kann eine charakteristische Zickzack-Bewegung beobachtet werden. Sie entsteht dadurch, daß in regelloser zeitlicher Folge Atome bzw. Moleküle aus verschiedenen Richtungen auf das schwebende Teilchen prallen. Seine Bewegung vermittelt deshalb einen Eindruck von der Eigenbewegung der Atome und Moleküle, die wegen ihrer Kleinheit nicht direkt beobachtbar sind. Diese Erscheinung beschrieb erstmals BROWN im Jahre 1827. Man nennt sie deshalb *Brownsche Molekularbewegung*. Ihre Deutung konnte allerdings erst später gegeben werden.

Brownsche Molekularbewegung

ROBERT BROWN (1773–1858)

Im idealen Gas (s. Abschnitt 8.3.3) sind die einzelnen Atome oder Moleküle völlig frei beweglich. Ihre Wärmebewegung hat rein translatorischen Charakter, sie erfolgt wegen der Zusammenstöße untereinander und mit der Gefäßwand auf Zickzack-Bahnen. In realen Gasen führt die Wechselwirkung zwischen den atomaren Bausteinen schon dann zu einer Bewegungsänderung, wenn diese mehr oder weniger dicht aneinander vorbeifliegen. In Flüssigkeiten ist die Bewegungsfreiheit der Moleküle noch stärker eingeengt, wie u.a. die Existenz der Oberfläche zeigt. Im Festkörper sind sie schließlich nur noch zu Schwingungen mit mehr oder weniger großer Amplitude fähig (siehe auch Abschnitte 5.2, 6.3.4 und Bd. IV).

Die molekularkinetische Theorie der Wärme setzt nun folgerichtig die innere Energie des thermodynamischen Systems gleich der Summe der kinetischen Energien seiner Atome bzw. Moleküle. Auf diese Weise können thermodynamische Größen auf mechanische Begriffe zurückgeführt werden, der Zusammenhang zwischen Thermodynamik und Mechanik ist hergestellt.

Die Temperaturmessung wird nach (S 7.1) durch die Tatsache ermöglicht, daß in jedem abgeschlossenen physikalischen System sich die Temperaturunterschiede zwischen seinen sich selbst überlassenen Teilsystemen nach hinreichend langer Zeit ausgleichen. Bei Berührung der Systeme ist dies molekularkinetisch dadurch zu verstehen, daß bei den Zusammenstößen ihrer atomaren Bausteine im allgemeinen sowohl deren Impuls als auch deren Energie geändert werden. Ist einer der Körper wärmer als der andere, so geht von ihm mehr Energie zum kälteren über als umgekehrt vom kälteren zum wärmeren. Ist das thermodynamische Gleichgewicht erreicht, wird bei den Zusammenstößen im zeitlichen Mittel keine Energie übertragen. Die Überlegung zeigt, daß zwischen der mittleren kinetischen Energie der Moleküle des Körpers und seiner Temperatur ein Zu-

Die Temperatur ist nur für ein Ensemble von Teilchen definierbar

sammenhang zu erwarten und die Größe Temperatur damit auch molekularkinetisch definierbar ist. Dabei muß bedacht werden, daß ebenso wie die innere Energie auch die Temperatur nur für ein Ensemble von Teilchen, aber nicht für ein einzelnes Molekül definiert werden kann (vgl. (S 8.4)).

Über die Verteilung der Gesamtenergie, d.h. der inneren Energie des Körpers auf die einzelnen Moleküle, wurde bisher noch nichts ausgesagt. Zur Behandlung dieser Frage und damit zusammenhängender Probleme müssen – der großen Anzahl der atomaren Bausteine eines thermodynamischen Systems wegen – im allgemeinen statistische Methoden Anwendung finden.

Neben quantitativen Aussagen über die oben angedeuteten Zusammenhänge muß man von der Molekularkinetik erwarten, daß bestimmte experimentelle Ergebnisse, die in der phänomenologischen Thermodynamik und der Mechanik deformierbarer Medien keine Erklärung finden, physikalisch gedeutet werden können.

Der nächste Abschnitt bringt wesentliche Grundlagen der statistischen Betrachtungsweise, wie es obige Ausführungen nahelegen. Er beschränkt sich allerdings auf die für die Molekularkinetik entwickelte und auf den Vorstellungen der klassischen Physik beruhende *Boltzmann-Statistik*. Die *Bose-Einstein-* und die *Fermi-Dirac-Statistik* werden im Bd. IV besprochen.

8.2 Boltzmann-Statistik

Zustand eines Teilsystems

Zustand des Gesamtsystems

Grundproblem der thermodynamischen Statistik ist es, Aussagen über den *Zustand eines thermodynamischen Systems* zu gewinnen, das aus einer großen Anzahl untereinander gleichartiger Teilsysteme besteht. Die für die Teilsysteme möglichen thermodynamischen Zustände können kontinuierlich oder diskontinuierlich liegen, ihre Anzahl kann begrenzt oder unbegrenzt sein. Wegen der großen Anzahl der Teilsysteme ist eine genaue Aussage über den Zustand jedes einzelnen von ihnen praktisch unmöglich, und es kann nur eine Wahrscheinlichkeitsaussage (vgl. A. 32) über ihre Verteilung auf die möglichen Zustände gemacht werden. Eine bestimmte derartige Verteilung charakterisiert einen bestimmten thermodynamischen Zustand des Gesamtsystems. In der Mikrophysik sind genaue Aussagen über einzelne Objekte im Sinne der Makrophysik nicht nur wegen ihrer großen Anzahl, sondern prinzipiell unmöglich (vgl. Abschnitt 8.3). Deshalb haben statistische Methoden dort eine entscheidende Bedeutung (siehe Bd. III und IV).

Besetzungszahl N_i eines Zustandes i der Teilsysteme

Wir wollen die wahrscheinlichste Energieverteilung in einer aus einer großen Zahl N von gleichartigen Teilsystemen bestehenden abgeschlossenen Gesamtheit nach BOLTZMANN (1877) errechnen. W_i sei die Energie eines Teilsystems, das sich im Zustand i befinde, und N_i die Anzahl der Teilsysteme in diesem Zustand. Man bezeichnet N_i als *Besetzungszahl* des

Zustandes i. Es wird vorausgesetzt:

Voraussetzungen zur Berechnung der wahrscheinlichsten Energieverteilung in einem abgeschlossenen Gesamtsystem

a) Es sind nur diskrete Energiewerte W_i möglich, die Zustände liegen also diskontinuierlich. Ihre Anzahl sei r ($i = 1, \ldots, r$).

b) Das Gesamtsystem sei abgeschlossen. Das bedeutet die Gültigkeit der beiden Nebenbedingungen

$$\sum_{i=1}^{r} N_i = N = \text{const} \tag{8.1a}$$

und

$$\sum_{i=1}^{r} N_i W_i = W = \text{const}\,, \tag{8.1b}$$

wobei W die Gesamtenergie bedeutet.

c) Die N Teilsysteme befinden sich im thermodynamischen Gleichgewicht.

d) Sie üben keine Wechselwirkungen aufeinander aus.

Die Voraussetzung c) ist nach (S 7.1) erfüllt, wenn das Gesamtsystem hinreichend lange sich selbst überlassen wurde. Zur Erläuterung der Voraussetzung d) werde eine Gasmenge betrachtet. In diesem konkreten Fall ist jedes Gasmolekül ein Teilsystem. Die Gasmoleküle üben dann eine vernachlässigbar kleine Wechselwirkung aufeinander aus, wenn sie weit voneinander entfernt sind (d.h. der Druck klein ist) oder die Temperatur so groß gegenüber der kritischen ist, daß die van-der-Waals-Kräfte vernachlässigt werden können, also ein ideales Gas vorliegt (vgl. Abschnitt 7.3.2.2 und Abschnitt 8.3.3).

Zur Berechnung der Wahrscheinlichkeit w_{N_i} für die Besetzung eines beliebigen Zustandes i durch N_i Teilsysteme geht man von (A 32.2a) aus. Das erfordert die Kenntnis der Anzahl von Fällen, die diese Besetzung realisieren. Die Beantwortung der Frage, was man dabei als voneinander zu unterscheidende Fälle aufzufassen hat, die zu einer gleichen Besetzungszahl N_i führen, ist ein rein physikalisches Problem. Nach Boltzmann ist ein Fall dadurch gegeben, daß sich N_i bestimmte Teilsysteme im betrachteten Zustand i befinden. Tauscht man zwei in unterschiedlichen Zuständen befindliche Teilsysteme gegeneinander aus, ergibt sich ein neuer Fall, der aber die gleichen Besetzungszahlen realisiert. Diese Voraussetzung wird vielfach auch durch die Aussage charakterisiert: Die Teilsysteme sind physikalisch prinzipiell unterscheidbar.

Unterscheidung der Fälle zur Realisierung einer Besetzungszahl nach Boltzmann

Ein Beispiel soll den physikalischen Gehalt dieser Aussage beleuchten. Beim Billardspiel stoßen zwei äußerlich nicht unterscheidbare Kugeln aufeinander. Die stoßende werde mit 1, die gestoßene mit 2 gekennzeichnet. Nach dem Stoß befinden sich zu einer bestimmten Zeit die Kugeln an den verschiedenen Orten P_1^* und P_2^*. Für die Boltzmann-Statistik liegt nun ein anderer Fall vor, je nachdem, ob sich die Kugel 1 in P_1^* und die Kugel 2 in P_2^* befindet oder umgekehrt. Nach den Stoßgesetzen (vgl. Abschnitt 6.2) ist es nämlich bei Kenntnis der Orte P_1, P_2 und der Impulse

$m_1 \boldsymbol{v}_1$, $m_2 \boldsymbol{v}_2$ beider Kugeln vor dem Stoß prinzipiell immer möglich zu entscheiden, welche der beiden äußerlich vollkommen gleichen Kugeln sich nach dem Stoß zu einer bestimmten Zeit am Ort P_1^* und welche sich am Ort P_2^* befinden muß. Die Kugeln sind demzufolge physikalisch prinzipiell unterscheidbar, beide Möglichkeiten beschreiben demzufolge einen anderen physikalischen Fall und müssen somit unterschieden werden. Diese Unterscheidbarkeit basiert auf der Annahme, daß zum gleichen Zeitpunkt Ort und Impuls eines Teilchens mit beliebiger Genauigkeit bestimmbar sind. Von dieser auf den ersten Blick so einleuchtenden Voraussetzung kann in der Makropyhsik bedenkenlos ausgegangen werden, in der Mikrophysik dagegen ist sie nicht aufrechtzuerhalten (vgl. Heisenbergsche Unschärferelation, Band III).

Wahrscheinlichkeit w_{Fall} für das Auftreten des einzelnen Falles

Weiter ist eine Aussage darüber notwendig, mit welcher Wahrscheinlichkeit jeder einzelne dieser Fälle auftritt. (A 32.2a) kann in dieser Form nur dann für das vorliegende Problem Anwendung finden, wenn die Teilsysteme und Zustände so beschaffen sind, daß diese Wahrscheinlichkeit w_{Fall} unabhängig davon ist, welches bestimmte Teilobjekt in welchem bestimmten Zustand zu finden ist. Da laut Voraussetzung die Teilsysteme zwar voneinander unterscheidbar, aber gleichartig sind und keine Wechselwirkung aufeinander ausüben, ist ihre statistische Gleichwertigkeit ohne weiteres einzusehen. Es besteht auch bei den als diskret vorausgesetzten Zuständen keine Veranlassung, die Besetzung eines Zustandes durch ein Teilsystem für mehr oder weniger wahrscheinlich als die Besetzung eines anderen Zustandes zu halten. solange keine einschränkenden Nebenbedingungen vorliegen. Für das Problem der Energieverteilung liegt allerdings mit der Nebenbedingung (8.1b), der Begrenzung der Gesamtenergie, eine solche Einschränkung vor. Wir wenden uns deshalb zunächst einem Problem ohne einschränkende Nebenbedingung zu und betrachten das Herabfallen einer Kugel am Galtonbrett (s. Abb. 8.1). Dort ist die prinzipielle statistische Gleichwertigkeit der Teilsysteme wie auch der Zustände sofort einzusehen. Trifft eine Kugel homogener Dichte senkrecht und zentral auf einen horizontal liegenden zylindrischen Stift, so sind die beiden Zustände, nämlich daß sich die Kugel anschließend rechts oder links vom Stift befindet, gleich wahrscheinlich. Ebenso ist das Ergebnis ununabhängig von der bestimmten, aus einer Anzahl gleichartiger Kugeln ausgewählten Kugel. Diese Überlegungen führen auch zu dem Schluß, daß die Einnahme eines Zustandes durch ein Teilsystem unahängig davon ist, wieviele Teilsysteme sich schon in diesem Zustand befinden, denn die Teilsysteme üben laut Voraussetzung keine Wechselwirkung aufeinander aus. Beim gewählten Beispiel erwartet man zwar für eine große Anzahl von Versuchen eine Gleichverteilung der Kugeln rechts und links vom Stift. Beim Fall der einzelnen Kugel ist das Versuchsergebnis aber auch dann nicht absehbar, wenn die vorangegangenen Versuche zu einer Asymmetrie in der Besetzung führten. Bei der Übertragung dieser Überlegungen auf andere physikalische Problemstellungen ist aber Vorsicht geboten. Als Beispiel wird ein System von Elektronen betrachtet. Jedes einzelne Elektron ist dabei ein gleichartiges Teilsystem. Obige Schlußfolgerungen lassen nun erwarten, daß z. B. das i-te Elektron eine bestimmte Energie unabhän-

Ein Teilsystem nimmt einen bestimmten Zustand unabhängig davon ein, wieviel Teilsysteme in diesem Zustand bereits vorliegen gig davon anzunehmen vermag, wieviel Elektronen sich schon in diesem energetischen Zustand befinden. In einem Elektronenstrahl im Vakuum ist diese Annahme praktisch erfüllt. Dagegen können z.B. in der Hülle eines Atoms auf Grund des Pauli-Prinzips (siehe Bd. III) nur eine bestimmte Anzahl von Elektronen einen bestimmten energetischen Zustand besetzen.

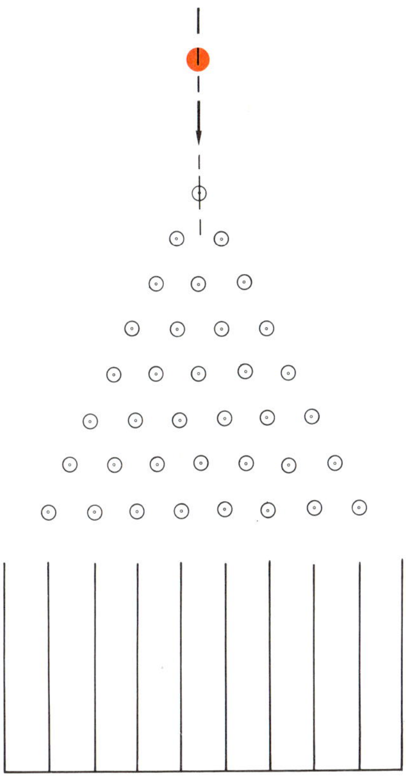

Abb. 8.1 Galtonbrett

Bisher wurden diskrete Zustände vorausgesetzt. Man erhält aber auf Grund der Gültigkeit eines von LIOUVILLE formulierten Satzes für kontinuierlich liegende Zustände die gleichen Aussagen. Darauf soll hier jedoch nicht näher eingegangen werden.

Die in die Boltzmann-Statistik eingehenden physikalischen Voraussetzungen beschränken demnach die Anwendbarkeit, da sie weder die Heisenbergsche Unschärferelation noch das Pauli-Prinzip berücksichtigen. Muß die Heisenbergsche Unschärferelation Beachtung finden, so kommt man zur Bose-Einstein-Statistik, bei gleichzeitiger Beachtung von Heisenbergscher Unschärferelation und Pauli-Prinzip zur Fermi-Dirac-Statistik (vgl. Bd. IV). Es zeigt sich, daß die Boltzmann-Statistik einen wichtigen Grenzfall dieser beiden Statistiken darstellt. Sie liefert für die Energieverteilung eine gute Näherung, solange die Temperatur des Systems oberhalb einer bestimmten Temperatur, der Entartungstemperatur, liegt (s. Bd. IV).

Wir wollen jetzt die Wahrscheinlichkeit w_B für einen möglichen Zustand des Gesamtsystems betrachten. Es wird zunächst eine Beziehung für die Wahrscheinlichkeit w_B eines bestimmten Zustandes des Gesamtsystems ohne Begrenzung der Gesamtenergie, d.h. ohne Beachtung der Nebenbedingung (8.1b), hergeleitet. Unter dieser Annahme ist man berechtigt, alle nach BOLTZMANN zu unterscheidenden Fälle als gleich wahrscheinlich zu betrachten, denn es gibt dann keine Begründung dafür, einen Fall vor den anderen auszuzeichnen.

Wäre $r = N$, so müßte wegen der Gleichheit aller Wahrscheinlichkeiten w_{Fall} jeder Zustand einfach besetzt sein: $N_1 = N_2 = \ldots N_{r=N} = 1$. Die Wahrscheinlichkeit, im i-ten Zustand $N_i = 1$ Teilsysteme zu finden, ergibt sich dann durch die Anzahl der Permutationen aller N Teilsysteme nach (A 33.1) zu

$$w_{N_i} = N! \quad (\text{für } r = N). \tag{8.2a}$$

Ist die Anzahl der Teilsysteme N größer als die Anzahl r der möglichen Zustände ($N > r$), dann treten mehrfach besetzte Zustände auf. Deshalb muß bei der Berechnung zum Beispiel der Wahrscheinlichkeit w_{N_1} berücksichtigt werden, daß durch Permutationen zwischen den N_1 Teilsystemen im Zustand 1 sowie zwischen den übrigen $N - N_1$ Teilsystemen in bezug auf die Besetzung des Zustandes 1 keine neuen Fälle gebildet werden. Es folgt

$$w_{N_1} = \frac{N!}{N_1!(N - N_1)!}. \tag{8.2b}$$

Da sich N_1 Teilsysteme im Zustand 1 befinden, können die übrigen $r - 1$ Zustände nur noch durch $N - N_1$ Teilsysteme besetzt werden. Analog zu (8.2b) ist dann der Zustand 2 mit der Wahrscheinlichkeit

$$w_{N_2} = \frac{(N - N_1)!}{N_2!(N - N_1 - N_2)!} \tag{8.2c}$$

von N_2 Teilsystemen besetzt.

Nach (A 32.3) ist mit (8.2b), (8.2c) und den für die anderen Zustände entsprechend gebildeten Ausdrücken die Wahrscheinlichkeit w_B eines Zustandes des Gesamtsystems (d.h., daß sich N_1 Teilsysteme im Zustand 1, N_2 im Zustand 2 usw., schließlich N_r Teilsysteme im Zustand r befinden) durch

$$w_B = \frac{N!}{N_1!(N - N_1)!} \cdot \frac{(N - N_1)!}{N_2!(N - N_1 - N_2)!} \cdots \frac{(N - N_1 - \ldots - N_{r-1})!}{N_r!(N - N_1 - \ldots - N_r)!}$$

$$= \frac{N!}{N_1! N_2! \ldots N_r!} = \frac{N!}{\prod_{i=1}^{r} N_i!}$$

gegeben, wobei (A 33.2) beachtet wurde.

Die Wahrscheinlichkeit w_B dafür, daß von N gleichartigen Teilsystemen sich jeweils N_i im Zustand i $(i=1, 2, \ldots r; \sum_{i=1}^{r} N_i = N)$ befinden, ist nach BOLTZMANN

$$w_B = \frac{N!}{\prod_{i=1}^{r} N_i!}.$$

(S 8.1) Boltzmann-Wahrscheinlichkeit w_B

Die Beziehung (S 8.1) bringt die Wahrscheinlichkeit für einen möglichen Zustand des Gesamtsystems zum Ausdruck. Zur praktischen Anwendung dieser Beziehung, d. h. zur Berechnung von w_B für irgendeinen gegebenen Zustand, müssen jedoch sowohl N als auch alle N_i bekannt sein. Will man zum Beispiel prüfen, welche Wahrscheinlichkeit eine Verteilung einer bestimmten Energie auf die Moleküle eines Gases besitzt, so erfordert dies die Kenntnis der Gesamtzahl N aller Moleküle und der Anzahl N_i $(i=1, 2, \ldots r)$ der Moleküle mit der Energie W_i. Die N_i anzugeben ist aber unmöglich. Selbst wenn das gelänge, würde die große Molekülanzahl eine Berechnung von w_B mit Hilfe der in (S 8.1) gegebenen Beziehung unmöglich machen. Man bestimmt daher die wahrscheinlichste Verteilung, d. h. den Zustand des Gesamtsystems mit dem maximalen Wert von w_B unter Berücksichtigung der beiden Nebenbedingungen (8.1a) und (8.1b). Es zeigt sich, daß die Begrenzung der Gesamtenergie das Ergebnis entscheidend beeinflußt.

Da N als sehr groß vorausgesetzt wurde, kann w_B mit der *Stirlingschen Formel* (A 33.3a) in der Form

$$\begin{aligned} \ln w_B &= N \ln N - N - \sum_{i=1}^{r} (N_i \ln N_i - N_i) \\ &= N \ln N - \sum_{i=1}^{r} N_i \ln N_i \end{aligned} \tag{8.3}$$

geschrieben und w_B als stetige Funktion der N_i aufgefaßt werden. Um das Maximum der Funktion $\ln w_B$ und damit auch der Funktion w_B aufzufinden, wird entsprechend A. 2 das totale Differential $\delta \ln w_B$ gebildet und gleich Null gesetzt:

$$\delta \ln w_B = -\sum_{i=1}^{r} (\ln N_i \, \delta N_i + \delta N_i) = 0$$

oder

$$\sum_{i=1}^{r} (\ln N_i + 1)\, \delta N_i = 0. \tag{8.4a}$$

Von den r Faktoren δN_i sind wegen der Nebenbedingungen (8.1a) und (8.1b) nur $r-2$ frei wählbar. Um dennoch zu einer Lösung von (8.4a) zu gelangen, werden die Nebenbedingungen differenziert (vgl. A 2.8)):

$$\sum_{i=1}^{r} \delta N_i = 0, \tag{8.4b}$$

$$\sum_{i=1}^{r} W_i \delta N_i = 0, \tag{8.4c}$$

Lagrangesche Multiplikatoren

mit dem Faktor $\alpha \neq 0$ bzw. $\beta \neq 0$ (*Lagrangesche Multiplikatoren*) multipliziert und zur Gleichung (8.4a) addiert:

$$\sum_{i=1}^{r} (\ln N_i + 1 + \alpha + \beta W_i) \delta N_i = 0. \tag{8.4d}$$

Die noch unbestimmten Faktoren α und β werden nun so gewählt, daß zwei der Klammerausdrücke in (8.4d) verschwinden. Über $r-2$ Werte δN_i ist frei zu verfügen (s. o.). Wir wählen sie zum Beispiel so, daß nur ein δN_i (z. B. δN_k) ungleich Null ist, alle anderen dagegen verschwinden. (8.4d) kann dann nur gelten, wenn der zu δN_k zugehörige Klammerausdruck ebenfalls verschwindet. Da wir dieses Verfahren für alle frei wählbaren $r-2$ Werte δN_i wiederholen können, gewinnt man aus (8.4d) die r Gleichungen

$$\ln N_i + 1 + \alpha + \beta W_i = 0$$

oder

$$N_i = \mathrm{e}^{-1-\alpha-\beta W_i} \quad (i = 1, 2, \ldots, r). \tag{8.5}$$

Einsetzen von (8.5) in die Nebenbedingung (8.1a) ergibt

$$N = \sum_{i=1}^{r} N_i = \mathrm{e}^{-1-\alpha} \sum_{i=1}^{r} \mathrm{e}^{-\beta W_i}. \tag{8.6a}$$

Elimination des Faktors $\mathrm{e}^{-1-\alpha}$ aus der Gleichung (8.5) mit Hilfe von (8.6a) liefert

$$N_i = N \frac{\mathrm{e}^{-\beta W_i}}{\sum_{i=1}^{r} \mathrm{e}^{-\beta W_i}}. \tag{8.6b}$$

Mit Hilfe thermodynamischer Überlegungen (siehe Abschnitt 8.3.6) erhält man mit der Nebenbedingung (8.1b) die Beziehung $\beta^{-1} = k \cdot T$ (k = Boltzmann-Konstante, vgl. (D 8.4)) und damit

$$N_i = N \frac{\mathrm{e}^{-\frac{W_i}{kT}}}{\sum_{i=1}^{r} \mathrm{e}^{-\frac{W_i}{kT}}}. \tag{8.6c}$$

Zustandssumme σ

Der Nenner von (8.6c) wird als *Zustandssumme*

$$\sigma = \sum_{i=1}^{r} \mathrm{e}^{-\frac{W_i}{kT}} \tag{8.6d}$$

bezeichnet.

Die durch

$$N_i = N \frac{e^{-\frac{W_i}{kT}}}{\sum_{i=1}^{r} e^{-\frac{W_i}{kT}}}$$

gegebene Verteilung heißt Boltzmann-Verteilung.

(D 8.1)
Boltzmann-Verteilung

Ist mehreren, z.B. einer Anzahl g_i von den r möglichen Zuständen der gleiche Wert W_i der Energie zugeordnet, so sagt man, W_i ist $(g_i - 1)$fach entartet. Die Anzahl r der voneinander verschiedenen W_i reduziert sich damit. Für die Zahl der Teilsysteme mit der Energie W_i ergibt sich dann analog zu (8.6c)

entartete Zustände

$$N_i = g_i N \frac{e^{-\frac{W_i}{kT}}}{\sum_{i=1}^{r} g_i e^{-\frac{W_i}{kT}}}. \tag{8.6}$$

Wir nehmen wieder an, daß die Zustände nicht entartet sind ($g_i = 1$). Als mittlere Energie $\overline{W}$ eines Teilsystems erhält man durch arithmetische Mittelbildung

$$N\overline{W} = \sum_{i=1}^{r} W_i N_i \tag{8.7a}$$

und mit (8.6c)

$$\overline{W} = \frac{\sum_{i=1}^{r} W_i e^{-\frac{W_i}{kT}}}{\sum_{i=1}^{r} e^{-\frac{W_i}{kT}}}. \tag{8.7b}$$

mittlere Energie eines Teilsystems bei diskreter Verteilung

Für den Fall kontinuierlich liegender Energiezustände müssen die diskreten Energiewerte W_i durch die stetige Energiefunktion W und die Besetzungszahlen N_i durch

$$\mathrm{d}N = f(W)\,\mathrm{d}W\,dV \tag{8.8}$$

mit den Nebenbedingungen (vgl. (8.1a) und (8.1b))

$$\iiint_V \int_W f(W)\,\mathrm{d}W\,\mathrm{d}V = N; \qquad \iiint_V \int_W W f(W)\,\mathrm{d}W\,\mathrm{d}V = W \tag{8.8a}$$

ersetzt werden. $\mathrm{d}N$ ist die Anzahl der Teilsysteme, die im Volumenelement $\mathrm{d}V$ eine Energie zwischen W und $W + \mathrm{d}W$ besitzen. Die im allgemeinen Fall vorliegende Unterschiedlichkeit der Anzahl von Teilsystemen in den einzelnen Energieintervallen wird durch die Funktion $f(W)$ erfaßt. $f(W)$ heißt *Verteilungsfunktion*. Der Ausdruck (8.6c) geht dann mit dem

Verteilungsfunktion

Zustandsintegral σ

analog zur Zustandssumme (8.6d) gebildeten und als *Zustandsintegral* bezeichneten Ausdruck

$$\sigma = \iiint\limits_V \int\limits_W e^{-\frac{W}{kT}} \, dV \, dW \tag{8.9a}$$

in

$$f(W) = \frac{N e^{-\frac{W}{kT}}}{\sigma} \tag{8.9}$$

über, während (8.7b) mit der Teilchenanzahldichte

$$n = \frac{N}{V} \tag{8.9b}$$

die Form

mittlere Energie eines Teilsystems bei kontinuierlicher Verteilung

$$\overline{W} = \frac{\iiint\limits_V \int\limits_W W f(W) \, dW \, dV}{N} = \frac{\int\limits_W W f(W) \, dW}{n} \tag{8.10a}$$

bzw. mit (8.9)

$$\overline{W} = \frac{\iiint\limits_V \int\limits_W e^{-\frac{W}{kT}} W \, dW \, dV}{\sigma} \tag{8.10b}$$

annimmt.

8.3 Kinetische Gastheorie

Die kinetische Gastheorie stützt sich ausschließlich auf Gesetzmäßigkeiten der klassischen Teilchenmechanik. Das trug dazu bei, daß bis gegen Ende des 19. Jahrhunderts die Meinung vorherrschte, alle physikalischen Erscheinungen seien auf die Mechanik zurückführbar. Dem stand allerdings die Kontinuumsvorstellung der Elektrodynamik entgegen. Mit dem kontinuierlichen elektrodynamischen Feld und der korpuskularen stofflichen Materie standen sich zwei von der Modellvorstellung her völlig fremde Bereiche der Physik gegenüber. Die Beugungserscheinungen von Teilchenstrahlen und der äußere lichtelektrische Effekt zum Beispiel zeigten dann überzeugend, daß beide Auffassungen unzulänglich sind. Diese Problematik wird umfassend in Bd. III behandelt.

8.3.1 Molekularkinetische Deutung des Gasdruckes

Die Moleküle bzw. Atome eines idealen Gases führen infolge ihrer Wärmebewegung Stoßprozesse aus. Wir setzen voraus, daß die Stöße elastisch (vgl. (D 6.2)) ablaufen. Wird das Volumen des Gases durch die Wandung eines Gefäßes begrenzt, so stoßen die Moleküle auch gegen die Gefäßwände. Trifft ein einzelnes Molekül der Masse m_{m} mit der Geschwindigkeit $\boldsymbol{v}$ unter einem Winkel ϑ gegenüber der Flächennormalen im Auftreffpunkt auf die Wand, dann nimmt diese auf Grund des Impulserhaltungssatzes (S 4.5) einen Impuls vom Betrag $2m_{\mathrm{m}}v\cos\vartheta$ auf (siehe Abb. 8.2 und Abschn. 6.2). Um den im Zeitintervall $\mathrm{d}t$ auf die Wand übertragenen Gesamtimpuls zu erhalten, müssen nähere Angaben über Betrag und Richtung der Geschwindigkeit der einzelnen Moleküle gemacht werden. Man kann nicht voraussetzen, daß der Betrag der Geschwindigkeit aller Moleküle gleichgroß ist und nimmt deshalb entsprechend (8.8) an, daß die Teilchenanzahl der Moleküle mit einer Geschwindigkeit zwischen v und $v+\mathrm{d}v$ im Volumenelement $\mathrm{d}V$ durch $\mathrm{d}N = f(v)\,\mathrm{d}v\,\mathrm{d}V$ gegeben ist. Da die Wärmebewegung völlig regellos erfolgt, kommen alle Bewegungsrichtungen mit gleicher Wahrscheinlichkeit vor.

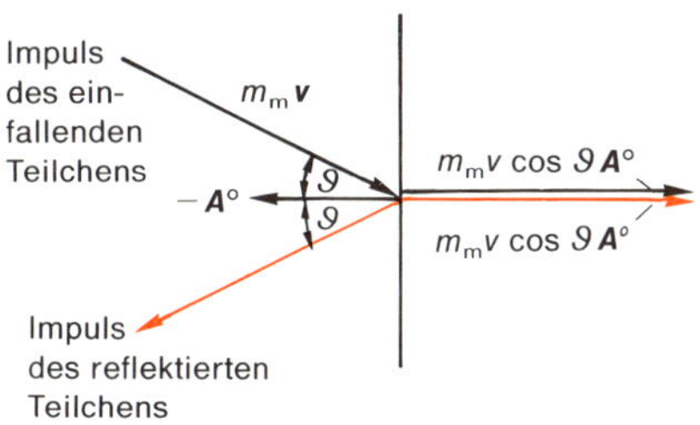

Abb. 8.2
Vom auftreffenden Teilchen wird der Impuls $2m_{\mathrm{m}}v\cos\vartheta\,\boldsymbol{A}°$ auf die Wand übertragen

Es soll von den $\mathrm{d}N$ Molekülen im Volumen $\mathrm{d}V$ mit einer Geschwindigkeit zwischen v und $v+\mathrm{d}v$ die Anzahl $\mathrm{d}N_\vartheta = f_\vartheta(v)\,\mathrm{d}v\,\mathrm{d}\vartheta\,\mathrm{d}V$ angegeben werden, die außerdem durch eine bestimmte Bewegungsrichtung im Intervall zwischen ϑ und $\vartheta+\mathrm{d}\vartheta$ (siehe Abb. 8.3) ausgezeichnet ist. Wir denken uns um den Ort eines Moleküls zu einer bestimmten Zeit eine Kugelfläche gelegt. Die Wahrscheinlichkeit dafür, daß es diese Kugelfläche auf Grund der Wärmebewegung in der durch einen Winkel zwischen ϑ und $\vartheta+\mathrm{d}\vartheta$ festgelegten Kugelzone durchstößt, ist nach (A 32.2) infolge der Regellosigkeit der Wärmebewegung durch das Verhältnis der Kugelzone $2\pi Rh = R^2\sin\vartheta\,2\pi\,\mathrm{d}\vartheta$ (Höhe $h = R\sin\vartheta\,\mathrm{d}\vartheta$, siehe Abb. 8.3) zur gesamten Kugeloberfläche $4\pi R^2$ gegeben. Daraus ergibt sich

$$\frac{f_\vartheta(v)\,\mathrm{d}v\,\mathrm{d}\vartheta}{f(v)\,\mathrm{d}v} = \frac{\sin\vartheta\,\mathrm{d}\vartheta}{2}\,. \tag{8.11a}$$

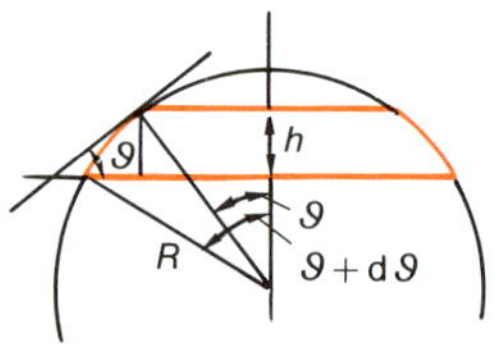

Abb. 8.3
Zur Berechnung der Verteilungsfunkion $f_\vartheta(v)$

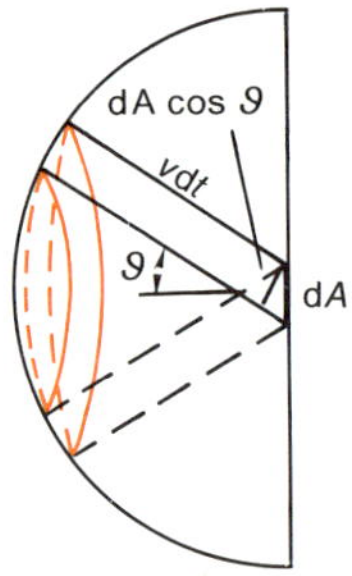

Abb. 8.4 Zur Berechnung von dN

Im Zeitintervall von $t_1 = t$ bis $t_2 = t + \mathrm{d}t$ treffen bei entsprechender Bewegungsrichtung alle Moleküle der Geschwindigkeit v auf die Wandfläche dA, die von ihr einen Abstand kleiner oder gleich $v\,\mathrm{d}t$ zur Zeit t_1 haben. Für eine bestimmte Richtung sind das Moleküle aus einem Zylinder der Länge $v\,\mathrm{d}t$ und der Grundfläche $\mathrm{d}A\cos\vartheta$ (siehe Abb. 8.4).

Damit stoßen in der Zeit dt

$$\mathrm{d}N_\vartheta = f_\vartheta(v)\,\mathrm{d}v\,\mathrm{d}\vartheta\,\mathrm{d}V = f_\vartheta(v)\,v\cos\vartheta\,\mathrm{d}A\,\mathrm{d}v\,\mathrm{d}\vartheta\,\mathrm{d}t$$

$$= \frac{1}{2}\,f(v)\,v\cos\vartheta\sin\vartheta\,\mathrm{d}A\,\mathrm{d}v\,\mathrm{d}\vartheta\,\mathrm{d}t \qquad (8.11\mathrm{b})$$

Moleküle mit einer Geschwindigkeit zwischen v und $v + \mathrm{d}v$ aus dem Richtungsbereich zwischen ϑ und $\vartheta + \mathrm{d}\vartheta$ auf das Flächenelement dA der Wand. Jedes von ihnen überträgt den Impuls $2m_\mathrm{m}v\cos\vartheta$. Mit $F = \mathrm{d}m_\mathrm{m}v/\mathrm{d}t$ ((3.9)) und $p = F/A$ ((D 6.3)) folgt damit aus (8.11b) für den durch sie auf die Wand ausgeübten Druck

$$p_{\vartheta,v} = \frac{2m_\mathrm{m}v\cos\vartheta\,\mathrm{d}N_\vartheta}{\mathrm{d}t\,\mathrm{d}A} = f(v)\,m_\mathrm{m}v^2\cos^2\vartheta\sin\vartheta\,\mathrm{d}v\,\mathrm{d}\vartheta\,. \qquad (8.12\mathrm{a})$$

Integration über alle möglichen Bewegungsrichtungen ϑ ergibt (vgl. (A 4.5), (A 2.7), (A 2.11), (A 4.7))

$$p_v = f(v)\,m_\mathrm{m}v^2\,\mathrm{d}v\int_0^{\frac{\pi}{2}}\cos^2\vartheta\sin\vartheta\,\mathrm{d}\vartheta$$

$$= f(v)\,m_\mathrm{m}v^2\,\mathrm{d}v\left(-\frac{1}{3}\cos^3\vartheta\,\Big|_0^{\frac{\pi}{2}}\right)$$

$$= \frac{1}{3}\,f(v)\,m_\mathrm{m}v^2\,\mathrm{d}v\,, \qquad (8.12\mathrm{b})$$

woraus durch Integration über alle Geschwindigkeiten und Beachtung von (8.10a)

$$p = \frac{1}{3} m_m \int_0^\infty f(v)\, v^2 \, dv = \frac{1}{3} m_m n \overline{v^2}$$

folgt.

Ein ideales Gas übt durch elastische Stöße seiner Atome bzw. Moleküle auf die Wand des umschließenden Gefäßes den Druck

$$p = \frac{1}{3} m_m n \overline{v^2}$$

aus (m_m Atom- oder Molekülmasse, n Teilchenanzahldichte, $\overline{v^2}$ mittleres Geschwindigkeitsquadrat der Atome bzw. der Moleküle).

(S 8.2)
molekularkinetische Beziehung für den Gasdruck p

8.3.2 Avogadrosche Konstante

Im Abschnitt 7.3.3.1 wurde als Einheit der Größe Objektmenge das Mol eingeführt sowie als Molmasse m_{mol} die Masse, die die betreffende Substanz pro Mol besitzt (vgl. (D 7.5) und (D 7.6a)). In der Molmasse einer beliebigen Substanz sind also gleichviele Atome oder Moleküle enthalten. Die Molmassen können nach (D 7.4a) durch die relativen Atom- bzw. Molekülmassen ausgedrückt werden. Die Teilchenanzahl N_A pro Mol ergibt sich damit durch Division der Molmasse durch die Masse m_a bzw. m_m eines Atoms bzw. Moleküls der betreffenden Substanz X oder Y:

$$N_A = \frac{m_{mol}(X)}{m_a(X)} \quad \text{bzw.} \quad N_A = \frac{m_{mol}(Y)}{m_m(Y)}, \tag{8.13a}$$

$$N_A = \frac{A_r(X)\, g\, mol^{-1}}{m_a(X)} \quad \text{bzw.} \quad N_A = \frac{M_r(Y)\, g\, mol^{-1}}{m_m(Y)}. \tag{8.13b}$$

Ein recht genaues Verfahren zur Bestimmung von N_A nutzt die Möglichkeit, durch Feinstrukturuntersuchungen mittels Röntgenstrahlen die Atomabstände und damit das einem Atom im Kristallgitter (s. Bd. IV) zur Verfügung stehende Volumen V_{Atom} zu ermitteln. Über die Dichte (D 5.2)

$$\varrho = \frac{m_{mol}}{V_{mol}} = \frac{A_r g}{N_A V_{Atom} \, mol}$$

kann dann N_A ermittelt werden:

$$N_A = \frac{A_r g}{\varrho V_{Atom} \, mol}. \tag{8.14}$$

Genaue Röntgenstrukturuntersuchungen ergaben:

(S 8.3) Anzahl der Elementarobjekte in einem Mol

Ein Mol einer chemischen Substanz enthält

$(6{,}022045 \pm 0{,}000031) \cdot 10^{23}$

Elementarobjekte.

(D 8.2) Avogadrosche Konstante N_A

Die Anzahl N_A der Elementarobjekte pro Mol wird als Avogadrosche Konstante bezeichnet:

$N_A = (6{,}022045 \pm 0{,}000031)\, 10^{23}\ \mathrm{mol}^{-1}$

8.3.3 Zustandsgleichung idealer Gase

Die Herleitung der Zustandsgleichung idealer Gase erfolgte im Abschnitt 7.3.3.2 mit Hilfe des Avogadroschen, des Boyle-Mariotteschen und des Gay-Lussacschen Gesetzes. Alle drei Gesetze wurden allein aus der Erfahrung begründet. Sie finden in diesem Abschnitt von der molekularkinetischen Auffassung her ihre physikalische Erklärung. Dazu werden die Moleküle als Massenpunkte aufgefaßt und ihre Stöße mit der Gefäßwand wie im Abschnitt 8.3.1 als elastisch angesehen.

Mit der mittleren kinetischen Energie eines Moleküls $\overline{W_k} = \frac{m_m}{2} \overline{v^2}$ (vgl. (D 3.18)) kann nach (S 8.2)

$$p = \frac{2}{3} n \overline{W_k} \tag{8.15}$$

geschrieben werden.

Daltonsches Gesetz der Partialdrücke

Durch (8.15) läßt sich das Partialdruckgesetz von DALTON (vgl. (S 7.5)) begründen. Werden l chemisch nicht miteinander reagierende Gase der Partialdrücke $p_i = \frac{2}{3} n_i \overline{W_{k,i}}$ $(i = 1, 2, \ldots, l)$ in ein Gefäß gebracht, so bleibt wegen der als elastisch vorausgesetzten Stöße die kinetische Energie der Moleküle als solche erhalten, und für den Gesamtdruck p in dem Gefäß folgt mit dem Energieerhaltungssatz in Übereinstimmung mit (S 7.5)

$$p = \sum_{i=1}^{l} \frac{2}{3} n_i \overline{W_{k,i}} = \sum_{i=1}^{l} p_i .$$

Ersetzt man in (8.15) die Teilchenanzahldichte n durch die Anzahl N der Moleküle im Volumen V $(n = N/V)$, so folgt

$$pV = \frac{2}{3} N \overline{W_k} \tag{8.16}$$

und mit der einschränkenden Forderung konstanter mittlerer kinetischer

Energie der Moleküle

$$pV = \text{const} \qquad (\overline{W}_k = \text{const}). \qquad (8.16a)$$

molekularkinetische Fassung des Boyle-Mariotteschen Gesetzes

Gleichung (8.16a) entspricht dem Boyle-Mariotteschen Gesetz (7.8), nur mit dem Unterschied, daß in (7.8) statt der Konstanz der mittleren kinetischen Energie die Konstanz der Temperatur gefordert wurde (vgl. auch (S 8.4a)).

Für konstanten Druck p ergibt sich aus (8.16) in Analogie zum Gay-Lussacschen Gesetz (vgl. (7.6c))

$$V \sim \overline{W}_k \qquad (p = \text{const}) \qquad (8.16b)$$

und für konstantes Volumen V

$$p \sim \overline{W}_k \qquad (V = \text{const}). \qquad (8.16c)$$

Zur Berechnung des Molvolumens V_{mol} (vgl. (D 7.7b) wird (8.16) nach V aufgelöst und für N die Avogadrosche Konstante N_A ((D 8.2)) eingesetzt. Man erhält

$$V_{mol} = \frac{2\overline{W}_k N_A}{3p}. \qquad (8.16d)$$

Für gleiche Werte von $\overline{W}_k$ (d.h. nach (S 8.4) für gleiche Werte von T) und von p ist nach (8.16d) und (D 8.2) unter den obigen Voraussetzungen das Molvolumen unabhängig von der Art des Gases. (8.16d) entspricht damit dem Avogadroschen Gesetz (S 7.4).

Avogadrosches Gesetz

In vorstehenden Überlegungen wurde vorausgesetzt, daß die Moleküle Massenpunkte sind, deren Wärmebewegung durch keinerlei Wechselwirkungen beeinflußt wird. Unter diesen Bedingungen fanden wir alle charakteristischen Eigenschaften des idealen Gases. Man kann deshalb statt (D 7.9) auch definieren:

Üben die Atome bzw. Moleküle eines Gases keinerlei Wechselwirkungen aufeinander aus und besitzen sie kein Eigenvolumen, so wird das Gas als ideales Gas bezeichnet.

(D 8.3)
ideales Gas

8.3.4 Molekularkinetische Deutung der Konstanten *a* und *b* der van der Waalsschen Gleichung

Bei ausreichend hohen Temperaturen bzw. kleinen Drücken kann ein Gas in guter Näherung als ideales Gas aufgefaßt werden. Bei niedrigeren Temperaturen machen sich sowohl die Einschränkung der Bewegungsfreiheit der Moleküle durch ihr Eigenvolumen als auch die aufeinander ausgeübten Anziehungskräfte bemerkbar. In der van der Waalsschen Zustandsgleichung wird das durch stoffspezifische additive Glieder zu p und V berücksichtigt (vgl. (7.12)).

Vom Volumen V ist eine durch das Eigenvolumen der Moleküle bedingte Größe mb zu subtrahieren. Beachtet man, daß ein Zusammenstoß von mehr als zwei Molekülen unwahrscheinlich ist, so beanspruchen die Stoßpartner beim Zusammenstoß unter Voraussetzung gleicher Moleküle mit Kugelgestalt (Radius R_m) das Volumen $4\pi\,(2R_m)^3/3$ (vgl. Abb. 8.5). Auf jedes Molekül entfällt also das Vierfache seines Eigenvolumens $V_{\mathrm{Molekül}}$. Näherungsweise ergibt sich für das Korrekturglied mb in der van der Waalsschen Zustandsgleichung (7.12), wenn wir dort als Masse m diejenige eines Mols wählen, mit den Definitionen (D 7.6a) und (D 8.2) die Beziehung $mb = m_{\mathrm{mol}} \cdot \mathrm{mol}\, b = 4\,N_A \cdot \mathrm{mol} \cdot V_{\mathrm{Molekül}}$ oder

$$V_{\mathrm{Molekül}} = \frac{b\,m_{\mathrm{mol}}}{4\,N_A}\,. \qquad (8.17)$$

Somit ist über die kritischen Daten eines realen Gases (vgl. (7.13)) bei Kenntnis seiner relativen Molekül- bzw. Atommasse eine Abschätzung des Eigenvolumens seiner Moleküle bzw. Atome möglich (s. Abschnitt 8.5).

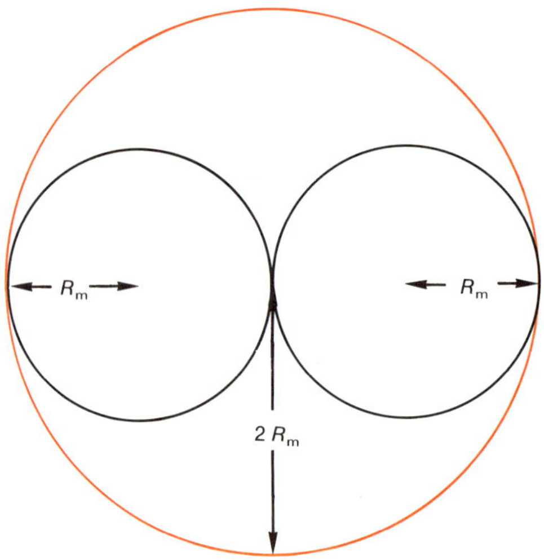

Abb. 8.5
Zur Volumenkorrektur in der van der Waals-Gleichung.
—— Volumen, das von zwei Molekülen beim Zusammenstoß beansprucht wird

Der äußere Druck p erscheint in realen Gasen erhöht, weil die Moleküle bei den zwischen ihnen vorliegenden mittleren Abständen anziehende Kräfte aufeinander ausüben. Für die Moleküle im Inneren des Volumens haben diese Kräfte keine Bedeutung, weil sie nach allen Seiten gerichtet sind, die resultierende Kraft demnach Null ist. Moleküle an der Gefäßwand hingegen werden zum Inneren hingezogen, und zwar proportional zur Dichte des Gases oder entsprechend $\varrho = m/V$ ((D 5.2)) proportional zu V^{-1}. Da außerdem der Druck auf die Wand proportional der Zahl der auftreffenden Moleküle ist (vgl. (8.16)), muß die Druckkorrektur proportional zu V^{-2} erfolgen (vgl. (7.12)).

Offen ist noch die Frage nach der Art der Wechselwirkung der Moleküle. Darauf wird im Zusammenhang mit der chemischen Bindung (siehe Bd. IV) eingegangen.

8.3.5 Molekularkinetischer Temperaturbegriff

Verwendet man zur Charakterisierung des Zustandes eines idealen Gases $\overline{W_k}$ statt T, so lassen sich nach den Überlegungen von Abschnitt 8.3.3 die in 7.3.2 aus dem Experiment gefolgerten Gesetze molekularkinetisch begründen. Darüber hinaus kann am Beispiel des idealen Gases der schon in Abschnitt 8.1 in Aussicht gestellte Zusammenhang zwischen $\overline{W_k}$ und T quantitativ formuliert werden. Ein Vergleich von (8.16) mit der Zustandsgleichung idealer Gase in der Form $pV = \frac{m}{m_{\text{mol}}} RT$ (vgl. (7.10)) zeigt, daß zwischen beiden Größen Proportionalität besteht (vgl. (D 7.5) und (S 8.3)):

$$pV = \frac{2}{3} N \overline{W_k} = \frac{m}{m_{\text{mol}}} RT,$$

d.h. mit

$$N = \frac{m}{m_{\text{mol}}} N_A$$

$$\overline{W_k} = \frac{m_m}{2} \overline{v^2} = \frac{3}{2} \frac{mR}{m_{\text{mol}} N} T = \frac{3}{2} \frac{R}{N_A} T. \qquad (8.18)$$

Die Größe R/N_A ist eine universelle Naturkonstante, ihr Wert kann mit (D 7.8) und (D 8.2) berechnet werden:

$$k = \frac{R}{N_A} = (1{,}380\,662 \pm 0{,}000\,044) \cdot 10^{-23}\ \text{JK}^{-1}$$

heißt Boltzmann-Konstante.

(D 8.4)
Boltzmann-Konstante k

Somit kann für (8.18) geschrieben werden:

Die mittlere kinetische Energie eines Moleküls des idealen Gases ist unabhängig von der Gasart gegeben durch

$$\overline{W_k} = \frac{3}{2} kT.$$

(S 8.4)
Temperatur als Maß für die mittlere kinetische Energie aller Moleküle

Die Beziehung (S 8.4) bringt zum Ausdruck, daß die thermodynamisch definierte Größe Temperatur ein Maß für die mittlere kinetische Energie *aller* Moleküle eines idealen Gases ist. Die Temperatur kann demnach nicht für ein einzelnes Molekül bzw. Atom definiert werden. Da k eine universelle Naturkonstante ist, ist $\overline{W_k}$ unabhängig von der Gasart.

Da $\overline{W_k} \geq 0$ ist, gilt nach (S 8.4) auch $T \geq 0$. Diese in (S 7.3) ausgesprochene Tatsache ist damit molekularkinetisch begründet.

Aus (8.18) folgt mit $N m_m = m$

$$\sqrt{\overline{v^2}} = \sqrt{3 \frac{1}{m_{mol}} R T} \tag{8.18a}$$

und wegen $m_{mol} \sim M_r$ (vgl. (D 7.8)) der Satz:

(S 8.5) $\sqrt{\overline{v^2}} \sim \sqrt{\frac{T}{M_r}}$

Die mittlere quadratische Geschwindigkeit $\sqrt{\overline{v^2}}$ der Moleküle eines idealen Gases ist der Wurzel aus der Temperatur direkt und der Wurzel aus der relativen Molekülmasse umgekehrt proportional.

In Tabelle 8.1 sind für einige Gase die Werte für $\sqrt{\overline{v^2}}$ bei Zimmertemperatur und Normdruck wiedergegeben. Man erkennt sehr deutlich den in (S 8.5) formulierten Zusammenhang von $\sqrt{\overline{v^2}}$ und M_r (vgl. z.B. die Werte für H_2 und Xe).

Setzt man $\overline{W_k} = 3kT/2$ ((S 8.4)) in (8.16d) ein, so erhält man für das Molvolumen

$$V_{mol} = \frac{N_A k T}{p}. \tag{8.16e}$$

Wählt man $p = p_N$ und $T = 273{,}15\ K$, so erhält man für das Molvolumen den in (7.11) für Normbedingungen angegebenen Wert.

Beim realen Gas wirkt sich die Wechselwirkung zwischen den Molekülen in der Weise aus, daß außer der kinetischen Energie in der Regel noch die wechselwirkungsbedingte potentielle Energie zu berücksichtigen ist. Außerdem enthält die kinetische Energie neben den bei idealen Gasen allein existierenden Translationsanteilen im allgemeinen auch Rotations- und Schwingungsanteile (vgl. Abschnitt 8.3.6).

8.3.6 Gleichverteilungssatz

Die unabhängigen (Lage- oder Impuls-)Koordinaten, durch die die Translations- und Rotationsbewegungen eines Körpers beschrieben werden können, werden als seine mechanischen Freiheitsgrade bezeichnet (vgl. Abschnitt 3.3.1, 5.4.1 und A. 22). Je mehr Freiheitsgrade zum Beispiel ein Molekül besitzt, desto mehr Möglichkeiten für die Speicherung kinetischer Energie bestehen. Hinzu kommt – zum Beispiel bei einem harmonischen Oszillator – die Möglichkeit, einen Teil der zugeführten Energie als potentielle Energie zu speichern (siehe u.a. Pendelbewegung, Abschnitt 3.9).

Es sollen nun Aussagen über die Verteilung der einem Körper zugeführten Energie auf seine Freiheitsgrade getroffen werden, um daran Überlegungen zur Größe der spezifischen Wärmekapazität anzuschließen.

Wir wollen zunächst die mittlere Energie pro Freiheitsgrad eines idealen Gases angeben. Jedes Molekül hat in diesem Fall drei translatorische Freiheitsgrade, das Gas bei N Molekülen insgesamt $3N$. Die innere Energie des Gases beträgt demzufolge (vgl. (D 3.18) und (D 3.8))

$$W = \sum_{i=1}^{3N} \frac{p_i^2}{2m_\mathrm{m}}. \tag{8.19a}$$

p_i bedeutet dabei eine Impulskoordinate eines Moleküls. Für die mittlere Energie bezüglich eines beliebig herausgegriffenen Freiheitsgrades i folgt entsprechend (8.10b) und (8.9a) (vgl. A. 34)

$$\overline{\frac{p_i^2}{2m_\mathrm{m}}} = \frac{\int\limits_{-\infty}^{+\infty}\int\limits_{-\infty}^{+\infty} W_i\, \mathrm{e}^{-\frac{W_i}{kT}}\, \mathrm{d}W_i\, \mathrm{d}V}{\int\limits_{-\infty}^{+\infty}\int\limits_{-\infty}^{+\infty} \mathrm{e}^{-\frac{W_i}{kT}}\, \mathrm{d}W_i\, \mathrm{d}V} = \frac{1}{2}kT \tag{8.20}$$

und demnach mit (8.19a)

$$W = 3N\frac{1}{2}kT.$$

Im Ausdruck für die Boltzmann-Verteilung (8.6b) konnte dem Faktor β im Exponenten der e-Funktion zunächst noch keine physikalische Bedeutung zugeschrieben werden. Um das nachzuholen, gehen wir von der mittleren kinetischen Energie eines Gasmoleküls aus. Erfolgen die zu (8.20) führenden Überlegungen ohne die Umbenennung von β in $1/kT$ beim Übergang von (8.6b) zu (8.6c), dann erhält man statt (8.20)

$$\overline{W}_{\mathrm{k}i} = 3\,\overline{\frac{p_i^2}{2m_m}} = \frac{3}{2\beta}.$$

Ein Vergleich mit (S 8.4) liefert die Bestätigung für die Beziehung $\beta = 1/kT$.

Auf jeden translatorischen Freiheitsgrad eines Moleküls entfällt also im Mittel die Energie $\frac{1}{2}kT$. Dieses Ergebnis folgt auch bereits aus (S 8.4) und der Tatsache, daß keine Bewegungsrichtung vor den anderen ausgezeichnet ist (vgl. Abschnitt 8.1). Obiger Gedankengang kann aber auch auf weniger übersichtliche Fälle übertragen werden. Hierzu bedürfen sowohl der einfache Ansatz (8.19a) der Energiefunktion als auch der Begriff des Freiheitsgrades einer Erweiterung. Wir wollen im weiteren von den naheliegenden Voraussetzungen ausgehen, daß jeder der verallgemeinerten Orts-und Impulskoordinaten q_i und p_i (vgl. Abschnitt 4.2), die in die Energiefunktion eingehen, ein Freiheitsgrad des Körpers zukommt und daß die Energie eine homogene quadratische Funktion dieser Koordinaten ist, d.h. mit dem Parameter t

$$W = W(t\,q_j, t\,p_i) = t^2\, W(q_j, p_i) \tag{8.19b}$$

($j=1, 2, \ldots, m$; $i=1, 2, \ldots, r$; $m+r=f^*=$ Gesamtzahl der Freiheitsgrade) gilt.

Translations- und Rotationsenergie erfüllen die Voraussetzung (8.19b) (vgl. (8.19a) und Tab. 5.3). Gleiches gilt für harmonische Schwingungen (vgl. (3.34)). Zum Beispiel sind Molekülschwingungen in weiten Temperaturbereichen in guter Näherung harmonisch. Anharmonische Schwingungen können nach (S 9.8) als Überlagerung von harmonischen aufgefaßt werden, und damit ist auch für sie die Energie in der Form (8.19b) darstellbar. Entsteht z.B. eine anharmonische Schwingung durch Überlagerung von N harmonischen, dann beträgt die Zahl ihrer Freiheitsgrade das N-fache der Freiheitsgrade der harmonischen Schwingung.

Auch für den allgemeineren Fall der Energiefunktion (8.19b) liefert die Boltzmann-Statistik (vgl. A. 35):

(S 8.6) Gleichverteilungssatz

Jede verallgemeinerte Orts- und Impulskoordinate, die in die Energiefunktion W homogen quadratisch eingeht, d.h. jeder Freiheitsgrad, trägt im Mittel zur inneren Energie des Systems den Anteil $\frac{1}{2}\,kT$ bei:

$$W=\frac{f^*}{2}\,kT$$

(f^* Anzahl der Freiheitsgrade) (Gleichverteilungssatz).

8.3.6.1 Einige Anwendungen des Gleichverteilungssatzes

Der Gleichverteilungssatz soll auf einige Systeme angewandt und zugleich überprüft werden:

Harmonischer Oszillator

Ein *harmonischer Oszillator* ist ein harmonisch schwingendes System, z.B. ein mit kleiner Amplitude angeregter Federschwinger (vgl. Abschnitt 9.1.2.1). Nach $W_k=mv^2/2$ ((3.18)) und $p=mv$ ((D 3,8)) beträgt seine kinetische Energie $W_k=p^2/2m$, nach (3.34) seine potentielle Energie $W_p=Dq^2/2$ und demzufolge nach dem Erhaltungssatz der mechanischen Energie (S 3.18) seine Gesamtenergie

$$W=\frac{p^2}{2m}+\frac{D}{2}\,q^2\,. \tag{8.21a}$$

Wie der Vergleich mit (8.19b) zeigt, ist $f^*=2$, somit W auch darstellbar durch

$$W=kT\,. \tag{8.21b}$$

Spezifische Wärmekapazität

Betrachtet werde ein Körper mit N chemischen Elementarobjekten (Atomen, Molekülen). Seine Masse sei m. Nach dem Gleichverteilungssatz beträgt seine innere Energie $W=\frac{f^*}{2}kT$ und mit $c_V=\frac{1}{m}\left(\frac{\partial W}{\partial T}\right)_V$ (vgl. (7.15b)) seine spezifische Wärmekapazität bei konstantem Volumen

$$c_V=\frac{f^*k}{2m}.$$

Da nach (D 8.2) $\frac{m}{m_{\mathrm{mol}}}=\frac{N}{N_{\mathrm{A}}}$ gilt, folgt hieraus mit $k=R/N_{\mathrm{A}}$ ((D 8.4))

$$c_V=\frac{f^*R}{2N\,m_{\mathrm{mol}}}. \tag{8.22}$$

Die Beziehung (8.22) wird zunächst auf einatomige Gase angewendet. Jedes Atom besitzt drei Translations-Freiheitsgrade. Wird angenommen, daß die Atome nicht zu Rotationen angeregt werden können, dann beträgt die Gesamtzahl der Freiheitsgrade $f^*=3N$, damit die spezifische Wärmekapazität

c_V für einatomige Gase

$$c_V=\frac{3}{2}\frac{R}{m_{\mathrm{mol}}} \quad \text{(einatomige Gase)}. \tag{8.22a}$$

Dieses Ergebnis wird durch die Praxis bestätigt (siehe Ar und He in Abb. 8.6a). Für zweiatomige Gase sind zusätzlich zwei Rotations-Freiheitsgrade in zwei zueinander und zur Verbindungsgeraden der Atome senkrechten Richtungen zu erwarten. Eine Rotation um die Verbindungsgerade entspricht sinngemäß der Rotation eines einzelnen Atomes, man kann das zugehörige Trägheitsmoment (vgl. (D 5.7)) gegenüber denen für die beiden anderen Rotationen als verschwindend klein betrachteten. Zu erwarten wäre weiter eine Schwingung in Richtung der Verbindungsgeraden, also zwei Schwingungs-Freiheitsgrade. Damit beträgt die Anzahl der Freiheitsgrade $f^*=7N$ und nach (8.22) die spezifische Wärmekapazität

c_V für zweiatomige Gase

$$c_V=\frac{7}{2}\frac{R}{m_{\mathrm{mol}}}.$$

Dieser Wert wird jedoch erst bei höheren Temperaturen gemessen (siehe Cl_2 in Abb. 8.6a). Bei Raumtemperatur mißt man in den weitaus meisten Fällen statt $7R/2m_{\mathrm{mol}}$ nur (vgl. H_2)

$$c_V=\frac{5}{2}\frac{R}{m_{\mathrm{mol}}} \quad \text{(zweiatomiges Gas)}. \tag{8.22b}$$

Weiter wurde bei bestimmten Gasen (z.B. H_2) für kleine Temperaturen ein Abfall der spezifischen Wärmekapazität auf den Wert (8.22a) des einatomigen Gases beobachtet (s. Abb. 8.6a). Man spricht zur Charakterisierung dieses Verhaltens vielfach davon, daß bei tiefen Temperaturen die *Rotations- und Schwingungsfreiheitsgrade* „eingefroren" werden. Letztlich ist dies aber nur eine Umschreibung der Tatsache, daß die klassische Physik nicht in der Lage ist, das Einsetzen der Rotationen und Schwingungen erst oberhalb bestimmer Temperaturen zu erklären.

eingefrorene Schwingungs- und Rotationsfreiheitsgrade

Bei drei- und mehratomigen Molekülen treten in der Regel pro Molekül drei Translations- und drei Rotations-Freiheitsgrade auf (wenn die Atome nicht zufällig auf einer Geraden liegen). Außerdem gibt es bei ihnen meist auch schon bei Raumtemperaturen Schwingungen.

Die Atome des festen Körpers besitzen sowohl kinetische als auch potentielle (Schwingungs-)Energie. Die Schwingungen können in erster Näherung als harmonisch angesehen werden. Demzufolge erwartet man pro Atom sechs Schwingungsfreiheitsgrade. Es gilt $f^* = 6N$, d.h.

Regel von Dulong-Petit

$$c_V = 3\,\frac{R}{m_{\mathrm{mol}}} \quad \text{(fester Körper)}. \tag{8.22c}$$

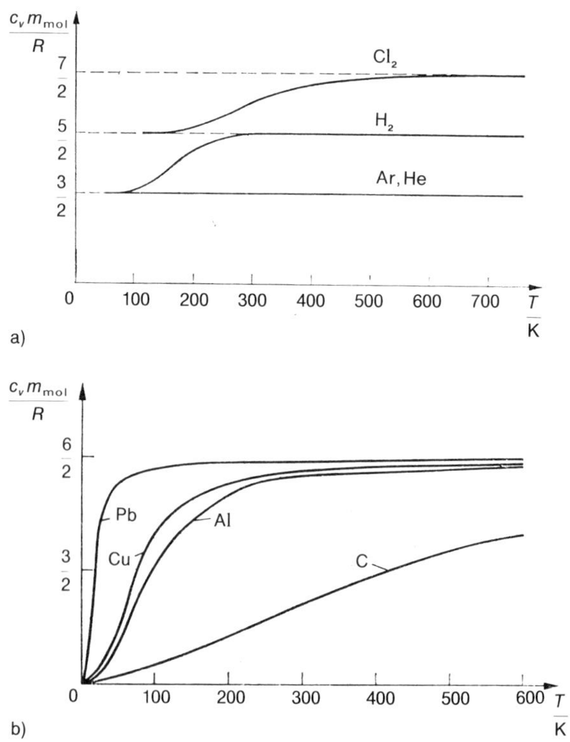

Abb. 8.6
Zur spezifischen Wärmekapazität
a) $c_V m_{\mathrm{mol}}/R = f(T)$ für ein- und zweiatomige Gase
b) $c_V m_{\mathrm{mol}}/R = f(T)$ für feste Körper

Pierre Louis Dulong (1785–1838)

Alexis Therèse Petit (1791–1820)

Die Beziehung (8.22c) wird als *Regel von* Dulong-Petit bezeichnet. Sie gibt die Meßwerte bei nicht allzu tiefen Temperaturen richtig wieder (s. Abb. 8.6b, Näheres s. Bd. IV).

c_V von Metallen

Ein zusätzliches Problem tritt in diesem Zusammenhang bei Metallen auf. Wie die Untersuchungen der elektrischen Eigenschaften von Metallen zeigen (s. Bd. II), existieren in ihnen quasifreie Elektronen, die man in ihrer Gesamtheit als Elektronengas bezeichnet. Wendet man die Dulong-Petitsche Regel auf Metalle an, so setzt man dabei stillschweigend voraus, daß dieses Elektronengas nichts zur spezifischen Wärmekapazität beiträgt. Eigentlich müßte man nach dem Gleichverteilungssatz aber, da ungefähr jedes Metallatom ein Elektron zu diesem Elektronengas beisteuert, bei der Berechnung der spezifischen Wärmekapazität eines elektrischen Leiters im Gegensatz zum Isolator von zusätzlichen $3N$ Freiheitsgraden ausgehen und damit im Widerspruch zur Dulong-Petitschen Regel statt $c_V = 3R/m_{\text{mol}}$ den Wert $c_V = 9R/2m_{\text{mol}}$ messen. Das aber widerspricht der experimentellen Erfahrung. Die Klärung dieses Problems erfolgt in Bd. IV.

Insgesamt ermöglicht der Gleichverteilungssatz und damit die ihm zugrunde liegende Boltzmann-Statistik nur die Erklärung bestimmter experimenteller Befunde. Zugleich treten u.a. im Zusammenhang mit der spezifischen Wärmekapazität Widersprüche zwischen Theorie und Experiment auf, die sich für die klassische Physik als unüberwindlich erwiesen haben.

8.3.7 Maxwellsche Geschwindigkeitsverteilung

Im Abschnitt 8.3.1 wurde bereits von der Verteilungsfunktion für die Geschwindigkeit der Gasmoleküle gesprochen. Für die dortigen Betrachtungen hatte das mittlere Geschwindigkeitsquadrat genügt. Um Zahlenwerte angeben zu können, muß jedoch die Verteilungsfunktion bekannt sein. Zu ihrer Herleitung wird von (8.9) und (8.9a) ausgegangen. Wir beschränken uns auf ein ideales Gas, können also für die Energie eines Moleküls

$$W = \frac{m_{\text{m}}}{2}(v_x^2 + v_y^2 + v_z^2)$$

setzen und erhalten mit $n = N/V$

$$f(v_x, v_y, v_z) = n \frac{\mathrm{e}^{-\frac{m_m}{2kT}({v_x}^2 + {v_y}^2 + {v_z}^2)}}{\displaystyle\iiint\limits_{-\infty}^{+\infty} \mathrm{e}^{-\frac{m_m}{2kT}({v_x}^2 + {v_y}^2 + {v_z}^2)} \, \mathrm{d}v_x \, \mathrm{d}v_y \, \mathrm{d}v_z} \,. \tag{8.23a}$$

Die Aufspaltung des Dreifachintegrales im Nenner in ein Produkt von drei Einfachintegralen und deren Umformung mit Hilfe von (A 36.1) ergibt (vgl. (A 36.2))

$$f(v_x, v_y, v_z) = n \sqrt{\frac{m_m}{2\pi k T}}^3 \; e^{-\frac{m_m}{2kT}(v_x^2 + v_y^2 + v_z^2)} . \tag{8.23b}$$

$f(v_x, v_y, v_z)\,\mathrm{d}v_x\,\mathrm{d}v_y\,\mathrm{d}v_z$ ist die Anzahl der Moleküle pro Volumen, deren Geschwindigkeitskoordinaten zwischen v_i und $v_i + \mathrm{d}v_i$ $(i = x, y, z)$ liegen. Von Interesse ist aber statt dessen die Anzahl $f(v)\,\mathrm{d}v$ der Moleküle pro Volumen mit einer Molekülgeschwindigkeit zwischen v und $v + \mathrm{d}v$. Da $v^2 = v_x^2 + v_y^2 + v_z^2$ gilt, sind dann alle die Verteilungen für v_x, v_y, v_z gleichberechtigt, bei denen die Spitzen der Vektoren $\boldsymbol{v}$ auf einer Kugelschale vom Radius v liegen. Demzufolge erhalten wir die Verteilungsfunktion $f(v)$ aus $f(v_x, v_y, v_z)$, indem wir $f(v_x, v_y, v_z)$ mit der Oberfläche der Kugel multiplizieren

$$f(v) = 4\pi v^2 f(v_x, v_y, v_z) . \tag{8.23c}$$

Es gilt dann mit (8.8):

(S 8.7) Maxwellsche Geschwindigkeitsverteilung

Von den Atomen bzw. Molekülen eines idealen Gases der Teilchenanzahldichte n besitzt der Bruchteil

$$\frac{\Delta n}{n} = \sqrt{\frac{2}{\pi}} \sqrt{\frac{m_m}{kT}}^3 \; v^2 e^{-\frac{m_m v^2}{2kT}} \Delta v$$

eine Geschwindigkeit zwischen v und $v + \Delta v$ (Maxwellsche Geschwindigkeitsverteilung).

In Abbildung 8.7 ist die Verteilungsfunktion der Maxwellschen Geschwindigkeitsverteilung für N_2-Moleküle dargestellt.

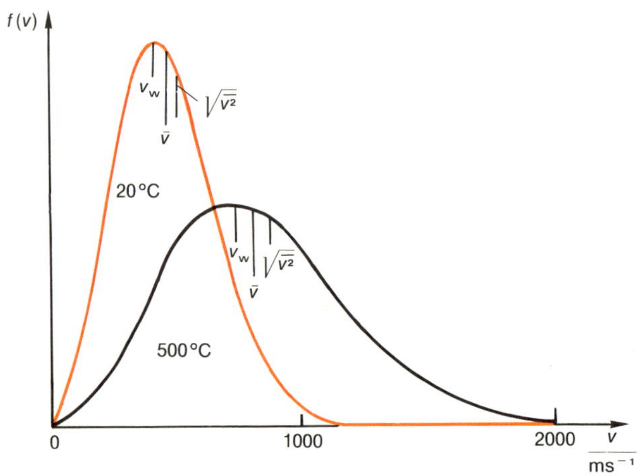

Abb. 8.7 Verteilungsfunktion der Maxwellschen Geschwindigkeitsverteilung

Aus (S 8.7) folgt (s. A. 36) für die mittlere Geschwindigkeit $\bar{v}$ der Moleküle

$$\bar{v} = \frac{2}{\sqrt{\pi}} \sqrt{\frac{2kT}{m_m}}, \quad (8.24a)$$

mittlere Geschwindigkeit $\bar{v}$ der Gasmoleküle

für die Wurzel des mittleren Geschwindigkeitsquadrates aus (S 8.4)

$$\sqrt{\overline{v^2}} = \sqrt{\frac{3kT}{m_m}}, \quad (8.24b)$$

mittleres Geschwinkeitsquadrat $\overline{v^2}$ der Gasmoleküle

für die wahrscheinlichste Geschwindigkeit (sie ist der zum Extremwert der Verteilungsfunktion gehörende Geschwindigkeitswert)

$$v_w = \sqrt{\frac{2kT}{m_m}}, \quad (8.24c)$$

wahrscheinlichste Geschwindigkeit v_w der Gasmoleküle

d. h. (vgl. auch Abb. 8.7),

$$\sqrt{\overline{v^2}} = \sqrt{\frac{3}{2}}\, v_w = \sqrt{\frac{3\pi}{8}}\, \bar{v}. \quad (8.24)$$

Aus Tabelle 8.1 können für einige Gase die für $\sqrt{\overline{v^2}}$, $\bar{v}$ und v_w für $T = 273{,}15\,K$ (0 °C) berechneten Werte entnommen werden.

Tabelle 8.1
$\sqrt{\overline{v^2}}$, $\bar{v}$ und v_W für einige Gase, berechnet aus (8.24) für die Temperatur 0 °C

Gas	$\sqrt{\overline{v^2}}$ / m/s	$\bar{v}$ / m/s	v_W / m/s
He	1304	1202	1065
Ne	579	533	472
Ar	414	381	338
Xe	228	210	186
H_2	1839	1694	1501
N_2	492	453	402
O_2	461	425	377
CO_2	392	361	320

Es ist zu beachten, daß die mittlere Geschwindigkeit etwas größer als die wahrscheinlichste Geschwindigkeit ist. Im Gegensatz dazu stimmen bei der Energieverteilungsfunktion der mittlere und der wahrscheinlichste Wert überein. Auf den Beweis dieser Aussage wird hier verzichtet.

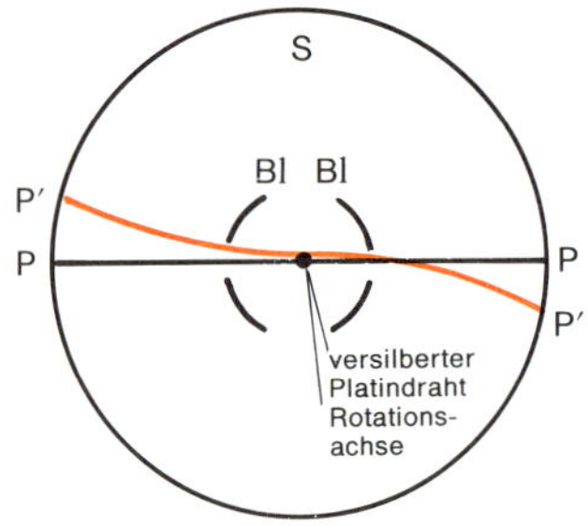

Abb. 8.8 Sternsche Anordnung zur Bestimmung von $\bar{v}$.
Silberdraht und Rotationsachse senkrecht zur Papierebene, —— Atomstrahl bei ruhender, —— bei rotierender Versuchsanordnung

OTTO STERN
(1888–1969)
Nobelpreis 1943

Die experimentelle Bestimmung von $\bar{v}$ gelang u.a. STERN. Seinen Versuchsaufbau zeigt Abbildung 8.8. Durch Verdampfen von Silberatomen (z.B. von einem versilberten, elektrisch aufgeheizten Platindraht) wird ein Silberatomstrahl im Vakuum erzeugt. Er passiert die Blende Bl und gelangt geradlinig zum Punkt P auf dem Schirm S. Versetzt man jetzt die gesamte Apparatur in Rotation (ω senkrecht zur Papierebene), dann verläuft der Atomstrahl als Folge der Coriolis-Kraft (siehe Bd. II) gekrümmt, die Auftreffstelle verschiebt sich demzufolge von P nach P'. Aus dieser Verschiebung kann $\bar{v}$ ermittelt werden. Durch eine Verbesserung der Sternschen Methode konnte 1927 auch die Maxwellsche Geschwindigkeitsverteilung (S 8.7) an Cadmiumdampf experimentell bestätigt werden.

8.3.8 Transportvorgänge

8.3.8.1 Mittlere freie Weglänge

Transportvorgänge in Gasen können zweckmäßig durch die mittlere freie Weglänge beschrieben werden:

(D 8.5a)
mittlere freie Weglänge $\bar{l}$

Der Weg $\bar{l}$, den Teilchen bei ihrer ungeordneten Wärmebewegung im Mittel zwischen zwei Zusammenstößen zurücklegen, heißt ihre mittlere freie Weglänge.

Für die Berechnung von $\bar{l}$ fassen wir die Moleküle bzw. Atome eines Gases als starre Kugeln vom Radius R_m auf, die keine Kräfte aufeinander ausüben. Wir vereinfachen weiter das Problem durch die Annahme, daß alle Moleküle bis auf eins ruhen. Dieses eine Molekül bewege sich parallel zur Achse (z-Richtung) eines geraden Zylinders mit der Grundfläche A. Es kommt zum Stoß, wenn sein Abstand zu einem anderen Molekül nur noch $2R_m$ beträgt (vgl. Abb. 8.5). Man bezeichnet deshalb die Kugel vom Radius $2R_m$ um ein Molekül als seine *Wirkungssphäre* (vgl. Abschnitt 8.5) mit Bezug auf den betrachteten Stoßvorgang. Bei vorgegebener Teilchen-

Wirkungssphäre eines Moleküls

anzahldichte n wird die Zylinderhöhe dz so klein gewählt, daß es bei einer gedachten Projektion der Wirkungssphären aller ruhenden Moleküle auf A zu keinen Überdeckungen kommt. Dann ist nach (A 32.2) die Wahrscheinlichkeit für einen Zusammenstoß des sich bewegenden Moleküls im Zylinder durch das Verhältnis des durch die Projektionen bedeckten Teiles von A zur gesamten Grundfläche gegeben:

$$w_m = \frac{(2R_m)^2 \pi n A \, dz}{A} . \tag{8.25}$$

Bewegen sich N Moleküle in z-Richtung durch die an der Stelle z liegende Deckfläche des Zylinders, so verringert sich diese Zahl im Zylinder bzw. zwischen den Koordinaten z und $z+dz$ infolge von Stößen mit den ruhenden Molekülen nach (8.25) um

$$dN = -N 4\pi R_m{}^2 n \, dz . \tag{8.26a}$$

An der Stelle $z+dz$ bewegen sich also nur noch $N-dN$ von ihnen in der ursprünglichen Richtung.

Integration von (8.26a) ergibt mit $N=N_0$ für $z=0$ (vgl. (A. 17), (A 4.6) und (A 4.13))

$$N(z) = N_0 \, e^{-4\pi R_m{}^2 n z} . \tag{8.26b}$$

Gleichung (8.26b) gibt an, wieviel von N_0 Molekülen nach Durchlaufen des Weges z noch keinen Zusammenstoß hatten.

Für $z \to \infty$ gilt $N(z) \to 0$, jedes der N_0 Teilchen kommt zwischen $0 \leqq z \leqq \infty$ zum Stoß. Demzufolge berechnet sich der Mittelwert des frei durchlaufenen Weges, d. h. die mittlere freie Wegelänge $\bar{l}$, aus (vgl. (A 4.5) und (A 4.12a))

$$N_0 \bar{l} = \int_0^\infty N \, dz = N_0 \int_0^\infty e^{-4\pi R_m{}^2 n z} \, dz = \frac{N_0}{4\pi R_m{}^2 n}$$

oder

$$\bar{l} = \frac{1}{4\pi R_m{}^2 n} . \tag{8.27a}$$

Einsetzen von (8.27a) in (8.26b) führt zu der Beziehung

$$\frac{N(z)}{N_0} = e^{-\frac{z}{\bar{l}}} . \tag{8.26}$$

Statt (D 8.5a) kann deshalb nach (A 32.2) auch folgende Formulierung gebraucht werden:

Die mittlere freie Weglänge ist die Strecke, die ein Atom oder Molekül mit der Wahrscheinlichkeit $w_m = e^{-1}$ frei durchläuft, bzw. die $N_0 e^{-1}$ Moleküle von einer großen Anzahl N_0 von Molekülen ohne Zusammenstoß zurücklegen.

(D 8.5b)
mittlere freie Weglänge $\bar{l}$

Gleichung (8.27a) wurde unter der vereinfachenden Annahme abgeleitet, daß einer der Stoßpartner ruht. Berücksichtigt man ihre Relativbewegung, erhält man statt dessen

$$\bar{l}=\frac{1}{4\sqrt{2}\,\pi R_m^2 n}\,. \qquad (8.27b)$$

Da $\varrho=\frac{m}{V}=\frac{N m_m}{V}=n m_m$ und m_m nach (8.13) $m_m=\frac{m_{mol}}{N_A}$, folgt mit der idealen Gasgleichung $pV=mRT/m_{mol}$ ((7.10)) und $k=R/N_A$ ((D 8.4))

$$n=\frac{\varrho}{m_m}=\frac{\varrho N_A}{m_{mol}}=\frac{pN_A}{RT}=\frac{p}{kT} \qquad (8.27c)$$

und demzufolge

$\bar{l}$ für Gasmoleküle

$$\bar{l}=\frac{kT}{4\sqrt{2}\,\pi R_m^2 p}\,. \qquad (8.27)$$

Tabelle 8.2
Mittlere freie Weglänge $\bar{l}$ und Molekülradius R_m, berechnet aus der dynamischen Zähigkeit bei 0 °C und Normdruck

Substanz	$\bar{l}$ / 10^{-7} m	R_m / 10^{-10} m
He	1,72	1,09
Ne	1,25	1,29
Ar	0,63	1,83
Kr	0,49	2,07
Xe	0,35	2,44
H_2	1,13	1,36
N_2	0,58	1,89
O_2	0,64	1,81
CO_2	0,39	2,31
bei 100 °C		
H_2O-Dampf	0,67	2,07

Die mittlere freie Weglänge ist damit der Dichte des Gases umgekehrt proportional, aber unabhängig von der relativen Molekülmasse seiner Moleküle. Für Zimmertemperatur und Normdruck erhält man für $\bar{l}$ Werte in der Größenordnung von 10^{-7} m, bei einem Druck von 10^{-2} Pa Werte in der Größenordnung von Metern (vgl. Tab. 8.2).

8.3.8.2 Allgemeine Transportgleichung

Bei der molekularkinetischen Deutung des Druckes wurden die Dichte- und Energieverteilung im Raum als homogen vorausgesetzt. In diesem Abschnitt sollen die Auswirkungen davon untersucht werden, daß eine bestimmte Größe (zum Beispiel die Temperatur, die Molekülgeschwindigkeit oder die Teilchenanzahldichte) räumlich nicht konstant ist. Im Abschnitt 8.1 wurde schon dargelegt, daß bei Existenz eines räumlich nicht konstanten Temperaturfeldes durch die Wärmebewegung der Moleküle ein Energietransport erfolgt. Der phänomenologischen Thermodynamik ist dieser Sachverhalt im 1. Axiom (vgl. (S 7.1)) zugrunde gelegt. Im Sinne der Thermodynamik sind Transportvorgänge Nichtgleichgewichtsvorgänge, die in abgeschlossenen Systemen stets zum Gleichgewichtszustand hinführen. Transportvorgänge in abgeschlossenen Systemen bezeichnet man auch als *Relaxationsvorgänge*.

Relaxationsvorgänge

Für die quantitative Behandlung setzen wir vereinfachend voraus, daß in einem gasgefüllten Volumen nur eine Größe u ortsabhängig und diese Ortsabhängigkeit auf die z-Koordinate beschränkt ist (eindimensionales Transportproblem, $u = u(z)$). Die Existenz des Feldes $u(z)$ (vgl. (D 3.13)) habe zur Folge, daß bei den Zusammenstößen der Moleküle die Größe u_t übertragen, d.h. transportiert wird. u_{tm} sei der Wert von u_t für ein Molekül. Auch u_{tm} hängt vom Ort z ab, an welchem sich das Molekül befindet: $u_{tm} = u_{tm}(z)$.

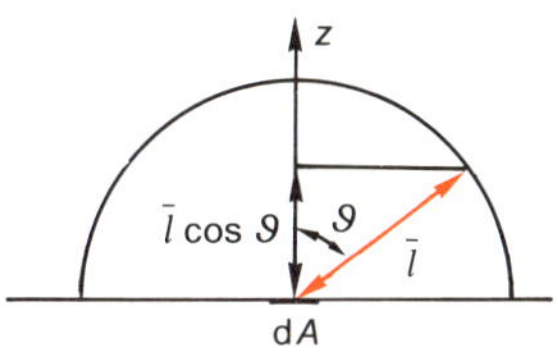

Abb. 8.9 Zur Herleitung der allgemeinen Transportgleichung

Wir betrachten eine Fläche dA senkrecht zur z-Richtung an der Stelle z. Da $\bar{v}$ der Betrag der mittleren Geschwindigkeit der Moleküle und $\frac{1}{2} n \sin\vartheta \, \mathrm{d}\vartheta$ die Teilchenanzahldichte der Teilchen mit einer Richtung zwischen ϑ und $\vartheta + \mathrm{d}\vartheta$ (vgl. (8.11a)) ist, folgt für die Zahl der Moleküle, die während der Zeit dt die Fläche dA in einer Richtung ($+z$ oder $-z$) durchlaufen (vgl. Abb. 8.9),

$$\mathrm{d}N(z) = \frac{1}{2} n \sin\vartheta \, \mathrm{d}\vartheta \, \bar{v} \cos\vartheta \, \mathrm{d}A \, \mathrm{d}t \,. \tag{8.28}$$

u_{tm} ist ortsabhängig. Die am Ort z transportierte Größe hängt davon ab, wo das Molekül seinen letzten Zusammenstoß hatte. Wir setzen die mittlere freie Weglänge als sehr klein gegenüber den Gefäßdimensionen voraus und nehmen weiter an, daß von Veränderungen des Feldes über eine Stecke der Länge $\bar{l}$ abgesehen werden kann. Dann können in der Fläche $\mathrm{d}A$ am Ort z diejenigen Moleküle stoßen, die von ihr die Entfernung $\bar{l}$ haben (vgl. Abb. 8.9). Damit wird von einem Molekül die Größe u_{tm} in der Richtung $\pm z$ durch die Fläche $\mathrm{d}A$ transportiert, die der Ortskoordinate $z+\bar{l}\cos\vartheta$ entspricht. Die Stromdichte der Transportgröße u_{t} an der Stelle z in Richtung $-z$ bzw. $+z$ ist dann nach (8.28)

$$\left(\frac{\mathrm{d}^2 u_{\mathrm{t}}(z)}{\mathrm{d}t\,\mathrm{d}A}\right)^{\mp} = \int_0^{\pi} \frac{1}{2}\, n \sin\vartheta\, \mathrm{d}\vartheta\, \bar{v} \cos\vartheta\, u_{\mathrm{tm}}(z \pm \bar{l}\cos\vartheta)\,. \tag{8.29a}$$

Entwickelt man u_{tm} in eine Reihe und bricht diese nach dem ersten Glied ab (vgl. (A 3.1a)), so folgt

$$u_{\mathrm{tm}}(z \pm \bar{l}\cos\vartheta) = u_{\mathrm{tm}}(z) \pm \bar{l}\cos\vartheta\, \frac{\mathrm{d}u_{\mathrm{tm}}(z)}{\mathrm{d}z} \tag{8.29b}$$

und aus (8.29a) mit (8.29b)

$$\frac{\mathrm{d}^2 u_{\mathrm{t}}(z)}{\mathrm{d}t\,\mathrm{d}A} = \left(\frac{\mathrm{d}^2 u_{\mathrm{t}}(z)}{\mathrm{d}t\,\mathrm{d}A}\right)^{+} - \left(\frac{\mathrm{d}^2 u_{\mathrm{t}}(z)}{\mathrm{d}t\,\mathrm{d}A}\right)^{-} = -n\bar{v}\bar{l}\,\frac{\mathrm{d}u_{\mathrm{tm}}(z)}{\mathrm{d}z} \int_0^{\pi} \sin\vartheta \cos^2\vartheta\, \mathrm{d}\vartheta\,,$$

d.h. (siehe (A 4.5) und (A 4.8)),

Allgemeine Transportgleichung

$$\frac{\mathrm{d}^2 u_{\mathrm{t}}(z)}{\mathrm{d}t\,\mathrm{d}A} = -\frac{1}{3}\, n\bar{v}\bar{l}\,\frac{\mathrm{d}u_{\mathrm{tm}}(z)}{\mathrm{d}z}\,. \tag{8.29}$$

Die Gleichung (8.29) ist eine Transportgleichung in allgemeiner Form und wird im weiteren auf spezielle Probleme angewendet.

8.3.8.2.1 *Innere Reibung von Gasen*

Die innere Reibung in einer Flüssigkeit oder in einem Gas wurde im Abschnitt 6.4 durch die Materialkonstante dynamische Viskosität beschrieben:

$${}^{\mathrm{R}}\boldsymbol{F} = -\eta A\,\frac{\mathrm{d}\boldsymbol{v}}{\mathrm{d}z} \tag{8.30}$$

(vgl. (6.20)). Molekularkinetisch ist das Auftreten der Reibungskraft ${}^{\mathrm{R}}\boldsymbol{F}$ zwischen zwei Gasschichten verschiedener Geschwindigkeiten in Richtung $\boldsymbol{v}^0$ so zu deuten, daß durch die Wärmebewegung der Moleküle ein Impulsaustausch senkrecht zu ihrer Geschwindigkeit $\boldsymbol{v}$ stattfindet. Liegt also in z-Richtung ein Geschwindigkeitsgefälle vor, so erfolgt in dieser Richtung ein Impulstransport. Aus (8.29) und (8.30) folgt mit $u_{\mathrm{t}} = mv$ und ${}^{\mathrm{R}}F = \dfrac{\mathrm{d}(mv)}{\mathrm{d}t}$ ((3.9))

$$\frac{\mathrm{d}^2(mv)}{\mathrm{d}t\,\mathrm{d}A} = -\eta\,\frac{\mathrm{d}v}{\mathrm{d}z} = -\frac{1}{3}\, n\bar{v}\bar{l}\,\frac{\mathrm{d}m_{\mathrm{m}}v}{\mathrm{d}z}$$

und mit

$$\varrho=\frac{m}{V}=\frac{N m_{\mathrm{m}}}{V}=n m_{\mathrm{m}}$$

und (8.27b), (8.24a), (7.10) und $m_{\mathrm{m}}=m_{\mathrm{mol}}/N_{\mathrm{A}}$ ((8.13))

dynamische Viskosität η von Gasen

$$\eta=\frac{1}{3}\varrho\bar{v}\bar{l}=\frac{\sqrt{m_{\mathrm{mol}}kT}}{6\sqrt{\pi^3 N_{\mathrm{A}}}R_{\mathrm{m}}{}^2}\sim\sqrt{T}\,. \tag{8.30a}$$

Die dynamische Viskosität von Gasen wächst mit der Temperatur (im Gegensatz zur Temperaturabhängigkeit bei Flüssigkeiten) und ist unabhängig vom Druck, sofern die Voraussetzung von (8.29) erfüllt ist, d.h., solange die Gefäßabmessungen groß gegenüber der mittleren freien Weglänge sind.

8.3.8.2.2 *Wärmeleitung*

Als weiteres Transportproblem werde die Wärmeleitung besprochen. Die *Wärmeleitung* ist ein Vorgang, bei dem die Größe Wärmemenge transportiert wird. Dabei nennt man den Quotienten aus der im Zeitintervall Δt bewegten Wärmemenge ΔQ und Δt den *Wärmestrom*, den Quotienten aus dem durch eine Fläche ΔA hindurchtretenden Wärmestrom und ΔA die *Wärmestromdichte*. Da der Wärmestrom und die Wärmestromdichte im allgemeinen orts- und zeitabhängig sind, sind sie durch Differentialquotienten darzustellen:

(D 8.6) Wärmestrom Wärmestromdichte

Die Differentialquotienten

$$\frac{\mathrm{d}Q}{\mathrm{d}t} \quad \text{bzw.} \quad \frac{\mathrm{d}^2 Q}{\mathrm{d}A\,\mathrm{d}t}$$

heißen Wärmestrom bzw. Wärmestromdichte.

Erfahrungsgemäß besteht Proportionalität zwischen der Wärmestromdichte und dem Temperaturgradienten in der Richtung normal zum Flächenelement $\mathrm{d}A$. Wählt man diese zur z-Richtung eines kartesischen Koordinatensystems, dann folgt:

Wärmeleitungsgleichung

$$\frac{\mathrm{d}^2 Q}{\mathrm{d}A\,\mathrm{d}t}=-\varkappa\frac{\mathrm{d}T}{\mathrm{d}z}\,. \tag{8.31}$$

Wärmeleitfähigkeit $\varkappa$

Man nennt (8.31) die eindimensionale *Wärmeleitungsgleichung*. Der Proportionalitätsfaktor $\varkappa$ ist eine Materialkonstante und heißt *Wärmeleitfähigkeit*.

Die transportierte Größe ist die Energie (Wärmemenge) $\mathrm{d}Q=mc_V\,\mathrm{d}T$ (vgl. (7.15b)). Aus (8.31), (8.29) und (7.15b) folgt

$$\frac{\mathrm{d}^2 Q}{\mathrm{d}A\,\mathrm{d}t}=-\varkappa\frac{\mathrm{d}T}{\mathrm{d}z}=-\frac{1}{3}n\bar{v}\bar{l}m_{\mathrm{m}}c_V\frac{\mathrm{d}T}{dz}$$

und damit

Wärmeleitfähigkeit von Gasen

$$\varkappa = \frac{1}{3}\varrho \bar{v} \bar{l} c_V \sim \sqrt{T}\,. \tag{8.31a}$$

Da c_V über weite Bereiche temperaturunabhängig ist (vgl. Abschnitt 8.3.6.1) und $\varrho \sim p$, $\bar{l} \sim p^{-1}$ gilt, folgt analog zum vorigen Abschnitt: Solange die Gefäßabmessungen groß gegenüber der mittleren freien Weglänge sind, ist die Wärmeleitfähigkeit der Gase druckunabhängig und steigt mit wachsender Temperatur.

Wärmeleitungsmanometer

Ist dagegen die mittlere freie Weglänge groß gegenüber den Gefäßabmessungen, dann ist $\varkappa \sim p$. Dieser Effekt wird in der Vakuumtechnik zur Druckmessung angewandt (Wärmeleitungsmanometer).

8.3.8.2.3 *Diffusion*

Zwei verschiedene Gase mögen sich in zwei verschiedenen abgeschlossenen Gefäßen befinden, die aber durch eine mittels Ventil abzusperrende Rohrleitung verbunden sind. Der Druck sei in beiden Gasen gleich, das Ventil sei zunächst geschlossen. Wird es geöffnet, so füllen nach einer gewissen Zeit beide Gase beide Gefäße homogen aus. Dieser Vorgang ist so zu erklären, daß die Stöße auf die Gasmoleküle bevorzugt aus den Richtungen erfolgen, in denen eine größere Dichte des betreffenden Gases herrscht. Die Moleküle wandern deshalb entgegengesetzt zum jeweiligen Dichtegradienten, d.h., mit einem Dichtegradienten ist ein Massetransport verbunden. Dieser Vorgang wird als *Diffusion* bezeichnet.

Diffusion

Auch die Massestromdichte erweist sich als proportional zum Dichtegradienten:

$$\frac{\mathrm{d}^2 m}{\mathrm{d}A\,\mathrm{d}t} = -D\,\frac{\mathrm{d}\varrho}{\mathrm{d}z}\,. \tag{8.32}$$

Diffusionskoeffizient D

Die Proportionalitätskonstante D heißt *Diffusionskoeffizient*. Aus (8.32) und (8.29) erhält man für diese Stoffkonstante die Bestimmungsgleichung

$$\frac{\mathrm{d}^2 m}{\mathrm{d}A\,\mathrm{d}t} = -D\,\frac{\mathrm{d}\varrho}{\mathrm{d}z} = -\frac{1}{3}\bar{v}\bar{l}\,\frac{\mathrm{d}(m_\mathrm{m} n)}{\mathrm{d}z}$$

und daraus (s. (8.27b) und (8.24a))

Diffusionskoeffizient von Gasen

$$D = \frac{1}{3}\bar{v}\bar{l}\,. \tag{8.32a}$$

Mit $\bar{v} \sim \sqrt{\dfrac{T}{m_\mathrm{m}}}$ ((8.24a)), $m_\mathrm{m} \sim M_\mathrm{r}$ ((D 7.4a)) und $\bar{l} \sim \dfrac{T}{p}$ ((8.27)) folgt somit

$$D \sim \frac{T^{\frac{3}{2}}}{M_\mathrm{r}^{\frac{1}{2}}\,p}\,. \tag{8.32b}$$

Die Diffusion eines Gases (z. B. in ein zweites) erfolgt um so schneller, je höher seine Temperatur und je kleiner seine relative Molekülmasse und der Druck sind. Hiervon überzeugt man sich leicht durch folgendes Experiment: Zwei Gefäße seien durch eine poröse Trennwand miteinander verbunden (siehe Abb. 8.10a). Sie werden mit zwei Gasen unterschiedlicher Molekülmasse (z. B. Gefäß 1 Wasserstoff, Gefäß 2 Propan) bei geschlossenen Hähnen H gefüllt. Der Druck in den Gefäßen entspricht dem Außendruck, die Diffusion wird durch die geschlossenen Hähne H verhindert. Öffnet man diese, dann diffundiert nach (8.32b) der Wasserstoff schneller in das Propan als das Propan in den Wasserstoff. Der Druck im Gefäß 1 sinkt, der im Gefäß 2 steigt (vgl. Abb. 8.10b). Erst wenn sich beide Gase vollständig vermischt haben, wird theoretisch der Druckausgleich erreicht. Auf Grund der meist sehr kleinen mittleren freien Weglänge (vgl. Tabelle 8.2) kann die Dauer bis zur restlosen Vermischung zweier Gase recht erheblich sein.

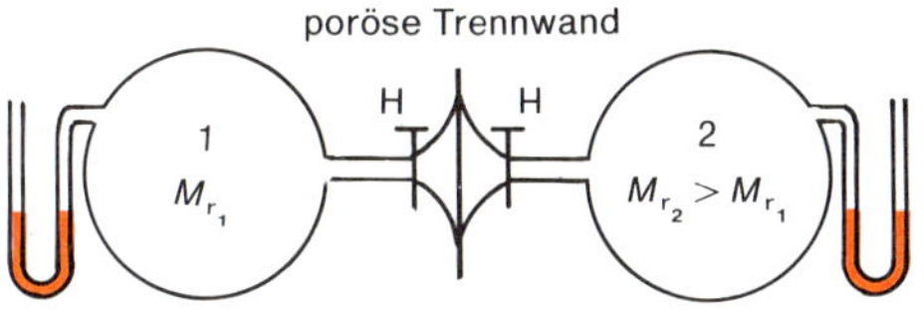

a)

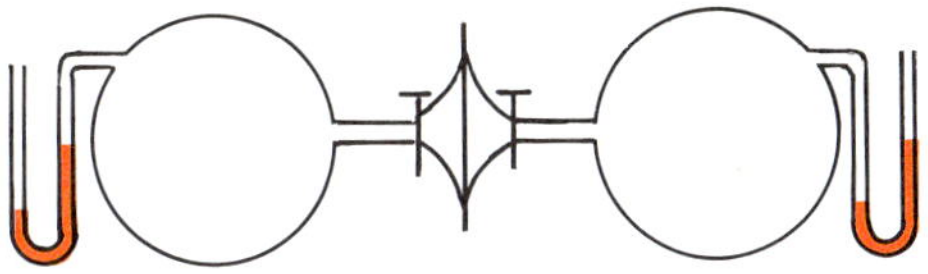
b)

Abb. 8.10 Zum Nachweis der Abhängigkeit der Diffusion von der relativen Molekülmasse
a) Druck in den Gefäßen vor Beginn der Diffusion
b) Druck in den Gefäßen während der Diffusion

Diffusionspumpen

Eine technische Anwendung findet die Diffusion z.B. in den Quecksilber- bzw. Öldiffusionshochvakuumpumpen (s. Abb. 8.11). In dem Siedegefäß S wird Quecksilber bzw. ein Silikonöl mit bei Zimmertemperatur möglichst geringem Dampfdruck zum Sieden gebracht. Der Dampf steigt im Dampfrohr D nach oben und wird durch eine hutförmige Düse Dü zur Richtungsumkehr gezwungen. An diese Düse schließt sich das Rohr R zum zu evakuierenden Rezipienten an. Gasmoleküle, die durch das Rohr aus dem Rezipienten austreten, werden durch Impulsübertragung von den schweren Treibmittelmolekülen mitgerissen. Deshalb ist der Partialdruck des sich im Rezipienten befindlichen Gases im Düsenbereich nahezu Null, der auftretende Dichtegradient des Gases verursacht einen aus dem Rezipienten heraus gerichteten Diffusionsstrom. Nach dem Daltonschen Partialdruckgesetz (S 7.5) bleibt dieser Vorgang unberührt davon, daß der Totaldruck im Düsenbereich höher als im Rezipienten ist.

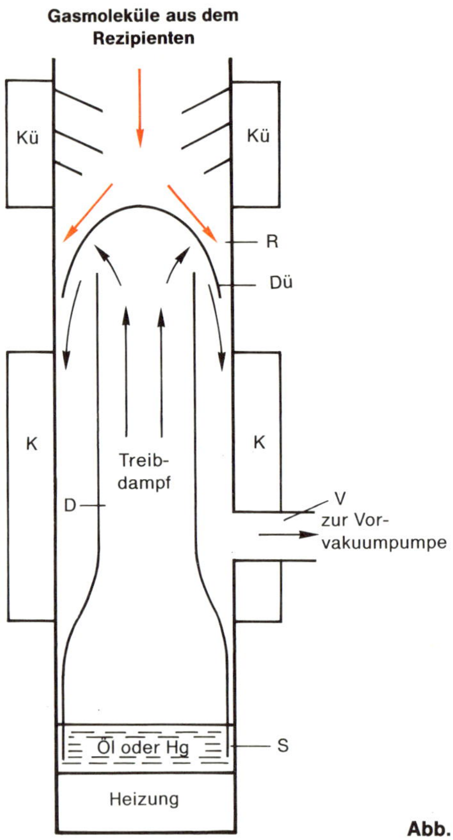

Abb. 8.11 Prinzip einer Diffusionspumpe

An der gekühlten Wand K kondensiert das Öl und wird dem Siedegefäß wieder zugeführt. Die zurückbleibenden Gasmoleküle werden von der Vorvakuumpumpe V abgesaugt. Da ebenfalls Ölmoleküle in den Rezipienten diffundieren, bestimmen diese das zu erreichende Endvakuum. Durch eine zwischen der Pumpe und dem Rezipienten angebrachte Kühlfalle Kü läßt sich das zu erzielende Endvakuum erheblich verbessern, da die in der Kühlfalle herrschende Temperatur den Dampfdruck und damit das zu erzielende Vakuum bestimmt. Eine weitere wichtige Anwendung findet die Diffusion von Gasen, meist in Form der Thermodiffusion, bei der Isotopentrennung (s. Bd. III).

8.4 Zum Entropiebegriff

Außer der Temperatur ist die Größe Entropie eng mit der physikalischen Statistik verknüpft. Zur Erläuterung denken wir uns wie in Abschnitt 8.2 ein abgeschlossenes thermodynamisches System aus N Teilsystemen, die sich auf r Zustände verteilen. Je größer N ist, desto weniger wird sich die

Verteilung der Einzelsysteme auf die Zustände von der wahrscheinlichsten Verteilung des Gesamtsystems unterscheiden. Bringt man zum Beispiel zwei Systeme von unterschiedlicher Temperatur miteinander in Wärmekontakt, die sich vorher beide im Zustand der wahrscheinlichsten Verteilung befunden haben, so ist der Zustand des Gesamtsystems vom wahrscheinlichsten Zustand zunächst entfernt. Wenn keine Störung von außen erfolgt, geht durch Energieübertragungen zwischen den Teilsystemen dieser unwahrscheinliche Anfangszustand im Laufe der Zeit in den wahrscheinlichsten Zustand über. Dieser Übergang muß aber nicht mit einem monotonen Wachstum der Wahrscheinlichkeit verbunden sein. Hat sich der wahrscheinlichste Zustand eingestellt, so ist es prinzipiell möglich, daß vorübergehend ein unwahrscheinlicherer Zustand eingenommen wird. Man wird aber entsprechend der Wahrscheinlichkeitsdefinition (A 32.1a) das System sehr lange beobachten müssen, um eine vorübergehende Entfernung vom wahrscheinlichsten Zustand registrieren zu können.

Aus diesen Überlegungen folgt, daß man mit der Wahrscheinlichkeit in ähnlicher Weise die Richtung einer Zustandsänderung anzugeben vermag, wie dies in (S 7.14) durch die Entropie erfolgte.

Die Analogie zwischen Entropie und Wahrscheinlichkeit führt noch weiter. So ist die Wahrscheinlichkeit dafür, daß als Zustand des Gesamtsystems eine bestimmte Verteilung seiner Teilsysteme beobachtet wird, nach (A 32.3) durch das Produkt der Einzelwahrscheinlichkeiten w_i gegeben, mit der sich die verschiedenen Teilsysteme in den verschiedenen Einzelzuständen befinden. Durch Übergang zum Logarithmus erhält man die Beziehung $\ln w = \sum_{i=1}^{r} \ln w_i$. Da sich auch die Entropie S des Gesamtsystems additiv aus den Entropiewerten der Einzelsysteme zusammensetzt, wird auf eine Proportionalität zwischen $\ln w$ und S geschlossen.

Um den Proportionalitätsfaktor zu erkennen, wird (8.5) in (8.3) eingesetzt:

$$\ln w_{\mathrm{B}} = N \ln N + \sum_{i=1}^{r} N_i (1+\alpha) + \beta W ,$$

und nach W differenziert:

$$\mathrm{d} \ln w_{\mathrm{B}} = \beta \,\mathrm{d} W . \tag{8.33}$$

Mit $T\,\mathrm{d}S = \mathrm{d}W$ (vgl. (D 7.15)) und $\beta = 1/kT$ gilt demnach:

(S 8.8) Entropie und Wahrscheinlichkeit

Zwischen der Entropie S eines thermodynamischen Systems in einem bestimmten Zustand und seiner Wahrscheinlichkeit w_{B} besteht der Zusammenhang

$$S = k \ln w_{\mathrm{B}} .$$

Der Unterschied zwischen der in Abschnitt 7 gegebenen Entropiedefinition und (S 8.8) besteht darin, daß nach (S 8.8) das selbständige Ablaufen eines Vorganges mit abnehmender Entropie nicht völlig auszuschließen, sondern nur als außerordentlich unwahrscheinlich anzusehen ist.

In (S 7.14) wurde gesagt, daß ein abgeschlossenes, sich selbst überlassenes thermodynamisches System dem Maximalwert seiner Entropie zustrebt, d.h. solange Zustandsänderungen unterworfen ist, bis es dieses Maximum erreicht hat. Durch (S 8.8) findet diese Aussage eine plausible Erklärung. Das System unterliegt solange Zustandsänderungen, bis der Zustand maximaler Wahrscheinlichkeit erreicht ist.

8.5 Masse und Größe von Atomen und Molekülen

Die Existenz der Atome wurde erstmals durch die Daltonschen Gesetze (S 5.1) belegt. Einen weiteren indirekten Beweis gibt die Molekularkinetik, denn sie ist unter Voraussetzung der Existenz von Atomen in der Lage, die phänomenologische Thermodynamik atomphysikalisch zu begründen. Die direkten experimentellen Belege für die Existenz der Atome konnten erst in diesem Jahrhundert durch die Atom- und Festkörperphysik gegeben werden. So gestatten zum Beispiel die Röntgen- und Neutronenbeugung die Fixierung der Lage der Atome im Festkörper, in Nebel- und Blasenkammern konnten die „Spuren einzelner Atome" nachgewiesen werden (vgl. Bd. III und IV). An ihrer Existenz gibt es somit weder vom Experiment noch von der Theorie her Zweifel.

Die Anzahl der Atome bzw. Moleküle in einem Mol bzw. in der Masse m_{mol} ist durch die Avogadrosche Konstante N_A ((D 8.2)) gegeben. Die Kenntnis der Avogadroschen Konstante ermöglicht weiter die Bestimmung der absoluten Atom- bzw. Molekülmasse. Die relative Molekül- bzw. Atommasse kann zum Beispiel über die Dichte ermittelt werden (vgl. Abschnitt 7.3.3.2.1). Die Masse m_m eines Moleküls errechnet sich dann aus (8.13).

Bestimmung von Atom- und Molekülmassen

Für das Wasserstoffatom erhält man so mit $A_r = 1{,}007\,825\,036$ den Wert

Masse des Wasserstoffatoms

$$m_H = (1{,}673\,559 \pm 0{,}000\,009)\; 10^{-27}\,\text{kg}. \tag{8.34}$$

Analog sind alle anderen Atom- und Molekülmassen bestimmbar.

Präzisionsbestimmungen von Atom- und Molekülmassen erfolgen heute mit dem Massenspektrografen (vgl. Bd. III). Er ermöglicht Massenbestimmungen bis zu einer Genauigkeit von 10^{-33} kg.

Die Anwendung der Begriffe „Form" und „Größe" auf Atome und Moleküle ist insofern problematisch, da beide nicht direkt meßbar sind, sondern auf sie nur indirekt durch Wechselwirkungsexperimente geschlossen werden kann. In erster Näherung nimmt man für ihre Gestalt eine Kugel an und legt die Größe der Atome und Moleküle durch den Atom- und Molekülradius fest. Diese Annahme ist bedenklich, da wir auf Grund von umfangreichem experimentellem Material wissen, daß Atome und Moleküle keine starren undurchdringlichen Gebilde sind und ihre äußere Wirkungssphäre erheblich von der Kugelgestalt abweichen kann (vgl. Bd. III). Weiter kann nach dem oben Gesagten der Atome- und Molekülradius nur durch die Wechselwirkungen der Atome bzw. Moleküle mit anderen Teilchen festgelegt werden, d.h. durch die Entfernung von ihrem Mittelpunkt, bei der diese Wechselwirkungen nachweisbar werden. Diese Festlegung enthält aber stets eine gewisse Willkür. Das Ergebnis ist damit von der Art der bei der angewandten Versuchsmethodik auftretenden Wechselwirkung abhängig.

Der Atom- bzw. Molekülradius R_m kann u.a. bei Voraussetzung dichtester Kugelpackung der Moleküle aus der Dichte ϱ von Flüssigkeiten aus (8.14) (ein gewisser Fehler infolge des freien Raumes zwischen den Molekülen wird dabei in Kauf genommen) und gaskinetisch u.a. aus Messungen der Konstanten b der van der Waalsschen Gleichung über (8.17), aus Messungen der mittleren freien Weglänge $\bar{l}$ über (8.27) und aus Messungen der dynamischen Viskosität η über (8.30a) ermittelt werden. Unter Voraussetzung einer Kugelgestalt der Moleküle, d.h. von

$$V_m = \frac{4}{3} \pi R_m^3, \tag{8.35}$$

erhält man aus den angegebenen Gleichungen

Bestimmung der Radien von Atomen und Molekülen

$$\begin{aligned}
R_m &= \left[\frac{3 m_{mol}}{4 \pi \varrho N_A}\right]^{\frac{1}{3}} \\
R_m &= \left[\frac{3 b\, m_{mol}}{16 \pi N_A}\right]^{\frac{1}{3}} \\
R_m &= \left[\frac{k T}{4 \sqrt{2}\, \pi p \bar{l}}\right]^{\frac{1}{2}} \\
R_m &= (6\eta)^{-\frac{1}{2}} \left[\frac{m_{mol} k T}{\pi^3 N_A}\right]^{\frac{1}{4}}.
\end{aligned} \tag{8.36}$$

Die Gleichungen (8.36) erlauben es, bei Betrachtung von (D 7.6a) durch die experimentelle Bestimmung von ϱ, b, $\bar{l}$ oder η bei bekanntem M_r den Molekülradius R_m zu berechnen. Die so ermittelten Atom- und Molekülradien liegen in der Größenordnung von 10^{-10} m (siehe Tabelle 8.2).

Ordnet man die so gefundenen Atomradien nach wachsender relativer Atommasse A_r, so findet man einen periodischen Zusammenhang. Abb. 8.12 zeigt dieses Verhalten. In ihr sind die Atomradien allerdings nicht in Abhängigkeit von A_r, sondern in Abhängigkeit ihrer Ordnungszahl Z (d.h. in Abhängigkeit ihrer Platzzahl im Periodensystem der Elemente) dargestellt. Die Alkalimetallatome (Li, Na, K, Rb, Cs, Fr) zeichnen sich durch einen besonders großen Atomradius aus, die Halogenatome (F, Cl, Br, I, At) durch einen besonders kleinen. Die Deutung dieser Gesetzmäßigkeiten erfolgt in Bd. III.

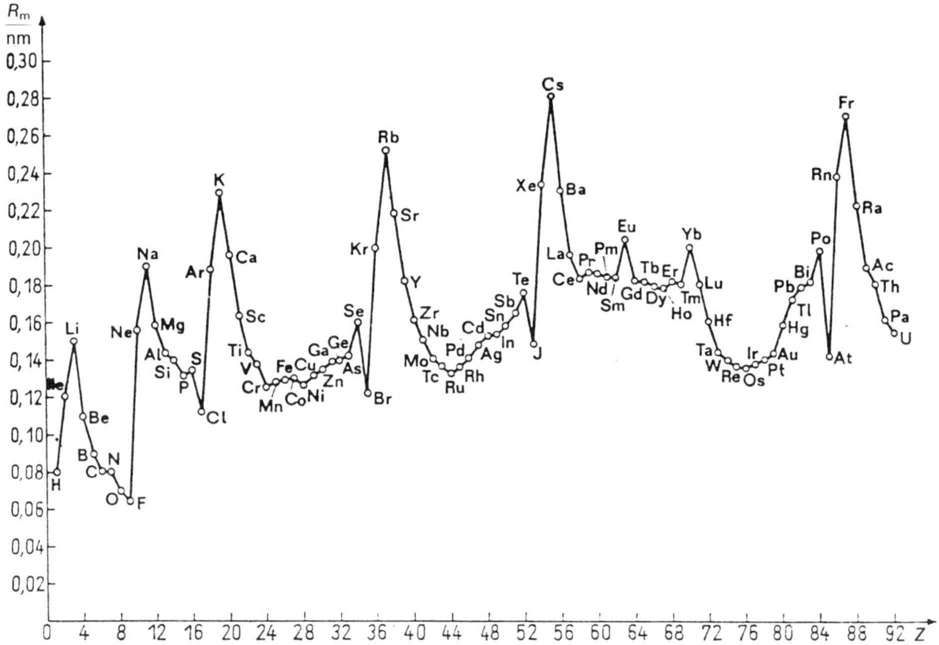

Abb. 8.12 Atomradien der Elemente in Abhängigkeit von der Ordnungszahl

8.6 Zur Thermodynamik irreversibler Prozesse

Schon beim Versuch von JOULE (Abschn. 7.2.2) wurde darauf hingewiesen, daß zwar eine vollständige Umwandlung von mechanischer Energie in Wärmeenergie möglich ist, Wärmeenergie hingegen nicht vollständig in andere Energieformen verwandelt werden kann. Die darin zum Ausdruck kommende Irreversibilität bestimmter Vorgänge findet im 2. Hauptsatz der Thermodynamik ihre allgemeine Formulierung, wobei sich die Größe Entropie als zentraler Begriff erweist (vgl. (S 7.10) und (S 7.14)) und als quantitatives Maß für die Reversibilität oder Irreversibilität eines Vorganges angesehen werden kann.

Irreversibilität

Mit Ausnahme der in den Abschnitten 7.4.3.2 und 8.3.8.2 betrachteten Transportprozesse standen in den vorangegangenen Abschnitten nur solche thermodynamischen Vorgänge zur Diskussion, die sich als eine quasistatische, d.h. reversible Zustandsänderung (Abschnitt 7.4.1) beschreiben lassen. Die Thermodynamik der reversiblen Prozesse wird deshalb auch als Gleichgewichtsthermodynamik oder noch besser als *Thermostatik* bezeichnet. Natürlich bleibt innerhalb des Rahmens dieser Betrachtungsweise ein großer Bereich der in Natur und Technik ablaufenden Prozesse unerfaßbar. Vor etwa sechs Jahrzehnten begannen insbesondere ONSAGER, BRIDGMAN und ECKART mit systematischen Überlegungen zu einer Ther-

PERCY WILLIAMS BRIDGMAN (1882–1961)
CARL HENRY ECKART geb. 1902

modynamik irreversibler Prozesse. Hier sollen einige Grundgedanken dieser bis heute anhaltenden Entwicklung skizziert werden.

Energiedissipation

Nach dem 2. Hauptsatz der Thermodynamik führen irreversible Prozesse in einem abgeschlossenen thermodynamischen System unter gleichzeitiger Zunahme der Entropie des Systems zum thermodynamischen Gleichgewicht (vgl. (S 7.14)) und sind maßgeblich durch *Energiedissipation* charakterisiert. Man versteht darunter allgemein die Umwandlung irgendeiner Energieform eines thermodynamischen Systems durch äußere Einflüsse (z. B. durch äußere Reibungskräfte) oder durch spezielle Eigenschaften des Systems (z. B. durch den ohmschen Widerstand eines elektrischen Leiters) in Wärmeenergie. Anders ausgedrückt: Energiedissipation führt in einem abgeschlossenen großen System zur gleichmäßigen Verteilung der Energie des Gesamtsystems auf die Freiheitsgrade seiner sehr vielen Teilsysteme (z. B. der Atome eines Festkörpers), d. h. zum thermodynamischen Gleichgewicht (vgl. (S 7.1) und Abschnitt 8.4). Im Zustand des thermodynamischen Gleichgewichtes sind die den Zustand beschreibenden physikalischen Größen des Systems zeitunabhängig (vgl. Abschnitt 7.3.3.2). Wird das System durch äußere Einflüsse in einen anderen Zustand gebracht, so kehrt es von selbst in den Gleichgewichtszustand zurück, sobald diese Einflüsse nicht mehr wirken. In Analogie zur Begriffsbildung in der Mechanik (vgl. (D 5.4)) ist das thermodynamische Gleichgewicht deshalb als *stabiler Zustand* zu bezeichnen. In der Natur werden aber auch vergleichsweise stabile Strukturen – d. h. Systeme in stabilen Ordnungszuständen – beobachtet, die sich nicht im thermodynamischen Gleichgewicht befinden, in denen z. B. keine Gleichverteilung der Energie vorliegt. Das sind zum Teil relativ einfache physikalische oder chemische Strukturen, dazu zählen aber auch hochentwickelte biologische Strukturen oder Strukturen von kosmischen Abmessungen. Weiterhin ist nicht nur die Existenz solcher Objekte, sondern auch ihr Entstehungsprozeß zu beobachten. Da irreversible Prozesse in abgeschlossenen Systemen immer zum thermodynamischen Gleichgewicht hinführen, sind im genannten Sinne strukturbildende Prozesse nur in offenen Systemen vorstellbar. Für ein offenes System ist charakteristisch, daß es sich in einem Nichtgleichgewichtszustand befinden kann, obwohl alle seine Zustandsparameter zeitunabhängig sind. Der Zustand selbst ist dann also als stabil zu betrachten. Man nennt solche Zustände stationär. Ein *stationärer Zustand* liegt z. B. in einem System vor, in dem ein zeitlich konstanter Wärmestrom aufrecht erhalten wird, was wiederum nur in einem offenem System möglich ist.

LARS ONSAGER,
geb. 1903
Nobelpreis 1968

Strukturzerstörung und Strukturbildung als zwei Grundtypen irreversibler Prozesse

In der Natur laufen also offensichtlich auch Entwicklungsprozesse ab, die nicht zum thermodynamischen Gleichgewicht führen. Es müssen Zustände existieren, die durch Instabilitäten in dem Sinn charakterisiert sind, daß von ihnen aus nicht zwangsläufig der Übergang des Systems in das thermodynamische Gleichgewicht erfolgt, sondern auch andere Entwicklungsrichtungen möglich sind, unter bestimmten Bedingungen insbesondere auch zur Strukturbildung führende Prozesse.

Ehe dieser Gedankengang weiter verfolgt wird, soll zunächst etwas näher auf irreversible Prozesse eingegangen werden, für die der Übergang des Systems in das thermodynamische Gleichgewicht typisch ist.

Um einen Einblick in ihre Beschreibungsweise im Rahmen der irreversiblen Thermodynamik zu gewinnen, soll die im Abschnitt 8.3.8.2 vom gaskinetischen Standpunkt aus betrachtete Wärmeleitung als Beispiel dienen. Es liege folgender einfacher Fall vor: Ein Körper 1 mit der Temperatur T_1 stehe in Wärmekontakt mit einem Körper 2 mit der Temperatur T_2. Der Temperaturausgleich innerhalb der Körper vollziehe sich extrem schnell gegenüber dem Temperaturausgleich zwischen ihnen, wodurch die Homogenität des thermodynamischen Zustandes innerhalb jedes der beiden Körper gewährleistet ist. Das aus beiden Körpern zusammen bestehende Gesamtsystem sei abgeschlossen. Weiterhin sei die Wärmekapazität beider Körper sehr groß und die Differenz $T_2 - T_1$ ausreichend klein, so daß näherungsweise die Temperaturen T_1 und T_2 als zeitlich konstant und damit die Wärmeabgabe bzw. -aufnahme durch die Körper 1 und 2 als reversible Vorgänge aufgefaßt werden können. Nach (D 7.15) und (S 7.14) ist dann die im Zeitintervall $\mathrm{d}t$ im Gesamtsystem produzierte Entropie durch die *Bilanzgleichung*

Entropiebilanz beim Wärmeübergang

$$\mathrm{d}S = \mathrm{d}S_1 + \mathrm{d}S_2 = \frac{\delta Q_1}{T_1} + \frac{\delta Q_2}{T_2} \geq 0$$

gegeben. Wegen der Abgeschlossenheit des Gesamtsystems gilt nun $\delta Q_1 = -\delta Q_2 = \delta Q$ und somit

$$\mathrm{d}S = \left(\frac{1}{T_1} - \frac{1}{T_2}\right)\delta Q \geq 0 .$$

Weil infolge der Voraussetzungen T_1 und T_2 als zeitlich konstant angesehen werden können, fließt auch ein näherungsweise konstanter Wärmestrom $\mathrm{d}Q/\mathrm{d}t = \dot{Q}$. Man erhält für die *Entropieproduktion* des Gesamtsystems

Entropieproduktion beim Wärmeübergang

$$\dot{S} = \frac{1}{T_1 T_2}(T_2 - T_1)\,\dot{Q} \geq 0 . \tag{8.37}$$

Die Entropieproduktion kann in zwei Faktoren aufgespalten werden, die sich durch ihr Verhalten bei Zeitumkehr unterscheiden. Das ist für alle irreversiblen Prozesse des hier betrachteten Typs charakteristisch. Der Faktor $\dot{Q}$ ändert bei Zeitumkehr sein Vorzeichen, man nennt derartige Größen *thermodynamische Flüsse*. Der Faktor $(T_2 - T_1)/T_1 T_2$ dagegen ändert sein Vorzeichen bei Zeitumkehr nicht. Er kann als Ursache des thermodynamischen Vorganges angesehen werden, man spricht allgemein von *thermodynamischen Kräften*. Im thermodynamischen Gleichgewicht verschwindet jeder der beiden Faktoren für sich (vgl. Abschnitt 7.1).

thermodynamische Flüsse und thermodynamische Kräfte

Bisher wurde über die Art des Wärmekontaktes zwischen den beiden Körpern nichts ausgesagt. Wir wollen annehmen, daß er durch einen als Wärmeleiter fungierenden dritten Körper mit der Querschnittsfläche A und der Länge L realisiert wird. Dann besteht nach der Wärmeleitungsgleichung (8.31) der Zusammenhang

$$\frac{\dot{Q}}{A} = -\varkappa \frac{T_1 - T_2}{L} . \tag{8.38}$$

Der bei (8.38) näherungsweise vorausgesetzte stationäre Zustand, der im Unterschied zu (8.31) zu ortsunabhängigen thermodynamischen Flüssen und Kräften führt, ändert nichts am Charakter dieser Gleichung. Sie ist im Rahmen der Thermodynamik als empirische Aussage des Inhaltes zu werten, daß zwischen den thermodynamischen Kräften und Flüssen in Gleichgewichtsnähe ein linearer Zusammenhang besteht. Setzt man (8.38) in (8.37) ein, folgt für $T_1 \neq T_2$ die Aussage

$$\dot{S} = \frac{1}{T_1 T_2} (T_2 - T_1)^2 \frac{A}{L} \varkappa \geq 0 . \tag{8.39}$$

Da in (8.39) alle anderen Faktoren positiv sind, muß auch $\varkappa$ eine positive Größe sein. Da sie die substanzspezifischen Eigenschaften enthält (im vorliegenden einfachen Fall charakterisiert sie den Wärmeübergang zwischen den beiden Körpern 1 und 2), werden die Beziehungen zwischen den thermodynamischen Kräften und Flüssen *Materialgleichungen* genannt oder, weil die Beziehungen die zeitlichen Ableitungen von thermodynamischen Größen mit den Kräften verknüpfen, auch *thermodynamische Bewegungsgleichungen*.

Materialgleichungen

Ilja Progogine, geb. 1917, Nobelpreis 1977

Für einen – wie unter den gewählten Voraussetzungen beim betrachteten Beispiel vorliegenden – stationären Fall eines linearen irreversiblen Prozesses ist die Entropieproduktion als Funktion der Zeit oder anderer Variablen nach Prigogine durch ein Minimum gekennzeichnet, was hier nicht näher begründet werden soll.

Infolge des Charakters der Thermodynamik als einer Kontinuumstheorie (vgl. die Vorbemerkungen zum Abschnitt 8) kann sie keine mikrophysikalische Interpretation der Materialkonstanten $\varkappa$ geben. Die Materialgleichungen bringen eine Bilanzierung der jeweils betrachteten Größe zum Ausdruck. In ihnen ist damit der Erfahrungssatz der Erhaltung der jeweils betrachteten Größe wie der Energie beim vorliegenden Beispiel der Wärmeleitung, der Masse bei der Diffusion, des Impulses bei der inneren Reibung usw. berücksichtigt. Die Linearität der Materialgleichungen ist eine gute Näherung, solange der Zustand des Systems in der Nähe des thermodynamischen Gleichgewichtes liegt.

Linearität der Materialgleichungen in Gleichgewichtsnähe

Ein thermodynamischer Fluß kann im allgemeinen durch verschiedene thermodynamische Kräfte hervorgerufen werden. Wir betrachten als Beispiel zwei gleiche fluide homogene Medien in je einem die Abgeschlossenheit realisierenden Gefäß. Lediglich zwischen ihnen sei durch einen engen Kanal hindurch Wärme- und Masseaustausch möglich. Die Abmessungen des Kanals seien so dimensioniert, daß die auftretenden thermodynamischen Flüsse wie im obigen Beispiel des Wärmeüberganges als stationär und die Zustände in jedem der beiden Gefäße als homogen angesehen werden können. Besteht zwischen den Gefäßen ein Druckunterschied, der die thermodynamische Kraft X_p darstellt, so entsteht ein Massefluß $\dot{M}_P = L_M X_P$. Eine Temperaturdifferenz bzw. die daraus folgende thermodynamische Kraft $X_T = (T_2 - T_1)/T_1 T_2$ verursacht den Wärmestrom $\dot{Q}_T = L_Q X_T$, wobei L_M und L_Q die entsprechenden Materialkonstanten sind. Unter den gegebenen Bedingungen verursacht X_T aber auch einen

Massefluß (thermomechanischer Effekt oder Thermoosmose), und X_P einen Wärmestrom (mechanokalorischer Effekt). Die Materialgleichungen lauten somit

$$\begin{aligned}\dot{Q} &= L_Q X_T + L_{QM} X_P \\ \dot{M} &= L_{MQ} X_T + L_M X_P .\end{aligned} \tag{8.40}$$

Derartige überkreuz ablaufende Transportmechanismen sind auch unter Beteiligung elektrischer und magnetischer Felder in vielgestaltiger Form bekannt. Genannt seien z.B. der thermoelektrische und der Peltier-Effekt (vgl. Bd. II). Neben der Linearität ist für ein System von Materialgleichungen der Art (8.40) die Symmetrie der aus den Materialkonstanten gebildeten Matrix charakteristisch:

Jean Marie Albert Peltier (1900–1970)

$$L_{MQ} = L_{QM} . \tag{8.41}$$

Onsagersche Reziprozitätsbeziehungen

Diese Symmetriebeziehungen werden *Onsagersche Reziprozitätsbeziehungen* oder auch Onsager-Relationen genannt. Sie sind im Rahmen der Thermodynamik ebenso wie die Materialgleichungen selbst nur empirisch zu begründen.

Lineare Materialgleichungen der skizzierten Art haben sich zur Beschreibung von Transportprozessen in hohem Maße bewährt. Die Linearität der Beziehungen ist dabei gekoppelt an die Gleichgewichtsnähe der Zustände, die das System durchläuft. Komplizierungen infolge auftretender Nichtlinearitäten liegen z.B. häufig bei der thermodynamischen Beschreibung chemischer Reaktionen vor. Die Thermodynamik der zum Gleichgewicht hinführenden irreversiblen Prozesse wurde unter anderem auch deshalb in verschiedenen Richtungen ausgebaut und auch vom Grundgedanken her erweitert. Das kann und soll hier aber nicht weiter verfolgt werden.

Energiedissipation bei Reibungsvorgängen

Wir wollen nochmals zurückkehren zum Zusammenhang zwischen der Irreversibilität und der Energiedissipation. Die bisher betrachteten Transportmechanismen sind phänomenologisch verhältnismäßig übersichtlich. Irreversibel verlaufen auch alle Vorgänge, bei denen eine der Erscheinungsformen der Reibung zu berücksichtigen ist. Hierbei wird durch die zu der betreffenden Reibungserscheinung führenden unelastischen Wechselwirkungen zwischen Atomen oder anderen Mikroobjekten Energie in der Weise umverteilt, daß sich das Gesamtsystem dem thermodynamischen Gleichgewicht nähert. Strömt z.B. eine Flüssigkeit A in eine ruhende Flüssigkeit B ein, so überträgt sich ein Teil der kinetischen Energie der Flüssigkeit A irreversibel auf die Flüssigkeit B, bis das thermodynamische Gleichgewicht erreicht ist. Andererseits läßt aber schon die Brownsche Molekularbewegung deutlich Schwankungen der Energieverteilung in einem sich im thermodynamischen Gleichgewicht befindenden System erkennen. Wie in Abschnitt 8.3.7 gezeigt wurde, schwankt die Energie der einzelnen Moleküle eines Gases um den der Gleichverteilung entsprechenden Wert. Die statistische Verteilung der Energie auf die Mikroobjekte hat bei vorhandener Wechselwirkung zwischen ihnen eine *Energiefluktuation* zur Folge. Die Energie eines einzelnen Mikroobjektes kann sich also auch

Energiefluktuation

vom Gleichgewichtswert entfernen. Die Irreversibilität kommt bei der Brownschen Molekularbewegung dadurch zum Ausdruck, daß sich die Bahn eines Mikroobjektes nicht einfach zurückverfolgen läßt. Ein anderes derartiges Beispiel sind völlig regellose Schwankungen extrem kleiner elektrischer Ströme in Leitern, die in der Meßtechnik als Rauschen bekannt sind und eine natürliche Empfindlichkeitsgrenze von Meßgeräten darstellen. Ihre Ursache ist wiederum die von der Gleichverteilung abweichende Verteilung der Energie auf die Ladungsträger. Durch die Beispiele wird deutlich, daß die Irreversibilität nicht durch das Verhalten des einzelnen Mikroobjektes bedingt ist, sondern mit dem statistischen Verhalten von Vielteilchensystemen zusammenhängt. So hat ONSAGER die Gültigkeit der Reziprozitätsbeziehungen auch statistisch begründet. Die Erklärung des makroskopischen Phänomens Irreversibilität auf molekularkinetischer Basis ist auch gegenwärtig noch eine interessante Problematik.

Rauschen

Irreversibilität und statistisches Verhalten von Vielteilchensystemen

Die Tatsache der Energiefluktuation im mikrophysikalischen Bereich führt nun auf die Frage zurück, unter welchen Bedingungen auch im makroskopischen Bereich Prozesse möglich sind, die das System nicht in das thermodynamische Gleichgewicht überführen, d.h. also Prozesse, die zu einer Strukturbildung führen können. Man ist sich heute darüber einig, daß derartige Vorgänge keine bloßen Fluktuationserscheinungen sind. Erste grundlegende Ideen zur Beantwortung dieser Fragestellung legten insbesondere SCHRÖDINGER, PRIGOGINE, BERTALANFFY und TURING – in dieser Reihenfolge Physiker, Physikochemiker, Biologe und Mathematiker – vor vier bis fünf Jahrzehnten dar. Danach sind von selbst ablaufende Prozesse mit negativer Entropiebilanz nur in offenen thermodynamischen Systemen weitab vom thermodynamischen Gleichgewicht möglich. Dabei treten statt linearer Materialgleichungen der Art (8.40) nichtlineare Beziehungen auf. Wenn solche Prozesse zu einer Strukturbildung führen, muß weiterhin der Entropieexport bzw. müssen charakteristische Systemparameter bestimmte Werte überschreiten.

LUDWIG VON BERTALANFFY (1901–1972)
ALAN MATHISON TURING (1912–1954)

Prozesse mit negativer Entropiebilanz

Strukturbildung

Die Entropieänderung $\mathrm{d}S$ wird in offenen Systemen in einen inneren Anteil $\mathrm{d}S_i > 0$ des Systems und einen über die Systemgrenzen exportierten Anteil $\mathrm{d}S_a < 0$ zerlegt:

$$\mathrm{d}S = \mathrm{d}S_i + \mathrm{d}S_a . \tag{8.42}$$

Ist das thermodynamische System abgeschlossen, so gilt $\mathrm{d}S_a = 0$, und in Übereinstimmung mit den zuerst betrachteten Prozessen ist $\mathrm{d}S = \mathrm{d}S_i > 0$. Die Vorgänge verlaufen unter Entropieproduktion zum Gleichgewicht hin.

Für offene Systeme gilt dagegen

$$\mathrm{d}S = dS_i + \mathrm{d}S_a \gtreqless 0 . \tag{8.43}$$

Der Vorgang kann ebenfalls zum Gleichgewicht führen, braucht es aber nicht. Gilt $|\mathrm{d}S_a| > \mathrm{d}S_i$, so ist die Entropiebilanz $\mathrm{d}S < 0$, es wird mehr Entropie über die Systemgrenze exportiert als das System produziert. Dies ist nur weitab vom thermodynamischen Gleichgewicht möglich, da in dessen Nähe stets $|\mathrm{d}S_a| < \mathrm{d}S_i$ gilt. Strukturbildungsvorgänge sind daher nur möglich, wenn bestimmte Systemparameter kritische Grenzen über-

ERWIN SCHRÖDINGER (1887–1961), Nobelpreis 1933

schreiten. Man folgt heute im allgemeinen einem Vorschlag von PRIGOGINE und bezeichnet stabile räumliche und zeitliche Strukturen, die sich weitab vom thermodynamischen Gleichgewicht jenseits bestimmter kritischer Parameterwerte in nichtlinearen Bereichen ausbilden können, als *dissipative Strukturen*. Das Adjektiv stabil bedeutet dabei Beständigkeit der Struktur gegenüber kleinen Störungen. Dabei kann es sich z.B. um eine stationäre dissipative Struktur handeln. Die zum Erreichen dissipativer Strukturen notwendige Überschreitung kritischer Parameterwerte ist dadurch begründet, daß ein solcher Prozeßverlauf nur von Instabilitäten aus eingeleitet werden kann. Zustandsbereiche dissipativer Strukturen sind also durch Instabilitäten von den Zustandsbereichen getrennt, die das thermodynamische Gleichgewicht einschließen.

dissipative Strukturen

Als Beispiel für den kritischen Wert eines Systemparameters sei die Reynoldssche Zahl Re bei Strömungsvorgängen (Abschn. 6.5.4) genannt. Wird ein bestimmter Wert von Re überschritten, so bildet sich aus der laminaren Strömung heraus eine charakteristische Struktur von Wirbelpaaren (vgl. Abb. 6.46). Dabei wird im strömenden Medium in der Wirbelzone im Vergleich zur Umgebung Energie konzentriert. Eine weitere Erhöhung der Reynoldsschen Zahl z.B. durch Erhöhung der Strömungsgeschwindigkeit führt dann nach (S 6.11) bei der kritischen Reynoldsschen Zahl Re_{kr} zur Turbulenz, also zur chaotischen Bewegung (vgl. Abb. 6.49).

Übergang von der laminaren zur turbulenten Strömung, chaotische Bewegung

Chaotische Bewegungen sind um so eher zu erwarten, je komplizierter das Bewegungsproblem ist. Wie in Abschnitt 3.5 gezeigt, handelt es sich dabei aber nicht ausschließlich um Vielteilchenprobleme. Die für das Auftreten von Veränderungen der betrachteten Zustandsgröße charakteristischen Zeiten stehen verständlicherweise in Beziehung zur Größe des Systems. Das macht die Beobachtung und noch mehr die Beurteilung von Vorgängen in globalen oder gar kosmischen Systemen überaus schwierig.

Bénard-Effekt

Als zweites Beispiel betrachten wir eine ruhende Flüssigkeitsschicht zwischen zwei ebenen Begrenzungsflächen unterschiedlicher Temperatur. Bei nicht allzu großem Temperaturgradienten bildet sich ein gewöhnlicher Wärmeleitungsvorgang entsprechend (8.31) aus. Erreicht der Temperaturgradient einen kritischen Wert, dann schlägt der Vorgang um, die Flüssigkeitsschicht strukturiert sich. Dabei bilden sich sogenannte Rollzellen aus, in denen die Flüssigkeit von der Grund- zur Deckfläche und zurück fließt. Beobachtet man senkrecht zu den Begrenzungsflächen, so erscheinen diese Rollzellen als wabenförmig aneinandergereihte Sechsecke (*Bénard-Effekt*).

Shabotinski-Reaktion

Ein weiterer Strukturierungsprozeß sind die sogenannten chemischen Schwingungen. Man versteht hierunter räumliche Konzentrationsinhomogenitäten mit periodischen Konzentrationsänderungen. Eine der bekanntesten Reaktion dieser Art ist die *Shabotinski-Reaktion*. Bei ihr wandeln sich unter Anwesenheit weiterer Reaktionspartner Ce^{3+}- und Ce^{4+}-Ionen periodisch ineinander um. Dies kann durch einen entsprechenden Indikator (z.B. eine Ferroinlösung) als periodisch wechselnde Färbung (Ce^{3+}-Überschuß rot, Ce^{4+}-Überschuß blau) nachgewiesen werden. Nach dem Abklingen dieser chemischen Schwingung strukturiert sich die Flüssigkeit in übereinanderliegenden roten und blauen Schichten.

8.7 Aufgaben

8.1
Zwischen zwei Kolben, die mit einer Stange fest verbunden sind, befindet sich ein zweiatomiges ideales Gas. Das Volumen der Stange kann gegenüber dem Gasvolumen vernachlässigt werden (siehe Abb.). Die Zylinder, in denen sich die Kolben bewegen sollen, haben die Querschnittsflächen A_1 und A_2. Der Außendruck betrage p_0. Bevor das Gas um die Temperaturdifferenz ΔT erwärmt wird, sollen sich die Kolben im gleichen Abstand von der Verbindungsstelle der Zylinder befinden.

a) In welche Richtung bewegen sich die beiden Kolben bei der Erwärmung des Gases (mit Begründung)?
b) Bestimmen Sie die Anzahl der Mole des idealen Gases aus der Verschiebung der beiden Kolben Δx!
c) Wie groß ist die Änderung der inneren Energie des Gases?

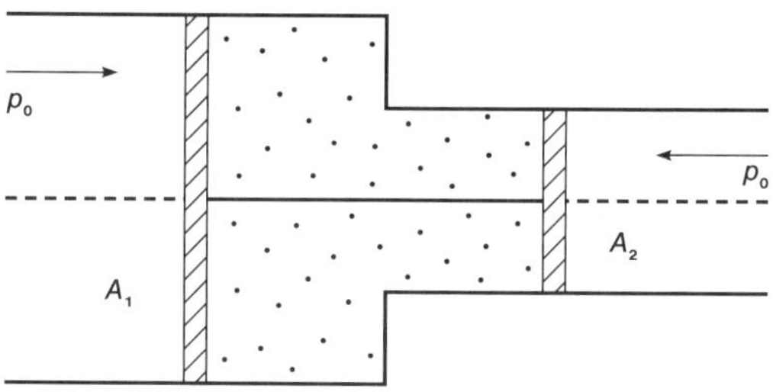

8.2
Ein Kilomol Kohlendioxid nimmt das Volumen $V_1 = 1\,m^3$ ein. Bei der Ausdehnung des Gases auf ein Volumen $V_2 = 1{,}2\,m^3$ wird die Arbeit $W_A = 34{,}82$ kJ gegen die Wechselwirkungskräfte zwischen den einzelnen Molekülen verrichtet.
Berechnen Sie aus diesen Angaben die Konstante a mit Hilfe der Druckkorrektur $p_i = m^2 a/V^2$, die diese Wechselwirkung quantitativ beschreibt!

8.3
Bei einem Druck von $p_1 = 3{,}0 \cdot 10^5$ Pa nimmt Wasserstoffgas ein Volumen von 5 l ein.

a) Wie groß ist die gesamte kinetische Energie der Bewegung der Moleküle?
b) Welche Werte nehmen Druck, Temperatur und gesamte kinetische Energie der Moleküle an, wenn bei konstantem Volumen die Teilchenzahl verdoppelt wird?

8.4
An den Wänden von Vakuumgefäßen adsorbierte Gasmoleküle können durch Erwärmung desorbiert werden. In einem kugelförmigen Gefäß ($r = 100$ mm) wird beim Druck $p_1 = 10^{-4}$ Pa und der Temperatur $\vartheta_1 = 20\,°C$ durch Erwärmung auf $\vartheta_2 = 300\,°C$ eine monomolekulare Schicht von Gasmolekülen (Querschnitt eines Moleküls $A_M = 10^{-15}\,cm^2$) desorbiert. Wie groß ist der Druck im Kugelgefäß, wenn nicht während der Desorption abgepumpt wird?

8.5
Ermitteln Sie unter Berücksichtigung der Aussagen der kinetischen Gastheorie die spezifische Wärmekapazität bei konstantem Volumen für die Gase Stickstoff und Wasserdampf!

8.6
Ein ideales Gas befindet sich in einem Zylinder mit dem Volumen $V = 10$ l, der Temperatur $\vartheta = 21\,°C$ und dem Druck $p = 10^5$ Pa. Das Gas wird adiabatisch komprimiert. Dabei steigt die Temperatur auf $\vartheta_1 = 168\,°C$, und es wird eine Arbeit von 750 Nm verrichtet.
Wieviel Freiheitsgrade besitzt das Gas?

8.7
Gasförmiger Stickstoff soll als ideales Gas betrachtet werden.

a) Berechnen Sie die mittlere quadratische Geschwindigkeit der Stickstoffmoleküle bei einer Temperatur des Gases von 200 °C!

b) Wie groß ist die Rotationsenergie der Moleküle für ein Mol Stickstoff bei dieser Temperatur?

8.8

Wie ändert sich die mittlere freie Weglänge $\bar{l}$ der Moleküle eines zweiatomigen Gases, wenn sein Druck auf die Hälfte reduziert wird:

a) im Falle einer isothermen Ausdehnung und

b) im Falle einer adiabatischen Ausdehnung?

8.9

Der Abstand der Wände eines Dewargefäßes beträgt 8 mm. Von welchem Druck an verringert sich beim Abpumpen die Wärmeleitfähigkeit der zwischen den Gefäßwänden befindlichen Luft?

Die Lufttemperatur betrage 17° C und der Durchmesser der Moleküle sei $3 \cdot 10^{-10}$ m.

8.10

Bestimmen Sie die Wärmemenge, die einem realen Gas der Masse m zugeführt werden muß, wenn bei einer isothermen Expansion das Volumen von V_1 auf V_2 zunimmt! Berücksichtigen Sie die Volumenabhängigkeit der inneren Energie nach (A 25.2a).

8.11

Leiten Sie unter Berücksichtigung der Abhängigkeit der inneren Energie von Temperatur und Volumen (A 25.3) die Adiabatengleichung für ein reales Gas ab!

8.12

Jeweils ein Mol zweier unterschiedlicher zweiatomiger, idealer Gase befinden sich in zwei gleichen Volumina, die voneinander durch eine wärmeisolierende Wand getrennt sind. Die Temperaturen in beiden Räumen betragen T_1 und $T_2 = 3\,T_1$. Nach Entfernen der Trennwand durchmischen sich die Gase.

Berechnen Sie die Entropieänderung des Gesamtsystems!

8.13

In zwei voneinander durch ein Ventil getrennten Behältern der Volumina V_1 und V_2 befinden sich jeweils ein Mol eines Gases bei den Drücken p_1 und p_2. Die Temperatur in den beiden Behältern ist gleich T_0. Bei Öffnung des Ventils tritt die Durchmischung der Gase ein.

Berechnen Sie die Entropieänderungen, wenn

a) es sich um unterschiedliche Gase handelt,

b) beide Gase identisch sind!

9 Schwingungen

Vielfach interessiert die Zeitabhängigkeit einer physikalischen Größe, zum Beispiel werden mechanische Bewegungsvorgänge durch Angabe des Ortes als Funktion der Zeit beschrieben.

Eine große Gruppe von Zeitabhängigkeiten physikalischer Größen läßt sich erfassen durch den Begriff Schwingung:

Eine zeitlich periodische Veränderung

$$u(t+T)=u(t)$$

einer physikalischen Größe u heißt Schwingung, T Perioden- oder Schwingungsdauer.

(D 9.1)
Schwingung u
Schwingungsdauer
(Periodendauer) T

Durch den Begriff Schwingung wird ein wesentlicher Teilbereich physikalischer Zeitfunktionen erfaßt, in dem unabhängig von der Größenart der schwingenden Größe viele Gemeinsamkeiten existieren. Sie sollen nachfolgend im Zusammenhang betrachtet werden.

Man beachte, daß die schwingende Größe eine mechanische Größe sein kann (mechanische Schwingung, z. B. zeitlich periodische Veränderung des Ortes eines Massenpunktes), es aber nicht zu sein braucht (z. B. elektrische Schwingung, siehe Bd. II). Sie kann ferner eine skalare oder vektorielle Größe sein (*skalare* oder *vektorielle* Schwingung).

9.1 Harmonische Schwingungen

9.1.1 Mathematische Darstellung, Schwingungsdifferentialgleichung

Erfolgt die zeitlich periodische Veränderung einer physikalischen Größe u nach einer Kosinusfunktion (bzw. Sinusfunktion):

$$u=u_0\cos(\omega t+\varphi),$$

dann heißt die Schwingung harmonisch, sonst anharmonisch.

(D 9.2)
harmonische
Schwingung

Die Größe u_0 in (D 9.2) gibt den maximalen Wert u_{max} der schwingenden Größe u an und wird als ihre Amplitude bezeichnet (Abb. 9.1).

Größen, die eine harmonische Schwingung charakterisieren

Die physikalische Bedeutung von ω ist durch die Periodizität der Kosinusfunktion gegeben. Hat die schwingende Größe u zur Zeit t_1 den Wert

$u_1 \neq 0$, so wird der gleiche Wert u_1 erstmalig wieder zur Zeit $t_2 = t_1 + \dfrac{2\pi}{\omega}$ erreicht, denn es gilt (vgl. (A 1.4))

$$u_1 = u_0 \cos(\omega t_1 + \varphi) = u_0 \cos\left[\omega\left(t_1 + \frac{2\pi}{\omega}\right) + \varphi\right]. \qquad (9.1\,\text{a})$$

In Übereinstimmung mit (D 2.2) bezeichnet man

$$\omega = \frac{2\pi}{T} = 2\pi\nu \qquad (9.1\,\text{a})$$

als Kreisfrequenz und ν als Frequenz der Schwingung.

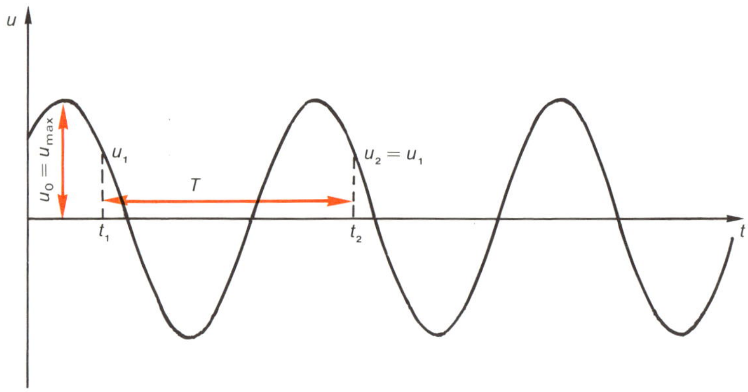

Abb. 9.1
Zur Definition von Amplitude und Schwingungsdauer einer harmonischen Schwingung

Das Argument der Kosinusfunktion in (D 9.2) nennt man die Phase der Schwingung und die Konstante φ Phasenkonstante, da sie den Wert der Phase zu Beginn der Zeitzählung ($t = 0$) festlegt. Verändert man die Phasenkonstante in (D 9.2) um $\dfrac{\pi}{2}$, dann wird nach (A 1.8) die Schwingung durch eine Sinusfunktion dargestellt, während eine Veränderung um $2n\pi$ ($n = \pm 1, \pm 2, \ldots$) nach (A 1.4) zum ursprünglichen Wert von u zurückführt. Zwei harmonische Schwingungen gleicher Frequenz, deren Phasenkonstanten sich um $|\varphi_1 - \varphi_2| = 2n\pi$ ($n = 0, 1, 2, \ldots$) unterscheiden, werden daher als *„Schwingungen in Phase“* bezeichnet.

Schwingungen in Phase

(D 9.3)
Amplitude u_0
Kreisfrequenz $\omega = 2\pi\nu$
Phase $\omega t + \varphi$
Phasenkonstante φ

In dem eine harmonische Schwingung darstellenden Ausdruck

$$u = u_0 \cos(\omega t + \varphi)$$

heißt u_0 die Amplitude, ω die Kreisfrequenz, $\omega t + \varphi$ die Phase und φ die Phasenkonstante der Schwingung.

Eine harmonische Schwingung ist durch die Größen u_0, ω und φ eindeutig charakterisiert.

Die Bedeutung der harmonischen Schwingungen liegt nicht darin, daß etwa die meisten der zeitlich periodischen Vorgänge harmonisch verlaufen, sondern darin, daß jede andere Schwingungsform als Überlagerung harmonischer Schwingungen mit unterschiedlichen Frequenzen und Amplituden aufgefaßt werden kann (siehe (S 9.8) und (S 9.9)).

Bedeutung der harmonischen Schwingung für die Beschreibung beliebiger Schwingungen

Die Berechnung derartiger Überlagerungen ist durch die unhandliche Form der Additionstheoreme der trigonometrischen Funktionen zumeist mit erheblichem Rechenaufwand verbunden. Durch Anwendung der Eulerschen Relation läßt sich diese Schwierigkeit umgehen. Nach (A 8.9), (A 8.9c) und (D 9.2) gilt

$$u = \operatorname{Re} u_0 e^{i(\omega t + \varphi)} = \operatorname{Re} \hat{u} \tag{9.2a}$$

mit

$$\hat{u} = u_0 e^{i(\omega t + \varphi)}. \tag{9.2b}$$

Nach den Rechengesetzen für komplexe Zahlen z (A 8.8a) und (A 8.8b) gilt mit den reellen Größen C_i ($i = 1, 2, \ldots n$)

$$\begin{aligned} \operatorname{Re}(C_1 z_1 + C_2 z_2 + \cdots + C_n z_n) = C_1 \operatorname{Re}(z_1) \\ + C_2 \operatorname{Re}(z_2) + \cdots + C_n \operatorname{Re}(z_n), \end{aligned} \tag{9.3}$$

$$\operatorname{Re}(z_1 \cdot z_2 \cdot \ldots \cdot z_n) \neq \operatorname{Re}(z_1) \cdot \operatorname{Re}(z_2) \cdot \ldots \cdot \operatorname{Re}(z_n).$$

(9.2a), (9.2b) und (9.3) besagen:

Für lineare Operationen kann die Darstellung $u = u_0 \cos(\omega t + \varphi)$ der schwingenden Größe u durch die komplexe Darstellung $\hat{u} = u_0 e^{i(\omega t + \varphi)}$ ersetzt werden, wobei der physikalische Inhalt dem Realteil von $\hat{u}$ zugeordnet ist.

(S 9.1)
komplexe Darstellung $\hat{u}$ der harmonischen Schwingung u

Abbildung 9.2a gibt $\hat{u} = u_0 e^{i(\omega t + \varphi)}$ in der Gaußschen Zahlenebene wieder (*Zeigerdiagramm*). Da die Phase monoton mit der Zeit wächst, rotiert der vom Ursprung zum Punkt $\hat{u}$ weisende *Zeiger* mit konstanter Winkelgeschwindigkeit. Ihrem Betrag entspricht nach (D 3.5) die Kreisfrequenz ω. Die Projektion des Zeigers $\hat{u}$ auf die reelle Achse ergibt nach (S 9.1) die physikalische Bedeutung von $\hat{u}$.

Zeigerdiagramm

Im Zeigerdiagramm wird die Kreisfrequenz eindeutig dem Betrag der Winkelgeschwindigkeit des rotierenden Zeigers u zugeordnet. Diese Zuordnung erweitert die Definition (D 2.2) insofern, daß nach ihr die Kreisfrequenz ω und damit nach (9.1) auch die Frequenz ν als zeitlich kontinuierlich veränderliche Größen aufgefaßt werden können.

Für viele Zwecke ist in der komplexen Darstellung der Schwingung die Abspaltung des Zeitgliedes $e^{i\omega t}$ von Nutzen. Hierzu wird eingeführt:

Die Größe

$$\hat{u}_0 = u_0 e^{i\varphi}$$

heißt komplexe Amplitude der harmonischen Schwingung.

(D 9.4)
komplexe Amplitude $\hat{u}_0$

CARL FRIEDRICH GAUSS (1777-1855)

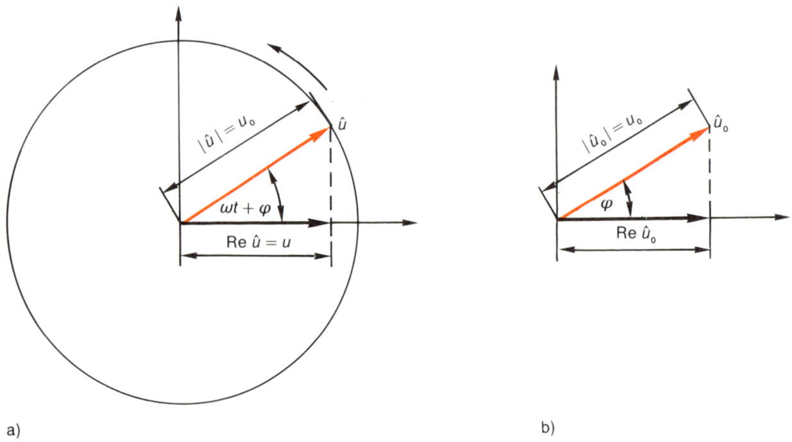

Abb. 9.2
Zeigerdiagramm
a) einer harmonischen Schwingung
b) der komplexen Amplitude einer harmonischen Schwingung

Nach (D 9.4), (A 8.9a) und (A 8.9b) entspricht der Betrag der komplexen Amplitude der Amplitude u_0 ($|\hat{u}_0| = u_0$), das Argument der komplexen Amplitude der Phasenkonstanten ($\arg \hat{u}_0 = \varphi$) der betrachteten Schwingung. Damit erfaßt die komplexe Amplitude einer Schwingung die beiden meßbaren Größen u_0 und φ, die die harmonische Schwingung neben der Kreisfrequenz ω bestimmen.

Mit $e^{a+b} = e^a e^b$ schreibt sich (9.2b)

$$\hat{u} = u_0 e^{i\omega t} e^{i\varphi},$$

oder bei Einführung der komplexen Amplitude

$$\hat{u} = \hat{u}_0 e^{i\omega t}. \tag{9.2c}$$

Für die graphische Lösung von Schwingungsproblemen ist vielfach die Darstellung des zeitunabhängigen Zeigers der komplexen Amplitude $\hat{u}_0$ (vgl. Abb. 9.2b) günstiger als die Verwendung des zeitabhängigen Zeigers $\hat{u}$ (siehe Abschnitt 9.1.5).

Da die zeitliche Integration bzw. Differentiation einer harmonischen Schwingung eine lineare Operation darstellt, lassen sich nach (S 9.1) diese mathematischen Operationen mit der komplexen Darstellung der harmonischen Schwingung durchführen. Durch zeitliche Differentiation von (9.2c) folgt nach (A 2.7), (A 2.9) und (A 2.14a)

$$\frac{d\hat{u}}{dt} = i\omega\hat{u}, \tag{9.4a}$$

$$\frac{d^2\hat{u}}{dt^2} = -\omega^2\hat{u} \tag{9.4b}$$

oder

$$\frac{d^2 \hat{u}}{dt^2} + \omega^2 \hat{u} = 0. \quad (9.4)$$

Schwingungsdifferentialgleichung

Diese Differentialgleichung heißt *Schwingungsdifferentialgleichung*. Jede physikalische Größe u, die ihr genügt, ist durch eine harmonische Schwingung der Kreisfrequenz ω darstellbar. Da die harmonische Schwingung nach (D 9.2) zwei Konstanten (u_0 *und* φ) enthält, ist sie nach A. 18 die allgemeine Lösung von (9.4).

Genügt die physikalische Größe $u(t)$ der Differentialgleichung

$$\frac{d^2 u}{dt^2} + \omega^2 u = 0,$$

so ist ihre Zeitabhängigkeit $u = u(t)$ in Form der ungedämpften harmonischen Schwingung

$$u = u_0 \cos(\omega t + \varphi)$$

gegeben.

(S 9.2)
Jede harmonische Schwingung ist Lösung der Schwingungsdifferentialgleichung

9.1.2 Mechanische Schwingungen

9.1.2.1 Harmonischer Oszillator

Federschwinger

Eine Masse m sei an einer Feder befestigt. Die Masse der Feder sei gegenüber m vernachlässigbar. Die Feder werde gespannt, wobei die Masse m den Weg $\boldsymbol{s}$ zurücklege (Abb. 9.3). Auf Grund dieser Spannung wirkt auf den Massenpunkt m eine zur Ruhelage rücktreibende Kraft $\boldsymbol{F}$. Läßt man die Feder los, so wird m unter Wirkung dieser Kraft zur Ruhelage zurückgetrieben. Ist die Auslenkung $\boldsymbol{s}$ der Feder so klein, daß der Gültigkeitsbereich des Hookeschen Gesetzes (S 6.1) nicht überschritten wird, dann ist für jeden Bahnpunkt die rücktreibende Kraft proportional der Auslenkung aus der Ruhelage:

$$\boldsymbol{F} = -D\boldsymbol{s}. \quad (9.5)$$

Federkonstante (Direktionskonstante) D

$D > 0$ wird als *Federkonstante* oder *Direktionskonstante* bezeichnet.

Wählen wir als Richtung der Auslenkung die positive x-Achse (Abb. 9.3), so gilt nach (2.3) und (9.5)

$$\boldsymbol{F} = -D\boldsymbol{s} = -Dx\boldsymbol{i} \quad (9.5a)$$

und nach (3.7), (D 3.6) und (2.3)

$$\boldsymbol{F} = m\boldsymbol{a} = m\frac{d^2 \boldsymbol{s}}{dt^2} = m\frac{d^2 x}{dt^2}\boldsymbol{i}. \quad (9.5b)$$

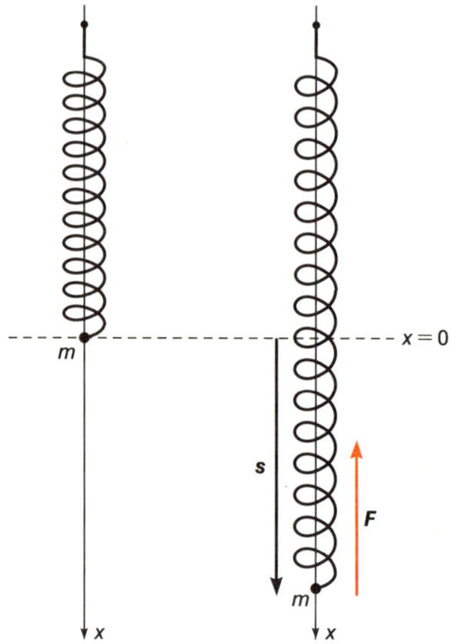

Abb. 9.3 Federschwinger

Durch Elimination von $\boldsymbol{F}$ aus (9.5a) und (9.5b) folgt

$$m\frac{\mathrm{d}^2 x}{\mathrm{d}t^2} = -Dx$$

oder mit der Abkürzung ($D > 0,\ m > 0$)

$$\omega_0{}^2 = \frac{D}{m}$$

zur Bestimmung der Ortskoordinate des Massenpunktes die Differentialgleichung

$$\frac{\mathrm{d}^2 x}{\mathrm{d}t^2} + \omega_0{}^2 x = 0. \tag{9.5c}$$

Nach (S 9.2) führt der Massenpunkt harmonische Schwingungen

$$\begin{aligned} \boldsymbol{s} &= x\boldsymbol{i} = \boldsymbol{i}x_0 \cos(\omega_0 t + \varphi) \\ &= \boldsymbol{s}_0 \cos(\omega_0 t + \varphi) \end{aligned} \tag{9.6}$$

um die Ruhelage $\boldsymbol{s} = \boldsymbol{0}$ mit der Kreisfrequenz

$$\omega_0 = \sqrt{\frac{D}{m}} \tag{9.6a}$$

bzw. entsprechend (9.1) mit der Frequenz

$$\nu_0 = \frac{1}{2\pi}\sqrt{\frac{D}{m}} \tag{9.6b}$$

und der Schwingungsdauer

$$T = 2\pi \sqrt{\frac{m}{D}} \tag{9.6c}$$

aus.

Ein schwingendes System, dessen Schwingungsfrequenz durch (9.6b) gegeben ist bzw. das durch die rücktreibende Kraft (9.5) charakterisiert ist, heißt *harmonischer Oszillator*.

harmonischer Oszillator

9.1.2.2 Pendel

Ein starrer Körper der Masse m sei drehbar um eine Achse O senkrecht zur Schwerkraft gelagert und unterliege nur der Schwerkraft. Der Abstand des Massenmittelpunktes S von O sei $l \neq 0$. Ein derartiges physikalisches System bezeichnet man als *physikalisches Pendel*.

physikalisches Pendel

Das Pendel werde aus seiner Gleichgewichtslage (Ruhelage) um den Winkel α gedreht. Diese Drehung bewirkt eine Verschiebung des Massenmittelpunktes. Läßt man das Pendel los, so wird es nach (S 4.2) durch die am Massenmittelpunkt angreifende Schwerkraft zur Ruhelage zurückgetrieben (vgl. Abb. 9.4).

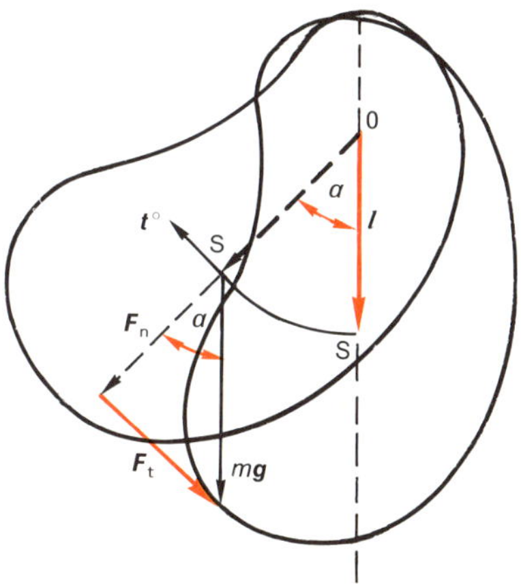

Abb. 9.4 Physikalisches Pendel

Wir zerlegen die Schwerkraft in eine Komponente $\boldsymbol{F}_t$ parallel zur Bahntangente $\boldsymbol{t}^0$ und eine Komponente $\boldsymbol{F}_n$ senkrecht zu $\boldsymbol{t}^0$. $\boldsymbol{F}_n$ wird von der Lagerung des Pendels kompensiert, die Komponente $\boldsymbol{F}_t$ treibt das Pendel zur Ruhelage zurück. Nach Abbildung 9.4 gilt

$$\boldsymbol{F}_t = -mg \sin\alpha\, \boldsymbol{t}^0 . \tag{9.7a}$$

Die Kraft $\boldsymbol{F}_t$ ruft nach (D 5.3) das Drehmoment

$$\boldsymbol{M} = \boldsymbol{l} \times \boldsymbol{F}_t = -mg \sin\alpha\, (\boldsymbol{l} \times \boldsymbol{t}^0) \tag{9.7b}$$

hervor.

Θ_0 sei das Trägheitsmoment des Pendels in bezug auf seine Drehachse O. Mit ihm folgt unter Beachtung von (5.10) und (D 3.7) das Drehmoment

$$\boldsymbol{M} = \Theta_0 \frac{\mathrm{d}^2 \alpha}{\mathrm{d}t^2} \boldsymbol{\omega}^0 \tag{9.7c}$$

und somit für die Pendelbewegung bei Berücksichtigung von $\boldsymbol{\omega}^0 = \boldsymbol{l}^0 \times \boldsymbol{t}^0$ und (A 9.3) die Differentialgleichung.

$$\Theta_0 \frac{\mathrm{d}^2 \alpha}{\mathrm{d}t^2} + m g l \sin \alpha = 0 . \tag{9.7d}$$

Faßt man die Konstanten $m > 0$, $\Theta_0 > 0$, $g > 0$ und $l > 0$ zu einer neuen Konstanten

$$\omega^2 = \frac{m g l}{\Theta_0}$$

zusammen, so folgt aus (9.7d) zur Berechnung der Zeitabhängigkeit des Winkels α die Differentialgleichung

$$\frac{\mathrm{d}^2 \alpha}{\mathrm{d}t^2} + \omega^2 \sin \alpha = 0 . \tag{9.7e}$$

Werden jetzt nur so kleine Pendelausschläge α betrachtet, daß in (9.7e) $\sin \alpha \approx \alpha$ geschrieben werden kann (vgl. (A 3.3)), so geht die Differentialgleichung (9.7e) über in

$$\frac{\mathrm{d}^2 \alpha}{\mathrm{d}t^2} + \omega^2 \alpha = 0 . \tag{9.7f}$$

Der Auslenkungswinkel α des physikalischen Pendels genügt nur *bei kleinen* Ausschlagwinkeln α ($\sin \alpha \approx \alpha$) der Schwingungsdifferentialgleichung. Demzufolge führt nach (S 9.2) das physikalische Pendel nur bei kleinen Ausschlagswinkeln harmonische Schwingungen

nur bei kleinen Ausschlagswinkeln schwingt ein Pendel harmonisch

$$\alpha = \alpha_0 \cos (\omega t + \varphi) \tag{9.8}$$

um seine Ruhelage $\alpha = 0$ mit der Kreisfrequenz

$$\omega = \sqrt{\frac{m g l}{\Theta_0}} \tag{9.8a}$$

aus. Führt man noch die *reduzierte Pendellänge*

reduzierte Pendellänge

$$l_\mathrm{r} = \frac{\Theta_0}{m l} \tag{9.9}$$

ein, so läßt sich nach (9.8a) und (9.1) für die Frequenz des physikalischen Pendels

$$\nu = \frac{1}{2\pi} \sqrt{\frac{g}{l_\mathrm{r}}} \tag{9.8b}$$

und für seine Schwingungsdauer

$$T = 2\pi \sqrt{\frac{l_r}{g}} \tag{9.8c}$$

schreiben.

Denkt man sich die gesamte Masse des Pendels in einem Punkt vereinigt und diesen Massenpunkt mit einem masselosen, nicht dehnbaren Faden im Abstand l vom Drehpunkt O befestigt, so heißt diese Idealisierung *mathematisches Pendel.*

mathematisches Pendel

Experimentell läßt sich ein mathematisches Pendel durch eine an einem dünnen Faden aufgehängte kleine Kugel genügend großer Masse annähern (Abb. 9.5). Nach (S 4.2) kann die Schwingung der Kugel (des Pendelkörpers) durch die Bewegung ihres (seines) Massenmittelpunktes beschrieben werden.

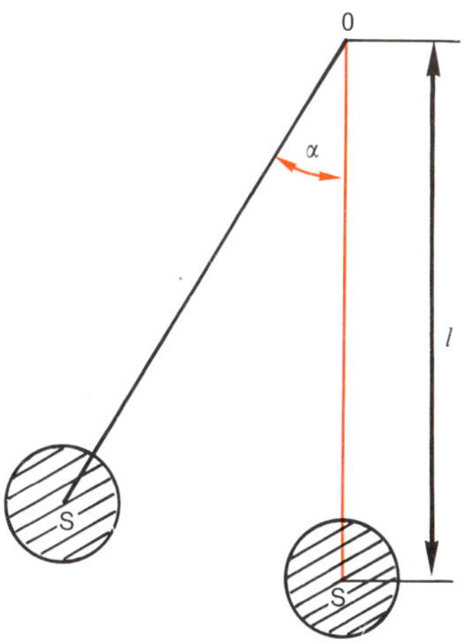

Abb. 9.5 Mathematisches Pendel

Für das Trägheitsmoment des Massenpunktes in bezug auf die Drehachse O folgt nach (D 5.7)

$$\Theta_0 = m l^2 \tag{9.10a}$$

und damit für die reduzierte Pendellänge des mathematischen Pendels nach (9.9)

$$l_r = l. \tag{9.10b}$$

Somit besitzt nach (9.8b), (9.8c) und (9.10b) ein mathematisches Pendel für *kleine* Ausschläge ($\sin\alpha \approx \alpha$) die Frequenz

$$\nu = \frac{1}{2\pi} \sqrt{\frac{g}{l}} \tag{9.10c}$$

und die Schwingungsdauer

$$T = 2\pi \sqrt{\frac{l}{g}}. \tag{9.10d}$$

Aus (9.7d) folgt mit (9.10a), daß die Bewegung des mathematischen Pendels unabhängig von seiner Masse erfolgt. Diese Aussage wird für kleine Pendelausschläge durch (9.10d) bestätigt. Ihre Herleitung setzt die Proportionalität von träger und schwerer Masse ((S 3.12)) voraus, da in Θ_0 die Masse als träge, in (9.7b) dagegen als schwere Masse auftritt. Durch Pendelversuche läßt sich daher die Richtigkeit der Aussage $m_t \sim m_s$ überprüfen (Versuche von Bessel und Newton zur Bestätigung von (S 3.12), siehe Abschnitt 3.7.2).

Durch Messung der Schwingungsdauer T bei bekannter Pendellänge l läßt sich nach (9.10d) für den betreffenden Ort die Erdbeschleunigung bestimmen. Diese Meßmethode für g hat den Nachteil, daß wir keine Massenpunkte als Pendelkörper benutzen können, sondern nur Körper endlichen Volumens. Dann entspricht nach (S 4.2) die in (9.10d) einzusetzende Pendellänge der Entfernung Aufhängepunkt–Massenmittelpunkt. Da die Bestimmung des Massenmittelpunktes relativ ungenau ist (verursacht z. B. durch Dichteinhomogenitäten im Pendelkörper), ist diese Methode zur Präzisionsmessung von g ungeeignet. Präzisionsbestimmungen für g werden daher mit dem Reversionspendel (s. u.) durchgeführt.

Sekundenpendel

Wählen wir die Pendellänge $l = 1$ m, so folgt mit dem Normalwert g_n der Erdbeschleunigung (D 3.11) die Schwingungsdauer $T = 2{,}006$ s (Sekundenpendel von Huygens; vgl. Abschnitt 2.1.1).

Ein physikalisches Pendel habe die Gestalt eines Reifensegmentes vom Radius r_0 (Abb. 9.6). Liegt die Drehachse in der Mitte des Segmentes, dann folgt für die reduzierte Pendellänge nach (5.9) und (9.9).

$$l_r = 2r_0.$$

Reifenpendel

Nach (9.8c) ist die Schwingungsdauer dieses Pendels unabhängig von seiner Masse, d. h. unabhängig von der Größe des Reifensegmentes. Ein schwingender Vollkreisbogen, ein Halbkreisbogen, ein Viertelkreisbogen usw. und ein mathematisches Pendel der Länge $l = 2r_0$ haben für kleine α die gleiche Schwingungsdauer.

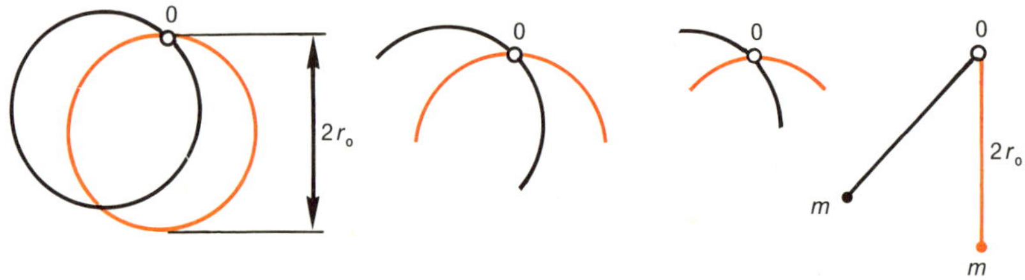

Abb. 9.6
Reifenpendel. Alle Pendel erreichen nach gleichen Zeiten den Umkehrpunkt.

Für ein Pendel sei die reduzierte Pendellänge mit Bezug auf die Schwingungsachse O im Abstand l vom Massenmittelpunkt l_r. Nach dem Steinerschen Satz (S 5.10) kann mit Hilfe des Trägheitsmomentes Θ_S des Pendels in bezug auf eine zu O parallele Achse durch den Massenmittelpunkt für die reduzierte Pendellänge (9.9)

$$l_r = \frac{\Theta_0}{ml} = \frac{\Theta_S + ml^2}{ml}$$

geschrieben werden. Daraus folgt als Bestimmungsgleichung für l

$$l^2 - l l_r + \frac{\Theta_S}{m} = 0. \qquad (9.11\,\text{a})$$

Lösung dieser quadratischen Gleichung ergibt

$$l_{1,2} = \frac{l_r}{2} \pm \sqrt{\frac{l_r^2}{4} - \frac{\Theta_S}{m}}. \qquad (9.11\,\text{b})$$

Abgesehen vom trivialen Fall $l_1 = l_2 = \frac{l_r}{2}$ besitzt (9.11b) zwei verschiedene Lösungen $l_1 \neq l_2$. Es gibt also eine weitere mit O völlig gleichwertige Schwingungsachse O′; das Pendel besitzt in bezug auf diese beiden Achsen die gleiche Schwingungsdauer. Die Verbindungsgerade zwischen beiden Achsen geht durch den Massenmittelpunkt, und die Summe der Abstände des Massenmittelpunktes von den Achsen beträgt

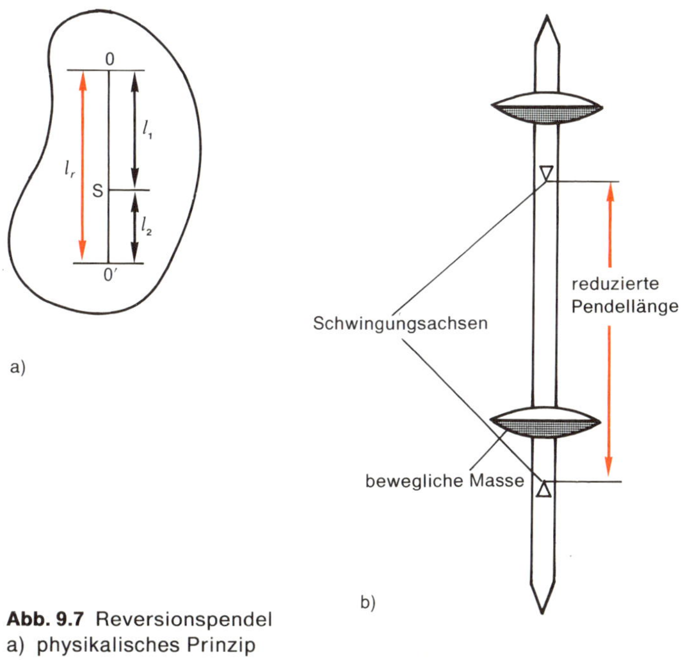

Abb. 9.7 Reversionspendel
a) physikalisches Prinzip
b) technische Realisierung

nach (9.11b)

$$l_1 + l_2 = l_r \qquad (9.11c)$$

(s. Abb. 9.7a). Man bezeichnet ein Pendel mit zwei gleichwertigen Schwingungsachsen als *Reversionspendel*.

Reversionspendel

Reversionspendel dienen zur Präzisionsmessung der Erdbeschleunigung. In der praktischen Ausführung des Pendels ist der Abstand $\overline{OO'}$ durch zwei geschliffene Schneiden vorgegeben (Abb. 9.7b). Eine Teilmasse des Pendels ist in ihrer Lage veränderlich. Sie wird so eingestellt, daß die Periodendauer bei Schwingung um die eine oder die andere der Schwingungsachsen des Pendels gleich wird. Der Schneidenabstand ist dann gleich der reduzierten Pendellänge. Führt man unter diesen Bedingungen eine Präzisionsmessung für T durch, dann kann aus (9.8c) mit dem ebenfalls sehr genau bekannten Schneidenabstand die Erdbeschleunigung mit großer Genauigkeit ermittelt werden.

Präzisionsmessung von g

9.1.2.3 Drehschwingungen

Ein starrer Körper hänge an einem dünnen Draht (Abb. 9.8). Die Masse des Aufhängedrahtes sei gegenüber der Masse des starren Körpers vernachlässigbar. Eine Drehung des Körpers um den Winkel α aus seiner Ruhelage bewirkt eine Verdrillung des Drahtes. Hierdurch tritt ein rücktreibendes Drehmoment auf. Läßt man den Körper los, so wird er unter der Wirkung dieses Drehmomentes zur Ruhelage $\alpha = 0$ zurückgetrieben. Für genügend kleine Drehwinkel α des Körpers gilt das Hookesche Gesetz (S 6.1), und das rücktreibende Drehmoment ist dann dem Verdrillungswinkel α proportional. Man erhält

$$\boldsymbol{M} = -D_\alpha \alpha \boldsymbol{\omega}^0 . \qquad (9.12a)$$

Richtmoment

Die Konstante $D_\alpha > 0$ wird als *Richtmoment* bezeichnet.

Weiter gilt nach (5.10), (D 3.7) und (D 3.5) mit Θ als Trägheitsmoment des Körpers bezüglich der gewählten Drehachse

$$\boldsymbol{M} = \Theta \frac{d^2\alpha}{dt^2} \boldsymbol{\omega}^0 , \qquad (9.12b)$$

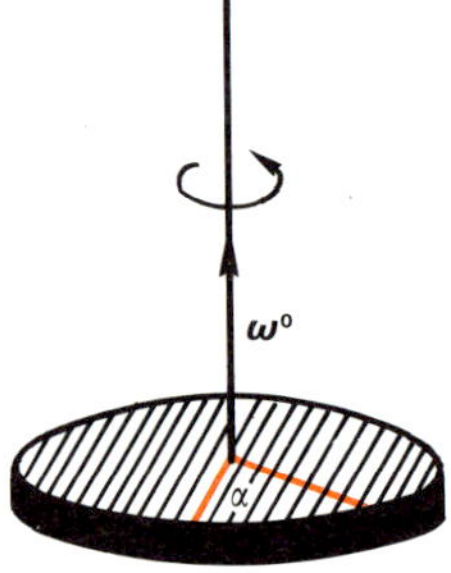

Abb. 9.8
Experimentelles Beispiel für Drehschwingungen.
Die Scheibe wird durch Verdrillen des Aufhängedrahtes zur Drehschwingung angeregt.

da nach obiger Voraussetzung (Masse des Drahtes sehr klein gegenüber der Masse des Körpers) das Trägheitsmoment des Drahtes gegenüber dem des Körpers vernachlässigbar ist. Elimination von $\boldsymbol{M}$ aus (9.12a) und (9.12b) ergibt

$$\Theta \frac{\mathrm{d}^2 \alpha}{\mathrm{d} t^2} + D_\alpha \alpha = 0$$

oder mit der Abkürzung ($\Theta > 0$, $D_\alpha > 0$)

$$\omega^2 = \frac{D_\alpha}{\Theta}$$

die Differentialgleichung

$$\frac{\mathrm{d}^2 \alpha}{\mathrm{d} t^2} + \omega^2 \alpha = 0 . \qquad (9.12c)$$

Der Verdrillungswinkel α des Körpers genügt der Schwingungsdifferentialgleichung. Nach (S 9.2) führt der Körper *Drehschwingungen*

Drehschwingungen

$$\alpha = \alpha_0 \cos(\omega t + \varphi) \qquad (9.13)$$

um seine Ruhelage ($\alpha = 0$) mit der Kreisfrequenz

$$\omega = \sqrt{\frac{D_\alpha}{\Theta}} \qquad (9.13a)$$

bzw. der nach (9.1) entsprechenden Frequenz

$$\nu = \frac{1}{2\pi} \sqrt{\frac{D_\alpha}{\Theta}} \qquad (9.13b)$$

und Periodendauer

$$T = 2\pi \sqrt{\frac{\Theta}{D_\alpha}} \qquad (9.13c)$$

aus.

Kennt man das Richtmoment D_α des Drahtes (z.B. durch zusätzliche Messung der Schwingungsdauer T einer Scheibe mit rechnerisch bestimmbarem Trägheitsmoment), so kann durch Messung von T das Trägheitsmoment des Körpers bezüglich der gewählten Drehachse experimentell bestimmt werden.

9.1.3 Gedämpfte harmonische Schwingungen

Der in 9.1.2.1 beschriebene harmonische Oszillator ist ein Idealfall. Durch die stets auftretenden Reibungskräfte geht mechanische Energie verloren. Das hat, wenn man dem System nicht von außen entsprechende Energiebeträge zuführt, eine im Laufe der Zeit abnehmende Amplitude zur Folge.

Trotzdem lassen sich derartige Schwingungen mit der durch (D 9.2) gegebenen mathematischen Form erfassen, wenn die Amplitude als zeitabhängige Größe aufgefaßt wird: $u_0 = u_0(t)$.

Schwingungen der Form

$$u = u_0(t)\cos(\omega t + \varphi) \tag{9.14}$$

gedämpfte harmonische Schwingung

mit aperiodisch abnehmender Amplitude werden als *gedämpfte* harmonische Schwingungen bezeichnet. Diese Benennung ist problematisch, da ja derartige Schwingungen nicht der Differentialgleichung der harmonischen Schwingung (S 9.2) genügen.

Um die Schwingungsdifferentialgleichung des Federschwingers unter Berücksichtigung der Reibung zu ermitteln, benötigt man zunächst einen Ansatz für die Reibungskraft. Man geht dazu von der Erfahrung aus, daß die Reibungskraft ${}^{\mathrm{R}}\boldsymbol{F}$ mit wachsender Geschwindigkeit wächst, also ${}^{\mathrm{R}}\boldsymbol{F} = {}^{\mathrm{R}}\boldsymbol{F}(\boldsymbol{v})$ gilt. Entwicklung von ${}^{\mathrm{R}}\boldsymbol{F}$ nach wachsenden Potenzen von $\boldsymbol{v}$ ergibt

$${}^{\mathrm{R}}\boldsymbol{F} = -\boldsymbol{v}^0[a_0 + a_1 v + a_2 v^2 + a_3 v^3 + \cdots + a_n v^n + \ldots]. \tag{9.15}$$

Da mit $\boldsymbol{v} \to \boldsymbol{0}$ auch ${}^{\mathrm{R}}\boldsymbol{F} \to \boldsymbol{0}$ gelten muß, ist $a_0 = 0$. Vielfach ist es ausreichend, sich in der Entwicklung (9.15) auf das lineare Glied zu beschränken. Mit $a_1 = R > 0$ kann dann für die Reibungskraft

$${}^{\mathrm{R}}\boldsymbol{F} = -R\boldsymbol{v} \tag{9.15a}$$

Reibungskonstante

geschrieben werden. R wird als *Reibungskonstante* bezeichnet.

Statt (9.5a) wirkt dann bei Beachtung von (9.15a) und (D 3.4) auf m die Kraft

$$\boldsymbol{F} = -D\boldsymbol{s} - R\boldsymbol{v} = \left(-Dx - R\frac{\mathrm{d}x}{\mathrm{d}t}\right)\boldsymbol{i}, \tag{9.16a}$$

womit aus (9.5b) für die Auslenkung $x(t)$ des Federschwingers mit Reibung die Differentialgleichung

$$m\frac{\mathrm{d}^2 x}{\mathrm{d}t^2} + R\frac{\mathrm{d}x}{\mathrm{d}t} + Dx = 0 \tag{9.16b}$$

folgt.

Je nach den Werten der Konstanten R, D und m hat sie nach (A 37.3a), (A 37.3b) und (A 37.3c) folgende Lösungen:

a) $\boxed{\dfrac{R^2}{4m^2} > \dfrac{D}{m}}$

$$\boldsymbol{s} = x\boldsymbol{i} = e^{-\frac{R}{2m}t}\left[x_{01}\,\mathrm{e}^{+\sqrt{\frac{R^2}{4m^2}-\frac{D}{m}}\,t} + x_{02}\,\mathrm{e}^{-\sqrt{\frac{R^2}{4m^2}-\frac{D}{m}}\,t}\right]\boldsymbol{i}. \tag{9.17a}$$

aperiodischer Fall

$\boldsymbol{s}$ ist nicht periodisch von der Zeit abhängig. Man spricht daher vom *aperiodischen Fall*. Da $\mathrm{e}^{-\frac{R}{2m}t}$ mit wachsendem t stärker gegen Null geht als $e^{+\sqrt{\frac{R^2}{4m^2}-\frac{D}{m}}\,t}$ gegen Unendlich $\left(+\sqrt{\frac{R^2}{4m^2}-\frac{D}{m}}\right.$ ist nach Voraussetzung kleiner als $\left.\frac{R}{2m}\right)$, geht der Federschwinger asymptotisch in seine Ausgangslage zurück (Abb. 9.9a).

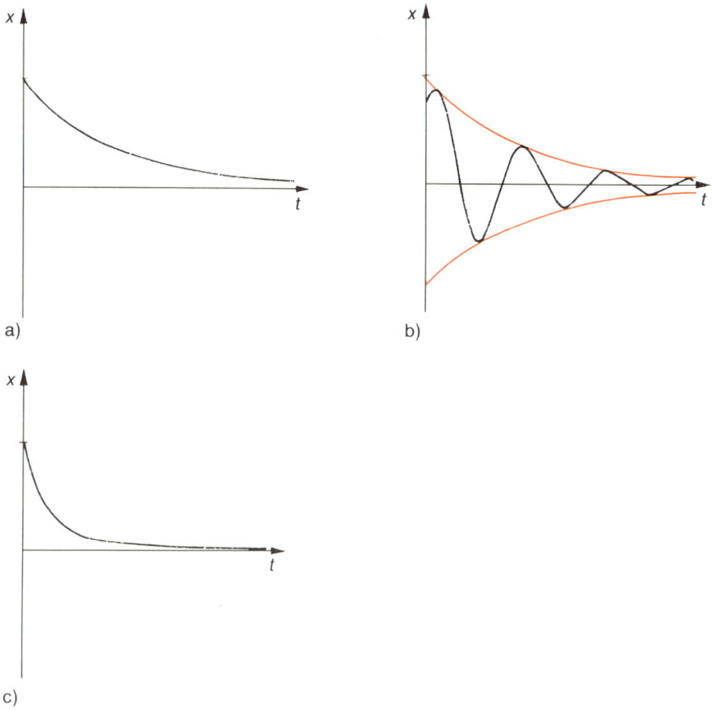

Abb. 9.9
Mögliche Bewegungsformen eines Federschwingers unter Berücksichtigung der Reibung
a) aperiodischer Fall
b) exponentiell gedämpfte Schwingung
c) aperiodischer Grenzfall

b) $\boxed{\frac{R^2}{4m^2} < \frac{D}{m}}$

$$s = x\boldsymbol{i} = x_0\boldsymbol{i}\,e^{-\frac{R}{2m}t}\cos(\omega t + \varphi) \tag{9.17b}$$

mit

$$\omega = \sqrt{\frac{D}{m} - \frac{R^2}{4m^2}}\,. \tag{9.17c}$$

Das Ergebnis ist eine gedämpfte harmonische Schwingung, deren Amplitude $x_0 e^{-\frac{R}{2m}t}$ exponentiell mit der Zeit abnimmt (*exponentiell gedämpfte harmonische Schwingung,* siehe Abb. 9.9b). Die Frequenz der exponentiell gedämpften harmonischen Schwingung ist stets kleiner als die der ungedämpften (vgl. (9.17c) mit (9.6a)).

exponentiell gedämpfte harmonische Schwingung

c) $\boxed{\frac{R^2}{4m^2} = \frac{D}{m}}$

$$\boldsymbol{s} = x\boldsymbol{i} = e^{-\frac{R}{2m}t}(x_{01} + x_{02}t)\,\boldsymbol{i}. \qquad (9.17d)$$

$\boldsymbol{s}$ ist nicht periodisch von der Zeit abhängig. Da dieser Fall den Übergang vom aperiodischen zum periodischen Fall darstellt, wird er als *aperiodischer Grenzfall* bezeichnet.

aperiodischer Grenzfall

Da $e^{-\frac{R}{2m}t}$ mit wachsendem t stärker gegen Null geht als t gegen Unendlich, geht auch beim aperiodischen Grenzfall der Massenpunkt mit fortschreitender Zeit asymptotisch in seine Ausgangslage zurück (Abb. 9.9c). Qualitativ unterscheidet sich dieser Fall nicht vom aperiodischen Fall.

Welcher der drei Fälle eintritt, ist durch die Werte von m, D und R festgelegt. Läßt man bei vorgegebenen Werten von m und D die Reibungskonstante von $R = 0$ anwachsen, dann geht die ungedämpfte harmonische Schwingung ($R = 0$, (9.6)) zuerst in die exponentiell gedämpfte (9.17b) über, beim weiteren Anwachsen von R diese in den aperiodischen Grenzfall (9.17d) und dann in den aperiodischen Fall (9.17a). Experimentell läßt sich dies zum Beispiel durch ein Pendel zeigen, dessen Pendelkörper immer weiter in eine Flüssigkeit großer Viskosität (z. B. Öl) getaucht wird.

In der Meßtechnik geht z. B. der Zeiger eines Meßinstrumentes nach einer Änderung der Meßgröße nicht sprunghaft in die neue Gleichgewichtslage über, sondern er pendelt sich auf sie ein oder nähert sich ihr asymptotisch. Um den Meßwert möglichst bald zu erhalten, realisiert man deshalb nach Möglichkeit den aperiodischen Grenzfall, weil der Vorgang dann am stärksten gedämpft wird.

Das quantitative Maß der Dämpfung wird auf verschiedene Weise angegeben. Schreibt man (9.17b) ganz allgemein in der Form

$$u = u_0 e^{-\delta t} \cos(\omega t + \varphi), \qquad (9.17e)$$

Dämpfungskonstante

so bezeichnet man δ als *Dämpfungskonstante.* Weist $u(t)$ zur Zeit t_1 das relative Maximum u_1 auf, so wird das nächste relative Maximum u_2 (Schwingungsausschlag nach der gleichen Seite wie zur Zeit t_1) zur Zeit $t_2 = t_1 + T$ erreicht. Aus (9.17e) ist sofort abzulesen

$$\frac{u_1}{u_2} = e^{T\delta}$$

beziehungsweise

$$T\delta = \ln \frac{u_1}{u_2}.$$

Die Größe $T\delta$ heißt *logarithmisches Dekrement*. logarithmisches Dekrement

9.1.4 Erzwungene harmonische Schwingungen

Wir betrachten einen gedämpften Federschwinger. Auf ihn wirke die periodische äußere Kraft

$$^{ä}\boldsymbol{F} = \boldsymbol{F}_0 \cos \omega_ä t = F_0 \boldsymbol{i} \cos \omega_ä t. \tag{9.18}$$

Für die Gesamtkraft, die auf den Massenpunkt m wirkt, gilt dann statt (9.16a)

$$\boldsymbol{F} = -D\boldsymbol{s} - R\boldsymbol{v} + \boldsymbol{F}_0 \cos \omega_ä t \tag{9.18a}$$

und somit nach Elimination von $\boldsymbol{F}$ aus (9.18a) und (9.5b) für die Auslenkung $x(t)$ des Federschwingers aus seiner Ruhelage die Differentialgleichung

$$m\frac{d^2x}{dt^2} + R\frac{dx}{dt} + Dx = F_0 \cos \omega_ä t. \tag{9.18b}$$

Nach (A 38.5) ergibt sich als Lösung

$$\boldsymbol{s} = \boldsymbol{s}_h + x_0 \boldsymbol{i} \cos(\omega_ä t - \varphi), \tag{9.19}$$

wobei $\boldsymbol{s}_h$ eine der Lösungen von (9.16b) ist. Da nach (9.17a) bzw. (9.17b) oder (9.17d) $\boldsymbol{s}_h$ mit der Zeit gegen Null geht (vgl. auch Abb. 9.9), kann nach Ablauf einer hinreichend langen Zeit (nach Ablauf des *Einschwingvorganges*) $\boldsymbol{s}_h$ zu Null angenommen werden. Das schwingende System (der *Resonator*) schwingt also nicht mit seiner Eigenfrequenz bzw. Eigenkreisfrequenz (9.17c), sondern mit der Kreisfrequenz $\omega_ä$ der von außen aufgeprägten Kraft (des *Erregers*). Man spricht daher von *erzwungenen Schwingungen*. Beachtet man noch die Darstellung (9.6a) für die Eigenfrequenz des ungedämpften Systems, so ist bei Berücksichtigung von (9.19), (A 38.5a) und (A 38.5b) allgemein zu formulieren:

Einschwingvorgang
Resonator
Eigenfrequenz
Erreger

(S 9.3)
erzwungene Schwingung

Wirkt auf einen harmonischen Oszillator der Masse m zusätzlich die Reibungskraft $^{R}\boldsymbol{F} = -R\boldsymbol{v}$ und die periodische Kraft

$$^{ä}\boldsymbol{F} = F_0 \boldsymbol{i} \cos \omega_ä t,$$

so schwingt nach Ablauf einer bestimmten Einschwingzeit das System mit der Kreisfrequenz $\omega_ä$ der von außen aufgeprägten Kraft

$$\boldsymbol{s} = x\boldsymbol{i} = x_0 \boldsymbol{i} \cos(\omega_ä t - \varphi).$$

Die Amplitude x_0 dieser erzwungenen Schwingung ergibt sich mit der Eigenkreisfrequenz ω_0 des ungedämpften Systems zu

$$x_0 = \frac{\frac{F_0}{m}}{\sqrt{(\omega_0^2 - \omega_ä^2)^2 + \frac{R^2 \omega_ä^2}{m^2}}}.$$

Zwischen erregender Kraft und schwingendem System besteht die Phasendifferenz

$$\varphi = \arctan \frac{\frac{\omega_ä R}{m}}{\omega_0^2 - \omega_ä^2}.$$

Die Amplitude x_0 der erzwungenen Schwingung ist von der Kreisfrequenz $\omega_ä$ der erregenden Kraft abhängig. Der funktionale Zusammenhang $x_0 = f(\omega_ä)$ heißt *Resonanzkurve* (Abb. 9.10). Resonanzkurve

Wird $\omega_ä$ so gewählt, daß x_0 sein Maximum annimmt, dann sprechen wir von *Resonanz* zwischen erregender Kraft und schwingungsfähigem System. Die zum Resonanzfall zugehörige Kreisfrequenz $\omega_{äR}$ erhält man nach Resonanz

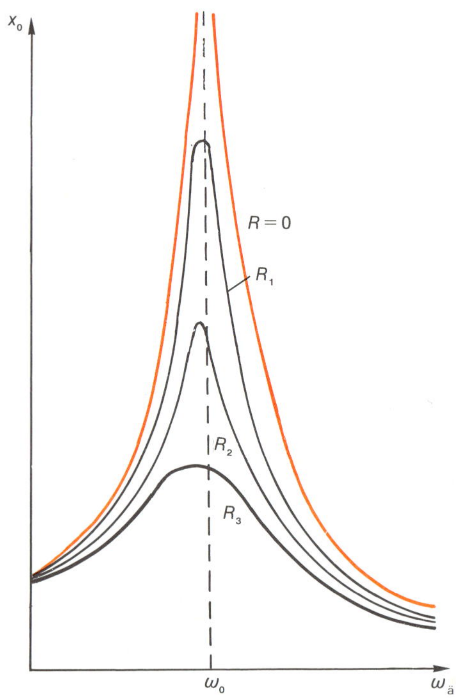

Abb. 9.10
Resonanzkurven bei erzwungenen mechanischen Schwingungen für verschiedene Reibungskonstanten ($0 < R_1 < R_2 < R_3$)

A. 2 aus der Bedingung $\frac{d x_0}{d \omega_ä} = 0$. Ausführung der Rechnung ergibt:

$$\omega_{äR} = \sqrt{\omega_0{}^2 - \frac{R^2}{2m^2}}. \qquad (9.19a)$$

$\nu_{äR} = \omega_{äR}/2\pi$ nennt man *Resonanzfrequenz*.

Resonanzfrequenz

Im ungedämpften Fall ($R = 0$) erreicht die Resonanzkurve ihr Maximum für $\omega_{äR} = \omega_0$, d.h., wenn die Kreisfrequenz des Erregers mit der Eigenfrequenz ω_0 des ungedämpft schwingenden Systems übereinstimmt. Beim gedämpften Fall ($R \neq 0$) wird je nach Größe der Dämpfung das Maximum von x_0 bei etwas kleineren Werten von $\omega_ä$ erreicht (siehe Abb. 9.10).

Für den Idealfall des ungedämpften Systems ($R = 0$) strebt für $\omega_ä = \omega_0$ die Amplitude x_0 gegen Unendlich. Da stets $R \neq 0$ ist, tritt dieser theoretische Fall in der Praxis nicht auf. Selbst dann, wenn $R = 0$ experimentell erreichbar wäre, würde sich die unendlich große Amplitude erst nach einer unendlich langen Einschwingzeit einstellen.

Nach (S 9.3) läuft die Phase der Resonatorschwingung der Phase der Erregerschwingung immer hinterher. Einen Überblick über die Phasenverhältnisse liefert der folgende Satz:

(S 9.4)
Phasenverschiebung zwischen Erreger und Resonator bei der erzwungenen Schwingung

Bei der erzwungenen mechanischen Schwingung ist die Phasenverschiebung φ zwischen Resonator- und Erregerschwingung frequenzabhängig:

$\omega_ä \ll \omega_0, \quad \varphi \approx 0$

Erreger und Resonator schwingen praktisch in gleicher Phase.

$\omega_ä = \omega_0, \quad \varphi = \frac{\pi}{2}$

Die Schwingung des Erregers eilt der Schwingung des Resonators um $\frac{\pi}{2}$ (eine Viertelperiode) voraus.

$\omega_ä \gg \omega_0, \quad \varphi \approx \pi$

Die Schwingung des Erregers eilt der Schwingung des Resonators um π (eine Halbperiode) voraus. Erreger und Resonator schwingen in Gegenphase.

Abbildung 9.11 zeigt die Phasenverschiebung als Funktion der Eigenkreisfrequenz. Wie man erkennt, ist φ in Nähe der Resonanzstelle um so stärker veränderlich, je weniger gedämpft das System ist. Im Idealfall der ungedämpften Schwingung springt die Phasenverschiebung für wachsendes $\omega_ä$ bei $\omega_ä = \omega_{äR}$ von $\varphi = 0$ auf $\varphi = \pi$ (*Phasensprung*).

Phasensprung

Vorstehende Überlegungen spielen u.a. für die Technik eine große Rolle. Zur weitestgehenden Unterdrückung von erzwungenen Schwingungen muß zum Beispiel streng darauf geachtet werden, daß die Eigenfrequenzen von

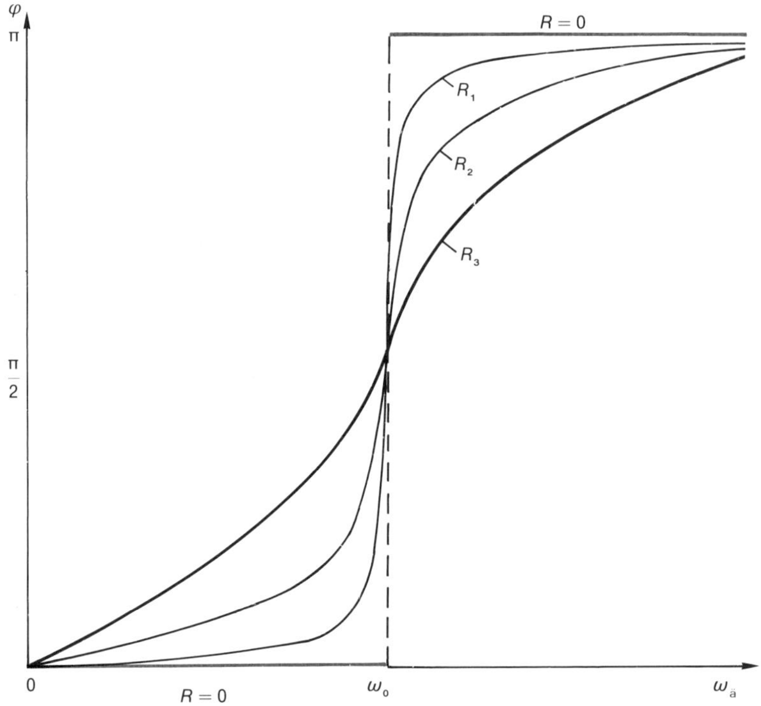

Abb. 9.11
Phasenverschiebung φ zwischen Erreger und Resonator bei einer erzwungenen mechanischen Schwingung in Abhängigkeit von der Erregerkreisfrequenz $\omega_ä$ für verschiedene Reibungskonstanten ($0 < R_1 < R_2 < R_3$)

Gebäuden sehr weit entfernt von den Erregerfrequenzen der in ihnen installierten Maschinen liegen.

Die hier für die erzwungenen mechanischen Schwingungen dargestellten Gesetzmäßigkeiten gelten bis auf (S 9.4) analog auch für elektrische Schwingungen. Im Gegensatz zu (S 9.4) finden wir bei ihnen jedoch eine um $\pi/2$ gegenüber der Aussage von (S 9.4) verschobene Phasenverschiebung zwischen Spannung und Stromstärke, d.h. im Fall der Resonanz die Phasenverschiebung Null. Die nähere Begründung hierfür wird in Bd. II gegeben.

9.1.5 Überlagerung harmonischer Schwingungen gleicher Frequenz

Wird ein schwingungsfähiges System gleichzeitig zu n Teilschwingungen $\boldsymbol{u}_i$ ($i = 1, 2, \ldots n$) angeregt, so gilt nach der experimentellen Erfahrung das Superpositionsprinzip:

(S 9.5)
Superpositionsprinzip für Schwingungen

Wird ein physikalisches System gleichzeitig zu mehreren gleichartigen Teilschwingungen $\boldsymbol{u}_i$ ($i = 1, 2, \ldots n$) angeregt, so überlagern sich diese ohne gegenseitige Störung:

$\boldsymbol{u} = \boldsymbol{u}_1 + \boldsymbol{u}_2 + \boldsymbol{u}_3 + \cdots + \boldsymbol{u}_n$.

Die Aussage (S 9.5) kann unmittelbar aus der Form der Schwingungsdifferentialgleichung gefolgert werden. Die n Funktionen (Schwingungen) $\boldsymbol{u}_i(t)$, $i = 1, 2, \ldots, n$, sind Lösungen dieser Differentialgleichung. Auf Grund der Linearität der Schwingungsdifferentialgleichung (vgl. (9.4) mit (A.18.1a)) ist dann nach (A 18.3) auch die Summe $\boldsymbol{u} = \sum_{i=1}^{n} \boldsymbol{u}_i$ dieser Schwingungen eine Lösung.

9.1.5.1 Überlagerung bei gleicher Schwingungsrichtung

Ein schwingungsfähiges System werde zu den Teilschwingungen

$$\boldsymbol{u}_1 = u_{01}\,\boldsymbol{i}\cos(\omega t + \varphi_1), \qquad (9.20\text{a})$$

$$\boldsymbol{u}_2 = u_{02}\,\boldsymbol{i}\cos(\omega t + \varphi_2), \qquad (9.20\text{b})$$

gleicher Frequenz und *gleicher* Schwingungsrichtung $\boldsymbol{i}$ angeregt.

Zur Berechnung der resultierenden Schwingung der beiden Teilschwingungen wollen wir die komplexe Darstellung der harmonischen Schwin-

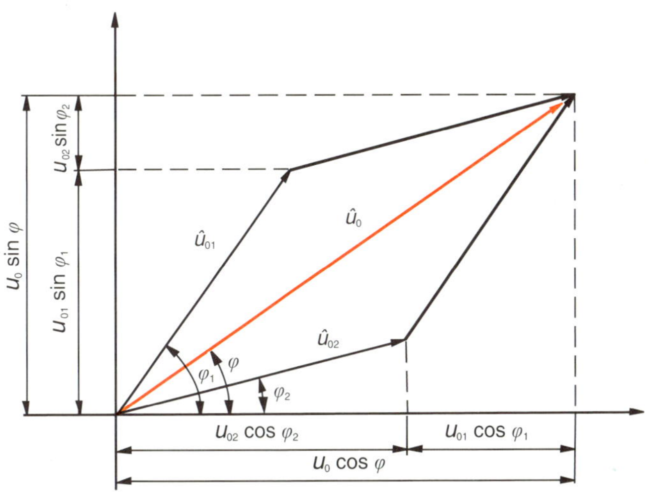

Abb. 9.12
Zeigerdiagramm für die Überlagerung von zwei harmonischen Schwingungen gleicher Frequenz und gleicher Schwingungsrichtung

gung verwenden. Wir betrachten dazu im Zeigerdiagramm (Abb. 9.12) die komplexen Amplituden ((D 9.4)).

$$\hat{u}_{01} = u_{01}\, e^{i\varphi_1},$$

$$\hat{u}_{02} = u_{02}\, e^{i\varphi_2}$$

der beiden Teilschwingungen (9.20a) und (9.20b) und die komplexe Amplitude $\hat{u}_0 = u_0\, e^{i\varphi}$ ihrer resultierenden Schwingung. Durch Projektion der Zeiger $\hat{u}_0$, $\hat{u}_{01}$ *und* $\hat{u}_{02}$ auf die reelle bzw. imaginäre Achse folgt

$$u_0 \cos\varphi = u_{02} \cos\varphi_2 + u_{01} \cos\varphi_1\,, \tag{9.21a}$$

$$u_0 \sin\varphi = u_{01} \sin\varphi_1 + u_{02} \sin\varphi_2\,. \tag{9.21b}$$

Werden noch (A 1.2), (A 1.1) und (A 1.12) beachtet, dann ergibt nach (S 9.5) die Überlagerung der Teilschwingungen (9.20a) und (9.20b) die resultierende Schwingung

$$\boldsymbol{u} = u_0\, \boldsymbol{i} \cos(\omega t + \varphi) \tag{9.22}$$

mit der Amplitude

$$u_0 = \sqrt{u_{01}^2 + u_{02}^2 + 2\, u_{01}\, u_{02} \cos(\varphi_2 - \varphi_1)} \tag{9.22a}$$

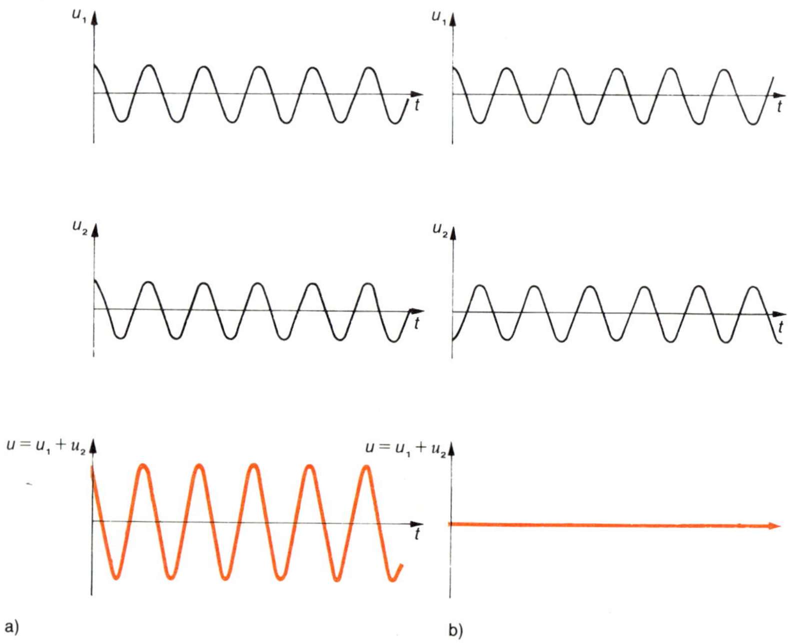

Abb. 9.13
Überlagerung von zwei harmonischen Schwingungen gleicher Frequenz, gleicher Schwingungsrichtung und gleicher Amplitude
a) $\Delta\varphi = 0$
b) $\Delta\varphi = \pi$

und der Phasenkonstanten

$$\varphi = \arctan \frac{u_{01} \sin \varphi_1 + u_{02} \sin \varphi_2}{u_{01} \cos \varphi_1 + u_{02} \cos \varphi_2} . \qquad (9.22\text{b})$$

Amplitude und Phasenkonstante der resultierenden Schwingung

Nach (9.22) ist die resultierende Schwingung bei Überlagerung der beiden Schwingungen (9.20a) und (9.20b) ebenfalls eine harmonische Schwingung gleicher Frequenz. Da diese nun wiederum mit einer harmonischen Schwingung derselben Frequenz überlagert werden kann, gilt allgemein:

Die Überlagerung von harmonischen Schwingungen gleicher Frequenz und gleicher Schwingungsrichtung ergibt stets eine harmonische Schwingung gleicher Frequenz und Schwingungsrichtung.

(S 9.6)
Überlagerung von harmonischen Schwingungen gleicher Frequenz und gleicher Schwingungsrichtung

Wir betrachten zwei Sonderfälle:

a) $u_{01} = u_{02}$; $\varphi_1 = \varphi_2$.

Nach (9.22), (9.22a) und (9.22b) folgt für die resultierende Schwingung

$$u = 2 u_{01} \cos(\omega t + \varphi_1),$$

also eine Schwingung doppelter Amplitude (Abb. 9.13a).

b) $u_{01} = u_{02}$; $\varphi_2 = \varphi_1 + \pi$.

Nach (9.22) und (9.22a) ist die Amplitude der resultierenden Schwingung $u_0 = 0$, d.h., die resultierende Schwingung verschwindet (Abb. 9.13b).

9.1.5.2 Überlagerung bei zueinander senkrechten Schwingungsrichtungen

Ein mathematisches Pendel werde in zwei zueinander senkrechten Richtungen zu nicht zu großen Ausschlägen angestoßen. Es führt dann in diesen beiden Richtungen Schwingungen mit gleicher Frequenz aus, die wir näherungsweise als harmonisch ansehen können. Die Bewegung des Pendels entspricht dann der resultierenden Schwingung.

Wir wollen vorstehendes Problem allgemein behandeln. Wird ein schwingungsfähiges System in zwei zueinander senkrechten Richtungen zu harmonischen Schwingungen gleicher Frequenz angeregt:

$$\boldsymbol{u}_x = u_{0x} \boldsymbol{i} \cos(\omega t + \varphi_x), \qquad (9.23\text{a})$$

$$\boldsymbol{u}_y = u_{0y} \boldsymbol{j} \cos(\omega t + \varphi_y), \qquad (9.23\text{b})$$

dann ergibt sich nach (S 9.5) die Überlagerungsschwingung zu

$$\boldsymbol{u} = u_{0x} \boldsymbol{i} \cos(\omega t + \varphi_x) + u_{0y} \boldsymbol{j} \cos(\omega t + \varphi_y) . \qquad (9.23)$$

Die resultierende Schwingung $\boldsymbol{u}$ ist mit der Kreisfrequenz ω periodisch, die Spitze des Vektors $\boldsymbol{u}$ beschreibt in Abhängigkeit von der Zeit eine bestimmte Bahnkurve in der x-y-Ebene. Wir wollen diese näher untersuchen und betrachten hierzu die folgenden Phasenverschiebungen.

a) $\Delta\varphi = \varphi_y - \varphi_x = 0$.

Nach (9.23a) und (9.23b) gilt:

$$u_x = u_{0x} \cos(\omega t + \varphi_x), \quad u_y = u_{0y} \cos(\omega t + \varphi_x)$$

oder

$$u_y = \frac{u_{0y}}{u_{0x}} u_x . \tag{9.24}$$

Die Spitze von $\boldsymbol{u}$ durchläuft in der x-y-Ebene eine Gerade positiver Steigung (Abb. 9.14a). Eine Schwingung mit zeitlich konstant bleibender Schwingungsrichtung bezeichnet man als *linear polarisiert*.

linear polarisierte Schwingung

b) $\Delta\varphi = \varphi_y - \varphi_x = \frac{\pi}{2}$.

Nach (9.23a), (9.23b), (A 1.8) und (A 1.2) gilt

$$u_x = u_{0x} \cos(\omega t + \varphi_x), \tag{9.25a}$$

$$u_y = u_{0y} \cos\left(\omega t + \varphi_x + \frac{\pi}{2}\right)$$

$$= -u_{0y} \sin(\omega t + \varphi_x) \tag{9.25b}$$

oder

$$\left(\frac{u_x}{u_{0x}}\right)^2 + \left(\frac{u_y}{u_{0y}}\right)^2 = 1 . \tag{9.25}$$

Die Vektorspitze durchläuft eine Ellipse (Abb. 9.14c). Wir betrachten den Zeitpunkt $t = t_1$. Für ihn habe die Schwingungsphase den Wert $\omega t_1 + \varphi_x = 0$. Nach (9.25a) und (9.25b) hat damit die Spitze des Vektors $\boldsymbol{u}$ die Koordinaten $u_x = u_{0x}$, $u_y = 0$ (Punkt P_1 in Abb. 9.14c). Zur späteren Zeit $t = t_2 > t_1$ habe die Schwingungsphase den Wert $\omega t_2 + \varphi_x = \frac{\pi}{2}$. Zu diesem Zeitpunkt hat nach (9.25a) und (9.25b) die Vektorspitze die Koordinaten $u_x = 0$, $u_y = -u_{0y}$ (Punkt P_2 in Abb. 9.14c). Die Vektorspitze durchläuft damit die Ellipse im Uhrzeigersinn. Man bezeichnet eine derartige Schwingung als *rechtselliptisch polarisiert*. Für $u_{0x} = u_{0y}$ artet die Ellipse zu einem Kreis aus. Dieser Sonderfall wird als *rechtszirkular polarisierte* Schwingung bezeichnet.

rechtselliptisch polarisierte Schwingung
rechtszirkular polarisierte Schwingung

c) $\Delta\varphi = \varphi_y - \varphi_x = \pi$.

Nach (9.23a), (9.23b) und (A 1.4) gilt

$$u_x = u_{0x} \cos(\omega t + \varphi_x),$$

$$u_y = u_{0y} \cos(\omega t + \varphi_x + \pi)$$

$$= -u_{0y} \cos(\omega t + \varphi_x)$$

oder

$$u_y = -\frac{u_{0y}}{u_{0x}} u_x. \tag{9.26}$$

Die Spitze von $\boldsymbol{u}$ durchläuft in der x-y-Ebene eine Gerade mit negativer Steigung (Abb. 9.14e). Die Schwingung ist linear polarisiert.

d) $\Delta\varphi = \varphi_y - \varphi_x = \frac{3}{2}\pi$.

Nach (9.23a), (9.23b) und (A 1.8) gilt

$$u_x = u_{0x} \cos(\omega t + \varphi_x), \tag{9.27a}$$

$$u_y = u_{0y} \cos\left(\omega t + \varphi_x + \frac{3}{2}\pi\right)$$

$$= u_{0y} \sin(\omega t + \varphi_x) \tag{9.27b}$$

oder

$$\left(\frac{u_x}{u_{0x}}\right)^2 + \left(\frac{u_y}{u_{0y}}\right)^2 = 1. \tag{9.27}$$

Analog (9.25) durchläuft die Spitze von $\boldsymbol{u}$ eine Ellipse, aber entgegengesetzt zum Uhrzeigersinn, wie aus dem Vergleich von (9.27b) mit (9.25b) sofort ersichtlich ist. Diese Schwingung wird daher als *linkselliptisch polarisierte* Schwingung bezeichnet (Abb. 9.14g), der Sonderfall $u_{0x} = u_{0y}$ entsprechend als *linkszirkular polarisierte* Schwingung.

linkselliptisch polarisierte Schwingung
linkszirkular polarisierte Schwingung

Alle anderen denkbaren Phasenverschiebungen $0 < \Delta\varphi = \varphi_y - \varphi_x < 2\pi$ ergeben Ellipsen, deren Hauptachsen nicht mehr mit den Koordinatenachsen übereinstimmen (siehe Abb. 9.14). Sie werden für Phasendifferenzen $0 < \Delta\varphi < \pi$ im Uhrzeigersinn (rechtselliptisch polarisiert), für die Werte $\pi < \Delta\varphi < 2\pi$ im entgegengesetzten Sinn durchlaufen (linkselliptisch polarisiert).

Die Überlagerung zweier harmonischer Schwingungen mit gleicher Frequenz und zueinander senkrechten Schwingungsrichtungen ergibt im allgemeinen eine elliptisch polarisierte Schwingung. Für die Phasendifferenzen $\Delta\varphi = 0$ und $\Delta\varphi = \pi$ zwischen den beiden Teilschwingungen artet die Ellipse zu einer Geraden (linear polarisierte Schwingung), bei Amplitudengleichheit beider Schwingungen und einer Phasendifferenz $\Delta\varphi = \frac{\pi}{2}$ oder $\frac{3}{2}\pi$ zu einem Kreis aus (zirkular polarisierte Schwingung).

(S 9.7)
Überlagerung harmonischer Schwingungen mit gleicher Frequenz und zueinander senkrechten Schwingungsrichtungen

Die Überlagerung harmonischer Schwingungen gleicher Frequenz, aber beliebiger Schwingungsrichtungen kann durch entsprechende Komponentenzerlegungen stets auf (S 9.7) und (S 9.6) zurückgeführt werden.

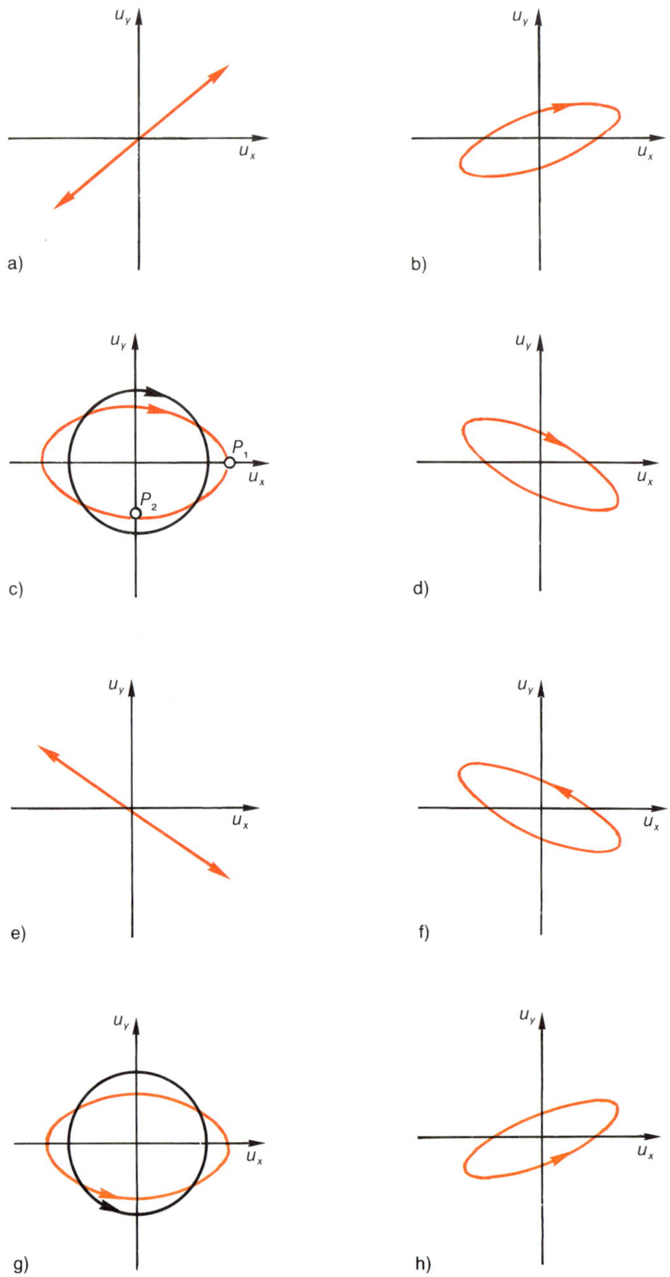

Abb. 9.14
Resultierende Schwingung bei Überlagerung von zwei harmonischen Schwingungen mit gleicher Frequenz und zueinander senkrechten Schwingungsrichtungen für verschiedene Phasenverschiebungen $\Delta\varphi = \varphi_y - \varphi_x$

a) $\Delta\varphi = 0$
b) $0 < \Delta\varphi < \pi/2$
c) $\Delta\varphi = \pi/2$ (—— $u_{0x} = u_{0y}$)
d) $\pi/2 < \Delta\varphi < \pi$
e) $\Delta\varphi = \pi$
f) $\pi < \Delta\varphi < 3\pi/2$
g) $\Delta\varphi = 3\pi/2$ (—— $u_{0x} = u_{0y}$)
h) $3\pi/2 < \Delta\varphi < 2\pi$

9.2 Anharmonische Schwingungen

9.2.1 Anharmonische Schwingung als Überlagerung harmonischer Schwingungen

9.2.1.1 Überlagerung bei gleicher Schwingungsrichtung

Nach (9.7d) und (9.10a) genügt der Ausschlagswinkel $\alpha(t)$ eines mathematischen Pendels der Differentialgleichung

$$\frac{d^2\alpha}{dt^2} + \omega^2 \sin\alpha = 0$$

mit $\omega = \sqrt{\frac{g}{l}}$. Da diese Differentialgleichung nicht mit der Schwingungsdifferentialgleichung (9.4) identisch ist, stellt ihre Lösung $\alpha(t)$ nach (S 9.2) keine harmonische Schwingung dar. Sie muß aber wegen der Periodizität der Pendelbewegung die Periodizitätsbedingung $\alpha(t+T) = \alpha(t)$ erfüllen und entspricht damit dem allgemeinen Fall einer Schwingung, allerdings einer anharmonischen Schwingung. Nur für sehr kleine Pendelausschläge läßt sich diese anharmonische Schwingung durch eine harmonische annähern (vgl. den Übergang von (9.7e) zu (9.7f)). Für beliebige Ausschläge kann man die Lösung der Differentialgleichung dagegen nicht mehr in geschlossener Form angeben. Wird der Nullpunkt der Zeitzählung so gewählt, daß für $t=0$ auch $\alpha=0$ gilt, so ergibt sich mit den Konstanten C_i ($i = 1, 3, 5, \ldots$) für sie die Lösung

$$\alpha = \alpha(t) = C_1 \sin\omega t + C_3 \sin 3\omega t + C_5 \sin 5\omega t + \ldots$$

Wie in A. 19 gezeigt, ist dieses Beispiel ein Sonderfall folgenden Satzes (vgl. insbesondere (A 19.4), (A 19.4a), (A 19.4b), (A 19.1), (A 19.1a) und (9.1)):

(S 9.8) Fourier-Darstellung von anharmonischen Schwingungen

Jede anharmonische Schwingung $u(t) = u(t+T) = u\left(t + \frac{2\pi}{\omega}\right)$ kann als Überlagerung von harmonischen Schwingungen der Form

$$u(t) = \sum_{n=0}^{\infty} u_{0n} \cos(n\omega t + \varphi_n)$$

mit

$$u_{0n} = \sqrt{a_n^2 + b_n^2} \quad (n = 0, 1, 2, \ldots),$$

$$\tan\varphi_n = -\frac{b_n}{a_n} \quad (n = 0, 1, 2, \ldots),$$

$$a_0 = \frac{\omega}{2\pi} \int_{-\frac{\pi}{\omega}}^{+\frac{\pi}{\omega}} u(t)\,dt,$$

$$b_0 = 0,$$

$$a_n = \frac{\omega}{\pi} \int_{-\frac{\pi}{\omega}}^{+\frac{\pi}{\omega}} u(t) \cos n\omega t \, dt \quad (n = 1, 2, \ldots),$$

$$b_n = \frac{\omega}{\pi} \int_{-\frac{\pi}{\omega}}^{+\frac{\pi}{\omega}} u(t) \sin n\omega t \, dt \quad (n = 1, 2, \ldots)$$

dargestellt werden.

Mit Hilfe von (S 9.8) kann jede anharmonische Schwingung in eine Summe von phasenverschobenen harmonischen Schwingungen der Kreisfrequenzen ω, 2ω, 3ω usw. zerlegt werden.

Fourier-Darstellung
Fourier-Analyse
Fourier-Synthese

Die Darstellung (S 9.8) einer anharmonischen Schwingung wird als ihre *Fourier-Darstellung*, die dabei angewandte mathematische Methode als *Fourier-Analyse* bzw. in ihrer Umkehrung – der Modellierung einer gewünschten anharmomischen Schwingung durch Überlagerung ausreichend vieler harmonischer Schwingungen – als *Fourier-Synthese* bezeichnet.

Grundschwingung
Oberschwingung

Die zu $n = 1$ gehörende harmonische Schwingung der Kreisfrequenz ω heißt *Grundschwingung*, die zu $n \geqq 2$ gehörenden Schwingungen, deren Frequenzen gleich dem n-fachen der Grundfrequenz sind, heißen *Oberschwingungen*. Die zu n gehörende Schwingung wird als $(n-1)$-te Oberschwingung bezeichnet. Im allgemeinen Fall sind sämtliche Oberschwingungen gegeneinander und gegenüber der Grundschwingung phasenverschoben. Die Gesamtheit der zu der Grundschwingung und zu den Oberschwingungen gehörigen Frequenzen wird einschließlich der ihnen

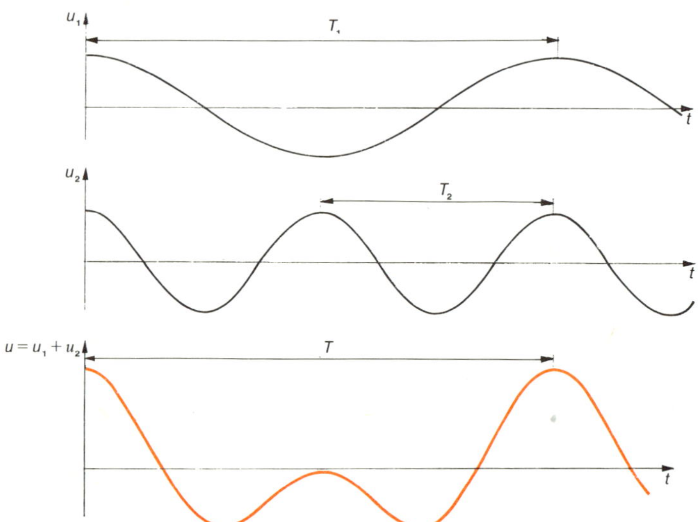

a)

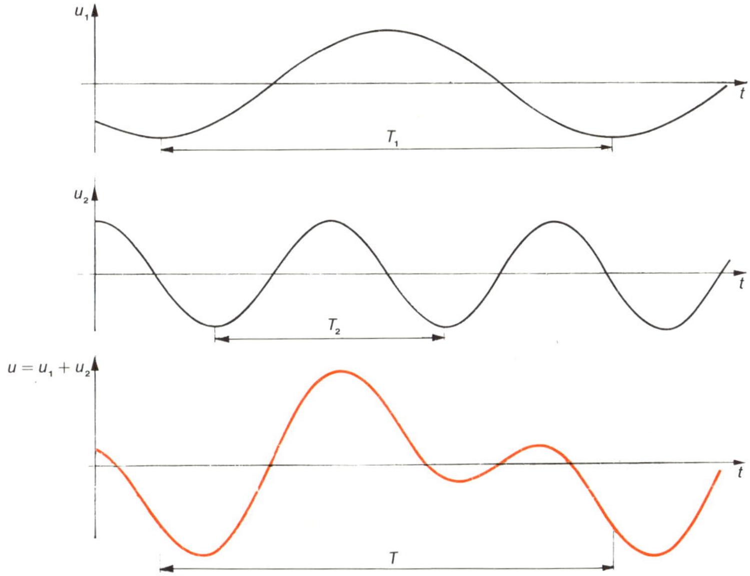

b)

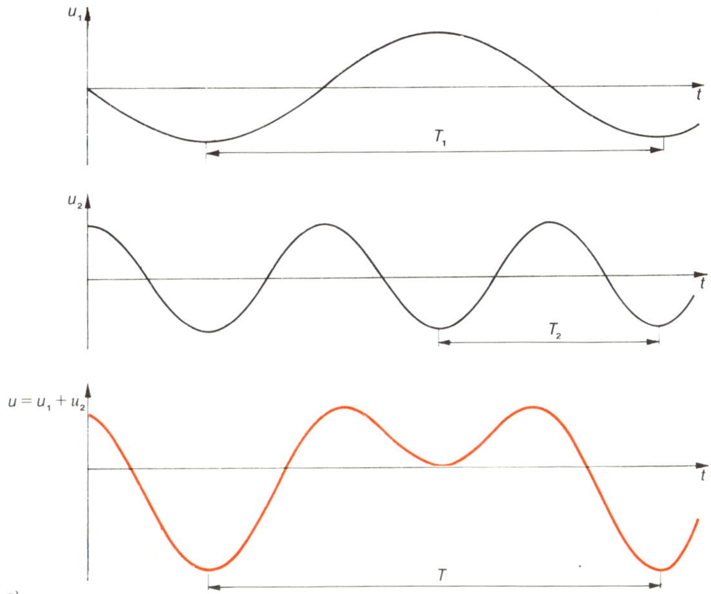

c)

Abb. 9.15
Überlagerung von zwei verschiedenen harmonischen Schwingungen mit gleicher Amplitude und dem Frequenzverhältnis 1:2 bei verschiedenen Phasenverschiebungen $\Delta\varphi = \varphi_1 - \varphi_2$

a) $\Delta\varphi = 0$
b) $\Delta\varphi = 3\pi/4$
c) $\Delta\varphi = \pi/2$

Frequenzspektrum
diskretes Frequenzspektrum

zugeordneten Amplituden und Phasen als *Frequenzspektrum* der anharmonischen Schwingung bezeichnet. Da das Spektrum nur aus ganz bestimmten diskreten Frequenzwerten besteht (ganzzahlige Vielfache der Frequenz der Grundschwingung), spricht man von einem *diskreten* Frequenzspektrum oder *Linienspektrum.*

Abbildung 9.15 zeigt die Überlagerung von zwei harmonischen Schwingungen u_1 und u_2 des Frequenzverhältnisses 1:2 bei gleicher Amplitude und den Phasenverschiebungen $\Delta\varphi = \varphi_1 - \varphi_2 = 0$, $\Delta\varphi = \frac{3\pi}{4}$ und $\Delta\varphi = \frac{\pi}{2}$, Abbildung 9.16 die Überlagerung von drei harmonischen

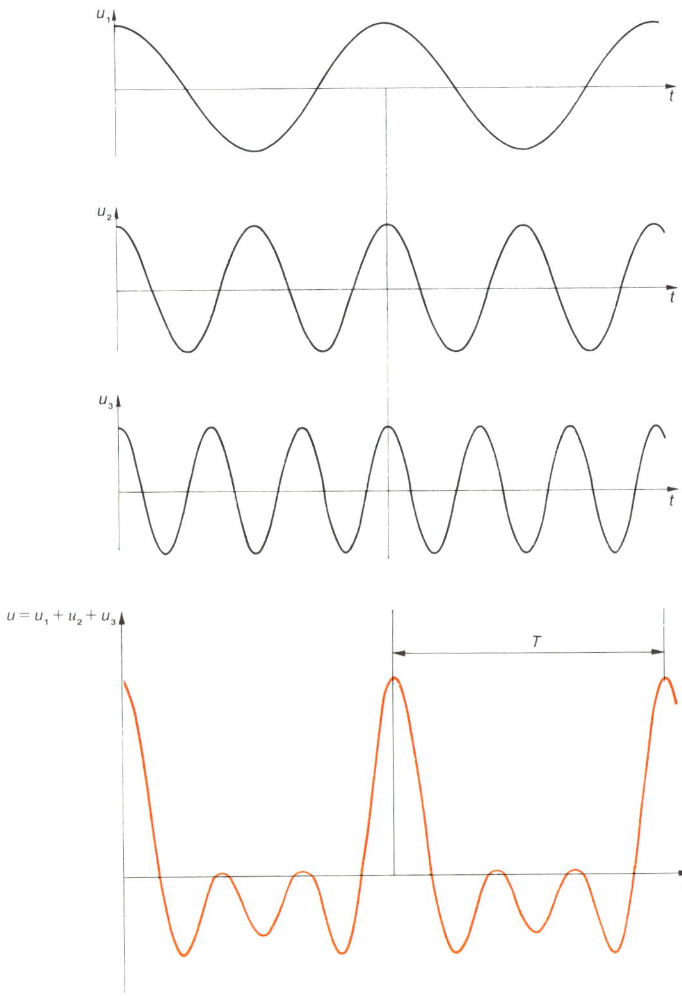

Abb. 9.16
Überlagerung von drei harmonischen Schwingungen mit gleicher Amplitude, gleicher Phase und dem Frequenzverhältnis $\omega_1 : \omega_2 : \omega_3 = 1:2:3$

Schwingungen mit gleicher Amplitude und Phase und dem Frequenzverhältnis 1:2:3.

Rechteckschwingung

Auch die in Abbildung 9.17a dargestellte *Rechteckschwingung* der Impulshöhe h, der Impulsdauer τ und der Periodendauer T kann nach (S 9.8) als Überlagerung harmonischer Schwingungen aufgefaßt werden. Nach (A 39.2), (A 19.1a) und (A 19.1) ist sie darstellbar durch

$$u(t)=\frac{h\tau}{T}+\frac{2h}{\pi}\sum_{n=1}^{\infty}\frac{\sin\frac{n\pi\tau}{T}}{n}\cos\frac{2n\pi}{T}t\,. \tag{9.28}$$

Abbildung 9.17b zeigt die Überlagerung der ersten vier Glieder dieser Reihendarstellung.

Kippschwingung

Schwingungen mit einem zeitlichen Ablauf analog Abbildung 9.18a heißen *Kippschwingungen.* Sie lassen sich zum Beispiel mit der in Abbildung 9.19 dargestellten kippbaren Wanne demonstrieren. Das Füllen der

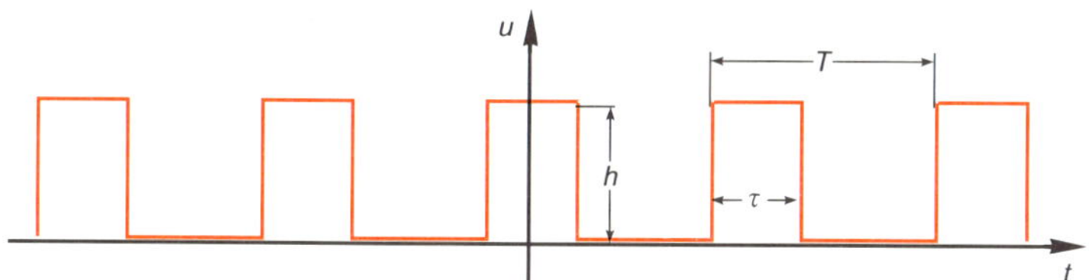

Abb. 9.17 a)

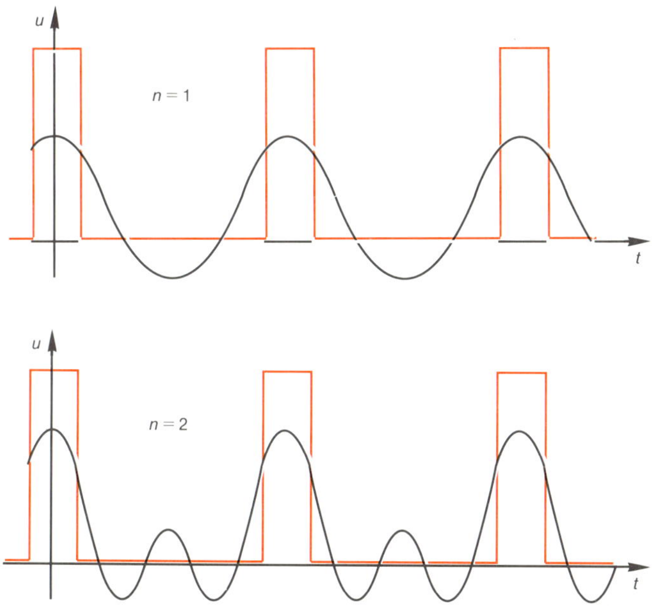

Abb. 9.17 b)

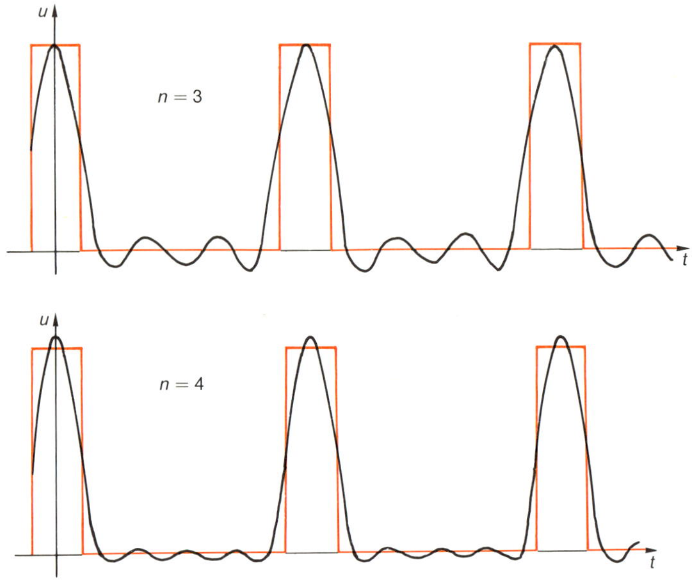

Abb. 19.7 b) (Fortsetzung)

Abb. 9.17
Fourier-Darstellung einer Rechteckschwingung
a) darzustellende Rechteckschwingung (Rechteckimpulse der Höhe h und der Länge τ im Abstand T)
b) Fourier-Darstellung bei Berücksichtigung der jeweils n ersten Glieder der Reihe in (9.28)

Wanne mit Wasser bedingt eine Verschiebung des Massenmittelpunktes nach rechts. Die angreifende Schwerkraft ruft ein Drehmoment in bezug auf die Lagerung hervor. Hat sich der Massenmittelpunkt genügend weit nach rechts verschoben, so wird unter Wirkung dieses Drehmomentes die Wanne gekippt, das Wasser fließt aus. Der Massenmittelpunkt verschiebt sich wieder in seine ursprüngliche Lage, die Wanne kippt zurück, und der Vorgang beginnt von neuem.

Nehmen wir an, daß das Wasservolumen V linear mit der Zeit bis zum Wert V_0 zunimmt, um dann momentan auf den Wert $V=0$ zurückzugehen,

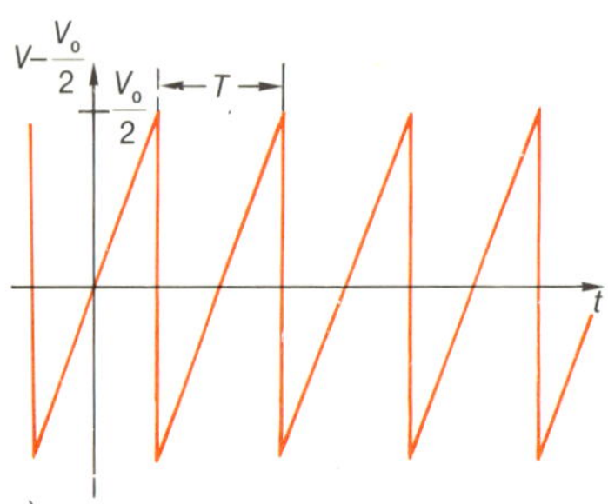

a)

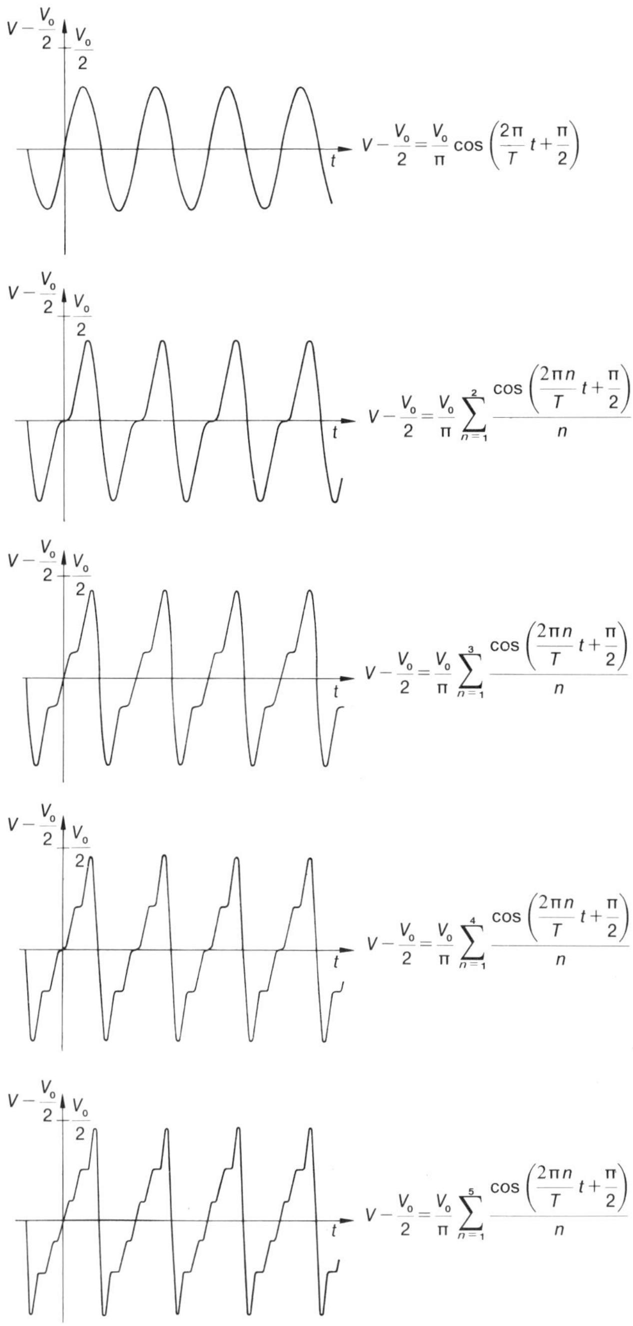

b)

Abb. 9.18 Fourier-Darstellung einer Kippschwingung
a) darzustellende Kippschwingung
b) Fourier-Darstellung bei Berücksichtigung der jeweils *n* ersten Glieder der Reihe in (9.29)

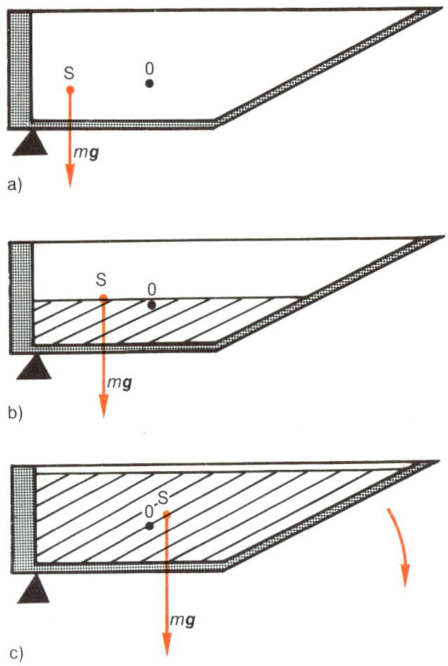

Abb. 9.19
Realisierung einer mechanischen Kippschwingung. Die dargestellte Wanne ist um eine durch 0 gehende Achse senkrecht zur Papierebene drehbar. S ist der Schwerpunkt von Wanne und Flüssigkeit.
a) ungefüllte Wanne
b) halbgefüllte Wanne
c) gefüllte Wanne ($V = V_0$)

dann wird die zeitliche Abhängigkeit des Flüssigkeitsvolumens in der Wanne durch den in der Abbildung 9.18a dargestellten funktionalen Ablauf wiedergegeben. Nach (A 39.4), (A 19.1a) und (A 1.8) ist V darstellbar durch

$$V = \frac{V_0}{2} + \frac{V_0}{\pi} \sum_{n=1}^{\infty} \frac{\cos\left(\frac{2\pi n}{T} t + \frac{\pi}{2}\right)}{n} . \tag{9.29}$$

Abbildung 9.18b zeigt die Überlagerung der ersten fünf Glieder dieser Reihendarstellung.

9.2.1.2 Überlagerung bei zueinander senkrechten Schwingungsrichtungen

Ein schwingungsfähiges System werde in zwei zueinander senkrechten Richtungen zu harmonischen Schwingungen ungleicher Frequenz

$$\boldsymbol{u}_x = u_{0x} \boldsymbol{i} \cos(\omega_1 t + \varphi_x), \tag{9.30a}$$

$$\boldsymbol{u}_y = u_{0y} \boldsymbol{j} \cos(\omega_2 t + \varphi_y) \tag{9.30b}$$

angeregt. Die Spitze des resultierenden Schwingungsvektors

$$\boldsymbol{u} = u_{0x}\,\boldsymbol{i}\cos(\omega_1 t + \varphi_x) + u_{0y}\,\boldsymbol{j}\cos(\omega_2 t + \varphi_y) \tag{9.30}$$

beschreibt in Abhängigkeit von der Zeit eine bestimmte Bahnkurve in der x-y-Ebene. Diese hat eine wesentlich verwickeltere Gestalt als bei der senkrechten Überlagerung von harmonischen Schwingungen gleicher Fre-

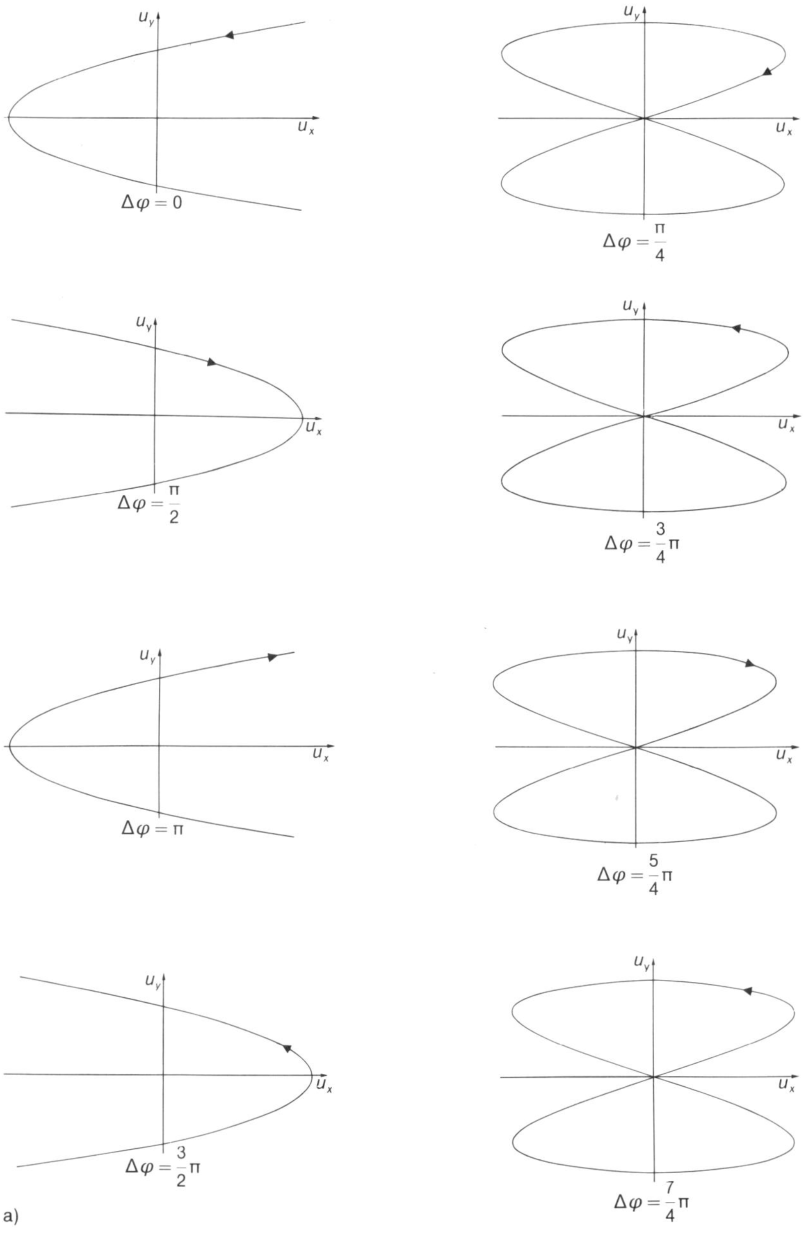

a)

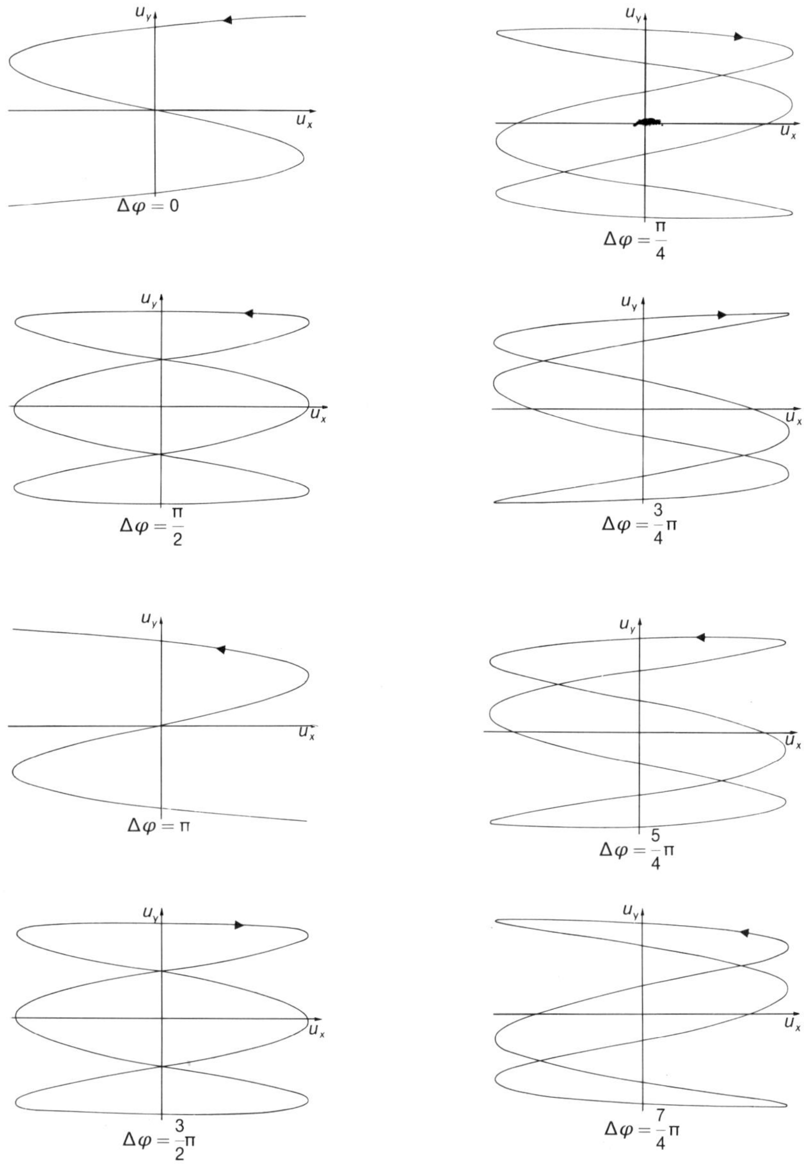

b)

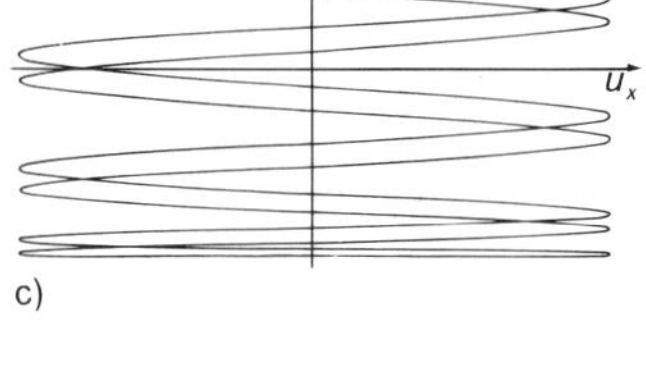

c)

Abb. 9.20
Lissajous-Figuren infolge senkrechter Überlagerung der Schwingungen $u_y = u_{oy} \cos(\omega_y t + \varphi_y)$ und $u_x = u_{ox} \cos(\omega_x t + \varphi_x)$ für verschiedene Phasenverschiebungen $\Delta\varphi = \varphi_y - \varphi_x$

a) $\omega_y : \omega_x = 1:2$
$u_{oy} : u_{ox} = 2:3$

b) $\omega_y : \omega_x = 1:3$
$u_{oy} : u_{ox} = 2:3$

c) $\omega_y : \omega_x = 1:10$
$u_{oy} : u_{ox} = 5:8$

quenz ((S 9.7)). Derartige Bahnkurven werden *Lissajoussche Figuren* genannt. Ist das Verhältnis der Kreisfrequenzen ω_1/ω_2 rational, so ergeben sich zeitlich unveränderliche Lissajoussche Figuren. Es werden periodisch immer wieder dieselben geschlossenen Kurven durchlaufen, wobei die Kurven auch in sich selbst zurücklaufen können. Ist das Verhältnis ω_1/ω_2 nicht rational, so schließt sich die Kurve nicht, und unter Beibehaltung der geometrischen Grundform ist die Lissajoussche Figur einer Bewegung unterworfen. Abb. 9.20 zeigt geschlossene Lissajoussche Figuren für bestimmte rationale Frequenzverhältnisse sowie für bestimmte Amplitudenverhältnisse und Phasendifferenzen zwischen den sich überlagernden Schwingungen (9.30a) und (9.30b).

Lissajoussche Figuren
JULES ANTOINE LISSAJOUS (1822–1880)

9.2.2 Amplitudenmodulierte Schwingung, Schwebung

Wir knüpfen wieder an den Abschnitt 9.2.1.1 an und überlagern zwei harmonische Schwingungen mit gleicher Schwingungsrichtung und verschiedener Frequenz, wobei gleiche Amplituden und gleiche Phasenkonstanten angenommen werden sollen:

$$u_1 = u_{01} \cos \omega_1 t, \qquad (9.31\text{a})$$

$$u_2 = u_{01} \cos \omega_2 t. \qquad (9.31\text{b})$$

Erfolgen die Schwingungen in gleicher Richtung, dann gibt ihre Überlagerung nach (S 9.5)

$$u = u_{01} [\cos \omega_1 t + \cos \omega_2 t],$$

was mit

$$\cos x_1 + \cos x_2 = 2 \cos \frac{x_1 + x_2}{2} \cos \frac{x_1 - x_2}{2}$$

übergeht in

$$u = 2 u_{01} \cos \frac{\omega_1 - \omega_2}{2} t \cos \frac{\omega_1 + \omega_2}{2} t. \qquad (9.31\text{c})$$

Setzt man zur Abkürzung

$$\Delta\omega = \frac{|\omega_1 - \omega_2|}{2}, \qquad (9.31\text{d})$$

$$\omega = \frac{\omega_1 + \omega_2}{2}, \qquad (9.31\text{e})$$

$$\mathrm{u}_0(t) = 2 u_{01} \cos \Delta\omega t, \qquad (9.31\text{f})$$

so nimmt die resultierende Schwingung (9.31c) die Form

$$u_0 = u_0(t) \cos \omega t$$

an. Nach dieser Darstellung kann die durch additive Überlagerung zweier harmonischer Schwingungen mit den Kreisfrequenzen ω_1 und ω_2 entstehende resultierende Schwingung durch einen Ausdruck in der Art einer harmonischen Schwingung (D 9.2) beschrieben werden. Der Unterschied zur harmonischen Schwingung besteht in der Zeitabhängigkeit der Amplitude. Für den hier betrachteten Fall ist die Amplitude mit der Kreisfrequenz $\Delta\omega$ zeitlich periodisch. Allgemein nennt man Schwingungen der Art (9.31) mit beliebig zeitabhängiger Amplitude $u_0(t)$ *amplitudenmoduliert*. Ist die Amplitude eine periodische Funktion, so nennt man ihre Frequenz (im obigen Beispiel $\nu = \Delta\omega/2\pi$ entsprechend (9.31d)) ihre *Modulationsfrequenz*.

amplitudenmodulierte Schwingung
Modulationsfrequenz

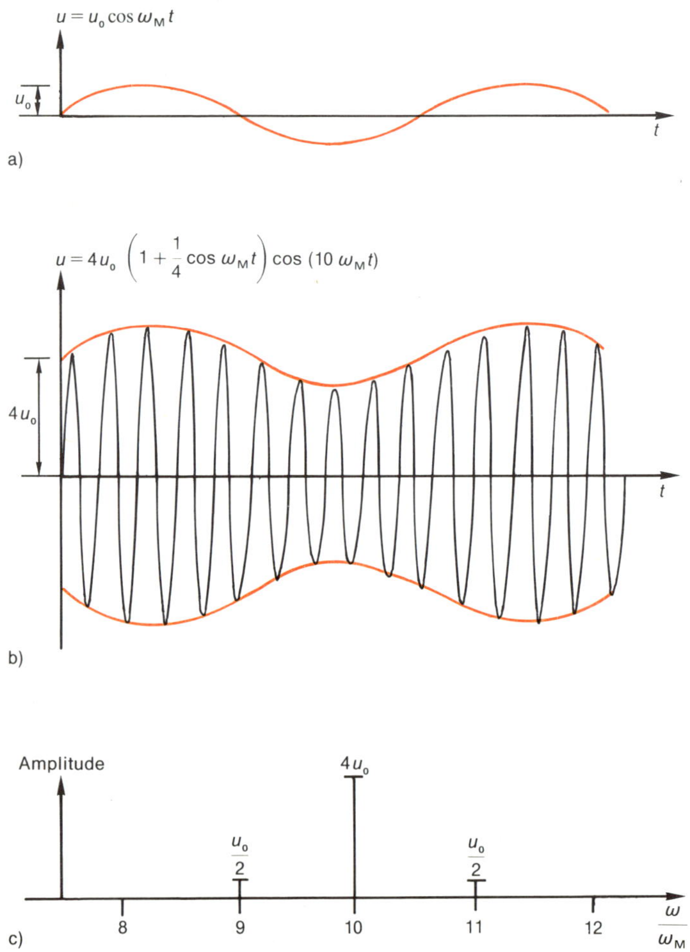

Abb. 9.21 Amplitudenmodulation
a) Modulationsschwingung
b) amplitudenmodulierte Schwingung
c) Frequenzspektrum der amplitudenmodulierten Schwingung

Trägerfrequenz

Anwendung findet das Modulationsprinzip in der Nachrichtentechnik zur Informationsübertragung. Bei der Amplitudenmodulation wird dabei die Amplitude einer harmonischen Trägerschwingung entsprechend der zu übertragenden, die Information enthaltenden Modulationsschwingung beschnitten oder, anders ausgedrückt, moduliert. Dabei wird aus praktischen Gründen die Frequenz der Trägerschwingung (*Trägerfrequenz*, im obigen Beispiel $\nu = \omega/2\pi = (\omega_1 + \omega_2)/4\pi$ entsprechend (9.31e)) sehr groß gegenüber der höchsten zu übertragenden Modulationsfrequenz gewählt. Bei der nachrichtentechnischen Anwendung entsteht also die resultierende Schwingung der Form (9.31) durch Amplitudenmodulation einer hochfrequenten Trägerschwingung, sie ist anharmonisch, und ihr Frequenzspektrum besteht im allgemeinen aus einer Vielzahl von Frequenzen. Im obigen Beispiel enthält das Frequenzspektrum nur die beiden Frequenzen ω_1 und ω_2. Sie unterscheiden sich von der Trägerfrequenz (9.31e) in der Darstellung (9.31) der resultierenden Schwingung und sind explizit aus dieser nicht ersichtlich. In der Praxis ist das Frequenzspektrum einer amplitudenmodulierten Schwingung durch Fourier-Analyse (s. Abschnitt 9.2.1.1) zu ermitteln. In Abb. 9.21 sind für eine amplitudenmodulierte Schwingung die Modulationsschwingung sowie das Frequenzspektrum dargestellt.

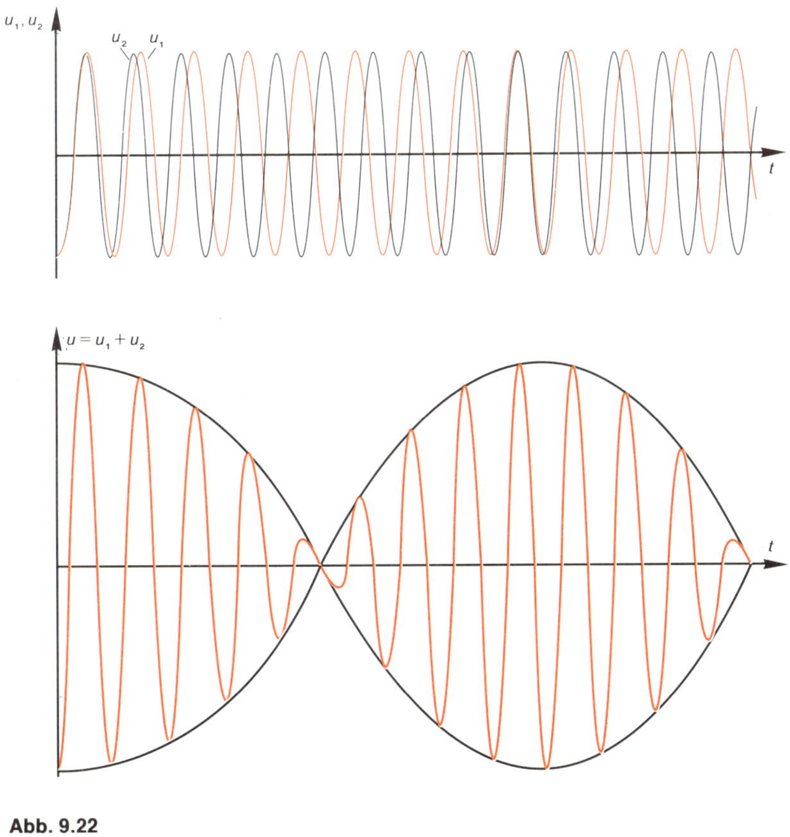

Abb. 9.22
Schwebung, entstanden durch Überlagerung der Schwingungen $u_1 = u_0 \cos \omega_1 t$ und $u_2 = u_0 \cos \omega_2 t$ mit $\omega_1 : \omega_2 = 9:10$

Wir gehen nochmals von der Überlagerung der beiden harmonischen Schwingungen (9.31a) und (9.31b) aus und setzen zusätzlich $\omega_1 \approx \omega_2 \approx \omega$ voraus (Abb. 9.22). Nach (9.31d) folgt für die Modulationskreisfrequenz $\Delta\omega \ll \omega$. Die in Abbildung 9.22 dargestellte resultierende Schwingung nennt man *Schwebung*. Eine Schwebung kann experimentell auch durch Kopplung zweier gleicher Pendel realisiert werden. Im ungekoppelten Zustand schwingen z. B. zwei mathematische Pendel gleicher Fadenlänge mit gleicher Frequenz. Die Kopplung kann erfolgen, indem man die Pendelfäden in gleicher Höhe mit einem Faden verbindet und in dessen Mitte eine Masse anbringt (Abb. 9.23). Stößt man nun eines der Pendel an, dann vollführt es eine Schwebungsschwingung. In dem Maße, wie seine Amplitude abnimmt, nimmt die des zweiten Pendels solange zu, bis die gesamte Schwingungsenergie auf das zweite Pendel übergegangen ist. Die Phasen der Modulationsschwingungen der beiden Pendel sind also um $T/4$ gegeneinander verschoben. Dieses Beispiel einer Schwebung läßt nun bei Bezug auf die Gleichungen (9.31) und (9.31a), (9.31b) die folgende interessante Interpretation zu: Durch eine Kopplung führen zwei gleiche Pendel eine Schwebungsschwingung aus. Die im ungekoppelten Zustand gleichen Eigenfrequenzen spalten dabei in zwei Frequenzen ν_1 und ν_2 auf.

Schwebung

gekoppelte Pendel

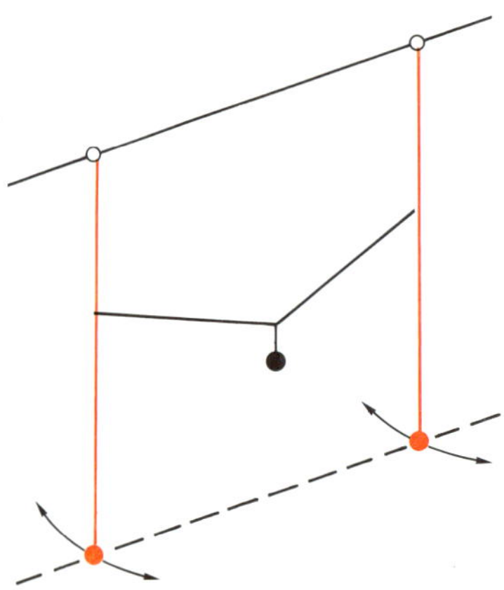

Abb. 9.23 Gekoppelte Pendel

9.2.3 Phasenmodulierte Schwingung

Statt der Amplitude kann auch eine der beiden anderen charakteristischen Größen einer Schwingung, d. h. die Frequenz oder die Phasenkonstante moduliert werden. Beides wird in der Nachrichtentechnik auch praktiziert. Hier soll nur die *Phasenmodulation* betrachtet werden.

Eine Schwingung

$$u = u_0 \cos(\omega_0 t + \varphi) \tag{9.32a}$$

mit periodisch veränderlicher Phase

$$\varphi = \varphi_0 \cos \Delta\omega_\varphi t \quad (\Delta\omega_\varphi \ll \omega_0) \tag{9.32b}$$

wird als *phasenmodulierte Schwingung* bezeichnet:

phasenmodulierte Schwingung

$$u = u_0 \cos(\omega_0 t + \varphi_0 \cos \Delta\omega_\varphi t). \tag{9.32}$$

Die Modulation der Phasenkonstanten bewirkt eine Frequenzänderung der Schwingung. Nach (D 3.5), (9.32b), (A 2.7), (A 2.3) und (A 2.11) ergibt sich

$$\Delta\omega = \frac{d\varphi}{dt} = -\varphi_0 \Delta\omega_\varphi \sin \Delta\omega_\varphi t, \tag{9.33a}$$

womit für die Kreisfrequenz

$$\omega = \omega_0 + \Delta\omega = \omega_0 - \varphi_0 \Delta\omega_\varphi \sin \Delta\omega_\varphi t \tag{9.33}$$

folgt. Nach (9.33a) bedingt die Phasenmodulation (9.32b) die maximale Kreisfrequenzänderung $\Delta\omega_{max} = \varphi_0 \Delta\omega_\varphi$.

Mit (A 1.12) kann für (9.32) auch

$$u(t) = u_0 [\cos\omega_0 t \cos(\varphi_0 \cos \Delta\omega_\varphi t) - \sin\omega_0 t \sin(\varphi_0 \cos \Delta\omega_\varphi t)] \tag{9.32c}$$

geschrieben werden. Nach (S 9.8) kann $u(t)$ als Überlagerung harmonischer Schwingungen aufgefaßt werden. Führt man die entsprechenden Rechnungen durch, so zeigt sich, daß die Fourier-Koeffizienten nicht mehr durch elementare Funktionen darstellbar sind. Auf ihre Berechnung wird daher verzichtet, und es werden nur einige Ergebnisse mitgeteilt: Zur Grundschwingung (*Trägerschwingung*) der Kreisfrequenz ω_0 treten symmetrisch Oberschwingungen (*Seitenschwingungen*) der Kreisfrequenzen $\omega = \omega_0 \pm n\Delta\omega_\varphi$ ($n = 1, 2, 3, \ldots$) hinzu, deren Amplituden mit wachsendem n abnehmen. Die Abnahme der Amplituden mit wachsendem n ist um so ausgeprägter, je kleiner φ_0 ist. Vielfach ist es daher ausreichend, nur die erste Seitenschwingung $\omega = \omega_0 \pm \Delta\omega_\varphi$ zu beachten.

Trägerschwingung
Seitenschwingung

9.3 Darstellung beliebiger Zeitfunktionen durch harmonische Schwingungen

Für beliebige, auch nichtperiodische Zeitfunktionen, wie zum Beispiel den in Abbildung 9.24a dargestellten Rechteckimpuls, folgt aus (A 20.6) mit (A 20.5a) und (A 20.5b):

Jede zeitliche Veränderung einer physikalischen Größe u ist als Überlagerung von harmonischen Schwingungen der Form

$$u(t) = \int_{\omega=0}^{\infty} u_0(\omega) \cos(\omega t + \varphi_\omega)\, d\omega$$

(S 9.9)
Darstellung nichtperiodischer Zeitfunktionen durch periodische

mit

$$u_0(\omega)=\sqrt{a(\omega)^2+b(\omega)^2}\,,$$

$$\tan\varphi_\omega=-\frac{b(\omega)}{a(\omega)}\,,$$

$$a(\omega)=\frac{1}{\pi}\int\limits_{-\infty}^{+\infty}u(t)\cos\omega t\,\mathrm{d}t\,,$$

$$b(\omega)=\frac{1}{\pi}\int\limits_{-\infty}^{+\infty}u(t)\sin\omega t\,\mathrm{d}t$$

darstellbar.

kontinuierliches Frequenzspektrum

Durch (S 9.9) wird eine beliebige Zeitfunktion $u(t)$ in eine Summe von unendlich vielen phasenverschobenen amplitudenmodulierten harmonischen Schwingungen mit *kontinuierlichem* Frequenzspektrum ($0\leqq\omega\leqq\infty$) zerlegt.

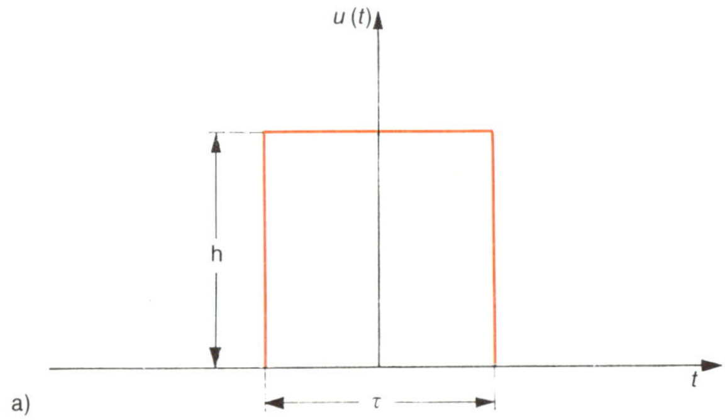

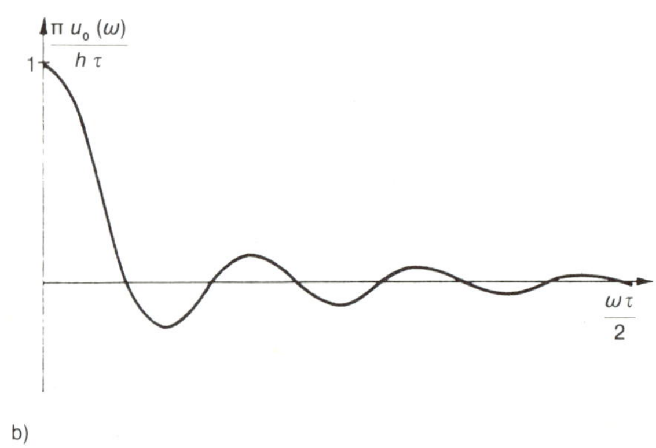

Abb. 9.24
a) Rechteckimpuls
b) Frequenzspektrum des Rechteckimpulses

Bricht ein Schwingungsvorgang beim Zeitpunkt $t = t_0$ plötzlich ab, so ist er nur durch (S 9.9) darstellbar, denn (S 9.8) gilt nur unter Voraussetzung beliebig vieler Wiederholungen des Vorganges, d.h. für zeitlich nicht begrenzte Schwingungsvorgänge. Abbrechende Schwingungsvorgänge besitzen daher stets ein kontinuierliches Frequenzspektrum.

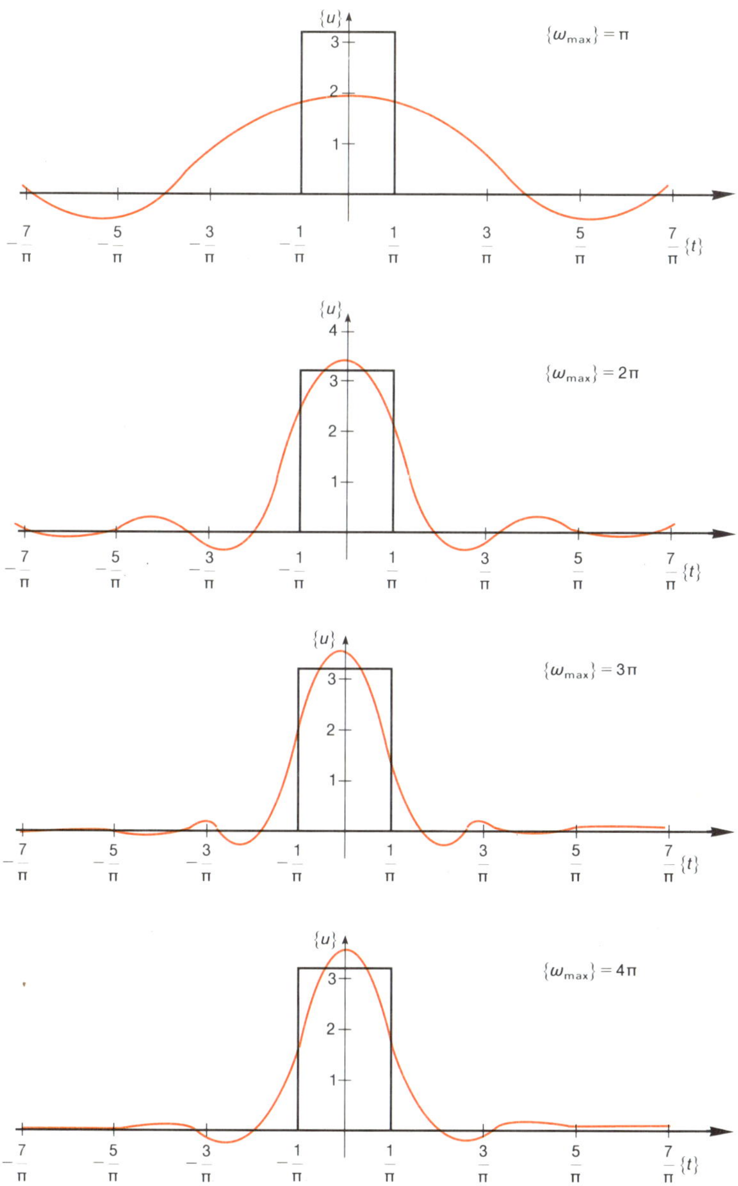

Abb. 9.25
Darstellung der Näherungsfunktion (9.34) eines Rechteckimpulses für verschiedene Kreisfrequenzintervalle $0 \leq \omega \leq \omega_{max}$

Rechteckimpuls

Nach (S 9.9), (A 40.2) und (A 40.2a) ist der in Abbildung 9.24 dargestellte Rechteckimpuls $u(t)$ durch

$$u(t) = \int_{\omega=0}^{\infty} u_0(\omega) \cos \omega t \, \mathrm{d}\omega \tag{9.34}$$

mit

$$u_0(\omega) = \frac{2h}{\pi\omega} \sin \frac{\omega\tau}{2} \tag{9.34a}$$

darstellbar, $u_0(\omega)$ gibt uns die „Amplitude" der zu ω gehörenden Schwingung. In Abbildung 9.24b ist

$$\frac{\pi u_0(\omega)}{h\tau} = \frac{\sin \frac{\omega\tau}{2}}{\frac{\omega\tau}{2}} \quad \text{als Funktion von} \quad \frac{\omega\tau}{2}$$

dargestellt. Das Frequenzspektrum besteht aus kontinuierlichen Bereichen, die an den Nullstellen von $u_0(\omega)$ voneinander getrennt sind.

Nach Abbildung 9.24b nimmt die Amplitude u_0 rasch mit wachsender Kreisfrequenz ω ab. Es ist daher möglich, (9.34) durch ein endliches Kreisfrequenzintervall $0 \leqq \omega \leqq \omega_{\max}$ anzunähern. Abbildung 9.25 zeigt die Näherungsfunktionen für einen Rechteckimpuls mit $\{\tau\} = \frac{2}{\pi}$ und $\{h\} = \pi$ für bestimmte $\{\omega_{\max}\}$.

9.4 Aufgaben

9.1
Ein Zylinder der Masse $m = 100$ g mit einem Querschnitt $A = 1\ \mathrm{cm}^2$ schwimmt senkrecht in einer Flüssigkeit der Dichte ϱ. Wird der Zylinder über seine Gleichgewichtslage hinaus in die Flüssigkeit gedrückt und anschließend losgelassen, so führt er Schwingungen mit einer Schwingungsdauer $T = 2$ s aus, welche als ungedämpft angenommen werden.
Berechnen Sie die Dichte der Flüssigkeit!

9.2
Berechnen Sie für einen an seiner Mantelfläche beweglich befestigten Kreiszylinder mit dem Radius $r = 6{,}54$ cm (siehe Abb.) die Schwingungsdauer für kleine Auslenkungen!

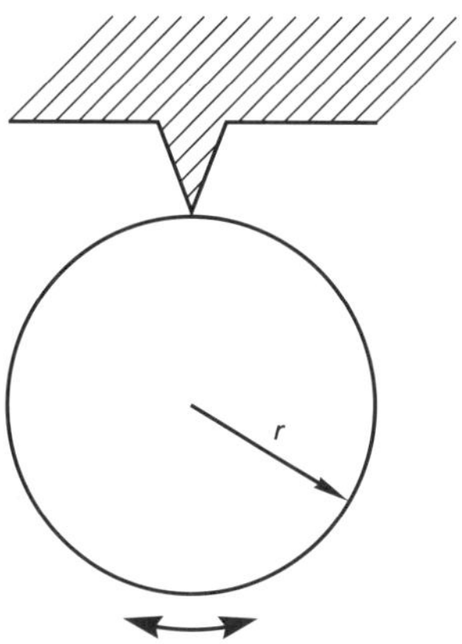

9.3
Eine vertikal angeordnete Stange der Masse $m = 0{,}3$ kg und der Länge $l = 98{,}1$ cm, die mit einer Feder mit der Direktionskonstanten $D = 1$ N/m an einer Wand befestigt ist, sei um die Achse A drehbar gelagert (siehe Abb.). Die Stange soll ungedämpft um ihre Ruhelage mit kleinen Auslenkungen schwingen.

a) Stellen Sie die Bewegungsgleichung für diese Schwingung auf!
b) Berechnen Sie die Periodendauer der Schwingung!

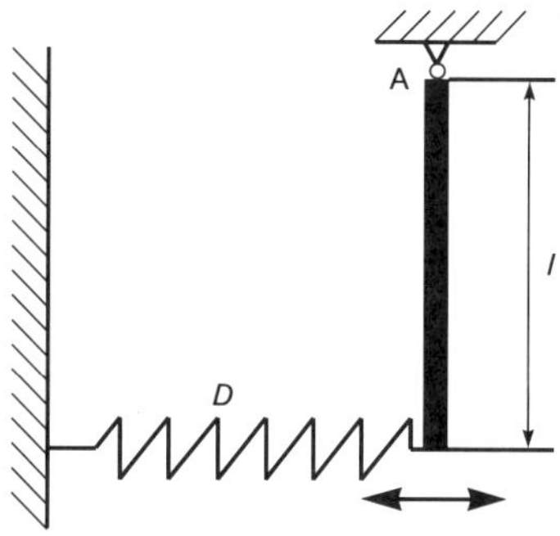

9.4
Ein Pendel führt exponentiell gedämpfte Schwingungen aus. Nach 50 Schwingungen ist die Amplitude auf die Hälfte der Anfangsamplitude x_0 abgefallen. Wie groß ist die Amplitude x_{11} nach der 11. Schwingung im Verhältnis zur Amplitude x_1 der 1. Schwingung?

9.5
Ein Massenpunkt, der eine exponentiell gedämpfte harmonische Schwingung mit einer Periodendauer $T = 2$ s ausführt, hat nach 10 s 50% seiner mechanischen Energie verloren.

a) Wie groß ist das logarithmische Dekrement der Schwingung und welchen Wert hat die Dämpfungskonstante $\delta = R/2m$?
b) Bestimmen Sie die Frequenz ν_0 des ungedämpften Systems unter Verwendung von (9.6b) und (9.17c)!

9.6
Ein schwingungsfähiges System mit der Eigenkreisfrequenz $\omega_0 = 4\ \mathrm{s}^{-1}$ und der Reibungskonstanten $R = 2{,}5$ kg/s wird durch eine periodische Kraft $F(t) = F_0 \cos \omega_{\ddot{a}} t$ mit $F_0 = 10$ N erregt. Die Masse des Schwingers sei $m = 1$ kg. Bestimmen Sie die maximale Amplitude $u_{\max}$ der erzwungenen Schwingung!

9.7

Zwei parallele Schwingungsbewegungen gleicher Amplitude und Phasenkonstante mit den Schwingungsdauern $T_1 = 3\,\mathrm{s}$ und $T_2 = 3{,}1\,\mathrm{s}$ werden überlagert.

Bestimmen Sie von der resultierenden Schwingung die Träger- und die Modulationsfrequenz!

9.8

Gegeben ist die periodische Funktion $y(t) = +a$ für $0 < t < T/2$ und $y(t) = -a$ für $T/2 < t < T$ im Periodenintervall.

a) Bestimmen Sie den mathematischen Ausdruck für die Fourierreihe dieser Funktion!

b) Stellen Sie die ersten drei Glieder der Fourierreihe und deren Summe graphisch dar und vergleichen Sie Ihr Resultat mit der Ausgangsfunktion $y(t)$!

9.9

Eine Stahlkugel fällt aus der Höhe h herab und wird elastisch reflektiert.

a) Bestimmen Sie die Höhe $x(t)$ der Stahlkugel als Funktion der Zeit!

b) Entwickeln Sie die periodische $x(t)$-Abhängigkeit in eine Fourierreihe!

10 Wellen

Häufig stehen schwingungsfähige physikalische Systeme, zum Beispiel eine Reihe gekoppelter Pendel, miteinander in Wechselwirkung. Die Anregung eines der Systeme zu Schwingungen zieht dann auch Schwingungen aller anderen Systeme nach sich: es entsteht eine von System zu System, d.h. eine *räumlich* periodische Veränderung der betreffenden schwingenden physikalischen Größe. Für jedes einzelne System verändert sich die Größe *zeitlich periodisch.*

Räumlich und zugleich zeitlich periodische Vorgänge können aber auch in einem physikalischen Kontinuum ablaufen. Beispielsweise können Temperaturfelder und elektromagnetische Felder (siehe Bd. II) eine räumliche und zeitliche Periodizität aufweisen.

Eine zeitlich und räumlich periodische Veränderung einer physikalischen Größe u heißt Welle.

(D 10.1)
Welle

Durch den Begriff Welle wird ein wichtiger Teilbereich des Raum-Zeit-Geschehens erfaßt. Unabhängig von der Größenart der sich wellenförmig ausbreitenden Größe existieren viele Gemeinsamkeiten, die nachfolgend im Zusammenhang behandelt werden.

10.1 Harmonische Wellen

10.1.1 Mathematische Darstellung, Phasengeschwindigkeit, Wellendifferentialgleichung

Werden eine genügend große Anzahl gleicher mathematischer Pendel aneinander gereiht und die jeweils aufeinander folgenden Pendel in gleicher Weise miteinander gekoppelt, so tritt bei Anregung des ersten Pendels zu harmonischen Schwingungen nach einer Einschwingzeit auch eine räumliche Periodizität der Schwingungszustände der einzelnen Pendel auf, die bei Vernachlässigung der Reibung ebenfalls durch eine Kosinusfunktion beschrieben werden kann.

(D 10.2)
ebene harmonische Welle, harmonische Kugel- und Zylinderwelle

Breitet sich der Schwingungszustand einer physikalischen Größe u in einem Raumpunkt $\boldsymbol{s}$ bzw. $\boldsymbol{r}$ in der zeitlich sich nicht verändernden Richtung $\boldsymbol{n}^0$ aus und ist dabei die zeitliche und räumliche

Periodizität von u darstellbar durch

$$u = u_0 \cos(\omega t - k(\boldsymbol{s} \cdot \boldsymbol{n}^0) + \varphi),$$

$$(\boldsymbol{s} = x\boldsymbol{i} + y\boldsymbol{j} + z\boldsymbol{k},\ \boldsymbol{n}^0 = \mathbf{const})$$

oder

$$u = \frac{u_0}{r} \cos(\omega t - k(\boldsymbol{r} \cdot \boldsymbol{n}^0) + \varphi),$$

$$(\boldsymbol{r} = x\boldsymbol{i} + y\boldsymbol{j} + z\boldsymbol{k},\ \boldsymbol{n}^0 = \pm \boldsymbol{r}^0)$$

oder

$$u = \frac{u_0}{\sqrt{r}} \cos(\omega t - k(\boldsymbol{r} \cdot \boldsymbol{n}^0) + \varphi),$$

$$(\boldsymbol{r} = x\boldsymbol{i} + y\boldsymbol{j},\ \boldsymbol{n}^0 = \pm \boldsymbol{r}^0),$$

dann heißt die Welle ebene harmonische Welle bzw. harmonische Kugelwelle bzw. harmonische Zylinderwelle. $\boldsymbol{n}^0$ heißt Ausbreitungsrichtung oder Wellennormale.

Eine ebene Welle liegt bei der ungehinderten Ausbreitung eines ideal parallelen Lichtbündels vor, eine Kugelwelle bei der ungehinderten Ausbreitung des Lichtes von einer idealen Punktlichtquelle und eine Zylinderwelle bei der ungehinderten Abstrahlung von Licht z.B. durch eine zylindrische Gasentladungslampe.

Wie bei den Schwingungen kann jede beliebige Wellenform als Überlagerung harmonischer Wellen aufgefaßt werden. (siehe (S 10.13)). Dies ist der eigentliche Grund, weswegen wir uns zunächst ausschließlich mit harmonischen Wellen beschäftigen, obwohl alle in der Praxis vorkommenden Wellen anharmonisch sind. Die prinzipiell vorliegende Anharmonizität folgt daraus, daß in jedem von der Welle erfaßten Raumpunkt eine harmonische Schwingung abläuft (s. (10.1 a)). Das wiederum ist aber nach Abschnitt 9.1.4 nur dann der Fall, wenn in jedem dieser Raumpunkte der Einschwingvorgang bereits abgeklungen ist. Im mathematisch exakten Sinn liegt eine harmonische Welle also erst nach dem Abklingen sämtlicher Einschwingvorgänge vor. Das Modell harmonische Welle setzt somit streng genommen ihre räumlich und zeitlich unendliche Ausdehnung voraus, wie es auch ihrer mathematischen Formulierung entspricht.

In Analogie zu (D 9.3) bezeichnet man in (D 10.2) u_0, $\frac{u_0}{r}$ bzw. $\frac{u_0}{\sqrt{r}}$ als

Amplitude
Phase
Phasenkonstante

Amplitude, das Argument der Kosinusfunktion als *Phase* und φ als *Phasenkonstante* dieser Wellen. Die Ortsabhängigkeit der Amplitude der Kugelwelle erklärt sich daraus, daß bei ihr die Energiedichte auf jeder konzentrischen Kugel um den Quellpunkt konstant sein muß. Nun ist die Oberfläche einer Kugel vom Radius r proportional zu r^2, während die Energiedichte einer Welle proportional ihrem Amplitudenquadrat ist ((S 10.6 a)). Konstanz der Energiedichte auf jeder Kugelfläche fordert daher eine zu r^{-1} proportionale Ortsabhängigkeit der Amplitude. Analog erklärt sich die Ortsabhängigkeit der Amplitude der Zylinderwelle.

Betrachtet man einen beliebigen, jedoch festen Ort s_0 (*Ortsdarstellung der Welle*), so kann man in

Ortsdarstellung der Welle

$$u = u_0 \cos(\omega t - k(\boldsymbol{s}_0 \cdot \boldsymbol{n}^0) + \varphi) \tag{10.1}$$

den Ausdruck $-k(\boldsymbol{s}_0 \cdot \boldsymbol{n}^0) + \varphi$ zu einer ortsabhängigen Konstanten $\varphi_1(\boldsymbol{s}_0)$ zusammenfassen:

$$u = u_0 \cos(\omega t + \varphi_1(\boldsymbol{s}_0)). \tag{10.1 a}$$

Zum gleichen Ergebnis kommt man hier und auch in den folgenden Überlegungen, wenn man statt von der ebenen harmonischen Welle von der harmonischen Kugel- bzw. Zylinderwelle ausgeht. An jedem Ort ruft die harmonische Welle eine harmonische Schwingung der Form (10.1 a) hervor. Die zeitliche Periodizität der Welle wird demzufolge durch die wieder als Kreisfrequenz der Welle zu bezeichnende Größe ω erfaßt bzw. nach (9.1) auch durch die Periodendauer T oder die Frequenz ν.

Eine weitere charakteristische Größe einer Welle ist ihre *Wellenlänge*. Sie wird eingeführt durch die Festlegung:

Der in Ausbreitungsrichtung der Welle gemessene Abstand λ zweier Punkte, in denen sich zu einer bestimmten Zeit die Phasen der Welle um 2π unterscheiden, heißt Wellenlänge λ.

(D 10.3)
Wellenlänge λ

Um den Zusammenhang zwischen λ und k aufzufinden, betrachten wir die Wellenfunktion an verschiedenen Orten zur gleichen Zeit $t = t_0$ (*Momentanbild der Welle,* siehe Abb. 10.1).

Momentanbild der Welle

Schreitet man in Ausbreitungsrichtung $\boldsymbol{n}^0$ um die Strecke λ weiter, dann hat sich am Ort $\boldsymbol{s}_2 = \boldsymbol{s}_1 + \lambda \boldsymbol{n}^0$ der Wert der Phase um 2π vermindert:

$$\varphi(\boldsymbol{s}_2) = \varphi(\boldsymbol{s}_1) - 2\pi.$$

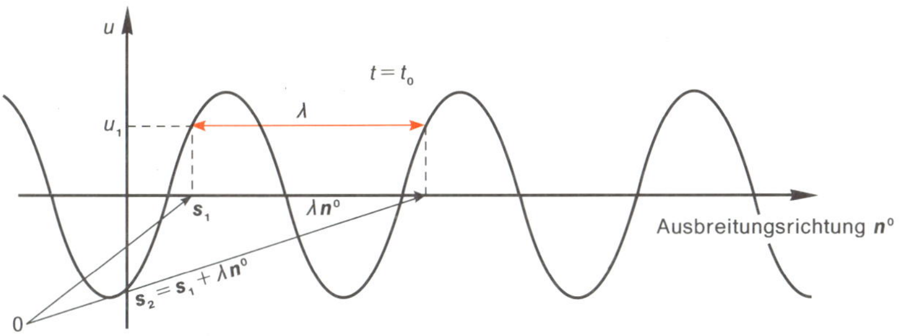

Abb. 10.1
Momentanbild einer ebenen harmonischen Welle mit der Amplitude u_0, der Wellenlänge λ und der Ausbreitungsrichtung $\boldsymbol{n}^0$

Hieraus folgt mit (D 10.2)

$$\omega t_0 - k[(\boldsymbol{s}_1 + \lambda \boldsymbol{n}^0) \cdot \boldsymbol{n}^0] + \varphi = \omega t_0 - k(\boldsymbol{s}_1 \cdot \boldsymbol{n}^0) + \varphi + 2\pi$$

oder mit (A 11.2b), (A 11.3a) und (A 9.3a) $k\lambda = 2\pi$.

(D 10.4)
Kreiswellenzahl k
Ausbreitungsvektor $\boldsymbol{k}$

Die Größe

$$k = \frac{2\pi}{\lambda}$$

heißt Kreiswellenzahl, die Richtung $\boldsymbol{n}^0$ Wellennormale oder Ausbreitungsrichtung der Welle, die Größe

$$\boldsymbol{k} = \frac{2\pi}{\lambda} \boldsymbol{n}^0$$

Ausbreitungsvektor.

Mögliche Maßeinheit: $[k] = \mathrm{m}^{-1}$.

Eine harmonische Welle ist durch ihre Amplitude, Kreisfrequenz, Kreiswellenzahl (oder Wellenlänge), Phasenkonstante und Ausbreitungsrichtung eindeutig bestimmt.

Weiter erweist sich zur Charakterisierung einer Welle nachfolgende Festlegung als nützlich:

(D 10.5)
Phasengeschwindigkeit $\boldsymbol{v}_{\mathrm{ph}}$

Die Geschwindigkeit $\boldsymbol{v}_{\mathrm{ph}}$, mit der sich die Phase der Welle ausbreitet, heißt Phasengeschwindigkeit.

Zur Zeit t_1 liege am Ort $\boldsymbol{s}_1$ ein bestimmter Wert der Phase vor. Zum späteren Zeitpunkt $t_2 > t_1$ (Abb. 10.2) finden wir diesen Wert der Phase am Ort $\boldsymbol{s}_2 = \boldsymbol{s}_1 + \Delta s \boldsymbol{n}^0$ wieder. Nach (D 10.2) gilt

$$\begin{aligned} \omega t_1 - k(\boldsymbol{s}_1 \cdot \boldsymbol{n}^0) + \varphi &= \omega t_2 - k(\boldsymbol{s}_2 \cdot \boldsymbol{n}^0) + \varphi \\ &= \omega t_2 - k((\boldsymbol{s}_1 + \Delta s \boldsymbol{n}^0) \cdot \boldsymbol{n}^0) + \varphi \end{aligned}$$

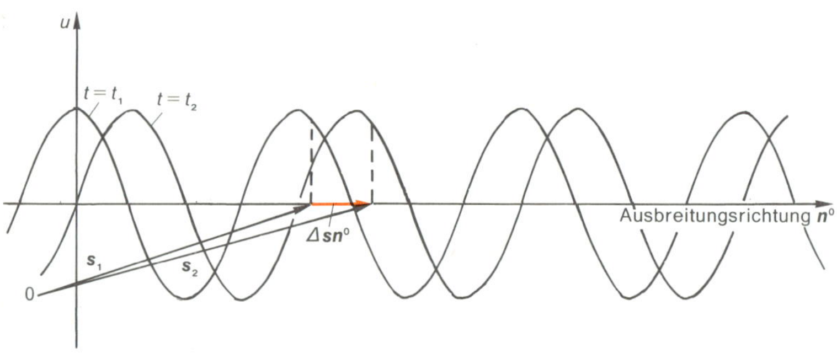

Abb. 10.2
Zur Herleitung der Phasengeschwindigkeit
—— Momentanbild der Welle zur Zeit t_1 bzw. zur Zeit $t_2 > t_1$

oder bei Beachtung von (D 10.5), $\boldsymbol{v} = \mathrm{d}\boldsymbol{s}/\mathrm{d}t$ ((D 3.4)), $\omega = 2\pi\nu$ ((9.1)), $k = 2\pi/\lambda$ ((D 10.4)), (A 11.2b), (A 11.3a) und (A 9.3a)

$$v_{ph} = \frac{\Delta s}{t_2 - t_1} = \frac{\omega}{k} = \lambda\nu\,.$$

Da in vorstehender Beziehung $v_{ph} > 0$ und $t_2 - t_1 > 0$ gilt, muß auch $\Delta s > 0$ gelten. Die Wellenphase breitet sich demnach in Richtung $\boldsymbol{n}^0$ aus.

Die Phasengeschwindigkeit einer Welle beträgt

$$\boldsymbol{v}_{ph} = \frac{\omega}{k}\boldsymbol{n}^0 = \lambda\nu\boldsymbol{n}^0\,.$$

(S 10.1)
Betrag und Richtung der Phasengeschwindigkeit

Man beachte, daß die Phasengeschwindigkeit lediglich die Ausbreitungsgeschwindigkeit der Wellenphase bestimmt, damit also noch keine Aussage über die Geschwindigkeit getroffen ist, mit welcher ein Signal von der Welle übertragen wird. Da nach (D 10.2) eine harmonische Welle weder einen Anfang noch ein Ende besitzt, sind derartige Wellen zur Signalübertragung ungeeignet. Wir werden uns mit der Frage der Signalübermittlung und -geschwindigkeit im Zusammenhang in Abschnitt 10.2.2 beschäftigen.

Eine weitere Klassifizierung der Wellen bekommt man durch die Charakterisierung ihrer Flächen konstanter Phase und Amplitude.

Sind die Flächen konstanter Phase einer Welle

parallele Ebenen	, dann heißt die Welle	ebene Welle
Kugelflächen mit einem gemeinsamen Zentrum		Kugelwelle
Zylinderflächen mit einer gemeinsamen Achse		Zylinderwelle.

Stimmen ihre Flächen konstanter Phase mit denen konstanter Amplitude überein, dann heißt die Welle homogen, sonst inhomogen.

(D 10.6)
ebene Welle
Kugelwelle
Zylinderwelle
homogene Welle

Wir wollen die Klassifizierung der in (D 10.2) dargestellten harmonischen Wellen vornehmen.

Zu einem beliebigen, aber festen Zeitpunkt t_0 sind die der Welle

$$u = u_0 \cos(\omega t - k(\boldsymbol{s}\cdot\boldsymbol{n}^0) + \varphi),$$
$$(\boldsymbol{s} = x\boldsymbol{i} + y\boldsymbol{j} + z\boldsymbol{k},\ \boldsymbol{n}^0 = \mathbf{const}) \qquad (10.2)$$

zuzuordnenden Flächen konstanter Phase gegeben durch

$$\omega t_0 - k(\boldsymbol{s}\cdot\boldsymbol{n}^0) + \varphi = \text{const}$$

oder, da ω, t_0, k und φ selbst konstante Größen sind, darstellbar durch

$$\boldsymbol{s}\cdot\boldsymbol{n}^0 = \text{const.} \qquad (10.2a)$$

Die Flächen konstanter Phase sind zueinander parallele Ebenen mit der Ausbreitungsrichtung $\boldsymbol{n}^0$ der Welle als Normalenvektor (vgl. (A 21.1)), d.h. Ebenen senkrecht zur Ausbreitungsrichtung $\boldsymbol{n}^0$ (Abb. 10.3a). Da nach (10.2) die Amplitude der Welle auf diesen Ebenen ebenfalls konstant ist, ist (10.2) die mathematische Darstellung einer *homogenen ebenen harmonischen* Welle, die sich in Richtung $\boldsymbol{n}^0$ fortpflanzt.

homogene ebene harmonische Welle

Vielfach wird als Fortpflanzungsrichtung der ebenen harmonischen Welle die positive z-Richtung eines kartesischen Koordinatensystems gewählt. Bei Beachtung von (A 11.5) schreibt sich (10.2) dann

$$u = u_0 \cos(\omega t - kz + \varphi). \tag{10.2b}$$

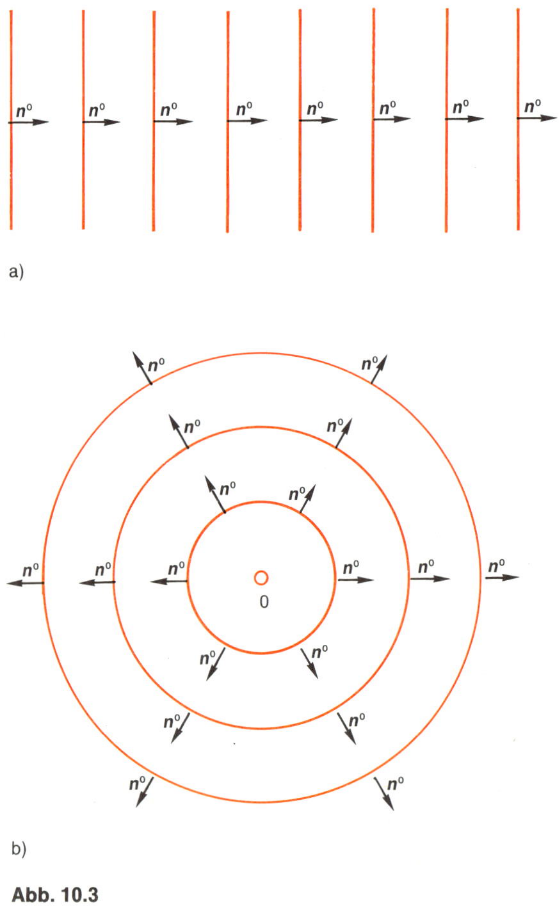

Abb. 10.3
a) Schnittlinien der Flächen konstanter Phase einer ebenen Welle mit der Papierebene
b) Schnittlinien der Flächen konstanter Phase einer Kugelwelle oder Zylinderwelle (bzw. Kreiswelle) mit der Papierebene. 0 Wellenzentrum der Kugel- bzw. Kreiswelle oder Durchstoßungspunkt der Zylinderachse der Zylinderwelle durch die Papierebene

Zu einem beliebigen, aber festen Zeitpunkt t_0 sind die der Welle

$$u = \frac{u_0}{r} \cos(\omega t - k(\boldsymbol{r} \cdot \boldsymbol{n}^0) + \varphi),$$

$$(\boldsymbol{r} = x\boldsymbol{i} + y\boldsymbol{j} + z\boldsymbol{k}, \ \boldsymbol{n}^0 = \pm \boldsymbol{r}^0) \tag{10.3}$$

zuzuordnenden Flächen konstanter Phase gegeben durch

$$\omega t_0 - k(\boldsymbol{r} \cdot \boldsymbol{n}^0) + \varphi = \text{const}$$

oder, da $\boldsymbol{n}^0 = \pm \boldsymbol{r}^0$ und $\boldsymbol{r} = x\boldsymbol{i} + y\boldsymbol{j} + z\boldsymbol{k}$ gilt und ω, t_0, k und φ selbst Konstanten sind, nach (A 11.5) und (A 11.6) durch

$$r = \sqrt{x^2 + y^2 + z^2} = \text{const.} \tag{10.3a}$$

Die Flächen konstanter Phase sind Kugelflächen mit dem gemeinsamen Zentrum $r = 0$ (*Wellenzentrum*). Der Ausbreitungsvektor $\boldsymbol{n}^0$ der Welle steht auf diesen Flächen senkrecht (Abb. 10.3b). Da nach (10.3) die der Welle zuzuordnenden Flächen konstanter Amplitude $\frac{u_0}{r} = \text{const}$ oder $r = \text{const}$ mit den Kugelflächen (10.3a) identisch sind, bezeichnet man (10.3) als *homogene harmonische Kugelwelle*.

Wellenzentrum

homogene harmonische Kugelwelle

Zumeist interessiert der Fall, daß die Kugelwelle vom Wellenzentrum $r = 0$ ausgeht (z.B. das Licht einer punktförmigen Lichtquelle). Es gilt dann $\boldsymbol{n}^0 = \boldsymbol{r}^0$, und (10.3) erhält mit (A 11.1) die Form

$$u = \frac{u_0 \cos(\omega t - kr + \varphi)}{r}. \tag{10.3b}$$

Dieser Fall ist in Abbildung 10.3b dargestellt.

Zum beliebigen, aber festen Zeitpunkt t_0 sind die der Welle

$$u = \frac{u_0}{\sqrt{r}} \cos(\omega t - k(\boldsymbol{r} \cdot \boldsymbol{n}^0) + \varphi),$$

$$(\boldsymbol{r} = x\boldsymbol{i} + y\boldsymbol{j}, \ \boldsymbol{n}^0 = \pm \boldsymbol{r}^0) \tag{10.4}$$

zuzuordnenden Flächen konstanter Phase gegeben durch

$$\omega t_0 - k(\boldsymbol{r} \cdot \boldsymbol{n}^0) + \varphi = \text{const}$$

oder, da $\boldsymbol{n}^0 = \pm \boldsymbol{r}^0$ und $\boldsymbol{r} = x\boldsymbol{i} + y\boldsymbol{j}$ gilt und ω, t_0, k und φ selbst konstante Größen sind, nach (A 11.5) und (A 11.6) darstellbar durch

$$r = \sqrt{x^2 + y^2} = \text{const.} \tag{10.4a}$$

Die Flächen konstanter Phase sind Zylinderflächen mit der z-Achse als gemeinsamer Achse. Der Ausbreitungsvektor steht auf diesen Flächen senkrecht (Abb. 10.3b). Da nach (10.4) die der Welle zuzuordnenden Flächen konstanter Amplitude $\frac{u_0}{\sqrt{r}} = \text{const}$ oder $r = \text{const}$ mit den Zylinderflächen (10.4a) identisch sind, bezeichnet man (10.4) als *homogene harmonische Zylinderwelle*.

homogene harmonische Zylinderwelle

Kann sich die Welle nur in der Ebene $z = z_0$ fortpflanzen, so gehen die Zylinderflächen (10.4a) in konzentrische Kreise um den Punkt $x = 0$, $y = 0$, $z = z_0$ (Wellenzentrum) über. Man spricht in diesem Sonderfall von einer *harmonischen Kreiswelle*. Derartige Wellen findet man u.a. in der vielfach im Schulunterricht benutzten Wellenwanne.

homogene harmonische Kreiswelle
Wellenwanne

Zumeist interessiert der Fall, daß die Zylinderwelle von der Zylinderachse $r = 0$ ausgeht. Es gilt dann $\boldsymbol{n}^0 = \boldsymbol{r}^0$, und (10.4) lautet

$$u = \frac{u_0 \cos(\omega t - kr + \varphi)}{\sqrt{r}}. \tag{10.4b}$$

Dieser Fall ist in Abbildung 10.3b dargestellt.

Wir betrachten die Welle

$$u = u_0 \, e^{-ax} \cos(\omega t - kz + \varphi). \tag{10.5}$$

Die ihr zuzuordnenden Flächen konstanter Phase sind Ebenen senkrecht zur z-Achse, die ihr zuzuordnenden Flächen konstanter Amplitude $u_0 \, e^{-ax} = \text{const}$ dagegen Ebenen senkrecht zur x-Achse. Nach (D 10.6) ist diese Welle als *inhomogene harmonische ebene Welle* zu bezeichnen. Derartige Wellen treten z.B. bei der Totalreflexion von Licht in der Trennebene der beiden optischen Medien auf. Die Ausbreitungsrichtung z liegt dabei in der Trennebene, die zu ihr senkrechte positive x-Richtung weist in das brechende Medium hinein (Näheres s. Bd. II).

inhomogene harmonische ebene Welle

Vielfach wird bei der Einteilung der Wellen auf den besonderen Zusatz „homogen“ verzichtet und nur die Inhomogentität einer Welle besonders hervorgehoben. Im weiteren wollen wir uns dieser Bezeichnungsweise anschließen.

In großer Entfernung vom Wellenzentrum einer Kugel- oder Zylinderwelle lassen sich unter gewissen Voraussetzungen (z.B. bei Betrachtung nur eines kleinen Teiles der Phasenfläche) die Flächen konstanter Phase durch Ebenen ersetzen, das heißt, die Kugel- oder Zylinderwelle läßt sich dann durch eine ebene Welle annähern. So kann zum Beispiel das Sonnenlicht in Erdnähe in sehr guter Näherung als ebene Welle angesehen werden.

Zur Behandlung von Überlagerungen harmonischer Wellen wird zweckmäßig in Analogie zum Vorgehen in (S 9.1) eine komplexe Darstellung angewendet.

(S 10.2)
komplexe Darstellung harmonischer Wellen

Für lineare Operationen kann die Wellenfunktion u im Fall einer ebenen harmonischen Welle durch die komplexe Darstellung

$$\hat{u} = u_0 \, e^{i(\omega t - k(\boldsymbol{s} \cdot \boldsymbol{n}^0) + \varphi)},$$

$$(\boldsymbol{s} = x\boldsymbol{i} + y\boldsymbol{j} + z\boldsymbol{k}, \ \boldsymbol{n}^0 = \textbf{const}),$$

für den Fall einer harmonischen Kugelwelle durch die komplexe Darstellung

$$\hat{u} = \frac{u_0 \, e^{i(\omega t - k(\boldsymbol{r} \cdot \boldsymbol{n}^0) + \varphi)}}{r},$$

$$(\boldsymbol{r} = x\boldsymbol{i} + y\boldsymbol{j} + z\boldsymbol{k}, \; \boldsymbol{n}^0 = \pm \boldsymbol{r}^0)$$

und im Fall der harmonischen Zylinderwelle durch die komplexe Darstellung

$$\hat{u} = \frac{u_0 \, e^{i(\omega t - k(\boldsymbol{r} \cdot \boldsymbol{n}^0) + \varphi)}}{\sqrt{r}},$$

$$(\boldsymbol{r} = x\boldsymbol{i} + y\boldsymbol{j}, \; \boldsymbol{n}^0 = \pm \boldsymbol{r}^0)$$

ersetzt werden. Physikalische Bedeutung besitzt jeweils nur der Realteil von $\hat{u}$.

In Analogie zu (D 9.4) wird festgelegt:

(D 10.7) komplexe Amplitude $\hat{u}_0$

$$\hat{u}_{0E} = u_0 \, e^{i\varphi}$$

heißt komplexe Amplitude der ebenen harmonischen Welle,

$$\hat{u}_{0K} = \frac{u_0 \, e^{i\varphi}}{r}$$

komplexe Amplitude der harmonischen Kugelwelle und

$$\hat{u}_{0Z} = \frac{u_0 \, e^{i\varphi}}{\sqrt{r}}$$

komplexe Amplitude der harmonischen Zylinderwelle.

Breitet sich die ebene Welle in positiver z-Richtung aus, so geht unter Beachtung von (A 11.5) der erste Ausdruck in (S 10.2) über in

$$\hat{u} = u_0 \, e^{i(\omega t - kz + \varphi)}. \tag{10.2c}$$

Für eine vom Wellenzenturm $r = 0$ ausgehende Kugel- bzw. Zylinderwelle folgt unter Beachtung von (A 11.3a) und (A 9.3a) aus (S 10.2)

$$\hat{u} = \frac{u_0 \, e^{i(\omega t - kr + \varphi)}}{r} \tag{10.3c}$$

bzw.

$$\hat{u} = \frac{u_0 \, e^{i(\omega t - kr + \varphi)}}{\sqrt{r}}. \tag{10.4c}$$

Da die zeitliche Integration bzw. Differentiation einer harmonischen

Welle eine lineare Operation darstellt, lassen sich nach (S 9.2) diese Operationen mit der komplexen Darstellung der harmonischen Wellen durchführen.

Mit $\boldsymbol{s} \cdot \boldsymbol{n}^0 = x n_x^0 + y n_y^0 + z n_z^0$ (vgl. (A 10.5) und (2.3)) folgt aus (S 10.2) durch Differentiation der ebenen Welle (vgl. (A 2.7), (A 2.14a), (A 2.9) und (A 8.6a)):

$$\frac{\partial \hat{u}}{\partial t} = \mathrm{i}\omega \hat{u},$$

$$\frac{\partial \hat{u}}{\partial x} = -\mathrm{i}k n_x^0 \hat{u},$$

$$\frac{\partial^2 \hat{u}}{\partial t^2} = -\omega^2 \hat{u}, \tag{10.6a}$$

$$\frac{\partial^2 \hat{u}}{\partial x^2} = -k^2 n_x^{02} \hat{u}, \tag{10.6b}$$

$$\frac{\partial^2 \hat{u}}{\partial y^2} = -k^2 n_y^{02} \hat{u}, \tag{10.6c}$$

$$\frac{\partial^2 \hat{u}}{\partial z^2} = -k^2 n_z^{02} \hat{u}. \tag{10.6d}$$

Werden noch $n_x^{02} + n_y^{02} + n_z^{02} = 1$ (vgl. (A 11.6a)) und (S 10.1) beachtet, so ergibt sich nach (10.6a) bis (10.6d) für die harmonische Welle der Phasengeschwindigkeit v_{ph} die Differentialgleichung

Wellendifferentialgleichung

$$\frac{\partial^2 u}{\partial x^2} + \frac{\partial^2 u}{\partial y^2} + \frac{\partial^2 u}{\partial z^2} - \frac{1}{v_{\mathrm{ph}}^2}\frac{\partial^2 u}{\partial t^2} = 0. \tag{10.6}$$

Vorstehende Differentialgleichung heißt *Wellendifferentialgleichung*. Jede physikalische Größe u, die ihr genügt, ist durch eine harmonische Welle der Phasengeschwindigkeit v_{ph} darstellbar.

Auch Kugel- und Zylinderwellen sind mögliche Lösungen von (10.6). Man erkennt dies, wenn man die Wellendifferentialgleichung (10.6) von kartesischen auf Kugel- oder Zylinderkoordinaten umschreibt und (10.3c) bzw. (10.4c) einsetzt.

(S 10.3) Alle harmonischen Wellen genügen der Wellendifferentialgleichung

Genügt die physikalische Größe $u(t, x, y, z)$ der Differentialgleichung

$$\frac{\partial^2 u}{\partial x^2} + \frac{\partial^2 u}{\partial y^2} + \frac{\partial^2 u}{\partial z^2} - \frac{1}{v_{\mathrm{ph}}^2}\frac{\partial^2 u}{\partial t^2} = 0,$$

so ist ihre zeitliche und räumliche Abhängigkeit in Form einer homogenen harmonischen Welle darstellbar.

10.1.2 Mechanische Wellen

10.1.2.1 Harmonische Wellen längs einer gespannten Saite unendlicher Länge

Eine Saite der Dichte ϱ und des Querschnittes A werde zwischen zwei unendlich entfernten Punkten eingespannt. Die Saitenspannung betrage $\sigma = \dfrac{F}{A}$. Wir wählen die Richtung der gespannten Saite als z-Achse eines kartesischen Koordinatensystems und betrachten ein Saitenelement der Länge $\mathrm{d}z$ zwischen den Koordinaten z und $z + \mathrm{d}z$. Da von einer Längenänderung der Saite als Folge einer Auslenkung abgesehen werden kann, gilt für den Betrag der Kraft $F(z + \mathrm{d}z) = F(z) = F$. Lenkt man das Saitenelement $\mathrm{d}z$ senkrecht zur Richtung z aus (x-Richtung in Abb. 10.4), dann folgt für die rücktreibende Kraft

$$\begin{aligned} \mathrm{d}\boldsymbol{F}_x &= \boldsymbol{F}_x(z + \mathrm{d}z) + \boldsymbol{F}_x(z) \\ &= (F \sin\alpha - F \sin(\alpha + \mathrm{d}\alpha))\,\boldsymbol{i} \end{aligned}$$

oder, wenn man nur so kleine Auslenkungen betrachtet, daß nach (A 3.3) $\sin\alpha \approx \alpha$ gesetzt werden kann,

$$\mathrm{d}\boldsymbol{F}_x = -F\,\mathrm{d}\alpha\,\boldsymbol{i}. \qquad (10.7\mathrm{a})$$

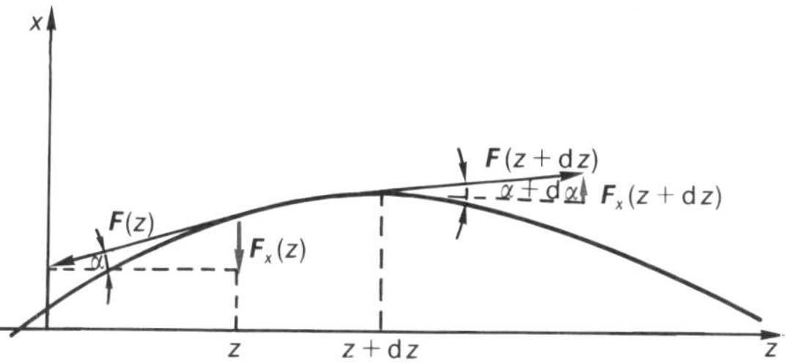

Abb. 10.4
Auslenkung einer in z-Richtung vorgespannten Saite. Die Kraft $\boldsymbol{F}_x$ wirkt der Auslenkung eines Saitenelementes entgegen

Weiter gilt (vgl. Abb. 10.4, (A 3.3), (A 3.4), (A 1.1), (A 2.2) und (A 2.22)) $\tan\alpha = \dfrac{\partial x}{\partial z} \approx \alpha$ und damit $\mathrm{d}\alpha = \dfrac{\partial^2 x}{\partial z^2}\,\mathrm{d}z$. Für (10.7a) kann daher

$$\mathrm{d}\boldsymbol{F}_x = -F\,\frac{\partial^2 x}{\partial z^2}\,\mathrm{d}z\,\boldsymbol{i} \qquad (10.7\mathrm{b})$$

geschrieben werden. Die Masse des betrachteten Saitenelementes beträgt nach (5.1) $\mathrm{d}m = A\varrho\,\mathrm{d}z$. Die Kraft $\mathrm{d}\boldsymbol{F}_x$ ist damit nach $\mathrm{d}\boldsymbol{F} = \mathrm{d}m\,\dfrac{\partial^2 x}{\partial t^2}\,\boldsymbol{i}$ ((3.13)) auch durch

$$\mathrm{d}\boldsymbol{F}_x = A\varrho \frac{\partial^2 x}{\partial t^2} \mathrm{d}z\,\boldsymbol{i} \tag{10.7c}$$

gegeben. Elimination von $\mathrm{d}\boldsymbol{F}_x$ aus den Beziehungen (10.7b) und (10.7c) ergibt zur Berechnung der Auslenkung $x(t, z)$ des Saitenelementes aus seiner Ruhelage die Differentialgleichung

$$\frac{\partial^2 x}{\partial z^2} - \frac{A\varrho}{F} \frac{\partial^2 x}{\partial t^2} = 0 \tag{10.7d}$$

oder, wenn noch zur Abkürzung

Phasengeschwindigkeit der transversalen Auslenkungswelle längs einer gespannten Saite

$$v_{\mathrm{ph}} = \sqrt{\frac{F}{A\varrho}} = \sqrt{\frac{\sigma}{\varrho}} \tag{10.7e}$$

gesetzt wird,

$$\frac{\partial^2 x}{\partial z^2} - \frac{1}{v_{\mathrm{ph}}^2} \frac{\partial^2 x}{\partial t^2} = 0\,. \tag{10.7}$$

Die Auslenkung x des Saitenelementes $\mathrm{d}z$ aus der Ruhelage genügt der Wellendifferentialgleichung (10.6). Da durch $\mathrm{d}z$ ein völlig beliebiges Saitenelement festgelegt wird, gilt die Aussage (10.7) für jede Stelle der Saite. Die Auslenkung der Saite pflanzt sich nach (S 10.3) in Form einer harmonischen Welle mit der Phasengeschwindigkeit (10.7e)

$$v_{\mathrm{ph}} = \sqrt{\frac{\sigma}{\varrho}}$$

fort.

Die Ausbreitungsrichtung der Welle steht senkrecht zur Auslenkung des Saitenelementes (Transversalwelle).

(D 10.8)
Longitudinalwellen
Transversalwellen

Schwingt die sich wellenförmig ausbreitende Größe u parallel zur Ausbreitungsrichtung der Welle, so heißt die Welle Longitudinalwelle, schwingt u senkrecht zur Ausbreitungsrichtung, so heißt sie Transversalwelle.

Viele Wellen sind weder reine Transversalwellen noch reine Longitudinalwellen. Da aber in der Regel Transversal- und Longitudinalanteil einer Welle verschiedene Phasengeschwindigkeiten besitzen (vgl. z.B. die Phasengeschwindigkeit der longitudinalen Schallwelle im zylindrischen Stab mit der Phasengeschwindigkeit der transversalen Torsionswelle im zylindrischen Stab (S 10.4)), können Transversal- und Longitudinalanteil der Welle als gesonderte Wellen aufgefaßt werden. Es ist daher physikalisch sinnvoll, sich im weiteren auf die Betrachtung von reinen Transversal- oder reinen Longitudinalwellen zu beschränken.

10.1.2.2 Schallwellen

10.1.2.2.1 *Schallwellen in festen Körpern*

Wir betrachten einen unendlich langen, isotropen zylindrischen Stab mit dem Querschnitt A, dem Elastizitätsmodul E und der Dichte ϱ. Die Zylinderachse wählen wir als z-Achse eines eindimensionalen Koordinatensystems. Durch eine in z-Richtung wirkende äußere Kraft $\boldsymbol{F}$ werde der Stab gedehnt oder gestaucht und anschließend sich selbst überlassen. Dadurch entsteht in ihm eine von Ort zu Ort verschiedene Spannung $\sigma = f(z)$.

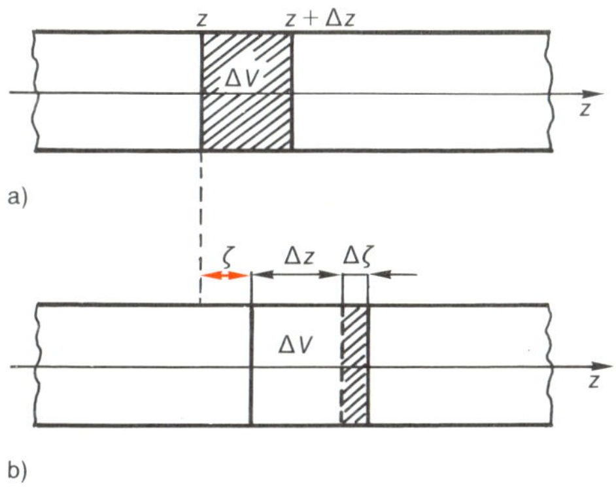

Abb. 10.5
a) Lage und Größe eines Volumenelementes ΔV im spannungsfreien Zustand
b) Lage und Größe des gleichen Volumenelementes ΔV bei Vorliegen einer Spannung

Fortpflanzung von Dehnungszuständen in einem stabförmigen Festkörper

Ein willkürlich ausgewähltes Volumenelement ΔV des Zylinders liege im spannungsfreien Zustand des Stabes zwischen den Koordinaten z und $z + \Delta z$ (siehe Abb. 10.5a). Durch die Spannung σ wird dieses Volumenelement von der Stelle z um die Strecke ζ zur Stelle $z + \zeta$ verschoben und gleichzeitig seine Länge Δz auf $\Delta z + \Delta\zeta$ gedehnt (siehe Abb. 10.5b). Nach dem Hookeschen Gesetz $\sigma = E\varepsilon_n$ ((S 6.1)) und der Normaldehnung $\varepsilon_n = \Delta\zeta/\Delta z$ ((D 6,2)) unterliegt das Volumenelement der mittleren Spannung

$$\bar{\sigma} = E\,\frac{\Delta\zeta}{\Delta z}, \tag{10.8a}$$

woraus für die Spannung an der Stelle $z + \zeta$ (vgl. Abb. 10.6b und (A 2.20))

$$\sigma(z+\zeta) = \lim_{\Delta z \to 0} E\,\frac{\Delta\zeta}{\Delta z} = E\,\frac{\partial\zeta}{\partial z} \tag{10.8b}$$

folgt. Nach (10.8b) greift an der Begrenzung des Volumenelementes

$\mathrm{d}V = A\,\mathrm{d}z$ am Ort $z+\mathrm{d}z+\zeta+\mathrm{d}\zeta$ (vgl. Abb. 10.6b und (A 3.1)) die Spannung

$$\sigma(z+\mathrm{d}z+\zeta+\mathrm{d}\zeta) = E\frac{\partial\zeta}{\partial z} + \mathrm{d}\left(E\frac{\partial\zeta}{\partial z}\right) = E\frac{\partial\zeta}{\partial z} + E\frac{\partial^2\zeta}{\partial z^2}\,\mathrm{d}z \qquad (10.8\mathrm{c})$$

an, woraus mit (10.8b) für die Gesamtspannung am Volumenelement

$$\sigma(z+\mathrm{d}z+\zeta+\mathrm{d}\zeta) - \sigma(z+\zeta) = E\frac{\partial^2\zeta}{\partial z^2}\,\mathrm{d}z \qquad (10.8\mathrm{d})$$

oder mit $\mathrm{d}\sigma = \mathrm{d}F/A$ ((D 6.1)) für die resultierende Kraft

$$d\boldsymbol{F} = EA\frac{\partial^2\zeta}{\partial z^2}\,\mathrm{d}z\,\boldsymbol{k} \qquad (10.8\mathrm{e})$$

folgt.

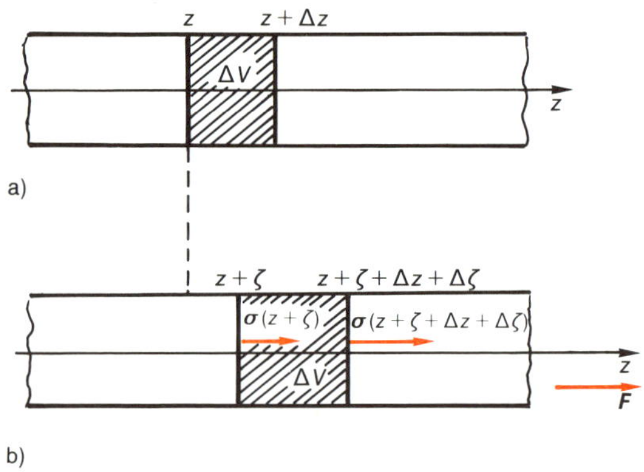

Abb. 10.6
a) Stab ohne Spannung
b) Stab mit Spannung

Das Volumenelement $\mathrm{d}V$ besitzt nach Gleichung (5.1) die Masse $\mathrm{d}m = \varrho\,\mathrm{d}V = \varrho A\,\mathrm{d}z$, womit für die Kraft $\mathrm{d}\boldsymbol{F}$ nach (3.7) auch

$$\mathrm{d}\boldsymbol{F} = \mathrm{d}m\frac{\partial^2\zeta}{\partial t^2}\boldsymbol{k} = \varrho A\,\mathrm{d}z\frac{\partial^2\zeta}{\partial t^2}\boldsymbol{k} \qquad (10.8\mathrm{f})$$

geschrieben werden kann.

Elimination von $\mathrm{d}\boldsymbol{F}$ aus (10.8e) und (10.8f) ergibt für die Koordinate ζ der Auslenkung des Volumenelementes aus seiner Ruhelage die Differentialgleichung

$$\frac{\partial^2\zeta}{\partial z^2} - \frac{\varrho}{E}\frac{\partial^2\zeta}{\partial t^2} = 0 \qquad (10.8\mathrm{g})$$

oder, wenn noch zur Abkürzung

$$v_{\mathrm{ph}}^2 = \frac{E}{\varrho} \qquad (10.8\mathrm{h})$$

gesetzt wird,

$$\frac{\partial^2 \zeta}{\partial z^2} - \frac{1}{v_{ph}^2} \frac{\partial^2 \zeta}{\partial t^2} = 0. \qquad (10.8)$$

Die Auslenkung ζ des Volumenelementes dV aus der Ruhelage genügt der Wellendifferentialgleichung (10.6). Da z eine völlig beliebige Stelle im Körper festlegt, gilt die Aussage (10.8) für jeden Körperpunkt. Nach (S 10.3) pflanzt sich die Störung (Dichteschwankung) im Körper in Form einer Welle fort, deren Phasengeschwindigkeit durch (10.8) festgelegt ist. Als Bezeichnung für derartige Wellen führen wir ein:

Die wellenförmige Fortpflanzung von Druck- bzw. Dichteschwankungen in elastischen Medien heißt Schallwelle, die Phasengeschwindigkeit der Schallwelle Schallgeschwindigkeit.

(D 10.9)
Schallwelle
Schallgeschwindigkeit

Die Ausbreitungsrichtung der vorstehend betrachteten Schallwelle entspricht der Verschiebungsrichtung ζ des Volumenelementes, d.h. nach (D 10.8), es handelt sich um eine longitudinale Schallwelle.

Für ein unendlich ausgedehntes Medium folgt – wie hier ohne Beweis mitgeteilt werden soll – für v_{ph} statt (10.8h) wegen der nun noch zu berücksichtigenden Querkontraktion (vgl. Abschnitt 6.1.1) die Beziehung

$$v_{ph}^2 = \frac{E(1-\mu)}{\varrho(1+\mu)(1-2\mu)}. \qquad (10.8i)$$

In einem Stab können sich auch Verdrillungen in Form einer *Torsionswelle* fortpflanzen. Diese Torsionswelle ist eine transversale Schallwelle. Ihre Phasengeschwindigkeit gewinnt man nach (S 6.1), wenn man in (10.8h) den Elastizitätsmodul durch den Torsionsmodul ersetzt:

Torsionswelle

$$v_{ph}^2 = \frac{\Phi}{\varrho}. \qquad (10.8k)$$

In einem festen isotropen Körper pflanzen sich die longitudinalen Schallwellen mit der Schallgeschwindigkeit

$$v_{ph,l} = \sqrt{\frac{E(1-\mu)}{\varrho(1+\mu)(1-2\mu)}}$$ (räumlich unendlich ausgedehnter Körper)

bzw.

$$v_{ph,l} = \sqrt{\frac{E}{\varrho}}$$ (stabförmiger Körper mit gegenüber der Länge vernachlässigbarem Durchmesser),

und die transversalen Schallwellen mit der Schallgeschwindigkeit

$$v_{ph,t} = \sqrt{\frac{\Phi}{\varrho}}$$ (E Elastizitätsmodul, Φ Torsionsmodul, μ Poissonsche Zahl)

fort.

(S 10.4)
Schallgeschwindigkeit der longitudinalen und der transversalen Schallwelle im isotropen Festkörper

Bestimmung von E und Φ mittels Ultraschall

Nach (S 10.4) lassen sich Elastizitäts- und Torsionsmodul eines isotropen Körpers durch Schallgeschwindigkeitsbestimmungen an stabförmigen Proben experimentell ermitteln. Benutzt man hierzu Schall mit Frequenzen im MHz-Bereich (Ultraschall, siehe Abschnitt 10.1.2.2.3), so können E und Φ auch für sehr kleine Probenabmessungen bestimmt werden.

Schallausbreitung im anisotropen Festkörper Bestimmung des Elastizitätstensors

Im anisotropen Körper sind die Schallgeschwindigkeiten der longitudinalen und transversalen Schallwelle in einer vorgegebenen Richtung von bestimmten Komponenten des Elastizitätstensors (vgl. Abschnitt 6.1.1) abhängig. Durch Schallgeschwindigkeitsmessungen in der notwendigen Anzahl von Richtungen lassen sich daher im Prinzip die Komponenten des Elastizitätstensors bestimmen.

Der Wert für die Schallgeschwindigkeit longitudinaler Schallwellen ist für einige feste stabförmige Körper aus Tabelle 10.1 zu entnehmen.

Tabelle 10.1
Schallgeschwindigkeit $v_{ph,l}$ in einigen festen Körpern bei $\vartheta = 18°C$

Stoff	$\frac{v_{ph,l}}{ms^{-1}}$
Gold	2100
Silber	2700
Kupfer	3900
Eisen	5100
Aluminium	5100
Blei	1300

10.1.2.2.2 *Schallwellen in Flüssigkeiten und Gasen*

Fortpflanzung von Druckzuständen in Flüssigkeiten und Gasen

Wir betrachten eine zylindrische Flüssigkeits- oder Gassäule mit dem Querschnitt A und dem Kompressionsmodul K. Die Zylinderachse wählen wir als z-Achse eines eindimensionalen Koordinatensystems. Nach Einwirkung einer äußeren Kraft $\boldsymbol{F}$ existiert eine ortsabhängige Druckverteilung $(p = p(z))$. Ein beliebig ausgewähltes Volumenelement ΔV liege im druckfreien Zustand zwischen den Koordinaten z und $z + \Delta z$. Durch den Druck p wird dieses Volumenelement von der Stelle z um die Strecke ζ zur Stelle $z + \zeta$ verschoben und gleichzeitig seine Länge Δz auf $\Delta z - \Delta\zeta$ $(\Delta\zeta > 0)$ verkürzt (s. Abb. 10.7). Nach (D 6.5) steht damit das Volumenelement unter dem mittleren Druck

$$\bar{p} = -\frac{1}{K}\frac{(-A\,\Delta\zeta)}{A\,\Delta z} = \frac{1}{K}\frac{\Delta\zeta}{\Delta z}, \tag{10.9a}$$

woraus für den Druck am Ort $z + \zeta$ bei Beachtung von (A 2.20)

$$p(z+\zeta) = \frac{1}{K}\lim_{\Delta z \to 0}\frac{\Delta\zeta}{\Delta z} = \frac{1}{K}\frac{\partial\zeta}{\partial z} \tag{10.9b}$$

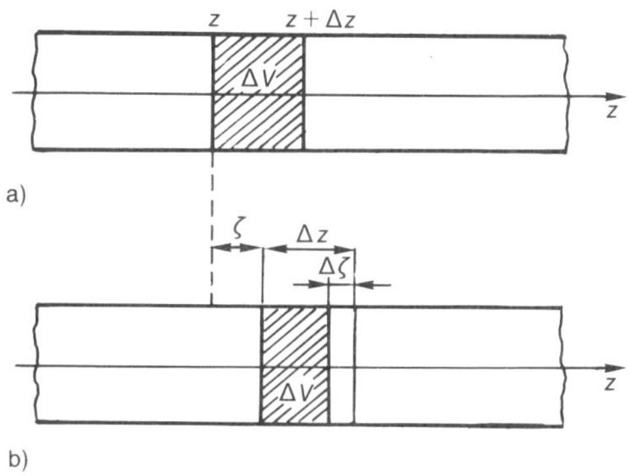

Abb. 10.7
a) Lage und Größe eines Volumenelementes ΔV im druckfreien Zustand
b) Lage und Größe des gleichen Volumenelementes ΔV unter Druck

folgt. Gleichung (10.9b) geht in (10.8b) über, wenn in ihr der Druck p durch die Spannung σ (vgl. (D 6.1) mit (D 6.3)) und der Kompressionsmodul K durch den reziproken Wert $\frac{1}{E}$ des Elastizitätsmoduls ersetzt wird. Damit sind für unser Problem auch die Gleichungen (10.8c) bis (10.8g) anwendbar, wenn man in ihnen σ durch p und E durch $\frac{1}{K}$ ersetzt. Nach (10.8g) genügen dann die Verschiebungen ζ der Differentialgleichung

$$\frac{\partial^2 \zeta}{\partial z^2} - \varrho K \frac{\partial^2 \zeta}{\partial t^2} = 0 \qquad (10.9c)$$

oder, wenn noch zur Abkürzung

$$v_{\mathrm{ph}}^2 = \frac{1}{\varrho K} \qquad (10.9d)$$

gesetzt wird, der Wellendifferentialgleichung

$$\frac{\partial^2 \zeta}{\partial z^2} - \frac{1}{v_{\mathrm{ph}}^2} \frac{\partial^2 \zeta}{\partial t^2} = 0\,. \qquad (10.9)$$

Entsprechend den Folgerungen aus (10.8) ergibt sich:

(S 10.5) Phasengeschwindigkeit der Schallwelle in Flüssigkeiten und Gasen

In einer Flüssigkeit oder einem Gas pflanzen sich die Schallwellen als Longitudinalwellen mit der Phasengeschwindigkeit

$$v_{\mathrm{ph}} = \sqrt{\frac{1}{K \varrho}}$$

(ϱ Dichte, K Kompressionsmodul) fort.

In Gasen erfolgen die Druckänderungen bei der Schallfortpflanzung derartig schnell, daß der Wärmeaustausch unberücksichtigt bleiben kann.

Außerdem sind die Druckänderungen in bezug auf den äußeren Druck äußerst klein (vgl. Abschnitt 10.2.2.4.3). Daher können im allgemeinen die Zustandsänderungen des Gases bei der Schallfortpflanzung als adiabatisch (vgl. (D 7.13)) angesehen weden. Aus (7.21b) ergibt sich mit (A 2.5) und (A 2.9)

$$V^{\varkappa} \mathrm{d} p + \varkappa p V^{\varkappa-1} \mathrm{d} V = 0,$$

womit für den Kompressionsmodul des Gases nach (D 6.5)

Zusammenhang zwischen Kompressionsmodul und Adiabatenexponent $\varkappa$

$$K = \frac{1}{\varkappa p} \tag{10.10}$$

folgt. Nach (S 10.5) und (10.10) kann demnach für die Schallgeschwindigkeit in Gasen auch

$$v_{\mathrm{ph}} = \sqrt{\frac{\varkappa p}{\varrho}} \tag{10.9e}$$

geschrieben werden.

Nach (10.9e) kann durch Schallgeschwindigkeitsmessungen bei bekanntem Druck und bekannter Dichte das Verhältnis $\varkappa = \frac{c_p}{c_V}$ der spezifischen Wärmen bei konstantem Druck und konstantem Volumen experimentell ermittelt werden.

Für ein ideales Gas gilt nach (7.10) und (D 5.2) $p/\varrho = RT/m_{\mathrm{mol}}$ und somit nach (10.9e)

$$v_{\mathrm{ph},T} = \sqrt{\frac{\varkappa R T}{m_{\mathrm{mol}}}}\,. \tag{10.9f}$$

Schallgeschwindigkeit in Luft

In einem idealen Gas ist die Schallgeschwindigkeit damit unabhängig vom Druck. Für Luft folgt mit $\varkappa = 1{,}40$ und der für den Normdruck p_N und für $\vartheta = 0\,^{\circ}\mathrm{C}$ angegebenen Dichte der trockenen Luft $\varrho_{\mathrm{L,N}} = 0{,}001\,293\ \mathrm{g cm^{-3}}$ aus (10.9e) die Schallgeschwindigkeit

$$v_{\mathrm{Ph,N}} = 331{,}3\ \mathrm{ms^{-1}}.$$

Das Experiment bestätigt diesen aus den idealen Gasgesetzen gefolgerten Wert. Bei Zimmertemperatur beträgt die Schallgeschwindigkeit ca. 340 $\mathrm{ms^{-1}}$.

Für Schallfrequenzen $> 10^9$ Hz erfolgen die Druckänderungen der Schallwelle nicht mehr adiabatisch, sondern isotherm. Entsprechend (7.22) ist dann in (10.9) $\varkappa = 1$ zu setzen:

$$v_{\mathrm{ph,isotherm}} = \sqrt{\frac{p}{\varrho}}\,. \tag{10.9g}$$

Die Schallgeschwindigkeiten in einigen Flüssigkeiten und Gasen sind den Tabellen 10.2 und 10.3 zu entnehmen.

Tabelle 10.2
Schallgeschwindigkeit in einigen Flüssigkeiten

Stoff	$\frac{\vartheta}{°C}$	$\frac{v_{Ph}}{ms^{-1}}$
Wasser	25	1497
Benzol	20	1324
Quecksilber	20	1431
Methylalkohol	20	1121
Glycerin	20	1923
Chloroform	20	1002
Toluol	25	1305
Sauerstoff	−183	911
Stickstoff	−197	868

Tabelle 10.3
Schallgeschwindigkeit in einigen Gasen

Stoff	$\frac{\vartheta}{°C}$	$\frac{v_{Ph}}{ms^{-1}}$
Wasserstoff	18	1300
Quecksilber	360	208
Stickstoff	20	351
Sauerstoff	0	315
Helium	0	971
Luft	0	331
Kohlendioxid	0	258

10.1.2.2.3 *Erzeugung von Schallwellen*

Der Mensch ist durch seinen Gehörsinn in der Lage, periodische Luftdruckschwankungen, d.h. Schallwellen, wahrzunehmen. Die obere Hörbarkeitsgrenze liegt bei Frequenzen von ungefähr 20 kHz, die untere bei ungefähr 16 Hz (siehe Tabelle 10.4). Schall mit Frequenzen oberhalb 20 kHz bezeichnet man als *Ultraschall*, mit Frequenzen unterhalb 16 Hz als *Infraschall*. Schall mit Frequenzen $> 10^{10}$ Hz nennt man *Hyperschall*.

Hörbarkeitsbereich
Infraschall
Ultraschall
Hyperschall

Im Hörbarkeitsbereich dienen als Schallgeber schwingende mechanische Gebilde (z.B. Stimmgabeln, Saiten, Membranen). Sie übertragen die Schwingungen auf das sie umgebende Medium (z.B. die Luft) und führen

Schallgeber im Hörbarkeitsbereich

dort zu Druckschwankungen, die sich im Medium in Form von Schallwellen fortpflanzen.

Ton
Klang

Als *Ton* bezeichnet man die Schallempfindung, die durch eine harmonische Schwingung (vgl. (D 9.2)) der Schallgeber hervorgerufen wird, als *Klang* dagegen diejenigen Schallempfindungen, die sich aus harmonischen Schwingungen mit rationalem Frequenzverhältnis zusammensetzen. Ist das Frequenzverhältnis nicht rational oder das Frequenzspektrum kontinuierlich, dann spricht man von *Geräusch*.

Geräusch

Tabelle 10.4
Frequenz und Wellenlänge des Schalles in Luft bei einer Temperatur von 15 °C

Schallart	$\frac{\nu}{\text{Hz}}$	$\frac{\lambda}{\text{m}}$
Untere Hörbarkeitsgrenze	16	21,0
Tiefster Klavierton	27	12,6
Kammerton	440	0,78
Höchster Klavierton	3480	0,098
Obere Hörbarkeitsgrenze	20000	0,017

Schallgeber für Ultraschall

Für die Erregung von Ultraschall benutzt man den *inversen piezoelektrischen Effekt* bzw. die Erscheinung der *Magnetostriktion* (siehe Bd. IV). Als inversen piezoelektrischen Effekt bezeichnet man die Anregbarkeit bestimmter Stoffe (z. B. Quarz) zu mechanischen Schwingungen hoher Frequenz durch hochfrequente elektrische Felder, als Magnetostriktion die Erzeugung von Schwingungen (periodischen Längenänderungen) von bestimmten Körpern im magnetischen Wechselfeld. Mit diesen Prinzipien konnten bereits Schallgeber bis zu Frequenzen von einigen GHz entwickelt werden.

10.1.2.2.4 *Schallfeld*

10.1.2.2.4.1 Charakteristische Größen des Schallfeldes

Nach (10.8) bzw. (10.9) und (S 10.3) ist bei einer ebenen Schallwelle in z-Richtung die Auslenkung ζ des Volumenelementes $\mathrm{d}V = A\,\mathrm{d}z$ aus der Ruhelage darstellbar durch

$$\boldsymbol{\zeta} = u_0 \cos(\omega t - kz + \varphi)\,\boldsymbol{k}\,. \tag{10.11}$$

Durch (10.11) wird jedem Ort z eindeutig die Auslenkung ζ zugeordnet.

Schallfeld

Wir sprechen in Übereinstimmung mit (D 3.13) vom *Schallfeld*.

Aus (10.11) ergibt sich mit (D 3.4), (A 2.7), (A 2.11) und (A 2.9) für die Geschwindigkeit des Volumenelementes

$$\boldsymbol{v}=\frac{\partial \zeta}{\partial t}=-\omega u_0 \sin(\omega t-kz+\varphi)\,\boldsymbol{k}\,. \tag{10.12}$$

Durch nochmalige Differentiation nach t erhält man mit der Masse $\mathrm{d}m=\varrho\,\mathrm{d}V$ (vgl. (D 5.2)) des betrachteten Volumenelementes unter Beachtung von (3.13) für die auf das Volumenelement wirkende Kraft

$$\mathrm{d}\boldsymbol{F}=\mathrm{d}m\,\frac{\partial^2 \zeta}{\partial t^2}\,\boldsymbol{k}=\varrho\,\frac{\partial^2 \zeta}{\partial t^2}\,\mathrm{d}V\,\boldsymbol{k}=\varrho A\,\frac{\partial^2 \zeta}{\partial t^2}\,\mathrm{d}z\,\boldsymbol{k}\,. \tag{10.13a}$$

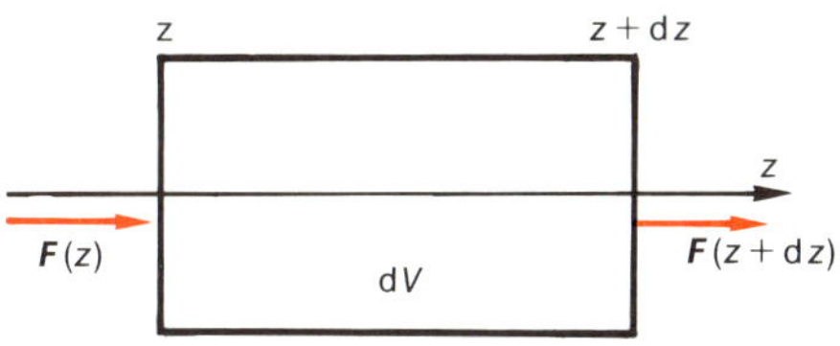

Abb. 10.8 Zur Berechnung der im Schallfeld wirkenden Kraft

Die Kraft $\mathrm{d}\boldsymbol{F}$ hat ihre Ursache im Druckgefälle des Schallfeldes. Aus Abbildung 10.8 folgt mit $\mathrm{d}p=\frac{\partial p}{\partial z}\,\mathrm{d}z$ (vgl. (A 2.22)) und (D 6.3)

$$\mathrm{d}\boldsymbol{F}=(pA-(p+\mathrm{d}p)A)\,\boldsymbol{k}=-A\,\frac{\partial p}{\partial z}\,\mathrm{d}z\,\boldsymbol{k}\,, \tag{10.13b}$$

woraus sich durch Elimination von $\mathrm{d}\boldsymbol{F}$ mit Hilfe von (10.13a) die Differentialgleichung

$$\varrho\,\frac{\partial^2 \zeta}{\partial t^2}=-\frac{\partial p}{\partial z} \tag{10.13c}$$

ergibt. Durch Einsetzen von (10.11) in (10.13c) erhält man

$$\frac{\partial p}{\partial z}=\varrho\,\omega^2 u_0 \cos(\omega t-kz+\varphi)\,,$$

woraus durch Integration nach z bei festem t und der Anfangsbedingung $p=p_0$ für $u_0=0$

$$p=\frac{-\varrho\,\omega^2 u_0}{k}\sin(\omega t-kz+\varphi)+p_0 \tag{10.13d}$$

folgt oder, bei Beachtung von (S 10.1) und der Abkürzung $v_{\max}=\omega u_0$,

$$p=p_0-\varrho\,v_{\max}\,v_{\mathrm{ph}}\sin(\omega t-kz+\varphi)\,. \tag{10.13}$$

Gemäß (10.11), (10.12) und (10.13) bezeichnet man die maximale Auslenkung u_0 des Volumenelementes $\mathrm{d}V$ im Schallfeld als *Bewegungsampli-* Bewegungsamplitude u_0

tude, seine maximale Geschwindigkeit

$$v_{\max} = \omega u_0$$

Geschwindigkeits-amplitude $v_{\max}$
Schallschnelle $\mathrm{d}\zeta/\mathrm{d}t$

als Geschwindigkeitsamplitude, seine Momentangeschwindigkeit $\frac{\mathrm{d}\zeta}{\mathrm{d}t}$ als *Schallschnelle* und den maximalen Druck

$$p_{\max} = \varrho\, v_{\max}\, v_{\mathrm{ph}}$$

Druckamplitude $p_{\max}$

als *Druckamplitude* des Schallfeldes.

Die Kenntnis der Schallschnelle erlaubt die Berechnung der kinetischen Energie des Volumenelementes $\mathrm{d}V$. Nach (D 3.18) ergibt sich für sie unter Beachtung von (5.1) und (10.12)

$$\mathrm{d}W_{\mathrm{k}} = \frac{\varrho}{2}\, \omega^2 u_0{}^2 \sin^2(\omega t - kz + \varphi)\, \mathrm{d}V;$$

daraus folgt mit (A 41.4) und (A 1.7) für den zeitlichen Mittelwert

$$\overline{\mathrm{d}W_{\mathrm{k}}} = \frac{\varrho\,\omega^2 u_0{}^2}{4}\, \mathrm{d}V. \qquad (10.14\,\mathrm{a})$$

Für die weiteren Überlegungen erweist es sich als zweckmäßig, nicht die Energie selbst, sondern die Energie pro Volumen zu betrachten. Hierzu führen wir ein:

(D 10.10)
Energiedichte w

Enthält das Volumenelement ΔV die Energie ΔW, so heißt

$$w = \lim_{\Delta V \to 0} \frac{\Delta W}{\Delta V} = \frac{\mathrm{d}W}{\mathrm{d}V}$$

Energiedichte im Punkt $\Delta V \to 0$.

Mögliche Maßeinheiten: $[w] = \mathrm{J\,m^{-3}}$

Nach (10.14 a) und (D 10.10) folgt für den zeitlichen Mittelwert der Energiedichte der kinetischen Energie im Schallfeld

$$\bar{w}_{\mathrm{k}} = \frac{\overline{\mathrm{d}W_{\mathrm{k}}}}{\mathrm{d}V} = \frac{\varrho\,\omega^2 u_0{}^2}{4}. \qquad (10.14\,\mathrm{b})$$

Für $\frac{\partial \zeta}{\partial t} = 0$ ist die kinetische Energie Null, die potentielle Energie besitzt ihren Maximalwert. Für den Maximalwert von $\left(\frac{\partial \zeta}{\partial t}\right)^2$ erreicht auch die kinetische Energie ihr Maximum, bei geeigneter Normierung verschwindet dann die potentielle Energie. Wie beim mathematischen Pendel findet in der Welle ein ständiger Austausch von potentieller und kinetischer Energie statt. Die zeitlichen Mittelwerte der Energiedichten von potentieller und kinetischer Energie sind gleich; der zeitliche Mittelwert $\bar{w}$ der Gesamtenergiedichte der Schallwelle beträgt demzufolge nach dem Erhaltungssatz der mechanischen Energie (S 3.18) das Doppelte der Energiedichte $\bar{w}_K$ der kinetischen Energie:

$$\bar{w} = 2\bar{w}_k = \frac{\varrho\,\omega^2 u_0^2}{2}\,. \qquad (10.14)$$

Der zeitliche Mittelwert der Energiedichte einer Schallwelle ist dem Quadrat der Bewegungsamplitude und dem Quadrat der Kreisfrequenz proportional. Diese Aussage gilt allgemein für jede Welle (insbesondere auch für die elektromagnetische, vgl. Bd. II).

Der zeitliche Mittelwert der Energiedichte einer Welle ist dem Quadrat ihrer Amplitude und dem Quadrat ihrer Kreisfrequenz proportional

$$\bar{w} \sim u_0^2\,\omega^2\,.$$

(S 10.6a)
Abhängigkeit der Energiedichte einer Welle von Amplitude und Kreisfrequenz

10.1.2.2.4.2 Schalleistung, Schallintensität

Für die weiteren Betrachtungen führen wir in Übereinstimmung mit (D 3.16) ein:

Wird in der Zeit Δt von der Quelle eines Wellenfeldes die Energie ΔW ausgesandt, so bezeichnet man

$$P = \lim_{\Delta t \to 0} \frac{\Delta W}{\Delta t} = \frac{\mathrm{d}W}{\mathrm{d}t}$$

als Leistung der Quelle.
Liegt senkrecht zur Energiestromrichtung der Quelle das Flächenelement ΔA und bedeutet ΔW die in der Zeit Δt durch dieses Flächenelement hindurchtretende Energie, so heißt

$$I = \lim_{\Delta A \to 0} \frac{\Delta P}{\Delta A} = \frac{\mathrm{d}P}{\mathrm{d}A}$$

Energiestromdichte oder Intensität der Welle am Ort des Flächenelementes.

(D 10.11)
Energiestromdichte oder Intensität I
Leistung P

Mögliche Maßeinheiten: $[P] = W$, $[I] = \mathrm{Wm}^{-2}$.

Für viele Probleme (z.B. in der Optik) erweist es sich als zweckmäßig, (S 10.6a) mit der Intensität I statt mit der Energiedichte w *zu* formulieren. Mit (D 10.11) kann dann für (S 10.6a) geschrieben werden:

Die Intensität I einer Welle ist dem Quadrat ihrer Amplitude und dem Quadrat ihrer Kreisfrequenz proportional:

$$I \sim u_0^2\,\omega^2\,.$$

(S 10.6)
$I \sim u_0^2\,\omega^2$

Wir betrachten ein zylindrisches Volumenelement mit dem Querschnitt A und der Länge $\mathrm{d}l = v_{\mathrm{ph}}\,\mathrm{d}t$. Nach (10.14) und (D 10.10) enthält es im zeitlichen Mittel die Energie

$$d\overline{W} = \frac{A\varrho\omega^2 u_0{}^2 v_{\mathrm{ph}}\,dt}{2}\,. \tag{10.15a}$$

Unter Beachtung von (10.12), (10.13) und (D 10.11) folgt hieraus für die Intensität der Schallwelle

$$I = \frac{p_{\max}^2}{2\varrho v_{\mathrm{ph}}}\,. \tag{10.15}$$

Durch (10.15) ist die Intensität auf eine charakteristische Größe des Schallfeldes zurückgeführt.

Nach (D 10.11) berechnet sich die Schalleistung aus der Schallintensität zu

Schalleistung einer Schallquelle

$$P = \oint \boldsymbol{I}\cdot d\boldsymbol{A}\,, \tag{10.16}$$

wobei die Integration über irgendeine die Schallquelle umschließende Fläche zu erstrecken ist. Die Schalleistungen einiger Schallquellen können aus Tabelle 10.5 entnommen werden.

Tabelle 10.5
Schalleistung einiger Schallquellen

Schallquelle	$\frac{P}{\mathrm{W}}$
gewöhnliche Sprache	$7\cdot 10^{-6}$
maximale Schalleistung der menschlichen Stimme	$2\cdot 10^{-3}$
Geige	10^{-3}
Trompete	$3\cdot 10^{-1}$
Autohupe	5
Großlautsprecher	10^2

Die Empfindungsstärke des menschlichen Ohres nimmt für eine gegebene Schallfrequenz angenähert mit dem Logarithmus der Schallintensität zu. Seine größte Empfindlichkeit besitzt das menschliche Ohr bei einer Schallfrequenz von ca. 1 kHz. Bei dieser Frequenz kann es Schallintensitäten in einem Bereich von 13 Größenordnungen registrieren.

Hörschwellenintensität I_s

Auf Grund der Tatsache, daß die Empfindungsstärke des menschlichen Ohres mit dem Logarithmus der Schallintensität zunimmt, wird mit der *Hörschwellenintensität* $I_s = 10^{-12}\ \mathrm{Wm^{-2}}$ (gerade noch wahrmehmbarer Schall) im Bereich maximaler Empfindlichkeit des Ohres ($\nu = 1$ kHz) die

Lautstärke und ihre Einheit Phon eingeführt:

Bewirkt eine Schallquelle der Frequenz 1 kHz an einem Ort die Intensität I, so wird diesem Ort die Lautstärke

$$L_N = 10 \lg \frac{I}{I_s} \text{ Phon}$$

$$(I_s = 10^{-12} \text{ Wm}^{-2})$$

zugeordnet.

(D 10.12)
Lautstärke L_N
Phon

Mit $p_{max,s}$ als Druckamplitude bei der Hörschwellenintensität I_s kann mit (10.15) statt (D 10.12) auch

$$L_N = 10 \log \frac{p_{max}^2}{p_{max,s}^2} \text{ Phon} = 20 \log \frac{p_{max}}{p_{max,s}} \text{ Phon}$$

geschrieben werden.

Der Hörschwellenempfindlichkeit für $\nu = 1$ kHz entspricht nach (D 10.12) die Lautstärke 0 Phon, der Schmerzensgrenze des Ohres die Lautstärke 130 Phon. Tabelle 10.6 gibt die Lautstärken einiger Schallquellen wieder.

Tabelle 10.6
Lautstärken einiger Schallquellen

Schallquelle	$\frac{L_N}{\text{Phon}}$
Hörschwelle	0
Ticken einer Taschenuhr, leises Flüstern	10
Geräuschpegel einer ruhigen Wohnung	20
Rauschen von Bäumen	30
Unterhaltungssprache	50
Starker Straßenverkehr	80
Starke Autohupe	100
Niethammer	120
Schmerzensgrenze	130

Da die Empfindungsstärke des menschlichen Ohres angenähert mit dem Logarithmus der Schallintensität zunimmt, ruft eine Überlagerung von Schallwellen kleiner Intensität eine wesentlich größere Veränderung der empfundenen Lautstärke hervor als die Überlagerung einer gleichen Anzahl von Schallwellen größerer Intensität. Die Schallwelle der Intensität I_1 bewirke die Lautstärke $L_{NI_1} = 1$ Phon, die Schallwelle der Intensität I_{100}

Empfindungsstärke bei Überlagerung von Schallquellen

die Lautstärke $L_{NI_{100}} = 100$ Phon. Überlagert man 10 derartige Schallwellen, so empfindet man nach (D 10.12) die Lautstärken

$$L_{N10I_1} = 10\lg\frac{10\,I_1}{I_s} = 10\lg 10 + 10\lg\frac{I_1}{I_s} = 11\text{ Phon} = 11\,L_{NI_1}$$

$$L_{N10I_{100}} = 10\lg\frac{10\,I_{100}}{I_s} = 10\lg 10 + 10\lg\frac{I_{100}}{I_s} = 110\text{ Phon} = 1{,}1\,L_{NI_{100}}\,.$$

Im Fall der Überlagerung von 10 Schallquellen der Lautstärke 1 Phon wird die empfundene Lautstärke verelffacht, während bei der Überlagerung von 10 Schallquellen mit 100 Phon die Lautstärke nur um 10% zunimmt.

Die Einheit Phon ist für den Bereich maximaler Hörempfindlichkeit definiert, d.h. für die Schallfrequenz 1 kHz. Läßt man diese Forderung fallen und erweitert (D 10.12) auf beliebige Frequenzen, so nennt man

Dezibel (dB) die dann gegebene Einheit nicht mehr Phon, sondern *Dezibel* (dB).

Will man die Lautstärke einer vorgegebenen Schallquelle beliebiger Frequenz in der Einheit Phon angeben, so stellt man zuerst die Lautstärke einer Vergleichsschallquelle der Frequenz $\nu = 1$ kHz so ein, daß sie im Ohr das gleiche Lautstärkeempfinden hervorruft wie die auszumessende Quelle, mißt die zugehörige Intensität I und setzt den gefundenen Wert in (D 10.12) ein.

10.1.2.2.4.3 Abschätzung von Druck-, Bewegungs- und Geschwindigkeitsamplitude

Für ein vorgegebenes Schallfeld sollen noch die numerischen Werte seiner charakteristischen Größen angegeben werden. Wir betrachten hierzu eine Schallwelle der Intensität $I = 10^{-10}$ Wm^{-2} ($L_N = 20$ Phon) und der Frequenz $\nu = 1$ kHz.

Nach (10.15) und (10.9f) besitzt das betrachtete Schallfeld in Luft bei $\vartheta = 0\,°$C (mittlere Dichte $\varrho_{0L} = 1{,}293 \cdot 10^{-3}$ gcm^{-3}) entsprechend

$$p_{max}^2 = 2\,I\varrho\,v_{ph} = 2 \cdot 10^{-10}\,\text{Wm}^{-2} \cdot 1{,}293 \cdot 10^{-3}\,\text{gcm}^{-3} \cdot 3{,}31 \cdot 10^2\,\text{ms}^{-1}$$

und bei Beachtung der Beziehungen (6.10) eine Druckamplitude von

$$p_{max} = 2{,}93 \cdot 10^{-4}\,\text{Pa}\,.$$

Die Druckamplitude ist die maximale Druckerhöhung im Schallfeld. In unserem Beispiel liegt diese bei dem Wert von nur $3 \cdot 10^{-4}$ Pa!

Für die Geschwindigkeitsamplitude folgt nach (10.13) mit obigem Wert der Druckamplitude unter Berücksichtigung von (10.10)

$$v_{max} = \frac{p_{max}}{\varrho\,v_{ph}} = \frac{2{,}93 \cdot 10^{-4}\,\text{Pa}}{1{,}293 \cdot 10^{-3}\,\text{gcm}^{-3} \cdot 331\,\text{ms}^{-1}} = 6{,}8 \cdot 10^{-7}\,\text{ms}^{-1}\,.$$

Die maximale Geschwindigkeit des Volumenelementes im Schallfeld liegt damit bei dem extrem kleinen Wert von 10^{-6} ms^{-1}!

Für die Bewegungsamplitude des Schallfeldes folgt aus (10.12) mit dem Wert $\nu = 1$ kHz und (9.1)

$$u_0 = \frac{v_{\max}}{\omega} = \frac{v_{\max}}{2\pi\nu} = \frac{6{,}8 \cdot 10^{-7}\ \mathrm{ms}^{-1}}{2\pi \cdot 10^3\ \mathrm{s}^{-1}} = 1{,}1 \cdot 10^{-10}\ \mathrm{m}\,.$$

Die maximale Auslenkung des Volumenelementes im Schallfeld u_0 liegt damit in der Größenordnung des Durchmessers eines Atoms (siehe Abschnitt 8.5).

Aus dem Beispiel läßt sich ermessen, welch empfindliches Sinnesorgan das menschliche Ohr ist. Es reagiert auf Druckschwankungen bis herab zu 10^{-4} Pa.

Nach (10.11), (10.12), (10.13) und (A 41.3) folgt für die zeitlichen Mittelwerte der Auslenkung des Volumenelementes, der Geschwindigkeit des Volumenelementes und des auftretenden Druckes im Schallfeld

$$\begin{aligned} \bar{\zeta} &= 0 \\ \bar{v} &= 0 \\ \bar{p} &= p_0\,. \end{aligned} \tag{10.17}$$

Der zeitliche Mittelwert des Schalldruckes ist nach (10.13) Null, d.h., wir können in einem Schallfeld mit dem Druck p_0 rechnen, der im betreffenden Medium auch ohne Schallwelle existiert. Diese Aussage ist nur für nicht allzu große Schallfrequenzen und -intensitäten richtig. Zum Beispiel tritt im Gegensatz zu (10.17) in einem Ultraschallfeld hoher Frequenz und hoher Intensität ein erheblicher Schalldruck auf. Dieser Widerspruch liegt darin begründet, daß wir zur Herleitung von (10.13d) bei der Integration ϱ als konstant vorausgesetzt haben. Bei kleinen Schalldrücken (siehe vorstehendes Beispiel) ist diese Voraussetzung vollauf berechtigt. Sie besitzt aber nicht allgemeine Gültigkeit. Berücksichtigt man bei der Integration die Druckabhängigkeit der Dichte, so folgt im Gegensatz zu (10.17)

zeitlicher Mittelwert des Schalldruckes

$$\bar{p} = p_0 + \frac{1}{2}\,\bar{w}\,. \tag{10.17a}$$

Für unser obiges Beispiel ist auf Grund der kleinen Frequenz der Schalldruck zu vernachlässigen. Da aber nach (10.14a) der zeitliche Mittelwert $\bar{w}$ der Energiedichte einer Welle mit dem Quadrat der Frequenz zunimmt, muß bei vorgegebener Intensität der Schallwelle stets ab einer bestimmten Frequenz die Näherung (10.17) versagen.

Je nachdem, ob ein Schallempfänger die Bewegungsamplitude, die Geschwindigkeitsamplitude oder die Druckamplitude mißt, spricht man von *Bewegungs-, Geschwindigkeits-* oder *Druckempfängern.* Technisch von Bedeutung sind nur die Druckempfänger, zu denen auch das Ohr zu rechnen ist. Die Druckempfänger (*Mikrophone*) bestehen aus einer dünnen Membran, die durch die auftreffende Schallwelle zu erzwungenen Schwingungen angeregt wird. Diese werden in elektrische Schwingungen (vgl. Bd. II) umgewandelt und geeignet verstärkt.

Mikrophone

10.1.2.2.4.4 Schallabsorption

Die Intensität einer Schallquelle sei I_0. Breitet sich der Schall in positiver z-Richtung in Form einer ebenen Welle aus, so ist nach (10.2b), (D 10.11), (S 10.6) und (A 41.4) in der Entfernung z vom Schallzentrum die Intensität ebenfalls I_0. Die Ausbreitung der Schallwelle erfolgt ohne Energieverlust, d.h. ohne *Absorption von* Energie durch das Medium, in welchem sich die Schallwelle fortpflanzt.

Absorption der Schallenergie

Analoge Verhältnisse findet man für die Kugel- und Zylinderwelle. Nur ist zu beachten, daß sich in der Entfernung r vom Wellenzentrum die Energie der Welle auf eine Kugel- bzw. Zylinderfläche verteilt, was zu einer Abnahme der Intensität der Welle mit der Entfernung r vom Wellenzentrum führt. Aus (10.3b), (10.4b), (D 10.11), (S 10.6) und (A 41.4) findet man für die Intensität der Kugelwelle im Abstand r vom Wellenzentrum $I = \frac{I_0}{r^2}$, für die Intensität der Zylinderwelle $I = \frac{I_0}{r}$. Diese Gesetzmäßigkeiten werden sofort verständlich, wenn man bedenkt, daß die Oberfläche einer Kugel mit r^2, die Oberfläche des Zylindermantels mit r wächst. Eine Absorption von Energie findet auch hier nicht statt.

Das absorptionsfreie Medium ist ein Idealfall. Nach der experimentellen Erfahrung zeigt sich bei der Schallausbreitung eine, wenn auch zum Teil sehr geringe, Absorption. Erfahrungsgemäß ist die hierdurch bedingte Intensitätsabnahme bei einer Vergrößerung der Entfernung vom Wellenzentrum um die Strecke $\mathrm{d}z$ sowohl der herrschenden Intensität I als auch der Größe $\mathrm{d}z$ proportional. Mit der Proportionalitätskonstanten $\mu > 0$ folgt

$$\mathrm{d}I = -\mu I \,\mathrm{d}z, \tag{10.18a}$$

woraus nach A. 17 und (A 4.13) durch Integration unter Beachtung, daß $I = I_0$ für $z = 0$ gilt,

$$I = I_0 \,\mathrm{e}^{-\mu z} \tag{10.18}$$

folgt.

(D 10.13) Absorptionskoeffizient μ

> Die Materialkonstante μ in der Beziehung
>
> $I = I_0 \,\mathrm{e}^{-\mu z}$
>
> heißt Absorptionskoeffizient.

Mögliche Maßeinheit: $[\mu] = \mathrm{m}^{-1}$.

Nach (10.18) nimmt die Intensität der Welle exponentiell mit der Entfernung z vom Wellenzentrum ab. Nach (S 10.6) besitzt die zugehörige Wellenamplitude

$$u_0 = u_{00}\,\mathrm{e}^{-\frac{\mu}{2}z} \quad (z \geqq 0) \tag{10.18b}$$

ebenfalls eine exponentielle Abhängigkeit von der Entfernung vom Wellenzentrum.

Auch die Absorption anderer Wellen (z. B. elektromagnetischer Wellen; vgl. Bd. II) genügt (10.18).

Ursachen der Absorption sind die Energieverluste der Welle. Bei der Schallausbreitung in Gasen sind sie maßgeblich durch die innere Reibung (vgl. Abschnitt 8.3.8.2.1) bedingt. Für die Schallausbreitung in Gasen und Flüssigkeiten gilt dann $\mu \sim \frac{1}{\lambda^2}$. Bei höheren Frequenzen (Ultraschallbereich) kann sich die Schallabsorption, bedingt durch die Anregung von Molekülschwingungen und -rotationen (siehe Bd. IV), wesentlich erhöhen.

Bei festen Körpern tritt zusätzlich zum Reibungsanteil eine Streuung des Schalles an Dichteinhomogenitäten auf. Daher eignen sich zur Schalldämpfung besonders Schaumstoffe, Gummi, Watte, Filz u. ä.

Schalldämpfung

10.1.2.2.5 *Doppler-Effekt*

Die Frequenz einer ruhenden Schallquelle Q wird von einem ruhenden Beobachter B mit dem Ergebnis

$$\nu_B = \nu_Q = \frac{v_{ph}}{\lambda_0} \tag{10.19a}$$

gemessen, d. h., nach $T = \nu^{-1}$ ((D 2.2)) passiert in der Zeit T den Beobachtungsort ein Druckmaximum bzw. -minimum. Bewegt sich der Beobachter mit der Geschwindigkeit $\boldsymbol{v}$ ($\boldsymbol{v}^0 = -\boldsymbol{n}^0$) auf die Schallquelle zu (Abb. 10.9a), so legt er nach (D 3.4) in der Zeit T die Strecke vT zurück und registriert damit in dieser Zeit zusätzlich vT/λ_0 Druckmaxima bzw. -minima. Damit werden von ihm in der Zeit T statt einem $1 + vT/\lambda_0$ Druckmaxima bzw. -minima registriert, und er beobachtet statt (10.19a) die Frequenz

$$\nu_B = \frac{1 + \frac{vT}{\lambda_0}}{T} = \nu_Q + \frac{v}{\lambda_0} = \nu_Q + \nu_Q \frac{v}{v_{ph}} = \nu_Q \left(1 + \frac{v}{v_{ph}}\right). \tag{10.19b}$$

Bewegt sich der Beobachter mit der Geschwindigkeit $\boldsymbol{v}$ von der Schallquelle weg, so ist in (10.19b) nur v durch $-v$ zu ersetzen. Wir erhalten so

$$\nu_B = \nu_Q \left(1 \pm \frac{v}{v_{ph}}\right) \qquad \begin{matrix} +: & B \rightarrow \\ -: & \leftarrow B \end{matrix} \; Q \tag{10.19}$$

(ruhende Schallquelle).

longitudinaler Doppler-Effekt bei ruhender Schallquelle

Nach (10.19) registriert der parallel bzw. antiparallel zur Wellennormalen bewegte Beobachter eine andere Frequenz ν_B als die, die von der ruhenden Schallquelle ausgesandt wird ($\nu_B \neq \nu_Q$). Diese Erscheinung heißt *longitudinaler Doppler-Effekt*. Bewegt sich der Beobachter auf die Schallquelle zu, so ist die registrierte Frequenz größer als die Frequenz der ruhenden Schallquelle, bewegt er sich von ihr weg, dann gilt das Umgekehrte.

Doppler-Effekt
Christian Doppler (1803–1853)

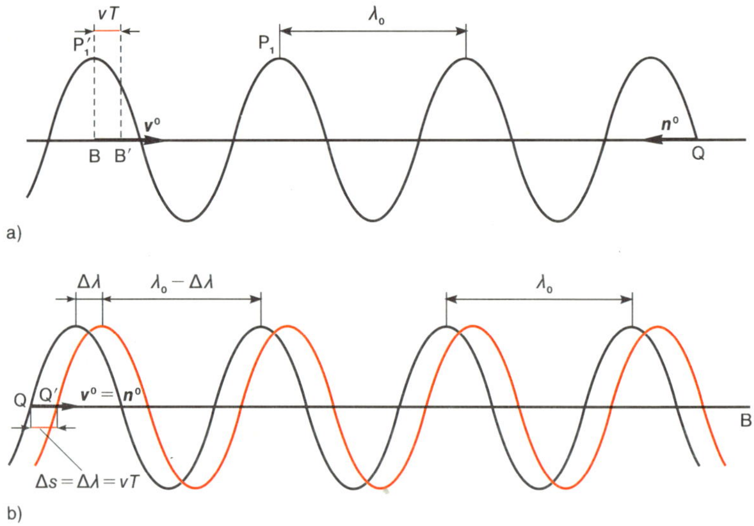

Abb. 10.9
Zum longitudinalen Doppler-Effekt
a) ruhende Schallquelle: —— Momentanbild der Welle zur Zeit t. Während der Zeitdauer T wandert die Welle von P_1 nach P_1' und bewegt sich der Beobachter um die Strecke vT auf die Schallquelle Q zu. Statt einer Druckerhöhung registriert er in der Zeit T daher $1 + (vT/\lambda_0)$ Druckerhöhungen;
b) ruhender Beobachter: —— Momentanbild der Welle zur Zeit t, —— Momentanbild der Welle zur Zeit $t + T$. Die Quelle hat sich in der Zeit T um $\Delta s = \Delta\lambda = vT = v\lambda_0/v_{ph}$ weiterbewegt. Die beobachtete Wellenlänge erscheint um $\Delta\lambda$ verkürzt

Es werde jetzt der Fall betrachtet, daß der *Beobachter* ruht und sich die Schallquelle auf ihn zu bzw. von ihm weg bewege. Nach (S 10.1) und (9.1) sendet die ruhende Schallquelle Druckmaxima vom Abstand

$$\lambda_0 = \frac{v_{\text{ph}}}{\nu_{\text{Q}}} = v_{\text{ph}}\, T \tag{10.20a}$$

aus. Bewegt sich die Schallquelle mit der Geschwindigkeit $\boldsymbol{v}$ ($\boldsymbol{v}^0 = \boldsymbol{n}^0$) auf den Beobachter zu (Abb. 10.9b), so legt sie nach (D 3.4) in der Zeit T die Strecke vT zurück. Die Schallquelle hat sich somit bis zur Aussendung des nächsten Druckmaximums um die Strecke

$$vT = \frac{v\,\lambda_0}{v_{\text{ph}}}$$

weiterbewegt. Der Beobachter registriert damit statt λ_0 als Abstand zweier aufeinander folgender Druckmaxima bzw. -minima den Wert $\lambda = \lambda_0 - \dfrac{v\,\lambda_0}{v_{\text{ph}}}$, nach (S 10.1) und (10.19a) somit die Frequenz

$$\nu_{\text{B}} = \frac{v_{\text{ph}}}{\lambda_0\left(1 - \dfrac{v}{v_{\text{ph}}}\right)} = \frac{\nu_{\text{Q}}}{1 - \dfrac{v}{v_{\text{ph}}}}\,. \tag{10.20b}$$

Bewegt sich die Schallquelle mit der Geschwindigkeit $\boldsymbol{v}$ vom ruhenden Beobachter weg, so ist in (10.20b) nur v durch $-v$ zu ersetzen:

$$\nu_B = \frac{\nu_Q}{1 \mp \frac{v}{v_{ph}}} \qquad \begin{matrix} -: & Q \rightarrow & \\ & & B \\ +: & \leftarrow Q & \end{matrix} \qquad (10.20)$$

(ruhender Beobachter).

longitudinaler Doppler-Effekt bei ruhendem Beobachter

Man beobachtet auch in diesem Fall eine Frequenzänderung ($\nu_B \neq \nu_Q$). Sie ist nicht mit der Frequenzänderung (10.19) identisch. Es läßt sich daher beim Schall durch die Beobachtung des longitudinalen Doppler-Effektes feststellen, ob die Schallquelle sich in bezug auf einen ruhenden Beobachter bewegt oder ob sich der Beobachter in bezug auf eine ruhende Schallquelle bewegt.

Nur wenn $\frac{v}{v_{ph}} \ll 1$ gilt, werden in erster Näherung die Frequenzänderungen (10.19) und (10.20) gleich, denn für diese Voraussetzung kann mit $1/(1+x) \approx 1-x$ $(x \ll 1)$ ((A 3.6a)) für (10.20) in Übereinstimmung zu (10.19)

$$\nu_B = \nu_Q \left(1 \pm \frac{v}{v_{ph}}\right) \qquad \begin{matrix} +: & B \rightarrow \leftarrow Q \\ -: \leftarrow B & Q \rightarrow \end{matrix} \qquad (10.20c)$$

$(v/v_{ph} \ll 1)$

longitudinaler Doppler-Effekt bei $v_{ph}/v \ll 1$

geschrieben werden. Unter diesen Bedingungen kann durch Beobachtung des longitudinalen Doppler-Effektes nicht mehr festgestellt werden, ob die Schallquelle sich in bezug auf den ruhenden Beobachter bewegt oder umgekehrt.

Der Beobachter bewege sich senkrecht zur Wellennormalen der von einer ruhenden Schallquelle ausgesandten Welle ($\boldsymbol{v}^0 \perp \boldsymbol{n}^0$) bzw. die Schallquelle bewege sich so gegenüber einem ruhenden Beobachter, daß stets die Wellennormale der von ihr ausgesandten Welle senkrecht zur Bewegungsrichtung steht. Geht von der Schallquelle eine Kugelwelle aus, dann bekommt man zum Beispiel diese Verhältnisse, wenn sich die Schallquelle (der Beobachter) auf einem Kreisbogen bewegt, in dessen Mittelpunkt sich der ruhende Beobachter (die ruhende Schallquelle) befindet. Wie man aus Abbildung (10.10) und auch aus (10.19) und (10.20) erkennt, tritt in diesem Fall ($\boldsymbol{v}^0 \perp \boldsymbol{n}^0$) kein Doppler-Effekt *(transversaler Doppler-Effekt)* auf.

transversaler Doppler-Effekt

Beim Schall kann durch Messung des longitudinalen Doppler-Effektes entschieden werden, ob die Schallquelle sich in bezug auf den ruhenden Beobachter bewegt oder ob der Beobachter sich in bezug auf die ruhende Schallquelle bewegt.
Ein transversaler Doppler-Effekt tritt beim Schall nicht auf.

(S 10.7) Varianten des Doppler-Effekts beim Schall

Der Satz (S 10.7) gilt nicht für elektromagnetische Wellen (siehe Band II), da für sie kein Bezugsmedium existiert.

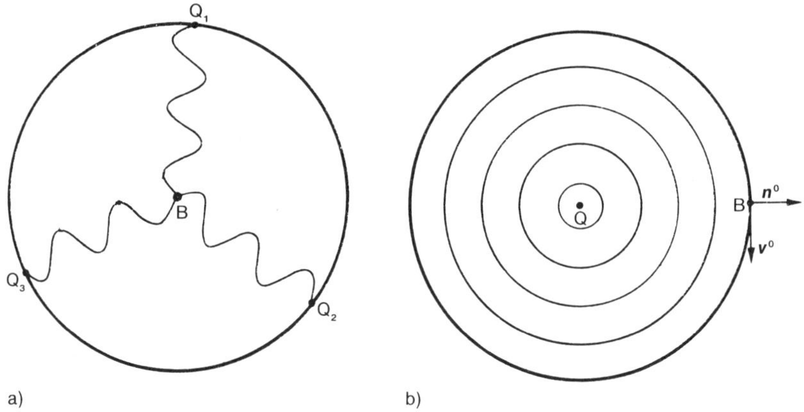

Abb. 10.10
Zum transversalen Doppler-Effekt
a) Die Schallquelle bewegt sich auf einem Kreisbogen um den ruhenden Beobachter. Die Schallwelle erreicht den Beobachter nach gleichen Zeiten stets mit gleicher Phase.
b) Der Beobachter bewegt sich auf einem Kreisbogen um die ruhende Schallquelle. Auf diesem Kreisbogen liegen nur Punkte gleicher Phase, eine Frequenzverschiebung kann deshalb nicht auftreten.

10.1.3 Überlagerung harmonischer Wellen gleicher Frequenz und Wellenlänge

Häufig existieren in einem physikalischen System mehrere Teilwellen $\boldsymbol{u}_i$ ($i=1, 2, \ldots, n$). Dies ist zum Beispiel in jedem Schallempfänger der Fall, der von mehreren Schallquellen erregt wird. Nach der experimentellen Erfahrung gilt in völliger Analogie zu dem für Schwingungen formulierten Superpositionsprinzip (S 9.5) auch für Wellen:

(S 10.8)
Superpositionsprinzip für Wellen

Existieren in einem physikalischen System mehrere Teilwellen $\boldsymbol{u}_i$ ($i=1, 2, \ldots, n$) gleicher Größenart, so überlagern sich diese in jedem Punkt des Systems ohne gegenseitige Störung zu

$$\boldsymbol{u}=\boldsymbol{u}_1+\boldsymbol{u}_2+\cdots+\boldsymbol{u}_n\,.$$

Die Beziehung (S 10.8) kann unmittelbar aus der Form der Wellendifferentialgleichung (10.6) gefolgert werden. Sind die n Funktionen (Wellen) $\boldsymbol{u}_i\ (x, y, z, t)$ ($i=1, 2, \ldots, n$) Lösungen der Wellendifferentialgleichung, so gilt dies nach A. 18 auf Grund der Linearität der Wellendifferentialgleichung auch für ihre Summe $\boldsymbol{u}=\sum\limits_{i=1}^{n}\boldsymbol{u}_i$.

10.1.3.1 Überlagerung harmonischer Wellen gleicher Frequenz, gleicher Wellenlänge und gleicher Richtung der Wellenfunktion, Interferenz

Wir betrachten zwei sich in z-Richtung fortpflanzende ebene harmonische Wellen $\boldsymbol{u}_1$ und $\boldsymbol{u}_2$. Die Richtungen beider Wellenfunktionen seien gleich ($\boldsymbol{u}_1{}^0 = \boldsymbol{u}_2{}^0 = \boldsymbol{u}^0$), ebenfalls ihre Kreisfrequenzen ($\omega_1 = \omega_2 = \omega$) und Wellenlängen ($\lambda_1 = \lambda_2 = \lambda$). Nach (10.1b) lauten dann die beiden Wellenfunktionen

$$\boldsymbol{u}_1 = \boldsymbol{u}_{01}\, u^0 \cos(\omega t - kz + \varphi_1), \qquad (10.21\,\text{a})$$

$$\boldsymbol{u}_2 = \boldsymbol{u}_{02}\, u^0 \cos(\omega t - kz + \varphi_2), \qquad (10.21\,\text{b})$$

und an einem beliebigen, aber festen Ort $z = z_0$ mit den Abkürzungen

$$\varphi_1{}^* = \varphi_1 - kz_0, \qquad \varphi_2{}^* = \varphi_2 - kz_0 \qquad (10.21\,\text{c})$$

gilt

$$\boldsymbol{u}_1 = u_{01}\, \boldsymbol{u}^0 \cos(\omega t + \varphi_1{}^*), \qquad (10.21\,\text{d})$$

$$\boldsymbol{u}_2 = u_{02}\, \boldsymbol{u}^0 \cos(\omega t + \varphi_2{}^*). \qquad (10.21\,\text{e})$$

Nach (D 9.2) liegen am beliebigen, aber festen Ort zwei harmonische Schwingungen gleicher Frequenz vor. Für ihre Überlagerung ergibt sich aus (9.20), (9.22) und (9.22a)

$$\boldsymbol{u} = u_0\, \boldsymbol{u}^0 \cos(\omega t + \varphi^*) \qquad (10.22)$$

mit

$$u_0 = \sqrt{u_{01}^2 + u_{02}^2 + 2u_{01}u_{02}\cos(\varphi_2{}^* - \varphi_1{}^*)}\,. \qquad (10.22\,\text{a})$$

Die Phasenkonstante φ^* ist aus (9.22b) berechenbar. Die Überlagerung harmonischer Wellen ist damit auf die Überlagerung harmonischer Schwingungen zurückgeführt.

Die Überlagerungsschwingung am beliebigen, aber festen Ort $z = z_0$ ist wiederum eine harmonische Schwingung gleicher Frequenz. Da dieses Ergebnis für jeden Punkt des betrachteten physikalischen Systems gilt, ergibt die Überlagerung von zwei harmonischen Wellen gleicher Frequenz, gleicher Wellenlänge, gleicher Ausbreitungsrichtung und gleicher Richtung der Wellenfunktion wiederum eine harmonische Welle mit derselben Frequenz, derselben Wellenlänge und Ausbreitungsrichtung und derselben Richtung der Wellenfunktion. Da dieser Welle wieder eine harmonische Welle entsprechender Eigenschaften überlagert werden kann, gilt allgemein:

> Die Überlagerung von harmonischen Wellen gleicher Frequenz, gleicher Wellenlänge, gleicher Ausbreitungsrichtung und gleicher Richtung der Wellenfunktion ergibt wiederum eine harmonische Welle derselben Frequenz, derselben Wellenlänge, derselben Ausbreitungsrichtung und derselben Richtung der Wellenfunktion.

(S 10.9)
Überlagerung von harmonischen Wellen mit gleichem ω und gleichem λ

Die durchgeführten Überlegungen zeigen, daß das Superpositionsprinzip bei der Überlagerung von Wellen sich aus der Superposition von Schwingungen (Abschn. 9.1.5) ableiten läßt. Wir knüpfen an die charakteristische Aussage an, daß man die Ortsdarstellung der resultierenden Welle zu einer bestimmten Zeit entsprechend (S 10.8) durch Addition der Ortsdarstellungen der Teilwellen und ebenso die resultierende Schwingung an einem Ort durch Addition der sich überlagernden Teilschwingungen (vgl. Abb. 10.13) erhält (grafische Summation). Damit ergibt sich die resultierende Amplitude nach (10.22a) und ist nur im Fall $\varphi_2{}^* - \varphi_1{}^* = 2n\pi$ $(n = 0, 1, 2, \ldots)$ gleich der Summe der Amplituden der Teilwellen. Häufig, z.B. auch beim Schall, ist nur die Intensität der unmittelbaren Beobachtung zugängig. Beachtet man, daß nach (S 10.6) für die Intensität $I \sim u_0{}^2$ gilt, so kann statt (10.22a) auch

$$I = I_1 + I_2 + 2\sqrt{I_1 I_2}\cos(\varphi_2{}^* - \varphi_1{}^*) \qquad (10.22\text{b})$$

geschrieben werden. Im allgemeinen ergibt sich also die Intensität I der resultierenden Welle nicht durch einfache Addition der Intensitäten der Einzelwellen. Diese Aussage ist für das Verhalten von Wellen typisch und wird durch folgenden Begriff charakterisiert:

(D 10.14) Interferenz

Erscheinungen, die bei der störungsfreien Überlagerung von zwei oder mehreren Wellen zur Verstärkung oder Abschwächung der Gesamtintensität im Vergleich zur Summe der Einzelintensitäten führen, heißen Interferenz.

Der Term

$$2\sqrt{I_1 I_2}\cos(\varphi_2{}^* - \varphi_1{}^*) \qquad (10.23)$$

Interferenzglied

in (10.22b) wird als *Interferenzglied* bezeichnet. Je nachdem, ob dieses positiv oder negativ ist, ist die Gesamtintensität größer oder kleiner als die Summe der Einzelintensitäten.

Das Auftreten von Interferenzen dient in der Physik als ein Beweis für die Wellennatur des beobachteten Vorganges. Das ist dann wichtig, wenn die einzelne Schwingung oder das Wandern von Phasenzuständen nicht direkt wahrnehmbar ist.

Zum Auffinden der Bedingungen, unter denen Maxima bzw. Minima der resultierenden Intensität auftreten, betrachten wir zwei von unterschiedlichen Wellenzentren Q_1 und Q_2 ausgehende Kugelwellen gleicher Frequenz, gleicher Wellenlänge und gleicher Richtung $\boldsymbol{u}^0$ der Wellenfunktion (siehe Abb. 10.11). Wird für jede Teilwelle der Koordinatenursprungspunkt ins Wellenzentrum gelegt, so erhält man nach (10.3b) für den Betrag ihrer Wellenfunktionen

$$u_1 = \frac{u_{01}}{r_1}\cos(\omega t - k r_1 + \varphi_1), \qquad (10.24\text{a})$$

$$u_2 = \frac{u_{02}}{r_2}\cos(\omega t - k r_2 + \varphi_2). \qquad (10.24\text{b})$$

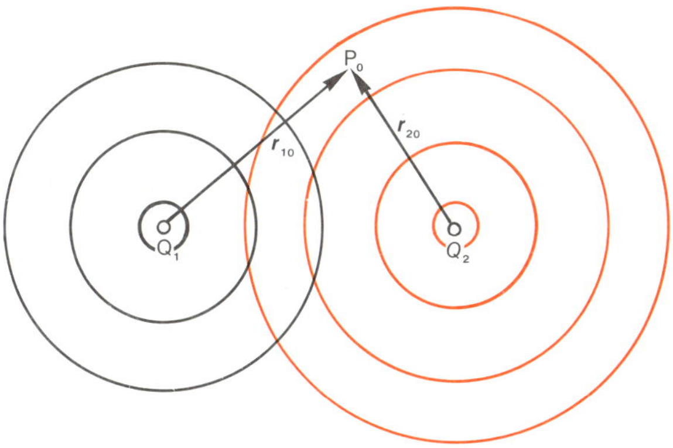

Abb. 10.11
Momentanbild von zwei mit unterschiedlicher Phase, aber gleicher Wellenlänge von den Zentren Q_1 und Q_2 ausgehenden Kugelwellen. Dargestellt sind die Schnittlinien der Flächen gleicher Phase mit der Papierebene

Wir betrachten die Überlagerung der beiden Teilwellen im beliebigen, aber festen Punkt P_0. Er habe von der Wellenquelle Q_1 den Abstand r_{10}, von der Wellenquelle Q_2 den Abstand r_{20} (siehe Abb. 10.11). Im Interferenzglied nehmen dann $\varphi_1{}^*$ und $\varphi_2{}^*$ die Werte

$$\begin{aligned}\varphi_1{}^* &= \varphi_1 - k\,r_{10}, \\ \varphi_2{}^* &= \varphi_2 - k\,r_{20}\end{aligned} \qquad (10.24\,\text{c})$$

an. Demzufolge besitzt die Intensität der resultierenden Welle im Punkt P_0 ein

$$\left.\begin{matrix}\text{Maximum,}\\ \text{Minimum,}\end{matrix}\right\} \text{ wenn } |\varphi_2 - \varphi_1 + k(r_{10} - r_{20})| = \begin{cases} 2\,n\pi\ (n = 0, 1, 2, \ldots) \\ (2\text{n}+1)\pi \quad (n = 0, 1, 2, \ldots). \end{cases} \qquad (10.25)$$

Die Phasenverschiebungen von Wellen gegeneinander können zweckmäßig auch als Länge durch die Größe Gangunterschied angegeben werden. Das ermöglicht einen unmittelbaren Vergleich mit λ. Hierzu führen wir ein:

(D 10.15)
Gangunterschied Δ

Erzeugen zwei Wellen
$u_1 = u_{01}\cos(\omega t - k r_1 + \varphi_1)$ und
$u_2 = u_{02}\cos(\omega t - k r_2 + \varphi_2)$
im gegebenen Raumpunkt $P_0(r_{10}) = P_0(r_{20})$ die Einzelschwingungen
$u_{1P_0} = u_{01}\cos(\omega t + \varphi_1{}^*)$ und
$u_{2P_0} = u_{02}\cos(\omega t + \varphi_2{}^*)$,
so nennt man

$$\Delta = \frac{|\varphi_1{}^* - \varphi_2{}^*|}{k} = \left| -(r_{10} - r_{20}) + \frac{\varphi_1 - \varphi_2}{k} \right|$$

ihren Gangunterschied im Punkt P_0.

Die Extremwertbedingungen (10.25) lauten dann unter Beachtung von $k = 2\pi/\lambda$ ((D 10.4)):

(S 10.10)
Maximum- und Minimumbedingung bei Interferenz zweier Wellen

Die Intensität bei der Überlagerung zweier Wellen besitzt im Punkt P_0 ein

Maximum, | wenn der Gangunterschied beider Wellen in P_0 | $\Delta = n\lambda$
Minmimum, | | $\Delta = (2n+1)\lambda/2$ $(n = 0, 1, 2, \ldots)$

beträgt.

Der Satz (S 10.10) läßt sich experimentell bestätigen, indem man von zwei Zentren Wasserwellen (Kreiswellen) mit gleicher Phase ausgehen läßt. Abbildung 10.12 zeigt die resultierende Interferenzfigur.

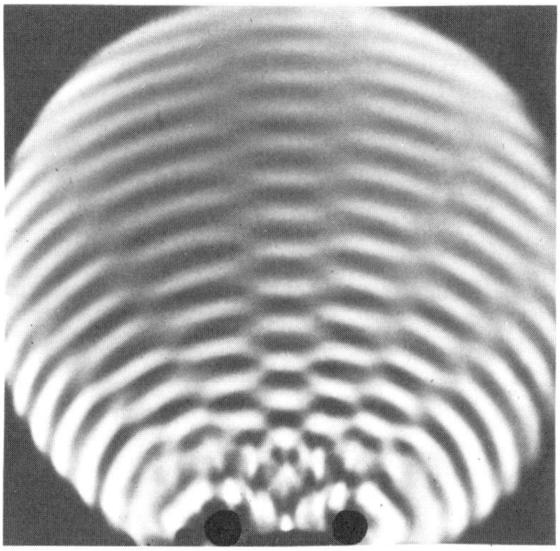

Abb. 10.12
Überlagerung zweier von zwei verschiedenen Wellenzentren mit gleicher Phase ausgehenden Kreiswellen in Wasser

Abbildung 10.13 gibt die geometrische Konstruktion der Interferenzfigur wieder. Die Kreise entsprechen Phasenflächen mit einem ganzzahligen Vielfachen der Wellenlänge bzw. mit einem ungeradzahligen Vielfachen der halben Wellenlänge.

10.1.3.1.1 *Stehende Wellen*

Einen wichtigen Spezialfall der Wellenlehre erhält man durch die Überlagerung von zwei phasengleichen ebenen harmonischen Wellen gleicher Frequenz, gleicher Amplitude, gleicher Polarisation (s. Abschn. 10.1.3.2)

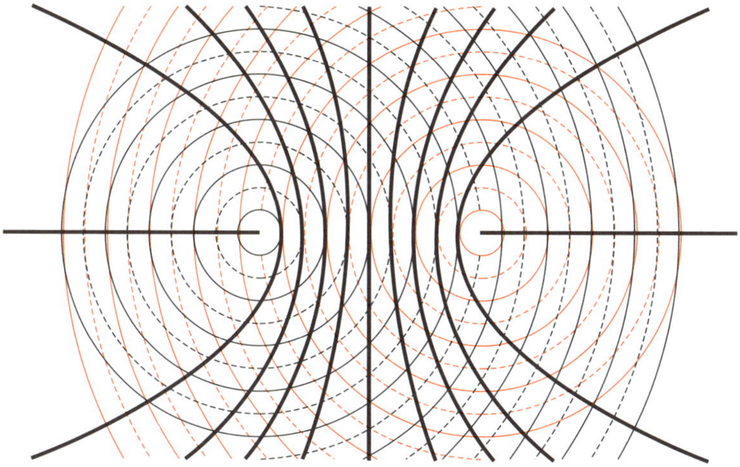

Abb. 10.13
Geometrische Konstruktion der in Abb. 10.12 dargestellten Interferenzfigur
———, - - - - - - - -, ———, - - - - - - - - Flächen gleicher Phase
——— Geometrischer Ort der Punkte maximaler Amplitude

und gleicher Wellenlänge, aber entgegengesetzter Ausbreitungsrichtung. Wird die Ausbreitungsrichtung dieser beiden Wellen als positive und negative z-Richtung gewählt, so sind sie nach (10.2c) darstellbar durch

$$\hat{u}_1 = u_0\, e^{i(\omega t - kz)}, \tag{10.26a}$$

$$\hat{u}_2 = u_0\, e^{i(\omega t + kz)}. \tag{10.26b}$$

Ihre Überlagerung ergibt nach (S 10.8) und $2\cos\varphi = e^{i\varphi} + e^{-i\varphi}$ ((A 18.11 b))

$$\hat{u} = 2u_0 \cos(kz)\, e^{i\omega t}. \tag{10.26}$$

Nach (S 9.1) erfolgt in jedem Punkt eine Schwingung, deren Amplitude für jeden Ort eindeutig durch $2u_0 \cos(kz)$ festgelegt ist, d.h. in jedem Raumpunkt zeitlich konstant bleibt. Ein derartiger physikalischer Vorgang heißt *stehende Welle*. An den Punkten z_n, für die $\pm k z_n = (2n+1)\,\frac{\pi}{2}$ ($n = 0, 1, 2, \ldots$) gilt, ist die Amplitude der stehenden Welle stets Null. Diese Punkte heißen *Knoten* der stehenden Welle. Mit $k = 2\pi/\lambda$ ((D 10.4)) und der Bedingung für die Lage der *Knoten* beträgt der Abstand benachbarter Knoten

stehende Welle

Knoten der stehenden Welle

$$z_{n+1} - z_n = [(2(n+1)+1) - (2n+1)]\,\frac{\lambda}{4} = \frac{\lambda}{2}$$

(s. Abb. 10.14).

Bäuche der stehenden Welle

Die Punkte z_n, für die $\pm k z_n = 2n\pi$ $(n = 0, 1, 2, \ldots)$ gilt, sind durch den Maximalwert $2u_0$ der Amplitude gekennzeichnet. Diese Punkte heißen *Bäuche* der stehenden Welle. Der Abstand benachbarter Wellenbäuche beträgt ebenfalls $\frac{\lambda}{2}$ (siehe Abb. 10.14).

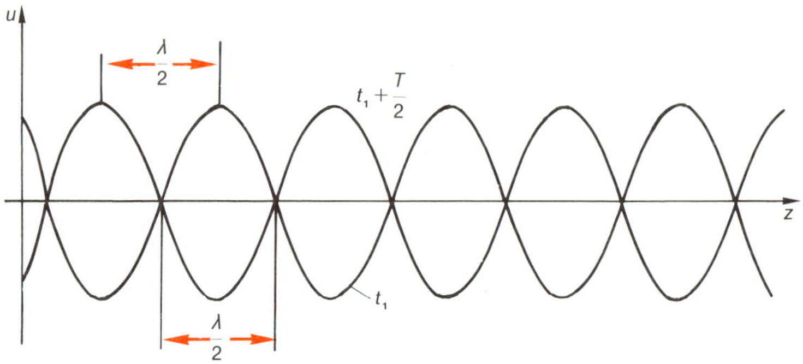

Abb. 10.14
Momentanbilder einer stehenden Welle zu den Zeiten t_1 und $t_2 = t_1 + (T/2)$. Der Abstand benachbarter Wellenbäuche und -knoten beträgt $\lambda/2$.

Experimentell erhält man stehende Wellen u.a. durch senkrechte Reflexion einer Welle an einem Hindernis. Abbildung 10.15 zeigt die stehenden Transversalwellen einer eingespannten Saite. An den beiden Einklemmpunkten muß ein Knoten der Bewegung vorliegen. Die stehende Welle bildet sich daher nur dann gut aus, wenn die Länge der Saite einem ganzzahligen Vielfachen der halben Wellenlänge entspricht.

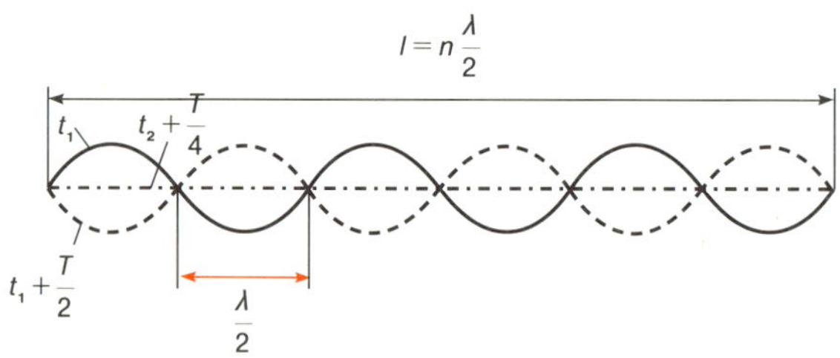

Abb. 10.15
Stehende Transversalwelle einer eingespannten Saite zu verschiedenen Zeiten. Für den Abstand l der beiden Einklemmpunkte gilt $l = n\frac{\lambda}{2}$ (n ganze Zahl)

Flammenrohr

Stehende Schallwellen sind mit dem Flammenrohr nachweisbar. Ein Rohr wird mit kleinen Bohrungen gleichen Abstandes (Abstand von Bohrung zu Bohrung ca. 2 cm) versehen, mit Leuchtgas gefüllt und mit einer Membran verschlossen (Abb. 10.16). Entzündet man das aus den kleinen Bohrungen ausströmende Gas, so ist die Höhe aller Flammen gleich. Wird jetzt die Membran zu Schwingungen angeregt (z. B. durch eine Stimmgabel),

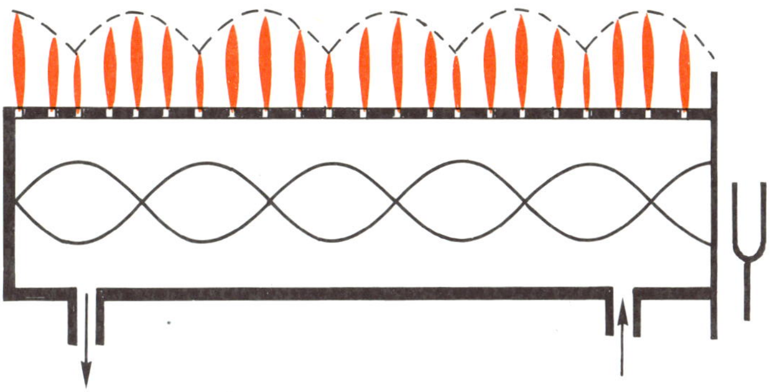

Abb. 10.16 Flammenrohr zum Nachweis stehender Schallwellen

dann bildet sich bei geeigneter Länge des Rohres in ihm eine stehende Schallwelle aus. Das Profil der Flammenhöhen entspricht der Funktion $|\sin x|$ (vgl. Abb. 10.16); an den Stellen der größten Druckschwankungen besitzt die Flammenhöhe ihr Maximum. Hierbei ist zu beachten, daß die Knoten der stehenden Schallwelle den Druckbäuchen entsprechen, die Bäuche der stehenden Schallwelle den Druckknoten (vgl. hierzu auch (10.11) mit (10.13)). Abbildung 10.17 veranschaulicht diesen Vorgang.

10.1.3.1.1.1 Bestimmung der Schallgeschwindigkeit

Messung der Schallgeschwindigkeit
Resonanzrohr

Am oberen Ende eines offenen Glasrohres befinde sich eine Stimmgabel bekannter Frequenz ν. Das Glasrohr wird entsprechend Abbildung 10.18 in Wasser getaucht. Die Länge der Luftsäule wird durch die Eindringtiefe des Rohres so festgelegt, daß sich im Rohr bei Erregung der Stimmgabel stehende Schallwellen ausbilden können. Die Ausbildung der stehenden Welle ist deutlich akustisch wahrnehmbar (Resonanz), die notwendige Eindringtiefe des Rohres zur Ausbildung stehender Schallwellen damit akustisch festlegbar. An der Wasseroberfläche muß sich ein Knoten der stehenden Schallwelle befinden, am offenen Ende dagegen ein Bauch. Man kann das wie folgt erklären: Die Schallwelle läuft zunächst von der Stimmgabel zur Wasseroberfläche und wird an dieser wieder zur Stimmgabel hin reflektiert. Damit bildet sich an der Wasseroberfläche ein Druckbauch, am freien Ende des Rohres dagegen ein Druckknoten. Damit ist die Auslenkung ζ der Luftmoleküle an der Wasseroberfläche gleich Null (Knoten der Schallwelle), am offenen Ende dagegen maximal (Bauch der Schallwelle). Der Abstand Stimmgabel–Wasseroberfläche ist daher ein ganzzahliges Vielfaches von $\frac{\lambda}{4}$ (vgl. Abb. 10.14), die Differenz benachbarter Stellen mit maximalem akustischen Signal $\frac{\lambda}{2}$. Damit ist die Wellenlänge λ bekannt und mit der ebenfalls bekannten Frequenz ν der Stimmgabel die gesuchte Schallgeschwindigkeit aus (S 10.1) errechenbar.

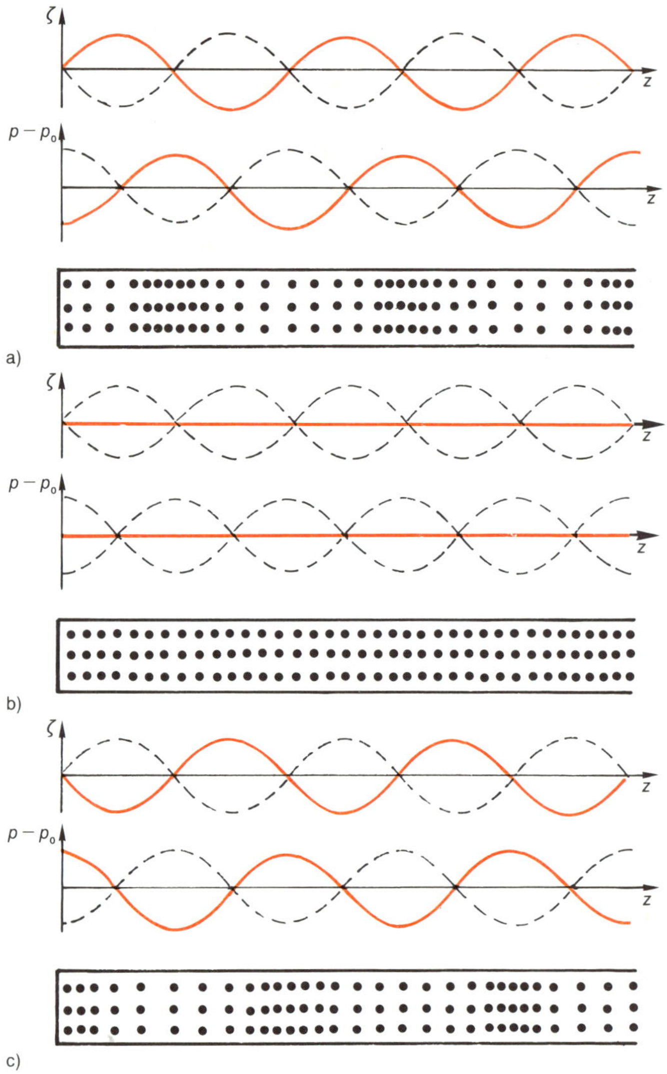

Abb. 10.17
Druckwelle und Schallwelle im Flammenrohr zu verschiedenen Zeiten. Der Wert des Druckes ist durch die Dichte der Punktierung charakterisiert. Die gestrichelten Linien verdeutlichen die Lagen der Knoten und der Bäuche der stehenden Wellen.
a) $t = 0$ b) $t = T/4$ c) $t = T/2$

Kundtsches Resonanzrohr

Im Kundtschen Resonanzrohr (Abb. 10.19) wird die Gassäule im Rohr R durch Längsschwingungen des Stabes St zu stehenden Wellen angeregt. Der Stab wird hierzu bei $\frac{1}{4}$ und $\frac{3}{4}$ seiner Länge eingeklemmt. Durch kräftiges Reiben in Längsrichtung werden in ihm Longitudinalwellen (vgl.

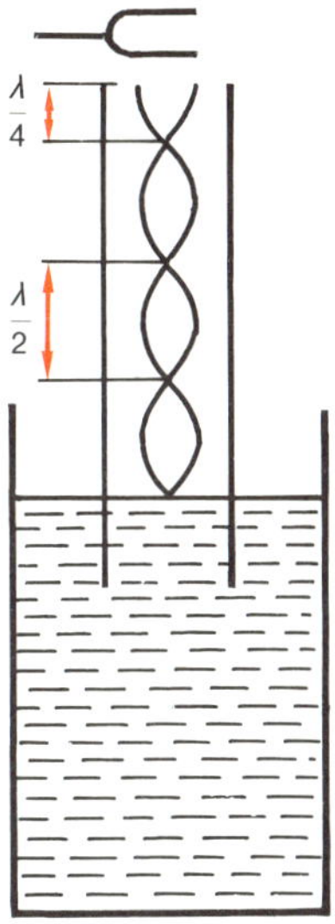

Abb. 10.18 Stehende Schallwelle im Resonanzrohr

AUGUST KUNDT
(1839–1894)

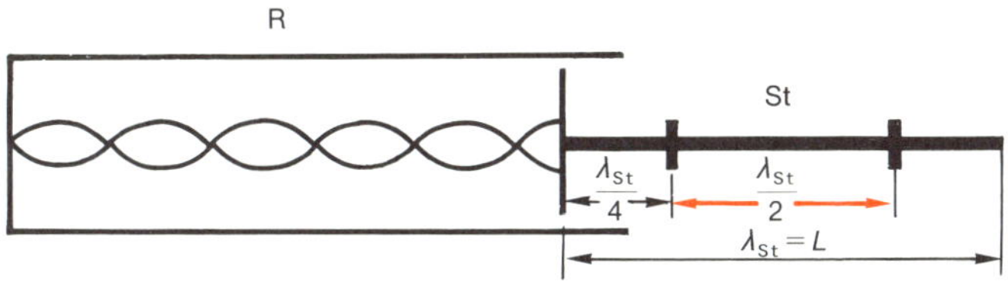

Abb. 10.19 Kundtsches Resonanzrohr

Abschnitt 10.1.2.2.1) angeregt. Durch die spezielle Wahl der Einklemmstellen des Stabes entspricht die Stablänge L der Wellenlänge λ_{St} ($L = \lambda_{st}$) der im Stab erregten Schallwelle. Die Länge der Gassäule wird so eingestellt, daß sich in ihr stehende Schallwellen ausbilden können. Ihre Bäuche und Knoten werden durch eingestreutes Korkpulver direkt sichtbar gemacht und so die Wellenlänge bestimmt.

Das Kundtsche Resonanzrohr dient zur Relativmessung von Schallgeschwindigkeiten. Man füllt es zuerst mit dem Gas 1 bekannter Schallgeschwindigkeit $v_{ph,1}$ (z. B. Luft) und bestimmt die zugehörige Wellenlänge λ_1. Nach (S 10.1) ist dann die Frequenz der stehenden Schallwelle und damit auch die Schwingungsfrequenz ν_{St} des angeregten Stabes bekannt:

Relativmessung der Schallgeschwindigkeit

$$\nu_{St} = \frac{v_{ph,1}}{\lambda_1} . \qquad (10.27a)$$

Man füllt jetzt das Rohr mit dem Gas 2, dessen Schallgeschwindigkeit bestimmt werden soll, und mißt die Wellenlänge λ_2 seiner stehenden Schallwelle. Da die Erregerfrequenz der Schallwelle die gleiche wie für das Gas 1 ist, gilt für die gesuchte Schallgeschwindigkeit mit (S 10.1) und

(10.27a)

$$v_{\mathrm{ph},2} = \frac{v_{\mathrm{ph},1}\lambda_2}{\lambda_1}. \tag{10.27b}$$

Damit ist auch die Schallgeschwindigkeit im Stabmaterial bekannt. Charakterisiert der Index 2 in (10.27b) den Stab ($v_{\mathrm{ph},2} = v_{\mathrm{ph,St}}$), so folgt für die Schallgeschwindigkeit im Stab

$$v_{\mathrm{ph,St}} = \frac{v_{\mathrm{ph},1}L}{\lambda_1}, \tag{10.27c}$$

da durch die speziellen Einklemmstellen des Stabes $\lambda_2 = \lambda_{\mathrm{St}} = L$ gilt.

Kennt man die Schallgeschwindigkeit im Stab, so ist nach (S 10.4) bei bekannter Dichte des homogenen Stabmaterials auch sein Elastizitätsmodul bekannt.

In festen Körpern kleiner Abmessungen lassen sich die Geschwindigkeiten $v_{\mathrm{ph,l}}$ und $v_{\mathrm{ph,t}}$ von longitudinaler und transversaler Schallwelle durch Laufzeitmessungen von Ultraschallwellen bestimmen. Nach (S 10.4) sind dann bei bekannter Dichte des Materials auch sein Elastizitäts- und sein Torsionsmodul bekannt.

10.1.3.2 Polarisation

Die Ausbreitungsrichtung einer ebenen homogenen Transversalwelle werde als positive z-Richtung eines kartesischen Koordinatensystems gewählt. Nach (10.2b) und (D 10.8) ist diese Welle darstellbar durch

$$\boldsymbol{u} = u_{0x}\boldsymbol{i}\cos(\omega t - kz + \varphi_x) + u_{0y}\boldsymbol{j}\cos(\omega t - kz + \varphi_y). \tag{10.28}$$

Betrachtet man den wellenförmigen Vorgang zu einem beliebigen, aber festen Zeitpunkt t_0, so beschreibt die Spitze des Vektors $\boldsymbol{u}$ in Abhängigkeit vom Ort eine bestimmte Kurve (vgl. Abb. 10.20). In einer beliebigen, aber festen Ebene $z = z_0$ senkrecht zur Wellennormalen der Welle durch-

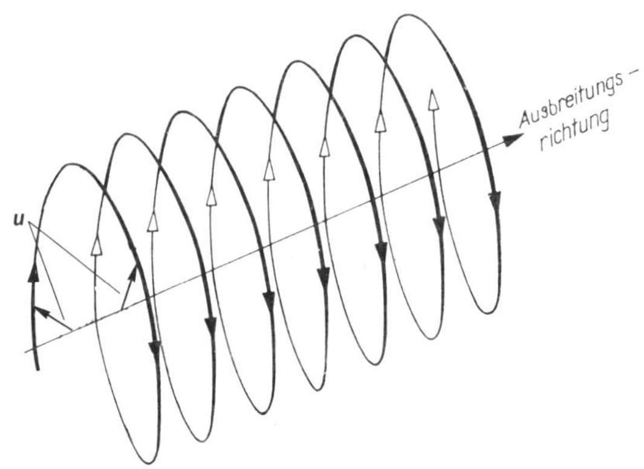

Abb. 10.20 Momentanbild einer elliptisch polarisierten Welle

läuft die Spitze von $\boldsymbol{u}$ in Abhängigkeit von der Zeit ebenfalls eine bestimmte Kurve. Diese Bahnkurve von $\boldsymbol{u}$ in der Ebene $z=z_0$ soll im weiteren untersucht werden. Mit den Abkürzungen

$$\varphi_x{}^* = \varphi_x - k z_0\,,$$

$$\varphi_y{}^* = \varphi_y - k z_0 \tag{10.29}$$

ist nach (10.28) $\boldsymbol{u}$ in der Ebene $z=z_0$ darstellbar durch

$$\boldsymbol{u} = u_{0x}\boldsymbol{i}\cos(\omega t + \varphi_x{}^*) + u_{0y}\boldsymbol{j}\cos(\omega t + \varphi_y{}^*)\,. \tag{10.28a}$$

Der Vergleich von (10.28a) mit (9.23) zeigt, daß in der Ebene $z=z_0$ eine polarisierte Schwingung vorliegt. Die von $\boldsymbol{u}$ durchlaufene Bahnkurve entspricht Abbildung 9.14. Wir bezeichnen daher die Welle als *polarisierte Welle* oder die Gesamterscheinung kurz als *Polarisation*.

polarisierte Welle
Polarisation

Man beachte, daß Polarisation nur bei Transversalwellen auftreten kann.

Die zur Diskussion von (9.23) verwendete Phasendifferenz $\Delta\varphi = \varphi_y - \varphi_x$ ist nach (10.29) mit der Phasendifferenz $\Delta\varphi^* = \varphi_y{}^* - \varphi_x{}^* = \varphi_y - \varphi_x = \Delta\varphi$ identisch. Die dortigen Ergebnisse sind daher sofort auf die polarisierte Welle übertragbar. Aus (S 9.7) folgt:

(S 10.11)
mögliche Polarisationsarten

Der allgemeine Fall einer polarisierten Welle ist die elliptische Polarisation. Für die Phasendifferenz $\Delta\varphi = 0$ oder π der zueinander und zur Ausbreitungsrichtung senkrechten Anteile der Transversalwelle artet die elliptische Polarisation zur linearen Polarisation aus, bei Amplitudengleichheit der beiden Teilwellen und der Phasendifferenz $\Delta\varphi = \dfrac{\pi}{2}$ oder $\dfrac{3}{2}\pi$ zur zirkularen Polarisation.

Wir betrachten die Überlagerung zweier senkrecht zueinander linear polarisierter Wellen. Pflanzen sie sich in z-Richtung fort, so ist ihre Überlagerungswelle nach (S 10.11) und (10.28) darstellbar durch

$$\boldsymbol{u} = u_{0x}\boldsymbol{i}\cos(\omega t - kz + \varphi) + u_{0y}\boldsymbol{j}\cos(\omega t - kz + \varphi_2)$$

$$(\varphi_2 = \varphi \quad \text{oder} \quad \varphi_2 = \varphi + \pi)$$

oder, mit

$$\boldsymbol{u}_0 = u_{0x}\boldsymbol{i} \pm u_{0y}\boldsymbol{j} \qquad \begin{pmatrix} + \text{ für } \varphi_2 = \varphi \\ - \text{ für } \varphi_2 = \varphi + \pi \end{pmatrix} \tag{10.30a}$$

bei Beachtung von (A 1.4), durch

$$\boldsymbol{u} = \boldsymbol{u}_0 \cos(\omega t - kz + \varphi)\,. \tag{10.30}$$

Nach (10.30a) ergibt sich unter Beachtung von $\boldsymbol{i}\cdot\boldsymbol{j} = 0$ für das Amplitudenquadrat der Überlagerungswelle

$$u_0{}^2 = u_{0x}{}^2 + u_{0y}{}^2$$

und damit wegen $I \sim u_0^2$ für die Gesamtintensität

$$I = I_x + I_y\,.$$

Das Interferenzglied ist identisch Null, die Gesamtintensität ergibt sich durch einfache Addition der Einzelintensitäten. Nach (D 10.14) bedeutet das:

(S 10.12)
Senkrecht zueinander linear polarisierte Wellen sind nicht interferenzfähig

Senkrecht zueinander linear polarisierte Wellen können nicht miteinander interferieren.

10.2 Anharmonische Wellen

10.2.1 Anharmonische Welle als Überlagerung von harmonischen Wellen

Wie die anharmonischen Schwingungen lassen sich auch die anharmonischen Wellen durch Überlagerung von harmonischen darstellen. Wir wollen dies am Beispiel einer ebenen anharmonischen Welle zeigen. Sie breite sich mit der Phasengeschwindigkeit v_{ph} in positiver z-Richtung aus. Nach (S 9.8) ist die Wellenfunktion u in der Ebene $z = 0$ gegeben durch

$$u(z=0,t) = \sum_{n=0}^{\infty} u_{0n} \cos n\omega \left(t + \frac{\varphi_n}{n\omega}\right).$$

Dieser Zustand breitet sich mit der Phasengeschwindigkeit v_{ph} in positiver z-Richtung aus. Um diese Ortsabhängigkeit erfassen zu können, schreiben wir für (10.2b) unter Beachtung von (S 10.1)

$$u = u_0 \cos\omega\left(t - \frac{z}{v_{\text{ph}}} + \frac{\varphi}{\omega}\right). \tag{10.2d}$$

Die Summenglieder von $u(z=0,t)$ gehen in (10.2d) über, wenn in ihnen t durch $t - \dfrac{z}{v_{\text{ph}}}$ ersetzt wird. Es braucht somit in $u(z=0,t)$ nur t durch $t - \dfrac{z}{v_{\text{ph}}}$ ersetzt zu werden, um die Fourier-Darstellung der ebenen Welle $u(z,t)$ zu bekommen. Unter Beachtung von (S 9.8) gilt:

(S 10.13a)
Fourier-Darstellung einer anharmonischen ebenen Welle

Jede anharmonische ebene Welle $u(z,t)$ kann als Überlagerung von harmonischen ebenen Wellen der Form

$$u(z,t) = \sum_{n=0}^{\infty} u_{0n} \cos n\omega\left(t - \frac{z}{v_{\text{ph}}} + \frac{\varphi_n}{n\omega}\right)$$

mit

$$u_{0n} = \sqrt{a_n^2 + b_n^2} \qquad (n = 0, 1, 2, \ldots),$$

$$\tan \varphi_n = -\frac{b_n}{a_n} \qquad (n = 0, 1, 2, \ldots),$$

$$a_0 = \frac{\omega}{2\pi} \int_{-\frac{\pi}{\omega}}^{+\frac{\pi}{\omega}} u(0, t)\,\mathrm{d}t,$$

$$b_0 = 0,$$

$$a_n = \frac{\omega}{\pi} \int_{-\frac{\pi}{\omega}}^{+\frac{\pi}{\omega}} u(0, t) \cos n\omega t\,\mathrm{d}t \qquad (n = 1, 2, \ldots),$$

$$b_n = \frac{\omega}{\pi} \int_{-\frac{\pi}{\omega}}^{+\frac{\pi}{\omega}} u(0, t) \sin n\omega t\,\mathrm{d}t \qquad (n = 1, 2, \ldots)$$

dargestellt werden.

Die Abbildungen 9.15, 9.16 und 9.21 können – wenn man sich die Abszisse t durch z ersetzt denkt – als Momentanbilder überlagerter harmonischer Wellen aufgefaßt werden.

Trägerwelle (Grundwelle) Oberwelle

Nach (S 10.13a) ist die Welle darstellbar durch die *Trägerwelle* (*Grundwelle*) der Kreisfrequenz ω und die dieser Grundwelle überlagerten *Oberwellen* der Kreisfrequenzen $n\omega$ ($n = 2, 3, \ldots$). Die zu n gehörende Welle wird als $(n-1)$-te Oberwelle bezeichnet. Im allgemeinen Fall sind sämtliche Oberwellen gegeneinander und gegenüber der Trägerwelle phasenverschoben. Die Welle besitzt ein diskretes Frequenzspektrum.

Die in Abbildung 9.17 dargestellte Impulsfolge pflanze sich in Richtung der positiven z-Achse mit der Phasengeschwindigkeit v_{ph} fort (vgl. Abb. 10.21). Wie ein Vergleich von (S 9.9) mit (S 10.13a) zeigt, ist dieser Vorgang nach (9.28) darstellbar durch

$$u(z, t) = \frac{h\tau}{T} + \frac{2h}{\pi} \sum_{n=1}^{\infty} \frac{\sin \frac{n\pi\tau}{T}}{n} \cos \frac{2n\pi}{T}\left(t - \frac{z}{v_{ph}}\right). \qquad (10.31)$$

Die zu (S 10.13a) führenden Überlegungen sind nicht auf ebene Wellen beschränkt. Wir können daher allgemein formulieren:

(S 10.13) Darstellbarkeit anharmonischer Wellen

Jede anharmonische Welle ist durch Überlagerung harmonischer Wellen darstellbar.

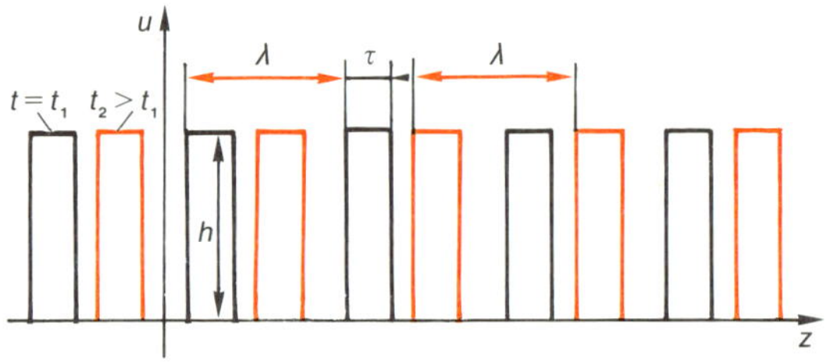

Abb. 10.21
Momentanbild einer in positiver z-Richtung fortschreitenden Impulsfolge zur Zeit t_1 (——) und zur Zeit $t_2 > t_1$ (——)

10.2.2 Gruppengeschwindigkeit

Eine harmonische Welle besitzt weder Anfang noch Ende. Mit ihr kann deshalb kein Signal übermittelt werden. Der Empfang einer harmonischen Schallwelle entspricht einem Dauerton, dem keinerlei Informationen zu entnehmen sind. Ein Signal kann das Eintreffen der Wellenfront oder des Wellenendes beinhalten, ein endlicher Wellenzug (vgl. Abschn. 10.3) ist aber schon keine harmonische Welle mehr. Detaillierte Informationen können durch Modulation der Amplitude, der Frequenz oder der Phase übertragen werden. An die Überlegungen zur Modulation von Schwingungen in Abschnitt 9.2.2 anknüpfend soll insbesondere die Geschwindigkeit untersucht werden, mit der ein Signal übertragen werden kann.

Wir betrachten hierzu als einfachsten Fall die Überlagerung von zwei harmonischen Wellen ungleicher Frequenz, aber gleicher Phase, Phasengeschwindigkeit, Amplitude und Ausbreitungsrichtung. Wird in die Ausbreitungsrichtung die positive z-Richtung gelegt, dann ergibt die Überlagerung nach (10.2d) und (S 10.8)

$$u = u_{01} \cos \omega_1 \left(t - \frac{z}{v_{\mathrm{ph}}} \right) + u_{01} \cos \omega_2 \left(t - \frac{z}{v_{\mathrm{ph}}} \right)$$

oder bei Beachtung von (A 1.16)

$$u = u_0 \cos \omega \left(t - \frac{z}{v_{\mathrm{ph}}} \right) \tag{10.32}$$

mit

$$u_0 = 2 u_{01} \cos \Delta\omega \left(t - \frac{z}{v_{\mathrm{ph}}} \right), \tag{10.32a}$$

$$\omega = \frac{\omega_1 + \omega_2}{2}, \tag{10.32b}$$

$$\Delta\omega = \frac{|\omega_1 - \omega_2|}{2}. \tag{10.32c}$$

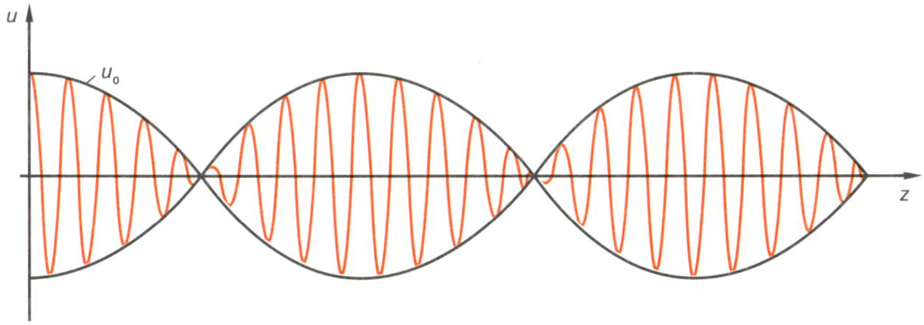

Abb. 10.22
Momentanbild einer amplitudenmodulierten Welle (——) und ihrer Amplitude (——)

An der beliebigen, aber festen Stelle $z = z_0$ ist die Amplitude mit der Kreisfrequenz $\Delta\omega$ zeitlich periodisch. Man spricht von einer *amplitudenmodulierten Welle*. Die Amplitudenfunktion u_0 breitet sich wellenförmig aus (Abb. 10.22). Dieser Ablauf kann vom Empfänger registriert werden.

amplitudenmodulierte Welle

Die Geschwindigkeit v_g, mit der sich die Phase der Amplitudenfunktion einer modulierten Welle ausbreitet, heißt Signal- oder Gruppengeschwindigkeit der Welle.

(D 10.16)
Gruppengeschwindigkeit v_g

Man bezeichnet ω als *Träger*- und $\Delta\omega$ als *Modulationskreisfrequenz* der amplitudenmodulierten Welle. Gilt $\Delta\omega \ll \omega$, d.h. nach (10.32b) und (10.32c) $\omega_1 \approx \omega_2$, so spricht man in Übereinstimmung mit Abschnitt 9.2.2 von einer Schwebung. Am festen Ort z_0 wird dann die Amplitudenfunktion durch die in Abbildung 9.22 dargestellte Schwebung wiedergegeben.

Trägerfrequenz
Modulationsfrequenz

Für die Übertragungsgeschwindigkeit eines Signals ist die Ausbreitungsgeschwindigkeit dieser Schwebungsphase maßgebend.

Eine Welle überträgt ein Signal mit der Gruppengeschwindigkeit.

(S 10.14)
Identität von Signalgeschwindigkeit und Gruppengeschwindigkeit

Für ungleiche Amplituden der überlagerten Wellen geht die Amplitude der amplitudenmodulierten Welle nicht wie in (10.32a) auf den Wert Null zurück (z.B. bei einem Rundfunksender im Lang-, Mittel- und Kurzwellenbereich). Statt (10.32a) ist dann für die Amplitudenfunktion zu schreiben

$$u_0 = u_{01}\left(1 + m\cos\Delta\omega\left(t - \frac{z}{v_{ph}}\right)\right). \tag{10.33a}$$

$|m| < 1$ wird als *Modulationsgrad* bezeichnet. Einsetzen von (10.33a) in Beziehung (10.32) ergibt bei Beachtung von (A 1.16)

Modulationsgrad

$$u = u_{01}\cos\omega\left(t - \frac{z}{v_{ph}}\right) + \frac{u_{01}m}{2}\cos\left[(\omega + \Delta\omega)\left(t - \frac{z}{v_{ph}}\right)\right]$$

$$+ \frac{u_{01}m}{2}\cos\left[(\omega - \Delta\omega)\left(t - \frac{z}{v_{ph}}\right)\right]. \tag{10.33}$$

Trägerwelle
Seitenwellen

Die amplitudenmodulierte Welle läßt sich als Summe von drei Wellen darstellen. Der erste Anteil, die *Trägerwelle*, besitzt die Trägerfrequenz, die beiden anderen Anteile (die *Seitenwellen*) die Frequenz Trägerfrequenz plus bzw. minus Modulationsfrequenz. Damit strahlt ein Sender im Lang-, Mittel- und Kurzwellenbereich nicht nur in seiner Trägerfrequenz, sondern im Frequenzbereich $\nu \pm \Delta\nu$. Um gegenseitige Störungen der Sender zu vermeiden, müssen ihre Trägerfrequenzen ν_i so untergebracht werden, daß sich ihre Frequenzbereiche $\nu_i \pm \Delta\nu_i$ nicht überdecken. Im Mittelwellenbereich hat man sich international auf einen Abstand der Trägerfrequenzen von 9 kHz geeinigt. Damit ist die übertragbare Frequenzbreite gegenüber dem Empfindlichkeitsbereich unseres Ohres von ca. 20 kHz (vgl. Abschn. 10.1.2.2.3) erheblich eingeengt.

Wird nicht die Amplitude, sondern die Phase entsprechend (9.32b) mit der Kreisfrequenz $\Delta\omega_\varphi$ moduliert, erhält man analog zu Abschnitt 9.2.3 symmetrisch zur Trägerwelle der Kreisfrequenz ω die Seitenwellen $\omega \pm n\Delta\omega_\varphi$ $(n = 1, 2, 3, \ldots)$, wobei meist nur die ersten Seitenwellen $\omega \pm \Delta\omega_\varphi$ zu beachten sind.

Um die Gruppengeschwindigkeit auf bekannte Größen der Welle zurückzuführen, betrachten wir die Überlagerung zweier ebener harmonischer Wellen gleicher Amplitude und Ausbreitungsrichtung, aber ungleicher Frequenz. Ihre Phasengeschwindigkeiten werden als frequenzabhängig $(v_{\mathrm{ph}} = v_{\mathrm{ph}}(\omega))$ angenommen.

Nach (10.2) und (S 10.8) ergibt die Überlagerung dieser ebenen Wellen

$$u = u_{01} \cos(\omega_1 t - k_1(\boldsymbol{s} \cdot \boldsymbol{n}^0)) + u_{01} \cos(\omega_2 t - k_2(\boldsymbol{s} \cdot \boldsymbol{n}^0))$$

oder mit (A 1.16)

$$u = u_0 \cos(\omega t - k(\boldsymbol{s} \cdot \boldsymbol{n}^0)), \tag{10.34}$$

wobei zur Abkürzung

$$u_0 = 2u_{01} \cos(\Delta\omega t - \Delta k(\boldsymbol{s} \cdot \boldsymbol{n}^0)), \tag{10.34a}$$

$$\omega = \frac{\omega_1 + \omega_2}{2}, \tag{10.34b}$$

$$\Delta\omega = \frac{|\omega_1 - \omega_2|}{2}, \tag{10.34c}$$

$$k = \frac{k_1 + k_2}{2}, \tag{10.34d}$$

$$\Delta k = \frac{|k_1 - k_2|}{2} \tag{10.34e}$$

eingeführt wurden.

Zur Zeit t_1 liegt am Ort $\boldsymbol{s}_1$ ein bestimmter Wert der Amplitudenphase vor. Zur späteren Zeit $t_2 > t_1$ finden wir diesen Wert der Phase am Ort $\boldsymbol{s}_2 = \boldsymbol{s}_1 + \Delta s\boldsymbol{n}^0$ wieder. Nach (10.34a) gilt

$$\begin{aligned}\Delta\omega t_1 - \Delta k(\boldsymbol{s}_1 \cdot \boldsymbol{n}^0) &= \Delta\omega t_2 - \Delta k(\boldsymbol{s}_2 \cdot \boldsymbol{n}^0)\\ &= \Delta\omega t_2 - \Delta k[(\boldsymbol{s}_1 + \Delta s\boldsymbol{n}^0) \cdot \boldsymbol{n}^0]\end{aligned}$$

oder bei Beachtung von (D 3.4), (A 11.2b), (A 11.3a) und (A 9.3a) für die mittlere Ausbreitungsgeschwindigkeit der Amplitudenphase

$$v_{\text{gm}} = \frac{\Delta s}{t_2 - t_1} = \frac{\Delta\omega}{\Delta k}\,.$$

Da in vorstehender Beziehung $v_{\text{gm}} > 0$ und $t_2 - t_1 > 0$ gilt, muß auch $\Delta s > 0$ gelten. Die Amplitudenphase breitet sich demnach in Richtung $\boldsymbol{n}^0$ aus. Führt man in v_{gm} entsprechend (D 3.4) den Grenzübergang $\Delta k \to 0$ (d.h. $\Delta t \to 0$) durch, so erhält man für die Gruppengeschwindigkeit

$$\boldsymbol{v}_{\text{g}} = \frac{\mathrm{d}\omega}{\mathrm{d}k}\,\boldsymbol{v}_{\text{g}}{}^0\,.$$

Wird noch die aus (S 9.1), (A 2.5), (A 2.7) und (A 2.9) folgende Beziehung

$$\frac{\mathrm{d}k}{\mathrm{d}\omega} = \frac{\mathrm{d}}{\mathrm{d}\omega}\left(\frac{\omega}{v_{\text{ph}}(\omega)}\right) = \frac{1}{v_{\text{ph}}} - \frac{\omega}{v_{\text{ph}}^2}\,\frac{\mathrm{d}v_{\text{ph}}}{\mathrm{d}\omega}$$

beachtet, so gilt:

Die Gruppen- oder Signalgeschwindigkeit einer Welle ist gegeben durch

$$\boldsymbol{v}_{\text{g}} = \frac{\mathrm{d}\omega}{\mathrm{d}k}\,\boldsymbol{v}_{\text{g}}{}^0 = \frac{1}{\dfrac{1}{v_{\text{ph}}} - \dfrac{\omega}{v_{\text{ph}}^2}\,\dfrac{\mathrm{d}v_{\text{ph}}}{\mathrm{d}\omega}}\,\boldsymbol{v}_{\text{g}}{}^0\,.$$

Im isotropen Medium ist $\boldsymbol{v}_{\text{g}}{}^0 = \boldsymbol{n}^0$.

(S 10.15)
Zusammenhang von Gruppen- und Phasengeschwindigkeit

Im anisotropen Medium sind Phasen- und Gruppengeschwindigkeit im allgemeinen nicht mehr richtungsgleich (vgl. z.B. die Ausbreitung elektromagnetischer Wellen in anisotropen optischen Medien, Bd. II).

Zur Herleitung von (S 10.15) wurde die Phasengeschwindigkeit der überlagerten Wellen als frequenzabhängig angenommen. Dieser besonders für die Optik wichtige Tatbestand wird als Dispersion bezeichnet.

Die Abhängigkeit der Phasengeschwindigkeit einer Welle von ihrer Frequenz heißt Dispersion.

(D 10.17)
Dispersion: $v_{\text{ph}} = f(\omega)$

Ob Dispersion vorliegt oder nicht, hängt von den physikalischen Eigenschaften des Mediums ab, in welchem die Welle sich ausbreitet. Zeigt die Phasengeschwindigkeit in einem bestimmten Medium Dispersion, so spricht man von einem *dispergierenden Medium*. Zum Beispiel zeigen Schallwellen in mehratomigen Gasen bei sehr hohen Frequenzen eine geringfügige Dispersion. Allgemein kann aber von einer Schalldispersion abgesehen werden. Licht (vgl. Bd. II) zeigt bei seiner Ausbreitung im Vakuum keine Dispersion, wohl aber in allen anderen Medien. Die Dispersion des Lichtes führt u.a. beim Durchgang von weißem Sonnenlicht durch ein Prisma zur Zerlegung des Lichtes in seine Spektralfarben.

dispergierende Medien

Spektralfarben

Liegt keine Dispersion vor, d.h. gilt $\frac{\mathrm{d}v_{\mathrm{ph}}}{\mathrm{d}\omega}=0$, so sind nach (S 10.15) Phasen- und Gruppengeschwindigkeit einer Welle gleich, die Phasengeschwindigkeit ist also gleich der Signalgeschwindigkeit. *Da der Schall im allgemeinen keine Dispersion zeigt,* gilt:

(S 10.16)
Schallwellen: $v_{\mathrm{g}}=v_{\mathrm{ph}}$

Die Schallgeschwindigkeit (Phasengeschwindigkeit des Schalles) ist zugleich die Geschwindigkeit, mit der sich das Schallsignal fortpflanzt.

Erst bei Schallfrequenzen, bei denenen die Schallwellenlänge die Größenordnung der Molekülabstände des Ausbreitungsmediums erreicht, tritt Schalldispersion auf, und die gegebene Aussage wird ungültig. Hierzu bedarf es jedoch Schallfrequenzen von mindestens 10^{10} Hz (Hyperschall).

10.3 Darstellung von Wellenzügen endlicher Länge

Eine Schallquelle sendet nur Schallwellen endlicher Länge aus. Bestimmte Probleme sind daher mit dem bisher betrachteten Modell der unendlich ausgedehnten Welle nicht beschreibbar. Es sollen darum noch Wellenzüge endlicher Ausdehnung betrachtet werden. $u(z, t)$ sei eine ebene Welle endlicher Länge, deren Phase sich mit der Geschwindigkeit v_{ph} in Richtung der positiven z-Achse fortpflanze. In der beliebigen Ebene $z=z_0$ ist dann $u(z, t)$ nur für endliche Zeiten ungleich Null. Dieser Vorgang ist leicht dadurch auf (S 9.9) zurückführbar, daß man in den Beziehungen für $a(\omega)$ und $b(\omega)$ statt $u(t)$ den zeitlichen Ablauf $u(0, t)$ in der Ebene $z=0$ einsetzt und dann $u(z, t)$ entsprechend der Herleitung von (S 10.13a) durch

$$u(z, t)=\int_0^\infty u_0(\omega)\cos\omega\left(t-\frac{z}{v_{\mathrm{ph}}}+\frac{\varphi_\omega}{\omega}\right)\mathrm{d}\omega$$

berechnet.

Wellengruppe

Für diesen Spezialfall ist der Wellenzug endlicher Länge oder die *Wellengruppe* als Überlagerung unendlich vieler ebener harmonischer Wellen verschiedener Frequenzen darstellbar. Wir können somit allgemein folgern:

(S 10.17)
Frequenzspektrum einer Wellengruppe

Wellengruppen besitzen ein kontinuierliches Frequenzspektrum.

10.4 Beugung

Eine Welle (z.B. Kugelwelle oder ebene Welle) falle auf ein Hindernis (s. Abb. 10.23). Wir konstruieren auf einer ihrer Phasenflächen (Kugel oder Ebene) alle diejenigen Vektoren mit genügend großem Betrag in Richtung der Wellennormalen, welche das Hindernis nicht durchdringen oder berühren. Dasjenige Gebiet, das hinter dem Hindernis nicht von diesen so konstruierten Vektoren durchsetzt wird, heißt Gebiet des geometrischen Schattens der Welle. Es ist das Gebiet, das bei Voraussetzung geradliniger Ausbreitung der Welle wegen des Hindernisses von ihr nicht erfaßt werden kann.

Diejenigen Gebiete des Raumes, die unter Voraussetzung geradliniger Ausbreitung der Welle wegen vorhandener Hindernisse vom Wellenvorgang nicht erreicht werden können, heißen Gebiete des geometrischen Schattens.

(D 10.18)
Geometrischer Schatten

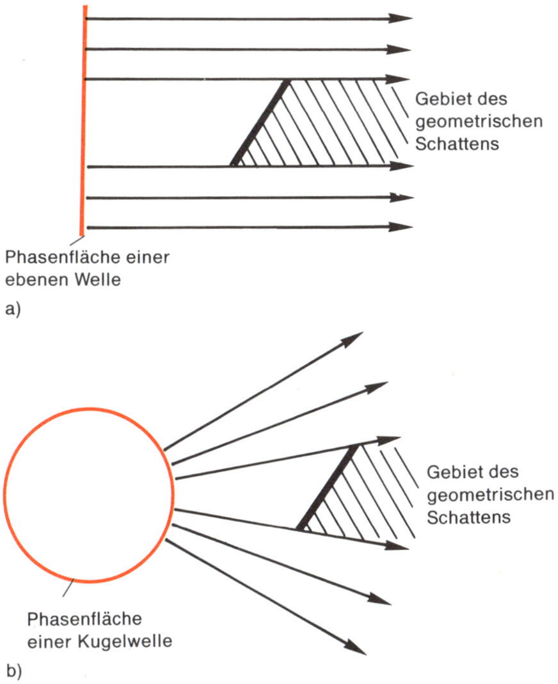

Abb. 10.23
Gebiet des geometrischen Schattens hinter einem Hindernis
a) bei einer ebenen Welle
b) bei einer Kugelwelle

Erfahrungsgemäß ist die Annahme einer geradlinigen Wellenfortpflanzung im homogenen Medium nur für nicht begrenzte Phasenflächen (bei einer ebenen Welle für unendliche ausgedehnte Ebenen als Phasenflächen, bei einer Kugelwelle für eine ideale Kugel als Phasenfläche usw.) richtig. Sie versagt stets, wenn die Ausbreitung der Welle durch Hindernisse begrenzt wird. Besonders auffallende Abweichungen von der geradlinigen Ausbreitung beobachtet man dann, wenn die Abmessungen der Hindernisse in der Größenordnung der Wellenlänge des betrachteten Wellenvorganges liegen. Man beobachtet in diesem Fall auch im Gebiet des geometrischen Schattens teilweise recht ausgeprägte Wellenvorgänge (Abb. 10.24). Diese Erscheinungen werden unter dem Begriff Beugung der Welle zusammengefaßt.

(D 10.19)
Beugung

Die Gesamtheit aller derjenigen Erscheinungen, die durch Abweichungen von der geradlinigen Wellenausbreitung im homogenen Medium als Folge vorhandener Hindernisse bedingt sind, heißt Beugung der Welle.

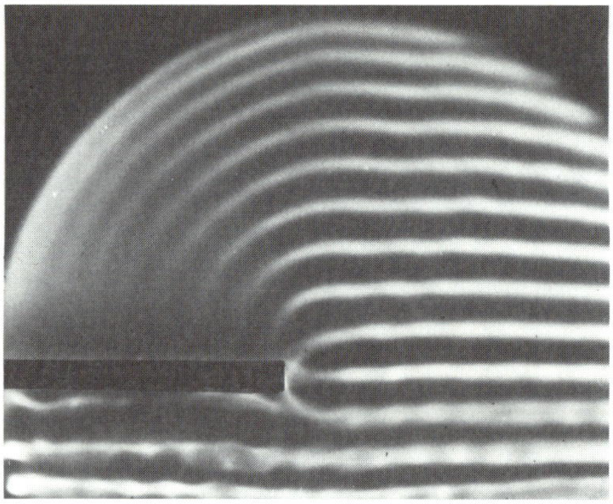

Abb. 10.24 Beugung von Wasserwellen

Interferenz, Beugung und Polarisation sind die typischen Merkmale eines Wellenvorganges. Daher kann aus ihrem Auftreten auf das Vorliegen eines Wellenvorganges geschlossen werden.

(S 8.18)
Interferenz, Beugung und Polarisation sind für Wellen typisch

Interferenz, Beugung und Polarisation treten ausschließlich bei Wellenvorgängen auf. Zeigt ein physikalisches System unter bestimmten Voraussetzungen Erscheinungen der Interferenz, Beugung oder Polarisation, so kann es im Rahmen dieser Voraussetzungen mit dem Modell Welle beschrieben werden.

10.4.1 Huygens-Fresnelsches Prinzip

Elementarwelle

Die erste Erklärung der Beugungserscheinungen gab HUYGENS (1690). Er nahm an, daß jeder Ort einer Phasenfläche einer Welle selbst Ursprungspunkt einer Sekundärwelle (*Elementarwelle* (Kugelwelle)) ist. Die nachfolgende Phasenfläche ergibt sich als Umhüllungsfläche der Phasenflächen dieser Elementarwellen (siehe Abb. 10.25).

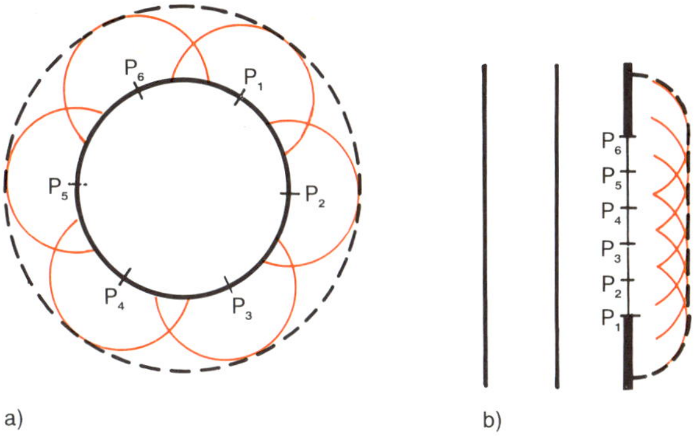

Abb. 10.25
Zum Huygens-Fresnelschen Prinzip
—— Primäre Phasenfläche als Ausgangsort der Sekundärwellen ——
– – – Sekundäre Phasenfläche als Einhüllende der Sekundärwellen
a) Kugelwelle ohne Hindernis
b) Ebene Welle mit Hindernis

AUGUSTIN JEAN FRESNEL (1788 – 1827)

Eine Erweiterung dieses *Huygensschen Prinzips* gab FRESNEL (1819). Er überlagerte die Elementarwellen unter Berücksichtigung ihres Phasenunterschiedes.

(S 10.19) Huygens-Fresnelsches Prinzip

Jeder Ort einer Phasenfläche einer Welle ist selbst Ausgangspunkt einer Elementarwelle (Kugelwelle). Der nachfolgende Wellenvorgang ergibt sich durch Überlagerung dieser Elementarwellen (Huygens-Fresnelsches Prinzip).

Zur Erklärung des Huygens-Fresnelschen Prinzips betrachten wir den Durchgang einer ebenen Schallwelle durch ein Gas (eine Flüssigkeit oder einen festen Körper). Alle von der Primärwelle getroffenen Volumenelemente $\mathrm{d}V$ werden zu erzwungenen Schwingungen (vgl. (S. 9.4)) angeregt. Die hierfür notwendige Energie wird der Primärwelle entzogen. Die sekundären Schwingungen pflanzen sich ebenfalls wellenförmig fort. Die der Primärwelle entzogene Energie wird wieder in Form einer Welle weitergegeben. Jeder Punkt, der von der Primärwelle getroffen wird, ist Ausgangspunkt einer sekundären Kugelwelle. Man könnte nun annehmen, daß dieser Vorgng stets eine „Zerstreuung" der Energie der Primärwelle der Fortpflanzungsrichtung $\boldsymbol{n}^0$ in alle denkbaren Richtungen bedeutet. Daß dies im homogenen Medium nicht so ist, resultiert daraus, daß die Interferenz der Sekundärwellen in bestimmten Richtungen eine Verstärkung oder Schwächung (bis zur völligen Auslöschung) der aus den Sekundärwellen resultierenden Welle bedingt. In inhomogenen Medien dagegen, zum Beispiel in Gasen mit statistischen Dichteschwankungen, tritt *Streuung* auf.

Streuung

10.4.1.1 Einige Anwendungen des Huygens-Fresnelschen Prinzips

10.4.1.1.1 *Reflexionsgesetz*

Zur Vereinfachung der Betrachtungsweise werden zu einer bestimmten Zeit $t = t_1$ zu allen Punkten einer bestimmten Phasenfläche die Normaleneinheitsvektoren $\boldsymbol{n}^0$ der Welle konstruiert. Da diese Phasenfläche mit der Zeit ihre Lage verändert, durchlaufen in Abhängigkeit von der Zeit die Endpunkte der Vektoren $\boldsymbol{n}^0$ bestimmte Kurven (vgl. Abb. 10.26). Sie werden als die der Welle zugeordneten *Strahlen* bezeichnet. Für gewisse Probleme ist es vollkommen ausreichend, statt des Wellenvorganges nur den Strahlenverlauf zu verfolgen. Zum Beispiel basiert die gesamte geometrische Optik auf dem Strahlenmodell (s. Bd. II).

Strahlenmodell

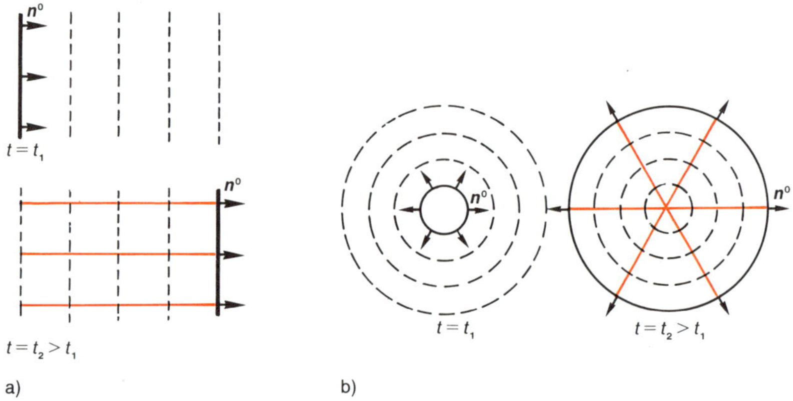

Abb. 10.26
Konstruktion der Strahlen einer ebenen Welle (*a*) und einer Kugelwelle (*b*)

Man beachte, daß der Strahl einer Welle nur ein rein rechnerisches und anschauliches Hilfsmittel darstellt, ihm aber keine eigentliche physikalische Bedeutung zukommt. Der Strahl kann auch wegen der Beugungserscheinungen nicht – wie es gelegentlich geschieht – als ein Wellenbündel unendlich kleinen Querschnitts definiert werden.

Zwei verschiedene Stoffe (in der Optik *Medien* genannt) seien durch eine glatte Grenzfläche voneinander getrennt (z. B. ebene Grenzfläche fester Körper – Gas). Fällt auf eine derartige Grenzfläche eine Welle, so wird sie vollkommen oder nur zu einem gewissen Teil in eine bestimmte Richtung zurückgeworfen. Diesen Vorgang bezeichnet man als *reguläre Reflexion* der Welle. Ein bestimmter Teil der Energie der Welle kann durch die Grenzfläche hindurchtreten und sich im zweiten Medium mit bestimmter Richtung wellenförmig fortpflanzen. Dieser Vorgang wird *Brechung* der Welle genannt.

Reflexion und Brechung einer Welle

Eine ebene Welle falle auf die ebene Grenzfläche zweier Körper (vgl. Abb. 10.27). Zur Untersuchung der Reflexion der Welle greifen wir die Strahlen 1, 2, 3 heraus und fällen das Lot (*Einfallslot*) auf die Grenzfläche.

Die vom Lot und den einfallenden Strahlen gebildete Ebene wird als *Einfallsebene* der Welle bezeichnet, der Winkel, den die einfallenden Strahlen mit dem Lot bilden, als *Einfallswinkel* i_e der Welle.

Einfallsebene
Einfallswinkel i_e

Wenn der Strahl 1 im Punkt P_1 die Grenzfläche erreicht, befindet sich der Strahl 3 (2) am Punkt $\bar{P}_3$ ($\bar{P}_2$). Während der Strahl 3 vom Punkt $\bar{P}_3$ zum Punkt $P_3 = P_3'$ fortschreitet, hat sich nach dem Huygens-Fresnelschen Prinzip vom Punkt P_1 eine Elementarwelle mit dem Radius $r_1 = \overline{\bar{P}_3 P_3}$ und vom Punkt P_2 eine Elementarwelle mit dem Radius $r_2 = \overline{\bar{P}_4 P_3}$ ausgebreitet. Die gemeinsame Tangentialebene der Phasenflächen dieser Elementarwellen gibt nach (S 10.19) die Phasenfläche der reflektierten Welle. Der Winkel zwischen den auf ihr senkrecht stehenden reflektierten Strahlen 1′, 2′ und 3′ und dem Lot auf die Grenzfläche heißt *Reflexionswinkel* i_r der reflektierten Welle. Aus der Kongruenz der Dreiecke $P_1\,P_3\,\bar{P}_3$ und $P_1\,P_3\,P_1'$ folgt $\alpha_1 = \alpha_2$ und damit $i_e = i_r$, d. h., der Einfallswinkel ist gleich dem Reflexionswinkel (vgl. Abb. 10.27).

Reflexionswinkel i_r

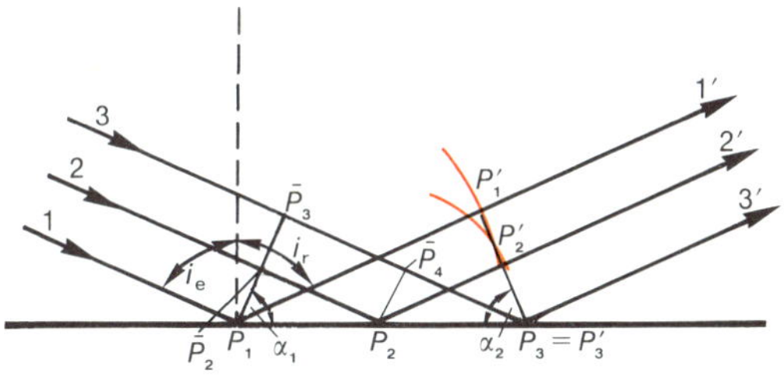

Abb. 10.27 Zur Herleitung des Reflexionsgesetzes

Weiterhin liegen einfallender und reflektierter Strahl in einer Ebene. Es findet bei der Reflexion der Welle keine Frequenzänderung statt.

Bei der Reflexion einer Welle
liegen einfallender Strahl und reflektierter Strahl mit dem Einfallslot in einer Ebene,
besteht zwischen Einfallswinkel i_e und Reflexionswinkel i_r die Beziehung

$$i_e = i_r,$$

erfolgt keine Veränderung der Frequenz.
(Reflexionsgesetz)

(S 10.20)
Reflexionsgesetz

Abbildung 10.28 zeigt die Reflexion von Wasserwellen.

Wir betrachten nochmals die stehende Schallwelle im Resonanzrohr (vgl. Abb. 10.18). An der Wasseroberfläche finden wir einen Schwingungsknoten. Er kommt durch die Überlagerung (Interferenz) der einfallenden mit der reflektierten Welle zustande. Nach (10.25) muß dazu die Phase der reflektierten Welle um π gegenüber der einfallenden Welle verschoben sein.

Die Schallwelle erfährt bei der Reflexion an der Grenzfläche Gas – Flüssigkeit den *Phasensprung* π.

Phasensprünge an Grenzflächen

Phasensprünge bei Reflexion haben besonders für optische Interferenzprobleme Bedeutung. Wir kommen auf sie in Bd. II eingehend zurück.

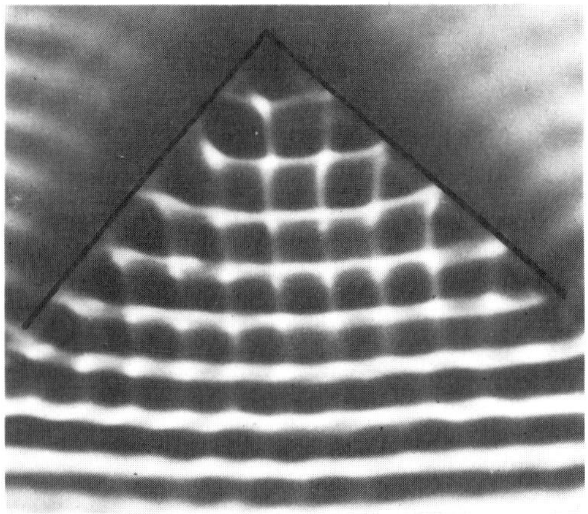

Abb. 10.28 Reflexion von Wasserwellen

Ist die Grenzfläche nicht glatt, sondern rauh, und liegen die Erhebungen und Vertiefungen in der Größenordnung der Wellenlänge der einfallenden Welle, so bekommt man statt der bisher betrachteten regulären Reflexion die *diffuse* Reflexion. Durch die diffuse Reflexion wird die einfallende Energie der Welle in viele Richtungen gestreut. Die diffuse Reflexion genügt dem Reflexionsgesetz (S 10.20) nur in infiniterimalen Bereichen der realen unebenen Grenzfläche.

diffuse Reflexion

10.4.1.1.2 *Brechungsgesetz*

Eine ebene Welle falle auf die glatte Trennebene zweier verschiedener Stoffe (Medien). Nach der experimentellen Erfahrung geht ein gewisser Energieanteil vom Medium 1 in das Medium 2 über. Die Phasengeschwindigkeit der Welle im Einfallsmedium sei $v_{\text{ph, e}}$, im Brechungsmedium $v_{\text{ph, b}}$.

Für die weiteren Untersuchungen greifen wir die Strahlen 1, 2, 3 in Abb. 10.29 heraus und fällen das Einfallslot auf die Grenzfläche. Wenn der Strahl 1 am Punkt P_1 die Grenzfläche erreicht, befindet sich der Strahl 3 (2) am Punkt $\bar{P}_3$ ($\bar{P}_2$). Während der Strahl 3 vom Punkt $\bar{P}_3$ zum Punkt $P_3 = P_3'$ fortschreitet, hat sich nach (S 10.19) vom Punkt P_1 eine Elementarwelle mit dem Radius r_1, um den Punkt P_2 eine Elementarwelle mit dem Radius r_2 ausgebildet. Auf Grund der unterschiedlichen Phasengeschwindigkeiten der Welle in beiden Medien gilt $\overline{\bar{P}_3 P_3} : r_1 = v_{\text{ph, e}} : v_{\text{ph, b}}$.

Daher ist $r_1 = \dfrac{\overline{\bar{P}_3 P_3}\, v_{\text{ph, b}}}{v_{\text{ph, e}}}$. Entsprechend gilt $r_2 = \dfrac{\overline{\bar{P}_4 P_3}\, v_{\text{ph, b}}}{v_{\text{ph, e}}}$.

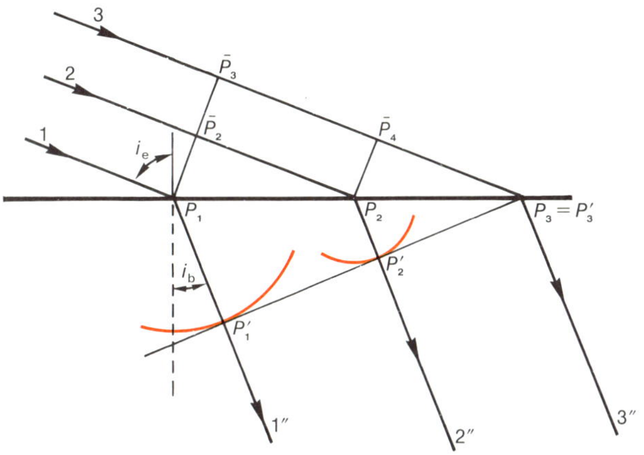

Abb. 10.29 Zur Herleitung des Brechungsgesetzes

Die gemeinsame Tangentialebene der Phasenflächen dieser Elementarwellen gibt nach (S 10.19) die Phasenfläche der gebrochenen Welle. Der Winkel zwischen den auf ihr senkrecht stehenden gebrochenen Strahlen 1″, 2″ und 3″ mit dem Lot heißt Brechungswinkel i_b. Aus den Dreiecken $\overline{P_3}P_1P_3$ und $P_1'P_1P_3$ ergibt sich mit obigem Wert für den Radius r_1 Brechungswinkel i_b

$$\overline{\bar{P}_3 P_3} = \overline{P_1 P_3} \sin i_e ,$$

$$\overline{P_1 P_1'} = r_1 = \frac{\overline{\bar{P}_3 P_3}\, v_{ph,b}}{v_{ph,e}} = \overline{P_1 P_3} \sin i_b$$

oder

$$\frac{\sin i_e}{\sin i_b} = \frac{v_{ph,e}}{v_{ph,b}} .$$

(S 10.21) Brechungsgesetz

Bei der Brechung einer Welle
liegen einfallender Strahl und gebrochener Strahl mit dem Einfallslot in einer Ebene,

besteht zwischen dem Einfallswinkel i_e und dem Brechungswinkel i_b die Beziehung

$$\frac{\sin i_e}{\sin i_b} = \frac{v_{ph,e}}{v_{ph,b}} ,$$

erfolgt keine Veränderung der Frequenz.
(Brechungsgesetz)

Das Medium, in dem die kleinere Phasengeschwindigkeit der Welle vorliegt, heißt das *dichtere Medium*, das andere das *dünnere Medium*. Bei dichteres Medium dünneres Medium

Brechung der Welle vom dünneren ins dichtere Medium ($v_{ph,e} > v_{ph,b}$) erfolgt die Brechung zum Lot hin, sonst vom Lot weg.

Abbildung 10.30 zeigt die Brechung von Wasserwellen.

Abb. 10.30 Brechung von Wasserwellen

10.4.1.1.3 *Druckwelle eines Körpers mit Überschallgeschwindigkeit*

Überschall-geschwindigkeit

Ein Körper (z.B. ein Flugzeug) bewege sich in einem Medium mit einer Geschwindigkeit v, die größer ist als die Phasengeschwindigkeit v_{ph} des Schalles in dem betreffenden Medium. Man spricht in diesem Fall ($v > v_{ph}$) von *Überschallgeschwindigkeit*. Von der Spitze des Körpers geht eine kegelförmige Verdichtungswelle aus (siehe Abb. 10.31). Sie entsteht dadurch, daß nach dem Huygens-Fresnelschen Prinzip jeder Ort, den die Spitze des Körpers erreicht, zum Ausgangspunkt einer Druckwelle in Form einer Kugelwelle mit der Phasengeschwindigkeit v_{ph} wird. Wir betrachten die Abbildung 10.31. In ihr sind die von den Punkten P_1, P_2, P_3 und P_4 ausgehenden Druckwellen eingezeichnet. Ihre Einhüllende gibt

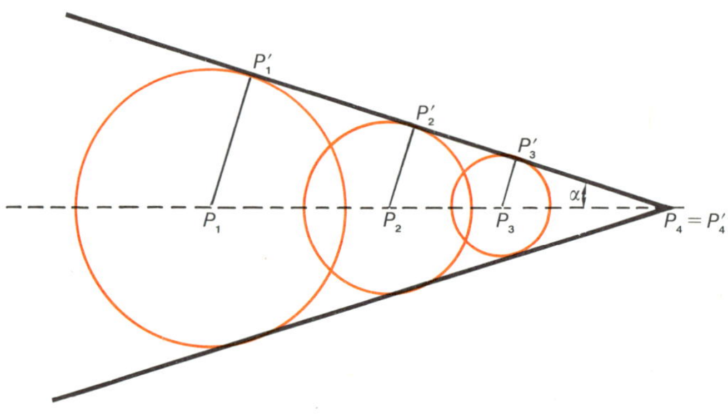

Abb. 10.31 Zur Entstehung der Kopfwelle bei Überschallgeschwindigkeit

nach (S 10.19) das Profil der kegelförmigen *Kopfwelle*. Nach Abbildung 10.31 und (D 3.4) gilt für den halben Öffnungwinkel des Kegels

Kopfwelle

$$\sin\alpha = \frac{\overline{P_1 P_1'}}{\overline{P_1 P_4}} = \frac{v_{\text{ph}}\,\Delta t}{v\,\Delta t}$$

oder

$$\sin\alpha = \frac{v_{\text{ph}}}{v}\,. \qquad (10.35)$$

Je größer v gegenüber v_{ph} wird, desto spitzer wird der Kegel.

Ein Beobachter, der vom Druckkegel getroffen wird, registriert die Druckwelle als Knall (*Überschallknall*).

Überschallknall

Für $v < v_{\text{ph}}$ (Unterschallgeschwindigkeit) ist $\sin\alpha > 1$, somit (10.35) durch reelle Werte für α nicht erfüllbar, die kegelförmige Kopfwelle verschwindet.

10.5 Aufgaben

10.1
Eine 650 mm lange Gitarrensaite hat eine Masse von $m = 30$ g.
Mit welcher Kraft muß man die Saite spannen, um sie auf das eingestrichene e ($\nu = 329$ Hz) abzustimmen?

10.2
Entlang einer Geraden sind in Abständen von jeweils $x_0 = 1$ m Uhren mit Viertelstundenschlagwerk angeordnet, wobei jede gegenüber der vorhergehenden pro Stunde eine Sekunde nachgeht. Um 12.00 Uhr mittags werden alle Uhren richtig gestellt und dann sich sich selbst überlassen.
a) In welchen Zeitabständen schlagen die Uhren um 24.00 Uhr?
b) Diskutieren Sie anhand der allgemeinen Lösung die Geschwindigkeit der „Glockenschlag-Welle“!

10.3
Eine Welle habe eine Phasengeschwindigkeit von 300 m/s und eine Periodendauer ihrer Schwingungen von 0,04 s.
Welchen Phasenunterschied haben die Schwingungen in zwei Punkten mit Abständen von 10 m bzw. 16 m von der Quelle der Welle?

10.4
Schallwellen mit der Frequenz $\nu = 500$ Hz, der Wellenlänge $\lambda = 0{,}7$ m und der Amplitude $u_0 = 0{,}25$ mm breiten sich in Luft aus.
Bestimmen Sie
a) die Ausbreitungsgeschwindigkeit der Schwingungen und
b) die maximale Geschwindigkeit der Luftteilchen!

10.5
Auf einer Wand mit dem Absorptionskoeffizienten μ_0 und der Dicke z_0, welche durch Absorption die Intensität I_0 von Schallwellen in einem bestimmten Frequenzbereich auf die Hälfte reduziert, wird eine Lärmschutzschicht der Dicke $z_0/2$ aufgetragen, deren Absorptionskoeffizient gemäß $\mu(z) = 2\,\mu_0 + az$ linear mit der Tiefe zunimmt (mit $a = 32\,\mu_0{}^2/\ln 2$).
Auf welchen Teil wird jetzt die Schallintensität I_0 reduziert?

10.6
Bei einem System von 100 gleichen Lautsprechern mißt man bei einer Frequenz $\nu = 1$ kHz eine Lautstärke von 100 Phon.
Welche Schallintensität hat ein Lautsprecher?

10.7
Eine am unteren Ende geschlossene Pfeife erzeugt den Grundton c ($\nu = 130{,}5$ Hz)
a) Welchen Grundton erzeugt die Pfeife, wenn sie geöffnet wird?
b) Wie lang ist die Pfeife? ($v_{\text{Ph, Luft}} = 340$ m/s)

10.8
Die Luftsäule in einem Rohr der Höhe $h = 1$ m wird durch einen Ton der Frequenz $\nu = 340$ Hz zu Schwingungen angeregt. In das Rohr wird langsam Wasser eingelassen.
Bei welcher Höhe des Wasserspiegels wird der Ton im Rohr die maximale Intensität haben?

10.9
Ein Überschallflugzeug fliegt mit einer Geschwindigkeit von 500 m/s in einer Entfernung von 6 km an einem Beobachter vorbei.
Wie weit ist das Flugzeug in dem Moment entfernt, in dem der Beobachter es hört?

Anhang

A. 1 Umformung trigonometrischer Funktionen

Für die trigonometrischen Funktionen gelten folgende vielfach benötigte Umrechnungsbeziehungen

$$\tan x = \frac{1}{\cot x} = \frac{\sin x}{\cos x} \tag{A 1.1}$$

$$\sin^2 x + \cos^2 x = 1, \tag{A 1.2}$$

$$\sin(-x) = -\sin x, \qquad \sin(x + 2\pi) = \sin x, \tag{A 1.3}$$

$$\cos(-x) = \cos x, \qquad \cos(x + 2\pi) = \cos x, \tag{A 1.4}$$

$$\tan(-x) = -\tan x, \qquad \tan(x + \pi) = \tan x, \tag{A 1.5}$$

$$\cot(-x) = -\cot x, \qquad \cot(x + \pi) = \cot x, \tag{A 1.6}$$

$$\sin\left(\frac{\pi}{2} \mp x\right) = \cos x, \tag{A 1.7}$$

$$\cos\left(\frac{\pi}{2} \mp x\right) = \pm \sin x, \tag{A 1.8}$$

$$\tan\left(\frac{\pi}{2} \mp x\right) = \pm \cot x, \tag{A 1.9}$$

$$\cot\left(\frac{\pi}{2} \mp x\right) = \pm \tan x, \tag{A 1.10}$$

$$\sin(x_1 \pm x_2) = \sin x_1 \cos x_2 \pm \cos x_1 \sin x_2, \tag{A 1.11}$$

$$\cos(x_1 \pm x_2) = \cos x_1 \cos x_2 \mp \sin x_1 \sin x_2, \tag{A 1.12}$$

$$\tan(x_1 \pm x_2) = \frac{\tan x_1 \pm \tan x_2}{1 \mp \tan x_1 \tan x_2}, \tag{A 1.13}$$

$$\sin 2x_1 = 2 \sin x_1 \cos x_1, \tag{A 1.14}$$

$$\sin x_1 \pm \sin x_2 = 2 \sin \frac{x_1 \pm x_2}{2} \cos \frac{x_1 \mp x_2}{2}, \tag{A 1.15}$$

$$\cos x_1 + \cos x_2 = 2 \cos \frac{x_1 + x_2}{2} \cos \frac{x_1 - x_2}{2}, \tag{A 1.16}$$

$$\cos x_1 - \cos x_2 = -2 \sin \frac{x_1 + x_2}{2} \sin \frac{x_1 - x_2}{2}, \tag{A 1.17}$$

$$2\sin x_1 \sin x_2 = \cos(x_1 - x_2) - \cos(x_1 + x_2), \qquad \text{(A 1.18)}$$

$$2\cos x_1 \cos x_2 = \cos(x_1 - x_2) + \cos(x_1 + x_2), \qquad \text{(A 1.19)}$$

$$2\sin x_1 \cos x_2 = \sin(x_1 - x_2) + \sin(x_1 + x_2). \qquad \text{(A 1.20)}$$

A. 2 Differentialrechnung

Abb. A 2.1 zeigt die Darstellung einer Funktion $y = f(x)$ im rechtwinkligen x, y-Koordinatensystem. Der Abszissendifferenz $\Delta x = x_2 - x_1 = x + \Delta x - x$ entspricht die Ordinatendifferenz $\Delta y = y_2 - y_1 = f(x + \Delta x) - f(x)$. Der Quotient

$$\frac{\Delta y}{\Delta x} = \frac{f(x + \Delta x) - f(x)}{\Delta x} \qquad \text{(A 2.1a)}$$

heißt *Differenzenquotient*, die Gerade durch die Punkte $P_1(x_1; y_1)$ und $P_2(x_2; y_2)$ *Sekante*. Für den Schnittwinkel der Sekante mit der $+x$-Achse folgt

$$\beta = \arctan \frac{\Delta y}{\Delta x} = \frac{f(x + \Delta x) - f(x)}{\Delta x}. \qquad \text{(A 2.2a)}$$

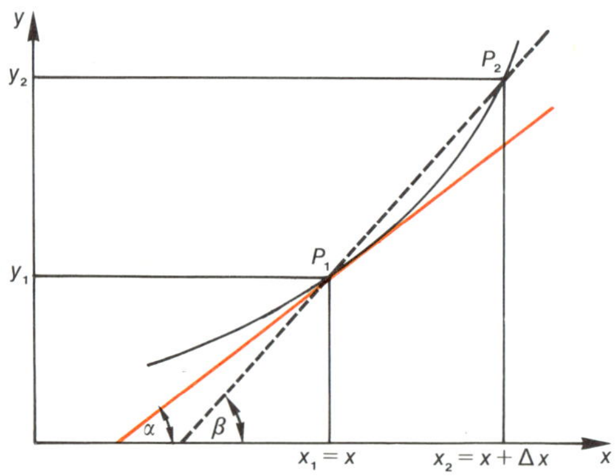

Abb. A 2.1
Zur Definition des Differenzen- und des Differentialquotienten
—— Tangente, --- Sekante

Durch Differenzenquotienten sind z. B. die Größen mittlere Geschwindigkeit und mittlere Beschleunigung definiert (siehe Abschnitt 3.3.1 und 3.3.2).

Der Grenzwert

$$\frac{dy}{dx} = y' = f'(x) = \lim_{\Delta x \to 0} \frac{f(x + \Delta x) - f(x)}{\Delta x} \qquad \text{(A 2.1)}$$

heißt *Differentialquotient* oder *1. Ableitung* der Funktion $f(x)$ im Punkte P_1. Durch die Grenzwertbildung geht die Sekante in die *Tangente* im

Punkt P_1 über. Ihr Schnittwinkel mit der $+x$-Achse beträgt

$$\alpha = \arctan \frac{\mathrm{d}y}{\mathrm{d}x} = \arctan \lim_{\Delta x \to 0} \frac{f(x+\Delta x) - f(x)}{\Delta x}. \qquad \text{(A 2.2)}$$

Durch Differentialquotienten sind z. B. die Größen Geschwindigkeit und Beschleunigung definiert (siehe (D 3.4) und (D 3.6)). Für einen Extremwert ist *notwendig* $f'(x) = 0$.

Eine Funktion $f(x)$ heißt an der Stelle x differenzierbar, wenn linksseitiger ($\Delta x \to -0$) und rechtsseitiger ($\Delta x \to +0$) Differentialquotient übereinstimmen.

Für zwei differenzierbare Funktionen $u(x)$ und $v(x)$ und die Funktion $y = f(\varphi(x))$ gelten mit C als Konstante die Regeln

$$\frac{\mathrm{d}Cu}{\mathrm{d}x} = C \frac{\mathrm{d}u}{\mathrm{d}x} \quad (C = \text{const}), \qquad \text{(A 2.3)}$$

(*Faktorenregel*)

$$\frac{\mathrm{d}(u+v)}{\mathrm{d}x} = \frac{\mathrm{d}u}{\mathrm{d}x} + \frac{\mathrm{d}v}{\mathrm{d}x}, \qquad \text{(A 2.4)}$$

(*Summenregel*)

$$\frac{\mathrm{d}(u \cdot v)}{\mathrm{d}x} = u \frac{\mathrm{d}v}{\mathrm{d}x} + v \frac{\mathrm{d}u}{\mathrm{d}x}, \qquad \text{(A 2.5)}$$

(*Produktregel*)

$$\frac{\mathrm{d}\frac{u}{v}}{\mathrm{d}x} = \frac{v \frac{\mathrm{d}u}{\mathrm{d}x} - u \frac{\mathrm{d}v}{\mathrm{d}x}}{v^2}, \qquad \text{(A 2.6)}$$

(*Quotientenregel*)

$$\frac{\mathrm{d}f}{\mathrm{d}x} = \frac{\mathrm{d}f}{\mathrm{d}\varphi} \cdot \frac{\mathrm{d}\varphi}{\mathrm{d}x} \quad \text{mit} \quad f = f(\varphi(x)). \qquad \text{(A 2.7)}$$

(*Kettenregel*)

Anwendung von (A 2.1) auf nachfolgende elementare Funktionen ergibt für deren erste Ableitungen

$$\frac{\mathrm{d}C}{\mathrm{d}x} = 0, \qquad \text{(A 2.8)}$$

$$\frac{\mathrm{d}x^n}{\mathrm{d}x} = n x^{n-1} \quad (n \neq -1), \qquad \text{(A 2.9)}$$

$$\frac{\mathrm{d}\sin x}{\mathrm{d}x} = \cos x, \qquad \text{(A 2.10)}$$

$$\frac{\mathrm{d}\cos x}{\mathrm{d}x} = -\sin x, \qquad \text{(A 2.11)}$$

$$\frac{\mathrm{d}\tan x}{\mathrm{d}x}=\frac{1}{\cos^2 x}\quad\left(x\neq(2k+1)\frac{\pi}{2},\ k=0,1,2,\ldots\right),\tag{A 2.12}$$

$$\frac{\mathrm{d}\cot x}{\mathrm{d}x}=-\frac{1}{\sin^2 x}\quad(x\neq k\pi,\ k=0,1,2,\ldots),\tag{A 2.13}$$

$$\frac{\mathrm{d}a^x}{\mathrm{d}x}=a^x\ln a\quad(0<a),\tag{A 2.14}$$

$$\frac{\mathrm{d}e^x}{\mathrm{d}x}=e^x,\tag{A 2.14a}$$

$$\frac{\mathrm{d}\log_a x}{\mathrm{d}x}=\frac{1}{x}\log_a e\tag{A 2.15}$$

$$\frac{\mathrm{d}\ln x}{\mathrm{d}x}=\frac{1}{x}\quad(x>O),\tag{A 2.15a}$$

$$\frac{\mathrm{d}\arcsin x}{\mathrm{d}x}=-\frac{\mathrm{d}\arccos x}{\mathrm{d}x}=\frac{1}{\sqrt{1-x^2}}\quad(x\neq\pm1),\tag{A 2.16}$$

$$\frac{\mathrm{d}\ \arctan x}{\mathrm{d}x}=-\frac{\mathrm{d}\,\mathrm{arccot}\,x}{\mathrm{d}x}=\frac{1}{1+x^2}.\tag{A 2.17}$$

Ist $y=f(x)$ im Intervall $a<x<b$ differenzierbar und $f'(x)\neq0$ und betrachtet man in diesem Intervall nicht x, sondern y als Veränderliche, so gilt mit $x=\varphi(y)$ die Umkehrregel

$$\frac{\mathrm{d}f(x)}{\mathrm{d}x}=\left(\frac{\mathrm{d}\varphi(y)}{\mathrm{d}y}\right)^{-1}\tag{A 2.18a}$$

oder

$$\frac{\mathrm{d}y}{\mathrm{d}x}=\frac{1}{\frac{\mathrm{d}x}{\mathrm{d}y}}.\tag{A 2.18}$$

Unterwirft man die 1. Ableitung der Funktion $f(x)$ wiederum der Beziehung (A 2.1), so erhält man die *2. Ableitung* von $f(x)$

$$\frac{\mathrm{d}}{\mathrm{d}x}\frac{\mathrm{d}y}{\mathrm{d}x}=\frac{\mathrm{d}^2y}{\mathrm{d}x^2}=\frac{\mathrm{d}^2f}{\mathrm{d}x^2}=f''(x)=y''(x)=y^{(2)}(x)\tag{A 2.19}$$

usw.

Für die Funktion $y=f(x_1,x_2,\ldots,x_i,\ldots,x_n)$ der n unabhängigen Variablen x_i $(i=1,2,3,\ldots,n)$ heißt der Grenzwert

$$\frac{\partial y}{\partial x_i}=\frac{\partial f}{\partial x_i}=f_{x_i}$$
$$=\lim_{\Delta x_i\to0}\frac{f(x_1,x_2,\ldots,x_i+\Delta x_i,\ldots,x_n)-f(x_1,x_2,\ldots,x_i,\ldots,x_n)}{\Delta x_i}\tag{A 2.20}$$

partieller Differentialquotient der Funktion $f(x_1, x_2, \ldots, x_n)$ nach der Variablen x_i.

In bezug auf die einzige bei der partiellen Differentiation nicht konstant gehaltene Variable x_i gelten die Differentiationsregeln wie für die Differentiation einer Funktion mit einer Variablen.

Allgemein gilt (*Satz von* SCHWARZ):

Sind die gemischten partiellen Ableitungen $\frac{\partial^2 f}{\partial x_k \partial x_i}$ und $\frac{\partial^2 f}{\partial x_i \partial x_k}$ in einem Bereich stetige Funktionen der Variablen x_i $(i=1, 2, \ldots, n)$, dann gilt im Inneren des Bereiches für jedes i und k

$$\frac{\partial^2 f}{\partial x_k \partial x_i} = \frac{\partial^2 f}{\partial x_i \partial x_k}. \tag{A 2.21}$$

Die Größe

$$\mathrm{d}f = \sum_{i=1}^{n} \frac{\partial f}{\partial x_i} \mathrm{d}x_i \tag{A 2.22}$$

heißt *vollständiges Differential* der Funktion $f(x_1, x_2, \ldots, x_i, \ldots, x_n)$.

Weiter gilt:

Ein stetig differenzierbarer Ausdruck der Form

$$\sum_{i=1}^{n} U_i(x_1, x_2, \ldots, x_n)\, \mathrm{d}x_i \tag{A 2.23a}$$

ist dann und nur dann ein vollständiges Differential einer Funktion $f(x_1, x_2, \ldots, x_n)$, wenn für jedes k und i

$$\frac{\partial U_i}{\partial x_k} = \frac{\partial U_k}{\partial x_i} \tag{A 2.23b}$$

gilt (Umkehrung des Satzes von SCHWARZ).

A. 3 Reihenentwicklungen

Wir betrachten die Funktion $f(x)$ einer unabhängigen Veränderlichen x bzw. die Funktion $f(x_1, x_2, \ldots, x_i, \ldots, x_k)$ der k unabhängigen Veränderlichen x_i $(i=1, 2, \ldots, k)$ und setzen voraus, daß sie im betrachteten Intervall stetige Ableitungen bis mindestens zur Ordnung $n+1$ besitzt. Bildet man diese Ableitungen an der Stelle $x=x_0$ bzw. $x_i = x_{i0}$ $(i=1, 2, \ldots, k)$, so kann nach TAYLOR der Funktionswert an der Stelle $x = x_0 + h$ bzw. $x_i = x_{i0} + h_i$ $(i=1, 2, \ldots, k)$ des Intervalles dargestellt werden durch die *Taylorsche Formel*

$$f(x_0 + h) = f(x_0) + \frac{h}{1!} f'(x_0) + \frac{h^2}{2!} f''(x_0) + \cdots + \frac{h^n}{n!} f^{(n)}(x_o) + R_{n+1} \tag{A 3.1a}$$

bzw.

$$f(x_{10}+h_1, x_{20}+h_2, \ldots, x_{i0}+h_i, \ldots, x_{k0}+h_k) = f(x_{10}, x_{20}, \ldots, x_{i0}, \ldots, x_{k0}) + \frac{1}{1!}\sum_{i=1}^{k} f_{x_i}(x_{10}, x_{20}, \ldots, x_{i0}, \ldots, x_{k0})\, h_i + \cdots + R_{n+1}. \tag{A 3.1b}$$

R_{n+1} heißt *Restglied* der Taylorschen Formel.

Läßt man in (A 3.1a) bzw. (A 3.1b) das Restglied weg, so wird die Funktion in dem betrachteten Intervall durch eine ganze rationale Funktion angenähert. R_{n+1} ist dann ein Maß für die Güte der Näherung.

Ist die Funktion in dem betrachteten Intervall beliebig oft stetig differenzierbar, so kann man n in der Taylorschen Formel über alle Grenzen wachsen lassen. Die Taylorsche Formel geht in die *Taylorsche Reihe* über. Verschwindet hierbei das Restglied $(\lim_{n\to\infty} R_{n+1} \to 0)$, so *konvergiert* die Reihe zum Funktionswert $f(x_0+h)$.

Vielfach wird die Reihe an der Stelle $x_0 = 0$ bzw. $x_{i0} = 0$ $(i = 1, 2, \ldots, k)$ entwickelt. Man setzt dann zweckmäßig in (A 3.1a) bzw. (A 3.1b) $x_0 = 0$ und $h = x$ bzw. $x_{i0} = 0$ und $h_i = x_i$ $(i = 1, 2, \ldots, k)$ ein.

Reihenentwicklungen entsprechend (A 3.1) ergeben die Potenzreihen $P(x) = \sum_{n=1}^{\infty} c_n x^n$ (c_n beliebige Konstanten). Potenzreihen konvergieren in einem Bereich $|x| < r$ ($r \geqq 0$ *Konvergenzradius*). Für Werte $|x| > r$ divergieren sie. Für $|x| = r$ muß die Konvergenz besonders untersucht werden.

Einige häufig angewandte Reihenentwicklungen sind nachfolgend mit Angabe der Konvergenzbereiche zusammengestellt:

$$e^x = 1 + \frac{x}{1!} + \frac{x^2}{2!} + \frac{x^3}{3!} + \cdots \qquad (|x| < \infty), \tag{A 3.2}$$

$$\sin x = x - \frac{x^3}{3!} + \frac{x^5}{5!} - \frac{x^7}{7!} + \cdots \qquad (|x| < \infty), \tag{A 3.3}$$

$$\cos x = 1 - \frac{x^2}{2!} + \frac{x^4}{4!} - \frac{x^6}{6!} + \cdots \qquad (|x| < \infty), \tag{A 3.4}$$

$$(1+x)^n = 1 + \binom{n}{1} x + \binom{n}{2} x^2 + \binom{n}{3} x^3 + \cdots \qquad (|x| < 1) \tag{A 3.5}$$

mit

$$\binom{n}{p} = \frac{n(n-1)(n-2)\cdots(n-p+1)}{p!}, \tag{A 3.5a}$$

$$\frac{1}{1+x} = 1 - x + x^2 - x^3 + \cdots \qquad (|x| < 1), \tag{A 3.6}$$

$$\frac{1}{1+x} \approx 1 - x \quad \text{für} \quad |x| \ll 1, \tag{A 3.6a}$$

$$\sqrt{1+x}=1+\frac{1}{2}x-\frac{1}{2\cdot 4}x^2+\frac{1\cdot 3}{2\cdot 4\cdot 6}x^3-\frac{1\cdot 3\cdot 5}{2\cdot 4\cdot 6\cdot 8}x^4+\cdots \quad (|x|<1), \tag{A 3.7}$$

$$\sqrt{1+x}\approx 1+\frac{1}{2}x \quad \text{für} \quad |x|\ll 1, \tag{A 3.7a}$$

$$\frac{1}{\sqrt{1+x}}=1-\frac{1}{2}x+\frac{1\cdot 3}{2\cdot 4}x^2-\frac{1\cdot 3\cdot 5}{2\cdot 4\cdot 6}x^3+\cdots \quad (|x|<1), \tag{A 3.8}$$

$$\frac{1}{\sqrt{1+x}}\approx 1-\frac{1}{2}x \quad \text{für} \quad |x|\ll 1. \tag{A 3.8a}$$

A. 4 Unbestimmtes Integral

Ist die Ableitung der Funktion $I(x)$ nach x gleich einer vorgegebenen Funktion $f(x)$, also $\mathrm{d}I(x)/\mathrm{d}x=f(x)$, so heißt $I(x)$ *Stammfunktion* von $f(x)$. Die Gesamtheit aller zu $f(x)$ gehörenden Stammfunktionen heißt *unbestimmtes Integral* von $f(x)$. Man schreibt das unbestimmte Integral

$$\int f(x)\,\mathrm{d}x=I(x)+\text{const}. \tag{A 4.1}$$

Durch Umkehr der Beziehungen (A 2.3), (A 2.4), (A 2.5) und (A 2.7) ergeben sich die einfachsten und meistgebrauchten Regeln zur Bestimmung von Stammfunktionen:

$$\int Cf(x)\,\mathrm{d}x=C\int f(x)\,\mathrm{d}x \quad (C=\text{const}), \tag{A 4.2}$$

$$\int (u+v)\,\mathrm{d}x=\int u\,\mathrm{d}x+\int v\,\mathrm{d}x, \tag{A 4.3}$$

$$\int uv'\,\mathrm{d}x=uv-\int vu'\,\mathrm{d}x \tag{A 4.4}$$

(*partielle Integration*),

$$\int f(x)\,\mathrm{d}x=\int f(\varphi(t))\,\varphi'(t)\,\mathrm{d}t \tag{A 4.5}$$

(*Substitutionsmethode*).

Durch Umkehrung der in A. 2 gegebenen Differentiationsregeln ergeben sich die *Grundintegrale*

$$\int \mathrm{d}x=x+C, \tag{A 4.6}$$

$$\int x^n\,\mathrm{d}x=\frac{x^{n+1}}{n+1}+C \quad (n\neq -1), \tag{A 4.7}$$

$$\int \cos x\,\mathrm{d}x=\sin x+C, \tag{A 4.8}$$

$$\int \sin x\,\mathrm{d}x=-\cos x+C, \tag{A 4.9}$$

$$\int \frac{\mathrm{d}x}{\cos^2 x}=\tan x+C, \tag{A 4.10}$$

$$\int \frac{\mathrm{d}x}{\sin^2 x} = -\cot x + C, \tag{A 4.11}$$

$$\int a^x \,\mathrm{d}x = \frac{a^x}{\ln a} + C \quad (0 < a \neq 1), \tag{A 4.12}$$

$$\int \mathrm{e}^x \,\mathrm{d}x = \mathrm{e}^x + C, \tag{A 4.12a}$$

$$\int \frac{\mathrm{d}x}{x} = \ln|x| + C \quad (x \neq 0), \tag{A 4.13}$$

$$\int \frac{\mathrm{d}x}{\sqrt{1-x^2}} = \arcsin x + C \quad (|x| < 1), \tag{A 4.14}$$

$$\int \frac{\mathrm{d}x}{1+x^2} = \arctan x + C, \tag{A 4.15}$$

$$\int \frac{f'(x)}{f(x)} \,\mathrm{d}x = \ln|f(x)| + C. \tag{A 4.16}$$

A. 5 Bestimmtes Integral

Es soll der Flächeninhalt A_a^b der Fläche bestimmt werden, die von der Abszissenachse zwischen $a \leqq x \leqq b$, den beiden Ordinaten $f(a)$ und $f(b)$ und der beschränkten Funktion $y = f(x)$ zwischen diesen Ordinaten begrenzt wird (Abb. A 5.1). Dazu wird das Intervall $a \leqq x \leqq b$ in n Teilintervalle Δx_i $(i = 1, 2, \ldots, n)$ geteilt und der zu bestimmende Flächeninhalt dadurch in eine Summe von n Streifen der Breiten Δx_i zerlegt (Abb. A 5.2). In jedem dieser Streifen besitzt die Funktion f eine untere Grenze l_i und eine obere Grenze L_i. Für den gesuchten Flächeninhalt kann somit geschrieben werden

$$\sum_{i=1}^{n} l_i \Delta x_i \leqq A_a^b \leqq \sum_{i=1}^{n} L_i \Delta x_i\,. \tag{A 5.1a}$$

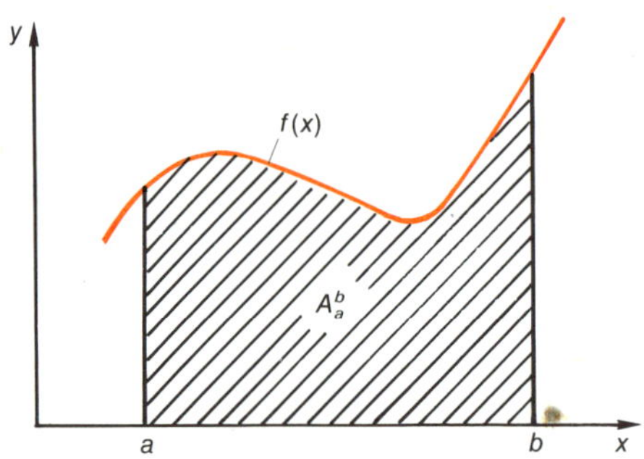

Abb. A 5.1
Darstellung des durch das Flächenintegral über die Funktion $f(x)$ berechneten Flächeninhaltes A_a^b

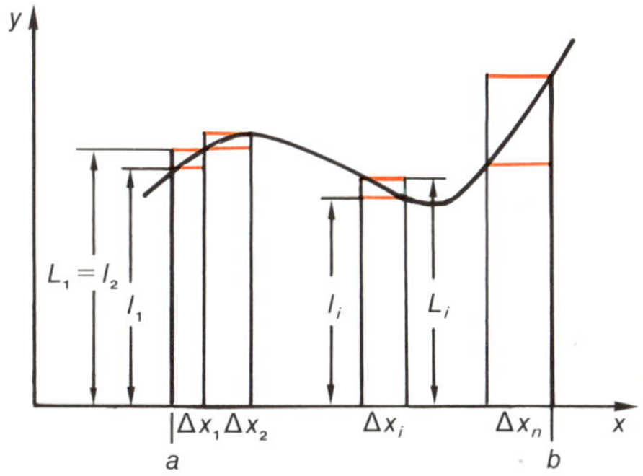

Abb. A 5.2
Zur Annäherung eines Flächeninhaltes A_a^b durch Unter- und Obersumme

Das Gleichheitszeichen gilt nur dann, wenn $y = f(x)$ eine Parallele zur Abszissenachse darstellt.

Die Summe $\sum_{i=1}^{n} l_i \Delta x_i$ bezeichnet man als *Untersumme*, die Summe $\sum_{i=1}^{n} L_i \Delta x_i$ als *Obersumme* des gesuchten Flächeninhaltes. Mit zunehmender Verfeinerung der Teilungen bildet die Untersumme eine monoton wachsende, die Obersumme eine monoton fallende Folge. Verfeinert man die Teilungen beliebig ($n \to \infty$, $\Delta x_i \to 0$), dann streben Ober- und Untersumme je einem Grenzwert zu. Sind beide Grenzwerte einander gleich, dann gilt nach (A 5.1a)

$$\lim_{\substack{n \to \infty \\ \Delta x_i \to 0}} \sum_{i=1}^{n} l_i \Delta x_i = \lim_{\substack{n \to \infty \\ \Delta x_i \to 0}} \sum_{i=1}^{n} L_i \Delta x_i = A_a^b = \int_a^b f(x)\,\mathrm{d}x\,. \qquad \text{(A 5.1)}$$

$A_a^b = \int_a^b f(x)\,\mathrm{d}x$ heißt *bestimmtes Integral* der Funktion $f(x)$, erstreckt über das Intervall $a \leqq x \leqq b$.

Für stückweise stetige Funktionen ergibt sich der Hauptsatz der Differential-Integralrechnung:

$$A_a^b = \int_a^b f(x)\,\mathrm{d}x = I(x)\Big|_a^b = I(b) - I(a)\,. \qquad \text{(A 5.2)}$$

A. 6 Doppelintegral

In der x, y-Ebene eines kartesischen Koordinatensystems sei das einfach berandete Gebiet A vorgegeben (Abb. A 6.1). Zu bestimmen ist das Volumen des Zylinders, den das Gebiet A, die auf der Randkurve des Gebietes zu errichtenden senkrechten Geraden und die beschränkte Funktion $z = f(x, y)$ zwischen diesen Geraden begrenzen (Abb. A 6.1). Analog zu A. 5

wird das Gebiet A in n Teilgebiete (Abb. A 6.2) ΔA_i $(i = 1, 2, \ldots, n)$ zerlegt, und in diesen Teilgebieten werden die unteren Grenzen l_i $(i = 1, 2, \ldots, n)$ und die oberen Grenzen L_i $(i = 1, 2, \ldots, n)$ von $f(x, y)$ aufgesucht. Für das gesuchte Volumen V kann dann geschrieben werden

$$\sum_{i=1}^{n} l_i \Delta A_i \leqq V \leqq \sum_{i=1}^{n} L_i \Delta A_i . \qquad \text{(A 6.1a)}$$

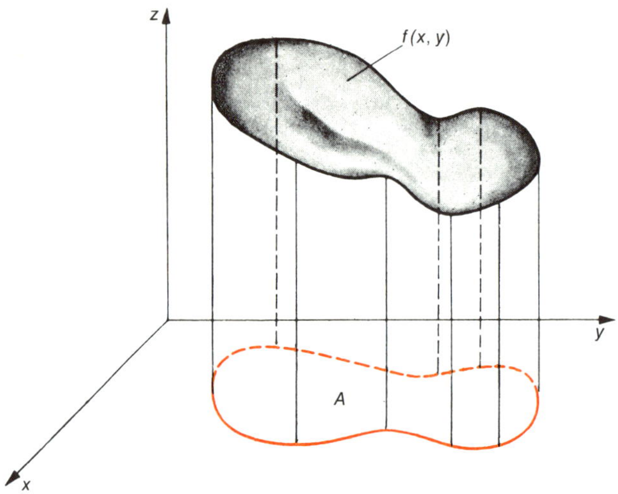

Abb. A 6.1
Darstellung des durch das Doppelintegral über die Funktion $f(x, y)$ berechneten Volumens

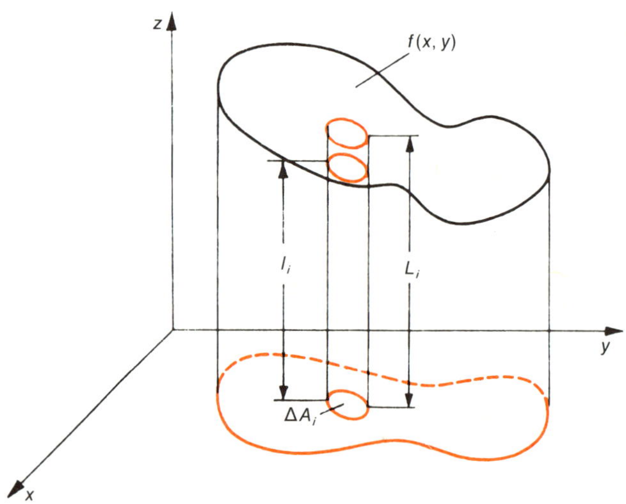

Abb. A 6.2 Zur Annäherung eines Volumens durch Unter- und Obersumme

Das Gleichheitszeichen gilt nur dann, wenn $z=f(x, y)$ eine paralelle Ebene zur x, y-Ebene darstellt.

Analog zu A. 5 werden $\sum_{i=1}^{n} l_i \Delta A_i$ und $\sum_{i=1}^{n} L_i \Delta A_i$als Unter- und Obersumme des gesuchten Volumens bezeichnet. Mit wachsender Verfeinerung der Teilungen bildet die Untersumme eine monoton wachsende Folge, die Obersumme eine monoton fallende. Verfeinert man die Teilungen beliebig ($n \to \infty$, $\Delta A_i \to 0$), dann streben Ober- und Untersumme je einem Grenzwert zu. Sind beide Grenzwerte einander gleich, dann gilt nach (A 6.1 a)

$$\lim_{\substack{n \to \infty \\ \Delta A_i \to 0}} \sum_{i=1}^{n} l_i \Delta A_i = \lim_{\substack{n \to \infty \\ \Delta A_i \to 0}} \sum_{i=1}^{n} L_i \Delta A_i = V = \iint_A f(x, y)\,\mathrm{d}A\,. \tag{A 6.1}$$

$V=\iint_A f(x, y)\,\mathrm{d}A$ heißt *Doppelintegral* der Funktion $f(x, y)$, erstreckt über das Gebiet A.

Setzt man in (A 6.1) $f(x, y)=1$, so ergibt

$$A=\iint_A \mathrm{d}A \tag{A 6.1b}$$

den Flächeninhalt des Gebietes A.

Die Berechnung des Doppelintegrales kann auf zwei nacheinander durchzuführende Integrationen zurückgeführt werden. Das einfach berandete Gebiet A werde zwischen den Punkten P_1 und P_2 ($a_1 \leqq x \leqq a_2$) von den Funktionen $y_1(x)$ *und* $y_2(x)$ berandet (Abb. A 6.3a) bzw. zwischen den Punkten P_1' *und* P_2' ($b_1 \leqq y \leqq b_2$) von den Funktionen $x_1(y)$ *und* $x_2(y)$ (Abb. A 6.3b). Man erhält

$$\iint_A f(x, y)\,\mathrm{d}A = \int_{x=a_1}^{x=a_2} \left(\int_{y_1(x)}^{y_2(x)} f(x, y)\,\mathrm{d}y \right) \mathrm{d}x = \int_{y=b_1}^{y=b_2} \left(\int_{x_1(y)}^{x_2(y)} f(x, y)\,\mathrm{d}x \right) \mathrm{d}y. \tag{A 6.2}$$

Welche der beiden Möglichkeiten am zweckmäßigsten gewählt wird, hängt von der Aufgabenstellung ab.

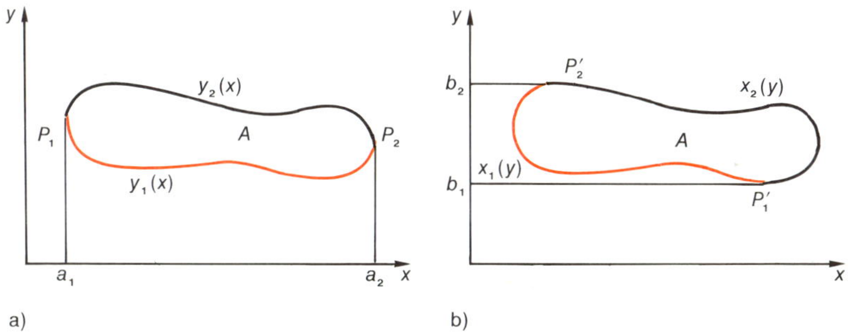

Abb. A 6.3
Zur Zurückführung eines Doppelintegrales auf zwei nacheinander durchzuführende Integrationen

A. 7 Dreifachintegral

Jedem Punkt $P=P(x, y, z)$ im Volumen V sei ein bestimmter Wert der beschränkten Funktion $w=f(x, y, z)$ zugeordnet. Analog zu A. 5 und A. 6 sei das Volumen V in n Teilvolumina ΔV_i $(i=1, 2, \ldots, n)$ zerlegt. l_i $(i=1, 2, \ldots, n)$ und L_i $(i=1, 2, \ldots, n)$ seien die untere bzw. obere Grenze von $f(x, y, z)$ im i-ten Teilvolumen.

Die mit diesen Werten gebildeten Summen $\sum_{i=1}^{n} l_i \Delta V_i$ und $\sum_{i=1}^{n} L_i \Delta V_i$ streben für $n \longrightarrow \infty$ und $\Delta V_i \longrightarrow 0$ Grenzwerten zu. Sind beide Grenzwerte gleich, so heißt

$$\lim_{\substack{n\to\infty \\ \Delta V_i \to 0}} \sum_{i=1}^{n} l_i \Delta V_i = \lim_{\substack{n\to\infty \\ \Delta V_i \to 0}} \sum_{i=1}^{n} L_i \Delta V_i = \iiint_V f(x, y, z)\,\mathrm{d}V \qquad \text{(A 7.1)}$$

Dreifachintegral der Funktion $f(x, y, z)$, erstreckt über das Volumen V. Dreifachintegrale treten u.a. bei der Berechnung von Trägheitsmomenten (siehe (D 5.7)) und Massenmittelpunkten (siehe (D 4.1)) auf. Eine geometrisch anschauliche Bedeutung kann ihnen bis auf den Sonderfall $f(x, y, z)=1$ nicht mehr gegeben werden.

Setzt man in (A 7.1) $f(x, y, z)=1$, dann ergibt

$$V = \iiint_V \mathrm{d}V \qquad \text{(A 7.1a)}$$

den Rauminhalt des betrachteten Volumens.

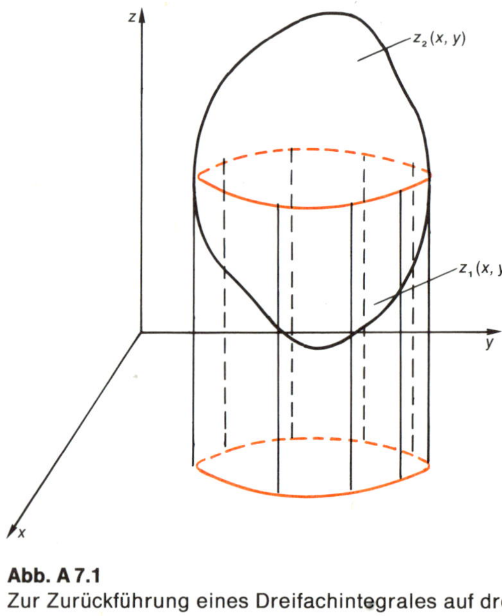

Abb. A 7.1
Zur Zurückführung eines Dreifachintegrales auf drei nacheinander durchzuführende Integrationen

Die Berechnung des Dreifachintegrales kann auf drei nacheinander durchzuführende Integrationen zurückgeführt werden. Dazu denke man sich das Volumen V auf die x, y-Ebene projiziert. Setzt man die Möglichkeit einer für die Praxis ausreichenden Zerlegung der Oberfläche des Volumens in die Teilflächen $z_1 = f(x, y)$ und $z_2 = f(x, y)$ entsprechend Abb. A 7.1 voraus, so erhält man

$$\iiint_V f(x, y, z)\,\mathrm{d}V = \int_{x=a_1}^{x=a_2} \left(\int_{y_1(x)}^{y_2(x)} \left(\int_{z_1(x,y)}^{z_2(x,y)} f(x, y, z)\,\mathrm{d}z \right) \mathrm{d}y \right) \mathrm{d}x$$

$$= \int_{y=b_1}^{y=b_2} \left(\int_{x_1(y)}^{x_2(y)} \left(\int_{z_1(x,y)}^{z_2(x,y)} f(x, y, z)\,\mathrm{d}z \right) \mathrm{d}x \right) \mathrm{d}y. \qquad \text{(A 7.2)}$$

Gleichermaßen läßt sich das Volumen auf die x, z- bzw. y, z-Ebene projizieren. Man erhält so vier weitere Berechnungsmöglichkeiten für (A 7.1). Welche der sechs Möglichkeiten am zweckmäßigsten gewählt wird, hängt von der Aufgabenstellung ab.

A. 8 Komplexe Zahlen

Mit den reellen Zahlen sind beliebige Additionen, Subtraktionen, Multiplikationen und Divisionen ausführbar. Das Radizieren (und somit auch das Lösen von Gleichungen) ist dagegen nicht unbeschränkt durchführbar. Schon die einfache Gleichung $x^2 = -1$ $(x = \sqrt{-1})$ hat im Bereich der reellen Zahlen keine Lösung, eine Erweiterung des Zahlenbereiches ist daher unumgänglich. Sie führt zu den *komplexen Zahlen*.

Die Erweiterung des Zahlenbereiches wird durch geordnete Zahlenpaare

$$z = (a, b) \qquad \text{(A 8.1)}$$

reeller Zahlen a und b erreicht, für die folgende Rechenformeln festgelegt werden:

$z_1 = (a_1, b_1) = z_2 = (a_2, b_2)$

dann und nur dann, wenn

$$a_1 = a_2 \text{ und } b_1 = b_2; \qquad \text{(A 8.2)}$$

$$z_1 \pm z_2 = (a_1 \pm a_2, b_1 \pm b_2); \qquad \text{(A 8.3a)}$$

$$z_1 \cdot z_2 = (a_1 a_2 - b_1 b_2, a_1 b_2 + b_1 a_2); \qquad \text{(A 8.3b)}$$

$$\frac{z_1}{z_2} = \left(\frac{a_1 a_2 + b_1 b_2}{a_2^2 + b_2^2}, \frac{b_1 a_2 - b_2 a_1}{a_2^2 + b_2^2} \right); \qquad \text{(A 8.3c)}$$

$$\lambda z = \lambda(a, b) = (a, b)\,\lambda = (a\,\lambda, b\,\lambda) \qquad \text{(A 8.3d)}$$

(λ reelle Zahl).

Dabei heißt z *komplexe Zahl*, a ihr *Realteil* ($\mathrm{Re}\, z = a$) und b ihr *Imaginärteil* ($\mathrm{Im}\, z = b$). Zwei komplexe Zahlen sind nach (A 8.2) dann und nur dann einander gleich, wenn ihre Real- und ihre Imaginärteile übereinstimmen.

Wie aus den Gleichungen (A 8.3) ersichtlich, genügen Addition, Subtraktion, Multiplikation und Division von komplexen Zahlen dem kommutativen, dem assoziativen und dem distributiven Gesetz.

Wir betrachten die speziellen Zahlenpaare $z_1 = (a_1, 0)$ und $z_2 = (a_2, 0)$. Nach (A 8.3) gelten für sie die Beziehungen

$$(a_1, 0) \pm (a_2, 0) = (a_1 \pm a_2, 0), \qquad \text{(A 8.4a)}$$

$$(a_1, 0)(a_2, 0) = (a_1 a_2, 0), \qquad \text{(A 8.4b)}$$

$$\frac{(a_1, 0)}{(a_2, 0)} = \left(\frac{a_1}{a_2}, 0\right), \qquad \text{(A 8.4c)}$$

$$\lambda(a, 0) = (\lambda a, 0). \qquad \text{(A 8.4d)}$$

Vorstehende Operationen entsprechen vollkommen den Rechenregeln der reellen Zahlen. Das spezielle Zahlenpaar $z = (a, 0)$ kann daher gleich der reellen Zahl a gesetzt werden:

$$(a, 0) = a, \qquad \text{(A 8.5a)}$$

woraus speziell

$$(1, 0) = 1 \qquad \text{(A 8.5)}$$

folgt. Aus (A 8.5), (A 8.5a) und (A 8.4b) ergibt sich

$$a = a \cdot 1 = a(1, 0) = (a, 0)(1, 0) = (a, 0)$$

oder

$$(a, 0) = a(1, 0). \qquad \text{(A 8.5b)}$$

Mit Hilfe des speziellen Zahlenpaares (0, 1) definieren wir die *imaginäre Einheit* i durch

$$(0, 1) = \mathrm{i}. \qquad \text{(A 8.6)}$$

Für ihr Quadrat gilt nach (A 8.6), (A 8.3b), (A 8.3d) und (A 8.5)

$$\mathrm{i}^2 = \mathrm{i} \cdot \mathrm{i} = (0, 1)(0, 1) = (-1, 0) = -1(1, 0) = -1$$

oder

$$\mathrm{i}^2 = -1. \qquad \text{(A 8.6a)}$$

Aus (A 8.6), (A 8.5a) und (A 8.3b) ergibt sich

$$\mathrm{i}b = (0, 1)(b, 0) = (0, b)$$

oder

$$(0, b) = \mathrm{i}b. \qquad \text{(A 8.6b)}$$

Das Zahlenpaar $(0, b) = \mathrm{i}b$ heißt *rein imaginäre Zahl*.

Nach (A 8.1), (A 8.3a), (A 8.5a) und (A 8.6b) ist jede komplexe Zahl darstellbar durch

$$z=(a, b)=(a, 0)+(0, b)=a+\mathrm{i}b\,. \qquad \text{(A 8.7)}$$

Mit dieser Darstellung der komplexen Zahlen gehen die Beziehungen (A 8.3) über in

$$(a_1+\mathrm{i}b_1)\pm(a_2+\mathrm{i}b_2)=a_1\pm a_2+\mathrm{i}(b_1\pm b_2), \qquad \text{(A 8.8a)}$$

$$(a_1+\mathrm{i}b_1)(a_2+\mathrm{i}b_2)=a_1 a_2-b_1 b_2+\mathrm{i}(a_1 b_2+b_1 a_2), \qquad \text{(A 8.8b)}$$

$$\frac{a_1+\mathrm{i}b_1}{a_2+\mathrm{i}b_2}=\frac{a_1 a_2+b_1 b_2}{a_2^2+b_2^2}+\mathrm{i}\,\frac{b_1 a_2-b_2 a_1}{a_2^2+b_2^2}\,, \qquad \text{(A 8.8c)}$$

$$\lambda(a+\mathrm{i}b)=\lambda a+\mathrm{i}\lambda b\,. \qquad \text{(A 8.8d)}$$

Vorstehende Beziehungen lassen sich formal auch so gewinnen, daß man mit der imaginären Einheit i unter Beachtung von $\mathrm{i}^2=-1$ (vgl. (A 8.6a)) rechnet wie mit einer reellen Zahl.

Die Veranschaulichung der komplexen Zahlen erfolgt nach GAUSS in der Ebene eines rechtwinkligen zweidimensionalen Koordinatensystems, auf dessen Abszisse der Realteil a, auf dessen Ordinate der Imaginärteil b mit der imaginären Einheit i als Einheit aufgetragen wird (*komplexe* oder *Gaußsche Zahlenebene*). In ihr wird der komplexen Zahl $z=(a, b)$ der Punkt mit den Koordinaten a und b bzw. der vom Nullpunkt bis zu diesem Punkt weisende Zeiger $z=a+ib$ eindeutig zugeordnet (siehe Abb. A 8.1). Statt vom „Zeiger" wird vielfach auch vom „Vektor" zum Punkt $z=(a, b)$ gesprochen. Diese Bezeichnung ist nicht korrekt, weil für Zeiger nur bezüglich der additiven und subtraktiven Verknüpfung die gleichen Verknüpfungsregeln wie für Vektoren gelten (vgl. (A 8.8a) mit (A 9.6)). Dagegen ist nach (A 8.8b) und (A 8.8c) für Zeiger die Multiplikation und Division eindeutig durchführbar, während für Vektoren *zwei* multiplikative Verknüpfungen (siehe A. 11 und A. 12) existieren und daher die Division zweier Vektoren *nicht erklärbar* ist.

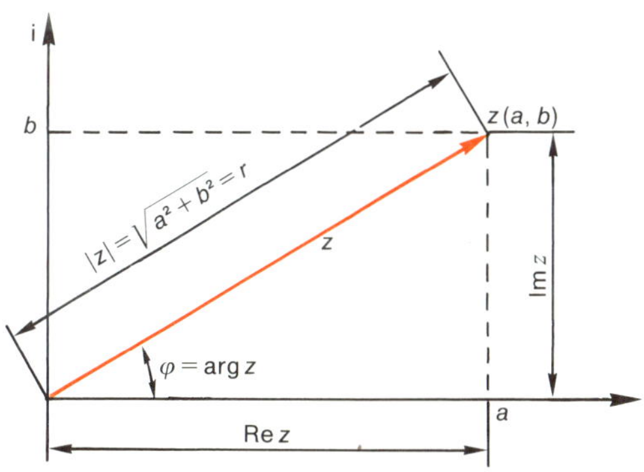

Abb. A 8.1
Darstellung der komplexen Zahl $z=a+\mathrm{i}b=(a, b)$ in der Gaußschen Zahlenebene

Die Länge des Zeigers heißt *Betrag* (oder *Modul*) $|z| = r$ der komplexen Zahl. Nach dem Satz von PYTHAGORAS ergibt er sich aus dem Real- und dem Imaginärteil der komplexen Zahl $z = a + \mathrm{i}b$ zu (vgl. Abb. A 8.1)

$$|z| = +\sqrt{a^2 + b^2} = r\,. \tag{A 8.9a}$$

Statt durch (A 8.7) läßt sich die komplexe Zahl $z = a + \mathrm{i}b$ auch durch ihren Betrag r und den Winkel φ, den der Zeiger mit der reellen Achse einschließt (siehe Abb. A 8.1), darstellen. Dieser Winkel heißt *Argument* von z ($\varphi = \arg z$). Nach Abbildung A 8.1 gilt

$$\tan\varphi = \frac{\mathrm{Im}\, z}{\mathrm{Re}\, z} = \frac{b}{a}\,. \tag{A 8.9b}$$

Mit Hilfe von Betrag und Argument der komplexen Zahl lassen sich Real- und Imaginärteil ausdrücken durch

$$\mathrm{Re}\, z = a = r\cos\varphi\,, \tag{A 8.9c}$$

$$\mathrm{Im}\, z = b = r\sin\varphi\,. \tag{A 8.9d}$$

Nach (A 8.7), (A 8.9c) und (A 8.9d) ist damit die komplexe Zahl auch darstellbar durch

$$z = r(\cos\varphi + \mathrm{i}\sin\varphi)\,. \tag{A 8.10}$$

Es läßt sich zeigen, daß die Reihenentwicklung der Exponentialfunktion e^z (vgl. (A 3.2))

$$\mathrm{e}^z = 1 + \frac{z}{1!} + \frac{z^2}{2!} + \frac{z^3}{3!} + \frac{z^4}{4!} + \frac{z^5}{5!} + \cdots$$

($|z| < \infty$) lautet. Setzt man in ihr $z = \mathrm{i}\varphi$, so folgt unter Beachtung von (A 8.6a)

$$\begin{aligned} \mathrm{e}^{\mathrm{i}\varphi} &= 1 + \frac{\mathrm{i}\varphi}{1!} - \frac{\varphi^2}{2!} - \frac{\mathrm{i}\varphi^3}{3!} + \frac{\varphi^4}{4!} + \frac{\mathrm{i}\varphi^5}{5!} + \cdots \\ &= \left(1 - \frac{\varphi^2}{2!} + \frac{\varphi^4}{4!} + \cdots\right) + \mathrm{i}\left(\varphi - \frac{\varphi^3}{3!} + \frac{\varphi^5}{5!} + \cdots\right) \end{aligned}$$

oder bei Beachtung von (A 3.3) und (A 3.4)

$$\mathrm{e}^{\mathrm{i}\varphi} = \cos\varphi + \mathrm{i}\sin\varphi\,. \tag{A 8.11}$$

Beziehung (A 8.11) heißt *Eulersche Relation.* Aus ihr folgen mit (A 1.3) und (A 1.4) die Beziehungen

$$\mathrm{e}^{\mathrm{i}(\varphi + 2n\pi)} = \mathrm{e}^{\mathrm{i}\varphi} \quad (n = 0, 1, 2, \ldots)\,, \tag{A 8.11a}$$

$$\cos\varphi = \frac{\mathrm{e}^{\mathrm{i}\varphi} + \mathrm{e}^{-\mathrm{i}\varphi}}{2}\,, \tag{A 8.11b}$$

$$\sin\varphi = \frac{\mathrm{e}^{\mathrm{i}\varphi} - \mathrm{e}^{-\mathrm{i}\varphi}}{2\mathrm{i}}\,. \tag{A 8.11c}$$

Bei Beachtung der Eulerschen Relation ergeben sich aus (A 8.1), (A 8.7), (A 8.10) und (A 8.11) für die komplexe Zahl die Darstellungsmöglichkeiten

$$z = (a, b) = a + \mathrm{i}\,b = r\,(\cos\varphi + \mathrm{i}\sin\varphi) = r\,\mathrm{e}^{\mathrm{i}\varphi} \qquad \text{(A 8.9)}$$

mit

$$|z| = r = +\sqrt{a^2 + b^2}\,, \qquad \text{(A 8.9a)}$$

$$\arg\ z = \varphi = \operatorname{arc\,tan}\frac{\operatorname{Im} z}{\operatorname{Re} z} = \operatorname{arc\,tan}\frac{b}{a}\,, \qquad \text{(A 8.9b)}$$

$$\operatorname{Re} z = a = r\cos\varphi\,, \qquad \text{(A 8.9c)}$$

$$\operatorname{Im} z = b = r\sin\varphi\,. \qquad \text{(A 8.9d)}$$

Die durch Vorzeichenwechsel des Imaginärteiles von z entstehende Zahl z^* ($\operatorname{Im} z^* = -\operatorname{Im} z$) nennt man die zu z gehörige *konjugiert komplexe Zahl.* z^* ist nach (A 8.9) gegeben durch

$$z^* = a - \mathrm{i}\,b = r(\cos\varphi - \mathrm{i}\sin\varphi) = r\,\mathrm{e}^{-\mathrm{i}\varphi}\,. \qquad \text{(A 8.12)}$$

Nach (A 8.9a), (A 8.9), (A 8.12) und (A 8.8b) läßt sich das Quadrat des Betrages der komplexen Zahl z als Produkt dieser Zahl mit ihrer konjugiert komplexen darstellen:

$$|z|^2 = r^2 = a^2 + b^2 = (a + \mathrm{i}\,b)\,(a - \mathrm{i}\,b) = z\,z^*\,. \qquad \text{(A 8.13)}$$

A.9 Vektoren

Bestimmte physikalische Größen sind durch die Angabe eines einzigen Zahlenwertes charakterisiert, wie zum Beispiel die Zeit, die Temperatur, die Masse eines Körpers oder die elektrische Ladung. Derartige Größen werden als *Skalare* bezeichnet. Zur Charakterisierung anderer physikalischer Größen, z. B. der Kraft, des Drehmomentes oder der elektrischen Feldstärke, benötigt man außer der Angabe ihres Zahlenwertes (ihres Betrages) noch die Angabe ihrer Richtung. Derartige Größen bezeichnet man als *Vektoren.* Sie sind durch die Angabe von drei Zahlenwerten (siehe z. B. (A 9.5b)) bestimmt. In dieser Darstellung werden Vektoren halbfett kursiv gedruckt. (z. B. $\boldsymbol{A}$).

Geometrisch wird ein Vektor durch eine gerichtete Strecke bestimmter Länge veranschaulicht. Abb. A 9.1 zeigt die geometrische Veranschaulichung des Vektors $\boldsymbol{A}$. Die Pfeilspitze charakterisiert seine Richtung, die Länge des Pfeiles stellt ein Maß für den *Betrag* $|\boldsymbol{A}| = A \geqq 0$ des Vektors $\boldsymbol{A}$

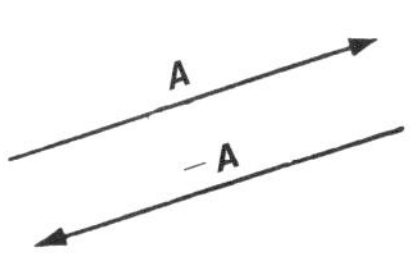

Abb. A 9.1
Geometrische Darstellung der Vektoren $\boldsymbol{A}$ und $-\boldsymbol{A}$

dar. Der Vektor $-\boldsymbol{A}$ ist ein Vektor vom gleichen Betrag wie der Vektor $\boldsymbol{A}$ ($|-\boldsymbol{A}| = |\boldsymbol{A}|$), aber mit umgekehrtem Richtungssinn (Abb. A 9.1).

Zwei Vektoren $\boldsymbol{A}$ und $\boldsymbol{B}$ sind dann und nur dann einander gleich, wenn sie von gleichem Betrage ($|\boldsymbol{A}| = |\boldsymbol{B}|$) und von gleicher Richtung ($\boldsymbol{A} \uparrow\uparrow \boldsymbol{B}$) sind (Abb. A 9.2). Daher sind alle gleichgerichteten Strecken gleicher Länge mögliche Darstellungen ein und desselben Vektors. Derartige Vektoren werden als *freie* Vektoren bezeichnet.

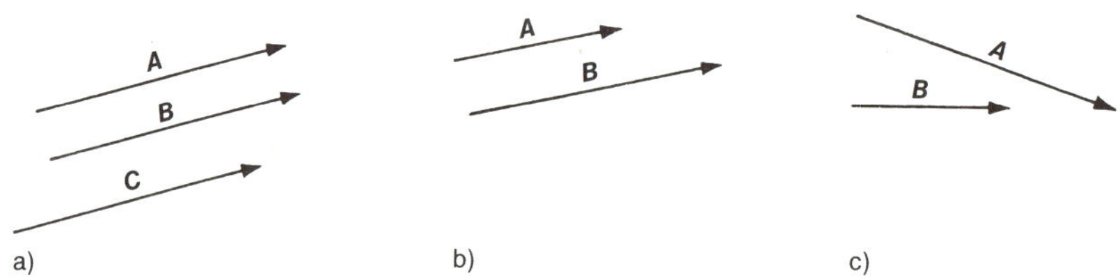

Abb. A 9.2
a) $\boldsymbol{A} = \boldsymbol{B} = \boldsymbol{C}$
b) $\boldsymbol{A} \neq \boldsymbol{B}$, denn Beträge ungleich
c) $\boldsymbol{A} \neq \boldsymbol{B}$, denn Beträge und Richtungen ungleich

In der Physik haben wir es vielfach mit *gebundenen* Vektoren zu tun, d.h. mit Vektoren, die längs einer Angriffslinie verschiebbar sind (*linienflüchtiger* Vektor, z.B. die am starren Körper angreifende Kraft (siehe Abschnitt 5.3)) oder die von einem bestimmten festen Punkt zu einem anderen Punkt weisen (z.B. der vom Koordinatenursprungspunkt ausgehende *Ortsvektor*).

Die additive Verknüpfung der Vektoren $\boldsymbol{A}$ und $\boldsymbol{B}$ zu einem Vektor $\boldsymbol{C} = \boldsymbol{A} + \boldsymbol{B}$ wird geometrisch so definiert, daß die Vektoren $\boldsymbol{A}$ und $\boldsymbol{B}$ unter Beibehaltung ihres Richtungssinnes solange zu verschieben sind, bis der Anfangspunkt des einen Vektors mit dem Endpunkt des anderen zusammenfällt (Abb. A 9.3). Wie man aus den Abb. A 9.3 und A 9.4 sofort er-

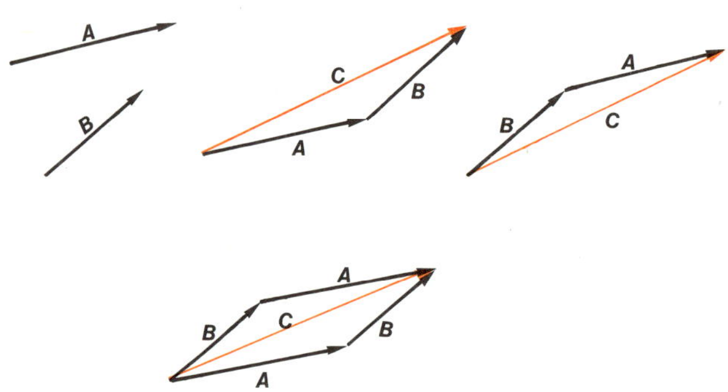

Abb. A 9.3
Geometrische Addition von Vektoren. Die Vektoraddition genügt dem kommutativen Gesetz ($\boldsymbol{A} + \boldsymbol{B} = \boldsymbol{B} + \boldsymbol{A}$)

kennt, gehorcht die so definierte additive Verknüpfung von Vektoren dem *kommutativen* Gesetz

$$\boldsymbol{C} = \boldsymbol{A} + \boldsymbol{B} = \boldsymbol{B} + \boldsymbol{A} \tag{A 9.1a}$$

und dem *distributiven* Gesetz

$$\boldsymbol{D} = (\boldsymbol{A} + \boldsymbol{B}) + \boldsymbol{C} = \boldsymbol{A} + (\boldsymbol{B} + \boldsymbol{C}) = \boldsymbol{A} + \boldsymbol{B} + \boldsymbol{C}. \tag{A 9.1b}$$

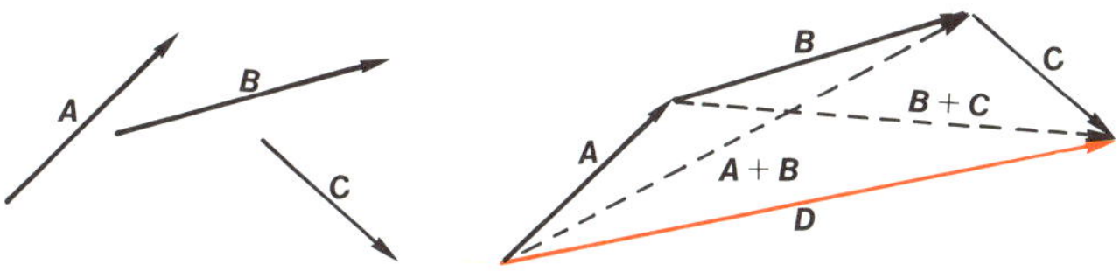

Abb. A 9.4
Die Vektoraddition genügt dem distributiven Gesetz
($\boldsymbol{D} = (\boldsymbol{A} + \boldsymbol{B}) + \boldsymbol{C} = \boldsymbol{A} + (\boldsymbol{B} + \boldsymbol{C})$)

Die Subtraktion des Vektors $\boldsymbol{B}$ vom Vektor $\boldsymbol{A}$ ist definiert durch die Addition von $-\boldsymbol{B}$ zu $\boldsymbol{A}$, d.h. durch (Abb. A 9.5)

$$\boldsymbol{C} = \boldsymbol{A} - \boldsymbol{B} = \boldsymbol{A} + (-\boldsymbol{B}). \tag{A 9.1c}$$

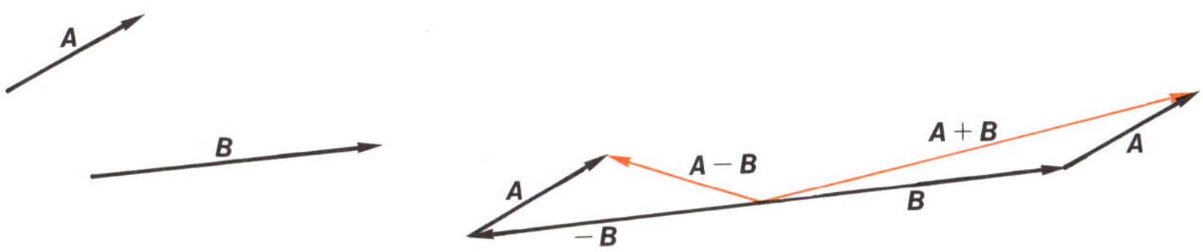

Abb. A 9.5 Zur Subtraktion der Vektoren ($\boldsymbol{A} - \boldsymbol{B} = \boldsymbol{A} + (-\boldsymbol{B})$)

Die Multiplikation eines Vektors $\boldsymbol{A}$ mit einem Skalar λ führt zu einem Vektor

$$\boldsymbol{B} = \lambda \boldsymbol{A} \tag{A 9.2}$$

mit

$$|\boldsymbol{B}| = |\lambda|\,|\boldsymbol{A}|. \tag{A 9.2a}$$

Ist $\lambda > 0$, so hat der Vektor $\boldsymbol{B}$ die gleiche Richtung wie $\boldsymbol{A}$; gilt $\lambda < 0$, so ist $\boldsymbol{B}$ entgegengesetzt zu $\boldsymbol{A}$ gerichtet ($\boldsymbol{A} \downarrow\uparrow \boldsymbol{B}$, Abb. A 9.6).

Wählt man speziell $\lambda = \frac{1}{A}$, so folgt nach (A 9.2) und (A 9.2a)

$$\boldsymbol{A}^0 = \frac{\boldsymbol{A}}{A} \quad \text{mit} \quad |\boldsymbol{A}^0| = 1. \tag{A 9.3a}$$

A^0 hat die Richtung von A, aber den Betrag Eins. Der Vektor A^0 wird als *Einheitsvektor* bezeichnet. Nach Beziehung (A 9.3a) gilt

$$A = |A|\, A^0 = A\, A^0 . \qquad \text{(A 9.3)}$$

Abb. A 9.6
Geometrische Veranschaulichung der Multiplikation des Vektors **A** mit einem Skalar λ
a) $\lambda > 1$
b) $-1 < \lambda < 0$

Jeder Vektor A kann als Produkt aus einem Einheitsvektor A^0 und dem Betrag A des Vektors dargestellt werden.

Wählt man $\lambda = 0$, so folgt nach (A 9.2) und (A 9.2a)

$$B = 0A = 0 \quad \text{mit} \quad |0| = 0 . \qquad \text{(A 9.4)}$$

0 ist richtungslos und hat den Betrag Null. 0 wird als *Nullvektor* bezeichnet.

Wird der Anfangspunkt des Vektors A in den Koordinatenursprungspunkt eines rechtwinkligen kartesischen Koordinatensystems gelegt, so ist entsprechend Abb. A 9.7 und (A 9.1b) A darstellbar durch

$$A = A_x + A_y + A_z . \qquad \text{(A 9.5a)}$$

A_x heißt *Komponente* von A in Richtung $+x$ (oder kurz x-Komponente von A), A_y entsprechend y-Komponente usw.

Man bezeichnet den Einheitsvektor in Richtung der positiven x-Achse mit i, den in Richtung der positiven y-Achse mit j und den in Richtung der positiven z-Achse mit k. Mit Hilfe dieser Einheitsvektoren sind die Komponenten des Vektors A darstellbar durch

$$\begin{aligned} A_x &= A_x i , \\ A_y &= A_y j , \\ A_z &= A_z k . \end{aligned} \qquad \text{(A 9.5b)}$$

A_x heißt x-Koordinate des Vektors A, A_y y-Koordinate usw.

Nach den Beziehungen (A 9.5a) und (A 9.5b) ist der Vektor A darstellbar durch

$$A = A_x i + A_y j + A_z k . \qquad \text{(A 9.5)}$$

Nach (A 9.1a), (A 9.1c) und (A 9.5) ergibt die Addition bzw. Subtraktion der Vektoren

$$A = A_x i + A_y j + A_z k$$

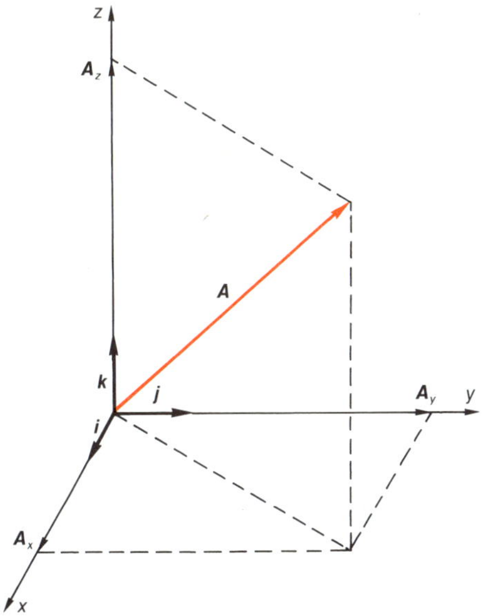

Abb. A 9.7 Zerlegung des Vektors $\boldsymbol{A}$ in seine Komponenten $\boldsymbol{A}_x$, $\boldsymbol{A}_y$ und $\boldsymbol{A}_z$

und

$$\boldsymbol{B} = B_x \boldsymbol{i} + B_y \boldsymbol{j} + B_z \boldsymbol{k}$$

die Vektorsumme bzw. -differenz

$$\boldsymbol{A} \pm \boldsymbol{B} = (A_x \pm B_x)\, \boldsymbol{i} + (\mathrm{A}_y \pm B_y)\, \boldsymbol{j} + (A_z \pm B_z)\, \boldsymbol{k}\,. \tag{A 9.6}$$

Bei der Addition bzw. Subtraktion addieren bzw. subtrahieren sich die entsprechenden Koordinaten der Vektoren.

Soll $\boldsymbol{A} = \boldsymbol{B}$ gelten (d. h. $\boldsymbol{A} - \boldsymbol{B} = \boldsymbol{0}$), so ist dies nach (A 9.6) dann und nur dann möglich, wenn beide Vektoren in ihren entsprechenden Koordinaten übereinstimmen, d. h., es ist

$$\boldsymbol{A} = \boldsymbol{B}$$

dann und nur dann, wenn

$$A_x = B_x; \qquad A_y = B_y; \qquad A_z = \mathrm{B}_z \tag{A 9.7}$$

gilt.

A. 10 Differentiation eines Vektors nach einem Skalar

Der Vektor $\boldsymbol{A}$ sei eine Funktion des *skalaren* Parameters t (z. B. der Zeit t). Nach (A 9.5) ist diese Vektorfunktion darstellbar durch

$$\boldsymbol{A} = \boldsymbol{A}(t) = A_x(t)\, \boldsymbol{i} + A_y(t)\, \boldsymbol{j} + A_z(t)\, \boldsymbol{k}\,. \tag{A 10.1}$$

Mit der Veränderung des Parameters t um Δt ist eine Veränderung des Vektors $\boldsymbol{A}$ um (Abb. A 10.1)

$$\Delta \boldsymbol{A} = \boldsymbol{A}(t+\Delta t) - \boldsymbol{A}(t) \qquad \text{(A 10.2a)}$$

verbunden. Da nach (A 9.2) die Division eines Vektors durch eine skalare Größe durchführbar ist, kann analog zu (A 2.1a) der Differenzenquotient

$$\frac{\Delta \boldsymbol{A}}{\Delta t} = \frac{\boldsymbol{A}(t+\Delta t) - \boldsymbol{A}(t)}{\Delta t} \qquad \text{(A 10.2)}$$

gebildet werden. Der Grenzwert

$$\frac{\mathrm{d}\boldsymbol{A}}{\mathrm{d}t} = \lim_{\Delta t \to 0} \frac{\boldsymbol{A}(t+\Delta t) - \boldsymbol{A}(t)}{\Delta t} \qquad \text{(A 10.3)}$$

heißt Differentialquotient der Vektorfunktion $\boldsymbol{A} = \boldsymbol{A}(t)$.

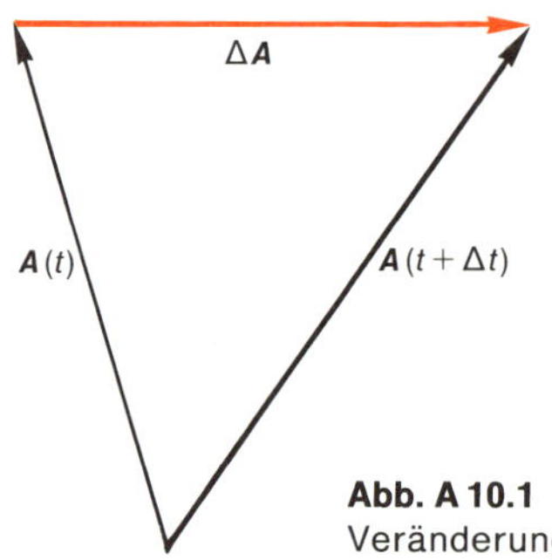

Abb. A 10.1
Veränderung des Vektors $\boldsymbol{A}$ in Abhängigkeit vom Parameter t

Zum Beispiel ist die Größe Geschwindigkeit durch einen derartigen Differentialquotienten definiert (siehe (D 3.4)).

Unter Beachtung von (A 10.1), (A 10.2) und (A 2.1) kann für (A 10.3)

$$\frac{\mathrm{d}\boldsymbol{A}}{\mathrm{d}t} = \frac{\mathrm{d}A_x}{\mathrm{d}t}\boldsymbol{i} + \frac{\mathrm{d}A_y}{\mathrm{d}t}\boldsymbol{j} + \frac{\mathrm{d}A_z}{\mathrm{d}t}\boldsymbol{k} \qquad \text{(A 10.3a)}$$

geschrieben werden. Durch (A 10.3a) wird die Differentiation der Vektorfunktion $\boldsymbol{A} = \boldsymbol{A}(t)$ auf die Differentiation ihrer Koordinaten zurückgeführt. Da die Koordinaten durch skalare Größen darstellbar sind, gelten alle in A. 2 zusammengestellten Differentiationsregeln auch für die Vektorfunktion $\boldsymbol{A} = \boldsymbol{A}(t)$.

A. 11 Skalares Produkt

Die Verknüpfung der Vektoren $\boldsymbol{A}$ und $\boldsymbol{B}$ zu

$$\boldsymbol{A} \cdot \boldsymbol{B} = A B \cos(\boldsymbol{A}, \boldsymbol{B}) \qquad \text{(A 11.1)}$$

heißt *skalares Produkt* der Vektoren $\boldsymbol{A}$ und $\boldsymbol{B}$. Durch diese Produktbildung wird den beiden Vektoren $\boldsymbol{A}$ und $\boldsymbol{B}$ der Skalar $AB\cos(\boldsymbol{A}, \boldsymbol{B})$ zugeordnet. $\cos(\boldsymbol{A}, \boldsymbol{B})$ bedeutet den Cosinus des von den beiden Vektoren $\boldsymbol{A}$ und $\boldsymbol{B}$ eingeschlossenen Winkels (Abb. A 11.1).

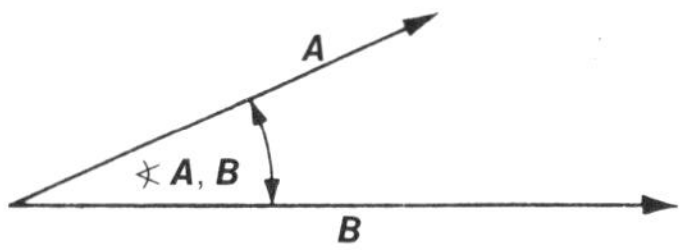

Abb. A 11.1 Zur Definition des skalaren Produktes

Die skalare Produktbildung erweist sich als zweckmäßig für die Behandlung bestimmter physikalischer Probleme, wie z. B. der Größe Arbeit (siehe (D 3.14)).

Nach (A 11.1) ist das skalare Produkt *kommutativ*:

$$\boldsymbol{A} \cdot \boldsymbol{B} = \boldsymbol{B} \cdot \boldsymbol{A} . \tag{A 11.2a}$$

Für das skalare Produkt des Vektors $\boldsymbol{A}$ mit sich selbst folgt

$$\boldsymbol{A} \cdot \boldsymbol{A} = \boldsymbol{A}^2 = A^2 . \tag{A 11.3a}$$

Ferner genügt die skalare Produktbildung dem *distributiven* Gesetz

$$\boldsymbol{A} \cdot (\boldsymbol{B} + \boldsymbol{C}) = \boldsymbol{A} \cdot \boldsymbol{B} + \boldsymbol{A} \cdot \boldsymbol{C} . \tag{A 11.2b}$$

Nach (A 11.1) verschwindet das skalare Produkt dann und nur dann, wenn mindestens einer der beiden Vektoren ein Nullvektor ist oder wenn beide Vektoren senkrecht aufeinanderstehen ($\boldsymbol{A} \perp \boldsymbol{B}$):

$$\boldsymbol{A} \cdot \boldsymbol{B} = 0, \quad \text{wenn} \begin{cases} \boldsymbol{A} = \boldsymbol{0} \text{ oder } \boldsymbol{B} = \boldsymbol{0} \text{ oder } \boldsymbol{A} = \boldsymbol{B} = \boldsymbol{0} \\ \boldsymbol{A} \neq \boldsymbol{0} \text{ und } \boldsymbol{B} \neq \boldsymbol{0}, \text{ aber } \boldsymbol{A} \perp \boldsymbol{B} . \end{cases} \tag{A 11.3b}$$

Nach den Beziehungen (A 11.3a) und (A 11.3b) gilt für die in A. 9 eingeführten Einheitsvektoren

$$\begin{aligned} \boldsymbol{i}^2 &= \boldsymbol{j}^2 = \boldsymbol{k}^2 = 1 \\ \boldsymbol{i} \cdot \boldsymbol{j} &= \boldsymbol{i} \cdot \boldsymbol{k} = \boldsymbol{k} \cdot \boldsymbol{j} = 0 . \end{aligned} \tag{A 11.4}$$

Sind die Vektoren $\boldsymbol{A}$ und $\boldsymbol{B}$ entsprechend (A 9.5) dargestellt durch

$$\boldsymbol{A} = A_x \boldsymbol{i} + A_y \boldsymbol{j} + A_z \boldsymbol{k} ,$$
$$\boldsymbol{B} = B_x \boldsymbol{i} + B_y \boldsymbol{j} + B_z \boldsymbol{k} ,$$

dann folgt unter Beachtung von (A 11.4) für ihr skalares Produkt

$$\boldsymbol{A} \cdot \boldsymbol{B} = A_x B_x + A_y B_y + A_z B_z . \tag{A 11.5}$$

Für den Betrag des Vektors $\boldsymbol{A}$ ergibt sich aus (A 11.3a) und (A 11.5)

$$|\boldsymbol{A}| = A = +\sqrt{A_x^2 + A_y^2 + A_z^2} , \tag{A 11.6}$$

für den Spezialfall eines Einheitsvektors

$$A_x^{o2} + A_y^{o2} + A_z^{o2} = 1 . \tag{A 11.6a}$$

Wird das Koordinatensystem mit den Einheitsvektoren $\boldsymbol{i}, \boldsymbol{j}, \boldsymbol{k}$ in ein System mit den Einheitsvektoren $\boldsymbol{i}^*$, $\boldsymbol{j}^*$, $\boldsymbol{k}^*$ gedreht, so gelten nach (A 11.1) die Beziehungen

$$\begin{aligned}
\boldsymbol{i} \cdot \boldsymbol{i}^* &= \cos(\boldsymbol{i}, \boldsymbol{i}^*), \\
\boldsymbol{j} \cdot \boldsymbol{i}^* &= \cos(\boldsymbol{j}, \boldsymbol{i}^*), \\
\boldsymbol{k} \cdot \boldsymbol{i}^* &= \cos(\boldsymbol{k}, \boldsymbol{i}^*); \\
\boldsymbol{i} \cdot \boldsymbol{j}^* &= \cos(\boldsymbol{i}, \boldsymbol{j}^*), \\
\boldsymbol{j} \cdot \boldsymbol{j}^* &= \cos(\boldsymbol{j}, \boldsymbol{j}^*), \\
\boldsymbol{k} \cdot \boldsymbol{j}^* &= \cos(\boldsymbol{k}, \boldsymbol{j}^*); \\
\boldsymbol{i} \cdot \boldsymbol{k}^* &= \cos(\boldsymbol{i}, \boldsymbol{k}^*), \\
\boldsymbol{j} \cdot \boldsymbol{k}^* &= \cos(\boldsymbol{j}, \boldsymbol{k}^*), \\
\boldsymbol{k} \cdot \boldsymbol{k}^* &= \cos(\boldsymbol{k}, \boldsymbol{k}^*).
\end{aligned} \qquad \text{(A 11.7)}$$

Entsprechend (A 9.5) muß der Vektor $\boldsymbol{A}$ im System $\boldsymbol{i}^*, \boldsymbol{j}^*, \boldsymbol{k}^*$ darstellbar sein durch

$$\boldsymbol{A} = A_{x*}\,\boldsymbol{i}^* + A_{y*}\,\boldsymbol{j}^* + A_{z*}\,\boldsymbol{k}^*, \qquad \text{(A 11.8)}$$

woraus durch skalare Multiplikation mit $\boldsymbol{i}, \boldsymbol{j}, \boldsymbol{k}$ bzw. $\boldsymbol{i}^*, \boldsymbol{j}^*, \boldsymbol{k}^*$ und Beachtung von (A 11.7) für die Transformation der Koordinaten

$$\begin{aligned}
A_x &= A_{x*}\cos(\boldsymbol{i}^*, \boldsymbol{i}) + A_{y*}\cos(\boldsymbol{j}^*, \boldsymbol{i}) + A_{z*}\cos(\boldsymbol{k}^*, \boldsymbol{i}), \\
A_y &= A_{x*}\cos(\boldsymbol{i}^*, \boldsymbol{j}) + A_{y*}\cos(\boldsymbol{j}^*, \boldsymbol{j}) + A_{z*}\cos(\boldsymbol{k}^*, \boldsymbol{j}), \\
A_z &= A_{x*}\cos(\boldsymbol{i}^*, \boldsymbol{k}) + A_{y*}\cos(\boldsymbol{j}^*, \boldsymbol{k}) + A_{z*}\cos(\boldsymbol{k}^*, \boldsymbol{k})
\end{aligned} \qquad \text{(A 11.9a)}$$

bzw.

$$\begin{aligned}
A_{x*} &= A_x\cos(\boldsymbol{i}, \boldsymbol{i}^*) + A_y\cos(\boldsymbol{j}, \boldsymbol{i}^*) + A_z\cos(\boldsymbol{k}, \boldsymbol{i}^*), \\
A_{y*} &= A_x\cos(\boldsymbol{i}, \boldsymbol{j}^*) + A_y\cos(\boldsymbol{j}, \boldsymbol{j}^*) + A_z\cos(\boldsymbol{k}, \boldsymbol{j}^*), \\
A_{z*} &= A_x\cos(\boldsymbol{i}, \boldsymbol{k}^*) + A_y\cos(\boldsymbol{j}, \boldsymbol{k}^*) + A_z\cos(\boldsymbol{k}, \boldsymbol{k}^*)
\end{aligned} \qquad \text{(A 11.9b)}$$

folgt.

Man kann daher sagen, die Größen A_x, A_y, A_z bzw. A_{x*}, A_{y*}, A_{z*} sind dann und nur dann die Koordinaten eines Vektors, wenn sie sich bei Drehung des Koordinatensystems entsprechend (A 11.9a) bzw.(A 11.9b) transformieren.

A. 12 Vektorielles Produkt

Die Verknüpfung der Vektoren $\boldsymbol{A}$ und $\boldsymbol{B}$ zu einem neuen Vektor

$$\boldsymbol{C} = \boldsymbol{A} \times \boldsymbol{B}, \qquad \text{(A 12.1)}$$

wobei

$\boldsymbol{C} \perp \boldsymbol{A}$ und $\boldsymbol{C} \perp \boldsymbol{B}$ ist, (A 12.1a)

$\boldsymbol{A}$, $\boldsymbol{B}$ und $\boldsymbol{C}$ ein Rechtssystem bilden und (A 12.1b)

$C = A\,B \sin(\boldsymbol{A}, \boldsymbol{B})$ gilt, (A 12.1c) heißt *vektorielles Produkt* der Vektoren $\boldsymbol{A}$ und $\boldsymbol{B}$. Durch diese Produktbildung wird den Vektoren $\boldsymbol{A}$ und $\boldsymbol{B}$ eindeutig der Vektor $\boldsymbol{C}$ zugeordnet.

Die vektorielle Produktbildung erweist sich zum Beispiel für die Behandlung der Größe Drehmoment (s. (D 5.3)) als zweckmäßig.

Das vektorielle Produkt ist nicht *kommutativ,* denn nach (A 12.1b) gilt

$$\boldsymbol{A} \times \boldsymbol{B} = -\boldsymbol{B} \times \boldsymbol{A}, \tag{A 12.2a}$$

während es dem *distributiven Gesetz*

$$\boldsymbol{A} \times (\boldsymbol{B} + \boldsymbol{C}) = \boldsymbol{A} \times \boldsymbol{B} + \boldsymbol{A} \times \boldsymbol{C} \tag{A 12.2b}$$

genügt.

Nach Beziehung (A 12.1c) verschwindet das vektorielle Produkt dann und nur dann, wenn mindestens einer der beiden Vektoren ein Nullvektor ist, oder wenn beide Vektoren parallel bzw. antiparallel zueinander sind ($\boldsymbol{A} \uparrow\uparrow \boldsymbol{B}$ oder $\boldsymbol{A} \downarrow\uparrow \boldsymbol{B}$):

$$\boldsymbol{A} \times \boldsymbol{B} = \boldsymbol{0}, \text{wenn} \begin{cases} \boldsymbol{A} = \boldsymbol{0} \text{ oder } \boldsymbol{B} = \boldsymbol{0} \text{ oder } \boldsymbol{A} = \boldsymbol{B} = \boldsymbol{0}, \\ \boldsymbol{A} \neq \boldsymbol{0} \text{ und } \boldsymbol{B} \neq \boldsymbol{0}, \text{ aber } \boldsymbol{A} \uparrow\uparrow \boldsymbol{B} \text{ oder } \boldsymbol{A} \uparrow\downarrow \boldsymbol{B}. \end{cases} \tag{A 12.3}$$

Nach (A 12.1) bis (A 12.1c) gilt für die in A. 9 eingeführten Einheitsvektoren

$$\begin{aligned} &\boldsymbol{i} \times \boldsymbol{j} = \boldsymbol{k};\ \boldsymbol{j} \times \boldsymbol{k} = \boldsymbol{i};\ \boldsymbol{k} \times \boldsymbol{i} = \boldsymbol{j}, \\ &\boldsymbol{i} \times \boldsymbol{i} = \boldsymbol{j} \times \boldsymbol{j} = \boldsymbol{k} \times \boldsymbol{k} = \boldsymbol{0}. \end{aligned} \tag{A 12.4}$$

Sind die Vektoren $\boldsymbol{A}$ und $\boldsymbol{B}$ entsprechend (A 9.5) dargestellt durch

$$\begin{aligned} \boldsymbol{A} &= A_x \boldsymbol{i} + A_y \boldsymbol{j} + A_z \boldsymbol{k}, \\ \boldsymbol{B} &= B_x \boldsymbol{i} + B_y \boldsymbol{j} + B_z \boldsymbol{k}, \end{aligned}$$

dann folgt unter Beachtung von (A 12.4) für ihr vektorielles Produkt

$$\boldsymbol{A} \times \boldsymbol{B} = (A_y B_z - A_z B_y)\, \boldsymbol{i} + (A_z B_x - A_x B_z)\, \boldsymbol{j} + (A_x B_y - A_y B_x)\, \boldsymbol{k} \tag{A 12.4a}$$

oder in Determinantenschreibweise

$$\boldsymbol{A} \times \boldsymbol{B} = \begin{vmatrix} \boldsymbol{i} & \boldsymbol{j} & \boldsymbol{k} \\ A_x & A_y & A_z \\ B_x & B_y & B_z \end{vmatrix}. \tag{A 12.4b}$$

Das vektorielle Produkt stellt streng einen schiefsymmetrischen Tensor 2. Stufe (siehe A. 16) dar. Da ein schiefsymmetrischer Tensor 2. Stufe genau wie ein Vektor durch die Angabe von drei reellen Zahlen bzw. Variablen bestimmt wird, kann man ihm eindeutig einen Vektor (den *axialen* Vektor) zuordnen. Dieser axiale Vektor genügt mit Ausnahme der Spiegelung ($\boldsymbol{i}$, $\boldsymbol{j}$, $\boldsymbol{k}$ gehen über in $-\boldsymbol{i}$, $-\boldsymbol{j}$, $-\boldsymbol{k}$) den gleichen Gesetzmäßigkeiten wie der in A. 9 eingeführte Vektor (*polarer Vektor*). Geht man von einem rechts- zu einem linkshändigen kartesischen Koordinatensystem über (Spiegelung), so ändern sämtliche Koordinaten des polaren Vektors ihr Vorzeichen (siehe (A 11.9)). Bildet man mit zwei polaren Vektoren entsprechend (A 12.4b) einen axialen Vektor, so bleiben beim Übergang von einem rechts- zu einem linkshändigen Koordinatensystem seine Koordinaten im Gegensatz zu denen der polaren Vektoren unverändert, da bei diesem Übergang in (A 12.4b) zwei Zeilen der Determinante gleichzeitig ihr Vorzeichen ändern (vgl. auch (A 16.4)). Da ein Übergang vom rechts- zum linkshändigen Koordinatensystem höchst selten ist, wird meist auf eine Unterscheidung von polaren und axialen Vektoren verzichtet.

A. 13 Gradient

Nach (A 2.22) ist das vollständige Differential der Funktion $f = f(x, y, z)$

$$\mathrm{d}f = \frac{\partial f}{\partial x}\,\mathrm{d}x + \frac{\partial f}{\partial y}\,\mathrm{d}y + \frac{\partial f}{\partial z}\,\mathrm{d}z\,. \qquad \text{(A 13.1)}$$

Nach (A 9.5) ist der Ortsvektor $\boldsymbol{s}$ vom Koordinatenursprungspunkt zum Punkt $P(x, y, z)$ gegeben durch

$$\boldsymbol{s} = x\boldsymbol{i} + y\boldsymbol{j} + z\boldsymbol{k}\,, \qquad \text{(A 13.2)}$$

woraus sich für seine Änderung beim infinitesimalen Fortschreiten vom Punkt P zum Punkt P' (siehe Abb. A 13.1)

$$\mathrm{d}\boldsymbol{s} = \mathrm{d}x\,\boldsymbol{i} + \mathrm{d}y\,\boldsymbol{j} + \mathrm{d}z\,\boldsymbol{k}$$

ergibt. Definiert man einen neuen Vektor durch

$$\operatorname{grad} f = \frac{\partial f}{\partial x}\boldsymbol{i} + \frac{\partial f}{\partial y}\boldsymbol{j} + \frac{\partial f}{\partial z}\boldsymbol{k}\,,$$

so kann unter Beachtung von (A 11.5) für das vollständige Differential (A 13.1)

$$\mathrm{d}f = \operatorname{grad} f \cdot \mathrm{d}\boldsymbol{s} \qquad \text{(A 13.1 a)}$$

geschrieben werden. Der so eingeführte Vektor grad f heißt *Gradient von f.*

Um die Eigenschaften des Gradienten erkennen zu können, betrachten wir einen Punkt P auf einer beliebigen Fläche $f(x, y, z) = \text{const}$. Wir bezeichnen diese Fläche im Hinblick auf ihre physikalische Bedeutung als *Äquipotentialfläche*. Durch Weiterschreiten um die Strecke d$\boldsymbol{s}$ gelangen wir zum Punkt P'. Liegt dieser Punkt wieder auf der gleichen Äquipotentialfläche, so ist $\mathrm{d}f = 0$, und es folgt aus (A 13.1a) mit (A 11.3b) $\mathrm{d}\boldsymbol{s} \perp \operatorname{grad} f$ (Abb. A 13.1a); grad f steht stets senkrecht auf den Äquipotentialflächen $f = \text{const}$.

Wir legen d$\boldsymbol{s}$ in die Richtung des stärksten Anstieges der Funktion f (Abb. A 13.1 b). Nach (A 11.1) und (A 13.1 a) wird df dann am größten, wenn d$\boldsymbol{s} \uparrow\uparrow$ grad f. Der Gradient zeigt daher in Richtung des stärksten Anstieges der Funktion f. Für den Betrag des Gradienten folgt nach (A 13.1 a) beim Fortschreiten in dieser Richtung $|\text{grad}\, f| = \mathrm{d}f/\mathrm{d}s$.

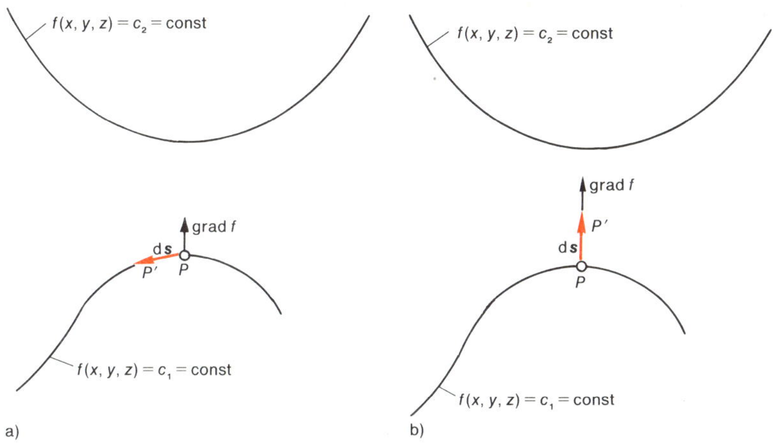

Abb. A 13.1 Zum Begriff des Gradienten einer Funktion

Zusammenfassend ist zu sagen:
Der Gradient der Funktion $f(x, y, z)$ ist ein Vektor, der auf den Äquipotentialflächen $f(x, y, z) = \text{const}$ senkrecht steht und in Richtung des stärksten Anstieges der Funktion f zeigt. In kartesischen Koordinaten wird der Gradient dargestellt durch

$$\text{grad}\, f = \frac{\partial f}{\partial x}\boldsymbol{i} + \frac{\partial f}{\partial y}\boldsymbol{j} + \frac{\partial f}{\partial z}\boldsymbol{k}. \qquad \text{(A 13.3)}$$

Der Betrag des Gradienten in Richtung des stärksten Anstieges von f beträgt

$$|\text{grad}\, f| = \frac{\mathrm{d}f}{\mathrm{d}s}. \qquad \text{(A 13.3a)}$$

Aus (A 13.3a) folgt mit (A 11.1) für die Differentiation von f in Richtung $\boldsymbol{n}$

$$\text{grad}\, f \cdot \boldsymbol{n}^0 = \frac{\partial f}{\partial n}. \qquad \text{(A 13.3b)}$$

A. 14 Einige wichtige Beziehungen der Vektoralgebra

$$\boldsymbol{A}\cdot(\boldsymbol{B}+\boldsymbol{C})=\boldsymbol{A}\cdot\boldsymbol{B}+\boldsymbol{A}\cdot\boldsymbol{C}, \qquad \text{(A 14.1)}$$

$$\boldsymbol{A}\times(\boldsymbol{B}+\boldsymbol{C})=\boldsymbol{A}\times\boldsymbol{B}+\boldsymbol{A}\times\boldsymbol{C}, \qquad \text{(A 14.2)}$$

$$\boldsymbol{A}\cdot(\boldsymbol{B}\times\boldsymbol{C})=\boldsymbol{B}\cdot(\boldsymbol{C}\times\boldsymbol{A})=\boldsymbol{C}\cdot(\boldsymbol{A}\times\boldsymbol{B})=\begin{vmatrix} A_x & A_y & A_z \\ B_x & B_y & B_z \\ C_x & C_y & C_z \end{vmatrix}, \qquad \text{(A 14.3)}$$

$$\boldsymbol{A}\times(\boldsymbol{B}\times\boldsymbol{C})=(\boldsymbol{A}\cdot\boldsymbol{C})\,\boldsymbol{B}-(\boldsymbol{A}\cdot\boldsymbol{B})\,\boldsymbol{C}, \qquad \text{(A 14.4)}$$

$$(\boldsymbol{A}\times\boldsymbol{B})\cdot(\boldsymbol{C}\times\boldsymbol{D})=(\boldsymbol{A}\cdot\boldsymbol{C})\,(\boldsymbol{B}\cdot\boldsymbol{D})-(\boldsymbol{A}\cdot\boldsymbol{D})\,(\boldsymbol{B}\cdot\boldsymbol{C}), \qquad \text{(A 14.5)}$$

$$\frac{\mathrm{d}}{\mathrm{d}t}(\boldsymbol{A}\cdot\boldsymbol{B})=\frac{\mathrm{d}\boldsymbol{A}}{\mathrm{d}t}\cdot\boldsymbol{B}+\boldsymbol{A}\cdot\frac{\mathrm{d}\boldsymbol{B}}{\mathrm{d}t}, \qquad \text{(A 14.6)}$$

$$\frac{\mathrm{d}}{\mathrm{d}t}(\boldsymbol{A}\times\boldsymbol{B})=\frac{\mathrm{d}\boldsymbol{A}}{\mathrm{d}t}\times\boldsymbol{B}+\boldsymbol{A}\times\frac{\mathrm{d}\boldsymbol{B}}{\mathrm{d}t}. \qquad \text{(A 14.7)}$$

A. 15 Linienintegral

Der Ortsvektor (A 13.2) sei eine Funktion des Parameters t (z. B. der Zeit, $\boldsymbol{s}=\boldsymbol{s}(t)$). Mit dem Parameter t verändert sich der Endpunkt des Vektors $\boldsymbol{s}$. Die Funktion

$$\boldsymbol{s}=\boldsymbol{s}(t)=x(t)\,\boldsymbol{i}+y(t)\,\boldsymbol{j}+z(t)\,\boldsymbol{k} \qquad \text{(A 15.1)}$$

beschreibt eine Raumkurve (Abb. A 15.1). $x(t)$, $y(t)$, $z(t)$ seien stetig differenzierbar. Nach (A 10.3a), (A 2.22) und (A 2.7) gilt dann

$$\mathrm{d}\boldsymbol{s}=\left(\frac{\mathrm{d}x}{\mathrm{d}t}\,\boldsymbol{i}+\frac{\mathrm{d}y}{\mathrm{d}t}\,\boldsymbol{j}+\frac{\mathrm{d}z}{\mathrm{d}t}\,\boldsymbol{k}\right)\mathrm{d}t. \qquad \text{(A 15.1a)}$$

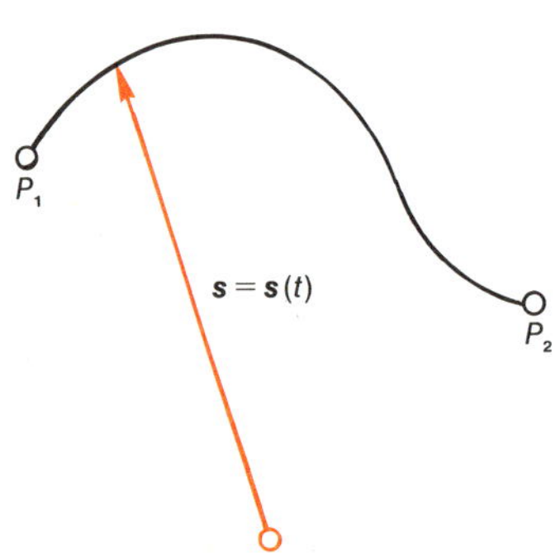

Abb. A 15.1
Beschreibung einer Raumkurve durch den Endpunkt des Ortsvektors $\boldsymbol{s}(t)$

Weiter sei das auf $\boldsymbol{s}$ stetig differenzierbare Vektorfeld

$$\boldsymbol{A}(t) = A_x(x(t), y(t), z(t))\,\boldsymbol{i} + A_y(x(t), y(t), z(t))\,\boldsymbol{j} + A_z(x(t), y(t), z(t))\,\boldsymbol{k} \tag{A 15.2}$$

gegeben. Mit den Koordinaten von (A 15.1a) und (A 15.2) bilden wir das bestimmte Integral

$$\int_{t_1}^{t_2} \left(A_x(x(t), y(t), z(t)) \frac{\mathrm{d}x}{\mathrm{d}t} + A_y(x(t), y(t), z(t)) \frac{\mathrm{d}y}{\mathrm{d}t} + A_z(x(t), y(t), z(t)) \frac{\mathrm{d}z}{\mathrm{d}t} \right) \mathrm{d}t,$$

für das nach (A 11.5), (A 15.1a) und (A 15.2) auch

$$\underset{s}{\int_{P_1}^{P_2}} \boldsymbol{A} \cdot \mathrm{d}\boldsymbol{s} = \int_{t_1}^{t_2} \left(A_x(x(t), y(t), z(t)) \frac{\mathrm{d}x}{\mathrm{d}t} + A_y(x(t), y(t), z(t)) \frac{\mathrm{d}y}{\mathrm{d}t} + A_z(x(t), y(t), z(t)) \frac{\mathrm{d}z}{\mathrm{d}t} \right) \mathrm{d}t \tag{A 15.2a}$$

geschrieben werden kann. (A 15.2a) heißt *Linienintegral* des Vektors $\boldsymbol{A}$ über die Raumkurve $\boldsymbol{s}$. Es läßt sich zeigen, daß diese Definition unabhängig von der speziellen Wahl der Parameterdarstellung der Kurve $\boldsymbol{s}(t)$ ist.

Linienintegrale besitzen u. a. Bedeutung für die Berechnung der Arbeit (siehe (D 3.14)).

Wählt man $\boldsymbol{A} = \mathrm{d}\boldsymbol{s}^0$, dann folgt mit (A 11.1), (A 9.3a), (A 11.6) und (A 15.1a)

$$\int_{P_1}^{P_2} \boldsymbol{A} \cdot \mathrm{d}\boldsymbol{s} = \int_{P_1}^{P_2} |\mathrm{d}\boldsymbol{s}| = s = \int_{t_1}^{t_2} \sqrt{\left(\frac{\mathrm{d}x}{\mathrm{d}t}\right)^2 + \left(\frac{\mathrm{d}y}{\mathrm{d}t}\right)^2 + \left(\frac{\mathrm{d}z}{\mathrm{d}t}\right)^2}\, \mathrm{d}t. \tag{A 15.2b}$$

Der Integrand $\boldsymbol{A} \cdot \mathrm{d}\boldsymbol{s}$ sei ein vollständiges Differential der Funktion f:

$$\mathrm{d}f = \boldsymbol{A} \cdot \mathrm{d}\boldsymbol{s}.$$

Ein Vergleich vorstehender Beziehung mit (A 13.1a) zeigt, daß dann $\boldsymbol{A} = \operatorname{grad} f$ gesetzt werden und für das Linienintegral

$$\underset{s}{\int_{P_1}^{P_2}} \boldsymbol{A} \cdot \mathrm{d}\boldsymbol{s} = \int_{P_1}^{P_2} \mathrm{d}f = f(P_2) - f(P_1)$$

geschrieben werden kann. Der Wert des Integrals hängt nur noch vom Anfangs- und Endpunkt des Weges ab, er ist vom Wege unabhängig, d. h. unabhängig davon, auf welcher Raumkurve man vom Anfangspunkt P_1 zum Endpunkt P_2 gelangt. Für jeden *beliebig* geschlossenen Weg muß dann gelten

$$\oint \boldsymbol{A} \cdot \mathrm{d}\boldsymbol{s} = 0.$$

Mit Beziehung (A 15.1) kann unter Beachtung von (A 11.5) für den Integranden

$$\boldsymbol{A} \cdot \mathrm{d}\boldsymbol{s} = A_x \, \mathrm{d}x + A_y \, \mathrm{d}y + A_z \, \mathrm{d}z$$

geschrieben werden. Nach (A 2.23b) ist vorstehender Ausdruck dann und nur dann ein vollständiges Differential einer Funktion $f(x, y, z)$, wenn die Koordinaten des Vektors $\boldsymbol{A}$ die Bedingungen

$$\frac{\partial A_x}{\partial y} = \frac{\partial A_y}{\partial x}; \quad \frac{\partial A_x}{\partial z} = \frac{\partial A_z}{\partial x}; \quad \frac{\partial A_y}{\partial z} = \frac{\partial A_z}{\partial y}$$

erfüllen. Definiert man einen neuen Vektor rot $\boldsymbol{A}$ (Rotor von $\boldsymbol{A}$, Näheres siehe Anhang zu Bd. II) durch

$$\operatorname{rot} \boldsymbol{A} = \begin{vmatrix} \boldsymbol{i} & \boldsymbol{j} & \boldsymbol{k} \\ \dfrac{\partial}{\partial x} & \dfrac{\partial}{\partial y} & \dfrac{\partial}{\partial z} \\ A_x & A_y & A_z \end{vmatrix},$$

so ist (vgl. auch (A 12.4b)) vorstehende Aussage identisch mit rot $\boldsymbol{A} = \boldsymbol{0}$.

Zusammenfassend folgt:

Das Linienintegral $\int\limits_{P_1, \boldsymbol{s}}^{P_2} \boldsymbol{A} \cdot \mathrm{d}\boldsymbol{s}$ ist dann und nur dann unabhängig vom Wege, d.h., es ist

$$\int\limits_{P_1, \boldsymbol{s}}^{P_2} \boldsymbol{A} \cdot \mathrm{d}\boldsymbol{s} = f(P_2) - f(P_1) \qquad \text{(A 15.3a)}$$

bzw.

$$\oint \boldsymbol{A} \cdot \mathrm{d}\boldsymbol{s} = 0 \text{ auf jedem beliebigen geschlossenen Weg,} \qquad \text{(A 15.3b)}$$

wenn

$$\frac{\partial A_x}{\partial y} = \frac{\partial A_y}{\partial x}; \quad \frac{\partial A_x}{\partial z} = \frac{\partial A_z}{\partial x}; \quad \frac{\partial A_y}{\partial z} = \frac{\partial A_z}{\partial y} \qquad \text{(A 15.3c)}$$

bzw.

$$\operatorname{rot} \boldsymbol{A} = \begin{vmatrix} \boldsymbol{i} & \boldsymbol{j} & \boldsymbol{k} \\ \dfrac{\partial}{\partial x} & \dfrac{\partial}{\partial y} & \dfrac{\partial}{\partial z} \\ A_x & A_y & A_z \end{vmatrix} = \boldsymbol{0} \qquad \text{(A 15.3d)}$$

gilt. Die Beziehungen (A 15.3a) und (A 15.3b) sind gleichwertig mit den Beziehungen (A 15.3c) und (A 15.3d).

Ist das Linienintegral $\int\limits_{P_1, \boldsymbol{s}}^{P_2} \boldsymbol{A} \cdot \mathrm{d}\boldsymbol{s}$ unabhängig vom Wege, dann ist der

Vektor A als Gradient einer skalaren Ortsfunktion darstellbar:

$$A = \operatorname{grad} f, \qquad \text{wenn} \oint A \cdot \mathrm{d}s = 0 \text{ auf jedem beliebigen geschlossenen Weg.} \tag{A 15.4}$$

A. 16 Tensoren 2. Stufe

Hängen die Koordinaten L_x, L_y, L_z des Vektors $\boldsymbol{L}$ linear von den Koordinaten ω_x, ω_y, ω_z des Vektors $\boldsymbol{\omega}$ ab, d. h., gilt

$$\begin{aligned} L_x &= \Theta_{xx}\omega_x + \Theta_{xy}\omega_y + \Theta_{xz}\omega_z \\ L_y &= \Theta_{yx}\omega_x + \Theta_{yy}\omega_y + \Theta_{yz}\omega_z \\ L_z &= \Theta_{zx}\omega_x + \Theta_{zy}\omega_y + \Theta_{zz}\omega_z, \end{aligned} \tag{A 16.1a}$$

dann heißt $\boldsymbol{L}$ *lineare Vektorfunktion* von $\boldsymbol{\omega}$.

Sind die Größen Θ_{xx}, Θ_{xy}, ..., usw. so beschaffen, daß sie unabhängig vom gewählten Koordinatensystem stets dem Vektor $\boldsymbol{\omega}$ den gleichen Vektor $\boldsymbol{L}$ zuordnen, so bezeichnet man die neun Größen Θ_{xx}, Θ_{xy} ... als Komponenten des *Tensors 2. Stufe*

$$\Theta = \begin{pmatrix} \Theta_{xx} & \Theta_{xy} & \Theta_{xz} \\ \Theta_{yx} & \Theta_{yy} & \Theta_{yz} \\ \Theta_{zx} & \Theta_{zy} & \Theta_{zz} \end{pmatrix} \tag{A 16.2}$$

und schreibt für (A 16.1a)

$$\boldsymbol{L} = \Theta\boldsymbol{\omega}. \tag{A 16.1}$$

Um das Transformationsschema für die Tensorkomponenten beim Übergang vom System $\boldsymbol{i}, \boldsymbol{j}, \boldsymbol{k}$ zum System $\boldsymbol{i}^*, \boldsymbol{j}^*, \boldsymbol{k}^*$ zu bekommen, multiplizieren wir die erste der Gleichungen (A 16.1a) mit $\cos(\boldsymbol{i}, \boldsymbol{i}^*)$, die zweite mit $\cos(\boldsymbol{j}, \boldsymbol{i}^*)$, die dritte mit $\cos(\boldsymbol{k}, \boldsymbol{i}^*)$ und addieren die so gewonnenen Beziehungen unter Beachtung von (A 11.9b). Wir erhalten

$$\begin{aligned} L_{x^*} = {} & (\Theta_{xx}\cos(\boldsymbol{i}, \boldsymbol{i}^*) + \Theta_{yx}\cos(\boldsymbol{j}, \boldsymbol{i}^*) + \Theta_{zx}\cos(\boldsymbol{k}, \boldsymbol{i}^*))\,\omega_x \\ & + (\Theta_{xy}\cos(\boldsymbol{i}, \boldsymbol{i}^*) + \Theta_{yy}\cos(\boldsymbol{j}, \boldsymbol{i}^*) + \Theta_{zy}\cos(\boldsymbol{k}, \boldsymbol{i}^*))\,\omega_y \\ & + (\Theta_{xz}\cos(\boldsymbol{i}, \boldsymbol{i}^*) + \Theta_{yz}\cos(\boldsymbol{j}, \boldsymbol{i}^*) + \Theta_{zz}\cos(\boldsymbol{k}, \boldsymbol{i}^*))\,\omega_z. \end{aligned}$$

Werden jetzt noch entsprechend (A 11.9a) die Koordinaten ω_x, ω_y, ω_z auf das System $\boldsymbol{i}^*, \boldsymbol{j}^*, \boldsymbol{k}^*$ umgeschrieben, so ergibt sich

$$\begin{aligned} L_{x^*} = {} & (\Theta_{xx}\cos(\boldsymbol{i}, \boldsymbol{i}^*) + \Theta_{yx}\cos(\boldsymbol{j}, \boldsymbol{i}^*) + \Theta_{zx}\cos(\boldsymbol{k}, \boldsymbol{i}^*)) \\ & \times (\omega_{x^*}\cos(\boldsymbol{i}^*, \boldsymbol{i}) + \omega_{y^*}\cos(\boldsymbol{j}^*, \boldsymbol{i}) + \omega_{z^*}\cos(\boldsymbol{k}^*, \boldsymbol{i})) \\ & + (\Theta_{xy}\cos(\boldsymbol{i}, \boldsymbol{i}^*) + \Theta_{yy}\cos(\boldsymbol{j}, \boldsymbol{i}^*) + \Theta_{zy}\cos(\boldsymbol{k}, \boldsymbol{i}^*)) \\ & \times (\omega_{x^*}\cos(\boldsymbol{i}^*, \boldsymbol{j}) + \omega_{y^*}\cos(\boldsymbol{j}^*, \boldsymbol{j}) + \omega_{z^*}\cos(\boldsymbol{k}^*, \boldsymbol{j})) \\ & + (\Theta_{xz}\cos(\boldsymbol{i}, \boldsymbol{i}^*) + \Theta_{yz}\cos(\boldsymbol{j}, \boldsymbol{i}^*) + \Theta_{zz}\cos(\boldsymbol{k}, \boldsymbol{i}^*)) \\ & \times (\omega_{x^*}\cos(\boldsymbol{i}^*, \boldsymbol{k}) + \omega_{y^*}\cos(\boldsymbol{j}^*, \boldsymbol{k}) + \omega_{z^*}\cos(\boldsymbol{k}^*, \boldsymbol{k})). \end{aligned} \tag{A 16.3a}$$

Da nach Voraussetzung die Darstellung (A 16.1a) für jedes Koordinatensystem gültig sein muß, kann L_{x^*} auch dargestellt werden durch

$$L_{x^*} = \Theta_{x^*x^*}\omega_{x^*} + \Theta_{x^*y^*}\omega_{y^*} + \Theta_{x^*z^*}\omega_{z^*}\,, \tag{A 16.3b}$$

wobei $\Theta_{x^*x^*}$, $\Theta_{x^*y^*}$ ... die Komponenten des Tensors Θ im System $\boldsymbol{i}^*, \boldsymbol{j}^*, \boldsymbol{k}^*$ bedeuten. Durch Vergleich der Koeffizienten von ω_{x^*}, ω_{y^*}, ω_{z^*} in (A 16.3a) und (A 16.3b) erhält man für das gesuchte Transformationsschema

$$\begin{aligned}
\Theta_{x^*x^*} = {} & (\Theta_{xx}\cos(\boldsymbol{i},\boldsymbol{i}^*) + \Theta_{yx}\cos(\boldsymbol{j},\boldsymbol{i}^*) + \Theta_{zx}\cos(\boldsymbol{k},\boldsymbol{i}^*))\cos(\boldsymbol{i}^*,\boldsymbol{i})\\
& + (\Theta_{xy}\cos(\boldsymbol{i},\boldsymbol{i}^*) + \Theta_{yy}\cos(\boldsymbol{j},\boldsymbol{i}^*) + \Theta_{zy}\cos(\boldsymbol{k},\boldsymbol{i}^*))\cos(\boldsymbol{i}^*,\boldsymbol{j})\\
& + (\Theta_{xz}\cos(\boldsymbol{i},\boldsymbol{i}^*) + \Theta_{yz}\cos(\boldsymbol{j},\boldsymbol{i}^*) + \Theta_{zz}\cos(\boldsymbol{k},\boldsymbol{i}^*))\cos(\boldsymbol{i}^*,\boldsymbol{k}),\\
\Theta_{x^*y^*} = {} & (\Theta_{xx}\cos(\boldsymbol{i},\boldsymbol{i}^*) + \Theta_{yx}\cos(\boldsymbol{j},\boldsymbol{i}^*) + \Theta_{zx}\cos(\boldsymbol{k},\boldsymbol{i}^*))\cos(\boldsymbol{j}^*,\boldsymbol{i})\\
& + (\Theta_{xy}\cos(\boldsymbol{i},\boldsymbol{i}^*) + \Theta_{yy}\cos(\boldsymbol{j},\boldsymbol{i}^*) + \Theta_{zy}\cos(\boldsymbol{k},\boldsymbol{i}^*))\cos(\boldsymbol{j}^*,\boldsymbol{j})\\
& + (\Theta_{xz}\cos(\boldsymbol{i},\boldsymbol{i}^*) + \Theta_{yz}\cos(\boldsymbol{j},\boldsymbol{i}^*) + \Theta_{zz}\cos(\boldsymbol{k},\boldsymbol{i}^*))\cos(\boldsymbol{j}^*,\boldsymbol{k}),\\
\Theta_{x^*z^*} = {} & (\Theta_{xx}\cos(\boldsymbol{i},\boldsymbol{i}^*) + \Theta_{yx}\cos(\boldsymbol{j},\boldsymbol{i}^*) + \Theta_{zx}\cos(\boldsymbol{k},\boldsymbol{i}^*))\cos(\boldsymbol{k}^*,\boldsymbol{i})\\
& + (\Theta_{xy}\cos(\boldsymbol{i},\boldsymbol{i}^*) + \Theta_{yy}\cos(\boldsymbol{j},\boldsymbol{i}^*) + \Theta_{zy}\cos(\boldsymbol{k},\boldsymbol{i}^*))\cos(\boldsymbol{k}^*,\boldsymbol{j})\\
& + (\Theta_{xz}\cos(\boldsymbol{i},\boldsymbol{i}^*) + \Theta_{yz}\cos(\boldsymbol{j},\boldsymbol{i}^*) + \Theta_{zz}\cos(\boldsymbol{k},\boldsymbol{i}^*))\cos(\boldsymbol{k}^*,\boldsymbol{k}).
\end{aligned} \tag{A 16.4}$$

Die Transformationsbeziehungen für die weiteren 6 Tensorkomponenten ergeben sich analog.

Entsprechend der Definition sind die neun Elemente der Matrix (A 16.2) dann und nur dann die Komponenten eines Tensors 2. Stufe, wenn sie sich bei Drehung des Koordinatensystems entsprechend (A 16.4) transformieren.

Gilt für die Tensorkomponenten

$$\begin{aligned}
&\Theta_{xx} = \Theta_{yy} = \Theta_{zz} = 0\,,\\
&\Theta_{xy} = -\Theta_{yx}; \quad \Theta_{yz} = -\Theta_{zy}; \quad \Theta_{zx} = -\Theta_{xz}\,,
\end{aligned} \tag{A 16.5a}$$

so heißt der Tensor *schief-* oder *antisymmetrisch*, gilt jedoch

$$\Theta_{xy} = \Theta_{yx}; \quad \Theta_{yz} = \Theta_{zy}; \quad \Theta_{zx} = \Theta_{xz}\,, \tag{A 16.5b}$$

so heißt der Tensor *symmetrisch.*

Nach (A 16.5a) ist ein schiefsymmetrischer Tensor 2. Stufe durch drei Komponenten bestimmt. Da auch ein Vektor durch drei Bestimmungsstücke (3 Koordinaten; siehe (A 9.5)) festgelegt ist, kann dem schiefsymmetrischen Tensor 2. Stufe eindeutig ein axialer Vektor (siehe A. 12) zugeordnet werden. Die Koordinaten des axialen Vektors erfüllen allerdings nicht mehr die Transformationsbedingungen (A 11.9) für Vektorkoordinaten, sondern sie genügen denen der Tensorkomponenten (A 16.4). Dies führt zu dem in A. 12 dargelegten unterschiedlichen Verhalten von polaren und axialen Vektoren bei Spiegelungen.

Da entsprechend (A 16.2) und (A 16.5b) ein symmetrischer Tensor 2. Stufe ebenso wie eine Fläche 2. Grades durch 6 Bestimmungsstücke festgelegt ist, kann ein symmetrischer Tensor 2. Stufe durch eine Fläche 2. Grades veranschaulicht werden. Zur Konstruktion dieser Fläche werden vom Ursprungspunkt eines x, y, z-Koordinatensystems die Vektoren $\boldsymbol{s} = |\boldsymbol{s}|\, \boldsymbol{\omega}^0$ aufgetragen, über deren Betrag noch verfügt wird (Abb. A 16.1). Entsprechend (A 16.1) sind dann diesen Vektoren $\boldsymbol{s}$ die Vektoren $\boldsymbol{\Theta s}$ zuzuordnen und skalar mit $\boldsymbol{s}$ zu multiplizieren. Unter Beachtung von (A 11.5), (A 16.2) und (A 16.1a) folgt

$$\begin{aligned}\boldsymbol{s} \cdot \boldsymbol{\Theta s} &= s_x(\boldsymbol{\Theta s})_x + s_y\,(\boldsymbol{\Theta s})_y + s_z(\boldsymbol{\Theta s})_z = s_x(\Theta_{xx} s_x + \Theta_{xy} s_y + \Theta_{xz} s_z) \\ &\quad + s_y(\Theta_{yx} s_x + \Theta_{yy} s_y + \Theta_{yz} s_z) + s_z(\Theta_{zx} s_x + \Theta_{zy} s_y + \Theta_{zz} s_z)\end{aligned}$$

und mit (A 15.1) und (A 16.5b)

$$\begin{aligned}\mathrm{s} \cdot \boldsymbol{\Theta s} &= \Theta_{xx} x^2 + \Theta_{yy} y^2 + \Theta_{zz} z^2 + 2\,\Theta_{xy} x y \\ &\quad + 2\,\Theta_{yz}\, y z + 2\,\Theta_{zx} z x\,. \end{aligned} \tag{A 16.6a}$$

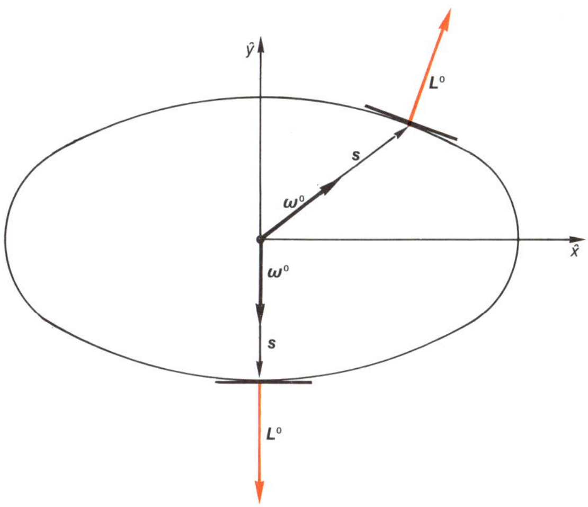

Abb. A 16.1
Die Endpunkte des Vektors $\boldsymbol{s} = |\boldsymbol{s}|\, \boldsymbol{\omega}^0$ beschreiben die Fläche eines Ellipsoides. Die zu einer vorgegebenen Richtung $\boldsymbol{\omega}^0$ des Vektors $\boldsymbol{s} = |\boldsymbol{s}|\, \boldsymbol{\omega}^0$ zugehörige Richtung $\boldsymbol{L}^0$ des Vektors $\boldsymbol{L} = \boldsymbol{\Theta s}$ ist gleich der Richtung des Stellungsvektors der Tangentialebene an das Tensorellipsoid beim Durchstoßungspunkt von $\boldsymbol{\omega}$ bzw. seiner Verlängerung durch das Tensorellipsoid

Betrachtet man jetzt den geometrischen Ort aller Endpunkte von $\boldsymbol{s}$, für den

$$\boldsymbol{s} \cdot \boldsymbol{\Theta s} = 1 \tag{A 16.7}$$

gilt (dadurch wird der Betrag von $\boldsymbol{s}$ festgelegt), so liegen nach (A 16.6a) diese Endpunkte auf der Fläche 2. Grades

$$\begin{aligned} f(x, y, z) &= \Theta_{xx} x^2 + \Theta_{yy} y^2 + \Theta_{zz} z^2 + 2\,\Theta_{xy} x y \\ &\quad + 2\,\Theta_{yz}\, y z + 2\,\Theta_{zx} z x = 1\,. \end{aligned} \tag{A 16.6b}$$

Für die hier interessierenden physikalischen Probleme (vgl. Abschnitt 5.4.4) müssen aus physikalischen Gründen die Endpunkte von $\boldsymbol{s}$ im Endlichen liegen. Gleichung (A 16.6b) ist dann die Darstellung eines Ellipsoids, des sogenannten *Tensorellipsoids* (siehe Abb. A 16.1).

Jede Fläche 2. Grades kann auf Hauptachsen transformiert werden, d.h. in ein Koordinatensystem, dessen Achsen in die Richtung der Hauptachsen des Ellipsoids weisen. Bezeichnen wir die Koordinaten des zur Fläche (A 16.6b) gehörenden Hauptachsensystems mit $\hat{x}$, $\hat{y}$, $\hat{z}$, dann ist in diesem System das Tensorellipsoid darstellbar durch

$$\Theta_{\hat{x}\hat{x}}\hat{x}^2 + \Theta_{\hat{y}\hat{y}}\hat{y}^2 + \Theta_{\hat{z}\hat{z}}\hat{z}^2 = 1\,. \tag{A 16.6}$$

$\Theta_{\hat{x}\hat{x}} > 0$, $\Theta_{\hat{y}\hat{y}} > 0$, $\Theta_{\hat{z}\hat{z}} > 0$ werden als *Hauptwerte* des Tensors Θ bezeichnet. Nach der Forderung (A 16.7) und den Beziehungen (A 16.6), (A 15.1), (A 11.5), (A 16.2) und (A 16.1) hat im Hauptachsensystem der Tensor die Form

$$\Theta = \begin{pmatrix} \Theta_{\hat{x}\hat{x}} & 0 & 0 \\ 0 & \Theta_{\hat{y}\hat{y}} & 0 \\ 0 & 0 & \Theta_{\hat{z}\hat{z}} \end{pmatrix}. \tag{A 16.8}$$

Nach (A 16.1), (A 16.1a) und (A 16.8) gilt in Richtung der Hauptachsen

$$\begin{aligned} L_{\hat{x}} &= \Theta_{\hat{z}\hat{z}}\,\omega_{\hat{z}}\,, \\ L_{\hat{y}} &= \Theta_{\hat{y}\hat{y}}\,\omega_{\hat{y}}\,, \\ L_{\hat{z}} &= \Theta_{\hat{z}\hat{z}}\,\omega_{\hat{z}}\,, \end{aligned} \tag{A 16.9}$$

d.h. in Richtung der Hauptachsen sind $\boldsymbol{L}$ und $\boldsymbol{\omega}$ stets parallel zueinander gerichtet.

Sind $a_{\hat{x}}$, $a_{\hat{y}}$ und $a_{\hat{z}}$ die Hauptachsen des Ellipsoides (A 16.6), d.h., gilt

$$\frac{\hat{x}^2}{a_{\hat{x}}^2} + \frac{\hat{y}^2}{a_{\hat{y}}^2} + \frac{\hat{z}^2}{a_{\hat{z}}^2} = 1\,, \tag{A 16.6c}$$

dann besteht nach (A 16.6) und (A 16.6c) zwischen den Hauptwerten des Tensors und den Hauptachsen des Tensorellipsoides die Beziehung

$$a_i = \frac{1}{\sqrt{\Theta_{ii}}} \qquad (i = \hat{x},\ \hat{y},\ \hat{z})\,. \tag{A 16.6d}$$

Nach (A 16.2) und (A 16.5b) ist in einem beliebigen Koordinatensystem der symmetrische Tensor 2. Stufe durch sechs Bestimmungsstücke festgelegt, im Hauptachsensystem nach (A 16.8) dagegen bereits durch drei. Bei dem letzteren kommen aber die drei Bestimmungsstücke hinzu, die die Lage des Hauptachsensystems festlegen.

Die Bildung des Gradienten von $f(x, y, z)$ in (A 16.6b) ergibt unter Beachtung von (A 13.3) und (A 16.5b)

$$\begin{aligned} \frac{1}{2}\,\mathrm{grad}\, f = {} & (\Theta_{xx}x + \Theta_{xy}y + \Theta_{xz}z)\,\boldsymbol{i} \\ & + (\Theta_{yx}x + \Theta_{yy}y + \Theta_{yz}z)\,\boldsymbol{j} \\ & + (\Theta_{zx}x + \Theta_{zy}y + \Theta_{zz}z)\,\boldsymbol{k} \end{aligned}$$

oder unter Beachtung von (A 16.1a), (A 15.1), (A 9.5) und (A 16.1)

$$\frac{1}{2}\,\mathrm{grad}\, f = \Theta\, \boldsymbol{s} = |\boldsymbol{s}|\; \Theta\; \boldsymbol{\omega}^0 = \frac{|\boldsymbol{s}|}{|\boldsymbol{\omega}|}\, \boldsymbol{L}\,. \tag{A 16.10}$$

Da nach A.13 grad f auf der Fläche $f(x, y, z) = \mathrm{const}$ senkrecht steht, gilt dies nach (A 16.10) auch für die Stellung des Vektors $\boldsymbol{L}$ bezüglich des Tensorellipsoides. Die zu einer vorgegebenen Richtung $\boldsymbol{\omega}^0$ des Vektors $\boldsymbol{\omega}$ gehörende Richtung $\boldsymbol{L}^0$ des Vektors $\boldsymbol{L}$ ist gleich der Richtung des Stellungsvektors der Tangentialebene an das Tensorellipsoid beim Durchstoßungspunkt der Verlängerung von $\boldsymbol{\omega}^0$ durch das Tensorellipsoid (vgl. Abb. A 16.1). Daher sind im allgemeinen (d.h., falls das Tensorellipsoid nicht zu einem Rotationsellipsoid oder zu einer Kugel ausartet (vgl. Abschnitt 5.4.4)) $\boldsymbol{L}^0$ und $\boldsymbol{\omega}^0$ nur in Richtung der drei Hauptachsen des Tensorellipsoides gleichgerichtet.

A. 17 Lösung einer Differentialgleichung durch die Methode der Trennung der Variablen

Eine Gleichung der Art

$$F(y(x), y'(x), y''(x), \dots y^{(n)}(x)) = 0\,, \tag{A 17.1}$$

in der außer der zu bestimmenden Funktion $y(x)$ einer Veränderlichen auch noch ihre Ableitungen bis einschließlich n-ter Ordnung vorkommen, heißt *gewöhnliche Differentialgleichung n-ter Ordnung* in *impliziter* Form. Ist die Gleichung (A 17.1) nach der höchsten Ableitung $y^{(n)}(x)$ auflösbar:

$$y^{(n)}(x) = f(y(x), y'(x), y''(x), \dots, y^{(n-1)}(x)\,, \tag{A 17.1a}$$

dann heißt die entstehende Beziehung (A 17.1a) gewöhnliche Differentialgleichung n-ter Ordnung in *expliziter Form.*

Die gewöhnliche Differentialgleichung erster Ordnung habe die spezielle Form

$$y'(x) = \frac{\mathrm{d}y}{\mathrm{d}x} = f(x)\,\varphi(y)\,. \tag{A 17.2}$$

Für alle Werte von y, für die $\varphi(y) \neq 0$ gilt, können wir für (A 17.2) schreiben

$$\frac{\mathrm{d}y}{\varphi(y)} = f(x)\,\mathrm{d}x\,,$$

woraus sich durch Integration für die gesuchte Lösung von (A 17.1)

$$\int \frac{\mathrm{d}y}{\varphi(y)} = \int f(x)\,\mathrm{d}x + C \tag{A 17.3}$$

ergibt. Vorstehendes Lösungsverfahren für (A 17.2) wird als *Methode der Trennung der Variablen* bezeichnet.

A. 18 Gewöhnliche lineare Differentialgleichung 2. Ordnung mit konstanten Koeffizienten

Eine gewöhnliche Differentialgleichung vom Typ

$$a_2 \frac{d^2 y}{d x^2} + a_1 \frac{d y}{d x} + a_0 y = f(x) \tag{A 18.1}$$

($a_2 \neq 0$, a_1, a_0 beliebige reelle Konstanten)

heißt *gewöhnliche lineare Differentialgleichung* 2. *Ordnung mit konstanten Koeffizienten.* Ist $f(x) \equiv 0$, so heißt sie *homogen,* sonst *inhomogen.*

Wir betrachten zuerst die homogene Differentialgleichung

$$a_2 \frac{d^2 y}{d x^2} + a_1 \frac{d y}{d x} + a_0 y = 0. \tag{A 18.1a}$$

Sind $y_1(x)$ und $y_2(x)$ zwei Lösungsfunktionen dieser Differentialgleichung, dann ist auch

$$y_h = C_1 y_1(x) + C_2 y_2(x) \tag{A 18.2}$$

($C_1 \neq 0$ und $C_2 \neq 0$ beliebige Konstanten)

eine Lösung. Zum Beweis wird (A 18.2) unter Beachtung von (A 2.3) und (A 2.4) differenziert:

$$\frac{d y_h}{d x} = C_1 \frac{d y_1}{d x} + C_2 \frac{d y_2}{d x},$$

$$\frac{d^2 y_h}{d x^2} = C_1 \frac{d^2 y_1}{d x^2} + C_2 \frac{d^2 y_2}{d x^2},$$

und in (A 18.1a) eingesetzt:

$$a_2 \left(C_1 \frac{d^2 y_1}{d x^2} + C_2 \frac{d^2 y_2}{d x^2} \right) + a_1 \left(C_1 \frac{d y_1}{d x} + C_2 \frac{d y_2}{d x} \right) + a_0 (C_1 y_1 + C_2 y_2) = 0.$$

Durch Ordnen ergibt sich

$$C_1 \left[a_2 \frac{d^2 y_1}{d x^2} + a_1 \frac{d y_1}{d x} + a_0 y_1 \right] + C_2 \left[a_2 \frac{d^2 y_2}{d x^2} + a_1 \frac{d y_2}{d x} + a_0 y_2 \right] = 0.$$

Da nach Voraussetzung $y_1(x)$ und $y_2(x)$ Lösungen von (A 18.1a) sind, verschwinden die Klammerausdrücke, womit der Beweis erbracht ist.

Sind die beiden Lösungsfunktionen $y_1(x)$ und $y_2(x)$ voneinander linear unabhängig (d.h., es gilt im betrachteten Intervall $C_1 y_1(x) + C_2 y_2(x) = 0$ dann und nur dann, wenn $C_1 = C_2 = 0$), so ist, da nach A. 17 die vollständige Lösung einer gewöhnlichen Differentialgleichung 2. Ordnung zwei beliebige Konstanten besitzen muß, mit (A 18.2) die allgemeine Lösungsfunktion der homogenen Differentialgleichung gefunden.

Die gefundene Lösungsfunktion y sei eine komplexe Funktion der reellen Veränderlichen x:

$$y = u(x) + \mathrm{i}\, v(x). \tag{A 18.3a}$$

Realteil $u(x)$ und Imaginärteil $v(x)$ sind dann selbst Lösungsfunktionen der homogenen Differentialgleichung. Hiervon überzeugt man sich leicht durch Einsetzen von (A 18.3a) und (A 18.1a). Durch analoge Rechnungen wie oben erhält man

$$\left(a_2 \frac{\mathrm{d}^2 u}{\mathrm{d}x^2} + a_1 \frac{\mathrm{d}u}{\mathrm{d}x} + a_0 u\right) + \mathrm{i}\left(a_2 \frac{\mathrm{d}^2 v}{\mathrm{d}x^2} + a_1 \frac{\mathrm{d}v}{\mathrm{d}x} + a_0 v\right) = 0.$$

Da nach (A 8.2) eine komplexe Zahl dann und nur dann gleich Null sein kann, wenn sowohl ihr Realteil als auch ihr Imaginärteil verschwindet, müssen die Klammerausdrücke einzeln verschwinden. Nach (A 18.1a) bedeutet dies: Realteil $u(x)$ und Imaginärteil $v(x)$ sind – wie behauptet – selbst Lösungen der homogenen Differentialgleichung. Da Realteil $u(x)$ und Imaginärteil $v(x)$ voneinander linear unabhängige Funktionen sind, ist für diesen Fall entsprechend (A 18.2) die allgemeine Lösung der homogenen Differentialgleichung darstellbar durch

$$y_\mathrm{h} = C_1 u(x) + C_2 v(x). \tag{A 18.3}$$

Beim Suchen der Lösungen von (A 18.1a) führt stets der Ansatz

$$y = \mathrm{e}^{\lambda x} \tag{A 18.4}$$

zum Ziel. Wird (A 18.4) in die homogene Differentialgleichung (A 18.1a) eingesetzt, so folgt

$$\mathrm{e}^{\lambda x}\,[a_2 \lambda^2 + a_1 \lambda + a_0] = 0 \tag{A 18.4a}$$

oder, da $\mathrm{e}^{\lambda x} \neq 0$ und ein Produkt dann und nur dann verschwinden kann, wenn einer der Faktoren verschwindet, zur Berechnung von λ die quadratische Gleichung

$$a_2 \lambda^2 + a_1 \lambda + a_0 = 0. \tag{A 18.4b}$$

Die möglichen Lösungen λ_1 und λ_2 von (A 18.4b)

$$\lambda_{1,2} = -\frac{a_1}{2a_2} \pm \sqrt{\frac{a_1^{\,2}}{4a_2^{\,2}} - \frac{a_0}{a_2}} \tag{A 18.4c}$$

lassen sich wie folgt klassifizieren:

a) $\lambda_1 \neq \lambda_2$ reell

Entsprechend (A 18.4) und (A 18.2) ergibt sich die allgemeine Lösung der homogenen Differentialgleichung zu

$$y_\mathrm{h} = C_1\,\mathrm{e}^{\lambda_1 x} + C_2\,\mathrm{e}^{\lambda_2 x} \tag{A 18.5a}$$

($\lambda_1 \neq \lambda_2$ reell).

b) $\lambda_1 \neq \lambda_2 = \lambda_1{}^*$ komplex

Da nach Voraussetzung die Differentialgleichung (A 18.1a) reelle Koeffizienten besitzt, müssen nach (A 8.14c) die beiden Lösungen λ_1 und λ_2 zueinander konjugiert komplex sein ($\lambda_1 = a + \mathrm{i}b$, $\lambda_2 = \lambda_1^* = a - \mathrm{i}b$). Die Lösungsfunktionen (A 18.4) nehmen daher mit (A 8.11) die Gestalt

$$y_1 = \mathrm{e}^{\lambda_1 x} = \mathrm{e}^{(a+\mathrm{i}b)x} = \mathrm{e}^{ax}\,\mathrm{e}^{\mathrm{i}bx} = \mathrm{e}^{ax}(\cos bx + \mathrm{i}\sin bx),$$

$$y_2 = \mathrm{e}^{\lambda_2 x} = \mathrm{e}^{(a-\mathrm{i}b)x} = \mathrm{e}^{ax}\,\mathrm{e}^{-\mathrm{i}bx} = \mathrm{e}^{ax}(\cos bx - \mathrm{i}\sin bx)$$

an, womit sich nach (A 18.3) und (A 18.3a) als allgemeine Lösung von (A 18.1a)

$$y_\mathrm{h} = \mathrm{e}^{ax}\,[C_1 \cos bx + C_2 \sin bx]$$

ergibt. Setzt man jetzt noch $\dfrac{C_1}{C_2} = -\cot\varphi$, so folgt mit (A 1.1)

$$y_\mathrm{h} = \mathrm{e}^{ax}\,[C\cos\varphi\cos bx - C\sin\varphi\sin bx]$$

und bei Beachtung von (A 1.12)

$$y_\mathrm{h} = C\,\mathrm{e}^{ax}\cos(bx + \varphi) \qquad \text{(A 18.5b)}$$

$$\begin{pmatrix} \lambda_1 = a + \mathrm{i}b \\ \lambda_2 = a - \mathrm{i}b \end{pmatrix}.$$

c) $\lambda_1 = \lambda_2 = \lambda = -\dfrac{a_1}{2a_2}$

Der Ansatz (A 18.4) liefert in diesem Fall nur die eine Lösungsfunktion

$$y_1 = \mathrm{e}^{\lambda x}. \qquad \text{(A 18.6a)}$$

Zum Auffinden einer weiteren hierzu linear unabhängigen Lösungsfunktion machen wir den Ansatz

$$y_2 = C(x)\,\mathrm{e}^{\lambda x} \qquad \text{(A 18.6)}$$

und versuchen, die noch unbekannte Funktion $C(x)$ so zu bestimmen, daß y_2 die homogene Differentialgleichung (A 18.1a) löst (*Verfahren der Variation der Konstanten*).

Differenziert man diesen Lösungsansatz [vgl. (A 2.4), (A 2.5), (A 2.7), (A 2.9) und (A 2.14a)]:

$$\frac{\mathrm{d}y_2}{\mathrm{d}x} = \frac{\mathrm{d}C}{\mathrm{d}x}\,\mathrm{e}^{\lambda x} + \lambda C\,\mathrm{e}^{\lambda x},$$

$$\frac{\mathrm{d}^2 y_2}{\mathrm{d}x^2} = \frac{\mathrm{d}^2 C}{\mathrm{d}x^2}\,\mathrm{e}^{\lambda x} + 2\lambda\,\frac{\mathrm{d}C}{\mathrm{d}x}\,\mathrm{e}^{\lambda x} + \lambda^2 C\,\mathrm{e}^{\lambda x},$$

und setzt die so gewonnenen Ableitungen in (A 18.1a) ein, so bekommt man

$$e^{\lambda x}\left[a_2\frac{d^2 C}{dx^2}+(2a_2\lambda+a_1)\frac{dC}{dx}+(a_2\lambda^2+a_1\lambda+a_0)C\right]=0.$$

(A 18.6b)

Der Koeffizient von C verschwindet nach (A 18.4b), der Koeffizient von $\frac{dC}{dx}$ ebenfalls, da λ den speziellen Wert $\lambda=-\frac{a_1}{2a_2}$ besitzt. Wird noch $a_2 e^{\lambda x}\neq 0$ beachtet, so folgt

$$\frac{d^2 C}{dx^2}=0,$$

woraus nach (A 4.6) durch Integration

$$C(x)=C_2 x$$

folgt. Die gesuchte zweite Lösungsfunktion der Differentialgleichung hat damit nach (A 18.6) die Form

$$y_2=C_2 x\, e^{\lambda x}.$$

Die allgemeine Lösung ergibt sich mit (A 18.2) und (A 18.6a) zu

$$y_h=(C_1+C_2 x)\,e^{\lambda x}\quad\left(\lambda_1=\lambda_2=\lambda=-\frac{a_1}{2a_2}\right). \tag{A 18.5c}$$

Die allgemeine Lösung y_{ih} der inhomogenen Differentialgleichung (A 18.1) setzt sich zusammen aus der allgemeinen Lösung der zugehörigen homogenen Differentialgleichung (A 18.1a) und irgendeiner speziellen Lösung I der inhomogenen Differentialgleichung:

$$y_{ih}=y_h+I. \tag{A 18.7}$$

Von der Richtigkeit dieser Behauptung überzeugt man sich leicht durch Einsetzen von (A 18.7) in (A 18.1). Nach entsprechender Differentiation von (A 18.7), Einsetzen in (A 18.1) und Ordnen erhält man

$$\left[a_2\frac{d^2 y_h}{dx^2}+a_1\frac{dy_h}{dx}+a_0 y_h\right]+\left[a_2\frac{d^2 I}{dx^2}+a_1\frac{dI}{dx}+a_0 I\right]=f(x).$$

Die erste Klammer verschwindet, da y_h nach Voraussetzung Lösung der zugehörigen homogenen Differentialgleichung (A 18.1a) ist. Die zweite Klammer ist gleich der Funktion $f(x)$, da I nach Voraussetzung die inhomogene Differentialgleichung (A 18.1) löst.

Die Lösung der inhomogenen Differentialgleichung (A 18.1) geschieht daher stets so, daß zuerst die zugehörige homogene (A 18.1a) gelöst wird. Dann versucht man, irgendeine spezielle Lösung der inhomogenen Differentialgleichung (A 18.1) zu finden (z. B. durch das Verfahren der Variation der Konstanten). Die Summe aus der allgemeinen Lösung der homogenen

Differentialgleichung und der speziellen Lösung der inhomogenen ergibt dann nach (A 18.7) die allgemeine Lösung der inhomogenen Differentialgleichung.

A.19 Fourier-Reihen

Die Funktion $f(x)$ sei periodisch mit der Periode 2π:

$$f(x+2\pi)=f(x). \tag{A 19.1}$$

Da die Funktionen $\sin x$ und $\cos x$ ebenfalls Funktionen dieser Periode sind, ist es naheliegend, $f(x)$ in eine Reihe von Sinus- und Kosinusfunktionen in der Art

$$f(x)=a_0+\sum_{n=1}^{\infty} a_n \cos nx+\sum_{n=1}^{\infty} b_n \sin nx \tag{A 19.2}$$

zu entwickeln. Diese Reihenentwicklung heißt *Fouriersche* (oder *trigonometrische*) *Reihe*.

Zur Bestimmung der noch unbekannten Koeffizienten a_n und b_n wird $f(x)$ ((A 19.2)) in den Grenzen von $-\pi$ bis π integriert:

$$\int_{-\pi}^{+\pi} f(x)\,dx=a_0\int_{-\pi}^{+\pi} dx+\sum_{n=1}^{\infty} a_n\int_{-\pi}^{+\pi}\cos nx\,dx+\sum_{n=1}^{\infty} b_n\int_{-\pi}^{+\pi}\sin nx\,dx.$$

Da nach (A 4.5), (A 4.8) und (A 4.9)

$$\int_{-\pi}^{+\pi}\cos nx\,dx=0, \tag{A 19.3a}$$

$$\int_{-\pi}^{+\pi}\sin nx\,dx=0 \tag{A 19.3b}$$

gilt, folgt mit (A 4.6)

$$a_0=\frac{1}{2\pi}\int_{-\pi}^{+\pi} f(x)\,dx. \tag{A 19.2a}$$

Zur Berechnung der übrigen a_n ($n\geqq 1$) wird $f(x)$ mit $\cos kx\,dx$ ($k\geqq 1$ ganzzahlig) multipliziert und über die so erhaltene Funktion integriert:

$$\int_{-\pi}^{+\pi} f(x)\cos kx\,dx=a_0\int_{-\pi}^{+\pi}\cos kx\,dx+\sum_{n=1}^{\infty} a_n\int_{-\pi}^{+\pi}\cos nx\cos kx\,dx$$
$$+\sum_{n=1}^{\infty} b_n\int_{-\pi}^{+\pi}\sin nx\cos kx\,dx \qquad (k=1,2,\ldots).$$

Nach (A 1.19), (A 4.6) und (A 19.3a) gilt

$$\int_{-\pi}^{+\pi}\cos nx\cos kx\,dx=\frac{1}{2}\int_{-\pi}^{+\pi}\cos(n+k)x\,dx+\frac{1}{2}\int_{-\pi}^{+\pi}\cos(n-k)x\,dx$$
$$=\frac{1}{2}\int_{-\pi}^{+\pi}\cos(n-k)x\,dx=\begin{Bmatrix}\pi\\0\end{Bmatrix}\quad\text{für}\quad\begin{Bmatrix}n=k\\n\neq k\end{Bmatrix}.$$

Da weiter – wie man sich leicht überzeugt – für jedes ganzzahlige k und n

$$\int_{-\pi}^{+\pi} \sin nx \cos kx \, dx = 0$$

ist, folgt

$$a_n = \frac{1}{\pi} \int_{-\pi}^{+\pi} f(x) \cos nx \, dx \quad (n = 1, 2, \ldots). \qquad \text{(A 19.2b)}$$

Multipliziert man $f(x)$ statt mit $\cos kx \, dx$ mit $\sin kx \, dx$, so erhält man durch analoge Betrachtungen

$$b_n = \frac{1}{\pi} \int_{-\pi}^{+\pi} f(x) \sin nx \, dx \quad (n = 1, 2, \ldots). \qquad \text{(A 19.2c)}$$

Die periodische Funktion $f(x + 2\pi) = f(x)$ läßt sich nach vorstehenden Betrachtungen in die Fouriersche Reihe

$$f(x) = a_0 + \sum_{n=1}^{\infty} (a_n \cos nx + b_n \sin nx) \qquad \text{(A 19.2)}$$

mit

$$a_0 = \frac{1}{2\pi} \int_{-\pi}^{+\pi} f(x) \, dx, \qquad \text{(A 19.2a)}$$

$$a_n = \frac{1}{\pi} \int_{-\pi}^{+\pi} f(x) \cos nx \, dx, \qquad \text{(A 19.2b)}$$

$$(n = 1, 2, 3, \ldots)$$

$$b_n = \frac{1}{\pi} \int_{-\pi}^{+\pi} f(x) \sin nx \, dx \qquad \text{(A 19.2c)}$$

entwickeln.

Ist die vorgegebene Funktion nicht periodisch mit der Periode 2π, sondern mit der Periode $2l$:

$$f(x + 2l) = f(x), \qquad \text{(A 19.1a)}$$

so wird vor der Entwicklung die Substitution $x = \frac{l}{\pi} t$ durchgeführt. Durchläuft t die Werte von 0 bis 2π, so durchläuft x die Werte von 0 bis $2l$. Die Entwicklung wird so bezüglich der neuen Variablen t durchführbar.

Auch stückweise stetige Funktionen sind in Fourier-Reihen entwickelbar (siehe A. 39).

Wird noch (A 1.12) beachtet, so kann für (A 19.2) auch

$$f(x) = a_0 + \sum_{n=1}^{\infty} u_{0n} \cos (nx + \varphi_n)$$

mit

$$a_n = u_{0n} \cos \varphi_n,$$
$$b_n = -u_{0n} \sin \varphi_n$$

oder nach (A 1.1) und (A 1.2), wenn noch der Koeffizient $b_0 \equiv 0$ eingeführt wird,

$$f(x) = \sum_{n=0}^{\infty} u_{0n} \cos(nx + \varphi_n), \tag{A 19.4}$$

$$u_{0n} = \sqrt{a_n^2 + b_n^2} \quad \begin{pmatrix} n = 0, 1, 2, \ldots \\ b_0 \equiv 0 \end{pmatrix}, \tag{A 19.4 a}$$

$$\tan \varphi = -\frac{b_n}{a_n} \tag{A 19.4 b}$$

geschrieben werden.

Soll die Funktion $f(x)$ in eine Fouriersche Reihe entwickelt werden, so muß sie im Riemannschen Sinne (vgl. A. 5) integrierbar sein.

Ist das betrachtete Intervall in endlich viele Teilintervalle zerlegbar und ist $f(x)$ in jedem dieser Teilintervalle stetig und monoton, dann ist $f(x)$ entsprechend (A 19.2) eindeutig in eine Fouriersche Reihe entwickelbar.

Eine stückweise glatte (stetige oder unstetige) Funktion $f(x)$ mit der Periode $2l$ besitzt eine konvergente Fourier-Reihe. Diese konvergiert an allen Stetigkeitsstellen gegen den Funktionswert, an allen Unstetigkeitsstellen x_n ist der Wert der Fourier-Reihe gleich dem arithmetischen Mittel aus rechts- und linksseitigem Grenzwert der Funktion $f(x)$ an dieser Stelle:

$$(f(x_n + 0) + f(x_n - 0))/2.$$

A. 20 Fourier-Integral

Eine Funktion $f(x)$ der Periode $2l$ besitzt nach (A 19.2) die Fourier-Reihenentwicklung

$$f(x) = a_0 + \sum_{n=1}^{\infty} \left(a_n \cos \frac{n\pi}{l} x + b_n \sin \frac{n\pi}{l} x \right) \tag{A 20.1}$$

mit

$$a_0 = \frac{1}{2l} \int_{-l}^{+l} f(\xi) \, d\xi, \tag{A 20.1 a}$$

$$a_n = \frac{1}{l} \int_{-l}^{+l} f(\xi) \cos \frac{n\pi}{l} \xi \, d\xi, \tag{A 20.1 b}$$

$$(n = 1, 2, 3, \ldots)$$

$$b_n = \frac{1}{l} \int_{-l}^{+l} f(\xi) \sin \frac{n\pi}{l} \xi \, d\xi. \tag{A 20.1 c}$$

Um spätere Verwechslungen zu vermeiden, wurde in den Integralen die Variable x durch ξ ersetzt. Werden die Fourier-Koeffizienten a_n und b_n in (A 20.1) eingesetzt, so folgt

$$f(x) = a_0 + \sum_{n=1}^{\infty} \frac{1}{l} \int_{-l}^{+l} f(\xi) \left[\cos\frac{n\pi}{l}\xi \cos\frac{n\pi}{l}x + \sin\frac{n\pi}{l}\xi \sin\frac{n\pi}{l}x \right] \mathrm{d}\xi$$

oder mit (A 1.12)

$$f(x) = a_0 + \sum_{n=1}^{\infty} \frac{1}{l} \int_{-l}^{+l} f(\xi) \cos\frac{n\pi}{l}(\xi - x)\,\mathrm{d}\xi . \tag{A 20.2}$$

Beziehung (A 20.2) soll jetzt auf eine unperiodische Funktion erweitert werden. Wir erreichen dies, wenn wir in (A 20.2) die Periodenlänge $2l$ über alle Grenzen wachsen lassen. a_0 ergibt sich bei diesem Grenzübergang zu

$$a_0 = \lim_{l\to\infty} \frac{1}{2l} \int_{-l}^{+l} f(\xi)\,\mathrm{d}\xi = \lim_{l\to\infty} \frac{1}{2l} \int_{-\infty}^{+\infty} f(\xi)\,\mathrm{d}\xi = 0, \tag{A 20.3a}$$

wenn $\int_{-\infty}^{+\infty} f(\xi)\,\mathrm{d}\xi$ endlich ist.

Diese Bedingung wollen wir für das Weitere als erfüllt ansehen, d.h. $a_0 = 0$ setzen.

Zur Bestimmung der weiteren Grenzwerte wird in (A 20.2) die neue Veränderliche

$$\eta = \frac{\pi}{l} \tag{A 20.4}$$

eingeführt. Mit dieser Substitution geht für $l \to \infty$ ($\eta \to 0$ nach (A 20.4)) die Reihenentwicklung (A 20.2) unter Beachtung von (A 20.3a) über in

$$f(x) = \lim_{\eta\to 0} \sum_{n=1}^{\infty} \frac{\eta}{\pi} \int_{-\infty}^{+\infty} f(\xi) \cos n\eta(\xi - x)\,\mathrm{d}\xi . \tag{A 20.3b}$$

Da $\int_{-\infty}^{+\infty} f(\xi) \cos n\eta(\xi - x)\,\mathrm{d}\xi$ eine Funktion von $n\eta$ ist, kann mit

$$F(n\eta) = \int_{-\infty}^{+\infty} f(\xi) \cos n\eta(\xi - x)\,\mathrm{d}\xi \tag{A 20.3c}$$

für (A 20.3b)

$$f(x) = \frac{1}{\pi} \lim_{\eta\to 0} \sum_{n=1}^{\infty} F(n\eta)\,\eta \tag{A 20.3d}$$

geschrieben werden. Die Summe $\sum_{n=1}^{\infty} F(n\eta)\,\eta$ geht mit verschwindendem η in das Integral $\int_0^{\infty} F(\eta)\,\mathrm{d}\eta$ über, wie ein Vergleich von Abbildung A 20.1

mit A. 5 (besonders mit Abbildung A 5.2) zeigt. Man erhält daher aus (A 20.3d)

$$f(x) = \frac{1}{\pi} \int_{0}^{+\infty} F(\eta)\, d\eta$$

und mit (A 20.3c)

$$f(x) = \frac{1}{\pi} \int_{\eta=0}^{+\infty} \left(\int_{\xi=-\infty}^{+\infty} f(\xi) \cos \eta (\xi - x)\, d\xi \right) d\eta. \qquad \text{(A 20.3)}$$

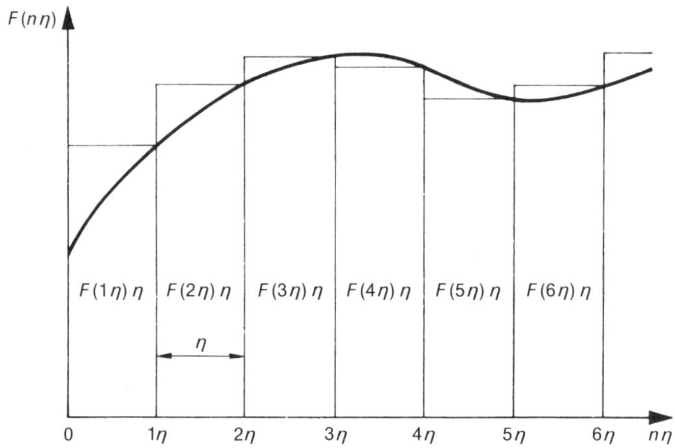

Abb. A 20.1 Zur Herleitung des Fourier-Integrales

Der Ausdruck (A 20.3) wird als *Fouriersches Integral* bezeichnet. Mit ihm können unstetige, unperiodische, endliche Funktionen für jedes x durch eine unendliche Anzahl von Kosinus- und Sinusfunktionen mit unendlich kleinen Amplituden dargestellt werden.

Jede stückweise glatte Funktion $f(x)$, für die $\int_{-\infty}^{+\infty} |f(x)|\, dx$ endlich ist, kann durch ein Fourier-Integral dargestellt werden.

Für die physikalischen Anwendungen wollen wir das Fouriersche Integral noch in eine etwas andere Form umschreiben. (A 20.3) geht mit (A 1.12) über in

$$f(x) = \frac{1}{\pi} \int_{\eta=0}^{+\infty} \left(\int_{\xi=-\infty}^{+\infty} f(\xi) \left[\cos \eta \xi \cos \eta x + \sin \eta \xi \sin \eta x\right] d\xi \right) d\eta$$

oder in

$$f(x) = \int_{\eta=0}^{+\infty} (a(\eta) \cos \eta x + b(\eta) \sin \eta x)\, d\eta \qquad \text{(A 20.5)}$$

mit (wenn für die Integrationsvariable ξ wieder x geschrieben wird)

$$a(\eta)=\frac{1}{\pi}\int_{-\infty}^{+\infty} f(x)\cos\eta x\,\mathrm{d}x, \qquad \text{(A 20.5a)}$$

$$b(\eta)=\frac{1}{\pi}\int_{-\infty}^{+\infty} f(x)\sin\eta x\,\mathrm{d}x. \qquad \text{(A 20.5b)}$$

Gleichung (A 20.5) hat die gleiche Form wie (A 19.2). Während aber n in (A 19.2) diskrete Werte durchläuft, nimmt η jeden Wert im Intervall $0\leqq\eta\leqq\infty$ an.

Setzt man in (A 20.5)

$$a(\eta)=u_0(\eta)\cos\varphi_n,$$

$$b(\eta)=-u_0(\eta)\sin\varphi_n,$$

so ergibt sich

$$f(x)=\int_{\eta=0}^{+\infty} u_0(\eta)\,[\cos\eta x\cos\varphi_n-\sin\eta x\sin\varphi_n]\,\mathrm{d}\eta$$

oder bei Beachtung von (A 1.12), (A 1.2) und (A 1.1)

$$f(x)=\int_{\eta=0}^{+\infty} u_0(\eta)\cos(\eta x+\varphi_n)\,\mathrm{d}\eta \qquad \text{(A 20.6)}$$

mit

$$u_0(\eta)=\sqrt{a(\eta)^2+b(\eta)^2}, \qquad \text{(A 20.6a)}$$

$$\tan\varphi_n=-\frac{b(\eta)}{a(\eta)}. \qquad \text{(A 20.6 b)}$$

A. 21 Normalform der Ebenengleichung

Der kürzeste Abstand des Koordinatenursprungspunktes 0 von der Ebene E sei p (Abb. A 21.1). Die Orientierung der Ebene wird durch den auf ihr senkrecht stehenden Vektor $\boldsymbol{n}^0$ (*Normalenvektor* der Ebene) festgelegt.

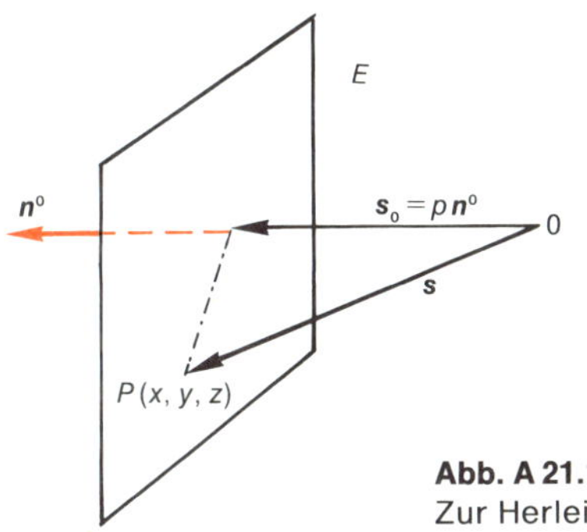

Abb. A 21.1
Zur Herleitung der Normalform der Ebenengleichung

Der Vektor $\boldsymbol{s}$ weise zu irgendeinem Punkt $P\ (x, y, z)$ auf der Ebene. Seine Projektion auf die Richtung $\boldsymbol{n}^0$ ergibt nach (A 11.1)

$$\boldsymbol{s} \cdot \boldsymbol{n}^0 = p\,. \tag{A 21.1}$$

Die Darstellung (A 21.1) wird als Normalform der Ebenengleichung bezeichnet.

A. 22 Zum Hamiltonschen Prinzip

Wir nehmen an, $\boldsymbol{s}(t)$ sei die Bahnkurve, für die

$$I = \int_{t_0}^{t_E} L\,\mathrm{d}t = \text{Extremwert} \tag{A 22.1}$$

gilt. Dem Anfangs- und dem Endzustand der Bahnkurve entsprechen nach (4.16a) die Werte $\boldsymbol{s}(t_0)$ und $\boldsymbol{s}(t_\mathrm{E})$. Von der infinitesimal benachbarten Bahn

$$\boldsymbol{s}^*(t) = \boldsymbol{s}(t) + \delta\boldsymbol{s}(t) \tag{A 22.2}$$

wird entsprechend (4.16b)

$$\boldsymbol{s}^*(t_0) = \boldsymbol{s}(t_0)\,;\ \boldsymbol{s}^*(t_\mathrm{E}) = \boldsymbol{s}(t_\mathrm{E}) \tag{A 22.3a}$$

oder

$$\delta\boldsymbol{s}(t_0) = \delta\boldsymbol{s}(t_\mathrm{E}) = \boldsymbol{0} \tag{A 22.3b}$$

vorausgesetzt (s. Abb. A 22.1).

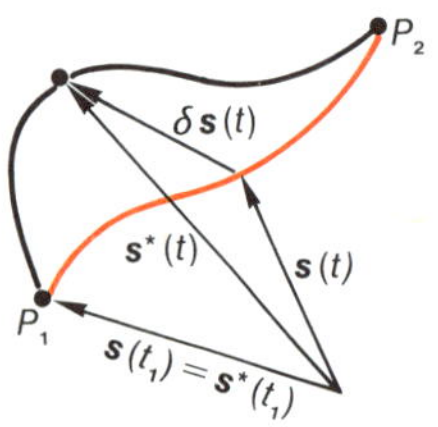

Abb. A 22.1
Reelle (——) und virtuelle (——) Bahn eines Massenpunktes

Dem Übergang von $\boldsymbol{s}(t)$ zu $\boldsymbol{s}^*(t)$ entspricht nach (A 9.6) und (2.3) eine Veränderung des Integrals (A 22.1) um

$$\begin{aligned}\delta I = \int_{t_0}^{t_E} &[L^*(x(t) + \delta x(t),\ y(t) + \delta y(t),\ z(t) + \delta z(t),\\ &v_x(t) + \delta v_x(t),\ v_y(t) + \delta v_y(t),\ v_z(t) + \delta v_z(t),\ t)\\ &- L(x(t),\ y(t),\ z(t),\ v_x(t),\ v_y(t),\ v_z(t),\ t)]\,\mathrm{d}t\\ = \int_{t_0}^{t_E} &(L^* - L)\,\mathrm{d}t = \int_{t_0}^{t_E} \delta L\,\mathrm{d}t\,.\end{aligned} \tag{A 22.4}$$

δL wird entsprechend (A 3.1b) für eine beliebige, aber feste Zeit in eine Taylor-Reihe entwickelt:

$$\delta L = \frac{\partial L}{\partial x}\delta x + \frac{\partial L}{\partial y}\delta y + \frac{\partial L}{\partial z}\delta z + \frac{\partial L}{\partial v_x}\delta v_x + \frac{\partial L}{\partial v_y}\delta v_y + \frac{\partial L}{\partial v_z}\delta v_z + \text{Glieder von höherer Ordnung} \tag{A 22.5}$$

und in (A 2.4) eingesetzt:

$$\delta I = \int_{t_0}^{t_E}\left(\frac{\partial L}{\partial x}\delta x + \frac{\partial L}{\partial y}\delta y + \frac{\partial L}{\partial z}\delta z + \frac{\partial L}{\partial v_x}\delta v_x + \frac{\partial L}{\partial v_y}\delta v_y + \frac{\partial L}{\partial v_z}\delta v_z + \text{Glieder höherer Ordnung}\right)\mathrm{d}t\,. \tag{A 22.4a}$$

Da nun nach (A 22.2), (2.3), (A 9.5), (D 3.4) und (A 4.3)

$$\delta \frac{\mathrm{d}x}{\mathrm{d}t} = \delta v_x = \frac{\mathrm{d}}{\mathrm{d}t}(x^* - x) = \frac{\mathrm{d}}{\mathrm{d}t}\,\delta x$$

gilt, folgt mit (A 2.5)

$$\frac{\partial L}{\partial v_x}\,\delta v_x = \frac{\partial L}{\partial v_x}\,\delta \frac{\mathrm{d}x}{\mathrm{d}t} = \frac{\partial L}{\partial v_x}\frac{\mathrm{d}}{\mathrm{d}t}\,\delta x = \frac{\mathrm{d}}{\mathrm{d}t}\left(\frac{\partial L}{\partial v_x}\,\delta x\right) - \left(\frac{\mathrm{d}}{\mathrm{d}t}\frac{\partial L}{\partial v_x}\right)\delta x. \tag{A 22.6}$$

Setzt man (A 22.6) und die analog für die anderen Koordinaten geltenden Beziehungen in (A 22.4) ein, so folgt

$$\begin{aligned}\delta I = &\int_{t_0}^{t_E} \mathrm{d}\left(\frac{\partial L}{\partial v_x}\,\delta x + \frac{\partial L}{\partial v_y}\,\delta y + \frac{\partial L}{\partial v_z}\,\delta z\right)\\ &+ \int_{t_0}^{t_E} \left(\frac{\partial L}{\partial x} - \frac{\mathrm{d}}{\mathrm{d}t}\frac{\partial L}{\partial v_x}\right)\delta x\,\mathrm{d}t\\ &+ \int_{t_0}^{t_E} \left(\frac{\partial L}{\partial y} - \frac{\mathrm{d}}{\mathrm{d}t}\frac{\partial L}{\partial v_y}\right)\delta y\,\mathrm{d}t\\ &+ \int_{t_0}^{t_E} \left(\frac{\partial L}{\partial z} - \frac{\mathrm{d}}{\mathrm{d}t}\frac{\partial L}{\partial v_z}\right)\delta z\,\mathrm{d}t\\ &+ \text{Glieder von höherer Ordnung,}\end{aligned}$$

und durch Integration bei Beachtung von (A 22.3b) und (A 9.7)

$$\begin{aligned}\delta I = &\int_{t_0}^{t_E} \left(\frac{\partial L}{\partial x} - \frac{\mathrm{d}}{\mathrm{d}t}\frac{\partial L}{\partial v_x}\right)\delta x\,\mathrm{d}t\\ &+ \int_{t_0}^{t_E} \left(\frac{\partial L}{\partial y} - \frac{\mathrm{d}}{\mathrm{d}t}\frac{\partial L}{\partial v_y}\right)\delta y\,\mathrm{d}t\\ &+ \int_{t_0}^{t_E} \left(\frac{\partial L}{\partial z} - \frac{\mathrm{d}}{\mathrm{d}t}\frac{\partial L}{\partial v_z}\right)\delta z\,\mathrm{d}t\\ &+ \text{Glieder von höherer Ordnung.}\end{aligned} \tag{A 22.4b}$$

Da über die virtuellen Verschiebungen nichts weiter als die Gültigkeit von (A 22.3b) vorausgesetzt wurde, kann zum Beispiel $\delta x \neq 0$, $\delta y = \delta z = 0$ gewählt werden. (A 22.4b) geht dann über in

$$\delta I = \int_{t_0}^{t_E} \left(\frac{\partial L}{\partial x} - \frac{\mathrm{d}}{\mathrm{d}t} \frac{\partial L}{\partial v_x} \right) \delta x \, \mathrm{d}t$$
$$+ \text{Glieder von höherer Ordnung.} \qquad \text{(A 22.4 c)}$$

Für ein Extremum von (A 22.1) gilt notwendig $\delta I = 0$, deshalb folgt aus (A 22.4 c)

$$\frac{\mathrm{d}}{\mathrm{d}t} \frac{\partial L}{\partial v_x} - \frac{\partial L}{\partial x} = 0 . \qquad \text{(A 22.7a)}$$

Wählt man $\delta y \neq 0$, $\delta x = \delta z = 0$ bzw. $\delta z \neq 0$, $\delta x = \delta y = 0$, so ergeben sich analog

$$\frac{\mathrm{d}}{\mathrm{d}t} \frac{\partial L}{\partial v_y} - \frac{\partial L}{\partial y} = 0 , \qquad \text{(A 22.7b)}$$

$$\frac{\mathrm{d}}{\mathrm{d}t} \frac{\partial L}{\partial v_z} - \frac{\partial L}{\partial z} = 0 . \qquad \text{(A 22.7c)}$$

Für die Gleichung (A 22.1) ist also die Erfüllung der Lagrangeschen Gleichungen 2. Art notwendig.

A. 23 Zur Rotation um freie Achsen

Ein Körper rotiere mit der Winkelgeschwindigkeit $\boldsymbol{\omega}$ um eine Achse durch den festgehaltenen Punkt 0. Wir wählen 0 als Ursprungspunkt des raumfesten Koordinatensystems x, y, z. Die Koordinaten des Hauptachsensystems des zugehörigen Trägheitstensors werden mit $\hat{x}$, $\hat{y}$, $\hat{z}$ bezeichnet. Entsprechend der Definition des Trägheitstensors liegt der Ursprungspunkt dieses Systems im festgehaltenen Punkt des Körpers, d.h. ebenfalls in 0.

Wir betrachten die Bewegung der Spitze eines Vektors einmal vom raumfesten System, ein anderes Mal vom körperfesten Hauptachsensystem. Im raumfesten System beobachten wir nach (D 3.4) die Geschwindigkeit $\mathrm{d}\boldsymbol{s}/\mathrm{d}t$, im körperfesten System die Geschwindigkeit $\mathrm{d}\hat{\boldsymbol{s}}/\mathrm{d}t$. Der Unterschied beider Geschwindigkeiten ist durch die Rotation des körperfesten Systems in bezug auf das raumfeste gegeben. Da nach (3.4) ein im körperfesten System im Abstand $\hat{\boldsymbol{s}}$ vom Koordinatenursprungspunkt ruhender Punkt gegenüber dem raumfesten System die Geschwindigkeit $\boldsymbol{\omega} \times \hat{\boldsymbol{s}}$ besitzt, folgt für den Zusammenhang beider Geschwindigkeiten

$$\frac{\mathrm{d}\boldsymbol{s}}{\mathrm{d}t} = \frac{\mathrm{d}\hat{\boldsymbol{s}}}{\mathrm{d}t} + \boldsymbol{\omega} \times \hat{\boldsymbol{s}} . \qquad \text{(A 23.1)}$$

Da (A 23.1) für jeden Vektor Gültigkeit besitzt, gilt für den Zusammenhang der zeitlichen Drehimpulsänderung $\mathrm{d}\boldsymbol{L}/\mathrm{d}t$ bezogen auf das raumfeste System und der zeitlichen Drehimpulsänderung $\mathrm{d}\hat{\boldsymbol{L}}/\mathrm{d}t$ bezogen auf das körperfeste Koordinatensystem

$$\frac{\mathrm{d}\boldsymbol{L}}{\mathrm{d}t}=\frac{\mathrm{d}\hat{\boldsymbol{L}}}{\mathrm{d}t}+\boldsymbol{\omega}\times\hat{\boldsymbol{L}} \tag{A 23.1a}$$

oder mit (S 5.7)

$$\boldsymbol{M}=\frac{\mathrm{d}\hat{\boldsymbol{L}}}{\mathrm{d}t}+\boldsymbol{\omega}\times\hat{\boldsymbol{L}}, \tag{A 23.2}$$

(A 23.2) wird als *Eulersche Kreiselgleichung* bezeichnet. Gleichung (A 23.2) geht bei Beachtung von (A 12.2a) für den kräftefreien Fall über in

$$\frac{\mathrm{d}\hat{\boldsymbol{L}}}{\mathrm{d}t}=\hat{\boldsymbol{L}}\times\boldsymbol{\omega}, \tag{A 23.3}$$

woraus sich nach (A 16.9) und (A 12.4b) (vgl. auch Abschnitt 5.4.4) für die Komponenten im Hauptachsensystem

$$\frac{\mathrm{d}\omega_{\mathfrak{x}}}{\mathrm{d}t}=\frac{\Theta_{\mathfrak{y}\mathfrak{y}}-\Theta_{\mathfrak{z}\mathfrak{z}}}{\Theta_{\mathfrak{x}\mathfrak{x}}}\omega_{\mathfrak{y}}\omega_{\mathfrak{z}}=C_1\,\omega_{\mathfrak{y}}\omega_{\mathfrak{z}}, \tag{A 23.3a}$$

$$\frac{\mathrm{d}\omega_{\mathfrak{y}}}{\mathrm{d}t}=\frac{\Theta_{\mathfrak{z}\mathfrak{z}}-\Theta_{\mathfrak{x}\mathfrak{x}}}{\Theta_{\mathfrak{y}\mathfrak{y}}}\omega_{\mathfrak{x}}\omega_{\mathfrak{z}}=C_2\,\omega_{\mathfrak{x}}\omega_{\mathfrak{z}}, \tag{A 23.3b}$$

$$\frac{\mathrm{d}\omega_{\mathfrak{z}}}{\mathrm{d}t}=\frac{\Theta_{\mathfrak{x}\mathfrak{x}}-\Theta_{\mathfrak{y}\mathfrak{y}}}{\Theta_{\mathfrak{z}\mathfrak{z}}}\omega_{\mathfrak{x}}\omega_{\mathfrak{y}}=C_3\,\omega_{\mathfrak{x}}\omega_{\mathfrak{y}} \tag{A 23.3c}$$

ergibt.

Es sei $\Theta_{\mathfrak{x}\mathfrak{x}}>\Theta_{\mathfrak{y}\mathfrak{y}}>\Theta_{\mathfrak{z}\mathfrak{z}}$. Der Körper rotiere um eine Achse in Nähe der kleinsten Hauptträgheitsachse ($\omega_{\mathfrak{x}}\neq 0$, $\omega_{\mathfrak{y}}\ll\omega_{\mathfrak{x}}$, $\omega_{\mathfrak{z}}\ll\omega_{\mathfrak{x}}$). Da man in (A 23.3a) entsprechend der Voraussetzung das Glied $C_1\,\omega_{\mathfrak{y}}\omega_{\mathfrak{z}}$ als von 2. Ordnung klein vernachlässigen kann, folgt

$$\frac{\mathrm{d}\omega_{\mathfrak{x}}}{\mathrm{d}t}=0 \quad \text{oder} \quad \omega_{\mathfrak{x}}=\text{const.} \tag{A 23.4a}$$

Aus (A 23.3b) ergibt sich unter Beachtung von (A 23.4a) und (A 23.3c) durch Differentiation

$$\frac{\mathrm{d}^2\omega_{\mathfrak{y}}}{\mathrm{d}t^2}=C_2\,\omega_{\mathfrak{x}}\frac{\mathrm{d}\omega_{\mathfrak{z}}}{\mathrm{d}t}=C_2\,C_3\,\omega_{\mathfrak{x}}^2\,\omega_{\mathfrak{y}}, \tag{A 23.4b}$$

woraus durch Trennung der Variablen (siehe A. 17) und Integration bei Beachtung von $C_2\,C_3<0$ (denn nach Voraussetzung $\Theta_{\mathfrak{x}\mathfrak{x}}>\Theta_{\mathfrak{y}\mathfrak{y}}>\Theta_{\mathfrak{z}\mathfrak{z}}$)

$$\omega_{\mathfrak{y}}=\omega_{\mathfrak{y}0}\sin\left(\omega_{\mathfrak{x}}\sqrt{-C_2\,C_3}\,t\right) \tag{A 23.4}$$

folgt. (A 23.4) besagt, daß $\omega_{\mathfrak{y}}$ nur zwischen den Werten $\pm\omega_{\mathfrak{y}0}$ schwanken kann. Ein gleiches Ergebnis erhält man durch analoge Betrachtungen für $\omega_{\mathfrak{z}}$. Die Rotationsachse schwankt in einem kleinen Bereich um $\omega_{\mathfrak{x}}$. Eine derartige Achslage bezeichnet man als stabil.

Ein gleiches Ergebnis findet man bei Rotation in Nähe der größten Hauptträgheitsachse.

Für die Rotation des Körpers in Nähe der mittleren Hauptträgheitsachse ($\omega_{\mathfrak{y}}\neq 0$, $\omega_{\mathfrak{z}}\ll\omega_{\mathfrak{y}}$, $\omega_{\mathfrak{x}}\ll\omega_{\mathfrak{y}}$) findet man analog zur obigen Gleichung

(A 23.4 b) die Beziehung

$$\frac{d^2 \omega_{\hat{x}}}{dt^2} = C_3 C_1 \omega_{\hat{y}}^2 \omega_{\hat{x}}. \tag{A 23.5a}$$

Ihre Integration ergibt unter Beachtung von A. 17, A. 4 und $C_1 C_3 > 0$

$$\omega_{\hat{x}} = \omega_{\hat{x}0}\, e^{\omega_{\hat{y}}(+\sqrt{C_1 C_3})\,t}. \tag{A 23.5}$$

Ein gleiches Ergebnis findet man für $\omega_{\hat{z}}$. Die Rotationsachse entfernt sich mit der Zeit immer mehr von ihrer ursprünglichen Lage. Die Rotation um die mittlere Hauptträgheitsachse ist *labil.*

A. 24 Darstellung der kritischen Daten eines Gases durch die Konstanten *a*, *b* und *R*

Nach Abschnitt 7.3.3.3 sind die kritischen Daten des Gases durch die Koordinaten p_{Kr} und V_{Kr} des Wendepunktes der kritischen Isothermen T_{Kr} mit horizontaler Wendetangente festgelegt. Nach (7.12) und A. 2 müssen diese Größen den Gleichungen

$$p_{\mathrm{Kr}} = \frac{\frac{m}{m_{\mathrm{mol}}} R T_{\mathrm{Kr}}}{V_{\mathrm{Kr}} - mb} - \frac{a m^2}{V_{\mathrm{Kr}}^2}, \tag{A 24.1a}$$

$$\left(\frac{\partial p}{\partial V}\right)_{\mathrm{Kr}} = -\frac{\frac{m}{m_{\mathrm{mol}}} R T_{\mathrm{Kr}}}{(V_{\mathrm{Kr}} - mb)^2} + \frac{2 a m^2}{V_{\mathrm{Kr}}^3} = 0, \tag{A 24.1b}$$

$$\left(\frac{\partial^2 p}{\partial V^2}\right)_{\mathrm{Kr}} = \frac{\frac{2m}{m_{\mathrm{mol}}} R T_{\mathrm{Kr}}}{(V_{\mathrm{Kr}} - mb)^3} - \frac{6 a m^2}{V_{\mathrm{Kr}}^4} = 0 \tag{A 24.1c}$$

genügen. ((A 24.1c) gilt deswegen, weil an einem Wendepunkt die Tangente $\frac{\partial p}{\partial V} = f(V)$ an die Funktion $p = p(V)$ ihr Vorzeichen wechseln muß.) Division von (A 24.1b) durch (A 24.1c) ergibt

$$V_{\mathrm{Kr}} = 3mb \tag{A 24.2a}$$

und Einsetzen von (A 24.2a) in (A 24.1b)

$$T_{\mathrm{Kr}} = \frac{8 a m_{\mathrm{mol}}}{27 R b}, \tag{A 24.2b}$$

von (A 24.2a) und (A 24.2b) in (A 24.1a)

$$p_{\mathrm{Kr}} = \frac{a}{27 b^2}. \tag{A 24.2c}$$

A.25 Berechnung von $c_p - c_V$ für ein reales Gas

Für das reale Gas verliert (S 7.8) seine Gültigkeit (vgl. Abschnitt 7.4.2.3 und A.26). Zur Berechnung der inneren Energie des realen Gases verknüpfen wir (D 7.15) und (S 7.2b) zu

$$\mathrm{d}S = \frac{\mathrm{d}U + p\,\mathrm{d}V}{T} \tag{A 25.1}$$

und betrachten U als Funktion von T und V:

$$\mathrm{d}U = \frac{\partial U}{\partial T}\mathrm{d}T + \frac{\partial U}{\partial V}\mathrm{d}V.$$

Damit folgt für die partiellen Ableitungen von S

$$\frac{\partial S}{\partial T} = \frac{1}{T}\frac{\partial U}{\partial T}; \quad \frac{\partial^2 S}{\partial T\,\partial V} = \frac{1}{T}\frac{\partial^2 U}{\partial T\,\partial V} \tag{A 25.1a}$$

$$\frac{\partial S}{\partial V} = \frac{1}{T}\left(\frac{\partial U}{\partial V} + p\right);$$

$$\frac{\partial^2 S}{\partial V\,\partial T} = -\frac{1}{T^2}\left(\frac{\partial U}{\partial V} + p\right) + \frac{1}{T}\left(\frac{\partial^2 U}{\partial V\,\partial T} + \frac{\partial p}{\partial T}\right). \tag{A 25.1b}$$

Wird weiter der Satz von SCHWARZ (A 2.21),

$$\frac{\partial^2 S}{\partial T\,\partial V} = \frac{\partial^2 S}{\partial V\,\partial T}, \quad \frac{\partial^2 U}{\partial T\,\partial V} = \frac{\partial^2 U}{\partial V\,\partial T},$$

berücksichtigt, so kann aus (A 25.1a) und (A 25.1b) die Beziehung

$$\frac{\partial U}{\partial V} = T\frac{\partial p}{\partial T} - p \tag{A 25.2}$$

gefolgert werden. Da nach der Zustandsgleichung (7.12) des realen Gases

$$p = \frac{mRT}{(V - mb)\,m_{\mathrm{mol}}} - \frac{am^2}{V^2}$$

und somit

$$\frac{\partial p}{\partial T} = \frac{mR}{(V - mb)\,m_{\mathrm{mol}}}$$

gilt, spezialisiert sich (A 25.2) für das reale Gas zu

$$\frac{\partial U}{\partial V} = \frac{mRT}{(V - mb)\,m_{\mathrm{mol}}} - p = \frac{am^2}{V^2}, \tag{A 25.2a}$$

woraus sich durch partielle Differentiation nach T und Anwendung des Schwarzschen Satzes (A 2.21)

$$\frac{\partial}{\partial T}\left(\frac{\partial U}{\partial V}\right) = \frac{\partial^2 U}{\partial T\,\partial V} = \frac{\partial^2 U}{\partial V\,\partial T} = \frac{\partial}{\partial V}\left(\frac{\partial U}{\partial T}\right) = 0 \tag{A 25.2b}$$

ergibt. Nach (A 25.2b) ist $\frac{\partial U}{\partial V}$ unabhängig von T, $\frac{\partial U}{\partial T}$ unabhängig von V. Deshalb kann die innere Energie des realen Gases nur additiv von den Größen $\int \frac{\partial U}{\partial T}\,\mathrm{d}T$ und $\int \frac{\partial U}{\partial V}\,\mathrm{d}V$ abhängig sein:

$$U = \int \frac{\partial U}{\partial T}\,\mathrm{d}T + \int \frac{\partial U}{\partial V}\,\mathrm{d}V. \tag{A 25.3a}$$

Integration ergibt mit (7.17a), (A 25.2a) und (A 4.7) für die gesuchte innere Energie des realen Gases

$$U = U_0 + \int m c_V\,\mathrm{d}T - \frac{a m^2}{V}. \tag{A 25.3}$$

Setzt man (A 25.2a) und die aus der Zustandsgleichung (7.12) des realen Gases folgende Ableitung (vgl. (A 2.7), (A 2.9) und (A 2.18))

$$\frac{\partial T}{\partial V} = \frac{p + \frac{a m^2}{V^2} + (V - mb)\left(-\frac{2 a m^2}{V^3}\right)}{\frac{m}{m_{\mathrm{mol}}} R}$$

oder

$$\frac{\partial V}{\partial T} = \frac{\frac{m}{m_{\mathrm{mol}}} R}{p + \frac{a m^2}{V^2} - \frac{2 a m^2 (V - mb)}{V^3}}$$

in (7.16) ein, dann folgt nach nochmaliger Anwendung der Zustandsgleichung (7.12) der realen Gase für die gesuchte Differenz der spezifischen Wärmekapazitäten bei konstantem Druck und konstantem Volumen

$$c_p - c_V = \frac{\frac{R}{m_{\mathrm{mol}}}}{1 - \frac{2 a m m_{\mathrm{mol}} (V - mb)^2}{V^3 R T}}. \tag{A 25.4}$$

Wird in (A 25.4) mb gegenüber V vernachlässigt ($mb \ll V$) und weiter beachtet, daß $\frac{2 a m m_{\mathrm{mol}}}{V R T} \ll 1$ gilt, dann folgt mit (A 3.6a)

$$c_p - c_V \approx \frac{R}{m_{\mathrm{mol}}}\left(1 + \frac{2 a m m_{\mathrm{mol}}}{V R T}\right). \tag{A 25.4a}$$

A. 26 Zum Joule-Thomson-Effekt

Ein stationärer Gasstrom werde durch eine Drosselstelle D gedrückt (s. Abb. A 26.1). Vor der Drosselstelle herrsche der Druck p_1, hinter der Drosselstelle der Druck $p_2 < p_1$. Wir betrachten eine bestimmte Gasmenge. Ihr Volumen sei vor der Drosselstelle V_1 und hinter ihr V_2. Dieses Gasvolumen denken wir uns mit Hilfe des Kolbens K_1 durch die Drosselstelle hindurchgedrückt. Hinter der Drosselstelle bewegt es den Kolben K_2. Nach (7.14) muß der Kolben K_1 am Gas die Arbeit $p_1 V_1$ verrichten, während das Gas am Kolben K_2 die Arbeit $p_2 V_2$ verrichtet. Der Differenz beider Arbeiten entspricht nach (S 7.2b) eine Erhöhung der inneren Energie des Gases um

$$U_2 - U_1 = p_1 V_1 - p_2 V_2 . \qquad \text{(A 26.1)}$$

Führt man die Größe Enthalpie entsprechend (D 7.16) durch

$$H = U + p V \qquad \text{(A 26.2)}$$

ein, so kann statt (A 26.1) auch

$$H_1 = H_2 \qquad \text{(A 26.1a)}$$

geschrieben werden. Die Enthalpie des thermodynamischen Systems bleibt beim Joule-Thomson-Effekt erhalten (*isenthalpischer* Prozeß).

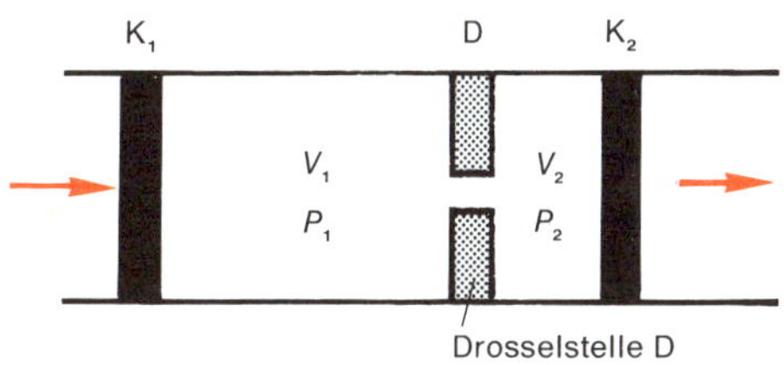

Abb. A 26.1 Zur Erläuterung des Joule-Thomson-Effektes

Für die Enthalpie des realen Gases erhält man aus (A 26.2) und (A 25.3) und der Zustandsgleichung (7.12) des realen Gases bei Voraussetzung temperaturunabhängiger spezifischer Wärmekapazitäten (vgl. Abschn. 8.1.3.6.1)

$$H = U_0 + m c_V T - \frac{m^2 a}{V} + \left(\frac{\frac{m}{m_{\text{mol}}} R T}{V - m b} - \frac{m^2 a}{V^2} \right) V . \qquad \text{(A 26.3)}$$

Entwickelt man die Enthalpie H in eine Taylorsche Reihe, so kann unter Voraussetzung kleiner Änderungen von T, V und p diese Entwicklung nach dem linearen Glied abgebrochen werden. Nach (A 3.1b), (A 2.7) und

(A 2.9) erhält man

$$\mathrm{d}H = m c_V \mathrm{d}T + \frac{2m^2 a}{V^2}\mathrm{d}V + \frac{\frac{m}{m_{\mathrm{mol}}} R V}{V - mb}\mathrm{d}T - \frac{\frac{m}{m_{\mathrm{mol}}} R T V}{(V - mb)^2}\mathrm{d}V + \frac{\frac{m}{m_{\mathrm{mol}}} R T}{V - mb}\mathrm{d}V$$

oder

$$\mathrm{d}H = \left(m c_V + \frac{\frac{m}{m_{\mathrm{mol}}} R V}{V - mb} \right)\mathrm{d}T + \left(\frac{2m^2 a}{V^2} - \frac{\frac{m^2}{m_{\mathrm{mol}}} b R T}{(V - mb)^2} \right)\mathrm{d}V. \qquad \text{(A 26.4)}$$

Wird mb gegenüber V vernachlässigt ($mb \ll V$), werden für V und c_p näherungsweise die nach (7.10) und (7.16c) für ein ideales Gas folgenden Werte

$$V = \frac{mRT}{m_{\mathrm{mol}} p}, \quad \mathrm{d}V = -\frac{mRT}{m_{\mathrm{mol}} p^2}\mathrm{d}p \quad \text{und} \quad c_p = \frac{R}{m_{\mathrm{mol}}} + c_V \text{ eingesetzt,}$$

dann geht (A 26.4) über in

$$\mathrm{d}H = m c_p \mathrm{d}T + \frac{2m^2 a - \frac{m^2}{m_{\mathrm{mol}}} b R T}{V^2}\mathrm{d}V$$

bzw. in

$$\mathrm{d}H = m c_p \mathrm{d}T - \left(\frac{2m\, m_{\mathrm{mol}} a}{RT} - mb \right)\mathrm{d}p. \qquad \text{(A 26.4 a)}$$

Nach (A 26.1 a) verläuft der Joule-Thomson-Effekt isenthalpisch ($\mathrm{d}H = 0$). Unter Berücksichtigung dieser Bedingung folgt aus (A 26.4a) für die mit dem Joule-Thomson-Effekt verbundene Temperaturänderung des Gases

$$\left(\frac{\mathrm{d}T}{\mathrm{d}p} \right)_{\mathrm{J.\text{-}Th.}} = \frac{\frac{2a\, m_{\mathrm{mol}}}{RT} - b}{c_p}. \qquad \text{(A 26.5)}$$

Das Vorzeichen der Temperaturänderung wird bei festgelegtem Vorzeichen der Druckänderung durch das Vorzeichen des Zählers in (A 26.5) festgelegt. Für $\Delta p < 0$ (dies entspricht dem experimentellen Ablauf) erreicht man nur dann eine Abkühlung, wenn $b < 2a\, m_{\mathrm{mol}}/RT$, d.h. $T < 2a\, m_{\mathrm{mol}}/Rb$ gilt (vgl. (S 7.9)). Für ein ideales Gas ($a = b = 0$) ist nach (A 26.4) bzw. (A 26.5) in Übereinstimmung mit (S 7.8) stets $\left(\frac{\mathrm{d}T}{\mathrm{d}p} \right)_{\mathrm{J.\text{-}Th.}} = 0$.

A. 27 Entropiezuwachs bei der Diffusion von Gasen

Wir betrachten k nicht miteinander chemisch reagierende ideale Gase gleichen Druckes und gleicher Temperatur. Die Masse des i-ten Gases betrage m_i ($i=1, 2, \ldots, k$), sein Volumen V_i ($i=1, 2, \ldots, k$). Ein Vermischen der Gase werde zunächst durch Trennwände verhindert. Die Entropie des i-ten Gases beträgt $S_i(p, T)$, somit die Gesamtentropie aller Gase

$$S_1 = \sum_{i=1}^{k} S_i(p, T). \tag{A 27.1a}$$

Werden die Trennwände entfernt, so können sich die Gase prinzipiell vermischen. Einen derartigen Vorgang bezeichnet man als *Diffusion*. Wir wollen untersuchen, ob die Diffusion ein von selbst ablaufender thermodynamischer Vorgang ist. Nach (S 7.14) ist hierfür das Vorzeichen der mit diesem Vorgang verbundenen Entropieänderung entscheidend.

Bei vollständiger Vermischung der Gase nimmt jedes Gas das gesamte zur Verfügung stehende Volumen V ein, sein Druck ist nach (S 7.5) der entsprechende Partialdruck p_i. Nach der vollständigen Vermischung beträgt die Entropie des i-ten Gases $S_i(p_i, T)$. Mit (A 27.1a) ergibt sich somit für die mit der Diffusion verbundene Entropieänderung

$$\Delta S = S_2 - S_1 = \sum_{i=1}^{k} S_i(p_i, T) - \sum_{i=1}^{k} S_i(p, T). \tag{A 27.1}$$

Nach (D 7.15) und (S 7.2a) gilt

$$\mathrm{d}S_i = \frac{\mathrm{d}U_i + p_i \,\mathrm{d}V}{T}$$

und mit (7.17a) und (D 7.10)

$$\mathrm{d}S_i = m_i c_{V_i} \frac{\mathrm{d}T}{T} + m_i \frac{R}{m_{\mathrm{mol},\, i}} \frac{\mathrm{d}V}{V},$$

woraus durch Integration bei Beachtung von (A 4.13) mit $T = \mathrm{const}$ und $c_{V_i} = \mathrm{const}$

$$\int_{V_i}^{V} \mathrm{d}S_i = S_i(V, T) - S_i(V_i, p) = m_i \frac{R}{m_{\mathrm{mol},\, i}} \ln \frac{V}{V_i}$$

folgt. Wird weiter beachtet, daß nach (7.10) und (D 7.10) $\frac{V}{V_i} = \frac{p}{p_i}$ gilt, so folgt mit (A 27.1) und $p = \sum_{i=1}^{k} p_i$

$$\Delta S = \sum_{i=1}^{k} m_i \frac{R}{m_{\mathrm{mol},\, i}} \ln \frac{p}{p_i} > 0. \tag{A 27.2}$$

Die Diffusion ist mit einer Entropiezunahme verbunden. Nach (S 7.14) läuft sie daher stets von selbst ab. Eine Entmischung der Gase ist praktisch nur durch Arbeitsaufwand möglich.

Eine reversible Entmischung eines Gasgemisches bekommen wir durch folgendes Gedankenexperiment:
Die Gase 1 und 2 mit den Partialdrücken p_1 und p_2 befinden sich im Volumen V. Es wird durch zwei ineinander geschobene Zylinder gebildet (siehe Abb. A 27.1a). Die Zylinderwandungen und ihre Deckflächen A seien für beide Gase undurchlässig. Die Deckflächen A_1 bzw. A_2 seien dagegen für das Gas 1 bzw. 2 ideal durchlässig, für das jeweils andere Gas undurchlässig (halbdurchlässige Wände). Wird der Zylinder 1 um die Strecke $\mathrm{d}x$ aus dem Zylinder 2 herausgezogen (vgl. Abb. A 27.1b), so dringt das Gas 1 in den Teilbereich 1, das Gas 2 in den Teilbereich 2 ein, während der mittlere Bereich 3 das Gasgemisch enthält. Da das Gas 2 den Teilbereich 1 nicht erreichen kann, es also mit dem Partialdruck p_2 auf die halbdurchlässige Zylinderfläche A_1 drückt, muß nach (7.14) zur Verschiebung des Zylinders um die Strecke $\mathrm{d}x$ die Arbeit

$$\mathrm{d}W_{AA_1} = A\,p_2\,\mathrm{d}x \qquad \text{(A 27.2a)}$$

verrichtet werden (A Deckfläche). Mit dem gleichen Druck p_2 drückt das Gas auf die andere Deckfläche des Zylinders, d.h., es wird hier die Arbeit

$$\mathrm{d}W_{AA_2} = -A\,p_2\,\mathrm{d}x \qquad \text{(A 27.2b)}$$

verrichtet. Die gesamte bei diesem Vorgang zu verrichtende Arbeit ist also Null, die Entmischung des Gases geschieht ohne Verrichtung von Arbeit. Durch Hintereinanderschaltung von unendlich vielen derartigen infinitesimalen Schritten läßt sich das Gas reversibel entmischen. Dieser Vorgang würde allerdings eine unendliche Zeit erfordern. Er ist also praktisch nicht anwendbar.

Da vorstehende Entmischung des Gases reversibel ohne Wärmezufuhr erfolgt, bleibt nach (S 7.14) die Entropie bei diesem Vorgang konstant.

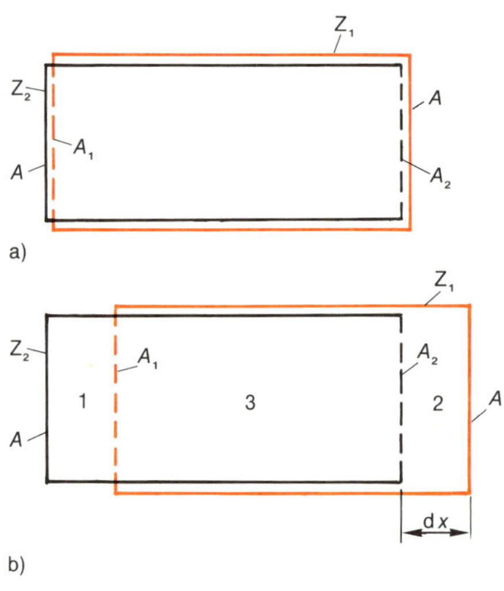

Abb. A 27.1 Reversible Entmischung eines Gasgemisches

A. 28 Entropiezuwachs beim Temperaturausgleich

In der Thermodynamik sind Entropieberechnungen u.a. deshalb so von Nutzen, weil dadurch der Anteil irreversibler Zustandsänderungen eines technischen Prozesses, der im Interesse eines hohen Wirkungsgrades des Prozesses möglichst klein zu halten ist, quantitativ angegeben werden kann.

Häufig treten irreversible Vorgänge als Folge des Temperaturausgleichs auf. Als Beispiel wird die Entropieänderung beim Temperaturausgleich zwischen zwei Körpern 1 und 2 berechnet, die die Massen m_1 und m_2, die spezifischen Wärmekapazitäten c_1 und c_2 und die Temperaturen T_1 und T_2 besitzen und miteinander in Wärmekontakt gebracht werden. In jedem der beiden nicht abgeschlossenen Teilsysteme – dargestellt durch die Körper 1 und 2 – treten durch den Wärmekontakt mit dem anderen Teilsystem Temperaturänderungen auf, die man sich als quasistatisch ablaufend vorstellt. Die Entropieberechnung für jedes Teilsystem kann deshalb nach (D 7.15) erfolgen. Mit (D 7.2) erhält man

$$\Delta S_i = \int\limits_{T_i}^{T_M} \frac{c_i m_i \,\mathrm{d}T}{T} = c_i m_i \ln \frac{T_M}{T_i} \qquad (i = 1, 2), \qquad \text{(A 28.1)}$$

wobei T_M die sich einstellende Endtemperatur bedeutet und sich nach (7.1a) zu

$$T_M = \frac{c_1 m_1 T_1 + c_2 m_2 T_2}{c_1 m_1 + c_2 m_2} \qquad \text{(A 28.2)}$$

berechnet.

Die Entropieänderung des Gesamtsystems beträgt

$$\Delta S = \Delta S_1 + \Delta S_2 = c_1 m_1 \ln \frac{T_M}{T_1} + c_2 m_2 \ln \frac{T_M}{T_2}\,.$$

Daß $\Delta S > 0$ gilt, ist leicht für ein Massenverhältnis $c_1 m_1 = c_2 m_2$ zu übersehen, da sich dann

$$\Delta S = c_1 m_1 \ln \frac{T_M^2}{T_1 T_2} \quad \text{und} \quad T_M = \frac{T_1 + T_2}{2}\,,$$

also

$$\Delta S = c_1 m_1 \ln \frac{(T_1 + T_2)^2}{4 T_1 T_2} \qquad \text{(A 28.3)}$$

$$= c_1 m_1 \ln \frac{(T_1 - T_2)^2 + 4 T_1 T_2}{4 T_1 T_2} > 0 \qquad \text{(A 28.3a)}$$

ergibt.

Als Zahlenbeispiel sei die Entropieänderung bei der Mischung von 100 g Wasser von 280 K mit 100 g Wasser von 360 K genannt. Man erhält aus (A 28.1) und (A 28.2) oder aus (A 28.3)

$$\Delta S = \Delta S_1 + \Delta S_2 = \frac{56\,\mathrm{J}}{\mathrm{K}} - \frac{49\,\mathrm{J}}{\mathrm{K}} = \frac{7\,\mathrm{J}}{\mathrm{K}}\,.$$

A. 29 Herleitung der Clausius-Clapeyronschen Gleichung, Bestimmung der Maxwellschen Geraden

Eine Flüssigkeit der Masse m werde folgendem reversiblen Kreisprozeß (siehe Abschnitt 7.4.3.1 und Abb. A 29.1) unterworfen: Im Zustand 1 wird die Flüssigkeit des Volumens V_{Fl} mit einem Wärmebehälter der Temperatur $T_1 = T + \Delta T$ in Kontakt gebracht und beim Druck p_1 vollständig verdampft. Nach (D 7.19) muß dazu vom Wärmebehälter dem System die Wärmemenge $Q_1 = m\lambda_{\mathrm{Fl,D}}$ zugeführt werden. Im Zustand 2 wird der Dampf des Volumens V_{D} thermisch isoliert und durch eine weitere Ausdehnung auf die Temperatur $T_2 = T$ abgekühlt (Zustand 4), anschließend mit einem Wärmebehälter der Temperatur $T_2 = T$ in Kontakt gebracht und durch isobare Kompression beim Druck p_2 kondensiert (Zustand 3). Abschließend wird die Flüssigkeit durch Kompression in den Ausgangszustand 1 zurückgeführt. Die bei einem reversiblen Kreisprozeß im p-V-Diagramm umlaufene Fläche stellt nach (7.14a) bei dem hier vorliegenden Umlaufsinn die gewonnene Arbeit dar. Für $\Delta p = p_1 - p_2 \ll p_2$ ergibt sich somit

$$W_{\mathrm{A}} = -\Delta p (V_{\mathrm{D}} - V_{\mathrm{Fl}})\,. \qquad \text{(A 29.1)}$$

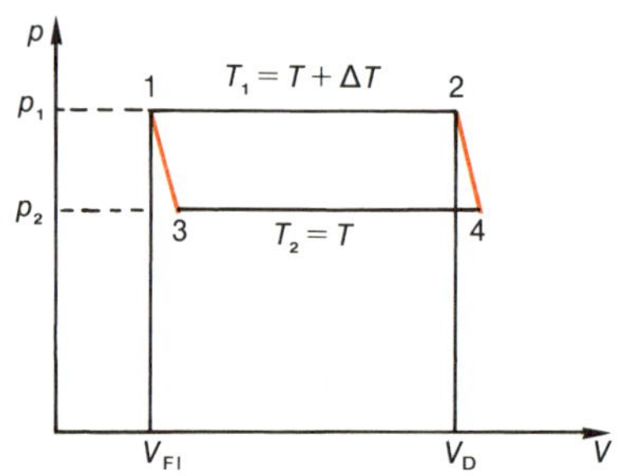

Abb. A 29.1 Zur Herleitung der Clausius-Clapeyronschen Gleichung

Da der beschriebene Kreisprozeß ein Carnotscher Kreisprozeß ist, folgt mit (D 7.14) und (7.23) für seinen Wirkungsgrad

$$\eta = -\frac{W_{\mathrm{A}}}{Q_1} = \frac{\Delta p\,(V_{\mathrm{D}} - V_{\mathrm{Fl}})}{m\lambda_{\mathrm{Fl,D}}} = \frac{\Delta T}{T}\,.$$

Bildung des Grenzwertes $\Delta T \rightarrow 0$ ergibt nach Umstellung die Clausius-Clapeyronsche Gleichung

$$\frac{\mathrm{d}p}{\mathrm{d}T} = \frac{m\lambda_{\mathrm{Fl,D}}}{(V_\mathrm{D} - V_\mathrm{Fl})\,T}\,. \tag{A 29.2}$$

In 7.4.3 wurde die Lage der Maxwellschen Geraden durch einen Kreisprozeß festgelegt. Eine schärfere Begründung ihrer Lage soll im folgenden gegeben werden.

Längs der Maxwellschen Geraden (vgl. Abb. 7.9) müssen die flüssige und die gasförmige Phase im Gleichgewicht stehen. Der zur Geraden zugehörige Druck muß also dem Dampfdruck $p_\mathrm{D}(T)$ der Flüssigkeit bei der Temperatur T entsprechen, d.h., p_D muß der Clausius-Clapeyronschen Gleichung (A 29.2) genügen.

Eine Substanz der Masse m werde dem Kreisprozeß $P_2 \rightarrow P_1 \rightarrow P_4 \rightarrow P_3 \rightarrow P_2$ von Abbildung 7.9 unterworfen. Im Punkt P_2 beginnt die Verflüssigung des Gases, im Punkt P_1 ist der Verflüssigungsvorgang abgeschlossen. Die Substanz liegt in der flüssigen Phase vor. Nach (7.14a) beträgt die gesamte bei diesem Kreisprozeß verrichtete Arbeit

$$W_\mathrm{A} = -\oint p\,\mathrm{d}V = -\int\limits_{V_\mathrm{D}}^{V_\mathrm{Fl}} p_\mathrm{D}\,\mathrm{d}V - \int\limits_{V_\mathrm{Fl}}^{V_\mathrm{D}} p\,\mathrm{d}V$$

oder

$$W_\mathrm{A} = p_\mathrm{D}(V_\mathrm{D} - V_\mathrm{Fl}) - \int\limits_{V_\mathrm{Fl}}^{V_\mathrm{D}} p\,\mathrm{d}V\,. \tag{A 29.3}$$

Dabei bedeuten $p_\mathrm{D}(T)$ den zur Temperatur T gehörigen Dampfdruck der Substanz und p den Druck längs der van der Waalschen Isothermen der Temperatur T. Es ist ferner zu beachten, daß die Werte V_D und V_Fl von der betrachteten Isotherme abhängig sind (vgl. u.a. Abb. 7.6), V_D und V_Fl somit als temperaturabhängige Größen anzusehen sind.

Im weiteren soll die Temperaturabhängigkeit von W_A untersucht werden. Hierzu bilden wir mit Hilfe der Beziehung

$$\frac{\mathrm{d}}{\mathrm{d}T}F(T) = \frac{\mathrm{d}}{\mathrm{d}T}\int\limits_{a(T)}^{b(T)} f(x,T)\,\mathrm{d}x$$

$$= \int\limits_{a(T)}^{b(T)} \frac{\partial f(x,T)}{\partial T}\,\mathrm{d}x + f(b(T),T)\frac{\mathrm{d}b}{\mathrm{d}T} - f(a(T),T)\frac{\mathrm{d}a}{\mathrm{d}T}$$

die Ableitung

$$\frac{\mathrm{d}}{\mathrm{d}T}\int\limits_{V_\mathrm{Fl}}^{V_\mathrm{D}} p\,\mathrm{d}V = p_\mathrm{D}\frac{\mathrm{d}}{\mathrm{d}T}(V_\mathrm{D} - V_\mathrm{Fl}) + \int\limits_{V_\mathrm{Fl}}^{V_\mathrm{D}} \frac{\partial p}{\partial T}\,\mathrm{d}V, \tag{A 29.4a}$$

mit der bei Beachtung von (vgl. (A 2.5))

$$p_D \frac{d}{dT}(V_D - V_{Fl}) = \frac{d}{dT}(p_D(V_D - V_{Fl})) - (V_D - V_{Fl})\frac{dp_D}{dT}$$

für die Ableitung von (A 29.3)

$$\frac{dW_A}{dT} = \frac{d}{dT}(p_D(V_D - V_{Fl})) - \frac{d}{dT}\int_{V_{Fl}}^{V_D} p\,dV$$

$$= (V_D - V_{Fl})\frac{dp_D}{dT} - \int_{V_{Fl}}^{V_D} \frac{\partial p}{\partial T}\,dV \qquad \text{(A 29.4 b)}$$

folgt. Beachtet man (A 25.2), so geht (A 29.4 b) über in

$$\frac{dW_A}{dT} = (V_D - V_{Fl})\frac{dp_D}{dT} - \frac{1}{T}\int_{V_{Fl}}^{V_D} \left(\frac{\partial U}{\partial V} + p\right) dV,$$

woraus sich durch Integration über V

$$\frac{dW_A}{dT} = (V_D - V_{Fl})\frac{dp_D}{dT} - \frac{1}{T}\int_{V_{Fl}}^{V_D} p\,dV - \frac{U_D - U_{Fl}}{T} \qquad \text{(A 29.4 c)}$$

ergibt. Nach dem ersten Hauptsatz (S 7.2b) und (D 7.19) besteht zwischen der spezifischen Phasenumwandlungswärme $\lambda_{Fl,D}$ und der mit dem Phasenübergang verbundenen Veränderung der inneren Energie der Zusammenhang

$$m\lambda_{Fl,D} = Q_{Fl,D} = U_D - U_{Fl} + p_D(V_D - V_{Fl}).$$

Für (A 25.4c) kann damit auch

$$\frac{dW_A}{dT} = (V_D - V_{Fl})\frac{dp_D}{dT} - \frac{1}{T}\int_{V_{Fl}}^{V_D} p\,dV - \frac{m\lambda_{Fl,D}}{T} + \frac{p_D(V_D - V_{Fl})}{T}$$

oder bei nochmaliger Anwendung von (A 29.3) und Beachtung von (A 29.2)

$$\frac{dW_A}{dT} - \frac{W_A}{T} = (V_D - V_{Fl})\frac{dp_D}{dT} - \frac{m\lambda_{Fl,D}}{T} = 0 \qquad \text{(A 29.4)}$$

geschrieben werden. W_A genügt der Differentialgleichung

$$\frac{dW_A}{dT} - \frac{dT}{T} = 0,$$

deren Lösung sich durch Trennung der Variablen (vgl. A. 17) und nachfolgende Integration (vgl. (A 4.13)) zu

$$\ln|W_A| = \ln|T| + \ln|C|$$

bzw. zu

$$W_A = CT \qquad \text{(A 29.5a)}$$

ergibt. Zur Bestimmung der Integrationskonstanten wird beachtet, daß für die kritische Isotherme die Werte V_D und V_{Fl} zusammenfallen, nach (A 29.3) also $\lim_{T \to T_{Kr}} W_A = 0$, d.h. $C = 0$, gilt. Die Gerade muß so gelegt werden, daß

$$W_A = 0 \quad \text{für} \quad T \leqq T_{Kr}, \tag{A 29.5}$$

die beiden in Abbildung 7.9 dargestellten Flächen demzufolge gleich werden.

A. 30 Zur Temperaturabhängigkeit des Dampfdruckes

Die Clausius-Clapeyronsche Gleichung (A 29.2) kann leicht integriert werden, wenn man näherungsweise den Dampf über der Flüssigkeit als ideales Gas ansieht, die spezifische Verdampfungswärme $\lambda_{Fl,D}$ als temperaturunabhängig betrachtet und V_{Fl} gegenüber V_D vernachlässigt. Dann folgt mit (7.10) aus (A 29.2)

$$\frac{dp}{dT} \approx \frac{m\lambda_{Fl,D}}{V_D T} \approx \frac{\lambda_{Fl,D}\, p\, m_{mol}}{RT^2}$$

oder (siehe (A. 17))

$$\frac{dp}{p} = \frac{\lambda_{Fl,D}\, m_{mol}}{RT^2}\, dT. \tag{A 30.1}$$

Integration ergibt (siehe (A 4.13) und (A 4.7))

$$\ln p = -\frac{\lambda_{Fl,D}\, m_{mol}}{RT} + \ln p_0$$

oder

$$p = p_0\, e^{-\frac{\lambda_{Fl,D}\, m_{mol}}{RT}}. \tag{A 30.2}$$

Innerhalb der vorausgesetzten Näherung ist der Dampfdruck über einer Flüssigkeit rein exponentiell von der Flüssigkeitstemperatur abhängig (vgl. Abb. 7.18).

A. 31 Thermodynamische Herleitung des van't Hoffschen Gesetzes

Wir wollen den osmotischen Druck für eine stark verdünnte Lösung ($m_S \ll m_{LM}$) aus (7.42) berechnen. Die Lösung der Masse m_S bedeutet eine totale Vermischung der Moleküle der zu lösenden Substanz mit denen des Lösungsmittels. Nach (S 7.14) ist dieser von selbst ablaufende thermodynamische Vorgang mit einer Zunahme der Entropie verbunden. Zu ihrer Berechnung machen wir die auf Grund der experimentellen Ergebnisse (7.43a) und (7.43b) naheliegende Annahme, daß der Lösungsvorgang mit der gleichen Entropiezunahme (A 27.2) verbunden ist wie die Diffusion idealer Gase. Nach (D 7.16) schreibt sich die freie Enthalpie für die i-te Komponente vor dem Lösungsvorgang

$$G_i(p, T) = U_i - TS_i(p, T) + pV_i, \tag{A 31.1a}$$

nach dem Lösungsvorgang mit (A 27.2), (7.35) und $n = \sum_{i=1}^{N_K} n_i$

$$G_i(p_i, T) = U_i - TS_i(p, T) - n_i RT \ln \frac{n}{n_i} + pV_i$$

bzw. bei Beachtung von (A 31.1a)

$$G_i(p_i, T) = G_i(p, T) - n_i RT \ln \frac{n}{n_i}. \tag{A 31.1b}$$

Durch Vergleich von (A 31.1b) mit (7.36b) erhält man für die chemischen Potentiale

$$\mu_i(p_i, T) = \frac{G_i(p, T)}{n_i} - RT \ln \frac{n}{n_i}. \tag{A 31.2}$$

Somit gilt für die in (7.42) auftretenden chemischen Potentiale

$$\mu_{L,LM} = \frac{G_{LM}(p_L, T)}{n_{L,LM}} - RT \ln \frac{n_{L,LM} + n_{L,S}}{n_{L,LM}}$$

und bei Beachtung der für $n_{L,S} \ll n_{L,LM}$ geltenden Näherung

$$\ln\left(1 + \frac{n_{L,S}}{n_{L,LM}}\right) \approx \frac{n_{L,S}}{n_{L,LM}}$$

die Beziehung

$$\mu_{L,LM} = \frac{G_{LM}(p_L, T)}{n_{L,LM}} - \frac{n_{L,S} RT}{n_{L,LM}}. \tag{A 31.3a}$$

Entsprechend folgt, da $m_S \ll m_{LM}$ und somit $n_{LM,LM} \approx n_{L,LM}$ ist,

$$\mu_{LM,LM} = \frac{G_{LM}(p_{LM}, T)}{n_{LM,LM}} \approx \frac{G_{LM}(p_{LM}, T)}{n_{L,LM}}. \tag{A 31.3b}$$

Entwickelt man nach (A 3.1) $G_{LM}(p_L, T)$ an der Stelle $p = p_{LM}$ in eine Reihe und bricht diese nach dem linearen Glied ab, so folgt

$$G_{LM}(p_L, T) = G_{LM}(p_{LM}, T) + (p_L - p_{LM}) \frac{\partial G_{LM}(p_{LM}, T)}{\partial p}$$

oder bei Beachtung von $\pi = p_L - p_{LM}$ und der aus (A 31.1a) folgenden Beziehung $\frac{\partial G_{LM}(p_{Lm}, T)}{\partial p} = V_{LM} \approx V_L$ (Volumen der gelösten Substanz ist gegenüber dem Volumen des verwendeten Lösungsmittels vernachlässigbar)

$$G_{LM}(p_L, T) = G_{LM}(p_{LM}, T) + \pi V_L. \tag{A 31.3c}$$

Setzt man (A 31.3a) und (A 31.3b) unter Beachtung von (A 31.3c) in (7.42) ein, so folgt in Übereinstimmung mit (7.43)

$$\pi V_\mathrm{L} = n_\mathrm{L,S} R T = \frac{m_\mathrm{S}}{m_\mathrm{mol,S}} R T .$$

A. 32 Wahrscheinlichkeit

Tritt ein mögliches Ereignis bei N-maliger Verwirklichung bestimmter, stets völlig gleicher Bedingungen m-mal ein, so wird der Quotient m/N als seine *relative Häufigkeit* bezeichnet. Läßt man die Anzahl der Versuche über jede Grenze wachsen ($N \to \infty$) und strebt die relative Häufigkeit für das Auftreten des Ereignisses gegen den Grenzwert

$$\lim_{N \to \infty} \frac{m}{N} = h_\infty , \tag{A 32.1}$$

so heißt dieser Grenzwert *statistische Wahrscheinlichkeit* für das Auftreten des Ereignisses.

Beobachtet man während einer Zeit t ein abgeschlossenes thermodynamisches System und registriert dabei, daß ein bestimmter Zustand in der Zeitdauer Δt durch ein Teilsystem besetzt ist, so kann die Wahrscheinlichkeit (A 32.1) für die Besetzung des ausgewählten Zustandes durch ein Teilsystem auch durch

$$h_\infty = \lim_{t \to \infty} \frac{\Delta t}{t} \tag{A 32.1a}$$

angegeben werden.

Laplace definierte demgegenüber die Wahrscheinlichkeit w_m wie folgt:

$$w_\mathrm{m} = \frac{\text{Anzahl der das Ereignis realisierenden Fälle}}{\text{Anzahl aller möglichen Fälle}} . \tag{A 32.2}$$

Dieser 1812 eingeführte Laplacesche Wahrscheinlichkeitsbegriff geht von der stillschweigenden Annahme aus, daß alle möglichen Fälle gleichwahrscheinlich sind, benutzt also den Begriff Wahrscheinlichkeit schon zu seiner Definition und kann strengen mathematischen Anforderungen somit nicht genügen. In neuerer Zeit wurde die Wahrscheinlichkeitsrechnung vor allem auf die Mengenlehre und die Maßtheorie gegründet. Dabei wird die Wahrscheinlichkeit im allgemeinen, dem Weg von Kolmogorow folgend, durch ein auf der Basis ihrer Haupteigenschaften beruhendes Axiomensystem definiert. Die dazu erforderlichen Begriffe und Zusammenhänge gehen aber über den Rahmen dieser Darstellung hinaus. Wir begnügen uns hier mit der Feststellung, daß man die statistische Wahrscheinlichkeit nur auf experimentellem Wege näherungsweise durch eine Vielzahl von Versuchen gewinnen kann, während die Laplacesche Wahrscheinlichkeit zu berechnen ist, und daß h_∞ und w_m dann übereinstimmen, wenn jeder der

Versuche zur Ermittlung von h_∞ unter völlig gleichen Bedingungen abläuft und zum anderen für das Auftreten der möglichen Fälle nach LAPLACE keiner von ihnen bevorzugt ist. Letzteres ist z.B. beim Würfeln für die möglichen Fälle, daß die Ziffer 1, 2, 3, 4, 5 oder 6 oben liegt, sofort einzusehen.

Bei physikalischen Überlegungen ist es meist üblich, die Wahrscheinlichkeiten allein durch den Zähler in (A 32.2) auszudrücken. Statt (A 32.2) ist dann zu schreiben

$$w = \text{Anzahl der das Ereignis realisierenden Fälle.} \qquad \text{(A 32.2a)}$$

Völlige Sicherheit für das Eintreten eines Ereignisses bedeutet dann nicht mehr $w_m = 1$, sondern $w =$ Anzahl der möglichen Fälle. Mit einem einwandfreien Würfel erhält man bei einem Wurf zum Beispiel die 5 mit der Wahrscheinlichkeit $w_m = 1/6$ bzw. $w = 1$. Dies heißt aber nicht, daß beim Durchführen von sechs Würfen unbedingt eine Fünf auftreten muß. Erst für eine große Anzahl von Würfen (theoretisch nach (A 32.1) erst bei einer unendlich großen Anzahl von Würfen) kann aus (A 32.2) geschlossen werden, daß bei 1/6 der Würfe die gewünschte Ziffer auftritt.

Es werde ein einzelnes Gasmolekül 1 in einem Volumen V betrachtet. Unterteilt man V in N gleichgroße Teilvolumina, dann befindet sich das Molekül nach (A 32.2) mit der Wahrscheinlichkeit

$$w_m(1) = \frac{1}{N}$$

in einem bestimmten Teilvolumen. Sind in V zwei Gasmoleküle 1 und 2 enthalten, so befindet sich das zweite Gasmolekül 2 mit der Wahrscheinlichkeit

$$w_m(2) = \frac{1}{N}$$

ebenfalls in einem ausgewählten Teilvolumen. Die Wahrscheinlichkeit dafür, daß beide Moleküle im gleichen Teilvolumen zu finden sind, ist dann offenbar $w_m(1 \text{ und } 2) = w_m(1) \cdot w_m(2)$. Bei dieser Überlegung wurde allerdings vorausgesetzt, daß die beiden Moleküle keine Wechselwirkungen aufeinander ausüben, anders ausgedrückt, daß die beiden Ereignisse voneinander unabhängig sind. Allgemein kann formuliert werden: Tritt von zwei voneinander unabhängigen Ereignissen 1 und 2 das eine mit einer Wahrscheinlichkeit $w_m(1)$, das andere mit einer Wahrscheinlichkeit $w_m(2)$ ein, so ist die Wahrscheinlichkeit für das gleichzeitige Eintreten beider Ereignisse durch

$$w_m(1 \text{ und } 2) = w_m(1) \cdot w_m(2) \qquad \text{(A 32.3)}$$

gegeben.

A. 33 Permutationen

Bei der Behandlung der Boltzmann-Statistik ist (8.2a) durch die Anzahl der Permutationen von N Elementen gegeben. Man versteht unter einer Permutation die Anordnung einer gegebenen Anzahl von Elementen in einer Reihenfolge. In Abschnitt 8.1.2 ist dabei ein Element ein Teilsystem, und einem Platz in der Reihenfolge entspricht ein für die Teilsysteme möglicher Energiezustand. Durch den Platzwechsel zweier Elemente entsteht eine neue Permutation.

Die Anzahl P_1 der möglichen Permutationen für $N=1$ ist $P_1=1$. Bei zwei Elementen x_1 und x_2 gibt es die Permutationen x_1x_2 und x_2x_1, also ist $P_2=2=1 \cdot 2$. Bei drei Elementen sind die Permutationen

$$\begin{array}{lll} x_1x_2x_3 & x_3x_1x_2 & x_2x_3x_1 \\ x_1x_3x_2 & x_3x_2x_1 & x_2x_1x_3 \end{array}$$

möglich, es ist $P_3=6=1 \cdot 2 \cdot 3$, usw. Durch Schluß von N auf $N+1$ (vollständige Induktion) folgt für die Anzahl der Permutationen von N Elementen

$$P_{\mathrm{N}}=1 \cdot 2 \cdot 3 \cdot \ldots \cdot N=N!. \tag{A 33.1}$$

Der Induktionsschluß ist eine in der Mathematik vielfach benutzte Beweisführung. Es wird zuerst gezeigt, daß eine Beziehung für $k \leqq N$ richtig ist und daraufhin bewiesen, daß sie dann auch für alle $k \leqq N+1$ gilt. Da nun diese Schlußweise beliebig oft wiederholt werden kann, ist der Beweis für die Richtigkeit der gegebenen Beziehung erbracht.

Wir gehen von der Annahme aus, daß die Anzahl P_{N} der Permutationen von N Elementen $x_i (i=1, 2, \ldots N)$

$$P_{\mathrm{N}}=N!$$

beträgt und wollen zeigen, daß dann für die Anzahl P_{N+1} der Permutationen von $N+1$ Elementen

$$P_{N+1}=(N+1)!$$

gilt. Zum Beweis greifen wir uns irgendeine Permutation

$$x_1x_3x_4x_2 \ldots x_N$$

der N Elemente heraus und fügen das $N+1$-te Element x_{N+1} hinzu. Für die Anordnung dieses Elementes gibt es genau die $N+1$ Möglichkeiten

$$\begin{array}{l} x_{N+1}x_1x_3x_4x_2 \ldots x_N \\ x_1x_{N+1}x_3x_4x_2 \ldots x_N \\ x_1x_3x_{N+1}x_4x_2 \ldots x_N \\ \vdots \\ x_1x_3x_4x_2 \qquad \ldots x_Nx_{N+1}\,. \end{array}$$

Wird weiter beachtet, daß ihrerseits die N Elemente $x_i (i=1, 2, \ldots, N)$ in $P_N=N!$ Möglichkeiten angeordnet werden können, so ergibt sich als

Anzahl der Permutationen von $N+1$ Elementen

$$P_{N+1} = P_N(N+1) = N!(N+1) = (N+1)!\,.$$

Das in (A 33.1) eingeführte Zeichen $N!$ (gesprochen N-Fakultät) ist zunächst nur für ganzzahlige positive Zahlen definiert. Es kann aber durch Einführung der Gammafunktion auf beliebige Zahlen erweitert werden.

An dieser Stelle sei noch auf die Festlegung

$$0! = 1 \tag{A 33.2}$$

hingewiesen, wodurch häufig eine kürzere Schreibweise ermöglicht wird.

Für große N ist die Berechnung von P_N nach (A 33.1) praktisch unmöglich. P_N muß dann durch einen analytischen Ausdruck (*Stirlingsche Formel*) angenähert werden. Wir wollen die Herleitung dieser Beziehung in einer für uns ausreichenden Näherung geben. Für große N kann man näherungsweise setzen

$$\ln N! = \sum_{x=1}^{N} \ln x \approx \int_1^N \ln x \,\mathrm{d}x\,.$$

Da nach der Methode der partiellen Integration (A 4.4) mit (A 4.6) und (A 2.15a)

$$\int 1 \ln x \,\mathrm{d}x = x \ln x - \int x \frac{1}{x} \,\mathrm{d}x = x \ln x - x + C\,,$$

d.h.

$$\int_1^N \ln x \,\mathrm{d}x = N \ln \mathrm{N} - \mathrm{N} + 1$$

gilt, folgt bei Vernachlässigung der Eins gegenüber N

$$\ln N! \approx N \ln N - N \tag{A 33.3}$$

oder

$$N! \approx \left(\frac{N}{\mathrm{e}}\right)^N \quad (N \gg 1)\,. \tag{A 33.3a}$$

A. 34 Zur Berechnung der inneren Energie des idealen Gases

Mit

$$x^2 = \frac{p_i^2}{2m_\mathrm{m} kT}\,; \quad \mathrm{d}x = \frac{\mathrm{d}p_i}{\sqrt{2m_\mathrm{m} kT}} \tag{A 34.1}$$

geht (8.20) über in das Integral

$$I = kT \frac{\int\limits_{-\infty}^{+\infty} x^2 e^{-x^2} dx}{\int\limits_{-\infty}^{+\infty} e^{-x^2} dx}. \quad \text{(A 34.2)}$$

Mit (vgl. (A 2.9), (A 2.7) und (A 2.14 a))

$$u = x; \; u' = 1; \; v = -\frac{e^{-x^2}}{2}; \; v' = x e^{-x^2}$$

ergibt die partielle Integration unter Beachtung von

$$\lim_{x \to \infty} x^n e^{-x^2} = 0 \quad \text{(für beliebiges } n\text{)}$$

$$I = kT \frac{\int\limits_{-\infty}^{+\infty} x \cdot x e^{-x^2} dx}{\int\limits_{-\infty}^{+\infty} e^{-x^2} dx} = kT \frac{-\frac{x}{2} e^{-x^2} \Big|_{-\infty}^{+\infty} + \frac{1}{2} \int\limits_{-\infty}^{+\infty} e^{-x^2} dx}{\int\limits_{-\infty}^{+\infty} e^{-x^2} dx} = \frac{1}{2} kT.$$

(A 34.3)

A. 35 Zum Gleichverteilungssatz

Die m verallgemeinerten Lagekoordinaten q_j und die r verallgemeinerten Impulskoordinaten p_i, die gemäß (8.19b) in die Energiefunktion des Systems eingehen, werden im weiteren mit x_l $(l = 1, 2, \ldots, f^*)$ bezeichnet. Dann berechnet sich die innere Energie $\overline{W}$ des Systems analog zu (8.10b) aus

$$\sigma \overline{W} = \int\int \ldots \int\limits_{-\infty}^{+\infty} W e^{-\frac{W}{kT}} dx_1 \, dx_2 \ldots dx_l \ldots dx_{f^*} \quad \text{(A 35.1)}$$

mit der Forderung (8.19b)

$$W = W(tx_1, tx_2, \ldots, tx_l, \ldots, tx_{f^*}) = t^2 W(x_1, x_2, \ldots, x_l, \ldots, x_{f^*}).$$

(A 35.2)

Wir bilden das vollständige Differential von (A 35.2) (vgl. (A 2.22))

$$dW = \sum_{l=1}^{f^*} \frac{\partial W}{\partial (tx_l)} d(tx_l),$$

differenzieren diese Beziehung und (A 35.2) nach t und erhalten so für $t \to 1$ den *Eulerschen Satz* für homogene quadratische Funktionen

$$\sum_{l=1}^{f^*} \frac{\partial W}{\partial x_l} x_l = 2W. \quad \text{(A 35.2a)}$$

Mit (A 35.2a) bekommt (A 35.1) die Form

$$2\sigma \overline{W} = \sum_{l=1}^{f^*} \int\int \ldots \int\limits_{-\infty}^{+\infty} e^{-\frac{W}{kT}} \frac{\partial W}{\partial x_l} x_l \, dx_1 \, dx_2 \ldots dx_l \ldots dx_{f^*}. \quad \text{(A 35.1a)}$$

Setzt man

$$u = \mathrm{e}^{-\frac{W}{kT}}; \quad u' = \frac{\partial u}{\partial x_l} = \frac{1}{kT}\,\mathrm{e}^{-\frac{W}{kT}}\frac{\partial W}{\partial x_l}; \quad v = x_l; \quad v' = \frac{\partial v}{\partial x_l} = 1,$$

so folgt durch partielle Integration

$$\frac{1}{kT}\int\limits_{-\infty}^{+\infty} \mathrm{e}^{-\frac{W}{kT}}\frac{\partial W}{\partial x_l}\,x_l\,\mathrm{d}x_l = -x_l\,\mathrm{e}^{-\frac{W}{kT}}\Big|_{-\infty}^{+\infty} + \int\limits_{-\infty}^{+\infty}\mathrm{e}^{-\frac{W}{kT}}\,\mathrm{d}x_l.$$

Da nach Voraussetzung W mit x_l quadratisch wächst und für ein beliebiges n $\lim\limits_{x\to\infty} x^n\,\mathrm{e}^{-x^2} = 0$ ist, gilt

$$-x_l\,\mathrm{e}^{-\frac{W}{kT}}\Big|_{-\infty}^{+\infty} = 0$$

und damit für (A 35.1a) unter Beachtung der Festlegung des Zustandsintegrals

$$\frac{2\sigma\overline{W}}{kT} = f^* \int\int\limits_{-\infty}^{+\infty}\!\!\dots\int \mathrm{e}^{-\frac{W}{kT}}\,\mathrm{d}x_1\,\mathrm{d}x_2\dots\mathrm{d}x_l\dots\mathrm{d}x_{f^*} = f^*\sigma$$

oder

$$\overline{W} = \frac{f^*kT}{2}. \qquad \text{(A 35.3)}$$

A. 36 Zur Maxwellschen Geschwindigkeitsverteilung

Als erstes soll

$$I = \int\limits_{-\infty}^{+\infty} \mathrm{e}^{-x^2}\,\mathrm{d}x = \sqrt{\pi} \qquad \text{(A 36.1)}$$

bewiesen werden.

Da die Benennung der Integrationsvariablen beliebig ist, können wir mit (A 36.1), (A 6.2), durch Einführung von Polarkoordinaten $x = \varrho\cos\varphi$, $y = \varrho\sin\varphi$ und Beachtung von (A 4.4) und (A 4.5) schreiben:

$$I^2 = \int\limits_{-\infty}^{+\infty}\mathrm{e}^{-x^2}\,\mathrm{d}x \int\limits_{-\infty}^{+\infty}\mathrm{e}^{-y^2}\,\mathrm{d}y = \int\int\limits_{-\infty}^{+\infty}\mathrm{e}^{-(x^2+y^2)}\,\mathrm{d}x\,\mathrm{d}y = \int\limits_{\varrho=0}^{\infty}\int\limits_{\varphi=0}^{2\pi}\mathrm{e}^{-\varrho^2}\,\varrho\,\mathrm{d}\varrho\,\mathrm{d}\varphi$$

$$= \int\limits_{\varrho=0}^{\infty}\mathrm{e}^{-\varrho^2}\,\varrho\,\mathrm{d}\varrho\int\limits_{\varphi=0}^{2\pi}\mathrm{d}\varphi = -\frac{1}{2}\,\mathrm{e}^{-\varrho^2}\Big|_0^{\infty}\cdot\varphi\Big|_0^{2\pi} = \pi$$

oder

$$I = \int\limits_{-\infty}^{+\infty}\mathrm{e}^{-x^2}\,\mathrm{d}x = \sqrt{\pi}.$$

Mit (A 36.1) kann (8.23a) umgeformt werden. Man setzt zu diesem Zweck

$$z^2 = \frac{m_m v_i^2}{2kT}, \quad dz = \sqrt{\frac{m_m}{2kT}}\, dv_i \quad (i = x, y, z),$$

beachtet (A 7.2) und (A 36.1) und erhält

$$f(v_x, v_y, v_z) = \frac{n\,e^{-\frac{m_m(v_x^2+v_y^2+v_z^2)}{2kT}}}{\int\limits_{-\infty}^{+\infty} e^{-\frac{m_m v_x^2}{2kT}}\, dv_x \int\limits_{-\infty}^{+\infty} e^{-\frac{m_m v_y^2}{2kT}}\, dv_y \int\limits_{-\infty}^{+\infty} e^{-\frac{m_m v_z^2}{2kT}}\, dv_z}$$

$$= n \sqrt{\frac{m_m}{2kT}}^{\,3} e^{-\frac{m_m(v_x^2+v_y^2+v_z^2)}{2kT}} \frac{1}{\left(\int\limits_{-\infty}^{+\infty} e^{-z^2}\, dz\right)^3}$$

$$= n \sqrt{\frac{m_m}{2\pi kT}}^{\,3} e^{-\frac{m_m(v_x^2+v_y^2+v_z^2)}{2kT}}. \qquad \text{(A 36.2)}$$

Die wahrscheinlichste Geschwindigkeit v_w erhält man durch Bestimmung des Extremwertes (siehe Abschnitt A. 2) der Verteilungsfunktion (8.23c) bei Beachtung von (A 2.3), (A 2.5), (A 2.7) und (A 2.14):

$$\frac{1}{n}\frac{df(v)}{dv} = \frac{\sqrt{2}}{\sqrt{\pi}}\left(\frac{m_m}{kT}\right)^{3/2} e^{-\frac{m_m v^2}{2kT}} \left(2v - 2v\frac{m_m v^2}{2kT}\right) = 0.$$

Auflösung der Gleichung nach v ergibt

$$v_w = \sqrt{\frac{2kT}{m_m}}. \qquad \text{(A 36.3)}$$

Zur Berechung der mittleren Geschwindigkeit $\bar{v}$ geht man von (8.23c) mit (A 36.2) aus und berücksichtigt (A 4.2):

$$\bar{v} = \frac{1}{n}\int\limits_0^\infty f(v)\, v\, dv = \frac{\sqrt{2}}{\sqrt{\pi}}\left(\frac{m_m}{kT}\right)^{3/2} \int\limits_0^\infty v^3 e^{-\frac{m_m v^2}{2kT}}\, dv.$$

Mit $\dfrac{dv^2}{dv} = 2v$ folgt $\bar{v} = \dfrac{\sqrt{2}}{\sqrt{\pi}}\left(\dfrac{m_m}{kT}\right)^{3/2} \dfrac{1}{2}\displaystyle\int\limits_0^\infty v^2 e^{-\frac{m_m v^2}{2kT}}\, dv^2$

und mit der Substitution $\dfrac{m_m v^2}{2kT} = x$ oder $v^2 = \dfrac{2kT}{m_m} x$, $\dfrac{dx}{dv^2} = \dfrac{m_m}{2kT}$

ergibt sich daraus

$$\bar{v} = \frac{\sqrt{2}}{\sqrt{\pi}} \left(\frac{m_{\mathrm{m}}}{kT}\right)^{3/2} \frac{1}{2} \left(\frac{2kT}{m_{\mathrm{m}}}\right)^2 \int\limits_0^{\infty} x \mathrm{e}^{-x} \, \mathrm{d}x \,.$$

Mit (A 4.4) und (A 4.12a) folgt

$$\bar{v} = \frac{2}{\sqrt{\pi}} \sqrt{\frac{2kT}{m_{\mathrm{m}}}} \left[-\mathrm{e}^{-x}(x+1)\right]_0^{\infty} = \frac{2}{\sqrt{\pi}} \sqrt{\frac{2kT}{m_{\mathrm{m}}}} \,. \qquad \text{(A 36.4)}$$

A. 37 Lösung der Differentialgleichung des gedämpften Federschwingers

Nach A. 18 ist die zu lösende Differentialgleichung (9.16b)

$$m \frac{\mathrm{d}^2 x}{\mathrm{d}t^2} + R \frac{\mathrm{d}x}{\mathrm{d}t} + Dx = 0 \quad (m, R, D \text{ reelle Konstanten} > 0) \qquad \text{(A 37.1)}$$

eine gewöhnliche lineare homogene Differentialgleichung zweiter Ordnung mit konstanten Koeffizienten. Die Ergebnisse von A. 18 können daher sofort übernommen werden. Der Vergleich von (A 18.1a) mit (A 37.1) zeigt, daß sich entsprechen: $y \mathrel{\hat{=}} x$, $x \mathrel{\hat{=}} t$, $a_2 \mathrel{\hat{=}} m$, $a_1 \mathrel{\hat{=}} R$, $a_0 \mathrel{\hat{=}} D$. Die Beziehung (A 18.4b) nimmt damit die Form an

$$m\lambda^2 + R\lambda + D = 0 \,. \qquad \text{(A 37.2)}$$

Ihre Lösung ergibt sich nach (A 18.4c) zu

$$\lambda_{1,2} = -\frac{R}{2m} \pm \sqrt{\frac{R^2}{4m^2} - \frac{D}{m}} \,. \qquad \text{(A 37.2a)}$$

Analog A. 18 treten folgende Fälle auf:

a) $\dfrac{R^2}{4m^2} > \dfrac{D}{m}$ (d.h. $\lambda_1 \neq \lambda_2$ reell)

Nach (A 18.5a) und (A 37.2a) ergibt sich als Lösung der Differentialgleichung

$$x = \mathrm{e}^{-\frac{R}{2m}t} \left[C_1 \mathrm{e}^{+\sqrt{\frac{R^2}{4m^2} - \frac{D}{m}}\,t} + C_2 \mathrm{e}^{-\sqrt{\frac{R^2}{4m^2} - \frac{D}{m}}\,t}\right]. \qquad \text{(A 37.3a)}$$

b) $\dfrac{R^2}{4m^2} < \dfrac{D}{m}$ (d.h. $\lambda_1 \neq \lambda_2 = \lambda_1{}^*$ komplex)

Nach (A 18.5b) und (A 37.2a) ergibt sich als Lösung der Differentialgleichung

$$x = C \mathrm{e}^{-\frac{R}{2m}t} \cos\left(\sqrt{\frac{D}{m} - \frac{R^2}{4m^2}}\, t + \varphi\right). \qquad \text{(A 37.3b)}$$

c) $\frac{R^2}{4m^2} = \frac{D}{m} \quad \left(\text{d.h.} \quad \lambda_1 = \lambda_2 = \lambda = -\frac{R}{2m}\right)$

Nach (A 18.5c) und (A 37.2a) ergibt sich als Lösung der Differentialgleichung

$$x = (C_1 + C_2 t)\,\mathrm{e}^{-\frac{R}{2m}t}. \tag{A 37.3c}$$

A. 38 Lösung der Differentialgleichung der erzwungenen Schwingung

Nach (A 18.7) ergibt sich die Lösung dieser gewöhnlichen linearen inhomogenen Differentialgleichung zweiter Ordnung mit konstanten Koeffizienten

$$m\frac{\mathrm{d}^2 x}{\mathrm{d}t^2} + R\frac{\mathrm{d}x}{\mathrm{d}t} + Dx = F_0 \cos \omega_{\ddot{a}} t \tag{A 38.1}$$

($m > 0$, $R > 0$, $D > 0$, $F_0 > 0$ reelle Konstanten)

als Summe der allgemeinen Lösung $x_{\mathrm{h}}(t)$ der zugehörigen homogenen Differentialgleichung (A 37.1) und einer speziellen Lösung $I(t)$ der inhomogenen Differentialgleichung (A 38.1). Da nach A. 37 die allgemeine Lösung der zugehörigen homogenen Differentialgleichung bekannt ist, reduziert sich die Lösung von (A 38.1) auf das Auffinden eines speziellen Integrales $I(t)$. Prinzipiell kann $I(t)$ mit der Methode der Variation der Konstanten (vgl. A. 18) gefunden werden. Zur Lösung des vorstehenden Problems erweist sich dieser Weg allerdings als sehr umständlich. Wir umgehen diese Methode deshalb wie folgt:

Auf Grund der speziellen Form des inhomogenen Gliedes in (A 38.1) ist zu vermuten, daß auch $I(t)$ eine periodische Funktion der Art $\cos \omega_{\ddot{a}} t$ sein muß. Wir setzen daher

$$I = x_0 \cos(\omega_{\ddot{a}} t - \varphi) \tag{A 38.2}$$

und versuchen, die noch unbekannten Konstanten x_0 und φ so zu bestimmen, daß I Lösungsfunktion von (A 38.1) ist. Mit (A 1.12) kann für (A 38.2)

$$I = x_0 \cos \omega_{\ddot{a}} t \cos \varphi + x_0 \sin \omega_{\ddot{a}} t \sin \varphi \tag{A 38.2a}$$

geschrieben werden, woraus sich nach (A 2.4), (A 2.3), (A 2.7), (A 2.10) und (A 2.11) durch Differentiation

$$\frac{\mathrm{d}I}{\mathrm{d}t} = -x_0 \omega_{\ddot{a}} \sin \omega_{\ddot{a}} t \cos \varphi + x_0 \omega_{\ddot{a}} \cos \omega_{\ddot{a}} t \sin \varphi, \tag{A 38.2b}$$

$$\frac{d^2 I}{\mathrm{d}t^2} = -x_0 \omega_{\ddot{a}}^2 \cos \omega_{\ddot{a}} t \cos \varphi - x_0 \omega_{\ddot{a}}^2 \sin \omega_{\ddot{a}} t \sin \varphi \tag{A 38.2c}$$

ergibt. Durch Einsetzen von (A 38.2a), (A 38.2b) und (A 38.2c) in die inhomogene Differentialgleichung (A 38.1) und Ordnen erhält man

$$(-m x_0 \omega_{ä}^2 \cos \varphi + R x_0 \omega_{ä} \sin \varphi + D x_0 \cos \varphi - F_0) \cos \omega_{ä} t$$
$$+(-m x_0 \omega_{ä}^2 \sin \varphi - R x_0 \omega_{ä} \cos \varphi + D x_0 \sin \varphi) \sin \omega_{ä} t = 0\,. \quad \text{(A 38.3)}$$

Soll (A 38.3) für jeden Zeitpunkt Lösungsfunktion von (A 38.1) sein, dann müssen in (A 38.3) die Koeffizienten von $\cos \omega_{ä} t$ und $\sin \omega_{ä} t$ verschwinden. Diese Bedingung ergibt die Gleichungen

$$x_0 \cos \varphi \left(\frac{D}{m} - \omega_{ä}^2\right) + \frac{\omega_{ä} R}{m} x_0 \sin \varphi = \frac{F_0}{m}\,, \quad \text{(A 38.4a)}$$

$$x_0 \sin \varphi \left(\frac{D}{m} - \omega_{ä}^2\right) - \frac{\omega_{ä} R}{m} x_0 \cos \varphi = 0\,, \quad \text{(A 38.4b)}$$

deren Auflösung nach $x_0 \cos \varphi$ bzw. $x_0 \sin \varphi$

$$x_0 \sin \varphi = \frac{\omega_{ä} R F_0}{m^2 \left(\frac{D}{m} - \omega_{ä}^2\right)^2 + \omega_{ä}^2 R^2}\,, \quad \text{(A 38.4c)}$$

$$x_0 \cos \varphi = \frac{m F_0 \left(\frac{D}{m} - \omega_{ä}^2\right)}{m^2 \left(\frac{D}{m} - \omega_{ä}^2\right)^2 + \omega_{ä}^2 R^2} \quad \text{(A 38.4d)}$$

ergibt. Werden jetzt noch die Beziehungen (A 1.1) und (A 1.2) beachtet, so ergeben sich nach (A 38.4c) und (A 38.4d) für x_0 und $\tan \varphi$ die Ausdrücke

$$x_0 = \frac{F_0}{\sqrt{m^2 \left(\frac{D}{m} - \omega_{ä}^2\right)^2 + \omega_{ä}^2 R^2}}\,, \quad \text{(A 38.5a)}$$

$$\tan \varphi = \frac{\frac{\omega_{ä} R}{m}}{\frac{D}{m} - \omega_{ä}^2}\,. \quad \text{(A 38.5b)}$$

Nach (A 18.7) und (A 38.2) hat die inhomogene Differentialgleichung (A 38.1) die allgemeine Lösung

$$x = x_h + x_0 \cos (\omega_{ä} t - \varphi)\,, \quad \text{(A 38.5)}$$

in die für x_h je nach vorliegendem Fall (A 37.3a), (A 37.3b) oder (A 37.3c) und für x_0 und φ (A 38.5a) bzw. (A 38.5b) einzusetzen sind.

A. 39 Entwicklung einer Rechteckschwingung und einer Kippschwingung in eine Fourier-Reihe

Wir betrachten zuerst die in Abbildung A 39.1 dargestellte Rechteckschwingung:

$$
\begin{aligned}
&-\pi \leqq x < -\frac{x_0}{2} \qquad && f(x)=0, \\
&-\frac{x_0}{2} < x < +\frac{x_0}{2} \qquad && f(x)=h, \qquad\qquad \text{(A 39.1)} \\
&+\frac{x_0}{2} < x \leqq +\pi \qquad && f(x)=0, \\
&f(x)=f(x+2\pi).
\end{aligned}
$$

Sie soll entsprechend A. 19 in eine Fouriersche Reihe entwickelt werden.

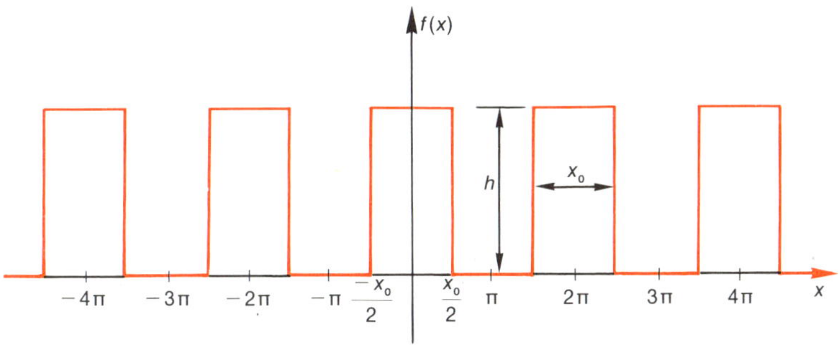

Abb. A 39.1 Rechteckschwingung

$f(x)$ ist eine gerade Funktion ($f(-x)=f(x)$). Daher müssen die Koeffizienten b_n der Sinusreihe in (A 19.2) verschwinden, denn nach (A 1.3) ist der Sinus eine ungerade Funktion. Nach (A 19.2a) und (A 19.2b) folgt mit (A 4.6), (A 4.8), (A 4.5), (A 4.2) und (A 1.3)

$$a_0 = \frac{1}{2\pi}\int_{-\pi}^{+\pi} f(x)\,\mathrm{d}x = \frac{h}{2\pi}\int_{-\frac{x_0}{2}}^{+\frac{x_0}{2}} \mathrm{d}x = \frac{h}{2\pi}\, x \Bigg|_{-\frac{x_0}{2}}^{+\frac{x_0}{2}} = \frac{h x_0}{2\pi}, \qquad \text{(A 39.2a)}$$

$$a_n = \frac{1}{\pi}\int_{-\pi}^{+\pi} f(x)\cos nx\,\mathrm{d}x = \frac{h}{\pi}\int_{-\frac{x_0}{2}}^{+\frac{x_0}{2}} \cos nx\,\mathrm{d}x = \frac{h}{n\pi}\sin nx \Bigg|_{-\frac{x_0}{2}}^{+\frac{x_0}{2}}$$

$$= \frac{2h}{n\pi}\sin\frac{n x_0}{2}, \quad (n \geqq 1). \qquad \text{(A 39.2b)}$$

Die Fourier-Reihenentwicklung von (A 19.1) ergibt sich daher nach (A 19.2) zu

$$f(x)=\frac{h x_0}{2\pi}+\frac{2h}{\pi}\sum_{n=1}^{\infty}\frac{\sin\frac{n x_0}{2}}{n}\cos n x\,. \qquad \text{(A 39.2)}$$

Für die in Abbildung A 39.2 dargestellte Kippschwingung gilt:

$$-\pi \leqq x < 0 \qquad f(x)=\frac{h}{2\pi}x+\frac{h}{2},$$

$$0<x\leqq\pi \qquad f(x)=\frac{h}{2\pi}\,x-\frac{h}{2}, \qquad \text{(A 39.3)}$$

$$f(x)=f(x+2\pi).$$

Auch sie wollen wir durch eine Fouriersche Reihe darstellen.

$f(x)$ ist eine ungerade Funktion $(f(-x)=-f(x))$. Daher müssen die Koeffizienten a_n (einschließlich a_0) der Kosinusreihe in (A 19.2) verschwinden, denn nach (A 1.4) ist der Kosinus eine gerade Funktion. Nach (A 19.2c) folgt mit (A 4.9), (A 4.5), (A 4.4), (A 4.3), (A 4.2) und (A 1.4)

$$b_n=\frac{1}{\pi}\int_{-\pi}^{0}\left(\frac{h}{2\pi}\,x+\frac{h}{2}\right)\sin n x\,\mathrm{d}x+\frac{1}{\pi}\int_{0}^{\pi}\left(\frac{h}{2\pi}\,x-\frac{h}{2}\right)\sin n x\,\mathrm{d}x$$

$$=\frac{h}{2\pi^2}\int_{-\pi}^{+\pi} x\sin n x\,\mathrm{d}x+\frac{h}{2\pi}\int_{-\pi}^{0}\sin n x\,\mathrm{d}x-\frac{h}{2\pi}\int_{0}^{\pi}\sin n x\,\mathrm{d}x$$

$$=-\frac{h}{2\pi^2 n}\,x\cos n x\,\Big|_{-\pi}^{+\pi}+\frac{h}{2\pi^2 n^2}\sin n x\,\Big|_{-\pi}^{+\pi}-\frac{h}{2\pi n}\cos n x\,\Big|_{-\pi}^{0}$$

$$+\frac{h}{2\pi n}\cos n x\,\Big|_{0}^{\pi}$$

$$=-\frac{h}{\pi n}\cos n\pi-\frac{h}{2\pi n}+\frac{h}{2\pi n}\cos n\pi+\frac{h}{2\pi n}\cos n\pi-\frac{h}{2\pi n}$$

$$=-\frac{h}{\pi n}\,. \qquad \text{(A 39.4a)}$$

Die Fourier-Reihenentwicklung von (A 39.3) ergibt sich daher nach (A 19.2) zu

$$f(x)=-\frac{h}{\pi}\sum_{n=1}^{\infty}\frac{\sin n x}{n}\,. \qquad \text{(A 39.4)}$$

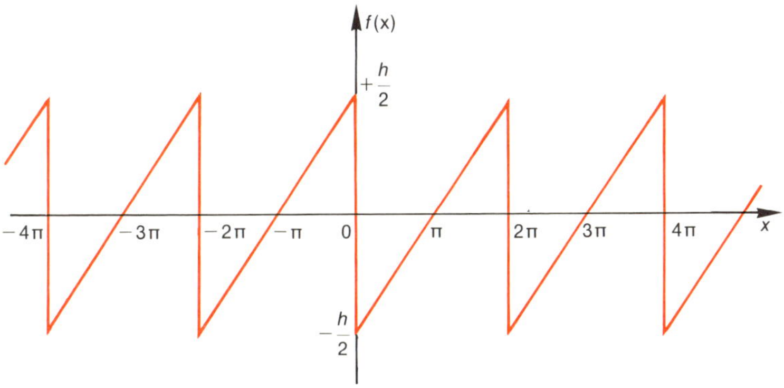

Abb. A 39.2 Kippschwingung

A. 40 Berechnung des Fourier-Integrales eines Rechteckimpulses

Ein Rechteckimpuls der zeitlichen Dauer τ habe die Höhe h. Sein zeitlicher Ablauf ist darstellbar durch (vgl. Abb. A. 40.1):

$$
\begin{aligned}
f(t) &= 0 \qquad -\infty \leqq t < -\frac{\tau}{2}, \\
f(t) &= h \qquad -\frac{\tau}{2} < t < +\frac{\tau}{2}, \\
f(t) &= 0 \qquad +\frac{\tau}{2} < t \leqq \infty .
\end{aligned}
\tag{A 40.1}
$$

(A 20.5a) und (A 20.5b) berechnen sich mit $\eta = \omega$ bei Beachtung von (A 4.8), (A 4.9), (A 4.5), (A 1.3) und (A 1.4) zu

$$
\begin{aligned}
a(\omega) &= \frac{1}{\pi} \int\limits_{-\infty}^{+\infty} f(t) \cos \omega t \, \mathrm{d}t = \frac{h}{\pi} \int\limits_{-\frac{\tau}{2}}^{+\frac{\tau}{2}} \cos \omega t \, \mathrm{d}t \\
&= \frac{h}{\pi\omega} \sin \omega t \, \Bigg|_{-\frac{\tau}{2}}^{+\frac{\tau}{2}} = \frac{h}{\pi\omega} \left(\sin \frac{\omega\tau}{2} - \sin \left(-\frac{\omega\tau}{2} \right) \right) \\
&= \frac{2h}{\pi\omega} \sin \frac{\omega\tau}{2} ,
\end{aligned}
$$

$$
b(\omega) = \frac{1}{\pi} \int\limits_{-\infty}^{-\infty} f(t) \sin \omega t \, \mathrm{d}t = \frac{h}{\pi} \int\limits_{-\frac{\tau}{2}}^{+\frac{\tau}{2}} \sin \omega t \, \mathrm{d}t = 0 .
$$

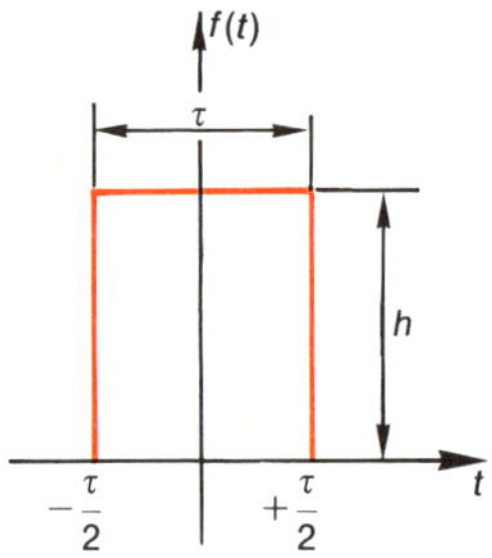

Abb. A 40.1 Rechteckimpuls

Mit diesen Werten ergibt sich aus (A 20.6a), (A 20.6b) und (A 20.6) das gesuchte Fourier-Integral der Funktion (A 40.1) zu

$$f(t) = \int_{\omega=0}^{\infty} u_0(\omega) \cos \omega t \, \mathrm{d}\omega \tag{A 40.2}$$

mit

$$u_0(\omega) = \frac{2h}{\pi\omega} \sin \frac{\omega\tau}{2} . \tag{A 40.2a}$$

A. 41 Berechnung der zeitlichen Mittelwerte von Wellenfunktionen

Es soll der Mittelwert einer ebenen harmonischen Welle (10.2b)

$$u = u_0 \cos(\omega t - kz + \varphi) \tag{A 41.1}$$

und ihres Quadrates

$$u^2 = u_0{}^2 \cos^2(\omega t - kz + \varphi) \tag{A 41.2}$$

für eine Periodendauer T bestimmt werden (*zeitlicher Mittelwert)*

Der gesuchte zeitliche Mittelwert von (A 41.1) errechnet sich aus

$$\bar{u} = \frac{u_0}{T} \int_0^T \cos(\omega t - kz + \varphi) \, \mathrm{d}t . \tag{A 41.1a}$$

Beachtet man (A 4.5), (A 4.8), (A 1.3) und (9.1), so folgt

$$\bar{u} = \frac{u_0 \omega}{2\pi} \int_0^{\frac{2\pi}{\omega}} \cos(\omega t - kz + \varphi) \, \mathrm{d}t = \frac{u_0}{2\pi} \int_0^{2\pi} \cos x \, \mathrm{d}x = \frac{u_0}{2\pi} \sin x \Big|_0^{2\pi} = 0 ,$$

d.h.,

$$\bar{u} = \overline{u_0 \cos(\omega t + kz + \varphi)} = 0 . \tag{A 41.3}$$

Der gesuchte zeitliche Mittelwert $\overline{u^2}$ errechnet sich analog zu (A 41.1a) aus

$$\overline{u^2} = \frac{u_0^{\,2}}{T} \int_0^T \cos^2(\omega t - kz + \varphi)\,\mathrm{d}t\,.$$

Beachtet man (A 4.4), (A 4.5), (A 1.2), (A 4.6), (A 1.3), (A 1.4), (A 4.8), (A 4.9) und (9.1), so folgt

$$\overline{u^2} = \frac{u_0^{\,2}\,\omega}{2\pi} \int_0^{\frac{2\pi}{\omega}} \cos^2(\omega t - kz + \varphi)\,\mathrm{d}t$$

$$= \frac{u_0^{\,2}}{2\pi} \int_0^{2\pi} \cos^2 x\,\mathrm{d}x = \frac{u_0^{\,2}}{2\pi} \int_0^{2\pi} \cos x \cos x\,\mathrm{d}x$$

$$= \frac{u_0^{\,2}}{2\pi} \left[\cos x \sin x \,\Big|_0^{2\pi} + \int_0^{2\pi} \sin^2 x\,\mathrm{d}x \right]$$

$$= \frac{u_0^{\,2}}{2\pi} \int_0^{2\pi} (1 - \cos^2 x)\,\mathrm{d}x = \frac{u_0^{\,2}}{2\pi} \left[x \,\Big|_0^{2\pi} - \int_0^{2\pi} \cos^2 x\,\mathrm{d}x \right]$$

$$= u_0^{\,2} - \overline{u^2}$$

und damit

$$\overline{u^2} = \overline{u_0^{\,2} \cos^2(\omega t - kz + \varphi)} = \frac{1}{2}\,u_0^{\,2}\,. \qquad \text{(A 41.4)}$$

A. 42 Lösungen der Aufgaben

Aufgabe 3.1

Grundlagen:
Kraftstoß (3.8a), Energieerhaltungssatz (S 3.18)

Nach (3.8a) gilt

$$\int_0^t F\,\mathrm{d}t = p(t) - p(t=0)$$

$$F\,t = m\,v \quad \text{bzw.} \quad v = \frac{F\,t}{m} = 0{,}033\ \mathrm{m/s}.$$

Die kinetische Energie berechnet sich aus

$$W_k = \frac{m}{2} v^2 = \frac{F^2 t^2}{2m} = 3{,}33 \cdot 10^{-3}\ \mathrm{Nm}$$

Der Winkelausschlag φ ergibt sich aus (S 3.18)

$$-\Delta W_p = \Delta W_k \quad \text{bzw.} \quad m\,g\,h = \frac{m}{2} v^2$$

und dem Zusammenhang zwischen dem Winkel φ und der von der Masse m erreichten Höhe h:

$$\cos\varphi = \frac{l-h}{l} = 1 - \frac{h}{l}$$

$$= 1 - \frac{v^2}{2lg} \quad \text{bzw.} \quad \varphi = 0{,}61^\circ.$$

Aufgabe 3.2

Grundlagen:
Lösung eines Anfangswertproblems (Abschnitt 3.5)

Gesucht wird der zurückgelegte Bremsweg als Funktion der Geschwindigkeit. Die Abhängigkeit der Geschwindigkeit und des Weges von der Zeit lassen sich aus der Integration der Bremsbeschleunigung a_B (Richtung entgegengesetzt zur Geschwindigkeit) berechnen.

$$v(t) = -\int_0^t a_B\,\mathrm{d}t + v_0 = -a_B\,t + v_0$$

$$s(t) = \int_0^t v(t)\,\mathrm{d}t + s_0 = -(a_B/2)\,t^2 + v_0\,t.$$

Die Bremszeit t_B ergibt sich aus der zu erreichenden Endgeschwindigkeit $v_E(t_B) = 20\ \mathrm{m/s}$.

$$v_E(t_B) = -a_B\,t_B + v_0 \quad \text{bzw.} \quad t_B = (v_0 - v_E)/a_B.$$

Eingesetzt in die Gleichung für $s(t)$, ergibt sich die gesuchte Abhängigkeit:

$$s_B(v) = \frac{(v_0{}^2 - v_E{}^2)}{2\,a_B} = 108\ \mathrm{m}.$$

Aufgabe 3.3

Grundlagen:
D'Alembertsches Prinzip (S 3.10), Zentrifugalkraft (3.15)

Nach (S 3.10) befindet sich der Massenpunkt an jedem Ort des Drahtes im dynamischen Gleichgewicht, wenn unabhängig vom Ort die Summe der eingeprägten Kräfte und der d'Alembert-Kräfte gleich Null ist.

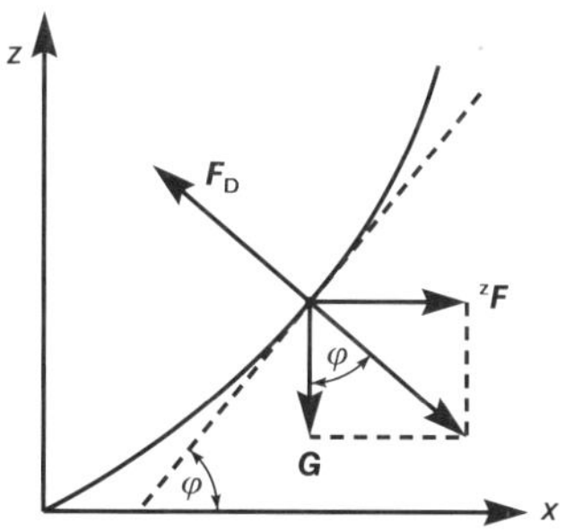

Die eingeprägten Kräfte sind das Gewicht $\boldsymbol{G}$ und die Reaktionskraft des Drahtbügels $\boldsymbol{F}_D$; die d'Alembert-Kraft ist die Zentrifugalkraft $^z\boldsymbol{F}$ (siehe Abb.)

$$\boldsymbol{G} + \boldsymbol{F}_D + {}^z\boldsymbol{F} = \boldsymbol{0} \quad \textbf{bzw.} \quad |\boldsymbol{G} + {}^z\boldsymbol{F}| = |\boldsymbol{F}_D|\,.$$

Da $\boldsymbol{F}_D$ immer senkrecht auf der Tangente an den Drahtbügel steht und $\boldsymbol{G}$ und $^z\boldsymbol{F}$ einen rechten Winkel miteinander bilden, muß im Gleichgewicht der folgende Zusammenhang gelten:

$$\tan\varphi = {}^zF/G = \frac{m\,\omega^2 x}{m\,g} = \frac{\omega^2 x}{g}.$$

Die Größe $\tan\varphi$ entspricht dem Anstieg und damit der 1. Ableitung der gesuchten Funktion $z(x)$, die man hieraus durch Integration ermitteln kann:

$$\tan\varphi = \frac{\mathrm{d}z}{\mathrm{d}x} = \frac{\omega^2 x}{g}$$

$$\int \mathrm{d}z = \int \frac{\omega^2}{g}\,x\,\mathrm{d}x + C$$

$$z = \frac{\omega^2}{2g}x^2 + C,$$

und mit $z(x=0) = 0$ ergibt sich die gesuchte Funktion

$$z(x) = \frac{\omega^2}{2g}x^2\,.$$

Aufgabe 3.4

Grundlagen:
Energieerhaltungssatz (S 3.18), (S 3.17), Arbeitsintegral (S 3.16), Gravitationsgesetz (3.20), (3.22)

Im Gravitationsfeld ist nach (S 3.17) und (S 3.18) die vom Raketentriebwerk geleistete Arbeit gleich der Änderung von potentieller und kinetischer Energie

$$W_{\mathrm{Rak}} = \Delta W_{\mathrm{k}} + \Delta W_{\mathrm{p}}$$

mit

$$\Delta W_{\mathrm{k}} = W_{\mathrm{k}2} - W_{\mathrm{k}1} = m/2\,({v_2}^2 - {v_1}^2)$$

und

$$v^2/r = g_{\mathrm{r}} = g_{\mathrm{n}}\,({r_{\mathrm{E}}}^2/r^2)$$

bzw.

$$v^2 = g_{\mathrm{n}}\,{r_{\mathrm{E}}}^2/r$$

$$\Delta W_{\mathrm{k}} = m/2\; g_{\mathrm{n}}\,{r_{\mathrm{E}}}^2\,(1/r_2 - 1/r_1).$$

Die Änderung der potentiellen Energie ist proportional der Potentialdifferenz zwischen den beiden Bahnen:

$$\Delta W_{\mathrm{p}} = \int_{r_2}^{r_1} m\,g_{\mathrm{r}}(r)\,\mathrm{d}r = m\,g_{\mathrm{n}}\,{r_{\mathrm{E}}}^2 \int_{r_2}^{r_1} 1/r^2\,\mathrm{d}r$$

$$= m\,g_{\mathrm{n}}\,{r_{\mathrm{E}}}^2\,(1/r_1 - 1/r_2).$$

Zusammengefaßt ergibt sich für die zu leistende Arbeit

$$W_{\mathrm{Rak}} = 1/2\,m\,g_{\mathrm{n}}\,{r_{\mathrm{E}}}^2\,(1/r_1 - 1/r_2) = 1{,}63 \cdot 10^{10}\ \mathrm{Nm}.$$

Die von der Rakete zu leistende Arbeit entspricht der Hälfte der Änderung der potentiellen Energie.

Aufgabe 3.5

Grundlagen:
Bahnkurve einer Wurfparabel (3.30), (3.30a)

Nach (3.30a) ergibt sich für t_{max}

$$t_{\mathrm{max}} = \frac{v_{0z}}{g} = \frac{v_0 \sin 45^\circ}{g}$$

bzw.

$$\underline{\underline{v_0}} = \frac{g\,t_{\mathrm{max}}}{\sin 45^\circ} = \underline{\underline{83{,}2\,\frac{\mathrm{m}}{\mathrm{s}}}}.$$

Aufgabe 3.6

Grundlagen:
Tangential- und Normalbeschleunigung (S 3.4), Energieerhaltungssatz (S 3.18), Fallgesetze (3.28) und (3.29)

Längs der Bahn auf der Kugeloberfläche kann die Erdbeschleunigung g in die Normalkomponente $g_n = g \cos\varphi$ und in die Tangentialkomponente $g_t = g \sin\varphi$ zerlegt werden. Solange g_n größer als die für eine Bewegung auf einer Kreisbahn notwendige Normalbeschleunigung a_n ist, bleibt der Massenpunkt auf der Kugeloberfläche.

a) Im Grenzfall gilt

$$g_n = g \cos\varphi = a_n = \frac{v(\varphi)^2}{R} \quad \text{bzw.}$$

$$v(\varphi)^2 = g R \cos\varphi .$$

Die Geschwindigkeit $v(\varphi)$ kann außerdem aus (S 3.18) ermittelt werden:

$$-\Delta W_p = \Delta W_k \quad \text{bzw.} \quad W_{p1} - W_{p2} = W_{k2} - W_{k1} .$$

$$m g R - m g R \cos\varphi = \frac{m}{2} v^2$$

bzw.

$$v^2 = 2 R g (1 - \cos\varphi)$$

oder

$$g R \cos\varphi = 2 R g (1 - \cos\varphi)$$

$$\cos\varphi = \frac{2}{3} \quad \text{bzw.} \quad \underline{\underline{\varphi = 48{,}2^\circ}}$$

b) Schiefer Wurf mit der Anfangsgeschwindigkeit $v_0 = \sqrt{2/3\, R g}$ unter dem Winkel φ zur Horizontalen und aus dem Punkt (x_0, z_0) heraus mit $x_0 = R \sin\varphi$ und $z_0 = R(1 + \cos\varphi)$.

Nach (3.29 b) ergibt sich die z-Koordinate der Position des Massenpunktes aus

$$z = -\frac{g}{2} t^2 + v_{0z} t + z_0 \quad \text{(freier Fall).}$$

Da am Auftreffpunkt auf der Unterlage $z = 0$ ist, ergibt sich daraus die Fallzeit t_f ($v_{0z} = -v_0 \cos\varphi$):

$$t_f^2 + \frac{2 v_0 \cos\varphi}{g} t_f - \frac{2 z_0}{g} = 0$$

$$t_f = -\sqrt{\frac{2R}{3g}} \cos\varphi + \sqrt{\frac{2R}{3g} \cos^2\varphi + \frac{2R(1+\cos\varphi)}{g}}$$

$$\underline{\underline{t_f = 0{,}532\ \text{s}}}$$

Mit der Fallzeit ergibt sich die in x-Richtung zurückgelegte Strecke und damit die Position des Auftreffpunktes (3.29 a) zu

$$x = v_{0x}\, t_f + x_0$$

$$x_{max} = v_0 \sin\varphi\, t_f + R \sin\varphi$$

$$\underline{\underline{x_{max} = 2{,}36 \text{ m}}}$$

Aufgabe 3.7

Grundlagen:
D'Alembertsches Prinzip (S 3.10), Zentrifugalkraft (3.15)

Nach dem d'Alembertschen Prinzip (S 3.10) müssen sich eingeprägte Kräfte und Trägheitskräfte das Gleichgewicht halten.

Eingeprägte Kräfte sind die Schwerkraft $\boldsymbol{G} = m\boldsymbol{g}$

und die Kraft längs des Fadens $\boldsymbol{F}_f$.

Trägheitskräfte sind $\boldsymbol{F}_t = -m\boldsymbol{a}$,
wobei $\boldsymbol{a}$ entgegengerichtet zur Erdbeschleunigung $\boldsymbol{g}$ ist, und $^z\boldsymbol{F} = m\,\omega^2\,\boldsymbol{r}$.

Im Gleichgewicht muß die vektorielle Summe der Kräfte $\boldsymbol{G}$, $\boldsymbol{F}_t$ und $^z\boldsymbol{F}$ entgegengesetzt gleich der Fadenkraft $\boldsymbol{F}_f$ sein, d. h.

$$\tan\varphi = \frac{m\,\omega^2\,r}{m\,(g+a)}.$$

Mit dem Radius $r = l \sin\varphi$ ergibt sich für ω

$$\underline{\underline{\omega = \sqrt{\frac{(g+a)}{l\cos\varphi}}.}}$$

Aufgabe 4.1

Grundlagen:
Massenmittelpunkt (D 4.1);
Erhaltungssatz des Massenmittelpunktes (S 4.3)

Da keine äußeren Kräfte wirken, ändert der Massenmittelpunkt seine Lage nicht.

Koordinatenursprung am Heck:

1. Mensch am Heck: Lage des Massenmittelpunktes x_1

$$x_1 = \frac{m_1\,x_0}{m_1 + m_2}$$ x_0 – Lage des Massenmittelpunktes des Bootes

2. Mensch am Bug: Lage des neuen Massenmittelpunktes x_2

$$x_2 = \frac{m_1 x_0 + m_2 l_1}{m_1 + m_2}$$

Verschiebung des Bootes:

$$l_2 = x_2 - x_1$$

$$l_2 = l_1 \frac{m_2}{m_1 + m_2} = 1{,}15\ \mathrm{m}\,.$$

Aufgabe 4.2

Grundlagen:
Lagrange-Funktion und verallgemeinerte Koordinaten (D 4.4);
Lagrangesche Gleichungen 2. Art (S 4.6)

a) Für die kinetische Energie des Gesamtsystems findet man zunächst:

$$W_k = m_1(\mathrm{d}q_1/\mathrm{d}t)^2/2 + m_2((\mathrm{d}x/\mathrm{d}t)^2 + (\mathrm{d}y/\mathrm{d}t)^2)/2\,.$$

Die Bewegungsbeschränkung des Massenpunktes m_2 auf der schiefen Ebene führt zu den Nebenbedingungen (s. (4.2)):

$$y(t) = h - q_2(t)\sin\alpha; \quad x(t) = q_1(t) - q_2(t)\cos\alpha\,.$$

Mit diesen Ausdrücken findet man die kinetische Energie in verallgemeinerten Koordinaten:

$$W_k = m_1(\mathrm{d}q_1/\mathrm{d}t)^2/2 + m_2((\mathrm{d}q_2/\mathrm{d}t)^2 - 2(\mathrm{d}q_1/\mathrm{d}t)(\mathrm{d}q_2/\mathrm{d}t)\cos\alpha$$
$$+ (\mathrm{d}q_1/\mathrm{d}t)^2)/2\,.$$

Die potentielle Energie hat die Gestalt:

$$W_p = m_2 g y(t) = m_2 g(h - q_2 \sin\alpha)\,.$$

Aus diesen beiden Ausdrücken erhält man aus (D 4.4) für die gesuchte Lagrange-Funktion

$$L = W_k - W_p = m_1(\mathrm{d}q_1/\mathrm{d}t)^2/2 + m_2((\mathrm{d}q_1/\mathrm{d}t)^2 - 2(\mathrm{d}q_1/\mathrm{d}t)(\mathrm{d}q_2/\mathrm{d}t)\cos\alpha$$
$$+ (\mathrm{d}q_2/\mathrm{d}t)^2)/2 - m_2 g(h - q_2\sin\alpha)\,.$$

b) Die Lagrangeschen Gleichungen 2. Art lauten gemäß (S 4.6):

$$(\mathrm{d}/\mathrm{d}t)(\partial L/\partial \dot{q}_j) - \partial L/\partial q_j = 0\,.$$

Mit der in a) berechneten Lagrange-Funktion findet man die folgenden beiden Differentialgleichungen für $j = 1$ und $j = 2$:

$$(m_1 + m_2)(\mathrm{d}^2 q_1/\mathrm{d}t^2) - m_2\cos\alpha\,(\mathrm{d}^2 q_2/\mathrm{d}t^2) = 0$$
$$m_2(\mathrm{d}^2 q_2/\mathrm{d}t^2) - m_2\cos\alpha\,(\mathrm{d}^2 q_1/\mathrm{d}t^2) - m_2 g\sin\alpha = 0\,.$$

Durch Umformen dieser Gleichungen werden die gesuchten Beschleunigungen d^2q_1/dt^2 und d^2q_2/dt^2 wie folgt berechnet:

$$\ddot{q}_1 = \frac{m_2 g \sin\alpha \cos\alpha}{m_1 + m_2 \sin^2\alpha}; \qquad \ddot{q}_2 = \frac{(m_1 + m_2) g \sin\alpha}{m_1 + m_2 \sin^2\alpha}.$$

Aufgabe 4.3

Grundlagen:
Lagrange-Funktion und verallgemeinerte Koordinaten (D 4.4); Lagrangesche Gleichungen 2. Art (S 4.6)

Mit Hilfe der in der Aufgabenstellung angegebenen Parameterdarstellung läßt sich die Nebenbedingung für den angegebenen Fall in Abhängigkeit von der verallgemeinerten Koordinate $q = \varphi$ folgendermaßen formulieren:

$$x(q) = r \sin\varphi = a(1 - e^2) \sin q/(1 + e \cos q)$$

$$y(q) = 2ae + a(1 - e) + r \cos\varphi = a(1 + e)(1 + \cos q)/(1 + e \cos q).$$

Diese beiden Ausdrücke entsprechen der Transformation (4.8). Gemäß Formel (4.4) ist die Lagrange-Funktion L eines Massenpunktes durch

$$L = W_k - W_p$$

definiert, wobei sich in der vorliegenden Aufgabe für die kinetische Energie ergibt

$$W_k = m\,((dx/dt)^2 + (dy/dt)^2)/2.$$

Entsprechend findet man für die potentielle Energie W_p:

$$W_p = mgy.$$

Mit Hilfe der oben angeführten Nebenbedingung kann man dann die Lagrange-Funktion in Abhängigkeit von der verallgemeinerten Geschwindigkeitskoordinate dq/dt und der verallgemeinerten Ortskoordinate q ausdrücken:

$$L = ma^2(1 - e^2)^2(1 + 2e\cos q + e^2)(dq/dt)^2/2(1 + e\cos q)^4$$
$$- mga(1 + e)(1 + \cos q)/(1 + e\cos q).$$

Die zugehörigen Lagrangeschen Gleichungen 2. Art (vgl. S 4.6) führen auf die folgende nichtlineare Differentialgleichung:

$$a(1 - e^2)(e \sin q(1 + 3e\cos q + 2e^2)(dq/dt)^2)/(1 + e\cos q)^3$$
$$+ (1 + 2e\cos q + e^2)(d^2q/dt^2/(1 + e\cos q)^2) = g \sin q.$$

Im Falle eines Kreises vereinfacht sich die Lagrange-Funktion zu

$$L = ma^2(dq/dt)^2/2 - mga(1 + \cos q).$$

Die entsprechende Bewegungsgleichung lautet:

$$a(\mathrm{d}^2q/\mathrm{d}t^2) = g \sin q\,.$$

Mit den Substitutionen $a = l$ und $q = \pi - \alpha$ ist diese Gleichung zu der im Beispiel des Abschnitts 4.2 erwähnten Pendelgleichung äquivalent.

Aufgabe 4.4

> Grundlagen:
> Lagrange-Funktion und verallgemeinerte Koordinaten (D 4.4); Hamilton-Funktion H (S 4.5); Hamiltonsche Bewegungsgleichungen (S 4.8)

Als verallgemeinerte Koordinate q kann die Koordinate x verwendet werden. Damit ergibt sich:

$$q = x\,;\; y = f(q)\,.$$

Für die kinetische Energie finden wir dann:

$$W_\mathrm{k} = m((\mathrm{d}x/\mathrm{d}t)^2 + (\mathrm{d}y/\mathrm{d}t)^2)/2 = m((\mathrm{d}q/\mathrm{d}t)^2\,(1 + f'^2(q))/2$$

mit $f'(q) = \mathrm{d}f/\mathrm{d}q$ und $f''(q) = \mathrm{d}^2f/\mathrm{d}q^2$.

Für die potentielle Energie erhält man den Ausdruck:

$$W_\mathrm{p} = mgy = mgf(q)\,.$$

Dies führt nach (D 4.4) zur Lagrange-Funktion:

$$L(q,\dot{q}) = m\dot{q}^2\,(1 + f'^2(q))/2 - mgf(q)\,.$$

Der verallgemeinerte Impuls des Systems ergibt sich zu:

$$p = \partial L/\partial \dot{q} = m\dot{q}\,(1 + f'^2(q))\,,$$

woraus sich die verallgemeinerte Geschwindigkeit $\dot{q}$ sofort durch Umstellen berechnen läßt. Gemäß (4.11) ergibt sich dann die Hamilton-Funktion $H(q,p)$:

$$H(q,p) = \dot{q}p - L(q,\dot{q}) = p^2/[2m(1 + f'^2(q))] + mgf(q)\,.$$

Die Hamiltonschen Gleichungen haben damit die folgende Form:

$$q = \partial H/\partial p = p/[m(1 + f'^2(q))]$$

$$p = -\,\partial H/\partial q = -\,mgf'(q) + p^2f'(q)f''(q)/[m(1 + f'^2(q))^2]\,.$$

Aufgabe 5.1

> Grundlagen:
> Beziehung für die Berechnung des Massenmittelpunktes nach (5.2)

Die Aufgabe besteht in der Berechnung der Massenmittelpunktskoordinaten für das in der Abbildung gegebene Drahtstück.

Aus Symmetriegründen ist $x_s = x_y$

$$x_s = \frac{\int x \, dm}{\int dm}$$

mit $dm = \varrho \, dV = \varrho A \, ds = \varrho A r \, d\alpha$

$$x = r \cos \alpha$$

$$\int dm = \varrho A r \int_0^{\pi/2} d\alpha = \varrho A r \pi/2$$

$$\int x dm = \varrho A r^2 \int_0^{\pi/2} \cos \alpha \cdot d\alpha = \varrho A r^2 \sin \alpha \Big|_0^{\pi/2} = \varrho A r^2$$

$$x_s = \frac{\varrho A r^2}{\varrho A r \pi/2} = \frac{2r}{\pi} = 0{,}64\, r.$$

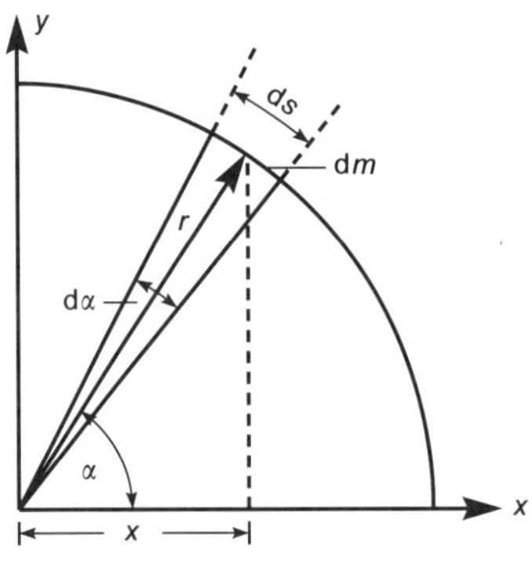

Aufgabe 5.2 Grundlagen:
Massenmittelpunktsbeziehungen (5.2) und (D 4.1)

Der Rotationskörper wird in einen Kreiskegel (1) und in einen Zylinder (2) zerlegt. Aus Symmetriegründen sind $y_s = 0$ und $z_s = 0$.

Massenmittelpunkt eines Kreiskegels (1)

Die Berechnung erfolgt mit differentiellen Massenelementen wie in Aufgabe 5.1. Man erhält:

$$dm = \varrho \pi r^2 \, x^2/h^2 \, dx$$

und für

$$x_s(1) = 3/4 \, h.$$

Massenmittelpunkt des Zylinders (2)
kann unmittelbar aus der Zeichnung abgelesen werden.

$$x_s(2) = 3/2\,h\,.$$

Der Massenmittelpunkt x_s des gesamten Rotationskörpers kann nach Abschnitt 4.1 gemäß des Massenmittelpunktsatzes (D 4.1) berechnet werden.

$$x_s = \frac{m_x\, x_s\,(1) + m_z\, x_s\,(2)}{m_x + m_z}$$

mit $m_x = \pi\, r^2\, h/3$ – Kegelmasse

$m_z = \pi\, r^2\, h$ – Zylindermasse

$\underline{\underline{x_s = 21/16\,h}}$

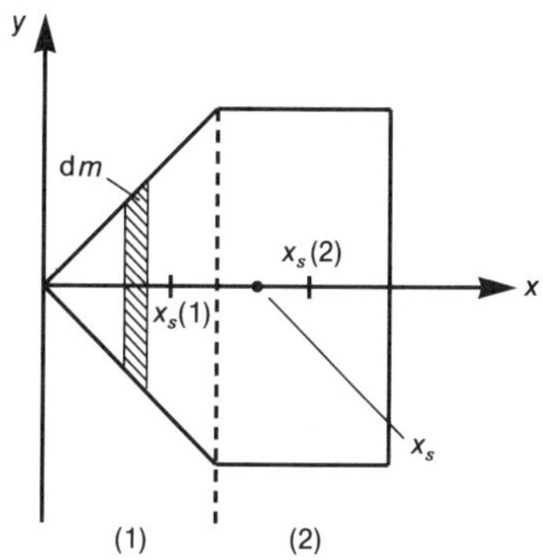

Grundlagen:
Mit (D 5.3) ergibt sich auf Grund des Vektorcharakters des Drehmoments

Aufgabe 5.3

Drehung um die momentane Drehachse durch den Punkt A der Garnrolle

a) Die Garnrolle gleitet, wenn das Drehmoment $\boldsymbol{M}$ bezüglich der momentanen Drehachse A Null ist. Dann geht die Wirkungslinie der Kraft $\boldsymbol{F}$ durch den Punkt A und der Winkel α_0 kann berechnet werden.

$$\cos\alpha_0 = \frac{r_i}{r_0} = \frac{0{,}5\,d_0/2}{d_0/2} = 0{,}5$$

$$\alpha_0 = 60°$$

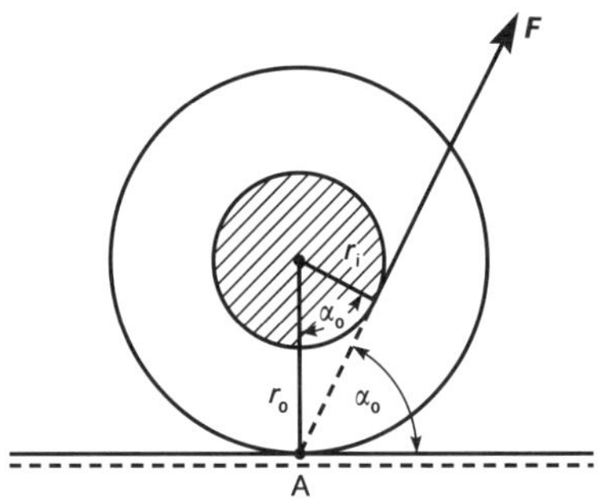

b) In bezug auf die momentane Drehachse durch den Punkt A ist $\boldsymbol{M}_1 = \boldsymbol{r}_1 \times \boldsymbol{F}$ ein im Gegenuhrzeigersinn wirkendes Drehmoment, $\boldsymbol{M}_2 = \boldsymbol{r}_2 \times \boldsymbol{F}$ ein im Uhrzeigersinn wirkendes Drehmoment.

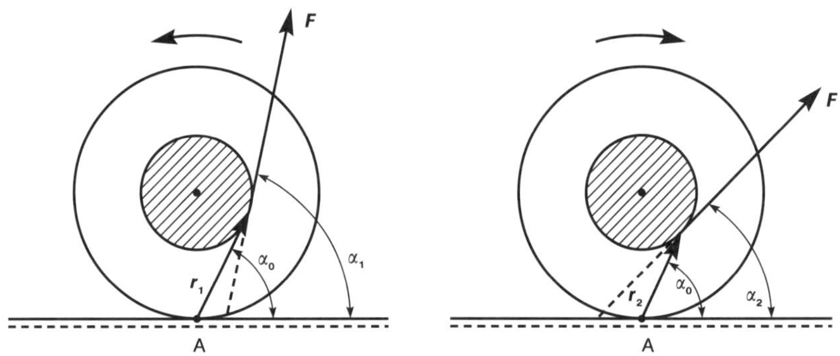

$\alpha_1 > \alpha_0$ $\alpha_2 < \alpha_0$

Aufgabe 5.4

Grundlagen:
Drehmoment (D 5.3), Kräftepaar (S 5.5) und Massenmittelpunktsdefinition für Massenpunkte (D 4.1)

Bedingung für Translation ohne Rotation und Massenmittelpunktsberechnung

a) Damit ein starrer Körper eine Translationsbewegung ohne Rotation ausführt, muß die resultierende Kraft der äußeren Kräfte durch den Massenmittelpunkt eines Körpers gehen.

b) Beide Teile haben die gleiche Masse und auf Grund der Symmetrie können die Massenmittelpunktskoordinaten x_s und y_s wie für ein System aus zwei Punktmassen berechnet werden.

$$F_x \cdot y_s = 2mg \cdot y_s = mg\,\frac{a}{2} + mg\left(a + \frac{b}{2}\right) = mg\left(\frac{3}{2}\,a + \frac{b}{2}\right)$$

$$y_s = \frac{1}{4}\,(3a + b) = 75 \text{ mm}$$

$$F_y\,x_s = 2mg\,x_s = mg\,\frac{a}{2} + mg\,\frac{b}{2} = mg\left(\frac{a}{2} + \frac{b}{2}\right)$$

$$x_s = \frac{1}{4}\,(a + b) = 50 \text{ mm}$$

Grundlagen:
Gleichgewichtsbedingungen (S 5.4) für den starren Körper

Aufgabe 5.5

Gleichgewichtsbedingungen am starren Körper.

1. $\sum {}^{ä}\boldsymbol{F}_k = 0$

$$\sum {}^{ä}\boldsymbol{F}_x = 0 \qquad -F_{Sx} + F_{Bx} = 0$$

$$F_{Sx} = F_{Bx}$$

$$\frac{\sqrt{2}}{2}\,F_S = \frac{\sqrt{2}}{2}\,F_B$$

$$\underline{\underline{F_S = F_B}} \qquad (1)$$

$$\sum {}^{ä}\boldsymbol{F}_y = 0 \qquad F_{Ay} - G + F_{Sy} - F_{By} = 0$$

$$F_A - G + \frac{\sqrt{2}}{2}\,F_S - \frac{\sqrt{2}}{2}\,F_B = 0 \quad \text{mit (1)}$$

$$\underline{\underline{F_A = G}} \qquad (2)$$

2. $\sum {}^{ä}\boldsymbol{M}_k = 0$

Koordinatensystem im Punkt C:

$$-a\,G + a\,F_{Sx} + 2a\,F_{Sy} - 2a\,F_{By} = 0$$

mit (1) folgt

$$-G + \frac{\sqrt{2}}{2}\,F_S + \sqrt{2}\,F_S - \sqrt{2}\,F_S = 0$$

$$\underline{\underline{F_S = \sqrt{2}\,G\,.}}$$

Aufgabe 5.6

> Grundlagen:
> Für die Berechnungen wird von den Beziehungen (D 5.7) und (S 5.10) ausgegangen

Berechnung von Trägheitsmomenten für eine Achse durch den Massenmittelpunkt und eine dazu parallele Achse außerhalb des Massenmittelpunkts.

Als Massenelement wird eine dünne Scheibe gewählt (Masse dm, Dichte ϱ, Querschnittsfläche A, Dicke dx).

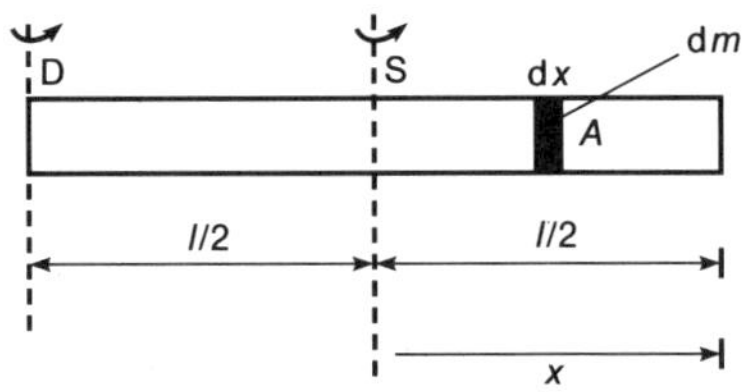

a) Lösung mit der Gleichung für das Trägheitsmoment (D 5.7). Der Massenmittelpunkt liegt in der Stabmitte.

$$\Theta_s = \int r^2 \,\mathrm{d}m \quad \text{mit} \quad \mathrm{d}m = \varrho \cdot A \cdot \mathrm{d}x \quad \text{im Abstand } r = x$$

$$\Theta_s = \varrho A \int_{-l/2}^{l/2} x^2 \,\mathrm{d}x = \varrho A \cdot \frac{x^3}{3}\Bigg|_{-l/2}^{l/2}$$

$$\Theta_s = \frac{\varrho A}{3}\left(\frac{l^3}{8} + \frac{l^3}{8}\right) = \frac{1}{12}\varrho A l^3 = \frac{1}{12}\varrho A l \cdot l^2$$

$$\underline{\underline{\Theta_s = \frac{1}{12} m l^2}}$$

b) Lösung mit Hilfe des Steinerschen Satzes (S 5.10).

$$\Theta_\mathrm{D} = \Theta_S + m a^2 = \frac{1}{12} m l^2 + m\left(\frac{l}{2}\right)^2 = \underline{\underline{\frac{1}{3} m l^2}}$$

c) Lösung durch Integration (D 5.7).

$$\Theta_\mathrm{D} = \int r^2 \,\mathrm{d}m = \varrho A \int_0^l x^2 \,\mathrm{d}x = \varrho A \cdot \frac{x^3}{3}\Bigg|_0^l$$

$$\Theta_\mathrm{D} = \frac{1}{3}\varrho A l^3 = \underline{\underline{\frac{1}{3} m l^2}}\,.$$

Aufgabe 5.7

Grundlagen:
Trägheitsmoment (D 5.7)

Berechnung des Trägheitsmoments für einen rotationssymmetrischen Körper. Als Massenelement d*m* wird ein Hohlzylinder (Radius *r*) mit differentiell kleiner Wanddicke d*r* gewählt

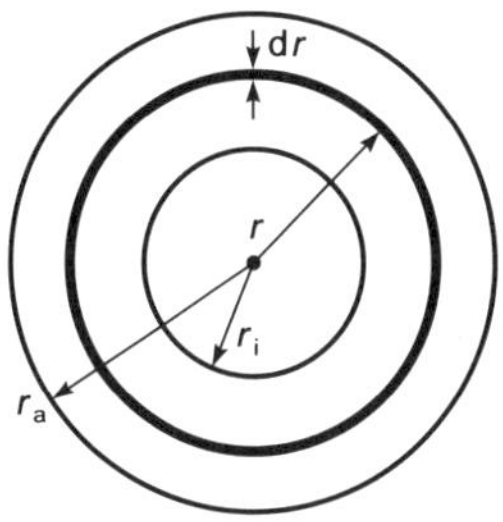

$$dm = \varrho\, dV = \varrho\, 2\pi \cdot r \cdot h \cdot dr$$

$$\Theta = 2\pi\varrho h \int_{r_i}^{r_a} r^3\, dr = 2\pi\varrho h \left.\frac{r^4}{4}\right|_{r_i}^{r_a}$$

$$\varrho = \frac{1}{2}\pi\varrho h (r_a^4 - r_i^4) = \frac{1}{2}\pi\varrho h (r_a^2 - r_i^2)(r_a^2 + r_i^2)\,.$$

Masse des Hohlzylinders: $m = \pi\varrho h (r_a^2 - r_i^2)$

$$\Theta = \frac{1}{2} m (r_a^2 + r_i^2)$$

Berechnung für den Massivzylinder (2 Möglichkeiten):

1. Ergebnis für den Hohlzylinder für $r_i = 0$ $\quad \Theta_{Zyl} = m r_a^2/2\,;$
2. Integrationsgrenzen ändern: 0 bis r_a

$$\Theta_{Zyl} = 2\pi\varrho h \int_0^{r_a} r^3\, dr = m r_a^2/2\,.$$

Aufgabe 5.8

Grundlagen:
Trägheitsmoment für beliebige Achsen (D 5.7), Satz von Steiner (S 5.10)

Vergleich von Trägheitsmomenten ausgedehnter Körper mit der Näherung als Massenpunkte.

a) Trägheitsmoment der Vollkugel durch Zerlegung in Zylinderscheiben (siehe Abb.):

Masse dm, Radius x, Dicke dy, Dichte ϱ.

Jede dieser Scheiben hat das Trägheitsmoment $\mathrm{d}\Theta = 1/2\, x^2\, \mathrm{d}m$
Gesamtes Trägheitsmoment $\Theta_\mathrm{K} = \int \mathrm{d}\Theta$ mit $\mathrm{d}\Theta = 1/2\, x^2\, \mathrm{d}m$
$= 1/2\, x^2\, \pi\, x^2\, \mathrm{d}y\, \varrho$
$= 1/2\, \pi\, \varrho\, x^4\, \mathrm{d}y$.

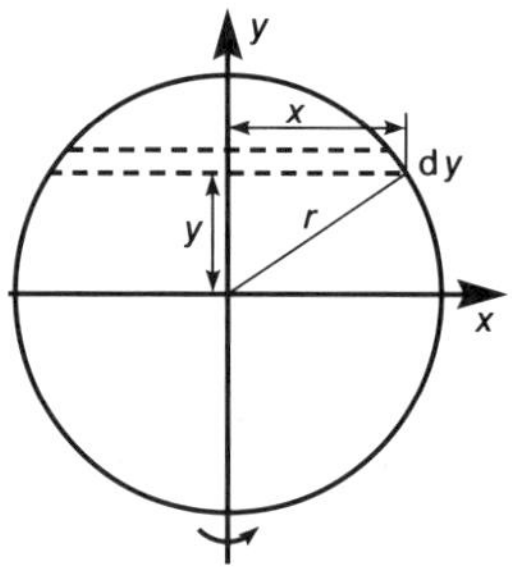

Substitution von x durch y:

$$x^2 = r^2 - y^2$$

$$\mathrm{d}\Theta = \frac{1}{2}\pi\varrho(r^2 - y^2)^2\,\mathrm{d}y = \frac{1}{2}\pi\varrho(r^4 - 2r^2y^2 + y^4)\,\mathrm{d}y$$

$$\Theta_\mathrm{K} = \int \mathrm{d}\Theta = \frac{1}{2}\pi\varrho\int_{-r}^{r}(r^4 - 2r^2y^2 + y^4)\,\mathrm{d}y$$

$$\Theta_\mathrm{K} = \frac{1}{2}\pi\varrho\left(2r^5 - \frac{4}{3}r^5 + \frac{2}{5}r^5\right)$$

$$\Theta_\mathrm{K} = \frac{8}{15}\pi\varrho r^5$$

$$\Theta_\mathrm{K} = \frac{2}{5}r^2\frac{4}{3}\pi r^3\varrho$$

$$\Theta_\mathrm{K} = \frac{2}{5}mr^2.$$

b) $$\Theta_1 = 2m\left(\frac{l}{2}\right)^2 = \frac{m}{2}l^2$$

$$\Theta_1 = \frac{1}{2}\cdot 1\,\mathrm{kg}\cdot 25\cdot 10^{-2}\,\mathrm{m}^2$$

$$\Theta_1 = 1{,}25\cdot 10^{-1}\,\mathrm{kg\,m}^2.$$

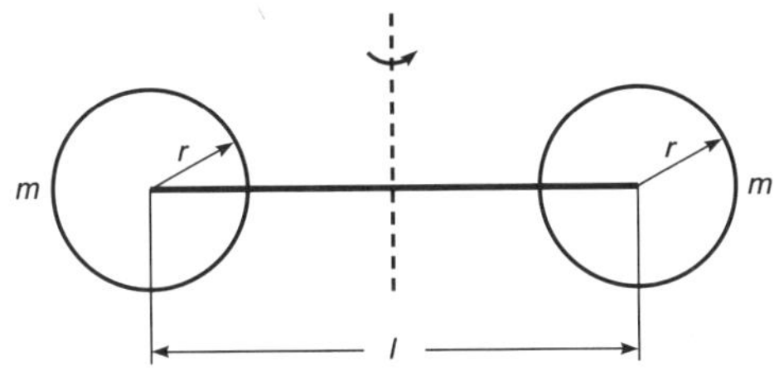

c) $\Theta_2 = 2(\Theta_s + m s^2)$

$$\Theta_2 = 2\left(\frac{2}{5} m r^2 + m \frac{l^2}{4}\right)$$

$$\Theta_2 = 2m\left(\frac{2}{5} r^2 + \frac{l^2}{4}\right)$$

$$\underline{\underline{\Theta_2 = 1{,}27 \cdot 10^{-1}\,\mathrm{kg\,m^2}.}}$$

d) $$\frac{\Theta_2 - \Theta_1}{\Theta_1} = \frac{2\left(\frac{2}{5} m r^2 + m \frac{l^2}{4}\right) - \frac{m}{2} l^2}{\frac{m}{2} l^2} = \frac{\frac{4}{5} m r^2}{\frac{m}{2} l^2} = \frac{8 r^2}{5 l^2}$$

$$\underline{\underline{\frac{\Theta_2 - \Theta_1}{\Theta_1} = 1{,}6 \cdot 10^{-2}}}$$

Aufgabe 5.9

Grundlagen:
Steinerscher Satz (S 5.10), Bewegungsgleichung der Rotation (5.10)

Der Bewegungsvorgang ist eine gleichmäßig beschleunigte Rotationsbewegung um die momentane Drehachse A (siehe Abb.).

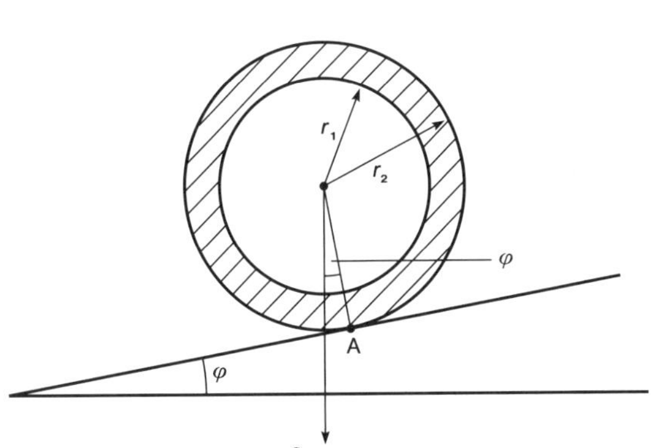

Die momentane Drehachse liegt jeweils senkrecht im Punkt A der Zeichenebene.

Das Trägheitsmoment des Hohlzylinders wurde in Aufgabe 5.7 berechnet

$$\Theta_s = \frac{1}{2} m (r_2^2 + r_1^2)$$

mit (S 5.10)

$$\Theta_A = \Theta_s + m r_2^2$$

$$\Theta_A = \frac{1}{2} m r_2^2 + m r_2^2 + \frac{1}{2} m r_1^2$$

$$\Theta_A = \frac{3}{2} m r_2^2 + \frac{1}{2} m r_1^2$$

a) Bewegungsgleichung (5.10) $M_A = \Theta_A \dot{\omega}$
$M_A = r_2 m g \sin\varphi$

$$\dot{\omega} = \frac{r_2 m g \sin\varphi}{\frac{3}{2} m r_2^2 + \frac{1}{2} m r_1^2} = \frac{2 r_2 g \sin\varphi}{3 r_2^2 + r_1^2}$$

b) Die Beschleunigung des Massenmittelpunktes ist immer gleich der Umfangsbeschleunigung.

$$v = \omega r_2$$

$$a_s = r_2 \frac{d\omega}{dt} = \frac{2 r_2^2 g \sin\varphi}{3 r_2^2 + r_1^2} = \frac{2 g \sin\varphi}{3 + \left(\frac{r_1}{r_2}\right)^2}.$$

Aufgabe 5.10

Grundlagen:
Drehmoment (D 5.3), Bewegungsgleichung der Rotation (5.10)

Gleichmäßig beschleunigte Translation (Massen m_1 und m_2) und gleichmäßig beschleunigte Rotation (Rolle m_R mit Radius R)

a) Die Massen m_1 und m_2 haben betragsmäßig gleiche Beschleunigungen, die in ihren Richtungen entgegengesetzt sind

$$F_1 = m_1 g + m_1 a$$

$$F_2 = m_2 g - m_2 a = 2 m_1 g - 2 m_1 a$$

Kraftdifferenz $F_2 - F_1$ erzeugt ein Drehmoment

$$M = (F_2 - F_1) R$$

b) Beschleunigung a aus der Bewegungsgleichung der Rotation (5.10)

$$M = \Theta\,\dot{\omega}$$

$$\Theta_{\text{Rolle}} = \frac{1}{2} m_{\text{R}} R^2 \qquad \dot{\omega} = a/R$$

$$((m_2 - m_1)\,g - (m_2 - m_1)\,a)\,R = \frac{1}{2} m_{\text{R}} R^2 \cdot \frac{a}{R}$$

$$a = \frac{(m_2 - m_1)\,g}{m_2 + m_1 + m_{\text{R}}/2}$$

Mit $m_2 = 2\,m_1$ und $m_{\text{R}} = m_1$ folgt:

$$a = \frac{m_1\,g}{7\,m_1/2} = \underline{\underline{\frac{2}{7} g}}\,.$$

Aufgabe 5.11

Grundlagen:
Drehimpuls (5.11) und Drehimpulserhaltungssatz (S 5.11)

Kugel und Stab werden als abgeschlossenes System betrachtet. Die Lösung erfolgt am einfachsten über den Drehimpulserhaltungssatz.

1. Einzelne Drehimpulse

Massenpunkt: $\boldsymbol{L} = \boldsymbol{r} \times m\,\boldsymbol{v}$

Stab: $\boldsymbol{L}_{\text{St}} = \Theta_{\text{St}}\,\boldsymbol{\omega}$

Vor dem Stoß: $L_{\text{Kugel}} = \frac{l}{2} m_1 v_1$

Nach dem Stoß: $L_{\text{Kugel}} = \frac{l}{2} m_1 v$ mit $v = \frac{l}{2}\omega$

Nach dem Stoß: $L_{\text{Stab}} = \Theta_{\text{St}}\,\omega$ mit $\Theta_{\text{St}} = \frac{1}{12} m\,l^2$.

2. Winkelgeschwindigkeit ω aus dem Drehimpulserhaltungssatz

$$\frac{l}{2} m_1 v_1 = \frac{l}{2} m_1 \frac{l}{2}\omega + \frac{1}{12} m\,l^2\,\omega$$

$$m_1 v_1 = \omega\left(m_1 + \frac{m}{3}\right)\frac{l}{2}$$

$$\underline{\underline{\omega = \frac{6\,m_1 v_1}{l\,(m + 3\,m_1)}}}$$

Zahlenwert: $\omega = 29{,}12\,\text{s}^{-1}$.

Aufgabe 5.12

Grundlagen:
Präzessionsfrequenz eines Kreisels mit horizontaler Figurenachse (5.16), Drehimpuls (S 5.7)

Präzession eines Kreisels für einen beliebigen Winkel zwischen ω_p und Figurenachse mit ω_F.

Allgemein gilt:

$$\boldsymbol{M} = \boldsymbol{\omega}_p \times \Theta_F \cdot \boldsymbol{\omega}_F$$

$$\omega_p = \frac{\boldsymbol{M}}{\Theta_F \, \omega_F \sin \alpha}$$

Zahlenwerte:

$$M = r m g \sin \alpha = 0{,}3 \text{ m} \cdot 1 \text{ kg} \cdot 9{,}81 \text{ m/s}^2 \cdot 0{,}5$$
$$M = 1{,}47 \text{ Nm}$$

$$\Theta_F = 0{,}01 \text{ kg m}^2$$
$$\omega_F = 600 \text{ s}^{-1}$$

Berechnung:

$$\omega_p = \frac{r m g \sin \alpha}{\Theta_F \, \omega_F \sin \alpha} = \frac{0{,}3 \cdot 1 \cdot 9{,}81}{0{,}01 \cdot 600 \text{ s}} = \underline{\underline{0{,}490 \text{ s}^{-1}}}$$

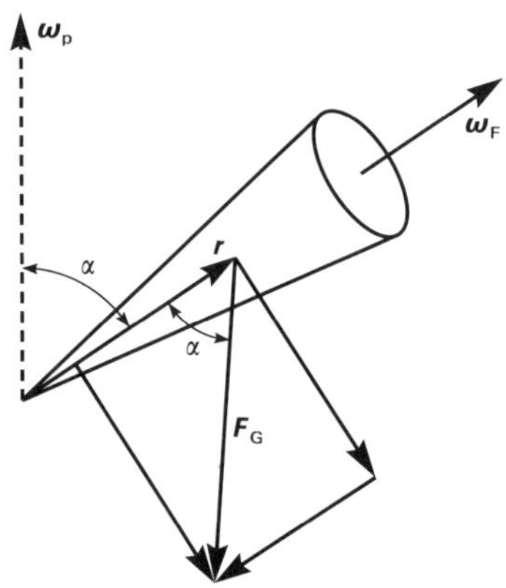

Aufgabe 6.1

Grundlagen:
Hookesches Gesetz (S 6.1); Deformation (D 6.1)

a) Jedes Drahtelement $\mathrm{d}x$ wird durch das Gewicht G des unter ihm hängenden Drahtes um $\mathrm{d}l$ gedehnt (siehe Abb.)

$$\mathrm{d}l = \mathrm{d}x \cdot G/E \cdot A$$

$G = m \cdot g = \varrho \cdot g \cdot V = \varrho \cdot g \cdot A \cdot x$, wenn das Drahtelement vom freien Ende des Drahtes den Abstand x hat.

$$\mathrm{d}l = \frac{\varrho g A}{E A} \cdot x \cdot \mathrm{d}x$$

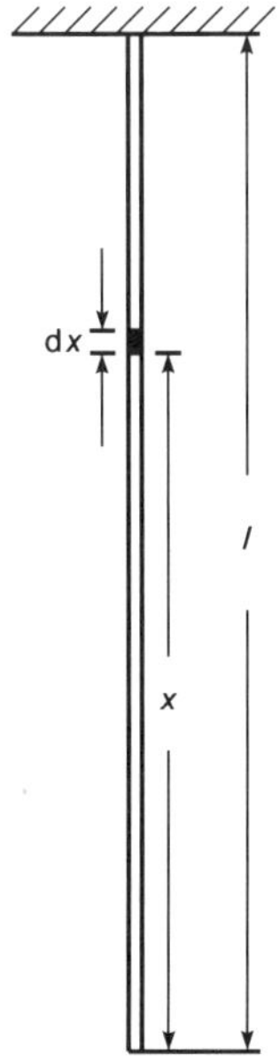

Integration:

$$\Delta l = \int_0^l \mathrm{d}l = \varrho g/E \int_0^l x\,\mathrm{d}x = \varrho g x^2/2E \Big|_0^l$$

$$\Delta l = \frac{\varrho g l^2}{2E}$$

b) Zerreißlänge l_{max}

$$\sigma_z = G/A = \frac{\varrho g A l_{max}}{A} = \varrho g l_{max}$$

$$l_{max} = \frac{\sigma_z}{\varrho_g} = 4182\ \mathrm{m}$$

Aufgabe 6.2

Grundlagen:
Hookesches Gesetz (S 6.1); Deformation (D 6.1)

a) Analog wie in Aufgabe 6.1 erhält man ausgehend vom Hookeschen Gesetz einen differentiellen Ansatz für die Höhenänderung:

$$\mathrm{d}(\Delta h) = (F/E)\,(\mathrm{d}h/A(h)).$$

Daraus ergibt sich mit $A = \pi r^2(h)$ und $r(h) = r_0(h + h_0)/h_0$ durch Integration das Resultat:

$$\Delta h = (F/(2\pi E))\,(h_0/r_0^2) = (mg/(2\pi E))\,(h_0/r_0^2) = 5 \cdot 10^{-3}\ \mathrm{m}.$$

b) Anstelle der äußeren Kraft F ist jetzt die Gesamtkraft

$$F_{ges} = F + \pi \varrho g r_0^2\,[(h + h_0)^3 - h_0^3]/(3 h_0^2)$$

zu setzen, die im Abstand h von der Oberkante des Kegelstumpfes auf den restlichen Teil des Kegels wirkt. Damit ergibt sich für die Gesamthöhenänderung:

$$\Delta h_{ges} = (F - \pi \varrho g r_0^2 h_0/3)/(\pi r_0^2 E/h_0^2) \int_0^{h_0} (h + h_0)^{-2}\,\mathrm{d}h$$

$$+ (\varrho g/3E) \int_0^{h_0} (h + h_0)\,\mathrm{d}h$$

$$= (F h_0/(2\pi E r_0^2)) + (\varrho g h_0^2/3E).$$

Aufgabe 6.3

Grundlagen:
Unelastischer Stoß (D 6.2); Impulserhaltungssatz (6.4 b)

a) Die Darstellung der Impulskomponenten erfolgt im x-y-Koordinatensystem.
Der Impuls $m_1 v_1$ der stoßenden Kugel wird auf die x-Achse gelegt. Für die Impulskomponenten erhält man dann

$$m_1 v_1 = m_1 v_{1x}^* + m_2 v_{2x}^*$$

$$0 = m_1 v_{1y}^* + m_2 v_{2y}^*$$

Auf Grund der gleichen Ablenkwinkel von 45° erhält man

$$v_{1x}^* = v_{1y}^* \quad \text{und damit} \quad v_{1x}^* = v_1/2 \quad \text{bzw.}$$

$$v_{2x}^* = -v_{2y}^* \quad \text{und damit} \quad v_{2x}^* = m_1 v_1/2 m_2 .$$

Der Energieerhaltungssatz hat unter Berücksichtigung des Energieverlustes $\Delta W_\text{k} = (m_1 {v_1}^2)/2)/4$ die Form:

$$3{v_1}^2/4 = v_1^{*2} + m_2 v_2^{*2}/m_1 .$$

Durch Einsetzen von $v_1^{*2} = {v_{1x}^*}^2 + {v_{1y}^*}^2$ und $v_2^{*2} = {v_{2x}^*}^2 + {v_{2y}^*}^2$ erhält man für das gesuchte Verhältnis

$$\underline{\underline{m_1/m_2 = 1/2}}$$

b) Mit $v_i^* = v_{ix}^*/\cos 45°$ $(i = 1, 2)$ erhält man für die Beträge der Geschwindigkeiten:

$$v_1^* = \sqrt{2}\, v_{1x}^* = v_0/\sqrt{2} = \underline{\underline{20\ \text{m/s}}}$$

$$v_2^* = \sqrt{2}\, v_{2x}^* = m_1 v_0/(\sqrt{2}\, m_2) = \underline{\underline{10\ \text{m/s}}} .$$

Aufgabe 6.4

Grundlagen:
Energieerhaltungsatz der Mechanik (S 3.18); elastischer Stoß (D 6.2);
Energie- und Impulserhaltungssatz beim elastischen Stoß (6.4 a, b)

Gemäß (3.35) findet man vor dem elastischen Stoß der beiden Kugeln für den Pendelkörper m_1 die Geschwindigkeit $v_1 = (2 g l)^{1/2}$. Energie- und Impulserhaltungssätze (6.4 a, b) liefern:

$$m_1 v_1 = m_1 v_1^* + m_2 v_2^* ,$$

$$m_1 {v_1}^2 = m_1 v_1^{*2} + m_2 v_2^{*2} ,$$

$$v_2^* = (2 m_1 v_1)/(m_1 + m_2) .$$

Dies führt auf die folgende kinetische Energie der zweiten Kugel, die dann in potentielle Energie umgewandelt wird (S 3.18):

$$m_2 v_2^{*2}/2 = 2 m_2 {m_1}^2 {v_1}^2/(m_1 + m_2) = m_2 g h .$$

Durch Einsetzen von v_1 ergibt sich für die Höhe h:

$$h = 4 m_1^2 l/(m_1 + m_2)^2 = \underline{\underline{12{,}5 \text{ cm}}}.$$

Aufgabe 6.5

Grundlagen:
Schweredruck in Flüssigkeiten (S 6.5a); barometrische Höhenformel (S 6.5b)

Die barometrische Höhenformel ergibt für die Druckdifferenz in der Gasleitung:

$$\Delta p_{\text{Gas}} = p - p_0 = p_0 \exp(-\varrho_0 g h/p_0) - p_0,$$

wobei ϱ_0 und p_0 Dichte und Druck im Erdgeschoß bezeichnen. Unter Berücksichtigung der Luftdruckdifferenz ergibt sich daraus nach Reihenentwicklung der Exponentialfunktion bis zum linearen Glied:

$$\Delta p_1 = \Delta p_{\text{Gas}} - \Delta p_{\text{Luft}} = (\varrho_{0\text{Luft}} - \varrho_{0\text{Gas}})\, g h > 0.$$

Die Differenz des Schweredrucks innerhalb der Wasserleitung beträgt $\Delta p_{\text{Wasser}} = -\varrho_{\text{Wasser}} g h$ und man erhält:

$$\Delta p_2 = (\varrho_{0\text{Luft}} - \varrho_{\text{Wasser}})\, g h < 0.$$

Aufgabe 6.6

Grundlagen:
Auftriebskraft (S 6.6)

Das Gleichgewicht zwischen Gewichts- und Auftriebskraft $\boldsymbol{G} = -{}^{\text{A}}\boldsymbol{F}$ führt über $\varrho_{\text{öl}} V_{\text{öl}} = \varrho_{\text{Wasser}} V_{\text{Wasser}}$ mit $V_{\text{öl}} = A l$ und $V_{\text{Wasser}} = A(l - a)$ schließlich zu dem gesuchten Resultat:

$$l = \varrho_{\text{Wasser}}\, a/(\varrho_{\text{Wasser}} - \varrho_{\text{öl}}) = \underline{\underline{50 \text{ cm}}}.$$

Aufgabe 6.7

Grundlagen:
Kapillarität (Abschnitt 6.3.4.2)

Aus Gleichung (6.19d) für die Kapillarsteighöhe in vollkommen benetzenden Flüssigkeiten erhält man die Höhendifferenz

$$\Delta h = 2\sigma (1/r_1 - 1/r_2)/\varrho g,$$

woraus sich durch Umstellen die gesuchte Oberflächenspannung der Salzlösung ergibt:

$$\sigma = \Delta h \varrho g r_1 r_2/(2(r_1 - r_2)) = \underline{\underline{0{,}1 \text{ N/m}}}.$$

Aufgabe 6.8

Grundlagen:
dynamische Viskosität (D 6.7)

Aus der Gleichung (6.20) ergibt sich für die dynamische Viskosität der Ansatz: $\eta = -{}^{R}F/(A\,\mathrm{d}v/\mathrm{d}r)$. Die in der Aufgabenstellung vorgegebene Geschwindigkeitsverteilung liefert für den Geschwindigkeitsgradienten an der Rohrwand:

$$(\mathrm{d}v/\mathrm{d}r)_{r=R} = -2v_0/R,$$

womit man für die Viskosität die gesuchte Lösung ermittelt:

$$\eta = {}^{R}F \cdot R/(2Av_0) = \underline{\underline{5 \cdot 10^{-2}\ \mathrm{Pa\,s}}}.$$

Aufgabe 6.9

Grundlagen:
Inkompressible Flüssigkeiten (S 6.3); Schweredruck einer Wassersäule (S 6.5a); Bernoullische Gleichung (S 6.8); Kontinuitätsgleichung (6.21a)

Aus dem Schweredruck der Wassersäulen in den Steigrohren ergibt sich mit (S 6.5a):

$$\Delta p = p_2 - p_1 = \varrho g \Delta h.$$

Für die Druckdifferenz erhält man aus (S 6.8) $\Delta p = \varrho(v_1^2 - v_2^2)/2$, woraus sich durch Vergleich mit (S 6.5a) und mit Hilfe von (6.21a) $A_1 v_1 = A_2 v_2$ die Geschwindigkeit

$$v_1 = (2g\Delta h/(1-(A_1/A_2)^2))^{1/2}$$

ergibt. Die Durchflußmenge pro Zeiteinheit erhält man dann durch

$$V/t = A_1 v_1 = \pi(2g\Delta h/(1/r_1^4 - 1/r_2^4))^{1/2} = \underline{\underline{0{,}11\ \mathrm{m^3/min}}}.$$

Aufgabe 6.10

Grundlagen:
Schweredruck (S 6.5a); Bernoullische Gleichung (S 6.8); Ausströmgeschwindigkeit (6.23); Kontinuitätsgleichung (6.21a)

Im stationären Zustand sind die Zu- und Abflußmenge des Wassers gleich: $Q_1 = Q_2 = (\mathrm{d}V/\mathrm{d}t) = Av(h)$. Für die Auslaufgeschwindigkeit erhält man mit Hilfe von (6.23) den Ausdruck

$$v(h) = \sqrt{2gh}.$$

Durch Multiplikation mit der Querschnittsfläche und Umstellen der obigen Kontinuitätsgleichung (6.21a) ergibt sich somit die Lösung:

$$h = (Q_1/A)^2/(2g) = \underline{\underline{1\ \mathrm{m}}}.$$

Grundlagen:
Laminare Strömungen (Abschnitt 6.5.3); Auftriebskraft (S 6.6);
Stokessches Gesetz (6.26)

Aufgabe 6.11

Durch Gleichsetzen von Auftriebs- und Reibungskraft erhält man

$$^{A}F = \varrho_{\text{Sekt}}\,(4\pi/3)r^3 g = {}^{R}F = 6\pi\eta v r.$$

Dies liefert nach Umstellen einen Bläschendurchmesser von

$$d = 2r = 6\,(\eta v/2\varrho g)^{1/2} = \underline{\underline{0{,}6\ \text{mm}}}.$$

Grundlagen:
Wärmeausdehnung fester Körper (7.3a), Hookesches Gesetz (S 6.4)

Aufgabe 7.1

Gemäß (7.3a) gilt für die Längenausdehnung bei 300 °C (ϑ_1):

$$l_{\vartheta_1} = l_0(1 + \bar{\alpha}\,\vartheta_1).$$

Durch die Abkühlung erfolgt eine Schrumpfung auf

$$l_{\vartheta_2} = l_0(1 + \bar{\alpha}\,\vartheta_2) \quad \text{mit} \quad \vartheta_2 = 20\,^\circ\text{C}$$

$$\Delta l = l_{\vartheta_2} - l_{\vartheta_1} = -l_0\,\bar{\alpha}(\vartheta_1 - \vartheta_2).$$

Für die Schrumpfung findet man

$$\varepsilon = -\frac{\bar{\alpha}(\vartheta_1 - \vartheta_2)}{1 + \bar{\alpha}\,\vartheta_1}.$$

Nach (S 6.4) ergibt sich für die Kraft:

$$F = AE\,\frac{\bar{\alpha}\,\Delta\vartheta}{1 + \bar{\alpha}\,\vartheta_1} = \underline{\underline{1{,}38 \cdot 10^5\ \text{N}}}$$

Grundlagen:
Zustandsgleichung idealer Gase (7.10a)

Aufgabe 7.2

Unter Verwendung von (7.10a) ergibt sich

$$\frac{p_1 V_1}{T_1} = \frac{p'_1 V'_1}{T'_1}, \qquad \frac{p_1 V_1}{T_1 + \Delta T} = \frac{p'_2 V'_2}{T'_1 + \Delta T}, \qquad p'_1 = p'_2,$$

wobei p', und V' und T' die Zustandsgrößen nach der Temperaturerhöhung sind.

$$p_1 V_1 = \frac{p'_1 V'_1}{T'_1}\,T_1$$

$$p_1 V_1 = \frac{p_1' V_2'}{T_1' + \Delta T}(T_1 + \Delta T)$$

$$\frac{V_1'}{V_2'} = \frac{T_1'}{T_1}\,\frac{T_1 + \Delta T}{T_1' + \Delta T} = \frac{T_1 T_1' + T_1' \Delta T}{T_1 T_1' + T_1 \Delta T} > 1, \quad \text{da} \quad T_1' > T_1$$

$\underline{\underline{V_1' > V_2'}}$, d.h. der Kolben bewegt sich nach rechts.

Aufgabe 7.3

Grundlagen:
Boyle-Mariottesches Gesetz (7.8)

Aus (7.8) ergibt sich für die Zustandsänderungen nach Senkrechtstellen der Kapillare (s. Abb.):

$$p_0 V_0 = p_1 V_1 = p_2 V_2$$

$$p_1 = \varrho_{Hg} g l + p_2$$

$$p_1 = p_0 V_0 / V_1$$

$$p_2 = p_0 V_0 / V_2$$

$$p_0 = \frac{V_1 V_2 \varrho_{Hg} g l}{V_0 (V_2 - V_1)} = \frac{\varrho_{Hg} g l}{2}\left(\frac{V_0}{\Delta V} - \frac{\Delta V}{V_0}\right) = \underline{\underline{0{,}5 \cdot 10^5\ \text{Pa}}}$$

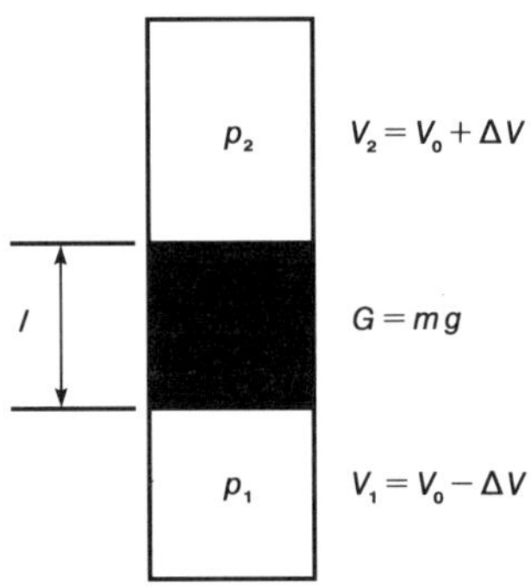

Aufgabe 7.4

Grundlagen:
Boyle-Mariottesches Gesetz (7.8), Zustandsgleichung idealer Gase (7.10a)

Für $T = \text{const.}$ ist nach (7.8): $p_N V_1 = (p_N + p_W) V_2$.

p_W ist der Schweredruck der auf dem Bläschen lastenden Wassersäule:

$$p_W = \varrho_W g h.$$

Mit $V = \frac{m}{\varrho}$ folgt $p_N \frac{m}{\varrho_1} = (p_N + \varrho_W g h) \frac{m}{\varrho_2}$.

Da $\varrho_2 = 0{,}01\,\varrho_W$, ergibt sich für h:

$$h = \frac{p_N}{g}\left(\frac{0{,}01}{\varrho_1} - \frac{1}{\varrho_W}\right).$$

ϱ_1 ergibt sich aus (7.10a)

$$\frac{p_N V_N}{T_N} = \frac{p_N V_1}{T_1}, \quad \text{bzw. mit} \quad V = \frac{m}{\varrho}$$

$$\varrho_1 = \varrho_N \frac{T_N}{T_1}.$$

Damit ist

$$h = \frac{p_N}{g}\left(\frac{0{,}01}{\varrho_N}\frac{T_1}{T_N} - \frac{1}{\varrho_W}\right) = \underline{\underline{70{,}5\ \text{m}}}.$$

Aufgabe 7.5

Grundlagen:
Gay-Lussacsches Gesetz (7.9a), Zustandsgleichung idealer Gase (7.10a)

Durch die Temperaturerhöhung im Zylinder Z_2 erhöht sich nach (7.9a) der Druck in diesem Zylinder über den Außendruck. Die Kolben steigen, und damit verringern sich die Drücke in Z_1 und Z_3. Im Gleichgewichtszustand gilt für die auftretenden Kräfte:

$$|\boldsymbol{F}_2| = 2|\boldsymbol{F}_1| \quad \text{bzw.} \quad A(p_2 - p_a) = 2A(p_a - p_1)$$

oder

$$p_2 + 2p_1 = 3p_a.$$

a) Nach (7.10a) ergibt sich für p_2 und p_1:

$$p_2 = \frac{p_a V_1 T_2}{V_2 T_1} \quad \text{bzw.} \quad p_1 = \frac{p_a V_1}{V_2}$$

und damit

$$3p_a = \frac{p_a V_1 T_2}{V_2 T_1} + \frac{2p_a V_1}{V_2}$$

bzw.

$$\underline{\underline{V_2 = \frac{V_1}{3}\left(\frac{T_2}{T_1} + 2\right)}}.$$

b) $$p_2 = \frac{p_a T_2 V_1}{T_1} \frac{3}{V_1\left(\frac{T_2}{T_1}+2\right)}$$

$$\underline{\underline{p_2 = \frac{3 p_a}{(1+2T_1/T_2)}}}$$

Aufgabe 7.6

> Grundlagen:
> Zustandsgleichung idealer Gase (7.10a), Basiseinheit Mol (D 7.5) u. (D 7.6a),
> 1. Hauptsatz der Thermodynamik (7.14), spezifische Wärmekapazität (7.16d)

a) Aus (7.10) und (D 7.5) ergibt sich:

$$pV = \frac{m}{m_{\text{mol}}} RT = \nu RT \quad \text{bzw.} \quad T = \frac{pV}{\nu R} \quad (\nu - \text{Zahl der Mole}).$$

Mit $p = \frac{F}{A} = \frac{Dx}{A}$ und $V = Ax$ folgt

$$T = \frac{Dx^2 A}{\nu RA} = \frac{D}{\nu R} x^2.$$

b) Aus (7.14) und (7.16d) erhält man durch Integration die zugeführte Wärmemenge Q:

$$Q = \nu m_{\text{mol}} c_V (T_2 - T_1) + \int_{V_0}^{2V_0} p\,\mathrm{d}V,$$

$m_{\text{mol}} c_V = c_{\text{mol},V}$ ergibt sich aus $\varkappa = \frac{c_p}{c_V} = \frac{c_{\text{mol},p}}{c_{\text{mol},V}} = \frac{R}{c_{\text{mol},V}} + 1$ bzw.

$$c_{\text{mol},V} = \frac{R}{\varkappa - 1} = \frac{3}{2} R.$$

$$\int_{V_0}^{2V_0} p\,\mathrm{d}V = \frac{D}{A} A \int_{x}^{2x} x\,\mathrm{d}x = \frac{D}{2}\left[(2x)^2 - x^2\right]$$

$$Q = \frac{c_{\text{mol},V} D}{R}\left[(2x)^2 - x^2\right] + \frac{D}{2}\left[(2x)^2 - x^2\right] = \underline{\underline{6Dx^2}}$$

Grundlagen:
Zustandsgleichung idealer Gase (7.10a), 1. Hauptsatz der Thermodynamik (7.14), adiabatische Zustandsänderungen (7.21a)

Aufgabe 7.7

Voraussetzung für eine Entscheidung ist die Berechnung der zu verrichtenden Arbeiten:

$$W = -\int p\,\mathrm{d}V$$

1. adiabatische Kompression: $\delta Q = 0$

Mit $p = \frac{m}{m_{\mathrm{mol}}} \frac{RT}{V}$ (7.10) und $TV^{\varkappa-1} = T_1 V_1^{\varkappa-1}$ (7.21a) ergibt sich

$$W_{\mathrm{ad}} = -\frac{m}{m_{\mathrm{mol}}} R T_1 V_1^{\varkappa-1} \int_{V_1}^{V_2} \frac{\mathrm{d}V}{V^{\varkappa}}$$

bzw.

$$\underline{\underline{W_{\mathrm{ad}} = -\frac{m}{m_{\mathrm{mol}}} \frac{RT_1}{\varkappa - 1} \left[1 - \left(\frac{V_1}{V_2}\right)^{\varkappa-1}\right]}}$$

2. isotherme Kompression: $\mathrm{d}U = 0$

$$W_{\mathrm{i}} = -\int p\,\mathrm{d}V = -\frac{m}{m_{\mathrm{mol}}} R T_1 \int_{V_1}^{V_2} \frac{\mathrm{d}V}{V}\,.$$

$$\underline{\underline{W_{\mathrm{i}} = -\frac{m}{m_{\mathrm{mol}}} R T_1 \ln \frac{V_2}{V_1}}}$$

3. Vergleich:

$$\frac{W_{\mathrm{ad}}}{W_{\mathrm{i}}} = \frac{1 - \left(V_1 / V_2\right)^{\varkappa-1}}{(\varkappa - 1) \ln \left(V_2 / V_1\right)} \cong \underline{\underline{1{,}4}}$$

Aufgabe 7.8

Grundlagen:
Zustandsgleichung idealer Gase (7.10a), adiabatische Zustandsänderungen (7.21c), spezifische Wärmekapazität (D 7.2)

a) Aus $p_1 V_0 = \frac{m_1}{m_{\text{mol}}} R T_0$ und $p_2 V_0 = \frac{m_2}{m_{\text{mol}}} R T_0$ ergibt sich

$$p_2 = \frac{m_2}{m_1} p_1 = \frac{1}{6} p_1 .$$

Adiabatische Kompression (7.21c) in Kammer 2:

$$p_2 T_0^{\frac{\varkappa}{1-\varkappa}} = p_2^* T_2^{\frac{\varkappa}{1-\varkappa}} \quad \text{bis} \quad p_2^* = p_1$$

$$T_2 = \left(\frac{p_2}{p_1}\right)^{\frac{1-\varkappa}{\varkappa}} T_0 = \underline{\underline{559{,}3\ \text{K}}}$$

b) Durchmischung (isobar):

Für die abgegebenen bzw. aufgenommenen Wärmemengen gilt:

$Q_1 = -Q_2$, das heißt

$$m_1 c_p (T_{\text{m}} - T_0) = m_2 c_p (T_2 - T_{\text{m}})$$

bzw.

$$T_{\text{m}} = \frac{m_2 T_2 + m_1 T_0}{m_1 + m_2} = \underline{\underline{314\ \text{K}}} .$$

Aufgabe 7.9

Grundlagen:
Basiseinheit Mol (D 7.5) u. (D 7.6a), spezifische Wärmekapazität (7.15a), innere Energie (7.17a)

a) Nach (7.15a) und (D 7.5) ergibt sich für eine isobare Erwärmung

$$Q = \nu m_{\text{mol}} c_p (T_2 - T_1) .$$

$m_{\text{mol}} c_p = c_{\text{mol},p}$ erhält man aus $\varkappa = \frac{c_p}{c_V} = \frac{c_{\text{mol},p}}{c_{\text{mol},V}} = \frac{c_{\text{mol},p}}{c_{\text{mol},p} R}$

bzw.

$$c_{\text{mol},p} = \frac{\varkappa R}{\varkappa - 1} = \frac{5}{2} R .$$

$$T_2 = \frac{2}{5} \frac{Q}{\nu R} + T_1 = \underline{\underline{1740\ \text{K}}}$$

b) $$W = \int p\,\mathrm{d}V \quad \text{mit} \quad p\,\mathrm{d}V = \frac{m}{m_{\mathrm{mol}}} R\,\mathrm{d}T = \nu R\,\mathrm{d}T$$

$$W = \int_{T_1}^{T_2} \nu R\,\mathrm{d}T = \nu R (T_2 - T_1) = \underline{\underline{11{,}97\ \mathrm{kJ}}}\,.$$

c) isobare Zustandsänderung:

$$\frac{V_2}{V_1} = \frac{T_2}{T_1} = \underline{\underline{5{,}8}}$$

d) $\Delta U = m c_V (T_2 - T_1) = \nu m_{\mathrm{mol}} c_V (T_2 - T_1)$

Mit $m_{\mathrm{mol}} c_V = c_{\mathrm{mol},V} = \dfrac{R}{\varkappa - 1}$ (siehe Lösung zu Aufgabe 7.6) ergibt sich

$$\Delta U = \nu \frac{R}{\varkappa - 1} (T_2 - T_1) = \underline{\underline{17{,}95\ \mathrm{kJ}}}$$

Aufgabe 7.10

Grundlagen:
Wirkungsgrad einer Carnot-Maschine, (D 7.14), (7.23) und (7.23a)

a) $$\eta = \frac{-W_{\mathrm{A}}}{Q_1} = \frac{Q_1 + Q_2}{Q_1} = \frac{T_1 - T_2}{T_1} = \underline{\underline{0{,}25}}$$

b) $$-W_{\mathrm{A}} = \eta Q_1 = \underline{\underline{600\ \mathrm{J}}}$$

c) $$Q_2 = -W_{\mathrm{A}} - Q_1 = \underline{\underline{-1800\ \mathrm{J}}}$$

Aufgabe 7.11

Grundlagen:
Zustandsgleichung idealer Gase (7.10a), 1. Hauptsatz der Thermodynamik (7.14), isotherme Zustandsänderung (7.24a), Wirkungsgrad (D 7.14)

a) 1. adiabatische Kompression ($\delta Q = 0$): $\delta W_{\mathrm{A}} = \mathrm{d}U$

$$\Delta W_{\mathrm{A},1} = m c_V (T_2 - T_1) \quad \text{und mit (7.21c)} \quad T_1 = T_2 \left[\frac{p_1}{p_2}\right]^{\frac{\varkappa - 1}{\varkappa}}$$

$$\Delta W_{\mathrm{A},1} = m c_V T_2 \left(1 - \left[\frac{p_1}{p_2}\right]^{\frac{\varkappa - 1}{\varkappa}}\right)$$

2. isotherme Kompression ($dU = 0$): $\delta W_A = -\delta Q$
Nach (7.24 a) gilt

$$-\Delta W_{A,2} = \Delta Q_2 = \frac{m}{m_{mol}} R T_2 \ln \frac{V_1}{V_2} \quad \text{und mit} \quad \frac{V_1}{V_2} = \frac{p_2}{p_3}$$

$$-\Delta W_{A,2} = \Delta Q_2 = \frac{m}{m_{mol}} R T_2 \ln \frac{p_2}{p_3}.$$

3. isochore Erwärmung ($\delta W_A = 0$): $\delta Q = dU$

$$\Delta Q_3 = m c_V (T_1 - T_2) \quad \text{und mit} \quad T_1 = T_2 \frac{p_1}{p_3}$$

$$\Delta Q_3 = m c_V T_2 \left(\frac{p_1}{p_3} - 1\right) \quad \text{(positiv, da } p_1 > p_3\text{)}$$

b) $$\eta = -\frac{\sum W_A}{Q_3} \quad \text{nach (D 7.14)}$$

$$\eta = -\frac{m c_v T_2 \left(1 - \left[\frac{p_1}{p_2}\right]^{\frac{\varkappa - 1}{\varkappa}}\right) - \frac{m}{m_{mol}} R T_2 \ln \frac{p_2}{p_3}}{m c_V T_2 \left(\frac{p_1}{p_3} - 1\right)}$$

und mit

$$m c_V = \frac{m}{m_{mol}} \frac{R}{\varkappa - 1} = \frac{m}{m_{mol}} \frac{5}{2} R$$ (siehe Lösung zu Aufgabe 7.6) ergibt sich

$$\eta = -\frac{\frac{5}{2}\left(1 - \left[\frac{p_1}{p_2}\right]^{\frac{7}{2}}\right) - \ln \frac{p_2}{p_3}}{\frac{5}{2}\left(\frac{p_1}{p_3} - 1\right)} = \underline{\underline{0{,}45}}.$$

Aufgabe 7.12

Grundlagen:
1. Hauptsatz der Thermodynamik (7.14), Zustandsgleichung idealer Gase (7.10a), Entropie (7.28), innere Energie (7.17a)

Die Gesamtentropieänderung ergibt sich aus der Summe der Entropieänderungen der beiden Gase, die sich so verhalten, als würde jedes Gas unabhängig vom anderen das doppelte Volumen nach Öffnen der Trennwand einnehmen.

$$\Delta S = \Delta S_1 + \Delta S_2 \quad \text{mit} \quad \Delta S_i = \int \frac{\delta Q_i}{T}$$

$$\Delta S_i = \int \frac{\mathrm{d}U}{T} + \int \frac{p}{T} \mathrm{d}V$$

$$= \nu c_{\mathrm{mol},V} \int\limits_{T_i}^{T_m} \frac{\mathrm{d}T}{T} + \nu R \int\limits_{V_0}^{2V_0} \frac{\mathrm{d}V}{V} \qquad (\text{mit } \nu = m/m_{\mathrm{mol}})$$

$$= \frac{\nu R}{\varkappa - 1} \int\limits_{T_i}^{T_m} \frac{\mathrm{d}T}{T} + \nu R \int\limits_{V_0}^{2V_0} \frac{\mathrm{d}V}{V} \qquad (\text{siehe Lösung zu Aufgabe 7.6}).$$

Ermittlung der Mischungstemperatur T_m:

Aus $Q_1 = -Q_2$ und (D 7.2) folgt $m_1 c_{V,1}(T_m - T_1) = m_2 c_{V,2}(T_2 - T_1)$. Da $\varkappa$ für beide Gase gleich ist, ergibt sich nach Lösung zu Aufgabe 7.6:

$$m_1 c_{V,1} = m_2 c_{V,2} \quad \text{und} \quad T_m = \frac{T_2 + T_1}{2} = 2\,T_1 \quad \text{sowie}$$

$$\Delta S_i = \frac{\nu R}{\varkappa - 1} \ln \frac{2\,T_1}{T_i} + \nu R \ln 2 \quad \text{und}$$

$$\Delta S = \frac{\nu R}{\varkappa - 1} \left(\ln 2 + \ln \frac{2}{3} \right) + 2\nu R \ln 2 = \underline{\underline{17{,}5\ \mathrm{J/K}}}\,.$$

Aufgabe 7.13

Grundlagen:
1. Hauptsatz der Thermodynamik (7.14), Zustandsgleichung idealer Gase (7.10a), Entropie (D 7.15), innere Energie (7.17a)

a) Aus (7.14) und (7.17a) folgt

$$\mathrm{d}Q = m c_V \mathrm{d}T + p \mathrm{d}V \quad \text{bzw.}$$

$$Q = m c_V (T_2 - T_1) + p(V_2 - V_1)\,.$$

Mit $m c_V = \frac{m}{m_{\mathrm{mol}}} c_{\mathrm{mol},V} = \frac{m}{m_{\mathrm{mol}}} \frac{R}{\varkappa - 1}$ (Lösung zu Aufgabe 7.6) und (7.10) erhält man

$$Q = \frac{1}{\varkappa - 1} p(V_2 - V_1) + p(V_2 - V_1) = \underline{\underline{2{,}4 \cdot 10^5\ \mathrm{J}}}$$

b) $$\Delta U = \frac{1}{\varkappa - 1} p(V_2 - V_1) = \underline{\underline{1{,}8 \cdot 10^5\ \mathrm{J}}}$$

c) $-\Delta W_A = p(V_2 - V_1) = \underline{\underline{6 \cdot 10^4\ \mathrm{J}}}$

d) $\mathrm{d}S = \frac{\delta Q}{T} = m c_p \frac{\mathrm{d}T}{T}$

$$m c_p = \frac{m}{m_{\mathrm{mol}}} c_{\mathrm{mol},p} = \frac{m}{m_{\mathrm{mol}}} \frac{\varkappa R}{\varkappa - 1} \quad \text{und} \quad \nu = \frac{m}{m_{\mathrm{mol}}}$$

$$\Delta S = \nu c_{\mathrm{mol},p} \int_{T_1}^{T_2} \frac{\mathrm{d}T}{T} = \nu c_{\mathrm{mol},p} \ln \frac{T_2}{T_1}$$

Mit $\frac{V_1}{T_1} = \frac{V_2}{T_2}$ ergibt sich für die Entropieänderung pro Mol

$$\frac{\Delta S}{\nu} = \frac{\varkappa R}{\varkappa - 1} \ln \frac{V_2}{V_1} = 4R \ln 2 = \underline{\underline{23\ \mathrm{J\,K^{-1}\,mol^{-1}}}}$$

Aufgabe 7.14

Grundlagen:
Entropie (D 7.15) und (7.39b), Clausius-Clapeyronsche Gleichung (7.40b), Basiseinheit Mol (D 7.5) und (D 7.6a)

Gemäß (7.39b) findet man eine Beziehung zwischen Verdampfungswärme und Entropieänderung, die für den Schmelzvorgang lautet:

$$\Delta S_{\mathrm{Fl,F}} = S_{\mathrm{Fl}} - S_{\mathrm{F}} = \frac{m \lambda_{\mathrm{F,Fl}}}{T_{\mathrm{S}}}.$$

Einsetzen in (7.40b) liefert:

$$\frac{\mathrm{d}p}{\mathrm{d}T} = \frac{T_{\mathrm{S}} \Delta S_{\mathrm{Fl,F}}}{T(V_{\mathrm{Fl}} - V_{\mathrm{F}})}$$

bzw.

$$\Delta p = \frac{T_{\mathrm{S}} \Delta S_{\mathrm{Fl,F}}}{(V_{\mathrm{Fl}} - V_{\mathrm{F}})} \int_{T_{\mathrm{S}}}^{T_1} \frac{\mathrm{d}T}{T} = \frac{T_{\mathrm{S}} \Delta S_{\mathrm{Fl,F}}}{(V_{\mathrm{Fl}} - V_{\mathrm{F}})} \ln \frac{T_1}{T_{\mathrm{S}}}.$$

Mit der Potenzreihenentwicklung (Berücksichtigung des linearen Gliedes) von

$$\ln \frac{T_1}{T_{\mathrm{S}}} = \ln \frac{T_{\mathrm{S}} + \Delta T}{T_{\mathrm{S}}} \cong \frac{\Delta T}{T_{\mathrm{S}}}$$

ergibt sich für die Änderung der Schmelztemperatur ΔT

$$\Delta T = \frac{\Delta p (V_{\mathrm{Fl}} - V_{\mathrm{F}})}{\Delta S_{\mathrm{Fl,F}}}.$$

Unter Verwendung der gegebenen molaren Größen

$$V_{Fl} = \nu V_{mol,Fl} \quad \text{und} \quad V_F = \nu V_{mol,F}$$

erhält man

$$\underline{\underline{\Delta T = -9 \cdot 10^{-3}\,\mathrm{K}}}\,.$$

Aufgabe 7.15

Grundlagen:
Entropie (D 7.15) u. (7.39b), Phasenumwandlungswärmen (S 7.18), spezifische Wärmekapazität (D 7.2)

Nach (S 7.18) und (D 7.2) erhält man:

a) Schmelzen: $Q_{F,Fl} = m_E \lambda_{F,Fl}$,
Erwärmen: $Q_E = m_E c_W (T_2 - T_1)$,

$$Q_1 = Q_{F,Fl} + Q_E = m_E(\lambda_{F,Fl} + c_W(T_2 - T_1)) = \underline{\underline{2{,}26 \cdot 10^4\,\mathrm{J}}}\,;$$

b) Kondensation: $Q_{Fl,D} = m_D \lambda_{Fl,D} = 6{,}78 \cdot 10^4\,\mathrm{J}$.

$Q_{Fl,D} > Q_1$: Nur ein Teil des Wasserdampfes kondensiert, d.h., es bildet sich bei 100 °C ein Gemisch aus Wasserdampf und Wasser. Masse des kondensierten Wasserdampfes:

$$m_D^* = \frac{Q_1}{\lambda_{Fl,D}} = 10\,\mathrm{g}\,.$$

Nach Einstellen des Gleichgewichtes befinden sich

40 g Wasser und 20 g Wasserdampf

im Kalorimetergefäß.

c) Die Gesamtentropieänderung setzt sich aus den Entropieänderungen der drei Teilprozesse zusammen: $\Delta S = \Delta S_1 + \Delta S_2 + \Delta S_3$ bzw.

$$\Delta S = \int \frac{\delta Q}{T} = m_E \frac{\lambda_{F,Fl}}{T_S} + m_E c_W \int_{T_S}^{T_V} \frac{\mathrm{d}T}{T} - m_D^* \frac{\lambda_{Fl,D}}{T_V}\,.$$

Der Beitrag ΔS ist negativ, da Wärme abgegeben wird.
Mit $T_S = 273\,\mathrm{K}$ und $T_V = 373\,\mathrm{K}$ erhält man für $\underline{\underline{\Delta S = 15{,}55\,\mathrm{J/K}}}$.

Aufgabe 8.1

Grundlagen:
Basiseinheit Mol (D 7.5); Gaskonstante R (D 7.8); ideales Gas (D 7.9); Anzahl der Elementarobjekte in einem Mol (S 8.3); Gleichverteilungssatz (S 8.6)

a) Durch die Temperaturerhöhung wird eine Volumenvergrößerung hervorgerufen, die nur bei einer Bewegung der Kolben nach links realisiert werden kann.

b) Die Zahl der Mole ergibt sich aus dem Verhältnis der Masse m des Gases zu seiner Molmasse

$$m_{\mathrm{mol}}\colon \nu = m/m_{\mathrm{mol}}\,.$$

Diese Größe kann mit Hilfe der Zustandsgleichung idealer Gase (vgl. Abschnitt 8.3.5) berechnet werden:

$$pV = \nu RT.$$

Da $p = p_0 = \mathrm{const.}$, folgt hieraus

$$p_0 \Delta V = \nu R \Delta T.$$

Die Volumenänderung errechnet sich aus den gegebenen Werten nach $\Delta V = (A_1 - A_2)\,\Delta x$, so daß man für die Zahl der Mole findet:

$$\nu = p_0 (A_1 - A_2) \Delta x / (R \Delta T).$$

c) Gemäß (8.22b) findet man für die spezifische Wärmekapazität zweiatomiger Gase

$$c_V = (5/2)\,R/m_{\mathrm{mol}}$$

und damit für die Änderung der inneren Energie

$$\Delta U = m c_V \Delta T = (5/2)\,p_0 (A_1 - A_2)\,\Delta x\,.$$

Aufgabe 8.2

Grundlagen:
Relative Molekülmasse (D 7.4a); Basiseinheit Mol (D 7.5); Molmasse m_{mol} (D 7.6a); molekularkinetische Deutung der Konstanten a und b der van der Waalsschen Gleichung (7.12) (Abschnitt 8.3.4)

Nach der Tabelle 7.5 ergibt sich für die relative Molekülmasse von CO_2

$$M_{\mathrm{r}} = 12{,}01115 + 2 \cdot 15{,}9994 = 44{,}00995 \approx 44\,.$$

Gemäß (D 7.6a) ist $m_{\mathrm{mol}} = 44$ g/mol. Man findet damit die Masse $m = 10^3$ mol $\cdot$ 44 g/mol $= 44$ kg. Die Arbeit gegen die Wechselwirkungskräfte berechnet sich gemäß

$$W_{\mathrm{A}} = \int_{V_1}^{V_2} (m^2 a/V^2)\,\mathrm{d}V = -m^2 a(1/V_2 - 1/V_1)\,.$$

Hieraus ergibt sich für die gesuchte Größe

$$a = W_A V_1 V_2/[m^2(V_2 - V_1)] = \underline{\underline{1{,}079 \cdot 10^2\ \mathrm{Nm}^4/\mathrm{kg}^2}}\,.$$

Aufgabe 8.3

Grundlagen:
Molekularkinetische Deutung für den Druck (S 8.2); Temperatur als Maß für die mittlere kinetische Energie aller Moleküle (S 8.4)

a) Gleichung (8.16) liefert eine Beziehung von Druck, Volumen und mittlerer kinetischer Energie aller Teilchen:

$$p_1 V_1 = (2/3) N W_k\,,$$

wobei N die Teilchenzahl und W_k die mittlere kinetische Energie eines Moleküls sind. Dies liefert:

$$W_{\mathrm{kges.}} = (3/2) p_1 V_1 = \underline{\underline{2{,}25\ \mathrm{kJ}}}.$$

b) Gemäß (8.18a) ist die Temperatur der mittleren quadratischen Geschwindigkeit proportional. Da sich diese bei Veränderung der Teilchenzahl nicht ändert, gilt $T_1 = T_2$. Aus der ersten Beziehung in a) ergibt sich mit $W_k = (3/2)\,kT$:

$$p_1 V_1 = N\,kT_1\,;\quad p_2 V_1 = 2N\,kT_1\,.$$

Hieraus folgt

$$p_1 = 2p_2 \quad \text{und} \quad W_{\mathrm{kges2}} = 2\,W_{\mathrm{kges1}}\,.$$

Aufgabe 8.4

Grundlagen:
Molekularkinetische Beziehung für den Gasdruck (S 8.2), Zustandsgleichung idealer Gase (Abschnitt 8.3.3, (D 8.3))

Für die Zahl der Teilchen im Restgas findet man aus der Zustandsgleichung idealer Gase (vgl. Abschnitt 8.3.3):

$$N_{\mathrm{Rg}} = p_1 V_1/(kT_1) \quad \text{mit } V_1 = (4\pi/3)\,r^3,\ T_1 = \vartheta_1 + 273{,}15^\circ\ N_{\mathrm{Rg}} = 1{,}38 \cdot 10^{14}.$$

Die Zahl der Moleküle, die an der Gefäßwand adsorbiert sind, beträgt

$$N_W = 4\pi r^2/A_M = 1{,}26 \cdot 10^{18}.$$

Der Enddruck p_2 ergibt sich wiederum aus der Zustandsgleichung

$$p_2 = (N_{\mathrm{Rg}} + N_W)\,k\,T_2/V_1 = 2{,}38\ \mathrm{Pa},$$

wobei wiederum $T_2 = \vartheta_2 + 273{,}15^\circ$ ist.

Aufgabe 8.5

Grundlagen:
Molmasse (D 7.6a); Gleichverteilungssatz (S 8.6)

Stickstoff (N_2) ist ein zweiatomiges Gas mit der Molmasse $m_{\text{mol}} = 28$ g/mol. Gemäß (8.22b) ergibt sich $c_V = (5/2)\, R/m_{\text{mol}} = 742$ J/kg. Wasserdampf (H_2O) besteht aus drei Atomen und damit gilt $f^* = 6N$. Da die Molmasse $m_{\text{mol}} = 18$ g/mol beträgt, ergibt sich aus (8.22c) $c_V = 3\,R/m_{\text{mol}} = 1385$ J/kg.

Aufgabe 8.6

Grundlagen:
Adiabatische Zustandsänderungen (D 7.13); 1. Hauptsatz der Thermodynamik (S 7.2a); Gleichverteilungssatz (S 8.6)

Ausgangspunkt für die Lösung ist der 1. Hauptsatz der Thermodynamik (S 7.2a) $\delta Q = \mathrm{d}U - \delta W_{\mathrm{A}}$. Für adiabatische Zustandsänderungen gilt $\delta Q = 0$, so daß aus dem 1. Hauptsatz folgt: $\mathrm{d}U = \delta W_{\mathrm{A}}$. Für die Änderung der inneren Energie gilt gemäß (7.15b):

$$\Delta U = m c_V \Delta T = (f^*/2)\, k \Delta T.$$

Da bei der Kompression Arbeit am System verrichtet wird, gilt

$$\Delta W_{\mathrm{A}} = 750\,\mathrm{Nm}.$$

Durch Einsetzen dieser Werte findet man für die Freiheitsgrade

$$f^* = 2\Delta W_{\mathrm{A}}/(k\Delta T) = 3\,N_{\mathrm{A}}.$$

Dies bedeutet, daß es sich um ein zweiatomiges Gas handelt.

Aufgabe 8.7

Grundlagen:
Avogadrosche Konstante N_{A} (D 8.2); mittlere quadratische Geschwindigkeit und Temperatur (S 8.5); Boltzmann-Konstante (D 8.4); Gleichverteilungssatz (S 8.6)

a) Unter Verwendung von (8.18a) findet man für die mittlere quadratische Geschwindigkeit $\sqrt{\overline{v^2}} = \sqrt{3RT/m_{\text{mol}}} = 6{,}5 \cdot 10^2\ 2$ m/s.

b) Wenn man voraussetzt, daß bei der angegebenen Temperatur die Schwingungs-Freiheitsgrade eingefroren sind und die Rotation um die Verbindungsgerade der N-Atome in N_2 als vernachlässigbar angesehen werden kann (vgl. Abschnitt 8.3.6.1), so findet man

$$W = W_{\text{transl.}} + W_{\text{rot.}} = (5/2)\, N\, kT.$$

Da für den Translationsanteil gilt:

$$W_{\text{transl.}} = 3N\,(1/2)\,kT,$$

folgt für die Rotationsenergie $W_{\text{rot.}} = N\,kT$. Bei einer Stoffmenge von 1 mol gilt $N = N_A \cdot 1$ mol und mit $R = N_A k$ (D 8.4) findet man für die Rotationsenergie

$$\underline{\underline{W_{\text{rot.}} = 3{,}93 \cdot 10^3\ \text{J.}}}$$

Aufgabe 8.8

> Grundlagen:
> Mittlere freie Weglänge (D 8.5a); Zustandsgleichung idealer Gase (Abschnitt 8.3.3)

Die mittlere freie Weglänge ergibt sich aus (8.27b)

$$\bar{l} = \frac{1}{4\sqrt{2}\pi R_m^2 n}.$$

Die Zustandsgleichung der idealen Gase lautet

$$pV = NkT \quad \text{bzw.} \quad p = nkT.$$

a) isotherm: $p_2 = \frac{p_1}{2} \quad V_2 = 2V_1$

$$n_2 = \frac{N}{V_2} = \frac{N}{2V_1} = \frac{1}{2}n_1$$

und

$$\underline{\underline{\bar{l}_2 = 2\bar{l}_1}}$$

b) adiabatisch: $pV^\varkappa = \text{const.} \quad \text{mit} \quad \varkappa = \frac{7}{5}$

$$V_2^\varkappa = \frac{p_1}{p_2} V_1^\varkappa \quad \text{bzw.} \quad V_2 = 2^{1/\varkappa} V_1$$

$$n_2 = \frac{N}{2^{1/\varkappa} V_1} = 2^{-1/\varkappa} n_1 \quad \text{und} \quad \bar{l}_2 = 2^{1/\varkappa} \bar{l}_1$$

$$\underline{\underline{\bar{l}_2 = 1{,}64\,\bar{l}_1}}$$

Aufgabe 8.9

Grundlagen:
Mittlere freie Weglänge (D 8.5a); Wärmeleitfähigkeit (8.31a)

Die Wärmeleitfähigkeit ergibt sich aus (8.31a) mit $c_V = \frac{f}{2}\frac{R}{m_{\text{mol}}}$ und $\varrho = n\frac{m_{\text{mol}}}{N_{\text{A}}}$

$$\varkappa = \frac{1}{6}\, n\bar{v} f \bar{l} k\,.$$

Da die mittlere freie Weglänge $\bar{l}$ umgekehrt proportional zur Teilchenzahldichte n ist

$$\bar{l} = \frac{1}{4\sqrt{2}\pi R_{\text{m}}^2 n}\,,$$

bleibt die Wärmeleitfähigkeit unabhängig von n, solange die mittlere freie Weglänge kleiner als der Abstand der Wände ist:

$$\varkappa = \frac{\bar{v} f k}{24\sqrt{2}\pi R_{\text{m}}^2}\,.$$

Mit $\bar{l}_{\text{gr}} = 8$ mm und $pV = NkT$ bzw. $n = \frac{N}{V} = \frac{p}{kT}$ ergibt sich für den Druck p

$$p = \frac{kT}{\sqrt{2}\, 4\pi R_{\text{m}}^2 \bar{l}_{\text{gr}}} = \underline{\underline{1{,}25 \text{ Pa}}}\,.$$

Aufgabe 8.10

Grundlagen:
$c_p - c_V$ für ein reales Gas (A. 25); Zustandsgleichung realer Gase (7.12)

Unter Berücksichtigung von (A 25.2a) erhält man für $\mathrm{d}U$:

$$\mathrm{d}U = mc_V\,\mathrm{d}T + (am^2/V^2)\,\mathrm{d}V\,.$$

Da bei einer isothermen Expansion $\mathrm{d}T = 0$, findet man für die infinitesimale Wärmemenge

$$\delta Q = (am^2/V^2)\,\mathrm{d}V + p\,\mathrm{d}V\,.$$

Durch Einsetzen der Zustandsgleichung (7.12) des realen Gases ergibt sich

$$\delta Q = (m/m_{\text{mol}})\, RT/(V - mb)\,.$$

Die Integration liefert schließlich die gesuchte Wärmemenge:

$$\Delta Q = (m/m_{\text{mol}})\, RT \ln\,[(V_2 - mb)/(V_1 - mb)]\,.$$

Grundlagen:
Adiabatische Zustandsänderungen (D 7.13); $c_p - c_V$ für ein reales Gas (A. 25)

Aufgabe 8.11

Bei der adiabatischen Zustandsänderung gilt $\delta Q = 0$. Aus dem 1. Hauptsatz und der Zustandsgleichung (7.12) für reale Gase folgt damit:

$$\mathrm{d}U = -p\,\mathrm{d}V,$$

d.h.

$$m c_V \,\mathrm{d}T = -(m/m_{\mathrm{mol}})\, RT/[V - mb]\,\mathrm{d}V.$$

Die Integration liefert

$$\ln(T/T_1) = -[R/m_{\mathrm{mol}} c_V)] \ln[(V - mb)/(V_1 - mb)]$$

und hieraus ergibt sich

$$T(V - mb)^{R/(m_{\mathrm{mol}} c_V)} = \text{const.}$$

Grundlagen:
Entropie (D 7.15); Entropiezuwachs bei der Diffusion von Gasen (A. 27)

Aufgabe 8.12

Für die Berechnung der Entropieänderung muß zunächst die Endtemperatur nach der Durchmischung bestimmt werden. Da es sich um die gleichen Gasmengen in gleichen Volumina handelt ergibt sich:

$$T_{\mathrm{m}} = \frac{T_1 + T_2}{2} = 2T_1 .$$

Wegen $\mathrm{d}S = \delta Q/T = (\mathrm{d}U + p\,\mathrm{d}V)/T = m c_V \,\mathrm{d}T/T + (m/m_{\mathrm{mol}})\, R\,\mathrm{d}V/V$ findet man mit $V_{\mathrm{end}} = 2V_1$:

$$\Delta S_1 = [(5/2)\, R \ln 2 + R \ln 2]\; 1\,\mathrm{mol} = (7/2)\,\mathrm{mol}\, R \ln 2;$$
$$\Delta S_2 = [(5/2)\, R \ln(2/3) + R\, ln\, 2] \cdot 1\,\mathrm{mol}.$$

Für die Entropieänderung des Gesamtsystems gilt

$$\Delta S_{\mathrm{ges}} = \Delta S_1 + \Delta S_2 = 1\,\mathrm{mol}\, R\,(7 \ln 2 - (5/2)\ln 3) = \underline{\underline{17{,}5\ \mathrm{J/K}}}.$$

Grundlagen:
Entropie (D 7.15); Entropiezuwachs bei der Diffusion von Gasen (A. 27)

Aufgabe 8.13

Die Ausdehnung der idealen Gase erfolgt ohne Temperaturänderung ($\mathrm{d}U = 0$).

a) Bei unterschiedlichen Gasen bleiben unterschiedliche Partialdrücke erhalten:

$$p_3(1)=p_1 V_1/(V_1+V_2)\,;\; p_3(2)=p_2 V_2/(V_1+V_2)$$

$$\delta Q=\mathrm{d}U+p\,\mathrm{d}V=-\nu R T_0\,\mathrm{d}p/p\,;\; \mathrm{d}S=-\nu R\,\mathrm{d}p/p$$

$$\Delta S_i=-\nu R\int_{p_i}^{p_3(i)}\mathrm{d}p/p=-\nu R\ln(p_3(i)/p_i)$$

$$=\nu R\ln((V_1+V_2)/V_i)\quad\text{mit}\quad \nu=\text{Zahl der Mole}$$

$$\Delta S_{\text{ges}}=\Delta S_1+\Delta S_2=\nu R\ln((V_1+V_2)^2/V_1 V_2)$$

Für $V_1=V_2$ ergibt sich die bekannte Formel $\Delta S_{\text{ges}}=\nu 2R\ln 2$.

b) Bei gleichen Gasen kann nur der gemeinsame Druck der Partialdruck für jede Komponente sein: $p_3\cdot(V_1+V_2)=2\nu RT_0=2p_1V_1=2p_2V_2$. Damit ergibt sich analog zu a) für die Entropieänderungen:

$$\Delta S_i=-\nu R\int_{p_i}^{p_3}\mathrm{d}p/p=-\nu R\ln(p_3/p_i)=\nu R\ln((V_1+V_2)/2V_i)$$

$$\Delta S_{\text{ges}}=\Delta S_1+\Delta S_2=\nu R\ln((V_1+V_2)^2/4V_1V_2).$$

Für $V_1=V_2$ ist $\Delta S_{\text{ges}}=0$, da dann kein Druckausgleich erfolgt, sondern der Zustand in beiden Volumina identisch ist.

Aufgabe 9.1

Grundlagen:
Auftriebskraft (S 6.6); harmonische Schwingung (S 9.2)

Die die Schwingungsbewegung hervorrufende Änderung der Auftriebskraft

$$\Delta^{\mathrm{A}}F=-m_{\mathrm{Fl.}}g$$

führt zu der Schwingungsdifferentialgleichung

$$\ddot{x}+(A\rho g/m)\,x=0,$$

woraus sich über den Zusammenhang

$$\omega^2=(2\pi/T)^2=A g/m$$

die Lösung

$$\varrho=4\pi^2 m/(AgT^2)=\underline{\underline{10^3\ \mathrm{kg/m^3}}}$$

ergibt.

Aufgabe 9.2

Grundlagen:
Physikalisches Pendel (Abschnitt 9.1.2.2); rücktreibendes Drehmoment (9.7b); Satz von Steiner (S 5.10)

Über das rücktreibende Drehmoment erhält man die Schwingungsdifferentialgleichung in der Form

$$M = \Theta d^2 \vartheta / dt^2 = -rmg\vartheta.$$

Das Trägheitsmoment ergibt sich aus dem Trägheitsmoment der Kreisscheibe für eine Achse durch den Massenmittelpunkt und der Größe mr^2 gemäß dem Steinerschen Satz: $\Theta = 3mr^2/2$. Durch Einsetzen in die obere Gleichung erhält man dann die Schwingungsdauer:

$$T = 2\pi/\omega = 2\pi\sqrt{3r/2g} = \underline{\underline{0{,}63\ \text{s}}}.$$

Aufgabe 9.3

Grundlagen:
Harmonischer Oszillator (Abschnitt 9.1.2.1, (9.5a)); Physikalisches Pendel (Abschnitt 9.1.2.2)

Das rücktreibende Drehmoment wird durch die Gewichtskraft der Stange und durch die Federkraft hervorgerufen. Man erhält dann mit dem Trägheitsmoment $\Theta = ml^2/3$ die Schwingungsgleichung:

$$(ml^2/3)\, d^2\vartheta/dt^2 = -(lmg/2)\,\vartheta - l^2 D\vartheta,$$

woraus sich mit $\omega^2 = (3g/2l) + (3D/m)$ die gesuchte Periodendauer ergibt:

$$T = 2\pi/\sqrt{(3g/2l) + (3D/m)} = \underline{\underline{1{,}26\ \text{s}}}.$$

Aufgabe 9.4

Grundlagen:
Gedämpfte harmonische Schwingung (Abschnitt 9.1.3, (9.17b))

Das logarithmische Dekrement

$$\delta T = \ln\left[u_1(t)/u_2(t+T)\right]$$

ergibt für 50 Schwingungen $\delta 50 T = \ln 2$ und somit $\delta = \ln(2/50)$. Andererseits erhält man für 10 Schwingungen $\delta T = (1/10)\ln(u_1/u_{11})$, woraus durch Umstellung das Resultat

$$u_{11}/u_1 = 2^{-1/5} = \underline{\underline{0{,}87}} \text{ folgt.}$$

Aufgabe 9.5

Grundlagen:
Potentielle Energie einer Feder (3.34)

a) Da die Schwingungsenergie dem Quadrat der Amplitude proportional ist, erhält man für 5 Schwingungen ($5T = 10$ s) $x^2(t) = 2x^2(t+5T)$ und daraus für das Amplitudenverhältnis:

$$x(t)/x(t+5T) = \sqrt{2}.$$

Für 5 Schwingungen ergibt sich somit $\delta 5T = \ln 2^{1/2}$ und für das logarithmische Dekrement $\Lambda = \delta T = (1/10) \ln 2$, sowie für die Dämpfungskonstante $\delta = (1/20) \ln 2 \text{ s}^{-1}$.

b) Die Frequenz ω_0 des ungedämpften Systems berechnet man dann nach der Formel $\omega_0 = \sqrt{\omega^2 + \delta^2}$. Mit $\omega = 2\pi/T$ erhält man $\omega_0 = 3{,}14 \text{ s}^{-1}$.

Aufgabe 9.6

Grundlagen:
Erzwungene Schwingung (S 9.3); Resonanzfrequenz (9.19a)

Einsetzen von (9.19a) in (S 9.3) liefert

$$u_{max} = x_0(\omega_{äR}) = F_0/[R\sqrt{\omega_0{}^2 - R^2/4m^2}\,].$$

Mit den gegebenen Zahlenwerten erhält man $u_{max} = 1{,}05$ m.

Aufgabe 9.7

Grundlagen:
Amplitudenmodulierte Schwingung, Schwebung (Abschnitt 9.2.2)

Die Überlagerung von zwei parallelen Schwingungen führt nach (9.31c) auf

$$u = 2u_{01} \cos[(\omega_1 - \omega_2)t/2] \cos[(\omega_1 + \omega_2)t/2].$$

Dies liefert die Trägerkreisfrequenz (9.31e)

$$\omega = (\omega_1 + \omega_2)/2 = \pi(T_1 + T_2)/(T_1 T_2) = \underline{\underline{2{,}06 \text{ s}^{-1}}}$$

und die Modulationskreisfrequenz (9.31d)

$$\Delta\omega = (\omega_1 - \omega_2)/2 = \pi(T_2 - T_1)/(T_1 T_2) = \underline{\underline{0{,}0338 \text{ s}^{-1}.}}$$

Grundlagen:
Fourier-Analyse von anharmonischen Schwingungen (S 9.8)

Aufgabe 9.8

a) Mit $\omega = 2\pi/T$ und der angegebenen Funktion $u(t)$ findet man:

$$a_0 = (1/T) \int_{-T/2}^{+T/2} u(t)\,\mathrm{d}t = -(a/T) \int_{-T/2}^{0} \mathrm{d}t + (a/T) \int_{0}^{T/2} \mathrm{d}t = 0$$

$$a_n = -(2a/T) \int_{-T/2}^{0} \cos(2\pi n t/T)\,\mathrm{d}t + (2a/T) \int_{0}^{T/2} \cos(2\pi n t/T)\,\mathrm{d}t = 0$$

$$b_n = -(2a/T) \int_{-T/2}^{0} \sin(2\pi n/T)\,\mathrm{d}t + (2a/T) \int_{0}^{T/2} \sin(2\pi n t/T)\,\mathrm{d}t$$

$$= (2a/(\pi n))\,(1 - \cos(n\pi)) = (2a/(\pi n))\,(1 - (-1)^n) = 4a/[\pi(2k+1)]$$

mit

$$n = 2k + 1.$$

Es ergibt sich damit für die Fourier-Reihe

$$u(t) = \sum_{n=1}^{\infty} b_n \sin(2\pi n t/T) = \sum_{k=0}^{\infty} (4a/\pi)\sin(2\pi(2k+1)t/T)/(2k+1)$$

b) Graphische Darstellung

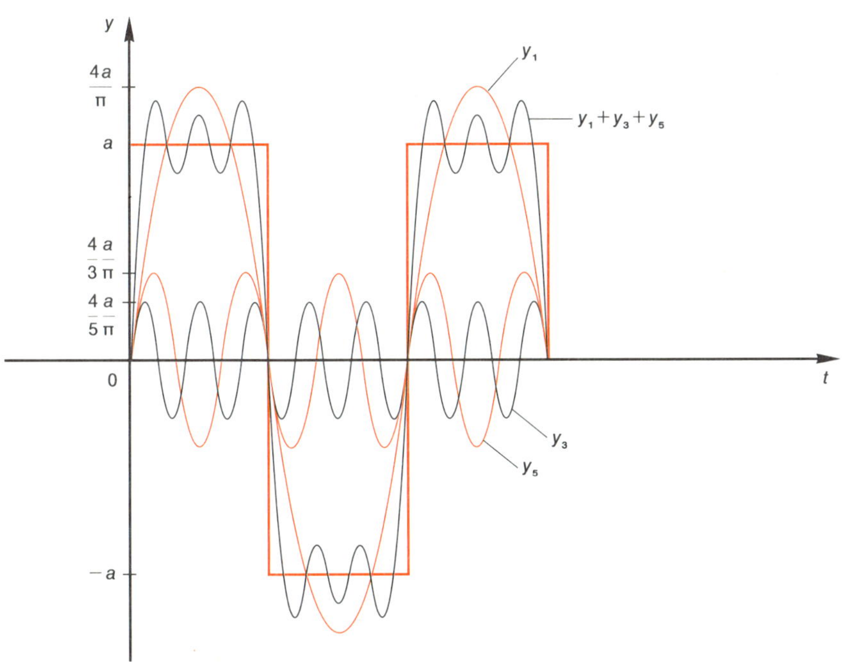

Aufgabe 9.9

Grundlagen:
Fallgesetze (Abschnitt 3.7.5a, (3.30a – c)); elastischer Stoß (D 5.2);
Fourier-Analyse von anharmonischen Schwingungen (S 9.8)

a) Bei der Reflexion wird die Geschwindigkeit umgekehrt und es ergibt sich für die Höhe als Funktion der Zeit der Zusammenhang:

$$x(t)=\begin{cases} h-(g/2)\,t^2\,;\; 0<t<T/2 \\ v_0(t-T/2)-(g/2)\,(t-T/2)^2\,;\; T/2<t<T. \end{cases}$$

mit den Größen $T=2(2h/g)^{1/2}$ und $v_0=(2gh)^{1/2}$.

b) Da das gegebene Intervall zwischen 0 und T liegt, kann man den Teil des Integrals $\int\limits_{-T/2}^{0} \mathrm{d}t$ in (S 9.8) durch die Transformation $t=t+T$ in $\int\limits_{T/2}^{T} \mathrm{d}t$ überführen. Damit können die unten angegebenen Ausdrücke erhalten werden. Da es sich um eine gerade Funktion handelt, sind die Fourierkoeffizienten $b_k=0$. Für die Koeffizienten a_k erhält man:

$$a_0=(1/T)\int\limits_0^T x(t)\,\mathrm{d}t=(2h/3)$$

$$a_{k1}=(2/T)\int\limits_0^{T/2}(h-gt^2/2)\cos k\omega t\,\mathrm{d}t$$

$$a_{k2}=(2/T)\int\limits_{T/2}^{T}[v_0\,(t-T/2)-(g/2)\,(t-T/2)^2]\cos k\omega t\,\mathrm{d}t$$

$$a_{k1}+a_{k2}=a_k=(4/T)\int\limits_0^{T/2}(h-gt^2/2)\cos k\omega t\,\mathrm{d}t=4h/(k\pi)^2(-1)^{k+1}.$$

Daraus ergibt sich die Lösung

$$x(t)=2h/3+(4h/\pi^2)\sum_{k=0}^{\infty}(-1)^{k+1}\cos k\omega t/k^2.$$

Aufgabe 10.1

Grundlagen:
Betrag und Richtung der Phasengeschwindigkeit (S 10.1) (D 10.5);
Wellendifferentialgleichung (S 10.3)

Nach (8.7d) und (S 10.3) gilt der Zusammenhang

$$v_{\mathrm{ph}}{}^2=F/(Ap).$$

Durch Umstellung dieser Gleichung erhält man mit $\varrho=m/V$ und $A=V/l$:

$$F=v_{\mathrm{ph}}{}^2\,m/l.$$

Für eine abgestimmte Saite gilt bei den gegebenen Bedingungen $\lambda = l/2$, so daß man unter Berücksichtigung von $v_{ph} = \lambda \nu$ (S 10.1) schließlich die gesuchte Kraft erhält:

$$F = \nu^2 l m/4 = \underline{\underline{2{,}11 \text{ kN}}}.$$

Aufgabe 10.2

Grundlagen:
Definition der Welle (D 10.1); Phasengeschwindigkeit (S 10.1), (D 10.5)

a) Die Zeitdifferenz der Glockenschläge zwischen zwei beliebigen Punkten der Uhrenkette ist $\Delta t = nk\Delta t_i$, wobei n die Anzahl der Zeitdifferenzen $\Delta t_i = 1$ s ist, und k die Anzahl der Uhren zwischen den Punkten der Kette. Für $n = 12$ Stunden erhält man damit eine Zeitdifferenz von $\Delta t = 12$ s zwischen zwei benachbarten Uhren.

b) Aus der Wellengleichung erhält man für die Ausbreitungsgeschwindigkeit $v_{ph} = N T$. In unserem Beispiel sind $\lambda = k x_0$ $T = \Delta t = n k \Delta t_i$ und somit $v_{ph} = x_0/(n \Delta t_i)$. Die Wellengeschwindigkeit wird mit jedem Glockenschlag langsamer ($\sim 1/n$) [z.B. $v(12.00) = \infty$; $v(13.00) = 1$ m/s; $v(24.00) = 1/12$ m/s].

Aufgabe 10.3

Grundlagen:
Ebene harmonische Welle (D 10.2)

Für die Lösung der Wellengleichung erhalten wir an den Orten x_1 und x_2:

$$u(x_1, t) = u_0 \cos(\omega t - k x_1) = u_0 \cos(\omega t + \varphi_1)$$

$$u(x_2, t) = u_0 \cos(\omega t - k x_2) = u_0 \cos(\omega t + \varphi_2).$$

Der Phasenunterschied $\Delta\varphi = \varphi_2 - \varphi_1$ ergibt dann:

$$\Delta\varphi = k(x_1 - x_2) = (2\pi/\lambda)\, \Delta x = 2\pi \Delta x/(v T) = \pi.$$

Aufgabe 10.4

Grundlagen:
Phasengeschwindigkeit (D 10.5), (S 10.1);
charakteristische Größen des Schallfeldes (10.12); (10.13)

a) Gemäß der Definition der Phasengeschwindigkeit (D 10.5), (S 10.1) $v_{ph} = \nu \lambda$ ergibt sich ein Wert von $v_{ph} = 350$ m/s.

b) Nach (10.12) erhält man $v_{max} = u_\sigma \omega = 2\pi \nu u_\sigma = 0{,}785$ m/s.

Aufgabe 10.5

Grundlagen:
Absorption einer Welle (D 10.13)

Die Absorption in der Schicht beträgt

$$I_1 = I_0 \mathrm{e}^{-\mu_0 z_0} = I_0/2,$$

woraus man durch Umstellen den Ausdruck

$$z_0 = \ln 2/\mu_0$$

erhält. Die Gesamtabsorption an der Lärmschutzschicht ergibt sich durch Integration des differentiellen Ansatzes (10.18) $\mathrm{d}I = -\mu(z)\, I\, \mathrm{d}z$:

$$\ln(I/I_1) = -2\mu_0 z_1 - a z_1^2/2.$$

Mit $z_1 = z_0/2$ und $I_1 = I_0/2$ erhalten wir:

$$I = (I_0/2)\, \mathrm{e}^{-\mu_0 z_0} \exp(-a z_0^2/8)$$

und durch Einsetzen von a und z_0 das gesuchte Verhältnis:

$$I/I_0 = (1/2)\, \mathrm{e}^{-\ln 2}\, \mathrm{e}^{-4 \ln 2} = \underline{\underline{1{,}64}}.$$

Aufgabe 10.6

Grundlagen:
Lautstärke (D 10.12)

Gemäß der Definition für die Lautstärke $L_\mathrm{N} = 10 \lg (I/I_\mathrm{S})$ erhält man für die Lautstärke des Lautsprechersystems: $100 = 10 \lg [100 I_1/I_\mathrm{S}]$, woraus sich durch Umstellung die Schallintensität eines Lautsprechers ergibt: $I = 10^8\, I_\mathrm{S}$. Dieser Wert entspricht dem 10^8-fachen der menschlichen Hörschwelle.

Aufgabe 10.7

Grundlagen:
Stehende Wellen (Abschnitt 10.1.3.1.1)

a) An den Enden der Pfeife können entweder Minima (geschlossen) oder Maxima (offen) entstehen. Für diese Fälle erhalten wir (siehe Abb.) für die Grundtöne:

a1) $l = \lambda_1/4 = v_{\mathrm{ph,Luft}}/(4\nu_1)$

a2) $l = \lambda_2/2 = v_{\mathrm{ph,Luft}}/(2\nu_2)$.

Damit erhalten wir $\nu_2 = 2\nu_1 = 261$ Hz.

b) Mit $l = v_{\mathrm{ph,Luft}}/(4\nu_1)$ ergibt sich eine Länge $l = 0{,}65$ m.

Aufgabe 10.8

Grundlagen:
Stehende Wellen (Abschnitt 10.1.3.1.1)

Die maximale Intensität tritt im Resonanzfall auf, d.h. bei den Frequenzen:

$$\nu_k = v_{\text{ph, Luft}}/\lambda_k = (2k+1)\, v_{\text{ph, Luft}}/(4l) \quad \text{mit} \quad k = 0, 1, 2.$$

Bei der fest vorgegebenen Frequenz von $v = 340$ Hz erhält man die Resonanzbedingungen für die Längen:

$$l_k = (2k+1)\, v_{\text{ph, Luft}}/(4\nu).$$

Daraus ergeben sich für Längen $l_k < 1$ m die beiden Lösungen ($v_{\text{ph, Luft}} = 340$ m/s) $h_0 = 25$ cm und $h_1 = 75$ cm.

Aufgabe 10.9

Grundlagen:
Überschallgeschwindigkeit (Abschnitt 10.4.1.1.3); Druckkegel (10.35)

Für den Öffnungswinkel der kugelförmigen Kopfwelle des Flugzeuges erhält man (vgl. 10.4.1.1.3):

$$\sin\alpha = v_{\text{ph, Luft}}/v_{\text{Flugz.}}.$$

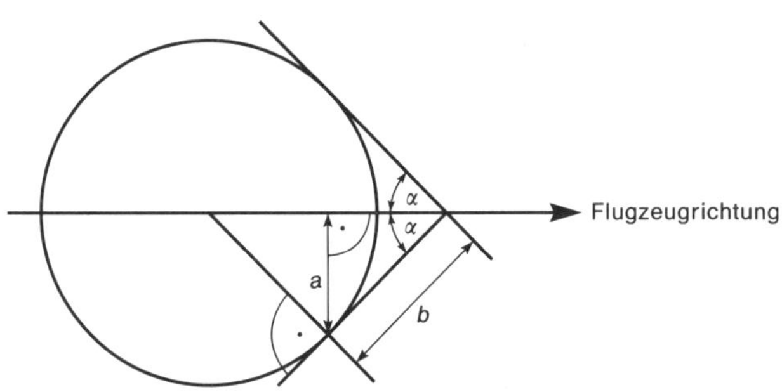

Die Entfernung Beobachter – Flugzeug im Moment des Eintreffens der Kopfwelle beim Beobachter ist in der Abbildung schematisch eingezeichnet und berechnet sich nach der Beziehung $b = a/\sin\alpha$. Durch Einsetzen der oberen Gleichung erhält man dann die Lösung

$$b = a\, v_{\text{Flugz.}}/v_{\text{ph, Luft}} = \underline{\underline{8{,}8 \text{ km}}}.$$

Namen- und Sachverzeichnis

D

E

F

J

K

T

U

V

W

X

Z